Kooperative und autonome Systeme der Medizintechnik

Herausgegeben von
Jürgen Werner

Oldenbourg Verlag München Wien

Univ. Prof. Dr.-Ing. Jürgen Werner
1960-1966 Studium der Elektrotechnik/Regelungstechnik an der Technischen Universität
Darmstadt (TUD), 1966-1970 Wiss. Mitarbeiter am Institut für Physiologie der Universität Frankfurt/M., 1970 Promotion zum Dr.-Ing. an der TUD, 1970-1975 Wiss. Mitarbeiter am Institut für Physiologie der Ruhr-Universität Bochum (RUB), 1975 Habilitation
für Physiologie, 1975 Professor für Elektrophysiologie, 1996 Berufung auf den Lehrstuhl
für Biomedizinische Technik der Medizinischen Fakultät der RUB; ca. 280 Publikationen.

Bibliografische Information Der Deutschen Bibliothek

Die Deutsche Bibliothek verzeichnet diese Publikation in der Deutschen
Nationalbibliografie; detaillierte bibliografische Daten sind im Internet
über <http://dnb.ddb.de> abrufbar.

© 2005 Oldenbourg Wissenschaftsverlag GmbH
Rosenheimer Straße 145, D-81671 München
Telefon: (089) 45051-0
www.oldenbourg.de

Lektorat: Angelika Sperlich
Herstellung: Anna Grosser
Umschlagkonzeption: Kraxenberger Kommunikationshaus, München
Umschlagbild: Extrakorporal arbeitendes Schweineherz
Bildnachweis: Ruhr-Universität Bochum, Herzlabor Biomedizinische Technik
Gedruckt auf säure- und chlorfreiem Papier
Gesamtherstellung: Druckhaus „Thomas Müntzer" GmbH, Bad Langensalza

ISBN 3-486-27559-3

Autorenverzeichnis

Kapitel 1 und 2:

Werner, Jürgen, Prof. Dr.-Ing.
Lehrstuhl für Biomedizinische Technik
Ruhr-Universität Bochum, MA 4/59, 44780 Bochum, Deutschland

Kapitel 3:

Dietz, Florian, Dr.-Ing.
Weinmann GmbH+Co. KG
Kronsaalsweg 40, 22502 Hamburg, Deutschland

Mückenhoff, Klaus, Dr. rer. nat.
Institut für Physiologie
Ruhr-Universität Bochum, MA 3/ 163, 44780 Bochum, Deutschland

Simanski, Olaf, Dr.-Ing.
Institut für Automatisierungstechnik
Universität Rostock, 18051 Rostock, Deutschland

Kapitel 4:

Krämer, Matthias, Dr. rer. nat.
Fresenius Biotech GmbH
Else-Kröner-Str. 1, 61352 Bad Homburg, Deutschland

Kapitel 5:

Rebrin, Kerstin, Dr. med.
Medtronic MiniMed
1800 Devonshire Street
Northridge, CA 91325-1219, USA

Kapitel 6:

Riener, Robert, Prof. Dr.-Ing.
Automatic Control Laboratory
Swiss Federal Institute of Technology
Physikstraße 3, ETL 124.2, 8092 Zürich, Schweiz

Kapitel 7:

Walter, Peter, Prof. Dr. med.
Universitätsklinikum Aachen
Pauwelsstraße 30, 52074 Aachen, Deutschland

Kapitel 8:

Hudde, Herbert, Prof. Dr.-Ing.
Institut für Kommunikationsakustik
Ruhr-Universität Bochum, IC 1/132, 44780 Bochum, Deutschland

Vorwort

Die Automatisierungstechnik leistet vor allem mit ihren methodischen Ansätzen Systemanalyse, Steuerung, Regelung, Optimierung, Systemsynthese entscheidende Beiträge zu neuartigen Therapieerfolgen in der Medizin. Die diesbezüglichen Projekte und Produkte dienen vor allem der Zielsetzung, über die Lebenserhaltung hinaus, physiologische Körperfunktionen möglichst weitgehend wiederherzustellen oder ganze Organe so zu ersetzen, dass ein Höchstmaß an Lebensqualität erzielt wird. In der Medizintechnik ist dies eine besonders anspruchsvolle Problematik, da sie hybride Gesamtsysteme entwickelt, deren physiologische und technische Teilsysteme optimal und oft weitgehend autonom miteinander kommunizieren und kooperieren müssen. Die Bearbeitung solcher Aufgabenstellungen setzt überlappende medizinische Kenntnisse vor allem der Physiologie und der Pathophysiologie voraus und breite system- und automatisierungstechnische Kenntnisse und Erfahrungen. Diese besondere Schwierigkeit ist sicher einer der Gründe dafür, dass dieses Gebiet in Büchern und Übersichtsdarstellungen trotz seiner überragenden Bedeutung absolut untergewichtig dargestellt wird. Ein vergleichbar konzipiertes Buch wie das hier vorliegende ist meines Wissens nicht verfügbar. Es soll diese offenkundige Lücke im Schrifttum schließen, indem es die Wiederherstellung folgender Funktionssysteme in gesonderten Kapiteln ausführlich darstellt:

- Herz-/Kreislaufsystem (u. a. Herzschrittmacher, automatische implantierbare Defibrillatoren, Herz-Lungen-Maschinen, Kreislaufunterstützungs-Systeme, künstliches Herz),
- Atmungssystem (u. a. Beatmungsgeräte, Narkosegeräte),
- Nierensystem (u. a. Hämodialyse),
- Pankreas (u. a. Glukoseregelung),
- Motorisches System (u. a. Neuroprothetik, funktionelle Stimulation),
- Sehsystem (u. a. Netzhautersatz),
- Hörsystem (u. a. Hörgeräte, Innenohrersatz).

Das Buch beinhaltet insbesondere:

- die notwendigen Grundlagen der physiologischen Systemstruktur und -dynamik und deren mögliche Funktionsdefekte,
- die wünschbaren und realisierbaren Funktionswiederherstellungen,
- die Funktionsprinzipien realisierter Systeme mit dem automatisierungstechnischen Schwerpunkt der Darstellung der Interaktion/Kommunikation/Kooperation der physiologischen und technischen Teilsysteme,
- Leistungsbeurteilung/Einschränkungen/Funktionsnachweise und Hinweise für notwendige weitere Entwicklungen.

Für die einzelnen Kapitel konnte der Herausgeber in dem jeweiligen Arbeitsgebiet führend ausgewiesene Autoren gewinnen, die die Thematik hervorragend überblicken und in der Lage sind, den automatisierungstechnischen Schwerpunkt und Kern herauszuarbeiten.

Damit das Buch sowohl für Studenten und Ingenieure der Informations-, Automatisierungs- und Medizintechnik als auch für Ärzte und Klinikpersonal lesbar ist, wurden in alle Kapitel die Darstellung der jeweils notwendigen anatomischen, physiologischen und pathophysiologischen Begriffe und Fakten eingearbeitet, und darüber hinaus übergeordnete Gesichtspunkte biomedizinischer Systeme, Steuerungen und Regelungen sowie eine knappe Zusammenstellung des system- und regelungstheroretischen Basiswissens in einem einführenden Kapitel übergreifend dargestellt.

Alle Autoren sind sich bewusst, dass sie sich beim Verfassen dieses Buches auf die Arbeiten und Ergebnisse vieler Kollegen und Mitarbeiter stützen durften, deren Aufzählung im Einzelnen dieses Vorwort sprengen würde. Stellvertretend möchte ich hier Herrn Dr. Martin Hexamer, Ruhr-Universität Bochum, nennen, der nicht nur mit seinen aktuellsten Ergebnissen, sondern auch durch zahlreiche Diskussionen und Korrekturen zum Gelingen dieses Buches beigetragen hat. Für die Textverarbeitung, die Buchgestaltung und die Kommunikation zwischen den Autoren und dem Herausgeber hat sich mit außerordentlicher Hingabe und Sorgfalt Frau Brigitte Schmitt ganz besondere Verdienste erworben. Mit Sachkenntnis und Geduld sowie großem Einfühlungsvermögen hat Frau Martina Falk einen großen Teil der Abbildungen gezeichnet bzw. angepasst. Ihnen und allen weiteren in den verschiedenen Instituten und Firmen Beteiligten sei an dieser Stelle herzlicher Dank ausgesprochen. Dem Oldenbourg Verlag und namentlich Herrn Dipl.-Math. Johannes Oldenbourg und Frau Angelika Sperlich sei für das große Verständnis für die Bedeutung der Thematik und die schnelle Herausgabe des Buches gedankt.

Die Autoren übergeben Ihnen das Buch, in der Hoffung, dass damit in gemeinsamen zukünftigen Anstrengungen ein entscheidender weiterer Schritt getan wird, in Richtung auf eine an die Physiologie des Menschen angepasste Medizintechnik und damit auf eine höchstmögliche Lebensqualität für den auf technischen Funktions- und Organersatz angewiesenen Patienten. Das Buch ist gleichzeitig ein Appell für eine noch intensivere Zusammenarbeit zwischen den beteiligten Disziplinen, aber nicht zuletzt auch für eine vertiefte Kooperation zwischen Wissenschaft, Klinik und Industrie.

Bochum   Jürgen Werner

Inhalt

1 Einführung in die Grundlagen autonomer Systeme der Medizintechnik

Jürgen Werner

1.1 Zielsetzungen und Gegenstände der Biomedizinischen Technik/Medizintechnik

Das Fachgebiet der *Biomedizinischen Technik,* im englischen Sprachgebrauch *Biomedical Engineering,* hat zwei unterschiedliche Zielsetzungen:

1. Entwurf, Entwicklung und Bereitstellung von technischen Methoden und von Geräten für die Medizin,
2. Lösung biologischer und medizinischer Probleme mit ingenieurwissenschaftlicher Methodik.

Die unter Punkt 1 genannte Zielsetzung ist in der Regel sehr industrie- und marktnah, während vor allem das Tätigkeitsfeld 2 die Biomedizinische Technik auch als Grundlagenwissenschaft ausweist.

Das Fachgebiet insgesamt ist gekennzeichnet durch den Transfer technischer Methodik in den biomedizinischen Bereich. Dem steht klassischerweise die *Biotechnik* gegenüber mit der weitgehend inversen Zielsetzung, nämlich der technischen Herstellung von Produkten mit Hilfe biologischer Prozesse und biologischen Know-Hows. Unter dem Begriff *Biotechnologie* wird heute vor allem das sich rasant entwickelnde Gebiet verstanden, das mit natur- und ingenieurwissenschaftlicher Methodik versucht, molekularbiologische und genetische Prozesse zu analysieren und zu modifizieren.

Die Bezeichnung *Medizintechnik* war früher vor allem zur Charakterisierung des oben unter Punkt 1 genannten Bereiches der Biomedizinischen Technik reserviert. Seit der Etablierung der *Biotechnologie* als ein weitgehend selbständiges Fachgebiet wird der Begriff *Medizintechnik* auch synonym mit der klassischen Bezeichnung *Biomedizinische Technik* benutzt.

Neuerdings wird gelegentlich auch der Terminus *Angewandte Medizintechnologie* eingeführt. Hier ist nicht immer klar, ob lediglich ein „moderner" Begriff kreiert wird, ob eine
deutsche Bezeichnung für Clinical Engineering (s. Bild 1.1) gesucht wird oder ob die Anwendung und Adaptation von technischen Geräten durch den Kliniker gemeint ist.

Die Biomedizinische Technik/Medizintechnik ist ein in höchstem Maße interdisziplinäres
und breites Fachgebiet, da immer mindestens je eine Disziplin aus Natur- und Ingenieurwissenschaften einerseits und der Medizin andererseits beteiligt ist. Sie unterstützt alle ärztlichen und klinischen Zielsetzungen:
A: Installation und Betrieb,
B: Analyse, Diagnose, Prophylaxe,
C: Therapie und Rehabilitation.

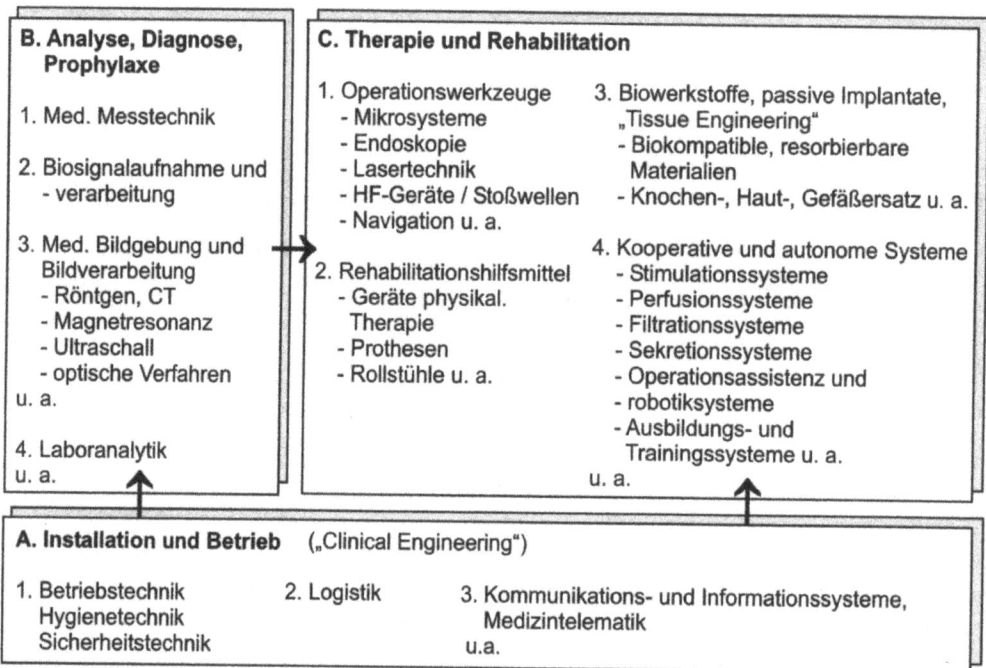

B. Analyse, Diagnose, Prophylaxe

1. Med. Messtechnik

2. Biosignalaufnahme und
   - verarbeitung

3. Med. Bildgebung und
   Bildverarbeitung
   - Röntgen, CT
   - Magnetresonanz
   - Ultraschall
   - optische Verfahren
   u. a.

4. Laboranalytik
   u. a.

C. Therapie und Rehabilitation

1. Operationswerkzeuge
   - Mikrosysteme
   - Endoskopie
   - Lasertechnik
   - HF-Geräte / Stoßwellen
   - Navigation u. a.

2. Rehabilitationshilfsmittel
   - Geräte physikal.
     Therapie
   - Prothesen
   - Rollstühle u. a.

3. Biowerkstoffe, passive Implantate,
   „Tissue Engineering"
   - Biokompatible, resorbierbare
     Materialien
   - Knochen-, Haut-, Gefäßersatz u. a.

4. Kooperative und autonome Systeme
   - Stimulationssysteme
   - Perfusionssysteme
   - Filtrationssysteme
   - Sekretionssysteme
   - Operationsassistenz und
   - robotiksysteme
   - Ausbildungs- und
     Trainingssysteme u. a.
   u. a.

A. Installation und Betrieb   („Clinical Engineering")

1. Betriebstechnik
   Hygienetechnik
   Sicherheitstechnik

2. Logistik

3. Kommunikations- und Informationssysteme,
   Medizintelematik
   u.a.

Bild 1.1: Beiträge der Biomedizinischen Technik/Medizintechnik.

In Bild 1.1 sind die wichtigsten Arbeitsthemen der Biomedizinischen Technik diesen medi-
zinischen Zielsetzungen zugeordnet. Im Rahmen dieses Buches ist der unter C.4 aufgelistete
Arbeitsbereich „Kooperative und autonome Systeme" von besonderer Bedeutung:
-   Stimulationssysteme: Herzschrittmacher und automatische Defibrillatoren (Kap. 2), Neu-
    roprothesen für Motorik und Sinnesorgane (Kap. 6, 7, 8) u. a.,
-   Perfusionssysteme: künstliches Herz (Kap. 2), Beatmungssysteme (Kap. 3), Erhaltung
    explantierter Organe (Kap. 2) u. a.,
-   Filtrationssysteme: künstliche Niere (Kap. 4),
-   Systeme zum Ersatz von Sekretionsorganen: Pankreas (Kap. 5), Schilddrüse u. a.

1.2 Kooperative und autonome Systeme in der Medizintechnik

1.2.1 Automatisierungstechnik in der Medizin

Nach G. Schmidt lassen sich die automatisierungstechnischen Aufgaben in der Medizin entsprechend Bild 1.2 in vier Klassen einteilen:

I.   Systeme zur Funktionswiederherstellung und zum Organersatz,
II.   Unterstützende Systeme: Assistenz- und Robotiksysteme
III. Ausbildungs- und Trainingssysteme,
IV.   Automatisierungssysteme in der Laboranalytik.

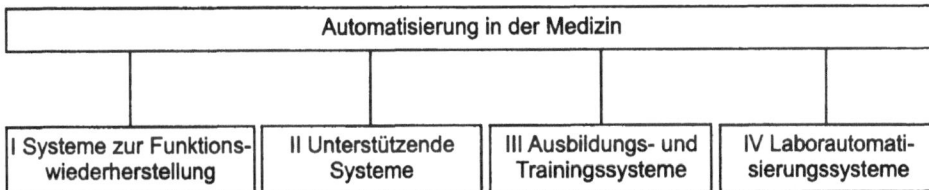

Bild 1.2: *Klassifikation automatisierungstechnischer Aufgabenstellungen in der Medizin (nach G. Schmidt et al. (2003), [9], mit Genehmigung).*

Die medizinische Laborautomatisierung (Klasse IV) ist dadurch gekennzeichnet, dass in der Regel kein direkter Kontakt und Informationsaustausch mit dem Patienten und dem Arzt während der Analyse stattfindet. Die dort zum Einsatz kommenden Systeme sind im Allgemeinen während des Prozessablaufs weder interaktiv noch kooperativ. Die übrigen drei Klassen von medizintechnischen Systemen stehen dagegen in direkter Wechselwirkung mit dem Patienten oder/und dem medizinischen Personal. Als Ausbildungs- und Trainingssysteme (Klasse III) sind vor allem multimodale Simulatoren zu nennen, die in der medizinischen Ausbildung, zum Erlernen oder zum Training neuer Behandlungsmethoden sowie für die Planung und Durchführung therapeutischer Intervention eingesetzt werden. Diese Systeme sind interaktiv in dem Sinne, dass Information und Energie zwischen Mensch und System ausgetauscht werden, wobei der Vorgang durch den Menschen bestimmt wird. Sie sind auch kooperative Systeme, indem sie den Menschen bei der Durchführung seiner Absichten unterstützen. Das gilt genauso für die vor allem direkt im Operationsbereich eingesetzten Assistenz- und Robotiksysteme (Klasse II), die den Arzt nicht bevormunden und schon gar nicht ersetzen sollen, die ihn aber bei chirurgischen, namentlich auch minimalinvasiven Eingriffen interaktiv unterstützen können, wobei oft, z.B. unter Ausgleich von Zitterbewegungen des Operateurs und sinnvoller „Arbeitsteilung", eine größere Präzision erreicht werden kann. Die Klasse I umfasst Systeme, die Organ- und Körperfunktionen oder ganze Organe mit technischen Mitteln vorübergehend oder dauernd ersetzen, wie z.B. die o.g. Stimulations-, Perfusions- und Filtriersysteme. Es sind aktive Systeme, die mit den verbleibenden Körperfunktionen kooperieren und für unterschiedlich lange Intervalle, auch autonom, d.h. ohne Eingriff des Arztes oder des Patienten, den Gesamtprozess steuern und optimieren.

1.2.2   Automatisierungstechnisches Ziel: Funktionswiederherstellung und Organersatz

An Systeme zur Funktionswiederherstellung und zum Organersatz sind erhöhte Anforderungen an Sicherheit und Zuverlässigkeit zu stellen, da sie oft lebenswichtige Funktionen erhalten oder ersetzen. Dabei ist die Zielsetzung des Entwurfs dieser Systeme nicht mehr ausschließlich Lebenserhaltung, sondern darüber hinausgehend die möglichst weitgehende Wiederherstellung der ursprünglichen physiologischen Funktion und damit einer normalen Lebensqualität.

Den gegenwärtigen Ansätzen gemeinsam ist das Ziel, Produkte zu erzeugen, die eine optimale Kooperation in einem „hybriden" (physiologischen + technischen) Gesamtsystem gewährleisten. Das entspricht der Mehrschrittstrategie der klassischen Regelungstechnik:
1. Analyse des funktionellen und dynamischen Verhaltens des vorgegebenen Teilsystems,
2. Entwurf geeigneter Steuer- und/oder Regelsysteme,
3. Synthese und Optimierung der Kooperation des Gesamtsystems.

Auf diese Art und Weise gelingt es, Steuerungen, Regelungen und Automatisierungen für praktisch alle technischen und eben auch nichttechnischen Prozesse, unabhängig von ihrer physikalischen Erscheinungsform, zu realisieren. Es sind der Systemansatz und insbesondere die dynamische Systemanalyse als Denk- und Arbeitsmethodik, die es ermöglichen, sich auf sehr unterschiedlichen Feldern mit vergleichbarem Erfolg zu bewähren. Nach den frühen Herausforderungen, insbesondere aus der Produktions-, der Verfahrens- und der Raumfahrttechnik sind es nun in verstärktem Maße mit neuartigen Bedingungen biologische und medizinische Systeme, die mit system- und automatisierungstechnischen Methoden analysiert, unterstützt oder wiederhergestellt werden müssen. Hierbei kommt dem in der System- und Regelungstechnik Ausgebildeten die inhärente Bereitschaft zugute, so tief wie möglich in die dynamischen Interaktionen der vorgegebenen Systeme einzudringen, um letztlich in Abstimmung mit den kooperierenden Ärzten auch Verantwortung für das biologisch-technische Hybridsystem zu übernehmen. Das künstliche Herz und die Neuroprothese sind herausragende Beispiele, die an dieser Zielsetzung ausgerichtet werden müssen. Das ist ein essentieller Unterschied zu vielen anderen Bereichen der Medizintechnik, in denen es darum geht, dem Arzt ein neues Offline-Werkzeug oder Hilfsmittel zu übergeben, mit der Zielsetzung, deren Verwendbarkeit und Nützlichkeit a posteriori zu überprüfen und es ggf. in sein Instrumentarium einzuordnen. Die Zielsetzung, weitgehend autonome, selbstoptimierende, mit den Körpersystemen kooperierende Systeme zu entwickeln, die – sei es als aktive Implantate oder extrakorporale Systeme – durch den verantwortlichen Arzt in adäquaten Abständen zu überwachen und zu adaptieren sind, geht im Kern wesentlich darüber hinaus, indem eben nicht nur ein „Gerät" entwickelt wird, sondern ein medizinisches Problem, eine ärztliche Aufgabe, Wiederherstellung einer Körperfunktion, gemeinsam mit den Ärzten unter Einsatz ingenieurwissenschaftlichen und medizinischen Know-Hows gelöst wird.

1.2.3 Analogie Prozessführungssystem/Patienten-Arzt-Maschine-System

Ein System, in dem der Arzt z.B. technische Geräte zur Diagnose und Therapie kontrolliert, interpretiert und bedient, lässt sich in praktisch vollständiger Analogie zum technischen Prozessführungssystem darstellen. In Prozessführungssystemen wird der Mensch in zunehmendem Maße durch Automatisierungssysteme entlastet (Bild 1.3 A). Neben der direkten Einwirkungsmöglichkeit des Menschen („Human Operator") auf den technischen Prozess (1) und der Rückkopplung von Information auf den Menschen (2) kommen Informationspfade vom Automatisierungssystem auf den Menschen (3) und auf den technischen Prozess (4) hinzu sowie sinnvoller- und notwendigerweise die Möglichkeit des Einwirkens des Menschen (5) und des technischen Prozesses (6) auf das Automatisierungssystem.

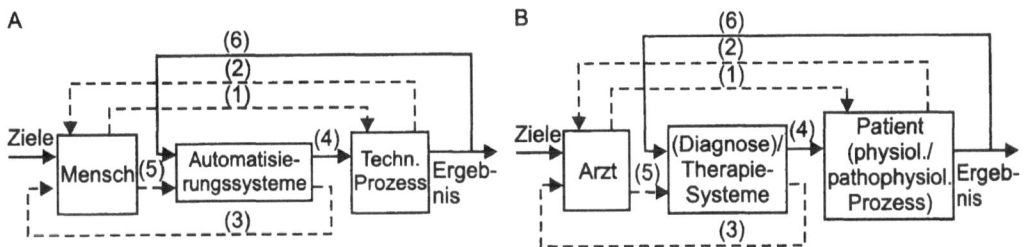

Bild 1.3: *Interaktion Mensch / Maschine. Analogie Prozessführungssystem (A) und Patienten-Arzt-Maschine-System (B). Durchgezogene Linien: weitgehend autonomes System.*

Im Patienten-Arzt-Maschine-System (Bild 1.3 B) treten an die Stelle der technischen Prozesse physiologische/pathophysiologische Prozesse (oder der Patient als physiologisches Gesamtsystem). Die Automatisierungssysteme konkretisieren sich zu Diagnose- und /oder Therapiesystemen. Von besonderer Bedeutung sind, wie oben dargelegt, die Systembeziehungen und -interaktionen, die insbesondere ein Therapiesystem befähigen, (über längere Zeit) selbsttätig, d.h. ohne die Einwirkungen des Arztes, in einem Regelkreis mit dem Patienten oder einem seiner Organsysteme zu kooperieren. In diesem „Betriebszustand" sind nur die in Bild 1.3 durchgezogenen Informationspfade aktiv.

Die Entwicklung solcher Systeme erfordert eine interdisziplinäre Bearbeitung, die nicht sequenziell-additiv, sondern integrativ-verzahnt durchgeführt werden muss. Von der Automatisierungstechnik her ist fast das gesamte Instrumentarium einzusetzen. Es sind dies vornehmlich folgende Methoden:
1. Systemdynamische Analyse/Systemidentifikation.
2. Reglerentwurfstechnik.
   - Analoge und digitale Regelung.
   - Fuzzy-Steuerung und Regelung, Neuronale Netze.
3. Stabilitätsanalyse.
4. Optimierung.
5. Simulationsverfahren.

1.2.4   Rolle der Computersimulation

Die Computersimulation (Bild 1.4) spielt als Entwurfsmethode von Patienten-Maschine-Systemen oder Organersatzsystemen eine dominierende Rolle. Die Simulation der physiologischen Prozesse setzt intime Kenntnisse und deren Umsetzung sowie meist die Beschaffung weiterer Informationen durch experimentelle Studien voraus, will man nicht auf der Stufe sehr rudimentärer und insuffizienter Grobmodelle verharren. Deshalb sind die grundlegenden physiologischen und pathophysiologischen Prozesse in alle Kapitel dieses Buches integriert.

Simulation physiologischer Systeme

Anders als bei der Teilsimulation zu entwerfender technischer Prozesse sind Strukturen und Parameter der physiologischen Prozesse nicht frei wählbar, sondern meist in komplexer und nicht vollständig identifizierter Weise vorgegeben. Die essentielle Entscheidung bleibt dem Bearbeiter allerdings – wie bei allen Modellen – hinsichtlich der Wahl der Abstraktionsebene der Simulation. Es gilt der allgemeine Grundsatz der Simulationstechnik, das Modell möglichst einfach zu gestalten, jedoch in jedem Fall so, dass es die Lösung des gestellten Problems erlaubt. In diesem Sinne sind physiologische Modelle selten „einfach", aber dennoch immer bedeutend weniger komplex als die Realität.

Das klassische Simulationsinstrument, der Analogrechner, wird heute nur noch selten eingesetzt. Seinen Vorteilen, Anschaulichkeit und Interaktionsmöglichkeit sowie die prinzipielle Parallelverarbeitung, stehen vor allem die Nachteile des großen und teuren Hardware-Aufwandes entgegen. Die hohe Rechengeschwindigkeit und die Möglichkeit des Einsatzes von Parallelprozessoren haben dem Digitalrechner auch in der Simulationstechnik zum Durchbruch verholfen. Die mangelnde Anschaulichkeit aufgrund der sequenziellen Programmierung (und weitgehend auch Prozessierung) wird zudem wettgemacht durch die Programmierung in „blockorientierten" Sprachen und Simulations-Tools, wie z.B. MAT-LAB/SIMULINK.

Simulation von Patienten-Maschine-Systemen

Die Simulation des Patienten-Maschine-Systems kann als vollständige Computersimulation im geschlossenen Kreis (Bild 1.4), aber auch als „hybride" Simulation erfolgen, d.h. mit einem Computermodell des physiologischen Systems im Zusammenwirken mit dem realen technischen Gerät. Führt – meist nach vielen iterativen Schritten – die vollständige oder hybride Computersimulation zu befriedigendem Verhalten des Gesamtsystems, wird meist das technische System an einem Tier„modell" experimentell getestet, bevor es am oder im „Original" eingesetzt wird, und damit die Realisierung des Patienten-Maschine-Systems ermöglicht.

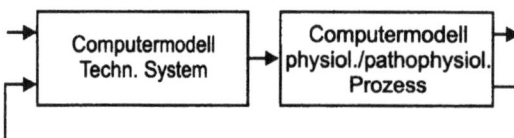

Bild 1.4: Entwurfsmethode: vollständige Computersimulation.

Der Simulationsprozess kann in sieben Stufen gegliedert werden:

1. Simulation des physiologischen Systems, seiner Struktur, Funktion und Dysfunktion im Kontext der zu treffenden Therapiemaßnahme.
2. Validierung dieser Teilsimulation.
3. Entwurf des physikalisch/technischen Systems auf der Simulationsebene.
4. Validierung dieser Teilsimulation.
5. Simulation der Interaktion/Kooperation der beiden Subsysteme.
6. Validierung der Gesamtsimulation.
7. Anpassung und Optimierung der Interaktion/Kooperation durch Modifikation des Systementwurfs.

Damit liefert die Simulation erst die Grundlage und Voraussetzung dafür, dass ein zu realisierendes Therapiesystem/-gerät die zu fordernde Zielsetzung, nämlich den maximal möglichen Therapieerfolg bzw. die optimale Kooperation technisches/physiologisches System, weitestgehend erreicht. Eine verantwortungsvoll handelnde Medizintechnik schaltet diesen Prozess in der Regel dem Bau, der Produktion und dem Einsatz des realen Systems voraus. Es ist evident, dass dies im Zuge der schnellen Markteinführung medizintechnischer Geräte und Systeme nicht immer oder nicht immer hinreichend geschieht. Die Modellierung und Simulation in der Medizintechnik setzt nicht nur die Beherrschung der mathematischen und informations-/automatisierungstechnischen Werkzeuge und der physikalischen und technischen Prozesse der Therapiemaßnahmen und -geräte voraus, sondern erfordert auch fundierte Kenntnisse und Einsichten in die funktionelle und operative Medizin. An die Stelle der Verantwortlichkeitsseparation durch Schnittstellen und weitgehend unabhängige Arbeitspakete muss eine verzahnte Kooperation treten, die „vor Ort" Hand in Hand vonstatten geht und interaktiv und iterativ die Simulation mit der Realität abgleichen muss. Medizinische und nichtmedizinische Wissenschaftler müssen weit überlappende Kompetenzen besitzen bzw. erwerben und jeweils in der Lage sein, für die Ergebnisse auch Gesamtverantwortung zu übernehmen.

Unverzichtbarer und meist aufwändigster Bestandteil von Modellierung und Simulation ist die Validierung bereits vor der Überprüfung bzw. dem Einsatz am Patienten, d.h. vor klinischen Tests bzw. Prüfungen. Die Validierung kann in Ausnahmefällen durch einen ausgedehnten Plausibilitätstest erfolgen, der Regelfall sollte die sorgfältige Überprüfung durch bereits bekannte Ergebnisse und durch eigenständige experimentelle Studien sein. Dies muss sowohl auf der Stufe der physiologischen und technischen Teilmodelle als auch der simulierten Interaktion/Kooperation dieser Systeme geschehen.

Trotz der großen und anerkennenswerten Erfolge der „Apparatemedizin" in der Lebenserhaltung müssen angesichts einer durchschnittlichen Lebensverlängerung von oft nur wenigen Jahren (wie z.B. bei der Dialyse, beim Kunstherzen und in der Onkologie) z.Zt. bei häufig sehr beschränkter Lebensqualität die Ziele weiter gesteckt werden. Langwierige Optimierungsprozesse dürfen nicht ausschließlich am Patienten erfolgen. Zeit- und kostenaufwändige Irrwege (klassisches Beispiel: Suche nach einem das ursprüngliche physiologische Herz-Kreislauf-Funktionssystem wiederherstellenden frequenzadaptiven Herzschrittmacher,

Abschn. 2.4) sollte man sich nicht mehr leisten. Die Wege können beträchtlich abgekürzt und effizienter gemacht werden, wenn in solchen Fällen vor der Produktion und dem Einsatz der Geräte und Implantate (z.B. die elektrophysiologischen, hämodynamischen und kreislaufregulatorischen) Aspekte der Kooperation mit den physiologischen Prozessen umfassend durch Simulation analysiert werden.

Physiomprojekt

In den medizinischen Wissenschaften deutet sich, nachdem seit längerer Zeit fast nur noch die zelluläre und subzelluläre Forschung als zukunftträchtig und förderungswürdig galt, eine gewisse Rückbesinnung und Einsicht in die Notwendigkeit der vertieften Bearbeitung der Systeminteraktionen auf der Organ- und Organsystemebene an, insbesondere unter Einsatz der modernen Computer-Hard- und Software. Hier muss, wie so oft, der banale Grundsatz gelten: Das eine tun und das andere nicht lassen. Die molekulare Forschung hat sicher für die Medizin eine ähnlich fundamentale Bedeutung wie weiland die physikalische „Löcherforschung" für den Siegeszug des Computers. Aber ohne Systemforschung (Systemtechnik, -physiologie, -informatik) können wir keinen Computer konstruieren und programmieren und kein Organsystem verstehen und kausal therapieren. Nachdem weltweite Genom- und Proteomprojekte initiiert worden waren, ist nun auch ein Physiomprojekt [8], mit dem Ziel der Erstellung umfassender integrativer mathematischer Modelle der menschlichen Physiologie, auf dem Wege. Es ist zu erwarten, dass das Verständnis vom Zusammenspiel technischer und physiologischer Systeme dadurch weiter verbessert wird und technische Organersatzsysteme auf diese Weise die gestörten oder zerstörten physiologischen Systeme wiederherstellen können. Die Generationen des 21. Jahrhunderts sollten jedenfalls vorsichtshalber und klugerweise ihren Reparaturbedarf mit technischen Systemen decken und die Hoffnung auf biologische Organzüchtung („regenerative Medizin") auf spätere Generationen transferieren. So hält der angesehene Neurochirurg J. White [11] in absehbarer Zeit alle Körperorgane und -teile außer dem Gehirn für technisch ersetzbar und sieht das 21. Jahrhundert jedenfalls (noch) nicht als Jahrhundert der Genetik und Molekularbiologie, sondern als Jahrhundert des „brain on a machine".

1.3   Prinzipien biologischer Regelungssysteme

Das „innere Milieu" des menschlichen Organismus ist im Allgemeinen durch einen dynamischen Gleichgewichtszustand (Homöostase) gekennzeichnet, an dem unzählige Regelungsmechanismen beteiligt sind. Sie überwachen eine Vielzahl physiologischer Variablen und halten diese innerhalb relativ enger Grenzen konstant. Wirkungsvolle Regulationen bestehen auf der Zellebene, der Organebene, der Ebene der Organsysteme und im Übrigen auch auf der psycho-sozialen Ebene. Das gemeinsame Charakteristikum derartiger Regelsysteme ist, wie bei technischen Regelsystemen, das Prinzip der negativen Rückkopplung *(feedback)* (Bild 1.5).

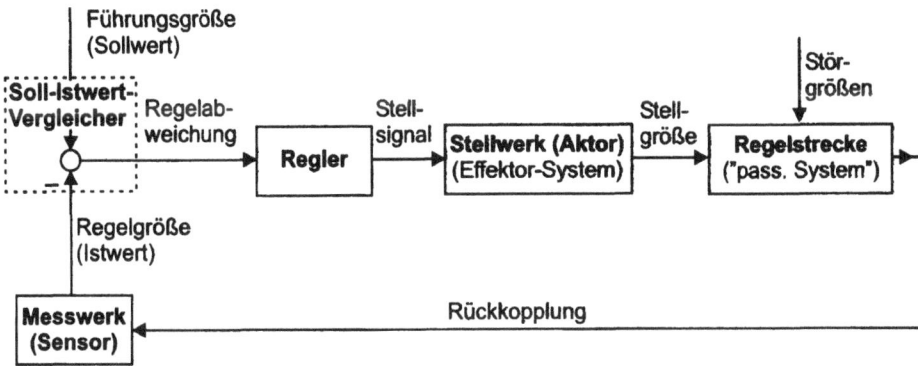

Bild 1.5: *Komponenten und Signale in einem Regelkreis.*

Das Kompartiment, in dem eine bestimmte Variable, die sog. *Regelgröße* (z.B. die Körpertemperatur, der Blutdruck, das Blutvolumen) geregelt, d.h. weitgehend unabhängig von externen oder internen *Störgrößen* gehalten werden soll, bezeichnet man als *Regelstrecke* (oder als „passives System"). Die Regelgröße wird dazu oft explizit durch Sensoren erfasst. Über die entstehende *Regelabweichung* (Differenz von Ist- und Sollwert) wird der *Regler* aktiviert, der über *Stellsignale* und ein *Stellwerk* (Aktor- oder Effektorsystem) Veränderungen in der Regelstrecke vornimmt, die ihrerseits die Wirkungen der Störgrößen möglichst weitgehend kompensieren. Allerdings müssen nicht alle Elemente des Regelkreises, insbesondere nicht die Sensoren und der Soll-Istwert-Vergleicher, separat und anatomisch darstellbar, realisiert sein. Unverzichtbar ist jedoch die negative Rückkopplung.

1.3.1 Physiologische Organisationshierarchien

Intrazellulär finden Regulationen über Änderungen enzymkatalysierter Reaktionen statt. So steigt z.B. nach einer Mahlzeit mit der Zunahme des Blutzuckerspiegels auch die Insulinsekretion der Bauchspeicheldrüse (Pankreas). Da dadurch die Glucoseaufnahme durch das Gewebe erhöht wird, ist bereits eine negative Rückkopplung im Prinzip realisiert. In vielen Fällen wird durch chemische Substanzen, Prostaglandine, Histamin u. a. oder Stoffwechselprodukte (Metabolite), wie CO_2 und Lactat, lokal eingegriffen. Ein lokaler Konzentrationsanstieg von Stoffwechselprodukten durch vermehrte Muskelaktivität führt beispielsweise zur Erweiterung von Blutgefäßen. Die negative Rückkopplungsschleife wird dadurch geschlossen, dass mit infolgedessen ansteigender Durchblutung die O_2-Versorgung des Muskelgewebes ansteigt and das Auswaschen der lokalen Metaboliten gewährleistet ist. In einem solchen System der Autoregulation gehört zu jedem Niveau der Muskelaktivität eine entsprechende lokale Durchblutung.

Zentral abgestimmte physiologische Regulationssysteme verfügen explizit über Messfühler (Sensoren, Rezeptoren) und bedienen sich der Informationsübertragung und -verarbeitung auf dem schnellen neuronalen und/oder dem langsamen hormonalen Weg. Die lokalen Regulationen sind ihnen untergeordnet.

Thermo-, Presso- and Chemosensoren (vgl. Kap. 2–4) melden beispielsweise ihre Information über afferente (Informationstransfer: peripher→zentral) Nerven den Regelzentren im
Hirnstamm and im Zwischenhirn (Hypothalamus). Photosensoren der Netzhaut (vgl. Kap. 7)
senden Signale in das Mittel-, Zwischen- und Großhirn. Informationen der Mechanosensoren
der Haut, der Muskeln, der Sehnen and der Gelenke (Kap. 6) werden im Kleinhirn, in verschiedenen Cortex-(Großhirn-)Arealen und subcorticalen Zentren des Gehirns verarbeitet.
Efferent, d.h. für den nach peripher gerichteten Informationstransfer, bedienen sich die Regelkreise, sofern es sich um autonome, unbewusste Prozesse handelt, der Bahnen des autonomen (vegetativen) Nervensystems und des Hormontransports über den Blutweg. Soweit es
sich um weitgehend bewusst gesteuerte Regelungen an der Skelettmuskulatur (Haltung und
Bewegung) handelt, ist die gesamte Hierarchie des motorischen Systems (Kap. 6) vom Rückenmark bis zu den subcorticalen and corticalen Arealen beteiligt.

Wenngleich das technische Regelkreisschema (Bild 1.5) im Prinzip für alle diese Prozesse
herangezogen werden kann, erweist sich doch die Realität der physiologischen Regelsysteme
als außerordentlich vielgestaltig und komplex. Die meisten dieser Systeme sind hochgradig
nichtlineare, adaptive, vermaschte Mehrebenensysteme, die zudem meist noch durch eine
örtliche Verteilung ihrer Parameter und Variablen innerhalb des Körpers gekennzeichnet
sind.

1.3.2   Proportionale Regelung

Technische Regler reagieren im Allgemeinen nicht nur proportional auf die Regelabweichung (P-Regler), sondern zusätzlich differenziell (D-Verhalten), d.h. proportional zu deren
zeitlicher Änderung, und auch integrativ, d.h. mit zeitlicher Aufsummierung der Regelabweichung (sog. PID-Regler). Vorteil der differenziellen Komponente, die auch in physiologischen Regelkreisen durchweg realisiert ist, ist die schnelle, wenn auch meist überschießende
Reaktion. Die zusätzliche integrative Komponente ermöglicht eine Ausregelung der Regelabweichung exakt auf Null, während P- und PD-Regler grundsätzlich mit einer meist
tolerablen Regelabweichung arbeiten. Der menschliche Organismus bedient sich praktisch
ausschließlich proportional und differenziell wirkender Regelsysteme. Die bei Störgrößen-
einwirkung entstehende „bleibende Regelabweichung" kann in den sog. autonomen Regelkreisen, die vor allem im Dienste der Homöostase des inneren Milieus stehen, toleriert werden. Im Falle der motorischen Regelungen zur Durchführung exakter Bewegungen sind
besondere Zusatzmechanismen realisiert. Die Nachführung der Augen im Rahmen der
Blickbewegung wird beispielsweise durch eine der kontinuierlichen Regelung überlagerte
(diskontinuierliche) Abtastregelung unterstützt. Dies führt in unregelmäßigen Abständen zu
einer ruckartigen Korrekturbewegung. Die exakte Ausführung komplexer motorischer Programme (Sprechen, Gehen, Schreiben usw.) wird durch vielfältige Kontrollen und Korrekturen auf den verschiedenen Ebenen dieses vielschichtig hierarchisch organisierten Systems
gewährleistet.

1.3.3   Neuronale Regulation: Das autonome Nervensystem

Die Integration und die Koordination von Zellgruppen und Organen im Rahmen von autonomen Regulationsvorgängen werden vom autonomen (vegetativen) Nervensystem (ANS)
auf elektrisch-neuronalem bzw. vom endokrinen System auf hormonalem Wege gewährleistet (Bild 1.6/1.7). Beide Systeme dienen der Steuerung des Stoffwechsels, des Wachstums
und der Fortpflanzung, der Regelung von Kreislauf, pH-Wert, Körpertemperatur, Wasser-
und Elektrolythaushalt usw.

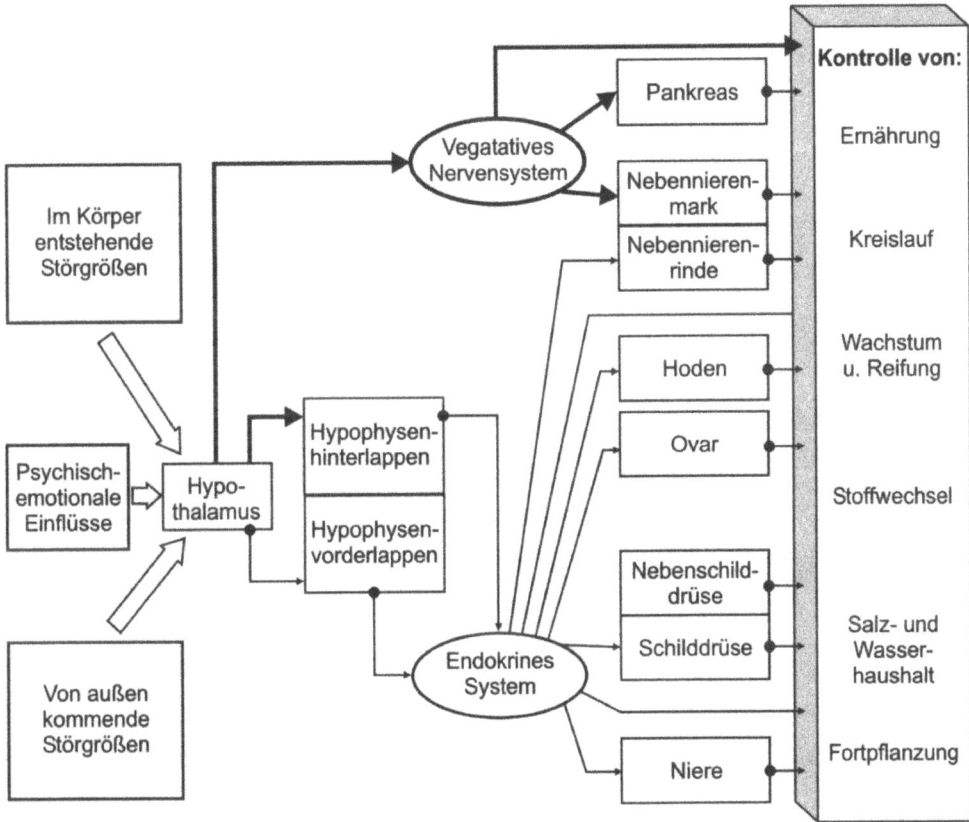

Bild 1.6*: Steuerung autonomer Körperfunktionen durch das autonome (vegetative) Nervensystem (dick gezeichnet: Signalwege über Nervenfasern) und durch das endokrine System (dünn gezeichnete Signalwege: Hormone in
der Blutbahn).*

Die Hauptregelzentren liegen im Hirnstamm und im Hypothalamus. Das periphere ANS
besteht aus zwei anatomisch und funktionell weitgehend getrennten Anteilen: Sympathikus
und Parasympathikus (Bild 1.7). Die dazugehörigen Schaltstellen liegen im Fall des Sympathikus im Brust- und Lendenbereich des Rückenmarks, im Fall des Parasympathikus im
Hirnstamm und im Kreuzbeinbereich des Rückenmarks. Von diesen Stationen ziehen „prä-
ganglionäre" Fasern zu Ansammlungen von Nervenzellkörpern, sog. Ganglien, in denen sie
auf „postganglionäre" Fasern umgeschaltet werden. Die Informationsübertragung an den
Ganglien geschieht mit Hilfe des synaptischen Transmitterstoffes Acetylcholin, die Übertra-

gung auf die Endorgane im Falle des Sympathikus durch Noradrenalin, im Falle des Parasympathikus wiederum durch Acetylcholin

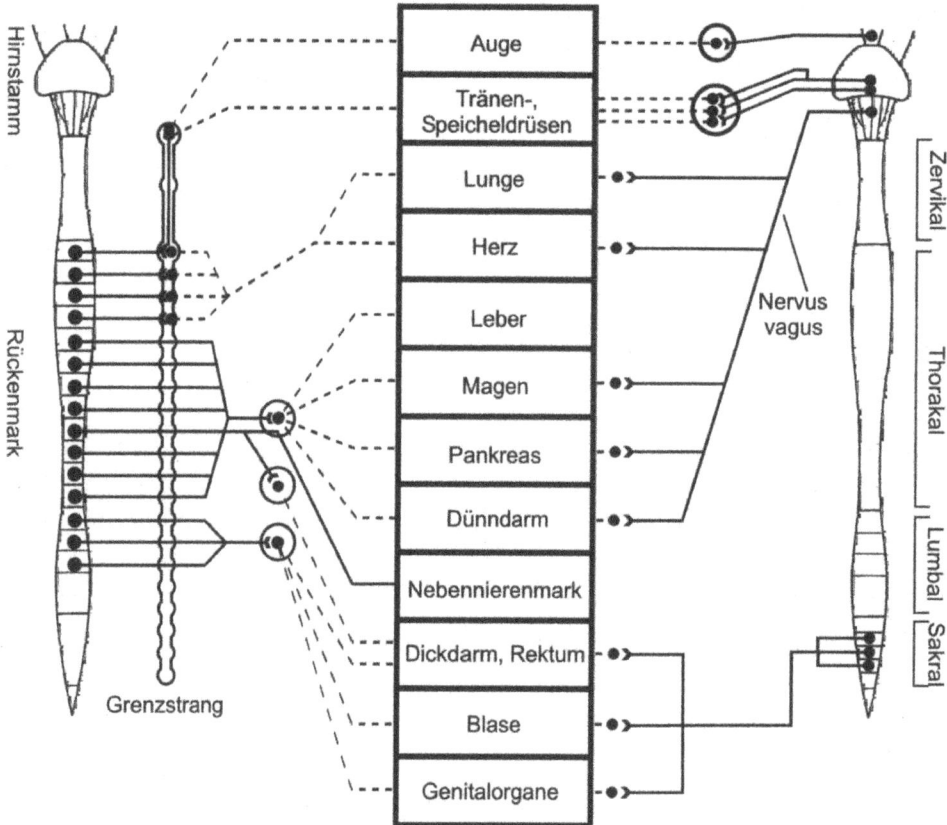

Bild 1.7: *Das periphere autonome Nervensystem. (• = Nervenzellkörper).*

Die meisten Organe werden von den beiden vegetativen Teilsystemen gegensätzlich (anta-
gonistisch) innerviert. Darüber hinaus kann der Sympathikus an den Endorganen verschie-
denartige Wirkungen über dort in den Membranen angesiedelte α- bzw. β-„Rezeptormole-
küle" erzeugen.

1.3.4   Hormonale Regulation: Das endokrine System

Das endokrine System ist in enger Abstimmung mit dem vegetativen Nervensystem an den
meisten autonomen Regulationsprozessen beteiligt (vgl. Bild 1.6). Seine Botenstoffe sind die
Hormone. Sie stammen aus hormonproduzierenden Zellen und gelangen über den Blutweg
an ihre Zielorgane, die ihrerseits wieder – untergeordnete – Hormondrüsen sein können. Im

Hypothalamus können neuronale Signale in hormonale Signale umgesetzt werden (neuroendokrine Zellen).

Im Zusammenhang mit Beanspruchungen des Organismus sind insbesondere zwei Hormonsysteme von Bedeutung:
1. das Sympathikus-Nebennierenmark-System (vgl. Bild 1.6), das vor allem der Ausschüttung von Adrenalin dient, das seinerseits Glycogen-(Kohlehydrat-) und Fettdepots mobilisiert und den Kreislauf stimuliert, und
2. das Hypophysen-Nebennierenrinden-System, das die Ausschüttung von ACTH (Adenocorticotropes Hormon) aus dem Vorderlappen der Hirnanhangdrüse (Adenohypophyse) und damit in der zweiten Stufe die Abgabe von Corticosteroiden aus der Nebennierenrinde zwecks Glycogenmobilisierung anregt.

Die Tätigkeit der meisten endokrinen Drüsen ist durch Hormone der Adenohypophyse geregelt, deren Ausschüttung wiederum der Kontrolle durch Hormone, die von hypothalamischen Neuronen produziert werden (stimulierende bzw. hemmende Releasing-Hormone), unterliegt. Die Hormone der peripheren endokrinen Drüsen steuern via Feedback ihrerseits die Sekretion der hypothalamischen Neurone. Auf diese Weise entstehen vielfältige negative Rückkopplungssysteme zwischen Hypothalamus, Hypophyse (Hirnanhangdrüse) und endokrinen Drüsen. Andere Hormone werden in hypothalamischen Arealen gebildet und durch Transport über die Nervenfasern im Hypophysenhinterlappen (Neurohypophyse) in den Kreislauf freigesetzt, namentlich das ADH (antidiuretisches Hormon, auch Vasopressin genannt), das eine entscheidende Rolle in der Kreislaufregulation spielt.

Die Bedeutung psychisch-emotionaler Einflüsse auf das Gesamtsystem wird durch die Tatsache deutlich, dass das neuroendokrine Steuerzentrum Hypothalamus seinerseits der Kontrolle des limbischen Systems unterstellt ist, also jenen subcorticalen Strukturen, die für das Emotions- und Motivationsgefüge des Menschen verantwortlich sind.

1.3.5   Regelabweichungen

Aufgrund der Eigenschaft der Proportionalregelung (Abschn. 1.3.2) arbeiten die autonomen physiologischen Regelkreise abhängig von der Größe der Störeinwirkungen mit bleibenden Regelabweichungen (Istwert ungleich Sollwert). Sofern diese nach Ablauf der dynamischen Phase in einen stationären Zustand münden, gefährden sie im Allgemeinen nicht die physiologischen Funktionen des Körpers. Allerdings erzeugen sie mitunter beträchtliche Beanspruchungen, die nicht beliebig lange toleriert werden können.

Bei starker Arbeitsbelastung sinkt z.B. durch andauernde Filtration von Plasma aus den Kapillaren in das Muskelgewebe trotz Regulation das Plasmavolumen, gegebenenfalls verstärkt durch den Flüssigkeitsverlust durch Schweißproduktion. Hierdurch und durch die vermehrte Freisetzung von Erythrozyten (rote Blutkörperchen) aus den Blutbildungsstätten entfernt sich auch der Hämatokrit (Anteil der Blutkörperchen am Blutvolumen) von seinem Sollwert.

Die Regulation der Blutgaswerte, also der Sauerstoff- und Kohlendioxidpartialdrücke, toleriert bei schwerer körperlicher Arbeit Regelabweichungen in der Größenordnung von 10 % vom Ruhewert. Die vermehrte Bildung von Lactat durch anaerobe Energiegewinnung (ohne Zufuhr von O_2) erzeugt eine metabolische Azidose (pH-Wert unterhalb Sollwert 7,4), die teilweise durch Erhöhung des Atemzeitvolumens respiratorisch kompensiert werden kann.

Ein Überschreiten der Regelkapazität wird durch eine laufende Vergrößerung der Regelabweichung und der entsprechenden Stellgrößen, die keinem stationären Zustand zustreben, angezeigt. Dies dokumentiert sich vor allem durch den sog. Ermüdungsanstieg, beispielsweise im Zeitverlauf der Herzschlagfrequenz und des Sauerstoffverbrauchs. Die Obergrenze dieser beiden Stellgrößen wird in kardiopulmonalen Leistungstests durch das Leveling-off (asymptotische Annäherung an den Maximalwert) bei fortlaufend gesteigerter mechanischer Leistungsanforderung evident. Dieses akute Erschöpfungsstadium führt bei Andauer der Belastung zu einer Überforderung der physiologischen Regulationen und damit zum Zusammenbruch. So stellt z.B. Hitzearbeit unter Umständen eine nichttolerable simultane externe und interne Belastung von Temperatur- und Kreislaufregulation dar. Bei Überschreitung der Regulationskapazität kommt es zum oft tödlichen Hitzschlag, der durch eine abnorm hohe Körpertemperatur gekennzeichnet ist.

Die Leistungsbegrenzung der Regelkreise ist also gekennzeichnet durch die beschränkte Kapazität der Stellgrößen, deren Überschreitung zur Destabilisierung notwendiger Gleichgewichte führt, vor allem der Balance Wärmeproduktion/Wärmeabgabe, Energiebedarf/Energiebereitstellung und Sauerstoffbedarf/Sauerstoffversorgung.

Auch aufgrund von psychischen Leistungen steigt der Energieumsatz des Organismus an. (Ursache ist ein erhöhter Muskeltonus und nicht ein erhöhter Umsatz des Gehirns.) Während bei überwiegend mentalen Belastungen der Einsatz der intellektuellen Fähigkeiten im Vordergrund steht, gehen überwiegend emotionale Belastungen mit deutlichen Reaktionen des vegetativen und endokrinen Systems einher, so dass es zu erheblichen Störungen der autonomen Regulationen kommen kann, die typischerweise zur Adrenalinausschüttung, zum Anstieg der Herzschlagfrequenz, des Atemzeitvolumens und der Schweißrate führen.

1.3.6   Sollwertverstellungen

Von den diskutierten Regelabweichungen aufgrund der Proportionalregelung oder der Überschreitung der Stellgrößen sind interne Sollwertverstellungen zu unterscheiden. Diese werden zentral gesteuert. Körperliche Arbeit bedingt, außer der Erhöhung der Körpertemperatur als Regelabweichung wegen des erhöhten Durchblutungsbedarfs der Muskulatur, eine Erhöhung des mittleren arteriellen Blutdrucks. Der systolische Blutdruck muss unter Umständen auf über 200 mmHg gesteigert werden. Eine solche in die Größenordnung von 100 % gehende Erhöhung erfordert die Annahme von Ergosensoren in der Muskulatur, die auf dem Wege der Sollwertverstellung den Einfluss der den arteriellen Blutdruck messenden Pressosensoren im Regelzentrum überspielen.

Da sich die Ausschüttung zahlreicher Hormone mit dem Tagesrhythmus (circadianer Rhythmus), mit dem Menstruationszyklus und zum Teil auch mit dem Jahresrhythmus ändert, kommt es auch zu rhythmischem Verhalten einiger physiologischer Regelgrößen. Evident wird dieses vor allem in dem Verhalten der Körpertemperatur, die im circadianen Rhythmus eine nahezu sinusförmige Schwankung in der Größenordnung von 1 °C und im monatlichen Rhythmus den mit der Ovulation (Eisprung) einhergehenden Temperatursprung von ca. 0,5 °C aufweist. Das im Rahmen der Infektabwehr auftretende Fieber, u. U. in Form einer Körpertemperaturerhöhung von mehreren °C, ist ebenfalls als eine zentrale Sollwertverstellung zu interpretieren. Sofern nicht bei extremem Fieber die regulatorischen Stellgrößenkapazitäten überschritten werden, kann von einem völlig normalen Regelkreisverhalten, allerdings auf angehobenem Temperaturniveau, ausgegangen werden. Adaptive Prozesse aufgrund von Training, Hitze-, Kälte- oder Höhenakklimatisation erzeugen langfristig Umstellungen im Regler- und Stellgrößenverhalten. Dadurch kann die Regelung entweder ökonomischer (Einsparung von Ressourcen, wie z.B. Stoffwechselenergie, Elektrolyte, Körperflüssigkeit) oder präziser (Reduktion der Regelabweichung) arbeiten. Solche physiologischen Maßnahmen führen regelungstechnisch gesehen ebenfalls zu Sollwertverstellungen.

1.4 Grundbegriffe der System- und Regelungstheorie

Dieses Buch behandelt eine extrem interdisziplinäre Thematik. In jedem der Kapitel 2–8 wird in die jeweils notwendigen Grundlagen und Grundprozesse der Anatomie, Physiologie und Pathophysiologie des menschlichen Körpers eingeführt. Da aber auch die Methoden der System- und Regelungstheorie für praktisch jedes dieser Kapitel relevant sind, müssen die grundlegenden Begriffe und Werkzeuge bekannt sein. Dieser Abschnitt 1.4 soll die nicht mit den Grundlagen der Regelungs- und Automatisierungstechnik vertrauten Leser in die wichtigsten Begriffe und Methoden in aller Kürze einführen, um so ein grundsätzliches Verständnis der Vorgehensweise nachfolgender Kapitel zu ermöglichen. Die außerordentlich kompakte Darstellung versucht, die Begriffe z. T. unter Verzicht auf mathematische Strenge und mit erhöhter Anschaulichkeit zu definieren. Leider kann auch sie trotzdem nicht auf das Mittel der mathematischen Formel bzw. Operation verzichten. Der Leser möge diese nicht leicht verdauliche Komprimierung eines umfassenden theoretischen Rüstzeugs auf wenige Seiten tolerieren, wobei der in der Automatisierungstechnik ausgebildete Leser ggf. ohne Informationsverlust zur Lektüre des Kapitels 2 übergehen kann.

1.4.1 Dynamische Systeme

Unter einem *dynamischen System* oder einem *Prozess* sei eine Funktionseinheit verstanden, die sich aus einer Anordnung von Komponenten zusammensetzt, die untereinander und nach außen Informationen austauschen. Die Systemantwort wird bestimmt durch
1. die Eigenschaften der Komponenten oder Untersysteme,
2. die Struktur des Informationsaustausches der Komponenten untereinander,
3. die Eingangssignale oder -variable (Inputs) (unabhängig oder ggf. abhängig von den Ausgangssignalen anderer Systeme).

Ergebnis der Systemoperation sind Ausgangssignale (Outputs). Als Signale kommen alle physikalisch/physiologischen Größen in Betracht, z.B. Spannungen, Temperaturen, Drücke, Durchflüsse, Konzentrationen usw.

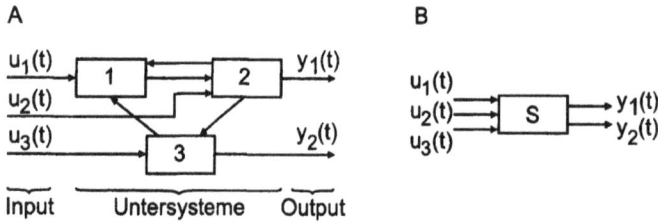

Bild 1.8: Darstellung von Systemstrukturen durch Systemblöcke und Signalpfade, in A und B mit unterschiedlichem Abstraktionsgrad.

Ein dynamisches System ist also durch zeitliche Veränderungen des Verhaltens gekennzeichnet. Die Signale, die dieses zeitliche Verhalten dokumentieren, können als mathematische Variable, die von der Zeit t abhängen, dargestellt werden. In Bild 1.8 A, B wirken beispielsweise die Eingangsgrößen $u_1(t)$ bis $u_3(t)$ auf das System ein, das seinerseits mit zwei Ausgangsvariablen $y_1(t)$ und $y_2(t)$ antwortet. In Teil A ist die Systemstruktur ausführlicher, in Teil B zusammenfassend dargestellt. Von der physikalischen Erscheinungsform wird in der mathematischen Beschreibung abstrahiert, so dass es in diesem Sinne irrelevant ist, ob das System selbst ein elektrisches Gerät, eine mechanische Konstruktion, ein chemischer Prozess, ein sozio-ökonomisches System oder ein physiologisches Organsystem ist. Damit erweist sich die System- und Regelungstheorie als eine von Natur aus fachübergreifende Methodenwissenschaft.

Als Beispiel für ein dynamisches System sei hier kurz die lebende Zelle skizziert. Sie ist begrenzt durch eine Membran und zeichnet sich durch Untersysteme aus, wie z.B. den Zellkern, die Mitochondrien usw. Der Informationsaustausch findet durch biochemische Reaktionen statt. Eingangsgrößen sind beispielsweise Konzentrationen der umgebenden Medien, Umgebungstemperatur und -druck. Ausgangsgrößen können z.B. sein: interne Konzentrationen, Stoffwechsel, Membranpotenzial, Ionenströme. Die Zelle selbst ist natürlich wieder Untersystem größerer Systeme wachsender Komplexität in folgender hierarchischer Struktur: Zelle, Organ (z.B. Herz, Lunge), Organsystem (z.B. Kreislauf, Atmung), Organismus (z.B. Mensch), Gemeinschaft (soziologische, ökonomische usw.).

Zeitinvariante/zeitvariable System
Eine Möglichkeit der Systembeschreibung sind (s. Abschn. 1.4.2) Differenzialgleichungen, in denen Koeffizienten auftreten, die Kennwerte (Parameter) des Systems darstellen. Sofern sich auch diese Parameter oder gar die ganze Systembeschreibung zeitlich ändern, liegt ein sog. zeitvariables dynamisches System vor. Technische Systeme können oft als zeitinvariante dynamische Systeme betrachtet und behandelt werden. Lebende Systeme sind schon definitionsgemäß zeitvariable Systeme, können aber ebenso für bestimmte Zeitabstände als zeitinvariante Systeme beschrieben und analysiert werden. Erstes Ziel der Systembeschreibung ist die Gewinnung der geltenden Differenzialgleichungssysteme oder einer die Systemeigenschaften charakterisierenden Funktion, z.B. der sog. Übertragungsfunktion (Abschn. 1.4.3).

Kontinuierliche/diskrete Signale und Systeme
Ein kontinuierliches Signal existiert im allgemeinen Fall zu jedem Zeitpunkt und kann innerhalb eines bestimmten Wertebereichs beliebige Werte annehmen. Allein schon aufgrund z.B. der Messgenauigkeit oder der vorgesehenen Verarbeitung in einem Digitalrechner liegen viele von Natur aus kontinuierliche Signale in der Amplitude in kleinen Stufen quantisiert vor, so dass man von quasi-kontinuierlichen oder wertdiskreten Signalwerten sprechen kann. Wird das Signal zusätzlich z.B. in einem digitalen Regelkreis zu bestimmten Zeitpunkten abgetastet, wird es ein zeitdiskretes (nur zu bestimmten Zeitpunkten existierendes) Signal. Das derartige diskrete Signale generierende oder verarbeitende System wird als *Abtastsystem* bezeichnet. Im allgemeinsten Fall wertdiskreter Signale können deren diskrete Werte nur symbolisch (z.B. „blau", „geöffnet", „fallend") benannt oder auch nur durchnummeriert werden. Den Wechsel zwischen diskreten Signalwerten bezeichnet man dann als *Ereignis* und das signalverarbeitende System als *ereignisdiskretes System*. Ereignisdiskrete Systeme können z.B. durch sog. *Petri-Netze* beschrieben werden (s. Beispiel Abschnitt 6.4.2). In *Petri-Netzen* werden parallel ablaufende Prozesse durch parallele Wege in der grafischen Darstellung repräsentiert. Es gibt zwei verschiedene Netzelemente („Knoten"), sog. Plätze oder Stellen, im Allgemeinen durch markierte Kreise dargestellt, die den Systemzustand beschreiben, und sog. Transitionen, meist durch schwarze Rechtecke dargestellt, die Systemübergänge (Ereignisse) charakterisieren. Stellen und Transitionen folgen in einem *Petri-Netz* stets aufeinander. Die Menge aller (meist durch einen Punkt) markierten Plätze beschreibt den aktuellen Systemzustand.

Die meisten Körperprozesse arbeiten kontinuierlich bzw. quasi-kontinuierlich: die entsprechenden Variablen, wie z.B. Körpertemperatur, Blutdruck, Blutzuckerkonzentration usw. liegen zeitlich kontinuierlich vor und können sich auch quasi-kontinuierlich verändern. Die Herzschlagfrequenz ist insofern ein zeitdiskretes Signal, als sie nur zu bestimmten Abständen, nämlich den Herzschlagintervallen, neu bestimmbar ist. Schon deshalb wird ein technisches Herzschrittmachersystem, das dieses Signal verarbeitet, ein (diskontinuierlich operierendes) Abtastsystem sein. Das menschliche Kreislaufsystem selbst kann hingegen als kontinuierliches System angesehen werden, da diskrete Aktionen des Herzens schon aufgrund der elastischen (Speicher-)Eigenschaften der großen Arterien in kontinuierliche Signale (Blutdruck, Blutfluss) umgewandelt werden.

Das Nervensystem arbeitet mit Impulsen („Aktionspotenzialen"), also mit diskreten Signalen, die allerdings nicht wie in einem Computer digital, d.h. durch einen Zahlencode, verschlüsselt werden. Die Informationen im Nervensystem (z.B. Größe der sensorischen Reize) sind vielmehr aufgrund der aufsummierenden („integrativen") Eigenschaften der physiologischen Sensoren und der synaptischen Kontaktstellen zu anderen Neuronen in der Impulsdichte codiert: Die Amplitude (Größe) des Eingangsreizes wird analog in die Amplitude der Aktionspotenzialfrequenz umgewandelt, also: keine digitale Codierung, sondern praktisch eine analoge Pulsdichtemodulation.

Gesteuerte/geregelte/automatische Systeme
Besondere Schwierigkeiten in der anschaulichen Durchdringung der Vorgänge machen Systeme, in denen Informationen rückgekoppelt werden und die in vielfältiger Weise u. U. auf

mehreren Ebenen miteinander verkoppelt („vermascht") sind. Nicht zuletzt deswegen hat sich die mathematische Behandlung in der Regelungstechnik als wichtigstes Werkzeug etabliert und sich die Regelungs- und Automatisierungstechnik als ein umfassendes selbstständiges Fachgebiet entwickelt. Die Grundbegriffe des Regelkreises und die Besonderheiten der Regelung biologischer Systeme sind in Abschn. 1.3 bereits genannt worden. Der Terminus *Regelung* bezeichnet die Beeinflussung eines Systems in einer gewählten Art und Weise mit vorgegebenen Zielen, und zwar wegen der realisierten negativen Rückkopplung, unabhängig von den auf das System oder in dem System wirkenden Störgrößen und Störprozessen. Eine *Steuerung* in offener Wirkungskette, also eine Systembeeinflussung ohne Rückkopplung (Beispiel Bild 2.55 C), kann das Ziel einer Regelung nur in dem Sonderfall erreichen, in dem das Verhalten der Störungen und Störprozesse vorab in seinem Zeitverlauf vollständig bekannt ist und daher in dem Steuerungsalgorithmus vorab berücksichtigt werden kann.

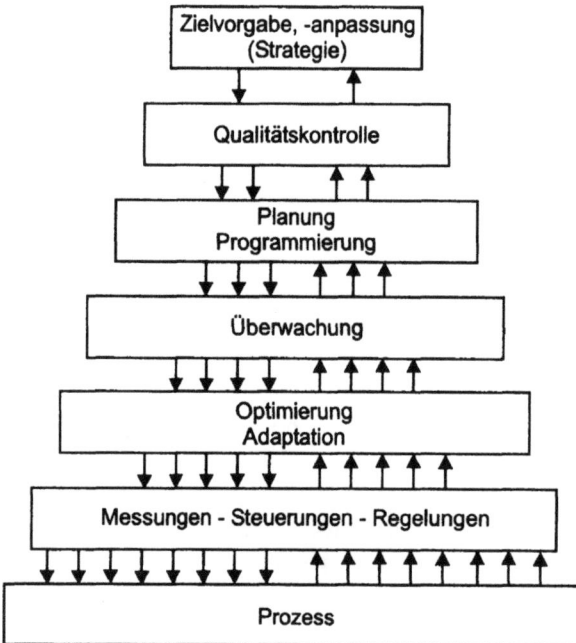

Bild 1.9: *Beispiel eines hierarchischen Automatisierungskonzeptes.*

Natürlich beschäftigt sich auch die moderne Regelungstechnik längst nicht mehr vornehmlich mit einschleifigen Regelkreisen, sondern mit umfassenden hierarchischen Automatisierungskonzepten und -systemen. Bild 1.9 zeigt z.B. ein Schema einer technischen Mehrebenenautomatisierung mit Steuerungen und Regelungen auf der unteren Ebene, übergeordneten Optimierungen und weiteren Steuerebenen Überwachung, Planung/Programmierung, Qualitätskontrolle, Zielvorgabe und -anpassung. Die Informationsverarbeitung des menschlichen Körpers ist auch durch solche komplexe hierarchische Strukturen gekennzeichnet (vgl. z.B. Abschn. 1.3.3/1.3.4 „Autonomes Nervensystem und endokrines System", Kapitel 6 „Motorisches System").

Die Tatsache, dass diese zur Zeit oft noch nicht ausreichend im Rahmen des Entwurfs kooperativer und autonomer Systeme berücksichtigt werden können, liegt nicht daran, dass das theoretische Instrumentarium nicht verfügbar wäre, sondern dass diese biologischen Systeme noch nicht hinreichend in ihrer Systemstruktur und ihrer Systemdynamik analysiert werden konnten. Dies ist vorwiegend auf die besondere Komplexität dieser Systeme zurückzuführen, aber teils auch darauf, dass die wissenschaftliche Analyse selbst zu wenig Anerkennung und Förderung erfährt. Auch wenn sie an Therapie- und Vermarktungsziele angekoppelt wird, wird ihr in der Regel aus wirtschaftlichen Gründen nicht der erforderliche Zeit- und Ressourcenrahmen zur Verfügung gestellt.

Mehrgrößensysteme
In der biologischen Realität haben wir es mit Mehrgrößensystemen, insbesondere mit vermaschten Mehrgrößenregelungen zu tun. Es gibt kaum ein als isoliert zu betrachtendes und isoliert arbeitendes Organ oder Organsystem in unserem Körper. Schon die „großen" Regelkreise des Körpers (Blutdruck, Blutvolumen, Temperatur, Blutgas- und Elektrolytkonzentrationen usw.) und die dazugehörigen Systeme (Herz/Kreislauf, Atmung, Stoffwechsel, Wasser- und Energiehaushalt, vgl. z.B. Abschn. 2.1.5) sind in sehr komplexer Weise auf vielen Ebenen miteinander verkoppelt. Das grundsätzliche Werkzeug zur mathematischen Behandlung derartiger Systeme ist in der System- und Regelungstheorie vorhanden.

Lineare/nichtlineare Systeme
Einschränkend muss gesagt werden, dass eine geschlossene und universell einsetzbare Theorie nur für die sog. linearen Systeme existiert. Solche Systeme lassen sich beispielsweise durch einen Satz von linearen Differenzial- oder Differenzengleichungen beschreiben. Ein System heißt linear, wenn sich die Wirkungen mehrerer überlagerter Eingangssignale am Ausgang des Systems in gleicher Weise linear überlagern (Superpositionsprinzip). Für zwei Eingangssignale ist dieses Prinzip in Bild 1.10 dargestellt. Eine solche Linearitätsbedingung ist für viele Systeme in der Technik und erst recht in der Biomedizin nicht erfüllt. Bereits eine einfache nichtlineare Beziehung zwischen Ausgang und Eingang (Reiz und Reaktion), s. Bild 1.11, verletzt diese Bedingung. Dennoch ist die Theorie der linearen Systeme von größter Bedeutung, da mit ihrer Hilfe viele grundlegende Systemeigenschaften untersucht werden können. Eine häufig mögliche und angewandte Vorgehensweise ist die Linearisierung um einen „Arbeitspunkt" eines Systems. Die geometrische Deutung einer solchen Linearisierung ist in Bild 1.11 zu sehen. In der Nähe eines Arbeitspunktes wird die nichtlineare Kennlinie durch die (lineare) Tangente ersetzt. Es ist offenkundig, dass diese Methodik nur für relativ kleine Auslenkungen um den Arbeitspunkt gültige Ergebnisse erwarten lässt. Grundsätzlich kann aber um beliebig viele Arbeitspunkte linearisiert und das Systemverhalten analysiert und berücksichtigt werden.

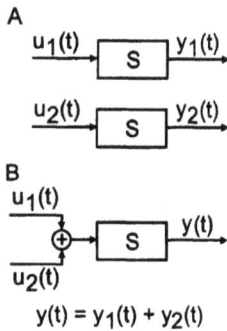

Bild 1.10: *Linearitätsbedingung für Systeme (Superpositionsprinzip).*

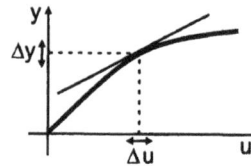

Bild 1.11: *Linearisierung um einen Arbeitspunkt.*

1.4.2   Mathematische Beschreibung von dynamischen Systemen

Die folgenden Erläuterungen beziehen sich auf zeitinvariante kontinuierliche lineare Systeme. Während die Übertragung auf zeitvariante und zeitlich diskrete lineare Systeme relativ einfach ist, hier verständlicherweise aber unterbleibt, erfordert die Bearbeitung nichtlinearer Systeme, sofern keine Linearisierung möglich ist, eine besondere systemabhängige Behandlung, für die ebenfalls auf Spezialliteratur verwiesen werden muss.

Beschreibung durch Differenzialgleichungen
Lineare Differenzialgleichungen mit konstanten Koeffizienten mit der Zeit t als unabhängige Variable sind die übliche mathematische Beschreibungsform für zeitinvariante kontinuierliche lineare dynamische Systeme. Hierzu muss man nur auf die fundamentalen physikalischen und chemischen Gesetze zurückgreifen. Als einfaches Einführungsbeispiel seien die Aufladung und die Entladung eines elektrischen Kondensators besprochen, die in ähnlicher Form z.B. bei Defibrillatorsystemen (Abschn. 2.6), aber auch für die Generierung von Schrittmacherimpulsen (Abschn. 2.3) eine große Rolle spielen. (Wir werden sehen, dass sich Gleichungen, Lösungen, Graphen und Schlussfolgerungen auf das dynamische Systemverhalten ergeben werden, die exakt auch für viele andere physikalische, chemische, physiologische und weitere Prozesse gelten.). Der Kondensator C wird üblicherweise über einen Schalter und einen Widerstand R ge- bzw. entladen. Bild 1.12 A zeigt die Situation für den Aufladevorgang (Schalterstellung „Laden").

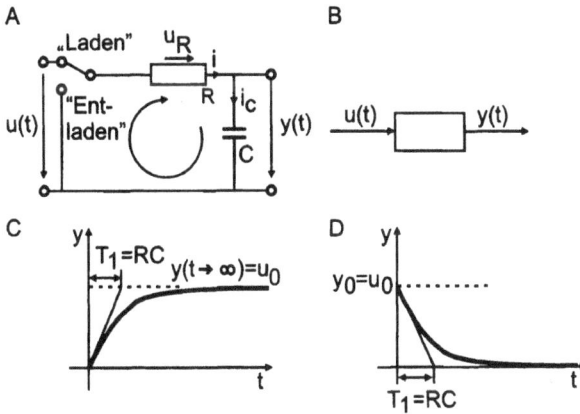

Bild 1.12: A: Schaltung für die Auf- und Entladung eines Kondensators. B: Darstellung als dynamisches System mit Eingangs- und Ausgangssignal. C: Zeitverlauf der Kondensatorspannung beim Aufladen, D: beim Entladen.

In einem geschlossenen Spannungsumlauf einer Netzwerkmasche muss entsprechend der 2. Kirchhoff'schen Regel die Summe aller Vorzeichen-bewerteten Spannungen (Berücksichtigung der Pfeilrichtungen in Bild 1.12 A) Null sein:

$$u_R(t) + y(t) - u(t) = 0. \tag{1.1}$$

Der Spannungabfall u_R am Widerstand R folgt aus dem Ohm'schen Gesetz, wobei der Strom i fließt:

$$u_R(t) = R \cdot i(t). \tag{1.2}$$

Für den Kondensator gilt das fundamentale physikalische Gesetz: Ladung q = Kapazität C mal Spannung y:

$$q(t) = C \cdot y(t). \tag{1.3}$$

Die Ladung q ist aber der zeitlich aufsummierte (integrierte) Strom i:

$$q(t) = \int i(t)dt. \tag{1.4}$$

Setzt man Gl. (1.4) in Gl. (1.3) ein, erhält man:

$$\int i(t)dt = C \cdot y(t). \tag{1.5}$$

Die Differenziation beider Gleichungsseiten führt zur Beseitigung der Integraloperation und bei zeitlich konstanter Kapazität C zu:

$$i(t) = C\frac{dy(t)}{dt}. \tag{1.6}$$

Setzt man Gl. (1.6) in Gl. (1.2) und diese dann in Gl. (1.1) ein und ordnet die Gleichung neu, ergibt sich:

$$\frac{dy(t)}{dt} = -\frac{1}{RC}y(t) + \frac{1}{RC}u(t). \tag{1.7}$$

oder allgemeiner:

$$\frac{dy(t)}{dt} = ay(t) + bu(t). \tag{1.8}$$

$u(t)$ ist das Eingangssignal, die angelegte Ladespannung. Die lineare Differenzialgleichung (DGL) erster Ordnung charakterisiert das System als ein lineares System erster Ordnung. $y(t)$ ist das Ausgangssignal, der Spannungsverlauf am Kondensator (vgl. Bild 1.12 B). Zu der DGL (1.8) gehört eine Anfangsbedingung für die Kondensatorspannung y zum Zeitpunkt $t = 0$:

$$y(0) = y_0 \quad \text{(in diesem Beispiel: } y_0 = 0\text{).} \tag{1.9}$$

Lineare Differenzialgleichungen beliebiger Ordnung haben eine Lösung, die sich aus zwei additiven Anteilen zusammensetzt. Der erste Teil charakterisiert die Eigenbewegung y_{eigen}, d.h. das dynamische Antwortverhalten ohne die „Anregung": $u(t)=0$. Damit fordert Gl. (1.8), dass die Funktion $y(t)$ und deren zeitliche Ableitung $dy(t)/dt$ bis auf den Faktor a gleich sind. Eine solche Bedingung wird nur erfüllt von der folgenden Exponentialfunktion:

$$y_{eigen}(t) = ke^{at} = ke^{-t/RC} = ke^{-t/T_1}. \tag{1.10}$$

Dabei ist k eine noch unbekannte Konstante und T_1 als sog. Zeitkonstante die Abkürzung für das Produkt RC.

Sodann ist die sog. inhomogene Lösung der DGL (1.8) für $u(t) \neq 0$, d.h. die erzwungene Bewegung y_{erzw} zu bestimmen, die natürlich von der Art des Zeitverlaufs der Anregung $u(t)$ abhängt. Abschließend wird durch Einsetzen der Anfangsbedingung Gl. (1.9) in die Gesamtlösung $y_{eigen}(t) + y_{erzw}(t)$ die Konstante k berechnet. Die allgemeine Gesamtlösung lautet:

$$y(t) = y_0 e^{at} + \int_0^t e^{a(t-\tau)}bu(\tau)d\tau. \tag{1.11}$$

Mit der Abkürzung $e^{at} = \Phi(t)$ ergibt sich die allgemeine Bewegungsgleichung für ein System 1. Ordnung, wobei der erste Summand die Eigenbewegung und der zweite Summand die erzwungene Bewegung wiedergibt:

$$y(t) = \Phi(t)y_0 + \int_0^t \Phi(t-\tau)bu(\tau)d\tau. \tag{1.12}$$

Setzt man für das Beispiel der RC-Schaltung wieder

$$\Phi(t) = e^{at} = e^{-t/T_1} \quad \text{und} \quad b = 1/RC = 1/T_1, \tag{1.13}$$

ergibt sich:

$$y(t) = e^{-t/T_1} y_0 + \frac{1}{T_1} \int_0^t e^{-(t-\tau)/T_1} u(\tau) d\tau. \tag{1.14}$$

Für die Aufladung des Kondensators durch Einschalten einer Gleichspannung gilt:

$$y_0 = 0 \quad \text{und} \quad u(t) = u_0 \quad \text{für} \quad t > 0, \tag{1.15}$$

und damit ergibt sich als Lösung der DGL der Zeitverlauf der Kondensatoraufladung:

$$y(t) = u_0(1 - e^{-t/T_1}). \tag{1.16}$$

Dieser ist in Bild 1.12 C aufgetragen: Das System reagiert auf ein sprungförmiges Eingangs-signal dergestalt, dass es diese Anregung nicht unmittelbar, sondern erst allmählich und asymptotisch umsetzt. Theoretisch gilt erst für $t \rightarrow \infty$:

$$y = u_0. \tag{1.17}$$

Dann ist die Ausgangsgröße proportional, in diesem Fall sogar identisch mit der Eingangs-größe. Dieser Zustand wird als *stationärer Zustand* (*steady state*) bezeichnet. In welcher Art und Weise sich das System auf den stationären Zustand zubewegt, hängt von der System-struktur, d.h. von der Art der Differenzialgleichung (hier 1. Ordnung) und der darin vor-kommenden Parameter (hier nur T_1) ab. In diesem Beispiel haben wir es dementsprechend mit einem, bezogen auf den stationären Zustand proportional (P) reagierenden System, bezo-gen auf den transienten Vorgang mit einem Verzögerungssystem 1. Ordnung mit der Zeit-konstanten T_1 zu tun. Man spricht kurz von einem *PT$_1$-System* (Näheres hierzu Abschn. 1.4.3).

Für den Entladevorgang ist der Eingang der Schaltung in Bild 1.12 A nicht mit der Lade-spannung zu verbinden, sondern kurzzuschließen (Schalterstellung „Entladen"). Es gilt eine andere Anfangsbedingung und eine andere Art der Eingangsgröße $u(t)$:

$$y(0) = u_0 \quad \text{bzw.} \quad u(t) = 0. \tag{1.18}$$

Die Lösung der DGL ergibt in diesem Fall entsprechend Gl. (1.14):

$$y(t) = u_0 e^{-t/T_1}, \tag{1.19}$$

d.h. der Entladevorgang ist wegen $u(t) = 0$ eine reine Eigenbewegung. Der Vorgang ist in Bild 1.12 D dargestellt. Die Schnelligkeit des Auf- und Entladevorgangs wird in gleicher

Weise bestimmt durch die Zeitkonstante T_1 und damit durch die Werte des Widerstandes R und des Kondensators C. Derselbe Differenzialgleichungstyp und dieselben Lösungen ergeben sich für viele andere, z.B. auch biologische Prozesse, so z.B. für Zerfalls-, Ausscheidungs-, Diffusionsprozesse und Primärprozesse an physiologischen Sensoren, für die chemische Reaktion 1. Ordnung, für Wärmeübergangsprozesse usw. Die Zeitkonstante T_1 setzt sich dann jeweils aus anderen physiologischen und chemischen Kennwerten zusammen.

Zustandsraumdarstellung dynamischer Systeme

Im vorhergehenden Abschnitt wurde ein System mit nur einem Speicherelement, in diesem Beispiel einem Kondensator, behandelt. Die Anzahl der Speicherelemente bestimmt die Ordnung des Systems und damit die Ordnung der Differenzialgleichung. Differenzialgleichungen n-ter Ordnung werden vom Regelungstechniker im Allgemeinen in ein System von n Differenzialgleichungen 1. Ordnung umgeformt. Er kommt so zu der sog. Zustandsraumdarstellung von dynamischen Systemen. Entsprechend bezeichnet man die n abhängigen Variablen des Differenzialgleichungssystems als *Zustandsvariable*. Statt nun mit n Gleichungen, mit n Komponenten x_i (i=1...n) der Zustandsvariablen zu arbeiten, schreibt man die Zustandsvariable in Fettdruck als Spaltenvektor x. Damit wird auch die Größe b (vgl. Gl. (1.8)) ebenfalls ein Spaltenvektor b und die Größe a eine Matrix A mit n Zeilenelementen und n Spaltenelementen. Statt n Gleichungen ergibt sich damit nur eine (Matrix-)Gleichung:

$$\frac{dx}{dt} = Ax(t) + bu(t) \tag{1.20}$$

$$x(0) = x_0.$$

Im vorangegangenen einfachen Beispiel der RC-Schaltung ist die Ausgangsgröße y des Systems identisch gleich der Zustandsgröße x. Im allgemeinen Fall setzt sie sich aus einer Linearkombination der Zustandsgrößen x_i zusammen:

$$y(t) = c^T x(t). \tag{1.21}$$

Das hochgestellte T kennzeichnet c als Zeilenvektor.

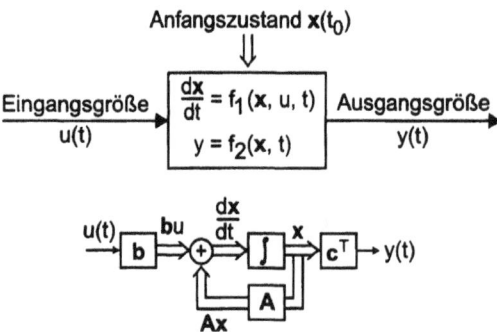

Bild 1.13: Zustandsraumdarstellung eines linearen dynamischen Systems. (Doppelpfeile bzw. Fettbuchstaben: vektorielle Größen).

Die Gleichungen (1.20) und (1.21) stellen die Zustandsraumbeschreibung eines linearen dynamischen Systems mit einer Eingangs- und Ausgangsgröße dar. Diese ist in Bild 1.13 als Blockschaltbild gezeigt. Die allgemeine Lösungsgleichung (1.12) („Bewegungsgleichung") für das System 1. Ordnung kann vollständig übernommen werden, indem man berücksichtigt, dass x, x_0 und b zu Spaltenvektoren x, x_0 und b werden und $\varPhi$ zur Matrix $\varPhi$ wird. $\varPhi$ heißt dann Übergangsmatrix, Transitionsmatrix oder *Fundamentalmatrix*. Zu ihrer Berechnung existieren leistungsfähige Methoden, die hier jedoch nicht behandelt werden können. Berücksichtigt man zusätzlich Gl. (1.21), so ergibt sich die Bewegungsgleichung für die Ausgangsgröße y eines linearen Systems n-ter Ordnung:

$$y(t) = c^T \varPhi(t) x_0 + \int_0^t c^T \varPhi(t - \tau) b u(\tau) d\tau. \tag{1.22}$$

Natürlich lässt sich auch aus dieser allgemeinen Gleichung das Verhalten des einfachen Systems 1. Ordnung der Kondensatorschaltung berechnen.

Zur Beschreibung von Mehrgrößensystemen, d.h. von Systemen mit mehreren Eingangsgrößen $u_i(t)$ und mehreren Ausgangsgrößen $y_i(t)$ gehen die Vektoren b und c in Matrizen B und C über.

1.4.3   Kennfunktionen von linearen dynamischen Systemen

Aus Gl. (1.22) kann für beliebige Eingangssignale $u(t)$ die Systemantwort $y(t)$ eines linearen dynamischen Systems berechnet werden. Sowohl zur experimentellen Analyse („Identifikation") als auch zur systemtheoretischen Beschreibung werden Testsignale benutzt, deren Systemantworten teils das Zeitverhalten, teils das (äquivalente) Frequenzverhalten des Systems charakterisieren.

Kennfunktionen im Zeitbereich
Die Antwort eines linearen Systems ausgehend vom Zustand $x = 0$ auf eine sprungförmige Eingangsgröße (der Vergleichbarkeit halber: mit dem Wert „1") wird als *Übergangsfunktion* $h(t)$ bezeichnet. Sie kann aus Gl. (1.22) berechnet oder experimentell ermittelt werden. Dazu wurde in Abschn. 1.4.2 ein einfaches Beispiel in Form des Einschaltvorgangs einer Gleichspannung auf eine RC-Schaltung vorgestellt. Die Übergangsfunktion im Bild 1.12 C kennzeichnet ein *PT_1-System,* ein stationär proportionales und transient verzögerndes System 1. Ordnung. Für den Kennparameter „Systemverstärkung" K, d.h. das Steady-State-Verhältnis ($t \rightarrow \infty$) von y_0/u_0, gilt in diesem Beispiel $K=1$. Er ist sowohl aus der Gl. (1.16) als auch aus Bild 1.12 C bzw. 1.14 zu identifizieren. Das gilt ebenso für den zweiten Kennparameter dieses Systems, die Zeitkonstante T_1.

Ein entsprechendes System, dessen Eigenverhalten durch eine Differenzialgleichung 2. Ordnung bzw. im Zustandsraum durch ein System zweier Differenzialgleichungen 1. Ordnung beschrieben wird, ist ein *PT_2-System*. Es hat drei Kennparameter K, T_1 und T_2. Viele schwingungsfähige Systeme, Feder-/Masse-Systeme, elektrische Schwingkreise, Aktoren biologischer Regelkreise u. ä. folgen dieser Gesetzmäßigkeit. Die Übergangsfunktion beginnt im Nullpunkt im Gegensatz zu einem PT_1-System mit waagerechter Tangente, also prinzipiell träger (vgl. Bild 1.14). Das Einschwingverhalten und damit die Übergangsfunktion kann, je nach dem Verhältnis der Parameter T_1 und T_2, aperiodisch oder überschwingend asymptotisch in den Endwert übergehen.

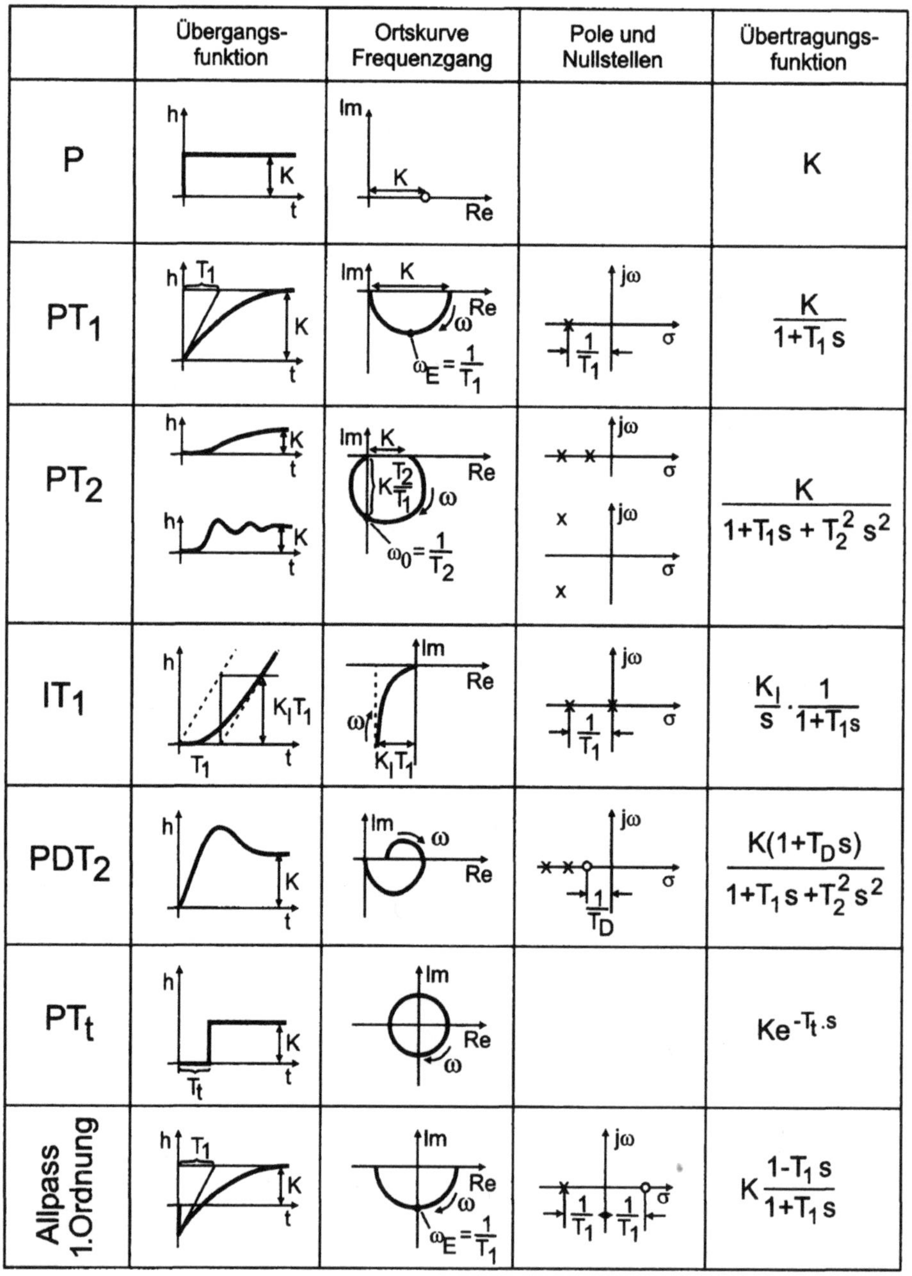

	Übergangs-funktion	Ortskurve Frequenzgang	Pole und Nullstellen	Übertragungs-funktion
P				K
PT_1				$\dfrac{K}{1+T_1 s}$
PT_2				$\dfrac{K}{1+T_1 s + T_2^2 s^2}$
IT_1				$\dfrac{K_I}{s} \cdot \dfrac{1}{1+T_1 s}$
PDT_2				$\dfrac{K(1+T_D s)}{1+T_1 s + T_2^2 s^2}$
PT_t				$K e^{-T_t \cdot s}$
Allpass 1.Ordnung				$K\dfrac{1-T_1 s}{1+T_1 s}$

Bild 1.14: *Beispiele häufiger dynamischer Systeme: Übergangsfunktionen, Frequenzgang-Ortskurven, Pole / Nullstellen-Darstellung (**x** = Pole, O = Nullstellen) und Übertragungsfunktionen.*

Von Bedeutung, insbesondere für den Reglerentwurf, sind integrierende (I-) Systeme, deren Ausgangssignal das Integral des Eingangssignals abbildet. In Bild 1.14 ist die Übergangsfunktion eines IT_1-Systems dargestellt.

Systeme, die die inverse Operation ausführen, heißen Differenzial-Systeme oder D-Systeme. Natürlich gibt es vielfältige Kombinationen der genannten Systeme in Natur und Technik. Differenzialsysteme mit Proportionalanteil (PD-Systeme) und Verzögerung sind z.B. in der Physiologie sehr häufig: Fast alle physiologischen Sensoren zeigen PDT_2-Verhalten (vgl. Bild 1.14).

Weitere häufig vorkommende Systeme sind Totzeitsysteme, die das Eingangssignal unverändert lassen, aber um die Totzeit (Laufzeit) T_t verschieben. Sie entstehen z.B. dann, wenn Materie über eine räumliche Distanz von dem Ort der Entstehung zum Ort der Wirkung transportiert werden muss. Totzeiten kann man beispielsweise beobachten beim Einschalten einer Heizungsanlage, sofern die Raumtemperatur als Ausgangsgröße betrachtet wird, oder bei der neuronalen Informationsübertragung aufgrund der Übertragungszeiten an den Kontaktstellen (Synapsen) der Neurone. Markante Totzeiten sind auch hinsichtlich des hormonellen Systems anzusetzen (z.B. Transport von der Hypophyse zum Zielorgan über den Blutkreislauf).

Eine Sonderstellung nehmen sog. Allpasssysteme ein. Ein Allpasssystem 1. Ordnung z.B. zeichnet sich durch ein Übergangsverhalten aus, das zunächst in die zum Eingangssignal entgegengesetzte Richtung reagiert (vgl. Bild 1.14, letzte Zeile). Man kennt dies z.B. von der Körpertemperatur bei Trainingsbeginn: Kühles Blut aus der Peripherie strömt in die zentralen Bereiche und führt kurzzeitig zum Abnehmen der Kerntemperatur, bevor diese stoffwechselbedingt ansteigt. Systeme ohne Allpassanteil bezeichnet man als minimalphasige Systeme.

Vor allem theoretische Bedeutung hat die Antwortfunktion von Systemen auf einen – mathematisch – unendlich schmalen und hohen Impuls, den Dirac-Impuls. Dieser ist die mathematische Ableitung der Sprungfunktion. Dementsprechend ist auch die Systemantwort auf einen Dirac-Impuls, die man als Gewichtsfunktion bezeichnet, die Ableitung der Übergangsfunktion.

Kennfunktionen im Frequenzbereich

Wird ein lineares System mit einer harmonischen Schwingung mit der Kreisfrequenz ω $u = \hat{u}\sin\omega t$ angeregt, so antwortet es mit einer Schwingung derselben Frequenz mit unterschiedlicher Amplitude $\hat{y}$ und Phasenlage φ: $y = \hat{y}\sin(\omega t + \varphi)$. Die Beschreibung und die Analyse linearer Systeme im Frequenzbereich gehen zunächst auf die Tatsache zurück, dass sich Signale in Elementarsignale zerlegen lassen. Periodische Signale lassen sich durch eine Summe von Komponenten verschiedener Frequenzen (Fourier-Reihe) darstellen. Diese beliebte und nützliche Technik versagt zunächst bei nichtperiodischen Signalen. Unter der Voraussetzung, dass die Signalfunktionen sich in endlich viele Intervalle aufteilen lassen, in denen sie stetig und monoton sind und in denen sie für $t \to \infty$ gegen 0 streben, kann aber die Summe der Fourier-Reihe in ein kontinuierliches Integral, die Fourier-Transformation, überführt werden.

Zur mathematisch vereinfachten Darstellung kann man harmonische Schwingungen durch die bekannte Euler'sche Beziehung darstellen:

$$\cos \omega t + j \sin \omega t = \mathrm{e}^{j\omega t} \qquad (1.23)$$

mit $j = \sqrt{-1}$ als Einheit der imaginären Zahlen.

Damit lautet die Fourier-Reihe:

$$f(t) = \sum_{k=-\infty}^{+\infty} F_k \mathrm{e}^{jk\omega_0 t}. \qquad (1.24)$$

F_k ist der jeweilige Fourier-Koeffizient für eine Schwingung mit der k-fachen Frequenz der Grundfrequenz ω_0. Die Funktion $f(t)$ wird also durch eine Summe von Spektrallinien der Höhe F_k und der Frequenz $\omega = k\omega_0$ dargestellt. Die beiden Darstellungen sind äquivalent. Der Übergang auf nichtperiodische Signale $f(t)$ mit den genannten einschränkenden Bedingungen überführt die Summe der Fourier-Reihe in das Fourier-Integral:

$$f(t) \sim \int_{-\infty}^{+\infty} F(j\omega) \mathrm{e}^{j\omega t} d\omega. \qquad (1.25)$$

Diese Operation baut eine Funktion $f(t)$ aus einem kontinuierlichen Frequenz-Spektrum auf. Die Umkehrung, d.h. die Bestimmung des kontinuierlichen Spektrums aus der Zeitfunktion, erfolgt durch die Umkehrung des Integrals, die *Fourier-Transformation:*

$$F(j\omega) = \int_{-\infty}^{+\infty} f(t) \mathrm{e}^{-j\omega t} dt. \qquad (1.26)$$

Die Fourier-Transformation hat in der Systemtheorie vor allem dadurch Bedeutung, dass Fourier-transformierte Eingangssignale $u(t) \rightarrow U(j\omega)$ und Ausgangssignale $y(t) \rightarrow Y(j\omega)$ in einer einfachen multiplikativen Beziehung stehen (kein kompliziertes Integral wie bei den Zeitfunktionen, s. z.B. Gl. (1.22)):

$$Y(j\omega) = G(j\omega) \cdot U(j\omega). \qquad (1.27)$$

$G(j\omega)$ ist der *Frequenzgang,* der also einfach als Quotient der Fourier-Transformierten von Eingangs- und Ausgangssignal bestimmbar ist. Er ist darstellbar als Bahnkurve der Spitze eines Zeigers, dessen Länge und Winkellage (Phase) sich in Abhängigkeit der Frequenz ω ändern (vgl. Bild 1.14, Spalte 3), also als *Ortskurve.* Diese zweidimensionale Bahnkurve mit dem Parameter Frequenz ω lässt sich zerlegen und darstellen in zwei Kurven, die jeweils von ω abhängen, nämlich in

$$|G(j\omega)| = \frac{|Y(j\omega)|}{|U(j\omega)|},$$ (1.28)

den sog. *Amplitudengang* des Systems, also praktisch das Verhältnis der Maximalamplituden von Eingangs- und Ausgangssignal, und in

$$\arg G(j\omega) = \arg Y(j\omega) - \arg U(j\omega),$$ (1.29)

den sog. *Phasengang,* also den Phasenwinkel φ zwischen Eingangs- und Ausgangssignal einer bestimmten Frequenz ω. Das sog. *Bode-Diagramm* stellt den Logarithmus des Amplitudenverhältnisses und den Phasenwinkel jeweils in Abhängigkeit von $\log\omega$ dar. Da die Systembehandlungen im Zeit- und im Frequenzbereich äquivalent sind, lassen sich auch die Kennparameter des Systems im Frequenzgang ablesen (vgl. Bild 1.14, 3. Spalte). Der Frequenzgang ist mathematisch gesehen die Fourier-Transformierte der schon eingeführten Gewichtsfunktion. Experimentell können der Frequenzgang und die Ortskurve bestimmt werden, indem sinusförmige Eingangssignale verschiedener Frequenzen ω auf das System gegeben werden, die Ausgangssignale registriert und die Amplitudenverhältnisse Ausgangs- zu Eingangssignal sowie die Phasenwinkel zwischen ihnen in Abhängigkeit der Frequenz ω bestimmt werden. Bild 1.15 zeigt für ein *PT$_1$-System* in Teil A die Ortskurve und in Teil B das Bode-Diagramm.

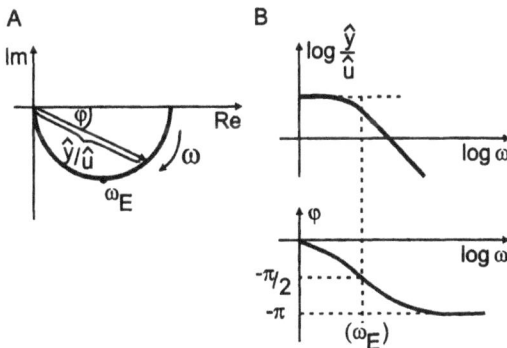

Bild 1.15: Zusammenhang zwischen Ortskurve des Frequenzgangs (A) und Bode-Diagramm (B, Amplituden- und Phasengang) für ein PT$_1$-System. $\omega_E = 1/T_1$, sog. Eckfrequenz. Das Dachsymbol (^) kennzeichnet die Amplitude der harmonischen Schwingungen.

Die Fourier-Transformation unterliegt, wie schon erwähnt, Einschränkungen mit der Konsequenz, dass aufklingende Signale, wie sie in sog. instabilen Systemen (Abschn. 1.4.4) auftreten, nicht Fourier-transformiert werden können. Deshalb arbeitet die System- und Regelungstechnik vorzugsweise mit einer weiter entwickelten Transformation. Ersetzt man in der Fourier-Transformation das imaginäre Argument $j\omega$ durch ein komplexes Argument $s = \sigma + j\omega$ und setzt voraus, dass die Signale für $t<0$ verschwinden, geht die Fourier-Transformations-Gleichung (1.26) in die (einseitige) *Laplace-Transformation* über:

$$F(s) = \int\limits_{0}^{+\infty} f(t)e^{-st}dt. \tag{1.30}$$

Für die in der System- und Regelungstechnik praktisch auftretenden Signale kann von einer Konvergenz des Laplace-Integrals ausgegangen werden. Die Darstellungen $f(t)$ im „Originalbereich" und $F(s)$ im „Bildbereich" sind äquivalent und durch Transformation bzw. Rücktransformation (wie bei der Fourier-Transformation) ineinander überführbar. Während die Fourier-Transformation die Zeitsignale aus einem kontinuierlichen Spektrum von harmonischen Schwingungen zusammensetzt, sind die Elementarsignale der Laplace-Transformation auf- und abklingende Schwingungen mit komplexer Amplitude. Trotz dieses offenkundigen Mangels an Anschaulichkeit führt die Laplace-Transformation zu essentiellen Vereinfachungen bei der Behandlung linearer dynamischer Systeme. Ähnlich wie in Gl. (1.27) für den Frequenzgang, mit Anwendung auf periodische Signale, gilt für die allgemeinen Laplacetransformierten Ausgangs- und Eingangssignale $y(t) \rightarrow Y(s)$ und $u(t) \rightarrow U(s)$:

$$Y(s) = G(s) \cdot U(s). \tag{1.31}$$

Die Funktion $G(s)$ heißt *Übertragungsfunktion*. Gl. (1.31) bedeutet, dass jedes Ausgangssignal $Y(s)$ aus dem Eingangssignal $U(s)$ durch einfache Multiplikation mit $G(s)$ bestimmt werden kann. Für die Behandlung und Berechnung verschalteter Systeme bedeutet das weiterhin, dass die Übertragungsfunktionen parallel geschalteter Subsysteme einfach addiert werden können, um die Gesamtwirkung auf eine Ausgangsgröße zu ermitteln, oder dass in Reihe geschaltete Subsysteme durch Multiplikation ihrer Übertragungsfunktionen zusammengefasst werden können. Das führt zu überschaubaren Rechenoperationen bei der Übermittlung der Übertragungsfunktion eines Gesamtsystems. Ferner gilt (vgl. Gl. (1.30)), dass eine Differenziation im Originalbereich in eine Multiplikation mit s im Bildbereich und eine Integration im Orginalbereich in eine Multiplikation mit $1/s$ im Bildbereich übergeht. Somit ermöglicht also die Transformation der Funktionen in den Bildbereich eine einfache Systembehandlung mit Grundrechenoperationen. Das im Bildbereich erhaltene Ergebnis muss zum Schluss in den Zeitbereich zurücktransformiert werden. Die Laplace-Integrale (1.30) brauchen natürlich nicht jedes Mal ausgeführt zu werden. Die Laplace-Transformierten aller praktisch vorkommenden Funktionen und die Übertragungsfunktionen der Grundsysteme (vgl. Bild 1.14, letzte Spalte) liegen tabellarisch vor.

Die Übertragungsfunktion ist im Übrigen die Laplace-Transformierte der Gewichtsfunktion. Die grafische Darstellung der Übertragungsfunktion im dreidimensionalen Raum ist wenig anschaulich. Daher wird $G(s)$ durch die mathematische Formel wiedergegeben. Diese lautet in ihrer allgemeinsten Form:

$$G(s) = \frac{Y(s)}{U(s)} = k \frac{\prod\limits_{i=1}^{q}(s - s_{0i})}{\prod\limits_{i=1}^{n}(s - s_{i})} \; ; \; q \le n. \tag{1.32}$$

Die Abkürzung $\prod\limits_{i=1}^{n}$ bedeutet, dass die nachfolgenden Terme durch sequenzielles Einsetzen von $i=1...n$ miteinander zu multiplizieren sind (vgl. das allgemein bekannte Summations-symbol $\sum\limits_{i=1}^{n}$). k, s_i und s_{0i} sind die das System bestimmenden Parameter, wobei man s_{0i} als die *Nullstellen* der Übertragungsfunktion und s_i als die *Pole* des Systems bezeichnet. Dementsprechend ist Gl. (1.32) die Pole/Nullstellen-Darstellung der Übertragungsfunktion. Das Nennerpolynom n-ten Grades charakterisiert entsprechend (Gl. 1.32) das Eigenverhalten des Systems n-ten Grades. Es entspricht in der Darstellung durch Differenzialgleichungen im Zeitbereich der Summe aller mit der Ausgangsgröße $y(t)$ behafteten Terme bis einschließlich zur Ableitung $d^n y/dt^n$. Dem Zählerpolynom entspricht im Zeitbereich die Summe aller mit der Eingangsgröße $u(t)$ behafteten Terme bis einschließlich zur Ableitung $d^q u/dt^q$. Die Pole und Nullstellen charakterisieren also zusammen mit der einfachen Konstanten k das Verhalten eines linearen Systems vollständig. Pole und Nullstellen kann man in einfacher Weise in die komplexe Ebene eintragen (Bild 1.14, 4. Spalte). Diese Darstellung spielt eine wichtige Rolle bei der Stabilitätsanalyse (Abschn. 1.4.4).

Schließlich sei der Vollständigkeit halber hier noch auf den Zusammenhang zwischen Übertragungsfunktion und Zustandsraumdarstellung eingegangen. Das Gleichungssystem (1.20) und (1.21) kann durch Laplace-Transformation in den Bildbereich überführt und dann nach $Y(s)$ aufgelöst werden. Das führt zu:

$$Y(s) = c^T (sI - A)^{-1} b \cdot U(s) = G(s) \cdot U(s). \tag{1.33}$$

Dabei ist I die Einheitsmatrix (alle Elemente auf der Hauptdiagonalen = 1, sonst = 0). Die Matrix $(sI-A)^{-1}$ ist gleich der schon oben eingeführten Fundamentalmatrix Φ, nun aber im Bildbereich.

In zeitdiskreten Systemen, sog. Abtastsystemen (vgl. Abschn. 1.4.1), existieren die Signale nur zu bestimmten Zeitpunkten kT, ($k=0...\infty$). Wendet man die Laplace-Transformation auf eine derartige Impulsfolge an, so ergibt sich:

$$F(s) = \sum_{k=0}^{\infty} f(kT) e^{-ksT} = \sum_{k=0}^{\infty} f(k) z^{-k} = F(z). \tag{1.34}$$

In Gl. (1.34) wurde e^{sT} durch z abgekürzt. Diese spezielle Laplace-Transformation führt deshalb den Namen *Z-Transformation*. Sie wird in ähnlicher Weise wie die Laplace-Transformation für die Behandlung von Abtastsystemen (s. Beispiel Abschn. 2.4.4) eingesetzt.

1.4.4 Eigenschaften von Regelkreisen

Der Begriff der Regelung und des Regelkreises wurde schon in Abschn. 1.3 eingeführt. Hier sollen nun einige weitere wichtige Eigenschaften des Regelkreises dargestellt werden.

Übertragungsfunktionen des Regelkreises

Fasst man im Regelkreis des Bildes 1.5 Stellwerk, Messwerk und Regler als „Regler" zusammen und trägt für die Regelstrecke und für den Regler die Übertragungsfunktion $G_s(s)$ bzw. $G_r(s)$ ein, ergibt sich Bild 1.16 A und daraus unter Benutzung der genannten einfachen Rechenregeln für Übertragungsfunktionen das Übertragungsverhalten der Führungsgröße W (Sollwert) auf die Ausgangsgröße Y, die *Führungsübertragungsfunktion* G_w:

$$\frac{Y}{W} = G_w = \frac{G_r G_s}{1 + G_r G_s} \tag{1.35}$$

Entsprechend lässt sich die *Störübertragungsfunktion* aus Bild 1.16 ableiten:

$$\frac{Y}{D} = G_d = \frac{1}{1 + G_r G_s} \tag{1.36}$$

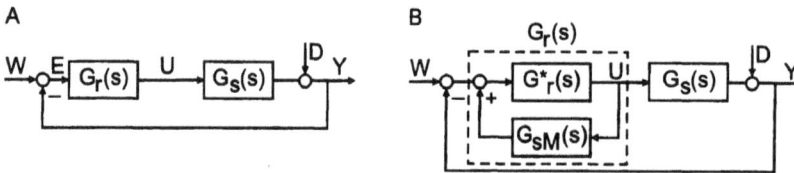

Bild 1.16: *A: Einschleifiger Regelkreis mit Übertragungsfunktionen des Reglers G_r und der Regelstrecke G_s. W = Führungsgröße (Sollwert), E = Regelabweichung, U = Stellgröße, D = Störgröße, Y = Regelgröße. B: Regler mit „innerem" Prozessmodell G_{sM}.*

Das in beiden Gleichungen (1.35) und (1.36) vorkommende Produkt $G_r G_s$ ist die Übertragungsfunktion des geöffneten Regelkreises G_0. Setzt man den beiden Gleichungen gemeinsamen Nenner gleich Null, ergibt sich folgende Gleichung:

$$1 + G_r G_s = 1 + G_0 = 0. \tag{1.37}$$

Man nennt sie die *charakteristische Gleichung* des Regelkreises. Mit ihr können Aussagen über das Stabilitätsverhalten (s. unten) getroffen werden.

Stationäres Verhalten

Im Folgenden sei angenommen, dass weder G_r noch G_s einen integralen Anteil besitzen und der geschlossene Regelkreis stabil ist. Setzt man einen Proportionalregler voraus und bezeichnet den Verstärkungsfaktor in der Übertragungsfunktion der Strecke mit k_s und den des Reglers mit k_r, erhält man die (stationäre) Kreisverstärkung $k_0 = k_r k_s$. Für den stationären Fall ($t \rightarrow \infty$) gehen die Gleichungen (1.35) und (1.36) im Zeitbereich über in:

$$\left.\frac{y}{w}\right|_{t\to\infty} = \frac{k_r k_s}{1+k_r k_s} = \frac{k_0}{1+k_0} = \frac{1}{1/k_0+1} \qquad (1.38)$$

$$\left.\frac{y}{d}\right|_{t\to\infty} = \frac{1}{1+k_r k_s} = \frac{1}{1+k_0}. \qquad (1.39)$$

Beide Gleichungen liefern den Beweis der schon in Abschn. 1.3.2 aufgestellten Behauptung, dass ein Proportional-(P-)Regler praktisch immer mit einer bleibenden Regelabweichung (Bild 1.17) arbeitet, denn die Gl. (1.38) nimmt nur dann den Wert 1 an (Ausgangsgröße y = Führungsgröße w), wenn die Kreisverstärkung k_0 gegen Unendlich geht. Gl. (1.39) nimmt ebenso nur für $k_0 \to \infty$ den Wert 0 an (Ausgangsgröße $y = 0$ trotz Störgröße $d \neq 0$). Große Kreisverstärkungen ermöglichen also kleine, im Allgemeinen tolerierbare Regelabweichungen. Nach den bei der Laplace-Transformation eingeführten Rechenregeln ist die Übertragungsfunktion eines einfachen Integral-(I-)Systems $G_r = k_r/s$. Für diesen Fall kann man zeigen, dass für $t \to \infty$ die Regelabweichung tatsächlich immer Null ist. Ein zusätzliches additives Differenzialglied (D) eines Reglers (Übertragungsfunktion $k_d s$) hat zwar keine Auswirkung auf die stationäre Regelabweichung, ermöglicht dem Regler aber einen schnellen Eingriff, weil nicht nur proportional oder integral zur Eingangsgröße, sondern auch auf die Änderungsrate der Eingangsgröße (differenziell) reagiert wird. Die allgemeine Form eines einfachen Reglers stellt demzufolge der PID-Regler dar, der die genannten Eigenschaften aller drei Teilkomponenten zum Zuge kommen lässt.

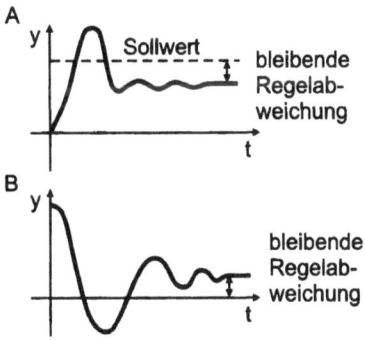

Bild 1.17: Bleibende Regelabweichungen bei P-Regelung. A: Regelgröße ≠ Führungsgröße, B: Einfluss der Störgrößen auf Regelgröße ≠ 0.

Häufig möchte man das Verhalten des geschlossenen Regelkreises in Form einer Führungs- oder Störungsübertragungsfunktion $G_w(s)$ oder $G_d(s)$ direkt vorgeben. Dies kann beispielsweise dadurch erreicht werden, dass man den Regler wie in Bild 1.16 B aufbaut. Demnach setzt sich der effektive Regler $G_r(s)$ zusammen aus einem Teilregler $G^*_r(s)$ und einem inneren Modell der Regelstrecke $G_{s,M}(s)$, das positiv auf den Eingang von $G^*_r(s)$ rückgekoppelt wird. Die Tatsache, dass ein Modell der Strecke explizit im Regler verwendet wird, bezeichnet man auch als *Internal Model Control (IMC)*. Ein IMC-Regler wird z.B. in Abschnitt 2.4.4 benutzt.

Dynamisches Verhalten, Stabilität

Außer den Anforderungen bezüglich des stationären Zustands werden natürlich auch speziel-le Wünsche zum dynamischen Verhalten an einen Regelkreis gestellt. Die grundsätzlichen Ziele, die Störung in minimaler Zeit bei minimalem Überschwingen auszuregeln bzw. die Nachführung der Regelgröße entsprechend einer Führungsgröße in minimaler Zeit ebenso mit minimalem Überschwingen auszuführen, sind nur kompromisshaft erreichbar, weil sich die beiden Minimalbedingungen in der Realität dynamischer Systeme widersprechen. Den-noch kommt man hier zu praktisch tolerierbaren und mit entsprechendem Aufwand auch zu sehr ordentlichen Ergebnissen.

Das Hauptproblem des Entwurfs und der Einstellung eines Regelkreises ist die Gewährleis-tung dynamischer Stabilität. Um den Stabilitätsbegriff rankt sich eine umfangreiche und anspruchsvolle mathematische Literatur, die vor allem auf den russischen Mathematiker A.M. Ljapunov zurückgeht. An dieser Stelle sei eine pragmatische und anschauliche Defini-tion gegeben: Ein System ist dynamisch stabil, sofern es auf eine beschränkte Erregung mit beschränkter Bewegung reagiert. Eine solche Systemeigenschaft ist keineswegs selbstver-ständlich. Denn gerade die fundamentale Eigenschaft der permanenten Rückkopplung kann ein instabiles Verhalten begünstigen bzw. hervorrufen. Im Rahmen eines Regelvorgangs führt ein instabiles System, das prinzipiell unendlich große Amplituden anstrebt, natürlich sowohl in der Technik als auch in der Biologie in die Katastrophe. Bild 1.18 zeigt ein mono-ton instabiles und ein oszillatorisch instabiles Verhalten.

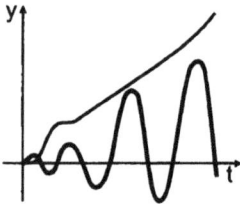

Bild 1.18:   Monoton und oszillatorisch instabiles Verhalten.

Ein integrierendes System (I-Regler) ist als isoliertes System per se ein instabiles System. Solange ein Eingangssignal anliegt, wird dieses permanent aufintegriert. Die Übergangsfunk-tion in Bild 1.14 (4. Zeile) zeigt deutlich, dass ein Einschaltvorgang durch ein I-System für $t \rightarrow \infty$ mit nach unendlich strebenden Reaktionen beantwortet wird. Der geschlossene Regel-kreis mit einem I-Regler führt bei vernünftiger Auslegung allerdings nicht zu einem instabi-len Gesamtsystem.

Die Regelungstechnik hat eine Vielzahl von praktisch anwendbaren Stabilitätskriterien und -prüfverfahren entwickelt. Diese beziehen sich teils auf die Gleichungen, die für das System im Zeit- oder im Bildbereich gelten, teils auf grafische Darstellungen der Systemei-genschaften, wie z.B. Ortskurve, Bode-Diagramm oder Pole/Nullstellendarstellung (vgl. Abschnitt 1.4.3). Besonders nützlich sind Verfahren, die bereits anhand des noch offenen bzw. geöffneten Regelkreises, dessen Analyse natürlich viel einfacher ist als die des rückge-koppelten Systems, die Systembehandlung vornehmen. Hier sei insbesondere die Stabilitäts-prüfung nach Nyquist anhand der Ortskurve $G_0(j\omega)$ des geöffneten Regelkreises (der Steuer-kette) erwähnt. Sie ist auch ein Kriterium, das nicht nur eine Ja-/Nein-Entscheidung ermög-licht, sondern Auskunft darüber gibt, bei welchen Parametern das System wie nah oder fern der Stabilitätsgrenze arbeitet. Ein großer Abstand gewährleistet eine *Robustheit* gegenüber Parameter- oder Modellunsicherheiten oder -änderungen. (Robustheit wird natürlich auch häufig gefordert hinsichtlich der Erreichung der schon vorher genannten Ziele der Regelung: Störkompensation, Sollwertfolge und Einschwingverhalten (Dynamikverhalten)).

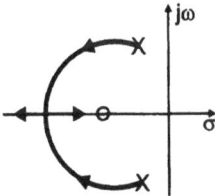

Bild 1.19: *Beispiel einer Wurzelortskurve (WOK) für einen PDT$_2$-Regelkreis (O = Nullstelle, x = Pole des geöffneten Systems). Der Parameter Kreisverstärkung k_0 läuft in Pfeilrichtung (0...∞). Wurzeln (Pole des geschlossenen Kreises) liegen immer in der linken Halbebene: immer stabiles System.*

Andere Stabilitätskriterien beruhen auf der Tatsache, dass die Pole (vgl. Bild 1.19) eines Systems in der linken komplexen Halbebene des Bildbereichs die abklingenden und die in der rechten Halbebene die aufklingenden Teilbewegungen der gesamten Eigenbewegung eines Systems charakterisieren. Die Pole eines geschlossenen Regelkreises müssen, um Stabilität zu gewährleisten, sämtlich in der linken komplexen Halbebene liegen. Die Pole des geschlossenen Regelkreises berechnen sich als Wurzeln (Lösungen) der charakteristischen Gleichung (1.37). Sie verändern sich mit den Reglerparametern, insbesondere auch mit der Regelkreisverstärkung k_0. Daher ist es zweckmäßig, die Abhängigkeit der Lage der Wurzeln z.B. von k_0 explizit auf einer *Wurzelortskurve* (WOK) darzustellen. Zur Bestimmung der WOK des geschlossenen Regelkreises geht man von den einfach zu bestimmenden Polen und Nullstellen des geöffneten Regelkreises (Bild 1.14, Gl. (1.31)) aus. Die Wurzelorts-Kurven (Beispiel: Bild 1.19) nehmen in ihren verschiedenen Zweigen einen typischen regelhaften, insbesondere zur reellen σ-Achse symmetrischen Verlauf an. Die einzelnen Äste der WOK starten für $k_0=0$ immer in den Polstellen des offenen Regelkreises und enden für $k_0\to\infty$ in den Nullstellen des offenen Regelkreises. Von Vorteil ist, dass der grundsätzliche typische Verlauf der WOK mit Hilfe einfacher Regeln skizziert werden kann. Der spezielle Verlauf und die konkreten Wurzelorte müssen dann meist nur für relativ wenige Werte des Parameters k_0 bestimmt werden. Von besonderem Interesse ist natürlich das Verhalten der Pole, die in der Nähe der imaginären Achse der komplexen Ebene, d.h. in der Nähe der Stabilitätsgrenze liegen. Das WOK-Verfahren gestattet also einen an das dynamische Verhalten und insbesondere an das Stabilitätsverhalten angepassten Reglerentwurf.

Steuerbarkeit und Beobachtbarkeit

Komplexere Systeme müssen auf *Steuerbarkeit* oder auf *Beobachtbarkeit* geprüft und ggf. durch *Dekomposition* in steuerbare und nicht steuerbare bzw. beobachtbare und nicht beobachtbare Anteile zerlegt werden. Ein System ist vollständig steuerbar, wenn der Zustandsvektor *x* von einem beliebigen Anfangszustand x_0 durch einen geeignet gewählten Eingangsvektor *u* in endlicher Zeit in einen beliebig vorgebbaren Endzustand überführt werden kann. Vollständig beobachtbar ist ein System, wenn der Vektor des Anfangszustandes x_0 aus dem über ein endliches Intervall bekannten Verlauf des Eingangsvektors *u* und des Ausgangsvektors *y* bestimmt werden kann. Schon theoretisch lässt sich einsehen, dass es nicht vollständig steuerbare und/oder beobachtbare Systeme gibt: Teilkomponenten von Eigenbewegungen, die sich nicht auf den Ausgangsvektor auswirken, sind natürlicherweise nicht beobachtbar. Zwei Teilsysteme, die parallel mit denselben dynamischen Eigenschaften auf einen Ausgangsvektor wirken, sind nicht vollständig beobachtbar. Wir greifen auf die allgemeine Darstellung der Übertragungsfunktionsgleichung (1.32) zurück: Wenn sich Pole gegen Nullstellen kürzen lassen, lässt sich das System nicht vollständig beobachten (bzw. steuern).

Die nicht vollständige Beobachtbarkeit im Sinne von Messbarkeit der Zustandsgrößen x ist bei komplexen technischen Anlagen und biologischen Systemen ein auf der Hand liegendes Problem. Dieses Problem kann mit einem *Beobachter* gelöst werden. Ein Beobachter ist ein (Computer-) Modell des realen Prozesses, das die gleichen Eingangssignale erhält wie der reale Prozess. Die Differenz der Ausgangsgrößen von Beobachter und realem Prozess ($y - \hat{y}$) wird dann mit einer adäquaten Gewichtung versehen auf den Eingang des Beobachters zurückgekoppelt. Dies führt dazu, dass der Beobachter dem realen Prozess folgt (*Luenberger-Beobachter,* Beispiel vgl. Abschn. 2.7.2). Im Gegensatz zum realen Prozess sind im Beobachter jedoch alle Zustände messbar. Somit kann im Beobachter ein Schätzwert $\hat{x}$ für den realen Zustandsvektor x ermittelt und weiter verwendet werden. Der Beobachterentwurf entspricht praktisch dem eines Reglers, so dass sich das Beobachtungsproblem mit bekannten Reglerentwurfsverfahren lösen lässt.

1.4.5   Erweiterungen des Regelkreises

Zahlreiche Erweiterungen des Regelkreises sind realisierbar, um die Automatisierung noch effizienter zu machen. Eine in Natur und Technik häufig angewandte Zusatzmaßnahme ist die sog. *Störgrößenaufschaltung* (vgl. Abschn. 2.4.2). Wären die Art und der Zeitverlauf von Störungen von vornherein bekannt, wäre natürlich gar keine Regelung zur Erreichung der Steuerziele notwendig, sondern eine einfache (Programm-)Steuerung, die die Störungen jeweils eliminiert. Solche günstigen Voraussetzungen liegen äußerst selten vor. In der konstruktiven Produktionstechnik und beim Betrieb von Werkzeugmaschinen und von Schweiß- und Montagerobotern werden Steuerungen häufig realisiert, in der chemischen Verfahrenstechnik oder Fahrzeug- und Flugzeugregelung, der Raumfahrttechnik und bei der Regelung physiologischer Prozesse sind sie nahezu undenkbar. Trotzdem gelingt es oft, eine oder mehrere der vielen Störungsgrößen näherungsweise zu messen und diese Information zusätzlich in die Reglerstrategie einzuspeisen. Eine solche Störgrößenaufschaltung liegt z.B. bei der Regelung der menschlichen Körpertemperatur vor, indem außer der Messung der eigentlichen Regelgröße „Kerntemperatur" auch die Messung der Hauttemperatur, auf die sich die Störungen von außen (Lufttemperatur, -geschwindigkeit usw.) viel eher als auf die Regelgröße auswirken, dem Regler im Hypothalamus gemeldet wird, so dass ein derartiges Konzept dynamisch effizienter arbeiten kann. Der sog. Aktivitäts-Herzschrittmacher (Bild 2.55 C) realisiert eine Störgrößenaufschaltung, allerdings nicht als Zusatzeinrichtung zu einer Regelung, sondern als isolierte und damit relativ ineffiziente Maßnahme.

Weitere Maßnahmen wie zusätzliche *Hilfsregelgrößen* und *Hilfsstellgrößen* sind denkbar. Solche Maßnahmen sind z.B. angezeigt, wenn keine der Störgrößen messbar ist und deshalb ersatzweise eine andere mit der Störung zusammenhängende Größe erfasst wird oder wenn eine weitere Größe durch die Regelung beeinflusst wird und so die Regelung unterstützt werden kann. Ein Spezialfall der Regelung mit Hilfsregelgröße ist die Kaskadenregelung. Der Regler wird z.B. so in zwei Teile aufgespalten, dass ein äußerer Regelkreis den Sollwert für einen inneren Regelkreis liefert.

Der häufige Entwurf der Regelung mit einem „inneren" Modell wurde bereits in Abschn.1.4.4 besprochen, ebenso die „robuste" Regelung, die ihre Ziele auch bei moderaten Änderungen der Regelparameter erreicht. Eine oder mehrere höhere Automatisierungsebenen (vgl. Bild 1.9) benötigt die *adaptive Regelung,* die bei substanziellen Veränderungen in der Regelstrecke vonnöten ist. Substanzielle Änderungen der Systeme des menschlichen Körpers sind selbst kurzfristig durchaus kein Ausnahmefall und langfristig meist der Normalfall. Die adaptive Regelung bedient sich mindestens einer Komponente zur Identifikation der Systemeigenschaften der Regelstrecke und einer weiteren Komponente, die daraus z.B. aufgrund von Optimierungskriterien Schlussfolgerungen für die Änderungen der Reglerparameter oder sogar der Reglerstruktur zieht und umsetzt. Derartige Regler sind nur mit hohem Softwareaufwand in einem Mikrorechner realisierbar.

Reale Prozesse in Technik und Biologie stellen sich häufig als verkoppelte Systeme, d.h. Systeme mit Wechselwirkungen zueinander mit mehreren Eingangs- und Ausgangsgrößen, dar und ggf. auch mit mehreren Regelgrößen. Beispiele sind die Regelung von Temperatur und Feuchte bei einer Klimaregelung, pH-Wert, Temperatur und Biomasseverteilung in einem Bioreaktor oder die Blutdruck- und Blutvolumenregelung des Herz-Kreislauf-Systems. Viele der Begriffe und der Methoden für einschleifige Regelungen bleiben für *Mehrgrößensysteme* verwendbar. Als besonders zweckmäßig erweist sich die Zustandsraumdarstellung, die auch schon mit Hinweis auf Mehrgrößensysteme in Abschn. 1.4.2 eingeführt wurde. Sie arbeitet vorwiegend mit dem mathematischen Werkzeug der Matrizenoperationen, die sich trotz komplexer Systemstruktur in übersichtlicher Form durch Rechenprogramme ausführen lassen. Besondere Verfahren müssen ggf. angewandt werden, um die Mehrgrößensysteme so weit wie möglich zu *entkoppeln.*

Abschließend sei hier der Begriff der *Regelung von Systemen mit örtlich verteilten Parametern* erläutert. Die bisherigen Ausführungen betrachten die Zustandsvariablen nur als Funktionen der Zeit, aber nicht des Ortes. Viele reale Systeme zeichnen sich aber dadurch aus, dass ihre Zustandsgrößen – man denke etwa an die Temperatur in einem langen Rohrreaktor oder innerhalb des menschlichen Körpers – ortsabhängig, d.h. auch Funktionen der ein- bis dreidimensionalen Ortskoordinate, sind. Dasselbe gilt für einige bis alle Kennparameter (Dichte, Leitfähigkeit, Elastizität usw.) solcher Systeme. Die Vorgehensweise der Behandlung derartiger Systeme besteht entweder darin, dass man die Systeme aus unter Umständen sehr vielen Teilsystemen zusammensetzt, in denen näherungsweise die Ortsunabhängigkeit gilt, oder dass man sie mit den mathematischen Methoden für partielle (statt gewöhnliche) Differenzialgleichungen behandelt, in denen außer den zeitlichen auch die örtlichen Differenzialquotienten auftreten.

1.4.6 Fuzzy-Control und neuronale Netze

Die Fuzzy-Logik wurde eingeführt, um Systeme zu behandeln, deren Verhalten nur näherungsweise (fuzzy = unscharf) bekannt ist. Häufig liegt das diesbezügliche Systemwissen in

Form von Expertenwissen vor, das als eine Liste von *linguistischen Regeln* angegeben werden kann, die alle dem gleichen Muster gehorchen. Beispiel:

Wenn die Prozessgröße *x* zu niedrig ist und die Prozessgröße *y* moderat hoch ist, **dann** wird der Prozesseingang u auf „moderat hoch" gestellt.

Unscharf definierte Prozesse sind in der Biomedizin, generell auch im Zusammenhang mit der manuellen Steuerung und Regelung, sehr häufig. Um diese Vorgehensweise automatisierungstechnisch auszunutzen, müssen in einem ersten Schritt die „scharf" gemessenen Prozessgrößen in *linguistische Variablen* umgesetzt werden, die dann unscharfe *linguistische Werte* annehmen. Dieser als *Fuzzifizierung* (vgl. Bild 2.122) benannte Vorgang ordnet z.B. den scharfen, gemessenen Werten einer Raumtemperatur (Raumtemperatur = linguistische Variable) die linguistischen Werte „sehr niedrig, niedrig, mittel, hoch, sehr hoch" zu. Jeder linguistische Wert umfasst dann eine bestimmte Menge von exakten Werten, die aufgrund einer speziellen Zugehörigkeitsfunktion (Bild 1.20) dieser Menge zugeordnet werden. Dadurch kann man ein quantitatives Maß (0 ... 1) ermitteln, das über die Zugehörigkeit eines konkreten physikalischen Wertes der linguistischen Variablen zu einem der linguistischen Werte Auskunft gibt. Eine Raumtemperatur von 16 °C könnte man umgangssprachlich als niedrig bis mittel, eher niedrig bezeichnen. Aus Bild 1.20 liest man die Werte der Zugehörigkeit zu den einzelnen linguistischen Werten ab: Sehr niedrig: 0, niedrig: 0.67, mittel: 0.33, hoch: 0, sehr hoch: 0. Demnach wurde die Fuzzifizierung hier so angesetzt, dass deren Ergebnis unser Temperaturempfinden adäquat ausdrückt.

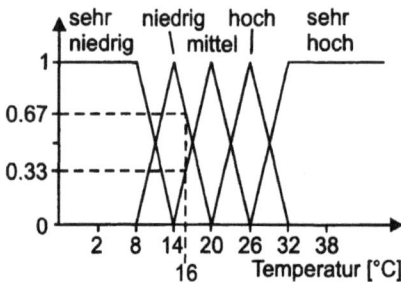

Bild 1.20: Linguistische Variable „Temperatur" mit den linguistischen Werten „sehr niedrig, niedrig, mittel, hoch, sehr hoch" und Fuzzifizierung des scharfen Temperaturwertes 16 °C.

Auf solche Fuzzy-Mengen werden die klassischen Mengen- und Logikoperationen und -regeln in erweiterter Form angewandt. Das Ergebnis einer solchen Bearbeitung (*Inferenz*) ist eine (unscharfe) Konklusions-Fuzzy-Menge. Ein einfaches Inferenz-Schema folgt beispielsweise der o. a. Regel: wenn *x* niedrig, dann *y* hoch (Implikation). Die Gewinnung eines scharfen Wertes aus dem Inferenzergebnis, auf das reale Prozesse meist angewiesen sind, erfolgt durch *Defuzzifizierung*. Die hierzu am häufigsten angewandte Methode ist die sog. Schwerpunktmethode: Der scharfe Ausgang wird ermittelt als Abszissenwert des Schwerpunkts der Fläche unterhalb der aus der Inferenz resultierenden Fuzzy-Menge. Der geschilderte Fuzzy-Prozess (Fuzzifizierung – Inferenz – Defuzzifizierung) ist in einen Regelkreis implementierbar. Er ist nichtlinear und rein statisch, so dass die Reglerdynamik durch klassische Zusatzelemente (z.B. PID-System) erzielt werden muss. Fuzzy-Controller (Anwendungsbeispiel in Abschn. 2.8.6) müssen mit ähnlichen Methoden wie die klassischen Regler entworfen und optimiert werden, insbesondere sind die Regelkreise auf Stabilität zu prüfen. Fuzzy-Controller erhalten ihre Information also nicht in quantitativer, sondern in qualitativer Form. Sie verfügen vorab über Prozesswissen, (das z.B. aufgrund von Expertenbefragungen gewonnen wird), allerdings besitzen sie per se keine Lernfähigkeit. Diese kann durch Kombination von Fuzzy-Controllern mit neuronalen Netzen erreicht werden.

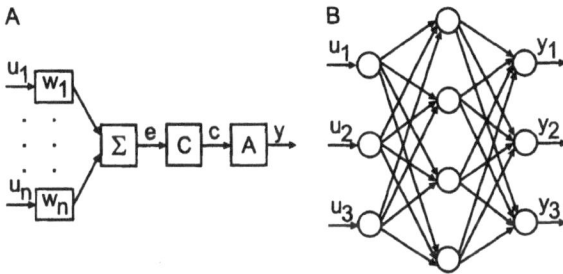

Bild 1.21: *A: Blockdarstellung eines „Neurons" mit n Eingängen u_i und einem Ausgang y. B: Dreischichtiges neuronales Netz mit drei Eingängen und drei Ausgängen.*

Die Eigenschaften des Grundelementes eines künstlichen neuronalen Netzes, des Neurons, sind abgeleitet aus den Eigenschaften des Grundbausteins des Nervensystems:

1. Das Neuron hat n Eingänge, $u_1 .. u_n$, die durch Gewichtungen mit Faktoren w_i zu einer Eingangsgröße e aufsummiert werden (Bild 1.21 A).
2. Es hat einen inaktiven Zustand (Ruhestand) und einen aktiven Zustand (Erregungszustand).
3. Der Ausgang eines Neurons kann zu beliebig vielen Eingängen anderer Neurone führen.
4. Der Zustand jedes einzelnen Neurons ist nur von den Eingangswerten abhängig.
5. Der Ruhezustand geht in den Erregungszustand über, wenn die Summe der gewichteten Eingänge eine Schwelle überschreitet.

Aufgrund einer solchen Schwellencharakteristik A entsteht die Ausgangsfunktion y (Bild 1.21 A). Dazwischen kann eine Aktivierungsfunktion C geschaltet werden, die z.B. durch PT_1-Verhalten (Dynamik des Erregungsprozesses) charakterisiert wird. Die Schwellencharakteristik A wird mit sprungartigem, mit linearem oder mit s-förmigem (Sigma-Funktion) Übergang programmiert.

Künstliche neuronale Netze arbeiten mit mehreren Schichten (Bild 1.21 B), einer Eingangs-, einer Ausgangsschicht und einer bis vielen verdeckten Schichten (*Multi-Layer-Perceptron, MLP-Netz*), wobei jedes Element in Bild 1.21 B ein System nach Bild 1.21 A beinhaltet. Es sind in der Regel jeweils nur die Neurone zweier aufeinander folgender Schichten, und zwar vollständig miteinander verbunden. Da strukturell keine Rückkopplungen existieren, spricht man von Feedforward-Netzen. Sog. autoassoziative Netze haben die Aufgabe, unvollständige oder gestörte Eingangsinformationen zu vervollständigen oder zu korrigieren. Im allgemeineren Fall werden neuronale Netze als nichtlineare Abbildungseinheiten oder Funktionsapproximatoren betrieben, die Ein- und Ausgänge miteinander in Beziehung setzen, wie z.B. im konkreten Fall der Mustererkennung, indem das Netz die Eingangsinformation einer bestimmten Klasse zuordnet und die dieser Klasse spezifische Ausgangsinformation zur

Verfügung stellt. Netzstruktur und Neuronentyp werden vorab festgelegt, die Gewichtungen w_i der Neuronenverbindungen werden im Verlauf eines *Lernprozesses* (Trainingsphase) verändert und optimiert. Dazu werden repräsentative Sätze von Eingangsgrößen, Eingangsmuster, auf das Netz gegeben. Aufgrund des Vergleichs der vom Netz generierten Ausgangsmuster mit den gewünschten Mustern werden die Gewichtungen so modifiziert, dass bei weiteren Durchläufen bessere Ergebnisse erzielt werden. Hier gibt es verschiedene Lernregeln und -strategien, z.B. die sog. (Error-)Backpropagation-Lernregel, bei der die am Netzausgang aufgetretenen Fehler rückwärts Schicht für Schicht dazu verwendet werden, die Gewichte w_i einer jeden Schicht im Sinne einer Fehlerminimierung zu verbessern.

Neuro-Fuzzy-Systeme versuchen, die Stärken beider Ansätze, implementiertes Prozesswissen und Transparenz im Fuzzy-System auf der einen Seite und Lernfähigkeit des Neurosystems auf der anderen Seite, miteinander zu kombinieren.

1.5 Zum Weiterlesen

Lehr- und Handbücher

1 H. Hutten (Hrsg.): Biomedizinische Technik, Bd. 1–4. Springer-Verlag, TÜV Rheinland, Köln (1990–1992).
2 J. Kahlert: Fuzzy-Control für Ingenieure. Vieweg-Verlag, Braunschweig (1995).
3 J. Lunze: Regelungstechnik, Bd. 1 u. 2, Springer Verlag, Berlin (2002).
4 J. Lunze: Automatisierungstechnik. R. Oldenbourg Verlag, München (2003).
5 R. F. Schmidt, G. Thews und F. Lang (Hrsg.): Physiologie des Menschen. Springer-Verlag, Berlin (2000).
6 S. Silbernagl und A. Despopoulos: Taschenatlas der Physiologie. Georg Thieme Verlag, Stuttgart (2003).
7 S. Silbernagl und F. Lang: Taschenatlas der Pathophysiologie. Georg Thieme Verlag, Stuttgart (1998).

Einzelarbeiten

8 P.J. Hunter, D. Bullivant, P.M.F. Nielsen, A.J. Pullan and M. Tawhai: The IUPS Physiome Project: Progress and Plans. International Union of Physiological Sciences (IUPS), Auckland, New Zealand (2001), 1–11.
9 G. Schmidt, T. Fuhr und R. Riener: Kooperative und interaktive Systeme für die Medizintechnik. In: Automatisierungstechnische Methoden und Systeme für die Medizin IV (AUTOMED), (Hrsg. U. Voges, G. Bretthauer), FZK Karlsruhe (2003), 8–13.
10 J. Werner: Medizinische Mensch-Maschine-Systeme. Biomed. Technik 43, Erg.band, (1998), 282–285.
11 R.J. White: Artificial Heart: A Medical Miracle. Artificial Organs 26 (2002), 1007–1008.

2   Wiederherstellung von Herz-Kreislauf-Funktionen

Jürgen Werner

2.1   Struktur und Funktion des Herz-Kreislauf-Systems

Das Herz ist eine synchronisierte Doppelpumpe, deren rechter Teil sauerstoffarmes und kohlendioxidbeladenes Blut in die Lunge pumpt und deren linker Teil gleichzeitig sauerstoffreiches Blut in den Körperkreislauf treibt (Bild 2.1). In der Lunge findet ein Gasaustausch zwischen den kleinsten Blutgefäßen (Kapillaren) und den Lungenbläschen (Alveolen) durch Diffusion statt, indem Sauerstoff vom Blut aufgenommen und Kohlendioxid abgeatmet wird. Die Körperzellen hingegen geben Kohlendioxid durch die Kapillarwände an das Blut ab und nehmen gleichzeitig Sauerstoff auf.

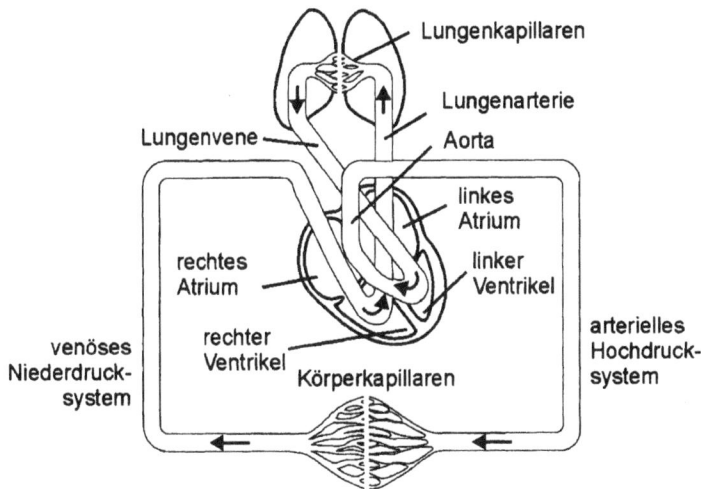

Bild 2.1:   *Das Herz-Kreislauf-Lungen-System.*

Das Herz besteht als muskuläres Hohlorgan (Bild 2.2) aus zwei Vorkammern und zwei Hauptkammern (Ventrikel). Das sauerstoffarme Blut gelangt aus den großen venösen Blutgefäßen (Hohlvenen) zunächst in die rechte Vorkammer (Atrium) und nach druckgesteuerter Öffnung der aus drei segelartigen Gebilden bestehenden Trikuspidalklappe in den rechten Ventrikel.

Nach Kontraktion (Zusammenziehen) des Muskels wird die Taschenklappe des rechten Ventrikels (Pulmonalklappe) geöffnet, und ein Teil des Ventrikelinhalts wird ausgetrieben und gelangt in die Lunge. Als sauerstoffreiches Blut strömt es von dort in das linke Atrium und weiter durch die aus zwei Segeln gebildete Mitralklappe in den linken Ventrikel. Nach Kontraktion des Herzmuskels öffnet sich auch die als Taschenklappe ausgebildete Aortenklappe, und das Blut wird in das größte arterielle Blutgefäß, die Aorta, gepumpt und gelangt so in das weit verzweigte Blutgefäßsystem.

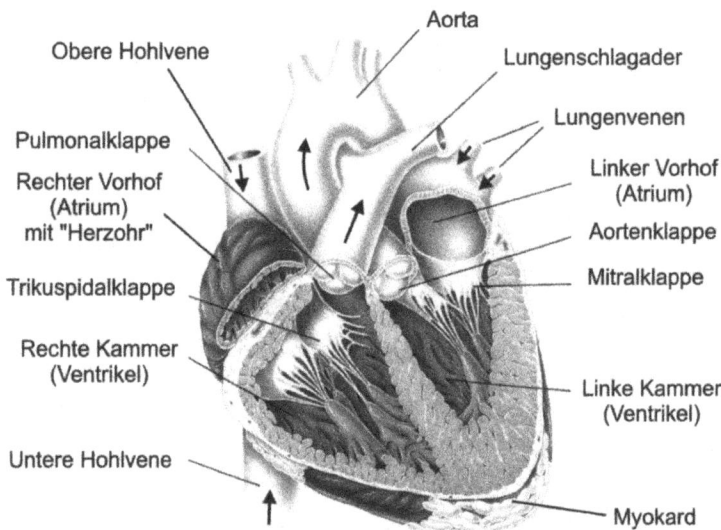

Bild 2.2: *Schnittbild des Herzens mit Kammern und Klappen.*

2.1.1   Elektrik des Herzens

Die rhythmischen Kontraktionen der Arbeitsmuskulatur des Herzens werden durch elektrische Impulse (Aktionspotenziale) ausgelöst, die im Herzen selbst entstehen. Eingelagert in die Arbeitsmuskulatur verfügt das Herz über ein spezifisches Fasersystem, das sog. Erregungsbildungs- und -leitungssystem (Bild 2.3). Dieses verschafft dem Herzen die Eigenschaft der elektrischen Selbsterregung und damit der grundsätzlichen Autorhythmie und Autonomie.

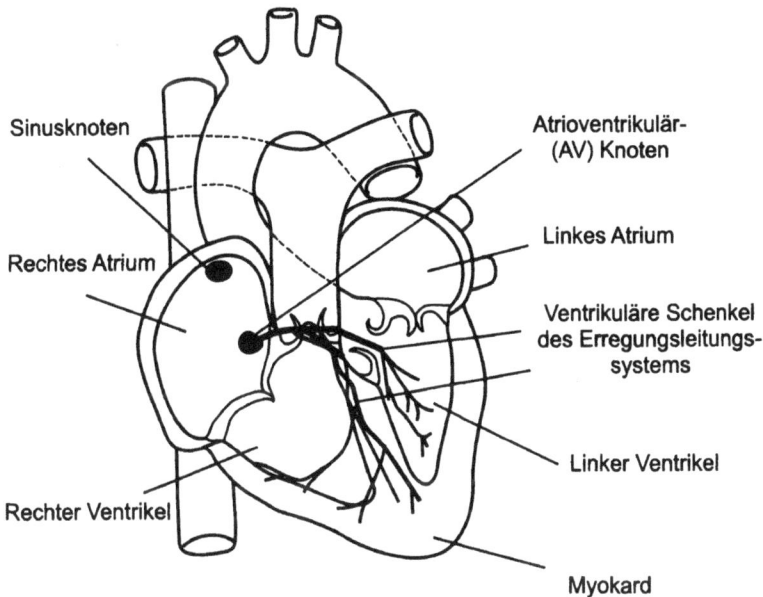

Bild 2.3: Erregungsbildungs- und -leitungssystem des Herzens.

Autorhythmie des Herzens

Die Aktionspotenziale entstehen normalerweise aufgrund von Oszillatoreigenschaften der Zellsysteme des Sinusknotens, einer besonderen Struktur der rechten Vorhofwand, mit einer Frequenz von etwa 70 min^{-1} in Ruhe. Von dort breitet sich die elektrische Erregung innerhalb von etwa 100 ms über Fasersysteme der Arbeitsmuskulatur beider Vorkammern aus. Für die Überleitung der Aktionspotenziale auf die Ventrikel steht nur eine besondere, lokal begrenzte Struktur zur Verfügung, der Atrioventrikular-Knoten (AV-Knoten), in dem eine veränderliche Überleitungsverzögerung in der Größenordnung von 100 ms auftritt. Über die weiteren ventrikulären Verzweigungen des Erregungsleitungssystems erreichen die Aktionspotenziale dann schnell die verschiedenen Regionen der Arbeitsmuskulatur des Herzens, das Myokard, das von einem Netz elektrisch nicht gegeneinander isolierter Muskelzellen (= Muskelfasern) gebildet wird. Somit ist nach weiteren etwa 100 ms das Herz vollständig elektrisch erregt. Die Aktionspotenziale triggern die mechanische Kontraktion der Muskelfasern und damit die Pumpfunktion des Herzens.

Der Sinusknoten ist also der primäre physiologische Schrittmacher des Herzens. Sollte er aufgrund von pathologischen Prozessen ausfallen, besteht die Möglichkeit, dass die elektrische Erregung vom AV-Knoten als potentiellem „sekundärem" Schrittmacher ausgeht, allerdings mit einer Frequenz von nur 40–60 min^{-1}. Auch ventrikuläre Teile des Erregungsleitungssystems können im Notfall die („tertiäre") Schrittmacherfunktion, mit einer meist zu niedrigen Frequenz, unterhalb von 40 min^{-1}, übernehmen. Die Ausbreitung der Aktionspotenziale gestaltet sich in diesen Fällen wegen des verschiedenen Erregungsursprungs innerhalb des Herzens sehr unterschiedlich.

Unbeachtlich der Selbsterregung des Herzens unterliegt die Herzaktion der Steuerung durch das autonome (oder: vegetative) Nervensystem (ANS, s. Abschn. 2.1.4).

Elektrische Steuersignale des Herzens: Aktionspotenziale
Die im Herzen entstehenden und über das Erregungsleitungssystem und das elektrisch erregbare Netzwerk der Herzmuskelfasern fortgeleiteten Impulse werden – ebenso wie die elektrischen Impulse innerhalb des Nervensystems – als Aktionspotenziale bezeichnet. Für die elektrische Erregbarkeit von Nerven- und Muskelzellen sind ionale Prozesse und besondere Strukturen der Zellmembran verantwortlich. Eingelagert in die Membran-Doppelschicht aus Phospholipid-Molekülen (Bild 2.4) sind zwei besondere Typen von Eiweiß-Makromolekülen. Der erste Typ wird gern als Pumpmolekül bezeichnet. So gibt es „Natrium/Kalium-Pumpen", die dafür sorgen, dass permanent Kalium in die Zelle und gleichzeitig Natrium aus der Zelle gepumpt wird. Dadurch wird ein ionaler Konzentrationsgradient zwischen dem Intra- und dem Extrazellulärraum ständig aufrechterhalten. Die Energie für die Pumpen wird (übrigens ebenso wie die Energie für die Muskelkontraktion, s. Abschn. 2.1.2) durch die Stoffwechselprozesse bereitgestellt. Wichtigster Energiespender ist der Zerfall von ATP (Adenosintriphosphat) in ADP (Adenosindiphosphat) und Phosphat.

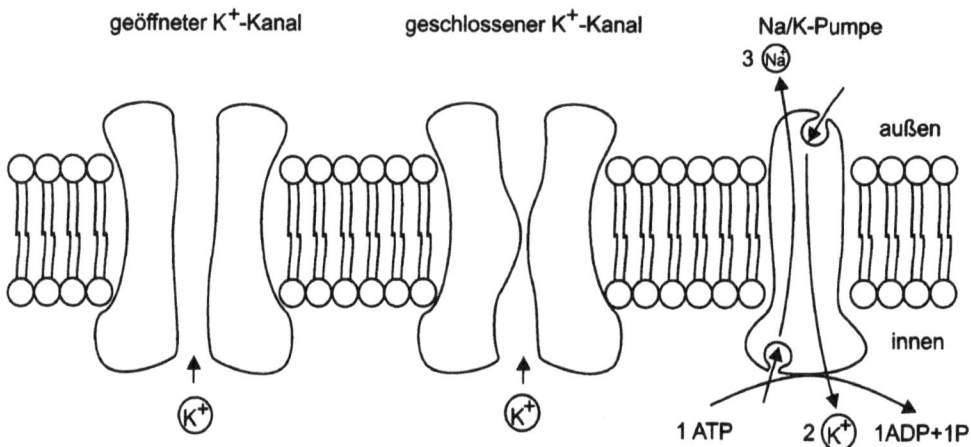

Bild 2.4: *Doppel-Phospholipidschicht der Zellmembran. Beispiele eingelagerter Makro-Eiweißmoleküle: geöffneter K-Kanal, geschlossener K-Kanal, aktive Na/K-Pumpe.*

Während die Pumpmoleküle der Membran den Konzentrationsgradienten aufrechterhalten, sorgt eine zweite Kategorie von Eiweiß-Makromolekülen, Kanalmoleküle, dafür, dass ganz bestimmte Ionensorten selektiv und gesteuert durch die Membran entlang ihres Konzentrationsgradienten (also in Gegenrichtung zum Pumpmechanismus) passieren können. Insbesondere Kaliumkanäle verleihen der erregbaren Membran eine gute Durchlässigkeit (Permeabilität) für Kalium, so dass permanent eine gewisse Anzahl von Kalium-Kationen durch die Membran wandert. Andere Ionen, insbesondere große Eiweiß-Anionen, können die Zelle nicht durch die Membran verlassen. Aufgrund der elektrischen Anziehung der unterschiedlich geladenen Teilchen lagert sich eine – gemessen an der insgesamt intra- und extrazellulär vorhandenen Menge – kleine Zahl von Anionen an der Innenseite der Membran und von Kationen an der Außenseite der Membran an. Es entsteht ein „Membrankondensator" und damit ein zwischen dem Intra- und Extrazellulärraum messbarer Potenzialunterschied. Das Potenzial der Innenseite gegen Null wird konventionell als Membranpotenzial bezeichnet.

An der Bildung des Potenzialunterschieds sind alle Ionensorten beteiligt, für die ein Konzentrationsunterschied (aufgrund der Pumpmoleküle) und eine Permeabilität (aufgrund der Kanalmoleküle) existiert. Nervenzellen und Muskelzellen weisen, solange sie nicht elektrisch erregt werden, ein konstantes Membranruhepotenzial (Bild 2.5 A–C) auf. Die Größe des Potenzials wird wesentlich vom Verhältnis der Ionenkonzentrationen im Intra- und Extrazellulärraum bestimmt. Den stärksten Einfluss hat die Ionensorte mit der größten Permeabilität, das ist im Ruhezustand das Kalium. Das Membranruhepotenzial liegt in der Größenordnung von -80 mV. Als Ausdruck der Selbsterregung zeigen die Zellen des Erregungsbildungs- und -leitungssystems des Herzens („Schrittmacherzellen") kein Ruhepotenzial. Aufgrund der besonderen Eigenschaften seiner Ionenkanäle driftet das Potenzial selbsttätig vom maximal negativen Wert gegen niedrigere Werte (vgl. Bild 2.5 D).

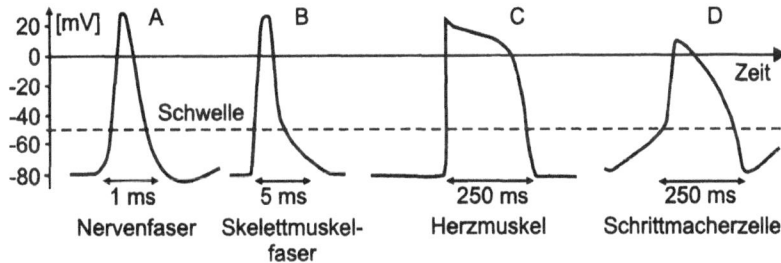

Bild 2.5: *Aktionspotenziale der Nervenfaser (A), der Skelettmuskelfaser (B), des Herzmuskels (C) und der kardialen Schrittmacherzelle (D). Letztere weist kein Membranruhepotenzial auf.*

Nun haben alle erregbaren Membranen die Eigenschaft, dass die Ionenkanäle ihre Durchlässigkeit verändern, sobald ihr Potenzial aufgrund externer oder interner Einflüsse eine bestimmte Depolarisationsschwelle (Bild 2.5 A–D) mit entsprechend hoher Änderungsrate überschreitet. Die Schwelle liegt größenordnungsmäßig 30 mV oberhalb des Potenzialminimums (bei Nerven- und Muskelzellen: oberhalb des Ruhepotenzials). Charakteristischerweise erhöht sich bei Überschreiten der Schwelle die Natrium-Permeabilität aufgrund von Konformationsänderungen der entsprechenden Kanalmoleküle kurzzeitig drastisch. Das führt bei Nervenzellen und Skelettmuskelzellen zu einer kurzzeitigen Abnahme des Membranpotenzials bis zu positiven Werten und zu einem schnellen Rückgang des Potenzials auf den negativen Ausgangswert innerhalb von einer Millisekunde (Nervenzelle, Bild 2.5 A) oder 5–10 Millisekunden (Skelettmuskelzelle, Bild 2.5 B). Es entsteht damit ein elektrischer Impuls, das Aktionspotenzial (AP). Die kurze Dauer des AP in der Nerven- und Skelettmuskelzelle wird begünstigt durch die Tatsache, dass auch die Kaliumkanäle, und zwar verzögert, ihre Permeabilität vorübergehend erhöhen.

Die Membran der Herzmuskelzellen weist eine Besonderheit auf: Nach der schnellen und kurzzeitigen Aktivierung der Na-Kanäle (Bild 2.6) verringern erstens ihre Kaliumkanäle verzögert und vorübergehend die Permeabilität, und zweitens existieren insbesondere noch Kalzium-Kanalmoleküle mit erhöhter Permeabilität über etwa 200 ms nach Aktivierung. Daher bleiben die positiven Werte des Aktionspotenzials in der Herzmuskelzelle auf einem „Plateau" erhalten. Es entsteht hier, und das ist für die Umsetzung in die mechanische Pumpaktion, siehe Abschn. 2.1.2, sehr wichtig, ein relativ lang gezogener Impuls.

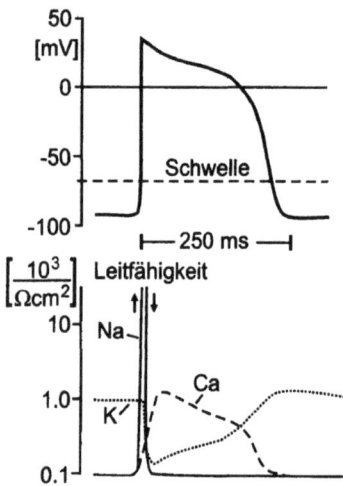

Bild 2.6: *Der Verlauf des Aktionspotenzials der Herzmuskelzelle wird bedingt durch die Permeabilitätsänderungen – im Bild repräsentiert durch Leitfähigkeitsänderungen – der Na-, K- und Ca-Kanäle nach Überschreiten der Depolarisationsschwelle.*

Mit der Entstehung eines Aktionspotenzials wird die Zelle für eine gewisse Zeit unerregbar (absolute Refraktärperiode) bzw. anschließend nur bei erhöhter Schwelle erregbar (relative Refraktärperiode). Bei der Nervenzelle beanspruchen diese Perioden etwa je 2 ms, entsprechen also jeweils etwa der Dauer von zwei Aktionspotenzialen. Beim Herzen beträgt die absolute Refraktärzeit ca. 200 ms, die relative etwa 50 ms, so dass also, kurz nach Ablauf eines 250 ms dauernden Herz-Aktionspotenzials, der Herzmuskel wieder normal erregbar ist.

Diagnostische Kontrollsignale: Elektrokardiogramm (EKG) und Vektorkardiogramm (VKG)
Der Ablauf der elektrischen Erregung des Herzens lässt sich durch gemessene elektrische Signale beurteilen. Solche Signale sind über Elektroden und Verstärker direkt aus dem Herzen, aber auch durch Potenzialmessungen an der Körperoberfläche zu gewinnen. Die Veränderungen des Potenzialunterschieds zwischen zwei Körperstellen werden wesentlich durch den Ablauf der Herzerregung und die dadurch entstehenden Feldänderungen in dem umgebenden Körpergewebe bestimmt. Die registrierte Kurve der Potenzialänderungen wird Elektrokardiogramm (EKG) genannt. Die einzelnen Abschnitte des Kurvenverlaufs (Bild 2.7) bezeichnet man mit den Buchstaben P bis T. Sie entsprechen den oben beschriebenen, nacheinander ablaufenden Erregungsprozessen im Herzen, P-Welle: Vorhoferregung, PQ-Strecke: Überleitung der Erregung in die Hauptkammern, Q-Zacke + R-Zacke + S-Zacke = QRS-Komplex: Erregungsausbreitung in den Ventrikeln bis zur vollständigen Erregung: ST-Strecke und schließlich T-Welle als Ausdruck der Erregungsrückbildung.

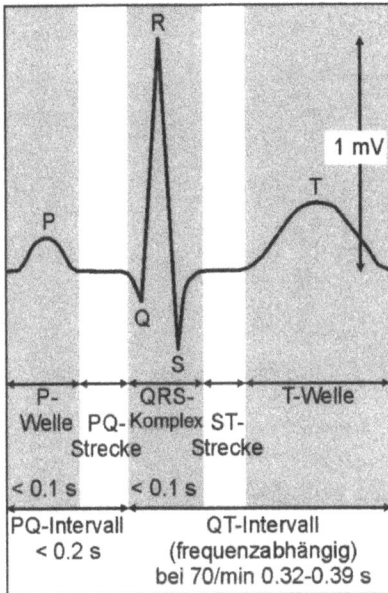

Bild 2.7: *Typisches EKG-Signal und seine Komponenten.*

Die Maximalamplitude liegt bei Registrierungen von der Körperoberfläche je nach Ableit-technik, d.h. abhängig von den Elektrodenpositionen und dem realisierten Übergangswider-stand, in der Größenordnung von 1 mV.

Entsprechend den oben dargestellten Abläufen sind die wichtigsten zeitlichen Grenzwerte: P-Welle < 100 ms, PQ-Strecke < 100 ms, QRS-Komplex < 100 ms. Klinisch wird auch das PQ-„Intervall" als Summe von P-Welle und PQ-Strecke benutzt und als „(AV-)Überleitungs-zeit" (von der Entstehung der elektrischen Erregung im Sinusknoten des rechten Atriums bis zur Ankunft in den Ventrikeln) bezeichnet. Die Dauer des ST-Intervalls = ST-Strecke + T-Welle hängt im Wesentlichen von der Herzfrequenz ab.

Wie kann man die Entstehung einer solchen EKG-Kurve erklären?

Die mit ca. 1 m/s über jede Herzmuskelfaser laufenden Aktionspotenziale (vgl. Bild 2.5 C) haben mit einer Dauer von etwa 250 ms einen relativ hohen Zeitbedarf. Verschiedene Stellen der langgestreckten Faser weisen also unterschiedliche Potenziale auf. Damit kann man sich die einzelne Herzmuskelfaser modellmäßig als elektrischen Dipol vorstellen. Ein solcher Dipol erzeugt in dem umgebenden Organ- und Körpergewebe ein elektrisches Feld und dementsprechend ein charakteristisches Bild von senkrecht auf den Feldlinien stehenden Äquipotenziallinien (Bild 2.8). Zwischen zwei unterschiedlichen Potenziallinien kann man also einen Potenzialunterschied registrieren. Aus Bild 2.8 geht hervor, dass der zu messende Wert nicht nur von der Stärke des Dipols abhängt, sondern bei Drehung des Dipols auch von dem Winkel, den die Ableitungsrichtung, das ist die gedachte Verbindungslinie zweier belie-biger Messpunkte, mit der Dipolrichtung bildet.

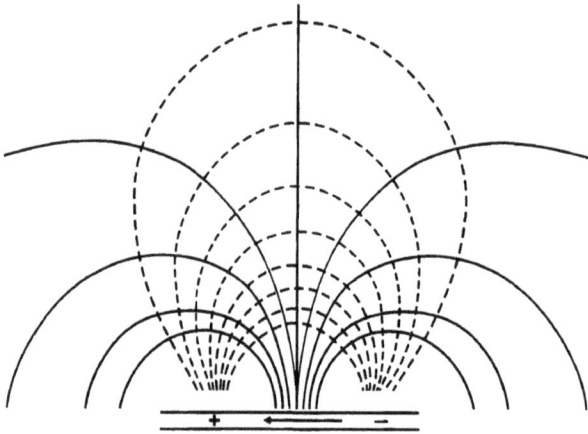

Bild 2.8: *Herzmuskelfaser als Dipol: Feldlinien (- - -) und Äquipotenziallinien (–) in einem homogenen Medium.*

Damit kann also die Wirkung jeder einzelnen Faser auf den zwischen zwei Messstellen registrierten Potenzialunterschied durch einen Betrag und einen Winkel gekennzeichnet werden. Dies lässt sich am einfachsten durch einen Vektor darstellen. Nun besteht der Herzmuskel aus einer unübersehbaren Zahl von Fasern oft unterschiedlicher Länge, Dicke, örtlicher Ausrichtung und unterschiedlichen Erregungszustands, deren Beitrag jeweils durch einen solchen Vektor angegeben werden kann. Die geometrische Summe aller Einzelvektoren ergibt den Summen- oder Integralvektor, der den Beitrag aller Einzelfasern aufaddiert.

Da die Aktionspotenziale über die Fasern fortgeleitet werden, sich damit also der elektrische Erregungszustand des Herzens fortlaufend ändert, wird sich auch der Integralvektor in Betrag und Winkel dementsprechend laufend verändern. Seine Spitze durchläuft während eines Herzzyklus eine Bahnkurve (Bild 2.9), die man als Vektorschleife oder Vektorkardiogramm (VKG) bezeichnet. Da sich die Erregungsprozesse im dreidimensionalen Raum abspielen, liegt natürlich auch die die Abläufe charakterisierende Vektorschleife im dreidimensionalen Raum.

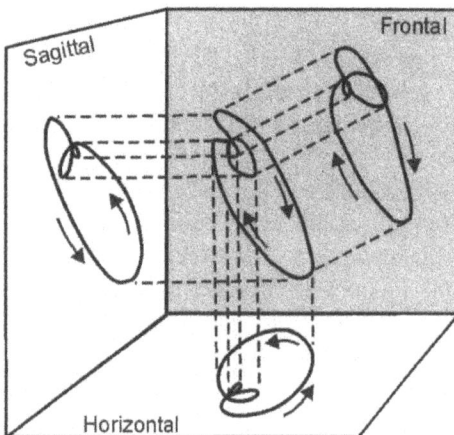

Bild 2.9: *Vektorschleife im dreidimensionalen Raum und ihre Projektionen auf die drei Raumebenen (Vektorkardiogramme).*

Eine einfache Registrierung der Flächenprojektionen der Vektorschleife (Bild 2.9) erhält man dadurch, dass man zwei Elektrodenpaare, deren Ableitungsrichtungen senkrecht aufeinander stehen, jeweils an die horizontalen und vertikalen Ablenkplatten eines Kathodenstrahloszillografen anschließt (Bild 2.10). Das Vektorkardiogramm eines Herzzyklus besteht aus drei Teilschleifen, die jeweils während der Vorhoferregung, der Kammererregung und der Erregungsrückbildung entstehen. Die mittlere Schleife (Kammererregung) wird relativ schnell durchlaufen. Zwischen den Teilschleifen verharrt die Vektorspitze im Nullpunkt.

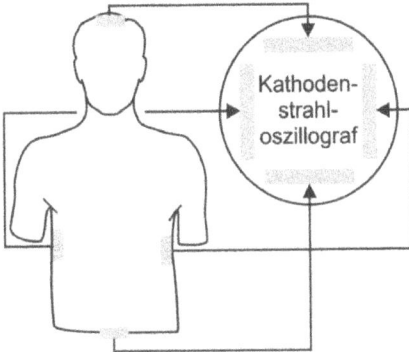

Bild 2.10: *Grundsätzliche messtechnische Anordnung für das Vektorkardiogramm der Frontalebene.*

Projiziert man das zweidimensionale Vektorkardiogramm auf eine Linie (die o. g. Ableitungsrichtung) und stellt den Prozess im Zeitverlauf dar (Bild 2.11), ergibt sich das Elektrokardiogramm (EKG). Dem Umlauf der ersten Teilschleife (Vorhoferregung) im VKG entspricht der Ablauf der P-Welle im EKG. In analoger Weise entspricht die zweite, in der Regel große Schleife (Kammererrregung) dem QRS-Komplex sowie die dritte Teilschleife (Erregungsrückbildung) der T-Welle.

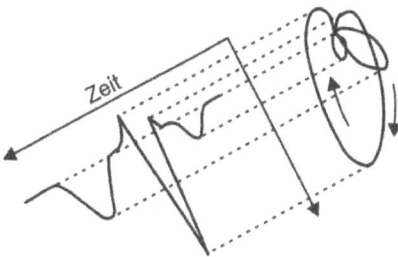

Bild 2.11: *Das Elektrokardiogramm (EKG) als Projektion eines Vektorkardiogramms (VKG) auf eine Linie („Ableitungsrichtung") und Darstellung als Zeitverlauf.*

In der ärztlichen Praxis spielt das Vektorkardiogramm nur in speziellen Fällen eine wichtige Rolle. Hingegen hat sich das EKG als das erste und wichtigste diagnostische Hilfsmittel zur Beurteilung der elektrischen Erregungsbildung und des Erregungsablaufs überall etabliert. Allerdings gilt festzuhalten, dass das EKG und das VKG nur Ausdruck der elektrischen, nicht aber der mechanischen oder hydrodynamischen Prozesse des Herzens sind.

A   Einthoven-   B   Goldberger - Ableitungen   C   Einthoven-Dreieck
    Ableitungen

D - E   Wilson - Ableitungen

Bild 2.12: Standardisierte Ableitungsformen des EKG nach (A) Einthoven, (B) Goldberger und (D–E) Wilson. C: Einthoven-Dreieck mit den Ableitungsrichtungen nach Einthoven und Goldberger.

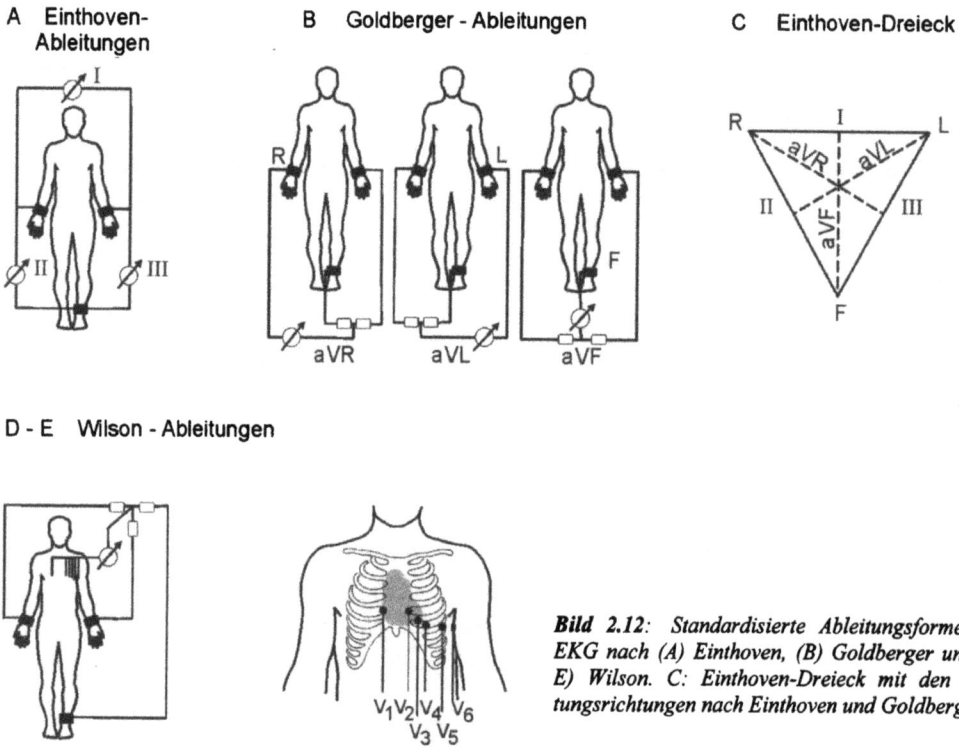

Die Ableitungsrichtung hängt von der Positionierung der beiden Elektroden ab, die in der Regel auf der Haut appliziert werden. Damit die EKG-Verläufe vergleichbar werden, gibt es genormte Orte für die Positionierung und somit für die Ableitrichtungen. Wählt man als Ableitorte die Übergangsstellen vom Brustkorb zu den Armen und eine Stelle in der Nähe des Bauchnabels, bilden die drei Ableitpunkte bzw. Ableitrichtungen ein gleichseitiges Dreieck (Einthoven-Dreieck) in der Frontalebene des Körpers (Bild 2.12 C). Verschiebt man die Ableitpunkte um der einfacheren Handhabung willen bis zu den beiden Handgelenken bzw. bis zu einer Fußfessel, üblicherweise der linken (Bild 2.12 A), stellt man fest, dass die EKG-Kurven sich in ihren wesentlichen Charakteristika praktisch nicht verändern. Die Registrierung der drei Kurven der Potenzialunterschiede zwischen diesen drei Punkten bezeichnet man als EKG nach Einthoven (Extremitäten-Ableitungen) mit den drei durch das Einthoven-Dreieck gegebenen Ableitrichtungen I, II und III. Meistens werden zur leichteren und sichereren Erkennung von pathophysiologischen Prozessen noch drei weitere Ableitrichtungen aus der Frontalebene realisiert, in der Regel die sog. Goldberger-Ableitungen (Bild 2.12 B). Diese erhält man, indem man jeweils zwei der Einthoven-Ableitorte über zwei gleiche Widerstände verbindet und den Potenzialunterschied zwischen dem dritten Einthoven-Ableitort und dem Abgriff zwischen den beiden Widerständen bestimmt (sog. unipolare Ableitungen). Im Einthoven-Dreieck ergibt sich dieser Potenzialpunkt als Mittelpunkt der Dreieckseiten (Bild 2.12 C). Die Ableitrichtungen nach Goldberger aVR („augmented voltage right"), aVL und aVF sind also um jeweils 30 ° gegenüber den Einthoven-Richtungen I, II, III gedreht.

Da der Erregungsprozess dreidimensional abläuft, reicht es nicht aus, nur Ableitungen aus der Frontalebene zur Analyse heranzuziehen. Üblicherweise werden sechs weitere Ableitungen nach Wilson, V1 bis V6 (Bild 2.12 D+E), aus der Horizontalebene durchgeführt, indem sechs definierte Punkte auf der Brustwand jeweils gegen den elektrischen Sternpunkt, also den Mittelpunkt der über drei gleiche Widerstände verschalteten drei Ableitorte nach Einthoven abgeleitet werden.

In der Notfallmedizin werden oft nur wenige Ableitorte auf Brustkorb und Rücken realisiert, um schnell einen Überblick über den Zustand des Patienten zu erhalten.

Durch ein Netzwerk von elektrischen Widerständen und sieben Ableitorten kann man rechentechnisch drei orthogonale EKG-Ableitungen erzeugen (Frank-Ableitungen). Diese Ableitungsmethode ist heute Grundlage der exakten Registrierung von Vektorkardiogrammen. In der EKG-Registrierung hat sie sich hingegen nicht durchgesetzt.

Neben den in der Durchführung sehr einfachen, nicht invasiven Oberflächen-Elektrokardiogrammen können EKG-Kurven natürlich auch invasiv gewonnen werden, z.B. durch Ableitung aus der Speiseröhre (Ösophagus) bei schwer diagnostizierbaren Rhythmusstörungen. Es werden auch Ableitungen direkt aus dem Herzen durchgeführt, z.B. wird das His-Bündel-EKG zur genaueren Analyse der Erregungsleitung im AV-Überleitungssystem benutzt. Auch die Herzschrittmacher-Therapie bedient sich der Überwachung und Analyse von EKG-Signalen direkt aus dem Herzen (intrakardiales EKG).

2.1.2 Mechanik des Herzens

Den Vorgang der Umsetzung der elektrischen Aktionspotenziale in die mechanische Muskelaktion (Kontraktion) bezeichnet man als elektromechanische Kopplung. Die Funktionselemente der Kontraktion sind langgestreckte Eiweißstrukturen, Myosin und Aktin, die aufgrund ihrer unterschiedlichen optischen Eigenschaften, Einfach- bzw. Doppelbrechung, den optischen Eindruck einer Querstreifung (Skelettmuskulatur und Herzmuskel) hervorrufen (Bild 2.13).

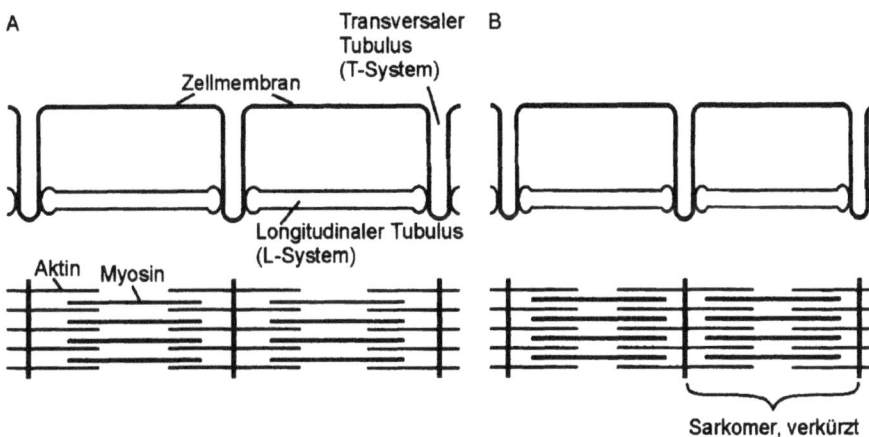

Bild 2.13: *Die Funktionselemente der Muskelfaser, A: im Ruhezustand, B: im kontrahierten Zustand.*

Myosin und Aktin greifen innerhalb einer strukturellen Basiseinheit, des sog. Sarkomers, kammartig ineinander. Eine Vielzahl solcher Sarkomere ist in einer Muskelzelle in Serie geschaltet.

Elektromechanische Kopplung

Innerhalb eines jeden Sarkomers verschieben sich nach Aktivierung der Muskelfasermembran durch Aktionspotenziale Myosin- und Aktinstrukturen teleskopartig ineinander, so dass es insgesamt zu einer Verkürzung der Muskelzelle kommt. Dieser Vorgang wird dadurch hervorgerufen, dass das Endstück des Myosins (Myosinkopf) kurzzeitig durch molekulare Konformationsänderung an dem benachbarten Aktinfaden haftet und durch eine Knickbewegung zwischen Myosinkopf und -hals das Ineinandergleiten, d.h. die Verkürzung des Sarkomers, ermöglicht (Bild 2.14 A). Danach wird die Verbindung sofort wieder gelöst.

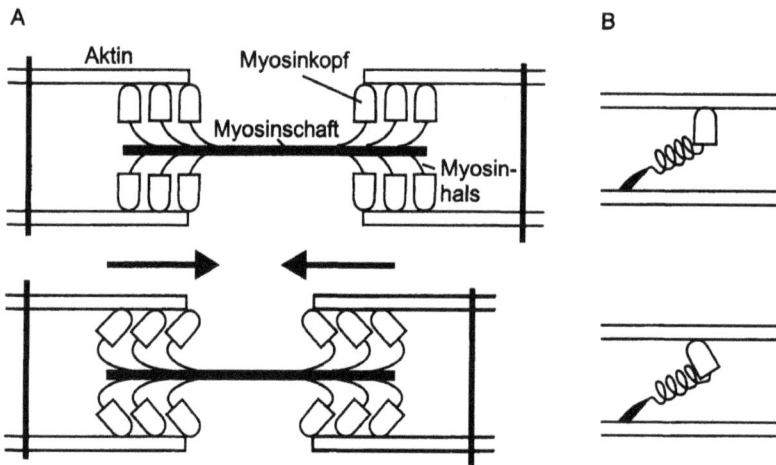

Bild 2.14: *Erzeugung von Verkürzung (A) und von Spannung (B) in der Muskelzelle.*

Bei isometrischer Kraftentwicklung, also bei konstanter Muskellänge, erfolgt die elastische Längenänderung nur innerhalb des Myosinhalses (Bild 2.14 B). Es kommt dabei zu keiner Verschiebung zwischen Myosin und Aktin und damit zu keiner nach außen sichtbaren Verkürzung.

Der Vorgang des Haftens und Lösens vollzieht sich viele Male innerhalb einer Sekunde, so dass ein Sarkomer sich um bis zu 50 % verkürzen kann, und zwar so, dass im statistischen Mittel gleich viele Myosinköpfchen haften bzw. loslassen, etwa so wie bei dem Prozess des Nachgreifens innerhalb einer großen Seilmannschaft.

Der unmittelbare Energielieferant für das Anhaften ist das ATP (Adenosintriphosphat), das unter Energiefreisetzung in ADP (Adenosindiphosphat) zerfällt. Darüber hinaus hat das ATP hier eine zweite wichtige Funktion: Durch chemische Verbindung mit dem Myosin sorgt es auch wieder für die Ablösung des Myosins vom Aktin. Trigger- und Steuerelement für diesen Kreisprozess ist das Kalzium, das durch Verbindung mit anderen molekularen Strukturen des Myosins Bindungsstellen zwischen Myosin und Aktin freimacht. Kalzium selbst wird gespeichert in besonderen Strukturen der Muskelzelle, dem Sarkoplasmatischen Retikulum oder Longitudinalsystem (L-System, Bild 2.13). Es gelangt dort hinein durch Kalzium- pumpmoleküle in der Membran des L-Systems. Der Gesamtprozess der elektromechanischen Kopplung wird ausgelöst durch Aktionspotenziale, die über die Muskelzellmembran fortge- leitet werden und über deren Einstülpungen (Transversalsystem) in die unmittelbare Nähe der Longitudinalsysteme gelangen und dort über Kanalmolekülprozesse die Freisetzung des Kalziums triggern, das dann zu den potentiellen Bindungsstellen zwischen Myosin und Aktin diffundiert und die o. g. molekularmechanischen Abläufe steuert.

Die erzeugte Kraft in der Muskelzelle ist von der intrazellulären Kalziumkonzentration ab- hängig. Die Konzentration ist durch die ionale Freisetzung und Elimination bestimmt. Der extrazelluläre Kalziumeinstrom beim Herzen und damit die Kraft wird wesentlich durch die Dauer der Aktionspotenziale gesteuert. (Beim Skelettmuskel wird die Kontraktionskraft durch die Anzahl der Aktionspotenziale pro Zeiteinheit und durch die Anzahl der gleichzei- tig aktivierten Muskelfasergruppen gesteuert (Kap. 6)). Ein weiterer Steuerparameter ist indirekt auch die Herzfrequenz, weil mit vermehrtem Kalziumeinstrom die Auffüllung der intrazellulären Speicher mit Kalzium ansteigt, das dann für die folgenden Kontraktionen vermehrt zur Verfügung steht („Frequenzinotropie"). Eine pharmakologische Beeinflussung der Kalziumfreisetzung und damit der intrazellulären Konzentrationserhöhung ist über Akti- vierungsstoffe des sympathischen Nervensystems (Sympathikomimetika) und durch sog. Kalziumantagonisten möglich. Die Kalziumelimination kann pharmakologisch durch Herzglykoside verändert werden. Physiologisch erfolgt die Steuerung der Prozesse am Her- zen aufgrund der neuronalen Ansteuerung durch das autonome Nervensystem.

Kontraktionsablauf
Die elektrische Erregung der Muskelzellen des Herzens bewirkt insgesamt ein Zusammen- ziehen (Kontraktion) des Herzmuskels und dadurch den Auswurf eines Teils der Ven- trikelinhalte in den Körper- bzw. den Lungenkreislauf.

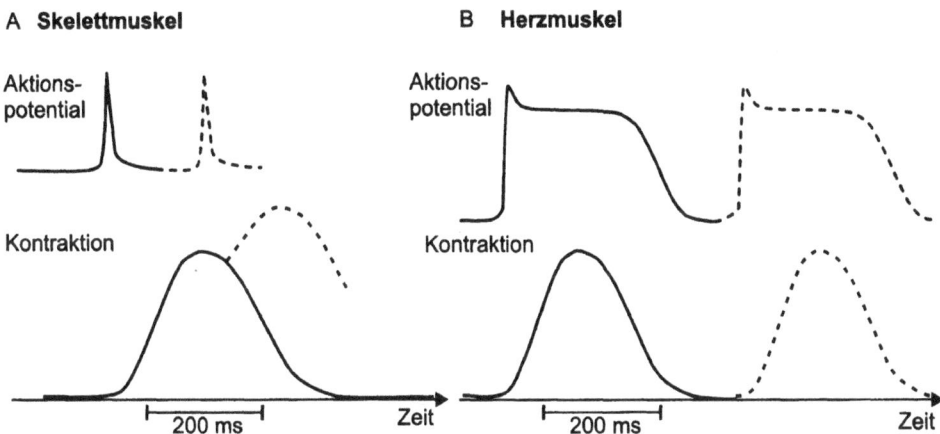

Bild 2.15: Aktionspotenzial und Kontraktionsverlauf: (A) an der Skelettmuskelzelle, (B) am Herzmuskel. Die für den Skelettmuskel mögliche Superponierung von Kontraktionen ist beim Herzmuskel wegen der langen Aktions- potenzialdauer und der entsprechenden Refraktärzeit verhindert.

Jedem Aktionspotenzial folgt eine mechanische Kontraktion (Bild 2.15) und anschließend eine Erschlaffung (Relaxation). Die Herzklappen spielen in diesem Zusammenhang eine dominante Rolle. Dies sei anhand des linken Ventrikels und der Mitral- und der Aortenklappe erläutert. Entsprechend Bild 2.16 A wird der Druck im Ventrikel bei geschlossener Mitral- und Aortenklappe isovolumetrisch in der Anspannungsphase (2) gesteigert. Übersteigt der Ventrikeldruck den sog. diastolischen Aortendruck, öffnet sich die Aortenklappe. Damit kann der Ventrikelinhalt in die Aorta ausgetrieben werden (Austreibungsphase (3), siehe Bild 2.16). Der Ventrikeldruck steigt in dieser Phase zunächst noch weiter an, weil dieser nach dem Laplace-Gesetz proportional der Wanddicke d und umgekehrt dem Radius r ist und die Zunahme von d zunächst größer ist als die Abnahme von r. Die während der Austreibungsphase ausgeworfene Blutmenge wird als Schlagvolumen bezeichnet, im Ventrikel verbleibt das sog. Restvolumen.

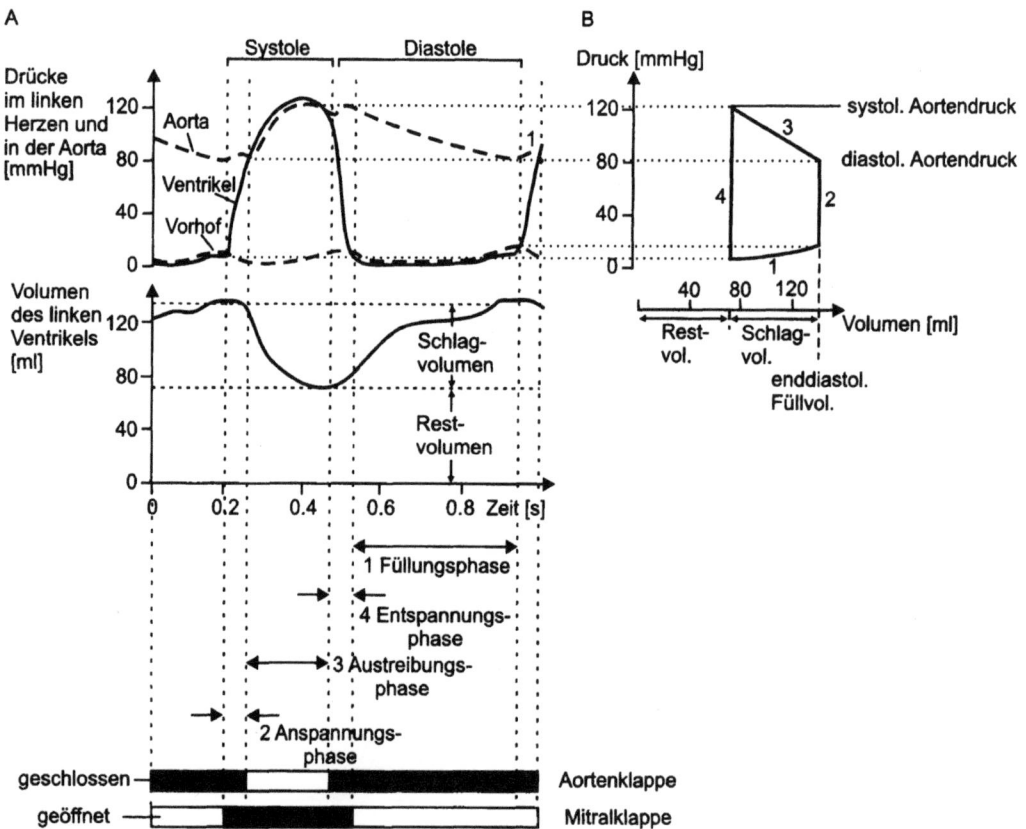

Bild 2.16: *Druck und Volumen während eines Herzzyklus (Darstellung für das linke Herz). A: Zeitverlauf und Klappenzustand, B: Ventrikeldruck und Ventrikelvolumen aus (A) gegeneinander aufgetragen: „Arbeitsdiagramm" des Herzens.*

Fällt dann anschließend der Ventrikeldruck wieder unter den Aortendruck, schließt die Aortenklappe wieder, und der Druck sinkt in der Entspannungsphase (4) relativ schnell isovolumetrisch bis unter den Wert des atrialen Drucks, so dass die Mitralklappe sich öffnet und nunmehr Blut vom Atrium in den Ventrikel fließt (Füllungsphase (1)). An der Füllung ist zusätzlich, zeitlich versetzt, die atriale Muskelkontraktion beteiligt. Wegen der Trägheit des beschleunigten Blutvolumens erfolgt der Aortenklappenschluss nach der Auswurfphase etwas später, als aufgrund der o. g. Druckbedingungen zu erwarten ist. Der kurzzeitige rückwärtige Blutfluss dokumentiert sich in einer Einkerbung (Inzisur) im Zeitverlauf des Ventrikeldrucks.

Anspannungs- und Austreibungsphase werden zusammen als Systole und Entspannungs- und Füllungsphase zusammen als Diastole bezeichnet. Der Aortendruck fällt während der Füllungsphase nur in relativ geringem Maße ab, da die elastischen Eigenschaften der Aorta („Windkesselfunktion") während dieser Phase den zur Weiterbeförderung des Blutes notwendigen Druck liefern. Trägt man die in Bild 2.16 A gezeigten Größen Druck p und Volumen V in einem gemeinsamen Graphen gegeneinander auf, erhält man das p/V-Arbeitsdiagramm des Herzens (Bild 2.16 B). Die vier genannten Phasen sind deutlich zu erkennen: 1. Füllungsphase ausgehend vom Restvolumen bis zum enddiastolischen Füllvolumen. Dabei steigt der Druck leicht entsprechend den passiven Dehnungseigenschaften des Herzmuskels an. 2. Isovolumetrische Anspannungsphase bis zum Minimum des Aortendrucks (sog. diastolischer Aortendruck). 3. Austreibungsphase mit Verminderung des Ventrikelinhaltes um das Schlagvolumen und 4. Isovolumetrische Entspannungsphase und Druckabfall bis auf den sehr niedrigen Atrialdruck.

Die Vorgänge im rechten Ventrikel verlaufen analog. Wegen des geringeren Widerstandes des Lungenkreislaufes im Vergleich zum Körperkreislauf sind hier allerdings viel geringere Drücke aufzubringen. Ein typischer linksventrikulärer Druck von p = 110 mmHg führt zu einem Schlagvolumen von V = 70 ml. Dieses ergibt eine Druck-/Volumenarbeit des linken Ventrikels von $A = p \cdot V \approx 1$ Nm, während ein typischer rechtsventrikulärer Druck von nur 15 mmHg einen Arbeitswert von nur 0,14 Nm ergibt. Hinzu kommt jeweils eine Beschleunigungsarbeit von $A = \frac{1}{2} \cdot m \cdot v^2 = \frac{1}{2} \cdot 70$ g $\cdot 0,5^2$ m/s $\approx 0,01$ Nm, die unter normalen Bedingungen nur etwa 1 % der gesamten Herzarbeit ausmacht, die aber unter pathologischen Bedingungen, vor allem bei Nachlassen der elastischen Eigenschaften der Aorta (Arteriosklerose), erheblich ansteigen kann.

2.1.3   Das Kreislauf-System

Das Kreislaufsystem (Bild 2.1) besteht aus einem arteriellen Hochdrucksystem und einem venösen Niederdrucksystem. Da die vom Herzen wegführenden Gefäße grundsätzlich als Arterien und die hinführenden als Venen bezeichnet werden, führen die Arterien mit Ausnahme der Lungenarterien sauerstoffreiches Blut und die Venen mit Ausnahme der Lungenvenen sauerstoffarmes Blut. Das Niederdrucksystem enthält im Ruhezustand normalerweise 85 % des Blutvolumens. Die Aorta als größtes arterielles Gefäß steigt aus der linken Kammer auf und krümmt sich dann in einem weiten Bogen. Von diesem gehen die großen Stämme für Kopf und Arme ab, die sich dann weiter verzweigen. Die Aorta selbst steigt im Körper hinab, gibt dabei zahlreiche parallele Äste zur Versorgung der Körperorgane und -gewebe ab und teilt sich schließlich in die Beinarterien auf. Die Funktionselemente des Körpers werden parallel mit sauerstoffreichem Blut versorgt. Da der Lungenkreislauf mit den beiden Herzhälften und dem Körperkreislauf in Serie geschaltet ist, erhält die Lunge das sauerstoffarme Blut zwecks Sauerstoffanreicherung.

Die parallele Versorgung der Organe gilt natürlich auch für den Herzmuskel selbst. Zwei Koronararterien entspringen aus der Aortenwurzel: Die rechte Koronararterie versorgt den größten Teil des rechten Ventrikels sowie Abschnitte der Herzscheidewand (Septum) und der Hinterwand des linken Ventrikels. Das weitere Herzgewebe wird durch die linke Koronararterie versorgt. Das venöse Blut wird im Sinus coronarius gesammelt, der in den rechten Vorhof mündet.

Nach Durchlaufen der kleinen Arteriolen und der kleinsten Kapillargefäße der Gewebe und Organe wird das sauerstoffarme Blut in den Venolen gesammelt und durch zunehmend größere Venen, die oft benachbart zu den großen Arterien laufen, zum Herzen zurücktransportiert. Durch die untere und obere Hohlvene strömt das Blut in den rechten Vorhof des Herzens. Eine Sonderstellung im venösen Abtransport nimmt das Darm-Leber-System ein. Das venöse Blut des Darmsystems erreicht zur Entgiftung gesammelt in der Pfortader die Leber, gelangt also nicht direkt parallel in das venöse Körpersystem (Bild 2.17). Entsprechend ihrem unterschiedlichen, veränderbaren peripheren Widerstand erhalten die Parallelzweige des Körpers unterschiedliche Anteile des Herzzeitvolumens.

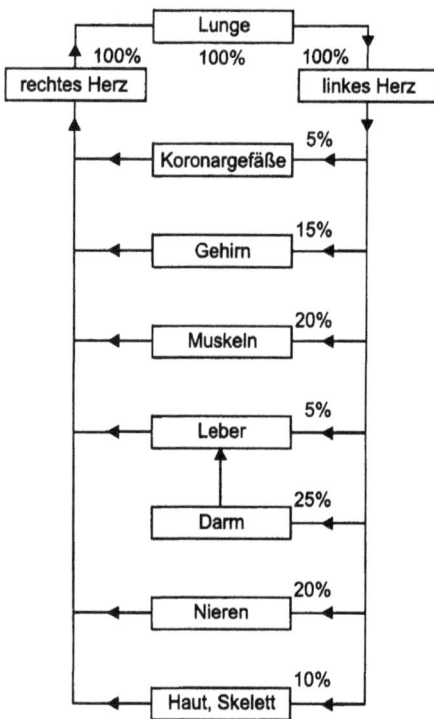

Bild 2.17: Durchblutungsverteilung im Herz/Kreislauf-System des ruhenden Menschen, in Prozent des Herzzeitvolumens.

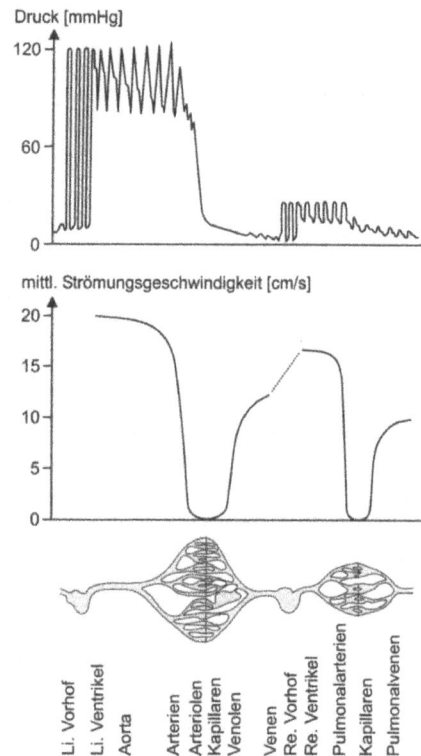

Bild 2.18: Druck- und Geschwindigkeitsverteilung im Kreislaufsystem.

Das Herzminutenvolumen beträgt während Körperruhe ca. 5–6 l/min und verteilt sich zu ca. 70 % auf die Organe einschließlich des Gehirns, zu 20 % auf die Muskulatur und zu 10 % auf die Hautbereiche.

Physiologische Eigenschaften des Kreislaufsystems
Bei körperlicher Belastung kann sich das Herzminutenvolumen auf 25 l/min erhöhen. Der größte Anteil kann dann der Muskulatur zugeführt werden. Die Steuerung des Blutflusses entsprechend den unterschiedlichen physischen, thermischen oder emotionalen Belastungen erfolgt durch lokal und systemisch ausgeschüttete Substanzen, vor allem aber neuronal über das sympathische Nervensystem. Dieses innerviert die („glatte") Muskulatur vor allem der kleinen Arterien und Arteriolen und steuert damit deren Strömungswiderstand.

Die Arterien mit ihren elastischen Eigenschaften haben vor allem die Aufgabe, den Blutdruck während der Diastole auf „vertretbaren" Werten zu halten. Der ventrikuläre Druck selbst sinkt von ca. 120 mmHg fast auf Null, während sich der arterielle Blutdruck (vgl. Bild 2.18) etwa in Herzhöhe bei körperlicher Ruhe bei jungen und gesunden Menschen zwischen einem systolischen Wert von ca. 120 mmHg und einem diastolischen Wert von ca. 80 mmHg bewegt und damit im Mittel in der Größenordnung von 100 mmHg liegt. Wegen des hohen Strömungswiderstandes der Arteriolen und des damit verbundenen Druckabfalls in diesem Gefäßsystem ist der Blutdruck in den Kapillaren niedrig, so dass wegen der großen Zahl parallel geschalteter Kapillaren und des dadurch extrem zunehmenden Gesamtquerschnitts die Strömungsgeschwindigkeit von Werten von 20 cm/s in der Aorta bis auf wenige Hundertstel cm/s zurückgeht. Dies ist sinnvoll und erforderlich, um den Gas-, Flüssigkeits- und Stoffaustausch durch die Kapillarwände zu gewährleisten. Auf erniedrigtem Druckniveau vollziehen sich die Prozesse in den Arterien, Kapillaren und Venen des Lungenkreislaufs.

In den arteriellen Abschnitten der Kapillaren werden durchschnittlich ca. 0,5 % des durchfließenden Plasmavolumens durch die Wände ins Gewebe abfiltriert, pro Tag etwa 20 l. 90 % hiervon werden in den venösen kapillären Abschnitten reabsorbiert. Das restliche Volumen, etwa 10 %, wird zusammen mit korpuskulären Elementen von Lymphgefäßen aufgenommen und mündet nach Passage der Lymphknoten als Kläranlagen schließlich in die großen Venenstämme des Kopfes und des Halses.

Der Druck in den venösen Gefäßen ist sehr gering und kann sogar auf negative Werte fallen, so dass Hilfsmechanismen den Rückstrom in das Herz gewährleisten müssen. Dazu zählt der sog. Ventilebenenmechanismus: Während der Austreibungsphase befördern die Ventrikel Blut in die großen Arterien und saugen gleichzeitig Blut aus den großen Venen in die Vorhöfe hinein. Die Sogwirkung entsteht dadurch, dass die Ventilebene, d.h. die Grenzfläche zwischen Vorhöfen und Herzkammern, in der die Herzklappen liegen, sich in Richtung zur Herzspitze verschiebt. Die durch die Atemtätigkeit ausgelösten Druckschwankungen im Brustkorb (Thorax) und im Unterleib (Abdomen) haben ebenfalls einen erheblichen Einfluss auf den venösen Rückstrom. Schließlich ist für den in aufrechter Lage befindlichen Menschen die Muskelpumpe der unteren Extremitäten von großer Bedeutung. Das Absacken des Blutes in den Beinvenen wird weitgehend durch Venenklappen verhindert. Bei Kontraktion der Beinmuskulatur werden die Venen zusammengedrückt. Das Blut wird dabei aufgrund der Ventilfunktion der Venenklappen herzwärts, d.h. aufwärts gepresst. Man muss beim stehenden Menschen (sog. Orthostase) zusätzlich zu dem bisher diskutierten „dynamischen" Blutdruck den hydrostatischen Druck berücksichtigen (Bild 2.19). Nur in der hydrostatischen Indifferenzebene ändert sich der Druck bei Lagewechsel nicht.

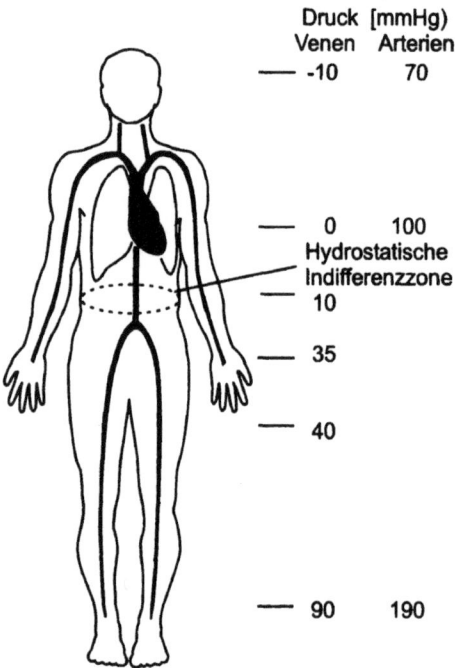

Druck [mmHg)
Venen Arterien
— -10   70

— 0   100
Hydrostatische
Indifferenzzone
— 10

— 35

— 40

— 90   190

Bild 2.19: Summe aus dynamischem und hydrostatischem Blutdruck beim stehenden Menschen.

Physikalische Grundlagen des Kreislaufs

Die Stromstärke I des Blutes als pro Zeiteinheit transportierte Blutmenge ergibt sich in Analogie zum Ohmschen Gesetz der Elektrotechnik aus der Druckdifferenz ΔP und dem Strömungswiderstand R:

$$I = \frac{\Delta P}{R} \tag{2.1}$$

Damit gilt für das Herzzeitvolumen HZV bei einem totalen peripheren Kreislaufwiderstand TPR:

$$HZV = \frac{\Delta P_{\text{art/ven}}}{TPR} \tag{2.2}$$

In Abschnitten unterschiedlichen Querschnitts Q ergeben sich aufgrund der Kontinuitätsbeziehung unterschiedliche über den Gefäßradius gemittelte Strömungsgeschwindigkeiten $\bar{v}$:

$$\bar{v} = \frac{I}{Q}. \tag{2.3}$$

Unter der Voraussetzung laminarer Strömung (parabolisches Geschwindigkeitsprofil über dem Querschnitt; sog. Reynolds-Zahl ≤ 2000) und stationärer, d.h. zeitlich konstanter Strömung, lässt sich unter Benutzung des Newton'schen Reibungsgesetzes für starre Rohre folgende Beziehung zwischen der Stromstärke und der Druckdifferenz herleiten:

$$I = \frac{\pi \cdot r^4}{8\eta l} \Delta P \quad \text{(Hagen- Poiseuille- Gesetz)}. \tag{2.4}$$

Dabei bedeutet r den Innenradius des Gefäßes, η die Viskosität des Blutes und l die Länge des Gefäßes, d.h. für den Widerstand R gilt entsprechend dem Ohmschen Gesetz:

$$R = \frac{8 \cdot \eta \cdot l}{\pi \cdot r^4}. \tag{2.5}$$

Dieses Gesetz macht den starken Einfluss von Durchmesser-Änderungen (4. Potenz!) auf den Strömungswiderstand deutlich.

Es gibt viele Einschränkungen hinsichtlich der Gültigkeit des Hagen-Poiseuille-Gesetzes für das Blutgefäßsystem: Die Blutströmung ist nicht stationär, sondern pulsierend, die laminare Strömung ist während des Pulszyklus nicht immer gegeben, insbesondere in den großen Arterien entstehen während der Austreibungsphase Turbulenzen. Die Durchmesser und die Elastizität der Gefäße und die Viskosität des Blutes (insbesondere wegen der korpuskulären Bestandteile) sind nicht konstant. Dennoch ist das Hagen-Poiseuille-Gesetz für grobe Abschätzungen von großem Wert.

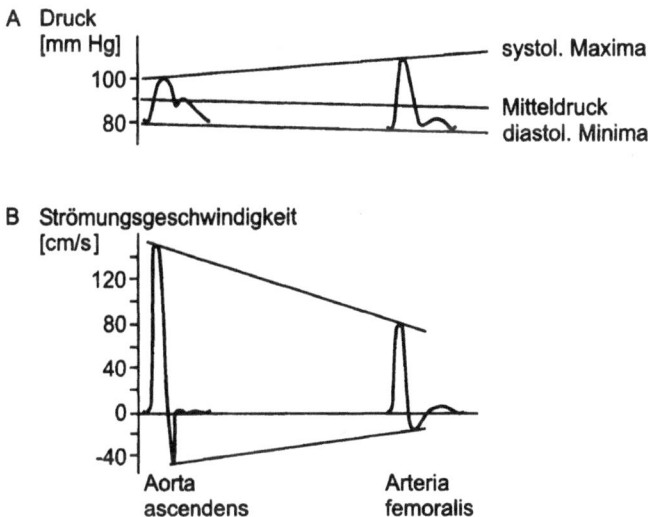

Bild 2.20:   *A: Druck- und B: Strom-Pulse in herznahen und herzfernen Arterien.*

Die Pumpaktion des Herzens führt in den elastischen Gefäßen zur Entstehung und Fortleitung von Pulswellen mit einer maximalen Druckpulswellengeschwindigkeit in der Aorta von $c = 4$ bis 5 m/s (zum Vergleich: die Strömungsgeschwindigkeit des Blutes ist dort maximal nur etwa 1,5 m/s (Bild 2.20) und im Mittel ca. 0,2 m/s (Bild 2.18)). Sie steigt infolge der

abnehmenden Gefäßdehnbarkeit in den Arterien bis auf 10 m/s an. Aus den gleichen Gründen nehmen Druckamplitude und systolischer Druck in herzfernen Arterien oder bei Arteriosklerose auch in herznahen Arterien zu (Bild 2.20 A). Unter Vernachlässigung des Rei-
bungswiderstandes gilt für den Wellenwiderstand Z:

$$Z = \frac{\Delta P}{\Delta I} = \frac{\rho \cdot c}{Q} \tag{2.6}$$

mit ρ = Dichte des Blutes und Q = Innenquerschnitt des Gefäßes. Zu berücksichtigen ist
ferner, dass es insbesondere an Verzweigungen des arteriellen Systems zu Wellenreflexionen
kommt. Dadurch werden die Pulsformen je nach Ort stark verändert: Herzferne Arterien
weisen dadurch z.B. im Druckpuls eine starke Einbuchtung, die sog. Dikrotie, auf. Druckpuls
und Strompuls sehen grundsätzlich sehr unterschiedlich aus; sie können durch phasenrichtige
Überlagerung der hin- und rücklaufenden Wellen ermittelt werden.

2.1.4   Anpassungsmechanismen des Herzens

Das Herz ist bereits aufgrund der Eigenschaften seiner Muskulatur und interner Regulations-
vorgänge in der Lage, seine Leistung an verschiedene Druck- und Volumenbelastungen
anzupassen und die Funktion der beiden Herzhälften zu koordinieren. Darüber hinaus unterliegt das Herz-Kreislauf-System zahlreichen neuronal und humoral (durch Botenstoffe im
Blut) vermittelten zentralen Steuer- und Regelvorgängen.

Autoregulation des Herzens

Die lokale Anpassung an unterschiedliche Druck- und Volumenbelastungen sei anhand des
Arbeitsdiagramms für das isolierte Herz ("offene" System) erläutert (Bild 2.21 A). Maßgeb-
lich für die Füllung ist die sog. Ruhedehnungskurve, die die Eigenschaften der passiven
Dehnbarkeit des Myokards beschreibt. Ausgehend von verschiedenen Arbeitspunkten (Fül-
lungen auf den Ruhedehnungskurven) kann das Herz unter elektrischer Erregung bei verschiedenen Bedingungen bestimmte Drücke und/oder Volumina erzeugen. Sind z.B. alle
Klappen geschlossen, arbeitet das Herz isovolumetrisch: Die maximalen Drücke, die je nach
Ausgangsarbeitspunkt bei konstantem Volumen erreicht werden, liegen auf der Kurve der
isovolumetrischen Maxima. Diese steigt bei größer werdender Vordehnung an, durchläuft
dann jedoch ein Maximum, da bei sehr großer Vordehnung, aufgrund der abnehmenden
Überlappung der Aktin-Myosin-Filamente, die Anzahl der möglichen Bindungsstellen abnimmt. Wird das Herz unter der Bedingung konstanter Spannung (isotonisch) oder konstanten Druckes (isobarisch) maximal zur Kontraktion gebracht, werden Volumina ausgeworfen,
die wiederum je nach Vordehnung (Arbeitspunkt) auf der Kurve der isotonischen bzw. isobarischen Maxima liegen.
Anspannungs- und Austreibungsphase zusammen bilden näherungsweise eine sog. Unter-
stützungskontraktion, die aus zwei Phasen besteht: 1. der isovolumetrischen Drucksteige-
rung, 2. der in erster Näherung isobarisch ablaufenden Volumenerzeugung. Nun kann für
jeden Arbeitspunkt auf der Ruhedehnungskurve eine Kurve der möglichen Unterstützungsmaxima (in Bild 2.21 gestrichelt) ermittelt werden, die zwischen den zugehörigen Punkten E

und F auf der Kurve der isobarischen bzw. der isovolumetrischen Maxima verläuft. Das schon eingeführte Arbeitsdiagramm des Herzens beginnt in Punkt A mit der enddiastolischen Füllung auf der Ruhedehnungskurve, die sich entsprechend der „Vorlast" einstellt, es folgt die isovolumetrische Druckerzeugung, der sich bei Erreichen der „Nachlast" (Punkt B), repräsentiert durch den enddiastolischen Aortendruck bzw. Pulmonalis-Druck, die in sehr grober Näherung isobarisch verlaufende Volumenerzeugung (Schlagvolumen SV) bis zum Erreichen der Unterstützungskurve (Punkt C) anschließt. Die isovolumetrische Entspannungsphase bringt schließlich den Druck wieder auf den durch die passiven Eigenschaften (Ruhedehnungskurve) festgelegten Wert (Punkt D). Je nach Vorbelastung aufgrund des venösen Angebots wandert das Arbeitsdiagramm entlang der Ruhedehnungskurve, in Bild 2.21 B z.B. von Punkt A nach A_1. Es steigt somit die enddiastolische Füllung entlang dieser Kurve. Dies führt jeweils zu unterschiedlichen Kurven der Unterstützungsmaxima und ohne Änderung der isovolumetrischen und isobarischen Maxima zu einem anderen Arbeitsdiagramm, das als Antwort auf die Volumenbelastung ein größeres Schlagvolumen erzeugt ($SV_1 > SV$). Dieser Vorgang wird als Frank-Starling-Mechanismus bezeichnet.

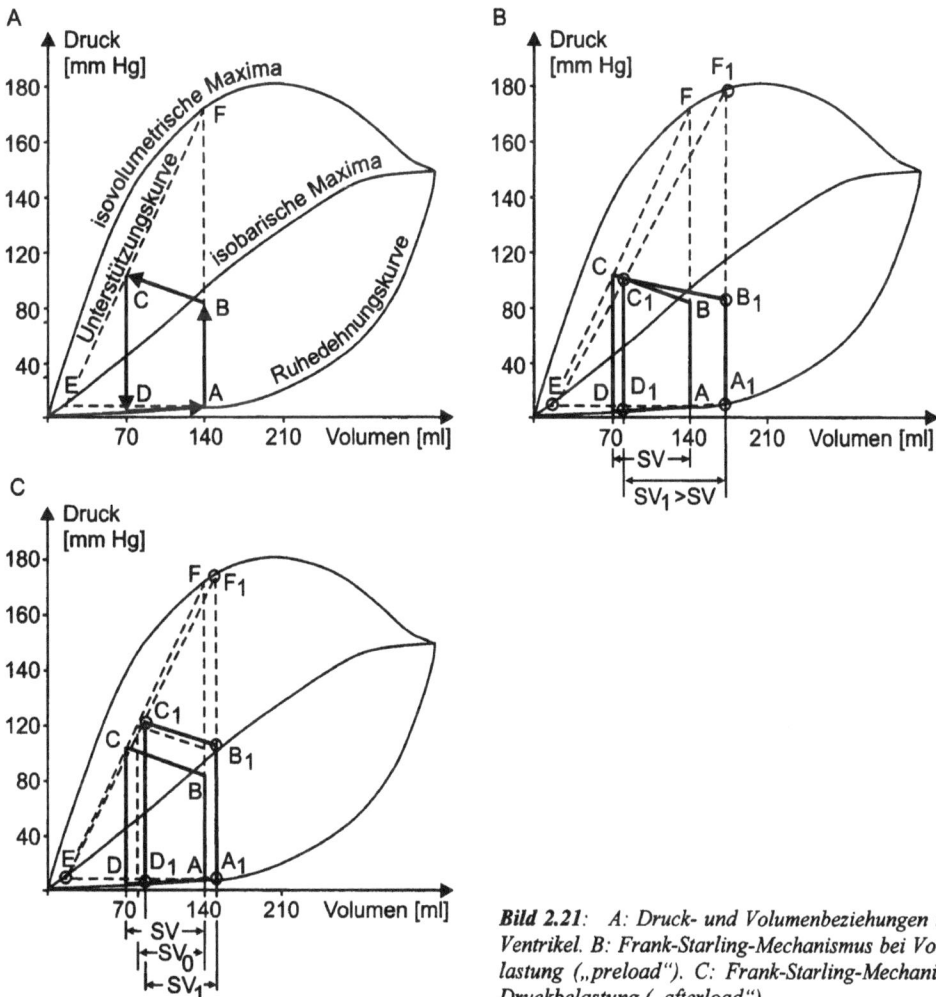

Bild 2.21: *A: Druck- und Volumenbeziehungen im linken Ventrikel. B: Frank-Starling-Mechanismus bei Volumenbelastung („preload"). C: Frank-Starling-Mechanismus bei Druckbelastung („afterload").*

Dieser Mechanismus ist auch an der intrakardialen Anpassung an Druckbelastungen durch erhöhte Strömungswiderstände im Kreislauf-System beteiligt (Bild 2.21 C): In diesem Fall führt in einem ersten Schritt eine erhöhte Druckbelastung ohne Änderung des Arbeitspunktes zu einer Reduktion des Schlagvolumens SV auf SV_0 (gestricheltes Arbeitsdiagramm) und damit zur Erhöhung des Restvolumens. Wird dann ein normales Füllvolumen aufgenommen, führt dies zu einer größeren enddiastolischen Füllung, d.h. zu einer Verschiebung des Arbeitspunktes auf der Ruhedehnungskurve von A nach A_1 und damit zu einer neuen Kurve der Unterstützungsmaxima.

A

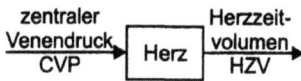
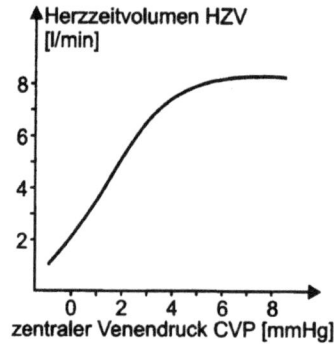

B

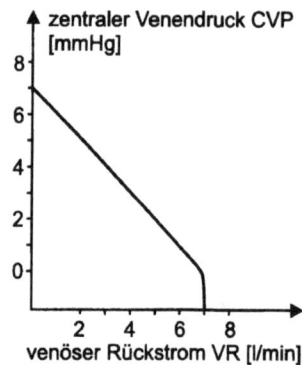

C

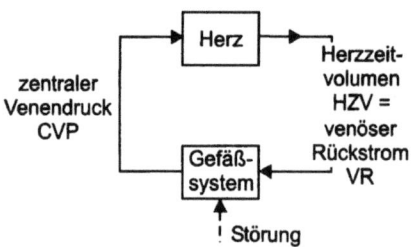
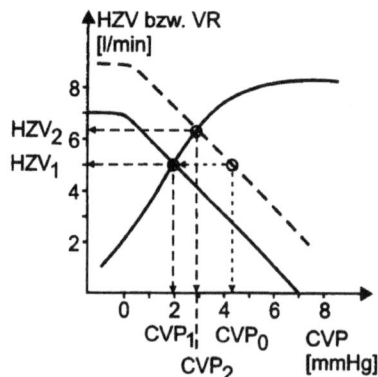

Bild 2.22: *A: Herzzeitvolumen und zentraler Venendruck im offenen System „Herz". B: zentraler Venendruck und venöser Rückstrom im offenen Gefäßsystem. C: Herz und Gefäßsystem im geschlossenen Kreis: Herzzeitvolumen = venöser Rückstrom.*

Das ermöglicht dann, ein Schlagvolumen SV_1, das praktisch gegenüber SV unverändert ist, gegen einen erhöhten Druck auszuwerfen. Über den Frank Starling-Mechanismus stellt das Herz also ein Schlagvolumen SV und damit auch ein Herzzeitvolumen HZV in Abhängigkeit vom zentralen Venendruck CVP ein. Diese Beziehung ist als stationäre Kurve in Bild 2.22 A eingezeichnet. Betrachtet man andererseits zunächst auch das Gefäßsystem isoliert als „offenes System" (Bild 2.22 B), würde sich ohne venösen Rückstrom (Herzstillstand) in dem System ein statischer Druck von ca. 7 mmHg einstellen. Bei Herztätigkeit wird ein Druckgradient erzeugt, nämlich ein hoher arterieller Druck und ein niedriger zentraler Venendruck. Dies führt zu einer Zunahme des venösen Rückstromes VR bei abnehmendem Venendruck CVP (Kennlinie im Block „Gefäßsystem").

In vivo arbeiten das Herz und das Gefäßsystem in einem geschlossenen Kreis zusammen, d.h. Herzzeitvolumen und venöser Rückstrom müssen identisch werden. Damit kann man die beiden stationären Kennlinien in ein gemeinsames Diagramm zeichnen (Bild 2.22 C), und es ist offenkundig, dass sich als Herzzeitvolumen (= venöser Rückstrom) und als zentralvenöser Druck die aus dem Schnittpunkt der beiden Kurven ergebenden Werte HZV_1 und CVP_1 einstellen. Damit ist schon das nicht zentral kontrollierte Herz-Kreislauf-System als Proportionalregelkreis deutbar mit der stationären Kennlinie des P-Reglers „Herz". Kommt es zu einer „Störung" des Regelkreises, die z.B. eine Erhöhung des venösen Druckes um 2 mmHg bewirkt, verschiebt sich die Charakteristik des Gefäßsystems in Bild 2.22 C um 2 mmHg nach rechts (gestrichelte Kurve). Es gilt nunmehr für den Regelkreis ein neuer Arbeitspunkt, nämlich der Schnittpunkt der unveränderten Reglerkennlinie („Herz") mit der neuen Kennlinie der Regelstrecke („Gefäßsystem"). Aufgrund des neuen Schnittpunktes wird ein erhöhtes Herzzeitvolumen $HZV_2 > HZV_1$ eingestellt, mit der Folge eines zentralvenösen Druckes CVP_2, der zwar oberhalb des ursprünglichen Wertes (bleibende Regelabweichung bei P-Regelung), aber unterhalb des Wertes „ohne Regelung", CVP_0, liegt.

Steuerung der Prozesse durch das autonome Nervensystem

Derjenige Teil des zentralen Nervensystems, der der Steuerung und Regelung der Körpervorgänge ohne willentliche Beeinflussung dient, wird als autonomes oder vegetatives Nervensystem bezeichnet. Die Regelzentren liegen im Wesentlichen in den entwicklungsgeschichtlich alten Strukturen des Zentralnervensystems, also im Hirnstamm und in einem Teil des Zwischenhirns, dem sog. Hypothalamus (vgl. Abschn. 1.3). Letzterer ist sowohl die übergeordnete neuronale Schaltstelle für alle unbewusst gesteuerten Körperprozesse als auch neuro-humorales Interface für die Steuerungsprozesse, die auf der Ausschüttung von Botenstoffen (Hormonen) und dem Transport über den Blutweg zu den Effektororganen (Aktoren) beruhen. Im peripheren Bereich kann man das autonome Nervensystem (ANS) in zwei antagonistisch/synergistisch arbeitende Teilsysteme aufteilen, den Sympathikus und den Parasympathikus. Beide bestehen wiederum aus einer parallelen Vielzahl von jeweils zwei hintereinander geschalteten Neuronen. Derartige nachgeschaltete Neurone (sog. postganglionäre Neurone) erreichen auch das Erregungsbildungs- und -leitungssystem und die Arbeitsmuskulatur des Herzens und modifizieren die dort ablaufenden Prozesse über Aktionspotenzialfolgen, die die Übertragungsprozesse an den Übergangsstellen (Synapsen) zu den Herzstrukturen durch Ausschüttung von sog. Transmittersubstanzen (Sympathikus: Noradrenalin, Parasympathikus: Acetylcholin) beeinflussen (Bild 2.23).

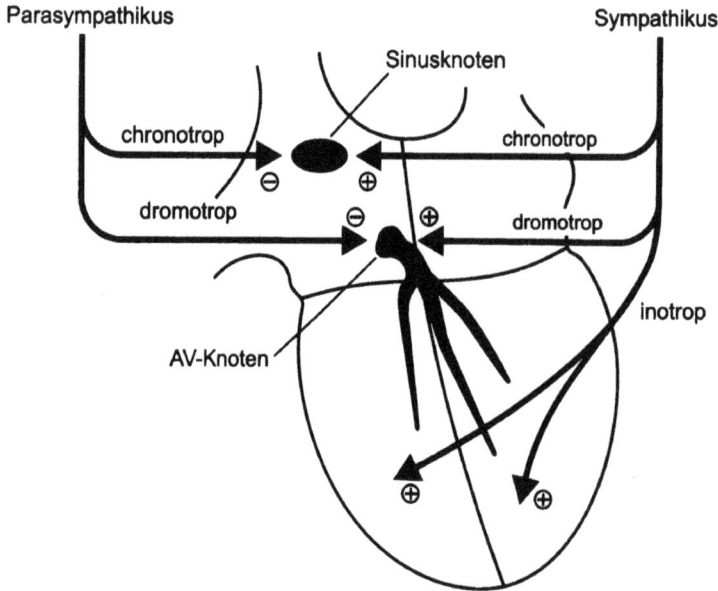

Bild 2.23:   *Wichtigste Herzsteuerungsmechanismen durch das autonome Nervensystem (ANS).*

Der Sinusknoten im rechten Vorhof hat als primärer physiologischer Schrittmacher, ebenso wie die elektrische Überleitungsstelle zwischen Vorhöfen und Ventrikel, der Atrioventriku-lar-Knoten (AV-Knoten) und wie das Vorhof-Myokard sympathisch und parasympathisch innervierte synaptische Kontaktstellen. Das Arbeitsmyokard der Ventrikel ist darüber hinaus im Wesentlichen sympathisch innerviert. Die Sympathikus-Aktivierung führt am Sinusknoten zur Erhöhung der Herzfrequenz (positiv-chronotrope Wirkung), am Atrioventrikularknoten zur Verkürzung der Überleitungszeit der Aktionspotenziale (positiv-dromotrope Wirkung), am Vorhof und am Ventrikelmyokard zur Kontraktionssteigerung (positiv-inotrope Wirkung), während die Aktivierung des Parasympathikus die Reduzierung der Herzfrequenz (negativ-chronotrop), die Verlängerung der atrioventrikulären Überleitungszeit (negativ-dromotrop) und die Abschwächung der Vorhof-Kontraktion (geringe negativ-inotrope Wirkung) zur Folge hat. Über die direkte neuronale Vermittlung der synaptischen Prozesse am Herzen hinaus spielt die durch den Sympathikus humoral veranlasste Ausschüttung eines Adrenalin/Noradrenalin-Gemisches aus dem Nebennierenmark, das auch die Herzstrukturen über den Blutweg erreicht, eine große Rolle.

2.1.5   Regelung des Herz-Kreislauf-Systems

Die interne Regulation des Herzens wird durch zentrale Schaltstellen im Zentralnervensys-tem (Mittelhirn und Hypothalamus) kontrolliert, mit dem Ziel, die Versorgung der Gewebe und Organe mit Blut, Sauerstoff und Substraten zu gewährleisten. Diesem Ziel dienen ein adäquates Blutvolumen und ein adäquater Blutdruck als Quelle für einen ausreichenden Blutstrom. Beide Variablen – Blutdruck und Blutvolumen – werden in gekoppelten Regel-kreisen bei Störungen weitgehend konstant gehalten bzw. bei erhöhtem Bedarf im Sinne einer Führungsgrößenregelung angepasst.

Blutdruckregelung

Es sei zunächst der Blutdruckregelkreis besprochen (Bild 2.24). Da die Blutdrucksensoren in der Wand der Aorta bzw. in den Teilungsstellen der Halsschlagader, also im arteriellen System, liegen, ist der arterielle Blutdruck als Regelgröße zu betrachten. Die Pressosensoren (oft auch als Pressorezeptoren bezeichnet) reagieren auf Blutdruckzunahme mit einer Erhöhung ihrer Aktionspotenzialfrequenz. Diese wird als sog. afferentes Signal an die zentralen Schaltstellen (Regler) gemeldet und dort in eine sog. efferente Aktionspotenzialfrequenz umgewandelt, die die Stellgrößen dieses Regelkreises aktiviert.

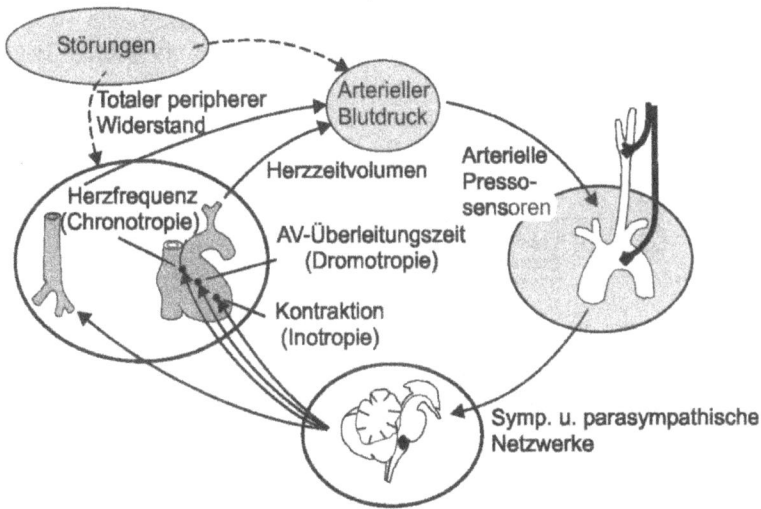

Bild 2.24: *Der Blutdruckregelkreis.*

Stellgrößen sind vornehmlich a) die Herzfrequenz, die synaptisch am Sinusknoten modifiziert wird, b) die Kontraktionskraft (die Kurve der isovolumetrischen Maxima (vgl. Bild 2.21 A) verschiebt sich nach oben), also letztlich das Schlagvolumen, und c) in Folge der Ansteuerung der glatten Muskulatur arterieller und venöser Gefäßwände, der periphere Widerstand. Herzfrequenz mal Schlagvolumen ergibt das Herzzeitvolumen (Cardiac Output) und das Herzzeitvolumen mal dem peripheren arteriellen Widerstand den arteriellen Druck. Dieser hat, wie oben erläutert, als „Nachlast" Rückwirkungen auf das Schlagvolumen. Die Wirkung des Sympathikus auf Herzfrequenz, Schlagvolumen und peripheren Widerstand ist positiv in dem Sinne, dass eine Erhöhung der efferenten Aktionspotenzialfrequenz eine Erhöhung der Stellgrößenwirkung erzeugt. In diesem Sinne beeinflusst der Parasympathikus die Herzfrequenz negativ. Damit ist die negative Rückkopplung in dem Regelkreis über die Parasympathikusaktivierung gewährleistet. Die negative Rückkopplung im Sympathikuszweig ist dadurch realisiert, dass eine ansteigende afferente Aktionspotenzialfrequenz die sympathischen Regelzentren hemmt (fallende stationäre Kennlinie). Nun erfolgt die Steuerung der Stellgrößen des Herzens nicht ausschließlich auf dem schnellen Weg, sondern auch über Botenstoffe über den langsamen Blutweg (z.B. Adrenalin/Noradrenalin aus dem Nebennierenmark, Renin aus der Niere, antidiuretisches Hormon ADH (Vasopressin) aus dem Hypophysen-Hinterlappen (Neurohypophyse) und das Atriopeptin aus dem rechten Atrium). Das gilt auch für die Stellgröße „Peripherer Widerstand", der in seinen zahllosen Parallelzweigen maßgeblich ist für die Versorgung der einzelnen Gewebe und Organe. Er unterliegt neben der geschilderten zentralen Steuerung zahlreichen lokalen Steuerungen durch Stoffwechsel-produkte (Metabolite) und körpereigene sog. vasoaktive Substanzen (z.B. Histamin, Seroto-nin, Eicosanoide).

Blutvolumenregelung

An der Einmündung der Hohlvenen in den rechten Vorhof des Herzens und in den Vorhöfen selbst sind Sensoren lokalisiert, die über den Dehnungszustand dieser Strukturen indirekt das thorakale Blutvolumen erfassen, denn der Dehnungszustand im Niederdrucksystem ist ein gutes Maß für den Füllungszustand des Gefäßsystems und damit für das Blutvolumen (Bild 2.25).

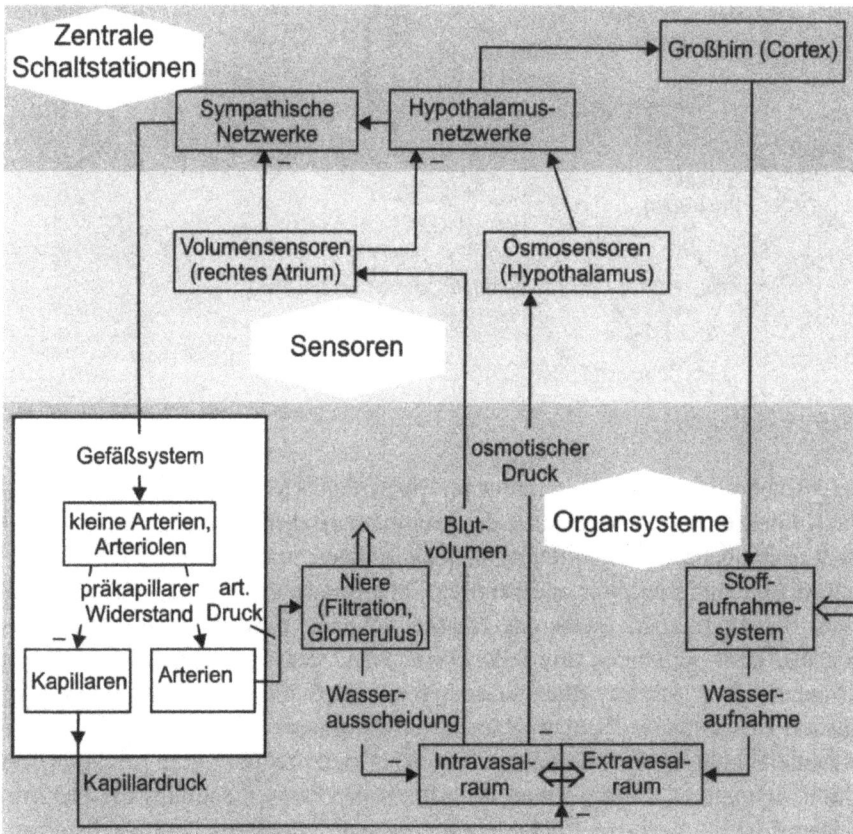

Bild 2.25: *Blutvolumenregelung I: Stellgrößen Wasserverschiebung zwischen Gefäß- und Geweberaum, Wasser-aufnahme und Filtration in der Niere.*

Diese Sensoren hemmen mit ihren Aktionspotenzialfrequenzen vor allem die zentralen sym-pathischen Kreislaufregler, die ihrerseits den Widerstand der präkapillaren Gefäße (kleine Arterien, Arteriolen) steuern. Dieser hat eine unmittelbare Wirkung auf den Kapillardruck, der eine maßgebliche Kraft für die Filtration von Flüssigkeit durch die Kapillarwand ins

Gewebe und je nach Druckverhältnissen auch umgekehrt in die Blutbahn hinein darstellt. Man sieht sofort, dass sich hier Blutdruck- und Blutvolumenregelung derselben Stellgröße „Peripherer Widerstand" bedienen. Dies kann zu Konkurrenzsituationen der beteiligten Regelkreise führen. Mit der Änderung des Blutvolumens gehen in der Regel auch Änderungen des osmotischen Drucks einher, der von osmosensorischen Zellen des Hypothalamus überwacht wird. Dort sind neuronale Netzwerke, die Informationen sowohl von den Osmosensoren als auch von den Volumensensoren erhalten, für die Auslösung von Durst zuständig, der über die Aktivierung von Großhirnarealen zur Flüssigkeitsaufnahme durch Trinken auffordert.

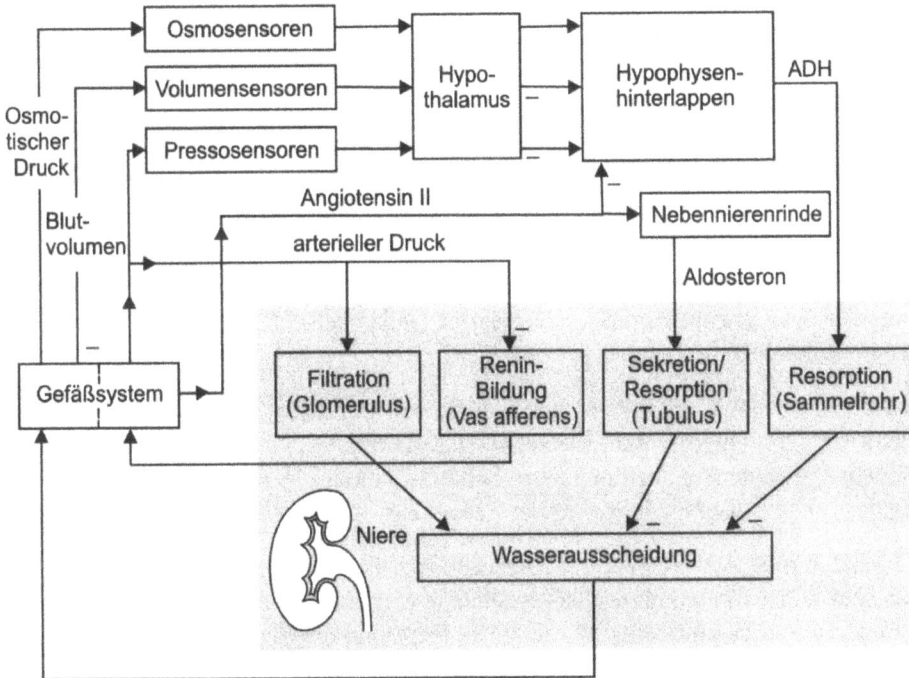

Bild 2.26: Blutvolumenregelung II: Stellgröße Wasserausscheidung in der Niere.

Außer der Stellgröße „Flüssigkeitsfiltration durch die Kapillarwände" spielt das eigentliche Filterorgan des Körpers, die Niere, bei der Volumenregulation natürlich eine ausgezeichnete Rolle. Die Filtration in den Glomeruli der Niere (s. auch Kapitel 4) selbst wird zunächst maßgeblich durch den arteriellen Nierendruck bewirkt, so dass sich hier eine weitere Kopplungsstelle der Regelkreise für Blutdruck und Blutvolumen ergibt. Das gilt um so mehr, als die Niere auch Ausgangspunkt für humorale Stellmechanismen ist (Bild 2.26). Bei Volumenmangel wird dort aus Zellen in der Wand des jeweilig zuführenden Blutgefäßes (Vas afferens) die Substanz Renin freigesetzt. Dieses bewirkt die Bildung von Angiotensin II aus einer Substanz des Blutplasmas, was wiederum die Sekretion des sog. Antidiuretischen Hormons ADH aus dem Hypophysen-Hinterlappen und von Aldosteron aus der Nebennierenrinde fördert. Beides führt zur Wiederauffüllung des Blutvolumens: ADH bewirkt die Wasserrücknahme aus dem Sammelrohr der Nierennephrone, Aldosteron steigert vor allem die Natriumresorption in den peripheren Nephronabschnitten der Niere (s. auch Kapitel 4). Die Ausschüttung von ADH wird außer von Angiotensin II auch durch Osmosensoren aktiviert und durch die Presso- und Volumensensoren gehemmt. Zentrales Interface für die neuronale/humorale Kopplung ist der Hypothalamus.

Beanspruchungen, d.h. physiologische Störungen der Herz-Kreislaufregelungen, ergeben sich vor allem durch Lagewechsel von der Horizontalen in die Senkrechte (Orthostase), durch physische und emotionale Belastungen, durch thermische Belastungen und durch Flüssigkeitsmangel. Starker Volumenmangel führt durch positive Rückkopplungen zum Phänomen des Schocks. Pathophysiologische Störungen können durch Fehlfunktionen oder Kapazitätsüberschreitung aller am Gesamtgeschehen beteiligten Organe, Sensoren, Aktoren und neuronalen Netzwerke entstehen.

Verkopplung der Blutdruck-, Blutvolumen- und Temperaturregelung
Aus den beiden vorangehenden Abschnitten ist offensichtlich, dass Blutdruck- und Blutvolumenregelung nicht isoliert voneinander gesehen werden können, sie sind vielmehr Teile eines komplexen verkoppelten Systems. Eine wesentliche Schnittstelle ist die Vasomotorik, d.h. die Verstellung der Gefäße (Vasokonstriktion = Verengung, Vasodilatation = Erweiterung) mit der Wirkung der Veränderung des peripheren Widerstandes im Kreislaufsystem. Der Aktor oder Effektormechanismus „Vasomotorik" steht aber auch im Dienst der Temperaturregelung des Körpers.

Eine solche „Vermaschung" erschwert die Analyse der Funktionsprinzipien dieser Regelkreise außerordentlich. Unter extremen Bedingungen führt diese Verkopppplung zu Konkurrenzsituationen. Die genannten Verkopplungen sind physiologisch, aber auch technisch z.B. im Rahmen der Dialyse (Kapitel 4) von großer Bedeutung.

In Bild 2.27 sind jeweils zwei im Wettstreit stehende Regelkreise dargestellt. Negative Rückkopplungen sind durch das Minuszeichen symbolisiert. Das Bild zeigt in Teil A, dass bei Hitzebelastung die Temperaturregulation mit einer Erhöhung der Schweißrate und der peripheren Durchblutung zur Aufrechterhaltung der Körpertemperatur reagieren muss. Beim Aufstehen von der liegenden oder sitzenden Position oder beim plötzlichen Stillstand nach erschöpfender sportlicher Tätigkeit kommt es zu einer gleichzeitigen Schwerkraftbelastung (Orthostase). Ein beträchtliches Blutvolumen versackt in den Beinen, so dass der arterielle Blutdruck abfällt, weil weniger Blut zum Herzen zurückfließt. Die Blutdruckregulation muss dieser Störung mit einer Erhöhung der Herzschlagfrequenz, des Herzschlagvolumens und – hier kommt es zum Konflikt! – mit einer Erniedrigung der peripheren Durchblutung durch Vasokonstriktion begegnen (vgl. unteren Teil des Bildes 2.27 A). Im Allgemeinen behält nun die Temperaturregulation die Oberhand, mit der Konsequenz, dass es zu einem weiteren Blutdruckabfall und damit zum sog. Hitzekollaps, also einer kurzen Ohnmacht durch Mangeldurchblutung des Gehirns, kommen kann. Der Kollaps ist klinisch gesehen ein vergleichsweise harmloses Phänomen, da durch die nunmehr liegende Position automatisch die Störgröße „Orthostase" beseitigt wird. Sofern bei diesem Vorgang keine Sturzverletzungen auftreten und ein gesundes Kreislaufsystem vorliegt, sind beim klassischen Hitzekollaps keine schwerwiegenden Folgen zu erwarten.

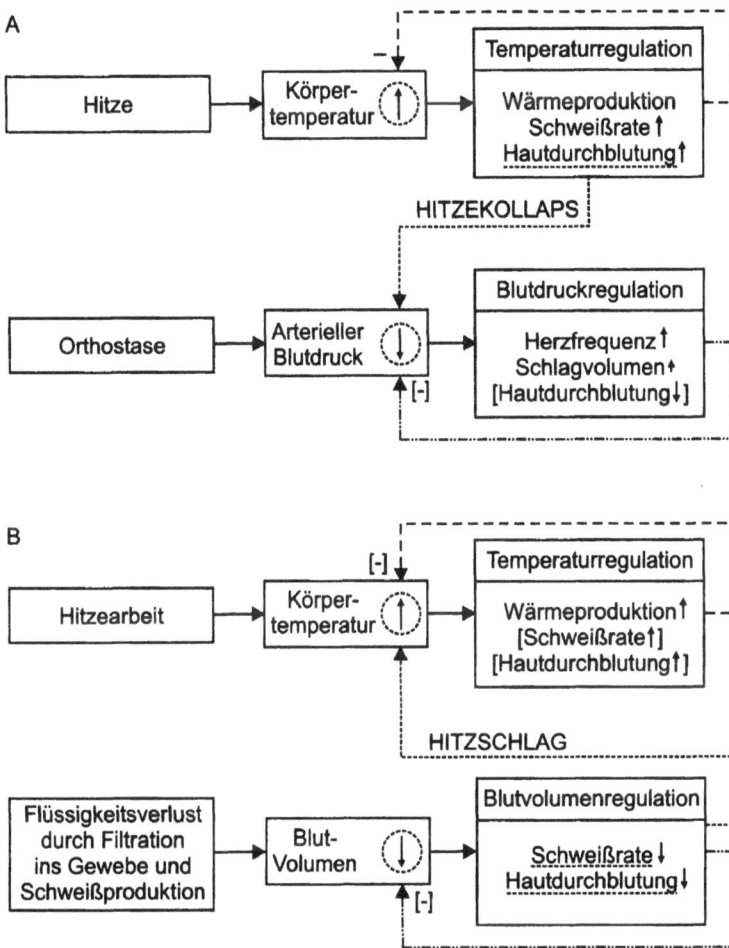

Bild 2.27: *A: Konkurrenzsituation von Blutdruck- und Temperaturregelung. Folge: Hitzekollaps. B: Konkurrenzsituation von Blutvolumen- und Temperaturregelung. Folge: Hitzschlag.*

Eine lebensbedrohliche Situation tritt hingegen auf, wenn bei extremer Hitzearbeit Temperaturregulation und Blutvolumenregulation in einen Wettstreit treten (Bild 2.27 B). Die beiden Stellgrößen „Schweißproduktion" und „Hautdurchblutung" werden in diesem Fall von beiden Regelkreisen in entgegengesetzter Wirkungsweise benötigt: Steigende Körpertemperaturen verlangen eine Erhöhung der Schweißproduktion und der Hautdurchblutung, abnehmendes Blutvolumen bei Hitzearbeit (durch Auswärtsfiltration aus den muskulären Kapillargefäßen und Flüssigkeitsverlust über die Haut) erfordert eine Reduktion beider Stellgrößen. Im Endstadium dieses Wettstreites setzt sich die Blutvolumenregulation durch, mit der Folge des Zusammenbruchs der Temperaturregulation. Die dadurch massiv erhöhte Körpertemperatur (Hyperthermie) führt in vielen Fällen sehr schnell zur Funktionsuntüchtigkeit sämtlicher Teilsysteme (Hitzschlag). Damit ist der Hitzschlag ein unmittelbar lebensbedrohendes Phänomen.

2.2 Pathophysiologische Störungen und Defekte des Herz-Kreislauf-Systems

Für viele Fehlfunktionen, Defekte und Erkrankungen des Herz-Kreislauf-Systems, gibt es pharmakologische oder operativ/technische Therapieoptionen. Die Domäne der pharmakologisch konservativen Therapie sind die entzündlichen Erkrankungen und die Hypertonie (arterieller Hochdruck) sowie bis zu einem gewissen Schweregrad die Herzinsuffizienz (eingeschränkte Pumpfunktion) und die Koronarinsuffizienz (Durchflussstörungen in den Herzkranzgefäßen), z. T. auch kardiale Arrhythmien. Bei den Wiederherstellungsmaßnahmen durch technische Systeme muss man unterscheiden zwischen Aktionen, die mit besonderen technischen Maßnahmen bzw. Geräten durchgeführt werden (z.B. Ballonkatheter) bzw. die der Implantation passiver technischer Komponenten (z.B. Stents, Klappen) dienen, und der Anwendung vorübergehender oder dauernder technischer Komponenten, die mit den verbleibenden Körperfunktionen aktiv und weitgehend autonom kooperieren (z.B. Herzschrittmacher, Kreislaufunterstützungssysteme).

2.2.1 Defekte, die durch passive Implantate beseitigt werden können

In diesem Abschnitt sollen kurz die Defekte charakterisiert werden, die zur Beseitigung keine aktiv kooperierenden technischen Systeme benötigen. Im Rahmen dieses Buches, das den kooperativen und autonomen Systemen gewidmet ist, wird diese Problematik nicht weiter in besonderen Kapiteln vertieft. Die wichtigste Kategorie dieser angeborenen oder erworbenen Defekte sind die Septum- und Klappendefekte sowie die Gefäßverengungen bzw. -verschlüsse. Septumdefekte sind Öffnungen in den Wänden zwischen den Herzkammern. Diese werden operativ verschlossen, auf Vorhofebene häufig interventionell durch Einbringung von technischen Elementen durch die großen Gefäße. Diese Elemente werden in den zu verschließenden Öffnungen so weit zur Entfaltung gebracht, dass es zu einem zuverlässigen Verschluss kommt.

Herzklappendefekte führen entweder zur Stenose, d.h. zur unzureichenden Öffnung oder zur Insuffizienz, d.h. zum unzureichenden Verschluss. Ultima ratio ist der Ersatz durch Klappen aus biologischem oder anorganischem Material. Eine Reihe unterschiedlich konstruierter Klappen (z.B. Björk-Shiley-Kippscheibenventil, Hancock-Bioprothese u. a.) sind im Einsatz bzw. in der Entwicklung. Zahlreiche Probleme wie die Öffnungs- und Schließungsdynamik, die Biokompatibilität und die Vermeidung von Thrombenbildung sind z. T. mit Ingenieurmethoden gelöst worden bzw. werden noch weiter optimiert. Insbesondere die Ermittlung der Strömungsverhältnisse vor und nach Klappenersatz durch mathematische oder physikalische Simulation ist ein komplexes und erfolgreiches Feld.

Gefäßverengungen (Stenosen) können z. T. durch Gefäßerweiterung mit Hilfe eines Ballonkatheters beseitigt werden, die sog. Percutane Transluminale Koronarangioplastie (PTCA), die minimalinvasiv erfolgt, mit Hilfe eines Katheters, der an seiner Spitze mit einem länglichen Ballon ausgestattet ist. Unter Durchleuchtungskontrolle wird der dünne Ballonkatheter mit Hilfe eines Führungsdrahtes über die großen Arterien in das erkrankte Koronargefäß vorgeschoben. Der Ballon kann dann auf Überdruck aufgeblasen werden.

Insbesondere bei erfolgloser Durchführung der PTCA werden sog. Stents als Gefäßstützen implantiert. Das sind selbstexpandierende oder ballonexpandierbare Metallgitterröhrchen, die nach Implantation einen vorgegebenen Durchmesser annehmen. In bis zu 20 % der Fälle kann es in den Stents zur Re-Stenose kommen. Dies versucht man durch spezielle Stentbeschichtungen oder durch intraluminale Bestrahlung (Brachytherapie) zu verhindern.

Die Technik des Ballonkatheters wird natürlich auch im extrakardialen Gefäßsystem, z.B. in Beingefäßen, seit kurzem auch in hirnversorgenden Gefäßen, angewandt, im übrigen auch zur Behandlung der Hypertonie, soweit sie durch Stenosen in Nierenarterien bedingt ist.

Entzieht sich eine komplexe Koronarstenose bzw. eine Koronarmorphologie mit mehreren relevanten Stenosen einer interventionellen Therapie, besteht die Möglichkeit der Bypass-Operation, in der Regel am stillstehenden Herzen mit Unterstützung durch die Herz-Lungen-Maschine. Es werden Gefäßbrücken implantiert, um die von Sauerstoffmangel und Herzinfarkt bedrohten Herzmuskelareale zu revaskularisieren.

2.2.2 Erkrankungen, die durch aktive technische Systeme beseitigt werden können

Bradykarde Rhythmusstörungen

Variable physiologische Herzfrequenzen stellen sich als Folge von Herz-Kreislauf-Belastungen durch Aktivierung durch das autonome Nervensystem ein. Geringfügige Frequenzunregelmäßigkeiten (physiologische Arrhythmien) werden z.B. durch den Einfluss der Atmung auf die Pressosensoren hervorgerufen. Als bradykarde Herzrhythmusstörungen werden Prozesse definiert, die dauerhaft zu Herzfrequenzen unterhalb 60/min führen. Viele Bradykardien sind nicht als behandlungsbedürftig anzusehen. Man denke nur z.B. an die niedrige Herzruhefrequenz des hochtrainierten Ausdauersportlers. Behandlungsbedürftige Bradykardien sind die Domäne des Herzschrittmachers, eines aktiv mit dem Herz-Kreislauf-System kooperierenden und weitgehend autonomen technischen Impulsgebers. Medikamentöse antibradykarde Arrhythmiebehandlung findet fast nur noch als überbrückende Maßnahme Anwendung.

Eine wichtige Gruppe der bradykarden Störungen sind die atrioventrikulären Blockierungen (AV-Blocks). Als nicht behandlungsbedürftig wird der AV-Block ersten Grades angesehen, eine Verlängerung des PQ-Intervalls >0,21 s (Bild 2.28 A), also eine verzögerte supraventrikuläre Erregungsausbreitung.

Beim AV-Block zweiten Grades gibt es zwei Erscheinungsformen: Typ Mobitz I oder Wenckebach (Bild 2.28 B), bei dem sich die PQ-Zeit ständig verlängert, bis es zur Unterbrechung der atrioventrikulären Überleitung kommt. Dieser sich wiederholende Zyklus wird als Wenckebach-Periodik bezeichnet.

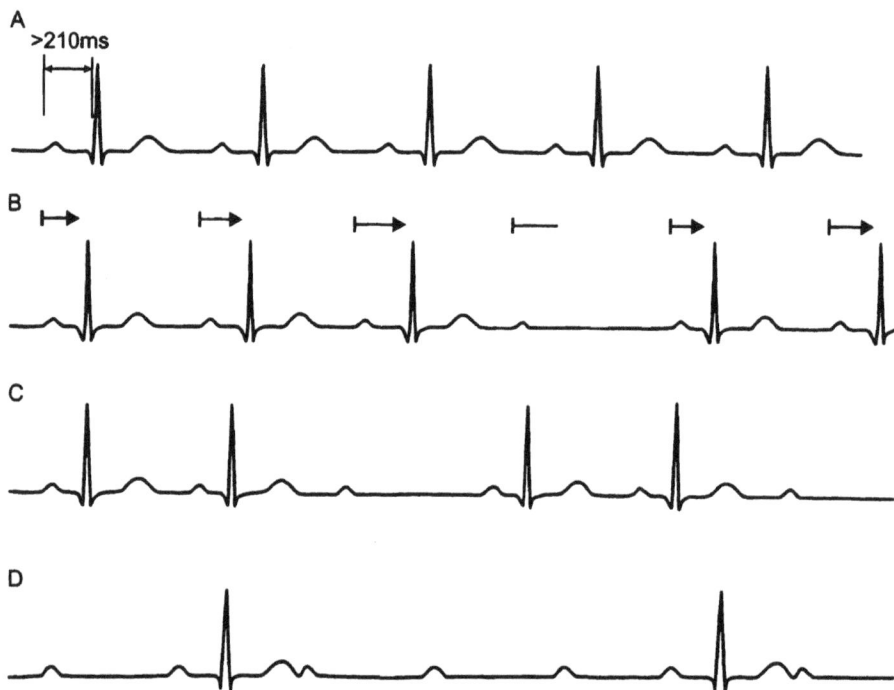

Bild 2.28: *Atrioventrikuläre (AV-) Blockierungen. A: AV-Block 1. Grades. B: AV-Block 2. Grades, Mobitz I- oder Wenckeba-Typ. C: AV-Block 2. Grades, Mobitz (II)-Typ. D: AV-Block 3. Grades.*

Beim AV-Block zweiten Grades Typ Mobitz II (Bild 2.28 C) werden Überleitungen ohne vorangegangene Verlängerung des PQ-Intervalls blockiert. Wird z.B. eine von zwei P-Wellen blockiert, spricht man von einem 2:1-Block.

Der AV-Block dritten Grades ist der totale AV-Block, d.h. es findet keine Überleitung der Vorhof-Erregungen in die Ventrikel statt. Die Vorhöfe werden mit der Sinusknotenfrequenz und die Ventrikel mit einer niedrigeren Frequenz erregt. Damit ist der AV-Block dritten Grades im EKG durch einen normalen Abstand der P-Wellen und einen verlängerten Abstand der R-Zacken charakterisiert. Bild 2.28 D zeigt einen Block dritten Grades mit einem schlanken QRS-Komplex, d.h. mit einer Blockierung direkt im (oberen) AV-Knoten (typisch für angeborene komplette AV-Blocks). Erworbene AV-Blockierungen dritten Grades sind meist tiefer lokalisiert: Der ventrikuläre Ersatzrhythmus ist noch langsamer und weist einen verbreiterten QRS-Komplex auf. Der AV-Block dritten Grades, oft auch der zweiten Grades, sind eine typische Indikation für einen Herzschrittmacher (ca. 30 % der Implantationen).

Ca. 40 % der Schrittmacherpatienten leiden unter dem Sinusknotensyndrom (Sick Sinus Syndrome, SSS). Dieses ist durch eine oder mehrere Störungen der Erregungsbildung und -leitung im Sinusknoten und in den Atria charakterisiert, so im Extremfall durch den Sinusarrest. In diesem Fall muss der Rhythmus durch einen sekundären oder durch einen tertiären physiologischen oder einen technischen Schrittmacher generiert werden. Wird der sekundäre physiologische Schrittmacher aktiv, ist die Herzfrequenz erniedrigt. Wegen der rückwärtigen (retrograden) Erregungsleitung ist die P-Welle negativ. Mitunter wird sie gar nicht sichtbar, wenn sie in den QRS-Komplex oder die T-Welle fällt.

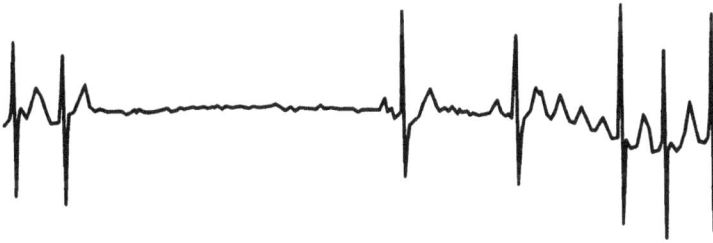

Bild 2.29: *Bradykardie-Tachykardie-Syndrom.*

Ferner können Leitungsstörungen und -blockierungen innerhalb der Atria (SA-Block) auftreten. Ein häufiger Defekt innerhalb des Sinusknotensyndroms ist die chronotrope Inkompetenz, die sich durch den fehlenden, zu langsamen oder ungenügend hohen Anstieg der Sinusfrequenz bei Herz-Kreislauf-Beanspruchung dokumentiert.

Zu den Sinusknotenfunktionsstörungen gehört auch das Bradykardie-Tachykardie-Syndrom (Bild 2.29), ein Wechsel von sehr bradykarden und sehr tachykarden Phasen. Auch intermittierendes Vorhofflimmern und -flattern (s. unten) tritt in diesem Rahmen auf.

Extrasystolen
Extrasystolen sind zusätzliche Herzschläge, die durch eine irreguläre interne oder externe Erregungsauslösung hervorgerufen werden. Einzelne und gelegentlich auftretende Extrasystolen werden in der Regel als nicht behandlungsbedürftig angesehen. Häufig werden sie durch eine Überempfindlichkeit des autonomen Nervensystems hervorgerufen, aber auch physikalische, z.B. mechanische und thermische Reize oder chemische und pharmakologische Reize können Extrasystolen hervorrufen. Insbesondere gruppierte und häufig auftretende Extrasystolen werden als Vorläufer für ernsthafte tachykarde Rhythmusstörungen wie Flattern und Flimmern (s. unten) angesehen. Ventrikuläre Extrasystolen haben im EKG wegen der völlig verschiedenen Erregungsausbreitung ein charakteristisches vom normalen QRS-Komplex abweichendes Erscheinungsbild. Die Extrasystolen liegen zwischen zwei regulären QRS-Komplexen ohne oder mit kompensatorischer Pause (Bild 2.30 A und B). Im Atrium entstehende sog. supraventrikuläre Extrasystolen (Bild 2.30 C) sind im Elektrokardiogramm als vorzeitige, reguläre QRS-Komplexe identifizierbar.

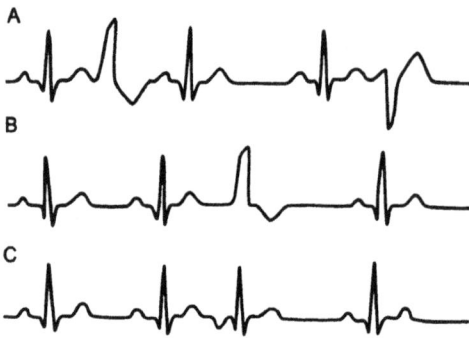

Bild 2.30: Ventrikuläre Extrasystole (A) ohne kompensatorische Pause, (B) mit kompensatorischer Pause. C: Supraventrikuläre Extrasystole.

Tachykarde Rhythmusstörungen

Zu den tachykarden Rhythmusstörungen zählen vor allem dauerhaft unphysiologisch erhöhte Herzfrequenzen (Tachykardien), die den regulären Ablauf der Herzmechanik stören bzw. unmöglich machen.

Das gilt insbesondere für die Phänomene des Flatterns und Flimmerns. Beim Vorhofflattern erscheinen im EKG statt der P-Wellen sägezahnartige Flatterwellen (Bild 2.31 A) von 200–350/min. Geht das Vorhofflattern in Vorhofflimmern über, sieht man nur noch unregelmäßige Schwankungen der Grundlinie mit unregelmäßig auftretenden Kammerkomplexen (Bild 2.31 B). Das Vorhofflimmern erfolgt mit 300–600/min, liegt damit frequenzmäßig also weit unter dem häufig in Registrierungen zu beobachtenden 50 Hz-Netzbrumm. Diese Vorhofphänomene werden, obwohl sie die Pumpdynamik der Ventrikel nur wenig beeinflussen, wegen der nicht vollständigen Füllung der Ventrikel und der langfristigen Gefahr der Thrombenbildung klinisch sehr ernst genommen.

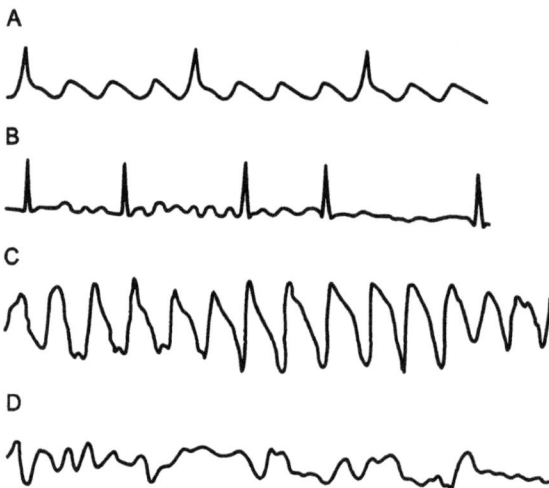

Bild 2.31: A: Vorhofflattern. B: Vorhofflimmern. C: Kammerflattern. D: Kammerflimmern.

Unmittelbar lebensbedrohlich sind Kammerflattern bzw. -flimmern (Bild 2.31 C und D), die sich im EKG durch unregelmäßige höherfrequente Potenzialschwankungen äußern. Die Hämodynamik wird dadurch vollständig insuffizient, so dass es praktisch zum Kreislaufstillstand und zur Bewusstlosigkeit kommt. Der Kreislaufstillstand muss innerhalb weniger Minuten beseitigt werden, da er andernfalls zu irreversiblen Schädigungen bzw. zum Tode des Patienten führt. Auslöser können ein elektrischer Stromschlag, Sauerstoffmangel, starke mechanische oder thermische Reize, Arzneimittel oder Narkotika u. ä. sein.

Flattern und Flimmern wird als Kreisen der elektrischen Erregung in den Netzwerkmaschen der Herzmuskelfasern gedeutet. Dies wird z.B. ermöglicht, wenn ein zusätzlicher überschwelliger Reiz in die sog. vulnerable Phase des Herzzyklus, d.h. die ansteigende Flanke der T-Welle, fällt.

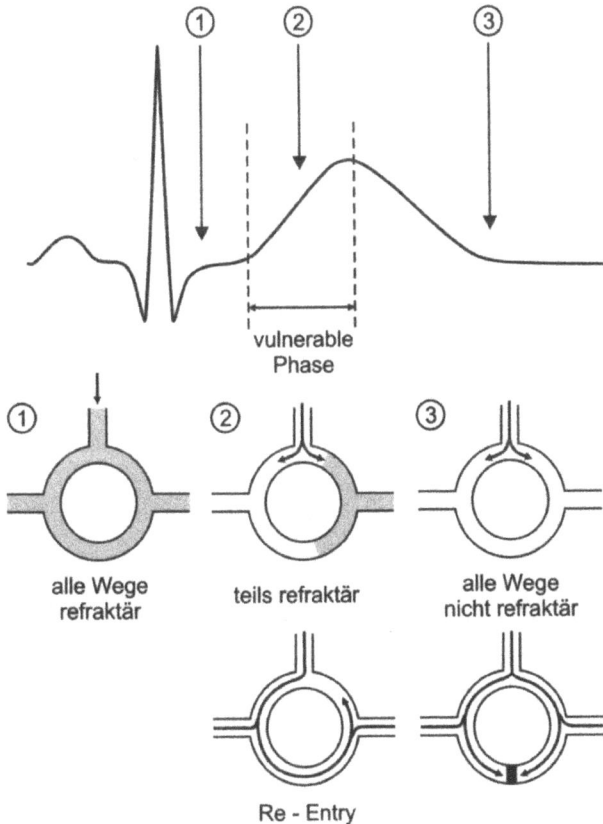

Bild 2.32: Mögliche Entstehung von Re-Entry-Erregungen in der vulnerablen Phase.

Bild 2.32 erklärt den Vorgang: Reiz 1 fällt in die Phase des Herzens, in der alle benachbarten Zweige des Netzwerkes refraktär sind, so dass er wirkungslos bleibt. Reiz 2 trifft auf noch teilweise refraktäre Leitungszweige, so dass eine irregulär ausgelöste Erregungswelle zunächst nur in einen Zweig einer Masche einläuft und u. U. bei Verkürzung der Refraktärzeit oder Verminderung der Leitungsgeschwindigkeit gerade die Masche nach Abklingen des refraktären Zustands durchlaufen hat und dann rückwärts wieder in die Masche eintritt (Re-

Entry-Phänomen). Das kann zu den o. g. kreisenden Erregungen führen. Reiz 3 trifft auf generell nicht erregte Leitungszweige, so dass die Erregungen den Re-Entry blockieren.

Zur sofortigen Beendigung von Flattern oder Flimmern ist eine Kardioversion bzw. Defibrillation notwendig. Diese applizieren einen starken elektrischen Impuls („shock"), z.B. über die Brustwand, der alle Myokardbezirke synchron in Erregung und anschließend in einen refraktären Zustand bringt, so dass die kreisenden Erregungen beseitigt werden. Hierzu stehen nichtautomatische, halbautomatische oder vollautomatische Geräte zur Verfügung (s. Abschnitt 2.6). Letztere werden auch als implantierbare Aggregate hergestellt. Im Falle des Vorhofs ist ein modifiziertes Vorgehen in Form der Konversion vonnöten: Der Impuls erfolgt synchronisiert zur R-Zacke in der Refraktärphase, um das Hervorrufen von Kammerflimmern zu vermeiden. Vorhoftachykardien, die weder medikamentös noch durch elektrische Konversion beherrschbar sind, werden zunehmend dauerhaft mit Hilfe von Ablationsverfahren (RF-, Mikrowellen-, Ultraschall-, Kryo- oder Laser-Koagulation) durch Zerstörung bestimmter Leitungswege und dadurch Einführen von Erregungsbarrieren beseitigt.

Obwohl die medikamentöse Behandlung von tachykarden Problemen durch sog. Antiarrhythmika z.Zt. durchaus eine große Rolle spielt, wird sich die Elektrotherapie in Form des automatischen implantierbaren Kardioverters/Defibrillators bei vielen Indikationen als dauerhaft wirksame Therapie immer mehr durchsetzen. Den hohen Anschaffungskosten sind die längerfristig auf das Lebensjahr bezogenen geringeren Therapiekosten entgegenzustellen.

Auch verschiedene Herzschrittmachertechniken (Abschnitt 2.3) werden bei tachykarden Problemen, insbesondere in Verbindung mit einer Defibrillationsmöglichkeit, eingesetzt.

Kardiomyopathien und myogene Herzinsuffizienz
Als Herzinsuffizienz wird das Unvermögen des Herzens bezeichnet, durch Pumparbeit die reguläre Kreislauffunktion bei einer geforderten Beanspruchung aufrecht zu erhalten. Die Ursachen können bei allen bisher genannten Defekten liegen: Herzklappenfehler, Koronarinsuffizienz, Herzrhythmusstörungen und natürlich alle Erkrankungen des Herzmuskels selbst, die Kardiomyopathien.

Nach morphologischen und hämodynamischen Gesichtspunkten kann man unterscheiden: Die kongestive oder dilatative Kardiomyopathie, die systolisch zur Einschränkung der Pumpleistung führt, und die restriktive Kardiomyopathie, bei der rigide Ventrikel auch die Füllung behindern und dadurch die Auswurfleistung vermindern, und die hypertroph-obstruktive Kardiomyopathie, die reduzierte diastolische Dehnbarkeit und erhöhten systolischen Druck nach sich zieht.

Insbesondere für die mit dilatativer Kardiomyopathie einhergehende Herzinsuffizienz wird seit kurzem auch die links- bzw. biventrikuläre Stimulation mittels Herzschrittmacher diskutiert, insbesondere bei signifikanter Verbreiterung des QRS-Komplexes. Die positive Wirkung dieser sog. Resynchronisationstherapie wird vor allem auf die Beseitigung der unzureichend synchronisierten Aktivierung der Herzmuskelanteile zurückgeführt. In solchen Fällen sind Sonden durch die großen Venen nicht nur rechtsventrikulär zu platzieren, sondern zusätzlich vom rechten Atrium in den Koronarsinus und weiter in das Herzkranzgefäßsystem so weit vorzuschieben, dass auch mit linksventrikulärer Wirkung stimuliert wird (s. Abschnitt 2.3.7).

In Fällen schwerster myogener Herzinsuffizienz sind mit dem Herzen kooperierende Pumpen (Kreislaufunterstützungs-Systeme) oder das Herz ersetzende Systeme (künstliche Herzen) (Abschnitt 2.8) vorzusehen. Diese technisch-therapeutischen Maßnahmen werden noch zunehmende Bedeutung bekommen, da für die Alternativtherapie, die Transplantation, viel zu wenig Spenderorgane zur Verfügung stehen. Die Hoffnung, die in Zell-, Gewebe- und Organzüchtung (Tissue Engineering, Gentechnologie) gesetzt wird, erscheint für weitgehend passive Komponenten wie Knorpel, obere Hautschichten, Knochen erfüllbar, für komplexe Organe wie das Herz wird sie zumindest den bereits lebenden Generationen verschlossen bleiben. Dies gilt sicher für das Organ als Ganzes, aber auch etwa für die Zielsetzung, das elektrische Erregungssystem oder ein weitgehend funktionsunfähiges Myokard biologisch zu regenerieren. Die Regeneration kleiner, etwa durch Herzinfarkt zerstörter myokarder Bezirke durch Implantation von Stammzellen erscheint dagegen eher realisierbar, wenngleich hier, wie auch erste Versuche zeigen, mit zusätzlichen schwerwiegenden Arrhythmieproblemen zu rechnen ist.

Herzunterstützungs- oder Herzersatzsysteme sind natürlich ebenso wie Spenderherzen unter der perioperativen Nutzung der Herz-Lungen-Maschine (Abschnitt 2.7) zu implantieren bzw. anzuschließen. Die Herz-Lungen-Maschine, die vorübergehend Herz- und Lungenfunktion ersetzt, muss zur Vermeidung irreversibler Schädigungen, vor allem im Zentralnervensystem des Patienten, die physiologisch geregelten Körpervariablen präzise überwachen und einstellen. Hierzu wird eine kontinuierlich wirksame Sensorik und Steuerung, sei es durch den „Human Operator" (Kardiotechniker) selbst oder zu dessen Unterstützung auch durch automatische Regelvorgänge benötigt. Ebenso bedürfen Spenderorgane wie auch Gewebezüchtungen einer extensiven technischen Überwachung und Regelung hinsichtlich ihres Funktions- und Betriebszustandes.

2.3 Der Bedarfs-Herzschrittmacher

Zu einem technischen Herzschrittmacher-System gehört das Schrittmacher-Gerät mit Batterie und Elektronik, die Schrittmachersonde, die das Gerät mit dem Myokard verbindet, und ein externes Schrittmacher-Programmiergerät, mit dem in größeren Abständen in der ärztlichen Praxis bidirektionale Daten mit dem implantierten Gerät ausgetauscht werden können (Bild 2.33). Herzschrittmacher können temporär eingesetzt oder aber dauerhaft implantiert werden.

Temporäre Anwendung ist angezeigt in Notsituationen bei Herzstillstand (Asystolie), bei reversiblen Leitungsstörungen, bei Bradykardie oder Asystolie während diagnostischer oder therapeutischer Eingriffe und vor der Einleitung permanenter Schrittmacherbehandlung. Die Hauptindikationen für permanente Implantation sind in Abschnitt 2.2.2 dargestellt worden:
- Partieller oder totaler Atrioventrikularblock
- Sinusknotenausfall bzw. chronotrope Inkompetenz.

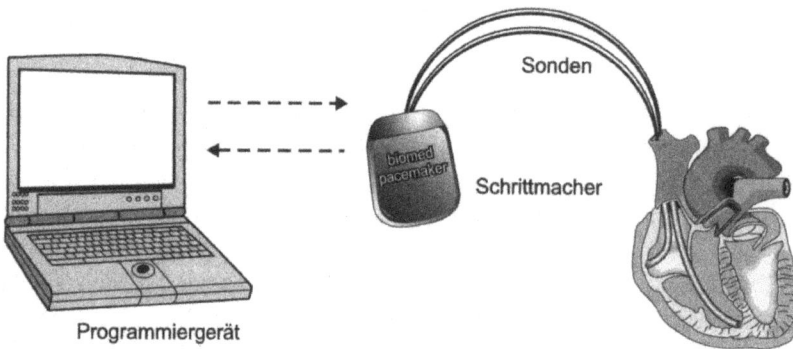

Bild 2.33: *Schrittmacheraggregat mit zwei Sonden im Herzen und externem Programmiergerät.*

2.3.1   Reizschwellenbedingungen

Prinzipiell ist der Herzschrittmacher ein elektrischer Impulsgeber, der nahezu rechteckförmige Impulse erzeugt, mit den wesentlichen Parametern „Pulshöhe" und „Pulsbreite". Je nach Kombination der Parameter „Höhe" und „Breite" ergibt sich eine über- oder unterschwellige Reizung des Myokards. Maßgeblicher physiologischer Reizparameter ist die Stromdichte. Konventionell wird jedoch die Impulshöhe meist als Spannung angegeben. Die Schwellenkurve folgt einer hyperbolischen Gesetzmäßigkeit (Bild 2.34). Die Kurve wird üblicherweise durch die folgenden beiden Parameter charakterisiert: 1. die Rheobase, die durch die horizontale Asymptote gegeben ist, also die Impulshöhe, die unabhängig von der Impulsbreite zwecks Reizentstehung nicht unterschritten werden darf, 2. diejenige Impulsdauer, die bei doppelter Rheobasenstärke nicht unterschritten werden darf, die sog. Chronaxie.

Die Schwellenbedingungen sind bei Anwendung/Implantation des Herzschrittmachers zu ermitteln und die Parameter mit dem entsprechenden Sicherheitszuschlag einzustellen. Da sich die Übergangswiderstände und die Reizbedingungen an den Elektroden nach der Implantation verändern, muss eine regelmäßige manuelle oder automatische Kontrolle und Nachjustierung erfolgen.

Üblicherweise kommen bei intrakardialer Stimulation Pulshöhen zwischen 0,1 und 10 V und Pulsbreiten zwischen 0,05 ms und 2 ms vor.

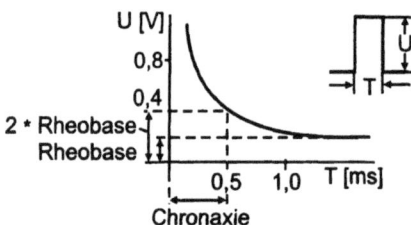

Bild 2.34: *Beispiel einer Reizschwellenkurve mit den Parametern „Impulshöhe" und „Impulsbreite".*

2.3.2 Die bisherige Entwicklung

Die erste Herzstimulation wurde 1882 von dem deutschen Internisten Ziemssen an einer Patientin vorgenommen, deren Brustkorb aus anderen Gründen eröffnet werden musste. Die Stimulatoren waren damals voluminöse Geräte, die mit einer Handkurbel betrieben wurden. Die erste Herzschrittmacherimplantation erfolgte 1958 von Elmquist und Senning in Schweden mit einem von außen aufladbaren Akkumulator und einer Laufzeit von nur 20 Minuten. 1960 entwickelten Chardack und Greatbatch in den USA einen implantierbaren Schrittmacher mit Zink-Quecksilber-Batterie. Die Elektronik enthielt, wie Bild 2.35 zeigt, neben einigen passiven Bauelementen nur zwei Transistoren.

Die ersten Modelle mit der Zielsetzung, die Herzfrequenz an die Kreislaufbeanspruchung anzupassen, wurden 1983 produziert. Inzwischen hat sich der Schrittmacher zu einem höchst zuverlässigen implantierbaren Therapiegerät entwickelt, das nicht nur der Lebenserhaltung, sondern auch der Verbesserung der Lebensqualität dient. Die Zielsetzung, das ursprüngliche physiologische System wiederherzustellen, erfüllen allerdings z.Zt. nur wenige Herzschrittmachertypen (vgl. Abschn. 2.4).

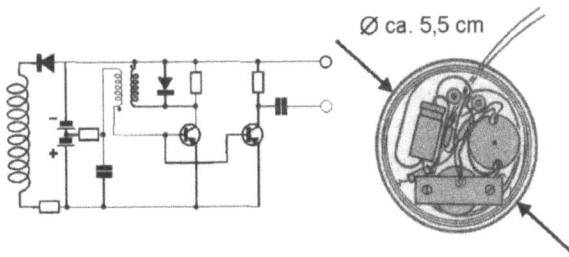

Bild 2.35: *Schrittmacher von Chardack und Greatbatch im Jahre 1960.*

2.3.3 Transvenöse Implantation

Herzschrittmacher werden heutzutage minimal-invasiv implantiert: Es wird eine große Vene, meist die Vena subclavia dextra (Bild 2.36) punktiert, und ein oder zwei Sonden werden mit Hilfe eines Führungsdrahtes, der anschließend entfernt wird, unter gelegentlicher Röntgenkontrolle in das rechte Atrium oder/und den rechten Ventrikel vorgeschoben. Die Sonde enthält zwei leitfähige Drähte. Über entisolierte Bereiche des im Herzen befindlichen Endstückes der Sonde („Elektroden") werden die Impulse appliziert. Atriale Sonden haben meist Vorbiegungen, die ein Anliegen der Elektrode(n) am Myokard begünstigen, während insbesondere ventrikuläre Sonden meist über spezielle Endformen (Anker, Haken, Schrauben u. ä.) verfügen, die eine Befestigung bzw. ein Einwachsen in das Ventrikelmyokard ermöglichen. Seit einigen Jahren werden auch Herzschrittmacher mit Sonden für die links- bzw. biventrikuläre Stimulation hergestellt (Abschn. 2.3.7). Das Schrittmachergehäuse ist heutzutage kleiner als eine Streichholzschachtel und wiegt ca. 25–40 g. Es wird in einer operativ zu vernähenden Haut- oder Muskeltasche untergebracht und über Konnektoren mit den Sonden verbunden.

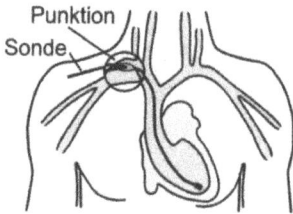

Bild 2.36: Implantation der Schrittmachersonde über einen transvenösen Zugang.

2.3.4 „Pacing-" und „Sensing"-Funktionen und Schrittmachercode

Die ersten implantierbaren Schrittmacher waren festfrequente Schrittmacher, die den Ventrikel permanent mit vorab fest eingestellter Frequenz stimulierten (Bild 2.37 A). Derartige Systeme sind absolut unphysiologisch und verbrauchen darüber hinaus unnötig und extensiv Energie. Sie werden daher nicht mehr hergestellt. Eine Weiterentwicklung stellte der P-Wellen-gesteuerte Schrittmacher (Bild 2.37 B) dar, der allerdings nur für AV-Block-Patienten geeignet ist und die Gefahr des Flimmerauslösens bei einem ventrikulären Eigenrhythmus beinhaltet. Die physiologische Vorhoffrequenz wird dabei durch einen Verstärker mit Filter anhand der P-Welle des EKGs aufgenommen. Diese triggert mit einer physiologischerweise an die Frequenz angepassten Verzögerung (simulierte AV-Überleitung) den ventrikulären Impulsgenerator.

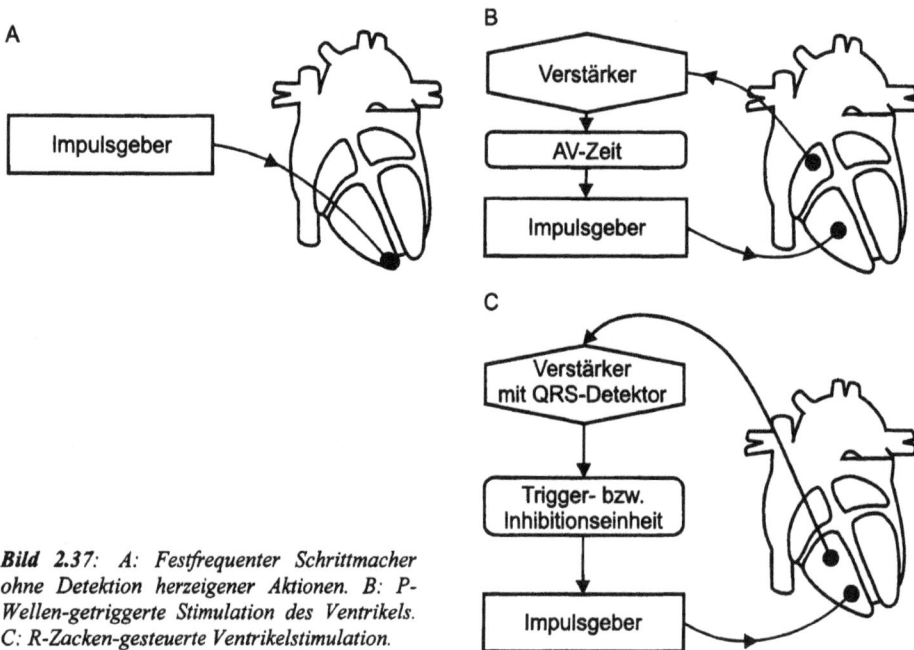

Bild 2.37: A: Festfrequenter Schrittmacher ohne Detektion herzeigener Aktionen. B: P-Wellen-getriggerte Stimulation des Ventrikels. C: R-Zacken-gesteuerte Ventrikelstimulation.

Ein weiterer entscheidender Schritt erfolgte mit dem R-Zacken-gesteuerten Schrittmacher (Bild 2.37 C), der die Abgabe eines Stimulationsimpulses während der vulnerablen Phase (Bild 2.31) verhindert. Dieser wird in der Regel im sog. Inhibitionsmodus (Bild 2.38 A) betrieben, in dem die Stimulation aufgrund einer festgestellten natürlichen Erregung inhibiert, d.h. verhindert wird, und nur bei Bedarf („on demand") ein Stimulationsimpuls abgegeben wird.

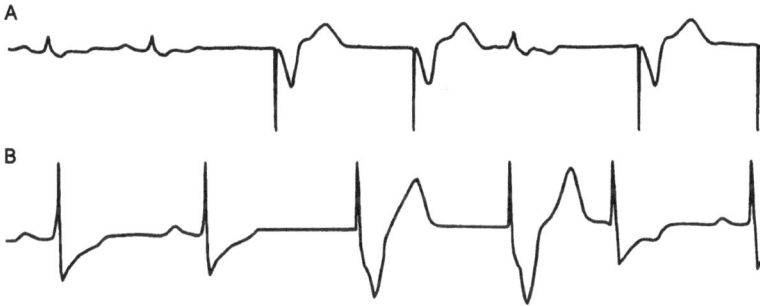

Bild 2.38:   *Ventrikuläre Stimulation. A: im Inhibitionsmodus, B: im Triggermodus.*

Allerdings müssen Vorkehrungen getroffen werden, dass nicht ein externes Signal fälschlich als herzeigenes Signal interpretiert wird und damit die ggf. notwendige Stimulation unterbleibt. Ein im sog. Triggermodus betriebener Schrittmacher (Bild 2.38 B) ist gegen externe Signale insofern unempfindlich, als er auch bei festgestellter tatsächlicher oder vermeintlicher intrinsischer Erregung eine Stimulation abgibt. Natürlich ist dieser Modus energetisch ungünstig, da er zur frühzeitigen Erschöpfung der Batterie beiträgt. Moderne Schrittmacher sind jedenfalls in der Lage festzustellen, ob eine physiologische Erregung vorliegt. Diese Wahrnehmungs- oder Sensing-Funktion erfolgt gesteuert über dieselben Elektroden wie die Stimulation oder Pacing-Funktion.

Da beide Funktionen sowohl im Vorhof als auch in der Kammer präsent sein können, ergibt sich grundsätzlich eine große Vielfalt von Schrittmachertypen bzw. -betriebsarten. Um diese zu kennzeichnen, wurde der Schrittmachercode mit bis zu 5 Buchstaben eingeführt (Bild 2.39). Die erste Stelle kennzeichnet den Ort der Stimulation (A = Atrium, V = Ventrikel, D = doppelt, d.h. Atrium und/oder Ventrikel). Die zweite Stelle mit denselben verwandten Buchstaben A, V, D, den Ort der Wahrnehmungsfunktion. Die dritte Stelle dient der Kennzeichnung der Steuerungsart (T = Triggermodus, I = Inhibitionsmodus, D = doppelt, d.h. beide Modi möglich). Mit dem vierten Buchstaben wurde früher vor allem das Ausmaß der Programmierfähigkeit (P = einfaches Programming, M = Multiprogramming, C = Dialogfähigkeit) markiert. Heute gibt der Buchstabe R (= rate adaptation) Auskunft darüber, ob der Schrittmacher mit einem Sensor ausgestattet ist, der entsprechend der körperlichen Aktivität oder der Kreislaufbeanspruchung die Stimulationsfrequenz anpasst (Abschn. 2.4). Die fünfte Position zeigt an, ob der Schrittmacher zusätzlich mit Anti-Tachyarrhythmie-Funktionen (s. Abschn. 2.6) ausgestattet ist (P = Pacing, S = Shock, D = beides). Mit der Einführung auch linksventrikulärer und biventrikulärer Stimulation ist der Code entsprechend zu erweitern.

Der (nicht mehr implantierte) festfrequente Schrittmacher war also ein V00-Schrittmacher, der klassische R-Zacken-getriggerte Herzschrittmacher hat dementsprechend die Bezeichnung VVT, und der entsprechend inhibierte Typ ist ein VVI-Schrittmacher. Als optimal für den AV-Block-Patienten muss der universelle DDD-Schrittmacher, als akzeptabel der VDD-Typ angesehen werden. Ideal für den Patienten mit Sinusknoteninkompetenz, der aber nicht unter Überleitungsproblemen leidet, ist der AAIR-Schrittmacher, bei zusätzlich drohenden Überleitungsstörungen der DDDR-Typ. Diese kommen auch bei den Bradykardie-Tachykardie-Syndromen mit intermittierendem Vorhofflimmern zum Einsatz. Bradyarrhythmien mit chronischem Vorhofflimmern werden mit einem VVI-Schrittmacher behandelt, ggf. mit R-Funktion, sofern nicht andere Maßnahmen zur Beseitigung des Vorhofflimmerns (z.B. Konversion, Ablation) vorzuziehen sind.

Position 1-5

1 Stimulierte Kammern	2 Steuernde Kammern	3 Steuerungsart	4 Programmierung/ Frequenzadaptation	5 Antitachy- arrhythmiefunktion
0 (keine)				
A (Atrium) V (Ventrikel)		T (Getriggert) I (Inhibiert)	P (Einfachprogr.) M (Multiprogr.) C (Dialogfähig) R (Frequenzadaptiv) (= rate adaptive)	P (Stimulation – Pacing) S (Schock) D (Doppelt)
D (Doppelt)				

Bild 2.39: *Schrittmacher-Code.*

2.3.5   Die Hardware

Die Batterie

Die Schrittmacherbatterie ist dominanter Faktor für zwei bedeutsame Parameter der Schrittmachertechnik, erstens für den Raumbedarf des Schrittmachers – die Batterie beansprucht z.Zt. etwa die Hälfte des Schrittmachergehäuses (Bild 2.40) – und zweitens für die Betriebsdauer des Schrittmachers bis zum Batteriewechsel. Die z.Zt. genutzten Li/J-Batterien haben in den gängigen Schrittmachertypen eine Betriebsdauer von 6–10 Jahren.

Außer von der nutzbaren Kapazität und den Selbstentladungseigenschaften der Batterie hängt die Laufzeit einer implantierten Schrittmacherbatterie vor allem ab von der Programmierung der Stimulationsparameter (insbesondere Impulsamplitude und Impulsdauer), von der Häufigkeit der Stimulationen, von der Stimulationsimpedanz und vom Stromverbrauch der Elektronik und der Telemetrie. Der Batteriestatus kann durch externe Abfrage des Innenwiderstandes erfasst werden.

Versuche zur Verlängerung der Lebensdauer der Batterien mit atomar betriebenen implantierbaren Energiezellen wurden wieder aufgegeben. Hingegen wird nach wie vor an der Möglichkeit der induktiven Aufladung gearbeitet.

A   B

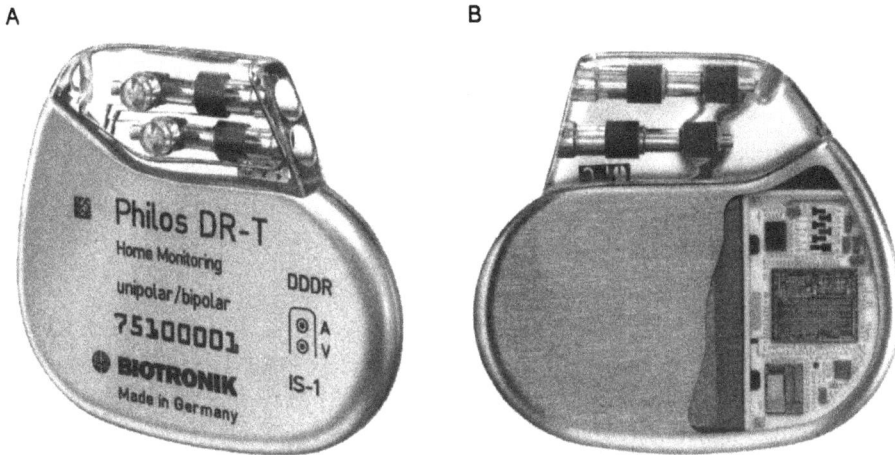

Bild 2.40: *Moderner Herzschrittmacher. A: Außenansicht, B: Aufgeschnitten (mit Genehmigung der Biotronik GmbH).*

Die Elektronik
Schrittmacherschaltungen werden in monolithischer Ausführung (CMOS-Technologie) oder in modularem Aufbau in Hybridtechnologie hergestellt. Bild 2.40 zeigt in Teil A die Außenansicht eines Schrittmachers und in Teil B aufgeschnitten die Raumaufteilung auf Elektronik und Batterie, in deren Bereich oft die Spule für die bidirektionale Telemetrie untergebracht ist. Die Elektronik (Bild 2.41) klassischer Herzschrittmacher selbst teilt sich funktionell im Wesentlichen auf in die Stimulationsfunktion (Impulsgenerator), in die Wahrnehmungsfunktion (EKG-Aufnahme und -Analyse), in die zentrale Steuerlogik in Form integrierter Schaltungen und/oder Mikroprozessor(en) mit ROM- und RAM-Speicher und die Programmierungs- und Telemetriefunktion. Bei dem frequenzadaptiven Herzschrittmacher kommt die Auswertelogik – nicht selten über einen eigenen Mikroprozessor – für die Sensorik hinzu. Die Reizimpulsamplitude wird z.B. mit Hilfe einer Ladungspumpe in Kombination mit einem Spannungsverdoppler erzeugt. Die Ausgangssignale der atrialen und/oder ventrikulären Eingangsverstärker werden im Allgemeinen einem Störerkennungsprozess unterworfen. Die Steuereinheit enthält u. a. Oszillatoren, Timer, Marker, Ereigniszähler, Erkennungsalgorithmen u. ä. und die Logik für die Ermittlung zahlreicher Stimulationsparameter (s. Abschn. 2.3.6).

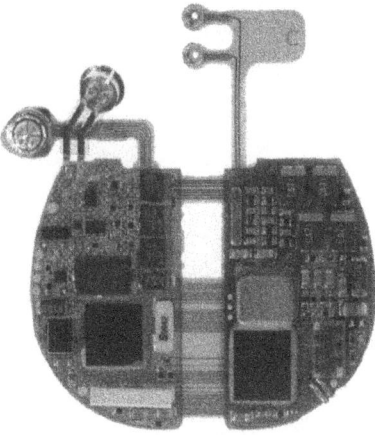

Bild 2.41: *Schrittmacherplatine (mit Genehmigung der Biotronik GmbH).*

Zu jeder Schrittmacherfamilie gehört ein externes Programmier- und Telemetriegerät. Die „Schrittmacherprogrammierung" (im Allgemeinen eine reine Modus- und Parametereinstellung) wird durchgeführt, indem der Magnetkopf des externen Programmiergerätes auf den Brustkorb des Patienten gelegt wird. Die Programmierung erfolgt induktiv über einen Programmierverstärker mit Decoder, Controller und Speicher, in den Programme, Ereignisse und Daten gespeichert werden. Bidirektional übertragen werden Stimulations- und Funktionsparameter, u. U. auch spezielle Steuerprogramme. Abgefragt werden intrakardiale Signale und Ereignisse sowie Betriebsparameter.

Sonden/Stimulationselektroden
Der Zuleitungsdraht einer Schrittmachersonde wird aus einer spiralig gewendelten Leitung aus Platin-Iridium oder anderen Legierungen hergestellt, um hohe Flexibilität und Dauerhaltbarkeit zu gewährleisten. Als Isolationsmaterial wird biokompatibles Silikon oder Polyurethan verwendet. Polyurethan hat eine hohe mechanische Haltbarkeit, einen niedrigen Reibungsindex und erlaubt dünnere Elektroden als Silikon. Allerdings sind die Sonden starrer und nicht reparabel. Die Gestaltung der eigentlichen Elektroden ist ein hochkomplexes wissenschaftliches und technologisches Gebiet. Ein Metall/Elektrolytkontakt bildet eine sog. Helmholtz-Doppelschicht aus, die einen Kondensator und damit eine Polarisationsspannung erzeugt. Zusammen mit den ohmschen und den kapazitiven Eigenschaften von Metall- und Gewebeschichten entsteht ein instationäres dynamisches System. An den Elektrodenwerkstoff ist neben der Biokompatibilität die Forderung nach Minimierung des Polarisationsverlustes während des Stimulationsimpulses zu stellen. Erfolge wurden erzielt mit porösen Materialien: u. a. wird mit einem besonderen Beschichtungsverfahren TiN auf Ti-Elektroden aufgebracht. Es gibt auch Elektroden, die aus einem Reservoir ein entzündungshemmendes Medikament allmählich durch Diffusion freisetzen, was letztlich auch der Minimierung der Reizschwellenanhebung dient. Die Befestigung der Sonden im Myokard erfolgt entweder passiv über Anker, Körbe u. ä. oder aktiv über schraub- und korkenzieherartige Gebilde (Bild 2.42).

ʊ   *Bild 2.42:* *Beispiele für Verankerungstechniken von Schrittmachersonden.*

Zu einer kontroversen Diskussion führt die Frage nach bipolar oder unipolar arbeitenden
Schrittmachern. Die Sonde für unipolare Reizung enthält nur einen Leiter mit der soeben
beschriebenen Elektrode (Kathode). Als Anode wird das Schrittmachergehäuse benutzt. Das
bedingt einen weit ausgedehnten Feldverlauf zwischen diesen beiden Elektroden (Bild 2.43
A). Die bipolare Reizung setzt zwei gegeneinander isolierte Drähte voraus, deren Elektroden
sich in einem Abstand von beispielsweise 2 cm innerhalb der Herzkammer befinden. Dies
führt zu einem lokal begrenzten dichten Feldverlauf (Bild 2.43 B). Damit sind bipolar arbeitende Schrittmacher in ihrer Sensing-Funktion bei weitem unempfindlicher gegenüber externen Störungen bzw. Reizungen. Als Nachteile sind die größere Starrheit der Sonde und eventuell Probleme der elektrischen Isolation der beiden Leiter gegeneinander zu nennen. In der
Klinik wird mitunter auch die Tatsache, dass die Reizimpulse im Oberflächen-EKG kaum zu
sehen sind, als nachteilig empfunden. Der aktuelle Trend geht in Richtung bipolarer Stimulation.

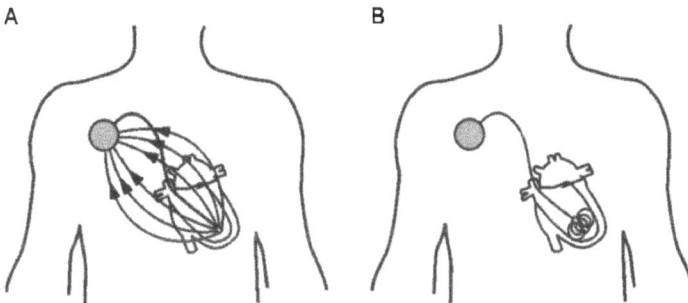

Bild 2.43: *Feldverlauf bei unipolarer(A) und bipolarer (B) Stimulation.*

Die Stimulationsmöglichkeit in Vorhof und Kammer erfordert die Insertion von zwei Sonden. Um diesen Nachteil zu beseitigen, wird an speziellen Einzelsonden („Single Lead")
gearbeitet, um mit einer Sonde Wahrnehmung und Stimulation sowohl im Vorhof als auch in
der Kammer durchführen zu können. Realisiert wurden u. a. eine unipolare Elektrode in der
Kammer zur Wahrnehmung und Stimulation und eine uni- oder bipolare Elektrode in derselben Sonde, die in der Kammer fixiert ist und im Vorhof flottiert. Um auch atriale Stimulation
zu ermöglichen, wurden besondere Impulsformen (OLBI = Overlapping Biphasic Impulse)
entwickelt.

2.3.6 Programmierbare Modi und Parameter

Zugrunde gelegt wird im Folgenden der universelle (DDD)-Schrittmacher mit Sensing- und Pacing-Funktion in Vorhof und Kammer (Bild 2.44 A). Je nach Bedarf sind verschiedene Betriebsmodi ansteuerbar. Wird im Vorhof eine P-Welle und in der Kammer eine R-Zacke detektiert, werden Vorhof- und Ventrikelstimulation unterdrückt. Der Schrittmacher überlässt das Herz seinem Eigenrhythmus mit normalem EKG.

Im Falle normaler Vorhoferregung, aber blockierter AV-Überleitung, wird die Vorhof-Stimulation inhibiert, während die Kammer nach Ablauf eines festgelegten Intervalls durch den Schrittmacher einen Ausgangsimpuls erhält (Bild 2.44 B). Wird keine reguläre P-Welle wahrgenommen, aber ein intrinsischer Kammerkomplex, wird der Vorhof stimuliert, während aufgrund korrekter Überleitung die Kammerstimulation unterbleibt (Bild 2.44 C). Nimmt der Schrittmacher weder Vorhof- noch Kammereigenrhythmus wahr, stimuliert er den Vorhof und mit entsprechender Verzögerung auch die Kammer (Bild 2.44 D).

A

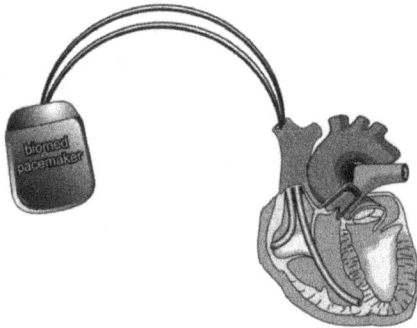

B

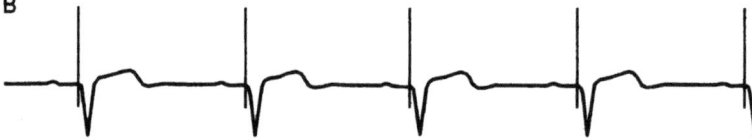

C

D

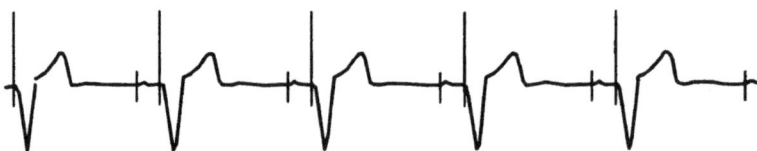

Bild 2.44: *A: DDD-Schrittmacher. B: atriales Sensing, ventrikuläres Pacing. C: ventrikuläres Sensing, atriales Pacing. D: atriales und ventrikuläres Pacing.*

Impulshöhe und -breite

Entsprechend der ermittelten Reizschwellenkurve (Bild 2.34) werden Impulshöhe und -breite eingestellt, beispielsweise wird bei einer Impulsbreite, die der Chronaxie entspricht, der doppelte Wert der Schwellenimpulshöhe gewählt. Im Verlauf der Einheilung der Elektrode erhöht sich die Schwelle meist sehr stark, erreicht nach etwa drei Wochen ein Maximum und geht im Laufe eines halben Jahres auf einen stationären Wert zurück. Während dieser Zeit müssen die Impulsparameter regelmäßig nachjustiert werden. Dies kann durch einen automatischen Reizschwellentest (Auto-Treshhold-Test) während der telemetrischen Schrittmacherkontrollen geschehen oder aber autonom durch eine vollautomatische Kontrolle der Reizschwelle (Auto-Capture).

Empfindlichkeit

Die Empfindlichkeit für die Wahrnehmungsfunktion muss für die Detektion der P-Welle und der R-Zacke unterschiedlich gewählt werden. Die Wahrnehmung der T-Welle wird durch geeignete Maßnahmen unterdrückt.

Eine typische einzustellende Empfindlichkeit liegt für den Vorhof (P-Welle) bei unipolarer Messung zwischen 1,5 und 2 mV und bei 5 mV im Ventrikel. Bei bipolarer Messung muss die Empfindlichkeit im Vorhof meistens <1 mV gewählt werden. Eine quasi-kontinuierliche selbsttätige Anpassung der Wahrnehmungsschwelle ist durch einen Autoadaptations-Algorithmus möglich. Ist die Empfindlichkeit zu hoch eingestellt, kommt es zum „Oversensing". Störpotenziale, Muskelpotenziale, T-Wellen usw. werden irrtümlich detektiert und als Kammerkomplex gewertet. Bei zu niedrig eingestellter Empfindlichkeit („Undersensing") werden die herzeigenen Signale nicht wahrgenommen, so dass die Schrittmacherstimulation nicht inhibiert wird. Oversensing kann insbesondere auch in Form des Far-Field-Sensing auftreten, z.B. kann u. U. eine Vorhofelektrode ein Ventrikelsignal aufnehmen und als Vorhofsignal interpretieren.

Stimulationsintervall, Auslöseintervall

Das Stimulationsintervall ist der zeitliche Abstand zwischen zwei aufeinander folgenden Schrittmacherimpulsen. Als Auslöseintervall (Escape Interval) wird die Zeitdauer bezeichnet, die seit Wahrnehmung eines herzeigenen Signals bis zur Auslösung eines Stimulationssignals vergeht. Dieses wird in der Regel auch bei Einkammer-Schrittmachern größer als das Stimulationsintervall programmiert, um möglichst viele Eigenerregungen zum Zuge kommen zu lassen (Auslöseintervall = Stimulationsintervall + „Hysterese"-Intervall).

Überleitungsintervalle, AV-Korrektur und -Anpassung

Der Zeitbedarf vom Entstehen der Sinuserregung bis zum Beginn der Kammererregung ist im regulären EKG durch das PQ-Intervall (P-Welle + PQ-Strecke) gegeben. Bei ventrikulärer Stimulation (Bild 2.45 A) geht es in das PV-Intervall über. Liegt zusätzlich eine atriale Stimulation vor (Bild 2.45 B), spricht man vom AV-Intervall. Unabhängig davon, ob stimuliert wird oder nicht, wird die Zeit zwischen Beginn der Vorhof- und der Kammererregung meist als AV-Überleitungszeit (AVCT) bezeichnet. Bei atrialer Stimulation kommt es aufgrund der Verzögerung zwischen der atrialen Stimulation und der Depolarisation der Vorhöfe zu einer verspäteten P-Welle. Dieses Intervall ist interindividuell und je nach Sondenlage unterschiedlich. Es sollte als AV-Korrektur = AV-Zeit minus PV-Zeit bei der Programmierung des AV-Intervalls berücksichtigt werden. Damit wird auch das Ziel verfolgt, eine spontane AV-Überleitung so lange wie möglich beizubehalten.

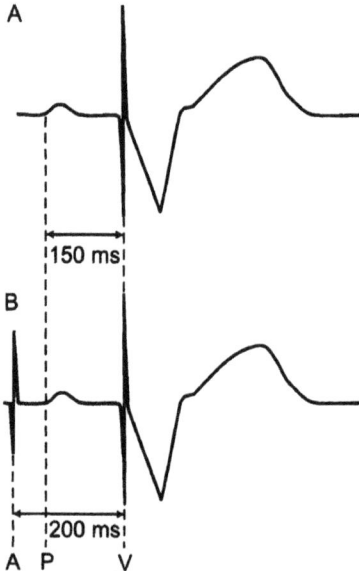

A

150 ms

B

Bild 2.45: *A: PV-Intervall bei ventrikulärer Stimulation. B: AV-Korrektur bei atrialer Stimulation.*

200 ms

A   P   V

Diesem Ziel dient auch das zum Teil verwandte AV-Such-Hysterese-Intervall, das an das AV-Intervall angefügt wird.

Von großer physiologischer Bedeutung ist die Anpassung des AV-Intervalls an die Vorhoffrequenz. Damit wird die Verkürzung der PQ-Zeit des Herzgesunden bei Belastung simuliert und die Hämodynamik verbessert. Darüber hinaus wird, wie weiter unten deutlich werden wird, auch das Verhalten des Schrittmachers bei der Maximalfrequenz verbessert.

Intervalle, die das Vorhof-„Sensing" unterdrücken
Der Begriff der Refraktärzeit bedeutet physiologischerweise, dass nach Entstehen eines Aktionspotenzials für eine gewisse Zeit keine Erregbarkeit (absolute Refraktärzeit) bzw. eine Erregung nur mit erhöhter Schwelle (relative Refraktärzeit) erzeugt werden kann. In der Schrittmachertechnik wird dieser Begriff ebenfalls verwendet. Er kennzeichnet hier das Intervall, in dem ein Schrittmacher auf ein internes Herzereignis nicht reagieren soll. Um zu verhindern, dass insbesondere Ventrikelereignisse (Kammerkomplex, T-Welle) über rückwärtige (retrograde) Leitung durch das Vorhof-Sensing als Vorhofereignis interpretiert werden, werden Atriale Refraktärperioden (*ARP*) programmiert und eventuell noch um ein Verlängerungsintervall (*VI*) erweitert. Während dieser Perioden wird das Vorhof-Sensing unterdrückt (Vorhof „blind") (Bild 2.46). Dies ist zunächst die Postventrikuläre Atriale Refraktärperiode (*PVARP*), die mit dem ventrikulären Puls beginnt. Hinzu kommt bei vorhandener P-Welle das *PV*-Intervall und bei atrialer Stimulation das *AV*-Intervall. Die Summe aus dem vorhof- und ventrikelinduzierten Intervall ist die Totale Atriale Refraktärperiode (*TARP*).

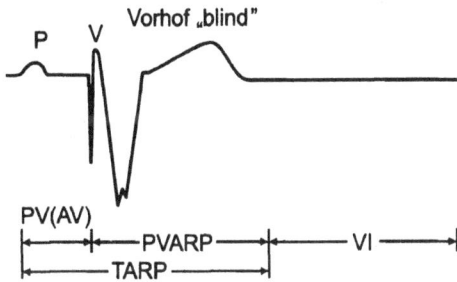

Bild 2.46: *Intervalle, die das Vorhof-„Sensing" unterdrücken.*

Intervalle, die das Ventrikel-„Sensing" unterdrücken

Da Nachpotenziale der Vorhofstimulation nicht über die Ventrikelelektrode irrtümlich als ventrikuläre Eigensignale aufgenommen werden sollen, wird das Ventrikel-Sensing für ein sog. Blanking-Intervall (*BLK*, Bild 2.47 A) unterdrückt (Ventrikel „blind"). Deshalb darf das Blanking-Intervall nicht zu kurz gewählt werden. Bei zu langem Blanking-Intervall könnte andererseits z.B. eine ventrikuläre Extrasystole übersehen werden, was zu einer ventrikulären Stimulation in der vulnerablen Phase führen könnte. Daher muss das Blanking-Intervall sorgfältig optimiert werden. Der Blanking-Zeit schließt sich ein Intervall der ventrikulären Sicherheitsstimulation (*VSS*), auch Sicherheitsfenster genannt, an. Tritt innerhalb dieses Intervalls eine ventrikuläre Wahrnehmung auf, so wird am Ende dieses Intervalls eine ventrikuläre Stimulation abgegeben. Beruht diese Wahrnehmung auf Nachpotenzialen der Vorhofstimulation oder anderer Störsignale, wird damit die Inhibition des ventrikulären Kanals verhindert und das Risiko einer ventrikulären Asystolie ausgeschlossen. Ist der Auslöser eine ventrikuläre Extrasystole, so fällt der ventrikuläre Sicherheitsstimulus in die physiologische Refraktärzeit des Ventrikels und bleibt somit wirkungslos.

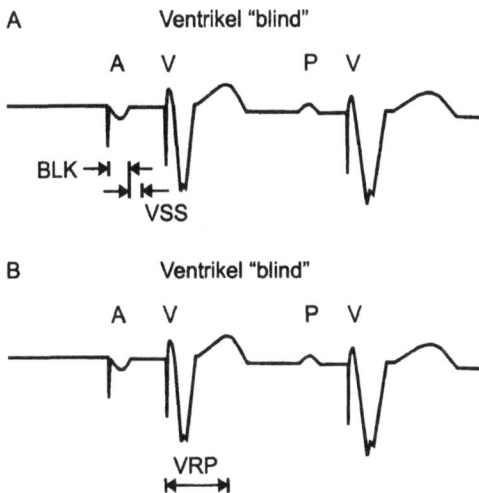

Bild 2.47: *Intervalle, die das Ventrikel-„Sensing" unterdrücken, A: während atrialer Prozesse, B: bei ventrikulären Nachpotenzialen.*

Der Ventrikel muss aber auch blind sein gegenüber Nachpotenzialen der ventrikulären Stimulation und gegenüber T-Wellen. Daher wird die Wahrnehmung auch während einer ventrikulären Refraktärperiode (*VRP*) unterbunden (Bild 2.47 B).

Obere Frequenzgrenzen

Jeder Schrittmacher hat natürlich eine obere Sicherheits-Frequenzbegrenzung für den Fall von Defekten. Es gibt darüber hinaus eine wichtige darunter liegende Maximalfrequenz, die auch im Normalbetrieb nicht überschritten werden sollte. Die Totale Atriale Refraktärperiode TARP legt eine Vorhoffrequenz fest, die als $F_{2:1}$ bezeichnet wird.

$$F_{2:1} = \frac{1}{TARP} = \frac{1}{AV + PVARP} \tag{2.7}$$

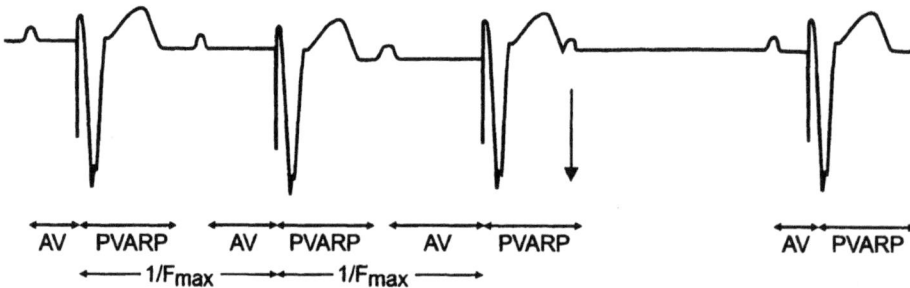

Bild 2.48: *Wenckebach-Verhalten bei Überschreiten der F_{max}-Frequenz im Vorhof: Die AV-Zeit verlängert sich bis zum Ausbleiben einer ventrikulären Stimulation.*

Oberhalb dieser 2:1-Frequenz wird jede zweite P-Welle durch die *TARP* blockiert und löst kein *AV*-Intervall aus, d.h. nur jede zweite P-Welle triggert eine ventrikuläre Stimulation. Es ergibt sich eine Ventrikelfrequenz, die nur halb so groß ist wie die $F_{2:1}$-Vorhoffrequenz. Durch Reduktion der *TARP* kann aber dieser 2:1-Punkt angehoben werden. Dies bedingt allerdings die Gefahr einer schrittmacherinduzierten Tachykardie (endless loop tachycardia, ELT), wie im nächsten Abschnitt erläutert werden wird. Daraus wird die Schlussfolgerung der Programmierung einer maximalen ventrikulären Synchronfrequenz („upper rate") F_{max} <$F_{2:1}$ gezogen.

Wenn dann die Vorhoffrequenz bei einem Patienten mit AV-Block F_{max} überschreitet, bleibt die ventrikuläre Stimulationsfrequenz bei F_{max}, aber es verlängert sich dadurch zwangsläufig die *AV*-Zeit fortschreitend (Wenckebach-Verhalten), bis die P-Welle in die *PVARP* fällt und damit eine Ventrikelstimulation ausbleibt (Bild 2.48). Während also ein Überschreiten der Vorhoffrequenz von F_{max} nur ein Wenckebach-Verhalten nach sich zieht, würde ein Überschreiten des höheren $F_{2:1}$-Wertes jedes Mal eine außerordentlich unangenehme Reduktion der Ventrikelfrequenz auf die Hälfte von $F_{2:1}$ zur Folge haben. Der $F_{2:1}$-Wert sollte demgemäß möglichst weit oberhalb des F_{max}-Wertes liegen. In Bild 2.49 ist F_{max} bei 140/min programmiert. Eine *TARP* von 375 ms ergibt in Teil A als Kehrwert $F_{2:1}$ = 160/min, eine *TARP* von 275 ms in Teil B $F_{2:1}$ = 220/min. Die Frequenzreduktion für den Ventrikel gilt demnach in A bei allen Vorhoffrequenzen >160/min, wobei sich die Ventrikelfrequenz von 140 auf 80/min um 60/min erniedrigt, während in B die Reduktion erst bei einer Vorhoffrequenz von 220/min einsetzt und sich von 140/min nur um 30/min auf 110/min reduziert.

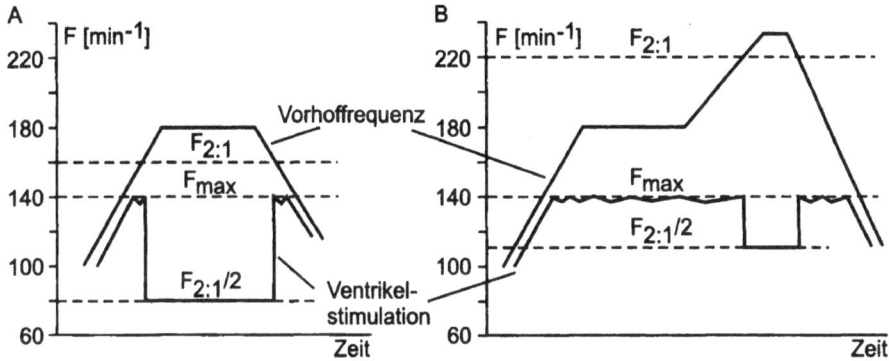

Bild 2.49: *A: Programmierung des $F_{2:1}$-Punktes in der Nähe des F_{max}-Punktes: Ungünstige Halbierung der Ventrikelfrequenz. B: $F_{2:1}$-Punkt weit oberhalb von F_{max}: Meist nur Wenckebach-Verhalten und ggf. weniger drastische Reduktion der Ventrikelfrequenz.*

Schutzalgorithmen gegen schrittmachervermittelte Tachykardien

Wird im Vorhof außerhalb der Refraktärzeiten eine retrograde Welle z.B. aufgrund einer ventrikulären Extrasystole (VES) wahrgenommen, wird dadurch eine ventrikuläre Stimulation ausgelöst (Bild 2.50 A). Diese kann wieder retrograd wahrgenommen werden und so fort, so dass eine sog. Endless Loop Tachycardia (ELT) entstehen kann. Eine ELT ist auch auslösbar durch eine supraventrikuläre Extrasystole, die mit verlängertem AV-Intervall übergeleitet wird (was zum Wenckebach-Verhalten bei Überschreiten der Maximalfrequenz F_{max} führt). Retrograde Leitungsbahnen sind dann nicht mehr refraktär.

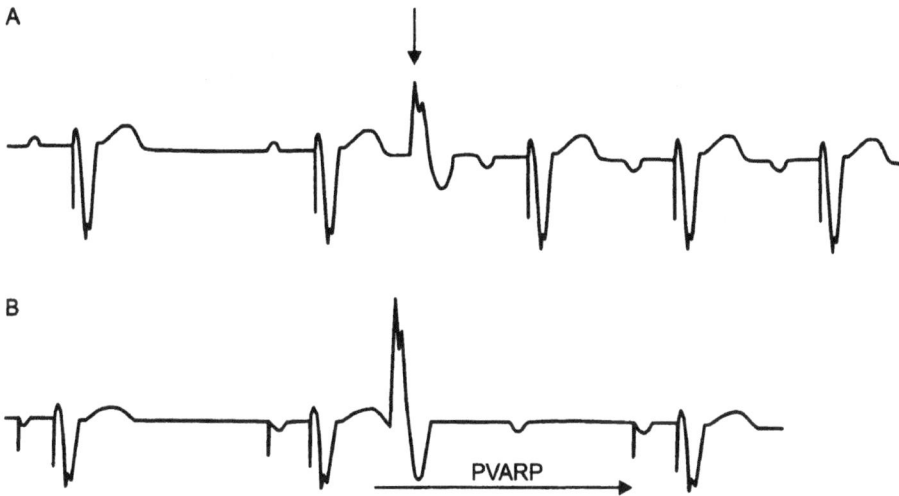

Bild 2.50: *A: Endless-Loop-Tachykardie nach einer ventrikulären Extrasystole. B: Beispiel eines Schutzalgorithmus nach erkannter ventrikulärer Extrasystole: Verlängerung der postventrikulären atrialen Refraktärperiode auf das gesamte Auslöseintervall des Vorhofs.*

Auch Artefakte, wie z.B. Skelettmuskelpotenziale, und atriale Tachykardien können Auslöser einer ELT sein. Eine ELT ist also eine schrittmacherinduzierte Tachykardie.

Es gibt eine Reihe von Schutzalgorithmen gegen schrittmachervermittelte Tachykardien. Dazu zählt die Maßnahme (Bild 2.50 B), nach erkannter VES die *PVARP* auf das gesamte Auslöseintervall des Vorhofs zu verlängern, d.h. den Schrittmacher praktisch in den DVI-Modus zu schalten. Andere Algorithmen verlängern *PVARP* nur auf einen Teil des Auslöseintervalls, um ggf. die Wahrnehmung einer normalen P-Welle zu ermöglichen. Eine weitere Möglichkeit ist z.B., zum Zeitpunkt der Wahrnehmung einer VES eine Vorhofstimulation vorzunehmen, um die retrograde Leitung zu blockieren. Zusätzlich zu solchen Algorithmen wurden Algorithmen zur Erkennung und Beendigung der ELT (z.B. durch Inhibition eines ventrikulären Stimulus) entwickelt.

2.3.7   Links- und biventrikuläre Stimulation

Die rechtsventrikuläre Stimulation wird wegen des relativ einfachen transvenösen Zugangs des rechten Ventrikels durch die Vena cava durchgeführt. Wie zu erwarten und wie man an Hand des EKGs (vgl. Bild 2.38) sofort sieht, ist der örtliche Erregungsablauf unphysiologisch. Daher wurden frühzeitig Überlegungen angestellt, wie eine linksventrikuläre bzw. eine biventrikuläre Stimulation erreicht werden kann. Dies wurde realisiert durch den schwierigen und viel Erfahrung und Geduld erfordernden Zugang zum Herzkranzgefäßsystem vom rechten Atrium aus. Dazu wird eine speziell gefertigte Sonde durch das rechte Atrium in das dort mündende venöse System des Sinus coronarius geschoben. Unter Röntgenkontrolle ist mit viel Geschick eine wählbare Platzierung in den verschiedenen Verzweigungen des Herzkranzgefäßsystems möglich (Bild 2.51), so dass z.B. die Erregung vorzugsweise das linke Atrium oder den linken Ventrikel erfassen kann.

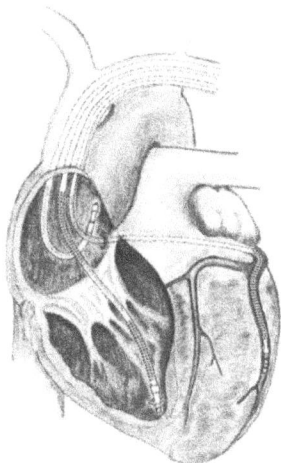

Bild 2.51: Sondenlage im rechten Atrium, im rechten Ventrikel und im koronaren Gefäßsystem zur Stimulation des linken Ventrikels. (Dargestellt sind Elektroden, die für Stimulation und Defibrillation geeignet sind, Abschn. 2.6.3).

Man erkannte relativ schnell, dass eine links- bzw. biventrikuläre Stimulation als sog. Resynchronisationstherapie nicht nur einen physiologischen Erregungsablauf erzeugt, sondern dass sie sich als eine ergänzende oder alternative Therapiemethode bei Herzinsuffizienz, insbesondere bei dilatativer Kardiomyopathie anbietet. Erste Erfolge der Methode sind nachweisbar. Allerdings dürfte der Therapieerfolg für ein eingeschränktes Patientenkollektiv gelten. Ausgedehnte Multicenter-Studien werden hier weitere Klarheit schaffen. An der Kombination biventrikulärer Schrittmacher mit biventrikulären Defibrillatoren wird gearbeitet (Abschnitt 2.6.3).

2.3.8   Antitachykarde Stimulation

Unmittelbar lebensbedrohliche tachykarde Rhythmusstörungen müssen durch sofortige E-lektroschockabgabe eines Kardioverters/Defibrillators (Abschnitt 2.6) behoben werden. Es gibt jedoch auch Formen von Kammertachykardien, die sich durch antitachykarde Stimulation beseitigen lassen. Dabei haben sich verschiedene Strategien bewährt, z.B. die Abgabe einer Anzahl von Stimulationsimpulsen hoher Frequenz, die Kombination mit einem in einem programmierbaren Abstand folgenden Extraimpuls sowie die Anwendung von Stimulationsimpulsen, deren Abstand sich konstant verändert. Die letztgenannte Methode ist ebenfalls mit Extraimpulsen kombinierbar. Gearbeitet wird aktuell vor allem an der Kombination aus antitachykarder Stimulation und Schockabgabe.

2.4   Sensorgesteuerte Herzschrittmacher

In Abschnitt 2.3 wurde bereits dargelegt, dass der sog. Bedarfs-Schrittmacher insofern als universeller Schrittmacher anzusehen ist, als er sowohl über eine Sonde im rechten Atrium als auch eine Sonde im rechten Ventrikel verfügt, die beide sowohl Detektions- als auch Stimulationsfunktion (bidirektional gesteuert, jeweils über dieselben Elektroden) vornehmen können: Eine Stimulation erfolgt nur, wenn keine herzeigene Erregung im vorprogrammierten Zeitintervall wahrgenommen wird. Diese Bedarfs-Funktion ist im oberen Zweig des Bildes 2.52 durch bidirektionalen Signalfluss vereinfacht dargestellt.

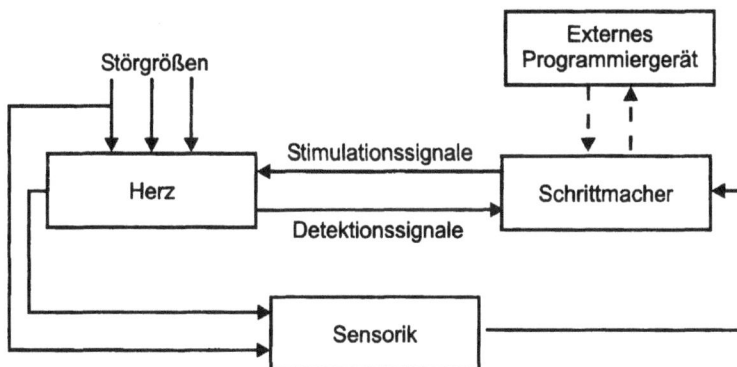

Bild 2.52:   *Prinzip des Bedarfs-Schrittmachers mit Sensorik zur Frequenzanpassung.*

Trotz der bidirektionalen Signalverarbeitung wird ein derartiger Schrittmacher, z.B. bei Sinusknotenausfall, nur eine fest eingestellte Stimulationsfrequenz abgeben. Das bedeutet aber,
dass ein solches System in diesem Falle nicht in der Lage ist, die Herzfrequenz an Belastungen des Herz-Kreislauf-Systems anzupassen.

Derartige Belastungen („Störgrößen") sind beispielsweise die Schwerkraft beim Wechsel der
Körperposition, z.B. vom Liegen zum Stehen (Orthostase), die körperliche Arbeit mit erhöhtem Stoffwechsel und damit Sauerstoff- und Blutbedarf sowie emotional bedingte Gefäßwei-
tenverstellungen. So führt die Orthostase zum (arteriellen) Blutdruckabfall, der normalerweise über den in Abschnitt 2.1.5 dargestellten physiologischen Regelkreis mit sehr geringer
Regelabweichung kurzfristig ausgeglichen wird. Die kardiopulmonalen Adaptationsmecha-
nismen sorgen unter körperlicher Belastung für eine schnelle Bereitstellung von ausreichend
Sauerstoff für die Energiegewinnung des arbeitenden Muskels. Bei ausbleibender Herzfrequenzanpassung kann dies aber nicht erwartet werden, so dass die Bemühungen vor allem
der 90er Jahre auf die Entwicklung sog. frequenzadaptiver oder sensorgesteuerter Schrittmachersysteme gerichtet waren.

Damit ist die Zielsetzung nicht mehr ausschließlich Lebenserhaltung, sondern darüber hinaus
die möglichst weitgehende Wiederherstellung des ursprünglichen physiologischen Zustands
und eine normale Lebensführung mit möglichst vollständiger physischer und psychischer
Belastbarkeit und Leistungsfähigkeit.

Ein frequenzadaptives System kann grundsätzlich realisiert werden durch technische Messung (unterer Zweig in Bild 2.52: „Sensorik"), des physiologischen Status und/oder der ein-
wirkenden Störgrößen und deren Rückmeldung an den technischen Schrittmacher, der dadurch „sensorgesteuert" wird. Alle bisher realisierten sensorgesteuerten Systeme benutzen
ein einfaches, meist lineares Steuergesetz, das in der Regel auf der unter physiologischen
Bedingungen bei verschiedener körperlichen Belastung getesteten Korrelation zwischen
Sensorgröße und Herzschlagfrequenz beruht. Eine fast 15jährige Entwicklungsarbeit nach
dem Trial- and Error-Prinzip hätte die Schrittmacherindustrie sich, den Ärzten und Patienten
ersparen können, wenn man die Problematik aus physiologischer und regelungstechnischer
Sicht angegangen wäre. Fragestellung und Zielsetzung wurden inadäquat formuliert, indem
versucht wurde, einen Parameter nach dem anderen daraufhin zu prüfen, ob er mit körperlicher Arbeit korreliere. Konnte diese Frage bejaht werden und stand ein brauchbares Messprinzip für den betreffenden Parameter zur Verfügung, wurde der entsprechende sensorgesteuerte Schrittmacher produziert und nach klinischer Prüfung implantiert. Angesichts der
Tatsache, dass fast alle physiologischen Teilsysteme des Körpers sich in irgendeiner Weise
mehr oder weniger stark gegenseitig beeinflussen, blieben nur wenige messbare physiologische Parameter davon verschont, in Prototypen oder Endprodukten auf ihre Eignung für die
Steuerung von frequenzadaptiven Schrittmachern geprüft zu werden. Die richtige Frage, wie
weit damit durch die verschiedenen technischen Systeme das ursprüngliche physiologische
System wiederhergestellt wird, wird erst seit kurzer Zeit gestellt. Selbst die Einsicht, dass
manche Systeme überhaupt keine Regelung im Sinne eines (wieder) geschlossenen Systems
realisieren, ist noch nicht sehr alt, und eine allgemeine Akzeptanz der Notwendigkeit, das
medizinische Mensch-Maschine-System schon während des Entwurfprozesses system- und
regelungstechnisch zu analysieren, bedarf noch immer intensiver Überzeugungsarbeit. Damit

gesellen sich zu den schon „klassischen" technischen Wissenschaftsgebieten, die an dem Entwurf und an der Realisierung von Herzschrittmacher-Systemen beteiligt sind, wie Mikroelektronik, Mikroprozessortechnik, Verfahrenstechnik und Werkstoffwissenschaften (vgl. Bild 2.53) verstärkt die System-, Mess- und Regelungstechnik. Die Schrittmachertechnik ist somit ein Extrembeispiel für die Notwendigkeit verzahnten interdisziplinären Zusammenwirkens verschiedenster physiologischer, technischer und klinischer Disziplinen.

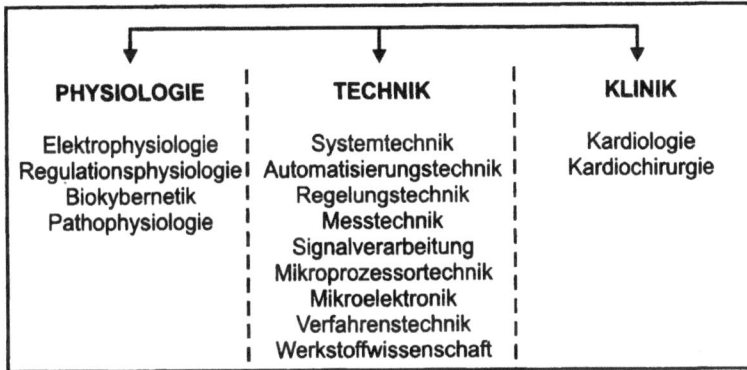

```
┌─────────────────────────────────────────────────────────────┐
│        ↓                    ↓                    ↓            │
│   PHYSIOLOGIE           TECHNIK              KLINIK           │
│                                                              │
│  Elektrophysiologie    Systemtechnik        Kardiologie      │
│  Regulationsphysiologie Automatisierungstechnik Kardiochirurgie │
│  Biokybernetik         Regelungstechnik                      │
│  Pathophysiologie      Messtechnik                           │
│                        Signalverarbeitung                    │
│                        Mikroprozessortechnik                 │
│                        Mikroelektronik                       │
│                        Verfahrenstechnik                     │
│                        Werkstoffwissenschaft                 │
└─────────────────────────────────────────────────────────────┘
```

Bild 2.53:   Das Herzschrittmachersystem - eine multidisziplinäre Aufgabe.

2.4.1   Der ideale chronotrope Schrittmacher

Es soll zunächst die Realisierbarkeit frequenzadaptiver Schrittmacher für den Patienten mit AV-Block geprüft werden, also der Leitungsblockierung zwischen Vorhof und Ventrikel. Man erkennt im unteren Teil von Bild 2.54 das Erregungsbildungs- und leitungssystem des Herzens: Erregungsbildung normalerweise im Sinusknoten, atriale Erregung mit der Folge atrialer Kontraktion, Überleitung der Aktionspotenziale in die Hauptkammern, ventrikuläre Erregung und daraus die ventrikuläre Kontraktion. Im Bild sind ferner die Steuersignale aus dem autonomen Nervensystem (ANS) eingezeichnet: Die sympathisch und parasympathisch vermittelte Modifikation der Herzfrequenz („Chronotropie") und der AV-Überleitungszeit („Dromotropie") sowie die im Wesentlichen sympathische Ansteuerung der Kontraktionskraft („Inotropie"). Gezeigt sind außerdem die Blockierungen des Signalflusses durch einen AV-Block oder durch einen Sinusknotendefekt (SSS), wobei in der folgenden Diskussion davon ausgegangen wird, dass nicht beide Defekte gleichzeitig auftreten.

Im Falle des reinen AV-Blocks stellt das ideale Konzept des frequenzadaptiven Schrittmachers kein grundsätzliches Problem dar. Da die chronotrope Eigenschaft des Sinusknotens voll erhalten ist, kann über die „normale" atriale Elektrode zur Detektion vorkammereigener Erregung das ursprüngliche intrakardiale Steuersignal aufgenommen werden und zur Stimulation der Ventrikel über die Stimulationselektrode genutzt werden, so dass der AV-Block in idealer Weise durch einen Shunt überbrückt wird. Diese Überbrückung stellt allerdings nicht direkt die physiologische dromotrope Wirkung wieder her, so dass ventrikelstimulierende

Schrittmacher mit einer frequenzabhängigen Steuerung des Stimulationszeitpunkts und damit der Anpassung einer AV-Verzögerung versehen sein sollten. Das Sensorsignal beinhalt jedenfalls die chronotrope Information zur Modifikation der Herzfrequenz aus dem ANS und ermöglicht so gesehen die Realisierung eines „chronotropen" Schrittmachers.

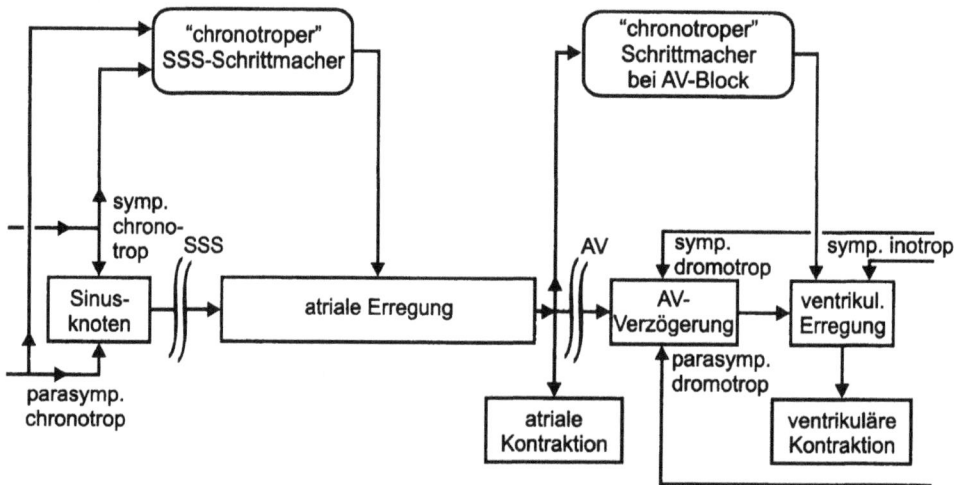

Bild 2.54: Erregungsbildungs- und -leitungssystem des Herzens, atrioventrikuläre (AV-) und Sinusknoten-(SSS)- Blockierungen und ideale „chronotrope" Schrittmacher zur Überbrückung („Shunt").

Für den Patienten mit Sinusknotendefekt (SSS) steht genau diese chronotrope Information nicht direkt zur Verfügung, da hierzu die Aktivität des ANS, d.h. die sympathisch und parasympathisch vermittelten Signale, direkt durch Ableitung von Nervenfasern gemessen und zur atrialen Stimulation genutzt werden müssten. Dies ist bisher dauerhaft und störungsfrei nicht gelungen, so dass der in Bild 2.54 eingezeichnete chronotrope SSS-Schrittmacher mit der direkten Überbrückung des Signalflusses leider nur das Idealziel, aber keine Realität darstellt.

Bereits realisierte oder in der Entwicklung befindliche Systeme nutzen andere physikalische oder physiologische Sensorsignale und nähern sich vom systemtechnischen Konzept her in sehr unterschiedlicher Weise der Zielsetzung, die ursprüngliche physiologische Regelung wiederherzustellen. Es lassen sich im Wesentlichen folgende Kategorien unterscheiden: Steuerung (Open-Loop-Systeme), geschlossene Systeme durch Nutzung der Kopplung der Herz-Kreislauf-Regulation mit anderen physiologischen Systemen (wobei die Kopplung teilweise so schwach ist, dass der Übergang in offene Systeme fließend ist) und Regelungen mit Hilfe „inotroper" oder „dromotroper" Schrittmacher, die durch Signale gesteuert werden, die mit der Kontraktionskraft bzw. der AV-Überleitungszeit des Herzens direkt korreliert sind. Ausgewählte Beispiele sollen dies im Folgenden verdeutlichen.

2.4.2 Steuerungen („Open-Loop")

Sensorgesteuerte Schrittmacher wurden bisher meist mit Hilfe von Sensoren ausgeführt, die die durch Körperbewegung induzierten Vibrationen oder Beschleunigungen messen. Vor allem zwei Sensorprinzipien sind realisiert worden, einmal der piezoelektrische Kristall (Bild 2.55 A), der im Schrittmachergehäuse befestigt ist, und zum anderen die sog. Akzelerometer (Bild 2.55 B), die mit Hilfe einer elastisch aufgehängten Masse Beschleunigungen ebenfalls im Schrittmachergehäuse registrieren.

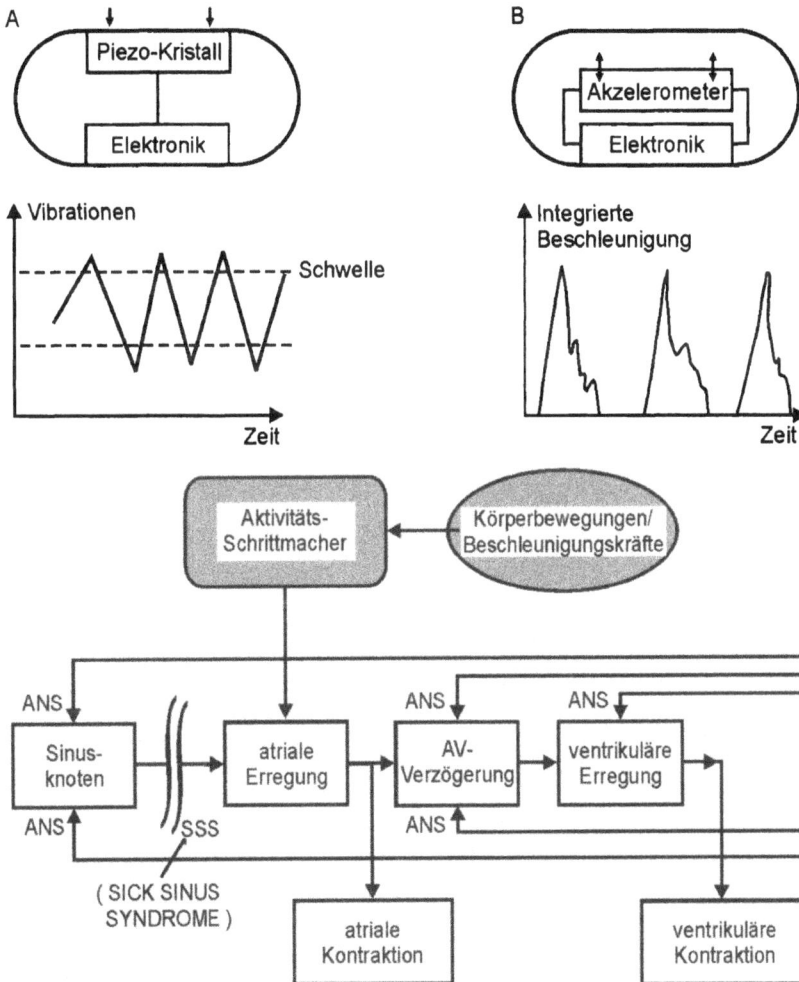

Bild 2.55: *Prinzip der „Aktivitäts"-Sensoren und Signalauswertung. A: Druckaufnehmer. B: Beschleunigungsaufnehmer. C: Der Aktivitätsschrittmacher: Eine Störgrößenaufschaltung (Open-Loop).*

Systemtechnisch gesehen handelt es sich hierbei um Steuerungen (Bild 2.55 C), also um Open-Loop-Systeme, ohne jegliche Rückkopplung über die erzeugte Wirkung, ohne jegliche Information über den tatsächlichen hämodynamischen Bedarf. Systemphysiologisch und

regelungstechnisch ist das die denkbar schlechteste Situation: Dennoch ist der aktivitätsge-
steuerte Schrittmacher der am meisten weltweit implantierte sensorgesteuerte Schrittmacher.
Offensichtlich aus folgenden Gründen: Dem offenkundigen Mangel des fehlenden Feedbacks
stand zunächst der Fortschritt gegenüber dem frequenzstarren System gegenüber. Darüber
hinaus wird diese Sensorik technisch permanent weiterentwickelt, so dass sie schon heute als
relativ stabil und unproblematisch in der Handhabung gilt. Diese Vorteile prädestinieren
dieses Sensorprinzip somit für ein Zwei- oder Mehrsensorsystem, in dem der Aktivitätssen-
sor nicht für die eigentliche Regelung eingesetzt wird, sondern für die frühzeitige Erkennung
einer Hauptstörgröße, der körperlichen Belastung, also im Rahmen einer zusätzlichen Störgrößenaufschaltung (Abschn. 1.4.5).

In der Signalverarbeitung besteht jedoch auch für die Störgrößenaufschaltung noch Entwick-
lungsbedarf. Die Bewegungsrichtung (z.B. treppauf oder treppab) und die Stärke der körperlichen Belastung müssen zuverlässiger ermittelt und von nicht den Stoffwechsel und den
Kreislauf belastenden mechanischen Einflüssen, wie z.B. der Autofahrt über Kopfsteinpflas-
ter, unterschieden werden.

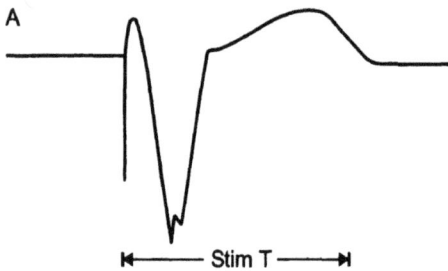

Bild 2.56: *QT-Schrittmacher. A: Definition der Sensorgröße Stim-T-Intervall. B: QT-Intervall in Abhängigkeit
des metabolischen Bedarfs bei steigender Belastung. C:
QT-Intervall in Abhängigkeit der Stimulationsrate bei
konstanter Belastung (durchgezogene Linie: unterhalb,
gestrichelte Linie: oberhalb der anaeroben Schwelle).*

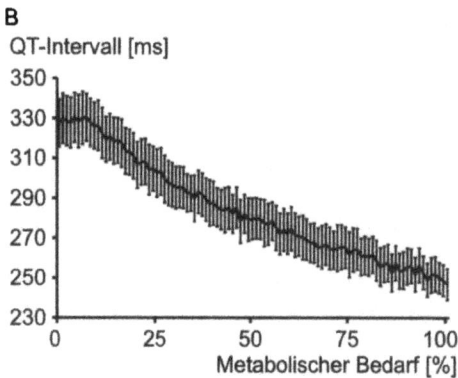

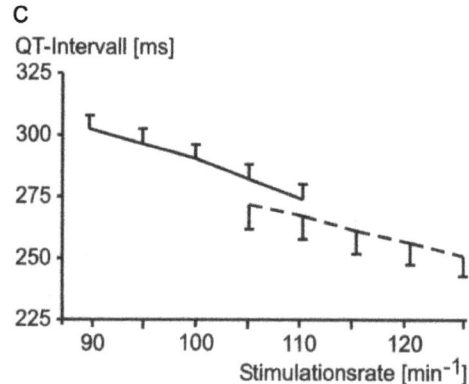

Die sog. Thermoschrittmacher – Sensorgröße ist dort die zentralvenöse Bluttemperatur –
realisieren ebenfalls im Wesentlichen eine (Open-Loop) Steuerung. Die Körpertemperatur ist
Regelgröße in einem physiologischen Regelkreis, der aber bis auf Grenzfälle wie das unmittelbare Vorstadium eines Hitzschlages (Abschnitt 2.1.5) weitgehend unabhängig von der
Herz-Kreislauf-Regulation arbeitet, insofern als eine Rückkopplung über das Herzzeitvolumen oder den arteriellen Blutdruck auf die Sensorgröße praktisch nicht gegeben ist. Nur die
Tatsache, dass der physiologische Temperaturregelkreis nicht ideal arbeitet, da er als Propor-

tionalregelkreis eine zwar kleine, aber von der Belastung abhängige bleibende Regelabweichung (Abschn. 1.4.4) aufweist, kann überhaupt die Verwendung dieser Messgröße rechtfertigen. Die Kerntemperatur stellt in diesem Zusammenhang nur scheinbar eine physiologischere Größe als die Aktivitätsmessung dar, in Wirklichkeit dient sie hier nur als ein indirekter Indikator der körperlichen Belastung mit offensichtlich geringerer Sensitivität und meist unzureichender Ansprechzeit und Dynamik.

Der relativ früh entwickelte sog. QT-Schrittmacher macht sich die Tatsache zunutze, dass die bei körperlicher Arbeit erfolgende Katecholamin (Adrenalin/Noradrenalin) -Ausschüttung einen Abschnitt im stimulierten Elektrokardiogramm verkürzt: das „QT"-Intervall (Bild 2.56 B). Eigentliche Sensorgröße ist das Stim-T-Intervall (Bild 2.56 A), beginnend mit der Stimulation, endend mit dem steilsten Abfall der T-Welle. Auch der „QT"-Intervall-gesteuerte Schrittmacher realisiert im Prinzip eine Störgrößenaufschaltung, da die Rückwirkung des Herzzeitvolumens auf dieses Intervall relativ gering und im Übrigen stark verzögert wird. Zusätzlich wird dieser Effekt bei diesem „humoralen" Schrittmacher von einer positiven Rückkopplung wegen der starken Abhängigkeit des Intervalls von der Stimulationsfrequenz (Bild 2.56 C) überdeckt.

2.4.3 Nutzung der Kopplung der Herz-Kreislauf-Regulation mit anderen Regelkreisen

Eine weitere Klasse sensorgesteuerter Schrittmacher benutzt Sensoren, die Parameter aus dem kardio-respiratorischen oder respiratorisch-metabolischen System messen. Dies sind vor allem die zentralvenöse Sauerstoffsättigung, das Atemzeitvolumen („Ventilation") und die Atemfrequenz. Um die Kopplung dieser Sensorsignale mit der Herz-Kreislauf-Regulation analysieren zu können, ist die bereits in Bild 2.54 eingeführte Blockfolge, die die Erregungsbildung und -leitung darstellt, in Bild 2.57 um die Hydromechanik (mittlerer Teil, links) und die physiologischen Regelzentren (mittlerer Teil, rechts) erweitert. Die Kurven symbolisieren stationäre Kennlinien. Der zentralvenöse Druck und die atriale Kontraktion füllen das Herz zum enddiastolischen Füllvolumen. Der Einfachheit halber wird in Bild 2.57 nicht in Rechts- und Linksherz unterteilt. Ein Teil des Füllvolumens wird bei ventrikulärer Erregung systolisch zum Schlagvolumen, das aber nicht nur von kardialen Parametern, sondern auch vom arteriellen Druck abhängt. Herzfrequenz mal Schlagvolumen ergibt das Herzzeitvolumen, das über den venösen Rückstrom wieder den zentralen Venendruck und – multipliziert mit dem arteriellen Widerstand – den arteriellen Druck ergibt.

Der Wert dieser Blockdarstellung liegt u. a. darin, dass auf den ersten Blick evident wird, dass das zentral noch ungeregelte System bereits über zwei interne Rückkopplungsschleifen verfügt, nämlich wie gerade beschrieben, über die sog. Preload (zentralvenöser Druck) und die sog. Afterload (arterieller Druck). Die zentralen Regelschleifen kommen hinzu über die Messung des arteriellen Drucks durch die Pressosensoren im arteriellen System, über die Meldung der Information an die sympathischen und parasympathischen Netzwerke im Zentralnervensystem im Bereich der sog. medulla oblongata und über die Stellgrößen „Arterieller und Venöser Widerstand", „Herzerregungsfrequenz" (sofern vorhanden!), „AV-Überleitungszeit" und „Schlagvolumen".

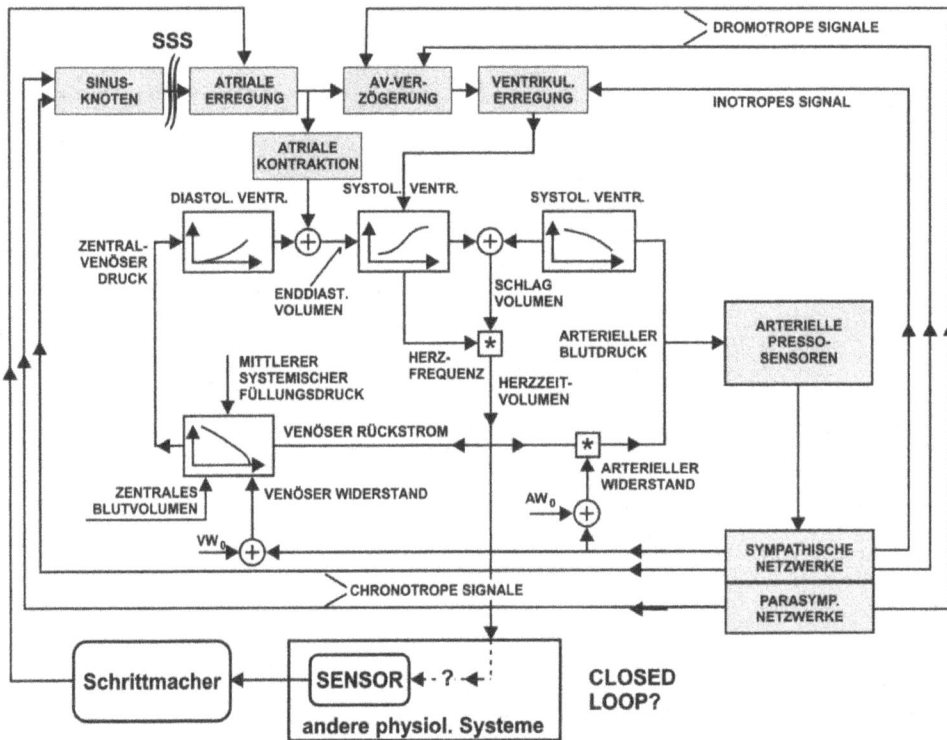

Bild 2.57: *Ansatz zur Wiederherstellung des Regelkreises durch sensorische Rückkopplungen aus anderen, mit dem Kreislaufsystem verkoppelten physiologischen Systemen.*

Über das Herzzeitvolumen ist der kardiovaskuläre Regelkreis mit anderen physiologischen Systemen verkoppelt (unterer Teil Bild 2.57). Gelingt es, einen Parameter aus einem solchen System zuverlässig zu messen, kann indirekt der unterbrochene Wirkungskreis wieder geschlossen werden. Wie effizient diese Maßnahme ist, hängt vor allem davon ab, ob tatsächlich eine Rückkopplung des kardiovaskulären Systems, namentlich über das Herzzeitvolumen auf die Sensorgröße gegeben ist, und wie stark und unmittelbar diese Kopplung ist.

Im physiologischen Atmungsregelkreis (vgl. Kap. 3) werden durch Chemorezeptoren zentrale und periphre O_2- und CO_2-Partialdrücke gemessen (Bild 2.58). Diese Informationen gelangen zusammen mit schnellen Signalen aus der aktivierten Muskulatur (nicht eingezeichnet) zu den zentralen Regelkreisstellen, die die Ventilation so einstellen, dass trotz physischer und psychischer Störgrößen eine relativ gute Konstanz zentraler Blutparameter gewährleistet ist. Über den Blutkreislauf sind der (metabolische) Gasaustausch Blut/Gewebe und der (respiratorische) Gasaustausch Blut/Lunge gekoppelt. Im zentralvenösen System stellt sich eine Sauerstoffsättigung ein, die insofern einen relativ guten Kandidaten zur Schrittmachersteuerung darstellt, als über das Herzzeitvolumen eine starke Kopplung auf das Austauschsystem Blut/Gewebe besteht. Aus systemphysiologischer Sicht wird in diesen Fällen zwar nicht das ursprüngliche Herz-Kreislauf-System direkt wiederhergestellt, über die starke Kopplung über das Herzzeitvolumen wird aber insgesamt die Herz-Kreislauf-Regulation wieder in ein geschlossenes rückgekoppeltes System überführt.

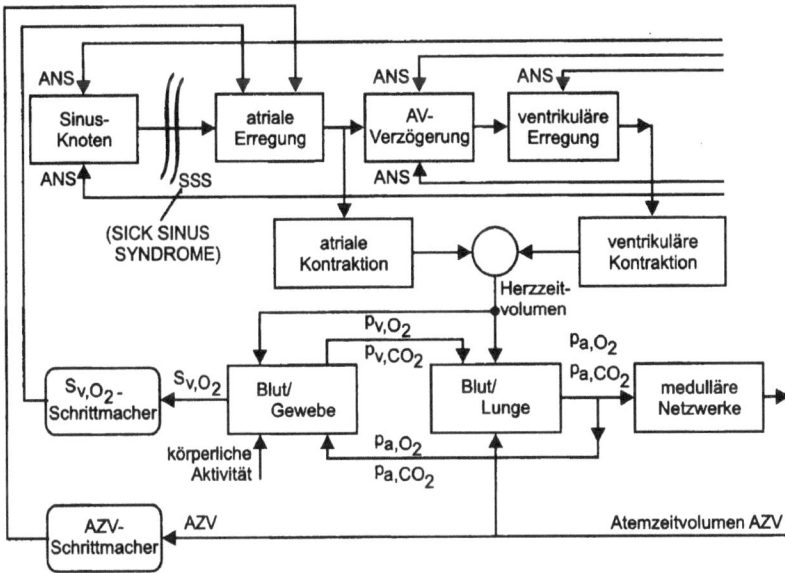

Bild 2.58: *Sensorische Rückkopplungen aus dem respiratorischen und metabolischen System. Die zentralvenöse Sauerstoffsättigung* S_{V,O_2} *und in abgeschwächter Form das Atemzeitvolumen AZV schließen indirekt den kardio-vaskulären Regelkreis. (p = Partialdruck, v = venös, a = arteriell).*

Steuergröße zentralvenöse Sauerstoffsättigung

Die zentralvenöse Sauerstoffsättigung kann mit einem in die Schrittmachersonde integrierten Sensor kontinuierlich gemessen werden (Bild 2.59). Dazu wird Licht von einer LED durch ein Fenster in der Sonde emittiert, vom umgebenden Blut reflektiert und z.B. von einem Fototransistor registriert. Leider ist das Problem der sich längerfristig bildenden fibrinösen Ablagerungen auf dem Fenster noch nicht gelöst.

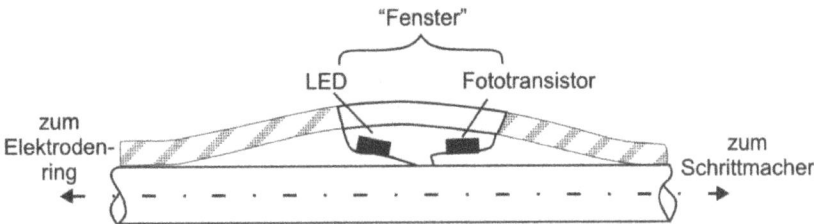

Bild 2.59: *Prinzip des Sauerstoffsättigungs-Sensors durch Infrarotreflexion.*

Die grundsätzlichen Regelkreiseigenschaften des Systems sollen im Folgenden etwas genauer betrachtet werden (Hexamer und Werner, 1998). Ein vereinfachtes Regelkreismodell ist in Bild 2.60 dargestellt. Es ermöglicht in dieser Form nur die Berechnung stationärer Zustände. Grundlage für die Modellierung der Regelstrecke (Bild 2.60, umrahmt) ist das Fick'sche Prinzip, das über die arterio-venöse Sauerstoffkonzentrationsdifferenz (avD_{O_2}) einen Zusammenhang zwischen dem Herzzeitvolumen (*HZV*) und dem gesamten Sauerstoffverbrauch des Organismus ($\dot{V}_{O_2}$) herstellt. Die arterio-venöse Sauerstoffkonzentrationsdifferenz avD_{O_2} kann aus der Differenz der arteriellen (S_{A,O_2}) und der gemischt-venösen (S_{V,O_2}) Sättigung bestimmt werden.

$$avD_{O_2} = K^{-1} \cdot (S_{A,O_2} - S_{V,O_2}) \tag{2.8}$$

Dabei ist K ein Faktor, der sich multiplikativ aus dem Hämoglobingehalt des Blutes und der Sauerstoffbindungskapazität des Hämoglobins zusammensetzt. Während Letztere konstant 1,34 ml O_2 pro Liter Blut beträgt, unterliegt der Hämoglobingehalt ($\approx$ 150 g/l) gewissen Schwankungen (geschlechtsspezifisch; arbeitsbedingte Hämokonzentration). Eingangssignal dieser stark nichtlinearen Regelstrecke ist die Herzfrequenz oder besser Stimulationsfrequenz (*PF*), das Ausgangssignal ist die zentralvenöse Sauerstoffsättigung (S_{V,O_2}). Schlagvolumen (*SV*), Sauerstoffverbrauch ($\dot{V}_{O_2}$) und arterielle Sauerstoffsättigung (S_{A,O_2}) sind Variable, die das Übertragungsverhalten der Regelstrecke maßgeblich beeinflussen. Der Regelkreis wird nun durch den künstlichen Herzschrittmacher geschlossen. Der Regler kann als ein einfacher Proportionalregler angesetzt werden, dessen Eingangssignal (= Regelabweichung) die Differenz zwischen der zenral-venösen Sauerstoffsättigung in Ruhe ($S_{V,O_2,Ruhe}$) und der tatsächlichen Sättigung (S_{V,O_2}) ist. Zu der mit der Regelverstärkung (K_R) gewichteten Regelabweichung wird noch eine basale Stimulationsrate (*PF*Ruhe) addiert, um dafür zu sorgen, dass auch in Ruhe stimuliert wird. Zur Anpassung an die individuellen Erfordernisse sind in den verfügbaren Systemen die „rate response" K_R und die basale Stimulationsrate in Grenzen frei programmierbar.

Systemtheoretisch betrachtet wird durch dieses Schrittmacherkonzept eine Proportionalregelung für S_{V,O_2} realisiert, bei der die Stellgröße *PF* das physiologisch interessante Signal ist.

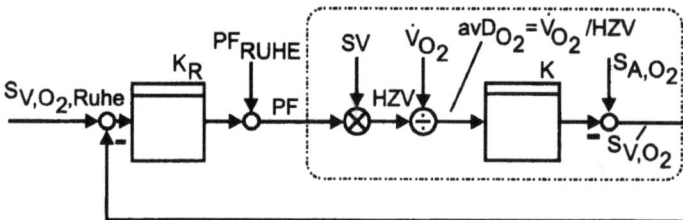

Bild 2.60: *Modell-Regelkreis zur Analyse des stationären Verhaltens des von der O₂-Sättigung S_{V,O_2} gesteuerten Schrittmachers. Symbole s. Text.*

Für den stationären Fall kann die vom Schrittmacher eingestellte *PF* berechnet werden:

$$PF = \frac{PF_{\text{Ruhe}} - K_R \cdot K \cdot \frac{\dot{V}_{O_2,\text{Ruhe}}}{HZV_{\text{Ruhe}}}}{2} + \sqrt{(\frac{PF_{\text{Ruhe}} - K_R \cdot K \cdot \frac{\dot{V}_{O_2,\text{Ruhe}}}{HZV_{\text{Ruhe}}}}{2})^2 + K_R \cdot K \cdot \frac{\dot{V}_{O_2}}{SV}}$$

(2.9)

Als PF_{Ruhe} wird 72 min^{-1} angesetzt, und K_R wird zu 209 min^{-1} berechnet:

$$K_R = \frac{PF_{\text{max}} - PF_{\text{Ruhe}}}{S_{V,O_2,\text{Ruhe}} - S_{V,O_2,\text{max}}}$$

(2.10)

Abweichungen der S_{A,O_2} vom Normwert können bei pneumologischen Begleiterkrankungen vorliegen, und Variationen im *SV* liegen beim ansonsten intakten Myokard im Rahmen der intrinsischen Herzzeitvolumenregulation vor: Eine Erhöhung des Sympathikustonus oder des systemischen Katecholaminspiegels kann eine Schlagvolumenerhöhung herbeiführen, letztlich mit dem Ziel, das Herzzeitvolumen zu steigern, was bei dem hier betrachteten System zunächst auch kurzfristig erzielt wird. Bei konstantem Stoffwechsel hat dies jedoch auch eine Anhebung von S_{V,O_2} zur Folge, mit dem Resultat einer Absenkung der Stimulationsrate, und damit einer teilweisen Kompensation der *SV*-Zunahme hinsichtlich ihrer Auswirkung auf das Herzzeitvolumen. Nur wenn der Anstieg des Schlagvolumens mit einer Stoffwechselerhöhung gekoppelt ist, wird nach Ablauf der anaeroben Phase (Energiegewinnung ohne Sauerstoffzufuhr) über den Abfall der S_{V,O_2} die Stimulationsrate *PF*, und damit das Herzzeitvolumen weiter angehoben.

Man kann Gleichung (2.9) zu einer Empfindlichkeitsberechnung (totales Differenzial) heranziehen, um Auswirkungen von *SV*-Änderungen auf das Herzzeitvolumen (*HZV*) quantitativ abzuschätzen:

$$\frac{\Delta HZV}{HZV} < 0,6 \cdot \frac{\Delta SV}{SV}$$

(2.11)

Diese Beziehung sagt aus, dass bei dem hier vorliegenden künstlichen Regelkreis eine Schlagvolumenänderung (ΔSV) sich nur maximal zu 60 % auf *HZV* auswirkt. Bliebe die Stimulationsrate konstant, würde sich ΔSV 100 %ig auf das *HZV* auswirken. Die Therapie behindert hier also physiologische Anpassungsmechanismen.

Damit ist mit diesem Schrittmacheransatz die exakte Nachbildung der aus der physiologischen Realität bekannten linearen Verkopplung zwischen Herzfrequenz und Sauerstoffverbrauch nicht möglich (Bild 2.61). Lau und Mitarbeiter untersuchten 1994 diesen Schrittmachertyp an einem Patientenkollektiv. Sie berichteten von einer Überstimulation bei niedriger und einer Unterstimulation bei hoher Belastung. Kriterium für diese Aussage war die Lage der Messwerte relativ zur Winkelhalbierenden, d.h. es wurde implizit der natürliche lineare Zusammenhang zwischen PF und $\dot{V}_{O_2}$ angenommen. Die Messwerte können mittels Gleichung (2.9) ausgeglichen werden, mit dem Ergebnis einer geringeren Abweichung (quadratische Fehlersumme). Sofern es als erforderlich angesehen wird, die durch Gleichungen (2.9) und (2.11) nachgewiesene inhärente Schwäche des Konzepts hinsichtlich der Schlagvolumenvariation zu kompensieren, muss ein zweites Sensorsignal, das mit dem Schlagvolumen oder mit dem Status des autonomen Nervensystems eng korreliert ist, einbezogen werden.

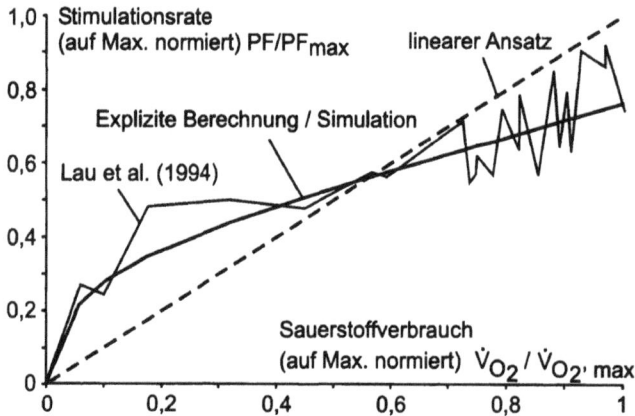

Bild 2.61: *Normierte Stimulationsrate in Abhängigkeit vom normierten Sauerstoffverbrauch. Vergleich der Simulationsergebnisse mit Messungen von Lau et al., PACE 17 (1994). Zum Vergleich: linearer Ansatz (gestrichelte Linie).*

Steuergröße Atemzeitvolumen

Das Herzzeitvolumen wirkt entsprechend Bild 2.58 auf den Austausch Blut/Lunge als Störgröße des Atmungsregelkreises. Deshalb sind auch Schrittmachersteuerungen mit der Sensorgröße Atemzeitvolumen realisiert worden, zumal bei der Nutzung der zentralvenösen Sauerstoffsättigung S_{V,O_2} die Realisierung kleiner, und vor allem dauerhaft stabiler und benutzbarer Sensoren nach wie vor eine technische Herausforderung darstellt. Das Atemzugvolumen lässt sich durch Impedanzmessung (Bild 2.62 A) über die Stimulationselektrode ermitteln (Atemzeitvolumen = Atemzugvolumen · Atemfrequenz). Man kann zeigen, dass das Atemminutenvolumen unter Belastung näherungsweise linear ansteigt (Bild 2.62 B), dass die Änderung der Stimulationsfrequenz aber keinen signifikanten Einfluss auf das Atemminutenvolumen hat (Bild 2.62 C), d.h. die Rückkopplung auf die Sensorgröße ist minimal. Das Atemminutenvolumen wird vor allem über zentrale Chemorezeptoren gesteuert. Die Steigerung wird zu Beginn der Belastung überwiegend durch eine Erhöhung des Atemzugvolumens erreicht, die Atemfrequenz nimmt sogar initial ab. Auf mittlerer und höherer Belastungsstufe wird vornehmlich die Atemfrequenz gesteigert und das Atemzugvolumen nicht signifikant erhöht.

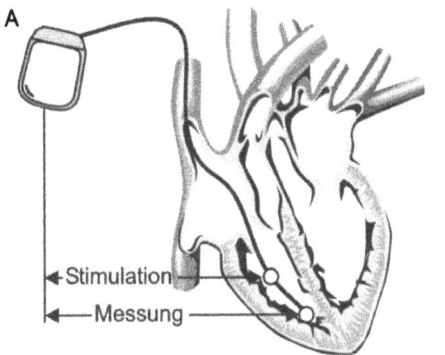

Bild 2.62: *Atemzeitvolumen-gesteuerter Schrittmacher. A: Impedanzmessung zur Bestimmung des Atemzugvolumens. (Atemzeitvolumen = Atemzugvolumen · Atemfrequenz). B: Atemminutenvolumen in Abhängigkeit des metabolischen Bedarfs bei steigender Belastung. C: Atemminutenvolumen in Abhängigkeit der Stimulationsrate bei konstanter Belastung (durchgezogene Linie: unterhalb, gestrichelte Linie: oberhalb der anaeroben Schwelle).*

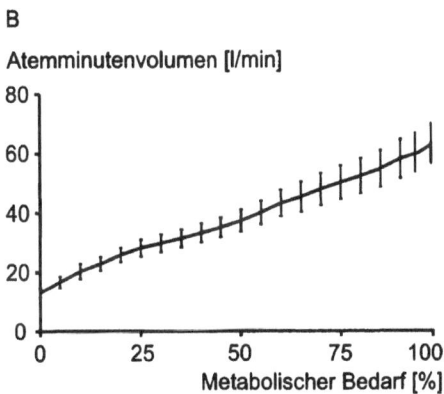

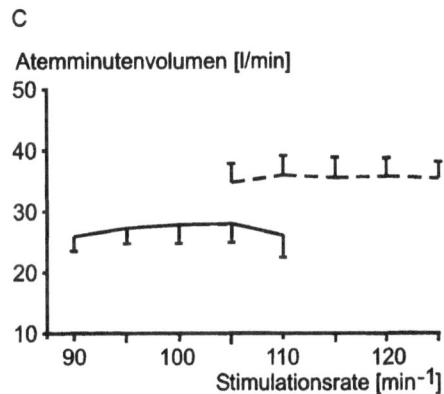

2.4.4 Closed-Loop-Schrittmacher: Der dromotrope Schrittmacher

Der ideale frequenzadaptive Schrittmacher wird den unterbrochenen physiologischen Regelkreis wieder schließen. Da die chronotrope Information bei SSS-Patienten nicht zur Verfügung steht (Bild 2.63), liegt es aufgrund der physiologischen Systemstruktur nahe, stattdessen die dromotrope oder die inotrope Information aus dem autonomen Nervensystem (ANS) zu messen. Erstere ist durch Messung der Verkürzung der atrio-ventrikulären Überleitungszeit bei dromotropen Schrittmachern sehr direkt erhältlich. Inotrope Ansätze benutzen Parameter, die indirekter mit den ANS-Signalen verknüpft sind, z.B. die elektrische Impedanz der Herzkammern, die Herzwandbeschleunigung oder das Schlagvolumen.

Die atrio-ventrikuläre Überleitungszeit (atrio-ventricular conduction time, *AVCT*) ist also ein ausgezeichneter physiologischer Parameter zur Steuerung eines ANS-Schrittmachers. Sowohl sympathische als auch parasympathische Fasern innervieren den AV-Knoten, der für den wesentlichen Anteil der Verzögerung verantwortlich ist. Die *AVCT* kann relativ leicht gemessen werden, sei es durch ein Oberflächen-Elektrokardiogramm oder ein intrakardiales EKG, insbesondere wenn man *AVCT* definiert als Zeitintervall zwischen dem Beginn der atrialen Depolarisation, also bei regulärer Erregungsbildung vom Beginn der P-Welle (Bild 2.45 A) oder bei atrialer Stimulation mit Auftreten des Stimulationsimpulses (Bild 2.45 B) bis zur Kammerdepolarisation, repräsentiert durch die R-Zacke. Diese Zeitpunkte sind auch deutlich im intrakardialen EKG sichtbar und werden routinemäßig im Schrittmacher ermittelt und im Marker-Kanal dargestellt. Damit besitzt jeder moderne Schrittmacher von Natur aus bereits einen AVCT-Sensor. Die Realisierung und Anwendung des dromotropen Schrittmachers erfordert jedoch einen konsequenten Regelkreisentwurf (Werner et al., 1998; Hexamer et al., 2004).

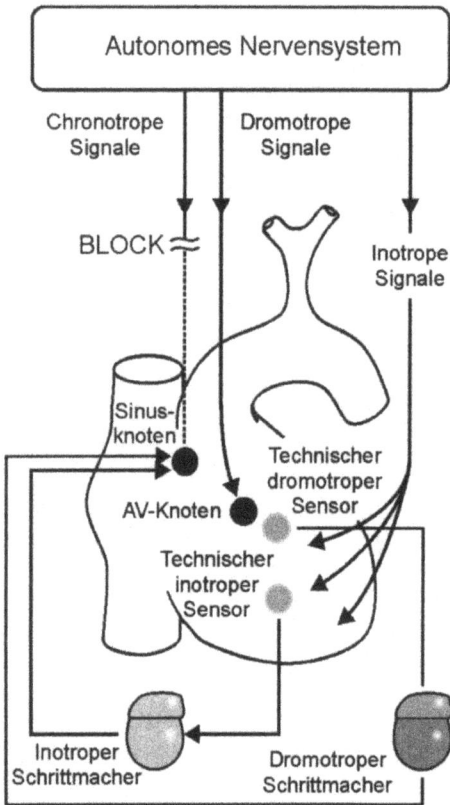

Bild 2.63: *Sowohl der dromotrope als auch der inotrope Schrittmacher schließen den kardiovaskulären Regelkreis wieder, indem statt der blockierten chronotropen Signale dromotrope bzw. inotrope Signale genutzt werden.*

Experimentelle Grundlagen für den dromotropen Schrittmacher

Der dromotrope Effekt ist auch in Patienten mit chronotroper Inkompetenz nachweisbar. Die im Folgenden beschriebenen Experimente wurden mit Patienten durchgeführt, die bereits über einen Schrittmacher verfügten, der wegen chronotroper Inkompetenz bei intakter AV-Überleitung implantiert worden war. Während der Experimente wurde der Schrittmacher durch das externe Programmiergerät in den AAT-Modus (Abschn. 2.3.4) geschaltet. Eigenrhythmus wird also im Atrium überwacht, wo auch ggf. ein Stimulationsimpuls abgegeben wird. Im T-(Trigger)-Modus wird bei jedem überschwelligen detektierten Ereignis, das von der atrialen Elektrode wahrgenommen wird, ein Impuls erzeugt. Dabei kann nicht unterschieden werden, ob die Erregung wirklich durch Eigenrhythmus oder über eine externe Quelle hervorgerufen wird. Daher kann man externe Impulse niedriger Energie (U < 18 V, T < 2ms) über zwei Elektroden auf der Thoraxoberfläche applizieren (Bild 2.64), um den internen Schrittmacher zu triggern.

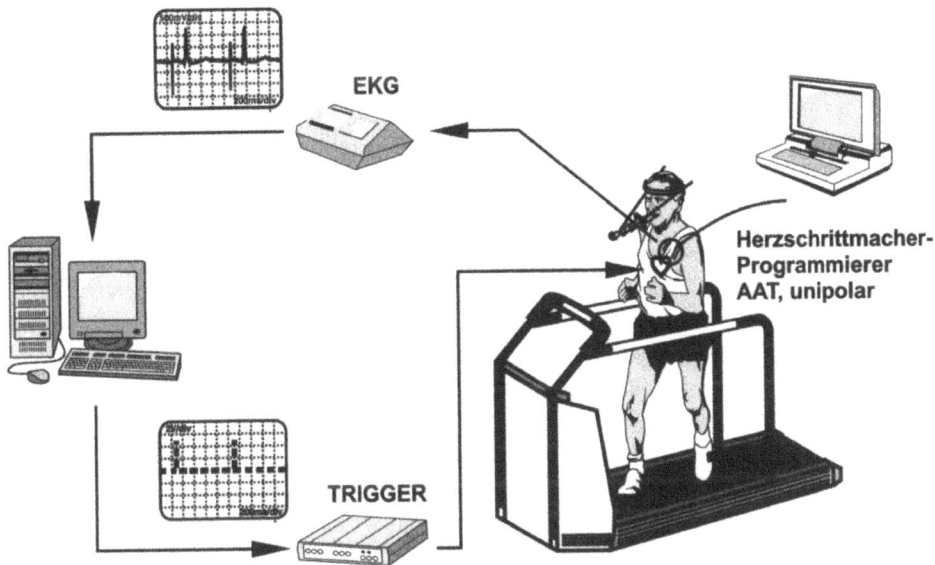

Bild 2.64: *Extern geschlossener Regelkreis für den dromotropen Schrittmacher.*

Die Steuerung erfolgt über einen Computer, der auch die Analyse der *AVCT* übernimmt, und sofern der Regelkreis geschlossen wird, den frequenzadaptiven Regelalgorithmus ausführt. Die körperliche Leistung erbringen die Patienten auf einem Fahrrad-Ergometer oder einem Laufband. Typischerweise werden folgende Versuchsreihen zur Identifikation durchgeführt:

Experiment I: Um den kardiopulmonalen Status des Patienten zu ermitteln, wird die zu erbringende mechanische Leistung stufenförmig bis zur Belastungsgrenze gesteigert. Während dieses Versuchs ist der Schrittmacher ausgeschaltet.

Experiment II: An einem weiteren Versuchstag werden drei Belastungsstufen getestet: Ruhebedingungen und Belastung mit 33 % bzw. 66 % der in Experiment I ermittelten individuellen Belastungsgrenze. Auf jeder dieser Stufe werden drei Stimulationsprotokolle ausgeführt:

Experiment IIa: Die Stimulationsfrequenz startet leicht oberhalb des Eigenrhythmus und wird stufenförmig erhöht bis zu dem Wert, bei dem ein Leitungsblock auftritt (Wenckebach-Punkt, Abschn. 2.3.6).

Experiment IIb: In der zweiten Phase verbleibt die Stimulationsfrequenz auf einem Wert, den vergleichbare gesunde Probanden bei der betreffenden Belastungsstufe aufweisen würden (PF_{opt}).

Experiment IIc: Die Stimulationsfrequenz variiert mit einer Amplitude $\leq \pm 10$ bpm um diese individuelle optimale Stimulationsfrequenz. Als Variationsmuster werden Pseudozufallssequenzen und periodische Rechtecksignale gewählt.

Experiment III: An einem weiteren Tag werden Experimente zum Test des frequenzadaptiven Steueralgorithmus und zur Überprüfung des geschlossenen Regelkreises durchgeführt. Grundlage dafür sind die in den Identifikationsexperimenten ermittelten Eigenschaften und Parameter. Alle Analysen können mit MATLAB und einigen assoziierten Toolboxes durchgeführt werden.

Steady-State-Analyse

Das typische Ergebnis einer Steady-State-Analyse entsprechend einem IIa-Protokoll ist in Bild 2.65 dargestellt. Die Steigung der Verbindungslinie i der experimentellen Startpunkte entspricht der der intrinsischen Charakteristik des Herzens. In Bild 2.65 wurden die AVCT-Werte entsprechend Bild 2.45 um die konstante AV-Korrektur (intraatriale Leitungszeit) angehoben. Die Kennlinie belegt die physiologische Abnahme der *AVCT* bei Eigenrhythmus mit steigender Frequenz auch beim Patienten mit Sinusknoteninkompetenz. Allerdings liegt diese Eigenfrequenz im Vergleich zum gesunden Probanden viel zu niedrig. Beispielsweise erzielt der Patient (Bild 2.65) bei einer Ergometerbelastung von 100 W bei Eigenrhythmus nur eine Herzfrequenz von ca. 93 min^{-1}. Wird nun die Herzfrequenz durch Stimulation bei gleich bleibender Belastung erhöht, verkürzt sich das *AVCT*-Intervall nahezu linear mit der Stimulationsfrequenz, wobei die für jede Belastungsstufe zu ermittelnden Regressionsgeraden mit wachsender Belastung die Tendenz zur Steigungsabnahme zeigen. Ein solches Kennlinienfeld ist für jeden Patienten unterschiedlich und daher individuell zu ermitteln. Bemerkenswert ist die Variabilität des *AVCT*-Intervalls trotz konstanter Stimulationsfrequenz.

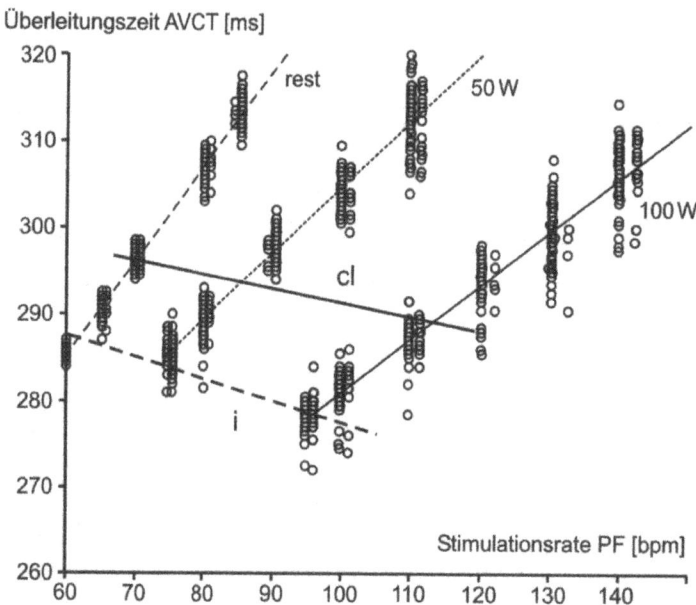

Bild 2.65: Steady-State Beziehungen zwischen Stimulationsrate PF und der atrioventrikulären Überleitungszeit AVCT. Die Stimulation wird leicht oberhalb des intrinsischen Rhythmus (Linie i) aktiviert. Die Linie cl markiert die Sollwerte für den Closed-Loop-Betrieb (s. weiter unten). Ihre Steigung ist -1/k_r und ihr Schnittpunkt mit der y-Achse AVCT_REF (s. Text).

Analyse der Störungen

Diese Analyse kann beispielsweise nach dem Protokoll IIb erhoben werden. Bild 2.66 zeigt im Teil A den Zeitverlauf von $\Delta AVCT = AVCT - AVCT_{mittel}$ für die einzelnen Belastungsstufen. Die Leistungsdichtespektren in Teil B zeigen jeweils Energiegipfel im Bereich niedriger

Frequenzen (LF) und bei etwas höheren Frequenzen (HF). Dieser Befund korrespondiert mit der physiologischen Tatsache, dass Variationen der *AVCT* auf Grund der Sympathikus- und Parasympathikus-Aktivität unterschiedliche Maxima im Leistungsdichtespektrum aufweisen. Auch ist bekannt, dass die HF-Komponente mit der Atmungsvariabilität gekoppelt ist. Parallele Registrierung und Spektralanalyse des Atemstromes (Teil C und D) belegen diese Kopplung in diesem Experiment. Ungünstigerweise ist die atmungsinduzierte Variabilität des *AVCT*-Intervalls hoch im Vergleich zu der belastungsinduzierten Reduktion dieses Intervalls, ein Befund, der bei dem Entwurf des frequenzadaptiven Algorithmus eine entscheidende Rolle spielen muss.

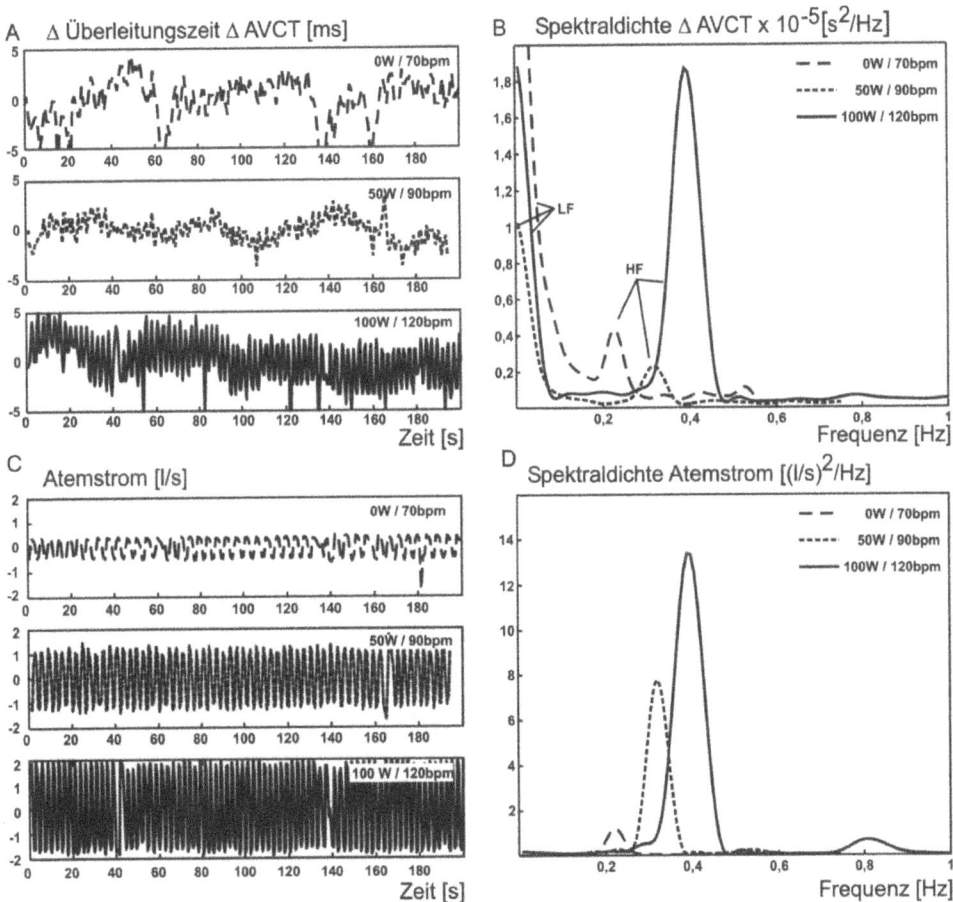

Bild 2.66: *Spektralanalyse der atrioventrikulären Überleitungszeit AVCT und des Atemstroms. A: Variation von ΔAVCT bei drei verschiedenen Belastungen. B: Spektraldichte von ΔAVCT. C: Atemstrom bei drei verschiedenen Belastungen. D: Spektraldichte des Atemstroms.*

Prozessdynamik

Die Ergebnisse der Experimente nach Protokoll IIc werden zur Identifikation individueller diskreter Übertragungsfunktionen in der z-Ebene (Abschn. 1.4.2) herangezogen. Ein diskre-

tes Prozessmodell ist adäquat, weil sowohl das Prozesseingangssignal Stimulationsfrequenz
PF als auch das Ausgangssignal *AVCT* per se zeitdiskrete Signale sind, deren Werte jeweils
für einen Herzzyklus gelten. Die im Folgenden benutzten Variablen werden im Zeitbereich
und im z-Bereich der Einfachheit halber in der Symbolgebung nicht unterschieden. Die Prozessdynamik ist im Wesentlichen gegeben durch die Übertragungsfunktionen G_P und G_{EXC},
die Stimulationsfrequenz *PF* und das Belastungsniveau *EXC* jeweils mit der Ausgangsgröße
AVCT verknüpfen (Bild 2.68). Je nach Patient ergeben sich zwei verschiedene Prozessmodelle für G_P:

$$G_{P,I}(z) = \frac{AVCT(z)}{PF(z)} = k_P \cdot G_{P,I}^1(z) \quad ; \quad G_{P,I}^1(z) = \frac{1-a_I}{z-a_I} \tag{2.12}$$

$$G_{P,II}(z) = \frac{AVCT(z)}{PF(z)} = k_P \cdot G_{P,II}^1(z) \quad ; \quad G_{P,II}^1(z) = \frac{1-a_{II}}{1-b_{II}} \cdot \frac{z-b_{II}}{z \cdot (z-a_{II})}, \tag{2.13}$$

wobei der hochgestellte Index 1 auch im Folgenden jeweils kennzeichnet, dass aufgrund der
Multiplikation mit einem Verstärkungsfaktor k (in diesem Fall k_P) dieser Teil der Übertragungsfunktion die Verstärkung 1 aufweist.

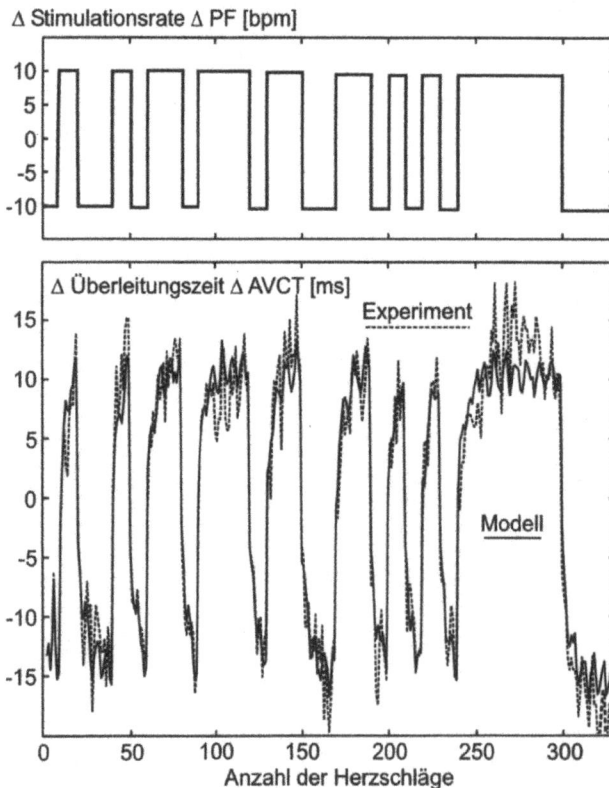

***Bild 2.67:** Parametrische Systemidenti-
fikation. Vorgabe der Änderung der
Stimulationsrate ΔPF und Reaktion der
AV-Überleitungszeit ΔAVCT in Modell
und Experiment.*

Alle Parameter, der Verstärkungsfaktor k_p, die Pole a_I und a_{II} und die Nullstellen b_{II} sind patientenabhängig. Für die Pole a_I gilt $0,11 < a_I < 0,49$, für a_{II}: $0,68 < a_{II} < 0,95$, wobei die Nullstellen b_{II} oft nah an den Polen a_{II} liegen: $0,76 a_{II} < b_{II} < 0,95 a_{II}$. Die Modelle sind minimalphasig (Abschn. 1.4.3). Integralverhalten ist nicht vorhanden. Bild 2.67 zeigt ein Beispiel einer Parameteridentifikationsprozedur.

Für $G_{EXC}(z)$ folgt mit $PF = 70$ bpm aus Experiment Typ I:

$$G_{\text{EXC}(z)} = \frac{AVCT(z)}{EXC(z)} = k_{\text{EXC}} \cdot G^1_{\text{EXC}}(z) \; ; \; G^1_{\text{EXC}}(z) = \frac{0,0874}{z^6 \cdot (z - 0,9126)}. \tag{2.14}$$

Es handelt sich hier um ein System erster Ordnung (Zeitkonstante 9 s) mit Totzeit (5 s). Aus der Zeitkonstante kann die Sensorgrenzfrequenz $f_{\text{exc}} = 0.017$ Hz berechnet werden.

Berücksichtigt man, dass eine Reihe von Parametern belastungsabhängig (*exc*) ist, ergibt sich die in Bild 2.68, unterer Teil, dargestellte Abhängigkeit für *AVCT*. Dabei ist $AVCT_{\text{BIAS}}$ ein für jeden Patienten konstantes additives Signal. Es ist abzulesen aus Bild 2.65 als Schnittpunkt der Stimulationskennlinie für Ruhebedingungen und der AVCT-Achse. Der Verstärkungsfaktor $k_p(exc)$ entspricht der Steigung der Stimulationskennlinien. Der Verstärkungsfaktor k_{EXC}, der die individuelle belastungsabhängige Sensitivität von *AVCT* berücksichtigt, ergibt sich, indem man zwei Stimulationskennlinien bis zur AVCT-Achse verlängert und die durch die Schnittpunkte mit der AVCT-Achse definierte Strecke durch die damit verbundene Belastungsdifferenz dividiert. Schließlich repräsentiert $V(exc,z)$ das atmungsbezogene Störsignal:

$$AVCT(exc,z) = AVCT_{\text{BIAS}}(z) - k_{\text{EXC}} \cdot G^1_{\text{EXC}}(z) \cdot EXC(z) + k_p(exc) \cdot G^1_P(exc,z) \cdot PF(z) + V(exz,z). \tag{2.15}$$

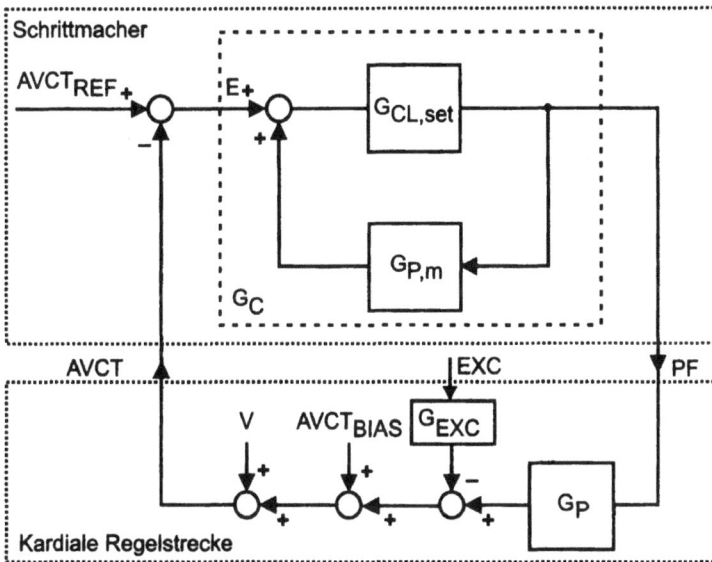

Bild 2.68: *Blockdiagramm des geschlossenen Regelkreises.*

Der geschlossene Regelkreis

Die Herzfrequenzsteuerung sollte „beat to beat" erfolgen, d.h. sobald ein $AVCT$-Wert gemessen wird, wird die Stimulationsfrequenz PF entsprechend dem implementierten Steueralgorithmus angepasst. Im Gegensatz zu vielen anderen frequenzadaptiven Schrittmacherkonzepten wird hier ein direkt geschlossener Kreis mit negativer Rückkopplung realisiert. $AVCT$ steuert PF über den Steueralgorithmus, PF verändert $AVCT$ usw. Der frequenzadaptive Algorithmus enthält ein konstantes Referenzsignal $AVCT_{REF}$ und eine diskrete Übertragungsfunktion $G_C(z)$, die auch als Regler aufgefasst werden kann. Diese wird als IMC-Regler entworfen („internal model control", s. Abschn. 1.4.5), d.h. der Algorithmus repräsentiert einen positiven Rückkopplungskreis (Bild 2.68) mit einer wählbaren Übertragungsfunktion $G_{CL,set}(z)$ und einem Modell $G_{P,m}(z)$ der realen Prozessdynamik $G_P(z)$

$$G_C(z) = \frac{PF(z)}{E(z)} = k_C \cdot G_C^1(z) = \frac{G_{CL,set}(z)}{1 - G_{CL,set}(z) \cdot G_{P,m}(z)} = \frac{k_{CL,set}(z) \cdot G_{CL,set}^1(z)}{1 - k_{CL,set} \cdot G_{CL,set}^1(z) \cdot k_{P,m} \cdot G_{P,m}^1(z)}.$$

$$(2.16)$$

Setzt man voraus, dass $G_C(z)$, $G_{P,m}(z)$ und $G_{CL,set}(z)$ stabil sind, dann gilt für die Verstärkungsfaktoren:

$$k_C = \frac{k_{CL,set}}{1 - k_{CL,set} \cdot k_{P,m}} \Rightarrow k_{CL,set} = \frac{k_C}{1 + k_C \cdot k_{P,m}}. \qquad (2.17)$$

Das Stimulationsgesetz ist leicht aus dem Signalflussbild ableitbar:

$$PF(z) = \frac{G_{CL,set}(z)}{1 + G_{CL,set}(z) \cdot (G_P(exc,z) - G_{P,m}(z))}$$

$$\cdot (AVCT_{REF}(z) - AVCT_{BIAS}(z) + G_{EXC}(z) \cdot EXC(z) - V(exc,z)). \qquad (2.18)$$

Alle Signale ($AVCT_{REF}(z)$, $AVCT_{BIAS}(z)$, $G_{EXC}(z)$, $EXC(z)$, $V(z)$) wirken über dieselbe Übertragungsfunktion $G_{CL}(z)$) auf PF:

$$G_{CL}(z) = \frac{G_{CL,set}(z)}{1 + G_{CL,set}(z) \cdot (G_P(exc,z) - G_{P,m}(z))}. \qquad (2.19)$$

Da die Prozesseigenschaften sich mit der Belastung ändern, wäre eigentlich eine adaptive Reglerfunktion G_c wünschenswert. Mit Rücksicht auf die beschränkte Rechnerkapazität in einem implantierbaren Herzschrittmacher sollte man sich aber für einen einfachen Regler entscheiden, zumal gezeigt werden kann, dass der Verlust an Regelgüte tolerierbar ist.

Sofern das Modell des Prozesses identisch mit dem tatsächlichen Prozess ist, lässt sich Gleichung (2.18) vereinfachen:

$$PF(z) = G_{\text{CL,set}}(z) \cdot (AVCT_{\text{REF}}(z) - AVCT_{\text{BIAS}}(z) + G_{\text{EXC}}(z) \cdot EXC(z) - V(exc,z)). \quad (2.20)$$

Steady-State-Entwurf des Reglers
Die entscheidenden Parameter sind k_C und $AVCT_{\text{REF}}$. Zu ihrer Bestimmung ist folgende Vorgehensweise empfehlenswert: Entsprechend gültiger klinischer Richtlinien wählt der Arzt eine adäquate Herzfrequenz für Ruhebedingungen PF_0 und eine weitere für ein bestimmtes Belastungsniveau PF_{EXC}. Beide Stimulationsfrequenzen werden auf den Patienten angewandt, und der $AVCT$-Wert für die beiden Bedingungen gemessen. Daraus ergibt sich dann:

$$k_C = \frac{PF_{\text{EXC}} - PF_0}{AVCT_0 - AVCT_{\text{EXC}}} \quad (2.21)$$

und

$$AVCT_{\text{REF}} = AVCT_0 + \frac{PF_0}{k_C}. \quad (2.22)$$

Damit kann die Steady-State-Stimulationsfrequenz berechnet werden:

$$PF = k_C \cdot (AVCT_{\text{REF}} - AVCT(PF, EXC)). \quad (2.23)$$

Eine solche Reglerkennlinie „cl" ist in Bild 2.65 eingezeichnet. Die sich für jede Belastungsstufe einstellende Stimulationsfrequenz PF ist durch den Schnittpunkt zwischen Reglerkennlinie und der jeweiligen belastungsabhängigen Stimulationskennlinie gegeben.

Dynamischer Entwurf
Die Zielsetzung des dynamischen Entwurfs sind Stabilität, eine schnelle Antwort auf belastungsinduzierte Änderungen des Sensorsignals und gleichzeitig eine effiziente Dämpfung der atmungsinduzierten Störungen. Die Hauptanteile der spektralen Leistungsdichte der Störung sind um die Atemfrequenz f_{resp} angesiedelt, während die Sensoreckfrequenz f_{exc} bei etwa 0,017 Hz liegt. Für ein perfektes Prozessmodell und für Ruhebedingungen ($f_{\text{resp}} \approx 15$ min^{-1} = 0,25 Hz) hat man $G_{\text{CL,set}}(z)$ als einen Tiefpassfilter der Ordnung n anzusetzen:

$$G_{\text{CL,set}}(z) = k_{\text{CL,set}} \cdot G_{\text{CL,set}}^1(z) = k_{\text{CL,set}} \cdot \left(\frac{z \cdot (1-c)}{z-c} \right)^n. \quad (2.24)$$

Die Eckfrequenz $f_{\text{CL,set}}$ wählt man zwischen f_{exc} und f_{resp}, so dass belastungsbedingte Änderungen der $AVCT$ möglichst nicht und atmungskorrelierte Störungen möglichst stark gedämpft werden. Der Parameter c und die Ordnung n des Tiefpassfilters können aus dem Frequenzgang von Gl. (2.24) ermittelt werden ($z = e^{j\omega t}$). Setzt man die übliche Definition der Tiefpassgrenzfrequenz an (Verstärkungsabfall um 3dB), erhält man formal:

$$c = \frac{1 - h \cdot \cos \omega \, T}{1-h} - \sqrt{\left(\frac{1 - h \cdot \cos \omega T}{1-h} \right)^2 - 1} \; ; \; h = \left(\frac{1}{2} \right)^{\frac{1}{n}} \; ; \; \omega = 2\pi f_{\text{CL,set}} \; ; \; T = \frac{1}{PF}, \quad (2.25)$$

wobei für *PF* eine physiologische Ruhestimulationsfrequenz (70 bpm) anzusetzen ist, und $f_{CL,set}$ so zu wählen ist, dass $f_{EXC} < f_{CL,set} < f_{resp}$ erfüllt ist. Hier wurde $f_{CL,set} = 0,025$ Hz angesetzt.

Gleichung (2.25) ist in dieser Form noch nicht lösbar, da die notwendige Filterordnung n nicht bekannt ist. Sie kann jedoch mit Hilfe der folgenden Betrachtung ermittelt werden: Ein sinusförmiges Störsignal V mit der Amplitude Δv und der Frequenz f_{resp} wird eine sinusförmige Variation der Stimulationsfrequenz um ihren steady-state Wert hervorrufen. Die entsprechende Amplitude der Variation sei ΔPF. Sie kann mit Hilfe des Frequenzganges von Gleichung (2.20) berechnet werden ($z = e^{j\omega T}$):

$$\Delta PF = \left| G_{CL,set}(e^{j2\pi \cdot f_{resp} \cdot T_{PF}}) \right| \cdot \Delta v = k_{CL,set} \cdot \left| G^1_{CL,set}(e^{j2\pi \cdot f_{resp} \cdot T_{PF}}) \right| \cdot \Delta v \qquad (2.26)$$

mit $T_{PF} = 1/PF$ als Abtastintervall für Ruhebedingungen.

Die vorstehende Gleichung kann dazu genutzt werden, eine einfache Relation aufzustellen, mit deren Hilfe weitere Informationen hinsichtlich $G_{CL,set}(z)$ gewonnen werden können. Dabei wird von der Forderung ausgegangen, dass eine bestimmte Störamplitude Δv höchstens zu einer Variation der Schrittmacherfrequenz ΔPF_{max} führen darf. Damit erhält man:

$$\left| G^1_{CL,set}(e^{j2\pi f_{resp} \cdot T_{PF}}) \right| < \frac{\Delta PF_{max}}{k_{CL,set} \cdot \Delta v}. \qquad (2.27)$$

Das noch unbekannte und im übrigen patientenspezifisch einzustellende $k_{CL,set}$ kann jedoch abgeschätzt werden: Da der Regler keinen integralen Anteil enthält, muss immer $k_{CL,set} \cdot k_P < 1$ gelten. Weiterhin galt in den Experimenten 0,4 ms/bpm < k_P < 3 ms/bpm. Berücksichtigt man diese Fakten, dann ist $k_{Cl,set}$ maximal 2,5 bpm/ms. Gemäß den o. a. Experimenten ist mit Störamplituden von $\Delta v = 4$ ms zu rechnen. Fordert man nun, dass die dadurch hervorgerufene Variation der Stimulationsfrequenz ΔPF_{max} 1 bpm nicht überschreiten soll, dann ist die rechte Seite in Gleichung (2.27) für die vorliegenden Bedingungen im ungünstigsten Fall 0,1. Setzt man nun in den Gleichungen (2.25) und (2.27) verschiedene Filterordnungen n an, dann ist die linke Seite von Gl. (2.27) 0,107 bzw. 0,027 für die Filterordnungen $n = 1$ bzw. n = 2. Das bedeutet, dass für ein Filter 2. Ordnung die Relation (2.27) vollständig erfüllt ist und selbst ein Filter 1. Ordnung sie nahezu erfüllt. Daher wurde auch im Hinblick auf die begrenzten Ressourcen in einem realen Schrittmacher immer ein Filter 1. Ordnung mit $f_{CL,set}$ = 0,025 Hz angesetzt.

Sofern das Prozessmodell ideal ist, ist Stabilität garantiert, da $G_{CL,set}(z)$ als stabiler Tiefpassfilter angesetzt wird. Liegt allerdings ein inadäquates Modell vor, muss man die charakteristische Gleichung (Abschn. 1.4.4) überprüfen:

$$1 + G_{CL,set}(z) \cdot (G_P(exc, z) - G_{P,m}(z)) = 0. \qquad (2.28)$$

Für alle Experimente und die verfügbaren individuellen Prozessmodelle $G_P(exc,z)$ ist die Stabilitätsbedingung erfüllt. Besondere Algorithmen müssen programmiert werden beim

Übergang der stimulierten Frequenz in die intrinsische Herzfrequenz, beim Auftreten eines AV-Blocks und bei vorzeitigen Herzschlägen.

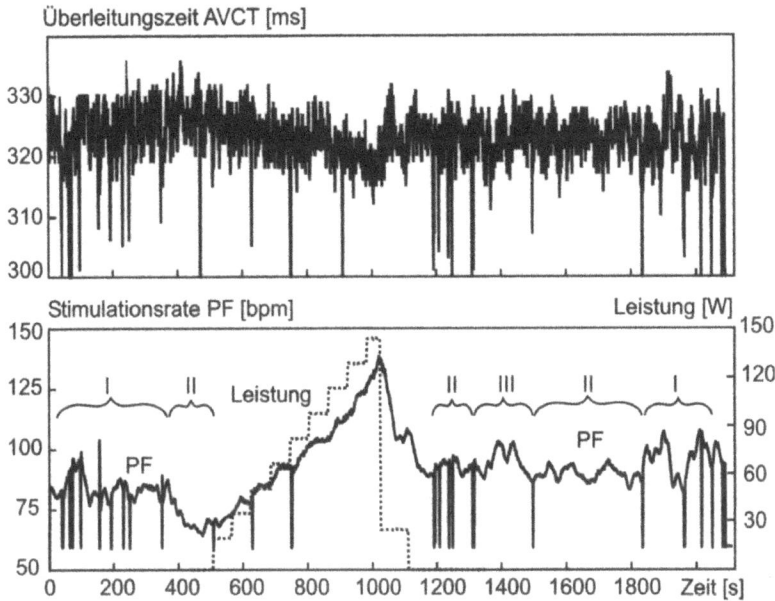

Bild 2.69: *Experimentelle Verifikation nach Bild 2.64. (Die Ausreißer in den Signalen beruhen darauf, dass in den Experimenten externe Triggersignale gelegentlich vom Schrittmacher nicht wahrgenommen wurden. Dieses Problem existiert bei intrakorporaler Anwendung nicht).*

Closed-Loop-Experimente

Wie in den Open-Loop-Experimenten (Typ I) wurde die Ergometer-Leistung schrittweise erhöht, jedoch wurde die Stimulationsfrequenz jetzt durch den individuellen Steueralgorithmus angepasst. Individuelle Ergebnisse sind in Bild 2.69 gezeigt. Die maximale Stimulationsfrequenz in den Closed-Loop-Experimenten überschritt bei allen Patienten die maximale intrinsische Herzfrequenz, wodurch das Potenzial dieses Konzepts, die chronotrope Kompetenz wiederherzustellen, demonstriert wird. Vergleicht man das Sensorsignal *AVCT* und die resultierende Stimulationsfrequenz *PF*, sieht man, dass die Dämpfung der respiratorischen Störungen sehr effizient ist. Die Patienten empfanden die Schrittmacherreaktionen als adäquat. Es ergab sich durchweg eine sehr gute Sensitivität. Linearität wurde durch die Analyse der Stimulationsfrequenz in Bezug auf den Sauerstoffverbrauch überprüft. Wie in gesunden Probanden ergab sich eine fast lineare Beziehung. Es konnte weiterhin gezeigt werden, dass für die praktische Umsetzung eine ganze Reihe von Vereinfachungen möglich sind. Um die Konsequenzen eines unvollständigen Prozessmodells abzuschätzen, wurde in einer Simulation für die beiden o. a. Übertragungsfunktionen für die Herzdynamik eine umfangreiche Parametervariation vorgenommen, die zu etwa 1800 Parameterkombinationen führte. Bild 2.70 zeigt die Pole des geschlossenen Regelkreises für alle Parameterkombinationen in der komplexen z-Ebene. Stabilitätsprobleme treten offensichtlich nicht auf, da alle Pole im Einheitskreis angesiedelt sind.

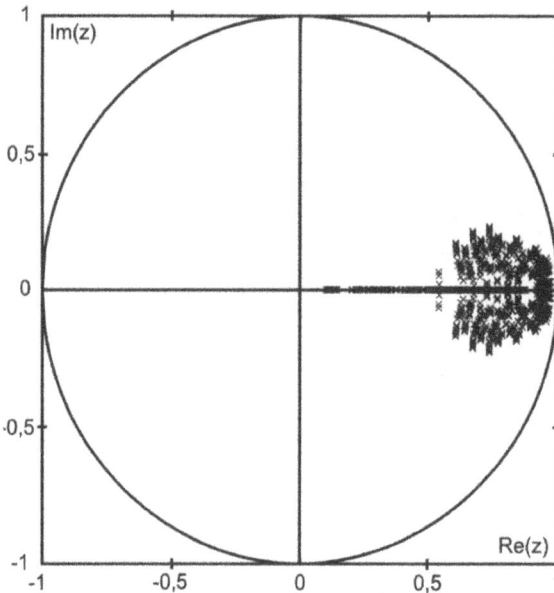

Bild 2.70: *Die Lage der Polstellen des geschlossenen Regelkreises in der komplexen z-Ebene bei Variation der Parameter und Vereinfachung des Modells der Regelstrecke.*

2.4.5   Closed-Loop-Schrittmacher: Inotrope Schrittmacher

In verschiedenen Systemen ist die technische Messung kardialer Parameter implementiert. Dies sind neben dem bereits erwähnten QT-Intervall aus dem EKG, das vor allem durch Katecholamin-Ausschüttung („humoral") verkürzt wird, z.B. die sog. Präejektionsperiode (*PEP*; elektromechanische Verzögerung + Anspannungsphase des Ventrikels), das intraventrikuläre Volumen, das sog. ventrikuläre Depolarisationsintegral (die Integration desjenigen Abschnitts aus dem stimulierten EKG, der die Kammererregung repräsentiert: QRS-Komplex), der intraventrikuläre Druckgradient, die intraventrikuläre Beschleunigung. Das Ziel derartiger Systeme sollte die Extraktion der primär-neuronal induzierten inotropen Information über die Kontraktionskraft sein, zwecks Ansteuerung der Schrittmacherfrequenz durch dieses Signal und damit Schließung eines Regelkreises (Bild 2.63). Die Messtechnik stützt sich teils auf die sog. impedanzkardiographische Methode, der die Änderung der elektrischen Impedanz des Ventrikels auf Grund des unterschiedlichen Volumens während des Herzzyklus zugrunde liegt, teils auf das stimulierte EKG, teils auf piezoelektrische Druck- bzw. Beschleunigungsmessung. Die Sensorstrategien implizieren zwar nicht die direkte Überbrückung des blockierten Signalflusses, jedoch wird eine hämodynamische Rückkopplung auf das jeweilige Sensorsignal realisiert. Die verschiedenen kardialen Signale haben systemtechnisch und physiologisch gesehen allerdings verschiedenen Stellenwert. Das enddiastolische Füllvolumen *EDV* (vgl. Bild 2.57) hängt direkt vom zentralvenösen Druck *CVP* ab und zusätzlich nur sehr indirekt über „lange" Rückkopplungsschleifen vom Inotropiesignal und dazu noch vom arteriellen Blutdruck *AP*. Das Schlagvolumen *SV* hängt direkt vom Inotropiesignal ab, aber ebenso von *CVP* und *AP*. Dies gilt auch für andere impedanz-kardiographisch ermittelte Größen wie „*RQ*", die Messung der Impedanzänderung als Volumensignal in einer besonderen sensiblen Phase und für die „pre-ejection period" (*PEP*), die beide ebenso durch *CVP* und *SV* bedingt sind.

Impedanzkardiographischer Inotropiesensor

Die unipolare intrakardiale Impedanz des Herzens kann zwischen der Elektrode und dem Schrittmachergehäuse gemessen werden (Schaldach und Hutten, 1992). Auf klinischen Magnetresonanzaufnahmen beruhende Berechnungen ergaben, dass das Messsignal im Wesentlichen von den Gegebenheiten in der Nähe der Elektrodenspitze bestimmt wird. Damit können lokale Änderungen der Ventrikelgeometrie in der unmittelbaren Umgebung der Elektrode mit Hilfe des unipolaren intrakardialen Impedanzsignals detektiert werden (Bild 2.71). Der zeitliche Verlauf des Impedanzsignals wird somit von der Dynamik der lokalen Geometrieänderungen des Myokards, die auf der myokardialen Kontraktilität beruhen, bestimmt. Synchrone Aufzeichnungen des Oberflächen-EKG, der intrakardialen Impedanz sowie der Blutströme durch Trikuspidal- und Pulmonalklappe mit dem Doppler-Echo-Kardiogramm bestätigen die Theorie der elektrodennahen Myokardgeometrie als Haupteinflussgröße auf das Impedanzsignal. Schon vor der Öffnung der Pulmonalklappe (Bild 2.72, linke gestrichelte Linie) treten deutliche Änderungen im Impedanzsignal auf, deren Ursache die beginnende Kontraktion in der Umgebung der Elektrodenspitze ist. Vor dem Schließen der Pulmonalklappe (Bild 2.72, rechte gestrichelte Linie) setzt die Erschlaffung des Myokards in Elektrodennähe ein, wodurch sich die Impedanz erniedrigt.

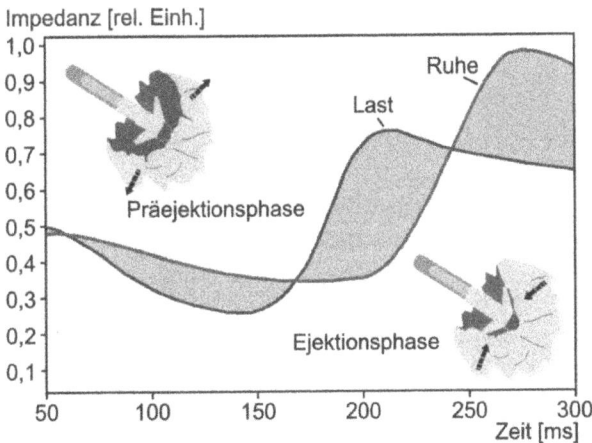

Bild 2.71: Verhalten des Impedanzsignals in Ruhe und in Belastungssituation (mit Genehmigung der Biotronik GmbH).

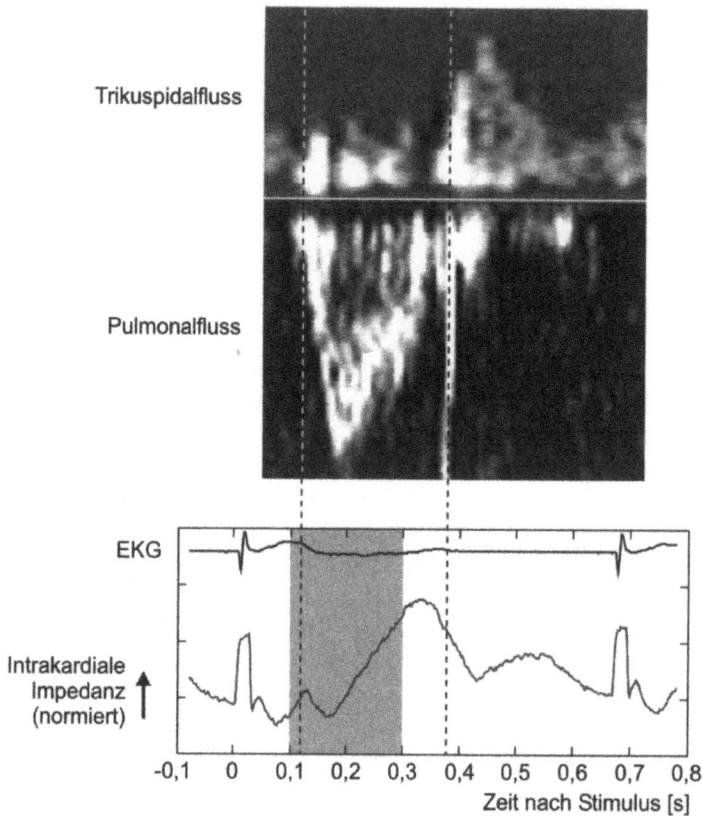

Bild 2.72: *Doppler-sonografisch ermittelte Blutflüsse durch die Trikuspidal- und die Pulmonalklappe im zeitlichen Vergleich mit dem Impedanzsignal (mit Genehmigung der Biotronik GmbH).*

Sowohl während Fahrradergometrie als auch beim Gehen und Treppensteigen zeigt die durch das Impedanzsignal gesteuerte Stimulationsfrequenz physiologisches Verhalten. Der Belastungsbeginn erzeugt umgehend einen Frequenzanstieg mit physiologischen Zeitkonstanten. Konstante Belastung wird mit einem Frequenzplateau bzw. im oberen Belastungsbereich mit einem Frequenzanstieg beantwortet (Bild 2.73). Im Anschluss an die Belastung sinkt die Stimulationsfrequenz mit physiologischer Zeitkonstante. Der mittlere arterielle Blutdruck steigt während der Belastung an, wie es im gesunden Organismus ebenfalls der Fall ist. Ein ähnliches Verhalten lässt sich bei emotionaler Belastung demonstrieren.

Eine viel versprechende Entwicklung stellt das VIP-Konzept dar, das drei Impedanz-Messungen, nämlich eine aktuelle, eine in Ruhe und eine bei maximaler Leistung gemessene so miteinander verrechnet, dass unter der Voraussetzung gleicher Abhängigkeit dieser Größen von preload und afterload diese Abhängigkeit eliminiert wird. Mit diesen Annahmen wird dieser Schrittmachertyp (INOS, Biotronik) in der Tat ein „inotroper" Schrittmacher.

Herzfrequenz [bpm]

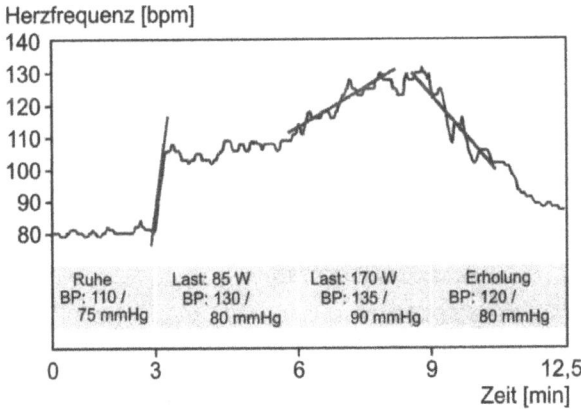

Bild 2.73: Anpassung der Herzfrequenz bei Lastwechsel durch das Impedanzsignal (mit Genehmigung der Biotronik GmbH).

Akzelerometrischer Inotropiesensor

Die Kontraktilität des Herzens wird definiert als die maximale Druckänderungsrate dP/dt des Herzens. Eine indirekte Messung von dP/dt ist auch durch unmittelbar dem Myokard anliegende Beschleunigungssensoren möglich (Rickards et al., 1996). In einem direkt hinter der konventionellen Elektrodenspitze untergebrachten hermetisch abgedichteten Gehäuse (Bild 2.74 A) befindet sich ein piezo-elektrischer Beschleunigungssensor, dessen Signale zur Vorverarbeitung an einen elektronischen Schaltkreis weitergegeben werden (Living BEST, Sorin Biomedical). Auf Grund der Festigkeit des Gehäuses ist der Sensor unempfindlich gegen Druckschwankungen in der Herzkammer und nimmt allein Beschleunigungsimpulse von der eng anliegenden Herzwand wahr. Das vom Sensor gelieferte Spannungssignal (Bild 2.74 B) ist linear zur Beschleunigung und wird Spitze zu Spitze in sog. PEA-Werten (Peak Endocardial Acceleration) in der Einheit der Erdbeschleunigung (1 g = 9,8 m/s^2) gemessen. In verschiedenen präklinischen und klinischen Untersuchungen wurden die Charakteristika des Signals erarbeitet. Das Signal entsteht nur während der isovolumetrischen Anspannungsphase des systolischen Herzzyklus, d.h. kurz nach dem Beginn des QRS-Komplexes. Bei einem unphysiologischen Frequenzanstieg durch atriale oder ventrikuläre Stimulation ohne physische oder psychische Belastung tritt das Signal praktisch nicht auf. Bei physischer oder psychischer Belastung kommt es zu einem mit dem Sinusrhythmus korrelierten Anstieg des Signals. Die rechts- wie linksventrikuläre maximale Druckanstiegsgeschwindigkeit korreliert mit den PEA-Werten, d.h. das Signal spiegelt die Kontraktilität des Herzens wider. In Bild 2.75 ist eine Langzeitregistrierung über 20 Stunden eines Patienten mit Sinusknotensyndrom gezeigt. Registriert wurden das PEA-Signal und die spontane Herzfrequenz. Man erkennt die gute Korrelation zwischen den PEA-Werten und der Herzfrequenz. Die aktiven Phasen am Abend sowie morgens nach dem Aufstehen stimmen gut überein. Die Hersteller gehen davon aus, dass die zunehmende Fibrinablagerung der Sonde das Messsystem nicht beeinflusst, sondern eher im Sinne eines engeren Kontaktes positiv zu bewerten ist.

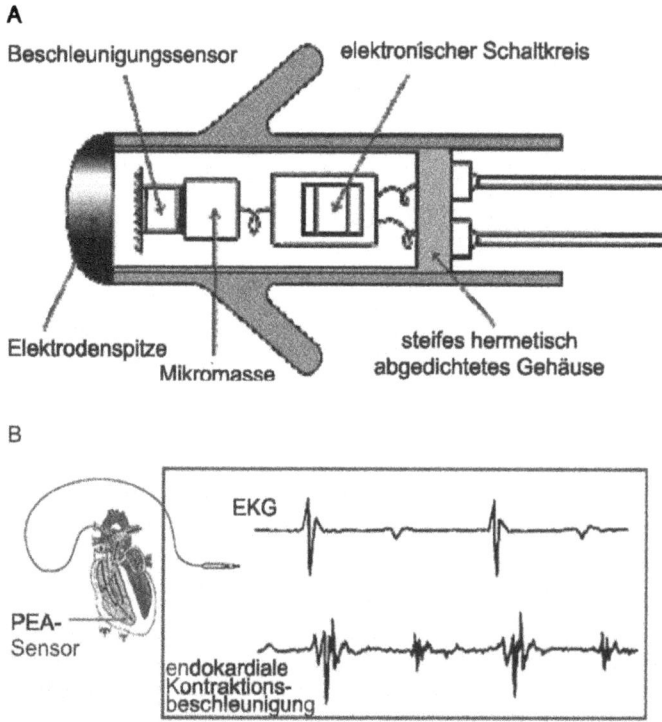

Bild 2.74: *A: Akzelerometrischer Inotropiesensor PEA. B: Zeitlicher Zusammenhang zwischen EKG und PEA-Sensorsignal (mit Genehmigung von Sorin Biomedical).*

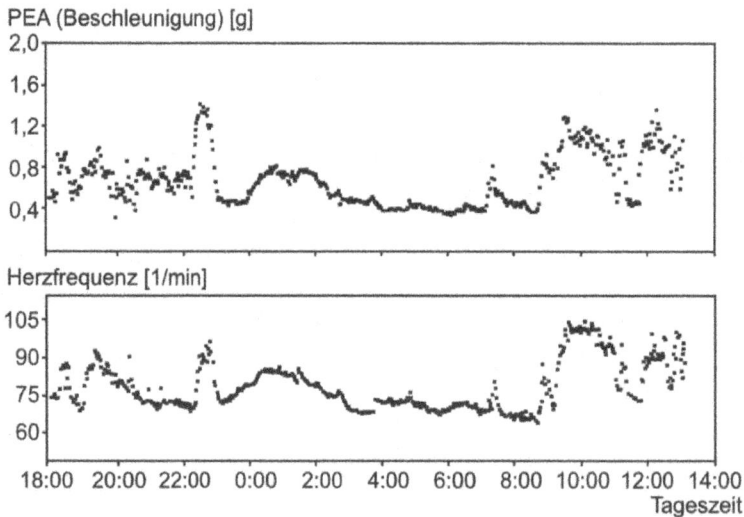

Bild 2.75: *Korrelation zwischen spontaner Herzfrequenz und PEA-Sensorsignal (Langenfeld et al., 1997, mit Genehmigung).*

Lichtwellenleiter (LWL) als Inotropiesensor
Ein in Entwicklung befindliches inotropes System (Müller et al., 2004) misst die Herzkontraktion mittels eines in der Schrittmachersonde befindlichen Lichtwellenleiters. Im Innern einer solchen Sonde ist ein freies Lumen, in das während der Sondenimplantation ein Führungsdraht eingebracht wird. Nach Entfernung des Führungsdrahtes kann in dieses Lumen die optische Faser eingeschoben werden. Bild 2.76 zeigt in einer Überlagerung von Videosequenzen von Röntgendurchleuchtungen die Position von Schrittmachersonden im rechten Atrium und im rechten Ventrikel während eines Herzzyklus. Die Sonden bewegen sich synchron mit dem sich kontrahierenden und relaxierenden Myokard, wobei sich der Biegeradius entsprechend verändert.

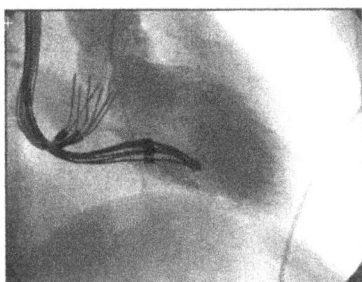

Bild 2.76: *Lage und Biegung der atrialen und ventrikulären Schrittmachersonde während eines Herzzyklus: 7 Bilder eines Röntgen-Videos sind jeweils überlagert und nachgezeichnet.*

Zur Herstellung des Sensors werden optische Fasern verwendet, wie sie auch in der Nachrichtentechnik zur Datenübertragung eingesetzt werden. Der Aufbau einer solchen Faser ist schematisch in Bild 2.77 dargestellt. Sie besteht aus zwei verschiedenen Glas- oder Kunststoffsorten, dem Kern und dem Mantel. Das Kernmaterial besitzt einen größeren optischen Brechungsindex als der Mantel. Dadurch wird das Licht, das in die Faser eingekoppelt wird, an der Grenzfläche zwischen Kern und Mantel reflektiert und so entlang der Faser geführt. Dies gilt jedoch nur unter der Bedingung, dass der Einfallswinkel γ den kritischen Winkel γ_{grenz} nicht überschreitet. Dieser berechnet sich nach der Bedingung für die Totalreflexion zu:

$$\gamma_{grenz} = \arccos\left(\frac{n_{Mantel}}{n_{Kern}}\right) \tag{2.29}$$

und hängt somit direkt von den Materialeigenschaften der verwendeten Faser ab.
Die Überschreitung des kritischen Winkels erfolgt insbesondere dann, wenn die Faser gebogen wird. Dies ist unten rechts in Bild 2.77 dargestellt. Ein Teil des Lichtes wird nicht reflektiert und als Streulicht in die Umgebung abgegeben.

Die optische Faser folgt während der Herzkontraktion allen Änderungen des Krümmungsradius der Schrittmachersonde, wobei die optische Dämpfung mit kleinerem Radius zunimmt. Das im Herzen befindliche Ende der Faser (in Bild 2.78 A im rechten Ventrikel) wird zur Reflexion des Lichts verspiegelt. Eine z.Zt. noch extrakorporale opto-elektrische Einheit, deren optische Sendeleistung durch einen zusätzlichen Regelkreis stabilisiert wird, liefert Infrarotlicht und verfügt zusätzlich über einen Strahlteiler sowie einen Referenz- und einen Signalempfänger (Hoeland et al., 2000).

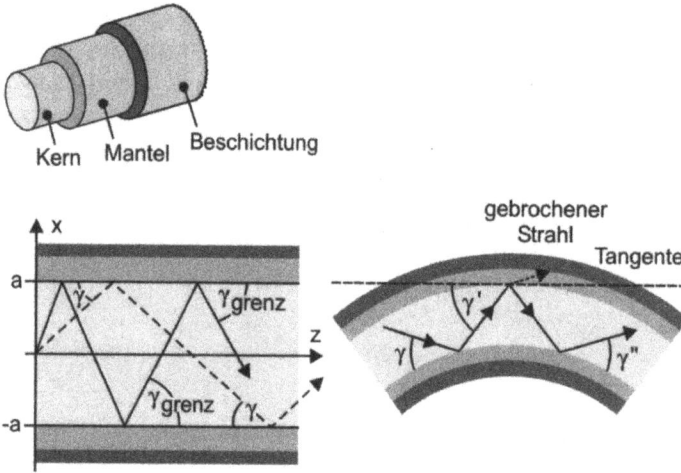

Bild 2.77: Aufbau und Licht-führung einer optischen Faser.

Bild 2.78 B zeigt die Ausführung für die linksventrikuläre Anwendung mit einer Sonde im Herzkranzgefäßsystem. Das Licht wird mit einer Infrarot-Leuchtdiode (LED) erzeugt und über einen Y-Koppler in die am distalen Ende verspiegelte Messfaser eingekoppelt. Die Leuchtdiode wird über eine temperaturkompensierte Stromquelle betrieben, um eine zeitlich konstante optische Ausgangsleistung zu gewährleisten. Das Licht wird an der Spiegelfläche am Ende der Messfaser reflektiert und gelangt wiederum über den Koppler zum Empfänger. Dieser besteht aus einer Silizium-Fotodiode mit nachgeschaltetem I/U-Konverter, der den Fotostrom in eine proportionale Spannung umwandelt. Am Ausgang der Empfängerstufe liegt zunächst ein hoher Offsetanteil (ca. 5–10 µA) an, der durch die konstante Sendeleistung der LED hervorgerufen wird und stark von der Güte der Steckverbindung zwischen Messfaser und Auswerteeinheit abhängt. Aufgrund dieser starken Offset-Schwankungen ist nach

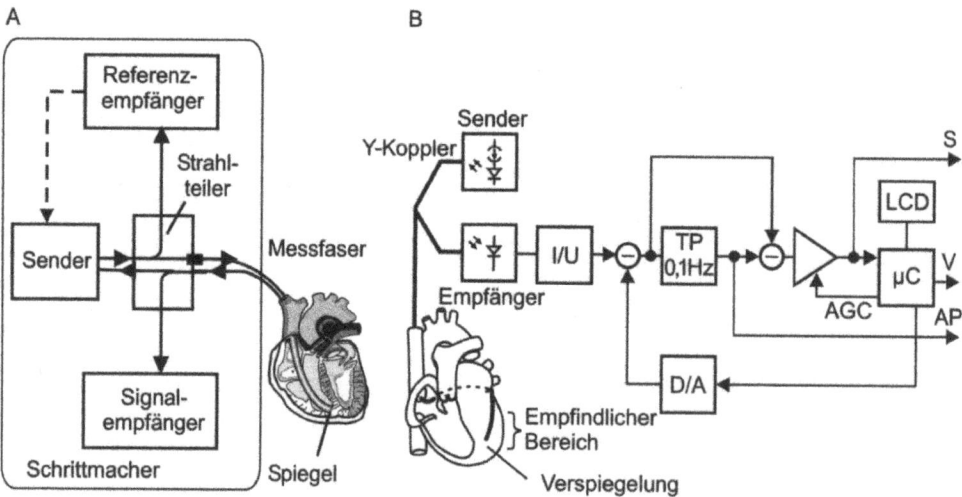

Bild 2.78: Schema der opto-elektrischen Einheit und der Fasersensorik. Gezeigt ist in (A) die rechtsventrikuläre und in (B) die transkoronare (linksventrikuläre) Anwendung.

dem Anschließen des Sensors eine Kalibrierung des Systems erforderlich. Dem Gleichanteil
überlagert liefert der Empfänger ein Wechselsignal, welches durch die Biegung der Messfaser aufgrund der Herzkontraktion hervorgerufen wird. Die Amplitude des Wechselsignals
liegt, abhängig von der Kontraktionsstärke, bei ca. 20–50 nA. Da der Offset-Anteil des Signals um fast eine Zehnerpotenz größer ist als der Wechselanteil, muss dieser vor einer weiteren Verstärkung eliminiert werden. Dies geschieht durch Subtraktion einer Spannung, die
mittels eines 16 Bit D/A-Wandlers erzeugt wird, der von einem Mikrocontroller gesteuert
wird. Der aufgrund der endlichen Genauigkeit des D/A-Wandlers verbleibende Offset wird
durch Tiefpassfilterung und anschließende Subtraktion des Summensignals aus Offset und
Wechselanteil entfernt. Die Grenzfrequenz $f_g = 0,1$ Hz wurde dabei so gewählt, dass das
Wechselsignal nicht beeinflusst wird. Das Frequenzspektrum wurde hierzu im Vorfeld bei
Versuchen an schlagenden Schweineherzen bestimmt. So steht vor der letzten Verstärkerstufe ein reines Wechselsignal zur Verfügung, das nur von der Herzkontraktion abhängt. Hinter
dem Tiefpassfilter kann weiterhin eine Gleichspannung abgegriffen werden, die ein Maß für
den aktuellen Arbeitspunkt des Systems darstellt. Die letzte Verstärkerstufe des Systems
verfügt über eine automatische Verstärkungsregelung (Automatic Gain Control), die ebenfalls durch den Mikrocontroller gesteuert wird. Hierdurch kann die Verstärkung automatisch
an die aktuelle Kontraktionsstärke des Herzens angepasst werden. Für eine externe Datenaufzeichnung stehen die Größen Messsignal S, Verstärkung V und Arbeitspunkt AP als analoge Ausgänge zur Verfügung.

Der optische Dämpfungseffekt ist über die gesamte Länge der Messfaser gleichmäßig ausge-
prägt. Für den Sensor ist es jedoch erforderlich, die Biegeempfindlichkeit auf den zu messenden Bereich, z.B. den linken Ventrikel, zu beschränken, da das Sensorsignal sonst stark
mit Artefakten behaftet ist, die von mechanischen Einwirkungen auf die Sensorzuleitung
verursacht werden. In der Literatur sind verschiedene Verfahren zur lokalen Erhöhung der
Biegeempfindlichkeit von optischen Fasern beschrieben. Hiermit ist es jedoch nicht gelungen, die für die Anwendung am Herzen notwendige Steigerung der Sensitivität zu erreichen.
Des Weiteren erwies es sich als schwierig, Sensoren mit reproduzierbaren Eigenschaften
herzustellen. Mit einem neu entwickelten Verfahren der Aufrauung der Mantelfläche durch
eine kontrollierte Sandstrahlbehandlung ist es gelungen, die Empfindlichkeit des Sensors
lokal um 20 dB zu erhöhen und so die genannten Artefakte nahezu vollständig aus dem Signal zu entfernen.

Korrelation des LWL-Signals mit dem Ventrikelradius
Mit Hilfe von geometrischen Betrachtungen kann man zeigen, inwieweit eine Korrelation
des faseroptischen Sensorsignals mit dem linksventrikulären Schlagvolumen zu erwarten ist.
Hierzu wird aus der gemessenen Sensor-Kennlinie (s. Bild 2.80) die entsprechende Kennliniengleichung ermittelt:

$$\Delta I\left(r_f, \alpha\right) = c_1 \cdot e^{-c_2 \cdot r_f} \cdot \left(1 - e^{-c_3 \cdot \alpha}\right) \qquad (2.30)$$

Die Konstanten c_1, c_2, c_3 sind abhängig von den physikalischen Eigenschaften der verwendeten Faser. r_f ist der Biegeradius der Faser und α der Biegewinkel der Faser. Es wird vereinfachend von einer Kugelgestalt des linken Ventrikels ausgegangen. Bei Positionierung der

Sensorfaser im koronarvenösen System befindet sich diese, wie in Bild 2.79 gezeigt, auf dem äußeren Umfang der Kugel.

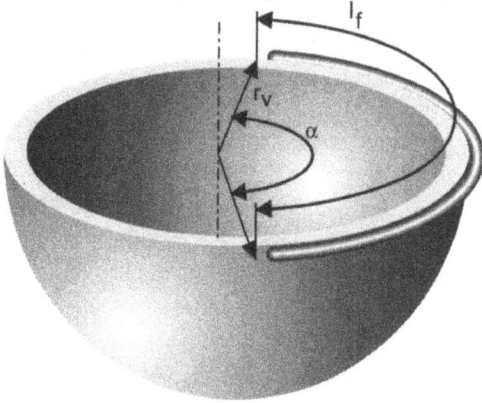

Bei dieser Anordnung ist der Biegeradius der Faser r_f gleich dem Radius des linken Ventrikels r_v. Der Biegewinkel kann aus geometrischen Beziehungen bestimmt werden:

$$\frac{2\pi \cdot r_v}{l_f} = \frac{2\pi}{\alpha} \Rightarrow \alpha = \frac{l_f}{r_v}. \tag{2.31}$$

Durch Einsetzen der gefundenen Beziehungen aus Gl. (2.31) in Gl. (2.30) folgt:

$$\Delta I(r_v) = c_1 \cdot e^{-c_2 \cdot r_v} \cdot \left(1 - e^{-c_3 \cdot \frac{l_f}{r_v}}\right). \tag{2.32}$$

Da sich der Fotostrom durch die Herzkontraktion nur in sehr geringem Maße ändert, kann Gleichung (2.32) in guter Näherung linearisiert werden:

$$\Delta I(r_v) \approx \left.\frac{\partial \Delta I}{\partial r_v}\right|_{r_v = r_{v,AP}} \cdot (r_v - r_{v,AP}). \tag{2.33}$$

Somit steht ein Signal zur Verfügung, welches im betrachteten Arbeitsbereich ein direktes Maß für die geometrische Veränderung des linken Ventrikels darstellt. Dies lässt den Schluss zu, dass es mit Hilfe des Sensorsystems möglich ist, Aussagen über die aktuelle Auswurfleistung des Herzens zu treffen.

Aufgrund von Fertigungstoleranzen kommt es an der Verbindung des Sensors mit dem Messsystem zu Streuverlusten, die Offset-Schwankungen am optischen Empfänger verursachen. Um reproduzierbare Messergebnisse zu gewährleisten, muss das System daher vor dem Einsatz am Herzen kalibriert werden. Hierzu wird nach dem Anschließen des Sensors der Offsetstrom I_0 im ungebogenen Zustand gemessen und im Gerät als Referenzwert gespeichert. Die in Bild 2.80 dargestellte Kennlinie $\Delta I(r)$ sowie die dazugehörige Empfindlichkeit $E(r)$ sind ebenfalls im Gerät abgelegt. Die Empfindlichkeit berechnet sich aus der Kennlinie zu:

$$E(r) = \frac{\partial \Delta I(r)}{\partial r}. \tag{2.34}$$

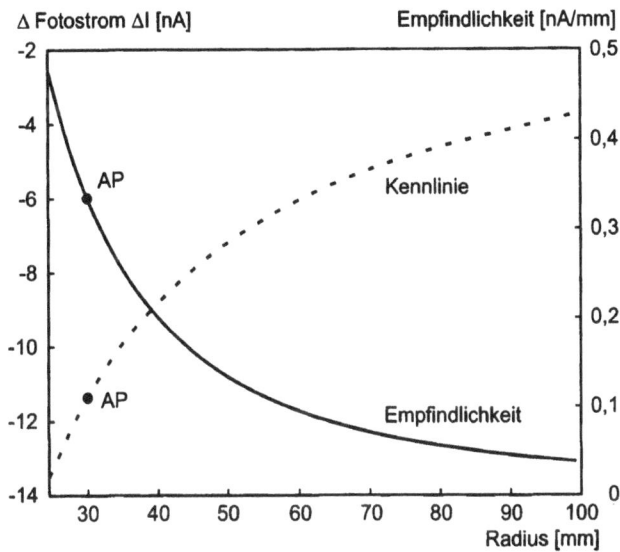

Bild 2.80: *Kennlinie und Empfind-lichkeit des Sensors. AP = typi-scher Arbeitspunkt.*

Nachdem der Sensor im koronarvenösen System positioniert wurde, weist er eine Vorbie-gung auf, die dem äußeren Radius des linken Ventrikels entspricht. Dieser liegt für mensch-liche Herzen bei etwa 30 mm. Aufgrund der Vorbiegung registriert das System eine Ände-rung des Offsetstromes (hier: $\Delta I \approx 11$ nA). Mit Hilfe der Kennliniengleichung und des ge-speicherten Referenzwertes I_0 kann daraus der Arbeitspunkt (AP) des Systems bestimmt werden. Aus der Amplitude der durch die Herzkontraktion hervorgerufenen Fotostromände-rung ΔI_k und der Empfindlichkeit E im Arbeitspunkt kann damit die Änderung des Ventrikel-radius berechnet werden:

$$\Delta r_v = \frac{\Delta I_k}{E(r_{AP})}. \tag{2.35}$$

Experimentelle Validierung des LWL-Inotropiesensors
Zur Validierung der aus den theoretischen Vorüberlegungen gewonnenen Ergebnisse wurden Messungen an isoliert schlagenden, unter physiologischen Bedingungen betriebenen Schwei-neherzen durchgeführt (vgl. auch Abschn. 2.9). Das Organ befindet sich in einem mit Eigen-blut des Tiers gefüllten Behälter. Eine Kreiselpumpe befördert das Blut aus dem Behälter zunächst in einen Wärmetauscher, der den gesamten Kreislauf konstant auf einer Temperatur von 37 °C hält. Anschließend gelangt das Blut in einen Oxygenator. Dieser ist über einen Gasmischer mit einer Sauerstoffflasche verbunden. Weiterhin kann dem Oxygenator auch Umgebungsluft zugeführt werden. So können die Partialdrücke für O_2 und CO_2 im Blut auf physiologische Werte eingestellt werden. Das oxygenierte Blut wird in einen Vorlastbehälter gepumpt, der an den linken Vorhof angeschlossen ist. Dieser ist über dem Organbehälter angebracht, so dass eine passive Füllung des Vorhofs stattfindet. Über den Füllstand des Behälters kann die Vorlast im Bereich von 0–15 mmHg eingestellt werden. Das Herz pumpt das Blut durch die Aortenwurzel in einen Druckbehälter, der die Aufgabe hat, die Elastizität der Aorta und der nachfolgenden Blutgefäße (Windkesseleffekt) nachzubilden. Der maxima-le Druck innerhalb des Behälters ist durch ein Überdruckventil von 0–100 mmHg variabel

einstellbar. Wird dieser Druck durch die Kontraktion des Herzens überschritten, öffnet sich das Ventil, und das vom Herz ausgeworfene Blut fließt durch einen Filter zurück in den Organbehälter. Ein vor dem Ventil angebrachter Ultraschall-Flussmesser misst hierbei kontinuierlich den Volumenstrom des ausgeworfenen Blutes.

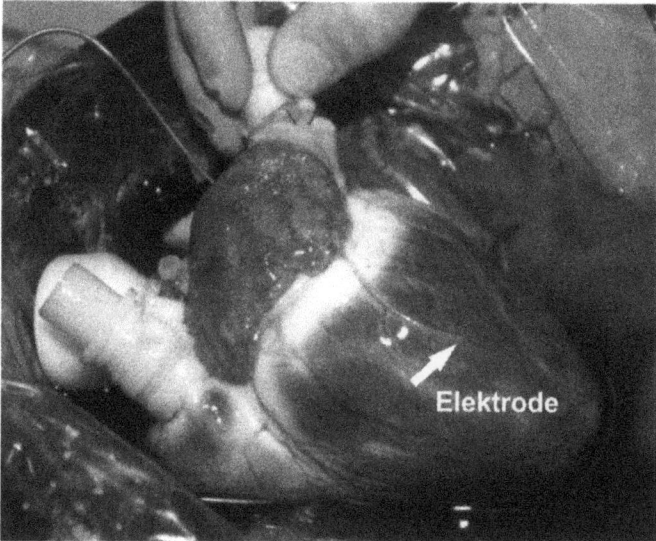

Bild 2.81: *Positionierung der Elektrode.*

Vor Beginn der Messungen wird der faseroptische Sensor in eine herkömmliche Schrittmachersonde integriert und durch den Koronarsinus im venösen System auf dem linken Ventrikel platziert. Die Messfaser wird hierzu in das Innenlumen der Sonde geschoben, welches sonst zur Aufnahme des Führungsdrahtes dient. Die Position der Sonde nach der Implantation ist in Bild 2.81 dargestellt.

Während der Versuche wurden die Werte der Vor- und Nachlast in den oben angegebenen Grenzen variiert, um verschiedene Auswurfleistungen des Herzens zu erreichen. Das intrakardiale EKG, das Ausgangssignal des faseroptischen Messsystems sowie der Aortenfluss wurden dabei kontinuierlich mittels des Messdaten-Erfassungssystems DASYLAB digital aufgezeichnet. Die Auswertung der Daten erfolgte offline nach dem in Bild 2.82 gezeigten Schema. Die Daten wurden jeweils über einem Herzzyklus *HZ* analysiert.

Die Bestimmung der Amplitude des Sensorsignals erfolgte durch Ermittlung der Minimal- und Maximalwerte. Das linksventrikuläre Schlagvolumen wurde durch zeitliche Integration des Aortenflusses bestimmt:

$$SV = \int_{HZ} \dot{Q} dt. \tag{2.36}$$

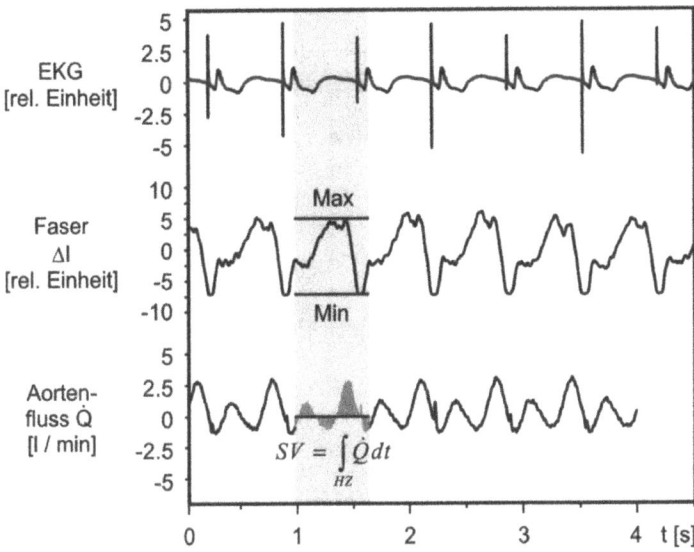

Bild 2.82: *Auswertung der Messdaten für einen Herzzyklus.*

Die Ergebnisse sind für vier Herzen in Bild 2.83 dargestellt. Es ist ein guter linearer Zusammenhang der beiden Messgrößen erkennbar. Dies bestätigt die vorher durch die theoretische Betrachtung gewonnenen Erkenntnisse.

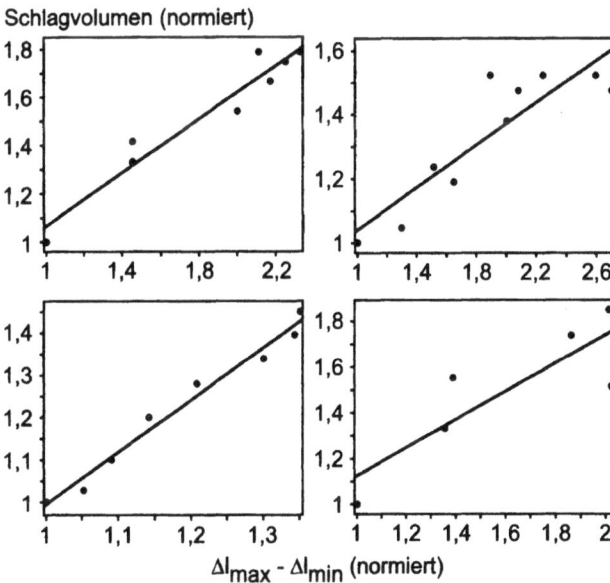

Bild 2.83: *Korrelation von Schlagvolumen und Signalamplitude.*

In einer weiteren Studie am perfundierten isolierten Schweineherzen konnte die direkte Inotropieantwort geprüft werden. Die inotrope Wirkung wurde durch Dopamingabe erzielt. Während sich die Herzfrequenz (Bild 2.84) nicht änderte, reagierten der Ventrikeldruck und das Fasersignal synchron.

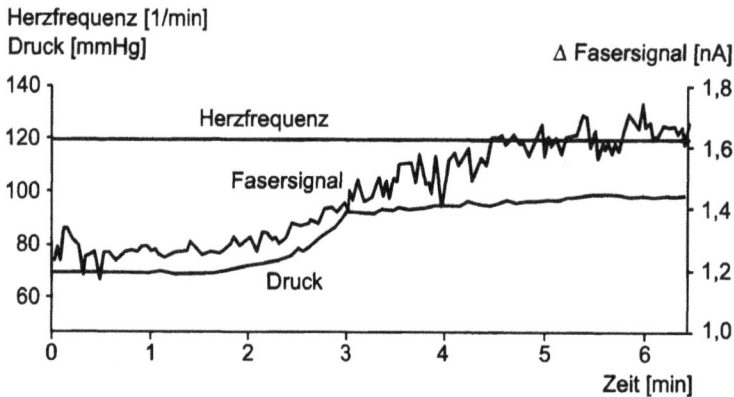

Bild 2.84: *Simulation der inotropen Aktivierung am perfundierten isolierten Schweineherzen mit AV-Block 3. Grades durch Dopamingabe (20 mg). Bei unveränderter Herzfrequenz folgt das Fasersignal der inotropen Reaktion, hier dargestellt anhand des ventrikulären Drucks.*

Die sowohl aus der theoretischen Betrachtung als auch aus den Messungen am isolierten Herzen gewonnenen Ergebnisse zeigen, dass sich das faseroptische Sensorsystem zur Messung des hämodynamischen Herzstatus eignet. Hieraus ergeben sich Möglichkeiten zum Einsatz des Systems in implantierbaren Geräten. Das Signal kann sowohl zur physiologischen Frequenzanpassung bei Herzschrittmachersystemen als auch zur verbesserten Detektion von ventrikulären Tachyarrhythmien bei Defibrillatoren herangezogen werden. Eine weitere Anwendungsmöglichkeit des Systems ist im Bereich des intra- und postoperativen Monitorings zu sehen. Hierzu ist die Entwicklung von speziellen Sensorformen notwendig, die eine schnelle, minimal invasive Implantation des Systems für kurzzeitige Anwendungen ermöglichen.

2.4.6   Zusammenfassende Wertung und Ausblick

Der in Abschnitt 2.4.1 definierte „chronotrope" Schrittmacher, der eine Blockierung in der Erregungsbildung oder -leitung direkt überbrückt, wird für den AV-Block sehr häufig realisiert. Für den SSS-Patienten steht ein derartiges System nicht zur Verfügung. Eine Überbrückung gelingt weitgehend durch die Konzepte des dromotropen und inotropen Schrittmachers. Die bisher realisierten frequenzadaptiven Systeme lassen sich aus regelungstechnischer und systemphysiologischer Sicht in drei Kategorien einteilen: offene Systeme, geschlossene Systeme, die die Kopplung der Herz-Kreislauf-Regulation mit dem respiratorischen und metabolischen System nutzen, und Regelung mit Hilfe kardialer Signale. Daraus resultiert eine unterschiedliche Eignung des gemessenen Parameters für die Frequenzanpassung (Bild 2.85). Liegt diese Eignung vor, ist zu fragen, ob ein technisch und klinisch zuverlässig und dauerhaft arbeitender Sensor für diesen Parameter zur Verfügung steht. Aus diesen und weiteren Gründen weisen die einzelnen realisierten Systeme sehr unterschiedliche Eigenschaften auf, so dass es nahe liegt, ein Mehrsensorsystem zwecks Nutzung der Vorteile und Kompensation der Nachteile der Einzelsysteme zu entwickeln. Während die Schrittmacherindustrie in dieser Hinsicht relativ euphorisch ist, wird diese Entwicklung von ärztlicher

Seite auch kritisch gesehen, weil die Systeme damit (noch) komplizierter und (noch) teurer werden und die meisten Schrittmacherpatienten ein Alter erreicht haben, in dem besondere körperliche Höchstleistungen seltener angestrebt werden.

Prinzip	Steuernder Parameter	aktuelle technische Sensorik	System-empfehlung
„Aktivität"	- -	-	-
Temperatur	- -	+	-
„QT"	-	++	0
Atemminutenvolumen	-	+	0
O$_2$-Sättigung	+	- -	-

Inotropie
  Impedanz
  Beschleunigung
  Optische Dämpfung[***]
	++[*]	+	+

Dromotropie (AV-Zeit)	++[**]	++	++

[*]   bei intakter Myokardfunktion
[**] bei intakter AV-Überleitung
[***] bisher nur Tests an Schweineherzen

Bild 2.85: *Beurteilung sensorgesteuerter Herzschrittmacher für Patienten mit Sinusknoteninkompetenz.*

Allerdings werden auch die effizienteren Möglichkeiten einer umfassenderen und kontinuierlichen Diagnose und Therapie gesehen und die Notwendigkeit, die Herzfrequenz auch an submaximale Belastungen anzugleichen. Die regelungstechnische Sichtweise kann wesentlich dazu beitragen, die Entwicklung von Systemen mit endlosen Kombinationen von Sensoren zu vermeiden.

2.5   Herz-Kreislauf-Modelle für die Kardiotherapie

Es gibt eine große Anzahl kardiozirkulatorischer Modelle. Einer der Gründe dafür ist, dass die Rechenkapazitäten kontinuierlich ansteigen, ein weiterer Grund ist die wachsende physiologische Einsicht in funktionelle Prozesse. Weiterhin gilt die allgemeine Richtlinie, dass die Komplexität und die Eigenschaften eines Modells an die Zielsetzung angepasst werden müssen, was auch deutlich macht, dass es niemals ein allgemeines Modell geben wird. Vom methodischen Aspekt gibt es sehr frühe Analogcomputer-Modelle, die in vielen Fällen in die digitale Simulation übertragen wurden (z.B. CSMP, SIMULINK). Weitere wurden in konventionellen digitalen Programmiersprachen geschrieben oder laufen sogar unter Computer-Aided-Design-Paketen. Viele haben ihre Nützlichkeit für Unterrichts- und Trainingszwecke unter Beweis gestellt. Einige wurden hauptsächlich entwickelt, um Beiträge für ganz spezielle wissenschaftliche Probleme zu liefern wie z.B. linksventrikuläre Pumpfunktion, Orthostase, Pulmonalkreislauf, Vasodilatationstherapie oder die Berechnung von Geschwindigkeitsprofilen. Allgemein gesprochen werden die Modelle optimiert entweder für das Studium von Kurzzeitmechanismen des Kreislaufs und der Herzfunktion: pulsatile Modelle, oder zum Studium mittelfristiger oder langfristiger regulatorischer Effekte wie Arbeitsbelastung, Homöostase und Stoffwechsel: Regulationsmodelle. Das Modell mit dem umfangreichsten physiologischen Hintergrund ist das sog. große Guyton-Regulations-Modell (Bild 2.86), das zuerst 1972 publiziert wurde und seitdem durch die Autoren mehrmals modifiziert und ergänzt wurde.

Seit einiger Zeit werden auch Modelle entwickelt, die sich gezielt den zellulären Erregungsprozessen des Herzens widmen (Übersicht z.B. bei Noble, D., 2002). Diese werden aufgrund der immer größer werdenden Rechenkapazität und Rechengeschwindigkeit eine große Bedeutung gewinnen für die Analyse der Fibrillationsmechanismen und für die Therapiemaßnahmen durch Defibrillation und durch Ablationstechniken.

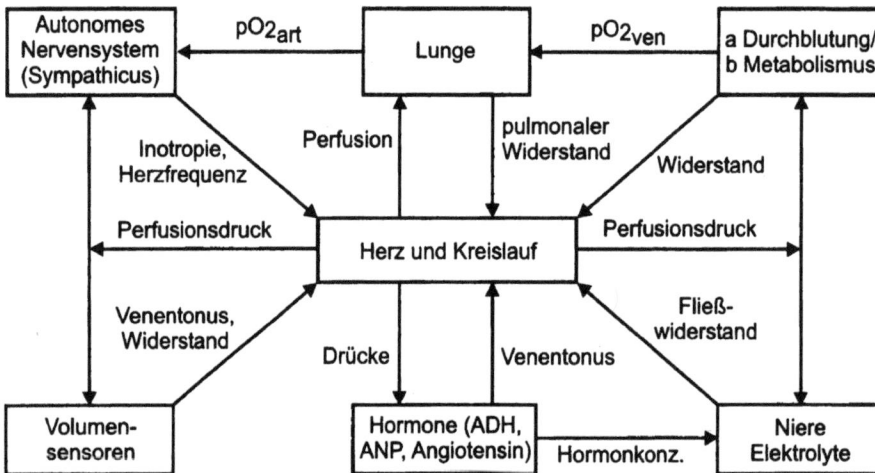

Bild 2.86: *Übersichtsschema des „großen" Guyton-Modells.*

2.5.1   Das große Kreislauf-Modell von Guyton

Das Modell besteht aus 17 Modulen und besitzt ca. 5500 Variablen (davon sind ca. 600 Modellparameter und physiologische Variable, die restlichen Variablen enthalten Zwischenwerte), Konstanten und Kennlinien. Die einzelnen Module kommunizieren über Schnittstellen in Form von variablen Sätzen. Die meisten der Modellvariablen der Kreislaufkontrolle (wie z.B. Hormonkonzentrationen) sind in dem Guyton-Modell als Einflussfaktoren auf die Zahl 1 normiert und somit nicht in ihren physikalischen Einheiten angegeben.

In seiner ursprünglichen Fassung war das Modell in der Programmiersprache FORTRAN formuliert. Es existiert auch eine auf die Programmiersprache C portierte Version. Das Guyton-Modell wurde insbesondere auf Fragestellungen aus der mittelfristigen und langfristigen Blutdruckregulation angewandt (z.B. Hypertonie-Forschung). Simulationen des Krankheitsverlaufs einer Niereninsuffizienz unter Salzbelastung, einer in Schüben verlaufenden Herzinsuffizienz und einer sog. Nephrose wurden berechnet. Dabei reichten die Simulationszeiträume der Szenarien von zwei bis neun Wochen. Diese Ergebnisse sagten entsprechende klinische Verläufe von Blutdruck, Herzzeitvolumen und Nierendurchblutung und Nierenfunktionen hinreichend genau voraus. Weitere Anwendungsbereiche waren die Untersuchung der Herz-Kreislauf-Funktion unter Schwerelosigkeit bei der NASA sowie die Nierenforschung, die Untersuchung der Regulation der Herzförderleistung und des Sauerstofftransports im Körper.

Jedes Modul des Guyton-Modells beschreibt eine funktionelle Einheit des menschlichen kardiovaskulären Systems über einen Satz von Gleichungen, Konstanten, Variablen, Kennlinien und Parametern. Das Herz-/Kreislauf-Modul simuliert den Blutfluss durch den Kreislauf des Menschen und berücksichtigt folgende Kompartimente: Linker Vorhof, Aorta, Venen, rechter Vorhof, Pulmonalarterie. Ferner werden die Fließwiderstände zwischen den einzelnen Kompartimenten berechnet. Für jedes Kompartiment werden unter Annahme laminarer Strömungsverhältnisse das Volumen, der Fluss und der Druck mit Hilfe von Bilanz-Gleichungen berechnet.

Änderungen des Blutvolumens (z.B. Infusionssimulation, Trinken, Diurese) werden nach jedem Simulationszyklus entsprechend den jeweiligen Compliance-Werten anteilig auf die einzelnen Kompartimente verteilt. Die einzelnen Komponenten des totalen peripheren Widerstandes werden unter Berücksichtigung von lokalen Variablen und Faktoren aus anderen Modulen errechnet. Die Berechnung des Fließwiderstandes durch die einzelnen Organsysteme leisten die Module „Duchblutungskontrolle im Muskelgewebe" und „Durchblutungskontrolle im Nichtmuskelgewebe". In die Berechnung des Systemwiderstandes gehen ferner ein: Arteriolentonus, systemarterieller Druck, Blutviskosität, Angiotensin-Blutspiegel und ein den autoregulatorischen Reflex der Arterien beschreibender lokaler Faktor. Der Fließwiderstand des Pulmonalkreislaufes ergibt sich aus dem pulmonal-arteriellen und dem linksatrialen Druck. Die Herzkammern und deren rhythmische Kontraktion werden nicht berücksichtigt. Stattdessen wird von dem Vorhofdruck auf ein passendes Herzzeitvolumen geschlossen. Das Modell vernachlässigt also alle pulsatilen Prozesse und berechnet nur über Minuten gemittelte physiologische Größen. Das Modul „Autonomes Nervensystem" berechnet die Einflussgrößen des autonomen Nervensystems auf den Blutkreislauf. In die Berechnung gehen vereinfachend die folgenden vier physiologischen Kenngrößen ein:

1. Aktivität arterieller Pressosensoren,
2. Aktivität peripherer Chemosensoren für p_{O_2},
3. Aktivität zentraler Chemosensoren für p_{O_2},
4. physikalische Belastung.

In dem Volumensensoren-Modul wird der Effekt, den rechtsatriale Drucksensoren sowohl auf den Venentonus als auch auf den arteriellen Widerstand haben, berechnet: Eine akute Volumenbelastung des Organismus wird von den Vorhofsensoren registriert und führt zu einem Tonusverlust des venösen Systems, ausgedrückt durch Addition einer Variablen auf die Kapazität des venösen Systems. Die Adaptation der Vorhofsensoren an chronische Volumenbelastungen ist berücksichtigt. Im Modul „Venöse Kapazität" werden Effekte, die eine Volumenbeladung auf die Gesamtkapazität des venösen Systems haben, berechnet: Eine kurzfristige Volumenbelastung erhöht die Kapazität des venösen Systems zunächst durch Relaxation der Venenwand, die sich unter chronischer Volumenlast dann wieder tonisiert. Die Ausgabeparameter dieses Moduls sind zwei Volumina, die mit der basalen Venenkapazität und dem aktuell vorherrschenden venösen Blutvolumen zu einem druckwirksamen Volumen in den Venen verrechnet werden. Im Guyton-Modell wird, bezogen auf den Sauerstoffverbrauch, Muskelgewebe von Nichtmuskelgewebe unterschieden. Nur der Sauerstoffbedarf des Muskelgewebes ist abhängig von der simulierten physikalischen Belastung. Die Sauerstoffextraktion aus dem Blut ist das Produkt aus der entsprechenden Gewebsdurchblutung und dem entsprechenden Gewebssauerstoffverbrauch. Einige Variablen werden aus dem Lungenmodul zur Sauerstoffbilanzierung herangezogen (vgl. Kap. 3). Das Modul für die Muskelsauerstoffaufnahme berechnet den Sauerstoffbedarf und die Blutsauerstoffextraktion des Muskelgewebes. Berücksichtigt ist die Abhängigkeit des muskulären Sauerstoffbedarfs von dem Grad des Muskelstoffwechsels und die metabolisch bedingte Abnahme der Sauerstoffaffinität des Bluthämoglobins unter physikalischer Belastung (sog. kombinierter Bohr- und Haldane-Effekt). Ein weiteres Modul nichtmuskulärer Gewebssauerstoffaufnahme berechnet die Blutsauerstoffextraktion des Nichtmuskelgewebes gemäß dem Fick'schen Diffusionsgesetz. Drei verschieden schnell reagierende Reaktionsmechanismen auf Hypoxämie bei der Kontrolle der lokalen Durchblutung werden in einem besonderen Modul unterschieden:

- der kurzfristige Kontrollmechanismus (hypoxisch-reflektorische Vasodilatation, der Maximaleffekt wird innerhalb von wenigen Minuten erreicht),
- die mittelfristige Kontrolle der Gewebsdurchblutung (maximal innerhalb von zehn Minuten),
- die langfristige Kontrolle in Form struktureller Gewebsveränderungen, die über mehrere Tage fortschreitet.

Das Lungenmodul simuliert die Sauerstoffbilanz des Körpers, den Atemantrieb, die alveoläre Ventilation und die Sauerstoffbindung an das Hämoglobin in den Erythrozyten. Die Sauerstoffaufnahme folgt der Partialdruckdifferenz zwischen Alveolarluft (abgeleitet aus der Umgebungsluft) und Blut gemäß dem Fick'schen Diffusionsgesetz. Der für die Sauerstoffbilanzierung benötigte Sauerstoffverbrauch wird von anderen Modulen übernommen. Zur Validierung und zu den genannten Anwendungen des Guyton-Modells sei auf die Literatur verwiesen.

2.5.2 Das pulsatile Biomed-Modell

Im Rahmen der Herzschrittmacherforschung ist die Forderung nach einem Modell entstanden, mit dessen Hilfe man zum einen die Auswirkungen verschiedenster Herzerkrankungen wie z.B. von Relaxationsstörungen des Herzmuskels oder von Reizleitungsstörungen auf die charakteristischen Kreislaufparameter (Druck, Fluss, Volumen) simulieren und zum anderen schrittmacherspezifische Fragestellungen evaluieren kann (Werner et al., 2002; Welp et al., 2002). Dazu zählt vor allem die Frage nach der Effektivität der unterschiedlichen Schrittmachersysteme (atriale/ventrikuläre Stimulation, frequenzadaptive Stimulation usw.) und deren Verbesserung im Hinblick auf eine sicherere Stimulationssteuerung, die möglichst den ursprünglichen physiologischen Regelkreis wiederherstellt (Abschn. 2.4).

Vor diesem Hintergrund ist zunächst die komplexe Herzkinematik durch ein pulsatiles Modell nachgebildet und validiert worden. In einem weiteren Schritt wurde das Modell mit dem Guyton-Modell (Abschn. 2.5.1) gekoppelt, um die respiratorischen und metabolischen Einflüsse auf die Blutzirkulation und die Herzfrequenz untersuchen zu können.

Aufbau des Biomed-Modells

Das entwickelte pulsatile Herz/Kreislauf-Modell benutzt eine vereinfachte strömungsmechanische Nachbildung der Blutzirkulation des menschlichen Körpers. Aufgrund der hohen Komplexität der physiologischen Zusammenhänge sowie der anatomischen Gegebenheiten ist eine Reduzierung der realen Blutkreislaufstruktur unumgänglich.

Alle Gefäße, die sauerstoffreiches Blut vom linken Herzen in den Körperkreislauf transportieren (Aorta, Arterien, Arteriolen, Kapillaren), werden zu einem einzigen Kompartiment („Aorta") zusammengefasst. In gleicher Weise werden alle Gefäße, durch die sauerstoffarmes Blut zum rechten Herzen zurückgelangt (Venolen, Venen), in einem Venenkompartiment vereint. Da die Atmung in diesem Modell keine Berücksichtigung findet, können die am Gasaustausch beteiligten Gefäßstrukturen der Lunge vernachlässigt werden, und der Lungenkreislauf reduziert sich auf die beiden Einheiten Pulmonalarterie bzw. -vene. Vor dem Hintergrund der Anatomie und Kinematik des Herzens ergibt sich eine Gliederung in vier Herzsegmente, dem rechten Atrium, rechten Ventrikel, linken Atrium, linken Ventrikel. Das Herz/Kreislauf-Modell setzt sich demnach aus acht Kompartimenten zusammen (vgl. Bild 2.87), die im Wesentlichen durch die Variablen Druck $p(t)$ und Volumen $V(t)$ charakterisiert sind.

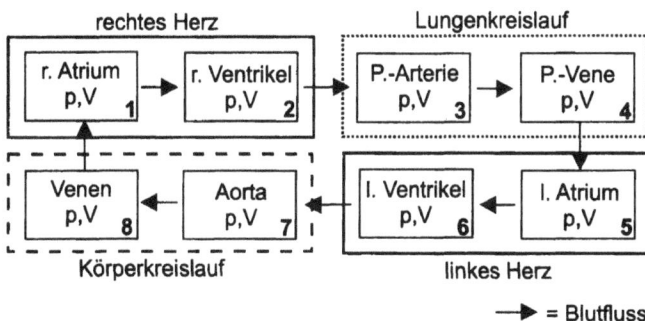

Bild 2.87: Aufbau des pulsatilen Modells (p=Druck, V=Volumen).

Da die Blutzirkulation im Körper insbesondere eine Funktion der Auswurfleistung des Herzens ist, verlangt die Modellierung der Herzkinematik, d.h. der zeitliche Ablauf sowie die physikalischen und geometrischen Veränderungen des Herzmuskels während eines vollständigen Herzzyklus, eine differenzierte Betrachtung. So führt z.B. die Modellierung des linken Ventrikels in Form eines Sphäroiden bei gleichen Druck- und Volumenverhältnissen im Vergleich zur Kugelform zu einer 25% niedrigeren Wandspannung. In diesem Modell ist jedoch die Wandspannung nicht Ergebnis der Simulation, sie fließt vielmehr als an das geometrische Modell angepasster Parameter in die Simulation ein. Die vereinfachte Darstellung der Herzkammern in Form einer Hohlkugel ist somit gerechtfertigt. Sie wird durch die geometrischen Parameter Innenradius r [cm], Wandstärke d [cm] sowie die physiologischen Parameter Hohlkugelvolumen V [ml] und Volumen des Herzmuskelgewebes V_{wand} [ml] eindeutig beschrieben. Unter der Annahme eines konstanten Herzmuskelvolumens ergibt sich der Innenradius zu

$$r(t) = \left(\frac{3}{4\pi} V \right)^{\frac{1}{3}} \tag{2.37}$$

und die Wandstärke zu

$$d(t) = \left(\frac{3}{4\pi} V_{\text{wand}} + r^3 \right)^{\frac{1}{3}} - r. \tag{2.38}$$

Aus Gleichung (2.37) und (2.38) folgt, dass die Wandstärke am Ende der Diastole (= Erschlaffungs- plus Füllungsphase) minimal wird und im Verlauf der Systole (= Anspannungs- plus Austreibungsphase) bis auf ein Maximum nichtlinear anwächst. Diese geometrischen Annahmen bilden die Berechnungsgrundlage für die Druckentwicklung *p(t)* in den vier Herzkompartimenten, die sich additiv aus einer passiven und einer aktiven Druckkomponente zusammensetzt. Mit Hilfe der Kontinuitätsgleichung der Form

$$\frac{dV_{\text{Komp}}}{dt} = \phi_{\text{ein}} - \phi_{\text{aus}}, \tag{2.39}$$

in der ϕ_{ein} [ml/min] den Bluteinfluss und ϕ_{aus} [ml/min] den Blutausfluss aus einem Segment darstellen, wird das Kompartimentvolumen V_{Komp} [ml] berechnet. Experimentell ermittelte Ruhedehnungskurven liefern in Abhängigkeit dieses Volumens den Wert der passiven Druckkomponente.

Die Erregungsausbreitung im Herzen wird mit Hilfe der aktiven Druckkomponente simuliert, deren Berechnung auf dem Laplace'schen Gesetz basiert:

$$p(t) = \sigma \cdot \frac{2dr + d^2}{r^2}. \tag{2.40}$$

Demnach ergibt sich der Druck *p(t)* im Inneren einer Hohlkugel aus dem Produkt der Wandspannung *σ(t)* und der Wandfläche. Die Wandspannung wird dem Bewegungsmuster des Herzens entsprechend für jeden Zeitpunkt eines Herzzyklus vorgegeben, der in diesem Modell definitionsgemäß mit der atrialen Systole beginnt, nach Verstreichen der atrioventrikulären Überleitungszeit (AV-Zeit) in der ventrikulären Systole seine Fortsetzung findet und mit der ventrikulären Diastole endet. Die die systolische Wandspannungsentwicklung beeinflussenden Faktoren sind in Bild 2.88 dargestellt.

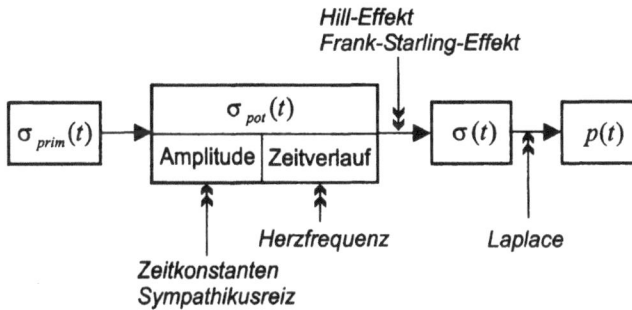

Bild 2.88: Einflussfaktoren auf die aktive Druckkomponente der vier Herzkammern.

Für die als Rechteckfunktion modellierte primäre Wandspannung $\sigma_{\text{prim}}(t)$ gilt:

$$\sigma_{\text{prim}}(\text{Diastole}) = 0$$
$$\sigma_{\text{prim}}(\text{Systole}) = strengthfac \cdot symp$$

$$(2.41)$$

mit der maximal erreichbaren Wandspannung einer Herzkammer *strengthfac* [mmHg] und dem dimensionslosen Sympathikusreiz *symp* des autonomen Nervensystems. Durch die Vorgabe von Zeitkonstanten für das Aufklingen bzw. Abklingen wird $\sigma_{\text{prim}}(t)$ in eine Funktion $\sigma_{\text{pot}}(t)$ mit PT_1-Verhalten umgewandelt, um die Dynamik der Kontraktion/Relaxation zu simulieren.

Der sog. Hill-Effekt, der den Zusammenhang zwischen Verkürzungsgeschwindigkeit (*VG*) und Muskelkraft des Myokards (Herzmuskel) beschreibt, wird durch einen Hill-Skalierungsfaktor (0...1) berücksichtigt. Dieser Faktor entspringt der Hill-Kennlinie, wobei die *VG* mit der ersten zeitlichen Ableitung des Ventrikel- bzw. Atriumumfangs gleichgesetzt wird. Da der Hill-Effekt abhängig von der Sympathikusaktivität ist, wird die Steigung der Kennlinie durch eine veränderliche maximale *VG* des jeweiligen Herzkammermuskels an die vorgegebene Belastungssituation angepasst. Je größer die Belastung ist (*symp*>1), desto größer ist die *VG*, und dementsprechend größer ist die Herzmuskelkraft bei gleicher Umfangsänderungsgeschwindigkeit.

Der Frank-Starling-Effekt beschreibt den autoregulatorischen Anpassungsvorgang des Herzens an akute Volumenbelastungen (Abschn. 2.1.4). Bei der Modellimplementierung wird der Ansatz gewählt, dass der Herzkammerradius proportional zur mittleren Herzmuskelvordehnung (Vorlast) ist und unter Verwendung der Frank-Starling-Kennlinie einen weiteren Skalierungsfaktor (0...1) für die Berechnung der druckwirksamen Wandspannung liefert.

Die herzzyklusbedingten Druckgradienten $\Delta p(t)$ zwischen den Atria-/Ventrikelkomparti-menten, bewirken einen Blutfluss $\phi(t)$, der im Modell mit Hilfe der Navier-Stokes'schen Gleichung für inkompressible Flüssigkeiten berechnet wird. Unter der Annahme einer lami-naren Strömung durch ein Rohr der Länge l [cm] gilt für den eindimensionalen Fall:

$$L\frac{d\phi}{dt} = p_1 - p_2 - R\phi - \frac{\rho}{2}\left(v_0^2 - v_1^2\right) + \rho g l \sin\alpha, \tag{2.42}$$

mit Blutfluss ϕ [l/min], Druck p [mmHg], viskosem Fließwiderstand R [mmHg*min/l], Iner-tanz L [mmHg*min^2/l], Dichte der Flüssigkeit ρ [kg/l] (Annahme Blut=1,5), Gravitation g [m/s^2] und dem Winkel zwischen horizontaler Ebene und Rohrachse α [°]. Die treibende Druckdifferenz p_1-p_2 wird demnach vermindert durch die Verlustanteile $R\phi$ und einen Anteil $(\rho/2(v_0^2 - v_1^2))$, der den Bernoulli-Effekt bei starken Querschnittsänderungen berücksich-tigt. Der resultierende Druck beschleunigt die Blutsäule ($L(d\phi/dt)$). Der Einfluss der Körper-lage auf den Blutfluss ($\rho g l \sin\alpha$), findet im Modell keine Berücksichtigung, da hierzu eine differenziertere Modellierung des Körperkreislaufs insbesondere im Bereich der unteren Extremitäten nötig ist.

Unter der Annahme einer vernachlässigbaren Flussgeschwindigkeit im ersten Kompartiment vereinfacht sich Gleichung (2.42) zu

$$L\frac{d\phi}{dt} = p_1 - p_2 - R\phi - \frac{\rho}{2}\left(\frac{\phi}{A}\right)^2, \tag{2.43}$$

wobei die Fließgeschwindigkeit durch den Quotienten aus Blutfluss und Querschnittsfläche A [cm^2] ersetzt wurde und für die Kompartimente 2, 3, 6 und 7 gilt. Eine Besonderheit des Kompartiments „Aorta" stellt das Auftreten eines Wellenwiderstands dar. Dieser wird im Modell durch drei hintereinandergeschaltete Segmente mit abnehmender Compliance c reali-siert.

Innerhalb der atrialen Kompartimente fällt der Beschleunigungsterm aufgrund des geringen Beitrags (<1mmHg) aus Gl. 2.43 heraus, und es folgt:

$$L\frac{d\phi}{dt} = p_1 - p_2 - R\phi. \tag{2.44}$$

In allen übrigen Kompartimenten wird der lineare Zusammenhang

$$\Delta p = R\phi \tag{2.45}$$

implementiert.

Der Kompartimentdruck ergibt sich, wie bereits für die passive Druckkomponente der Herz-kammern beschrieben, implizit aus dem Kompartimentvolumen mittels der Ruhedehnungs-kurven bzw. im Falle der Venenkompartimente 4 und 8 aus

$$p(t) = \frac{V_{\text{Komp}} - V_0}{c} \tag{2.46}$$

mit Kompartimentvolumen V_{Komp} [ml], basalem Venenvolumen V_0 [ml] und Compliance c [ml/mmHg].

Der kurzzeitige endsystolische Rückstrom des Blutes in Richtung der sich schließenden Herzklappe (→ Inzisur) wird durch ein spezielles Klappenmodell simuliert. Demnach wird während der Systole ein definiertes Totraumvolumen V_{Klappe} durch Integration des über die Klappe fließenden Blutes zwischen den Klappen eingespeichert. Tritt zu Beginn der Diastole über der Klappe ein negativer Druckgradient auf, so wird ein Rückfluss des Blutes so lange zugelassen, bis das zuvor eingespeicherte Totraumvolumen integrativ wieder den Wert null annimmt. In diesem Moment schließen sich die Klappen vollständig, und der Rückstrom wird gestoppt. Mit Hilfe dieses Klappenmodells besteht die Möglichkeit, durch eine Vergrö-ßerung des Totraumvolumens Klappenfunktionsstörungen zu simulieren.

Das pulsatile Modell wurde mit dem Simulationstool SIMULINK (MATLAB 6.1) erstellt (C-Quellcode auch verfügbar). Dieses System verwendet eine blockschaltbildorientierte Dar-stellung mathematischer Gleichungssysteme. Systemblöcke, wie z.B. Konstante, Integral, Ableitung, aber auch komplexere Funktionsblöcke wie PID-Regler oder Übertragungsfunkti-on, werden hier zur Beschreibung eines physikalischen Zusammenhangs zu einem Block-schaltbild verknüpft.

Validierung des Biomed-Modells
Das pulsatile Herz/Kreislauf-Modell ist in der Lage, die dynamischen Vorgänge der Herz-kontraktion nachzubilden. Für einen Vergleich der simulierten Kennlinien mit experimentell ermittelten Daten aus gängiger Literatur werden im Folgenden drei wichtige physiologische Kenngrößen wie Druck, Fluss und Flussgeschwindigkeit ausgewählter Kompartimente he-rangezogen.
In Bild 2.89 sind beispielhaft der Druckverlauf (Teil A) als auch das entsprechende Arbeits-diagramm (Teil B) des rechten Ventrikels über einen Herzzyklus dargestellt. Die rechtsatriale Systole (Phase 1) bewirkt einen Blutfluss über die Trikuspidalklappe in den diastolischen Ventrikel, der in der Kennlinie durch einen geringfügigen Druckanstieg gekennzeichnet ist. Zu Beginn der ventrikulären Systole kommt es zunächst zu einem isovolumetrischen Druck-anstieg (Phase 2), bevor das Öffnen der Pulmonalklappe den Blutauswurf in die Pulmonalar-terie (Phase 3) einleitet. Am Ende der Systole führt die Erschlaffung des Herzmuskels zu einem Absinken des rechtsventrikulären Drucks von seinem maximalen auf seinen minima-len Wert (Phase 4).

Eine Stimulation des Sympathikus (z.B. unter körperlicher Belastung) hat eine erhöhte Herz-frequenz und eine Zunahme der Kontraktionskraft der Atria als auch der Ventrikel zur Folge. Dieser Zusammenhang wird in Bild 2.89 A und B durch die gestrichelte Kennlinie dargestellt Deutlich wird, dass die Druckentwicklung im Ventrikel schneller abläuft (Bild 2.89 A: steilerer Verlauf in Phase 2 und 4) und die maximal erreichbare Wandspannung bzw. der maximale systolische Druck erhöht ist. Das Herz ist dadurch in der Lage, die Auswurfleistung unter Belastung (~50 W) von 60 ml/Herzschlag auf 70 ml/Herzschlag zu steigern (vgl. Bild 2.89 B), wodurch die Versorgung des Organismus mit Sauerstoff verbessert wird.

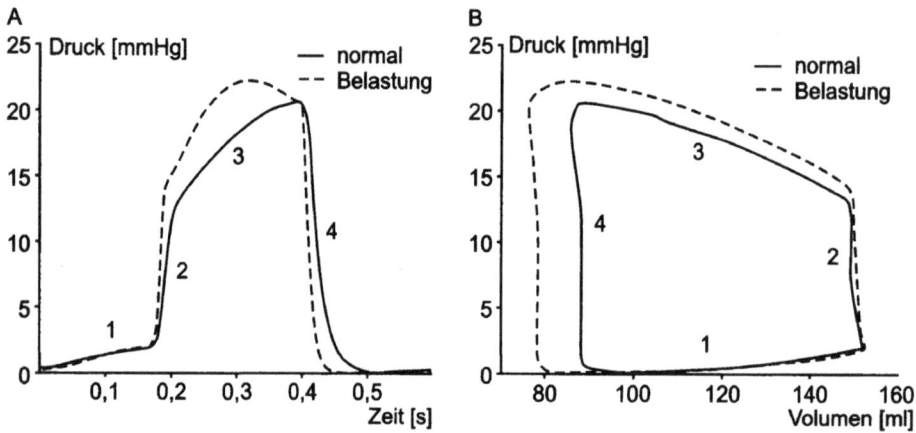

Bild 2.89: *Druckverlauf (A) und Arbeitsdiagramm (B) des rechten Ventrikels unter Normalbedingungen und unter simulierter Sympathikusstimulation (entspricht etwa einer Belastung von 50 W) bei konstanter Herzfrequenz von 100 Schlägen/min.*

Die Fähigkeit des pulsatilen Modells, krankhafte kardiophysiologische Phänomene zu simulieren, wird anhand der Rechtsherzinsuffizienz belegt. Aus der Literatur ist bekannt, dass sich unter einer Herzinsuffizienz der atriale Beitrag am diastolischen Füllungsprozess des Ventrikels verringert. In Bild 2.90 ist dieser Effekt anhand eines Vergleichs des Blutflusses über die Tricuspidalklappe eines „gesunden" und eines insuffizienten Herzens dargestellt.

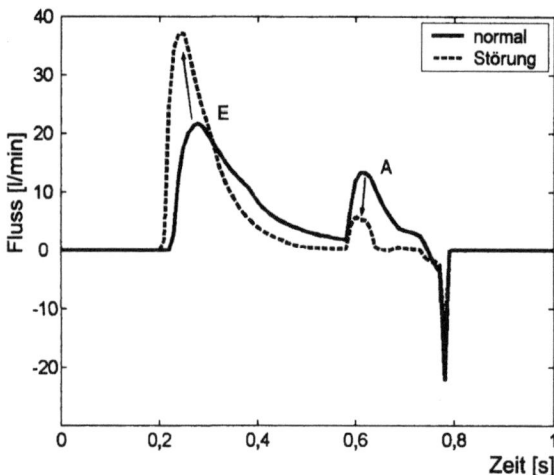

Bild 2.90: *Blutfluss über die Tricuspidalklappe unter Normalbedingungen und unter Rechtsherzinsuffizienz (Störung) bei konstanter Herzfrequenz von 70/min.*

Die beiden Peaks stellen zum einen den frühdiastolischen (E=„early") und zum anderen den durch die atriale Systole (A=„atrial") bedingten Bluteinfluss in den rechten Ventrikel dar. Unter einer simulierten Rechtsherzinsuffizienz steigt der Druckgradient zwischen Vene und rechtem Atrium durch den Rückstau des Blutes an. Daraus resultiert ein höherer rechtsatrialer Druck, der beim Einsetzen der rechtsventrikulären Diastole zu einem verstärkten Bluteinfluss führt (Maximum von Peak E erhöht). Dieser hat einen, im Vergleich zum gesunden Herzen, erhöhten Ventrikeldruck zu Beginn der atrialen Systole zur Folge, wodurch der durch die atriale Systole hervorgerufene Bluteinfluss in den rechten Ventrikel gemindert wird (Maximum von Peak A verringert).

Während die Auswertung der Druck- und Flusskurven eindeutig ist, stellt sich der direkte Vergleich von Absolutwerten der simulierten Blutflussgeschwindigkeiten des Modells mit gemessenen Referenzwerten aus der Literatur vor dem Hintergrund nicht konstanter Querschnittsflächen realer Gefäße als problematisch dar. In diesem Fall tritt die Prozessdynamik als Validierungskriterium in den Vordergrund. Um eine Vergleichsgrundlage zu Doppler-Sonographiesignalen beider Ventrikelausflussgeschwindigkeiten zu schaffen, wird im Modell Gleichung (2.47) als Berechnungsgrundlage für die Flussgeschwindigkeit angesetzt. Demnach ergibt sich unter der Annahme einer konstanten Querschnittsfläche A_{Klappe} [cm^2] die mittlere Strömungsgeschwindigkeit v [cm/s] aus dem Blutfluss ϕ [ml/s] zu

$$v(t) = \frac{\phi}{A_{\text{Klappe}}}.$$ (2.47)

Die daraus berechnete Flussdynamik für den linken und rechten Ventrikel (graue Linien, Bild 2.91) ist in einem Diagramm zusammen mit Messwerten dargestellt.

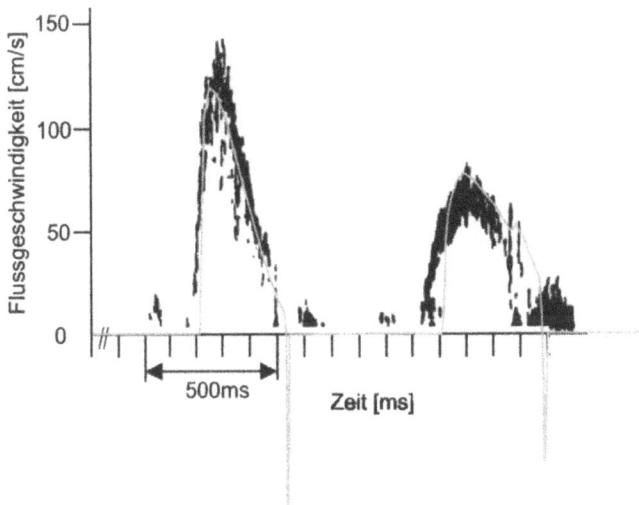

Bild 2.91: *Vergleich der beiden simulierten Ventrikelausflussgeschwindigkeiten mit Referenzwerten aus Lentner: Geigy, Scientific Tables, 1992.*

Der gute Deckungsgrad der Kurvenverläufe beider Ventrikel legt die Vermutung nahe, dass die Dynamik der Blutflüsse aus dem linken und rechten Ventrikel, d.h. der charakteristische dreiecksförmige Verlauf mit zunächst sprungartigem Anstieg der Flussgeschwindigkeit auf ein Maximum (bei maximalem Druckgradienten) und dem anschließend verzögerten Abklingen auf ein Minimum nahe null, in guter Übereinstimmung mit den realen Abläufen im Körper ist. Die auf einen Bereich weniger Millisekunden begrenzte Umkehrung des Blutflusses (negative Flussgeschwindigkeiten) ist auf die Klappenkinematik zurückzuführen, bei der der vollständige Klappenschluss zeitverzögert eintritt und somit ein kurzzeitiges Rückfließen des Blutes in die Ventrikel möglich ist.

Anwendung des Biomed-Modells

Die menschliche Kreislaufregulation setzt sich aus mehreren vermaschten Regelkreisen zusammen, die unter variierenden Belastungsphasen einen adäquaten Blutkreislauf gewährleisten. Dazu zählen die Aufrechterhaltung eines weitgehend konstanten arteriellen Drucks, die Einstellung eines notwendigen Herzzeitvolumens sowie die Kontrolle des Blutvolumens (Abschn. 2.1.4). Abhängig vom körperlichen Belastungsgrad gibt das autonome Nervensystem (ANS) einen Sollwert für den arteriellen Druck (Führungsgröße) vor. Die Messglieder des Regelkreises, die Pressosensoren, ermitteln die aktuelle Regelgröße. Durch Vergleich mit der Führungsgröße ergibt sich die Regelabweichung, die im Regler (Kreislaufzentrum) in eine adäquate Stellgröße (Impulse/min) umgerechnet wird. Die Stellglieder Herz und glatte Gefäßmuskulatur verändern daraufhin das Herzzeitvolumen (*HZV*) durch Zunahme/Abnahme der Herzfrequenz und der Kontraktilität des Herzens bzw. den totalen peripheren Widerstand (*TPR*) durch Engstellung/Weitstellung der Arterien und Venen, um die Regelgröße auf der durch Störungen beeinflussten Regelstrecke (Herz/Kreislauf) dem vorgegebenen Sollwert anzupassen.

Störungen der Erregungsbildung und -leitung können durch den Einsatz von Herzschrittmachern (Abschn. 2.3/2.4) therapiert werden. Die verwendeten Schrittmachertypen unterscheiden sich durch ihre Signaldetektion (*sensing*) und Impulsabgabe (*pacing*). Es kann sowohl im Atrium als auch im Ventrikel detektiert bzw. stimuliert werden, oder aber auch in beiden gleichzeitig. Ein DDDR-System (D=double, Atrium und Ventrikel; R=rate adaptive) detektiert (**DDD**R) und stimuliert (**DDD**R) in Atrium und Ventrikel, besitzt die „Double"-Funktion getriggerter oder inhibitorischer Modus (DD**D**R) und ist frequenzadaptiv (DDD**R**). Ein Patient, der nicht mehr in der Lage ist, die Herzfrequenz an die Belastung anzupassen, ist auf ein frequenzadaptives System angewiesen. Ist die Reizleitung im Herzen gestört, die belastungsabhängige Herzfrequenzanpassung jedoch intakt, wird z.B. ein DDD-Schrittmacher implantiert.

Zunächst wird der Einfluss der passiven Erhöhung der Herzfrequenz durch einen Schrittmacher über die dem Belastungsgrad angemessene Herzfrequenz hinaus untersucht („Overdrive pacing"), wobei die Sympathikusaktivität konstant gehalten wird, so dass sich der Gefäßwiderstand nicht ändert (Bild 2.92).

Die erhöhte Herzaktivität führt im Modell zu einer tendenziellen Umverteilung des Blutes vom Körperkreislauf in den Lungenkreislauf. Dadurch erhöht sich der Druck vor dem linken Atrium (Füllungsdruck) und vermindert sich vor dem rechten Atrium. Während der frühdiastolischen rechtsventrikulären Füllung nimmt der passive Bluteinstrom (Bild 2.92, Kennlinie 4: simulierter DDDR-Schrittmacher mit Herzfrequenz 100 [1/min], AV-Zeit 170 ms) im Vergleich zur Ruhesituation (Kennlinie 1: Herzfrequenz 70 [1/min], AV-Zeit 190 ms) ab, wodurch das Ventrikelvolumen und damit der passive Kompartimentdruck langsamer steigt.

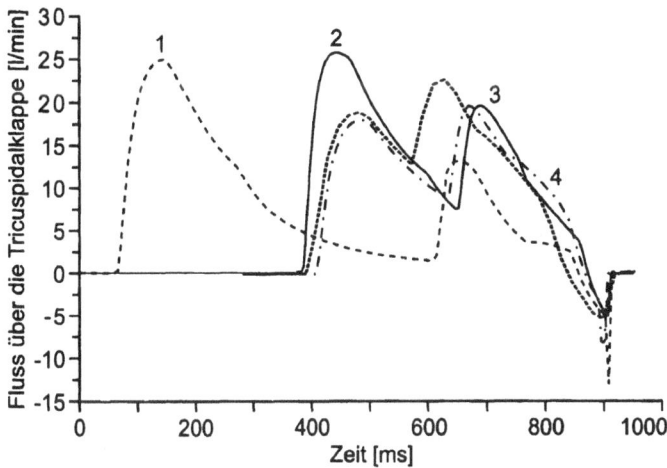

Bild 2.92: *Fluss über die Tricuspidalklappe unter Ruhe (1), Belastung (2), DDD-Überstimulation (3), DDDR-Überstimulation (4).*

Als Folge ist die anschließend einsetzende rechtsatriale Druckentwicklung für den Vorhof-beitrag effektiver. Wird die Antwort des Herzens auf eine Überstimulation durch Anpassung der AV-Zeit zugelassen (Kennlinie 3: simulierter DDD mit Herzfrequenz 100 [1/min], AV-Zeit: 210 ms), so verstärkt sich der beschriebene Effekt. Unter Belastung (Kennlinie 2: Herz-frequenz 100 [1/min], AV-Zeit 170 ms) senkt der Organismus im Unterschied zur simulierten Überstimulation den Gefäßwiderstand, so dass der Blutrückfluss zum rechten Herzen geför-dert wird und der den Vorhofbeitrag begünstigende Effekt der erhöhten Herzfrequenz teil-weise aufgehoben wird.

Kopplung des Biomed-Modells mit dem Guyton-Modell
Für eine weitere Betrachtung der beschriebenen Schrittmachersysteme mittels Simulation ist es erforderlich, das pulsatile Modell durch Komponenten zu erweitern, die die o. g. Regel-kreise schließen. Durch die Kopplung des pulsatilen Zirkulationsmodells mit einem etablier-ten Modell der Kreislaufregulation, dem Guyton-Modell, das die kreislaufphysiologischen Mechanismen in den Vordergrund stellt, werden weitere Anforderungen an ein für die Herz-schrittmacherforschung geeignetes Modell erfüllt.

Eine Untersuchung des Einflusses der Stimulationsfrequenz auf die Herzfunktion gesunder Personen und Personen mit einer Relaxationsstörung des linken Ventrikels (simuliert durch eine größere Abklingzeitkonstante der linksventrikulären Wandspannung) zeigt, dass in bei-den Fällen eine Steigerung des Herzzeitvolumens durch die von außen aufgeprägte Erhöhung der Herzfrequenz durch einen Schrittmacher nur bis zu einem belastungsabhängigen Maxi-mum möglich ist (siehe Bild 2.93).

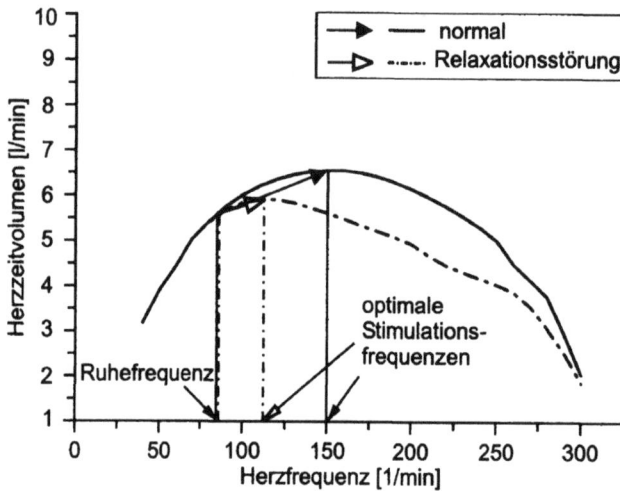

Bild 2.93: Zusammenhang zwischen Herzzeitvolumen und aufgeprägter Herzfrequenz zur Darstellung der maximalen (optimalen) Stimulationsfrequenz bei gesunden und an einer Relaxationsstörung des linken Ventrikels erkrankten Patienten.

Nach Überschreiten der „optimalen" Stimulationsfrequenz sinkt das Herzzeitvolumen wieder. Der Grund dafür liegt in der Verkürzung des Herzzyklus bei steigender Herzfrequenz, die sich insbesondere auf die diastolische linksventrikuläre Füllungsphase auswirkt. Da während der Diastole zudem die Herzmuskulatur mit Blut versorgt wird, kann eine zu hohe Stimulationsfrequenz zu einer Sauerstoffminderversorgung des Gewebes führen. Die Simulation zeigt deutlich, dass die therapeutische Breite der Stimulationsfrequenz bei Patienten mit Relaxationsstörung viel geringer ist. Bei der Entwicklung frequenzadaptiver Herzschrittmachersysteme ist es daher ratsam, eine patienten- und belastungsabhängige maximale Stimulationsfrequenz in den Steueralgorithmus zu implementieren.

In den letzten Jahren wurden verschiedene physiologische Parameter, die mit der körperlichen Beanspruchung korrelieren, für die sensorgesteuerte Herzfrequenzanpassung vorgeschlagen. Dazu zählen die maximale rechtsventrikuläre Druckanstiegsgeschwindigkeit, die zentralvenöse Sauerstoffsättigung und das Atemminutenvolumen (Abschn. 2.4). In Bild 2.94 sind die simulierten Stimulationsfrequenzen über dem Sauerstoffverbrauch, der direkt proportional zum körperlichen Belastungsgrad ist, aufgetragen.

Die Hystereseschleifen (Kennlinien mit Pfeilen) stellen die Dynamik der Sauerstoffaufnahme dar.

Unter der Annahme eines Schrittmacherkonzepts mit proportionalem Verhalten zwischen Messgröße und Stimulationsfrequenz lässt sich aus einem linearen Kennlinienverlauf (Bild 2.94 A und C) eine direkte Proportionalität zwischen Messgröße und körperlichem Belastungsgrad ableiten.

Die maximale rechtsventrikuläre Druckanstiegsgeschwindigkeit wird während der isovolumetrischen Anspannungsphase erreicht und ist im Bereich von 80 bis 120 [1/min] positiv mit der Herzfrequenz korreliert. Dieses Ergebnis wird durch die Simulation (siehe Bild 2.94 A) gestützt. Im Falle der Steuerung auf Basis der zentralvenösen Sauerstoffsättigung lässt sich, vgl. Abschn. 2.4.3, keine Proportionalität zwischen Messgröße und Belastungsgrad nachweisen (nichtlinearer Kennlinienverlauf in Bild 2.94 B).

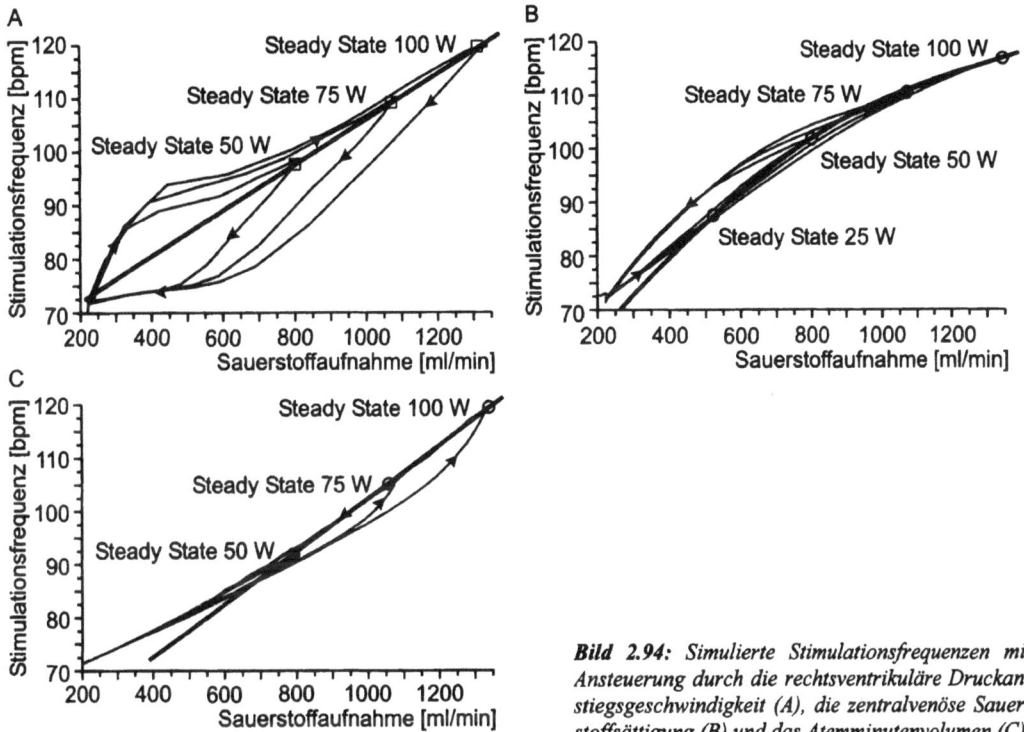

Bild 2.94: *Simulierte Stimulationsfrequenzen mit Ansteuerung durch die rechtsventrikuläre Druckanstiegsgeschwindigkeit (A), die zentralvenöse Sauerstoffsättigung (B) und das Atemminutenvolumen (C).*

Da im gekoppelten Modell der Lungenfunktionszyklus nicht explizit implementiert ist, wird als Ersatzparameter für das Atemminutenvolumen die „alveoläre Ventilation" (s. Kapitel 3), d.h. die für den Gasaustausch benötigte Belüftung der Lungenbläschen, als Steuergröße gewählt. Dieser Ansatz produziert einen linearen Zusammenhang zwischen Belastungsgrad und Herzfrequenz, wobei darauf hingewiesen werden muss, dass die in der Realität auftretende Nichtlinearität im anaeroben Bereich (Energieproduktion ohne Sauerstoff) durch das Modell nicht simulierbar ist.

Bild 2.95 vergleicht die erreichte zentralvenöse O_2-Sättigung für verschiedene Stimulationsarten im Experiment (Lemke, B., 1997; Steinkopf, Darmstadt) und in der Simulation. Man erkennt die gute Übereinstimmung zwischen den berechneten und den gemessenen Ergebnissen und die Überlegenheit der DDD- gegenüber der VVI-Stimulation.

Das pulsatile Modell reproduziert sowohl den Wertebereich als auch die Dynamik gemessener physiologisch wichtiger Parameter wie Druck, Fluss und Volumen. Für die Kardiomedizin hat die Kopplung mit dem Guyton-Modell die Voraussetzung geschaffen, Kreislaufregelungsmechanismen aufgrund veränderlicher Belastungssituationen zu simulieren. Das Modell hat sich bisher vor allem bei der Klärung wichtiger Voraussetzungen für die Herzschrittmachertherapie bewährt.

zentralven. O$_2$-Sättigung
S$_V$O$_2$ [%]

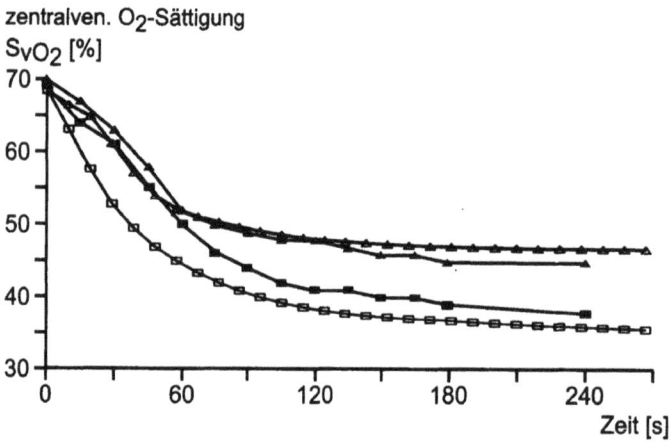

Bild 2.95: Zentralvenöse O$_2$-Sättigung bei verschiedenen Stimulationsarten. Offene Symbole: Simulation, geschlossene Symbole: Messungen. Stimulation: ■ □: VVI, ▲ △: DDD. (Belastung 50 W).

2.6   Defibrillatoren

Insbesondere tachykarde Rhythmusstörungen der Ventrikel sind unmittelbar behandlungsbedürftig. Kammerflattern und -flimmern (Fibrillation) müssen in jedem Fall innerhalb weniger Minuten beseitigt werden, da sie sonst irreversible Hirnschädigungen und wenig später den Tod des Patienten nach sich ziehen (Bild 2.96). Ventrikuläre Tachykardien sind zu etwa 80 % für die häufigste Todesursache „plötzlicher Herztod" verantwortlich. Die Methode der Wahl ist die Applikation einer oder mehrerer kräftiger kurzer elektrischer Impulse (shocks) aus einem elektrischen Impulsgeber, dem Defibrillator. Liegt eine behandlungsbedürftige ventrikuläre Rhythmusstörung, aber keine Fibrillation vor, oder ist die tachykarde Rhythmusstörung auf die Vorhöfe beschränkt, muss die Impulsabgabe synchronisiert an die R-Zacke des EKGs erfolgen („*Konversion*"), damit der externe Impuls nicht Kammerflimmern hervorruft. Die Impulstriggerung wird innerhalb von 100 ms vorzugsweise innerhalb von 20 ms (Bild 2.97) nach der R-Zacke ausgelöst, um sicherzustellen, dass der Impuls nicht in die vulnerable Phase (Abschnitt 2.2.2) fällt. Während bei ventrikulären tachykarden Phänomenen ohne Flattern oder Flimmern mitunter alternativ eine antitachykarde Schrittmachertherapie (Abschnitt 2.3.8) versucht wird, werden die atrialen behandlungsbedürftigen Arrhythmien heute vorzugsweise durch Ablationsstrategien, z.B. Koagulation („Verkochen") von Erregungsbahnen, angegangen, um Barrieren für kreisende Erregungen zu setzen oder Ursprungsorte zusätzlicher Erregungen zu beseitigen.

Der Wirkungsmechanismus der Defibrillation wird so gesehen, dass eine synchrone Depolarisation möglichst aller Myokardbezirke erreicht wird, die dann refraktär werden, so dass die Entstehungs- und Erhaltungsbedingung für kreisende Erregung, teilweise refraktäre Netzwerkmaschen, beseitigt wird. Tachykardien, die dadurch entstehen, dass auf Grund eines pathologischen Befundes mehrere Erregungszentren gebildet werden, werden durch Defibrillation nicht oder nicht dauerhaft beseitigt. Auch hier ist die Ablationstherapie angezeigt.

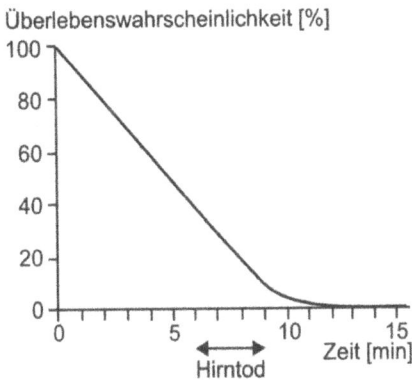

Bild 2.96: *Überlebenswahrscheinlichkeit nach Auftritt von Kammerflimmern.*

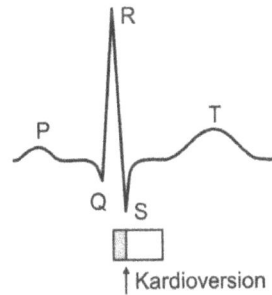

Bild 2.97: *Möglicher und optimaler Zeitpunkt für die Kardioversion.*

Externe Defibrillatoren verfügen über zwei großflächige Elektroden (⌀ ca. 10 cm für Erwachsene) mit gut isolierten Griffen, die auf zwei Hautarealen des Thorax positioniert werden. Zur Herabsetzung des Übergangswiderstandes ist Elektrodengel zu verwenden. Eine größere Übergangsfläche verkleinert zwar den Übergangswiderstand, aber sie führt gleichzeitig zu einer geringeren Stromdichte, und damit zur Gefährdung des Reizerfolges. Im Sinne einer effizienteren Feldverteilung durch das Herz wäre zwar die Positionierung einer Elektrode auf dem Rücken vorzuziehen, aus Praktikabilitäts- und Sicherheitsgründen wird jedoch die in Bild 2.98 gezeigte Elektrodenlage empfohlen.

Während der Impulsapplikation würden in gleichzeitig betriebenen EKG-Verstärkern sehr hohe Spannungen eingespeist. Diese Geräte müssen daher mit entsprechenden Schutzschaltungen ausgestattet sein. Da in mehr als 90 % der Fälle der Notarzt nicht rechtzeitig eintreffen kann, sollen zunehmend halb- oder auch vollautomatische externe Systeme (Abschnitt 2.6.2) zur „Früh- oder Laiendefibrillation" entwickelt und an möglichst vielen Orten (insbesondere Flughäfen, Stadien, Unternehmen, Altenheime usw.) aufgestellt werden. Halbautomatisch heißt, dass der Defibrillator über eine automatische Signalanalyse verfügt, die bei festgestelltem Kammerflimmern oder bei Herzstillstand die Abgabe eines Impulses empfiehlt. Die Auslösung erfolgt weiterhin manuell, während der Vollautomat auch diesen Schritt automatisch einleitet. Auch mit der weitergehenden Verfügbarkeit von automatischen externen Defibrillatoren (AEDs) wird nur mit einer Überlebensrate von max. 30 % gerechnet, so dass Patienten, bei denen lebensbedrohliche Tachykardien erwartet werden, mit automatischen implantierbaren Konvertern/Defibrillatoren (AICD) ausgestattet werden (Abschnitt 2.6.3).

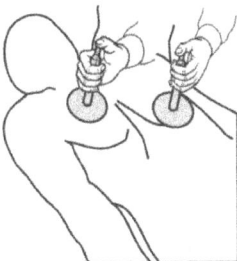

Bild 2.98: *Positionierung der Defibrillationselektroden bei externer Schockauslösung an den Handgriffen.*

2.6.1   Schaltungstechnische Grundlagen

Der elektrische Impuls entsteht im Prinzip durch Auf- und Entladen eines Kondensators, im einfachsten Fall durch die in Bild 2.99 A gezeigte Schaltung und die entsprechende impuls-förmige Kondensatorentladung. Prinzipiell ist auch die Defibrillation ohne Kondensator durch ein oder mehrere Wechselspannungswellen möglich, jedoch wird heute praktisch aus-schließlich mit Kondensatorentladungen gearbeitet, da hier die Optimierung der Impulsform leicht ist und insbesondere auch netzunabhängige Geräte entwickelt und eingesetzt werden können. Dem Kondensator kann eine Spule (Induktivität) nachgeschaltet werden (Bild 2.99 B), um Spannungsspitzen zu verringern und den Impuls zu glätten. Während früher Konden-satoren von 10–20 µF verwandt wurden, werden neuerdings auch höhere Kapazitäten einge-setzt, die zu geringeren Defibrillationsschwellen führen. Erfahrungsgemäß müssen zur De-fibrillation mindestens 2 A für 10–20 ms durch das Herz fließen. Längere Flimmerzustände benötigen grundsätzlich hohe Energien, im Allgemeinen wird mit 200–400 J (3 J/kg Körper-gewicht) bei externer Defibrillation gearbeitet. Im Falle der Konversion des Vorhofes wird die Energie auf 1/3 bis 1/6 abgesenkt. Bei direkter intrakardialer Reizung durch einen AICD sollte mit maximal 40 J gearbeitet werden. Die Angabe der Energiewerte ist als Anhaltspunkt üblich, obwohl für die Depolarisation der Zellen die abgegebene Ladung und die Pulsform entscheidend sind. Neuere Entwicklungen verzichten auf die Glättung durch eine Spule und erzeugen mit komplexeren Schaltungen abgehackte („truncated") Exponentialabfälle (Bild 2.100), da zu lange Impulse nach erfolgter Depolarisation der erforderlichen kritischen Herzmasse weitere Zellen stimulieren und es zu „multifokaler" Stimulation und damit zur Möglichkeit von Re-Entry-Tachykardien kommen kann. Die Impulsform mit den drei Para-metern U_0, T und U_1 ist schaltungstechnisch leicht zu variieren und zu optimieren. Sie wurde weiterentwickelt zu sog. biphasischen Impulsen, die nach ca. 10 ms den Impuls umpolen (Bild 2.100 B). Dadurch wird die Wahrscheinlichkeit für eine „multifokale" Stimulation und auch die Defibrillationsschwelle erniedrigt. Eine Vielzahl von geringfügigen Abwandlungen scheint keine wesentlich unterschiedlichen Effekte zu erzeugen.

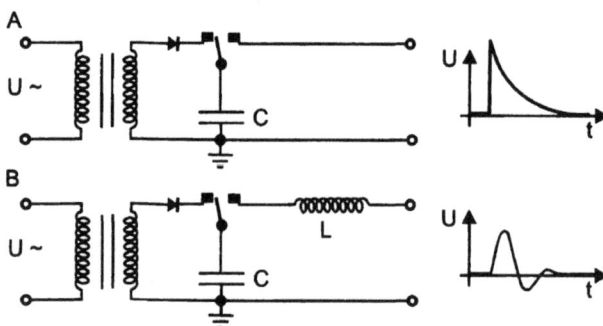

Bild 2.99: *Grundschaltungen für die Kondensatorauf- und -entladung. A: ohne, B: mit Spule.*

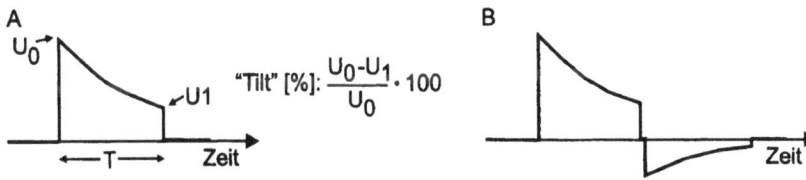

Bild 2.100: *Grundformen des Schockverlaufs. A: „monophasisch", B: „biphasisch".*

Ein Ladegenerator sorgt für die Aufladung des Kondensators. Üblicherweise wird die Batteriespannung durch eine Zerhacker- oder Multivibratorschaltung in eine Wechselspannung umgewandelt und meist hochtransformiert. Eine Spannungsvervielfacher-Schaltung mit etlichen Gleichrichtern und Kondensatoren liefert die Spannung für die Aufladung des Kondensators und damit die Impulsanfangsspannung U_0. Für externe Defibrillatoren kommen Spannungen von 2000 V bis über 4000 V, für implantierbare Geräte mit intrakardialer Reizung bis etwa 1000 V in Betracht.

2.6.2   Automatisierte externe Defibrillatoren (AED)

Insbesondere um die frühzeitige Defibrillation durch unterwiesene Laien (z.B. Sanitäter, Polizisten, Pflegepersonal, Angehörige, Flugbegleiter usw.) zu ermöglichen, wurden automatisierte externe Defibrillatoren entwickelt. Der wesentliche und kritische Automatisierungsschritt liegt in der automatischen Analyse des EKG und ggf. der Ableitung einer Schockempfehlung, so dass dem Ersthelfer oder dem Arzt neben der Vorbereitung der Geräte und dem Anlegen der Elektroden letztlich die Entscheidung der Auslösung überlassen bleibt. Da der externe Defibrillator kaum Einschränkungen in Bezug auf die für komplexere Analyse- und Entscheidungsprozesse benötigte Rechenkapazität und Energiebereitstellung unterliegt, sind die entsprechenden Detektionsalgorithmen sehr leistungsfähig, so dass die Geräte immer zuverlässiger werden und die weitere Vollautomatisierung in Form der automatischen Schockauslösung relativ unproblematisch ist.

Im manuellen Betrieb wird nach Beurteilung des Patientenzustands und des am Monitor angezeigten EKGs zunächst die Entscheidung, ob Konversion oder Defibrillation, getroffen und dann die Impulsenergie gewählt. Sodann wird der Kondensator aufgeladen und über die in den Elektrodenhandgriffen (Bild 2.98) befindlichen Schalter an die Elektroden gelegt. Die Synchronisation eines Konversionsimpulses mit der R-Zacke und die Abschaltung des EKGs während der Impulsabgabe erfolgt in jedem Fall automatisch.

Zwei separate Spannungsmessungen kontrollieren in der Regel die Ladespannung. Der von der Batterie gespeiste Ladegenerator wird über ein Laderelais und eine Start-Stopp-Schaltung aktiviert und deaktiviert. Das Laderelais steuert ggf. auch die Entladevorrichtung, sofern z.B. während des Ladevorgangs normale Eigenrhythmen auftreten sollten oder man eine niedrigere Energie möchte.

Vor der Schockauslösung liegen die Elektroden an dem EKG-Gerät mit Monitor. Hier setzt die Hauptautomatisierungsstufe ein: Das EKG wird automatisch analysiert und die Entscheidung, ob Schockabgabe und mit wie viel Energie und ggf. ob Defibrillation oder ob Konversion angezeigt bzw. vorgewählt. Die Schalter werden dann je nach Automatisierungsgrad manuell (Halbautomat) oder auch automatisch (Vollautomat) betätigt.

Ein automatischer Defibrillator sollte möglichst eindeutig unterscheiden können zwischen normalem Eigenrhythmus, supraventrikulären (atrialen) Tachykardien (SVT), ventrikulären Tachykardien (VT), ventrikulärem Flattern/Flimmern (VF) und gestörten Signalen. Defibrillation ist nur vonnöten im Falle von ventrikulärer Fibrillation und hämodynamisch relevanten Tachykardien. Eine erste Analyse dient der Ermittlung von QRS-Komplexen und ihrer Intervalle, ein zweiter der eindeutigen Erkennung der nichtdefibrillatorpflichtigen Rhythmen bzw. der defibrillatorpflichtigen Tachykardien, insbesondere Kammerflimmern. An Störsignalen kommen vor allem in Betracht: Kapazitive und induktive Netzeinkopplungen, Störungen durch die Muskelaktivität (EMG) und Bewegungen des Patienten oder der Elektroden, was ebenso wie anderweitig verursachte Änderungen des Übergangswiderstandes Nulllinienschwankungen zur Folge hat. Diesen Störungen tragen EKG-Geräte durch entsprechende Filtertechnik und Signalaufbereitung Rechnung, wobei im Zusammenhang mit dem Betrieb von AEDs natürlich erhöhte Ansprüche zu stellen sind.

Für die Detektion von QRS-Komplexen wurden zahlreiche Algorithmen entwickelt. Die meisten Vorschläge unterscheiden sich durch die spezielle Filtertechnik und entscheiden aufgrund von z. T. sich selbsttätig anpassenden Schwellenwerten für das EKG-Signal und seine Ableitungen. Zum Teil werden Refraktärzeiten eingeführt, um die fälschliche Detektion von T-Wellen als R-Wellen zu vermeiden. Andere Ansätze verwenden mit sehr gutem Erfolg die Matched-Filter-Technik, indem für den Patienten typische QRS-Komplexe mit dem Signal korreliert werden, was aber natürlich für die Implementierung in öffentlich zugängliche AEDs nicht geeignet ist. Weitere Vorschläge beruhen auf genetischen Algorithmen oder auf Wavelet-Transformationen. Einem Teil der Verfahren kann aufgrund von Tests mit zugänglichen EKG-Datenbanken eine hohe Sensitivität von durchweg mehr als 99 % bescheinigt werden. (Unter Sensitivität versteht man in diesem Zusammenhang die Fähigkeit, die vorhandenen QRS-Komplexe auch wirklich zu identifizieren.)

Algorithmen

Zur Detektion defi-pflichtiger Tachykardien werden Verfahren im Zeitbereich und im Frequenzbereich eingesetzt. Ihre Leistungsfähigkeit wird anhand der schon eingeführten Sensitivität und der sog. Spezifität beurteilt. Während die Sensitivität die Leistungsfähigkeit beschreibt, die schockpflichtigen Zustände auch richtig zu erkennen, beschreibt die Spezifität die Fähigkeit, die nichtdefibrillatorpflichtigen Zustände auch richtig zu identifizieren. Eine nicht 100%ige Sensitivität würde zur Nichtabgabe von Schocks führen, was unmittelbar lebensbedrohlich sein wird, während eine nicht 100%ige Spezifität zur unnötigen Schockabgabe führt.

Ein Verfahren, das allerdings unter Verwendung derselben Datenbank als Testdatenbank und zur Ermittlung der statistischen Parameter 100%ige Sensitivität und Spezifität für sich in Anspruch nimmt, beruht auf der sog. TCI-Zeit (threshold crossing interval). Das ist die Intervalldauer, während der das EKG-Signal einen bestimmten Amplitudenschwellenwert überschreitet. Unter der Annahme, dass diese Intervalldauer normal verteilt ist, ergeben sich für ventrikuläre Tachykardien, ventrikuläres Flimmern und Sinusrhythmus unterschiedliche Mittelwerte und Varianzen der Wahrscheinlichkeitsverteilung.

Andere Verfahren im Zeitbereich bemühen sich, über die Autokorrelationsfunktion oder über statistische Regelmäßigkeit/Unregelmäßigkeit zum Entscheidungskriterium zu kommen. Auch hier werden 100 % Sensitivität und Spezifität von den Autoren angegeben. Weitere Ansätze, die mehrere definierte Parameter nutzen, erreichen ebenfalls Sensitivitäten und Spezifitäten von über 99 %.

Im Frequenzbereich ergibt die Nutzung der Fast-Fourier-Transformation zwar eine Sensitivität von 100 %, aber nur eine Spezifität von 97 %. Daher wurden auch andere Ansätze verfolgt, insbesondere die Nutzung einer Reihe von Zeit-/Frequenz-Verteilungen. Sensitivitäten und Spezifitäten von 100 % wurden mit der Cone-Kernel-Verteilung (CKD) und der Choi-Williams-Verteilung (CWD) erreicht. Wavelet-Transformationen waren bisher weniger erfolgreich.

2.6.3   Der automatische implantierbare Kardioverter/Defibrillator (AICD)

Der erste Prototyp eines AICDs wurde 1969 von Michel Mirowski und William Staewen entworfen und gebaut. Die erste Implantation erfolgte im Jahre 1980. Technologie, Form und Implantationsmethode von AICDs und Schrittmachern sind sehr ähnlich. Allerdings sind AICDs, obschon von tolerabler Größe und Gewicht, etwas größer und schwerer als Schrittmacher, insbesondere weil große Kondensator- und Batteriekapazitäten benötigt werden. Darüber hinaus verfügen moderne AICDs auch über antibradykarde Stimulation und teilweise schon über biventrikuläre Stimulationsmöglichkeiten. Die meisten AICDs erlauben auch alternativ oder kombiniert die antitachykarde Stimulation (Abschnitt 2.3.8). AICDs sind mit besonderen Sonden mit Detektionselektroden und sog. Schockwendeln (Bild 2.104 A) ausgestattet, über die die Impulse abgegeben werden. Es gibt eine Vielzahl von Ausführungen, um einen sicheren Stimulationserfolg zu garantieren.

Die Forderung nach absoluter Zuverlässigkeit in der Feststellung der Notwendigkeit einer Schockabgabe bedingt natürlich eine hohe Rechenkapazität. Daher kann zur Zeit für die meisten der für AEDs geeigneten Algorithmen aus Platz- und Energiegründen in AICDs keine ausreichende Hardware zur Verfügung gestellt werden. Die zur Zeit implementierbaren Einkammer-Algorithmen erreichen durchweg keine 100 %ige Sensitivität und Spezifität, so dass intensiv daran gearbeitet wird. Alternativ wird zur Zeit die Sensitivität zu Lasten der Spezifität erhöht, um nicht durch unterlassene Schockabgabe den Tod des Patienten zu riskieren. Das impliziert aber das Risiko von nicht zwingend notwendigen Schockabgaben, die natürlich außerordentlich unangenehm sind und in Ausnahmefällen auch Gefährdungspotenzial haben können. Abhilfe verspricht der Zweikammer-ICD, in dem durch Frequenzvergleich atriale und ventrikuläre Rhythmen mit großer Sicherheit unterschieden werden können. Zusätzlich wird hier z. T. mit Teststimuli gearbeitet, um die irrtümliche Detektion von Kammersignalen („retrograde" Leitung, „far field"-Detektion) im Vorhof zu vermeiden.

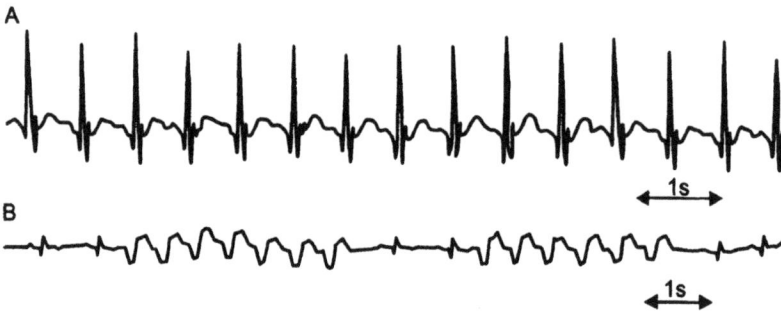

Bild 2.101: *Beispiele supraventrikulärer (A) und ventrikulärer (B) Tachykardien.*

Algorithmen

Im AICD erfolgt die Klassifikation der unterschiedlichen Rhythmen primär auf der Basis von ermittelten Intervalllängen für die Kammererregungen. Zusätzlich werden ein oder mehrere weitere Kriterien benutzt, z.B. das „Sudden-Onset-Kriterium", d.h. es wird geprüft, ob die Herzfrequenz relativ langsam ansteigt oder ob sie sich plötzlich und abrupt erhöht. Zum Teil findet auch das sog. Stabilitätskriterium (Festlegung eines Grenzwertes für die Schwankung der ermittelten Intervalle der Kammererregung) Verwendung. Dennoch gilt, dass in bis zu 50 % der Fälle eine unnötige Schockabgabe aufgrund supraventrikulärer (atrialer) Arrhythmien erfolgt. Daher muss der zuverlässigen Unterscheidung von supraventrikulären Tachykardien (SVT) und ventrikulären Tachykardien (VT) besondere Aufmerksamkeit geschenkt werden (Bild 2.101). Deshalb wurden und werden Algorithmen entwickelt, die die Form (morphologische Kriterien) des EKGs einbeziehen. Eingesetzt wird z.B. das QRS-Breitenkriterium, bei dem eine Verbreiterung des QRS-Komplexes um 30 % als signifikant für VT angesehen wird. Allerdings bilden nicht alle VTs QRS-Verbreiterungen aus, so dass ein Test anhand der MIT-Datenbank nur 71 % Sensitivität für die richtige Erkennung von VTs und nur 86 % Spezifität für die richtige Erkennung von SVTs liefert. Etwas höhere Werte (92 % bzw. 89 %) ergeben sich für ein Verfahren, das auf der Ermittlung der Flächendifferenz zwischen den QRS-Komplexen des Signals und Referenzkomplexen beruht.

Seit einiger Zeit wird für AICDs verstärkt an Algorithmen gearbeitet, die darauf beruhen, das EKG als koeffizientengewichtete Summe von Wavelet-Funktionen (vgl. Bild 2.102 A, B) darzustellen. Vorzugsweise werden Haar-Wavelet-Familien verwendet. Wavelet-Transformationen enthalten neben der Frequenzinformation auch Ortsinformation. Ein Ansatz ordnet die Haar-Wavelet-Koeffizienten der Größe nach und vergleicht sie mit den zehn größten eines Referenz-Komplexes für Sinus-Rhythmus, ein anderer wandelt die QRS-Komplexe zunächst in eine Wavelet-Darstellung um und transformiert den EKG-Ausschnitt mit Hilfe der größten Wavelet-Koeffizienten wieder zurück. Dieser Vorgang bewirkt eine Glättung der Kurven. Der so behandelte EKG-Ausschnitt wird ähnlich wie bei einem der oben schon beschriebenen Verfahren mit einem gleich behandelten Referenzausschnitt durch Ermittlung der Flächendifferenz verglichen. Ein dritter Wavelet-Ansatz schließlich arbeitet statt mit einfachen Haar-Wavelets mit komplexen sog. D(4)-Wavelets (vgl. Bild 2.102 C), erreicht aber geringere Sensitivität und Spezifizität als der Haar-Wavelet-Ansatz, dessen Werte aber auch unter 90 % und damit sogar unter denen der Methode des einfachen Flächenabzugs liegen.

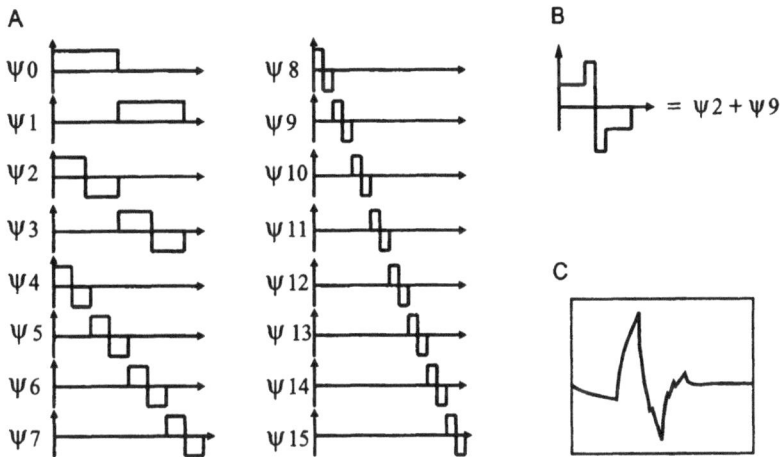

Bild 2.102: Wavelets. A: Haar-Wavelet-Familie. B: Gewinnung neuer Funktionen durch Addition von Haar-Wavelets. C: Beispiel eines D(4)-Wavelets.

Bei einem weiteren Ansatz (Optimalkoeffizient, Kaup et al., 2003) wird für jedes EKG/für jeden Patienten derjenige Wavelet-Koeffizient ermittelt, der sich am besten zur Unterscheidung von ventrikulären und nichtventrikulären Rhythmen eignet. Für jeden EKG-Ausschnitt werden gleich viele Koeffizienten errechnet. Retrospektiv wird bei jedem EKG für jeden Koeffizienten ein Grenzwert ermittelt, bei dem die Sensitivität und die Spezifität für die Erkennung von ventrikulären Rhythmen maximal sind. Anschließend wird derjenige Koeffizient mit der höchsten Sensitivität und Spezifität ausgewählt. Dieser Ansatz erreicht die Sensitivität der Methode des Flächenabzugs (91 %) und hat mit 94 % mit Abstand die beste Spezifität der sechs hier skizzierten, für AICDs entworfenen Morphologiekriterien. Das zeigt, dass sich mit Hilfe von Wavelets sicher noch leistungsfähigere Algorithmen konstruieren lassen. Bei dem zuletzt dargestellten Wavelet-Algorithmus ist einschränkend zu berücksichtigen, dass zur Initialisierung ein EKG mit einer Anzahl von QRS-Komplexen ventrikulären Ursprungs nötig ist, was bei den anderen weniger leistungsfähigen Wavelet-Algorithmen nicht der Fall ist.

Linksventrikuläre Elektroden für die Defibrillation
Aufgrund der Tatsache, dass linksventrikuläre Stimulationselektroden mit Erfolg bei dilatativer Kardiomyopathie (Abschn. 2.2.2) eingesetzt werden und mit Elektroden im rechten Ventrikel und im Kranzgefäßsystem des Herzens die Feldverteilung gezielter auf die gesamte Herzmuskulatur verteilt und fokussiert werden kann, liegt es nahe, auch über linksventrikuläre Elektroden für die Defibrillation nachzudenken. In Bild 2.103 sind die entsprechenden Feldverläufe im oberen Teil in einem Experimentalaufbau und im unteren Teil in einer Computersimulation für konventionelle bipolare (Teil A) und unipolare (Teil B) Schockabgabe und in Teil C mit je einer Schockwendel im rechten Ventrikel und im linken Gefäßsystem gezeigt. Beide Analyseverfahren ergeben weitestgehend übereinstimmende Ergebnisse bezüglich der elektrischen Feldverteilung. Bei der bipolaren Anordnung bildet sich das Maximum des Feldstärkebetrages im Bereich des rechtsventrikulären Myokardgewebes aus.

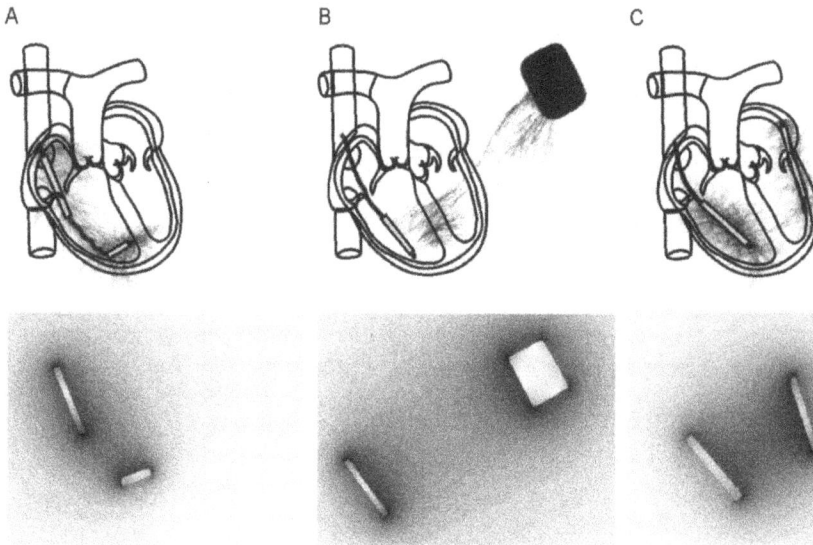

Bild 2.103: *In-vitro-Untersuchung der Feldverteilung (oben, Azetatfäden befinden sich in Tetrachlorkohlenstoff) und Computersimulation (unten) für verschiedene Elektrodenanordnungen. A: bipolar, rechtsventrikulär, B: unipolar, rechtsventrikulär, C: bipolar, rechts- gegen transkoronar (linksventrikulär).*

Bei der unipolaren Konfiguration ist das Feld auf beide Ventrikel ausgedehnt, zusätzlich zeigt sich ein Feldstärkemaximum in unmittelbarer Umgebung des Defibrillatorgehäuses. Insbesondere im in-vitro-Versuch ist im Vergleich zur bipolaren Anordnung eine deutlich verminderte Intensität der Feldstärke im gesamten Myokard zu sehen. Bei der Anordnung mit einer Schockwendel im rechten Ventrikel und einer zweiten im linksventrikulären koronarvenösen System ergeben sich sowohl im rechts- als auch im linksventrikulären Myokardgewebe Maxima der Feldstärke. Das lässt den Schluss zu, dass durch die homogenere Feldverteilung im Fall der linksventrikulären Elektrode eine Steigerung der Effektivität der Defibrillation und eine damit verbundene niedrigere Defibrillationsschwelle erreichbar ist. In ersten Untersuchungen am Schweineherzen konnte dies bestätigt werden. In diesem Zusammenhang konnte eine kombinierte linksventrikuläre Stimulations- und Defibrillationssonde entwickelt werden (Müller et al., 2002).

Die Sonde besteht aus einem Silikonschlauch mit einem Innenduchmesser von 0,5 mm und einem Außendurchmesser von 1,5 mm (Bild 2.104 A). Auf dem äußeren Umfang des Schlauches sind spiralförmig vier voneinander elektrisch isolierte Zuleitungsdrähte angebracht. Die Elektrode bilden vier Edelstahlwendel, die außen im Abstand von 5 mm zueinander auf einen Silikonkörper aufgeklebt und jeweils mit einem der Zuleitungsdrähte verbunden werden. Zur Ansteuerung der Elektrode ist eine spezielle mikroprozessorgesteuerte Digitalschaltung vonnöten, die es ermöglicht, jede der vier Elektrodenwendel einzeln anzusteuern. Alternativ kann die Elektrode zur Stimulation mit einer Niederspannungsquelle (U=0–5 V) oder zur Defibrillation mit einem Kondensator (C=220 µF), der auf eine Spannung im Bereich von 0–750 V aufgeladen wird, verbunden werden. Der Zustand der Steuerelektronik

bei Abgabe eines bipolaren Stimulationsimpulses zwischen der distalen und der danebenlie-
genden Wendel ist in Bild 2.104 B gezeigt. Die Transistorschalter der beiden Wendel sind
gegenläufig geschlossen, so dass sich zwischen den Elektrodenwendeln eine positive Spannung einstellt. Eine negative Spannung kann durch entgegengesetztes Schließen der Schalter
erreicht werden. Alle Schalter der an der Stimulation nicht beteiligten Wendel sind geöffnet.
Auf diese Weise können mehrere bipolare Stimulationsimpulse zeitversetzt an drei Stimula-
tionsorten abgegeben werden. Die Abgabe eines Defibrillationsimpulses ist in Bild 2.104 C
zu sehen. Eine der Elektroden befindet sich hierbei im koronarvenösen System, die zweite im
rechten Ventrikel.

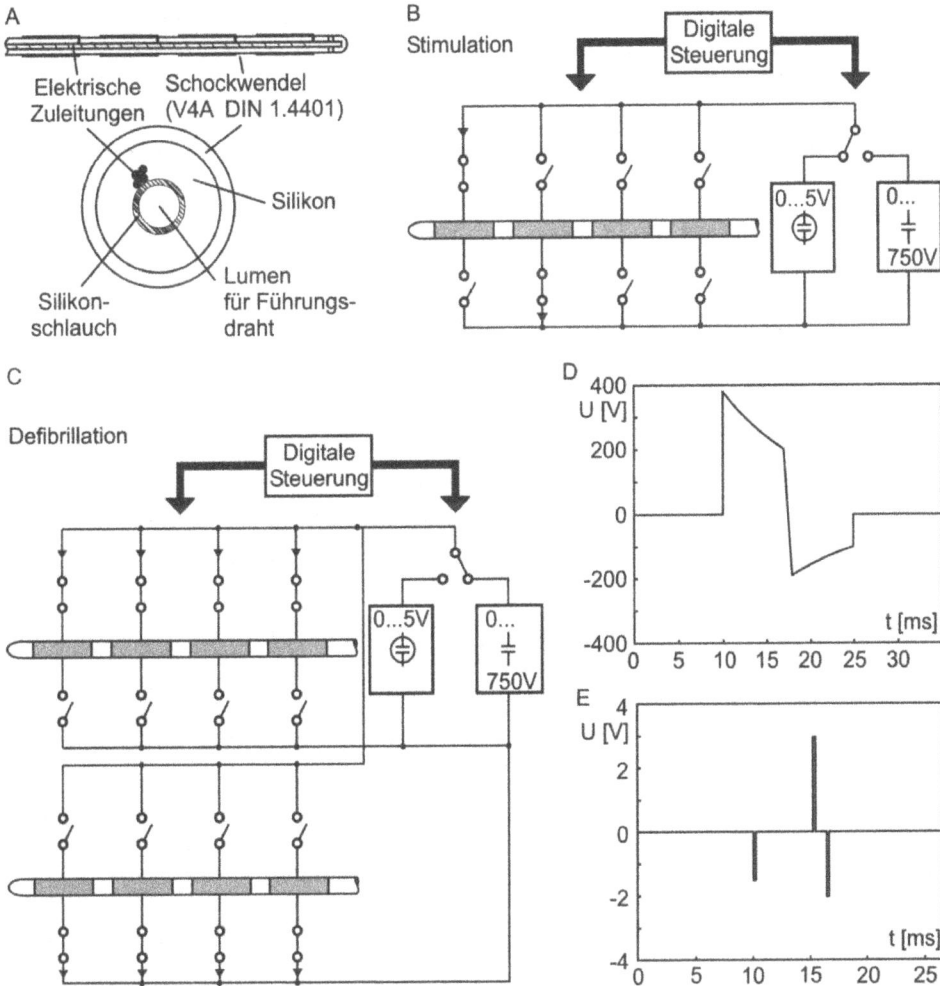

Bild 2.104: *Kombinierte linksventrikuläre Stimulations- und Defibrillationselektrode. A: Aufbau der Elektrode.
B, C: Ansteuerung bei Stimulation (aktive Elektrode) und bei Defibrillation. D, E: Spannungsverlauf an der Elektrode bei Defibrillation und bei bipolarer Stimulation.*

Aus den Schalterstellungen ist ersichtlich, dass alle Wendeln einer Elektrode auf das gleiche Potenzial geschaltet werden. Dies entspricht einer elektrischen Verbindung der vier Einzelwendeln zu einer Gesamtfläche, über die der Strom während der Defibrillation gleichmäßig abgegeben wird.

Zur Verifikation der Funktion des Gesamtsystems wurden verschiedene Simulationen des elektrischen Verhaltens mit Hilfe der Programme MatLab und PSpice durchgeführt. Die Simulation des Defibrillationsimpulses wurde für verschiedene Elektrodenimpedanzen sowie Defibrillationsenergien durchgeführt. In Bild 2.104 D ist der Spannungsverlauf an der Elektrode für einen biphasischen Schock bei einer Impedanz $Z=50 \Omega$ und einer Defibrillationsenergie $E=15$ J dargestellt. Weiterhin wurde die Umschaltspannung für den Polaritätswechsel des Impulses $U_s=0,5*U_0$ sowie die Endspannung $U_e=0,25*U_0$ vorgegeben. Abbildung 2.104 E zeigt den Spannungsverlauf an der Elektrode bei bipolarer Stimulation. Hierbei wurde jeweils zwischen zwei benachbarten Wendeln die Stimulationsspannung angelegt. Die Impulsbreite beträgt für alle Impulse 0,2 ms.

Der Einsatz eines Elektrodenkonzeptes zur kombinierten linksventrikulären Stimulation und Defibrillation erscheint außerordentlich sinnvoll.

2.7   Die Herz-Lungen-Maschine

Eine Herz-Lungen-Maschine (HLM) ist, wie der Name andeutet, in der Lage, für eine begrenzte Zeit während einer Herzoperation die Pumpfunktion des Herzens und die Oxygenierungsfunktion der Lunge zu übernehmen. Die ersten Prototypen einer Herz-Lungen-Maschine wurden in den Jahren 1934/35 fast zeitgleich und unabhängig voneinander von dem Chirurgen John Gibbon und dem Flugpionier Charles Lindbergh gebaut. Die erste Anwendung am Menschen erfolgte erst 18 Jahre später. Für ca. 45 Minuten wurde eine Patientin an die Maschine angeschlossen. Während die Herz-Lungen-Maschine für 26 Minuten die Kreislauf- und Atmungsfunktion gewährleistete, wurde ein erfolgreicher Herzscheidewandverschluss durchgeführt.

Obwohl in den letzten Jahren minimal-invasive Techniken vor allem zur Operation von Bypässen und Klappendefekten entwickelt wurden, muss nach wie vor die überwiegende Anzahl der Eingriffe am stillgelegten blutleeren Herzen durchgeführt werden. Mit Hilfe der extrakorporalen Zirkulation (EKZ) wird eine ausreichende Durchblutung des Patienten und damit eine ausreichende Sauerstoffversorgung sichergestellt. Trotz aller technischen Weiterentwicklungen der Herz-Lungen-Maschine stellt eine herzchirurgische Operation nach wie vor einen schwerwiegenden Eingriff in die Körperintegrität des Patienten dar. Sie birgt außerdem das Risiko postoperativer Schäden, die durch unerkannte Phasen der Minderperfusion während der Operation entstehen können. Hier sind vor allem neurologische Schäden zu nennen.

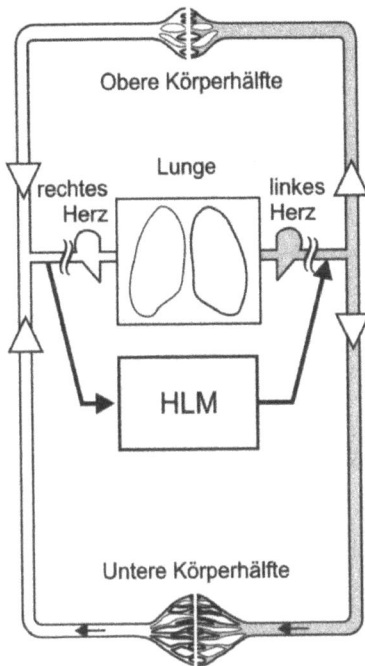

Bild 2.105: Ankopplung der Herz-Lungen-Maschine (HLM) an den Patienten.

2.7.1 Aufbau und Komponenten der Herz-Lungen-Maschine

Die Gesamtsituation beim Einsatz einer HLM und eine typische Konfiguration sind in den Bildern 2.105 und 2.106 dargestellt. Venöses Blut wird am rechten Herzen aus dem Körper entnommen und der HLM zugeführt. Erste Station ist der venöse Beutel, in dem es zwischengespeichert wird, die zweite Station ist die arterielle Pumpe (Herzersatz), die das Blut durch die HLM und den Körper treibt. Dann folgt der Oxygenator (Lungenersatz), in dem der Gasaustausch stattfindet, d.h. die Beladung des Blutes mit Sauerstoff und der Entzug von Kohlendioxid durch Diffusion entlang einer großflächigen Membran, welche die Blut- und Gasseite im Oxygenator trennt. In einem Wärmetauscher, der meistens im Oxygenator integriert ist, wird das Blut bei Bedarf abgekühlt. Bevor es über die Aorta zurück in den Körper gelangt, wird es gereinigt und entlüftet. Neben dieser Hauptlinie gibt es noch drei Nebenlinien, die zur Drainage des Herzens („Ventlinie") und zur Absaugung des Operationsfeldes dienen. Diese Blutmenge wird nicht verworfen, sondern wieder dem Kreislauf zugeführt. Eine weitere Nebenlinie dient zur direkten Versorgung des Herzens mit oxygeniertem Blut, wobei diesem Substanzen zur temporären Lähmung des Herzens zugesetzt werden können (Kardioplegie). An allen wesentlichen Stellen des Systems befinden sich Sensoren zur Messung der Blutgasparameter, der Temperatur, des Blutdruckes und der Durchströmung. Die Messwerte werden durch eine zentrale Monitoring-Einheit angezeigt und archiviert.

Eine vergleichbare Situation ist bei der extrakorporalen Membranoxygenation (ECMO) gegeben, einer längerfristigen Intensivmaßnahme, die bei speziellen kardiochirurgischen Problemen indiziert ist. Ein System zur Durchführung der ECMO lässt sich direkt aus Bild 2.106

ableiten, indem man die drei Nebenlinien (Kardioplegie, Ventlinie und Absaugung) und
eventuell den venösen Beutel und das Kardiotomiereservoir weglässt.

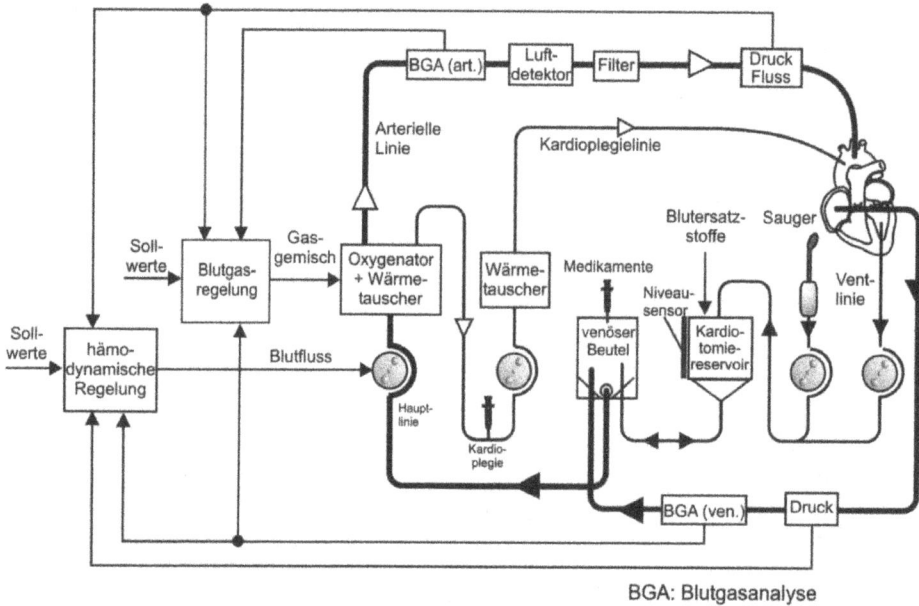

Bild 2.106: Detailliertere Darstellung einer typischen Herz-Lungen-Maschine mit den in Entwicklung befindlichen Automatisierungsstufen.

Pumpen

Die meisten Herz-Lungen-Maschinen sind mit Rollerpumpen ausgestattet (Bild 2.107). Es
handelt sich um Rotationspumpen mit einem rotierenden Pumpenarm, an dessen Ende zy-
lindrische Rollen angebracht sind (Bild 2.108). In dem halbkreisförmigen Gehäuse liegt der
Pumpenschlauch, der bei der Rotation des Rollenträgers alternierend zusammengedrückt
wird und sich in Folge seiner Elastizität sofort wieder mit Blut füllt. Das Blut wird hierbei
durch peristaltische, tangentiale Verdrängung gefördert. Bei den modernen Rollerpumpen
hält sich die Hämolyse bei den relativ kurzen intraoperativen Perfusionszeiten in tolerablen
Grenzen. Die Vorteile der Rollerpumpe liegen in der Einfachheit des technischen Aufbaus
und der Problemlosigkeit in der klinischen Anwendung. Mit einer speziellen Zusatzsteuerung
zur intermittierenden Beschleunigung der Pumpenumdrehungszahl kann ein „pulsatiler"
Fluss erzeugt werden. Manche Herz-Lungen-Maschinen sind mit Zentrifugalpumpen ausgestattet, bei denen die kinetische Energie durch Rotation direkt auf die Blutflüssigkeit übertragen wird. Der Pumpenkopf wird mittels einer Magnetkupplung von einem Elektromotor
angetrieben. Andere Pumpentypen, die vor allem für Herzunterstützungssysteme entwickelt
wurden, wie z.B. die axiale Spindelpumpe, spielen für die EKZ oder die ECMO noch keine
große Rolle.

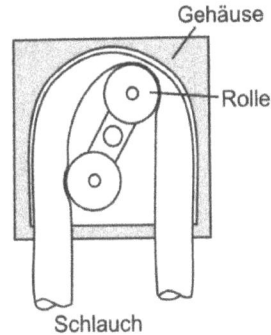

Bild 2.107: Herz-Lungen-Maschine mit fünf Rollerpumpen (mit Genehmigung der Fa. Stöckert).

Bild 2.108: Prinzip der Rollerpumpe.

Oxygenatoren

Moderne Herz-Lungen-Maschinen verwenden Membranoxygenatoren, bei denen großflächige Membran-Systeme (Silikonmembran, mikroporöse Platten- oder Hohlfasermembran) die gasförmige Phase vom Blut trennen. Die mikroporösen Membran-Platten oder Kapillaren bestehen aus hydrophobem Kunststoff, der mit Poren durchsetzt ist. Durch diese Poren kommt es zum direkten Gasaustausch. Wie in der Lunge erfolgt der Gasaustausch durch diese Membran hindurch über Diffusionsprozesse.

Die molekulare Diffusion durch eine Silikonmembran kommt den Vorgängen in der Lunge am nächsten. Gas- und Blutphase sind durch eine porenlose Membran voneinander getrennt. Der Gasaustausch findet aufgrund des Konzentrationsgefälles zwischen Gas auf der einen und Blut auf der anderen Seite statt (Bild 2.109). Der Vorgang der Diffusion dauert bei der Silikonmembran länger als der Gastransfer bei der mikroporösen Membran. Fast alle modernen Oxygenatoren haben einen eingebauten Wärmetauscher.

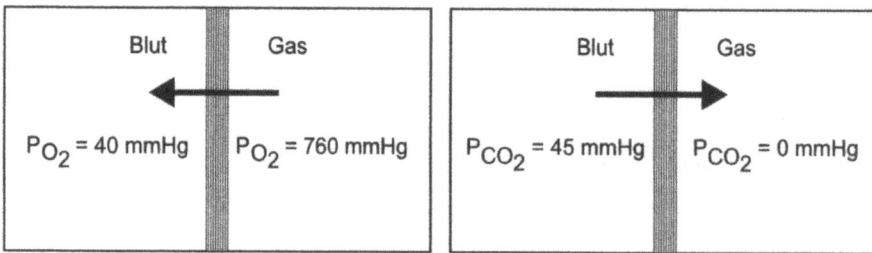

Bild 2.109: Diffusionsprinzip des Membranoxygenators.

2.7.2   Automatisierung der Herz-Lungen-Maschine

Die Automatisierung der HLM zielt nicht auf die Vereinfachung einer klinischen Prozedur, sondern wird als ein Beitrag zur Qualitätssteigerung und damit zum Wohle des Patienten gesehen. Ein wesentlicher Schritt in diese Richtung ist die Regelung der arteriellen Blutgase, die zumindest in Teilaspekten erfolgreich demonstriert werden konnte. Trotzdem besteht noch erheblicher Bedarf an weitergehenden Arbeiten zu dieser Thematik.

Klinischer Standard

Mit Hilfe eines extensiven Monitoring (Blutgasparameter, Blutfluss, Blutdruck usw.) wird das Gesamtsystem bisher manuell anhand vorgegebener Kriterien in den Kliniken gesteuert.

Der Betrieb der HLM lässt sich in drei Teilaufgaben untergliedern, die miteinander verkoppelt sind und z.Zt. dem „Human Operator" (Kardiotechniker) obliegen (vgl. dazu auch Bild 2.106):

1. Überwachung und manuelle Regelung der Hämodynamik/Perfusion: Bei der Einstellung der Hämodynamik sind unterschiedliche Kriterien zu beachten. Im Handbuch für Kardiotechnik (Lauterbach, 2002) wird dazu die folgende Empfehlung gegeben:

Der Fluss sollte so hoch wie nötig sein, um den Sauerstoffbedarf des Patienten zu gewährleisten, und so niedrig wie möglich, um die Bluttraumatisierung zu minimieren. Unnötig hohe Flüsse und Drücke verbessern nicht die Gewebeperfusion, aber fördern den Flüssigkeitsaustritt aus den Gefäßen und damit die Ödembildung ... Grundsätzlich halten wir Drücke zwischen 40 und 60 mmHg für adäquat und nicht behandlungsbedüftig. Ausnahme: Bei Patienten mit Karotis- bzw. Nierenarterienstenosen sollte der Druck über 50 mmHg gehalten werden. Mitteldrücke über 70 mmHg werden in Absprache mit dem Anästhesisten mit vasodilatierenden Medikamenten behandelt.

In einem anderen Handbuch (Tschaut, 1999) findet man außer Angaben hinsichtlich der Druckverhältnisse auch direkte quantitative Aussagen zum notwendigen Blutfluss, der sich an der Körperoberfläche und an dem Grad der Hypothermie orientiert (ca. 2,2–3 l/min pro m^2 Körperoberfläche in Normothermie; arterieller Mitteldruck zwischen 60 und 80 mmHg; zentralvenöser Druck zwischen 0 und 5 mmHg). Des Weiteren wird häufig, um eine ausreichende Sauerstoffversorgung des Körpers zu garantieren, der Blutfluss so angepasst, dass die zentralvenöse Sauerstoffsättigung einen unteren Grenzwert von ca. 60–70 % nicht unterschreitet. In regelungstechnischer Hinsicht wird der arterielle Blutfluss dann zur Stellgröße, die auf die Regelgröße „zentralvenöse Sauerstoffsättigung" zielt. Geht der so eingestellte Blutfluss mit „pathologischen" Drücken einher, sind oft direkte Manipulationen an der HLM notwendig, um z.B. technische Probleme zu beheben. Können diese technischen Probleme ausgeschlossen werden, ist mitunter die Verabreichung von Medikamenten (vasoaktive Substanzen, Diuretika) und Blutzusätzen indiziert.

2. Überwachung und manuelle Regelung der Blutgasparameter: Regelgrößen sind der Sauerstoff- und Kohlendioxidpartialdruck sowie der pH des arteriellen Blutes, die einen bestimmten Toleranzbereich nicht verlassen sollten. Stellgrößen sind hierbei der Gesamtgasfluss durch den Oxygenator und die Sauerstoffkonzentration des Gases. Auf eine Beimengung von Kohlendioxid wird oft verzichtet. In bestimmten Situationen (sog. metabolische Azidose) wird dem Blut zusätzlich Natriumhydrogenkarbonat zugesetzt. Die Notwendigkeit der Regelung der Blutgase ergibt sich aus mehreren Gründen:

- Der Gastransfer im Oxygenator hängt stark vom Blutfluss ab, welcher selbst variiert.
- Sauerstoff- und Kohlendioxid-Transfer beeinflussen sich gegenseitig (z.B. Verschiebung der Sauerstoffbindungskurve). Es bestehen außerdem Abhängigkeiten von der Temperatur und dem Hämoglobingehalt, die beide variieren können.
- Bei Verwendung eines On-Line-Blutgasanalysators sind Nachkalibrierungen notwendig, die zu Messwertsprüngen führen können.
- Der Sauerstoffbedarf des Körpers hängt von dessen Temperatur ab.
- Es kann zu Veränderungen des Oxyenators während der Operation kommen (Shunt-Blut).

3. Einhaltung von Rahmenbedingungen: Unter diesem Punkt sind neben der allgemeinen Überwachung und der besonderen Vorgehensweise beim Start und Ende der Perfusion alle Maßnahmen zu nennen, die das Management des Operationsgebietes betreffen, d.h. das Handling der Nebenlinien zur Verabreichung und Temperierung der Kardioplegie, zur Drainage des Herzens und zur Absaugung des Operationsgebietes.

Bisherige Automatisierungskonzepte
Obwohl die moderne Systemtheorie/Regelungstechnik wesentliche Beiträge zur Analyse, Synthese und Automatisierung medizintechnischer Systeme und Prozesse leistet, ist die manuelle Steuerung der HLM/ECMO nach wie vor allgemeiner klinischer Standard, da noch kein automatisiertes System kommerziell angeboten wird. Einige Automatisierungsansätze wurden bisher isoliert für bestimmte Teilaspekte beschrieben. Die weitestgehenden Konzepte seien hier kurz skizziert. Birnbaum und Mitarbeiter entwarfen 1997 eine Regelung des arteriellen Sauerstoffpartialdruckes, wobei typisches EKZ-Equipment genutzt wurde: ein On-Line-Blutgasanalysator und ein elektronisch steuerbarer Gasmischer. Stellgröße war die Sauerstoffkonzentration im Gas. Bei kleinen Regelabweichungen (+/- 5 mmHg) wurde offenbar eine reine Proportionalregelung durchgeführt. Wurde dieser Bereich verlassen, ging auch die „Drift-Geschwindigkeit", also ein differentieller Anteil, in die Regelung mit ein. Die automatische Regelung war der manuellen überlegen und lieferte zufrieden stellende klinische Leistungen. Allerdings ist anzumerken, dass das Ergebnis vom regelungstechnischen Standpunkt aus betrachtet noch verbesserungswürdig erscheint (hoher Streubereich des Istwertes).

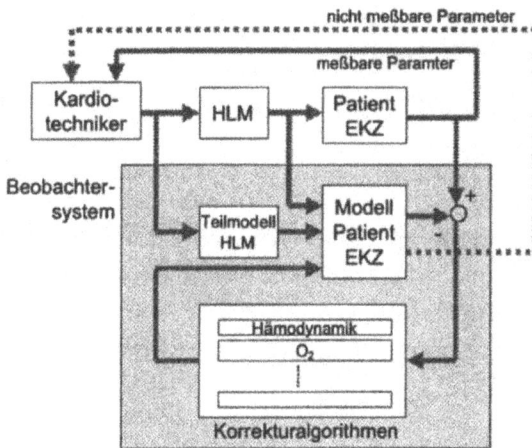

Bild 2.110: *Modellbasierte Patientenüberwachung (E. Naujokat und U. Kiencke, 2001, mit Genehmigung).*

Während der EKZ sind viele wichtige Kreislaufparameter unbekannt, da sie für Messsonden unzugänglich sind, wie z.B. die Perfusion von Gehirn, Nieren, Leber und Darm. Ein Beobachtersystem, das derartige Patientenparameter kontinuierlich intraoperativ schätzt, kann die Informationsbasis für die Entscheidungen des Kardiotechnikers zur Regelung der Herz-Lungen-Maschine erweitern und somit dazu beitragen, dieses Operationsverfahren möglichst gut auf den aktuellen Patientenzustand abzustimmen und damit möglichst schonend für den Patienten zu gestalten. Das von Naujokat und Kiencke 2001 entwickelte Beobachtersystem basiert auf einem Computermodell des menschlichen Kreislaufs mit 128 Segmenten. Außerdem enthält das Modell Subsysteme, die kreislaufregulatorische Mechanismen, z.B. Hormonwirkungen abbilden sowie solche, die metabolische Vorgänge modellieren. Das Modell berücksichtigt die besonderen Bedingungen, die sich aus dem Operationsverfahren EKZ ergeben, und ist in der Lage, verschiedene Perfusionsregimes abzubilden. Das grundlegende Konzept eines Beobachtersystems (Luenberger-Beobachter, Abschn. 1.4.4) ist in Bild 2.110 dargestellt. Zentraler Bestandteil ist ein Modell der Regelstrecke, das dieselbe Eingangsgröße erhält wie die Strecke selbst. Dieses Modell schätzt Zustands- bzw. Ausgangsgrößen der Strecke. Die Differenz zwischen der gemessenen und der geschätzten Ausgangsgröße wird über eine Rückführung zur Modellanpassung verwendet. Für jeden Parameter wurde eine eigene Beobachterstruktur aufgebaut. Das System ist in der Lage, die standardmäßig in der Herzchirurgie eingesetzten Monitoring-Geräte zu ergänzen und somit die Qualität der Patientenüberwachung deutlich zu verbessern.

Aktueller Automatisierungsansatz
Ein aktueller Automatisierungsansatz (Hexamer et al., 2003) geht von den folgenden Voraussetzungen aus:

- Er sollte auf dem in den Kliniken üblicherweise vorhandenen Equipment basieren. Dies betrifft insbesondere die On-Line-Blutgasanalyse.
- Bisher beschriebene und realisierte Ansätze wurden häufig mit im Vergleich zum erwachsenen Menschen zu geringen Blutflüssen durchgeführt.

- Die simultane Regelung sowohl des arteriellen Sauerstoff- und des Kohlendioxidpartialdruckes, entsprechend den physiologischen Vorgaben, wurde bisher nur einmal in einer
  speziellen Situation durchgeführt.
- Die Möglichkeiten der modernen Regelungstechnik sind noch nicht ausgeschöpft.
- Nicht nur aus ethischen Gründen, sondern auch zur Objektivierung sollten möglichst
  viele der potenziellen Lösungsansätze in einem in-vitro-Versuchsstand ausführlich getestet und verglichen werden, da im Gegensatz zu einer realen Operation nur hier nahezu
  gleiche und reproduzierbare Rahmenbedingungen gewährleistet werden können.
- Es ist eine Kombination der Blutgasregelung und der Perfusionsregelung (Bild 2.106) zu
  realisieren.

In einer ersten Automatisierungsstufe erfolgt eine Regelung der arteriellen O_2- und CO_2-
Partialdrücke analog zur Situation im intakten Organismus. Die Regelstrecke ist somit das
menschliche Blut mit den genannten Regelgrößen $p_{O_2\,art}$ und $p_{CO_2\,art}$. Das Stellglied ist der
Oxygenator mit den Stellgrößen Volumenstrom $\dot{V}_G$ und O_2-Fraktion $F_{O_2,i}$ des Gasstromes
im Oxygenator. Störgrößen im weitesten Sinne sind für diese erste Automatisierungsstufe die
venösen Blutgasparameter und der arterielle Blutfluss HZV, der Stellgröße in anderen Regelungen ist. Die Sollwerte ergeben sich aus den diesbezüglichen gültigen Richtlinien. Erster
wesentlicher Schritt ist eine möglichst detaillierte Modellbildung der Regelstrecke und des
Stellgliedes, d.h. konkret die mathematische Beschreibung der physiko-chemischen Vorgänge beim Gasaustausch im Oxygenator. Dazu wurde ein Kompartimentmodell formuliert, das
den globalen Gasaustausch in einem Oxygenator auf der Basis von Stoffmengenbilanzen
beschreibt (exemplarisch für O_2):

$$\text{Blut}(O_2): V_B \frac{dc_{O2}}{dt} = HZV\left(c_{O2,E} - c_{O2,A}\right) + D_{O2}\left(p_{O2,G} - p_{O2,A}\right) \tag{2.48}$$

$$\text{Gas}(O_2): V_G \frac{dp_{O2G}}{dt} = \dot{V}_{G,E}\, p_{O2G,E} - \dot{V}_{G,A} p_{O2G,A} - P_{baro} \cdot D_{O2}\left(p_{O2G} - p_{O2B}\right) \tag{2.49}$$

Sauerstoffbindung im Blut (nichtlineare Funktion):

$$c_{O2} = f\left(p_{O2B}, p_{CO_2B}, pH\right) \tag{2.50}$$

c_{O2}: Sauerstoffkonzentration im Blut, V_B, V_G: Kompartimentvolumina (Blut, Gas),

Indizes G, B, E, A: Gas, Blut, Ein- und Ausgang des OXY.

Die wichtigsten Zustandsgrößen sind die Partialdrücke von O_2 und CO_2 und deren Konzentrationen im Plasma und den Erythrozyten. Die reale komplexe Geometrie des Oxygenators
wird dabei durch konzentrierte Massentransferkoeffizienten (D_{O_2} in Gl. (2.48/49)) angenähert.

Das Modell wurde unter MATLAB/SIMULINK implementiert. Die Parametrierung wurde mit den Herstellerdaten eines realen Oxygenators so durchgeführt, dass dessen globales Betriebsverhalten hinreichend genau berechnet werden konnte (Bild 2.111). Eine in-vivo-Validierung (realer Einsatz einer Herz-Lungen-Maschine am Patienten) zeigte eine ähnlich gute Übereinstimmung der stationären Werte der Blutgasparameter. Auffällig war jedoch die Diskrepanz hinsichtlich deren Dynamik, wobei die geringere Einstellzeit des Modells durch die chemischen Eigenschaften des Blutes gestützt wird und das reale langsame Einschwingen der Messwerte vor allem auf die große Zeitkonstante des verwendeten Blutgasanalysators zurückgeführt werden konnte.

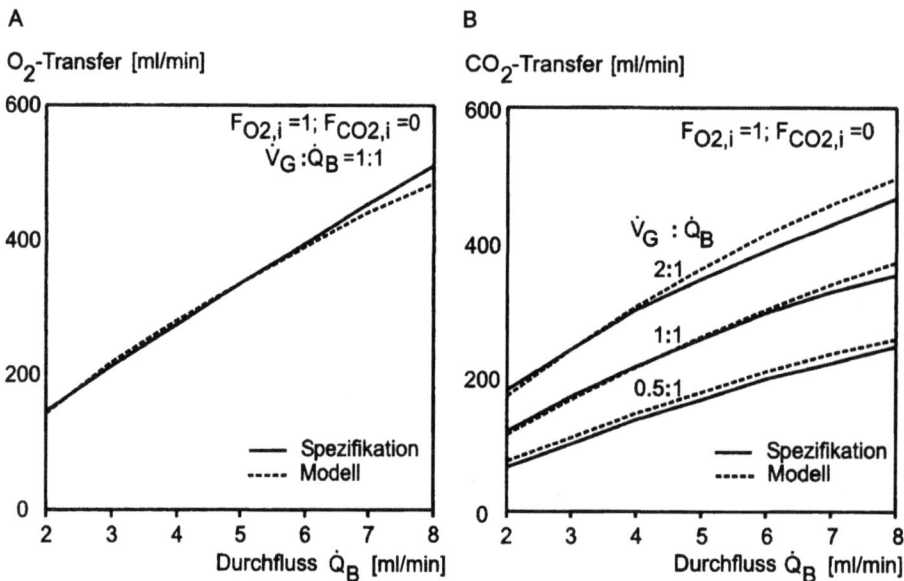

Bild 2.111: *Gastransfer in einem Oxygenator. Vergleich zwischen Firmenspezifikation (Jostra) und Simulationsberechnungen (Symbole s. Text).*

Mit Hilfe von Simulationsstudien wurden grundlegende Aspekte einer am klinischen Einsatz orientierten Blutgasregelung erörtert:

1. Systemdynamik
In Verbindung mit den klinisch häufig verwendeten Blutgasanalysesystemen können die Zeitkonstanten des Stofftransfers im Oxygenator praktisch vernachlässigt werden, da die dominanten Zeitkonstanten im Blutgasanalysator, d.h. im Messsystem, zu suchen sind. Die neueren Geräte verfügen über Einschwingzeiten von ca. 1 Minute, so dass von Zeitkonstanten im Bereich von 12–20 s auszugehen ist. Bei älteren Geräten muss mit größeren Werten gerechnet werden.

2. Totzeiten
Der Oxygenator stellt ein Stofftransportsystem dar und ist deshalb totzeitbehaftet. Dabei hängen die Totzeiten von den Totraumvolumina (Schlauchvolumen, Blut- und Gasvolumen des Oxygenators, Membrandicke usw.) ab und variieren mit der Flussrate der Stoffströme (Blut- und Gasstrom).

3. Abtastzeit
Die minimale Abtastzeit wird durch den Blutgasanalysator vorgegeben. Ein typischer Wert ist 6 s. Damit liegt sogar im Hinblick auf die Zeitkonstante des Analysators (ca. 12–20 s) tendenziell eine Unterabtastung vor.

4. Verkopplungen
Physiologischerweise existiert eine Verkopplung zwischen Sauerstoff- und Kohlendioxidtransfer im Blut, die als Bohr- bzw. Haldane-Effekt bekannt ist. Darüber hinaus existiert bei der EKZ eine weitere Verkopplung, die technische Ursachen hat. Sofern dem Gas kein Kohlendioxid beigemischt wird (durchaus üblich), ist die einzig mögliche Stellgröße des arteriellen Kohlendioxidpartialdruckes die Flussrate des Gases, während die effektive Stellgröße des arteriellen Sauerstoffpartialdrucks das Produkt aus Flussrate und Sauerstoffgehalt des Gases ist. Daraus folgt, dass Modifikationen des arteriellen Kohlendioxidpartialdrucks immer Veränderungen des arteriellen Sauerstoffpartialdruckes nach sich ziehen.

5. Nichtlinearitäten
Die nichtlinearen Bindungscharakteristiken für Sauerstoff und Kohlendioxid im Blut führen zu einem nichtlinearen statischen und dynamischen Übertragungsverhalten zwischen den Stellgrößen und den Regelgrößen, d.h. es ist von nichtlinearen statischen Streckenverstärkungen auszugehen. Deren Variationsbandbreite beträgt abhängig vom Blutfluss, dem Hämoglobingehalt, der Bluttemperatur und den venösen Eingangsbedingungen am Oxygenator auch im Normalbetrieb bis zu einer Zehnerpotenz.

Eine erste Simulation der Blutgasregelung wurde durchgeführt. Das Systemmodell orientierte sich an einem potenziellen Aufbau einer Herz-Lungen-Maschine mit den folgenden Systemkomponenten:
1) Stellglied ist ein steuerbarer Gasmischer, der aus reinem Sauerstoff, Kohlendioxid und Stickstoff Gas in jeder beliebigen Zusammensetzung bereitstellt. Der Gasmischer wird realitätsbezogen als Verzögerungsglied erster Ordnung (Zeitkonstante der Regelventile = 300 ms) mit nachgeschalteter gasflussabhängiger Totzeit (Transportzeit) modelliert.
2) Messglied ist ein kliniküblicher On-Line-Blutgasanalysator (BGA) mit folgenden Spezifikationen: Einschwingzeit ca. 1 min, Abtastperiode = 6 s, Totzeit $\approx$ 2 s, Quantisierungsintervall der Partialdrücke = 1 mmHg. Dementsprechend erfolgt die Modellbildung als Reihenschaltung von Totzeitglied, PT_1-Glied, Quantisierer und Abtaster. Weiterhin ist eine blutflussabhängige Totzeit vorhanden, die den Schlauchweg vom Oxygenator zum Blutgasanalysator berücksichtigt.
3) Oxygenator gemäß o. a. Modell mit zu- und fortleitenden Schläuchen.
Für den Reglerentwurf wurde das Gesamtsystem in einem realistischen Arbeitspunkt (physiologische venöse Eingangsbedingungen, Blutfluss = 5 l/min, Gasfluss = 2,5 l/min; Hb = 70 g/l) linearisiert und durch ein PT_1-System mit Totzeit approximiert. Der Regler wurde nun so parametriert, dass der geschlossene Regelkreis eine Zeitkonstante aufweist, die der der BGA

entsprach. Da Blutflussvariationen den p_{O2} stark beeinflussen, wurde im Falle des p_{O2}-Reglers zusätzlich eine direkte Störgrößenkompensation vorgesehen, d.h. der Blutfluss wirkte entsprechend gewichtet direkt auf die Stellgröße Gas-O_2-Fraktion F_{iO_2}.

Bild 2.112 zeigt den Verlauf des BGA-p_{O2} für drei unterschiedliche Parametrierungen des Reglers bei einem gewählten Blutflussprofil. Das Profil wurde so angesetzt, dass der gesamte für den Oxygenator spezifizierte Blutflussbereich überstrichen wurde. Damit wurde gleichzeitig auch der partielle Bypass berücksichtigt (Hoch-/Runterfahren der HLM). Anzumerken ist, dass Blutflussänderungen in der Realität sehr viel moderater durchgeführt werden. Demzufolge wird das System hier stärker angeregt, als es die Wirklichkeit erwarten lässt. Der gepunktete Verlauf gilt für den nominellen Entwurf. Bei dem gestrichelten Verlauf wurde die Zielzeitkonstante des geschlossenen Regelkreises um 25 % verringert. Führt man dann noch eine direkte Störgrößenkompensation durch, erhält man den durchgezogenen Verlauf. Der letztere Regler ist offensichtlich zu bevorzugen, d.h. eine direkte Störgrößenkompensation ist vorteilhaft. Es fällt auf, dass sich bei niedrigen Blutflüssen das Einschwingverhalten stark verschlechtert. Die Ursache dafür beruht auf der Tatsache, dass sich mit sinkendem Fluss alle transportbedingten Zeitkonstanten stark erhöhen. Instabilität wurde nicht festgestellt, auch wenn man Randbedingungen (Hämoglobingehalt, venöser Eingang) variierte und zusätzliche eine bei der Modellbildung „übersehene" Totzeit (5 s) einfügte.

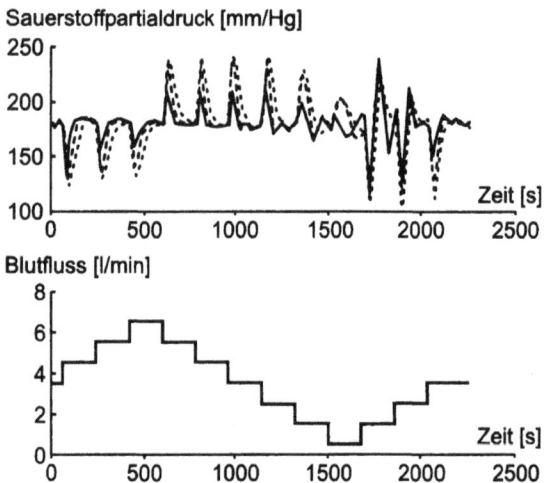

Bild 2.112: Reaktion der Regelgröße p_{O2} (oben) auf das Blutflussprofil Q_B(unten). Dauer einer Belastungsstufe: 180 s. Sollwert: $p_{O2,soll}$ = 180mmHg.

Der p_{CO2}-Regler reagierte auf das gleiche Blutflussprofil sehr viel moderater als der p_{O2}-Regler, was auf die vergleichsweise geringere Blutflusssensitivität des p_{CO2} im Sollwertbereich (ca. 38 mm Hg) zurückführbar ist. Schließlich soll noch darauf hingewiesen werden, dass die vom Oxygenatormodell berechneten Blutpartialdrücke sehr viel stärker ausgelenkt wurden als die „gemessenen" BGA-Partialdrücke. Für eine präzisere Regelung wäre daher eine schnellere, klinisch einsetzbare Messtechnik wünschenswert.

Die durchgeführte Simulationsstudie zeigte, dass ein einfacher PI-Regler der Aufgaben-stellung gerecht werden kann. Sofern die entsprechenden Zusammenhänge zwischen p_{O2} und Blutfluss näherungsweise bekannt sind, ist eine direkte Störgrößenkompensation im Falle der p_{O2}-Regelung vorteilhaft. Da klinisch einsetzbare Blutgasanalysatoren relativ träge sind und mehrere variable Totzeiten existieren, ist geplant, das Oxygenatormodell explizit in die Regelung einzubeziehen.

Aufgrund der erheblichen Parameterschwankungen des Gesamtsystems sollten in Zukunft adaptive Ansätze favorisiert werden. Außerdem ist die o. a. Verkopplung der Stellgrößen zu beachten. Aus der Vielzahl potentieller Reglersätze sollten u. a. die folgenden realisiert und getestet werden:

. PI(D)-Regler mit gesteuerter Adaptation (parameter scheduling),
. Adaptive Regelung (self tuning und/oder modelladaptiv),
. Fuzzy-Regelung,
. Reglersatz mit Beobachter.

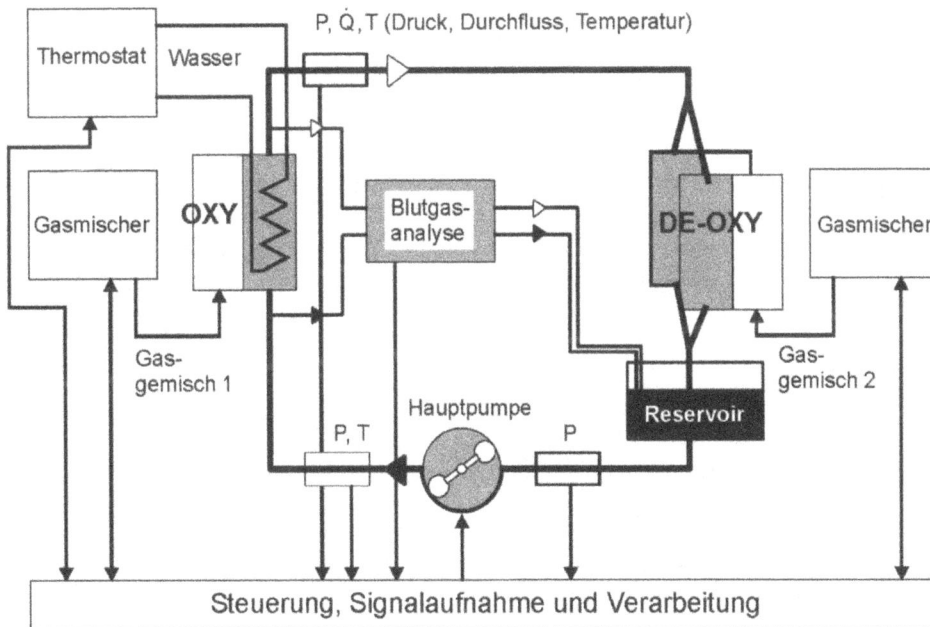

Bild 2.113: *Experimenteller Simulationsstand Herz-Lungen-Maschine und Patient.*

Die Zielsetzung der Automatisierung der Herz-Lungen-Maschine ist Bestandteil einer Inten-sivmaßnahme und deshalb aus ethischer Sicht nicht unproblematisch. Diese Randbedingun-gen gebietet eine extensive und realitätsnahe Validierung der entwickelten Regelungsalgo-rithmen, bevor sie am Patienten zur Anwendung kommen. Dieses kann an einem In-vitro-Versuchsstand erfolgen, der es erlaubt, die unterschiedlichen Reglerentwürfe unter reprodu-zierbaren und realitätsnahen Bedingungen zu testen und zu vergleichen. Ein Blockschaltbild eines solchen Aufbaus ist in Bild 2.113 dargestellt. Er besteht in dieser Ausbaustufe aus einem Kreislauf, durch den Tierblut (Schlachttiere) gepumpt wird. Die Hauptpumpe, der Oxygenator (OXY) und die Blutgasanalyse stellen die entsprechenden Komponenten einer Herz-Lungen-Maschine dar und übernehmen auch hier deren Funktionen. Auf der anderen Seite simulieren Oxygenatoren (DEOXY) den Gasaustausch im Patienten, d.h. sie entziehen dem zirkulierenden Blut Sauerstoff und führen ihm Kohlendioxid zu. Beide Oxygenator-Systeme werden durch elektronisch steuerbare Gasmischer bedient, die die erforderlichen Gasgemische aus den Grundgasen Sauerstoff, Stickstoff und Kohlendioxid zusammensetzen. Der gesamte Versuchsstand, der durch einen PC unter MATLAB/SIMULINK gesteuert wird, muss erweitert werden, um die hämodynamische Komponente der Automatisierung mit einbeziehen zu können.

2.8   Kreislauf-Unterstützungssysteme und das künstliche Herz

Kreislaufunterstützungsysteme werden in der Regel zur Verstärkung der Pumpfunktion des Herzens parallel zu einem Herzventrikel (oder beiden) betrieben. Wird die Funktion des Herzens komplett durch ein technisches Pumpsystem ersetzt, spricht man vom künstlichen Herzen. Im extrakorporalen Betrieb sind Kreislauf-Unterstützungssysteme vor allem angezeigt zur Entlastung und Wiederherstellung ausreichender Herzfunktion, z.B. bei akuten kardialen Schwächezuständen, nach chirurgischen Eingriffen bis zur Restitution ausreichender Leistungsfähigkeit des Herzens, zur Überbrückung bis zum chirurgischen Eingriff, insbesondere bis zur Herztransplantation und u. U. zur Entlastung und Erholung des Herzens nach Anwendung der Herz-Lungen-Maschine.

Der intrakorporale Einsatz wird durchgeführt bei dauerhafter Unterstützung oder Ersatz der Funktion des Herzens, bei schweren Infarkten oder irreparablem Leistungsmangel, insbesondere wenn ein Spenderherz zur Transplantation nicht zur Verfügung steht oder wenn eine Herztransplantation grundsätzlich nicht möglich ist.

Die Idee, die Pumpfunktion des Herzens durch extrakorporale Perfusion zu ersetzen, entstand schon Anfang des 19. Jahrhunderts (Le Gallois, 1812). Parallel zur Entwicklung der Herz-Lungen-Maschine (Abschn. 2.7) wurde etwa seit 1930 fieberhaft an der Entwicklung von Kreislaufunterstützungsystemen, Hilfspumpen und Ersatzpumpen für das Herz gearbeitet. Während sich vor allem Linksherzunterstützungssysteme zur Überbrückung bis zur Transplantation und zur Wiedergewinnung ausreichender Pumpfunktion des Herzens bewährt und etabliert haben, ist der Einsatz des künstlichen Herzens nach wie vor problematisch. 1957 führten Akutsu und Kolff die erste Implantation eines künstlichen Herzens an einem Hund durch, dessen Kreislauf-Funktion aber nur für 90 Minuten aufrechterhalten werden konnte. 1969 (16 Monate nach der ersten Herztransplantation durch Christiaan Barnard) implantierten Cooley und Liotta zum ersten Mal ein Kunstherz einem Patienten, dessen Leben allerdings trotz einer Herztransplantation nach 64 Stunden nicht gerettet werden konnte. In den folgenden Jahrzehnten wurde die Technik des Kunstherzens weiter perfektioniert mit dem Ergebnis, in Einzelfällen eine Lebensverlängerung bis zu zwei Jahren zu erreichen, allerdings bei keineswegs zufriedenstellender Lebensqualität für den Patienten und extrem hohen Kosten. Die neue Generation von Kunstherzen vermeidet durch Vollimplantation die Durchführung von Versorgungsleitungen und Schläuchen durch die Körperoberfläche mit dem Ziel der Beseitigung von Infektwegen und -quellen und der Erhöhung der Lebensqualität. Von den ersten sieben Patienten, die das AbioCor-System in den USA in den Jahren 2000/2001 erhielten, konnte nur einer aus der Klinik entlassen werden.

Grundsätzlich steht eine Vielzahl von Pumpentypen zur Verfügung, die sich durch die Energiequelle, die Energiewandlung, das Prinzip und die Richtung der Strömung sowie die Betriebsart unterscheiden. Während für die Herz-Lungen-Maschine (Abschn. 2.7) vorzugsweise elektrisch betriebene Pumpen zum Einsatz kommen, wurden für die Kreislauf-Unterstützungssysteme Pumpen entwickelt, die bei extrakorporaler Anwendung meist pneumatisch, bei intrakorporaler Anwendung elektromagnetisch oder elektromechanisch angetrieben werden. Während eine einfache quasikontinuierliche Betriebsweise von Pumpen bei der kurzzeitigen Anwendung der Herz-Lungen-Maschine als weitgehend problemlos und bei der zeitlich begrenzten extrakorporalen Kreislaufunterstützung als tolerabel angesehen wird, wird für die Langzeitimplantation ein pulsatiler Pumpenbetrieb gefordert, wobei der Begriff „pulsatil" in diesem Zusammenhang nur unscharf definiert ist, im Idealfall aber bedeuten sollte, dass der physiologischerweise im Körper vorkommende Pulswellenbetrieb möglichst weitgehend nachgebildet wird. Extrakorporale Unterstützungssysteme werden in der Regel sowohl für Linksherz- als auch für Rechtsherzanwendung und als pneumatisch betriebene Systeme auch für die biventrikuläre Anwendung angeboten. Sie sind mit Polyurethan-Klappen oder Kippscheiben ausgestattet.

Probleme bei der Anwendung von Blutpumpen entstehen vor allem durch Ablagerungen an blutbenetzten Oberflächen und durch Blutschädigung. Erwünscht ist die Bildung eines Niederschlags, der durch eine „Neointima" (neue Gefäßinnenhaut) dauerhaft die Aktivierung von Blutplättchen verhindert und so die Anlagerung von weiteren Eiweißen, Blutkörperchen und anderen Blutbestandteilen verhindert. Zur Blutschädigung kommt es generell, wenn das Blut mit künstlichen Oberflächen in Kontakt kommt oder im Strömungsfeld hohen Schubspannen oder starker Saugwirkung ausgesetzt wird. Bei geeigneter mechanischer Ventrikelunterstützung sind die Belastungen geringer als bei der Herz-Lungen-Maschine.

Die zusätzliche langfristige Verkalkung von Klappen und Membranen begrenzt den dauerhaften Einsatz. An diesen Problemen, die sich ja auch bei passiven Implantaten (Stents, Klappen usw.) stellen, wird kontinuierlich gearbeitet.

2.8.1 Intra-aortale Ballonpumpe (IABP)

Eine Sonderstellung unter den Unterstützungssystemen nimmt die intra-aortale Ballonpumpe ein, weil sie minimal-invasiv in die Aorta eingebracht und eine Gegenpulsation zur Pumpwirkung des Herzens erzeugt wird. Sie wird als kurzzeitiges Hilfsmittel zur Entwöhnung von der Herz-Lungen-Maschine oder generell zur Überbrückung von Herzversagen eingesetzt, wenn die medikamentöse Behandlung nicht ausreicht. Im Vergleich zu den in den folgenden Abschnitten behandelten Herzunterstützungssystemen ist die IABP einfacher zu implantieren und relativ problemlos und ökonomisch zu betreiben. Seit 1980 kann die IABP perkutan über die Arteria femoralis eingebracht und bis zur Aorta descendens vorgeschoben werden, dadurch dass die Ballonmembran eng um einen Draht gewickelt ist.

Das gasführende Katheterende ist mit zahlreichen Löchern versehen, um eine relativ schnelle Füllung und Entleerung des Ballons zu erreichen. Der Gaseinstrom wird dann EKG-getriggert über eine Pumpe und Magnetventile gesteuert, so dass sich der Ballon während der Diastole füllt und somit eine Volumenverschiebung zur Aortenwurzel hin bewirkt. Dadurch wird die Blutversorgung der Koronargefäße verbessert (Bild 2.114 A).

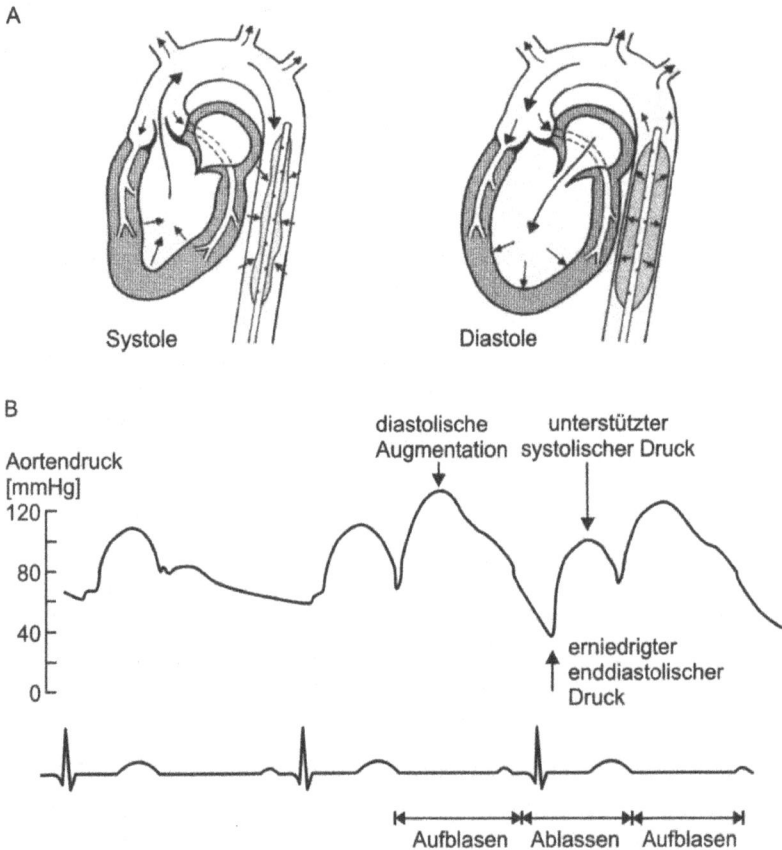

Bild 2.114: Intraaortale Ballonpumpe. A: Funktionsprinzip. B: Aortendruckverlauf und EKG-getriggertes Aufblasen und Ablassen.

Mit Entlüften des Ballons wird der enddiastolische Aortendruck gesenkt und somit die linke Kammer entlastet. In Teil B des Bildes ist der prinzipielle Aortendruckverlauf dargestellt. Im linken Teil ist ein normaler Druckverlauf aufgenommen, im rechten Teil erkennt man die sog. diastolische Augmentation, den erniedrigten enddiastolischen Aortendruck und den unterstützten systolischen Druck. Die korrekte Pumpensteuerung ist von großer Bedeutung.

Ein zu früher Beginn der Aufblähung des Ballons bedingt eine spätsystolische linksventriku-läre Belastung, bei zu später Aufblähung ergibt sich eine unzureichende diastolische Aug-mentation. Eine zu lange Inflation führt andererseits zu einer frühsystolischen linksventriku-lären Belastung, eine zu kurze Inflationszeit bedingt eine unzureichende systolische Entlas-tung und diastolische Augmentation.

Die Verwendung von Doppelkammer-Ballonkathetern kann eine bessere Blutverschiebung nur in jeweils eine Richtung erreichen. Bei Beginn der Diastole wird zunächst ein distal vom Herzen gelegener kleiner Ballon aufgeblasen, der die Aorta in distaler Richtung verschließt. Danach wird der eigentliche längliche Pumpballon aufgeblasen, wobei es ohne Gefäßwand-berührung zu einer vollen Blutverschiebung aortenaufwärts kommt.

2.8.2   Nichtpulsatile Systeme: Rotationspumpen

Trotz des unphysiologischen nichtpulsatilen Betriebs haben Rotationspumpen, insbesondere in Form axialer Pumpen beachtliche Vorteile wie eine geringe Baugröße, einen großen Wir-kungsgrad, relativ wenig Infektionen und Thromboembolien sowie geringe Kosten. Der nichtpulsatile Betrieb prädestiniert sie allerdings nicht für den dauerhaften Einsatz. Sie kön-nen zum Teil ähnlich wie die sog. Hemopump über die Arteria femoralis bis in den linken Ventrikel vorgeschoben werden. Die Hemopump ist eine Kanülen-Schnecken-Pumpe. Eine biegsame Welle treibt durch eine Kanüle eine zweigängige Förderschnecke an, die sich am Kanülenende in der Nähe von Saugöffnungen befindet. Mit Hilfe von Leitschaufeln wird Blut aus der Aorta oder dem linken Ventrikel durch den Ringraum zwischen Welle und Ka-nülenwand befördert. Trotz der fehlenden Mobilisationsfähigkeit der Patienten könnten der-artige Systeme auf Grund der auch im Notfall einfachen und chirurgisch weniger aufwändi-gen Implantation eine große Bedeutung erlangen. Sie eignen sich zur vorübergehenden Un-terstützung für Patienten mit akutem reversiblem Herzversagen, z.B. nach akutem Myokard-infarkt, nach kardiopulmonalem Bypass oder bei akuter Transplantatabstoßung nach Herz-transplantation. Rotationspumpen sollten geregelt werden (Abschnitt 2.8.6).

2.8.3   Extrakorporale Unterstützungssysteme

Die nächste Stufe der Kreislaufunterstützung, die in der Regel zur Herzunterstützung nach offener Herzchirurgie eingesetzt wird, ist erheblich invasiver. Sie erfordert meist eine Sterno-tomie (Brustkorberöffnung) zur Implantation zweier Kanülen. Zum Einsatz kommen teils Rotationspumpen, vor allem aber prothetische Ventrikel, die entweder implantiert werden oder außerhalb des Körpers verbleiben. Sie werden im Parallelschluss zum Patientenherzen betrieben. Bei biventrikulärem Pumpversagen kommen zwei prothetische Ventrikel zur An-wendung. Grundelemente sind meist durch eine Kunststoffmembran getrennte Blut- und Luftbehältnisse, ggf. mechanische Ventile oder Bioprothesen als Ein- und Auslassventile, eine Antriebs-und Steuereinheit und wiederaufladbare Batterien für die zeitweilige Unab-hängigkeit vom Stromnetz.

Die Antriebseinheit ist meist pneumatisch wie bei den in Deutschland entwickelten Systemen von Berlin Heart und Medos-HIA (Aachen), für die auch verschiedene Pumpengrößen zur

Verfügung stehen. In den USA kommen vor allem das Abiomed- und das Thoratec-System zum Einsatz. Das Abiomed-BVS5000-System ist ein biventrikuläres Unterstützungssystem für die temporäre Unterstützung des linken und/oder rechten Herzens. Das extern positionierte pulsatile Pumpsystem simuliert die physiologische mechanische Herzaktion. Eine mikroprozessorgesteuerte pneumatische Konsole liefert über Luftschläuche den Antriebsdruck für die Zweikammerblutpumpen. Das Blut fließt vom linken bzw. rechten Vorhof in die Pumpe und wird in die Aorta ascendens bzw. in die Arteria pulmonalis zurückgepumpt. Der Anschluss an das externe System erfolgt über transthorakale Kanülen. Die Blutpumpen bestehen aus zwei Polyurethankammern (Bild 2.115). Klappen mit drei Flügeln, ebenfalls aus Polyurethan, befinden sich zwischen Atrium- und Ventrikelblase einerseits und der Ventrikelblase und dem Ausflusskanal andererseits. Die Systemkontrolle ist im Wesentlichen auf Ein und Aus beschränkt. Die Dauer der Pumpsystole und -diastole werden durch den Mikroprozessor so berechnet, dass die Pumpenfüllung das gewünschte Schlagvolumen erzielt.

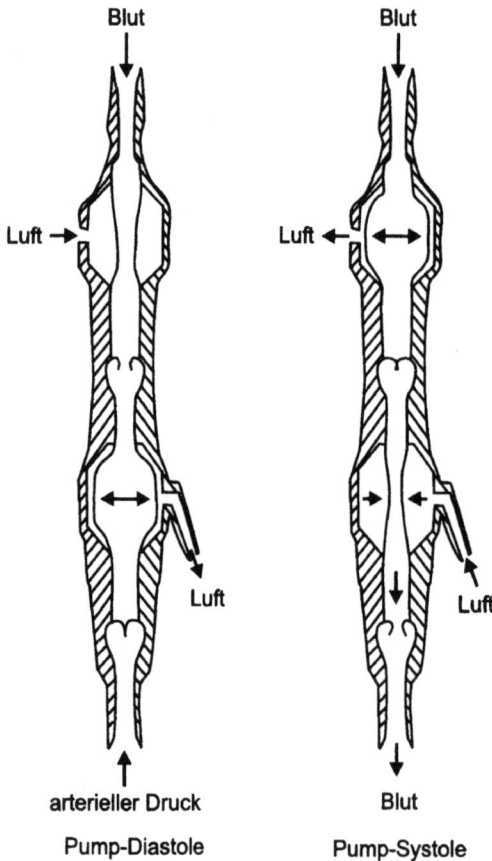

Blut   Blut

Luft →   Luft ←→

Luft   Luft

arterieller Druck   Blut

Pump-Diastole   Pump-Systole

Bild 2.115: *Zweikammerblutpumpe (System Abiomed BVS 5000) während der Pumpdiastole und -systole.*

Neben derartigen rein pneumatisch betriebenen künstlichen Ventrikeln sind durch Druckplatten betriebene Ventrikel entwickelt worden, wie z.B. bei dem ebenfalls extrakorporalen Thoratec-System. Dadurch ist eine genauere Volumensteuerung möglich.

2.8.4 Intrakorporale Unterstützungssysteme

Das Druckplattenprinzip wird vorzugsweise bei implantierbaren Membranpumpen angewandt, wobei die Druckplatten elektrisch betrieben werden, und die Energie unmittelbar in hydraulische Energie umgesetzt wird. Als linksventrikuläre Unterstützungssysteme sind vor allem die Systeme Heart Mate und Novacor im Einsatz. Weitere Systeme sind in der präklinischen und klinischen Prüfung. Sie sind gedacht für die langfristige Überbrückung bis zu einer Herztransplantation oder auch als Alternative zur Herztransplantation bei Patienten mit terminalem Herzversagen. Die elektromechanische Antriebseinheit wird unterhalb der oberen linken Bauchwand implantiert. Das Blut gelangt aus der linken Ventrikelspitze des Herzens über eine biologische Klappe in die Pumpeinheit. Von dort wird es über eine weitere biologische Klappe in die Aorta ascendens ausgeworfen.

In der Antriebseinheit des Novacor-Systems befindet sich ein Polyurethansack, der von zwei Druckplatten symmetrisch zusammengepresst wird. Die Druckplatten werden über Blattfedern und einen Elektromagneten bewegt. In der durch die Haut nach außen geführten Anschlussleitung verlaufen Stromversorgungs- und Steuerkabel. Außerhalb des Körpers befinden sich ein Kompaktcontroller und wiederaufladbare Batterien, die eine Mobilität von vier bis fünf Stunden ermöglichen.

Das System kann in drei Modi betrieben werden: Festraten-, EKG-getriggerter- und Füllratenmodus. Der erste Modus ist für den Operationssaal oder bei extremen Herzrhythmusstörungen vorgesehen. Die EKG-getriggerte Betriebsart ermöglicht prinzipiell eine Anpassung der Leistung an die Herzfrequenz des Patienten. Sie schränkt allerdings durch die EKG-Einheit die Mobilität des Patienten ein. Daher ist der Füllratenmodus die Hauptbetriebsart. Über Sensoren in der Antriebseinheit wird die Geschwindigkeit gemessen, mit der der linke Ventrikel in der Systole die Antriebseinheit füllt. Wird ein vorgegebener Grenzwert überschritten, wird mit einer einstellbaren Verzögerungszeit die Auswurfphase des künstlichen Ventrikels eingeleitet. Es entsteht also – ähnlich wie bei der intra-aortalen Ballonpumpe – eine Gegenpulsation, die eine verbesserte Koronarperfusion und eine Entlastung des Ventrikels erzeugt.

Es wird sowohl ein pneumatisch als auch ein elektrisch angetriebenes Heart Mate-System angeboten. Diese Systeme weisen ähnliche Charakteristika wie das Novacor-System auf, jedoch werden sie ohne Sensoren im sog. Full-/Empty-Modus betrieben, in dem der Controller die Auswurfphase erst auslöst, wenn die Blutkammer etwa zu 90 % gefüllt ist, vorausgesetzt es ergibt sich dabei eine Frequenz von 50 – 120 bpm. Auch in dieser Betriebsart wird das vom System gepumpte Blutvolumen weitgehend selbsttätig maximiert und damit grundsätzlich an eine Kreislaufbeanspruchung angepasst.

Die Durchführung von Leitungen durch die Bauchhaut ist potenziell eine Quelle von Infektionen. Daher wurden verschiedene implantierbare, induktiv aufladbare Batterien entwickelt wie z.B. beim Arrow-Lion-Heart (Bild 2.116), beim Incor-System von Berlin Heart und bei dem HIA-System.

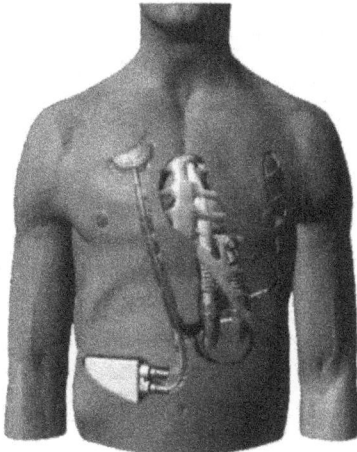

© 2003 COURTESY OF ARROW INTERNATIONAL, INC.

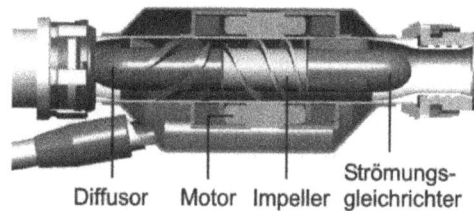

Diffusor   Motor Impeller Strömungs-
                             gleichrichter

Bild 2.116: *Das Arrow-Lion-Heart-System: alle*
Komponenten sind implantiert.

Bild 2.117: *Längsschnitt der Incor-Axialpumpe (mit*
Genehmigung von Berlin Heart).

Das Incor-System (Bild 2.117) basiert auf einer Axialpumpe, wiegt nur 200 g und hat einen Durchmesser von 30 mm. Ein magnetisch gelagerter freischwebender Rotor mit einer Drehzahl von 6000 bis 10 000 Upm pumpt bis zu 10 l Blut pro Minute. Keinerlei Kabel wird durch die Haut geführt. Der Energiebedarf liegt bei 4–5 W und wird über Induktionsspulen, eine über und eine unter der Haut, übermittelt.

Auch das vom Helmholtz-Institut Aachen (HIA) entwickelte EM-LVAD-System (Bild 2.118) arbeitet mit transkutaner Energieübertragung. Es besteht aus einer Membranpumpkammer mit dreisegeligen Ein- und Auslassventilen sowie dem elektromagnetischen Druckplattenantrieb, der die Membran zyklisch bewegt. Der Pumpkammereinlass wird durch eine Gefäßprothese an der Herzspitze angeschlossen oder, sofern eine Herzerholung wahrscheinlich ist, über eine Kanüle durch den linken Vorhof und die Mitralklappe mit dem Ventrikel verbunden. Der Pumpkammerauslass wird an die Aorta angeschlossen. Als Antrieb dient ein Synchronmotor, der ein Hypozykloiden-Druckplattengetriebe über eine Untersetzungsstufe antreibt. Weitere implantierbare Komponenten sind die sog. Compliance für den Druck- und Volumenausgleich des Gases im Antriebsgehäuse und die Pufferbatterie mit der Regelungselektronik (Abschn. 2.8.6).

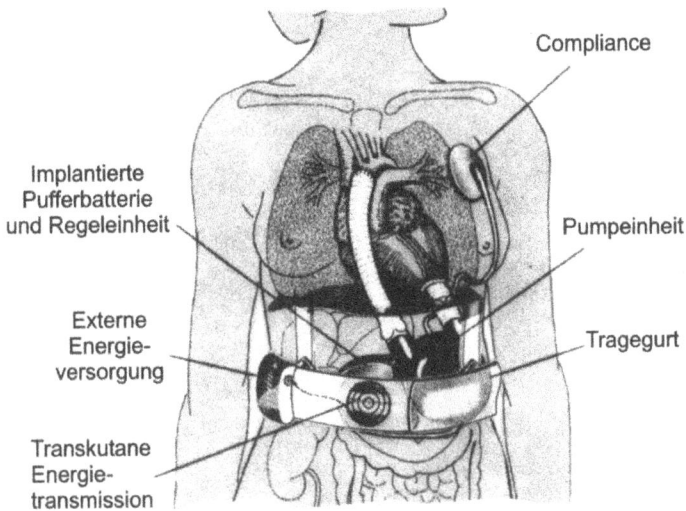

Bild 2.118: *Konzept des Helmholtz-Herzunterstützungssystems HIA-EM-LVAD (mit Genehmigung durch das HIA).*

2.8.5 Das künstliche Herz

Mehr noch als bei allen Unterstützungssystemen treten hier Blutungskomplikationen auf. Die Ursache liegt nicht zuletzt in der anatomisch schwierigen Anpassung des Kunstherzens (Total Artificial Heart, TAH) an die verbleibenden schmalen Vorhofränder. Bisher ungelöst ist die hohe Infektinzidenz mit folgenschweren Systeminfektionen bis zur nichttherapierbaren Sepsis mit letalem Ausgang. Ein weiteres noch weitgehend ungelöstes Problem stellt die hohe Embolierate dar, die nicht selten zu schweren neurologischen Ausfällen führt. 1990 entzog die US Food and Drug Administration dem bis dahin am häufigsten implantierten Modell Jarvik 7 die weitere Produktionsgenehmigung. Seitdem wird wie bei den Unterstützungssystemen an komplett implantierbaren Systemen gearbeitet, in denen durch induktive Batterieaufladung und implantierbare Controller die Durchführung der Leitungen durch die Haut entfällt.

Das Helmholtz-Kunstherz (HIA-TAH) (Bild 2.119) ist in der Entwicklung. Wie beim HIA-LVAD besteht das System aus einem Synchronmotor, der gleichförmig und gleichgerichtet über eine Untersetzungsstufe ein Hypozykloiden-Druckplattenhubgetriebe antreibt. Die Druckplatten sind von der Pumpkammermembran getrennt, so dass ein freies Füllen der Pumpkammer ermöglicht wird. Das HIA-TAH ist ebenfalls mit einer induktiven transkutanen Energietransmission ausgestattet.

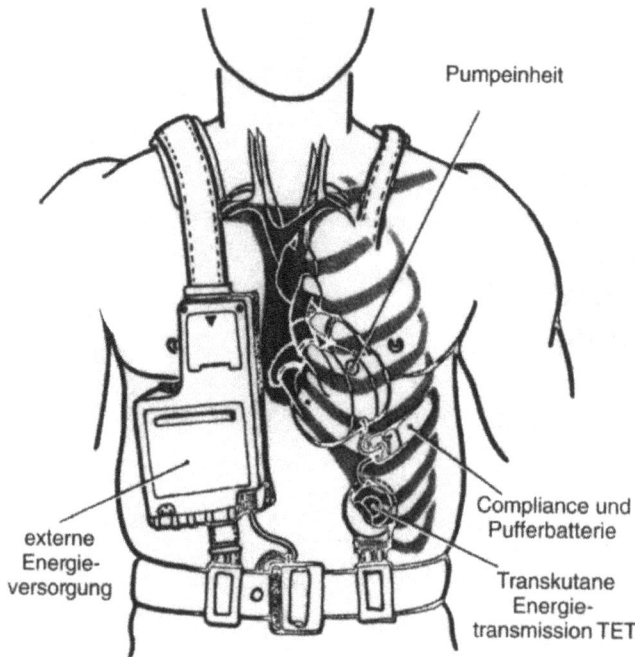

Bild 2.119: Konzept des Helmholtz-Kunstherzens HIA-TAH (mit Genehmigung durch das HIA).

Heart Mate II und Jarvik 2000 – beide ausgestattet mit Rotationspumpen und damit ohne Klappen – sind bereits testweise implantiert worden. Das Cardiowest TAH basiert auf dem Jarvik 7-Modell. Die Polyurethan-Ventrikel werden pneumatisch angetrieben. Eine gesteuerte verschiebbare Membran trennt jeweils die Luft- und Blutkammern. Vier Kunststoffklappen sorgen für den unidirektionalen pulsatilen Fluss. Das System erfordert noch zwei Körperdurchführungen für die Energie- und Steuerleitungen und entsprechende Anbindung an eine externe Steuerkonsole.

Das klinisch bereits eingesetzte AbioCor-System (Bild 2.120) ist voll implantierbar (Implantatgewicht ca. 1 kg). Es enthält blutfördernde Plastiksäcke, die sich alternativ füllen und leeren, so dass ein pulsatiler Blutfluss zur Aorta und zur Arteria pulmonalis erzeugt wird. Zwischen den beiden Blutsäcken befindet sich ein künstliches Septum, das eine miniaturisierte Zentrifugalpumpe enthält. Ein Rotationsventil steuert hydraulisch die Verschiebung der Blutsackmembranen. Außerdem enthält die Gesamteinheit vier künstliche Herzklappen. Die induktiv aufladbare Batterie liefert ausreichend Energie für 15–45 Minuten. Ein Mikroprozessor kontrolliert die Pumpfunktion. Überwacht werden die Schlagzahl, die Motorgeschwindigkeit und die Balance zwischen den rechten und linken Atrialdrücken und dem daraus resultierenden adäquaten Blutfluss. Unterhalb des Bauchmuskels befindet sich eine scheibenförmige Spule zum transkutanen Energietransfer. Als externe Einheit sind vorgesehen: die externe Spule zum Energietransfer, eine Sende- und Empfangseinheit zur bidirektionalen Übertragung von Signalen mit dem implantierten System und eine Konsole, auf der die Funktionssignale und -parameter in Kurvenform und numerisch dargestellt werden. Von dieser Konsole aus kann das System bei Bedarf manuell justiert oder gesteuert werden. Die Konsole ist ebenfalls ca. 45 Minuten ohne Stromzufuhr betriebsbereit. Die Patienten können über einen Schultergurt und einen Gürtel bis zu zwei Batterien am Körper tragen, die über eine entsprechende Elektrik die Aufladung der internen Batterie für weitere zwei Stunden gewährleisten.

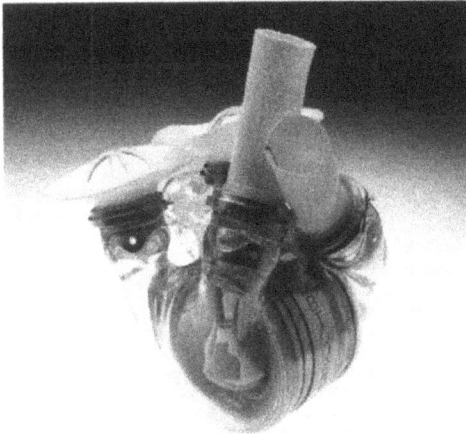

Bild 2.120: *Das Abiocor Total Artificial Heart (mit Genehmigung durch D. A. Cooley).*

2.8.6 Spezifische Automatisierungsansätze

Da für die Kreislaufunterstützungssysteme und das künstliche Herz zunächst der Lebenserhaltungsaspekt dominant gegenüber dem Aspekt der Wiederherstellung von Lebensqualität sein musste und die Implantation nach wie vor mit vielen Risiken und Problemen befrachtet ist, hat der Automatisierungsaspekt lange Zeit, in viel stärkerem Maße als etwa beim Herzschrittmacher oder beim implantierbaren Kardioverter/Defibrillator, praktisch kaum eine Rolle gespielt. Auch heute noch ist ein Teil der Herzchirurgen nicht von dem Sinn und der Notwendigkeit automatisch geregelter Kreislaufunterstützungssysteme überzeugt. Die Einsicht in den Nutzen einer Automatisierung wird wachsen in dem Maße, in dem Langzeiterfolge mit mobilen Kreislaufunterstützungssystemen erzielt werden.

Rotationspumpen
Lange Zeit war man der Überzeugung, dass insbesondere bei Rotationspumpen, die vorzugsweise extrakorporal und lediglich zur Unterstützung der herzeigenen Pumpfunktion benutzt wurden, eine Regelung der Pumpen überflüssig sei. Schima und Kollegen haben schon 1992 auf die Notwendigkeit der Regelung hingewiesen, und die Einsicht wächst mit zunehmender Tendenz, kleine Axialpumpen auch zur Implantation vorzusehen. Es sei vorab darauf hingewiesen, dass die Regelung natürlich nicht die möglicherweise aus der langzeitigen Anwendung eines nichtpulsatilen Betriebs resultierenden Probleme beseitigt.

Rotationspumpen erzeugen einen Druckanstieg zwischen Ein- und Auslass, der im Wesentlichen von der Drehzahl und dem ausgangsseitigen Strömungswiderstand abhängt. Die Beziehung zwischen Drehzahl, Druck und Durchströmung hängt zusätzlich vom Pumpentyp ab, wobei die Charakteristik des Gesamtsystems auch sehr stark durch die kanülenbedingten Widerstände beeinflusst wird.

Aus der „unphysiologischen" Eigenschaft der Rotationspumpen ergeben sich zwei Konsequenzen:

1. selbst relativ kleine Änderungen des Aortendrucks können große Effekte auf den atrialen Druck erzeugen, falls das Herz keinen zur Pumpe parallelen Flow erzeugt. Diese Hypersensitivität in Bezug auf die „Afterload" führt entweder zu einem Durchströmungsanstieg oder aber, sofern der venöse Rückstrom einen solchen Anstieg nicht erlaubt, zu einem massiven Abfall des atrialen Drucks.

2. Sobald der venöse Rückstrom zu klein wird, erzeugt die Pumpe u. U. eingangsseitig extrem hohe negative Drücke. Der daraus resultierende Saugvorgang überträgt sich ins Atrium und in die Lungenvenen. Diese Prozesse können zur Thrombenbildung an den atrialen Wandstrukturen und zur Hämolyse führen. Im Übrigen verbietet sich auf Grund der Sauggefahr bei diesen Pumpen eingangsseitig die Verwendung von flüssigkeitsgefüllten Kathetern.

Bild 2.121 zeigt den von Schima et al. vorgeschlagenen Regelkreis zur Vermeidung der genannten Probleme. Die Information eines Flussmessers wird für zwei Rückkopplungen genutzt: die innere Rückkopplung dient der Anpassung des Ist-Wertes F_{act} an den gewünschten Sollwert F_{nom}. Als Regler wurde ein Zweipunktschalter mit Schaltverschiebung und einem Integrator eingesetzt. Über eine äußere Rückkopplung mit einem Saugdetektor, der steile Druckabfälle detektiert, wird der Sollwert ggf. allmählich abgesenkt. Es zeigte sich, dass die Saugdetektion einen sehr elaborierten und zuverlässigen Algorithmus benötigt. Die Prüfung zahlreicher Algorithmen führte schließlich zu einem Satz von sechs Teilalgorithmen mit unterschiedlichen Schwellen. Diese bewerten anhand des Flow-Signals Kriterien der Asymmetrie, der Plateaubildung, der Anstiegssteilheit, des Niedrig-Flows und der Min-Max-Differenz.

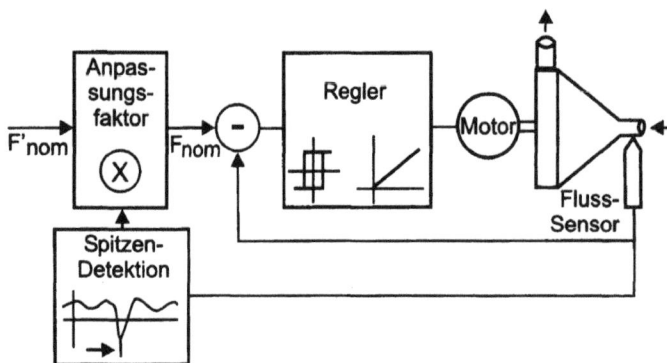

Bild 2.121: Regelkonzept für eine Rotationspumpe. (H. Schima et al., 1992, mit Genehmigung).

Aufgrund der hohen Sensitivität und Spezifität konnte der Gesamtalgorithmus bereits klinisch eingesetzt werden. Eine routinemäßige Implementierung in Links-Herz-Unterstützungssysteme, die mit Axialpumpen ausgestattet sind, ist vorgesehen.

An dieser Problematik wird auch von verschiedenen japanischen und amerikanischen Gruppen gearbeitet. Solange die Pumpen im Bypass zum Herzen betrieben werden, erscheint eine gesonderte Anpassung der Pumpleistung an eine durch Signale aus dem autonomen Nervensystem vermittelte erhöhte Beanspruchung nicht erforderlich. Auch für den Fall des totalen Herzersatzes unter Verwendung von Rotationspumpen wird dieses Problem bisher nicht im Vordergrund gesehen.

Kunstherzen (Membranpumpen)

Kunstherzen werden pneumatisch oder elektrisch pulsatil betrieben. Sie passen ihren Auswurf weitgehend selbsttätig, ähnlich wie der physiologische Frank-Starling-Mechanismus (Abschn. 2.1.4), an die Füllung an. Allerdings wird für den Betrieb mindestens die Information über den Füllzustand und die exakte Steuerung der Druckplatten als essentiell angesehen. Die Druckplattenposition wird beispielsweise mit Hall-Effekt-Sensoren überwacht. Sobald z.B. 90 % Füllzustand linksherzseitig überschritten wird, wird die Schlagzahl der Membranpumpe erhöht, eine Füllung < 90 % führt zur Reduktion der Schlagzahl, wobei auf maßvolle („smooth") Übergänge geachtet wird.

Eine besonders elegante Regelung für einen Full-Empty-Betrieb ist in das Linksherzunterstützungssystem und in das Kunstherz des Helmholtz-Instituts Aachen (Abschn. 2.8.5) implementiert, die sich im Testzustand befinden (Nix et al., 1998). Kernstück der Antriebseinheit ist ein bürstenloser elektronisch kommutierter sensorloser Synchronmotor.

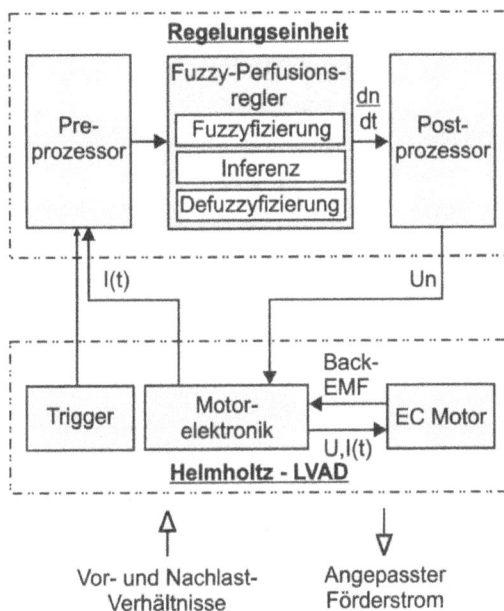

Bild 2.122: *Perfusionsregelkreis mit Fuzzy-Regler (C. Nix et al., 1998, mit Genehmigung).*

Eine Getriebekinematik sorgt für die Umsetzung der gleichförmigen unidirektionalen Dreh-
bewegungen des Motors in eine Hub-/Rastbewegung der Druckplatten. Eine Drehrichtungs-
umkehr des Motors ist nicht erforderlich. Aus dem Verlauf des Motorstromes ist auf das
Füllverhalten der Pumpkammer zu schließen. Somit kann vollständig auf jegliche zusätzliche
Sensorik verzichtet werden.

Für den Reglerentwurf kommt die Fuzzy-Control-Methode (Abschn. 1.4.6) zum Einsatz. In
Bild 2.122 sind die Komponenten des Perfusionsregelkreises dargestellt. Das Motorstrom-
signal wird zunächst in einem Pre-Prozessor analysiert. In einem vereinfachten Ansatz kann
die abgegebene hydraulische Leistung der Pumpe proportional zur abgegebenen Leistung des
Motors gesetzt werden. Bei Auftreffen der Druckplatte auf die Membran der Pumpkammer
steigt der Motorstrom I an, durchläuft ein Maximum und sinkt dann wieder auf den Ausgangswert ab. Der Zeitpunkt des Auftreffens der Druckplatte auf die Membran, der dem
Beginn der Auswurfphase entspricht, lässt sich gut detektieren. Ist die Pumpkammer noch
nicht vollständig gefüllt, bevor die Druckplatte auf die Membran trifft, dokumentiert sich das
durch einen verspäteten Anstieg des Motorstroms mit einer kräftigen Steigung. Die Pumpfrequenz wird so lange erhöht, bis sich erste Anzeichen eines verschlechterten Füllens feststellen lassen. Der Maximalwert des Motorstromes ist über einen Proportionalfaktor mit der
Nachlast für die jeweilige Pumpkammer verknüpft. Durch Variation der Pumpfrequenz wird
erreicht, dass maximal zulässige Werte nicht über- und minimal notwendige Werte nicht
unterschritten werden. Zu den zwei Eingangsgrößen je Pumpkammer, die sich aus dem Motorstrom ableiten lassen, kommt als Eingangsgröße die aktuelle Pumpfrequenz, die sich aus
dem Gegenspannungssignal (Back-EMF) des Motors gewinnen lässt. Ein Faktor, der die
Förderbalance zwischen rechter und linker Seite beeinflusst, ermöglicht die Gewichtung des
rechten bzw. linken Unterreglers. Üblicherweise wird der sog. Left-Master-Modus gewählt,
bei dem die Reglerentscheidung des linken Unterreglers dominiert.

Für zuvor definierte Zugehörigkeitsfunktionen werden absolute Zahlenwerte in linguistische
Terme umgesetzt, die in der Inferenzmaschine verknüpft werden. Die Regeln dafür lauten
beispielsweise: „Wenn Füllung optimal und Pumprate gut, dann Pumprate leicht erhöhen".
Bei der Festlegung der Zugehörigkeitsfunktionen und Regeln kann auf ärztliches Experten-
wissen zurückgegriffen werden. Einzige Ausgangsgröße der Regelung ist die Änderung der
Pumpfrequenz dn/dt. Hieraus wird in dem Post-Prozessor die neue Stellgröße Un für den
Motor generiert. Da die Kammervolumina der Pumpen bei diesem Konzept nicht variabel
sind, erfolgt die Anpassung durch Veränderung der Pumpfrequenz.

Zur Überprüfung der Regelungsansätze wurden zunächst Kreislaufsimulatoren eingesetzt.
Ein Beispiel zeigt Bild 2.123. Findet die Vorhof-Druckerhöhung bzw. -erniedrigung bei
einer Nachlast von 100 mmHg statt, so erfolgt eine Schlagzahlanpassung jeweils nach 12
Schlägen. Die Antwort ist symmetrisch. Die Anpassung an eine erhöhte Vorlast (LAP) erfolgt ebenso schnell wie die Anpassung an eine erniedrigte Vorlast (Sprungantwort). Die
gleiche Variation des Vorhofdruckes bei 120 mmHg Nachlast hat eine unsymmetrische Antwort zur Folge. Hier erfolgt die Anpassung an eine Verminderung der Vorlast (LAP) deutlich schneller als an die Erhöhung der Vorlast. Diese Asymmetrie ist gewollt und Teil der
Regelung, da bei höherer Nachlast der Effekt des stoßartigen Auftreffens der Membran auf
die Druckplatte kritischer ist als bei einer niedrigen Nachlast. Der Ansatz hat sich in Tierex-
perimenten bewährt.

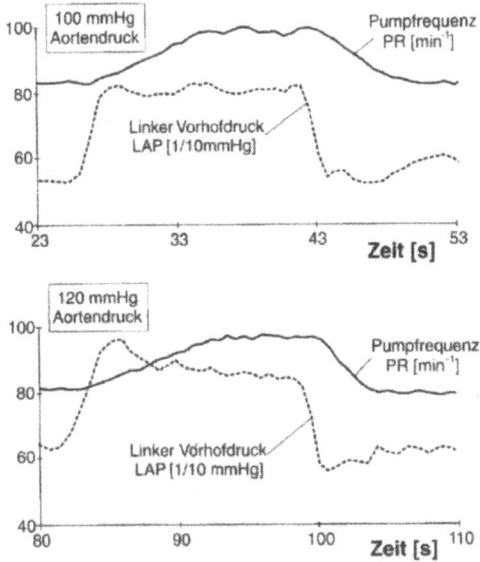

Bild 2.123: *Antwort der Pumpfrequenz auf einen Sprung des Vorhofdruckes. (C. Nix et al., 1998, mit Genehmigung).*

In einigen künstlichen Herzsystemen sorgen Maßnahmen für eine adäquate Relation von rechts- und linksatrialem Druck und schützen insbesondere die Lunge vor einem Blutstau. Über eine elaborierte Automatisierungsstrategie in Bezug auf die Rechts-/Links-Herzanpassung verfügt das MagScrew Total Artificial Heart, das auf einem technischen Kreislauf-Simulationsstand getestet wurde. Allerdings gibt es entschiedene Verfechter der Meinung, dass nach einer „Fighting Stage" von ca. 14 Tagen die Physiologie des Körpers diese Prozesse selbsttätig in den Griff bekomme und dass eine elaborierte technische Kontrolle zu unergiebigen Konkurrenzsituationen technischer und physiologischer Anpassungsmechanismen führe. Es stellt sich jedoch die Frage, ob bei Abwesenheit aller physiologischen intrakardialen Anpassungsmechanismen und ebenso der durch das autonome Nervensystem (ANS) gesteuerten Herzfrequenz- und Schlagvolumenanpassung die verbleibende neuronale und humorale Steuerung (im Wesentlichen doch wohl nur über die Widerstandsveränderungen im Gefäßsystem) das physiologische System ausreichend wiederherstellt. Die Abwehrhaltung scheint z.Zt. auch dadurch begründet zu sein, dass die zahlreichen bereits ohne automatische Regelung vorhandenen Schwierigkeiten (z.B. Thrombenbildung, Hämolyse, Infektionen, Unverträglichkeit des technischen Aggregats u. ä.) die Hinwendung zu einer höheren Systemqualität nicht favorisieren, zumal die Steigerung der Lebensqualität des Patienten zunächst durch die Lösung der o. g. Probleme und weiterhin auch durch eine verbesserte Mobilität und einen weitgehenden normalen Gesundheitszustand des Patienten erreicht werden muss, bevor eine größere Bereitschaft besteht, eine perfektere Anpassung an erhöhte körperliche Belastungen in klinisch eingesetzte Systeme zu implementieren.

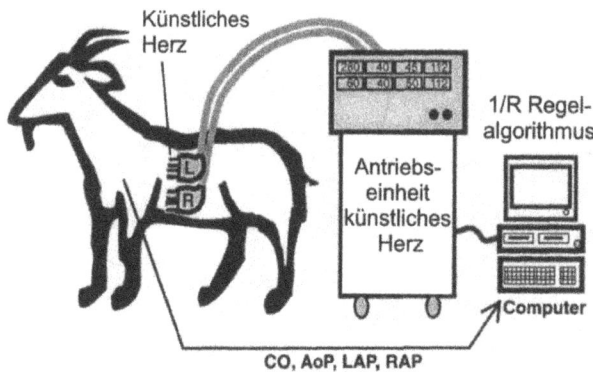

Bild 2.124: *Regelung des Kunstherzens im Tierversuch (Abe et al., 1998, mit Genehmigung). L = links, R = rechts, CO = cardiac output (Herzzeitvolumen), AoP = Aortendruck, LAP = Atrialdruck, links, RAP: rechts. 1/R = Kehrwert des totalen peripheren Gefäßwiderstandes.*

Unter diesen Aspekten sind auch verschiedene hochinteressante Ansätze, insbesondere von japanischen Arbeitsgruppen zu sehen, Aktivitäts- oder ANS-korrelierte Signale in ähnlicher Weise wie bei frequenzadaptiven Schrittmachern (Abschnitt 2.4) zur Pumpensteuerung zu nutzen. Die Steuerung der Pumpenleistung erfolgt hier nicht im einfachen Full-Empty-Modus und der daraus resultierenden Anpassung der Pumpfrequenz, sondern durch zusätzliche Sensorsignale. In arbeitsfähigen und -willigen Tieren mit implantierten Kunstherzen wurden z.B. die Parameter körperlicher Aktivität, gemessen mit dem in einem Schrittmacher vorhandenen Akzelerometer-Sensor, und die zentralvenöse Sauerstoff-Sättigung, gemessen durch Infrarot-Oxymetrie-Reflexion, auf ihre Eignung für die Anpassung der Pumpenleistung an körperliche Belastung getestet. Es müssen hier dieselben Vorbehalte wie bei der Schrittmachersteuerung gelten (Abschnitt 2.4.2/3). Die Aktivitätssensorik ist messtechnisch problematisch und regelungstechnisch ungünstig, da sie eine partielle Störgrößenaufschaltung, aber keine Regelung realisiert. Attraktiv erscheint der Versuch, ähnlich wie bei den dromotropen und inotropen Herzschrittmachern, ANS-korrelierte Parameter heranzuziehen und damit den physiologischen Regelkreis wieder zu schließen. Dies wird versucht durch Messung des Herzzeitvolumens, des arteriellen Druckes, des linken und rechten atrialen Druckes und Ermittlung des totalen peripheren Gefäßwiderstandes bzw. seines Kehrwertes (Abe et al., 1998, „1/R-Control", Bild 2.124) und der Berechnung einer adäquaten Pumpfrequenz. Die Idee erscheint dem Regelungstechniker verlockend, ist doch der totale periphere Gefäßwiderstand nach abhanden gekommener Chronotropie, Dromotropie und Inotropie (Abschn. 2.1) der einzige verbliebene ANS-vermittelte, physiologisch noch intakte kardiovaskuläre Anpassungsparameter, der zur Steuerung des Herzzeitvolumens über die Pumpfrequenz herangezogen werden könnte. Eine zusätzliche Problematik der Interpretation der Tierversuche scheint allerdings in der Überlagerung metabolisch begründeter Vasodilatation (Erweiterung der Gefäße) und zusätzlicher vasokonstriktiver (gefäßverengender) Effekte zu bestehen. Die daraus resultierenden Korrekturalgorithmen bleiben relativ undurchsichtig. Es bleibt abzuwarten, ob der Benefit dieser aufwändigen und komplexen Vorgehensweise ausreichend groß ist, um die Skeptiker zu überzeugen. Gleichwohl wird in Japan bereits eine komplexe Mehrebenenregelstruktur im Tierversuch erprobt (Saito et al., 2003).

2.9 Präservation von Spenderherzen

Bei der Behandlung der terminalen Herzinsuffizienz hat sich die Herztransplantation als effektives Verfahren etabliert. Dabei sind bis heute weltweit in über 260 Transplantationszentren mehr als 30 000 Herztransplantationen durchgeführt worden, allerdings mit der Folge einer immer größer werdenden Warteliste. Grund hierfür ist zum einen ein nach wie vor herrschender Spendermangel, zum anderen eine bestehende zeitliche Limitation bis zur Implantation des Organs von maximal 4–6 Stunden, wodurch der Radius zur Organbeschaffung deutlich eingegrenzt wird.

2.9.1 Kardioplege Lösung oder Blutkardioplegie

Die Blutversorgung des Herzens erfolgt in vivo ausschließlich über die Herzkranzarterien, die als erste Seitenäste der Aorta unmittelbar oberhalb der Aortenklappe entspringen. Der Blutbedarf des Herzens ist abhängig von seinem Funktionszustand. Schon der normotherme (37 °C) Herzstillstand vermindert den Sauerstoffbedarf um ca. 90 % (auf nur 1 ml/100 g/min), durch Hypothermie bis 22 °C wird der Sauerstoffbedarf auf nur noch 0,3 ml/100 g/min verringert, d.h. es wird ca. 97 % weniger Sauerstoff verbraucht als beim arbeitenden Herzen.

Die heute im klinischen Einsatz verwendeten kristallinen kardioplegen Lösungen basieren auf zwei unterschiedlichen Wirkprinzipien, der intrazellulären und der extrazellulären Kardioplegie. Die extrazelluläre Kardioplegie bewirkt durch Erhöhung der Kaliumkonzentration (vgl. Abschn. 2.1.1) eine permanente Depolarisierung der Zellmembran, dagegen wird bei der intrazellulären Kardioplegie der extrazelluläre Natriumgehalt auf intrazelluläre Natriumwerte gesenkt, was die Erregungsleitung bei polarisierter Zellmembran verhindert.

Energiereiche Phospate kennzeichnen die Belastung des Herzmuskels durch mangelnde Durchblutung, d.h. durch Ischämie. Aufgrund des Fehlens von Sauerstoffträgern kann der am kardiopleg stillgelegten Herzen vorhandene Energiebedarf nur durch anaerobe Glykolyse (ohne Sauerstoffzufuhr) und damit mangelhaft gedeckt werden. Die myokardprotektive Wirkung der kardioplegen Lösungen hängt ab von der Lösungsart, der Lösungstemperatur, dem Perfusionsvolumen, der Myokardtemperatur und dem Herzgewicht. Für Myokardschäden kommen grundsätzlich zwei Mechanismen in Frage: Hypoxie und Ischämie. Aus diesen Gründen besteht keine Einigkeit bezüglich der Zusammensetzung einer kardioplegen Lösung. Hingegen sind die Anforderungen definiert: Die kardioplege Lösung soll den Herzstillstand sofort hervorrufen, um den Energieverbrauch des Myokards und die Entleerung der Energiespeicher auf ein Mindestmaß herabzusetzen. Sie muss Substrate für die aerobe oder anaerobe Energiegewinnung enthalten, und es müssen Puffer zugesetzt werden, um die anaerobe Azidose (Übersäuerung) auszugleichen. Die Lösung muss hyperosmolar sein, damit trotz Ischämie und Hypothermie Myokardödeme verhindert werden können.

Die immer mehr an Bedeutung gewinnende Methode der normothermen Herzchirurgie hat einen Teil der Herzzentren veranlasst, die Anwendung von kristallinen Kardioplegielösungen bei Herzoperationen zugunsten der Blutkardioplegie aufzugeben. Vorteile der Blutkardioplegie sind die Pufferkapazität der Proteine im Blut, die positiven rheologischen Auswirkungen auf die Mikrozirkulation, gewährleistet durch die Erythrozyten, und die endogenen freien Radikalfänger, die in den Erythrozyten enthalten sind und den sauerstoffvermittelten Zellschaden vermindern können. Weitere Studien könnten zeigen, inwiefern die natürlicherweise im Blut vorkommenden Bestandteile wie Enzyme, Kofaktoren, Substrate, Elektrolyte usw. für die Myokardprotektion wichtig sind.

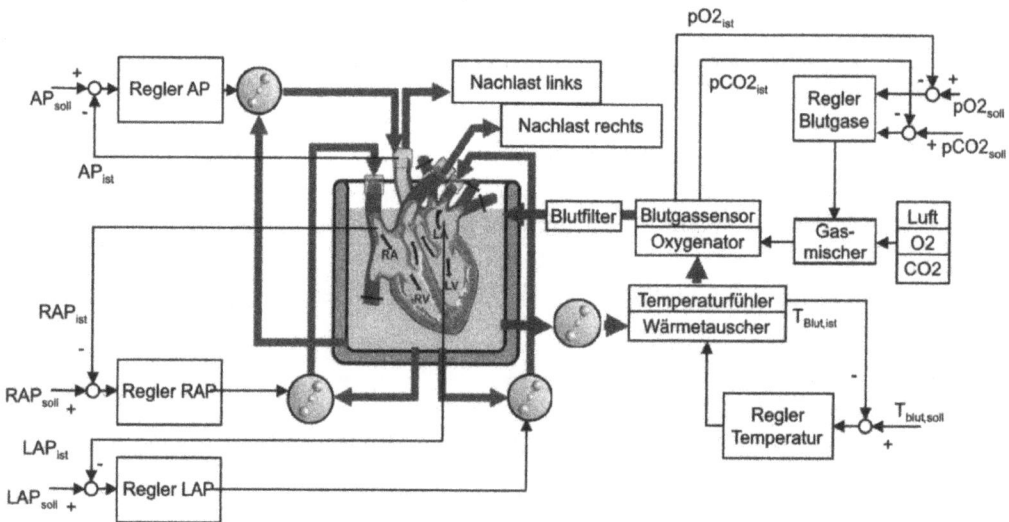

Bild 2.125: *Regelkreise im Experimentalaufbau (Abkürzungen siehe Text).*

Explantierte Herzen werden zur Zeit jedoch weiterhin hypotherm in kardiopleger Lösung transportiert bzw. vorgehalten. Trotz der bisherigen enormen Weiterentwicklungen muss ein kardiopleg vorgehaltenes, explantiertes Herz spätestens nach 4–6 Stunden implantiert werden, um einen ausreichenden Funktionszustand zu gewährleisten.

2.9.2 Regelungstechnische Maßnahmen für das explantierte Herz

Zur Zeit wird versucht, einen Beitrag zur Erhöhung der Qualität und der Lebensdauer von Spenderorganen bis zur Transplantation durch regelungstechnische Maßnahmen zu leisten, indem Systeme entwickelt werden, die die Spenderorgane nicht kardiopleg, sondern unter möglichst physiologischen Bedingungen transportieren und erhalten (Prenger-Berninghoff et al., 2002). Da die Bereitschaft zur Organspende viel zu gering ist, um den Bedarf zu decken, muss jede Möglichkeit genutzt werden, den Rekrutierungsradius und die Qualität des Organs zum Transplantationszeitpunkt zu maximieren.

Experimentalaufbau „explantiertes Herz"

Für grundlegende Versuche wurde ein Experimentalaufbau (Bild 2.125) realisiert, der es ermöglicht, explantierte Schweineherzen bei Körpertemperatur (normotherm) mit Eigenblut zu perfundieren und zu oxygenieren. Die physiologischen Bedingungen sollen damit möglichst gut nachgebildet werden. Die großen Gefäße des Organs werden an Pumpen bzw. künstliche Strömungswiderstände angeschlossen, die die dynamischen Eigenschaften der Lunge und des Körpers nachbilden. Für die Pumpfunktion des Herzens ist es erforderlich, die beiden Vorhöfe mit Blut zu füllen. Hierzu befördert jeweils eine Pumpe Blut aus dem Organbehälter in das rechte und in das linke Atrium. Die Pumpen müssen einen vorgegebenen mittleren Druck in den Vorhöfen aufrechterhalten. Dafür wird der rechtsatriale Druck (RAP) mit einem Drucksensor erfasst und auf den RAP-Regler geführt, der die entsprechende Pumpe steuert. Die gleiche Sensorik und Regelung müssen für das linke Atrium vorgesehen werden, damit auch hier die Pumpe den linksatrialen Druck (LAP) im Mittel konstant hält. Für das Verhalten des Regelkreises ist die Auswahl der Pumpe von großer Bedeutung. Es stehen Schlauchpumpen (Rollerpumpen) und Zentrifugalpumpen zur Verfügung. Schlauchpumpen fördern das Blut in Portionen, indem der Schlauch abschnittweise zusammengequetscht wird (Abschn. 2.7.1). Die Fördermenge einer Schlauchpumpe hängt von der Drehzahl ab und wird unabhängig vom Strömungswiderstand erreicht, sofern die Kraft der Pumpe ausreicht.

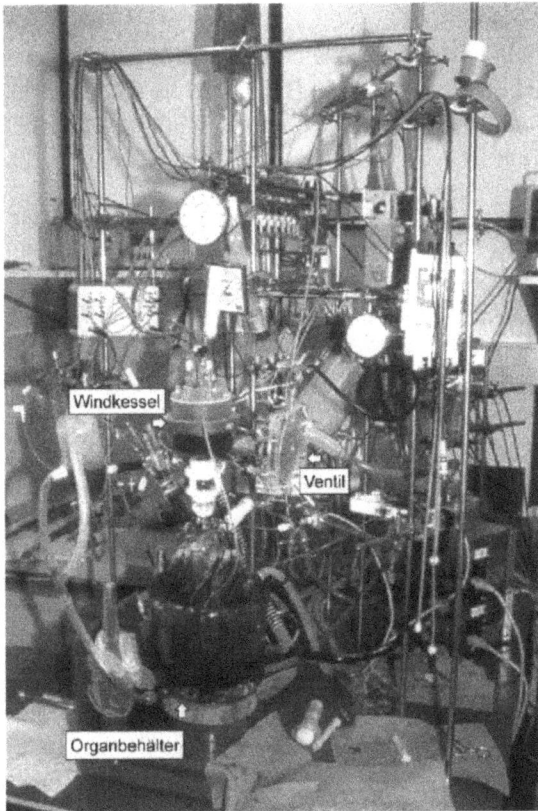

Bild 2.126: Experimentalaufbau „Explantiertes Herz".

Bei Einsatz einer Schlauchpumpe muss bei plötzlichem Herzstillstand auch der Pumpenkopf unmittelbar stehen bleiben, da durch das integrale Verhalten der Schlauchpumpe sonst sehr hohe Drücke entstehen können. Eventuell muss sich der Pumpenkopf sogar kurzzeitig rückwärts drehen, um den Vorhof bei Überfüllung zu entlasten. Dieses Verhalten hebt die Ansprüche an den Regelkreis und steigert die Gefahr von kurzzeitigen Überdrücken in den Vorhöfen. Ein besseres Verhalten für diese Anwendung zeigen Zentrifugalpumpen. Bei Zentrifugalpumpen baut sich am Ausgang ein Druck auf, der weitgehend unabhängig vom Fluss ist und durch die Drehzahl bestimmt wird. Außerdem erlauben sie den Rückfluss, da die Verbindung zwischen Ein- und Ausgang nicht durch den Pumpenkopf unterbrochen wird. Druckspitzen bei plötzlich auftretenden Flussänderungen, wie dies bei Arrhythmien oder Kammerflimmern der Fall ist, treten nicht auf.

Für physiologische Druckverhältnisse in den beiden Ventrikeln müssen die Auslässe an bestimmte „Nachlasten" angeschlossen werden, damit der jeweilige Ventrikel durch Pumpen gegen einen definierten Widerstand Druck aufbaut. Die linke Nachlast, die an die Aorta angeschlossen wird, entsteht durch ein speziell konstruiertes Ventil, das zwei Kammern enthält, die durch eine Silikonmembran getrennt sind. Die erste Kammer hat einen Bluteinlass und einen Blutauslass, die beide durch einen Überdruck in der Luftkammer solange durch die Membran verschlossen werden, bis der Blutdruck am Einlass größer als der Luftüberdruck ist und das Blut damit an der Membran vorbei zum Blutauslass gedrückt wird. Über den eingestellten Luftüberdruck und die Größe der Luftkammer können der Öffnungsdruck und die dynamischen Eigenschaften des Ventils so eingestellt werden, dass die Windkesselfunktion der Aorta gut nachgebildet wird. Wie in Bild 2.126 zu erkennen ist, wird das Nachlastventil nicht direkt an die Aorta angeschlossen, sondern über ein Windkesselgefäß, das zur Hälfte mit Blut gefüllt ist.

Dieses Gefäß verbessert die Imitation der Aorta und übernimmt gleichzeitig die Funktion einer Luftfalle. Bei dem rechten Ventrikel wird ein Behälter, der zum Teil mit Blut gefüllt ist, als Nachlast verwendet. Der Druck wird durch den Blutpegel im Behälter bestimmt. Der Behälter ist mit einem Überlauf versehen und kann in der Höhe verstellt werden, so dass sich verschiedene Nachlasten einstellen lassen. Der dritte Druckregelkreis, der in Bild 2.125 zu sehen ist, reguliert den Aortendruck (AP). Das Herz wird über die Herzkranzgefäße (Koronarien), die in der Aortenwurzel unmittelbar über der Aortenklappe beginnen, mit Blut versorgt. Für die Versorgung muss daher ständig ein Mindestdruck in der Aorta aufrechterhalten werden. Schlägt das Herz und fördert Blut, so ist die Versorgung durch das Herz selbst sichergestellt. Zu Beginn und unter Umständen auch während des Versuchs ist es aufgrund fehlender Herzkontraktion jedoch erforderlich, den Perfusionsdruck durch eine Pumpe zu erzeugen.

Im Experimentalaufbau wird auf eine Verbindung der beiden Herzhälften, wie sie im Körper besteht, verzichtet, da so die Möglichkeit besteht, in der linken und rechten Herzhälfte beliebige Druckverhältnisse zu erzeugen. Aus diesem Grund sind auch die Pumpenregelkreise nicht miteinander verkoppelt. Die Beeinflussung der Regler untereinander ist vernachlässigbar klein. Es ist aber sinnvoll, die Sollwerte des RAP und LAP nur in einem bestimmten Verhältnis zueinander zu verändern, da dies im Körper physiologischerweise passiert.

Neben den Druckregelkreisen ist für die Herzfunktion eine kontinuierliche Aufbereitung des Bluts unverzichtbar. Wie in Bild 2.125 zu erkennen ist, existiert hierzu ein Blutkreislauf mit einer zusätzlichen Pumpe, der Blut aus dem Organbehälter fortlaufend durch einen Wärmetauscher, einen Oxygenator und einen Blutfilter leitet. Der Wärmetauscher erwärmt das Blut über einen Wasserkreislauf. Die Temperatur wird mittels eines Temperatursensors normotherm auf 37 °C geregelt. Der Blutfilter entfernt Schadstoffe, die sich während des Versuchs im Blut bilden, und verringert eine Schädigung des Herzens. Um die Blutgasparameter wie O_2-Partialdruck, CO_2-Partialdruck und den pH-Wert beeinflussen zu können, ist der Oxygenator in den Kreislauf integriert. Zusammen mit dem Blutgassensor, dem Blutgasregler und dem Gasmischer entsteht der Blutgasregelkreis.

Regelkreise des Gasmischers
Es soll hier eine nähere Betrachtung des Gasmischers erfolgen, der mit dem Oxygenator das Stellglied im Regelkreis darstellt. Der Gasmischer hat die Aufgabe, ein vorgegebenes Luftgemisch bereitzustellen. Für die Blutgasregelung soll die Möglichkeit bestehen, folgende Größen als Sollwerte vorzugeben: Gesamtvolumenstrom $\dot{V}$, Sauerstofffraktion F_{O_2}, Kohlendioxidfraktion F_{CO_2}. Als Quelle stehen drei Gasflaschen G_1–G_3 bereit, von denen eine überwiegend Sauerstofflieferant ist ($F_{O_2} \geq 80\,\%$, Rest Stickstoff), eine weitere der Kohlendioxid- ($F_{CO_2} \geq 10\,\%$, Rest Stickstoff) und die dritte der Stickstofflieferant ($F_{N_2} \geq 80\,\%$, Rest Sauerstoff). Die Gasflaschen werden jeweils an den Eingang eines steuerbaren Magnetventils angeschlossen. Die drei Ausgänge der Magnetventile werden zusammengeführt und ergeben das gemischte Gas.

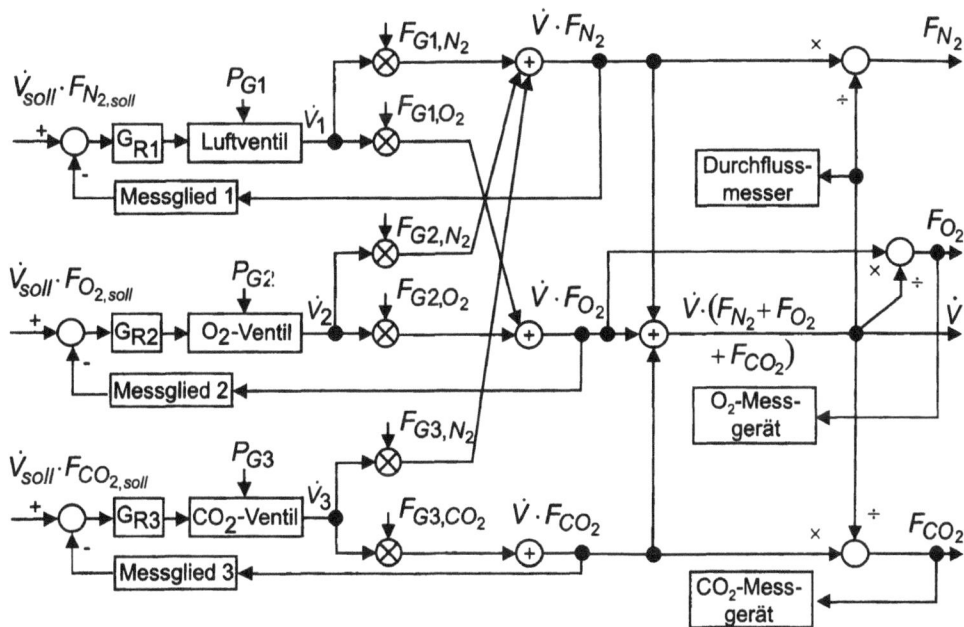

Bild 2.127: *Regelkreise des Gasmischers. $\dot{V}_i$ = Volumenströme, F_i = Stofffraktionen, P_{Gj} = Vordruck der Gasflaschen.*

Mit einem Durchflussmesser, einem O_2-Messgerät und einem CO_2-Messgerät werden unmittelbar nach dem Mischvorgang die interessierenden Parameter des Gases gemessen. (In kommerziell erhältlichen Ausführungen wird z.Zt. vor allem aus Kostengründen eine einfache Steuerung bevorzugt, die auf die aufwändige O_2- und CO_2-Sensorik verzichtet).

Mit den drei Magnetventilen als Stellglied und den beschriebenen Messeinrichtungen kann eine Regelung entworfen werden, wobei ein Regelkreis für jedes Magnetventil vorgesehen wird. Eine nahe liegende Lösung nutzt die gemessenen Werte direkt und führt sie auf je einen Regler. Hierbei werden der Gesamtvolumenstrom über das Stickstoffventil, der Sauerstoffanteil über das O_2-Ventil und der Kohlendioxidanteil über das CO_2-Ventil gesteuert. Versucht ein Regelkreis, seinen Sollwert zu erreichen, so stört er durch eine Änderung die beiden anderen Regelkreise, die ihrerseits ebenfalls auf die Abweichung reagieren. Durch entsprechende Parameterwahl bei den einzelnen Reglern kann so ein prinzipiell funktionierendes System erreicht werden. Die Parameter können aber nur für gewisse Arbeitspunkte optimiert werden, da sich durch diese Anordnung eine variable Streckenverstärkung in den Regelkreisen ergibt. Aus diesem Grund existieren in den übrigen Arbeitspunkten sehr lange Einschwingzeiten oder instabile Zustände.

Diese Problematik führt zu der endgültig gewählten Variante in Bild 2.127. Es wird weiterhin ein Regelkreis pro Ventil eingesetzt. Die Sollwerte für jeden Regelkreis sind jedoch nicht mehr der Gesamtvolumenstrom, Sauerstofffraktion und Kohlendioxidfraktion, sondern die einzelnen Stoffströme. Sie können rechnerisch aus dem Gesamtvolumenstrom gewonnen werden, indem man mit der entsprechenden Fraktion multipliziert. Um die Stoffströme weiter separat betrachten zu können, wird auch der Volumenstrom eines jeden Ventils in seine Bestandteile entsprechend der Zusammensetzung des Gases aus der zugehörigen Flasche zerlegt. Volumenströme desselben Stoffs aus unterschiedlichen Flaschen werden rechnerisch wieder zusammengeführt, so dass man als Ausgang eines Regelkreises den gesamten Stoffstrom erhält. Dieser Stoffstrom wird mit einem virtuellen Messglied erfasst und mit dem zugehörigen Sollwert zur Regelabweichung verrechnet. Das Messglied symbolisiert eine Berechnungsformel, die aus den tatsächlichen Messgrößen den anteiligen Stoffstrom ermittelt. Nach diesem Ansatz wurde ein SIMULINK-Schaltbild erstellt, um verschiedene Parametersätze einfacher testen zu können. Als Regler wurden PID-Regler gewählt und Startparameter nach Ziegler-Nichols gewonnen. Nachdem die Startparameter in der Simulation optimiert worden sind, wurden zur Veranschaulichung des Verhaltens des Gasmischers Sollwertsprünge einzelner Größen eingestellt und die Einschwingdauer beobachtet.

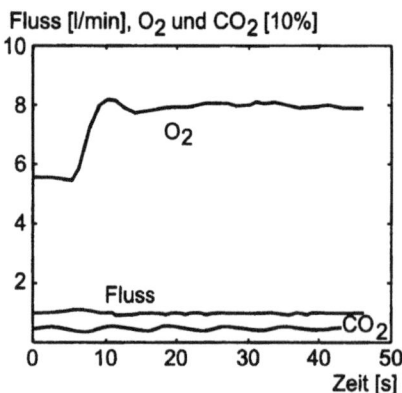

Bild 2.128: Sollwertsprung beim Gasmischer von 55 % auf 80 % O_2.

In Bild 2.128 ist z.B. ein O_2-Sollwertsprung von 55 % auf 80 % dargestellt. Der neue Sollwert stellt sich nach ca. 10 s ein.

Mit funktionierendem Gasmischer ist das Stellglied im Blutgasregelkreis vorhanden. Die
Übertragungsfunktion des Stellglieds wird jedoch nicht nur durch den Gasmischer bestimmt,
sondern auch wesentlich durch den Oxygenator.

Der O_2- und der CO_2-Transfer, durch den die Blutgaswerte verändert werden, hängt von
bestimmten Parametern ab. Der Sauerstofftransfer ist näherungsweise proportional zum
absoluten Fluss auf der Blutseite, unabhängig vom Fluss auf der Gasseite. Beim CO_2-
Transfer hingegen kommt es noch wesentlich auf das Verhältnis zwischen Gasfluss und Blutfluss an. Durch diese Eigenschaften ergeben sich für die Regelstrecke variable Verstärkun-
gen, die im Blutgasregler berücksichtigt werden müssen. Insbesondere muss der Blutfluss
des Oxygenationskreislaufs gemessen werden oder die Pumpensteuerung in den Blutgasregelkreis integriert werden, so dass das Verhältnis zwischen Blut- und Gasfluss zur Regelung
genutzt werden kann. Bei Einsatz einer Schlauchpumpe kann der Blutfluss nach Kalibrierung
direkt aus der Pumpendrehzahl ermittelt werden.

Weitere Komponenten sind die Blutgassensoren. Die übliche Ermittlung der Blutgase erfolgt
offline über ein externes Gerät. Dabei muss manuell eine Blutprobe genommen werden und
der Blutgasanalyse zugeführt werden. Die Analyse selbst dauert je nach Gerät 2–5 Minuten,
wobei die Werte durchaus schon nach einer Minute vorliegen können, das Gerät aber durch
Kalibriervorgänge mindestens 5 Minuten für weitere Messungen gesperrt ist. Die Werte
können elektronisch übermittelt werden, so dass eine automatische Weiterverarbeitung denkbar ist. Die automatische Blutgasregelung mit dieser Art der Messung bietet aber den Nachteil einer sehr niedrigen Abtastrate, die zudem noch durch den Faktor Mensch, der die Blutprobe nimmt, variiert. Die offline messenden Geräte weisen eine hohe Genauigkeit auf, da
nach jeder Messung eine Einpunkt-Kalibrierung durchgeführt wird und somit Drifterschei-
nungen der Sensoren kompensiert werden können. Der Vorteil durch diese Halbautomatisie-
rung ist vergleichsweise gering, da die Entnahme der Blutproben einen hohen Aufwand darstellt. Die Alternative zu den Offline-Messungen sind Sensoren, die direkt in den Blutweg
integriert werden und das vorbeiströmende Blut kontinuierlich analysieren. Es werden Sensoren mit zwei unterschiedlichen Messprinzipien angeboten. Die erste Methode arbeitet mit
Elektroden, die in den Blutweg eingebracht werden. Der Sauerstoffpartialdruck wird über
eine sog. Clark-Elektrode erfasst, die mit einer Vorspannung einen Stromfluss proportional
zum p_{O2} hervorruft. Der Kohlendioxidpartialdruck wird mit einer pH-Elektrode indirekt
gemessen, indem eine Änderung des p_{CO2} eine Änderung des pH hervorruft. Die zweite Methode nutzt die Fluoreszenzeigenschaften des Blutes und ermittelt die Parameter über einen
optischen Sensor. Beide Sensortypen driften zwischen den Messungen und müssen regelmäßig kalibriert werden.

Neben den erwähnten regelungstechnischen Maßnahmen soll noch die vorhandene Messtechnik erläutert werden. Außer der für die RAP-, LAP- und AP-Regelung notwendigen
Drucksensoren sind Drucksensoren im linken und rechten Ventrikel platziert, um ein Justie-
ren der Nachlasten zu ermöglichen und um die Druckverhältnisse in allen vier Herzkammern
genau zu dokumentieren. Am Ausgang des rechten und linken Ventrikels ist jeweils ein
Flusssensor angebracht, der die Messung des Schlagvolumens ermöglicht. Aufgrund der

fehlenden Verbindung sind auch unterschiedliche Flüsse in der linken und rechten Herzhälfte möglich. Als wichtiges Diagnoseinstrument für die Herzfunktion muss das Elektrokardiogramm (EKG) erfasst werden, um Arrhythmien oder Überleitungsstörungen zu visualisieren. Dabei werden sowohl epikardiale Saugelektroden an der Herzoberfläche als auch intrakardiale Elektroden von Herzschrittmachersonden eingesetzt. Über dieselben Sonden kann bei Bedarf auch ein Herzschrittmacher angeschlossen werden, um feste Herzfrequenzen einzuprägen oder bei fehlendem Eigenrhythmus diesen zu ersetzen. Alle erfassten Werte werden an einem PC mit DASYLAB visualisiert und aufgezeichnet.

Mobiles Oxygenations- und Perfusionssystem für explantierte Herzen (MOPETH)
Das Mobile Oxygenations- und Perfusionssystem für explantierte zu transplantierende Herzen (kurz MOPETH) ist ein Projekt, das aus dem erläuterten Experimentalaufbau entstanden ist. Um eine Schädigung des Herzens während des Transports möglichst gering zu halten, wird mit dem MOPETH der Ansatz verfolgt, explantierte Herzen auch während des Transports unter physiologischen Bedingungen zu halten. Dabei sollen sie möglichst wenig Arbeit leisten und druckentlastet im Sinusrhythmus schlagen. Daher wurde eine transportable Version des Experimentalaufbaus entworfen, die nur aus den notwendigsten Komponenten besteht, die die Herzfunktion sicherstellen.

Der AP-Regelkreis, der im Experimentalaufbau nur bei Bedarf zum Einsatz kommt, ist beim MOPETH die wichtigste Einrichtung, da er das Herz kontinuierlich mit oxygeniertem Blut versorgt. In Bild 2.129 ist die Anordnung der einzelnen Komponenten dargestellt.

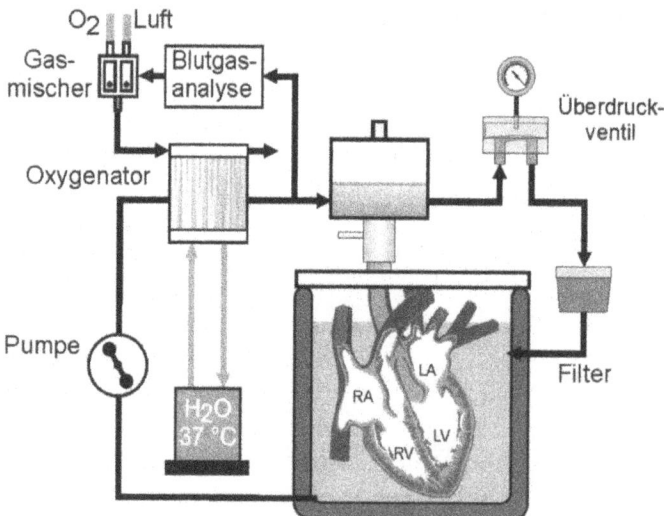

Bild 2.129: Funktionsprinzip des MOPETH.

Das Herz wird in einem Behälter, der mit Eigenblut gefüllt ist, gelagert. Im Gegensatz zum stationären Versuchsaufbau ist der Behälter mit einem Deckel versehen, der eine Durchführung für den Anschluss der Aorta des Herzens besitzt. Das Blut wird aus dem Organbehälter durch den Oxygenator in ein Windkesselgefäß gepumpt. Dieses Gefäß dient wie im Experimentalaufbau sowohl als Luftfalle als auch als Ausdehnungsgefäß, indem es nur zur Hälfte mit Blut gefüllt ist. Es hat jedoch geringere Abmessungen. An dieses Gefäß wird das Herz mit der Aorta angeschlossen, so dass Blut gegen die Aortenklappe gepumpt werden kann und das Herz durch die Koronarien versorgt wird. Dies ist insbesondere erforderlich, da die übrigen Gefäße des Herzens nicht angeschlossen werden, sondern nur in Blut eingetaucht werden. Das Herz baut daher selbst nicht genügend Druck in der Aorta auf und kann sich nicht selbst versorgen. An das Windkesselgefäß ist eine kleinere Version des Nachlastventils aus dem stationären Aufbau angebracht, das bei Überdruck Blut über einen Filter in den Organbehälter ableitet. Dieser Überdruck entsteht eventuell dann, wenn der linke Ventrikel wider Erwarten doch genügend Druck entwickelt und Blut auswirft. Weiterhin ermöglicht dieses Ventil, den Blutfluss unabhängig vom Fluss durch die Koronarien zu erhöhen. Dazu muss das Ventil auf den gewünschten Perfusionsdruck eingestellt und die Förderleistung der Pumpe entsprechend erhöht werden. Durch diese Anordnung wird ein Effekt erzielt, der sonst nur mit zwei Pumpen zu erreichen ist. Dies ist insbesondere vorteilhaft im Hinblick auf die Kompaktheit der Apparatur. Ein höherer Fluss als der Koronarfluss ist dann nötig, wenn das gesamte Blut im Organbehälter oxygeniert oder gefiltert werden soll. Der Perfusionsdruck, der dem aortalen Druck AP entspricht, wird mit einem Drucksensor gemessen und über die Pumpe kontinuierlich geregelt. Für den normothermen Transport wird das Blut über einen kleinen Wasserkreislauf und den Wärmetauscher im Oxygenator auf 37 °C erwärmt. Der Regelung der Blutgase kommt die gleiche Bedeutung wie im Experimentalaufbau zu. Um Komponenten einzusparen, wird jedoch eine Lösung ohne Kohlendioxidflasche angestrebt. Der Oxygenator kann dem Blut nur CO_2 entziehen, nicht jedoch hinzufügen. Dadurch reduziert sich der Gasmischer auf zwei Ventile und Regelkreise.

Bild 2.130: *Mobiles Oxygenierungssystem (MOPETH).*

Wie in Bild 2.130 zu erkennen ist, lässt sich das System in einer Aluminiumbox transportieren, die mit zwei Personen leicht getragen werden kann. Für die Datenaufzeichnung kann ein Notebook angeschlossen werden, die wichtigen Funktionen werden jedoch von einer separaten Elektronik übernommen, so dass das MOPETH autark arbeitet. Der experimentelle Nachweis, dass MOPETH-versorgte Herzen gegenüber den kardiopleg behandelten Herzen einen besseren Funktionszustand haben, steht noch aus. Zahlreiche Pilotversuche zeigen bereits jetzt die Tendenz einer längeren Funktionserhaltung der MOPETH-versorgten Herzen.

2.10   Zum Weiterlesen

Lehr- und Handbücher

1 A. Bolz und W. Urbaszek: Technik in der Kardiologie. Springer-Verlag, Berlin (2003).
2 L. Bing Liem: Implantable Cardioverter-Defibrillator. Kluwer Academic Publishers, Dordrecht (2001).
3 W. Fischer und Ph. Ritter: Praxis der Herzschrittmachertherapie. Springer-Verlag, Berlin (1996).
4 G. Lauterbach (Hrsg.): Handbuch der Kardiotechnik. Gustav Fischer Verlag, Stuttgart (2002).
5 R.F. Schmidt, G. Thews und F. Lang (Hrsg.): Physiologie des Menschen. Springer-Verlag, Berlin (2000).
6 R.J. Tschaut (Hrsg.) : Extrakorporale Zirkulation in Theorie und Praxis. Pabst Science Publishers, Lengerich (1999).

Einzelarbeiten

7 Y. Abe , T. Chinzei, K. Mabuchi, A.J. Snyder, T. Isoyama, K. Imanishi, T. Yonezawa, H. Matsuura, A. Kouno, T. Ono, K. Atsumi, I. Fujimasa and K. Imachi: Physiological control of a total artificial heart: conductance- and arterial pressure-based control, J. Appl. Physiol. **84** (1998), 868–876.
8 D. Birnbaum, A. Philipp, M. Kaluza und M. Detterbeck: Auf dem Weg zum Herz-Lungen-Maschinen-Automat: Ein Regelsystem für die Sauerstoffspannung im Oxygenator. Biomed. Technik 42 (Erg.band), (1997), 313–314.
9 D. A. Cooley: The total artificial heart. Technology Trends **9**, (2003), 108–111.
10 A.C. Guyton, T.G. Coleman and H.J. Granger: Circulation: Overall regulation. Annu. Rev. Physiol. 34 (1972), 13–46.
11 M. Hexamer und J. Werner: Gemischt-venöse Sauerstoffsättigung als Steuergröße für die Herzschrittmacherfrequenz: Optimierung des Regelalgorithmus. Biomed. Technik **41** (Erg.band), (1996), 440–441.

12 M. Hexamer und J. Werner: Simulation der Blutgasregelung bei der extrakorporalen Zirkulation. In: Automatisierungstechnische Methoden und Systeme für die Medizin (AUTOMED), (Hrsg. U. Voges, G. Bretthauer), FZK (2003), 42–43.

13 M. Hexamer, C. Drewes, M. Meine, A. Kloppe, J. Weckmüller, A. Mügge and J. Werner: Rate-responsive pacing using the atrio-ventricular conduction time: Design and test of a new algorithm. Med. Biol. Eng. Comput. **42**, (2004), 688–697.

14 K. Hoeland, A. Kloppe, M. Hexamer, G. Nowack and J. Werner: New sensor based on fiber optics for measurement of heart movement. Med. Biol. Eng. Comput. **40** (2002), 571–575.

15 H.-J. Kaup, S. Müller und J. Werner: Detektionsalgorithmen automatischer Defibrillatoren. Biomed. Technik **48** (Erg.band), (2003), 214–215.

16 A. Kloppe, K. Hoeland, S. Müller, M. Hexamer, G. Nowack, A. Mügge and J. Werner: Mechanical and optical characteristics of a new fiber optical system used for cardiac contraction measurement. Med. Eng. & Physics **26**, (2004), 687–694.

17 H. Langenfeld, L. Binner, A. Krein, M. Kirstein, T. Brummer und T. Markert: Myokardiale Kontraktionsbeschleunigung als Sensor für die frequenzadaptive Stimulation – Erste klinische Erfahrungen mit dem Living-BEST-System. Herzschrittmacher **17** (1997), 69–75.

18 M. Meine, M. Hexamer, B. Lemke und J. Werner: Bedeutung der AV-Zeit, des QT-Intervalls und des AMV als Sensor-Parameter für die frequenzadaptive Schrittmachertherapie. Herzschrittmachertherapie & Elektrophysiologie **11**, Suppl. 1, (2000), 105–106.

19 S. Müller, A. Kloppe, J. Weckmüller, M. Hexamer und J. Werner: Technisches Konzept für eine kombinierte linksventrikuläre Stimulations- und Defibrillationselektrode. Herzschrittmachertherapie & Elektrophysiologie **13**, (2002), 1/5–1/6.

20 S. Müller, A. Kloppe, A. Mügge und J. Werner: Messung des linksventrikulären Schlagvolumens mittels eines faseroptischen Sensors. at-Automatisierungstechnik **6** (2004), 264–269.

21 E. Naujokat und U. Kiencke: Beobachtung eines Patientenzustands bei Herzoperationen. at-Automatisierungstechnik **50**, (2002), 204–211.

22 C. Nix, F. Förster, R. Kaufmann, H. Reul und G. Rau: Ansätze eines fuzzy-basierten Regelungssystems für pulsatile elektromechanische Herzunterstützungs- und Herzersatzsysteme. at-Automatisierungstechnik **46**, (1998), 524–531.

23 D. Noble: Modeling the heart – from genes to cells to the whole organ. Science **295**, (2002), 1678–1682.

24 A. Prenger-Berninghoff, A. Kloppe, M. Hexamer, S. Müller und J. Werner: Mess- und regelungstechnische Maßnahmen für das explantierte Herz. at-Automatisierungstechnik **50**, (2002), 197–203.

25 I. Saito, T. Chinzei, Y. Abe, M. Ishimaru, S. Mochizuki, T. Ono, T. Isoyama, K. Iwasaki, A. Kouno, A. Baba, T. Ozeki, K. Takiura, T. Tohyama, H. Nakagawa and K. Imachi: Progress in the control system of the undulation pump total artificial heart. Artificial Organs **27**, (2003), 27–33.

26 M. Schaldach and H. Hutten: Intracardiac impedance to determine sympathetic activity in rate responsive pacing. PACE **15**, (1992), 1778–1786.

27 H. Schima, W. Trubel, A. Moritz, G. Wieselthaler, H.G. Stöhr, H. Thoma, U. Losert and E. Wolner: Noninvasive monitoring of rotary blood pumps: necessity, possibilities, and limitations. Artificial Organs **16,** (1992), 195–202.

28 C. Welp, J. Werner, D. Böhringer und M. Hexamer: Ein pulsatiles Herz/Kreislauf-Modell für die Herzschrittmachertechnik. at-Automatisierungstechnik **50,** (2002), 326–333.

29 J. Werner, M. Hexamer, K. Hoeland und M. Meine: Sensorgesteuerte Herzschrittmacher-Systeme. at-Automatisierungstechnik **46,** (1998), 516–523.

30 J. Werner, M. Hexamer, M. Meine, and B. Lemke: Restoration of cardio-circulatory regulation by rate-adaptive pacemaker systems. IEEE Trans. Biomed. Eng. **46** (1999), 1057–1064.

31 J. Werner, D. Böhringer and M. Hexamer: Simulation and prediction of cardiotherapeutical phenomena from a pulsatile model coupled to the Guyton circulatory model. IEEE Trans. Biomed. Eng. **49,** (2002), 430–439.

3 Wiederherstellung von respiratorischen Funktionen

3.1 Physiologische und pathophysiologische Grundlagen der Atmungsfunktion

Klaus Mückenhoff

3.1.1 Grundzüge der Atmungsphysiologie

Unter Atmung versteht man in der Physiologie den Austausch von Sauerstoff (O_2) und Kohlendioxyd (CO_2) zwischen dem Organismus und der Umgebungsluft. Aufgrund der zum Teil sehr großen Entfernungen zwischen den Zellen des Organismus und der Umgebung bedarf es zur Sicherstellung eines hinreichenden Gastransportes zweier hintereinandergeschalteter konvektiver Transportsysteme für O_2 und CO_2: die Belüftung der Lunge und das Herzzeitvolumen im Blut-Kreislaufsystem.

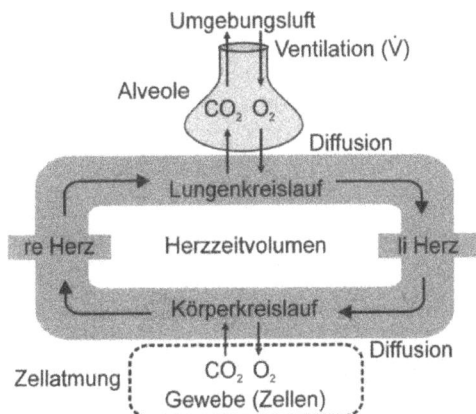

Bild 3.1: *Schematische Darstellung der Transportsysteme für O_2 und CO_2 zur Verbindung der Körperzellen mit der Umgebungsluft, bestehend aus der Ventilation und dem Herzzeitvolumen. Passiver Stoffaustausch geschieht über alveolär-kapilläre und kapillär-zelluläre Diffusion.*

Diese stellen eine Funktionseinheit im Hinblick auf die O_2-Versorgung der Zellen und den Abtransportes des CO_2 von den Zellen dar. Somit muss es im Falle einer erhöhten O_2-Aufnahme und damit einer erhöhten CO_2-Abgabe, wie es bei körperlicher Arbeit erforderlich ist, zu einer Transportsteigerung bei beiden Funktionssystemen kommen. Die Ventilation und das Herzzeitvolumen steigen an. Bei einer Insuffizienz oder gar bei einem Ausfall einer Teilfunktion in einem der beiden Transportsysteme ist stets die Sauerstoffversorgung der Körperzellen bzw. der Abtransport des von den Zellen gebildeten Kohlendioxids betroffen. Die genaue Einstellung der Ventilation ist das Ergebnis der Wirkung eines Regulationsprozesses, der die Abgabe des CO_2 der Bildung des CO_2 im Organismus gleichsetzt. Dieses ist eine notwendige Bedingung zur Konstanthaltung der 'inneren Umgebung' der Zellen. Das Regulationssystem Atmung stellt ein negativ rückgekoppeltes System mit Elementen einer Vorwärtsregelung (= feedforward control) dar. Die Lungenbelüftung übernimmt dabei die Stellgliedfunktion.

3.1.2   Atemmechanik und Lungenvolumina

Drücke im Atemapparat

Die Luft strömt während der Einatmung in die Lunge und verlässt diese während der Ausatmung, weil der Druck in der Lunge, der alveoläre oder auch intrapulmonale Druck, P_{alv}, kleiner oder größer als der atmosphärische Druck, P_{atm}, eingestellt wird. Der Gasstrom $\dot{V}g$ ist proportional zur Druckdifferenz und umgekehrt proportional zum Atemwegswiderstand R.

$$\dot{V}g = (P_{atm} - P_{alv})/R. \tag{3.1}$$

Die Richtung und Größe des Atemstroms wird also durch die Druckdifferenz zwischen Atmosphäre und Lunge bestimmt. Dieser wird über die Veränderung des Lungenvolumens eingestellt. Der von Thoraxwand und Zwerchfell gebildete Hohlraum, ein extrem dünner Flüssigkeitsfilm, wird durch Muskeltätigkeit bei der Atmung erweitert und verkleinert.

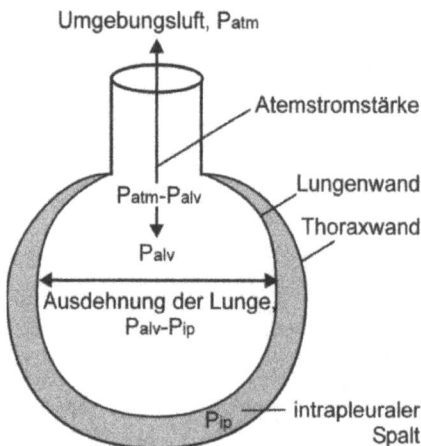

Bild 3.2: *Die Drücke im Atemapparat. P_{alv}, alveolärer Druck; P_{ip}, intrapleuraler (intrathorakaler) Druck; (P_{alv} - P_{ip}), transmuraler Druck über der Lungenwand bestimmt die Ausdehnung der Lunge. (P_{atm} - P_{alv}) bestimmt die Größe der Atemstromstärke. Der intrapleurale Spalt ist ein extrem dünner Flüssigkeitsfilm. Er ist aus Gründen der Verdeutlichung zu groß dargestellt.*

Die Lungen sind zwischen den Thoraxwänden ausgespannt und folgen deren Bewegungen. Beide sind über einen kapillaren Flüssigkeitsspalt voneinander getrennt. Selbst nach der Ausatmung ist das Lungengewebe noch so gedehnt, dass in dem Spalt zwischen Lunge und der Thoraxwand ein negativer Druck von etwa 4 mmHg gegenüber dem atmosphärischen Druck gemessen wird. Die von der Atemmuskulatur aufgebrachten mechanischen Kräfte bewirken über eine Erhöhung des Druckabfalls über der Lungenwand (= transmuraler Druck) eine Vergrößerung des Lungenvolumens. Dieses bewirkt eine Veränderung der Differenz von atmosphärischem und intrapulmonalem Druck (Patm-Palv). Die Abfolge der Druckveränderungen (Bild 3.3), die zu einem Luftstrom zwischen den Lungenalveolen und der Umgebungsluft führen, lässt sich formal in folgender Weise formulieren:

Δ(Palv-Pip)$\rightarrow$$\Delta$Lungenvolumen$\rightarrow$$\Delta$(Patm-Palv)$\rightarrow$$\Delta$Luftstrom in die Lunge (aus der Lunge)

Bei einer normalen Atmung ist nur die Einatmung aktiv. Es kontrahieren das Zwerchfell und die Musculi intercostales externi. (Bild 3.4). Die Ausatmung erfolgt passiv durch die Einwirkung elastischer Kräfte des Atemapparats. Bei der künstlichen Beatmung (s.Abschnitt 3.2.1) wird das Lungenvolumen passiv vergrößert. Dieses geschieht auf zwei Wegen: 1. der Druck in der Lunge wird erhöht; 2. der den Thorax umgebende Außendruck wird erniedrigt. Beide Maßnahmen bewirken eine Differenz zwischen dem Innen- und Außendruck, die letztlich dem elastischen Dehnungszustand der Lunge determiniert.

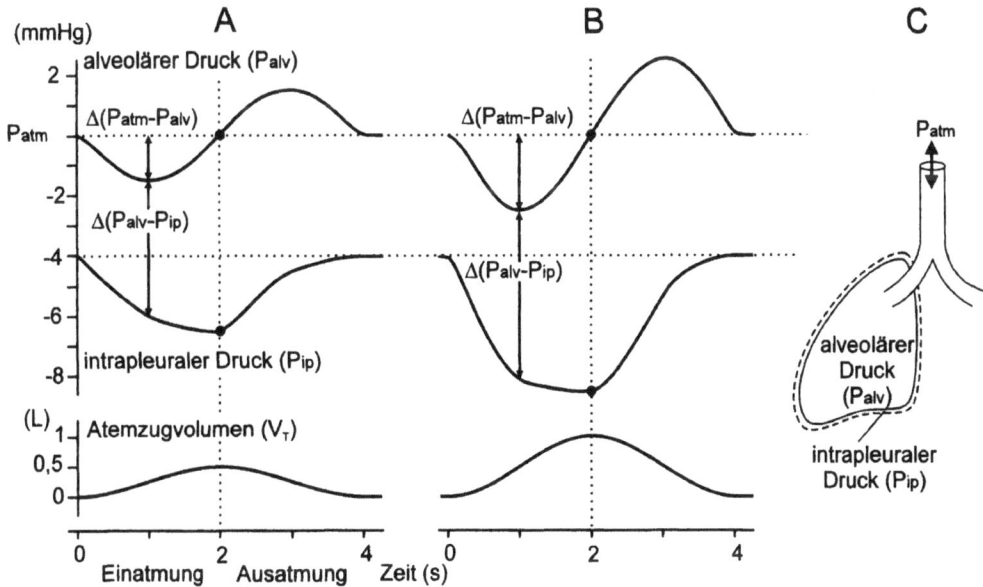

Bild 3.3: Zeitlicher Verlauf des alveolären und intrapleuralen Drucks und des Atemzugvolumens während eines Atemzyklus. Atemzugvolumina: 0.5 Liter (A); 1 Liter (B). Der atmosphärische Druck Patm (z.B. 760 mmHg) stellt den Nullpunkt der Ordinate des Drucks dar. Δ (Patm - Palv) mit resultierender Veränderung der Atemstromstärke und damit des Atemzugvolumens. (C) Schematische Darstellung des Atemapparates mit Angabe der Drücke.

Atemmuskulatur

Der wichtigste Muskel für die Einatmung unter Ruhebedingungen ist das *Zwerchfell (Diaphragma)*.

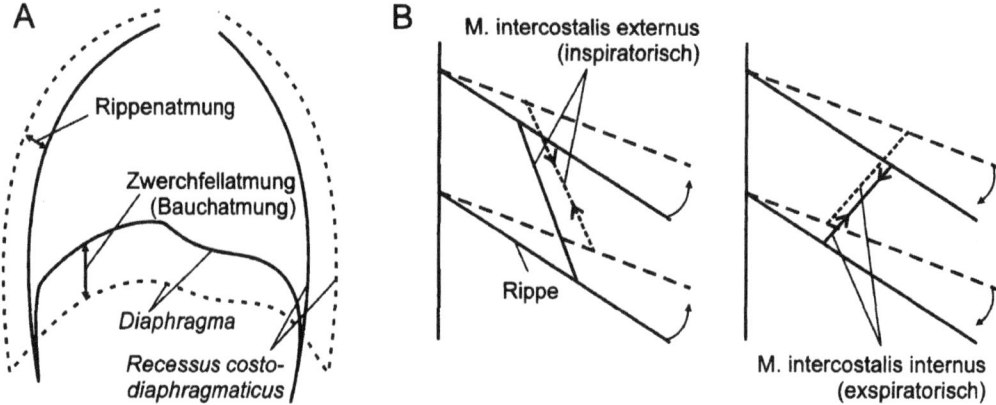

Bild 3.4: *Darstellung der Bewegung des Brustkorbs (=Thorax) während der Atmung. Die Kontraktion der Interkostalmuskulatur (M. intercostalis externus) führt zu einer Bewegung der Rippen nach oben und außen. Bei aktiver Ausatmung führt die Kontraktion des M.intercostalis internus zu einem Absenken der Rippen nach unten (B). Das Zwerchfell (=Einatmungsmuskel) kontrahiert während der Einatmung und bewegt sich nach unten (A).*

Man spricht auch von der *Bauchatmung* (= Zwerchfellatmung). Während der Kontraktion des Zwerchfells wird die Kuppe des Muskels abgeflacht, und die Recessus costodiaphragmatici entfalten sich. Die Abwärtsbewegung der unteren Lungengrenze führt zu einer Vergrößerung des Thoraxraums. Dabei werden die *Bauchmuskeln* (=Antagonisten des Zwergfells) passiv gedehnt. Neben der Bauchatmung gibt es noch die *Rippenatmung*: Durch die Kontraktion der Musculi intercostales externi kommt es zu einer Hebung der Rippen und damit zu einer Erweiterung des Thoraxraum. Die Ausatmung ist eine passive Rückkehr zur Atemruhelage, die dem elastischen Zug des Lungengewebes folgt. Bei verstärkter Einatmung werden zusätzliche Muskeln, die vom Kopf, Hals und von den Oberarmen sowie von den Hals- und Brustwirbeln zu den Rippen ziehen, innerviert. Bei verstärkter (aktiver) Ausatmung werden alle Muskeln, die vom Becken sowie von den Wirbeln zu den Rippen ziehen, eingesetzt. Die Innervierung erfolgt an cervicalen, lumbalen und thorakalen Rückenmarkssegmenten. Das Zwerchfell, wird durch den Nervus phrenicus innerviert, der den 'hohen' Rückenmarkssegmenten C3-C5 entspringt. Damit ist auch ein Funktionieren der Atmung bei *hohen Rückenmarksverletzungen* gewährleistet und erlaubt bei chirurgischen Eingriffen die Anwendung einer schonenden *Lumbalanaesthesie*.

Volumendehnbarkeit

Der Atemapparat (Lunge und Thorax) verhält sich wie ein elastischer Hohlkörper. Um das Gasvolumen der Lunge zu verändern, muss der den Atemapparat dehnende Druck verändert werden (Bild 3.2). Bei der *künstlichen Beatmung* (siehe Abschn. 3.2) wird entweder der Druck in der Lunge erhöht oder der den Thorax umgebende Außendruck erniedrigt: beide

Maßnahmen erzeugen eine transmurale Druckveränderung, die zur Füllung der Lunge führt. Inwieweit bei einem vorgegebenen Druckabfall über der Lungenwand das Lungengewebe ausgedehnt wird, hängt von seiner Weitbarkeit, der *Compliance*, ab. Die *Lungencompliance* ist das Verhältnis von *Lungenvolumenänderung/Druckdifferenzänderung*. Eine niedrige Compliance bedeutet, dass für eine normale Ausdehnung der Lunge eine höhere Druckdifferenz von den Muskeln als normal aufgebracht werden muss, es muss also eine höhere Atemarbeit geleistet werden. Neben elastischem Gewebe und dem Bindegewebe besteht die Lunge aus vielen kleinen Lufträumen, den *Alveolen*, die eine große Wasser-Luft-Oberfläche aufweisen. Durch die Anziehungskräfte der Wassermoleküle untereinander kommt es zur Ausbildung einer Oberflächenspannung, die einer Ausdehnung entgegenwirkt und im Grenzfall zu einem Kollaps der Luftbläschen führen würde. Die Alveolen sind jedoch mit einem dünnen Film aus *einem oberflächenaktiven Material, 'surfactant' genannt, ausgekleidet, das zu einer Reduzierung* der Oberflächenspannung führt. Dieses besteht vorwiegend aus Lecithin, Eiweiß und Cholesterin. Die Bedeutung des 'surfactant' für das Funktionieren der Lunge wird durch das *Atemnotsyndrom von Neugeborenen* verdeutlicht, bei denen die Bildung dieses Oberflächenfilmes noch nicht eingesetzt hat.

Eine verminderte, zum Teil ungenügende Dehnbarkeit der Lunge (*Restriktion*) ist die Folge eines bindegewebig-narbigen Umbaus des Lungengerüstes meist nach einer chronisch-entzündlichen Lungenerkrankung (*Lungenfibrose*). Sie wird auch durch einen Blutstau in der Lunge bei *Linksherzinsuffizienz* verursacht. Eine verminderte Dehnbarkeit des Thorax findet man bei einer Verdrehung oder Verbiegung der Wirbelsäule (*Skoliose*). Diese pathologischen Veränderungen führen zur Abnahme des Atemzugvolumens, der Vitalkapazität und des totalen Lungenvolumens. Eine insuffiziente Atmung ist die Folge.

Atemwegswiderstand

Das Lungenvolumen, welches pro Zeiteinheit in die Alveolen der Lunge hinein- und herausströmt, ist proportional der Druckdifferenz (Patm-Palv) und umgekehrt proportional dem Atemwegswiderstand R. Seine Größe wird durch die geometrischen und physikalischen Parameter der Luftleitung bestimmt: L, Länge; r, Radius der Luftwege und η, Viskosität der strömenden Luft. Die folgende Gleichung beschreibt den Zusammenhang:

$$R = \eta \cdot L \cdot 8/(\pi \cdot r^4). \tag{3.2}$$

Bei einer Halbierung des Gefäßradius ist der Luftstrom auf ein sechzehntel seiner Größe erniedrigt, eine konstante Druckdifferenz vorausgesetzt. Unter normalen Bedingungen ist aufgrund der Gefäßweite der Widerstand gering. Bei normaler Atmung reicht eine sehr niedrige Druckdifferenz von ungefähr 1 mmHg aus, um die Lunge in 2 Sekunden mit 0,5 l Luft zu füllen (Bild 3.3). Es gibt jedoch Krankheitsprozesse (z.B. *Asthma*), bei denen durch Kontraktion der glatten Muskulatur der Atemwege und durch Schleimansammlung der Radius kritisch verkleinert ist, so dass es zu einer deutlichen Erhöhung des Widerstands und damit zu einer Verringerung der Atemstromstärke kommt. Patienten mit dieser *obstruktiven Ventilationsstörung* empfinden einen bedrohlichen Luftmangel (*Atemnot*). Die Atemarbeit für die aktive Einatmung ist erhöht, die passive Ausatmung gegen den erhöhten Strömungswiderstand erfordert eine höhere elastische Kraft, die durch eine erhöhte Vordehnung der Lunge erreicht wird. Auf diese Weise kommt es in Folge zur *Lungenüberblähung*, die bei Andauern zur Zerstörung von Alveolen führt (*Lungenemphysem*). Die Folge ist ein unzureichender Gasaustausch in der Lunge.

Lungenvolumina

Das bei normaler Atmung ein- und ausgeatmete Volumen nennt man das Atemzugvolumen, V_T (Bild 3.5). Das bei maximaler Ein- und Ausatmung bewegte Luftvolumen wird Vitalkapazität genannt. Selbst nach stärkster Ausatmung befindet sich noch ein Restvolumen (= Residualvolumen) in der Lunge. Residualvolumen plus Vitalkapazität ergeben die totale Lungenkapazität. Das aus der maximalen Einatmungsstellung in einer Sekunde forciert ausgeatmete Gasvolumen ist die Sekundenkapazität. Die einzelnen Volumina können spirometrisch gemessen werden (Bild 3.5). Weitere Volumenmessmethoden, die in den Kliniken verwendet werden, sind pneumotachographische und ganzkörperplethysmographische Verfahren. Das Residualvolumen misst man durch Zumischen von Edelgasen zum Atemtrakt und durch die Messung ihrer Verdünnung durch das Lungenvolumen. Die Messung der Volumina spielt für die Lungenfunktionsprüfung eine große Rolle. So deutet eine verminderte Vitalkapazität auf eine verminderte und unzureichende Ausdehnungsfähigkeit von Lunge und Thorax hin: *restriktive Ventilationsstörung*. Ein *vergrößertes Residualvolumen* wird bei den verschiedenen Formen des Lungenemphysems gefunden. Eine *erniedrigte Sekundenkapazität* spricht für eine erschwerte Ausatmung infolge eines erhöhten Atemwegswiderstands: *obstruktive Ventilationsstörung*.

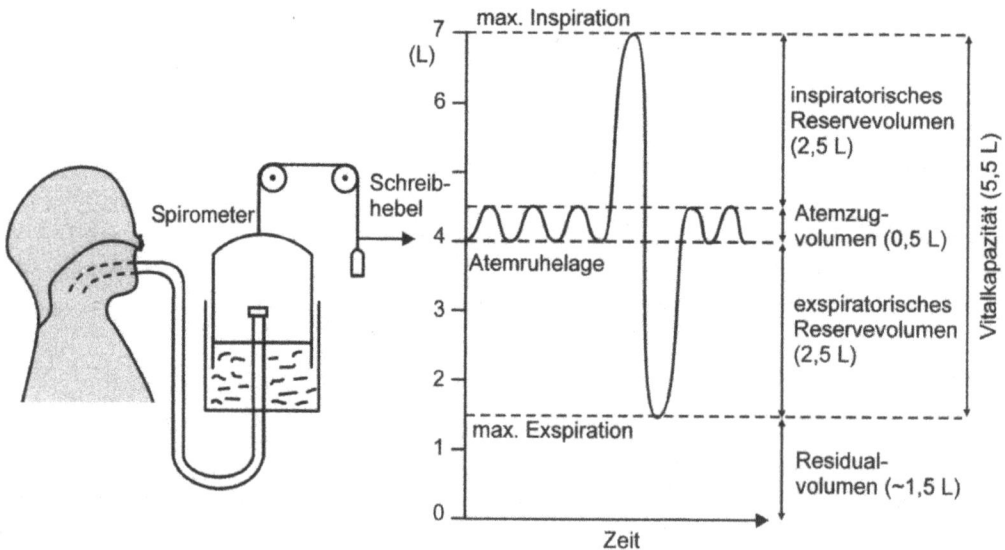

Bild 3.5: *Die Lungenvolumina können mit einem Spirometer gemessen werden. Die Vitalkapazität ist die Summe der drei gemessenen Volumina und stellt das maximale Atemzugvolumen dar. Nach maximaler Ausatmung gibt es noch ein Restvolumen (=Residualvolumen), welches mit dem Spirometer nicht gemessen werden kann. Die angegebenen Zahlenwerte sind Mittelwerte.*

3.1.3 Ventilation und Gasaustausch

Alveoläre Ventilation

Das Atemzugvolumen V_T besteht aus dem Alveolarvolumen V_A und dem Totraumvolumen V_D (Bild 3.6). Etwa 2/3 des Atemzugvolumens gelangen in den Alveolarraum und etwa 1/3 davon füllen die zuführenden Atemwege aus. Hier findet zwar kein Gasaustausch statt, hier erfolgt jedoch die Anfeuchtung, Erwärmung und Reinigung der Luft. Man unterscheidet einen Totraum im anatomischen Sinne (Luftleitungswege) von einem physiologischen oder funktionellen Totraum. Letzterer umfasst zusätzlich Alveolen ohne Durchblutung. Die Summe beider Räume ergibt den totalen (physiologischen) Totraum. Das Atemzugvolumen V_T kann spirometrisch gemessen werden. Die Gasfraktionen in der Ein- und Ausatmungsluft F_I, F_E können auf einfache Weise mit ultrarotspektrometrischen (CO_2) und paramagnetischen (O_2) Verfahren bestimmt werden.

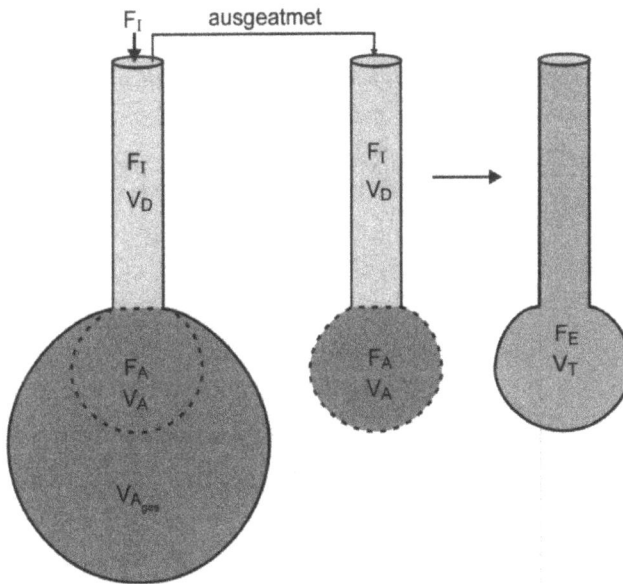

Bild 3.6.: Zusammenhang von Volumina und Gasaustausch. Das Atemzugvolumen, V_T, besteht aus dem alveolären Volumen, V_A, und dem Totraumvolumen V_D. Es gilt $V_T = V_A + V_D$. Die nachträgliche Mischung der Gase der beiden Volumina ergibt $V_A \cdot F_A + V_D \cdot F_I = V_T \cdot F_E$. F_E, Gasfraktion in der gemischten Exspirationsluft; F_A, in der Alveolarluft; F_I, in der Inspirationsluft.

Für die Belüftung (= Ventilation, Atemzeitvolumen) gilt mit der Atemfrequenz $f$resp und dem Volumen V allgemein die Beziehung:

$$\dot{V} = f\text{resp} \cdot V. \tag{3.3}$$

Für die gesamte Lungenbelüftung erhalten wir damit folgende Beziehungen:

$$f\text{resp} \cdot V_T = f\text{resp} \cdot V_A + f\text{resp} \cdot V_D,$$

$$\dot{V}_T = \dot{V}_A + \dot{V}_D, \tag{3.4}$$

$$\dot{V}_A = \dot{V}_T - \dot{V}_D.$$

Da im Totraum kein Gasaustausch mit dem Blut stattfindet, muss der gesamte Sauerstoff-
und Kohlendioxydtransport über die alveoläre Belüftung abgewickelt werden. Beide Gase
werden konvektiv durch das Transportsystem, alveoläre Belüftung $\dot{V}_A$, zu den Blutkapillaren
hin und von diesen weg transportiert.

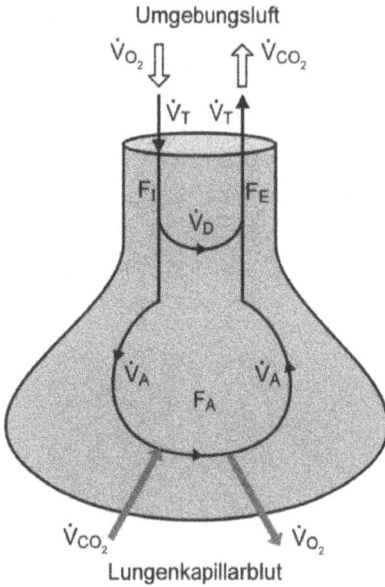

*Bild 3.7: Schematische Darstellung des konvektiven Transport-
systems der Lungenbelüftung $\dot{V}_T$, bestehend aus der Belüftung
des Alveolarraums $\dot{V}_A$ und des Totraums $\dot{V}_D$. Fraktionen der
Gase in der Umgebungsluft F_I in der Ausatemluft F_E , in der
alveolären Luft F_A .*

Gasaustausch und Gaskonzentrationen in der Lunge

$\dot{V}_{CO_2}$ sei das gesamte von den Körperzellen pro Zeiteinheit gebildete CO_2 und $\dot{V}_{O_2}$ der gesam-
te verbrauchte O_2 pro Zeiteinheit. Die Formulierung des Gleichgewichtes von Bildung und
Abgabe für CO_2 und von Aufnahme und Verbrauch für O_2 ergibt die Bilanzgleichungen der
Gase in den Alveolen der Lunge (Bild 3.7).

$$\dot{V}_{CO_2} \;=\; \dot{V}_T \cdot (F_E\text{-}F_I)_{CO_2} \;=\; \dot{V}_A \cdot (F_A\text{-}F_I)_{CO_2} \tag{3.5}$$

$$\dot{V}_{O_2} \;=\; \dot{V}_T \cdot (F_I\text{-}F_E)_{O_2} \;=\; \dot{V}_A \cdot (F_I\text{-}F_A)_{O_2} . \tag{3.6}$$

Mit der Bestimmung des Atemzeitvolumens $\dot{V}_T$ und der Totraumventilation $\dot{V}_D$ kann die
alveoläre Ventilation $\dot{V}_A$ quantitativ bestimmt werden. Die CO_2- und O_2-Konzentrationen
(und ihre Drücke) in den Alveolen der Lunge können durch Umformung der Massenbilanzgleichungen mit der Annahme, $F_{I_{CO_2}} = 0$ berechnet werden:

$$F_{A_{CO_2}} = \dot{V}_{CO_2}/\dot{V}_A \quad \text{entsprechend} \quad P_{A_{CO_2}} = F_{A_{CO_2}} \cdot (P_B\text{-} 47) \tag{3.7}$$

$$F_{A_{O_2}} = F_{I_{O_2}} \text{-} \dot{V}_{O_2}/\dot{V}_A \quad \text{entsprechend} \quad P_{A_{O_2}} = F_{A_{O_2}} \cdot (P_B\text{-} 47) . \tag{3.8}$$

Da das Atemgas bei der Körpertemperatur von 37°C mit Wasserdampf gesättigt ist, unterliegen die Atemgase dem barometrischen Gasdruck minus dem Wasserdampfdruck bei 37°C, also P_B – 47 mmHg. Die Gaskonzentrationen bzw. die Partialdrücke in der Alveolarluft und damit im Blut werden also durch das Verhältnis CO_2-Abgabe/alveoläre Belüftung bzw. O_2-Aufnahme/alveoläre Belüftung bestimmt.

Die Abhängigkeit der Partialdrücke für O_2 und CO_2 von der alveolären Ventilation ist in Bild 3.8 dargestellt: Man bezeichnet diejenige alveoläre Ventilation, die bei einer beliebigen Stoffwechselgröße ($\dot{V}_{O_2}, \dot{V}_{CO_2}$) den alveolären (= arteriellen) CO_2-Gasdruck $P_{A_{CO_2}}$ = 40mmHg eingestellt, als normale Ventilation (*Normoventilation*). Eine *Hyperventilation* führt zu einem erniedrigten CO_2- und einem erhöhten O_2-Druck. Eine *Hypoventilation* erzeugt einen erhöhten CO_2- und einen erniedrigten O_2-Druck. Die Ursachen für eine solche insuffiziente Atmung sind ein erhöhter Atemwegswiderstand (bei Asthma), eine erniedrigte Lungencompliance und eine Schwäche der Atemmuskulatur.

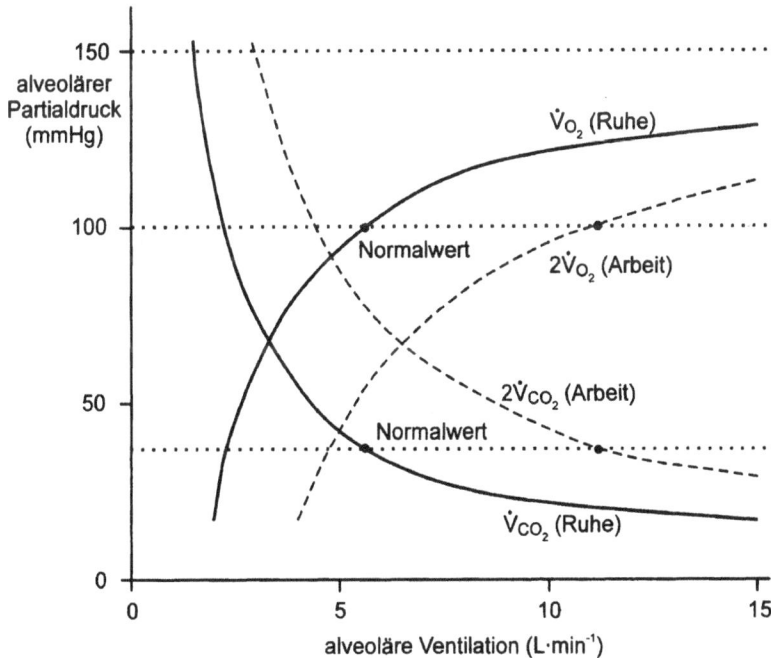

Bild 3.8: *Der Einfluss der alveolären Ventilation auf die alveolären Drücke von O_2 und CO_2 bei einer Person in Ruhe und bei Körperarbeit ($2\dot{V}_{O_2}, 2\dot{V}_{CO_2}$). In Ruhe führt ein Anstieg der Ventilation (Hyperventilation) zu einer CO_2-Druckerniedrigung und einer O_2-Druckerhöhung, eine Erniedrigung der Ventilation (Hypoventilation) zum gegenteiligen Effekt.*

Gasaustausch zwischen Alveolen und Blut

Das venöse Blut des Körpers strömt mit einem hohen CO_2-Druck, $P_{CO_2} \approx 47\,\text{mmHg}$, und einem niedrigen O_2-Druck, $P_{O_2} \approx 40\,\text{mmHg}$, durch die Lungenarterie in die Lungenkapillaren (Bild 3.9). Zwischen den Kapillaren und den Alveolen kommt es über die sehr dünne alveolär-kapillare Membran entsprechend den Partialdruckdifferenzen für O_2 und CO_2 auf beiden Seiten zu einem Nettodiffusionsstrom von Sauerstoff ins Blut und von Kohlendioxyd in die Alveolen. Wenn alle Alveolen und alle Kapillaren gleich belüftet bzw. durchblutet sind und ihre Diffusionsleitfähigkeiten gleich sind, sind die Gasdrücke im Alveolargas und im endkapillären-arteriellen Blut, das die Lunge verlässt, gleich. Das ist die Annahme in der Darstellung des Bildes 3.9.

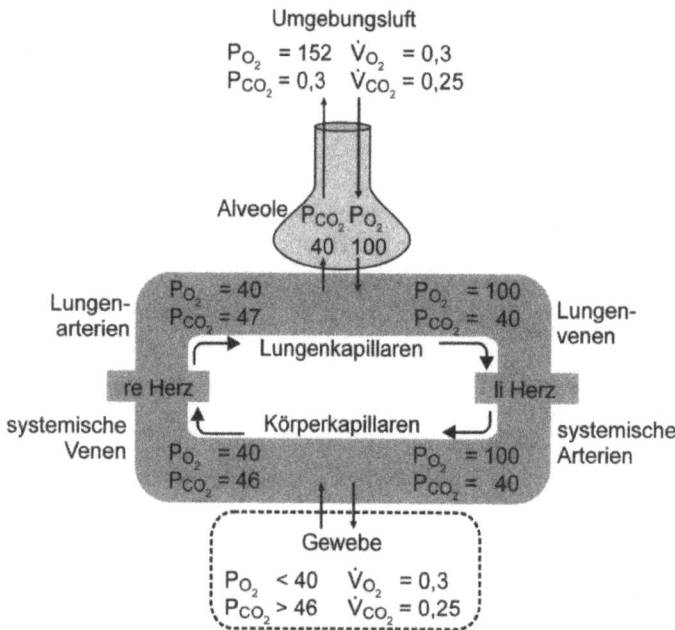

Bild 3.9: Normalwerte von O_2- und CO_2-Drücken in der Einheit mmHg an verschiedenen Stellen des Körpers einer ruhenden Person. Angabe der Sauerstoffaufnahme $\dot{V}_{O_2}$ und der CO_2-Abgabe $\dot{V}_{CO_2}$ in der Einheit L/min.

Aus Gründen der darstellerischen Vereinfachung sind die alveolären und die endkapillären arteriellen Werte als gleich angenommen.

Es kommt jedoch selbst in den Lungen gesunder Menschen zu *Verteilungsstörungen*, also zu ungleichmäßigen Verteilungen von Belüftung und Durchblutung, die die Ursache kleiner alveolär-arterieller P_{CO_2}- und P_{O_2}-Differenzen (1–5 mmHg) sind. Das Kapillarblut, welches eine hypoventilierte Alveole verlässt, hat nahezu venöse P_{CO_2}- und P_{O_2}-Werte und stellt eine venöse Beimischung zum endkapillären arteriellen Blut dar, indem es den arteriellen O_2-Druck senkt und den CO_2-Druck erhöht. Andererseits leistet eine in Bezug auf ihre Durchblutung hyperventilierte Alveole keinen Beitrag zum Gasaustausch (im Extremfall eine Alveole ohne kapilläre Durchblutung). Dieses stellt eine *alveoläre Totraumventilation* dar. Die Lunge verfügt jedoch über einen *Regulationsmechanismus* zur lokalen Anpassung von Belüftung und Durchblutung (Bild 3.10).

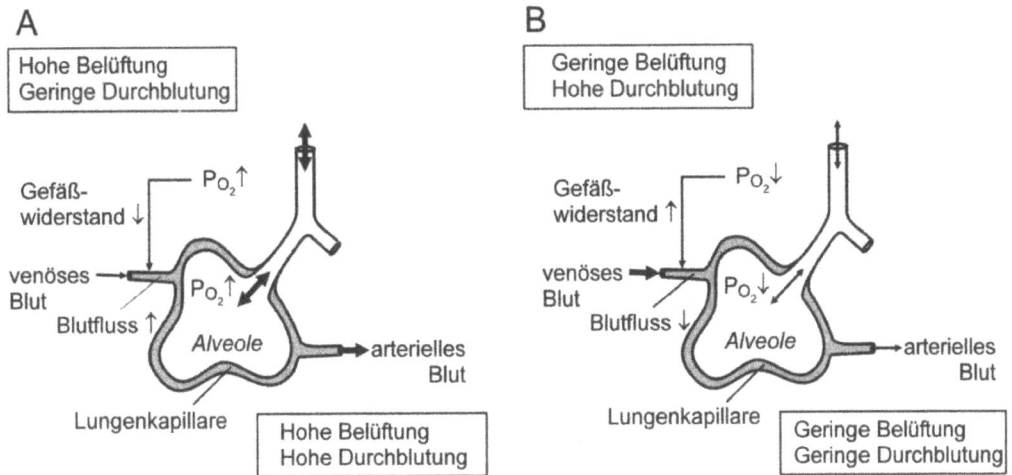

Bild 3.10: *Schema zur lokalen Einstellung von Ventilation und Blutfluss über die P_{O_2} - abhängige Veränderung des Gefäßwiderstandes der Lungenarteriolen.*

Die glatte Muskulatur der Lungenarteriolen reagiert auf eine Erniedrigung des alveolären O_2-Druckes mit einer Vasokonstriktion. Damit wird der Blutfluss in gering ventilierten Zonen der Lunge verkleinert bzw. die Ventilation der Durchblutung angepasst.

Die wichtigste Ursache für eine deutliche O_2-Druckdifferenz zwischen dem Alveolargas und dem arteriellen Blut besteht in einer direkten venösen Beimischung (*Kurzschlussdurchblutung oder Shunt*). Massive *venöse Beimischungen* außerhalb der Lunge geschehen bei *Herzseptumdefekten*, die zur deutlichen Erniedrigung des O_2-Drucks im arteriellen Blut führen.

Gasaustausch im Gewebe
Der Gasaustausch im Gewebe findet zwischen dem Blut der Kapillaren und den Zellen durch Diffusion statt. Die Zellen verbrauchen den Sauerstoff und produzieren Kohlendioxid. Es kommt dadurch intrazellulär zu einem gegenüber dem Kapillarblut niedrigeren O_2-Druck und zu einem höheren CO_2-Druck, die die Ursache für die Gasdiffusionsströme sind. Wir finden deshalb: das venöse Blut hat gegenüber dem arteriellen Blut einen niedrigeren O_2-Druck und einen höheren CO_2-Druck (Bild 3.9).

3.1.4 Gastransport im Blut

Gase in Flüssigkeiten
Der Druck eines Gases in einem Gemisch von Gasen ist dem Anteil des Gesamtdruckes gleich, der der Anzahl der Moleküle dieses Gases an der gesamten Molekülzahl entspricht. Ein Gleichgewicht zwischen der Gasphase und der angrenzenden Flüssigkeitsphase herrscht,

wenn der Druck einer Gaskomponente in beiden Phasen gleich ist. Wie viele Moleküle sich in einer Flüssigkeit lösen, also sich an Wassermoleküle anlagern, hängt vom Druck, der Gasart, der Art der Flüssigkeiten und von der Temperatur ab. Der Absorptionskoeffizient α gibt an, wie viel Liter Gas/Liter Flüssigkeit für einen Druck von 760 mmHg dieses Gases bei einer bestimmten Temperatur *physikalisch gelöst* sind. Tabelle 3.1 zeigt für Sauerstoff und Kohlendioxyd (in den systemischen Arterien) die vorherrschenden Partialdrücke und die Gaskonzentrationen. Die hohen Konzentrationen von O_2 und CO_2 im Blut gegenüber dem Blutplasma beruhen auf der *chemischen Bindung* im Blut.

	Alveolarluft	Blutplasma	Blut
P_{O_2}	100	100	100
O_2 $\alpha(37^\circ C)$	14.0	0.28 0.0214	20.0
P_{CO_2}	40	40	40
CO_2 $\alpha(37^\circ C)$	5.7	2.8 0.526	46.0

Tabelle 3.1: O_2-und CO_2-Drücke (mmHg). Die O_2-und CO_2-Konzentrationen sind in Vol.- % $\hat{=}$ ml Gas/100 ml Flüssigkeit, angegeben. Der Bunsensche Absorptionskoeffizient α hat die Einheit: l Gas / l Flüssigkeit bei einem Gasdruck von 760 mmHg.

Chemische Bindung von Sauerstoff im Blut

Die Sauerstoffbindung erfolgt an das Fe^{++}- Atom im Häm des Hämoglobins, wobei das Eisen seine Zweiwertigkeit behält: man spricht deshalb von Oxygenierung statt von Oxydation. Dieses stellt eine reversible Bindung dar. Das Hämoglobin ist ein Protein, das aus vier Untereinheiten mit je einem Häm besteht. Es kann maximal 4 Moleküle Sauerstoff binden. Der O_2-Gehalt des Blutes ist eine Funktion des O_2-Drucks und der Hämoglobinkonzentration (Bild 3.11.). Der Sauerstoffgehalt des arteriellen Blutes mit einem normalen Hämoglobingehalt (150g/l Blut) beträgt bei einem normalen arteriellen O_2-Druck (100 mmHg) etwa 20 ml O_2/100 ml Blut, (= 20 Vol%). Bei einer weiteren O_2-Drucksteigerung über 150 mmHg (= Umgebungsluft) hinaus ist eine Zunahme des chemisch gebundenen O_2 (= O_2-Kapazität) nicht mehr möglich. Mit der Kenntnis der O_2-Kapazität erhält man die prozentuale O_2-Sättigung, S_{O_2}, durch folgenden Rechengang:

$$S_{O_2} = (O_2\text{-Gehalt} - \text{physikalisch gelöster } O_2)/O_2\text{-Kapazität}. \tag{3.9}$$

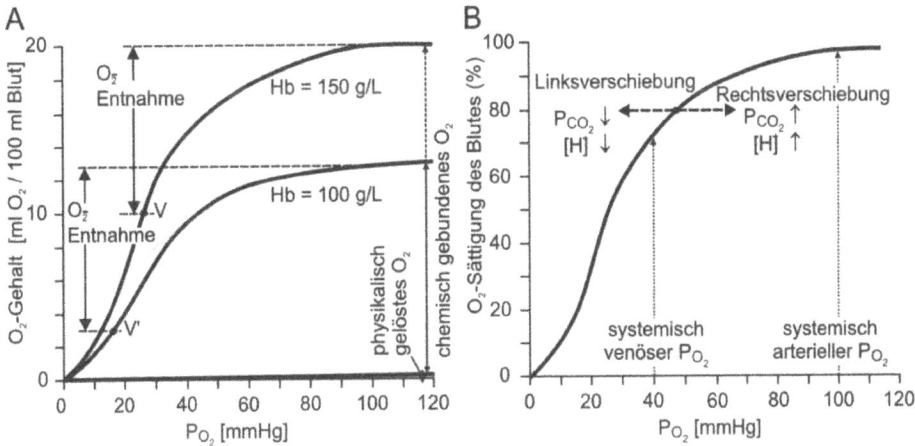

Bild 3.11: *A Die Sauerstoffbindungskurve des Blutes bei zwei verschiedenen Hämoglobinkonzentrationen. Die Kurven wurden durch Äquilibrieren des Blutes mit verschiedenen O_2-Drücken gewonnen, dabei wurde der pH-Wert bei 7.4 und der CO_2-Druck bei 40 mmHg konstant gehalten. B:Darstellung als Sauerstoffsättigungskurve in %. Sie ist unabhängig vom Hämoglobingehalt. Die H^+- Konzentration und der CO_2-Druck verändern die Gestalt der Kurve.*

Die S_{O_2} - Kurve des Blutes ist eine nichtlineare Funktion des O_2-Drucks. Auffällig ist, dass der Verlauf der Kurve im niedrigen Druckbereich eine Zunahme der Steilheit aufweist, also im Bereich der venösen O_2-Drücke, 20–40 mmHg. Im Bereich höherer arterieller Drücke, 60–100 mmHg, kommt es zur Abflachung der Kurve. Dieser Verlauf kann in seiner Bedeutsamkeit für die O_2-Versorgung des Gewebes wie folgt interpretiert werden: Eine Änderung des arteriellen O_2-Drucks hat wegen des flachen Verlaufes der Bindungskurve einen geringfügigen Einfluss auf die O_2-Sättigung. Eine Änderung des O_2-Drucks im venösen Druckbereich führt dagegen wegen des steilen Verlaufs der Kurve zu einer großen Veränderung der O_2-Sättigung. Auf diese Weise wird im Gewebe durch die von den Zellen erzeugte Druckerniedrigung (durch Verbrauch) vermehrt O_2 vom Hämoglobin entladen. Das O_2-Angebot für das Gewebe ist erhöht.

Der Krankheitszustand der *Anämie* ist durch eine verminderte Hämoglobinkonzentration im Blut bedingt. Dabei ist die O_2-Kapazität des Blutes herabgesetzt. Wird diesem Blut bei seiner Passage durch das Gewebe die gleiche Menge an O_2 wie dem normalen Blut entnommen (Bild 3.11A: O_2-Entnahme: 10 ml O_2/100ml Blut), so führt das zu einer Erniedrigung des venösen O_2-Drucks gegenüber dem des normalen Blutes (v-v'). Die O_2-Druckdifferenz zwischen dem venösen Blut und den Zellen ist verringert und auf diese Weise der O_2-Diffusionsstrom vermindert. Der mittlere O_2-Druck des Gewebes sinkt, man spricht von der *Hypoxie bzw. Anoxie des Gewebes*, die zum Zelltod führen kann.

Eine Reihe von Faktoren beeinflusst den Verlauf der O_2-Bindungskurve: Eine Erhöhung des O_2-Drucks oder der H^+-Konzentration führt zu einer Verschiebung nach rechts, die Erniedrigung der beiden Größen zu einer Verschiebung nach links. Dieses Verhalten wird *Bohr-*

Effekt genannt, der die O_2-Aufnahme in der Lunge und die O_2-Abgabe in den Geweben begünstigt.

Bindung von CO_2 im Blut

Der CO_2-Gehalt des Blutes ist eine Funktion des CO_2-Drucks und der Hämoglobinkonzentration. Das gesamte CO_2 des Blutes liegt etwa in folgenden prozentualen Anteilen vor: 45% als Bikarbonat, HCO_3, im Blutplasma; 25% als Bikarbonat in den Erythrozyten; 20% als Carbaminohämoglobin, $HbCO_2$, in den Erythrozyten; 10% als physikalisch gelöstes CO_2 (Bild 3.12 A,B).

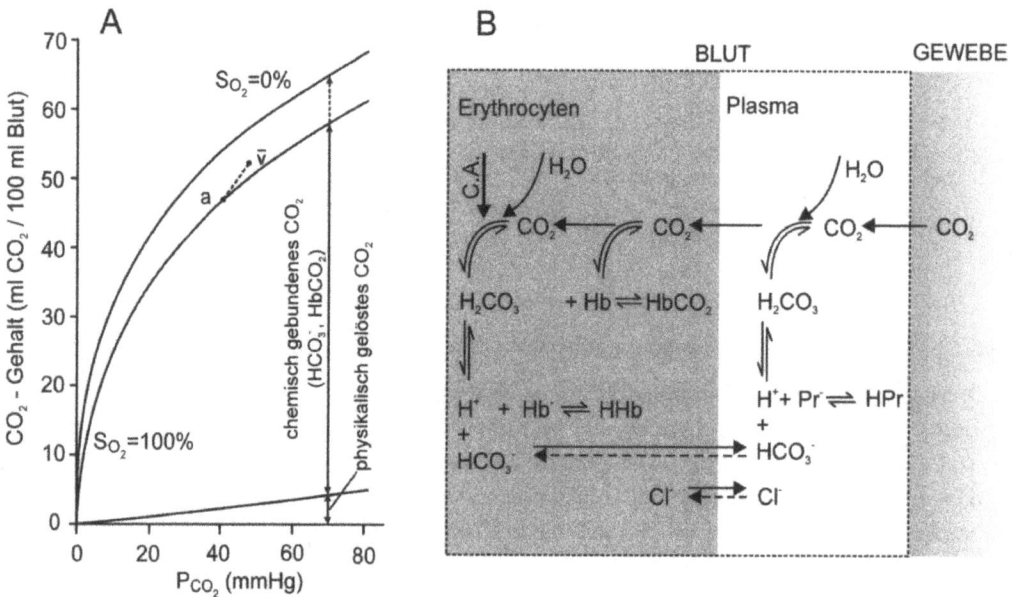

Bild 3.12: *A Der CO_2-Gehalt des menschlichen Blutes in Abhängigkeit vom CO_2-Druck und von der Sauerstoffsättigung, bestehend aus physikalisch gelöstem und chemisch gebundenem CO_2 (= HCO_3, $HbCO_2$). a, arterieller; $\bar{v}$, venöser (systemisch) Bereich der Bindungskurve. B: Schematische Darstellung des CO_2-Austauschs zwischen Gewebe und Blut. Symbole: → , Austausch durch Diffusion. C.A.,Carboanhydrase, Enzym, das die reversible Spaltung von Kohlensäure in CO_2 und H_2O katalysiert.*

Für die CO_2-Bindung spielt das Hämoglobin die entscheidende Rolle. Die bei der CO_2-Dissoziation entstehenden H^+-Ionen werden durch das Hämoglobin (Hb^-) und das Plasmaprotein (Pr^-) gebunden. Dabei entstehen freie Bikarbonationen, HCO_3^-, die die Hauptform des gesamten CO_2 im Blut darstellen. Der Verlauf der Bindungskurve ist von der Sauerstoffsättigung abhängig: Mit abnehmender Sauerstoffsättigung bindet das Blut mehr CO_2 bei gleichem CO_2-Druck (*Haldane-Effekt*), es kommt zu einer Linksverschiebung der CO_2-Bindungskurve. Eine Erhöhung der H^+-Konzentration im Blut z.B. als Folge einer höheren Milchsäurebildung des Körpers führt dagegen zu einer Rechtsverschiebung.

Das CO$_2$-Bikarbonat-Puffersystem und das Säure-Basen-Gleichgewicht
Die Konstanthaltung des pH-Wertes des Blutplasmas und der extrazellulären Flüssigkeit des Körpers (pH=7,4) wird durch die Atmung (CO$_2$-Abgabe), die Nierentätigkeit (H$^+$-Ausscheidung) und durch chemische Pufferung (Anlagerung und Abspaltung von H$^+$ durch Hämoglobin und HCO$_3^-$) erreicht. Im Organismus spielt das von den Zellen gebildete CO$_2$ deshalb eine besondere Rolle, da es als Säure, also als Lieferant von H$^+$-Ionen der Konstanthaltung des pH-Wertes entgegenwirkt und da es andererseits mit dem Bikarbonat als Puffersystem wirkt.

Das Kohlendioxyd CO$_2$ geht in der wässrigen Lösung folgende Reaktion ein:

$$CO_2 + H_2O \rightleftharpoons H_2CO_3 \rightleftharpoons H^+ + HCO_3 \qquad (3.10)$$

Da die Kohlensäure, H$_2$CO$_3$ in niedriger Konzentration vorliegt, kann man die Hydratisierung und Dehydratisierung des CO$_2$ vereinfacht durch die Reaktion darstellen:

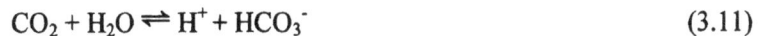

$$CO_2 + H_2O \rightleftharpoons H^+ + HCO_3^- \qquad (3.11)$$

Die Anwendung des Massenwirkungsgesetzes (K'= Massenwirkungskonstante) und die anschließende Logarithmierung mit den Definitionen: pH = – log [H$^+$] und pk' = – log K' ergeben die *Henderson-Hasselbalch-Gleichung* des CO$_2$-Bikarbonat-Systems:

$$pH = pK' + \log (HCO_3^-/CO_2) \qquad (3.12)$$

Für Blutplasma ergeben sich die folgenden Größen:

$$CO_2 = 0,03 \text{ (mmol CO}_2\text{/Liter mmHg)} \cdot P_{CO_2} \text{ (mmHg) ; pK'} = 6,1 \qquad (3.13)$$

Drei Variablen, pH, P_{CO_2} und die Konzentration von HCO$_3^-$, bestimmen den *Säure-Basen-Status* des Blutes und der extrazellulären Flüssigkeit. Der pH- und der P_{CO_2}-Wert des Blutes werden mit Elektroden gemessen, die HCO$_3^-$-Konzentration wird berechnet. Ein Messergebnis im Blut einer normalen gesunden Person ergibt: pH = 7,4, P_{CO_2} = 40 mmHg, [HCO$_3^-$] = 25 mmol/l. Abweichungen vom pH-Wert 7,4 ergeben sich entweder durch Veränderung des CO$_2$-Drucks oder durch Veränderung der Bikarbonatkonzentration. Ein Anstieg der alveolären Belüftung führt bei unveränderter CO$_2$-Produktion zu einer Erniedrigung des CO$_2$-Drucks und damit zu einer erniedrigten H$^+$-Ionenkonzentration (pH-Erhöhung): es liegt eine *respiratorische Alkalose* vor. Ein Abfall der alveolären Belüftung führt zu einem Anstieg des CO$_2$-Drucks und damit zu einer erhöhten H$^+$-Ionenkonzentration (pH-Erniedrigung): es liegt eine *respiratorische Azidose* vor. Treten vermehrt fixe Säuren (z.B. Acetessigsäure bei Stoffwechselstörungen) auf, so wird CO$_2$ aus Bikarbonat freigesetzt und HCO$_3$ verringert. Der pH-Wert ist erniedrigt: es liegt eine *metabolische Azidose* vor. Im umgekehrten Falle spricht man von *metabolischer Alkalose*. Die besprochenen Störungen kommen in dieser Form selten vor. Der Grund dafür liegt in den eintretenden regulatorischen Maßnahmen des Organismus über die Lungenbelüftung und über die Nierenfunktion (HCO$_3^-$-Erhöhung durch H$^+$-Ausscheidung), die zu einer mehr oder weniger vollständigen Kompensation (pH≈7,4) führen.

3.1.5   Atmungsregulation

Die Atmung ist ein rhythmischer Vorgang, der infolge der periodischen Kontraktion und Relaxation der respiratorischen Muskulatur abläuft. Dieser Prozess wird durch rhythmische elektrische Entladung in Form von Aktionspotentialen gesteuert, die ihren Ursprung in den *inspiratorischen Neuronen der Medulla oblongata (Atemzentrum)* haben. Die elektrischen Signale werden auf Motoneurone des Rückenmarks umgeschaltet, die die Atemmuskulatur innervieren. Diese Neurone bestimmen damit die Größe der Ventilationen. Das Atemzugvolumen (Atemtiefe) wird dabei über die Anzahl der aktivierten Muskelfasern (motorische Einheiten) und der Entladefrequenz der Aktionspotentiale eingestellt, während die Atemfrequenz durch die Zeit zwischen den Entladungen der motorischen Einheiten bestimmt wird.

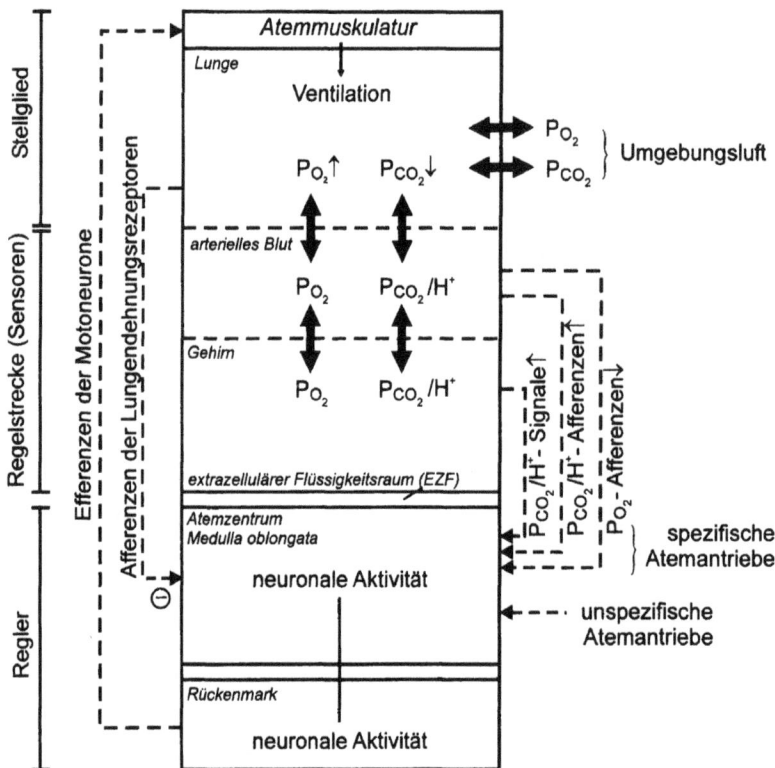

Bild 3.13: *Schematische Darstellung des Atmungsreglers mit der Wirkungsrichtung der Größen und der elektrischen Signale. Es ist die Wechselwirkung zwischen den spezifischen Atemantrieben P_{CO_2}, P_{O_2}, $[H^+]$, den unspezifischen Atemantrieben und der Ventilation gezeigt. Symbole: ($\uparrow\downarrow$) Erhöhung bzw. Erniedrigung der abhängigen Größe; ($\rightarrow$) Verlauf und Richtung der elektrischen Aktivität in Nerven; $\ominus$ hemmende Wirkung; —— Wirkungszusammenhang; $\leftrightarrow$ Stoffaustausch durch Diffusion. Es ist zu beachten, dass ein Abfall des O_2-Drucks im Blut zu einem Anstieg der P_{O_2}-Afferenzen führt. Unspezifische Atemantriebe, z.B. Schmerz, Angst, stellen nicht rückgekoppelte Signale dar.*

Die elektrischen Signale der peripheren Chemorezeptoren in den Glomera carotica und aortica der Arterien, die Sensoren für O_2, CO_2 und H^+-Konzentration des Blutes und die Signale der sogenannten zentralen Chemorezeptoren (Messung der H^+-Konzentrationen der extrazellulären Flüssigkeit des Gehirns) stellen die Eingänge für das Atemzentrum dar. Sie sind die spezifischen (chemischen) Atemantriebe. Wird einer Versuchsperson CO_2 in zunehmender Konzentration zur Einatmungsluft zugegeben, steigt der alveoläre und damit der arterielle CO_2-Druck. Es kommt zu einem Anstieg der alveolären Ventilation (Bild 3.14 A).

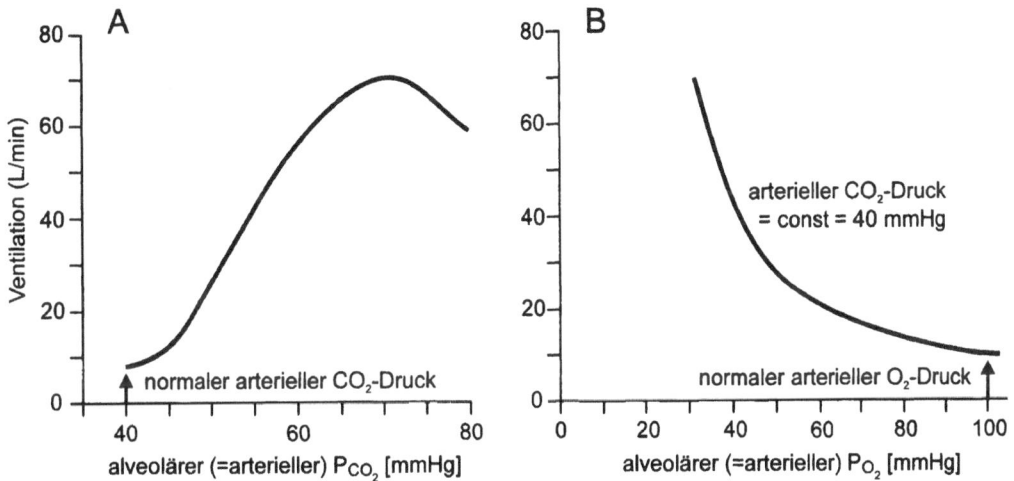

Bild 3.14: *A Die CO_2-Antwortkurve zeigt den Einfluss eines steigenden arteriellen CO_2-Drucks auf die Atmung. Der CO_2-Gehalt wird durch stetige Zugabe von CO_2 zur Einatmungsluft erhöht. B: Die O_2-Antwortkurve zeigt den Einfluss eines sinkenden arteriellen O_2-Drucks auf die Atmung. Der O_2-Gehalt der Einatmungsluft wurde stetig erniedrigt. Durch gleichzeitige CO_2-Zugabe zur Einatmung wurde der arterielle CO_2-Druck konstant bei 40 mmHg gehalten.*

Die Konstanthaltung des CO_2-Drucks durch den Experimentator verhindert eine Rückwirkung der Atmung auf diese 'Regelgröße' CO_2; in den Begriffen der Reglungstechnik bedeutet dieses eine Untersuchung des offenen Regelkreises. Man erhält auf diese Weise die *CO_2-Antwortkurve der Atmung*. Genaue Untersuchungen haben gezeigt, dass die Antwort der Ventilation haupsächlich von den zentralen Chemorezeptoren über die Messung der H^+-Konzentration in der extrazellulären Flüssigkeit des Gehirns vermittelt werden. Die peripheren Chemorezeptoren reagieren auf einen erniedrigten P_{O_2} (siehe O_2-Antwortkurve der Atmung), auf eine erhöhte H^+-Konzentration im Blut und zu einem sehr geringen Anteil auf einen erhöhten P_{CO_2}. Steigt der P_{CO_2} auf Werte von 70 mmHg kommt es zu einer Erniedrigung der Ventilation, man spricht von der 'narkotischen' Wirkung des CO_2. Die Lage und die *Steilheit der CO_2-Antwortkurve* ist in vielen physiologischen und pathologischen Situation *verändert*: Linksverschiebung findet man bei körperlicher Arbeit und beim Sauerstoffmangel, eine Rechtsverschiebung mit einer Verringerung der Steilheit der Kurve in der Narkose, im Schlaf und bei Personen mit Lungenemphysem.

Wird der O_2-Gehalt in der Einatmungsluft stetig erniedrigt, kommt es auch zu einer Erhöhung der alveolären Ventilation. Wir erhalten die *O_2-Antwortkurve der Atmung* (Bild 3.14 B). Da eine Zunahme der Ventilation die CO_2-Abgabe erhöht (= Erniedrigung des CO_2-Drucks), wurde in diesem Experiment CO_2 zur Einatmungsluft zugegeben, um einen konstanten arteriellen CO_2-Druck (40 mmHg) einzustellen.

Wie reagiert der intakte Atmungsregler auf eine Störung bezüglich der spezifisch chemischen Atemantriebe? (Bild 3.15 A, B) Fall A: Infolge einer unzureichenden Lungenbelüftung ist die CO_2-Abgabe bei einer unverminderten CO_2-Bildung verringert. Es kommt zu einem Anstieg des CO_2-Drucks und der H^+-Konzentration im Blut und in der extrazellulären Flüssigkeit des Gehirns. Die Ventilation wird reflektorisch gesteigert. Der CO_2-Druck und die H^+-Konzentration werden wieder auf ihre Normalwerte eingestellt. Die Strategie der Atmungsrelers ist die *Konstanthaltung des arteriellen P_{CO_2}* und damit die *Konstanthaltung der extrazellulären H^+-Konzentration des Gehirns* durch die Einstellung des Gleichgewichtes von CO_2-Abgabe und CO_2-Bildung.

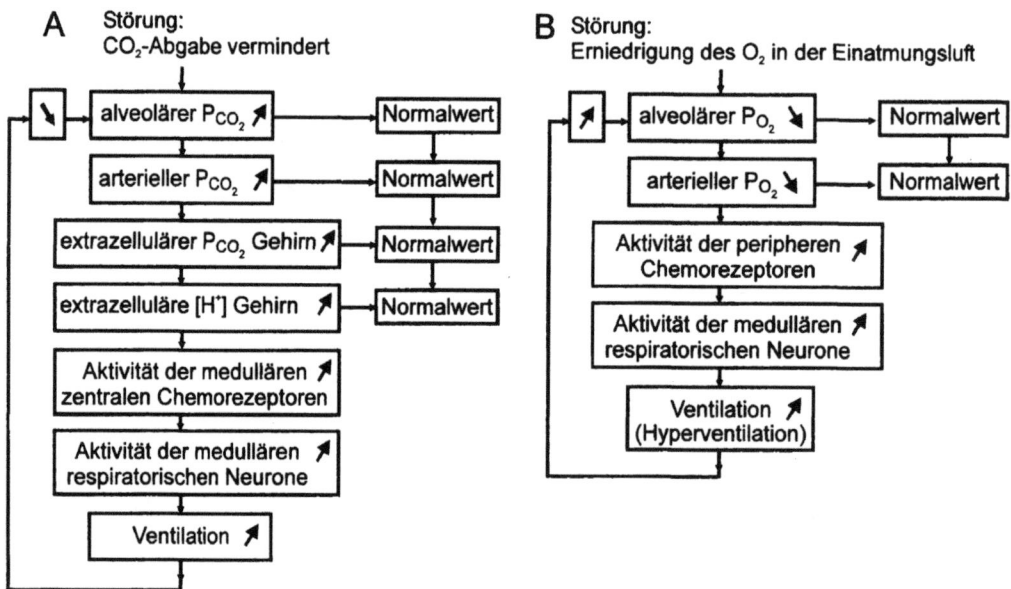

Bild 3.15: A,B Wirkung des Atmungsreglers bei Störungen. (A) Reaktion auf eine Veränderung des arteriellen CO_2-Drucks und (B) des arteriellen O_2-Drucks P_{O_2}.

Fall B: Die Störung bestehe in der Einatmung von Luft mit erniedrigtem O_2-Druck z.B. während eines Aufenthalts in großer Höhe (Bild 3.15 B). Ein Abfall des arteriellen P_{O_2} hat eine Ventilationssteigerung zur Folge, die die Wiedereinstellung eines normalen arteriellen P_{O_2} (etwa 100 mmHg) bewirkt. Dieses führt zu einer vermehrten Abgabe von CO_2 und damit bei konstanter CO_2-Produktion zu einem erniedrigten P_{CO_2} und einer niedrigeren H^+-Konzentration im Blut (Bild 3.15). Man spricht in diesem Falle von einer *Hyperventilation*, die eine *respiratorische Alkalose* erzeugt. Die Strategie des Atmungsreglers im Fall B ist also die Konstanthaltung des arteriellen O_2-Drucks auch unter der Bedingung einer durch die Ventilationssteigerung erzeugten Störung des Säure-Basen-Gleichgewichts.

Die größten Steigerungen der alveolären Ventilation werden bei *körperlicher Arbeit* beobachtet. Diese sind proportional zur gesteigerten CO_2-Produktion des Körpers. Die Beobachtung, dass die drei chemischen Größen (Regelgrößen) P_{O_2}, P_{CO_2}, $[H^+]$ bei körperlicher Arbeit konstant bleiben und es damit nicht zu Abweichungen von den Normalwerten kommt, macht die Antwort auf die Frage nach dem Atemantrieb unter dieser Bedingungen unklar.

Es gibt dazu eine Reihe von hypothetischen Annahmen: a) die zeitlichen Veränderungen der chemischen Größen (Oszillation) im Blut während der Arbeit spielen eine Rolle, b) die Empfindlichkeit der Chemorezeptoren ist vergrößert, c) nervöse Rückmeldungen zum Atemzentrum aus der arbeitenden Muskulatur und von den bewegten Gelenken finden statt, d) eine zentrale Mitinnervation spielt eine Rolle.

Möglicherweise wirken alle Mechanismen zusammen im Sinne einer *Vorwärtsregelung* (feed forward control), die einer Abweichung der blutchemischen Größen (Regelgrößen) von ihren Normalwerten beim Einwirken der *Störgröße (Muskelarbeit)* entgegenwirken.

Durch *unspezifische Atemantriebe* (z.B. *Schmerz, Angst*) kommt es zur Steigerung der Ventilation (Hyperventilation), die durch die daraus resultierende Erniedrigung des CO_2-Drucks und der H^+-Konzentration gebremst wird. Sie sind nicht rückgekoppelt und bilden die Einheitsgrößen für eine Vorwärtssteuerung.

Störungen der Atmungsregulation sind besonders die Folge *medikamentöser Depression* der Atemzentren. Bei chronischen Krankheitszuständen, bei der durch Erhöhung des Strömungswiderstandes der Luftwege eine ausreichende alveolare Ventilation nicht aufrechterhalten werden kann, kommt es im weiteren Verlauf zu einer verminderten Aktivität des Atemzentrums.

3.1.6   Zum Weiterlesen

R.F. Schmidt, G. Thews und F. Lang (Hrsg):. Physiologie des Menschen. 28. Auflage. Springer-Verlag, Berlin, Heidelberg, New York (2000).
R. Klinke und S. Silbernagl (Hrsg.): Lehrbuch der Physiologie. 3. Auflage. Thieme-Verlag Stuttgart, New York (2001).
P. Deetjen und E.-J. Speckmann (Hrsg.): Physiologie. 3. Auflage. Urban und Fischer-Verlag München, Stuttgart (1999).

3.2   Grundlagen der Beatmungstechnik Automatisierungstechnische Probleme und Lösungen

Florian Dietz

3.2.1   Aufgaben von Beatmungsgeräten und Atemhilfen

Beeinträchtigungen der Atmung durch Verletzung oder Erkrankung führen zu einer Unterversorgung des menschlichen Organismus mit Sauerstoff (Hypoxie) bzw. zu einer mangelhaften Abfuhr von Kohlendioxid (Hyperkapnie). Aufgabe von Beatmungsgeräten oder automatisierten Atemhilfen ist es, solche Beeinträchtigungen zu lindern, indem Funktionen der natürlichen Atmung ersetzt oder unterstützt werden.

Zur Unterstützung der Atmung werden heutzutage unterschiedliche Verfahren eingesetzt: Die äußerlich aufgeprägte Über- oder Unterdruckbeatmung, die extrakorporale Membranoxygenierung (ECMO), auch in Verbindung mit der extrakorporalen CO_2-Elimination und die maschinelle Zwerchfellstimulation. Der vorliegende Abschnitt wird sich im Wesentlichen auf die Darstellung der maschinellen Überdruckbeatmung beschränken, da es sich hierbei um ein etabliertes Beatmungsverfahren handelt. Die anderen Verfahren haben bei besonderen, seltenen Diagnosen Erfolge gezeigt bzw. befinden sich in der klinischen Erforschung. Sie werden jedoch nicht in der klinischen Routine eingesetzt.

Wie auch bei der natürlichen Atmung wird bei der exogenen Über- und Unterdruckbeatmung eine Druckdifferenz zwischen dem Alveolarraum und der Umgebung (s. Abschnitt 3.1.1) erzeugt. Bei der maschinellen Überdruckbeatmung wird den oberen Atemwegen ein Überdruck aufgeprägt. In der Folge entsteht während der Inspirationsphase bzw. Insufflation ein alveolärer Überdruck mit Vergrößerung des Gasvolumens in der Lunge. Bei der Unterdruckbeatmung wird der Druck um den Thorax herum abgesenkt. Dazu wird der Körper des Patienten in einen Beatmungstank („Eiserne Lunge") gelegt, während der Kopf außerhalb des Tanks positioniert wird. Der in der Halsregion abgedichtete Tank wird während der Inspiration mit einem Teilvakuum beaufschlagt. Alternativ werden auch sog. Beatmungswesten zur Erzeugen des Unterdrucks um den Thorax herum eingesetzt.

Auf dem Wege zur Wiedererlangung einer suffizienten Spontanatmung wird insbesondere bei Patienten, die lange Zeit beatmet wurden, eine stufenweise Absenkung der Atemunterstützung durchgeführt mit dem Ziel einer Entwöhnung vom Respirator (Weaning).

Beatmungsgeräte müssen außerordentlich wichtige Sicherheitsaspekte erfüllen. Dabei nehmen die Anforderungen hinsichtlich Beatmungsqualität, Betriebssicherheit, neuer Beatmungsformen und leichter Bedienbarkeit bzw. Komfort entsprechend ihrer Einsatzgebiete von den Atemhilfen für die Schlaftherapie bis hin zu den Geräten für lebenserhaltende Funktionen in der Intensiv-, Notfallmedizin und Anästhesie zu. Diese Unterteilung spiegelt sich auch in der einschlägigen Normgebung wider. Zu den Sicherheitsbelangen gehören hinsichtlich der Automatisierung der Geräte die Betriebsbereitschaft unter verschiedenen Umweltbedingungen, die Ausfallsicherheit, die Vermeidung von Gefährdungen des Patienten durch Geräte- oder Einstellungsfehler sowie Alarme bei Fehlern auch von außen, z.B. bei Atemstillstand (Apnoe) des Patienten oder Diskonnektion des Beatmungsschlauches.

Die Entwicklung der Beatmungsgeräte in den letzten Jahren ist geprägt durch neuartige und verbesserte Gerätekomponenten einerseits und durch den Einsatz immer aufwändigerer Automatisierungslösungen andererseits. Letztere haben zu einer Umverteilung der Kosten innerhalb der Geräte von mechanischen Komponenten hin zu Elektronik und insbesondere Software geführt. Als Grenze zwischen neuer Gerätetechnologie und verstärkter Automatisierung lässt sich weiterhin beispielsweise die sprunghafte Verbesserung der Mensch-Maschine-Schnittstelle anführen: Flachbildschirme erlauben eine hochauflösende farbige Darstellung von Grafik, Touchscreens und/oder Dreh-Encoder erlauben eine komfortable Bedienung vielfältiger Funktionen. Gleichzeitig wachsen die Anforderungen an die Elektronik und die Software zur Realisierung dieser erweiterten Möglichkeiten.

In den nächsten Abschnitten werden zunächst die automatisierungs- und regelungstechnischen Herausforderungen sowie deren Umsetzung beschrieben (Kap. 3.2.2). Weiterhin werden in Kap. 3.2.3 gerätetechnische Einzelheiten aktueller Beatmungsgeräte im Hinblick auf die Regelung des Beatmungsvorgangs und dessen Automatisierung vorgestellt. Die Kopplung von Beatmungsgerät und menschlichem Organismus als jeweils getrennt geregelte Systeme spielt eine immer wichtigere Rolle im Bereich der effektiven Atemunterstützung und des gesteigerten Patientenkomforts. Diesem Thema wird daher in Kap. 3.2.4 ein eigener Abschnitt gewidmet. Nach der Darstellung der Defizite aktueller Beatmungsgeräte in Kap. 3.2.5 wird in Kap. 3.2.6 ein Ausblick auf mögliche zukünftige Entwicklungen gewährt und abschließend ein regelungstechnisches Bespiel aus der Beatmungstechnik aufgeführt.

3.2.2   Umsetzung von Beatmungsformen

Zu den konkreten steuer- und regelungstechnischen Aufgaben eines Beatmungsgerätes gehören neben der Umsetzung des Gasaustausches (Ventilation) die Atemgasmischung und -konditionierung (Anfeuchtung und Temperierung) sowie die Überwachung der respiratorischen Werte: inspiratorisches und exspiratorisches Volumen, Atemstromstärke (Flow) und Druck in den Atemwegen, die inspiratorische Sauerstoffkonzentration und die exspiratorische Kohlendioxidkonzentration des Atemgases sowie die Sauerstoffsättigung des Blutes umfassen. Weiterhin können aus den Messwerten Druck, Flow und Volumen weitere Größen wie z.B. die respiratorischen Parameter Resistance und Compliance bestimmt werden.

Im Folgenden wird die künstliche Beatmung anhand der Umsetzung von Beatmungsmustern und Beatmungsformen detaillierter ausgeführt. Ein Beatmungsmuster beschreibt den zeitlichen Verlauf von Druck, Flow und Volumen in den Atemwegen innerhalb eines Atemzyklus. Aus dem Beatmungsmuster lassen sich Kenngrößen der Beatmung, Atemfrequenz, Inspirations-, Exspirationszeit, Atemzugvolumen, inspiratorischer Plateaudruck, endexspiratorischer Druck etc. ablesen. In Bild 3.16 ist beispielhaft ein Beatmungszyklus einer volumenkontrollierten Beatmung zu sehen.

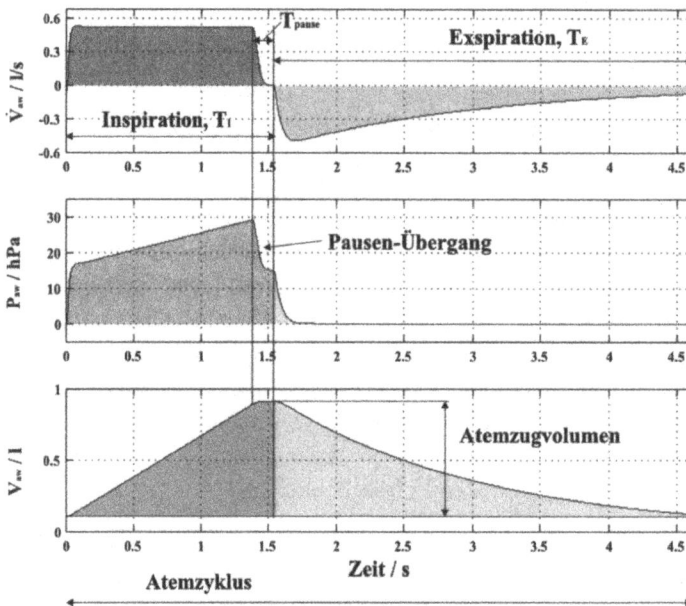

Bild 3.16: *Beispiel eines Beatmungsmusters für die volumenkontrollierte Beatmung (Sicherstellung des Atemzeit-volumens) mit inspiratorischem Konstantflow. Dabei sind der Atemwegsflow $\dot{V}_{aw}$, der Atemwegsdruck p_{aw} und das Lungenvolumen oberhalb des funktionellen Residualvolumens V_{aw} dargestellt.*

Die Beatmungsform beschreibt im Gegensatz zum Beatmungsmuster die Steuerung der maschinellen Beatmung, die Auslösung von Inspiration und Exspiration, den Grad der Unterstützung zur Verringerung der Atemarbeit sowie die Druckverhältnisse während der Beatmung. In der Literatur sind knapp 40 verschiedene Beatmungsformen beschrieben [3, 4, 5].
Zusätzlich existieren für einige Beatmungsformen synonyme Bezeichnungen verschiedener
Hersteller, teilweise auch aus Gründen von Markenrechten. Bild 3.17 zeigt eine Möglichkeit
zur Klassifikation von Beatmungsformen anhand des Unterstützungsgrades der Ventilation
hinsichtlich der Atemarbeit. Ganz links ist die vom Beatmungsgerät voll kontrollierte Beatmung aufgeführt. Hier leistet der Patient keinerlei Ventilationsarbeit. Weiter rechts folgt die
unterstützende Beatmung. Dabei teilen sich Gerät und Patient die Ventilationsarbeit. Atemhilfen leisten keine Ventilationsarbeit, sondern lassen Patienten spontan atmen. Einige der
Bezeichnungen werden im weiteren Verlauf erläutert werden.

Neben dem Grad der Unterstützung können weitere Kriterien zur Kategorisierung der Beatmungsformen dienen. So kann die Umschaltung von In- auf Exspiration oder umgekehrt
durch eine Ein- oder Ausatembemühung (Patiententrigger) oder durch das Beatmungsgerät
(Zeitsteuerung) erfolgen. Weiterhin ist eine Ordnung der Beatmungsformen nach der Regelgröße während der Beatmung (Druck- oder Flowregelung) und nach der Zielgröße während
der Beatmung, z.B. dem Atemzugvolumen (volumenkontrollierte Beatmung), möglich. Eine
Übersicht über die Zuordnung der verschiedenen Beatmungsformen zu diesen Kategorien ist
in Tabelle 3.2 dargestellt.

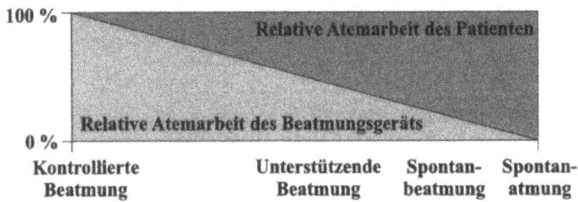

Bild 3.17: *Der Unterstützungsgrad der Atemarbeit als Klassifikationsmerkmal von Beatmungsformen. Angegeben ist die relative Atemarbeit in Prozent der gesamten Atemarbeit.*

Zielgröße

Als therapeutische Zielgrößen gelten das Atemzeitvolumen sowie der Atemwegsdruck. Das Atemzeitvolumen wird als Atemminutenvolumen oder als Atemzugvolumen jeweils in Verbindung mit der Atemfrequenz durch das Bedienpersonal am Gerät eingestellt. Dabei entscheidet der Arzt je nach Körpergewicht und Zustand des Patienten über eine sinnvolle Einstellung. Messungen der Blutgaskonzentrationen geben weitere wichtige Hinweise zur Einstellung. Bei der Zielgröße Atemwegsdruck wird zusätzlich unterschieden zwischen inspiratorischer und exspiratorischer Anwendung: Die Vorgabe eines Druckes während der Inspiration erlaubt eine druckkontrollierte (PCV – pressure controlled ventilation) oder druckunterstützte Beatmung (PSV – pressure supported ventilation), während eine Druckvorgabe während der Exspiration der Einstellung eines PEEP (positive endexpiratory pressure) entspricht. Für die inspiratorische Druckvorgabe können zumeist zusätzlich zum gewünschten Solldruck verschiedene Druckanstiegszeiten vorgegeben werden, um den Beginn der Inspiration für den Patienten komfortabler zu gestalten.

Eine Ausnahme hinsichtlich der Zielgrößen stellen die proportional unterstützenden Verfahren dar (PAV – proportional assist ventilation). Nicht der Druck, sondern der Unterstützungsgrad gilt als Zielgröße für die Beatmung. Dazu wird mit Hilfe der Compliance und Resistance sowie dem gemessenen Flow der Pleuradruck als Referenz durch eine Berechnung abgeschätzt; daraufhin wird proportional zu diesem Schätzwert ein Beatmungsdruck aufgebaut. Dieser passt sich dem Druckauf- und abbau durch das Zwerchfell im Laufe der Inspiration ständig an. Der Beatmungsdruck erreicht dann im Idealfall mit dem Ende der physiologischen Inspiration wieder PEEP-Niveau.

Regelgröße

Grundsätzlich kann eine der beiden Größen Druck oder Flow von außen auf das respiratorische System aufgeprägt werden. Die jeweils andere Größe stellt aufgrund des physikalischen Systems, darstellbar als Differentialgleichung erster Ordnung, eine freie Größe dar. Da das Volumen (Integral des Flows über der Zeit) nicht als Regelgröße zur Verfügung steht, wird die volumenkontrollierte Beatmung zumeist durch eine Flowregelung in Verbindung mit einer Zeitsteuerung (VCV – volume controlled ventilation) verwirklicht, beispielsweise als Konstantflow oder linear abfallender Flow. In beiden Fällen lässt sich das Integral des Flows über Zeit (Atemzugvolumen) leicht berechnen und damit über eine Zeitsteuerung einhalten.

Der abfallende Flow bietet gegenüber dem Konstantflow den Vorteil, dass sich der Druck in Lungenarealen unterschiedlicher Zeitkonstanten frühzeitiger ausgleichen kann.

Ohne Synchronisierung: CPAP, NIV, PEEP		Steuerung/Trigger (Synchronisierung)			
		Inspiration und Exspiration gerätegesteuert	Inspiration patienten- oder gerätegesteuert (bei Apnoe), Exspiration geräte-/patientengesteuert	Inspiration patientengesteuert, Exspiration gerätegesteuert	Inspiration und Exspiration patientengesteuert
Ziel-, Soll- und Regelgrößen während der Inspiration	Druckgeregelt, volumenvariabel	PCV/Bi-Level T; CMV, IPPV, CPPV; IMV, MMV; BIPAP, APRV; IRV; Seufzer	Automode Bi-Level ST VAPS	IPPB/S-IPPV, CPPB/S-CPPV; SIMV; A/C, IPPVassist/Bi-Level PC	ASB/ASV/Bi-Level S/ IFA/IHS/PSV/VS-AI, C-Flex, BiPAP Pro/Bi-Flex; PAV/PPS/PPV
	Flowgeregelt, volumenkontrolliert	VCV; CMV, IPPV, CPPV; IMV, MMV; IRV	Automode VAC/VC-AC/ACMV	IPPB/S-IPPV, CPPB/ S-CPPV; SIMV; A/C, IPPVassist	
	Flowgeregelt, druckbegrenzt, volumenkontrolliert	PLV			
	Druckgeregelt, volumenkontrolliert	PRVC, Autoflow (bei IPPV)	Automode	Autoflow (bei SIMV, MMV)	AVAPS VS/VTV

Tabelle 3.2:   *Kategorisierung der Beatmungsformen anhand von Aspekten der Steuerung und Regelung. Synonyme Bezeichnungen sind durch Schrägstriche voneinander getrennt. Im Text erläuterte Beatmungsformen sind fett gedruckt.*

Die Vorgabe eines Flows als Regelgröße (VCV) bewirkt unmittelbar eine vollständig kontrollierte Beatmung. Der Atemwegsdruck ergibt sich als freie Größe, so dass der menschliche Körper keinen Einfluss mehr auf die Ventilation hat. Er kann mit der Atemmuskulatur Alveolardruck und indirekt den Atemwegsdruck beeinflussen, nicht jedoch den Flow. Die Flowregelung wirkt einer Änderung der Zwerchfellaktivität unmittelbar durch eine Änderung des Beatmungsdrucks entgegen; die Kontrolle liegt beim Beatmungsgerät alleine. Bei der druckgeregelten Beatmung (z.B. PCV) ist es hingegen möglich, die Druckdifferenz zwischen den äußeren Atemwegen und dem Alveolarbereich durch Spontanatmung zu verändern. Damit werden indirekt der Flow in die Atemwege und das Atemzugvolumen durch den Patienten beeinflusst.

Es existieren neben den rein flow- oder druckgeregelten Betriebsarten weitere, die während der Inspiration eine Umschaltung der Regelung vornehmen oder einer übergeordneten Regelung unterstehen. So wird bei der druckbegrenzten Beatmung (PLV – pressure limited ventilation) solange mit konstantem Flow geregelt beatmet, bis eine einstellbare Druckobergrenze erreicht wird. Dann wird auf den druckgeregelten Betrieb umgeschaltet und der Grenzdruck gehalten, bis das gewünschte Atemzugvolumen verabreicht ist. Bei den druckgeregelten, aber volumenkontrollierten Beatmungsformen wird zwar während eines Beatmungszyklus druckkontrolliert beatmet, jedoch wird zyklenübergreifend in einem überlagerten Regelkreis der Solldruck derart angepasst, dass dem Patienten ein gewünschtes Atemzugvolumen verabreicht wird (z.B. PRVC – pressure regulated volume controlled).

Steuerung von Inspiration und Exspiration

Die wechselseitige Umschaltung zwischen Inspiration und Exspiration kann durch das Gerät oder auch durch den Patienten initiiert werden. Bei einer reinen Zeitsteuerung (durch das Gerät) werden Ein- oder Ausatembemühungen des Patienten ignoriert, es wird eine vollständig kontrollierte Beatmungsform angewendet. Die Umschaltzeiten hängen dann je nach Bedienkonzept z.B. von der Atemfrequenz (f_R) und dem Inspirations-/Exspirationszeitverhältnis (IEV) oder von der Inspirationszeit (T_I) und Exspirationszeit (T_E) ab.

Zur Steuerung der Inspiration durch den Patienten ist ein geräteexterner Trigger notwendig. Dazu wird üblicherweise ein Drucktrigger, seltener ein Flow- oder Volumentrigger eingesetzt. Aufwändigere Verfahren setzen eine Kombination von Kriterien für zwei oder drei der genannten Größen ein. Aufgabe des Beatmungsgerätes nach Auslösen des Triggers ist es, die Einatmung möglichst rasch einzuleiten, um die weiteren Atembemühungen des Patienten gering zu halten.

Die Exspiration wird bei patientengetriggerten Verfahren bei Überschreiten eines Schwellwertes für den Atemwegsdruck (flowgeregelte Beatmung) bzw. bei Unterschreiten eines Schwellwertes für den Flow (druckgeregelte Beatmung) begonnen. Während es sich bei der Druckschwelle um einen vom Arzt zu wählenden Wert handelt, wird die Flowschwelle zumeist automatisch als Bruchteil des Maximalflows gewählt (z.B. 25 %). Damit wird die Flowschwelle von Atemzug zu Atemzug neu durch das Beatmungsgerät festgelegt. Bei den proportional unterstützenden Beatmungsformen gilt keine feste Flowschwelle, dort endet die Inspiration zeitgleich mit dem Ende der Inspirationsbemühungen des Patienten.

Weiterhin wichtig für die Automatisierung in der Beatmung ist die Behandlung von Alarmen. Daher folgt hier eine knappe Darstellung der zu berücksichtigenden Alarme.

Alarme

Alarme sollen den Patienten vor gefährdenden Ausgangswerten des Beatmungsgerätes schützen. Dazu müssen bei Eintritt einer Alarmbedingung normbedingt innerhalb bestimmter Zeiten optische und akustische Meldungen und evtl. geänderte Stellgrößen ausgegeben werden. Letzteres kann zu einer Unterbrechung des gewünschten Beatmungsmusters führen. Zur Erfassung der jeweiligen Alarmereignisse müssen entsprechende Vorrichtungen in Form von Sensoren oder Algorithmen vorgesehen werden. Bei Alarmen für veränderliche Größen, wie z.B. den Beatmungsdruck, die inspiratorische Sauerstoffkonzentration oder das Atemzugvolumen, ist oftmals eine Einstellbarkeit der Alarmgrenzen gefordert.

Viele Alarme werden ausgelöst, wenn ein oder zwei Bedingungen zugleich gültig sind. So ist etwa beim Alarm für Erreichen/Überschreiten des maximalen Atemwegsdruck lediglich der aktuell gemessene Beatmungsdruck ausschlaggebend. Bei einem Stenosealarm (Einengung der Atemwege oder des Beatmungssystems) und einem Diskonnektionsalarm (Ablösung von Schlauch oder Patienteninterface) kommen zur Drucküber- bzw. -unterschreitung noch Zeitbedingungen hinzu, z.B. eine Mindestdauer der Druckunterschreitung für den Diskonnektionsalarm.

Technisch interessant ist insbesondere die druckbegrenzte Beatmung (PLV). Hier wird bei
Erreichen einer einstellbaren oberen Druckgrenze von einer Flowregelung auf eine Druckregelung umgeschaltet, um trotz Erreichens der Druckgrenze eine möglichst optimale Volu-
menabgabe zu erzielen. Die Umschaltstrategien der Regelung sind dabei entscheidend für die
qualitativ hochwertige Umsetzung dieser Beatmungsform.

Auch im ersten Fehlerfall, d.h. beim Ausfall einer Komponente des Beatmungsgerätes, muss
die Sicherheit des Patienten gewährleistet sein. So muss konstruktiv sichergestellt werden,
dass das Gerät bei einem Defekt in einen sicheren Zustand geschaltet wird und der Patient
auch bei Energieausfall ohne Beatmung sicher spontan atmen kann. Technisch kann die
Ausfallsicherheit des Gerätes beispielsweise durch redundante Auslegung kritischer Komponenten, etwa mehrfache Druck- und Flowsensoren zur Sensorüberwachung, erhöht werden.

Analyse/Identifikation
Neben der eigentlichen Regelung gemäß einer Führungsgröße, der Steuerung von In- und
Exspiration sowie der Behandlung von Alarmen kommen insbesondere im Bereich der Inten-
sivbeatmung zusätzliche Verfahren zum Einsatz, um weitere Informationen zusätzlich zu den
von den Sensoren gelieferten Messwerten zu erhalten. So können entweder während der
normalen Beatmung oder unter Zuhilfenahme bestimmter Beatmungsmanöver die respiratorischen Parameter Resistance und Compliance oder weitere Werte bestimmt werden. Dazu
gehören die Atemanstrengung des Patienten, eine evtl. vorhandene Leckage im Atemsystem,
eine Lungenüberdehnung, unvollständig belüftete Lungenareale (Atelektasen) oder auch der
intrinsische PEEP (Lungenaufblähung durch unvollständige Exspiration). Ein Beispiel ist die
Bestimmung der Veränderung der oberen Atemwegswiderstände mit Hilfe der Oszilloresi-
sistometrie während der Schlaftherapie [2]. Dazu wird der Beatmungsform eine 20 Hertz-
Schwingung überlagert; die Reaktion des respiratorischen Apparates auf diese zusätzliche
Anregung kann mit Hilfe eines Drucksensors erfasst werden. Entsprechende Algorithmen in
einem Mikrocontroller können die Signale auswerten.

Probleme bei der Umsetzung von Beatmungsformen entstehen insbesondere durch nichtlineare Glieder im Regelkreis, Totzeitglieder bzw. durch große Bereiche der Systemparameter
(Resistance und Compliance) und Beatmungsparameter (z.B. Atemfrequenz und Atemzugvolumen). Daher sind äußerst robuste Regler für eine hochwertige Beatmung nötig. Beispielhaft sind in Bild 3.18 die Bereiche für je zwei Beatmungs- und Lungenparameter aufgeführt;
die Größen unterscheiden sich z.T. um mehr als eine Größenordnung für verschiedene Patienten. Im nächsten Abschnitt werden die Eigenarten und Einflüsse verschiedener Gerätekomponenten auf die Regelung und Steuerung im Einzelnen beleuchtet.

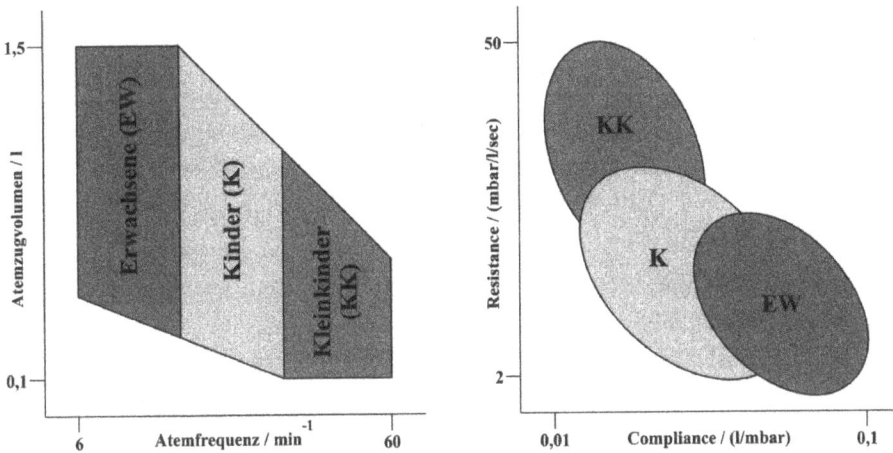

Bild 3.18: *Bereiche der Beatmungsparameter (links) und Lungenparameter (rechts) für verschiedene Patienten.*

3.2.3   Technik aktueller Beatmungsgeräte

Um die Komplexität moderner Beatmungsgeräte überblicken und deren Einfluss auf die automatisierungstechnischen Einrichtungen des Gerätes erkennen zu können, werden in diesem Abschnitt zunächst einige typische Gerätekonstellationen stellvertretend für eine mittlerweile unüberschaubare Vielzahl von Ausführungsformen dargestellt.

In Bild 3.19 sind schematisch die verschiedenen Basiselemente eines Beatmungsgerätes und seine Anbindung an einen Patienten dargestellt. Zu den Elementen zählen zunächst eine pneumatische Quelle als Antrieb für die Beatmung, ein oder mehrere Stellglieder zur Steuerung bzw. Dosierung der Beatmung und Sensoren für die Beatmungsregelung, üblicherweise innerhalb des Gerätes. Weiterhin dient ein Schlauchsystem zur flexiblen pneumatischen Anbindung des Gerätes an den Patienten, zusätzliche Sensoren gewährleisten ein von der Regelung unabhängiges Patientenmonitoring. Schließlich verbindet ein Patienteninterface das Schlauchsystem pneumatisch mit den Atemwegen des Patienten.

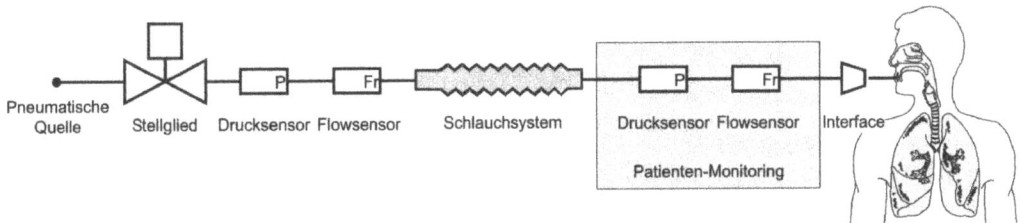

Bild 3.19: *Schema zu den abstrakten Systemblöcken pneumatische Quelle, Stellglied, Sensoren für die Regelung, Schlauchsystem, Sensoren für das Monitoring, Interface, Patient (ohne Auslasssystem).*

Ein Ausatemsystem, welches dem Patienten eine Exspiration in die Umgebung erlaubt, ist in Bild 3.19 nicht dargestellt. Gemeinsam mit dem Schlauchsystem bildet das Ausatemsystem einen Bestandteil des Gerätekonzeptes und kann bis auf wenige Ausnahmen nicht abgewandelt werden. Anästhesiegeräte unterscheiden sich in diesem Punkt wesentlich von anderen Beatmungsgeräten. Sie besitzen in der Regel kein Ausatemsystem, sondern haben einen geschlossenen Kreislauf, damit keine Anästhesiegase in die Umgebung entweichen können (vgl. Abschnitt 3.3).

Ein Beispiel eines Intensivbeatmungsgerätes ist in Bild 3.20 zu sehen. Als Gasquelle kommen zwei Niederdruckgasquellen, Luft und Sauerstoff mit je 5 bar Überdruck, zum Einsatz. Nachgeschaltet ist eine Mischeinheit, welche verschiedene Mischungsverhältnisse der beiden Gase herstellen kann, und ein Noteinlassventil, um bei Ausfall der Gasversorgung eine Spontanatmung des Patienten zu ermöglichen. Ein Verdampfer versorgt das Atemgas mit der benötigten Feuchte und Wärme. Die In- und Exspiration wird mit getrennten Ventilen an den geräteseitigen Enden des Doppelschlauchsystems gesteuert. Dieses ist über ein Y-Stück und ein Tracheostoma (Beatmungszugang über einen Luftröhrenschnitt) mit den Atemwegen des Patienten verbunden.

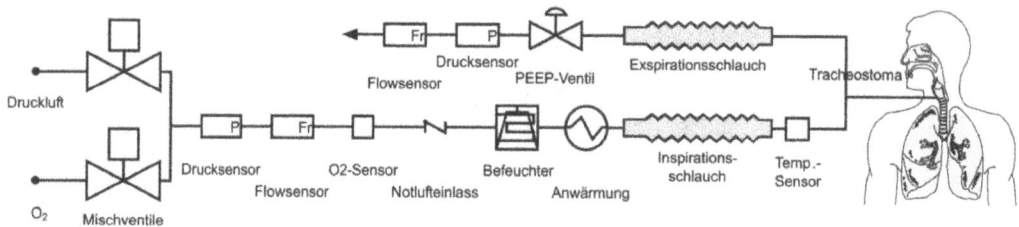

Bild 3.20: *Schema eines Intensivbeatmungsgerätes bestehend aus: Druckgasversorgung, Mischer, Verdampfer, Noteinlassventil, Zweischlauchsystem, In- und Exspirationsventil, Tracheostoma.*

Verdichtetes Gas dient auch im Beispiel aus der Notfallmedizin (Bild 3.21) als pneumatische Quelle. Dabei wird reiner Sauerstoff unter 200 bar, neuerdings auch bis zu 300 bar, in einer Druckflasche verbracht. Nach einem Flaschenventil regelt ein Druckminderer diesen Hochdruck auf üblichen Niederdruck im Bereich von 3–6 bar herunter. Bei Bedarf kann mit Hilfe eines Injektors nach dem Venturi-Prinzip Umgebungsluft angesaugt und mit dem antreibenden Sauerstoff gemischt werden, um die Sauerstoff-Konzentration im Atemgas zu verringern. Ein Steuerventil bestimmt den Volumenstrom durch den Injektor, welcher dann einen Druck- und Flowsensor passiert. Die Verbindung zum Patienten wird über einen einfach handzuhabenden Einfachschlauch, ein Exspirationsventil mit Noteinlass und einen Tubus hergestellt. Das Exspirationsventil übernimmt die Umleitung des Atemstromes in die Umgebung während der Exspiration, ein ebenfalls integriertes Noteinatemventil ermöglicht in jedem Fall eine Spontanatmung. Ein zusätzlicher dünner Schlauch parallel zum Beatmungsschlauch dient zur Übertragung des Atemwegsdruckes an einen Drucksensor im Gerät.

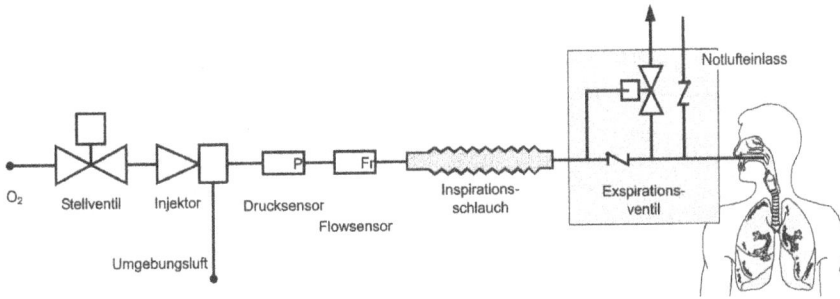

Bild 3.21: *Schema eines Notfallbeatmungsgerätes mit den Komponenten Hochdruckgasversorgung, Injektor, Einschlauchsystem, Exspirationsventil mit Noteinlassventil, Tubus (ohne Monitoringsensoren).*

Deutlich einfacher kann die Konstruktion eines gewöhnlichen Schlaftherapiegerätes mit der Atemhilfe CPAP (Continuous Positive Airways Pressure) ausfallen (Bild 3.22). Solche Geräte stellen Atemhilfen dar, indem Sie einen konstanten Überdruck im Bereich von wenigen Millibar liefern und damit die oberen Atemwege freihalten von kollabierenden Atemwegswänden. Dazu liefert ein Gebläse einen voreingestellten Druck. Der Patient ist über einen Einfachschlauch, ein Auslasssystem, einen Wärme-Feuchte-Tauscher und eine Nasenmaske mit dem Gerät verbunden. Üblicherweise wird der Atemwegsdruck patientennah in der Nähe des Atemmaske abgegriffen und über einen dünnen Schlauch zu einem Drucksensor innerhalb des Gerätes geführt.

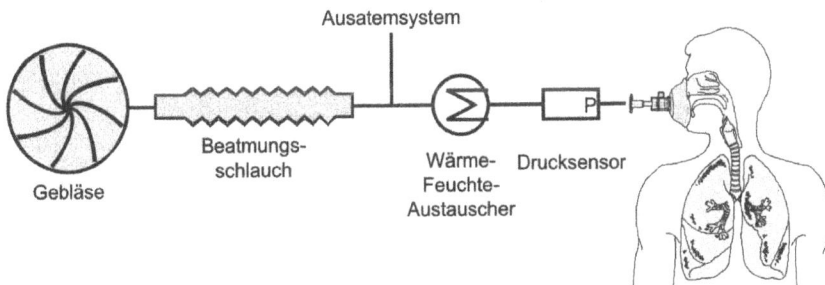

Bild 3.22: *Schema eines Schlaftherapiegerätes mit Gebläse, Einschlauchsystem, Auslasssystem, Wärme-Feuchte-Tauscher, Maske (nur Drucksensor) .*

Diese Beispiele geben einen ersten Eindruck von der Vielfalt der Gerätearchitekturen in der Beatmungstechnik. Jede Architektur erfordert bestimmte Gerätekomponenten, die für sich und in der Kombination mit anderen Einfluss auf die Automatisierung nehmen. Dabei werden mit Sensoren die Möglichkeiten zur Überwachung, Analyse und Regelung des Beatmungsprozesses gegeben. Die Stellglieder erlauben es, in den Prozess einzugreifen. Weitere Komponenten stellen beispielsweise Teile des zu regelnden Systems oder Störgrößen dar. Nichtlinearitäten der einzelnen Gerätekomponenten können dabei entscheidenden Einfluss auf die Regelgüte, Störanfälligkeit der Regelung bzw. Steuerung oder sogar auf die Spontanatmungsfähigkeit des Patienten haben. Zur Verdeutlichung dieser Aspekte werden im Folgenden einzelne typische Komponenten mit ihren technischen Eigenschaften vorgestellt.

Antrieb

Als Gasquellen sind entsprechend den Potential- und Flussgrößen in pneumatischen Systemen Druck- und Flowquellen möglich. So lassen sich beispielsweise viele Radialgebläse, wie sie in vielen Schlaftherapie und Heimbeatmungsgeräten eingesetzt werden, als Druckquellen beschreiben. D.h. der zur Verfügung gestellte Druck bleibt über einen weiten Bereich des vom Verbraucher genutzten Flows nahezu konstant. Dem gegenüber stellen viele druckgasversorgte Systeme Flowquellen dar. Dabei bewirkt ein ansteigender Atemwegsdruck von beispielsweise 0 auf 50 mbar bei einem Versorgungsdruck von 5 bar eine Änderung des Differenzdruckes über dem Beatmungsgerät von lediglich 0,2 %. Wird während dieses Druckanstiegs das Stellventil nicht beeinflusst, so ändert sich auch der Volumenstrom durch das Ventil nicht nennenswert. Auch Hubkolbenpumpen stellen Flowquellen dar. Eine Besonderheit hinsichtlich der Druck-Flow-Kennlinie stellt das Seitenkanalgebläse dar. Es handelt sich weder angenähert um eine Druck-, noch um eine Flowquelle (vgl. Bild 3.23).

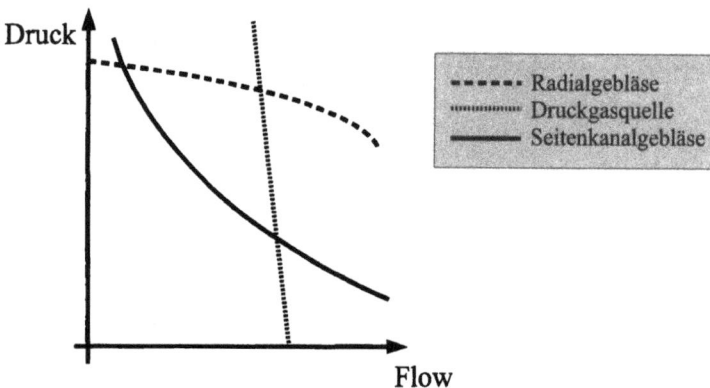

Bild 3.23:   *Druck-Flow-Kennlinien verschiedener pneumatischer Antriebe.*

Je nach Art der pneumatischen Quelle fällt das Einhalten einer der beiden Zielgrößen Druck oder Volumen bei der Beatmung schwerer. So benötigt man beim Einsatz einer Flowquelle deutlich größere und häufigere Stelleingriffe für eine Druckregelung als das bei einer Flowregelung der Fall ist. Ein Seitenkanalgebläse kann insbesondere bei Intensivgeräten, die flow- wie druckgeregelte Beatmungsformen gleichermaßen beherrschen müssen, eine hohe Regelgüte für alle Beatmungsformen ermöglichen.

Zur Vereinfachung der Regelung wird bei Druckgasversorgung in der Intensiv-, Notfallmedizin oder Anästhesie ein Druckregler zwischen (Hoch-)Druckgasversorgung und das eigentliche Stellglied geschaltet. Für die eigentliche Regelung von Beatmungsdruck oder -flow werden so gleichbleibende Bedingungen geschaffen, schwankende Versorgungsdrücke haben so kaum Einfluss auf die Regelung.

Ventile

Mit neuen Ventiltechnologien ist es gelungen, den eben genannten vorgeschalteten Druckregler zu eliminieren. Das Steuerventil übernimmt dabei die Aufgabe der Anpassung an unterschiedliche Versorgungsdrücke mit. Je nach Auslegung ist es mit somit verringerter Zahl von Stellgliedern gelungen, die Dynamik des Regelkreises positiv zu beeinflussen und eine höhere Regelgüte für die Beatmung sicherzustellen.

Hysterese, Serienstreuung, begrenzte Dynamik, Flowbegrenzung und Dichtigkeit sind Einflüsse von Ventilen auf das Systemverhalten und stellen hohe Anforderungen an die Regelung. Maßnahmen können Vorsteuerungen, robuste Reglerauslegung oder Kennlinienprogrammierung passend zum individuellen Ventil sein. Eine zusätzliche Sensorik zur Messung des Ventilverstellweges ermöglicht weiterhin schnelle unterlagerte Regelkreise zum Ausgleich der eben genannten Effekte.

Gasmischung

Eine manuelle Mischung per Schwebkörperflussmesser oder Lochblendenmischer ist unflexibel hinsichtlich veränderlicher Volumenströme. Daher sind elektronisch steuerbare Lösungen vorzuziehen, um auch unter sich ändernden Beatmungssituationen ein gewünschtes Mischungsverhältnis verschiedener Gase einzuhalten. Beispielsweise können durch getrennte elektromechanische Ventile für jede Gasart auch schwankende oder unterschiedliche Versorgungsdrücke ausgeglichen werden.

Bei der Notfall- und Transportbeatmung stehen für eine Gasmischung in der Regel nicht mehrere Gassorten als Druckquellen zur Verfügung. Für den Standardfall der Beatmung mit erhöhter Sauerstoffkonzentration wird daher in der Regel Drucksauerstoff als Treibgas für pneumatische Injektoren genutzt, um Umgebungsluft anzusaugen. Damit kann die Sauerstoffkonzentration des inspiratorischen Gasgemisches von ca. 99,5 % (medizinischer Sauerstoff) verringert werden. Da Injektoren üblicherweise eine ausgeprägte Gegendruck- und Flowabhängigkeit aufweisen, stellen derzeitige Lösungen zumeist nur einen Kompromiss zwischen Konzentrationsverringerung, Patientendruck und inspiratorischem Volumenstrom dar.

Einfache Injektorsysteme können lediglich zwischen reinem Sauerstoff („no air mix") und einer festen Injektorstufe („air mix") umschalten. Neuere Systeme erlauben eine nahezu stufenlose Verstellung der Sauerstoffkonzentration innerhalb der Möglichkeiten des verwendeten Injektors. Dazu werden wie bei der oben beschriebenen Gasmischung mehrere Ventile verwendet, um die zunächst optimal verringerte Sauerstoffkonzentration wieder auf die gewünschte Konzentration anzureichern.

Eine grundsätzliche Herausforderung an Gasmischer ist die Tatsache, dass es sich um Mehrgrößensysteme handelt. Die beiden Sollgrößen Druck oder Flow einerseits und Gasmischungsverhältnis andererseits ergeben ein gekoppeltes Regelsystem. Einstellungen an der Konzentration haben normalerweise Auswirkungen auf die Führungsgröße der Beatmung (Druck bzw. Flow) und umgekehrt. Hier bieten sich unterschiedliche Reglerdynamiken für die jeweiligen Regler oder Entwurfsmethodiken für entkoppelnde Regler an.

Sensoren

Folgende Sensoren werden in der Beatmungstechnik hauptsächlich eingesetzt: Druck- und Flowsensoren werden zur Umsetzung der Beatmungsformen benötigt, Temperatur- und Feuchtesensoren für die Regelung des Atemgasklimas, Sauerstoffsensoren für die Gasmischung und Kohlendioxidsensoren für das respiratorische Monitoring. Weiterhin werden Atemgas- und Umgebungstemperatursensoren zur Kompensation von Temperatureinflüssen auf andere Sensoren oder Stellglieder eingesetzt. Auch Umgebungsdrucksensoren sind für einen Abgleich oder eine Druckkompensation anderer Komponenten erforderlich.

Aufgabe der Sensoren ist es, eine der genannten physikalischen Größen in eine möglichst elektronisch verwertbare Größe (Spannung oder Strom) umzusetzen. Allgemeine Kriterien für Sensoren sind der Messbereich, die Genauigkeit der Messwerte einschließlich Drift, die Kennlinie (z.B. die Messspannung als Funktion der Messgröße), der Leistungsbedarf, die Umweltbedingungen (z.B. die Betriebstemperatur) für den Einsatz des Sensors und die Dynamik der Umsetzung. Die größten Einflüsse auf die Regelung von Beatmung und Gasgemisch haben dabei Genauigkeit, Kennlinie und Dynamik der Sensoren. Die Drift kann durch regelmäßige Selbstkalibrierung ausgeglichen werden, Kennlinien können z.T. zur elektronischen oder algorithmischen Linearisierung der Sensoren genutzt werden. Nichtlinearitäten können auf diese Weise ausgeglichen werden. Hohe Latenzzeiten oder starkes Tiefpassverhalten der Sensoren können jedoch zu ungeeignetem Regelverhalten bis hin zu Instabilitäten des Systems führen. Daher ist insbesondere hinsichtlich der Dynamik der Sensoren eine sorgfältige Auswahl im Hinblick auf das zu regelnde Gesamtsystem zu treffen.

Die Positionierung der Sensoren hat großen Einfluss auf die Robustheitsanforderungen der Sensoren. So sind Sensoren innerhalb des Beatmungsgerätes zumeist vor extremen Umweltbedingungen geschützt. Die patientennah eingesetzten Sensoren für das respiratorische Monitoring jedoch müssen gegen Einflüsse wie Feuchtigkeitseinwirkung, Fallenlassen und Autoklavieren gewappnet sein.

Atemgasklimatisierung

Zur Befeuchtung des Atemgases als Ersatz für den Nasen-/Rachenraum bei invasiven Beatmungszugängen stehen passive und aktive Techniken zur Verfügung. Die passive Rückbefeuchtung (HME – heat and moisture exchange) nutzt ein poröses hygroskopisches Material, welches so dimensioniert ist, dass es kaum Atemwiderstand erzeugt. Während der Exspiration wird Feuchtigkeit und auch Wärme im hygroskopischen Material gespeichert und während der anschließenden Inspiration teilweise wieder abgegeben. Da in der Regel nicht die vollständige Feuchtigkeit des Ausatemvolumens absorbiert wird, entsteht ein exspiratorischer Feuchteverlust, der auf Dauer nicht mehr als 7 mg/l Atemgas betragen sollte. Rückbefeuchtungssysteme sind Einwegartikel, die für die Dauer von bis zu einem Tag einsetzbar sind und patientennah positioniert werden, etwa zwischen Y-Stück und Tubus. Problematisch ist bei langem Einsatz von HME-Systemen eine Verlegung der Poren. So kann sich der Strömungswiderstand relevant erhöhen und zu einer Beeinträchtigung von Beatmung und Analysefunktionen führen.

Aktive Atemgasbefeuchter und -anwärmer besitzen ein auffüllbares Wasserreservoir. Mit Hilfe einer Anwärmung des Wassers, z.B. durch einen Heizstab, wird einerseits Wärme an

die Atemluft abgegeben und andererseits Wasser verdampft. Durch eine Steuerung der Anwärmung kann der Grad der Atemluftanfeuchtung beispielsweise an das Atemminutenvolumen oder die gewünschte relative Feuchte angepasst werden. Die Geräteanordnung eines
Anfeuchters erfolgt gewöhnlicherweise gerätenah, so dass das erwärmte und angefeuchtete
Atemgas den Beatmungsschlauch passieren muss. Bei einer positiven Temperaturdifferenz
zwischen Atemgas und Umgebung kann es zu Kondensierung der Feuchtigkeit im Schlauch
kommen. Aufwändige Systeme nutzen daher beheizte Beatmungsschläuche und messen die
Temperatur des Atemgases an der Geräte- und Patientenseite des Schlauches. Im Gegensatz
zum Rückatemsystem ist der Wartungsaufwand für einen Anfeuchter beträchtlich höher: Das
Wasserreservoir muss regelmäßig befüllt und hygienisch behandelt werden.

Beatmungsschlauch

Der Beatmungsschlauch bildet die flexible pneumatische Verbindung zwischen Beatmungsgerät und Patient. Als Speicherelement verursacht er ein verzögertes Verhalten des Druck-
und Flowverlaufs an den Atemwegen gegenüber dem Geräteausgang. Zusätzlich vergrößert
sich das Volumen des Schlauches aufgrund einer gewissen Dehnbarkeit mit steigendem
Druck. Hochwertige Beatmungsgeräte insbesondere in der Intensivmedizin bieten daher eine
Schlauchkompensation. Dabei wird über ein rechnerinternes Modell eines bekannten Beatmungsschlauches der Einfluss des Schlauches berücksichtigt und ausgeglichen. Dies ist
insbesondere für die volumenkontrollierte Beatmung in der Pädiatrie/Neonatologie wichtig,
da dort mit z.T. äußerst geringen Atemzugvolumina im Bereich weniger bis einiger Centiliter
bei gleichzeitig hohen Drücken beatmet wird. Hier werden Beatmungsschläuche mit Durch-
messern von 8 mm anstelle von 22 mm für Erwachsene eingesetzt.

Die Länge des Beatmungsschlauches bzw. der parallel verlaufenden Druckmessschläuche
beeinflusst die Dynamik der Druckmessung für die Atemwege. Da sich der Atemwegsdruck
maximal mit Schallgeschwindigkeit ausbreiten kann, verzögert sich die Messung des Atemwegsdruckes bei geräteinternen Drucksensoren um einige Millisekunden.

Ausatemsysteme

Doppelschlauchsysteme mit getrennten, aktiv angesteuerten Inspirations- und Exspirationsventilen werden häufig in der Intensivmedizin eingesetzt (vgl. Bild 3.20). Dabei wird beispielsweise auf der Inspirationsseite das Atemgasgemisch und ein bestimmter Volumenstrom
eingestellt, während exspirationsseitig das Ventil die Beatmung steuert (Konstant-Flow-
System): Der vom Inspirationsventil vorgegebene konstante Flow wird durch das Exspirationsventil in einen Patientenflow und einen direkt nach außen abströmenden Flow unterteilt.
Nachteilig ist der hohe Gasverbrauch, da auch während der Exspiration der inspirationsseitig
eingestellte Flow geliefert wird, vorteilhaft ist jedoch das gute Regelverhalten und ein
schnelles Ansprechen des Systems bei der Synchronisierung mit dem Patienten. Vor allem in
der Pädiatrie kann mit diesem Atemsystem eine hochwertige Beatmung sichergestellt werden.

Mit dem intermittierenden Konstant-Flow-System (Flow-Zerhacker) kann der Nachteil des
hohen Gasverbrauches aufgehoben werden. Dabei werden die Inspirations- und Exspirati-
onsventile wechselseitig geöffnet.

Einschlauchsysteme werden mit einem patientenseitigen Ausatemsystem ausgestattet, um das Totraumvolumen zu minimieren (Kohlendioxid-Rückatmung!). Dabei ermöglicht ein passives Exspirationsventil mit verschiedenen Rückschlagventilen ein Flow-Zerhacker-System durch eine Umschaltung der Gasströme: inspiratorisch wird die Luft vom Beatmungsgerät zum Patienten geleitet, exspiratorisch wird die Luft vom Patienten direkt an die Umgebung abgegeben. Ein permanentes Auslasssystem hingegen bildet ein Konstant-Flow-System durch eine bewusst eingesetzte Leckage in der Nähe der Beatmungsmaske. Dieses Auslasssystem wird häufig in der Schlaftherapie und Heimbeatmung bei Verwendung von Gebläsen eingesetzt. Bei den passiven, patientennahen Exspirationsventilen besteht zusätzlicher konstruktiver Bedarf zur Umsetzung eines PEEP während der Exspiration. Dazu werden entweder federbelastete, manuell einstellbare PEEP-Ventile auf die Auslassöffnung des Exspirationsventils gesetzt oder die Auslassseite wird aktiv über eine Ventilmembran und eine Drucksteuerleitung gezielt geöffnet oder verschlossen. Die aktive Steuerung der Exspiration kann von dem Beatmungsgerät übernommen werden (PEEP-Regelung) und auch für eine CPAP-Beatmung (continuous positive airway pressure) eingesetzt werden; man spricht dann auch von Demand-Flow-Systemen.

Je nach Konstellation von Inspirations- und Exspirationsventilen sowie Auslasssysteme sind unterschiedliche Positionen der Sensoren für das respiratorische Monitoring nötig bzw. möglich.

Patienteninterface
Übliche Atemwegszugänge sind der Tubus und das Tracheostoma (Zugang über Schnitt in der Luftröhre) als invasive und die Nasen- oder Gesichtsmaske als nicht-invasive Zugänge für die Überdruckbeatmung. Neuerdings existieren auch sog. Beatmungshelme als Alternative zu Masken. Dabei kann bei bestimmten Patienten eine höhere Toleranz gegenüber Atemmasken festgestellt werden.

Jeder Beatmungszugang hat spezifische Nachteile für eine Automatisierung. Bei dem Tubus ist der hohe pneumatische Widerstand geräteseitig für die Drucküberwachung nachteilig, da bei hohen Flüssen auch hohe Drücke über dem Tubus abfallen. Bei normalem Monitoring am Y-Stück werden die Druckverluste über dem Tubus nicht erkannt. Abhilfe schaffen entweder Druckmessungen am inneren Ende des Tubus mit Hilfe spezieller Tuben oder rechnergestützte Algorithmen zur Tubuskompensation. Dabei wird der tubusbedingte Druckabfall bei bekanntem Tubus über den gemessenen Flow ermittelt und mit dem gemessenen Atemwegsdruck verrechnet.

Bei Atemmasken erweist sich die Abdichtung gegenüber dem Gesicht des Patienten als problematisch. Hier entstehen in der Praxis immer wieder veränderliche relevante Leckagen. Diese stören vor allem die Synchronisation zwischen Gerät und Patient und verhindern derzeit die korrekte Ermittlung von tatsächlich verabreichten Atemzugvolumina und damit auch die volumenkontrollierte oder volumenorientierte Beatmung.

3.2.4 Synchronisation zwischen Atmung und Beatmung

Wichtig für die Beatmung ist das Zusammenspiel, d.h. die Kopplung von biologischen Funktionen (Herz-Kreislauf-System, respiratorischer Apparat) und Beatmungsgerät. In Bild 3.24 sind die Regelkreise der natürlichen Spontanatmung und eines Beatmungsgerätes in Verbindung mit der Patientenlunge zu sehen. Dabei wird deutlich, dass beide Regelkreise auf die Ventilation der Lunge einwirken.

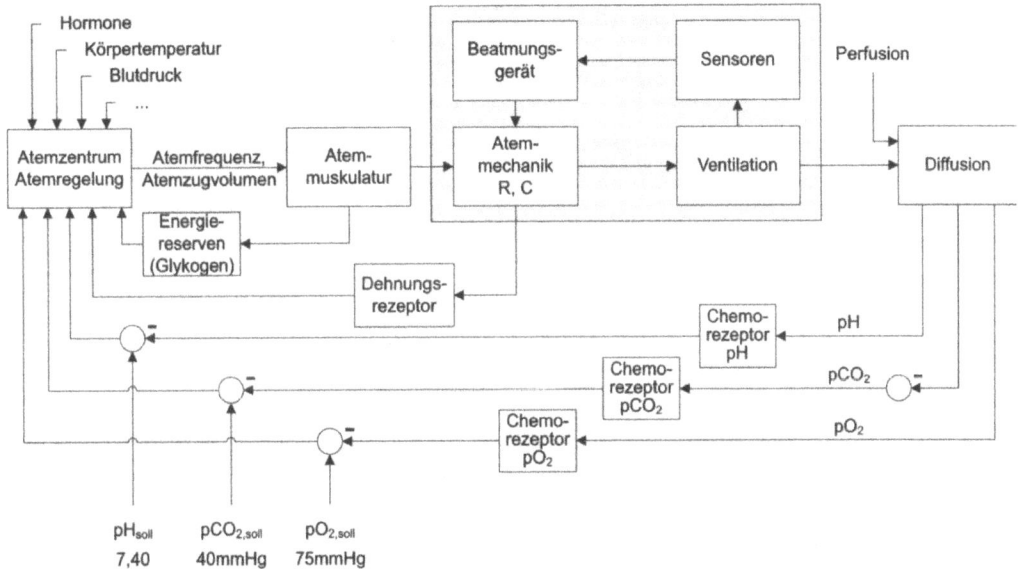

Bild 3.24: *Regelkreise der menschlichen Atmung und eines Beatmungsgerätes.*

Eine gute Unterstützung spontan atmender Patienten kann nur erfolgen, wenn es gelingt, die maschinelle Beatmung mit der natürlichen Atmung zeitlich in Einklang zu bringen. D.h. ein Teil der inspiratorischen Ventilationsarbeit soll in dem Moment durch das Beatmungsgerät übernommen werden, in welchem die spontane Inspiration einsetzt. Ebenso soll die Atemunterstützung beendet werden, wenn die Inspirationsbemühung des Patienten aussetzt, er also eine Exspiration erwartet bzw. einleitet. Ist eine solche Synchronisation zwischen Gerät und Patient nicht gegeben, so kann der Unterstützungsgrad durch das Beatmungsgerät beeinträchtigt werden. Im Extremfall arbeiten Patient und Gerät gegeneinander, d.h. dem Patienten wird die Atmung erschwert [9, 10].

Zur Synchronisierung zwischen Spontanatmung und Beatmung werden sog. Triggermechanismen mit Druck-, Flow- und/oder Volumentrigger eingesetzt, um Inspirations- und Exspirationsbeginn zu erkennen. Bei einem Trigger handelt es sich um den absoluten oder relativen Schwellwert eines Sensorsignals, welcher z.B. den Beginn der Inspiration auslöst. Eine Synchronisierung wird hauptsächlich bei assistierenden Beatmungsformen eingesetzt und kommt dabei nahezu ausschließlich mit der druckkontrollierte Beatmung zum Einsatz. Genau in dieser Anwendungsform hat der Drucktrigger einen prinzipiellen Nachteil bedingt durch die druckkontrollierte Beatmung. Die Druckregelung versucht, den Druck konstant zu halten (z.B. auf PEEP-Niveau), während der Patient eine Einatembemühung unternimmt. Bei optimaler Druckregelung könnte ein Drucktrigger, der auf eine gewisse Druckschwelle angewiesen ist, nicht ansprechen. Eine Verringerung der Druckschwelle verbietet sich in der Praxis aufgrund der hohen Störanfälligkeit, d.h. aufgrund von häufigen Fehltriggerungen. Daher werden immer häufiger Flowtrigger eingesetzt, um die Triggerverzögerungszeit und die Atemarbeit zur Triggerung trotz Druckregelung zu verringern. Volumentrigger werden hauptsächlich in der Pädiatrie eingesetzt. Sie haben in der nicht-invasiven Anwendung mit Masken keine Bedeutung, da Leckagen eine zuverlässige Volumenbestimmung verhindern.

Die Umsetzbarkeit eines Flowtriggers bei Demand-Flow-Systemen hängt von der Genauigkeit des Flowsensors im Bereich von 1 bis 3 l/min ab. Nur wenige Flowsensoren, die patientennah eingesetzt werden, bieten einen Messbereich, der so weit hinab reicht. Bei Konstant-Flow-Systemen kann ein exspiratorischer Flowsensor die Einatembemühung aufgrund einer Schwankung des exspiratorischen Flows erkennen. Durch den permanenten Flow ergibt sich ein Messbereich für den Flowtrigger, der über die üblichen Flowsensoren erfasst werden kann.

Generell besteht bei Druck- und Flowtriggern das Problem zu niedriger Triggerschwellen aufgrund von Schwingungen im pneumatischen System und anderer Störungen. Eine Möglichkeit zur Verringerung von Fehltriggerungen, die leicht zu einem Aufschwingen des pneumatischen Systems führen können, besteht in der Festlegung von sogenannten Triggerfenstern. Dabei handelt es sich um Zeitintervalle, innerhalb derer eine Triggerung als wahrscheinlich angenommen wird. In diesen Intervallen kann die Inspiration durch den Patienten den Trigger auslösen. Eine Festlegung der Länge und Frequenz der Triggerfenster kann beispielsweise mit Hilfe der Atemfrequenz, des Verhältnisses von Inspirations- zu Exspirationszeit und weiteren Parametern während der Beatmung berechnet werden oder im Vorhinein durch den Hersteller des Beatmungsgerätes festgelegt werden.

3.2.5   Einschränkungen heutiger Beatmungsverfahren

Die entscheidende Einschränkung der heute etablierten Überdruckbeatmung besteht in der Auftrennung der natürlichen Regelkreise. Wichtig für das Schließen der Regelkreise wäre ein Abgriff neuronaler Signale aus dem Atemzentrum oder eine Rückführung von pH-Wert und arteriellen Partialdrücken Pa_{O_2} und Pa_{CO_2} aus einer Blutgasanalyse. Die Invasivität und/oder Diskontinuität der dazu nötigen Messungen (Blutgasanalyse, Myosignale) verbietet jedoch derzeit den routinemäßigen Einsatz dieser Messverfahren für eine Automatisierung. Als Ersatz dienen daher derzeit die Synchronisierung mit der Spontanatmung mittels Triggerverfahren und die Einstellung der Beatmung durch den Arzt. In mehr oder weniger großen Abständen werden die Auswirkungen der Geräteeinstellungen auf die Atmung (Ventilation und Diffusion) des Patienten beobachtet, um gegebenenfalls eine Anpassung der Parameter vornehmen zu können. Ein Regelkreis wird somit nicht automatisierungstechnisch, sondern nur indirekt über den Arzt geschlossen. Die Zeiträume zwischen zwei Kontrollen können im Bereich von Sekunden bis Minuten bei akut gefährdeten Patienten bis hin zu etlichen Monaten bei Patienten mit obstruktiven Schlafstörungen liegen. In der Intensivmedizin und in der Anästhesie greifen die Ärzte unter anderem auf regelmäßige Blutgasanalyse über einen Dauerkatheter zurück und bewerten Abweichungen der Blutgaswerte von der Normoventilation (pH $\approx$ 7.4, $Pa_{CO_2} \approx$ 30..40 mmHg).

Ein weiteres Manko ist die Einschränkung der Beatmung auf den Ventilationsersatz oder die Ventilationsunterstützung. Weder die Perfusion oder die Sauerstoffaustauschprozesse in den Körperzellen können über die Beatmung positiv beeinflusst werden. Auch der Einfluss auf die Diffusion ist begrenzt. Zwar können durch erhöhte Ventilation und damit einhergehenden Verbesserungen der alveolären Konzentrationen von O_2 und CO_2 die Diffusionsvorgänge beschleunigt werden, starke Beeinträchtigungen der Diffusion durch Unfall oder Krankheit können so jedoch nicht ausgeglichen werden. Lediglich die Diffusion von Sauerstoff kann durch eine Erhöhung der inspiratorischen Sauerstoffkonzentration stark beeinflusst, jedoch nicht kontrolliert werden. Bei einem vollständigen Ausfall der Diffusionsvorgänge über die Lunge kann nur noch eine extrakorporale Membranoxygenierung (ECMO) die Sauerstoffversorgung des Körpers sicherstellen.

Grundsätzlich bestehen physiologische Nachteile während der Überdruckbeatmung. Durch die Umkehr der normalen transthorakalen Drücke ergeben sich auch Auswirkungen auf die Druckverhältnisse im Herz-Kreislaufsystem. Der venöse Rückstrom zum Herzen wird durch die Überdruckbeatmung behindert, anstatt wie bei der natürlichen Atmung gefördert. Beatmungsimmanent ist auch die Gefahr eines Barotraumas, also die Verletzung der Lunge durch Überdruck.

Die invasive Anwendung der Beatmung mittels Tubus birgt das prinzipbedingte Problem der nosokomialen Pneumonie, also der tubusbedingten Lungenentzündung. Zusätzlich besteht die Gefahr einer mechanischen Verletzung durch die Anwendung eines Tubus. Auch die natürliche Filterung, Anwärmung und Anfeuchtung der Atemluft durch den Mund-Nasenraum entfallen bei der invasiven Beatmung. Dies muss durch aufwändige Zusatzeinrichtungen ausgeglichen werden. Ebenso ist das Entfernen von Schleim verhindert, daher muss bei der invasiven Beatmung regelmäßig eine Bronchialtoilette vom betreuenden Personal durchgeführt werden.

Ein umfangreiches Monitoring bzw. das Bestimmen bestimmter physiologischer Parameter wie z.B. der funktionellen Residualkapazität oder die statische Kennlinie Volumen über Druck (Compliance) sind nur mit Hilfe spezieller Manöver möglich. Diese stören den normalen Ablauf der Beatmung oder benötigen z.T. sogar die aktive Mithilfe des Patienten. Weitergehende Bestimmungen von Patientenparametern, Leckagen oder der Spontanatmung während der normalen Beatmung sind derzeit nicht in Geräten verfügbar, aber Gegenstand der Forschung.

3.2.6 Zukünftige Entwicklungen

In Zukunft wird mit einem verstärkten Einsatz der nicht-invasiven Beatmung zu rechnen sein, da ihre Bedeutung gerade vor dem Hintergrund der Entwöhnung und der nosokomialen Pneumonien immer stärker hervorgehoben wird [7, 8]. Damit einhergehen erweiterte Analy-

severfahren zur Erkennung und Quantifizierung von Leckagen und der Spontanatmungsbe-
mühung des Patienten während der nicht-invasiven Beatmung.

Völlig neue Möglichkeiten eröffnen die Elektromyographie und Elektrotomographie. Erstere
ermöglicht durch Abgreifen von Nervensignalen, beispielsweise im Atemzentrum (über
extrakorporale Elektrodenfelder) oder im Diaphragma, die ursprünglichen natürlichen Regelkreise angenähert zu schließen. Die Elektrotomographie ermöglicht das Monitoring der
Volumenbewegungen im Thorax. So kann einerseits ein weiterer Triggermechanismus für
die Spontanatmung und andererseits ein verbessertes respiratorisches Monitoring evtl. auf
beide Lungen aufgeteilt zur Verfügung gestellt werden.

Die Kopplung auch transportabler Geräte an Patientendaten-, Krankenhausinformations- und
Abrechnungssysteme wird ausgeweitet werden. Damit geht auch eine vermehrte Kommunikation über zusätzliche Datenkanäle wie GSM, WLAN, Bluetooth, LAN und andere Technologien einher.

Verbesserte, aber auch aufwändigere Benutzerschnittstellen mit Touchscreen, Sprachein-
und –ausgabe werden etabliert werden und über die Intensivgeräte hinaus auch in einfacheren Geräten Einzug halten. Dennoch werden die Bemühungen aufrecht erhalten werden, die
Bedienung der Geräte so einfach wie möglich zu halten, um das Bedienpersonal zu entlasten.
Ein Beispiel aus der Notfallbeatmung ist in Bild 3.25 zu sehen. Neben einer Einknopfbedienung für Atemfrequenz und Atemminutenvolumen sowie Umstellung auf Demandflow ist
eine Sprachausgabe für Alarm- und Warnhinweise implementiert.

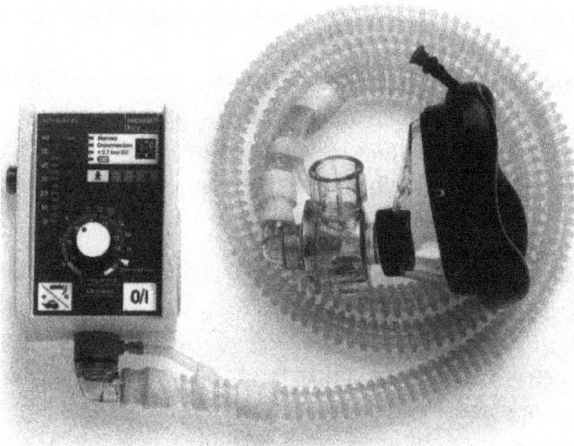

*Bild 3.25: Modernes Not-
fallbeatmungsgerät mit einfachster Einknopfbedienung
und Sprachausgabe (Quelle:
Weinmann).*

3.2.7 Leckagekompensation für die nicht-invasive volumenkonstante Beatmung als regelungstechnisches Beispiel

In diesem Abschnitt gibt ein aktuelles Beispiel einen Einblick in die Automatisierung der Beatmung. Dabei geht es konkret um die nicht-invasive Anwendung der volumenkontrollierten bzw. volumenkonstanten Beatmung. Ein Beispiel für die (invasive) volumenkontrollierte Beatmung liefert das Atemmuster aus Bild 3.16. Da beim nicht-invasiven Einsatz der Beatmung zumeist Atemmasken verwendet werden, sind Leckagen zwischen Atemmaske und Gesicht des Patienten normalerweise nicht zu vermeiden. Solche Leckagen führen zu einer zeitvarianten Störung des Gasstroms vom Beatmungsgerät zum Patienten, die sich in der Regel mit Wechsel der Lage des Patienten o.ä. ändert. Damit kann keine volumenkonstante Beatmung gewährleistet werden. Im Folgenden wird ein Verfahren vorgestellt, welches trotz Leckagen eine volumenkontrollierte Beatmung ermöglicht [11].

Ziel ist ein gesichertes Atemzugvolumen zum Patienten trotz nichtmessbarer Störung aufgrund von Leckagen und trotz nichtmessbaren Flows in den Atemwegen des Patienten. Weiterhin ist eine Regelung des Flows bei Verwendung eines Gebläses (Druckquelle) anspruchsvoll (vgl. Abschnitt 3.2.3).

Im weiteren Verlauf dieses Abschnitts wird zunächst ein Einblick in die (vereinfachte) Beschreibung des betrachteten Systems gegeben. Daraufhin wird die Identifikation der zunächst unbekannten Leckage während der Beatmung beschrieben, um die Grundlage für eine Leckagekompensation zu erhalten. Im letzten Teil wird die Regelung des Flows während der Inspiration dargestellt, um die volumenkonstante Beatmung grundsätzlich zu realisieren. Abschließend wird die Kompensation der Leckage dargestellt.

Dabei wird im letzten Teil besonders deutlich, dass Regelungen in unterschiedlichen Ausprägungen zum Einsatz kommen. Neben der direkten Regelung des inspiratorischen Geräteflows, der zeitnah und mit hoher Abtastrate nachgeführt wird, wird die Leckagekompensation in jedem Atemzyklus durch die Identifikation aktualisiert. Sie bildet damit quasi einen langsamen Regelkreis mit einer Abtastfrequenz, die der Atemfrequenz entspricht.

Systembeschreibung
Grundlage des betrachteten Systems bildet ein Heimbeatmungsgerät, welches ähnlich wie ein Schlaftherapiegerät (vgl. Bild 3.22) aufgebaut ist, aber mit einem Stellventil und einem Exspirationsventil aufwändiger ausgestattet ist. Bild 3.26 zeigt den schematischen Aufbau des Gerätes mit Gebläse, Stellventil, Druck- und Flowsensor. Weiterhin sind ein Beatmungsschlauch, das Exspirationsventil, eine Beatmungsmaske und ein Patient dargestellt.

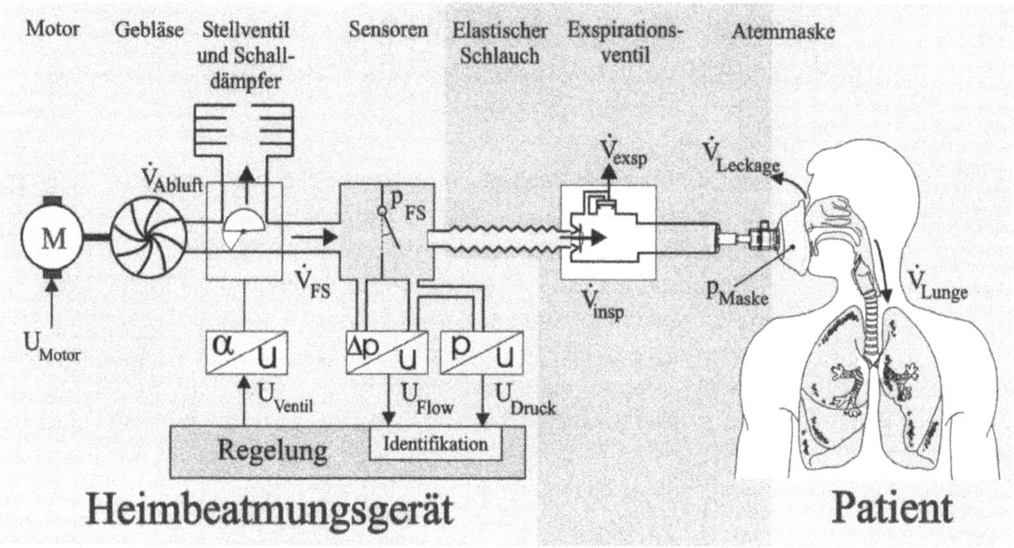

Bild 3.26:   *Prinzipskizze eines Heimbeatmungsgerätes und einer Patientenlunge.*

Eine genaue Kenntnis über das betrachtete System ist essentiell für die weiteren Schritte zur Quantifizierung der evtl. vorhandenen Maskenleckage und zum Entwurf einer Regelung. Ein elektrisches Ersatzschaltbild der Atemwege (Bild 3.27) mit den Potentialgrößen Druck und den Flussgrößen Flow zeigt eine Vereinfachung des Systems aus Bild 3.26 aus Sicht der Sensoren für Druck (p_{FS}) und Flow ($\dot{V}_{FS}$). Dabei wurde bereits berücksichtigt, dass es sich um ein Gerät für die volumenkontrollierte Beatmung handeln soll: $\dot{V}_{FS}$ ist als Flowquelle dargestellt und spiegelt die Flowregelung während der Inspiration wider, die weiter unten umgesetzt wird. Somit umfasst die Flowquelle das Teilsystem aus Gebläse, Stellventil und (nicht dargestellter) Regelung.

Das Exspirationsventil ist im Ersatzschaltbild nicht weiter dargestellt, da für die weiteren Ausführungen lediglich die Inspirationsphase von Belang ist. Während der Exspiration atmet der Patient über das Exspirationsventil direkt zur Umgebung ab, daher können die geräteinternen Sensoren konstruktionsbedingt nur über die Inspirationsverläufe Auskunft geben.

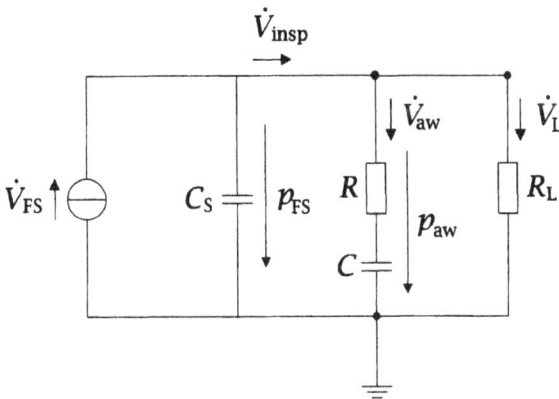

Bild 3.27: *Elektrisches Ersatzschaltbild von Lunge (R, C), Leckage (R$_L$) und Beatmungsschlauch (C$_S$). Es sind der Inspirationsflow $\dot{V}_{insp}$, der Flow in die Lunge $\dot{V}_{aw}$ und der Leckageflow $\dot{V}_L$ sowie der Atemwegsdruck p_{aw} angegeben.*

In diesem Beispiel seien die Laufzeiten der Druckwelle über den Beatmungsschlauch sowie ein sich eventuell einstellender PEEP beim Patienten vernachlässigt. Es ergibt sich nach Bild 3.27 für die beiden Sensoren der folgende Zusammenhang im Bildbereich der Laplace-Transformation:

$$\frac{p_{FS}(s)}{\dot{V}_{FS}(s)} = \frac{R_L \cdot (1 + sRC)}{1 + s(RC + R_L C + R_L C_S) + s^2 RCR_L C_S} \tag{3.14}$$

Bei Bedarf lässt sich diese einfache Systembeschreibung nach Gl. (3.14) um weitere Komponenten verfeinern oder um nichtlineare Zusammenhänge erweitern. Im weiteren Verlauf werden lediglich lineare Zusammenhänge für die Lungenparameter und die Leckage berücksichtigt.

Identifikation

Zur Bestimmung der Leckage bieten sich verschiedene Möglichkeiten an: so ist es beispielsweise möglich, mit Hilfe eines sog. Beobachters nicht messbare Größen während des Gerätebetriebes zu schätzen. Damit erhält man näherungsweise den zeitlichen Verlauf der gesuchten Größe. Gegenüber dieser nichtparametrischen Identifikation liefert die parametrische Identifikation keine Zeitverläufe, sondern die Schätzwerte der Systemkoeffizienten für ein vorgegebenes Modell. Aus diesen Koeffizienten lassen sich wiederum physikalisch begründete Systemparameter ermitteln. Letztlich ergeben die Systemparameter eine Systembeschreibung, welche unabhängig vom (Betriebs-)zustand des identifizierten Systems ist. Vorteilhaft an der Ermittlung der Systemparameter gegenüber einem Zeitverlauf ist die Vielfalt der weiteren Analysemöglichkeiten.

Gl. (3.14) bildet die Grundlage zur Schätzung der Lungenparameter und der Leckage. Es wird die Methode der kleinsten Fehlerquadrate verwendet unter der Annahme eines ARX-Störgrößenmodells (autoregressive with exogenous input, Bild 3.28). Diese Wahl hat mehrere Gründe: einerseits stehen leistungsfähige Algorithmen zur rekursiven Implementierung einer Identifikation für einen Betrieb während der Beatmung mit relativ günstiger Rechnertechnik zur Verfügung, andererseits bietet ein Ausgleichsverfahren nach den kleinsten Fehlerquadraten günstigere Bedingungen zur Identifikation im geschlossenen Regelkreis als dies beispielsweise bei Korrelationsverfahren o.ä. der Fall ist.

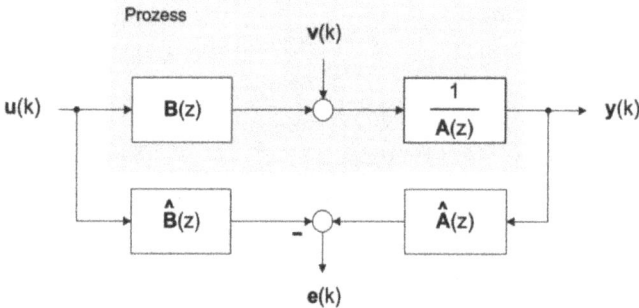

Bild 3.28:   *ARX-System mit Eingangsgrößenfolge u(k), Störgrößenfolge v(k) und Ausgangsgrößenfolge y(k) sowie den zeitdiskreten Übertragungsfunktionen B(z) und 1/A(z). Weiterhin dargestellt ist die Folge des verallgemeinerten Fehlers e(k), welche über die geschätzten Übertragungsfunktionen $\hat{A}(z)$ und $\hat{B}(z)$ berechnet wird.*

Wie in Bild 3.28 zu erkennen ist, beruht das ARX-Modell auf der Annahme, dass das betrachtete System durch weißes Rauschen zwischen Zähler- und Nennerterm beaufschlagt wird. Turbulenzen und andere pneumatische Störung innerhalb des Beatmungsgerätes und der Gaswege werden damit gut erfasst. Eventuell auftretendes Rauschen der Sensoren und/oder der verarbeitenden Elektronik werden damit jedoch nicht korrekt beschrieben, da solche Störungen am Systemausgang eingreifen. Werden die Rauschquellen am Ausgang des Systems zur Rauschquelle des ARX-Modells verschoben, so handelt es sich nicht mehr um weißes, sondern vielmehr um farbiges Rauschen. Trotz dieser Einschränkung zeigt die Praxis, dass das ARX-Modell für die Praxis anwendbar ist.

Zunächst muss die Darstellung nach Gl. (3.14) in eine zeitdiskrete Form überführt werden, um eine rechnergestützte Identifikation durchführen zu können. Dazu wird Gl. (3.14) mit einem Halteglied nullter Ordnung ($s \rightarrow (1 - z^{-1})/T$) und der Abtastzeit T ins Zeitdiskrete transformiert. Man erhält die folgende Darstellung für den Zusammenhang zwischen den diskreten Wertefolgen $p_{FS,k}$ und $\dot{V}_{FS,k}$:

$$\frac{p_{FS,k}}{\dot{V}_{FS,k}} = \frac{b_0 + b_1 z^{-1}}{1 + a_1 z^{-1} + a_2 z^{-1}} \quad \text{mit}$$

$$b_0 = \frac{R_L T(T + RC)}{\kappa}, \quad b_1 = \frac{-RCR_L T}{\kappa},$$

$$a_1 = \frac{-T(RC + R_L C + R_L C_S) - 2RCR_L C_S}{\kappa},$$

$$a_2 = \frac{RCR_L C_S}{\kappa}, \quad \kappa = T^2 + T(RC + R_L C + R_L C_S) + RCR_L C_S$$

(3.15)

Für die vorgestellte Anwendung müssen die vier Parameter b_0, b_1, a_1 und a_2 geschätzt und anschließend in die physikalischen Parameter R, C, R_L und C_S umgerechnet werden. Dabei spielt die Wahl der Abtastzeit T eine große Rolle: die Abtastzeit darf nicht zu groß gewählt werden, um eine ausreichende Menge an Daten für das Ausgleichsverfahren zur Verfügung zu stellen. Da die gemessenen Signale mit Rauschen behaftet sind, benötigt man in der Regel weit mehr als nur vier Signalpaare, welche bei einem ungestörten Signal theoretisch ausreichen würden, um die gesuchten vier Parameter zu bestimmen. Des Weiteren darf die Abtastzeit T auch nicht zu klein sein, da sich aufgrund der geringen Änderungen aufeinander folgender Wertepaare der Sensoren schlecht konditionierte Matrizen für das Ausgleichsverfahren ergeben. Letztlich ist die Identifikationsgüte über die Identifikationsdauer auch mit der Zeitkonstante des betrachteten Systems gekoppelt. In dieser Anwendung wird die Identifikationsdauer durch die Inspirationszeit bestimmt, so dass geringe Inspirationszeiten und/oder höhere Systemzeitkonstanten zu schlechteren Schätzwerten führen. Somit spielt der Einsatzbereich des Gerätes eine große Rolle, da die Lungenzeitkonstanten beim Menschen einen Bereich von mindestens 0,1–1,5 s abdecken.

Beispielhaft sei hier der rekursive Algorithmus zur Berechnung der kleinsten Fehlerquadrate aufgeführt:

$$\hat{\theta}(k) = \hat{\theta}(k-1) + \gamma(k) \left[y(k) - x^T(k)\hat{\theta}(k-1) \right]$$

neuer	alter	Kor -	neuer	vorher -	
Schätz -	= Schätz -	+ rektur -	Mess -	- gesagter	
wert	wert	wert	wert	Messwert	

(3.16)

Für weitergehende Erläuterungen der Berechnung sei auf die einschlägige Literatur zur Identifikation verwiesen, beispielsweise [12].

Regelung

In Anlehnung an die Prinzipskizze des Gerätes mit Identifikation und Regelung aus Bild 3.26 ergibt sich für den Regelkreis ein Blockschaltbild entsprechend Bild 3.29. Aufgeführt sind die Prozessgrößen Ventilstellwinkel $\beta(k)$, Flow $\dot{V}(k)$ und Druck $p(k)$ an den Sensoren, die Größen des Regelkreises Regelgröße $x(k)$, Sollgröße $w(k)$, Abweichung $e(k)$, Stellgröße $y(k)$ und Stellgrößenaufschaltung $r(k)$. Weiterhin sind die Störgrößen $z_V(k)$ und $z_P(k)$ für Flow- und Drucksensor sowie die gefilterten Wertefolgen für die Identifikation $\dot{V}_f(k)$ und $p_f(k)$ angegeben. Der Regelkreis ist mit dicken Linien hervorgehoben.

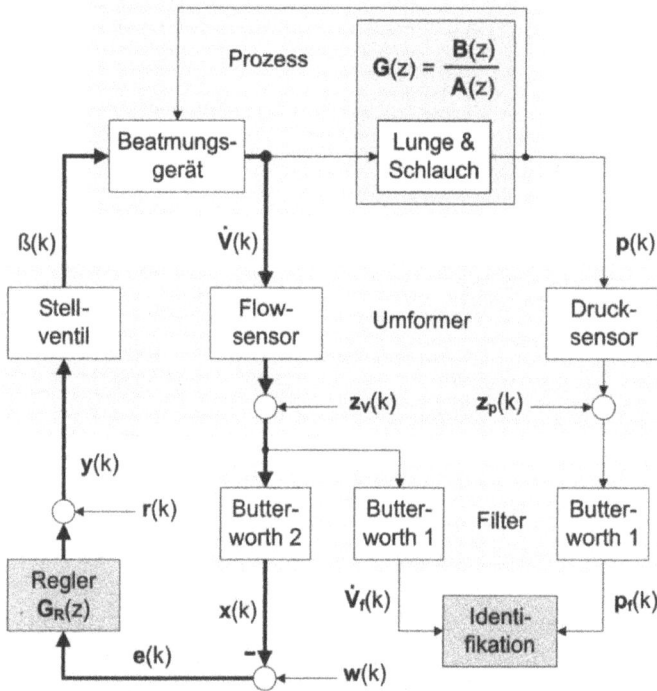

Bild 3.29: *Blockschaltbild des geregelten Beatmungsgerätes mit Prozess, Umformern, Filtern, Regler und Identifikation.*

In Erweiterung zu den bisherigen Ausführungen sind in Bild 3.29 Butterworth-Tiefpassfilter aufgeführt. Sie dienen der Beruhigung von starken Rauscheffekten aufgrund günstiger Sensoren und teilweise turbulent ausgeprägter Strömungen. Insbesondere für den Regelkreis ist ein solches Tiefpassfilter nötig, damit der Regler nicht auf jede Störeinwirkung mit einem großen Stelleingriff reagiert. Die Filterung der Sensordaten für die Identifikation führt zu einer Beruhigung der Identifikation über der Identifikationsdauer. Auch hier führt jede große Störabweichung in der rekursiven Berechnung zunächst zu einer Änderung der identifizierten Parameter. Dies kann entweder durch weitere Identifikationsiterationen ausgeglichen werden oder durch die eingebaute Filterung gemindert werden. Vor allem bei kurzen Inspirationszeiten und damit einer geringen Anzahl an Wertepaaren für die Identifikation sind die Störeinflüsse deutlich. Da für beide Sensoren das gleiche Filter verwendet wird, hebt sich sein Übertragungsverhalten bzgl. des zu identifizierenden Modells (Gl. (3.14) auf. Anschaulich werden in Gl. (3.14) lediglich Zähler und Nenner durch dasselbe Übertragungsglied erweitert. Diese Übertragungsglieder heben sich in ihrer Wirkung bei der Identifikation gegenseitig auf.

Für den Entwurf einer Regelung ist eine weitere Analyse des Gesamtsystems aus Beatmungsgerät und verschiedenen repräsentativen Patienten sinnvoll. Nach einer nichtlinearen, komplexen Modellbildung des Gerätes und einer Verifikation des Modells durch ein reales Gerät steht eine Basis für eine Modellvereinfachung zur Verfügung. Insbesondere die Nichtlinearitäten des Stellventils und in Form von quadratischen Blendenkennlinien erfordern eine Linearisierung des Modells zur Reglersynthese.

So wird hier der Übergang von einem nichtlinearen zeitvarianten System zu einem linearen zeitvarianten System vorgenommen. Dabei bestehen Abhängigkeiten in erster Linie von den Lungenparametern Resistance R und Compliance C sowie von der Stellspannung U_{Ventil}, die hier in der auf den Wertebereich [0...1] normierten Form $U_{\text{Ventil,norm}}$ genutzt wird. Diese Normierung gestattet eine Identifikation des Systems unabhängig von der z.T. starken Streuung des Zusammenhangs zwischen Stellspannung U_{Ventil} und Stellwinkel β in Ventilen aus der Serienfertigung.

Es bieten sich verschiedene Ansätze zur Reduktion der Ordnung des Modells und zur Erfassung von Nichtlinearitäten als Parameterabhängigkeiten an. Ein erster Ansatz sieht eine Aufspaltung des Problems (Separation) in bekanntes, lineares Verhalten und unbekanntes, noch zu identifizierendes parameterabhängiges Verhalten vor. Eine Alternative ist die Identifikation als Black-Box-Modell ohne Einbringung von a-priori Wissen in das Modell.

Beim Separationsansatz werden in diesem Beispiel die Dynamik des Stellgliedes (Stellventil) mit einer Zeitkonstanten von 100 ms und die Lunge als bekannte lineare zeitinvariante Systeme und der zu identifizierende Teil als lineares zeitvariantes System aufgefasst. Die Motivation für diesen Ansatz der Separation liegt in der möglichen Verringerung des Umfangs der zu identifizierenden Modellanteile durch den Einsatz bekannter physikalischer Zusammenhänge.

Als besonders genau hat sich ein Modell mit den Eingängen β und $\dot{V}_{\text{aw}}$ herausgestellt. Die Struktur dieses Modells ist in Bild 3.30 dargestellt. Die zu $G_{\beta V}$ gehörende Differenzengleichung hat dabei die Form

$$p_{\text{aw,k}} = -a_{1,k} p_{\text{aw,k-1}} + b_{1,k}\beta_k + b_{2,k}\dot{V}_{\text{aw,k}}, \qquad (3.17)$$

wobei die identifizierten Parameter $a_{1,k}$, $b_{1,k}$ und $b_{2,k}$ Funktionen in Abhängigkeit von R, C und $U_{\text{Ventil, norm}}$ sind.

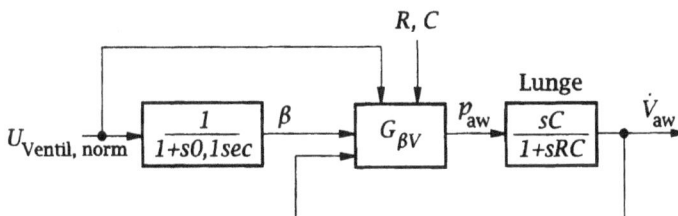

Bild 3.30: *Vereinfachtes Modell: Separation in bekannte und unbekannte Strukturen.*

Dieses vereinfachte Modell erlaubt nun eine Reglersynthese, z.B. einen PI-Regler als ersten Ansatz, indem verschiedene Parameterkombinationen von R, C und $U_{\text{Ventil,norm}}$ für den Reglerentwurf betrachtet werden. Dies entspricht einem sogenannten Multi-Modell-Ansatz, wobei hier verschiedene Lungenparameter und Stellgrößen berücksichtigt werden. Letztere führen zur bereits erwähnten Zeitvarianz des vereinfachten Modells, da im Laufe eines geregelten Betriebes trotz gleichbleibender Patientenparameter verschiedene Stellgrößen erforderlich sind. Dabei stellt sich schnell heraus, dass mit einem fest eingestellten PI-Regler für die Vielzahl der möglichen Lungenparameter kein gemeinsamer Kompromiss gefunden werden kann, der bei Verwendung eines Gebläses eine hohe Flowregelgüte gewährleistet. Daher sind weiterführende Regelverfahren zur Lösung der Aufgabe erforderlich.

Die oben beschriebene Identifikation liefert nicht nur den ursprünglich gesuchten Leckagewiderstand R_L, sondern auch die Lungenparameter. Damit ist unter gewissen Sicherheitsvorkehrungen, die fehlerhaft identifizierte Parameter ausmerzen, die Verwendung der Lungenparameter R und C für eine Anpassung der Reglerparameter möglich. Noch einfacher gestaltet sich die Nutzung der Stellgröße $U_{\text{Ventil,norm}}$ für diese gesteuert-adaptive Regelung, die auch Gain Scheduling genannt wird. Da die Stellgröße durch die Regelung selbst berechnet wird, ist sie immer bekannt.

Insgesamt ergibt sich für die gestellte Aufgabe ein dreidimensionaler Parameterraum aus den beiden Lungenparametern und der Stellgröße. Innerhalb der praktisch auftretenden Parametergrenzen müssen nun geeignete Punkte zur Reglerauslegung ausgewählt werden. Zumindest die Extremwerte des Parameterraums sollten abgedeckt sein. Im Regelbetrieb können Arbeitspunkte zwischen den Punkten, die zum Reglerentwurf herangezogen worden sind, interpoliert werden. Um das Verfahren robust gegenüber Identifikations- und Interpolationsfehlern zu machen, ist eine robuste Auslegung der Reglerparameter sinnvoll. Dies kann beispielsweise mit Hilfe des Parameterraum-Verfahrens nach Ackermann [13] erfolgen.

Wie aus Bild 3.27 deutlich wird, unterscheidet sich der gemessene Flow $\dot{V}_{\text{FS}}$ vom inspiratorischen Flow $\dot{V}_{\text{insp}}$ aufgrund der Schlauchdehnbarkeit. Um den Flow abgesehen von einer eventuell auftretenden Leckage besser regeln zu können, ist eine Kompensation des Schlauches notwendig. Unter Vernachlässigung der Laufzeit des Luftdrucks durch den Beatmungsschlauch gilt $p_{\text{FS}} = p_{\text{aw}}$ (Bild 3.27). Damit erhält man als Beziehung zwischen dem gemessenen Flow $\dot{V}_{\text{FS}}$ und dem inspiratorischen Flow $\dot{V}_{\text{insp}}$:

$$\dot{V}_{\text{insp}}(s) = \dot{V}_{\text{FS}} - s \cdot p_{\text{FS}}. \tag{3.18}$$

Da die Multiplikation von p_{FS} mit dem Laplace-Operator s einer Differentiation von p_{FS} nach der Zeit entspricht, werden bei Anwendung von Gl. (3.18) zur Messsignalaufbereitung Störungen im Messsignal p_{FS} umso mehr verstärkt, je höher die Störfrequenz ist. In der Praxis ist daher ein geeignetes Filter einzusetzen, um die höherfrequenten Signalanteile abzuschwächen. Ein Beispiel für den kompensatorischen Effekt ist in Bild 3.31 zu sehen.

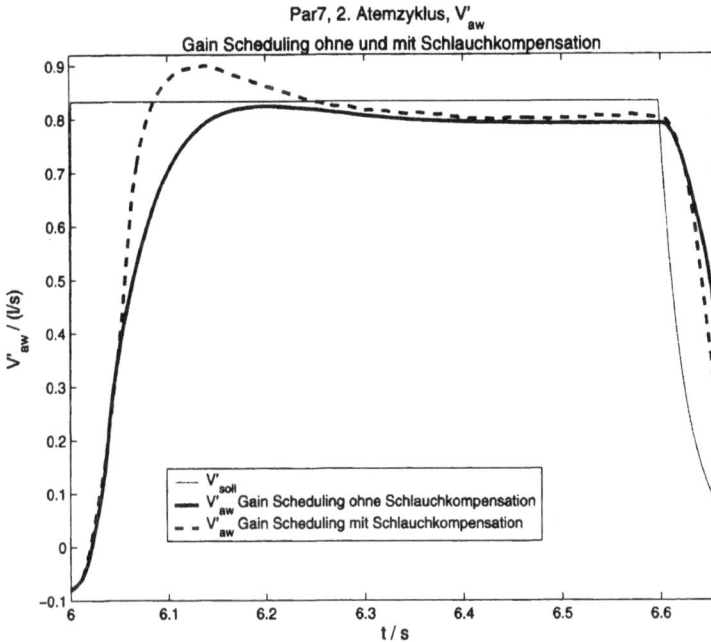

Bild 3.31: *Vergleich der gesteuert-adaptiven Regelung ohne und mit Schlauchkompensation.*

Leckagekompensation

Um die Verluste an Atemzugvolumen durch Leckagen auszugleichen, wird eine Leckage-kompensation vorgeschlagen. Diese basiert auf der mit den im vorigen Abschnitt beschriebenen Methoden identifizierten Leckage R_L. Da während der Inspiration der Flow in die Lunge auf konstantem Niveau geregelt werden soll, ist der Leckageflow $\dot{V}_L$ Ursache für die jeweils aktuelle Abweichung zwischen inspiratorischem Flow $\dot{V}_{insp}$ und Atemwegsflow $\dot{V}_{aw}$ in die Lunge.

Wie in Bild 3.27 zu erkennen ist, hängt der Leckageflow $\dot{V}_L$ von dem Leckagewiderstand und dem Atemwegsdruck p_{aw} ab. Der Leckageflow kann mit dem gemessenen Druck p_{FS} und dem identifizierten Leckagewiderstand R_L berechnet werden:

$$\dot{V}_L = p_{aw} \cdot R_L \, . \tag{3.19}$$

Eine Berechnung des aktuellen Leckageflows nach Gl. (3.19) in jedem Abtastschritt ermöglicht eine dynamische Generierung einer geänderten Führungsgröße für die Leckagekompensation. Dabei bewährt es sich in der Praxis, das verrauschte Messsignal p_{FS} mit einem Tiefpassfilter zu filtern, um einen ruhigeren Sollgrößenverlauf zu erhalten. Es entsteht eine Störgrößenaufschaltung nach Bild 3.32.

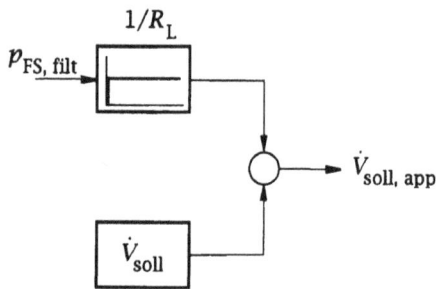

Bild 3.32: *Berechnung der applizierten Führungsgröße* $\dot{V}_{soll,app}$.

Da nach jedem Atemzyklus neue Identifikationsergebnisse vorliegen, kann R_L zur jeweils nächsten Inspiration angepasst werden.

3.2.8   Zum Weiterlesen

1 G. Haufe: Medizintechnik in der Intensivmedizin. Expert-Verlag, Renningen-Malmsheim (1998) – ISBN 3-8169-1519-1.

2 J. H. Ficker: Oszilloresistometrie beim Schlafapnoe-Syndrom. Thieme, Stuttgart (2000) – ISBN 3-13-105621-5.

3 C. Haberthür, J. Guttmann, P. Osswald, M. Schweitzer: Beatmungskurven – Kursbuch und Atlas. Springer, Berlin (2001) – ISBN 3-540-67830-1.

4 W. Oczenski, A. Werba, H. Andel: Atmen – Atemhilfen. 5. Auflage. Blackwell Wissenschafts-Verlag, Berlin (2001) – ISBN 3-89412-503-9.

5 J. Rathgeber, K. Züchner (Hrsg.): Grundlagen der maschinellen Beatmung. Aktiv Druck & Verlag GmbH, Ebelsbach (1999) – ISBN 3-932653-02-5.

6 DIN EN 794-1: Lungenbeatmungsgeräte – Teil 1: Besondere Anforderungen an Beatmungsgeräte für die Intensivpflege, Februar 2001.

7 J. Peter, J. Moran, J. Phillips-Hughes, D. Warn: Noninvasive ventilation in acute respiratory failure – A meta-analysis update, Critical Care Medicine **30** (2002), 555–562.

8 S. Mehta, N. Hill: Noninvasive Ventilation, American Journal of Respiratory and Critical Care Medicine **163** (2001), 540–577.

9 J. Hotchkiss, A. Adams, M. Stone, D. Dries, J. Marini, P. Crooke: Oscillations and Noise: Inherent Instability of Pressure Support Ventilation, American Journal of Respiratory and Critical Care Medicine **165** (2002), 47–53.

10 H. Mang: Atemarbeit und Atemregulation während assistierender Beatmung, Intensivmedizin **36** (1999), 96–98.

11 F. Dietz, A. Schloßer, D. Abel: Nicht-invasive volumenkontrollierte Beatmung mit Rekonstruktion der Spontanatmung, at – Automatisierungstechnik **52** (2004), 255-263.

12 R. Isermann: Identifikation dynamischer Systeme. Springer Verlag, Berlin (1992) – ISBN 3-540-54924-2.

13 J. Ackermann, A. Bartlett, D. Kaesbauer, W. Sienel, R. Steinhauser: Robuste Regelung. Analyse und Entwurf von linearen Regelungssystemen mit unsicheren physikalischen Parametern. Springer Verlag, Berlin (1993).

3.3 Grundlagen der Narkosetechnik Automatisierungstechnische Probleme und Lösungen

Olaf Simanski

3.3.1 Einleitung

Mit der ersten durch Morton 1846 erfolgreich durchgeführten Äthernarkose kann von einer neuen Ära in der Chirurgie gesprochen werden. Die Anästhesie, aus der Chirurgie hervorgegangen, entwickelte sich zu einem eigenständigen medizinischen Fachgebiet. In den letzten 50 Jahren wandelte sich die Form der Durchführung der Narkose aufgrund einer Vielzahl von technischen und medikamentösen Entwicklungen bedeutend. Die Äthernarkose, als Mononarkose, wurde von der modernen Kombinationsnarkose abgelöst. Ziele einer Narkose sind:

- Reflexdämpfung,
- Schmerzfreiheit (Analgesie),
- Bewusstseinsverlust (oft vereinfacht als Hypnose bezeichnet),
- Muskelrelaxation.

Narkosen können je nach Operationsart und Patientenstatus in ihrer Anlage variieren. Moderne Narkosen werden heute als Kombinationsnarkosen durchgeführt. Sie bestehen aus Prämedikation zur Sedierung und Dämpfung des vegetativen Nervensystems, intravenösen Anästhetika oder Inhalationsanästhetika zur Einleitung und Aufrechterhaltung der Narkose sowie Opiaten für die Analgesierung und Muskelrelaxantien zur Relaxation. Die einzelnen Narkosequalitäten werden durch verschiedene Medikamentengruppen erzielt.

Im Zusammenhang mit den Kombinationsnarkosen wurde der Begriff der balancierten Anästhesie eingeführt. Es wird die Balance verschiedener Pharmaka und Techniken zur Herbeiführung der Narkosequalitäten Bewusstseinsverlust, Analgesie, Muskelrelaxation und vegetative Dämpfung mit dem Ziel der Dosisreduktion der Einzelkomponenten und damit der Nebenwirkungen gesucht. Neben der Operationsart zwingt auch der Einsatz z.B. von Muskelrelaxantien zur Beatmung. Gleichfalls können sowohl Narkosegase als auch Hypnotika und Analgetika dosisabhängig atemdepressiv wirken, so dass die Patienten intraoperativ beatmet werden müssen.

In den nachfolgenden Abschnitten werden die unterschiedlichen Narkosesysteme dargestellt. Der Schwerpunkt liegt auf den weit verbreiteten und modernen Geräten der heutigen Zeit in Europa.

3.3.2   Klassifizierung der Inhalationsnarkosesysteme

Die oben gestellte Aufgabe der Narkose, einen reversiblen Bewusstseinsverlust zu erzeugen, kann mit Hilfe von Gasen realisiert werden. In diesem Fall spricht man von Inhalationsnarkosen. Der Arzt dosiert den medizinischen Erfordernissen entsprechend mit Hilfe des Narkosegerätes die Gase. Es wird ein Gemisch aus

- Sauerstoff (ca. 30 %),
- Lachgas bzw. Luft (ca. 60 – 65 %), zunehmend auch Xenon, und
- Narkosegas

verabreicht. Dabei sichert der Sauerstoff die ausreichende Oxygenierung des Patienten, während das Lachgas analgetische Wirkung hat und das Narkosegas für die eigentliche Bewusstseinsausschaltung verantwortlich ist. Als Narkosegase werden Isofluran, Sevofluran, Desfluran, Enfluran und Halothan genutzt.

Wurden in älteren Literaturangaben die Narkosesysteme noch nach „offen“, „halboffen“, „halbgeschlossen“ und „geschlossen“ klassifiziert, so erscheint dies heute nicht mehr zeitgemäß. Eine Einteilung in Systeme mit und ohne Rückatmung ist praxisorientierter. Offene Systeme, bei denen das Narkosemittel auf eine Maske aufgetropft wurde, so genannte „Schimmelbuschmasken“, sind heute in Mitteleuropa nicht mehr im Einsatz und wurden deshalb auch in der in Bild 3.33 dargestellten Klassifikation nicht berücksichtigt.

Ausgehend von der Aufnahme des Gasgemisches (Sauerstoff, Lachgas/Luft und des Narkosemittels) durch den Patienten lassen sich, wie in Bild 3.33 dargestellt, zwei große Gruppen an Systemen definieren, die Gleichgewichts- und die Überschuss-Systeme. Bei den älteren Geräten ist das Volumen der zur Verfügung gestellten Gase größer als die tatsächlich vom Patienten aufgenommene Menge an Sauerstoff und Anästhetikum, sie werden als Überschuss-Systeme bezeichnet. Weiterhin können die folgenden Systeme benannt werden:

Systeme ohne Rückatmung
Die Systeme ohne Rückatmung, früher unter dem Begriff „halboffene Systeme“ geführt, lassen sich weiter in flowgesteuerte und in ventilgesteuerte Nichtrückatmungssysteme gliedern.

Flowgesteuerte Nichtrückatmungssysteme
Die flowgesteuerten Nichtrückatmungssysteme sind Spülgassysteme, die keine Rückatmungsventile und kein Element zur Absorption des ausgeatmeten CO_2 enthalten. Bedingt durch die einfache Konstruktion ist der Atemwegswiderstand minimal und der Totraum gering. Um eine mögliche Rückatmung zu verhindern, sollte der Frischgasflow 2–3 mal höher als das geschätzte Atemminutenvolumen sein. Somit wird vermieden, dass sich im Exspirationsschlauch während der Exspirationsphase CO_2 ansammelt, das dann in der Inspirationsphase rückgeatmet würde. Diese Systeme wurden früher häufig und werden heute vereinzelt in der Kinderanästhesie bei Säuglingen und Kleinkindern eingesetzt. Nachteilig ist die Belastung des klinischen Personals mit Narkosegasen, da keine Narkosegasabsaugung implementiert ist. Ebenso nachteilig wirken sich die nicht vorhandene Anfeuchtung der Inha-

lationsgase und die fehlende Überwachung der Ventilationsparameter aus. Über Zusatzkonstruktionen können einige der Nachteile überwunden werden. Mapleson klassifizierte die Systeme in Gruppen von A bis F. Die Gruppen von A bis D verfügen über ein patientennahes Überdruckventil, während die Gruppen E und F ohne Ventil arbeiten. Die Gruppen unterscheiden sich weiterhin nach Ort und Art der Ventile, der Art der Zuleitungen und das Vorhandensein eines Beatmungsbeutels.

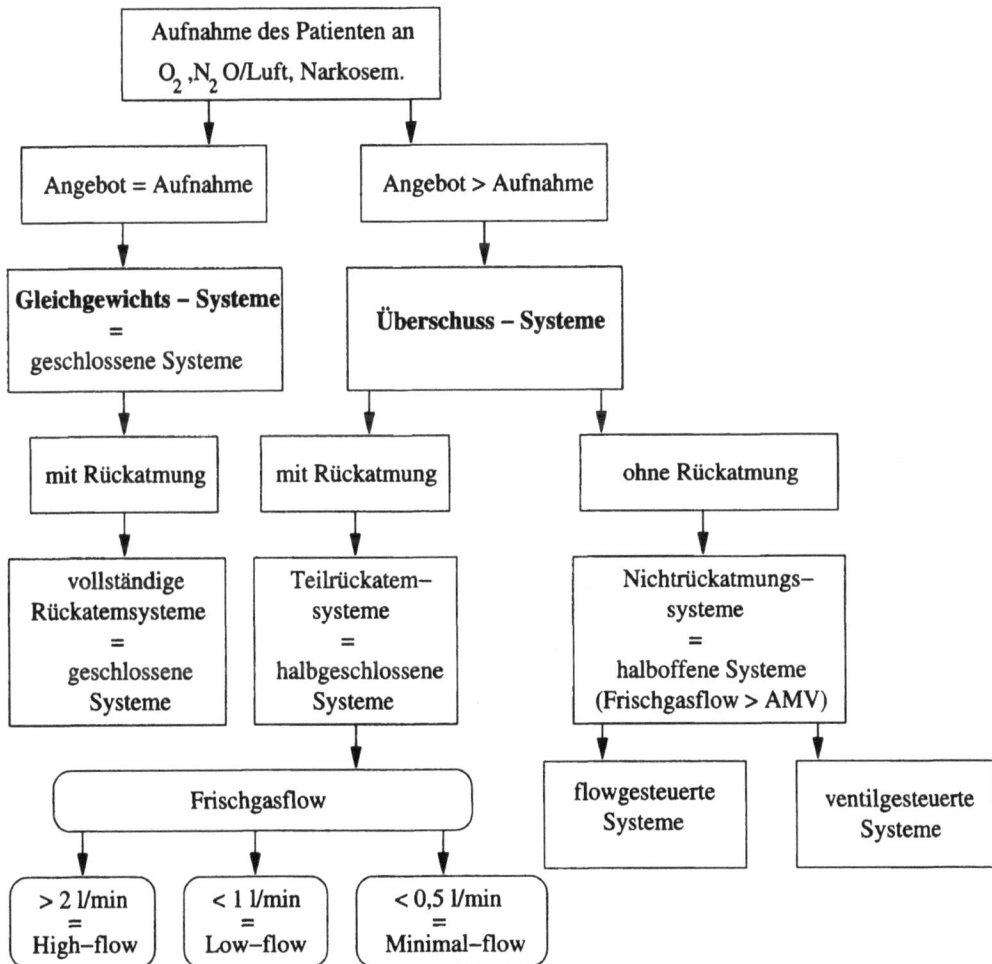

Bild 3.33: Klassifikation der Narkosesysteme nach Gleichgewichts- und Überschuss-Systeme.

Philip Ayre führte 1937 erstmalig ein T-Stück zwischen Tubus und Frischgasleitung bei spontan atmenden Patienten ein (Bild 3.34). Während ein Schenkel offen ist, strömt über den anderen das Frischgas zum Patienten. Atmet dieser ein, so gelangt Frischgas und Raumluft zum Patienten, atmet der Patient aus, so wird CO_2 und Frischgas nach außen in die Umgebung geleitet.

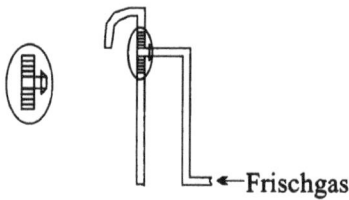

←Frischgas

Bild 3.34: Ayre-T-Stück, links T-Stück, rechts Gesamtsystem mit Frischgaszuleitung, offenem Schenkel und Tubus.

Eine noch heute sehr verbreitete Version der flowgesteuerten Nichtrückatmungssysteme ist das Kuhn'sche System. Bei ihm wurde an dem verlängerten Exspirationsschenkel ein Beutel mit Öffnung angebracht, wodurch das Volumen des Systems größer wurde. Das System kann sowohl für Spontanatmung als auch für eine assistierte Beatmung genutzt werden. Es ist nur bei Kindern bis zu einem Körpergewicht von 15 kg anwendbar. Bild 3.35 zeigt die Arbeitsweise des Kuhn'schen Systems bei Spontanatmung und bei manueller Beatmung. Bei der Spontanatmung gelangt in der Inspirationsphase das Frischgas über die Frischgasleitung zum Patienten. Während der Exspirationsphase strömen das ausgeatmete Gas und das Frischgas in den Atembeutel und zum Teil nach außen.

Mit Verschluss des Loches im Atembeutel kann manuell beatmet werden. Eine leichte Kompression des Atembeutels führt in der Inspirationsphase zu einem Fluss des Frischgases und des Gasgemisches aus dem Beutel zum Patienten. In der Exspirationsphase wird durch Freigabe des Loches ein Teil der ausgeatmeten Gase das System verlassen, während der restliche Teil zusammen mit dem Frischgas in dem Beutel verbleibt.

Das Kuhn'sche System kann z.B. an die Dräger-Anästhesiegeräte Cicero EM, Cato und Julian angeschlossen werden, was die gezielte Überwachung des Beatmungsdruckes, der zugeführten O$_2$-Konzentration und teilweise der Anästhesiemittelkonzentration erlaubt.

Die Anästhesiegeräte Julian und Cato bieten die Möglichkeit, Nichtrückatmungssysteme an den externen Frischgasausgang anzuschließen. Weiterhin können beim Cicero EM und Cato auch die Inspirationsausgänge genutzt werden. An den Geräten werden alle Gaskonzentrationen gemessen sowie die Alarme der Gasmessung genutzt. Die Überwachung von Beatmungsdruck und Beatmungsvolumen erfordert jedoch zusätzliche Module.

Für das Ayre-T-Stück und das Kuhn'sche System wird, um die Ausatemluft zu eliminieren, bei Spontanatmung der Patienten ein Frischgasflow, der das 2–4-fache des Atemminutenvolumens (AMV) des Patienten beträgt, empfohlen. Bei manueller Beatmung liegt die Empfehlung beim 2–3-fachen AMV.

Ventilgesteuerte Nichtrückatemsysteme
Ein Beispiel für ein ventilgesteuertes Nichtrückatemsystem ist das in Bild 3.36 dargestellte Ambu-Paedi-System. In ihm wird durch ein patientennah angebrachtes Nichtrückatemventil, Ambu-Ventil, eine Trennung von Inspirations- und Exspirationsluft vorgenommen. Die Exspirationsluft wird über das Ventil in die Umgebung abgegeben. Durch den geringen Totraum und den geringen Widerstand des Ventils kann das System in der Kinderanästhesie

eingesetzt werden. Es fehlt wie auch bei den flowgesteuerten Nichtrückatmungssystemen die Atemgasklimatisierung. Zusätzlich macht eine endexspiratorische Vorwärtsleckage eine genaue Volumenmessung unmöglich [10].

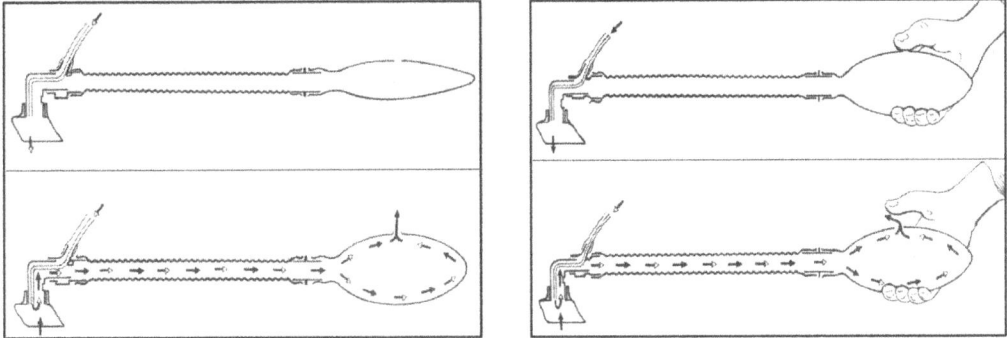

Bild 3.35: Kuhn'sches System bei Spontanatmung und Beatmung. Frischgas strömt von links oben ein. Links unten ist in diesem Fall die zum Patienten gehende Maske angedeutet [6].

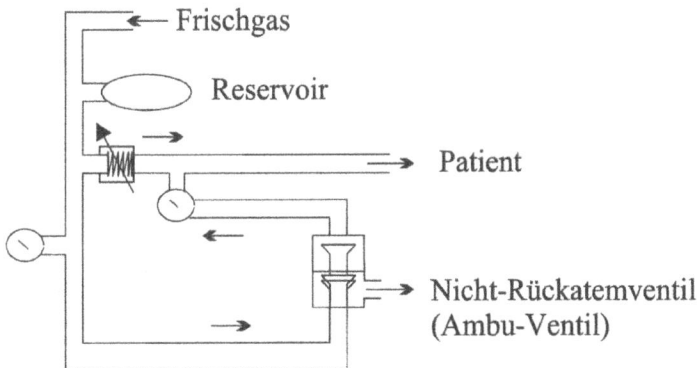

Bild 3.36: Ambu-Paedi-System mit Ventil, Reservoir, Frischgaszufuhr.

Teilrückatemsysteme

Bei den Teilrückatemsystemen, die früher als halbgeschlossene Systeme klassifiziert wurden, wird ein Teil der Exspirationsluft nach Absorption des CO_2 und anschließender Anreicherung mit Narkosegasen wieder dem Patienten zugeführt. Somit bleibt ein Teil der Feuchtigkeit der Atemgase erhalten, und es wird weniger Frischgas benötigt. Die zuzuführende Menge an Frischgas ist größer als die Gasaufnahme durch den Patienten und geringer als das Atemminutenvolumen. Unter Gasaufnahme wird der für den Metabolismus des Patienten benötigte Sauerstoff, sowie die aufgenommene Menge Anästhetikum zusammengefasst. Überschüssige Gase entweichen durch ein Überdruckventil. Geräte, die nach dem Prinzip der

Teilrückatmung arbeiten, sind z.B. der Cato und der Cicero (Bild 3.37 a) oder das Servo-Beatmungssystem.

Die Rückatmungssysteme, sowohl die Teilrückatmungssysteme als auch die vollständig geschlossenen Systeme, sind als Kreissysteme konstruiert. Das Kreissystem entsteht durch die kreisförmige Anordnung der Beatmungsschläuche. Es besteht aus einem Inspirations- und einem Exspirationsschenkel. Im Kreissystem existiert ein durch Ventile gerichteter Gasstrom. Diese Anordnung erlaubt eine partielle oder vollständige Rückatmung der Exspirationsluft. Die Verwendung eines CO_2-Absorbers wird vorausgesetzt. Dieser kann sowohl im Exspirations- als auch im Inspirationsschenkel des Kreissystems platziert sein. Um dem Gaststrom einen möglichst geringen Widerstand entgegenzusetzen, werden großlumige Faltenschläuche eingesetzt, die gleichzeitig die Gefahr des Einknickens minimieren. Ein Überdruckventil stellt sicher, dass überschüssiges Gas entweichen kann.

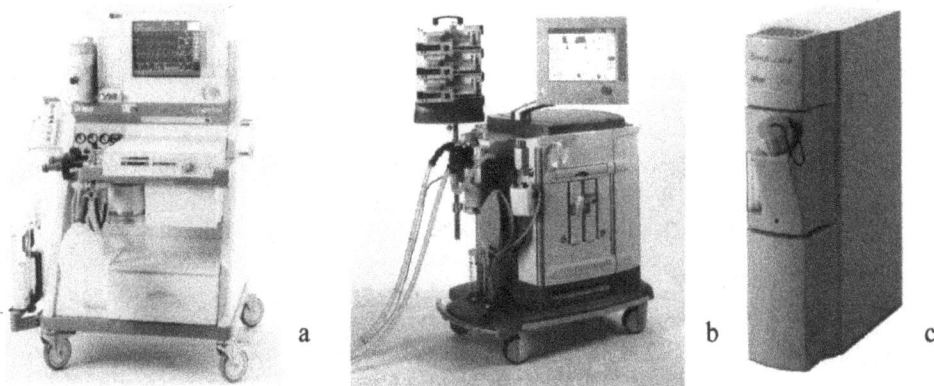

Bild 3.37: *Abbildungen der Anästhesiegeräte Cicero (a-links), Zeus (b-mitte), elektronische Gasdosiereinrichtung des Zeus (c-rechts). Im linken Bild sind der „klassische" Verdampfer (siehe auch Bild 3.40) sowie die Rotameter für die Dosierung zu erkennen. Bild b zeigt den Zeus mit elektronischer Dosiereinheit (Bild c) und drei Infusionspumpen für die Verabreichung intravenöser Anästhetika.*

Die Kreissysteme lassen sich weiterhin in Systeme mit und ohne Frischgaskompensation unterteilen. Systeme ohne Frischgaskompensation besitzen kein Gasreservoir, z.B. der 800V (Dräger). Bei diesem System muss der Frischgasflow mindestens so groß sein, dass alle auftretenden Gasverluste in der Exspirationsphase ersetzt werden. Wenn nicht genügend Frischgas zur Füllung des zwangsentfalteten, hängenden Beatmungsbalges zugeführt wird, vermindert sich das Hubvolumen. Dies geht mit einem Abfall des AMV sowie des Spitzen- und Plateaudruckes einher. Durch die ungenügende Gasfüllung entwickelt sich ein Sog in den Atemwegen, und es kommt zu einer Wechseldruckbeatmung.

Das Gasreservoir der Narkosegeräte kann ein Handbeatmungsbeutel (Cicero) oder ein stehender Beatmungsbalg (Servo Anästhesiesystem – Siemens) sein. Somit können kurzzeitige Volumenschwankungen durch das Reservoir ausgeglichen werden. Der im Kreissystem in Bild 3.38 dargestellte Beatmungsbeutel stellt ein solches Reservoir dar.

Für den Ausschluss einer CO_2-Rückatmung sind nachfolgende Anordnungsregeln für das Kreissystem zu beachten [6], [11]:

- Damit der Gasfluss in eine Richtung gewährleistet ist, muss im Inspirations- und im Exspirationsschenkel zwischen dem Patienten und dem Atembeutel jeweils ein Einwegventil geschaltet sein.
- Der Frischgasstrom darf nicht zwischen dem Überdruckventil und/oder dem Exspirationsventil und dem Patienten in das System eingespeist werden.
- Das Überdruckventil darf nicht zwischen dem Patienten und dem Inspirationsventil platziert sein.

Das Kreissystem ist in Bild 3.38 für die Option der Spontanatmung mit den entsprechenden Gasflüssen dargestellt. Wird der Hebel des Umschaltventils in Bild 3.38 nach unten geschaltet, so ist das System für eine Spontanatmung aktiviert. Das Überdruckventil ist ausgeschaltet. Die Exspirationsluft des Patienten fließt über den Exspirationsschlauch durch das Exspirationsventil und vermischt sich mit dem Frischgas. Während ein Teil des Gasgemisches in den Atembeutel strömt, verlässt ein anderer das Kreissystem. In der Inspirationsphase entnimmt der Patient das Gas aus dem Atembeutel. Es wird, bevor es den Absorber passiert, mit Frischgas angereichert.

Wird der Hebel des Umschaltventils nach oben gelegt, so ist das Überdruckventil aktiviert. Mit Hilfe des kleinen Rades kann der Öffnungsdruck des Ventils justiert werden. In der Exspirationsphase strömt das gesamte ausgeatmete Gas des Patienten in den Atembeutel und wird dort mit Frischgas vermischt. Durch Kompression des Beutels erfolgt die Beatmung. Ein Teil des Gasgemisches verlässt über das Überdruckventil das System, während der andere Teil nach Anreicherung mit Frischgas über den Absorber und den Inspirationsschenkel zum Patienten fließt.

Als Vorteil des Kreissystems sind die angewärmten und relativ gut befeuchteten Narkosegase zu nennen. Wie bei den geschlossenen Systemen ist die Narkosegasbelastung der Umgebung minimal. Dem eigentlichen Kreissystem ist die Frischgasaufbereitung vorgeschaltet. Wie eingangs erwähnt, bilden die dem Patienten zugeleiteten und mit Sauerstoff/Luft angereicherten Narkosegase das Frischgas. Oft wird ein Gemisch aus Sauerstoff, Lachgas und Inhalationsnarkotikum appliziert. Heute wird anstelle von Lachgas zunehmend Luft oder sogar Xenon beigemischt. Die Frischgaseinleitung variiert zwischen den Systemen. Man unterscheidet zwischen:

- Kontinuierlicher Frischgaseinleitung, bei der das Frischgas kontinuierlich während der In- und Exspiration in das System geleitet wird , z.B. 800 V.
- Diskontinuierlicher exspiratorischer Frischgaseinleitung, bei der das Frischgas nur während der Exspiration in das System geleitet wird, z.B. Cicero.
- Diskontinuierliche inspiratorische Frischgaseinleitung, z.B. Servo .
- Elektronischer Abstimmung der Inspirationszeit auf den Frischgasflow, z.B. ELSA (Engström).

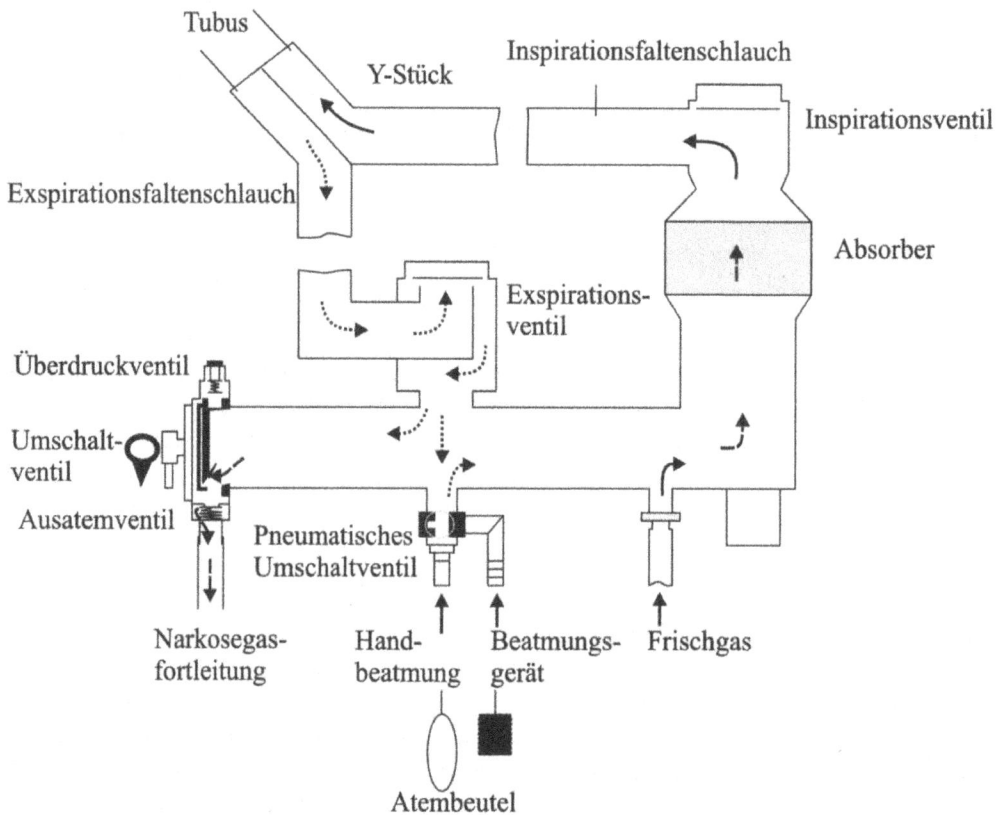

Bild 3.38: *Kreissystem bei Spontanatmung.*

Bild 3.39 zeigt schematisch den Aufbau eines modernen Teilrückatmungssystems (Cicero). Die wesentlichen Bestandteile eines Narkosegerätes sind die Medikamentendosierung (Vapor, Rotameter), die Beatmungseinheit, auch als Ventilator bezeichnet, und das Monitoring.

In der Inspirationsphase wird dem Patienten das Gasgemisch vom Ventilator appliziert. Es passiert dabei den CO_2–Absorber und das Inspirationsventil, bevor es über ein Schlauchsystem die Lungen des Patienten erreicht. Gleichzeitig strömen die Gase Sauerstoff und Lachgas zusammen mit dem Inhalationsanästhetikum in den Handbeatmungsbeutel, der als Reservoir dient. Während der Exspirationsphase öffnet sich das I-E-Ventil, damit das Frischgas aus dem Reservoir zusammen mit dem ausgeatmeten Gas des Patienten in den Balg des Ventilators strömen kann. Bei der erneuten Inspiration schließt sich das I-E-Ventil wieder, und der Ventilator drückt das im Balg befindliche Gas in die Lungen des Patienten.

Nachfolgend wird die bis dato ausgeklammerte Frischgaserzeugung und die Gasvorbehandlung betrachtet. Zunächst muss das Gas aus einer Quelle bezogen und entsprechend aufbereitet werden. Die Versorgung der Anästhesiearbeitsplätze mit Sauerstoff und Lachgas/Luft erfolgt heute weitestgehend über eine zentrale Gasversorgung. In den Operationssälen sind entsprechende Anschlussventile integriert.

Nicht an allen Anästhesiearbeitsplätzen ist eine zentrale Gasversorgung realisiert. Bei der dezentralen Gasversorgung erfolgt die Zuführung der Gase über Flaschen. Da die Gase mit hohem Druck transportiert werden, ist vor Einspeisung in das Gerät der Druck über ein entsprechendes Reduzierventil anzupassen.

Für die Medikamentendosierung existieren gegenwärtig zwei unterschiedliche Strategien. Während einige Narkosegeräte wie Cato/Cicero noch mit Flow-Messröhren (sog. Rotametern) zur Dosierung von Sauerstoff, Luft und Lachgas sowie einem Verdampfer für die Dosierung des Inhalationsanästhetikums arbeiten, ist im Julian bereits eine elektronische Dosierung von Sauerstoff und Lachgas realisiert worden. Das Anästhetikum wird weiterhin über so genannte Verdampfer justiert. Die Narkosegeräte der heutigen Generation wie der PhysioFlex und der Zeus nutzen für alle den Frischgasflow bildenden Komponenten elektronische Systeme. Sie sind somit einer rechnergestützten Überwachung und Automatisierung zugänglich, siehe auch Bild 3.42 und Bild 3.43.

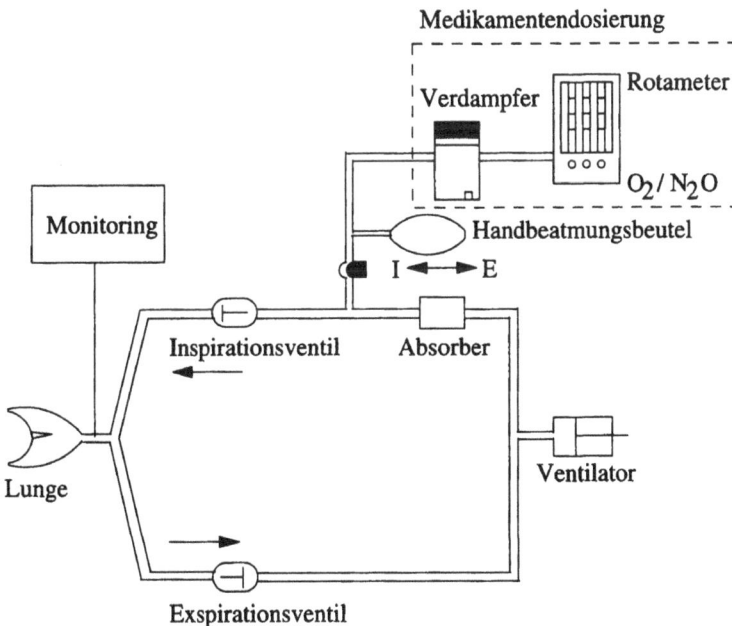

Bild 3.39: Kreissystem des Cicero.

Rotameter sind senkrecht stehende durchsichtige Glasröhren, in denen sich ein Schwimmer frei auf- und abbewegen kann. Das von unten in die Röhre einströmende Gas hebt den Schwimmer an, der somit durch seine Position die Menge des einströmenden Gases quantifiziert. Der Gasfluss kann mit einem Feindosierventil eingestellt werden. Dabei verändert sich ein ringförmiger Spalt, durch den das Gas einfließt. Bedingt durch die unterschiedlichen Eigenschaften der Gase, benötigt man für Sauerstoff, Lachgas und Luft, eventuell auch Xenon jeweils eigene Rotameter.

Die meisten der Inhalationsanästhetika, der volatilen Anästhetika, liegen bei Raumtemperatur und Atmosphärendruck in flüssiger Form vor. Bevor sie dem Patienten zugeführt werden
können, müssen sie in den gasförmigen Zustand überführt werden. Dazu werden die so genannten Verdampfer eingesetzt. Die Verdampfung ist temperaturabhängig: mit steigender
Temperatur wird mehr Anästhetikum verdampft. Dies zwingt die Hersteller zu einer Temperierung der Verdampfer. Gleichfalls entzieht der Verdampfungsprozess dem flüssigen Anästhetikum Wärme. Da jedes volatile Anästhetikum einen spezifischen Dampfdruck besitzt,
muss für jedes ein spezieller Verdampfer genutzt werden. Bei Zimmertemperatur ist der
Dampfdruck für Halothan, Isofluran, Enfluran oder Sevofluran relativ hoch. Isofluran hat bei
einer Temperatur von 20°C einen Dampfdruck von rund 300mbar. Daraus ergibt sich eine
Sättigungskonzentration (Dampfdruck/Luftdruck) für Isofluran von 30 Volumenprozent
(Vol.-%). Damit ist die Konzentration des gesättigten Dampfes um ein Vielfaches höher als
therapeutisch notwendig. Je nach Medikament liegt die für eine Narkose notwendige Narko-
semittelkonzentration zwischen 0,5 – 2 Vol.-%. Eine direkte Einatmung der Narkosemittel
ohne Verdünnung ist daher nicht möglich. Diese Verdünnung wird im Verdampfer durch die
Konstruktion eines Bypasses realisiert. Dabei strömt nur ein Teil des Frischgasflows in eine
Verdunstungskammer, um dort mit dem Anästhetikum angereichert zu werden. Anschließend vermischt sich dieser Teilstrom wieder mit dem durch einen Bypass geleiteten Rest
zum Gesamt-Frischgasflow.

Moderne Verdampfer verfügen nur noch über ein Drehrad, an dem der Anästhesist die gewünschte Konzentration des volatilen Anästhetikums einstellt. Alle den Verdampfungsprozess beeinflussenden Faktoren werden im Verdampfer kompensiert. Im Wesentlichen müssen die Einflüsse der Temperatur, eines veränderten Gasflusses oder eine unterschiedliche
Trägergaszusammensetzung eliminiert werden.

Bei der Überführung des flüssigen Anästhetikums in die Dampfphase wird Energie benötigt.
Die Umgebung und die Flüssigkeit kühlen sich ab. Durch die sinkende Temperatur nimmt
die Konzentration des Dampfes in der Gasphase als Folge des gesunkenen Partialdruckes ab.
Im Fortgang der Narkose kann, bedingt durch die Verdunstungskälte, immer weniger Inhalationsanästhetikum vom Verdampfer abgegeben werden. Um dem entgegenzuwirken, werden
für die Gehäuse der Verdampfer Metalle mit hoher Wärmeleitfähigkeit, wie z.B. Kupfer,
verarbeitet, um einen schnellen Wärmeausgleich mit der Umgebung zu sichern. Eine weitere
Kompensationsmöglichkeit besteht in der Erhöhung des Frischgasflows durch die Verdampferkammer, so dass bei sinkenden Temperaturen des Inhalationsnarkotikums mehr Frischgas
mit dem Inhalationsanästhetikum angereichert werden kann. Dazu werden Bimetallstreifen
oder Ausdehnungskörper integriert, die mit sinkender Temperatur des flüssigen Anästhetikums den Einlass der Frischgase in die Verdampferkammer erhöhen.

Je nach Patientenstatus durchströmt den Verdampfer ein unterschiedliches Atemminutenvolumen (AMV). Dieses ist bei Säuglingen mit 1–2 l/min und bei Erwachsenen mit bis zu
15l/min sehr variabel. Der Verdampfer muss jedoch unabhängig von der Höhe des durch-
strömenden Gasflusses eine konstante Konzentration des Anästhetikums im Gasgemisch
sicherstellen. Problematisch könnte die hohe Durchströmungsgeschwindigkeit in der Verdampferkammer infolge eines hohen Frischgasflows sein. Durch die kurze Kontaktphase des
Gases mit der gesättigten Dampfphase kann es zu einer nicht vollständigen Sättigung des

Frischgases kommen. Weiterhin könnte eine zu hohe Fließgeschwindigkeit der Gase dazu führen, dass das Gleichgewicht zwischen Dampfphase und Flüssigkeit durch das Mitreißen von Molekülen des Inhalationsanästhetikums gestört wird.

Durch gezielte Kompensationsmechanismen muss im Verdampfer der unkontrollierbare Abfall der Inhalationsanästhetikakonzentration bei Zufuhr hoher Gasflüsse vermieden werden. Dazu werden in den Verdampfer zum Beispiel Dochte eingelassen, die sich aufgrund der Kapillarkräfte mit dem Anästhetikum voll saugen und somit die Verdunstungsoberfläche des flüssigen Inhalationsanästhetikums vergrößern. Damit kann ein schnellerer Austausch zwischen flüssiger und Gasphase erfolgen.

Neben dem erwähnten Sauerstoff-Lachgas-Gemisch als Trägergas für das Inhalationsanästhetikum kommen situationsbedingt auch reiner Sauerstoff oder Sauerstoff-Raumluft-Gemische zum Einsatz. Da sich die Trägergase hinsichtlich Dichte, Viskosität und somit auch in ihren Strömungseigenschaften zusätzlich zur Löslichkeit des Inhalationsanästhetikums unterscheiden, besteht die Gefahr, dass sich Abweichungen in der eingestellten Konzentration des volatilen Anästhetikums ergeben.

Moderne Verdampfer sind aus den oben genannten Gründen flow-, druck-, und temperaturkompensiert. Ein Beispiel ist der Vapor 19 (Bild 3.40), für den eine Konzentrationsgenauigkeit von 90% im Temperaturbereich von 10–40°C angegeben wird. Er wird als spezieller Verdampfer für Halothan, Enfluran, Isofluran und Sevofluran hergestellt. Der Vapor besitzt als Bedienelement ein Handrad. In der Stellung Aus wird der Frischgaseingang mit dem Frischgasauslass kurzgeschlossen. In jeder anderen Stellung des Handrades wird der Zugang zur Verdampferkammer und zum Bypass geöffnet. Durch das Drehen des Handrades wird ein Steuerkonus betätigt, der den Ausgang der Verdampferkammer bis auf einen Kapillarspalt verschließt und somit für den Gasfluss einen Strömungswiderstand darstellt. Zur Erhöhung der Anästhetikakonzentration muss das Handrad höher eingestellt werden. Dadurch vergrößert sich der Kapillarspalt und mehr Frischgas strömt durch die Verdampfungskammer. Im Bypass wird das Frischgas durch einen Bypass-Konus auf dieselbe Weise reguliert. Dieser ist mit einem Ausdehnungskörper verbunden, der für die Temperaturkompensation verantwortlich zeichnet. Der in die Verdampferkammer eingelassene Ausdehnungskörper bewirkt durch seine Reaktion auf die vorherrschende Temperatur feinste Verschiebungen des Bypass-Konus und dadurch eine temperaturabhängige Veränderung der Größe des Kapillarspaltes.

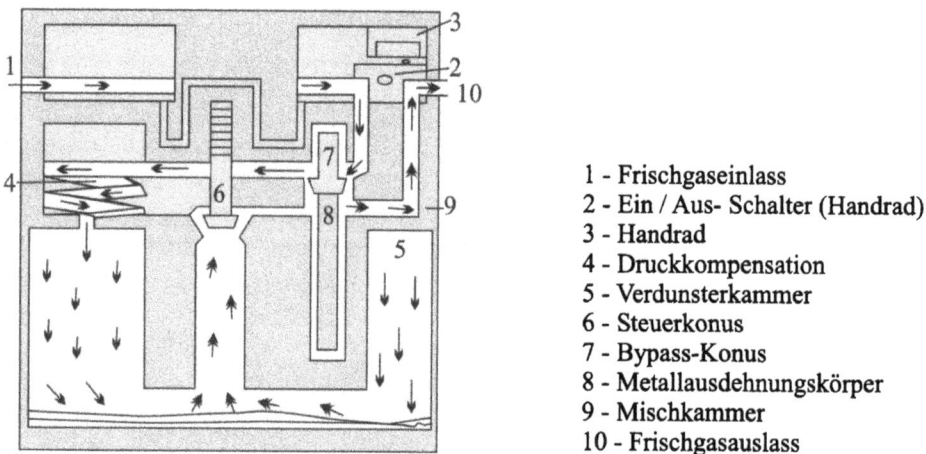

1 - Frischgaseinlass
2 - Ein / Aus- Schalter (Handrad)
3 - Handrad
4 - Druckkompensation
5 - Verdunsterkammer
6 - Steuerkonus
7 - Bypass-Konus
8 - Metallausdehnungskörper
9 - Mischkammer
10 - Frischgasauslass

Bild 3.40: *Schematische Darstellung des Vapor (Dräger).*

Die Siedetemperatur von Desfluran liegt bei 22°C, daher muss eine andere Verdampfungs-
technik genutzt werden. So wird im Verdampfer Ohmeda-TEC 6 das Desfluran auf 39°C
erhitzt, wodurch sich ein konstanter Dampfdruck von 1460mmHg in der Verdampferkammer
ergibt. Ein Regler gewährleistet auch bei Veränderungen im Frischgasflow die eingestellte
Konzentration. Um sicherzustellen, dass immer nur Frischgas in den Verdampfer geführt
wird, wird dieser grundsätzlich zwischen der Frischgasdosierung, z.B. durch Rotameter und
dem eigentlichen Beatmungssystem im Kreissystem angeordnet. In der neuesten Generation
der Narkosegeräte, dem Zeus, werden elektronische Narkosemitteldosiereinrichtungen eingesetzt (siehe auch Bild 3.37 c).

CO_2-Absorber

Bei den Narkosesystemen, in denen eine teilweise oder eine vollständige Rückatmung der
Exspirationsluft erfolgen soll, muss das CO_2 zuvor aus dem Gasgemisch eliminiert werden.
Dazu wird das Gasgemisch über Atemkalk geleitet. Dieser neutralisiert durch eine Base die
Säure, das in Wasser gelöste CO_2. Der CO_2-Absorber ist ein mit Atemkalk gefüllter durch-
sichtiger Behälter, durch den das ausgeatmete Gasgemisch geleitet wird. Während der Absorption erwärmt sich das Granulat, bestehend aus $Ca(OH)_2$, $NaOH$, KOH und H_2O aufgrund
der exothermen Reaktion. Es ändert bei Erschöpfung seine Farbe. Ein gesättigter Absorber
ist violett gefärbt und erwärmt sich nicht mehr bei Durchströmung durch das Gasgemisch.
Aus Sicherheitsgründen befinden sich in den Narkosegeräten oftmals zwei hintereinander
geschaltete Absorber. Somit kann der Atemkalk besser ausgenutzt werden, und es steht ein
größeres Volumen zu Verfügung. Das Gas durchströmt die Absorber von unten nach oben.
Bei Erschöpfung des unteren Absorberkalkes wird im oberen weiterhin CO_2 vollständig
absorbiert.

Anfeuchter

Die Atemluft wird bei jedem Menschen durch die oberen Atemwege gefiltert, erwärmt und angefeuchtet. Diese Funktion der oberen Atemwege geht bei Intubationsnarkosen verloren. Es kann keine Erwärmung oder Anfeuchtung des Atemgasgemisches stattfinden. Zusätzlich sind die Narkosegase wasserfrei. Schon nach rund einer Stunde Zufuhr trockener Narkosegase können erste Schädigungen des Flimmerepithels im Respirationstrakt auftreten.

Für den Patienten kommt es durch die Ausschaltung des oberen Inspirationstraktes zu einem Wasserverlust, der sich aus dem Atemminutenvolumen und dem Gradienten zwischen Wassergehalt der Inspirationsluft und der Exspirationsluft berechnen lässt. Diese geringen Flüssigkeitsverluste können intraoperativ durch eine intravenöse Flüssigkeitszufuhr kompensiert werden.

Neben dem Flüssigkeitsverlust treten Wärmeverluste auf, die zum einen durch die notwendige Erwärmung der eingeatmeten Gase auf Körpertemperatur und zum andern durch die Verdampfung der Gase im Respirationstrakt entstehen. Für die Aufsättigung des erwärmten Inspirationsgases mit Wasser wird Verdampfungswärme verbraucht. Bei Säuglingen können diese Wärmeverluste zu einer Absenkung der Körpertemperatur führen. Vorbeugend können während der Narkose oder bei Langzeitbeatmung Anfeuchter genutzt werden. Neben Verdampfern und Verneblern werden künstliche Nasen eingesetzt. Aufgrund der Infektionsgefahr werden Verdampfer und Vernebler in der Anästhesie relativ selten genutzt. Künstliche Nasen sind Maschenfilter, die tubusnah angebracht werden, um die Feuchtigkeit des warmen Exspirationsgases zurückzuhalten. Das Maschenfilter wird durch die Kondensation des warmen und feuchten Exspirationsgases erwärmt. Das Inspirationsgas wird durch das Maschenfilter erwärmt und angefeuchtet. Neben der Erwärmung und Anfeuchtung der Atemluft dienen die Filter gleichzeitig als Bakterienfilter.

Gasaufnahme unter Narkose

Der Grundumsatz an Sauerstoff lässt sich auf vielfältige Weise berechnen [4]. Verbreitet sind die Methoden nach Brody:

$$\dot{V}_{O_2} = 10{,}15 \cdot KG^{0,73} \tag{3.20}$$

mit KG = Körpergewicht in kg

oder nach Kleiber:

$$\dot{V}_{O_2} = 10 \cdot KG^{3/4}. \tag{3.21}$$

Vereinfacht gilt für die Sauerstoffaufnahme unter ausreichend tiefer Narkose

$$\dot{V}_{O_2} \approx 3-4 \quad \text{ml/kg/min}. \tag{3.22}$$

Ähnlich wie bei der Sauerstoffaufnahme ist auch die Lachgasaufnahme zu Beginn der Narkose hoch. Mit zunehmender Dauer nimmt sie exponentiell ab, da mit zunehmender Sättigung die alveoloarterielle Partialdruckdifferenz abnimmt. Die N_2O-Aufnahme bestimmt sich nach Severinghaus zu:

$$\dot{V}_{N_2O} = 1000 \cdot \frac{1}{\sqrt{t}} \tag{3.23}$$

mit t = Zeit nach Einleitung der Narkose in min.

Auch die Aufnahme der Inhalationsanästhetika nimmt exponentiell in Abhängigkeit vom Blut-Gas-Verteilungskoeffizienten ab. Sie berechnet sich nach der Lowe-Formel zu:

$$\dot{V}_{AN} = f \cdot MAC \cdot \lambda_{B/G} \cdot \dot{Q} \cdot \frac{1}{\sqrt{t}} \tag{3.24}$$

mit t = Zeit nach Einleitung der Narkose in min, $f \cdot MAC$ = angestrebte exspiratorische Anästhetikakonzentration als Funktion der minimalen alveolären Konzentration des gewählten Anästhetikums (z.B. $0{,}8 \cdot MAC$), MAC = minimale alveoläre Konzentration in % atm (% von 1 Atmosphäre), $\lambda_{B/G}$ = Blut-Gas-Löslichkeitskoeffizient, $\dot{Q}$ = Herzminutenvolumen in dl/min.

Der Verbrauch an volatilem Anästhetikum wird wesentlich vom Frischgasflow bestimmt und lässt sich folgendermaßen berechnen:

$$An[\text{ml Flüssigkeit}] = \frac{An[\text{ml Dampf}]}{K} \tag{3.25}$$

$$An[\text{ml Dampf}] = \left[\frac{FGF[\text{ml/min}]}{1 - \dfrac{MAC_{An}}{100}} - FGF[\text{ml/min}] \right] \cdot 60[\text{min}] \tag{3.26}$$

mit An = Verbrauch eines speziellen Inhalationsanästhetikums, K = Konstante (z.B. für Sevofluran 182,66 bei 22°C), FGF = Frischgasflow in l/min, MAC_{An} = minimale alveoläre Konzentration in % atm.

Nach einer Initialphase mit relativ hohem Frischgasflow im Bereich von 4–6 l/min ist nach rund 6–8 min die Denitrogenisierung, das Auswaschen des Stickstoffs N_2, als Hauptbestandteil der Luft, aus der Lunge, abgeschlossen. Nach rund 10min ist die so genannte Einwaschphase für Sauerstoff und Lachgas abgeschlossen. Ein MAC-Wert von ungefähr 2, der Zielkonzentration bei Sevofluran, ist dann nach 10–15min erreicht. Somit ist die Initialphase der Narkose beendet. Sie kann nun als High-flow-, Low-flow- oder Minimal-flow-Anästhesie fortgesetzt werden.

In Teilrückatmungssystemen können Narkosen mit sehr niedrigem Frischgasflow durchgeführt werden, so genannte Niedrigflussnarkosen. Sie unterscheiden sich dann noch nach Höhe des Frischgasflusses in Low-flow- oder Minimal-flow-Narkosen. Während der Frischgasfluss bei einer Low-flow-Anästhesie rund 1l/min beträgt, benötigt man für Minimal-flow-Anästhesien nur einen Frischgasfluss von 0,5l/min.

Ist bei der Low-flow-Anästhesie der Frischgasfluss noch deutlich höher als die Gesamtaufnahme der Substanzen im Organismus, so nähern sich Zufuhr und Aufnahme bei den Minimal-flow-Narkosen an. Erst bei Narkosen im geschlossenen System wird kein überschüssiges Frischgas mehr benötigt, sondern lediglich das Uptake (Aufnahme durch den Patienten) des Patienten aufgefüllt.

Je niedriger der Frischgasfluss im System, umso mehr Zeit benötigt das Inhalationsanästhetikum, um z.B. bei einer Änderung des Sollwertes für die Narkosetiefe aktiv zu werden. Man behilft sich in diesem Fall damit, kurzzeitig den Flow zu erhöhen und nach Erreichen des angestrebten Sollwertes diesen wieder zu verringern oder nimmt zusätzliche intravenös zu applizierende Medikamente, um die Narkosetiefe zu verstellen. Die Zeitkonstante T beschreibt die Geschwindigkeit von Ein- und Auswaschprozessen der Systeme

$$T = \frac{Vol_{System}}{Vol_{FG} - Vol_{Aufn}} \tag{3.27}$$

mit Vol_{System} = Geräte- und Lungenvolumen, Vol_{FG} = Frischgasflow, Vol_{Aufn} = Gesamtgasaufnahme pro Zeit.

Formel 3.27 zeigt, dass die Zeitkonstante eines Narkosesystems sich umgekehrt proportional zum Frischgasflow verhält, vorausgesetzt Gesamtaufnahme und Systemvolumen bleiben konstant. Tab. 3.3 zeigt Zeitkonstanten für unterschiedliche Narkosen und Bild 3.41 die Systemantwort eines Low-flow-Systems auf eine Konzentrationsänderung.

Tab. 3.3   Zeitkonstanten der Anästhesiesysteme [4]

Anästhesie	Zeitkonstante
High-flow	2 min
Low-flow	11 min
Minimal-flow	50 min

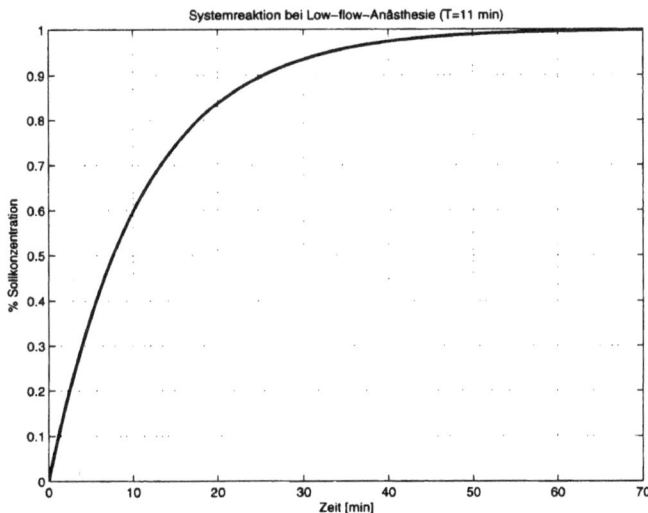

Bild 3.41: Systemantwort eines Low-flow-Systems auf eine Konzentrationsänderung.

Durch Schließen des Überdruckventils, kann das halbgeschlossene System, wie in Bild 3.38 dargestellt, in ein geschlossenes System überführt werden. Bei einem geschlossenen System müssen nur der für den Metabolismus des Patienten notwendige Sauerstoff, sowie die aufgenommene Anästhetikamenge als Frischgas zugeführt werden, da die ausgeatmete Luft nicht in die Umgebung entweichen kann. Die Exspirationsluft wird nach der CO_2-Absorption vollständig zurückgeatmet. Für die Narkoseführung in der Praxis wird für ca. 15min in einem halbgeschlossenen System mit hohem Frischgasflow > 3l/min begonnen, bevor das System durch Schließen des Ventils in ein geschlossenes Narkosesystem gewandelt wird. Danach wird nur noch die für den Metabolismus erforderliche Menge Sauerstoff zusammen mit Lachgas und Anästhetikum zugeführt. Die Gesamtmenge beträgt etwas 500–600ml Frischgas. Wichtig ist die genaue Überwachung der inspiratorischen Sauerstoffkonzentration. Durch Leckagen im System sowie durch Diffusion durch Haut, Tuben oder Beatmungsbeutel kann das System nicht auf die theoretisch mögliche alleinige Sauerstoffzufuhr reduziert werden, wie sie bereits 1924 von Waters diskutiert wurde. Der geschlossene Kreis hat die Vorteile: einen extrem niedrigen Frischgas- und Anästhetikaverbrauch, eine maximale Wärme- und Feuchtigkeitszufuhr in der Atemluft und keine Umweltbelastung durch entweichende Gase [6]. Dies führte letztendlich durch die Anwendung der Automatisierungs- und Regelungstechnik zur Entwicklung der vollständigen Rückatemsysteme.

Vollständige Rückatemsysteme
Diese Systeme zeichnen sich durch eine elektronische Narkosegasregelung in einem geschlossenen Kreis aus. Der Sollwert der inspiratorischen Sauerstoffkonzentration wird ebenso wie das im System strömende Gasvolumen auf einen konstanten Wert geregelt. Über einen Einspritzmechanismus gelangt das flüssige Inhalationsanästhetikum in das System. Der exspiratorische Sollwert kann schnell erreicht werden und wird ebenfalls geregelt. Setzt man die absolute Dichtheit des Systems voraus, so werden nur die vom Patienten aufgenommenen Gasmengen ersetzt und in das System eingespeist. Der PhysioFlex war das erste Narkosegerät, mit dem eine quantitative Inhalationsanästhesie im geschlossenen Kreis durchgeführt werden konnte. Der schematische Aufbau des PhysioFlex Kreissystems ist in Bild 3.42 skizziert [10]. Ein System von Membrankammern wird in Abhängigkeit vom gewählten Hubvolumen dem Atemkreis parallel zugeschaltet. Die Membrankammern trennen den geschlossenen Atemkreis von der Handbeatmung und vom pneumatischen Ventilatorantrieb. Durch einen mittels Gebläse erzeugten Systemflow von 70l/min erreicht man eine schnelle Gasdurchmischung und CO_2-Elimination.

Drei vermaschte Regelkreise für O_2, die volatilen Anästhetika und das Systemvolumen (Trägergas) sind in dem System integriert. Die O_2-Konzentration wird kontinuierlich paramagnetisch gemessen. Sollte sie durch den Uptake des Patienten abfallen, wird bis zum Erreichen des Sollwertes nachdosiert. Mittels Infrarotmessbank wird die endtidale Anästhetikakonzentration gemessen und bei Bedarf durch Injektion von flüssigem volatilem Anästhetikum korrigiert. Als Referenzpunkt für die dritte Regelung, die Regelung des Systemvolumens mittels Trägergas, wird die Membranposition vor der Inspiration gesetzt. Wenn die Membran durch die Aufnahme von Trägergas durch den Patienten am Ende der Exspiration nicht in die Ausgangslage zurückkehrt, wird entsprechend viel Trägergas nachdosiert, bis die Ausgangslage erreicht ist. Das Narkosesystem wurde mit dem Alice-System (alice = automatic lung inflation control effect) ausgestattet, um im Bereich der Kinderanästhesie eine physiologische Steuerung der Exspiration zu gewährleisten. Das Alice-System simuliert die Funktion der Stimmbänder. Kinder bauen während der Exspiration im Kehlkopfbereich einen autogenen PEEP (positive endexpiratory pressure) auf. Durch diesen wird während der Exspiration in den Beatmungsmodi IPPV (Intermittent Positive Pressure Ventilation –zeitgesteuerte volumenkontrollierter Beatmungsmode)- oder PCV (PCV – Pressure Controlled Ventilation) (siehe Abschnitt 3.2) die Gefahr des endexspiratorischen Kollaps der Alveolen, die durch das hohe „closing volume" im Kindsalter besteht, vermieden [10]. Durch das so genannte Alice-System wird im PhysioFlex die ideale Flowkurve automatisch bestimmt. Eine Anpassung an eine sich verändernde Lungencompliance erfolgt über den Flow. Durch die kontinuierliche Erfassung der Sauerstoffaufnahme liefert der PhysioFlex zusätzlich Informationen über den Metabolismus des Patienten, die dem Arzt zur Früherkennung möglicher Komplikationen dienen können [10].

Tab. 3.4 *Zusammenstellung der Geräteeigenschaften der Geräte Julian, Cato/Cicero EM, PhysioFlex (alle Dräger) [10] (IPPV – Intermittent Positive Pressure Ventilation –zeitgesteuerte volumenkontrollierter Beatmungsmode; SIMV – Synchronised Intermittent Mandatory Ventilation – Mischung aus Spontanatmung und kontrollierter Beatmung; PCV – Pressure Controlled Ventilation) .*

Parameter	Julian	Cato/Cicero EM	PhysioFlex
Masch. Beatmungsmodi	IPPV, PCV	IPPV, SIMV, PCV	IPPV, PCV
Atemsystem	Teilrückatmungssystem	Teilrückatmungssystem	Vollständiges Rückatmungssystem
Ventilatorprinzip	Elektronisch zeitgesteuerte, pneumatisch getriebene Balgmembran	Elektronisch zeitgesteuerte, elektrisch getriebene Kolbenzylindereinheit	Elektronisch zeitgesteuerte, pneumatisch getriebene 4 Membrankammern
Frischgasentkopplung	ja	Ja	(ja)
Leckagekompensation	ja, nur im PCV-Mode	ja, nur im PCV-Mode	ja bis 20 l/min
Compliancekompensation	Ja	Ja	Ja
Compliance mit gefülltem Absorberbehälter, ohne Atemschläuche	ca. 4,5 ml/mbar	4 ml/mbar	ca. 2,3 – 3,8 in Abhängigkeit von der Anzahl der Membrankammern
Leckage	< 150 ml bei 30 mbar	< 120 ml bei 30 mbar	25 ml bei 10 mbar
Hämodyn. Monitoring	nein	ja beim Cato mit Zusatzmodul	Nein
Metabolisches Monitoring	nein	Nein	Ja
Tidalvolumen (Vt), IPPV	50 – 1400 ml	10 – 1400 ml	40 – 2000 ml
PCV	20 – 1400 ml	16 – 1400 ml	15 – 2000 ml
Druckbegrenzung bei PCV	(PEEP + 1) bis 70 mbar	10 – 80 mbar	6–60 mbar
I:E ratio	1:4 bis 2:1	1:3 bis 2:1	1:4 bis 4:1
Atemfrequenz (IPPV, PCV)	6 – 60 /min	6 – 80 /min	6 – 80 /min
Atemfrequenz (SIMV)		3 – 80 /min	
PEEP	0 – 20 mbar	0 – 20 mbar	0 – 20 mbar
Inspirationsflow (IPPV)	3 – 75 l/min	5 – 75 l/min	9 – 90 l/min
Inspirationsflow (PCV)	5 – 50 l/min	5 – 75 l/min	Autoflow

Tab. 3.4 zeigt eine Gegenüberstellung der Eigenschaften von Julian, Cato/Cicero EM und PhysioFlex. Sie gibt die einstellbaren Parameter ebenso wie die möglichen Beatmungsmodi und die Kenndaten wieder. Die Atemsysteme und Ventilatorprinzipien sind zusammenfassend dargestellt.

Das aktuellste Narkosegerät in der Klasse der vollständigen Rückatmungssysteme, der geschlossenen Systeme ist der Zeus. Sein Kreissystem ist in Bild 3.43 skizziert. Im Vergleich zum PhysioFlex besitzt der Zeus einen Blower. Dieser sorgt für eine rasche Durchmischung der Gase und somit ein bessere Reaktionszeit des Systems, zeichnet aber auch gleichzeitig für die eigentliche Beatmung verantwortlich. Bild 3.37 b zeigt den Zeus, wie er sich für den Anwender darstellt. Er verfügt über eine elektronische Narkosemitteldosierung und einen neu konzipierten Ventilator, TurboVent, der die freie Durchatembarkeit erlaubt.

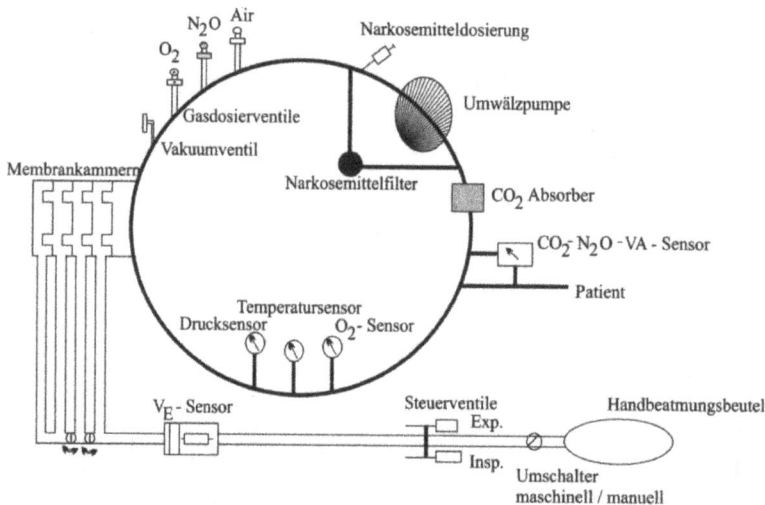

Bild 3.42: *Kreissystem des PhysioFlex [10].*

Außer den Regelkreisen für Sauerstoff, Trägergas und volatilem Anästhetikum können auch Target Controlled Infusion (TCI) Konzepte für die Total Intravenöse Anästhesie (TIVA) vom Zeus aus kontrolliert werden. Er bietet damit die ideale Plattform für eine balancierte Anästhesie.

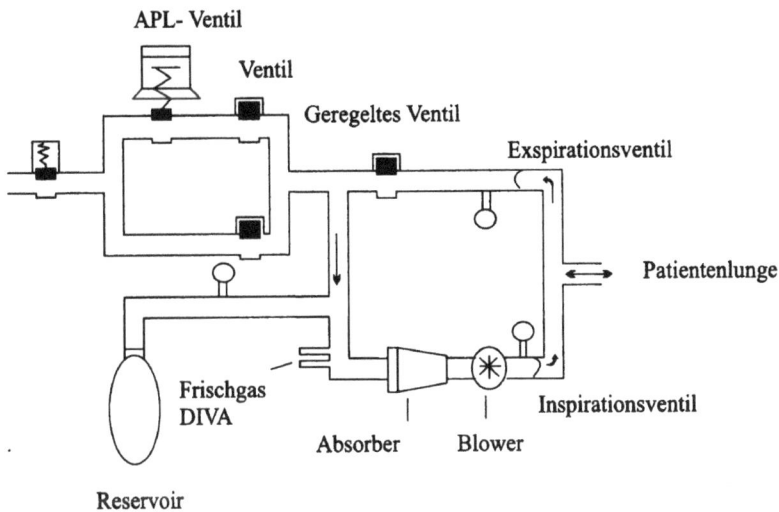

Bild 3.43*: Kreissystem des Zeus [14].*

3.3.3   Beatmung unter Narkose

Unter der Narkose können je nach Art und Tiefe der Narkose verschiedene Beatmungstechniken genutzt werden, dies sind die

- Kontrollierte Beatmung
  - Intermittierende Überdruckbeatmung
  - Beatmung mit positiv-endexpiratorischem Druck (PEEP).
- Assistierte Beatmung (ASB)
- Intermittierende mandatorische Beatmungsformen: IMV und SIMV.

Wurde eine ausreichend tiefe Hypnose, Reflexdämpfung, Analgesie und Muskelrelaxation hergestellt, so ist die Spontanatmungsaktivität des Patienten ausgeschaltet, und es muss eine kontrollierte Beatmung erfolgen. Bei dieser ist jede Form von Spontanatmung unterdrückt, und in allen Phasen erfolgt die Beatmung durch den Respirator.

Die klassische Form der maschinellen Beatmung ist die intermittierende Überdruckbeatmung (IPPV – Intermittent Positive Pressure Ventilation), siehe auch Kapitel 3.2. Hierbei wird auf die Atemwege des Patienten intermittierend ein Überdruck ausgeübt. Dieser kann entweder manuell durch Ausdrücken eines Beatmungsbeutels oder maschinell durch einen Respirator erzeugt werden. Da in der Exspirationsphase kein Druck ausgeübt wird, kann die Luft die Lungen aufgrund der elastischen Lungenkräfte wieder verlassen.

Unter einer Beatmung mit PEEP (positive endexpiratory pressure) wird bei der intermittierenden Überdruckbeatmung am Ende der Exspirationsphase ein positiver Druck aufrechterhalten. Dieser soll den Verschluss der kleinen Atemwege vermindern oder beseitigen.

Bei der assistierten Beatmung (ASB – Assisted Spontaneous Breathing) ist das Atemzentrum des Patienten noch aktiv. Es sind spontane Atembewegungen vorhanden. Die Inspiration wird durch eine aktive Inspirationsbewegung (Sog) des Patienten begonnen. Bei einem bestimmten Unterdruck löst der Respirator aus und es kommt zu einer unterstützenden Überdruckbeatmung, bei der das Beatmungsgerät lediglich einen Teil der Atemarbeit übernimmt. Diese Beatmung ist unter Narkose nur bedingt einsetzbar und wird überwiegend zum Ende der Narkose genutzt. Zur ASB wird auch die intermittierende Beatmung eines in Narkose spontan atmenden Patienten über einen Beatmungsbeutel gezählt.

Tab. 3.5 *Monitorausstattung an einem Standard-Anästhesiearbeitsplatz (DGAI-Empfehlung 1995) [8] vorhanden = fest am Arbeitsplatz, verfügbar = im Zugriffsbereich .*

	am Arbeitsplatz vorhanden	am Arbeitsplatz verfügbar
Essentiell		
Narkosegerät incl. Monitoring	+	
EKG-Monitoring	+	
Blutdruck, noninvasiv	+	
Pulsoxymetrie	+	
Kapnometrie	+	
Narkosegasmessung		+
EKG-Registrierung (1-Kanal)		+
Defibrillator		+
Temperaturmonitoring		+
Notfallinstrumentarium		+
Relaxometrie		+
ZVD-Messung		+
Empfohlen		
Blutdruck, invasiv		+
Infusions-/Spritzenpumpe		+
Respirator incl. Monitoring	+	
Notfalllabor		+
Thermokonditionierung		+

Geräte- und Patientenmonitoring
Voraussetzung für die Durchführung einer Narkose ist neben dem Vorhandensein der benötigten Geräte und Mittel, wie Gase, Medikamente usw., auch ein Monitoring zur Wirkungskontrolle. In Tab 3.5 ist die Monitorausstattung eines Standard-Anästhesiearbeitsplatzes nach den Empfehlungen der Deutschen Gesellschaft für Anästhesiologie und Intensivmedizin (DGAI) zusammengestellt, wobei im Anschluss auf einige Punkte genauer eingegangen wird.

Gerätemonitoring
• Druck-, Flow- und Volumenmonitoring
Ziel ist die online-Darstellung der Druck-, Flow- und Volumenbeziehung innerhalb des Atemzyklus. Die einfachste und älteste Druckmessung in Beatmungssystemen ist mit pneuma-

tischen Druckmanometern möglich. Diese können durch Kopplung mit einem fotooptischen Sensor, der den Zeiger beobachtet, gleichzeitig zur Diskonnektionserkennung genutzt werden. Moderne Verfahren sind piezoresistive, induktive und kapazitive Druckwandler. Für die Flow- und Volumenmessung kommen unter anderem Turbinenflowmeter, Wirbelzähler, Ultraschallspirometer, Hitzdrahtanemometer, Lamellenspirozeptor oder Differenzdruckverfahren zum Einsatz [9].

- O_2-Mangelsignal/Lachgassperre

O_2-Mangelsignal und Lachgassperre werden gleichzeitig aktiv, wenn ein bestimmter O_2-Druck von z.B. 2,2 bar unterschritten wird. Somit kann durch den zur Verfügung stehenden Sauerstoff der Diffusionshypoxie durch alveoläre N_2O-Anreicherung vorgebeugt werden.

- In- und exspiratorisches Gasmonitoring

Zum Gasmonitoring gehört die Messung der inspiratorischen O_2-Konzentration. Diese kann sowohl elektrochemisch oder auch paramagnetisch gemessen werden. Sie ist unverzichtbar bei Niedrigflussnarkosen. Mittels Kapnographie kann die endexspiratorische CO_2-Konzentration gemessen werden. Ihre Messung ist auf unterschiedliche Weise möglich. Zum einen kann sie unter Ausnutzung der CO_2-abhängigen Absorption von Infrarotlicht, zum anderen durch Massenspektrometrie oder Raman-Spektrometrie im Haupt- oder Nebenstrom ermittelt werden.

Ebenfalls zum Gasmonitoring gehört die Messung der Konzentrationen an Lachgas, Luft und der volatilen Anästhetika. Die Messung erfolgt auf der Basis von Infrarotlicht-Absorption im Haupt- oder Nebenstromverfahren unter Nutzung unterschiedlicher Wellenlängen direkt am Verdampfer oder patientennah, was besonders bei Rückatmungssystemen sinnvoll ist.

Patientenmonitoring

- EKG-Monitoring

Zum Standardmonitoring bei jeder Narkose gehört das EKG-Monitoring. Es wird zur Überwachung von Herzfrequenz, -rhythmus und Myokardischämien (ischämische ST-Streckensenkung) genutzt.

- Pulsoxymeter

Mit Hilfe des Pulsoxymeters kann die Oxygenierung des arteriellen Blutes kontinuierlich überwacht werden. Es wird die Sauerstoffsättigung (S_{O_2}) des arteriellen Hämoglobins gemessen. Pulsoxymeter messen die Absorption von Licht bei zwei Wellenlängen (Rotlicht: 660 nm, Infrarotlicht: 940 nm). Es wird die Differenz zwischen Absorption während der Diastole und dem Spitzenwert während der Systole mittels optischem Sensor an einer gut durchbluteten Stelle, z.B. Ohr oder Finger gemessen.

- Blutdruckmessung

Die Blutdruckmessung ist eine Standardüberwachung für den Kreislauf des Patienten. Je nach Informationsbedarf (diskontinuierlich oder kontinuierlich) oder der Notwendigkeit mehrfacher intraoperativer arterieller Blutentnahmen wird zwischen der nichtinvasiven Blutdruckmessung und der invasiven Blutdruckmessung gewählt.

Bei der nichtinvasiven Blutdruckmessung erfolgt die intraoperative Messung ungefähr alle fünf Minuten. Dazu wird eine Manschette um den Oberarm gelegt und nach dem Verfahren von Riva-Rocci werden die Korottkoff-Töne registriert. Die invasive arterielle Blutdruckmessung durch Punktion einer Arterie hat den Vorteil gegenüber der nichtinvasiven Messung, dass der Druckkurvenverlauf ein Hinweis über die Volumensituation (Flüssigkeit, Elektrolyte) des Patienten sein kann (cardiac cycling = systolische RR-Schwankungen bei In- und Exspiration). Außerdem gewinnt man kontinuierlich Blutdruckinformationen. Nach dem Einlegen einer Kanüle wird diese mit dem Spülsystem und einem Drucksensor, meist einer Brückenschaltung, verbunden.

• Blutgasanalyse

Bei der Blutgasanalyse werden unter anderem die arteriellen Sauerstoff (p_{O_2})- und Kohlendioxiddrücke (p_{CO_2}), die Sauerstoffsättigung S_{O_2}, Hb-Gehalt, (der pH-Wert, Bikarbonat, HCO_3) und Elektrolyte bestimmt. Laktat und Blutzucker können ebenfalls gemessen werden.

• Katheter

Über verschiedene Katheter, etwa dem Zentralen Venenkatheter (ZVK), oder dem Pulmonaliskatheter (PAK) können weitere Informationen über den Patientenstatus gewonnen werden. So kann über den PAK nach dem Verfahren der Thermodilutation das Herzzeitvolumen (HZV) bestimmt werden.

• Hypnosetiefe-Monitoring

Über die Messung akustisch evozierter Potentiale mittlerer Latenz (MLAEP), lässt sich z.B. die Hypnosetiefe quantifizieren. Weiterhin kann durch die Messung und Bewertung des Elektroencephalogramms (EEG) die Hypnosetiefe beispielsweise mit dem Bispektralindex (BIS-Index) bewertet werden. Dieser bildet die Hypnosestadien in einen Index-Bereich von 0–100 ab, mit 40–60 als Richtwert für eine Allgemeinanästhesie, 0 zur Bewertung eines isoelektrischen EEG's und 100 für einen wachen Patienten.

• Monitoring der neuromuskulären Blockade

Die neuromuskuläre Blockade ist unter anderem ein Maß für die Unterdrückung der Reizweiterleitung vom Nerv zum Muskel. Ziel der Blockade ist das Zwerchfell als empfindlichster Muskel, der gegen nervliche Stimuli geschützt werden soll, um unkontrollierte Bewegungen z.B. in Folge einer chirurgischen Intervention zu verhindern.

3.3.4   Zukünftige Entwicklungen

Neben den Inhalationsnarkosen werden zunehmend total intravenöse Anästhesien (TIVA) eingesetzt. Es kommen neue potente, kurzwirksame Anästhetika, die in ihren Nebenwirkungen begrenzt und gut steuerbar sind, zum Einsatz. Bei der TIVA wird vollständig auf Inhalationsanästhetika verzichtet. Es werden Hypnotika, Opioide und Muskelrelaxantien verabreicht. Die Beatmung erfolgt mit reinem Sauerstoff, bei der Ein- und Ausleitung mit einem Sauerstoff – Luftgemisch. Die Dosierungsregime orientieren sich an der Pharmakokinetik der Medikamente. Ziel ist es, so schnell wie möglich einen „steady state" zu erreichen. Als Medikamente werden häufig Propofol als Hypnotikum, Remifentanil als Opioid und Mivacurium oder in Deutschland eher Cisatracurium als Muskelrelaxans verwendet.

Erste Ansätze, die Narkoseführung zu automatisieren, mündeten in den Target-Controlled-Infusion(TCI)-Systemen. Bei den TCI-Systemen wählt der Anästhesist die Zielkonzentration der Substanz im Plasma vor. Nach dem Prinzip der Steuerung der Pharmakonzentration löst die Pumpe die zum Erreichen des Ziels notwendigen Medikamentengaben selbständig aus. Da bei den TCI-Systemen keine Rückkopplung zum eigentlich Sollwert vorhanden ist, wird anhand von hinterlegten Abarbeitungsmustern versucht, den Zielwert anzufahren. Von Vorteil bei dieser Entwicklung ist sowohl das Heranführen der Anästhesisten an autonom arbeitende Infusionspumpen als auch seine Entlastung von Medikamentengaben.

Zukünftig steht zu vermuten, dass es für die drei Komponenten der Narkose, die Hypnosetiefe, die Muskelrelaxation und die Analgesie, geschlossene Regelkreise geben wird, die einen vorgegebenen Zielwert nach dem Prinzip der Regelung im geschlossenen Kreis anfahren und aufrechterhalten. Die Regelkreise werden durch gegenseitige Abhängigkeiten zu einer Mehrgrößenregelung führen (Bild 3.44). Gx und Gxy bzw. Gyx mit x = 1...3, y = 1..3, charakterisieren die Wirkungsmechanismen im Körper des Patienten mit Hilfe von Übertragungsfunktionen. Die neuromuskuläre Blockade könnte über das Elektromyogramm (EMG), die Hypnosetiefe mittels BIS–Index, und die Analgesie eventuell über die Herzfrequenzvariabilität (HRV) registriert werden. Gegenwärtig wird verstärkt nach einem Parameter gesucht, der die Analgesie quantifizieren kann. Der Ansatz über die HRV scheint Erfolg versprechend zu sein.

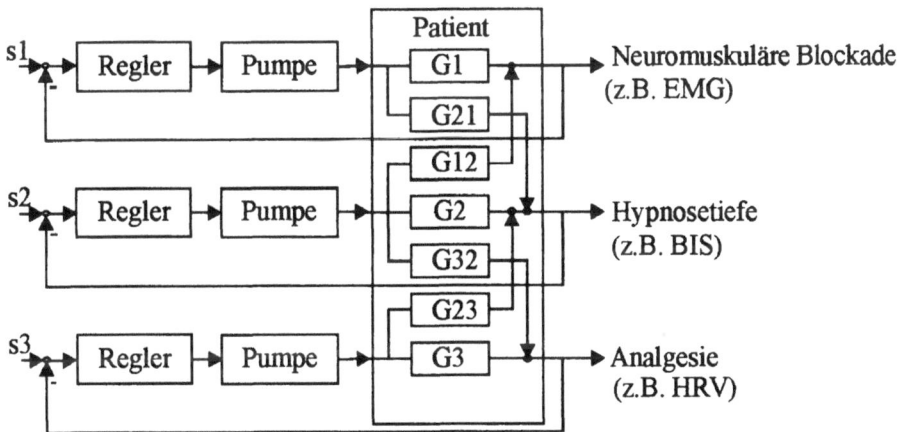

Bild 3.44: *Zukünftige Entwicklung: Mehrgrößenregelung von Hypnosetiefe, Neuromuskulärer Blockade und Analgesie. G1, G2, G3 beschreiben die direkte Wirkung des jeweiligen Medikamentes auf den gewünschten Effekt als Übertragungsglied, während G12, G21, G23, G32 die Kreuzreaktionen von dem einen auf das andere Teilsystem als Übertragungsglieder symbolisieren.*

3.3.5 Regelungsentwurf am Beispiel der neuromuskulären Blockade

Nachfolgend wird exemplarisch die Entwicklung eines Systems für die Regelung der neuromuskulären Blockade dargestellt. Die neuromuskuläre Blockade stellt ein Maß für die Muskelrelaxation dar, die, wie in Kapitel 3.3.1 dargestellt, zu den Zielen der Narkose gehört. Die Muskelrelaxation schafft die erforderlichen Voraussetzungen für die endotracheale Intubation sowie optimale Arbeitsbedingungen für den Chirurgen. Traditionell wird in Abhängigkeit vom Grad der Muskelentspannung die erforderliche Menge an Muskelrelaxans in

Form von Bolusgaben injiziert. Die nachfolgenden Ausführungen konzentrieren sich auf die Anwendung nichtdepolarisierender Muskelrelaxantien. Durch die Einführung immer kürzer wirkender Muskelrelaxantien einerseits und verlängerter Operationszeiten andererseits ist ein Übergang von der Bolusinjektion zur kontinuierlichen Applikation der Relaxantien unter bestimmten Bedingungen erforderlich geworden.

Die sich noch im Forschungsstadium befindliche Realisierung wurde an der Universität Rostock an weit über 100 Patienten erfolgreich eingesetzt. Die ingenieurtechnische Herangehensweise wird dokumentiert. Zunächst sind Regelgröße, Sollwert, Stellgröße und System zu definieren bzw. zu identifizieren.

Regelgröße und Sollwert

Die Regelgröße ist die neuromuskuläre Blockade. Sie soll intraoperativ bei großen Baucheingriffen auf einen Wert von 90% geregelt werden. Dieser stellt somit einen für die Regelung geltenden Sollwert dar. Voraussetzung für die Regelung ist die klinisch praktikable und sichere Erfassung der neuromuskulären Blockade. Für die Durchführung einer quantitativen Messung der neuromuskulären Blockade sind folgende Punkte von entscheidender Bedeutung [13]:

- die Auswahl des Stimulationsortes und des untersuchten Muskels,
- der Einsatz eines qualitativ hochwertigen Stimulators,
- die Wahl eines geeigneten Stimulationsmusters,
- die Wahl des Messverfahrens.

Für das neuromuskuläre Monitoring kann jeder oberflächlich gelegene periphere motorische Nerv und der von diesem Nerv innervierte Muskel als Stimulationsort Anwendung finden. Der Nervus ulnaris, zur Elle gehörender Nerv, ist als Stimulationsort in Praxis und Forschung heute am weitesten verbreitet. Er innerviert unter anderem den Musculus interosseus dorsalis DI und den Musculus adductor pollicis, Muskel der Mittelhand, der den Daumen adduziert, und das Anziehen des Daumens in Richtung Hohlhand bewirkt. Die Messsignale werden dabei vom Musculus interosseus dorsalis DI oder Musculus adductor pollicis abgenommen. Vorteilhaft bei dieser Methode ist die freie Zugänglichkeit der Hand während der Operation. Die Stimulationselektroden sind entlang des Nervus ulnaris relativ problemlos zu platzieren.

Neben dem Nervus ulnaris wird immer häufiger der Nervus facialis, Gesichtsnerv, als Stimulationsort für das neuromuskuläre Monitoring gewählt. Nach Stimulation dieses Nerves kann am Musculus orbicularis oculi, dem Augenringmuskel, ein Messsignal zur Beurteilung der Blockadetiefe gewonnen werden. Vorteilhaft bei der Messung der neuromuskulären Blockade am Musculus orbicularis oculi ist die große Ähnlichkeit im Blockadeverhalten mit dem des Diaphragmas, Zwerchfell. Nachteil dieser Methode ist die Gefahr der Nichterkennung von Restblockaden z.B. der Pharynx, der Schlund-Muskulatur. Hinzu kommt bei der Nutzung des M. orbicularis oculi die hohe Rate an direkter Muskelstimulation. Dies erfordert eine exakte Positionierung der Stimulationselektroden entlang des Nervus facialis. Die Wahl des Testmuskels muss entsprechend dem Ziel der Relaxation bzw. Messung für

- die Intubation,
- die intraoperative Aufrechterhaltung entsprechend der Operationsart und
- der Vermeidung jeglicher Restblockaden in der Aufwachphase

getroffen werden.

Während bei der Intubation die Erschlaffung der Pharynx-Muskulatur entscheidend ist, steht bei Oberbaucheingriffen in der Phase der intraoperativen Aufrechterhaltung die Relaxation des Diaphragma im Vordergrund. Durch die Wahl des M. adductor pollicis ergibt sich für den medizinischen Anwender ein zusätzlicher Sicherheitsbereich, da der Stimulationsmuskel eine im Vergleich zum Diaphragma längere Erholungszeit und eine geringere Empfindlichkeit bei Verwendung von Nichtdepolarisationsblockern besitzt [2].

Bei der Auswahl des Stimulators gilt zu beachten, dass monophasische Rechteckimpulse mit Impulsdauern von 200 – 300μs generiert werden können, um das Auftreten spontaner Aktionspotentiale zu vermeiden und eine direkte Muskelstimulation zu verhindern. Mit dem Stimulator muss eine supramaximale Stimulation möglich sein. Von supramaximaler Stimulation spricht man, wenn die Stromstärke den Wert, der die maximale Reizantwort ausgelöst hat, um 20% übersteigt. Sie ist notwendig, um alle Axone des motorischen Nerves zu depolarisieren. Sie liegt zwischen 30–60mA. Um bei zunehmendem Hautwiderstand weiterhin eine supramaximale Stimulation zu ermöglichen, muss eine konstante Stromabgabe gesichert sein.

Die Single-Twitch-Stimulation ist das einfachste Stimulationsmuster. Die Stimulationsfrequenz von 1Hz hat sich klinisch zur optimalen Positionierung der Stimulationselektroden bewährt. Für eine taktile und visuelle Beurteilung des Relaxationsverlaufes ist die Single-Twitch-Stimulation ungeeignet, da für die Beurteilung immer ein Kontrollwert, der bei einer 100%-igen Reizantwort aufgenommen wurde, vorliegen muss. In der konkreten Applikation wurde eine Single-Twitch-Stimulation mit Einzelimpulsen von 12s Abstand eingesetzt. Somit musste vor Relaxansgabe ein Kontrollwert aufgezeichnet werden. Das am häufigsten genutzte Stimulationsmuster ist die Train-of-Four-Stimulation (TOF). Sie nutzt 4 Einzelimpulse, die mit einer Frequenz von 2Hz im Abstand von ≥ 10s generiert werden. Diese Stimulationsart benötigt keinen im unrelaxierten Zustand aufgenommenen und als Bezugspunkt dienenden Kontrollwert. Die TOF-Stimulation besitzt eine eigene Kontrollmöglichkeit, die TOF-Ratio. Sie wird als Quotient von T4 (Reizantwort auf den 4. Stimulationsimpuls)/T1 (Antwort auf den ersten Stimulationsimpuls) berechnet. Die TOF-Ratio ist ein leistungsstarker Parameter zur Beurteilung des Relaxationsabbaus. Er ist aufgrund der bei einer 90%-igen neuromuskulären Blockade nicht mehr messbaren 4. Stimulationsantwort T4 für die dargestellte Regelung ungeeignet.

Die Mechanomyographie (MMG) gilt als Standardverfahren für die Registrierung der neuromuskulären Blockade. Sie misst isometrisch die kontraktile Antwort des stimulierten Muskels mittels Kraftübertragungsmessung. Das klassische Gerät zur Aufzeichnung eines Mechanomyogramms ist ein Kraftsensor. Oft wird der Musculus adductor pollicis als Testmuskel genutzt. Für die Messung wird der Daumen des Patienten in einem Ring platziert. Um die optimale Muskelfaserdehnung zu erreichen, muss der Daumen mit 2,0 – 2,9N vorgespannt werden. Während des Untersuchungszeitraumes ist eine exakte Einhaltung der Kraftrichtung und der Vorspannung notwendig. Der Fixierung der Hand kommt besondere Bedeutung zu, da geringe mechanische Einflüsse zu einer Störung in der Messwertaufnahme führen. Während unter klinischen Bedingungen mechanische Einflüsse, z.B. durch die Lagerung des Patienten, großen Einfluss auf das Messsignal haben, ist die Messmethode robust gegenüber elektrischen Störimpulsen.

Bei der Elektromyographie (EMG) werden biphasische Summenaktionspotentiale mit einer Durchschnittsdauer von 15ms und einer Amplitude von 3–30mV aufgezeichnet. Diese Summenaktionspotentiale entstehen unmittelbar vor Muskelkontraktion durch Depolarisation der Muskelmembran. Sie können mittels Oberflächenelektroden abgeleitet werden. Sowohl die Amplitude (Spitze-Spitze), als auch das Flächenintegral werden bei dieser Methode bewertet. Die EMG-Signale wurden mittels Edelstahlflächenelektroden abgeleitet. Elektromyographische Untersuchungen können an verschiedenen Muskeln durchgeführt werden. Aufgrund der guten Erreichbarkeit für den Anästhesisten werden Muskeln an der Hand des Patienten bevorzugt.

Ein im Vergleich zu den vorgenannten Methoden relativ neues Messverfahren ist die Acceleromyographie (AMG). Sie wurde von Viby-Mogensen eingeführt. Auch bei diesem Verfahren wird ähnlich der MMG die Kontraktilität des untersuchten Muskels ausgenutzt. Es werden beispielsweise der M. adductor pollicis oder der M. orbicularis oculi für die Messungen genutzt. Da bei der Acceleromyographie weder die aufwendige Fixation der Hand wie bei der Mechanomyographie, noch die aufwendige Signalnachbearbeitung wie bei der Elektromyographie notwendig ist, schien diese Messmethode eine gute Alternative zu sein.

Die realisierte Regelung nutzt die elektromyographisch erfasste neuromuskuläre Blockade als Regelgröße und sichert diese durch eine redundante AMG Aufzeichnung (Bild 3.45). Um die Verfahren simultan einsetzen zu können, wurde eigens ein in [5] und [13] näher beschriebenes Messsystem entwickelt.

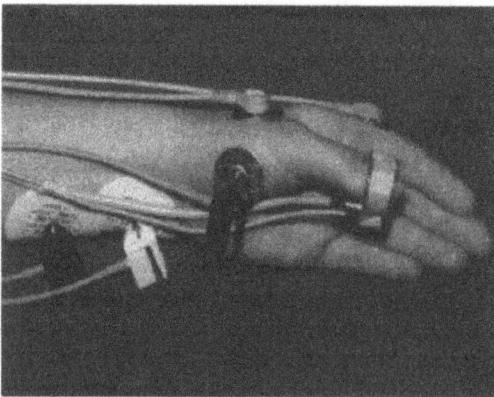

Bild 3.45: *Arm eines Patienten mit 2 Stimulationselektroden (weiß), drei EMG-Elektroden, und Beschleunigungssensoren zur AMG-Messung am Daumen.*

Stellgröße

Stellgröße des Regelkreises ist die zu applizierende Menge an Muskelrelaxans. Der Regler berechnet die Menge in [ml/h], die dann an eine Spritzenpumpe übermittelt wird. Die Kommunikation mit der Spritzenpumpe erfolgt über die RS232-Schnittstelle. Als Medikament kommt das kurz wirkende nichtdepolarisierende Muskelrelaxans Mivacurium zum Einsatz. Kurz bezieht sich auf eine Wirkdauer von 13–25 Minuten. Mivacurium besitzt eine Anschlagzeit von 3–5 Minuten und wird durch die Pseudocholinesterase hydrolisiert, abgebaut. Die vollständigen Abbau- und Ausscheidungswege des intravenös zu injizierenden Medikamentes sind bisher nicht bekannt. Zu den Kennwerten des Relaxans zählen die für den klinischen Einsatz interessanten Parameter ED_{95} und DUR_{25}. Zur Erlangung einer neuromuskulären Blockade von 95% (ED_{95}) wird eine Dosis von 0,07mg/kg KG angegeben. Die Wirkungsdauer bis zur Erholung auf 25% des ursprünglichen Ausgangswertes (DUR_{25}) beträgt 15 − 20min.

Verschiedene Medikamente verstärken die relaxierende Wirkung von Mivacurium. Werden zur Narkoseführung die Inhalationsanästhetika Isofluran oder Enfluran eingesetzt, so verringert sich die für das Erreichen eines adäquaten neuromuskulären Blocks notwendige Dosis um bis zu 25% gegenüber Propofol geführten Narkosen. Sowohl Isofluran als auch Enfluran haben relaxierende Wirkung.

Modellierung

Für die Modellierung der Medikamentenwirkung haben sich grundsätzlich zwei Herangehensweisen etabliert. Neben pharmakokinetisch-pharmakodynamischen Modellen, sogenannten PK-PD Modellen, nutzen einige Forschungsgruppen physiologisch basierte Modelle um die Pharmakawirkung zu beschreiben. Bei den physiologischen Modellen wurden die einfachen PK-PD Modelle um physiologische Parameter erweitert. Nachfolgend sollen die reinen PK-PD Modelle betrachtet werden.

Die Pharmakokinetik beschreibt die Einflüsse des Organismus auf das Pharmakon, d.h. Resorption, Verteilung und Elimination. Im Unterschied dazu werden mit der Pharmakodynamik die Einflüsse des Pharmakons auf den Organismus dargestellt. Die Beschreibung der Pharmakokinetik erfolgt dabei durch Kompartiment-Modelle. Der menschliche Körper wird dazu in relevante Körperkompartimente unterteilt. Die Modelle beschreiben Verteilung und Abbau innerhalb sowie den Austausch des Relaxans zwischen den Kompartimenten.

Die Pharmakokinetik von Mivacurium lässt sich wie nachfolgend dargestellt beschreiben. Ausgehend von einem Zwei-Kompartiment-Modell werden die Medikamentenkonzentration im i-ten Kompartiment zur Zeit t durch x_i, die Änderung der Relaxanskonzentration durch $\dot{x}_i$ und die Relaxansgabe mittels u dargestellt. Das Verhalten kann durch die Differentialgleichungen,

$$\dot{x}_1 = -(k_{10} + k_{12})x_1 + k_{21}x_2 + u \tag{3.28}$$

$$\dot{x}_2 = k_{12}x_1 - k_{21}x_2 \tag{3.29}$$

beschrieben werden. k_{10} kennzeichnet die Konstante für die Eliminationsrate. k_{12}, k_{21} charakterisieren die Übertragungskonstanten zwischen den Kompartimenten. Das zentrale Kompartiment wird durch den Index 1 und das periphere Kompartiment durch den Index 2 gekennzeichnet. Aus den Differentialgleichungen ergibt sich dann mit

$$G(s) = \frac{X_1(s)}{U(s)} = \frac{K(1+sT_{\mathrm{D}})}{(1+sT_1)(1+sT_2)} \qquad (3.30)$$

eine Übertragungsfunktion, die in der Verstärkung und den Zeitkonstanten auf das jeweilige
Relaxans angepasst wird. Dieses Modell zeigt für einige Relaxantien ein ungenügendes Verhalten. Daher wurde ein zusätzliches hypothetisches Effekt-Kompartiment

$$\dot{x}_{\mathrm{E}} = k_{1\mathrm{E}}x_1 - k_{\mathrm{E}0}x_{\mathrm{E}} \qquad (3.31)$$

eingeführt. Bei dem ähnlich wie in Gleichung (3.28) $k_{\mathrm{E}0}$ die Eliminationskonstante, $k_{1\mathrm{E}}$ die
Übertragungskonstante und der Index E das Effekt-Kompartiment charakterisieren.

Bild 3.46 zeigt das so entstandene 2+1-Kompartiment-Modell. Das hypothetische Effekt-
Kompartiment erweitert die Übertragungsfunktion um eine weitere Verzögerung zu

$$G_{\mathrm{S}}(s) = \frac{X_{\mathrm{E}}(s)}{U(s)} = \frac{K(1+sT_{\mathrm{D}})}{(1+sT_1)(1+sT_2)(1+sT_3)}. \qquad (3.32)$$

Das Modell wird um eine Ersatztotzeit ergänzt, in die die Transportdauer des Relaxans von
der Injektionsstelle bis zum Wirkungsort eingeht.

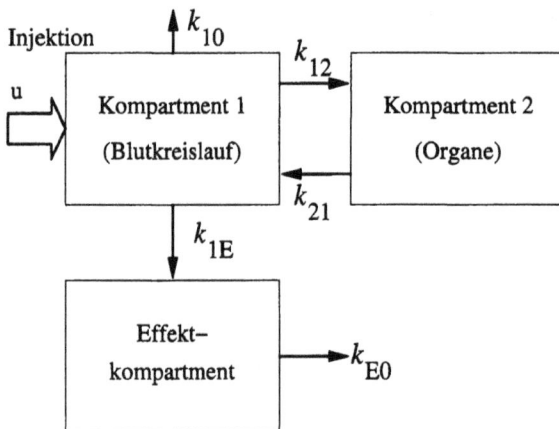

Bild 3.46: *Grafische Darstellung des 2-Kompartiment-Modells + Effekt-Kompartiment.*

Es ergibt sich dann für $G_{Miv}(s)$

$$G_{Miv}(s) = \frac{X_E(s)}{U(s)} = \frac{e^{sT}K(1+sT_D)}{(1+sT_1)(1+sT_2)(1+sT_3)}.$$ (3.33)

Erst wenn 75% der Rezeptoren im synaptischen Spalt durch das Relaxans belegt sind, tritt eine messbare Muskelrelaxation ein. Die Pharmakodynamik kennzeichnet eine Nichtlinearität des zugrunde liegenden Prozesses. Zur Beschreibung der Sättigungseffekte wird die Hill-Gleichung verwendet

$$E_{eff} = \frac{E_{max}x_E^\alpha}{x_E^\alpha + x_E(50)^\alpha}.$$ (3.34)

Die Medikamentenkonzentration wird mit x_E bezeichnet, und $x_E(50)$ beschreibt die Relaxanskonzentration bei 50% neuromuskulärer Blockade, α ist der Hill-Koeffizient. Das Blockschaltbild des Gesamtmodells ist in Bild 3.47 dargestellt.

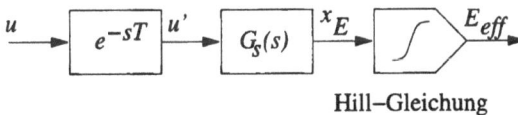

Bild 3.47: Blockschaltbild des theoretischen Kompartimentmodells.

Die Beschreibung von Medikamentenwirkungen und -verteilungen mit Hilfe von Kompartimentmodellen ist in der Pharmakologie eine gängige Methode. Mit Hilfe der Differentialgleichungen, Übertragungsfunktionen und Kennlinien können sie dem Regelungstechniker einen Eindruck von der strukturellen Wirkung der Medikamente vermitteln. Das hier dargestellte Modell kann nur ein Anhaltspunkt für die Struktur sein. Die Parameter müssen individuell für jeden Patienten, oder so man eine Klassifikation in größere Patientenklassen vorgenommen hat, für jede Klasse neu bestimmt werden.

Individuelle Unterschiede können vielfältige Ursachen haben, zum Beispiel die körperliche Konstitution, Blutmenge und Verteilungsgeschwindigkeit. Je nach Medikament bestimmen einzelne Organfunktionen den individuellen Charakter. Mit Hilfe der theoretischen Modelle kann lediglich die Struktur festgelegt werden. Nachfolgend wurden die Parameter durch Optimierungen bestimmt. Somit sind Aussagen bezüglich der Modellgenauigkeit nur schwer möglich.

Für den Reglerentwurf sind Simulationsmodelle günstig. Diese können, wie nachfolgend skizziert, aus Identifikationsmessungen abgeleitet werden. Ziel ist es, ein Modell zu finden, das auf der Basis eines aufgezeichneten Datensatzes den individuellen neuromuskulären Blockadeverlauf eines Patienten mit geringem Fehler beschreiben kann. Einen beispielhaften Identifikationsdatensatz zeigt Bild 3.48. Er wurde unter Einsatz eines 2-Punkt-Reglers im geschlossenen Kreis aufgenommen und zeigt die Abhängigkeit des Relaxationsgrades von den Bolusinjektionen an Muskelrelaxans.

Unter Anwendung des mit den Gleichungen (3.33) und (3.34) beschriebenen Modells kann durch einfache Parameteroptimierung für einen Beispieldatensatz ein Simulationsmodell ermittelt werden. Um individuelle Abhängigkeiten, z.B. vom Körpergewicht berücksichtigen zu können, müssen repräsentative Datensätze ausgewählt werden, die dann bestimmte Patientenklassen widerspiegeln. So können Patientengruppen nach ihrer Reaktion auf das Medikament in sehr empfindliche, normal empfindliche oder unempfindliche Medikamentenreaktionen eingeteilt werden. Die Einstufung erfolgte im Vergleich zu den mittleren Zeitvorgaben und Erfahrungen bei der Medikamentenwirkung. Die nachfolgenden Beschreibungen beziehen sich alle auf den Datensatz einer normal empfindlichen Patientin.

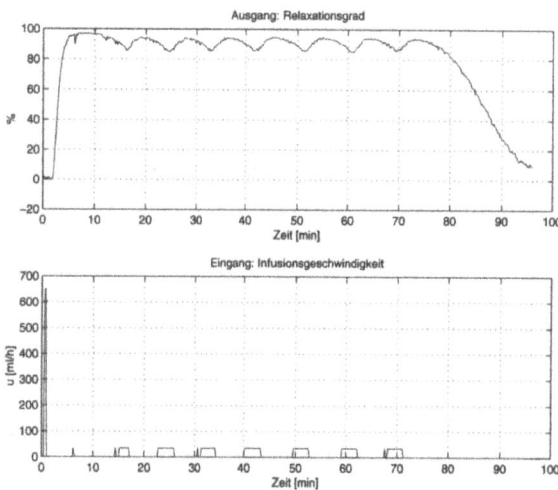

Bild 3.48: *Identifikationsdatensatz für Mivacurium.*

Für die Parametrisierung der Modellstruktur ergibt sich ein Parametervektor Θ von

$$\Theta = (K, T_1, T_2, T_3, T_D, x_E(50), \alpha). \tag{3.35}$$

Eine Parametrisierung unter Verwendung der Verlustfunktion (3.36), in der N die Messlänge, k den diskreten Messzeitpunkt und ε den Fehler zwischen Messwert und Modellausgang beschreiben, führt zu dem in Bild 3.49 dargestellten Simulationsverlauf.

$$V_N(\Theta) = \frac{1}{N}\sum_{k=1}^{N} \varepsilon^2(k,\Theta) \tag{3.36}$$

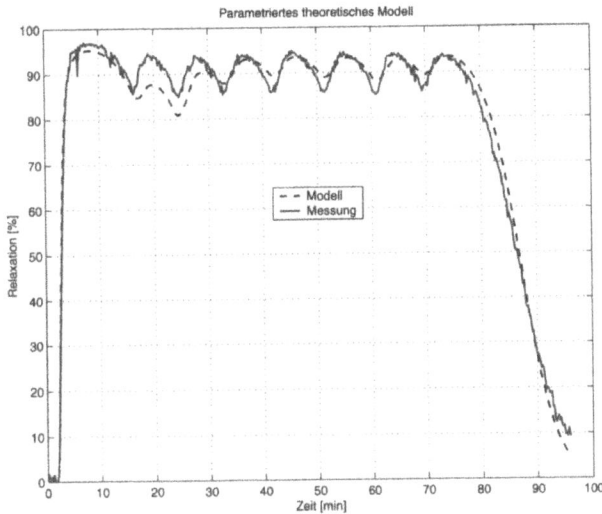

Bild 3.49: *Beispielhafte Simulation der Mivacuriumwirkung.*

Der Modellfehler beträgt RMSE = 2,88% neuromuskuläre Blockade für die ermittelten Modellparameter: $K = 0,07$; $T_1 = 6,48$min, $T_2 = 7,45$min, $T_3 = 2,219$min, $T_D = 2,81$min, $x_E(50) = 0,37$µg/ml, $\alpha = 3,15$, $\tau = 1$min. Das so gefundene Modell kann nun für Simulationen und zum Reglerentwurf genutzt werden.

Reglerentwurf

Wie bereits in Bild 3.44 dargestellt, handelt es sich bei der Regelung der Anästhesie um ein Mehrgrößenregelungsproblem. Nach einigen allgemeinen Bemerkungen zu Mehrgrößenregelungen folgt eine kurze Darstellung eines Reglers für die neuromuskuläre Blockade, wie er zu Studienzwecken in Rostock genutzt wird.

Für Mehrgrößensysteme können unterschiedliche Regelungsstrategien Anwendung finden. Die dargestellten Querkopplungen sind beim Reglerentwurf zu berücksichtigen. Mehrgrößenregelungssysteme können je nach Art der Verkopplung und Regelungsstrategie wie folgt unterteilt werden:

- schwach gekoppelte Mehrgrößensysteme, separate Eingrößenregler,
- statisch entkoppelte Mehrgrößensysteme, dezentrale Regelung,
- entkoppelte Mehrgrößensysteme, Mehrgrößenregler mit Entkopplungsglied,
- direkte Mehrgrößenregelung.

Bei schwach gekoppelten Mehrgrößensystemen sind die Kopplungen zwischen den Regelkreisen so geringfügig, dass sie beim Reglerentwurf vernachlässigt werden können. Die Mehrgrößenregelungsaufgabe wird durch den Entwurf mehrerer einfacher einschleifiger Regelkreise gelöst. Der Entwurf der Regler kann nacheinander ohne besondere Berücksichtigung der Mehrgrößenaufgabe nach den Entwurfsmethoden für Eingrößenregelungen erfolgen. Diese Vorgehensweise wird als „sequential loop closing" bezeichnet [7].

Sind die Querkopplungen nicht mehr vernachlässigbar, müssen sie beim Reglerentwurf berücksichtigt werden. Die Regelung kann dann ebenfalls durch getrennte Teilregler realisiert werden. Der Begriff der „dezentralen Regelung" wird für diese Art einer Mehrgrößenregelung genutzt.

Je nach den Anforderungen an die Regelung ist auch bei stärker gekoppelten Systemen eine statische Entkopplung, eine Entkopplung im eingeschwungenen Zustand, ausreichend. Bei starken Verkopplungen in der Strecke sind oft entsprechende Verkopplungen im Regler notwendig, mit dem Ziel, durch geeignete Querkopplungen im Regler, die in der Strecke auftreten Querkopplungen, zu kompensieren. Die Entkopplung wird heute als ein nicht mehr notwendiger Zwischenschritt angesehen. Durch die Entkopplung wird dem System, ähnlich wie bei den Kompensationsreglern, ein für das System nicht in jedem Fall günstiges internes Verhalten aufgezwungen. Es führt zum Verlust an Robustheit und kann sogar interne Instabilität bewirken.

Heute werden in der Regel nur noch zwei Wege für die Mehrgrößenregelung beschritten. Entweder sind die Querkopplungen so schwach, dass sie vernachlässigt bzw. wie bei der dezentralen Regelung im Entwurf der Eingrößenregler berücksichtigen werden können, oder sie werden in einen direkten Mehrgrößenreglerentwurf eingearbeitet.

Der nachfolgend dargestellte Regler für die neuromuskuläre Blockade ist Teil eines Mehrgrößensystems, das jedoch aufgrund der Pharmakawahl von einer geringen Querkopplung ausgeht und somit unter Verwendung von Einzelregelkreisen realisiert wurde.

Die gesamte Regelung der neuromuskulären Blockade wird in zwei Phasen unterteilt. Es können folgende Zusatzanforderungen an die Regelung gestellt werden:

- In der Phase eins soll der angestrebte Sollwert von einer 90%-igen neuromuskulären Blockade schnellstmöglich erreicht werden.
- Während der zweiten Phase steht die Ausregelung auftretender Störungen und somit die Gewährleistung eines in den von den Ärzten vorgegebenen Toleranzgrenzen von ±3% verbleibenden neuromuskulären Blocks im Vordergrund.

Um in der ersten Phase möglichst schnell den gewünschten Blockadegrad von 90% zu erreichen, beginnt der Regler mit einer Bolusapplikation. Da es sich bei der Relaxansapplikation-Messeffekt-Beziehung um einen nichtlinearen Prozess handelt, wurde als einfachster nichtlinearer Regler ein 2-Punkt-Regler eingesetzt.

Für die Auswahl des Reglers sind die folgenden Feststellungen von Bedeutung:

- Die Reaktionen der Patienten auf die Gabe des Muskelrelaxans sind individuell sehr verschieden. Das gilt insbesondere auch für die Totzeit.
- Das Verhalten des Patienten nach Gabe des Muskelrelaxans kann sich intraoperativ verändern.
- Es treten vielfältige intraoperative Störungen auf, die die Messungen beeinträchtigen. Solche Störquellen sind die im Operationssaal genutzten medizintechnischen Geräte wie z.B. Thermocauter oder Diathermie, auch operative Besonderheiten wie z.B. massiver Blutverlust, Temperaturverlauf oder Spritzenwechsel.

Aus diesen Eigenheiten leiten sich folgende Anforderungen an die Regelung ab:

- Die Regelung muss sich an jeden einzelnen Patienten adaptieren. Die Adaptation kann zu Beginn der Regelungsphase geschehen, sie muss sich aber während der Regelung wiederholen.
- Die unbekannten oder schwer zu quantifizierenden Störeinflüsse dürfen nur sehr geringen Einfluss auf die Regelung haben.
- Die eingesetzte Regelung muss robust gegenüber Unsicherheiten in den Parametern und der Totzeit sein.

Für die Regelung der neuromuskulären Blockade wurde der „Generalised Predictive Controller, GPC" ausgewählt, da er die genannten Anforderungen erfüllt. Für den Einsatz des GPC wird angenommen, dass der Prozess nichtlinear sei, aber um den Arbeitspunkt durch ein lineares Modell angenähert werden kann. Zur Berechnung der Stellgröße wird vom Regler das folgende Kriterium minimiert [13]:

$$J(N_1, N_2, Nu, \lambda) = E[Q_1 + Q_2] \tag{3.37}$$

mit

$$Q_1 = \sum_{j=N_1}^{N_2} [\hat{y}(t+j) - r(t+j)]^2$$

$$Q_2 = \sum_{j=1}^{Nu} [\lambda(j)(\Delta u(t+j-1))]^2$$

mit

- N_1 – minimaler Vorhersagehorizont,
- N_2 – maximaler Vorhersagehorizont,
- Nu – Stellhorizont und
- λ – Wichtung des Stellsignals.

$\hat{y}(t+j)$ charakterisieren die vorhergesagten Werte der Regelgröße und $r(t+j)$ die zukünftigen Sollwerte. Der GPC erfuhr eine adaptive Erweiterung. Mit Erreichen des Arbeitsbereiches von 88 – 100% neuromuskulärer Blockade bei aktivem, infusionierendem 2-Punkt-Regler (On-off) wird mit einer online-Identifikation begonnen. Statt des vom GPC standardmäßig genutzten CARIMA-Modells identifiziert das System ein ARX-Modell 3. Ordnung. Dieses wird dem GPC nach Abschluss der Identifikation übergeben und mit jedem Abtastschritt alle 12s aktualisiert. Somit wurde der GPC adaptiv erweitert. Für den Regler gelten die Parameter $N_1 = 1$; $N_2 = 36$; $Nu = 6$; $\lambda = 26$.

In Bild 3.50 ist der Aufbau der Regelung skizziert. Zusätzlich zu den Standardkomponenten wie Regler, Strecke, Stell- und Regelgröße werden mögliche auf den Kreis wirkende Störungen symbolisiert. Bild 3.51 zeigt einen beispielhaften Verlauf einer Blockaderegelung. Nach

Bolusapplikation und einer Wartezeit von 3 Minuten regelt zunächst ein einfacher Zwei-punkt-Regler das System. Die dabei auftretenden Bewegungen um den Sollwert werden zur Identifikation des Patientenverhaltens im Arbeitspunkt genutzt. Nach Abschluss der Modell-bildung wird dieses dem GPC übergeben, und dieser übernimmt die Regelung. Das Modell wird in jedem Abtastschritt aktualisiert. Somit konnte eine Adaption realisiert werden. Das System kann den Bolus je nach Vorgabe eigenständig applizieren oder bei Handgabe des Bolus mit der Zweipunktregelung und anschließendem GPC das Regime übernehmen.

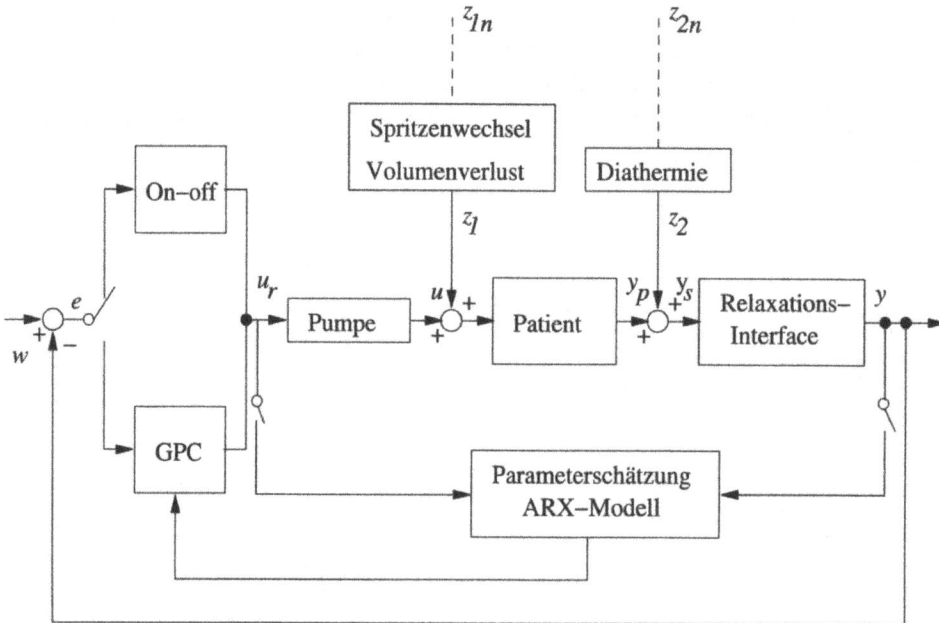

Bild 3.50: *Struktur der Regelung der neuromuskulären Blockade im „Rostocker Assistenzsystem zur Narkoseführung".*

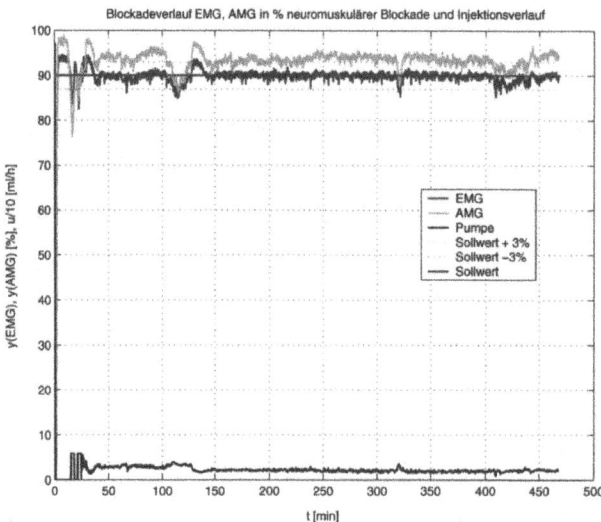

Bild 3.51: *Beispielhafte Regelung der neuromuskulären Blockade.*

Am Beispiel der neuromuskulären Blockaderegelung wurde versucht, die grundlegenden Entwurfsschritte von der Messwertgewinnung über den Regler bis zur Stellmöglichkeit aufzuzeigen. Diese Ergebnisse sind gegenwärtig von einer Umsetzung in ein Seriengerät weit entfernt. Für Regelungen in medizintechnischen Geräten gelten besondere Anforderungen an die Störsicherheit. Diese wird vielfach über eine robuste und redundante Auslegung der Regelkreiskomponenten gewährleistet. So robust wie die Hardware muss auch die Software sein, was besondere Programmierstile erfordert.

3.3.6   Zum Weiterlesen

1 D.W. Clarke, D.W.C. Mohtadi, P.S. Tuffs: Generalized Predictive Control – Part 1+ 2. The Basis Algorithm. In: Automatica **23** (1987), Nr. 2, S. 137–160.

2 T. Fuchs-Buder, T. Menke: Neuromuskuläres Monitoring. In: Anaesthesist **50** (2001), S. 129–138.

3 A. Gärtner: Beatmungs- und Narkosetechniken. Verlag TÜV-Reinland, Köln, (1993).

4 M. Heck, M. Fresenius: Repetitorium Anästhesiologie. Springer Berlin, Heidelberg, (2001).

5 R. Hofmockel: Quantitatives neuromuskuläres Monitoring mit simultaner Anwendung der Mechano-, Elektro- und Acceleromyographie, Universität Rostock, Medizinische Fakultät, Klinik und Poliklinik für Anästhesiologie und Intensivtherapie, Habilitationsschrift, Rostock, (1997).

6 R. Larsen: Anästhesie. Urban und Schwarzenberg, München, (1995).

7 J.M. Maciejowski: Multivariable Feedback Design. Cornwall, Great Britain: Addison-Wesley, (1993).

8 H.W. Opderbecke, W. Weissauer: Entschließungen – Empfehlungen – Vereinbarungen, Ein Beitrag zur Qualitätssicherung in der Anästhesiologie, www.dgai.de.

9 J. Rathgeber: Respiratorfunktionsüberwachung und Atemgase, in W.F. List, H. Metzler, T. Pasch: Monitoring in Anästhesie und Intensivmedizin. Springer, Berlin, (1998), 289–322.

10 K. Rupp, J. Holzki, T. Fischer, C. Keller: Fibel Kinderanästhesie, Dräger Medizintechnik GmbH Lübeck, www.draeger.com (1999).

11 J. Schulte am Esch, E. Kochs, H. Bause: Anästhesie und Intensivmedizin. Thieme, Stuttgart, (2000).

12 E. Siegel: Inhalationsnarkosegeräte, in R. Kramme: Medizintechnik: Verfahren, Systeme, Informationsverarbeitung. Springer, Berlin,(2002), 319–334.

13 O. Simanski: Entwicklung eines Systems zur Messung und Regelung der neuromuskulären Blockade und der Narkosetiefe, Universität Rostock, Fakultät für Ingenieurwissenschaften, Institut für Automatisierungstechnik, Dissertation, Rostock (2002).

14 A.M. Zbinden, K.S. Stadler, P.M. Schumacher: Zukunft der Narkosesteuerung: Closed-loop-Entwicklungen als „Autopilot", Journal für Anästhesie und Intensivbehandlung **2** (2003), 208–212.

4 Wiederherstellung von Nierenfunktionen

Matthias Krämer

Automatisierungstechnische Methoden haben seit ca. 1990 erheblich zur Verbesserung der Qualität der Hämodialysetherapie beigetragen. Der Fokus dieses Kapitels über Nierenersatztherapie ist auf wesentliche therapeutische Probleme gerichtet, für die mit Hilfe der Automatisierungstechnik Lösungen gefunden wurden oder zu erwarten sind. Die einzelnen therapeutischen Probleme und ihre technischen Lösungsansätze werden im Folgenden in jeweils eigenen Unterkapiteln behandelt (beginnend mit Kap. 4.3). Dieses Kapitel kann keinen vollständigen Überblick über therapeutische Aspekte der Dialyse oder über technische Konzepte und seltener verwendete Therapievarianten geben. Zur besseren Einordnung der spezialisierten Unterkapitel ist diesen jedoch ein kurzer Überblick über die Nierenphysiologie (Kap. 4.1) und die Grundlagen der Hämodialyse (Kap. 4.2) vorangestellt.

4.1 Nierenfunktionen und Nierenerkrankungen

Die Niere hat im Organismus vielfältige Funktionen: Sie kontrolliert die Wasser- und Salzausscheidung und ist damit an der Regelung des Flüssigkeitsvolumens im Körper und des Elektrolythaushalts beteiligt. Außerdem werden verschiedene Stoffwechsel-Endprodukte, Fremdstoffe und Toxine über die Niere ausgeschieden (z.B. Harnstoff, Harnsäure, viele Medikamente). Über die variierbare Ausscheidung von H^+-Ionen und HCO_3^--Ionen ist die Niere auch an der Regulation des Säure-Base-Haushalts beteiligt. Schließlich hat die Niere noch verschiedene Funktionen im Stoffwechsel und bei der Hormonproduktion; z.B. wird das blutbildende Hormon Erythropoetin (EPO) in Fibroblasten der Niere gebildet.

Die beiden Nieren liegen hinter dem Bauchfell, beiderseits der Wirbelsäule, und wiegen jeweils ca. 160 g. Im Querschnitt der Niere (Bild 4.1) zeigen sich die außen liegende Rinde (cortex) und das sich nach innen anschließende Mark (medulla) mit 16–20 Pyramiden, deren Spitzen in die Kelche des Nierenbeckens ragen. Im Bereich des Nierenbeckens ist der Durchtritt der großen Blutgefäße und des zur Harnblase führenden Harnleiters.

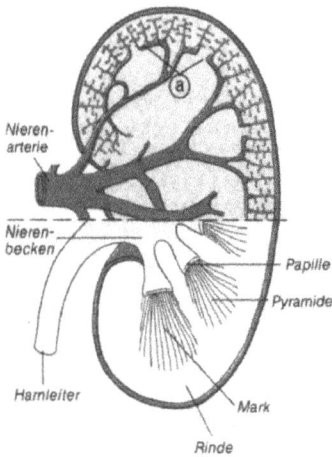

Bild 4.1: *Querschnitt durch die Niere; oben ist das arterielle Gefäßsystem dargestellt, unten das ableitende Urinsammelsystem (nach Silbernagl, Despopoulos, „Taschenatlas der Physiologie", 4. Auflage, Thieme).*

Die funktionellen Einheiten der Niere sind die ca. 1.2 Millionen Nephrone (Bild 4.2). Am Beginn des Nephrons liegt der Glomerulus: Dieser ist eine kleine Filtereinheit, die Zellen und größere Moleküle wie Proteine zurückhält, Wasser und kleinmolekulare Substanzen aber passieren lässt. Ein Glomerulus besteht aus einem Knäuel von Kapillaren, in deren Wänden spezielle Zellen (Podozyten) ineinander verzahnte Fortsätze bilden. Die dadurch entstehenden Schlitze, in Kombination mit einer weiteren Schlitzmembran und dem gefensterten Endothel der Kapillaren bildet eine biologische Filtermembran mit einer effektiven Porengröße von ca. 5 nm. Damit ist die Membran für Moleküle <15 kD voll durchlässig, für Moleküle >80 kD dagegen undurchlässig. In allen Glomeruli beider Nieren wird ca. 180 l Primärharn pro Tag erzeugt. Dieses Filtrat gelangt dann vom Glomerulus in den Tubulus, wo große Anteile wieder resorbiert werden. Der Tubulus besteht aus einem proximalen Teil, der Henleschen Schleife, die bei einem Teil der Nephrone bis zu 40 mm lang ist und bis ins Mark reicht, und dem distalen Teil, der in ein Sammelrohr für den Urin mündet. Die Resorption im Tubulus erfolgt durch eine Vielzahl von aktiven und passiven Transportvorgängen. Wertvolle Bestandteile wie z.B. Glukose und Aminosäuren werden dabei durch aktive Transportprozesse resorbiert. Manche Stoffwechsel-Endprodukte werden zusätzlich noch durch transzelluläre Sekretion durch die Tubuluszellen in den Tubulusurin sezerniert. NH_3 und H^+-Ionen werden erst in den Tubuluszellen generiert und dann aktiv (H^+) oder passiv (NH_3) sezerniert.

Von den ca. 1.5 kg NaCl, die pro Tag glomerulär filtriert werden, kommen jedoch nur zwischen 0.5% und 5% zur Ausscheidung (je nach mit der Nahrung aufgenommener Kochsalzmenge). Der Rest wird durch aktive und passive Resorption wieder aufgenommen. Den distalen Tubulus erreicht noch 10–20% der filtrierten Na-Menge; dort und im Sammelrohr wird die Na-Resorption durch die Hormone Aldosteron und Atriales Natriuretisches Peptid (ANP) gesteuert, wodurch dann die physiologisch notwendige Na-Ausscheidung sichergestellt wird. Bei Passage der Henleschen Schleife wird der Harn im absteigenden Teil zunächst aufkonzentriert. Im aufsteigenden dicken wasserundurchlässigen Teil wird dann aber durch aktive Resorption von NaCl ein hypotoner Harn erzeugt. Die Regulation des Wasserhaushalts erfolgt dann durch das Hormon Adiuretin (ADH), welches die Wasserdurchlässigkeit im distalen Tubulus und im Sammelrohr beeinflusst: Bei Anwesenheit von ADH erhöht sich die ansonsten geringe Wasserdurchlässigkeit, so dass dem Harn osmotisch viel Wasser entzogen werden kann. Zu diesem Entzug trägt noch bei, dass die Osmolarität zum inneren Mark hin auf etwa das Vierfache der üblichen Osmolarität von 290 mosm/l ansteigt. Durch diesen Mechanismus kann die Wasserausscheidung zwischen 0.5% und >7% der glomerulär filtrierten Rate eingestellt werden.

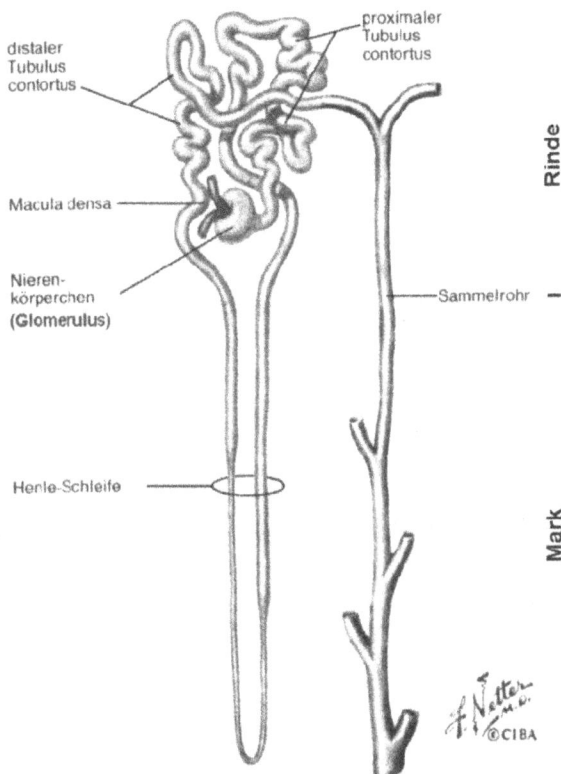

Bild 4.2: Das Nephron, die grundlegende funktionale Einheit der Niere (aus: Netter, „Farbatlanten der Medizin, Bd. 2: Niere und Harnwege", 2. Auflage; Thieme. Mit freundl. Erlaubnis von Icon Learning Systems, MediMedia USA, Inc. Alle Rechte vorbehalten.).

Entsprechend der vielfältigen regulatorischen Funktionen der Niere führt ein Nachlassen der Nierenfunktion zu einer zunehmenden Entgleisung des Wasser-, Elektrolyt- und Säure-Base-Haushalts, einer Intoxikation des Organismus sowie einer Beeinträchtigung vielfältiger weiterer Funktionen im Körper. Ohne rechtzeitige Therapiemaßnahmen bildet sich bei Nierenkranken das urämische Syndrom aus, welches durch eine Vielzahl von Symptomen wie z.B. Hyperventilation durch metabolische Azidose, Mangelernährung, Lethargie, Bluthochdruck, Anämie, Blutgerinnungsstörungen, hohe Infektanfälligkeit, Stauungslunge gekennzeichnet ist und letztlich unbehandelt zu Koma und Tod führt.

Die Ursachen des chronischen Nierenversagens sind vielfältig; die häufigsten Ursachen sind Diabetes, Bluthochdruck und entzündliche Nierenerkrankungen. Die Patienten bedürfen einer lebenslangen Nierenersatztherapie, soweit sie kein Nierentransplantat erhalten. Die Dialysetherapie kann die meisten der genannten Symptome beheben oder zumindest abschwächen und den Patienten langfristig am Leben erhalten. Neben dem beschriebenen chronischen Nierenversagen gibt es noch das akute Nierenversagen, welches durch Verletzungen, Vergiftungen, operative Eingriffe sowie schwerwiegende akute Erkrankungen (insbesondere infektiöse Nierenentzündungen) ausgelöst werden kann. Das akute Nierenversagen weist eine hohe Mortalität (ca. 50%) auf; bei Überlebenden kann sich jedoch, im Gegensatz zum chronischen Nierenversagen, die Nierenfunktion wieder vollständig regenerieren.

4.2   Grundlagen der Hämodialyse

Bei weltweit ca. 1.1 Millionen Patienten mit terminalem Nierenversagen (2002) wird die Nierenfunktion durch **Hämodialyse** ersetzt. Dabei werden die Stoffwechsel-Endprodukte und Toxine, sowie die akkumulierte Flüssigkeit über eine semipermeable Membran von ca. 1–2 m^2 Oberfläche entzogen. Das Blut des Patienten wird über einen geeigneten Zugang zum Blutgefäßsystem abgezogen, in einem extrakorporalen Kreislauf durch den Dialysator und dann wieder zurück zum Patienten geleitet (siehe Bild 4.3).

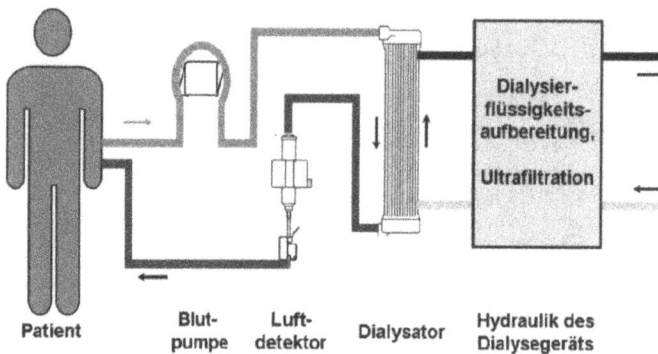

Dialysier-
flüssigkeits-
aufbereitung,

Ultrafiltration

Patient   Blut-   Luft-   Dialysator   Hydraulik des
             pumpe   detektor   Dialysegeräts

Bild 4.3: Prinzip der Hämodialyse.

Der **Dialysator** ist der zentrale Baustein der Dialysetherapie (Bild 4.4). Er enthält die semipermeable Dialysatormembran, die als Bündel von einigen Zehntausend Hohlfasern realisiert ist. Das Patientenblut wird durch die inneren Lumina (Durchmesser ca. 0.2 mm) der Hohlfasern geleitet. Auf der Außenseite der Hohlfasern fließt dagegen eine gepufferte Elektrolytlösung, die sog. Dialysierflüssigkeit. Diese enthält Na^+, K^+, Ca^{++}, Mg^{++}, Cl^- in physiologischen Konzentrationen, ein Puffersystem (heute meist Bicarbonat) und wahlweise Glucose. Die Membran erlaubt die Passage kleinerer Moleküle, jedoch werden große Proteine (z.B. Albumin) und Zellen zurückgehalten. Toxine diffundieren aus dem Blut durch die Dialysatormembran in die Dialysierflüssigkeit, welche nach Passage des Dialysators ins Abwasser geleitet wird. Die Elektrolytkonzentrationen im Blut gleichen sich im Laufe der Dialyse weitgehend den Konzentrationen in der Dialysierflüssigkeit an. Bicarbonat wird üblicherweise dem Patienten zugeführt, da die Konzentration in der Dialysierflüssigkeit höher als im Blut ist. Überschüssige Flüssigkeit wird dem Patienten durch Absaugen von Plasmawasser über die Dialysatormembran (**Ultrafiltration UF**) entzogen. Dieses geschieht unter Kontrolle eines geeigneten volumetrisch bilanzierenden Systems, um unkontrollierten Flüssigkeitsentzug zu vermeiden.

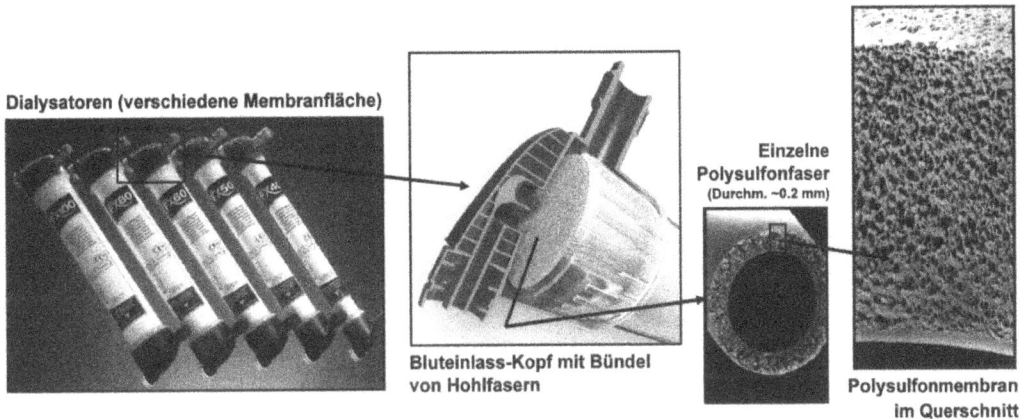

Bild 4.4: *Dialysatoren, Aufbau des Bluteinlasskopfs, Querschnitt durch einzelne Hohlfaser und Membranstruktur (Fresenius Medical Care).*

Der Stoffaustausch bei der Hämodialyse erfolgt nicht nur durch Diffusion (d.h. infolge eines Konzentrationsgradienten). Da Blut- und Dialysierflüssigkeitsstrom entgegengerichtet sind (s. Bild 4.3), entstehen lokale Druckverhältnisse an der Membran, die an unterschiedlichen Membranabschnitten Vorwärts- bzw. Rückwärts-Filtration bewirken. Daher enthält der Stoffentzug immer auch einen **konvektiven** Anteil (d.h. Mitführung von Molekülen mit über die Membran abgezogenem Plasmawasser). Durch diesen Mitführeffekt bei der Konvektion gelingt eine effektivere Entfernung großmolekularer Toxine als durch Diffusion alleine, da die Diffusivität bei hoher Molekülmasse gering ist. Neben dem Standard-Therapiemodus Hämodialyse ist daher ein weiterer Therapiemodus verbreitet: Die **Hämodiafiltration**, bei welcher der konvektive Entzug stark erhöht wird, indem größere Mengen Plasmawasser ultrafiltriert (einige l bis einige 10 l) und gleichzeitig durch Einleitung steriler Dialysierflüssigkeit ins Blut substituiert werden. Eher für die Behandlung des akuten Nierenversagens wird ein dritter Therapiemodus angewandt, die **Hämofiltration**. Hier wird auf Dialysierflüssigkeit ganz verzichtet, der Substanzentzug erfolgt nur durch Ultrafiltration von einigen 10 l. Dieses Volumen wird durch steriles Substituat (Zusammensetzung entspricht der Dialysierflüssigkeit) wieder weitgehend ersetzt.

Ein Vergleich des Prinzips der Hämodialyse mit der in Kap. 4.1 beschriebenen Funktion der Niere ergibt nur begrenzte Gemeinsamkeiten. Die Verwendung von Membranen (im Dialysator bzw. Glomerulus) zur Separation ist die auffälligste Gemeinsamkeit. Auch die Trenncharakteristiken von Glomerulus und den sog. High-Flux-Membranen für die Dialyse sind ähnlich. Jedoch benötigt die Niere weder Dialysierflüssigkeit noch Substitutionslösung. Die komplexen Resorptions- und Sekretionsvorgänge im Nierentubulus haben keine Entsprechung bei der Hämodialyse.

Die vielfältigen technischen Funktionen, die zur Durchführung einer Dialyse notwendig sind, werden von der Dialysemaschine (Bild 4.5) ausgeführt. Dazu zählen insbesondere

- die Herstellung und Temperierung einer mikrobiologisch unbedenklichen Dialysierflüssigkeit aus einem Konzentrat und aufbereitetem Wasser,
- das Betreiben und sicherheitstechnische Überwachen des extrakorporalen Blutkreislaufs und des Dialysierflüssigkeitskreislaufs (siehe Bild 4.3), entsprechend den Vorgaben des Anwenders,
- die volumetrisch kontrollierte Ultrafiltration mit vorgegebener Rate und Menge,
- die Zudosierung eines Antikoagulans (i.A. Heparin) zur Vermeidung von Blutgerinnung im extrakorporalen Kreislauf,
- die Reinigung und Desinfektion des Dialysierflüssigkeitskreisklaufs zwischen den Behandlungen.

Mit Blut in Kontakt tretende Elemente (Dialysator, Schlauchsystem, Kanülen) werden heute überwiegend nur für jeweils eine Behandlung verwendet.

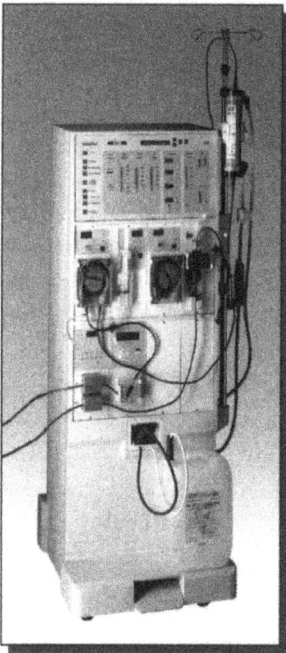

Bild 4.5: *Dialysegerät (Fresenius Medical Care) mit eingelegtem Blutschlauchsystem.*

Durch geeignete Wahl und Variation von Blut- und Dialysierflüssigkeitsfluss, Membrantyp und –fläche, Zusammensetzung und Temperatur der Dialysierflüssigkeit, Ultrafiltrationsrate und Behandlungsdauer sowie Intensität des konvektiven Entzugs kann der Arzt bzw. das Pflegepersonal die Effektivität für den Toxin- und Flüssigkeitsentzug, aber auch die Belastung für den Patienten in weiten Grenzen variieren. Ziele der meist dreimal wöchentlich erfolgenden, jeweils etwa 3–5 h dauernden Dialysebehandlungen sind:

1. Entzug eines ausreichenden Anteils der seit der letzten Behandlung akkumulierten Stoff-wechselendprodukte und Toxine,
2. Entzug der in den Geweben und in den Blutgefäßen seit der vorhergehenden Behandlung akkumulierten überschüssigen Flüssigkeit (meist ca. 1–4 l),
3. Normalisierung des Elektrolyt- und Säure-Base-Haushalts durch Äquilibrierung mit den (geeignet konzentrierten) Elektrolyten in der Dialysierflüssigkeit und Zufuhr von Bikarbonat über die Dialysierflüssigkeit.

Bei der Hämodialyse können eine Vielzahl von leichten bis gravierenden **Nebenwirkungen** auftreten, wie z.B. Übelkeit, Krämpfe, Schwindel, Kreislaufzusammenbrüche, Arrhythmien etc. bis hin zum Herzstillstand. Die Wahrscheinlichkeit solcher Symptome ist stark vom Zustand des Patienten abhängig, insbesondere von seinen weiteren Erkrankungen, wird aber auch von vielen Aspekten der Dialysetherapie selbst beeinflusst. Ein weiteres Ziel ist daher, die Dialysetherapie so schonend durchzuführen, dass dialysebedingte Symptome möglichst gering gehalten werden. Außerdem soll vermeiden werden, dass durch eine ungünstige Therapie langfristig eine Verschlechterung des Zustands des Patienten eintritt.

Wie durch vielfältige Studien belegt ist, hat die Qualität der Durchführung der Dialysethera-pie einen starken Einfluss auf die Lebenserwartung, die Hospitalisierung, das Wohlbefinden und die Leistungsfähigkeit der Patienten. Automatisierungstechnische Methoden liefern wichtige Beiträge zur Verbesserung der Therapiequalität. Sie dienen einerseits zum Ersetzen einiger regulatorischer Funktionen, welche von den defekten Nieren nicht mehr ausgeführt werden (z.B. für das Flüssigkeitsvolumen im Körper), andererseits zur Vermeidung oder Verminderung der oben erwähnten Nebenwirkungen der Dialystherapie. Die in den folgen-den Kapiteln diskutierten Methoden werden heute bereits im klinischen Alltag angewendet oder werden voraussichtlich in den nächsten Jahren in die Routineanwendung übergehen.

Ein Dialysegerät enthält noch eine Vielzahl weiterer automatisierungstechnischer Kompo-nenten, die jedoch rein technischer Art sind und keine direkte therapeutische Relevanz haben (z.B. Temperaturregelung und Konzentrationsregelung für die Dialysierflüssigkeit, Flussre-gelung). Solche Konzepte werden hier nicht behandelt. Hinsichtlich weitergehender Informa-tionen zur Technik des Dialysegeräts, des extrakorporalen Kreislaufs, des Dialysators, sowie hinsichtlich medizinischer Aspekte der Nierenersatztherapie sei auf die in Kap. 4.8 aufgelis-tete weiterführende Literatur verwiesen. Ebenso wird die Peritonealdialyse hier nicht behan-delt, da sich bei dieser Therapieform weitaus weniger Anwendungen automatisierungstech-nischer Methoden ergeben.

4.3   Zugang zum Blutkreislauf

4.3.1   Methoden und Probleme des Gefäßzugangs

Eine Voraussetzung für die chronische Hämodialyse ist der regelmäßige **Zugang zum Blut-kreislauf** des Patienten. Typischerweise wird das Patientenblut für 3–5 h mit einem Blutfluss von 250–450 ml/min durch den extrakorporalen Kreislauf zirkuliert. Diese Blutmenge kann nicht wesentlich reduziert werden, weil ansonsten nicht genügend Toxine entzogen werden könnten. Für einen Zugang zum Gefäßsystem, der den erforderlichen hohen Fluss liefern kann, gibt es zwei unterschiedliche Methoden mit jeweils verschiedenen Realisierungsformen (Bild 4.6): Bei der ersten, am häufigsten angewendeten Methode wird (bevorzugt im Arm) chirurgisch ein Kurzschluss zwischen einer Arterie und einer Vene angelegt (Bild 4.6a). Durch den erhöhten Druck in der Vene weitet sich diese während einer Reifungsphase auf; es entsteht eine **Fistel** mit hohem Blutfluss, welche eine Punktion mit großkalibrigen Kanülen ermöglicht. Alternativ kann ein solcher arteriovenöser Shunt auch über eine Gefäß-prothese, meist aus Polytetrafluoräthylen (PTFE), realisiert werden, welche zwischen Arterie und Vene eingesetzt wird (Bild 4.6b). Bei der zweiten Methode wird das Blut über einen Katheter aus der rechten Herzkammer entnommen und zurückgegeben. Meist erfolgt hier der Zugang über die Vena Subclavia im Halsbereich (Bild 4.6c). Neuerdings gibt es auch subkutan liegende Portsysteme, die ebenfalls über Katheter in den rechten Vorhof verfügen (Bild 4.6d) und mittels Kanülen durch die Haut konnektiert werden. Alle diese Kathetersysteme sind deutlich invasiver und sollten bei chronischen Patienten nur verwendet werden, falls die Anlage eines arteriovenösen Shunts nicht möglich ist oder zu lange dauert.

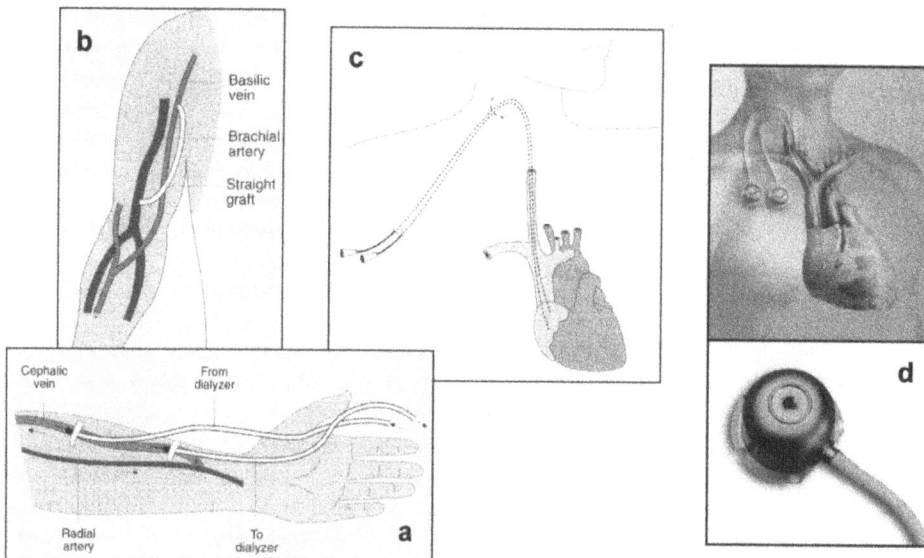

Bild 4.6: Verschiedene gebräuchliche Methoden für den Gefäßzugang bei der Dialyse: a) Arteriovenöse Fistel, b) Gefäßprothese, c) Subclavia-Katheter, d) subkutanes Portsystem LifeSite® (Vasca, Inc.). (a-c: Modifiziert nach Man, Zingraff, Jungers, „Long-Term Hemodialysis“, pp. 23–28, Kluwer Academic Publishers, 1995; mit freundlicher Genehmigung von Kluwer Academic Publishers.)

Blut fungiert während der Dialyse vor allem als Transportsystem für Toxine. In den Kapillarsystemen der verschiedenen Organkreisläufe des Körpers treten die Toxine in das weniger toxinbeladene Blut über. Im Dialysator wird das Blut (in Abhängigkeit von der Clearance des jeweiligen Toxins; vgl. Kap. 4.4.2) wieder vom Toxin befreit. Organkreisläufe und Dialysator sind in diesem Sinne Belade- und Entladestation für Toxine. Wie das Flussschema der verbundenen intra- und extrakorporalen Kreisläufe bei der Dialyse (im Falle der üblichen Verwendung eines arteriovenösen Shunts) zeigt (Bild 4.7), sind Belade- und Entladestation jedoch parallelgeschaltet, und zudem über einen Kurzschlussweg (die Fistel selbst) überbrückt.

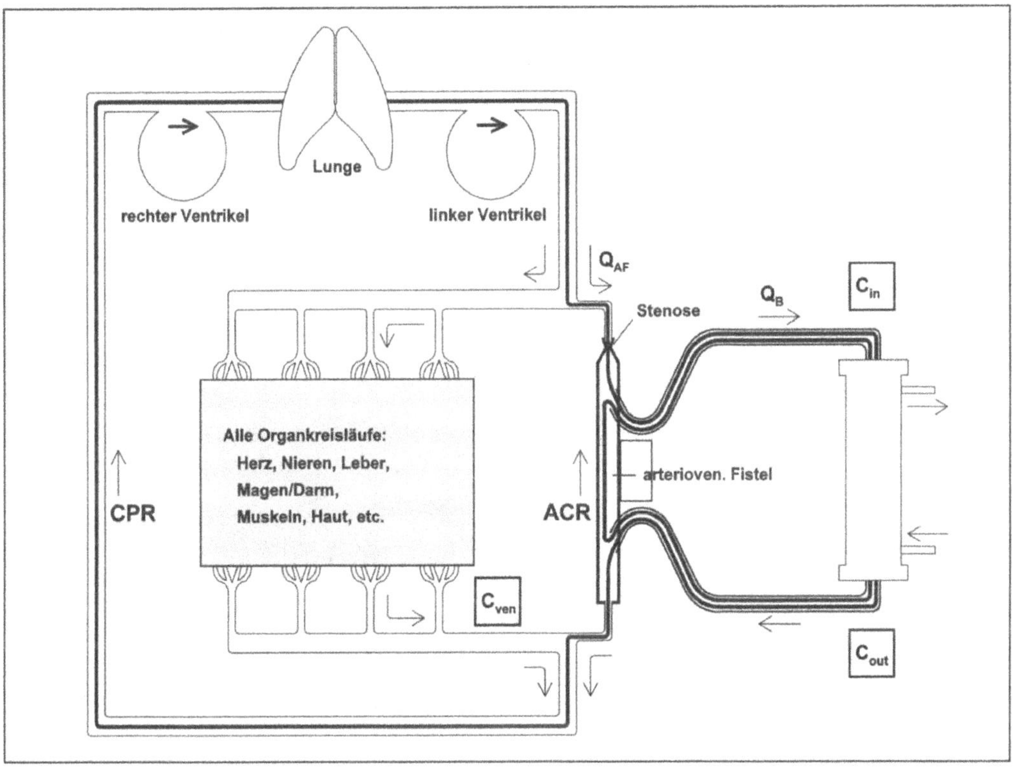

Bild 4.7: Flußschema der verbundenen extra- und intrakorporalen Kreisläufe bei Verwendung eines arteriovenösen Shunts als Gefäßzugang. Die dunklen Linien markieren die Rezirkulations-Flusswege (Abkürzungen s. Text).

Eine wesentliche Konsequenz dieser Art der Verbindung von intra- und extrakorporalem Kreislauf ist die **Rezirkulation**. Die Rezirkulation ist definiert als der Anteil R des Flusses Q_B gereinigten Bluts, welcher vom Auslass des Dialysators wieder zum Einlass des Dialysators gelangt (rezirkuliert), ohne dabei Toxine aufzunehmen. Wie in Bild 4.7 markiert, gibt es dafür zwei mögliche Flusswege: Der längere Weg führt über Herz und Lunge und wird daher als kardiopulmonäre Rezirkulation (CPR) bezeichnet. Diese ist bei dieser Art der Verbindung der Kreisläufe unvermeidbar; der Rezirkulationsanteil ist also immer $R_{CP}>0$ (typ. 3–10%). Der kürzere Weg ist eine Rezirkulation über den Gefäßzugang allein (access recirculation ACR). Unter normalen Behandlungsbedingungen, bei denen der extrakorporale Blutfluss Q_B kleiner als der Fluss zum Gefäßzugang Q_{AF} ist, ist dieser Rezirkulationsanteil $R_{AC}=0$. Unter besonderen, im Folgenden beschriebenen Bedingungen kann R_{AC} jedoch hoch sein und ungünstige Folgen für den Patienten haben.

Der Gefäßzugang wird häufig als die „Achillesferse" der Dialyse bezeichnet, was auf die häufigen damit verbundenen Probleme hinweist. In der unnatürlichen Gefäßsituation durch das Anlegen einer Fistel oder das Einsetzen eines Transplantats können sich Verengungen (Stenosen) durch Wandverdickungen und Ablagerungen bilden, die den Blutfluss im Bereich des Gefäßzugangs reduzieren und im Extremfall zur völligen Blockade des Gefäßes führen können. Ursache der Stenosen, die überwiegend am venösen Ende des veränderten Gefäßbereichs auftreten, sind ungünstige Flussbedingungen, insbesondere aber der sogenannte Compliance Mismatch, d.h. eine nicht zueinander passende Dehnbarkeit der miteinander künstlich verbundenen Gefäße.

Führt, wie in Bild 4.8 (links) gezeigt, eine Stenose zu einer Reduktion von Q_{AF} unter den extrakorporalen Blutfluss Q_B, ergibt sich eine Rezirkulation im Gefäßzugang. Diese bleibt im Allgemeinen unbemerkt und führt zu einer Reduktion der Massenentzugsrate der Toxine auf den Anteil κ:

$$\kappa = \frac{1-R}{1 - R \cdot (1 - K_D / Q_B)} .$$ (4.1)

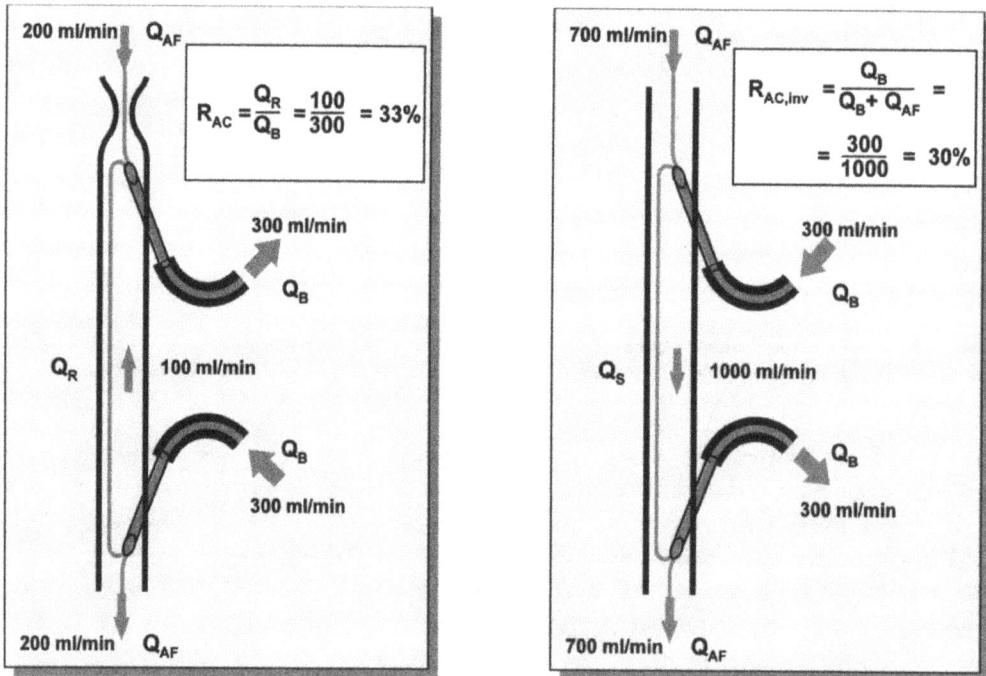

Bild 4.8: *Links: Beispiel für Rezirkulation im Gefäßzugang, ausgelöst durch eine Stenose im Eingangsbereich der Fistel. Rechts: Erzwungene Rezirkulation durch Invertieren der Schlauchverbindungen; das Invertieren erfolgt entweder versehentlich im klinischen Alltag, oder absichtlich zur Messung des Flusses zum Gefäßzugang. Zahlenbeispiele für mögliche Blutflüsse im Fistelbereich sind jeweils angegeben.*

Dabei ist R die Gesamtrezirkulation ($R=R_{AC}+R_{CP}$), K_D die Dialysatorclearance des betrachteten Moleküls (vgl. Kap. 4.4.2). Rezirkulation kann zu einer erheblichen Abnahme der Entzugsrate führen (Bild 4.9); es gibt Fallberichte von Patienten mit $R>90\%$.

Außer durch Stenosen kann eine hohe Rezirkulation auch noch durch unbeabsichtigtes Vertauschen der Schlauchanschlüsse erfolgen – sowohl beim arteriovenösen Shunt als auch beim Katheter. Dieses kann dann beim arteriovenösen Shunt zu Flussbedingungen wie in Bild 4.8 (rechts) gezeigt führen. Es ergeben sich die gleichen Konsequenzen wie bei der Rezirkulation infolge einer Stenose.

Eine unbemerkte erhebliche Rezirkulation über mehrere Dialysebehandlungen kann den Patienten in eine bedrohliche Situation bringen, da durch die Rezirkulation eines Großteils des gereinigten Bluts eine zu geringe Menge an Toxinen entfernt wird. Eine Rezirkulation im Gefäßzugang sollte daher unbedingt vermieden werden. Dazu sind geeignete Methoden zur Beurteilung des Zustands des Gefäßzugangs erforderlich.

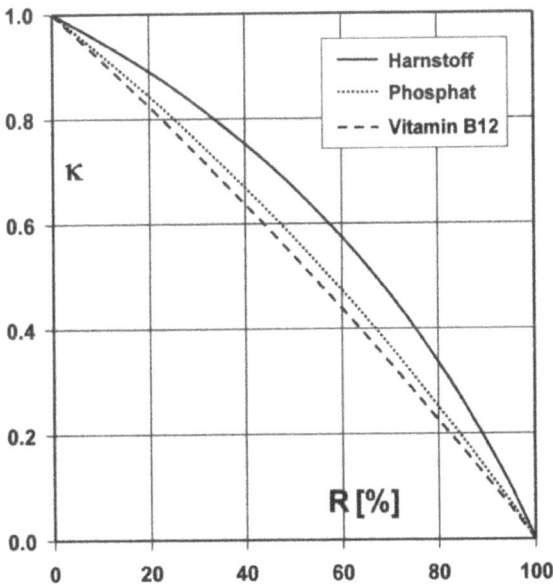

Bild 4.9: Normierte Massenentzugsrate als Funktion der Rezirkulation für verschiedene Markermoleküle (Berechnung nach Gl. 4.1 unter Annahme eine Blutflusses $Q_B=300$ ml/min und Verwendung eines typischen High-Flux-Dialysators).

Eine frühzeitige Detektion von Stenosen erlaubt außerdem eine rechtzeitige Behebung des Problems durch mechanische Aufdehnung oder Entfernung des Thrombus, wodurch ein vollständiger Gefäßverschluss vermieden wird. Die Kosten für die Behandlung von Problemen des Gefäßzugangs sind enorm; allein in den USA werden sie auf ca. 1 Milliarde $ jährlich geschätzt. Strategien zum kosteneffizienten therapeutischen Management dieser Probleme sind in Erprobung. Die im Folgenden beschriebenen Verfahren zur routinemäßigen Überwachung des Gefäßzugangs sind eine Komponente davon.

4.3.2   Die Rezirkulationsmessung

Die Rezirkulation, die wie beschrieben eine Verringerung der Massenentzugsrate für Toxine verursacht, wurde auch historisch als erster Parameter zur Charakterisierung des Gefäßzugangs in der Dialyseroutine gemessen. Vor der Einführung spezieller Sensorsysteme wurde R durch eine Messung der Serum-Harnstoffkonzentration in 3 Blutproben bestimmt. Die Entnahmeorte der Proben bei dieser so genannten „3-Nadel-Methode" sind aus Bild 4.10 zu entnehmen. Jeweils eine Probe wird aus dem arteriellen (Pos. A) bzw. venösen (Pos. V) Schlauchsystem entnommen, eine dritte Probe aus einer peripheren Vene (Pos. P; üblicherweise am Arm ohne Gefäßzugang). Grundidee des Verfahrens ist, dass bei Fehlen von Rezirkulation die Harnstoffkonzentration c_A (an Pos. A) im arteriellen Schlauchsegment gleich der Konzentration c_P in der peripheren Vene (Pos. P) ist. Bei der Passage des Dialysators wird der größte Teil des Harnstoffs entzogen (typ. 55–85%), so dass die venöse Konzentration (an Pos. V) $c_V \ll c_A$ ist. Bei Vorliegen von Rezirkulation mischt sich das aus dem Körperkreislauf kommende Blut der Konzentration c_P mit dem rezirkulierten Blut der Konzentration c_V, und c_A wird umso niedriger, je höher R ist. Die Rezirkulation ist dann gegeben durch:

$$R = (c_P - c_A)/(c_P - c_V). \tag{4.2}$$

Diese Methode entwickelte sich schnell zum „Goldstandard". Nach Einführung des unten beschriebenen thermischen Messverfahrens (ca. 1992) wurden jedoch Diskrepanzen zwischen der 3-Nadel-Methode und dem neuen Verfahren entdeckt, die zu einer genaueren Analyse der 3-Nadel-Methode führten. Es wurde ein konzeptioneller Fehler dieser Standardmethode entdeckt, der darin besteht, dass die an einer peripheren Vene gemessene Harnstoffkonzentration c_P nicht identisch ist mit der mittleren Konzentration des gesamten Bluts aus allen Organkreisläufen. Je nach Blutversorgung der einzelnen Organe (Blutzufuhr pro Masse) sinkt die Konzentration im Laufe der Dialyse sehr unterschiedlich schnell ab (s. schematische Darstellung stark und schwach durchbluteter Organe in Bild 4.10). Schwach durchblutete Muskeln haben daher eine langsamer abfallende Konzentration als z.B. die stark durchbluteten inneren Organe. Da c_P i.A. der Konzentration der Armmuskulatur entspricht, ist diese Konzentration höher als die mittlere Konzentration des Bluts aus den Körperkreisläufen, was zu erheblichen Messfehlern führen kann. Die 3-Nadel-Methode ist daher sehr ungenau und sollte nicht mehr verwendet werden.

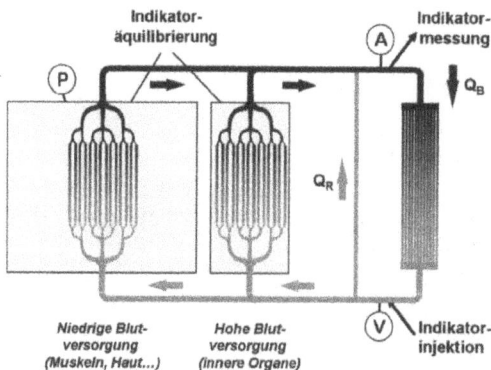

Bild 4.10: *Prinzip der Messung der Rezirkulation, dargestellt an einem schematisierten Flussbild der verbundenen intra- und extrakorporalen Kreisläufe (näheres s. Text).*

Heutige Messmethoden für die Rezirkulation sind **Indikatormethoden**. Das Grundprinzip aller dieser Methoden lässt sich ebenfalls anhand von Bild 4.10 erläutern. Dieses Flussbild ist eine Vereinfachung des Flussschemas von Bild 4.7 – dessen beide Rezirkulationswege sind in Bild 4.10 zu einem Weg zusammengefasst. Der Indikator wird im venösen Zweig des Blutschlauchsystems zugegeben. Z.B. kann hier ein Bolus einer sterilen Kochsalzlösung eingespritzt werden, der eine kurzzeitige Verminderung der optischen Dichte des Bluts bewirkt. Der Anteil $R=Q_R/Q_B$ der Kochsalzlösung fließt über den Rezirkulationsweg zum arteriellen Messort („A" in Bild 4.10). Der Anteil 1-R durchfließt die Kapillarsysteme und wird dabei – wegen des verringerten kolloidosmotischen Drucks der Bolusflüssigkeit – abgeschwächt. Dieser Anteil erreicht den arteriellen Messkopf aber auch erst mit ca. einer Minute Verzögerung und trägt somit nicht mehr zum Messsignal für die Rezirkulation bei. Nur der rezirkulierte Anteil R der injizierten Indikator-Kochsalzlösung erreicht schon nach wenigen Sekunden den arteriellen Messort. Durch Vergleich der Peakfläche des arteriellen Messsignals (d.h. dem Zeitintegral über der Messgröße mit dem Anfangswert als Nulllinie) mit der Menge der injizierten Lösung kann dann die Rezirkulation R bestimmt werden.

Das Verfahren funktioniert auch mit einer Vielzahl anderer Indikatoren. Chemische Indikatoren sind ungebräuchlich, da eine einfache Variation physikalischer Parameter des Bluts als „Indikator" ausreicht. Neben einer Variation optischer Parameter kommt auch eine Variation der Dichte, der Leitfähigkeit oder der Temperatur in Betracht. Ein Indikator ist dann geeignet, wenn er keine Nebenwirkungen hervorruft und bei der Passage der Kapillarsysteme entweder nahezu vollständig absorbiert oder aber so verzögert wird, dass er nicht mehr zum Messsignal beiträgt. Die Indikatormessung erfolgt am arteriellen Schlauchsystem durch einen für den jeweiligen Parameter geeigneten Sensor. Das Messsignal wird umso größer, je stärker der Rezirkulationsfluss Q_R im Verhältnis zum extrakorporalen Blutfluss Q_B ist. Das Einbringen des Indikators muss mit Vorsicht geschehen; bei kräftigerem Einspritzen können sich sonst die Flussverhältnisse an der Fistel im Moment der Messung verändern.

In keinem anderen Feld der physiologischen Sensorik für die Dialyse gab es so vielfältige Anstrengungen zur Entwicklung geeigneter Systeme wie bei der Rezirkulationsmessung und der im folgenden Kapitel behandelten Fistelflussmessung. Neben der Suche nach besseren technischen Lösungen ist die Umgehung bestehender Patente eine weitere häufige Motivation. Von den vielen ursprünglichen technischen Ansätzen haben sich heute im Wesentlichen drei Systeme durchgesetzt:

Bild 4.11 (links) zeigt ein auf optischer Messung basierendes System mit einer Messkammer am Dialysatoreinlass; das Messprinzip wurde bereits oben erläutert. Die Funktionsweise des Sensors ist in Kap. 4.6.6 beschrieben. Hier findet keine Messung des venösen Bolus (Pos. V in Bild 4.10) statt, weshalb eine Kalibrierung des arteriellen Sensors durch zusätzliche Injektion eines Kochsalzbolus in das arterielle System erforderlich ist. Die Rezirkulation kann dann als Verhältnis von arterieller Peakfläche zur Fläche des Referenzpeaks bestimmt werden.

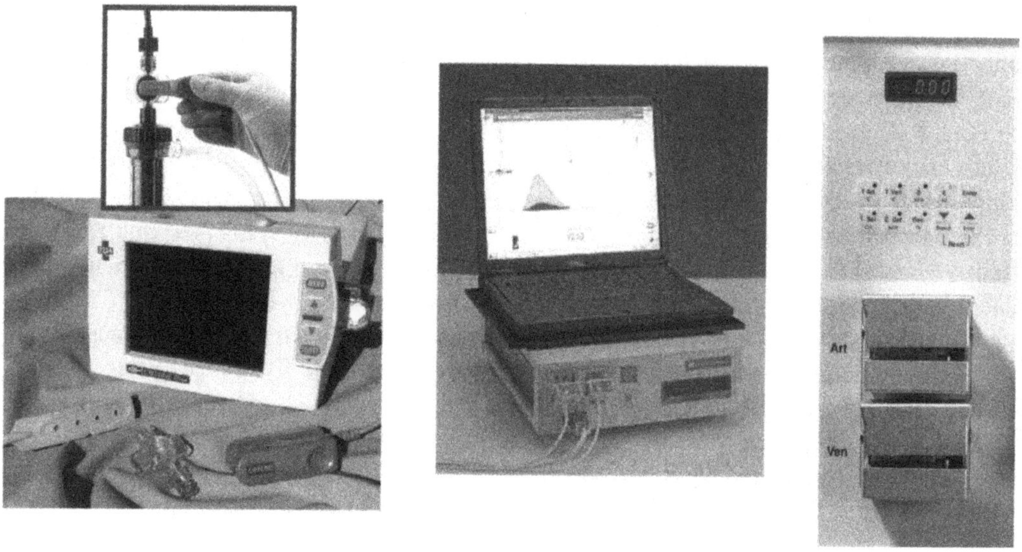

Bild 4.11: *Gängige Sensorsysteme zur Messung der Rezirkulation (von links nach rechts): Crit-Line III TQA (Hemametrics; optische Messung) mit zusätzlichem Sensor (links vor dem Gerät liegend) zur transkutanen Hämatokritmessung; HD02 (Transonic Systems Inc.; Ultraschall-Dopplermessung); Bluttemperaturmonitor BTM (Fresenius Medical Care; Temperaturmessung). Das Crit-Line III TQA ist zusätzlich zur Blutvolumenmessung geeignet, der BTM zur Messung und Regelung thermischer Parameter.*

Bei einem Ultraschallsystem (Bild 4.11 Mitte) wird die Schallgeschwindigkeit in Blut mit je einem Sensor im arteriellen und im venösen Segment des Schlauchsystems gemessen. Je nach Hämatokrit des Bluts beträgt die Schallgeschwindigkeit ~1560–1595 m/s bei 37°C für einen Hämatokritbereich von 15–50%. Isotonische Kochsalzlösung hat dagegen eine Schallgeschwindigkeit von 1533 m/s bei 37°C. Das Durchlaufen eines Bolus von injizierter Kochsalzlösung durch den venösen Sensor erzeugt einen ca. 10 Sekunden dauernden Peak im Schallgeschwindigkeitssignal (Bild 4.12 links). Mit wenigen Sekunden Verzögerung infolge der Flussdauer durch das Schlauchsystem erscheint dann bei Vorliegen von Rezirkulation ein arterieller Bolus. Die Rezirkulation wird als Verhältnis von arterieller zu venöser Peakfläche bestimmt.

Bei einem thermisch messenden System (Bild 4.11 rechts) wird eine kurzzeitige Temperaturänderung im venösen Schlauchsegment induziert. Dieses kann durch Injektion von steriler gekühlter Kochsalzlösung geschehen. In der Praxis wird aber praktisch ausschließlich die Erzeugung eines Temperaturbolus über die Dialysierflüssigkeit verwendet. Nach Starten der Messung verändert das Dialysegerät automatisch die Dialysierflüssigkeitstemperatur T_{dia} – typisch ist eine Temperaturabsenkung um ~2.5°C für 2–3 Minuten – und kehrt dann zur Ausgangstemperatur zurück (Bild 4.12 rechts). Der Dialysator überträgt den Verlauf des Temperaturbolus weitgehend auf das zum Patienten zurückfließende Blut (s. Kap. 4.6.7 für eine genauere Beschreibung der thermischen Verhältnisse an der Dialysatormembran). Je nach Größe der Rezirkulation erscheint dann ein mehr oder weniger stark abgeschwächter

Bolus im arteriellen Schenkel des Schlauchsystems. Durch die Sensorköpfe (zur Sensorik s. Kap. 4.6.7) werden sowohl der stimulierende venöse (Pos. V in Bild 4.10) wie auch der arterielle Antwortbolus (Pos. A) gemessen. Die Rezirkulation ergibt sich direkt aus dem Verhältnis von arterieller zu venöser Peakhöhe bzw. Peakfläche. Grundlage dieses Messverfahrens ist, dass das Blut beim Passieren der Kapillarsysteme des Körperkreislaufs (Bild 4.10) thermisch äquilibriert, der thermische Bolus dort also eliminiert wird.

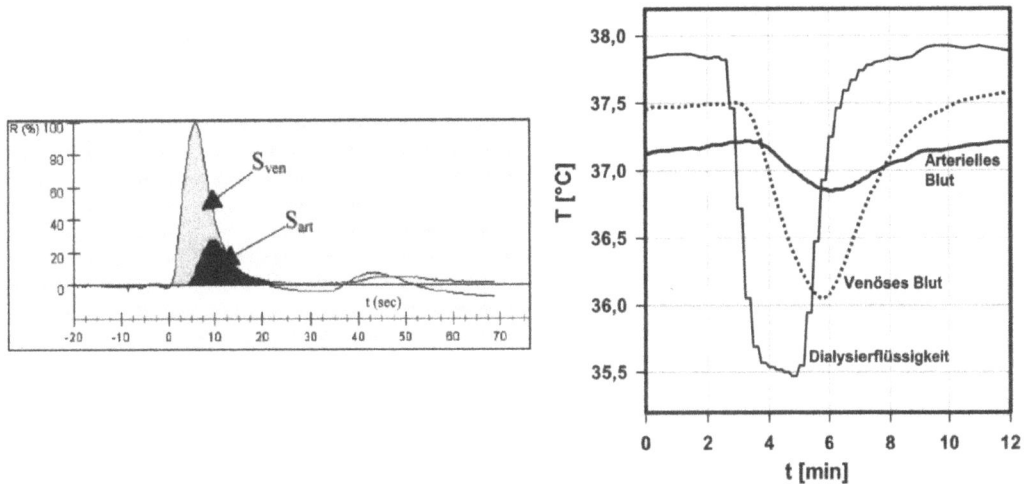

Bild 4.12: *Messsignale bei der Rezirkulationsmessung: Links: Arterielles und venöses Ultraschall-Messsignal (Transonic HD01). Rechts: Veränderungen von Dialysattemperatur Tdia sowie arterieller und venöser Bluttemperatur beim thermischen Messverfahren für die Rezirkulation (BTM, Fresenius Medical Care).*

Die beschriebenen Systeme unterscheiden sich in mehreren Aspekten. Das thermische System benötigt keine manuelle Bolusinjektion. Da es außerdem in das Dialysegerät integriert ist, arbeitet es als einziges System vollautomatisiert und hat damit den geringsten Bedienaufwand. Die (sehr geringen) Risiken und potentiellen Messfehler durch manuelle Injektion von Kochsalzlösung werden vermieden. Die anderen Systeme sind unabhängig vom Dialysegerät und können daher an verschiedenen Behandlungsplätzen genutzt werden. Das thermische System misst die Gesamtrezirkulation, die anderen spezifisch die Rezirkulation im Gefäßzugang. Die Messung mit dem thermischen System dauert länger, benötigt aber keine Vorbereitungszeit für das Präparieren der Kochsalzlösung. Alle Systeme sind multifunktional, erlauben also die Messung weiterer dialyserelevanter Parameter.

4.3.3   Die Messung des Flusses zum Gefäßzugang

Der Blutfluss zum Gefäßzugang („**access flow**" Q_{AF}, s. Bild 4.7, Bild 4.8) gilt heute als bester Prädiktor für Probleme im Gefäßzugang, sowohl bei Fisteln als auch bei Gefäßprothesen. Die Verwendung dieses Parameters wird auch in Behandlungsrichtlinien (s. Literaturliste in Kap. 4.8) empfohlen.

Eine messbare Rezirkulation setzt erst ein, wenn $Q_{AF} < Q_B$ geworden ist (vgl. Bild 4.8 links). Dann ist aber die Stenosierung meist schon weit fortgeschritten, insbesondere bei Verwendung synthetischer Transplantate als Gefäßzugang. Die Rezirkulation ist damit ein relativ später Indikator für sich entwickelnde Probleme des Gefäßzugangs. Wird dagegen Q_{AF} direkt gemessen, kann eine Abnahme von Q_{AF} durch Stenosierung frühzeitig erkannt und in geeigneter Weise therapiert werden. Amerikanische Therapierichtlinien empfehlen heute weitergehende Untersuchungen des Gefäßzugangs, falls $Q_{AF} < 600$ ml/min ist oder falls $Q_{AF} < 1000$ ml/min in Kombination mit einem Absinken von Q_{AF} um mindestens 25% während der vorgehenden 4 Monate festgestellt wird.

Die Messung von Q_{AF} hat gegenüber der Rezirkulationsmessung noch zwei weitere Vorteile: Zum einen können die (relativ seltenen) Stenosen im Bereich zwischen den Kanülen detektiert werden, welche bei der Rezirkulationsmessung verfahrensbedingt unerkannt bleiben. Zum anderen können auch zu große Flüsse zum Gefäßzugang festgestellt werden. Vereinzelt werden Flüsse Q_{AF} im Bereich 2–3 l/min und höher beobachtet. Sie führen zu einer erheblichen und kontinuierlichen Belastung des Herzens, da das Herzminutenvolumen meist etwa um Q_{AF} erhöht ist. Solche Gefäßzugänge sollten chirurgisch korrigiert werden, um die Belastung für das Herz gering zu halten.

Zur Bestimmung des Flusses zum Gefäßzugang Q_{AF} wurden unterschiedliche Verfahren realisiert. Das ursprüngliche und gebräuchlichste Verfahren führt die Flussmessung auf eine Rezirkulationsmessung zurück. Die arteriellen und venösen Anschlüsse am Gefäßzugang werden jedoch vertauscht, um eine Rezirkulation zu erzwingen (s. Beispiel Bild 4.8 rechts). Der Fluss Q_{AF} mischt sich im Gefäßzugang mit dem bekannten extrakorporalen Blutfluss Q_B. Ein Teil des vermischten Bluts tritt dann stromab wieder in den arteriellen Zweig des extrakorporalen Systems ein. Die Rezirkulation in dieser invertierten Anordnung der Anschlüsse ist damit gegeben durch $R_{inv} = Q_B / (Q_B + Q_{AF})$. Daraus folgt für Q_{AF}:

$$Q_{AF} = Q_B \cdot \left(\frac{1}{R_{inv}} - 1 \right). \tag{4.3}$$

Zur Bestimmung von R_{inv} sind grundsätzlich alle oben beschriebenen Systeme zur Rezirkulationsmessung geeignet. Bei der praktischen Durchführung werden nach Anhalten der Blutpumpe die Verbindungen zwischen Kanüle und Schlauchsystem gelöst und vertauscht wieder konnektiert. Alternativ können auch geeignete, zum Einmalgebrauch vorgesehene Flussschalter verwendet werden, welche die Einstellung von normaler und invertierter Konfiguration gestatten.

Die Bestimmung von Q_{AF} ist unter Zuhilfenahme einer Invertierung der arteriellen und venösen Anschlüsse auch ohne Rezirkulationsmessung möglich. Z.B. erlaubt auch eine Online-Clearancemessung (Kap. 4.4.4) oder eine Messung der thermischen Energieflussrate (Kap. 4.6.7), jeweils in normaler und invertierter Position, eine Bestimmung von Q_{AF}. Auf Details dieser Verfahren kann hier jedoch aus Platzgründen nicht näher eingegangen werden.

Ein weiteres Konzept ist die transkutane Messung von Q_{AF}, die in der Vorbereitungsphase der Dialyse durchgeführt wird, bei schon platzierten Kanülen, aber noch nicht angeschlossenem Schlauchsystem. Kochsalzlösung wird über eine der Kanülen in den Gefäßzugang eingespritzt. Der so erzeugte Bolus wird dann stromab der Fistel transkutan gemessen. Der hierzu verwendete optische Sensor und das Messgerät sind in Bild 4.11 dargestellt. Der Sensor registriert die relative Veränderung des Hämatokrit, $\Delta HCT/HCT$.

Zusätzlich gibt es noch einfache Ultraschall-Dopplersysteme, mit denen die Schallgeschwindigkeit im Fistelbereich gemessen werden kann. Zur Ermittlung von Q_{AF} muss dann allerdings der Gefäßdurchmesser geschätzt werden. Dieser kann aber stark variieren (insbesondere bei Fisteln), so dass diese Methode wenig brauchbar ist und kaum Anwendung findet. Die Bestimmung von Flussgeschwindigkeit und Durchmesser mit aufwendigeren Systemen (z.B. Farbdoppler) ist möglich und erlaubt auch eine Visualisierung von Stenosen. Jedoch sind solche Systeme teuer und erfordern einen erfahrenen Anwender, was sie für das Routinemonitoring in der Dialyse wenig geeignet macht.

Ein interessantes Konzept, die Bestimmung des Gefäßdurchmessers zu vermeiden, ist die Messung der Strömungsgeschwindigkeit zwischen arterieller und venöser Nadel v_Z mit einem einfachen Ultraschall-Dopplersystem. Q_{AF} ist die Summe aus Q_B und dem Fluss zwischen den Nadeln Q_Z, falls $R=0$ ist. Man nimmt nun an, dass Q_{AF} konstant bleibt, wenn Q_B verändert wird (was außer im seltenen Fall einer Stenose zwischen den Nadeln richtig sein dürfte). Dann kann durch Messung einiger Wertepaare von v_Z und Q_B der Wert von Q_B extrapoliert werden, für den $v_Z=0$ m/sec ist. Dieser Wert von Q_B ist dann gleich Q_{AF}.

4.3.4   Die Messung des Druckes im Gefäßzugang

Eine dritte Methode zur Beurteilung der Funktionalität des Gefäßzugangs ist die Messung des Druckes im Gefäßzugang. In der klinischen Routine fällt auf, dass insbesondere bei Verwendung von Gefäßprothesen als Zugang manchmal ein erhöhter venöser Druck (gemessen von der Dialysemaschine im venösen Segment des Schlauchsystems) beobachtet wird. Diese Druckerhöhung auf etwa auf 50% des mittleren arteriellen Drucks MAP und höher wird klinisch als Hinweis für eine Stenose stromab der venösen Kanüle gewertet. Es ist offensichtlich, dass im Bereich vor einer Stenose im Blutgefäß ein Druckanstieg zu erwarten ist. Eine sichere Diagnostik verlangt jedoch bei der Druckmessung ein sorgfältiges Vorgehen (Bild 4.13): Um die in der Dialysemaschine integrierten Drucksensoren zur Messung des Druckes im Gefäß P_{ac} an der arteriellen bzw. venösen Kanülenspitze verwenden zu können, ist zunächst der Blutfluss kurzzeitig anzuhalten. Dadurch wird der ansonsten schwer zu bestimmende dynamische Druckabfall bei fließendem Blut entlang Kanüle und Schlauchsystem eliminiert. Die dann gemessenen arteriellen bzw. venösen Druckwerte sind noch um die hydrostatischen Drucke zu korrigieren, die aus den zwischen dem punktierten Gefäß und den Drucksensoren stehen Blutsäulen resultieren (s. Bild 4.13). Die Blutsäule erhöht dabei den Druck im Gefäßzugang, ausgehend vom Messwert des Sensors, um ca. 0.75 mmHg/(cm Blutsäule).

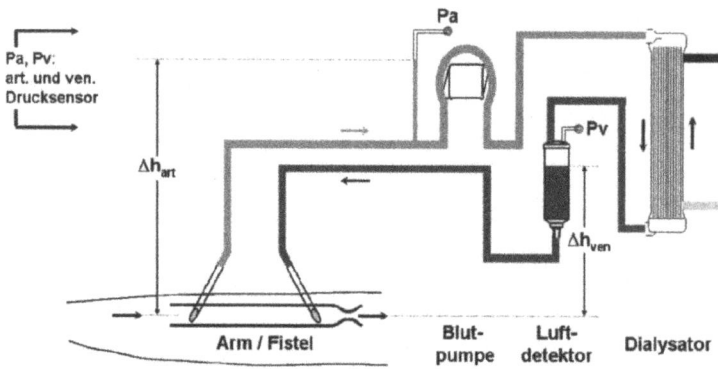

Bild 4.13: *Prinzip der Druck-messung im Gefäßzugang.*

Ohne Vorliegen von Stenosen liegt das Verhältnis P_{ac}/MAP meist unterhalb 0.2. Werte oberhalb 0.5 für die venöse Messung sind ein deutlicher Hinweis für eine venöse Stenose stromab der Kanülen. Ist $P_{ac}/MAP>0.5$ im arteriellen Zweig, aber gleichzeitig <0.2 im venösen Zweig, ist eine Stenose in Gefäß zwischen den Positionen der Kanülen wahrscheinlich. Stromauf der Kanülen liegende Stenosen können mit dieser Methode jedoch nicht detektiert werden.

In der klinischen Praxis ist das Verfahren der Druckmessung im Gefäßzugang jedoch nur wenig verbreitet; die Flussmessung ist das klar dominierende Verfahren. Ein Grund ist, dass die beschriebene sorgfältige Durchführung der Messung aufwendig ist, und dass bisher keine erfolgreiche Lösung zur Automatisierung dieses Verfahrens entwickelt wurde. Außerdem dürfte für das Personal ein Messwert für den Fluss zum Gefäßzugang leichter verständlich und interpretierbar sein als eine Druckmessung.

4.4   Toxinentzug

Der menschliche Körper befindet sich in einem Zustand des Fließgleichgewichts, in dem die Zufuhr von Nahrung und Sauerstoff zur Synthese von Biomolekülen und als Energieträger ebenso eine lebensnotwendige Voraussetzung ist wie die Entfernung von durch den Stoffwechsel entstehenden Toxinen. Der Entzug der nierengängigen Toxine bzw. Stoffwechselprodukte wurde bei Nierenkranken immer als die primäre Aufgabe der Dialysetherapie angesehen.

4.4.1   Grundlagen des Toxinentzugs

Welche Moleküle sind relevante Toxine?
Trotz des großen Erfolgs der Dialysetherapie ist das Wissen darüber, welche Moleküle toxisch wirken und entzogen werden müssen, immer noch gering. Für einige Substanzen wurde eine Toxizität durch Tests mit Zellkulturen nachgewiesen. Viele andere für den Körper

lebenswichtige Substanzen, wie z.B. K^+-Ionen oder sogar Wasser, können bei übermäßiger Akkumulation lebensbedrohlich werden (z.B. durch Auslösen von Überleitungsstörungen am Herzen bei Hyperkalämie). Durch die Stoffwechselprozesse wird zudem eine große Vielfalt von Endprodukten erzeugt, die auch abhängt von der Art der Ernährung, Nebenerkrankungen und der Medikamententherapie. Die Liste potentieller urämischer Toxine ist daher lang und sicherlich unvollständig. Die Dialysetherapie konnte nur erfolgreich sein, weil sie einen weitgehend unselektiven Molekülentzug aus dem Blut bewirkt.

Membraneigenschaften und Toxinentzug

Es ist die räumliche Struktur der Membran mit ihrem Netzwerk aus Kanälen variierender Dimension (Bild 4.4), welche den Durchtritt von Molekülen bestimmter Form und Größe leicht ermöglicht, mehr oder weniger stark behindert oder gar völlig blockiert. Zudem spielen Oberflächenladungen sowie adsorptive Eigenschaften des Membranmaterials noch eine gewisse Rolle. Eine bestimmte Membran lässt sich durch den Verlauf des Siebkoeffizienten als Funktion des Molekulargewichts MW kennzeichnen (Bild 4.14). Der Siebkoeffizient kennzeichnet die Durchlässigkeit der Membran bei reiner Ultrafiltration für ein bestimmtes Molekül und wird als Konzentration c_{UF} des Moleküls in wässriger Lösung nach Durchtritt im Verhältnis zur Konzentration c_0 vor Durchtritt bestimmt. Wie bereits erwähnt lässt die gesunde Niere Moleküle bis zu einem $MW \approx 15$ kD nahezu ungehindert passieren und wird bei $MW > 80$ kD nahezu undurchlässig. Große Biomoleküle wie Albumin, Immunglobuline etc. sowie Zellen werden also zurückgehalten. Die immer noch häufig verwendeten Low-Flux-Membranen behindern schon geringfügig den Durchtritt von Molekülen mit einem MW von einigen 100. Moderne High-Flux-Membranen mit größeren Poren nähern sich dagegen dem Verlauf des Siebkoeffizienten der gesunden Niere an (Bild 4.14).

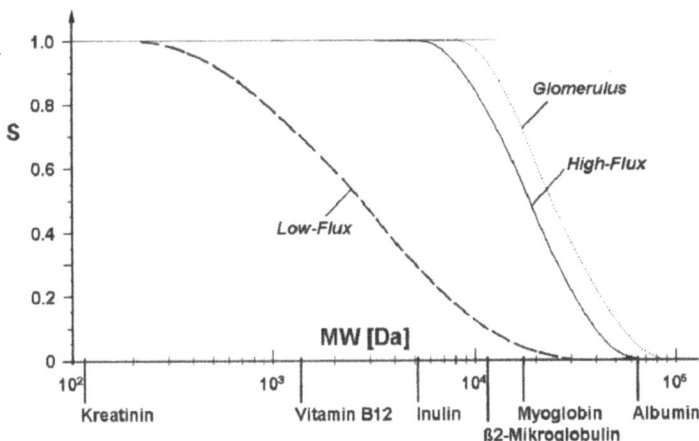

Bild 4.14: *Verlauf des Siebkoeffizienten S=cUF/c0 als Funktion des Molekulargewichts MW für verschiedene Dialysemembrantypen im Vergleich zur Glomerulusmembran der gesunden Niere (nach Nederlof et al., Biomed. Technik (1984) 29:131). Die Molekulargewichte einiger gängiger Markermoleküle sind eingetragen.*

Kleine Moleküle wie Harnstoff oder Harnsäure werden wegen ihrer hohen Diffusivität über alle Membranen effektiv entzogen. Der Entzug ausschließlich kleinerer Moleküle mit Low-Flux-Membranen ermöglicht dem Patienten bereits ein längerfristiges Überleben, wie aus langjähriger Anwendung bekannt ist. Jedoch werden eine Reihe von klinischen Problemen und Komplikationen einem nicht ausreichenden Entzug von sogenannten **Mittelmolekülen** zugeschrieben. Dieses sind Moleküle mit Molekulargewichten zwischen etwa 300 und 12000. Sie können nur über High-Flux-Membranen, vorzugsweise mit großer Membranfläche, effektiv entzogen werden. Zu den erwähnten klinischen Problemen durch nicht ausreichenden Mittelmolekülentzug zählen z.B. eine erhöhte Infektanfälligkeit, abnorme Lipidprofile, ß$_2$-Amyloidablagerungen, Knochenerkrankungen, Erythropoetin-Resistenz, periphere Neuropathie, Mangelernährung. Einige der genannten Probleme sind jedoch auch durch weitere Bedingungen der Dialyse (z.B. Qualität der Dialysierflüssigkeit) mitverursacht, weshalb der Vorteil von High-Flux-Membranen nicht immer eindeutig quantitativ darstellbar ist. Insgesamt gilt heute nach vorherrschender Meinung der effektive Entzug von Mittelmolekülen als wichtiger Aspekt einer qualitativ guten Dialysetherapie.

Mobilisierung von Toxinen und Entzug aus dem Blut
Es ist zweckmäßig, den Entzug von Toxinen durch die Dialysetherapie als zweistufigen Prozess nach Bild 4.15 darzustellen. Der weitaus größte Teil der Toxine ist in den Körpergeweben lokalisiert. Blut erfüllt bei der Dialyse im Wesentlichen die Rolle eines Transportmittels von den Geweben zum Dialysator. Das Dialysesystem kann Toxine direkt nur aus dem Blut entziehen; die Effizienz dieses Entzugs kann durch technische Maßnahmen in weiten Grenzen beeinflusst werden. Dagegen ist die Mobilisierung der Toxine ins Blut ein weitgehend passiver Prozess, welcher vom Konzentrationsgradienten zwischen Gewebe und dialysiertem Blut, der Diffusivität des Toxins, der Gewebestruktur, der Blutversorgung und weiteren Faktoren bestimmt wird.

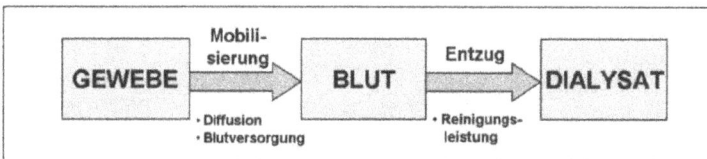

Bild 4.15: *Die Detoxifikation des Patienten als Kombination aus Mobilisierung von Toxinen aus den Geweben ins Blut und Entzug durch das Dialysesystem aus dem Blut ins Dialysat.*

Der Entzug von Toxinen (rechter Prozess in Bild 4.15) aus dem Blut bei gegebener Blutkonzentration kann unterschiedlich effizient (d.h. mit unterschiedlicher Rate) erfolgen. Wie diese Effizienz von den technischen Randbedingungen der Dialyse abhängt, wird im nächsten Kapitel 4.4.2 behandelt.

Jedoch hängt das Ergebnis der Dialyse, d.h. die tatsächlich entzogenen Mengen der verschiedenen Toxine, nicht nur von der Effizienz und Dauer der Dialyse ab, sondern auch von der Mobilisierung (linker Prozess in Bild 4.15). Nur wenn Toxine ausreichend schnell aus den Geweben ins Blut nachströmen, ist eine hocheffiziente Dialyse sinnvoll. Das Ergebnis wird also von weiteren, kaum beeinflussbaren und variablen körperinternen Parametern bestimmt. Zur Qualitätssicherung der Dialysetherapie ist daher eine Quantifizierung der letztlich entzogenen Toxinmenge unbedingt erforderlich. Die Methoden hierzu sind daher Thema des Kapitels 4.4.3.

4.4.2 Steuerung der Effizienz der Dialyse

Konzept der Clearance

Grundlegend zur Beschreibung der Effizienz des Toxinentzugs bei der Dialyse ist das Konzept der Clearance. Die **Clearance** K eines Detoxifikationssystems (z.B. eines Dialysators) für ein bestimmtes Molekül ist definiert als Verhältnis aus Massenentzugsrate dM/dt und der Eingangskonzentration c_{in}:

$$K = \frac{\dot{M}}{c_{in}} = \frac{c_{in} - c_{out}}{c_{in}} \cdot Q_B . \tag{4.4}$$

Dabei ist c_{out} die Ausgangskonzentration, Q_B die Flussrate der zu reinigenden Flüssigkeit. Diese Definition ist zweckmäßig, da der Massenentzug üblicherweise proportional zur Eingangskonzentration ist und K damit die Effizienz zum Toxinentzug unabhängig von der Konzentration charakterisiert. Real verlässt das System ein einheitlicher Fluss Q_B mit einer verminderten Konzentration c_{out} (Bild 4.16 links). Zur Veranschaulichung des Clearancebegriffs kann dieser Fluss jedoch gedanklich aufgespalten werden in einen Fluss K („die Clearance"), welcher im Detoxifikationssystem vollständig vom betrachteten Molekül befreit wurde, und den Fluss Q_B-K, der noch die Ausgangskonzentration c_{in} aufweist (Bild 4.16 rechts).

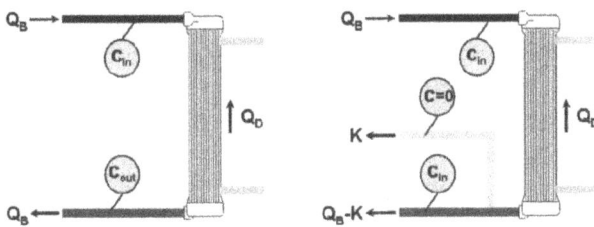

Bild 4.16: *Zur Definition des Begriffs Clearance (s. Text): Links die realen Flussbedingungen, rechts erfolgt eine gedankliche Aufspaltung des gereinigten Blutes in einen vollständig vom Toxin befreiten Teil und einen noch mit der Ausgangskonzentration behafteten Teil.*

Dialysatorclearance, Blutclearance und effektive Clearance

Die Reinigungsleistung nur des Dialysators wird am besten durch die in vitro-**Dialysatorclearance** K_D gekennzeichnet. Dieses ist die Clearance unter Laborbedingungen für den Fall, dass das zu entziehende Molekül in wässriger Lösung zugeführt wird. K_D hängt ab vom primärseitigen Fluss Q_B („Blutseite"), vom sekundärseitigen Fluss Q_D („Dialysatsei-te"), von der Membranfläche A und einer Konstante k_0, welche die Durchlässigkeit der Membran für ein spezifisches Molekül charakterisiert:

$$K_D(Q_B, Q_D, k_0, A) = \frac{e^\alpha - 1}{\dfrac{e^\alpha}{Q_B} - \dfrac{1}{Q_D}} \text{ mit } \alpha = k_0 A \cdot \left[\frac{1}{Q_B} - \frac{1}{Q_D} \right]. \tag{4.5}$$

Diese Gleichung charakterisiert K_D für den rein diffusiven Entzug. Auch der allgemeine Fall des kombiniert diffusiven und konvektiven Entzugs kann mathematisch beschrieben werden, wird hier jedoch aus Platzgründen nicht weiter behandelt.

In einer realen Behandlungssituation ist die erzielbare **Blutclearance** immer kleiner als K_D. Dieses liegt daran, dass nur ein Teil des Blutvolumens als Lösungsraum für das zu entzie-hende Molekül verfügbar ist. Für Harnstoff ist das gesamte Blutwasser, inklusive des Blut-wassers in den Erythrozyten, Lösungsraum; der Lösungsraum ist dann β=87% des Blutvolu-mens bei einem Hämatokrit von HCT=35%. Andere Moleküle können die Erythrozyten-membran nicht leicht passieren und können daher aus dem Blutplasma, nicht aber aus den Blutzellen entzogen werden. Für sie ist der relevante Lösungsraum dann nur β=61% des Blutvolumens. Zur Berücksichtigung dieses Effekts ist in Gl. 4.5 statt Q_B der Term βQ_B einzusetzen, wobei β vom Hämatokrit und dem betrachteten Molekül abhängt. Wie in Kap. 4.3.1 beschrieben, ergibt sich meist noch eine weitere Verminderung der erzielbaren Clea-rance durch die Rezirkulation von schon gereinigtem Blut zurück zum Dialysator. Nach Gl. 4.1 vermindert sich die Clearance um einen Faktor κ, der wiederum von der Rezirkulation abhängt.

Die Berücksichtigung all dieser Effekte führt schließlich zur sogenannten **effektiven Clea-rance** K_{eff}. K_{eff} beschreibt die unter den momentanen Behandlungsbedingungen (d.h. gewähl-ter Dialysator, Dialysemodus, Blutfluss, Dialysatfluss, Hämatokrit) und mit dem bestehenden Gefäßzugang zu erzielende Reinigungsleistung des Dialysesystems für dieses Toxin. K_{eff} ist die exakte Repräsentation der oben beschriebenen **Effizienz des Dialysesystems**. Gibt man K_{eff} für einige gängige Markermoleküle unterschiedlichen Molekulargewichts an (typischer-weise Harnstoff, Kreatinin, Phosphat, Vitamin B12, ß2-Mikroglobulin), hat man damit eine umfassende Charakterisierung der Effizienz des Dialysesystems. Wie 4.17a zeigt, hängt K_{eff} für kleine Moleküle überwiegend von den Flüssen ab (flusslimitierter Transport); An- und Abtransport sind hier primäre Determinanten von K_{eff}. Für größere Moleküle ist dagegen die Membranbarriere entscheidend (membranlimitierter Transport); Membranfläche A und Membrancharakteristik k_0 sind hier entscheidend (Bild 4.17b). Für größere Moleküle ist wegen ihrer geringeren Diffusivität der konvektive Entzug effizienter, wie in Kap. 4.2 disku-tiert. Sie erfahren daher bei Erhöhung des konvektiven Entzugs einen deutlich höheren pro-zentualen Zuwachs an K_{eff} als kleinere Moleküle (Bild 4.17c). Diese Beispiele demonstrie-ren, dass die Effizienz des Dialysesystems durch Variation der Behandlungsbedingungen in sehr weitem Umfang beeinflusst und gezielt optimiert werden kann.

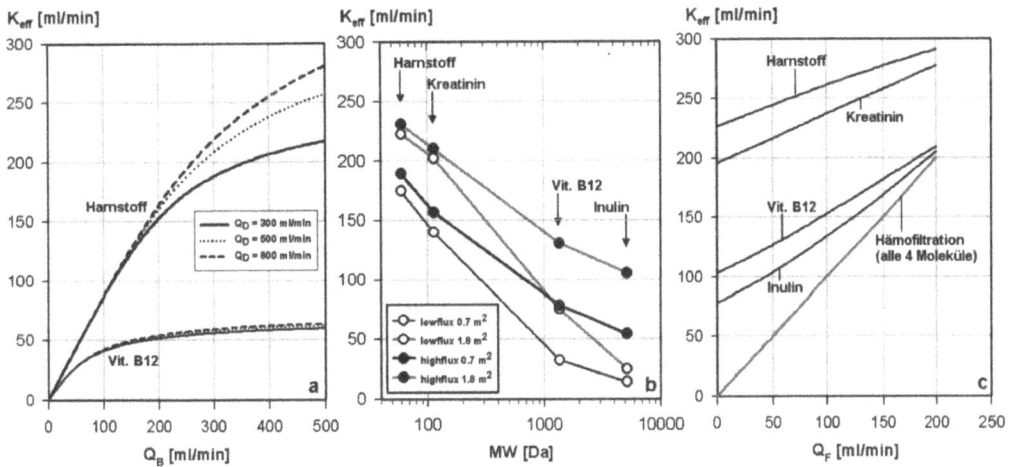

Bild 4.17: *Effektive Clearance Keff für Moleküle unterschiedlicher Molekulargewichte MW bei Variation der Behandlungsbedingungen. Für die Berechnungen wurde ein Hämatokrit von HCT=35% und verschwindende Rezirkulation R=0 % angenommen. (a) Keff bei Variation von Blutfluss QB und Dialysatfluss QD unter Verwendung eines typischen Low-Flux-Dialysators mit einer Membranfläche von 1.3 m² (UFR=0 ml/min); (b) Keff als Funktion des Molekulargewichts für verschiedene Markermoleküle, bei Variation von Fläche und Porengröße der Membran (QB=300 ml/min, QD=500 ml/min, UFR=0 ml/min); (c) Keff als Funktion der Filtrationsrate QF bei Hämodiafiltration (schwarze Linien) bzw. Hämofiltration (graue Linie) bei einem High-Flux-Dialysator mit 1 m² Membranfläche (QB=350 ml/min, QD=500 ml/min).*

Die effektive Clearance K_{eff} kann außerdem durch die Korrelation mit der Massenentzugsrate veranschaulicht werden:

$$\dot{M} = c_{ven} \cdot K_{eff} .$$ (4.6)

Dabei ist c_{ven} die mittlere Konzentration des aus den Körperkreisläufen stammenden toxinbelandenen Bluts (vgl. Bild 4.7).

Die gesamte während der Dialysebehandlung durch das Dialysesystem erbrachte Reinigungsleistung kann durch das insgesamt gereinigte Volumen V_{eff} charakterisiert werden:

$$V_{eff} = \int K_{eff} \cdot dt .$$ (4.7)

Software-Tools zur Behandlungsplanung
Die Effizienz der Dialyse hängt wie gerade beschrieben in komplexer Weise von einer Vielzahl von Behandlungsparametern ab. Durch diese Komplexität ist es dem Anwender kaum möglich, für unterschiedliche Behandlungsbedingungen die Effizienz abzuschätzen. Häufig besteht der Wunsch, die Effizienz in gewisser Weise zu verbessern (z.B. Erhöhung der Mittelmolekülclearance), jedoch ist die quantitative Auswirkung möglicher Maßnahmen (größere Membranfläche, anderer Membrantyp, Erhöhung der Konvektion) unklar. Oder es sind

Einsparmaßnahmen geplant (z.B. Verwendung kleinerer Dialysatoren oder von weniger Dialysierflüssigkeit), deren therapeutische Konsequenzen aber unklar sind. Zwar ist die im vorgehenden Kapitel in groben Zügen beschriebene mathematische Theorie zur Bestimmung der effektiven Clearance K_{eff}, auch in ihrer allgemeinen Form für Kombinationen aus diffusivem und konvektivem Entzug, seit längerem bekannt. Wegen ihrer Komplexität fand die Theorie jedoch kaum Anwendung. Erst die Implementierung in eine bedienerfreundliche Software erlaubt es jedem Anwender, auch ohne tieferes Verständnis der Theorie die Clearance K_{eff} für verschiedene Behandlungssituationen und Markermoleküle zu bestimmen und zu vergleichen. Dadurch wurden erhebliche Fortschritte in der Behandlungsplanung möglich.

Solche Software-Tools verfügen üblicherweise über eine Datenbank mit den gängigen Dialysatoren, welche insbesondere die Parameter k_0 für die verschiedenen Markermoleküle und die Membranfläche A enthält. Nach Anwahl eines Behandlungsmodus (Hämodialyse ohne/mit Ultrafiltration, Hämofiltration oder Hämodiafiltration) lassen sich die jeweiligen Flussraten eingeben (für Blut, Dialysierflüssigkeit, Ultrafiltration, Substitution). Weitere Eingabeparameter sind Hämotokrit und Rezirkulation. Für jede mögliche Kombination dieser Behandlungsparameter bestimmt die Software dann K_{eff} für alle Markermoleküle. Verschiedene Behandlungsbedingungen können in ihrer Auswirkung miteinander verglichen werden. Ein Parameter kann in einem vorzugebenden Intervall variiert werden, um wie in Bild 4.17a die Veränderung der Clearance graphisch darzustellen. Der Arzt kann mit einem solchen Tool Optimierungen der Behandlung nach vielfältigen Kriterien durchführen. Z.B. kann die oben erwähnte Optimierung des Mittelmolekülentzugs oder die Untersuchung der Konsequenzen von Kosteneinsparungen durchgeführt werden. Zudem hat ein solches Software-Tool einen hohen Lerneffekt, da z.B. das Pflegepersonal mit den Auswirkungen von Veränderungen der Behandlungsparameter vertraut gemacht werden kann.

Ein alternativer, noch stärker auf die direkte Behandlungsplanung ausgerichteter Ansatz ist es, nur die Behandlungsziele vorzugeben und die Behandlungsparameter dann automatisch von einem Algorithmus bestimmen zu lassen. Behandlungsziele wären z.B. eine bestimmte Dialysezeit, der in dieser Zeit ungefähr anzustrebende Harnstoffentzug, oder eine Präferenz für intensiven Entzug von Mittelmolekülen. Geeignete Softwaretools geben dann den zur Erreichung dieser Ziele erforderlichen kompletten Satz an Behandlungsparametern vor.

Die erwähnten Softwaretools sind damit wichtige Instrumente für eine qualifizierte Behandlungsplanung und zur Erreichung eines guten therapeutischen Ergebnisses.

4.4.3   Quantifizierung des Toxinentzugs

Wie schon in Kap. 4.4.1 erwähnt, hängt das Dialyseergebnis wesentlich von der entzogenen Toxinmenge ab, genauer von der über einen gewissen Zeitraum (eine Dialyse oder eine Woche) kumulativ entzogenen Menge verschiedener Toxine. Selbst bei niedriger Effizienz kann – entsprechend lange Dialysen vorausgesetzt – ein sehr gutes Behandlungsergebnis erzielt werden. Die Dialysetherapie sollte einen ausreichenden Entzug von Toxinen aller relevanten Molekulargewichte ermöglichen. Aus dieser sehr allgemeinen Feststellung ergeben sich die Fragen, was letztlich ein ausreichender Entzug ist, und wie der Toxinentzug quantifiziert wird.

Was ist ein ausreichender Toxinentzug?

Zur Quantifizierung bezieht man sich bis heute weitgehend auf das Molekül **Harnstoff**, ein kleines (*MW*=60 Da), ungeladenes, aber polares Molekül mit der chemischen Formel $CO(NH_2)_2$. Es tritt physiologisch in höheren Konzentrationen auf und ist leicht messbar. Obwohl auch in höheren Konzentrationen wenig toxisch, ist Harnstoff ein gut geeignetes Markermolekül: Ist ein „ausreichender" Entzug von Harnstoff nachgewiesen, geht man davon aus, dass auch andere, schwerer messbare oder gar unbekannte Toxine mit ähnlich geringem Molekulargewicht in ausreichendem Maße entfernt wurden. Das Markermolekül muss daher nicht unbedingt ein relevantes Toxin sein.

Man könnte nun einfach annehmen, dass man nur die vom Körper erzeugte Menge an Harnstoff (bzw. anderen Toxinen) entziehen muss, um den Körper ausreichend zu entgiften und den Patienten lebensfähig zu halten. Dieser Ansatz ist jedoch so nicht korrekt, denn ein gleicher Zufluss und Abfluss des Harnstoffpools im Körper lässt die Menge des Harnstoffes im Körper unbestimmt; dieses wird aus der Analogie mit einem Wassergefäß unmittelbar klar. Ebenso ist das Unterschreiten einer bestimmten Blutharnstoffkonzentration kein verlässlicher Indikator für ausreichenden Toxinentzug. Da Harnstoff das Endprodukt des Proteinstoffwechsels ist, kann eine niedrige Konzentration nämlich auch Folge einer abnormal niedrigen Proteinaufnahme sein. Ziel einer Therapie muss es sein, bei jeder Dialyse einen ausreichenden **Anteil** der jeweils anfänglich vorhandenen Harnstoffmenge zu entziehen. Nur dann kann man davon ausgehen, dass auch andere kleinmolekulare Toxine in ähnlichem Verhältnis reduziert wurden. Die Dialysetherapie muss also eine Reduktion der Harnstoffmenge auf einen bestimmten Bruchteil der Menge vor der Behandlung erreichen.

Messparameter für die Dialysedosis

Ein Maß für den Toxinentzug, oder die „Dosis" der Dialyse, ist daher der so genannte **Solute Removal Index** *SRI* für Harnstoff:

$$SRI = \frac{\text{entzogene Masse}}{\text{anfängliche Masse}} = \frac{c_a \cdot V_a - c_e \cdot V_e - G \cdot T}{c_a \cdot V_a}. \tag{4.8}$$

Dabei sind c_a und c_e die mittleren Harnstoffkonzentrationen zu Beginn und Ende der Dialyse. V_a und V_e sind die entsprechenden Volumina an Gesamtkörperwasser, in dem Harnstoff verteilt ist, G ist die Generationsrate von Harnstoff und T die Dialysedauer. Diese Gleichung berücksichtigt, dass sich durch Ultrafiltration das Verteilungsvolumen des Harnstoffs, das Gesamtkörperwasser, reduziert, und dass während der Dialyse eine gewisse Menge an Harnstoff neu generiert wird. Ein *SRI* von 0.7–0.75 je Dialyse wird heute bei 3 Dialysen pro Woche als für eine ausreichende Detoxifizierung erforderlich angesehen.

Gebräuchlicher, aber schwerer nachzuvollziehen ist ein anderer Parameter zur Quantifizierung des Harnstoffentzugs, der ***Kt/V*-Wert**. In einem Ein-Kompartment-Modell des Körpers ist die Harnstoffkonzentration c im Körperwasser überall gleich. Folgende Gleichung beschreibt dann bei Dialyse ohne Ultrafiltration mit konstanter Effizienz den Konzentrationsabfall (c_0 ist die Anfangskonzentration, V das Gesamtkörperwasser, K die Clearance):

$$c = c_0 \cdot e^{-Kt/V} \qquad\qquad\qquad (4.9)$$

Kt/V wird dabei als Dialysedosis interpretiert, die umso größer ist, je effizienter und länger die Dialyse und je geringer das Verteilungsvolumen V für Harnstoff ist. Real induziert die Dialyse jedoch ein starkes Ungleichgewicht von Harnstoff im Körper. Da Harnstoff direkt nur aus dem Blut entfernt wird (Bild 4.15), fällt die Konzentration im Blut c_B zunächst schneller ab als nach dem Ein-Pool-Modell erwartet (Bild 4.18). Dagegen bleibt die Konzentration im intrazellulären Raum und in schwach durchbluteten Geweben auch im extrazellulären Raum erhöht. Aus diesen Räumen kann Harnstoff nur durch Übertritt ins Blut aufgrund eines Konzentrationsgradienten entzogen werden. Zur Beschreibung dieser Effekte ist ein Zwei-Pool-Modell für die Harnstoffkinetik (wie z.B. im Schema von Bild 4.15 enthalten) geeignet. Der sich aus einem solchen Modell ergebende Konzentrationsverlauf c_G des zweiten Pools bleibt immer höher als beim Ein-Pool-Modell (Bild 4.18; gleiche effektive Clearance K_{eff} vorausgesetzt). Nach Beendigung der Dialyse gleichen sich die Konzentrationsunterschiede zwischen c_B und c_G wieder an, und die Blutkonzentration c_B zeigt einen „Rebound", d.h. einen typischen schnellen Anstieg nach Dialyseende.

Neben dem Harnstoff-Ungleichgewicht wird die reale Situation noch weiter kompliziert durch die Abnahme von V durch Ultrafiltration, die Variabilität von K_{eff}, und die Harnstoffgeneration im Körper. Trotzdem kann auch für diese reale, komplexere Situation sinnvoll eine Dialysedosis Kt/V bestimmt werden. Eine häufig verwendete Gleichung bestimmt den „äquilibrierten Kt/V-Wert", den heute meist verwendeten Dosisparameter, aus der anfänglichen Harnstoffkonzentration c_0 und die Konzentration nach Äquilibrierung c_{eq}:

$$\left.\frac{K \cdot t}{V}\right|_{eq} = -\ln\left(\frac{c_{eq}}{c_0} - 0.008 \cdot t\right) + \left(4 - 3.5 \cdot \frac{c_{eq}}{c_0}\right) \cdot \frac{UF}{W} . \qquad (4.10)$$

Dabei ist t die Dialysedauer in h, UF das ultrafiltrierte Volumen in l, W das Patientengewicht nach der Dialyse in kg. Das komplexe Feld der Harnstoffkinetik wurde hier nur knapp beschrieben; für weitere Informationen sei auf die ausführliche Literatur, insbesondere spezielle Monografien, verwiesen.

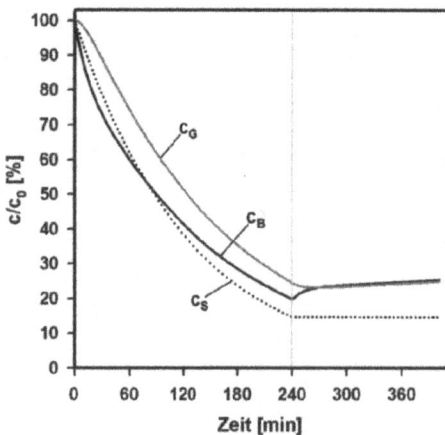

Bild 4.18: Berechnete Verläufe der Harnstoffkonzentration c, bezogen auf die initiale Konzentration c₀, während der Dialyse. c_B und c_G sind die Konzentrationsverläufe der beiden Pools bei Verwendung eines Zwei-Pool-Modells; für die Simulation wurde eine hocheffektive Dialyse (K_eff=320 ml/min) und ansonsten typische Behandlungsbedingungen angenommen. Der prinzipielle Verlauf von c_B entspricht in guter Näherung dem typischerweise bei einer Dialyse messbaren Verlauf der Blutkonzentration. Stark davon abweichend ergibt sich jedoch der theoretische Konzentrationsverlauf c_S (gepunktet) für ein Ein-Pool-Modell bei gleicher Clearance nach Gl. 4.9.

Zielwerte für die Dialysedosis

Die heute verwendeten Zielwerte für die je Dialyse mindestens zu erreichende Dosis (*SRI* bzw. *Kt/V*) stammen aus klinischen Studien an großen Populationen von Dialysepatienten. Nach deren Ergebnissen zeigt sich bei einer Verkleinerung der Zielwerte eine zunehmende Erhöhung der Mortalität. Dagegen bringt eine weitere Erhöhung der Zielwerte keine deutliche Erniedrigung der Mortalität mehr.

Die genannten Dosisparameter beziehen sich auf Harnstoff als Markermolekül. Obwohl, wie schon oben erwähnt, viele klinische Erfahrungen darauf hindeuten, dass ein ausreichender Mittelmolekülentzug für die Qualität der Dialyse sehr wichtig ist, gibt es heute noch keine gängige Methode zur Quantifizierung des Mittelmolekülentzugs. Berechnungen mit den in Kap. 4.4.2 erwähnten Software-Tools zeigen, dass sich verschiedene heutige Behandlungsmodi bis zu etwa einem Faktor 10 in K_{eff} für ein typisches Mittelmolekül unterscheiden können, bei gleichem K_{eff} für Harnstoff (z.B. Kurzzeitdialyse gegen nächtliche Langzeitdialyse). Hinsichtlich des zu erzielenden Mittelmolekülentzugs gibt es heute noch keine Therapiestandards. Bestenfalls werden Maßnahmen zur (nicht näher quantifizierten) Erhöhung der Mittelmolekülclearance empfohlen (wie z.B. Verwendung eines größeren Dialysators).

Messmethoden für die Dialysedosis

Die vorhandenen Messmethoden zur Bestimmung der Dosisparameter haben gemeinsam, dass die Harnstoff-Konzentrationen zu verschiedenen Zeitpunkten bestimmt werden und daraus über geeignete modellbasierte Gleichungen die Dosisparameter berechnet werden. Die Methoden unterscheiden sich darin, wo und zu welchen Zeitpunkten die Blutkonzentration gemessen wird, und welche Sensorik zur Messung der Harnstoffkonzentration verwendet wird.

Weit überwiegend werden die Blutkonzentrationen immer noch durch Probennahme aus dem extrakorporalen Kreislauf und Analyse in Labors bestimmt. Durch Messung vor der Dialyse, nach der Dialyse und zu Beginn der nächsten Dialyse können die Dialysedosis sowie die Harnstoffgenerationsrate bestimmt werden. Letztere erlaubt Rückschlüsse auf den Proteinkatabolismus als wichtigen Ernährungsparameter. Ein geringfügiger Automatisierungsgrad kann hier durch Optimierung der Abläufe (z.B. automatisches Übertragen der Laborergebnisse in die Patienten-Datenbank) erreicht werden. Neuerdings erlauben „Bedside Analyzer" auch die Harnstoffmessung am Patientenbett innerhalb kurzer Zeit.

Alternativ zu rein blutseitigen Messungen kann man die entzogene Harnstoffmenge (z.B. zur Verwendung in Gl. 4.8) auch direkt messen. Dazu sammelt man das Dialysat und bestimmt am Dialyseende nach Vermischen die mittlere Konzentration und das Volumen. Um hier nicht ca. 120 l Dialysat bearbeiten zu müssen, gibt es automatische **Dialysatsammler**, die kontinuierlich nur einen kleinen Teil des Dialysats in ein Sammelgefäß ableiten (partielle Dialysatsammlung).

Auch eine quasikontinuierliche Bestimmung der Harnstoffkonzentration im Dialysat erlaubt mit geeigneten Algorithmen die Bestimmung der entzogenen Harnstoffmenge und der Dialysedosis. Hierzu wurden von mehreren Herstellern **Sensorsysteme** entwickelt. Z.B. kann die Harnstoffkonzentration bestimmt werden über die Leitfähigkeitsänderung, die das Dialysat nach Durchfließen einer Kartusche mit immobilisierter Urease, einem harnstoffabbauenden Enzym, aufweist. Solche Harnstoffmonitore können, je nach implementiertem Algorithmus, die Blutprobennahme deutlich reduzieren oder auch ganz vermeiden. Außerdem wurde als Vorteil gesehen, dass die Bestimmung der Dialysedosis auf Basis der tatsächlich entzogenen Harnstoffmenge erfolgt, und nicht auf der (stärker fehlerbehafteten) Reduktion der Blutkonzentration. Diese seit etwa 1995 erhältlichen Systeme haben jedoch nie nennenswerte Anwendung gefunden, und nur noch wenige dieser Analysegeräte sind heute noch erhältlich (z.B. von *Biocare Corporation*). Insbesondere hohe Verbrauchskosten, aber auch Anschaffungspreis und Wartungsaufwand dürften zumindest für einige Systeme einer Routineanwendung in Wege gestanden haben.

Trotzdem ist die kontinuierliche Messung der Harnstoffkonzentration im Dialysat, in Verbindung mit speziellen Algorithmen, konzeptionell der leistungsfähigste und genaueste Ansatz zur Dosismessung bei der Dialyse. Algorithmen sind verfügbar, mit denen eine vollautomatische Bestimmung aller relevanten Dosisparameter ohne Verwendung von Blutproben möglich ist. Was zur Realisierung dieses Systems fehlt, ist ein robustes, möglichst wartungsfreies und genaues Sensorsystem. Optische Sensoren scheinen das größte Potential zur Erfüllung dieser Anforderungen aufzuweisen; jedoch ist trotz intensiver Entwicklungsaktivitäten noch kein geeignetes System verfügbar. Möglicherweise können hier in den nächsten Jahren Fortschritte in der Technologie miniaturisierter Spektrometer genutzt werden.

Die vorhandenen Messmethoden zur Dosisbestimmung beschränken sich ausschließlich auf das Markermolekül Harnstoff. Für andere Moleküle, insbesondere Mittelmoleküle, gibt es keine gängigen Sensorsysteme. Um den Entzug der Mittelmoleküle nicht völlig unberücksichtigt zu lassen, ist daher zumindest eine Therapieoptimierung hin zu ausreichender Effizienz für den Mittelmolekülentzug zu empfehlen. Hierzu sind die in Kap. 4.4.2 beschriebenen Softwaretools geeignet.

4.4.4   Die Online-Clearance-Messung

Die Online-Clearance-Messung (**OCM**) stellt bei den Verfahren zur Messung der Dialysedosis einen Sonderfall dar. OCM ist ein vollautomatisiertes Verfahren zur Messung der effektiven Clearance K_{eff} für Harnstoff. Damit gehört OCM eigentlich nicht zu den in Kap. 4.4.3 diskutierten Methoden zur Messung der Dialysedosis, denn K_{eff} charakterisiert nur die Effizienz des Dialysesystems; da der Einfluss der intrakorporalen Mobilisierungsprozesse unberücksichtigt bleibt, kann die tatsächlich entzogene Harnstoffmenge bzw. die Dialysedosis nicht genau bestimmt werden. Trotzdem wird OCM heute indirekt, wie weiter unten beschrieben, zum Monitoring der Dialysedosis herangezogen.

Obwohl K_{eff}, wie in Kap. 4.4.3 beschrieben, heute durch geeignete Softwaretools für jede Behandlungssituation berechnet werden kann, ist die Messung von K_{eff} trotzdem sinnvoll: Durch ein Softwaretool kann zwar die Effizienz K_{eff} (bzw. gesamte Reinigungsleistung während einer Dialyse V_{eff} nach Gl. 4.7) geplant bzw. vorgegeben werden. Es ist aber nicht selbstverständlich, dass K_{eff} und V_{eff} während der Dialyse auch tatsächlich wie geplant erreicht werden. Reduktionen des Blutflusses und Behandlungsunterbrechungen, z.B. durch Symptome des Patienten, können dazu führen, dass die tatsächlich verabreichte Effizienz der

Dialyse geringer ist als die geplante Effizienz. Dazu kann auch ein Blockieren eines Teils der Dialysatorfasern, ein Anstieg des Hämatokrit durch Ultrafiltration oder einfach vorzeitiges Beenden der Dialyse beitragen. Es ist daher sinnvoll, in regelmäßigen Abständen während der Dialyse zu messen, welche Effizienz K_{eff} gerade erzielt wird und V_{eff} für die gesamte Behandlung zu bestimmen.

Die OCM-Methode zur Messung von K_{eff} für Harnstoff funktioniert folgendermaßen: Die Durchlässigkeit der Dialysatormembran durch Diffusion für Harnstoff ist praktisch identisch zur Durchlässigkeit für Elektrolyte, da alle diese Substanzen ein geringes Atom- bzw. Molekulargewicht haben. Lediglich die Tatsache, dass Harnstoff ungeladen, Elektrolyte aber geladen sind, wirkt sich geringfügig aus und muss in der Theorie berücksichtigt werden. Daher kann die Bestimmung von K_{eff} für Harnstoff zurückgeführt werden auf die Messung der Fähigkeit des Dialysators, Änderungen der Elektrolytkonzentration auf die andere Membranseite zu übertragen. Die Konzentrationsänderungen lassen sich einfach durch Änderungen der Leitfähigkeit bestimmen.

Der steuernde Algorithmus verändert dazu zunächst das Mischungsverhältnis Dialysekonzentrat zu Wasser. Dadurch fließt eine Dialysierflüssigkeit mit etwa 10% erhöhter Leitfähigkeit zum Dialysator (s. LF_{in} in Bild 4.19). Die Leitfähigkeiten werden auf der Dialysatseite im Zufluss und Abfluss des Dialysators gemessen. Mit zeitlicher Verzögerung steigt dann auch die Leitfähigkeit im Abfluss des Dialysators (LF_{out} in 4.19). Nach Äquilibrierung und Registrierung der beiden Leitfähigkeiten (LF_{in1}, LF_{out1}) wird das Mischungsverhältnis so geändert, dass eine Dialysierflüssigkeit mit einer gegenüber dem Anfangswert etwa 10% erniedrigten Leitfähigkeit zum Dialysator fließt. Dadurch entsteht ein möglichst großer Konzentrationssprung. Wieder werden nach Äquilibrierung die beiden Leitfähigkeiten (LF_{in2}, LF_{out2}) registriert. Danach endet der Messzyklus mit Rückkehr zum anfänglichen Mischungsverhältnis.

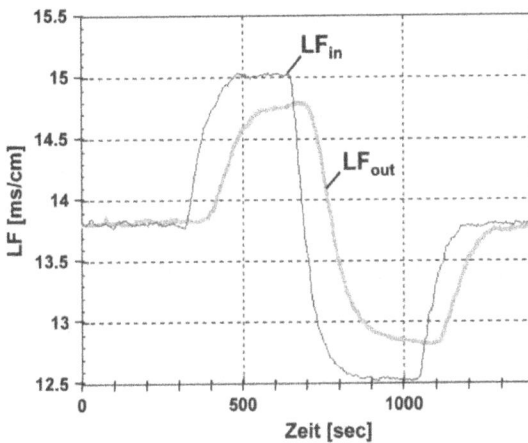

Bild 4.19: *Verlauf der Leitfähigkeiten während einer Online-Clearance-Messung (OCM), gemessen dialysatseitig vor (LF_{in}) und nach (LF_{out}) dem Dialysator.*

Bei gegebener Änderung der Eingangsleitfähigkeit $LF_{in2} - LF_{in1}$ wird die Änderung der Leitfähigkeit im Abfluss des Dialysators $LF_{out2} - LF_{out1}$ umso geringer sein, je größer die effektive Clearance K_{eff} ist. Grund ist, dass mit größerem K_{eff} auch die Konzentrationsänderung auf der anderen Membranseite größer wird. Eine genauere mathematische Analyse führt zu folgender Gleichung zur Bestimmung der Harnstoff-Clearance aus den gemessenen 4 Leitfähigkeiten (bei Dialyse ohne Ultrafiltration; Q_D ist der Dialysierflüssigkeitsfluss):

$$K_{eff} = Q_D \cdot (1 - \frac{LF_{out1} - LF_{out2}}{LF_{in1} - LF_{in2}}) . \tag{4.11}$$

Nach dieser Gleichung wird tatsächlich die effektive Clearance K_{eff} bestimmt, d.h. clearance-reduzierende Effekte durch Rezirkulation oder den Proteingehalt des Bluts sind hier berücksichtigt (vgl. Kap. 4.4.2). Das zweistufige Verfahren nach Bild 4.19 hat den Vorteil, dass durch die Messung keine relevante Beeinflussung die Elektrolytbilanz der Behandlung erfolgt. Bei geeigneter Auslegung des Systems kann eine Messgenauigkeit für K_{eff} von wenigen Prozent erzielt werden. Häufig wird auch eine Variante der OCM verwendet, bei der die Leitfähigkeit nur für wenige Minuten in eine Richtung geändert wird, ohne Abwarten des Äquilibriums. Die Messdauer verkürzt sich dann auf nur wenige Minuten.

Die gesamte während der Dialysebehandlung verabreichte Reinigungsleistung kann dann durch mehrfache OCM während der Dialyse und Bestimmung des insgesamt gereinigten Volumens V_{eff} nach Gl. 4.7 berechnet werden.

Wie bereits erläutert, ist die Bestimmung der Dialysedosis durch OCM nicht ersetzbar. Jedoch kann man in größeren Zeitabständen (z.B. von 1–3 Monaten) bei einer Dialysebehandlung parallel eine Dosisbestimmung über Blutproben und eine V_{eff}-Messung über OCM durchführen. Dadurch lässt sich feststellen, welches V_{eff} der erzielten Dialysedosis (*SRI* oder *Kt/V*) entspricht. Unter der Annahme, dass das patientenspezifische Verhältnis Dialysedosis zu V_{eff} sich über einige Wochen nur wenig verändert, können die Dialysen in diesen Wochen ohne blutprobenbasierte Dosismessung, nur unter OCM-Verifizierung von V_{eff}, ausgeführt werden. Indem man so für jede Dialyse das Erreichen des individuellen Ziels V_{eff} verifiziert, hat man auch das Erreichen der erforderlichen Dialysedosis in jeder einzelnen Dialyse weitgehend sichergestellt; Dialysen mit Blutprobennahmen für die Dosismessung sind dann trotzdem nur noch selten erforderlich.

Die OCM-Methode findet heute verbreitet Anwendung, im Gegensatz zu den in Kap. 4.4.3 beschriebenen sensorbasierten Methoden. Sie wird von mehreren Firmen in das Dialysegerät integriert angeboten (z.B. *Hospal, Fresenius Medical Care*). Zwar stellt sie konzeptionell nicht die optimale Lösung zur Quantifizierung der Dialysetherapie dar. Ihre Vorteile sind jedoch geringe Kosten durch Verwendung von im Dialysegerät ohnehin vorhandenen Sensoren und Mischsystemen, fehlende Kosten an Verbrauchsmaterial, kein zusätzlicher Wartungsaufwand, und Vollautomatisierung. Das dadurch entstehende günstige Kosten/Nutzen-Verhältnis kann von den im vorgehenden Kapitel erwähnten kontinuierlich im Dialysat messenden Sensorsystemen heute noch nicht erreicht werden.

4.5　Flüssigkeits- und Ernährungsstatus

Flüssigkeits- und Ernährungsstatus sind von zentraler Wichtigkeit für die Therapie eines Dialysepatienten. Definition und messtechnische Erfassung sind jedoch schwierig, weshalb sich für die Routinebehandlung noch keine Methode etabliert hat. Flüssigkeits- und Ernährungsstatus leiten sich aus der individuellen Körperzusammensetzung des Patienten ab, wie im Folgenden näher beschrieben. Unter Körperzusammensetzung soll dabei die Volumina der verschiedenen Flüssigkeitsräume des Körpers und die Massen der verschiedenen Gewebe verstanden werden.

4.5.1　Flüssigkeitsräume im Körper

Bild 4.20 zeigt die Verteilung der Körperflüssigkeit auf die verschiedenen Flüssigkeitsräume (kleinere weitere Räume wie Lymphsystem und transzelluläre Räume sind hier vernachlässigt). Die Zellen der verschiedenen Gewebe (Volumen ~23 l für einen durchschnittlichen 70 kg-Menschen) sind eingebettet in die extrazelluläre Flüssigkeit des **Interstitiums** (Zwischenzellraum, ~13 l). Die Blutzellen (~2.2 l) sind im extrazellulären Blutplasma (~2.8 l) suspendiert. Das Flüssigkeitsgleichgewicht zwischen Zellen und umgebender extrazellulärer Flüssigkeit wird vor allem durch osmotische Effekte bestimmt. Veränderungen der extrazellulären Elektrolytkonzentration (z.B. durch NaCl-Zufuhr oder Entzug bei der Dialyse) führen daher zu Verringerungen bzw. Erhöhungen des gesamten **intrazellulären Volumens** ICV und inversen Veränderungen des **extrazellulären Volumens** ECV. Bei normalen osmotischen Verhältnissen wird die beim Dialysepatienten akkumulierende überschüssige Flüssigkeit im ECV gespeichert, und zwar überwiegend im Interstitium.

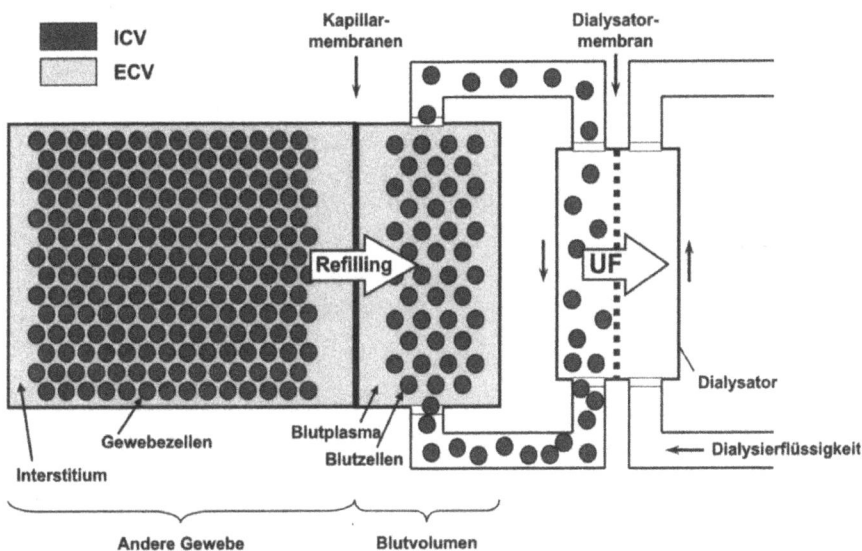

Bild 4.20: *Flüssigkeitsräume des Körpers. Über die verschiedenen Membransysteme finden Flüssigkeitsverschiebungen statt (intra-/extrazellulär über die Zellmembranen, Refilling über die Kapillarmembranen, Ultrafiltration über die Dialysatormembran).*

Interstitielle Flüssigkeit und Blutplasma stehen über die Membranen aller Kapillaren im Körper in Kontakt, über welche ein intensiver Flüssigkeitsaustausch stattfindet. Größe und Richtung des Netto-Flusses über diese körperinterne Membran wird durch die kolloidosmotischen und hydrostatischen Drucke (**Starling-Kräfte**) auf beiden Seiten der Kapillarmembranen bestimmt. Die kolloidosmotischen Drucke entstehen durch die Proteine, für welche die Kapillarmembran nur geringfügig durchlässig ist. Bei normaler Hydration der Gewebe ist der interstitielle hydrostatische Druck leicht negativ, wird schnell stark negativ bei weiterem Flüssigkeitsentzug, kann aber bei Ausbildung von Ödemen auch positive Werte annehmen. Im Zustand der Normohydration sind daher nur noch kleine Volumina aus dem Interstitium entziehbar, während im Falle der Überwässerung größere Volumina schnell entziehbar sind.

Der häufig als „Guyton-Kurve" bezeichnete typische Verlauf des Blutvolumen BV als Funktion des gesamten ECV im Gleichgewichtszustand (d.h. außerhalb der Dialysebehandlung) ist in Bild 4.21 (links) gezeigt (s. auch Lit. [4] in Kap. 4.8). Es ist offensichtlich, dass eine Flüssigkeitsüberladung auch zu einem erheblich erhöhten Blutvolumen führt, wenn auch der Großteil der Überladung im Interstitium gespeichert wird.

Während der Dialyse wird das Vollblut, d.h. die Suspension aus Plasma und Blutzellen, durch den Dialysator geleitet, in dem durch Ultrafiltration Plasmawasser entzogen wird. Der dadurch bedingte Anstieg der Proteinkonzentration und typische Abfall des hydrostatischen Druckes auf der Blutseite mobilisieren den Nachstrom (**Refilling**) von Flüssigkeit aus dem Interstitium (Bild 4.20). Die prozentuale Änderung ΔRBV des Blutvolumens in einem Zeitintervall ergibt sich aus dem absoluten Blutvolumen zu Beginn ABV, dem im Zeitintervall entzogenen Ultrafiltrationsvolumen UFV sowie der aus dem Interstitium eingeströmten Flüssigkeitsmenge RFV („Refilling volume"):

$$\Delta RBV = (RFV - UFV)/ABV \ . \tag{4.12}$$

In nahezu allen Dialysebehandlungen wird eine Abnahme des Blutvolumens beobachtet ($\Delta RBV < 0$). Diese tendiert umso ausgeprägter zu sein, je geringer der Patient überwässert ist, je größer UFV und je höher die Ultrafiltrationsrate UFR ist. Eine geringere Überwässerung führt wie oben beschrieben zu einem geringeren Refilling. Eine höhere UFR lässt das Blutvolumen stärker absinken, um dann dadurch ein höheres Refilling zu induzieren; dieses führt in der Darstellung nach Guyton zu einer stärkeren Abweichung von der Gleichgewichtskurve (s. Bild 4.21 links). Die Blutvolumenänderungen lassen sich jedoch nicht strikt vorhersagen, da sie noch durch vielfältige weitere Faktoren (z.B. Anomalien im Proteinhaushalt, Kreislaufregulation, Durchblutung etc.) beeinflusst werden.

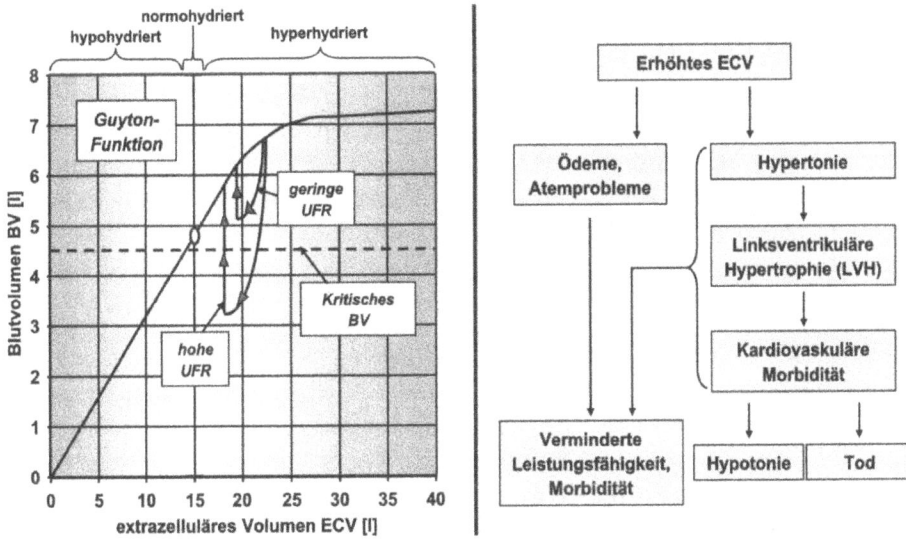

Bild 4.21: *Links: „Guyton-Kurve", schematischer Verlauf des Blutvolumens BV als Funktion des Extrazellulärvolumens ECV im Gleichgewichtszustand. Zusätzlich sind Disäquilibrium-Zustände während der Ultrafiltration eingezeichnet. Rechts: Klinische Folgen von erhöhtem Extrazellulärvolumen (ECV).*

4.5.2　　Klinische Relevanz der Flüssigkeitsbilanzierung

Zu den wichtigsten Aufgaben bei der Planung der Dialysebehandlung gehören das Wiegen des Patienten und die Bestimmung des daraus abgeleiteten Ultrafiltrationsvolumens (*UFV*). *UFV* (in l) wird als Differenz zwischen dem gemessenen Gewicht und dem Zielgewicht (jeweils in kg) bestimmt. Die Schwierigkeit liegt nun in der Bestimmung des Zielgewichtes, oft auch Trockengewicht genannt. Offenbar sind viele Patienten auch am Dialyseende noch stark überwässert, was für den Patienten gravierende Konsequenzen bringt:

Ein erhöhtes *ECV* führt zu Ödemen (sichtbare/tastbare interstitielle Flüssigkeitsansammlungen), Dyspnoe (Atembeschwerden), und insbesondere Hypertonie (Bluthochdruck), die hier eine Folge des erhöhten Blutvolumens ist (Bild 4.21 rechts). **Hypertonie** ist ein zentraler Risikofaktor in der allgemeinen Bevölkerung und bei Dialysepatienten im Besonderen. Länger anhaltende Hypertonie, welche eine kontinuierliche Zusatzbelastung für das Herz darstellt, führt typischerweise zur Linksherz-Hypertrophie (LVH), Arteriosklerose und weiteren kardiovaskulären Problemen. Eine im Laufe der Zeit daraus entstehende Einschränkung der Herzfunktion führt dann in der Spätphase der Entwicklung häufig zu Hypotonie während der Dialyse, und zu erhöhtem Risiko für einen plötzlichen Herztod.

Die Erhöhung des *ECV* bei Patienten mit chronischem Nierenversagen, die noch nicht dialysiert werden, kann in Einzelfällen mehr als 10 l betragen. Häufig sind jedoch auch Dialysepatienten am Ende einer Dialysebehandlung noch viele Liter überwässert, weil keine sorgfältige Bestimmung des Zielgewichts erfolgt. Teilweise liegt das an den unzulänglichen und in der Routine zu aufwendigen Methoden zur Bestimmung der Überwässerung. Einige Patienten entwickeln auch Kreislaufprobleme während der Dialyse, die als Indikator für das Erreichen des Trockengewichts fehlinterpretiert werden, oder die so gravierend sind, dass eine weitere Gewichtssenkung problematisch erscheint und man den Patienten bewusst überwässert lässt. Eine chronische Überwässerung wird auch gefördert durch eine Überladung des Körpers mit Kochsalz. Über den Durstmechanismus versucht der Körper, die extrazelluläre Osmolarität konstant zu halten. Dadurch speichert der Patient eine der überschüssigen Kochsalzmenge entsprechende überschüssige Flüssigkeitsmenge. Eine Kochsalzüberladung kann außer durch eine salzreiche Kost auch durch eine zu hohe Na-Konzentration in der Dialysierflüssigkeit erfolgen (z.B. eingesetzt zur Kreislaufstabilisierung, vgl. Kap. 4.6.3).

Der beschriebene Mechanismus von Flüssigkeitsüberladung über Hypertonie zu erhöhter kardiovaskulärer Morbidität und Mortalität ist durch eine Vielzahl von Studien belegt. So wurde eine Erhöhung des Extrazellulärvolumens durch Bioimpedanzmessung bestätigt. Die Reduzierung des Extrazellulärvolumens führte auch zur Reduzierung des Blutdrucks. Während in vielen Dialysezentren ein Großteil der Patienten teils hochdosierte Antihypertensiva verordnet bekommt, konnte in anderen Zentren durch eine aufwändige Einstellung des Flüssigkeitsstatus und Beschränkung der Kochsalzaufnahme die Zahl der Patienten, die Antihypertensiva einnehmen müssen, auf wenige Prozent gesenkt werden.

Die modernen Antihypertensiva sind sehr effektive Medikamente, mit denen in den meisten Fällen eine ausreichende Blutdrucksenkung möglich ist. In vielen Dialysezentren wird auch ein großer Teil der Patienten einer antihypertensiven Therapie unterzogen. Trotzdem hat eine solche medikamentöse Therapie, welche die ursächliche Überwässerung nicht beseitigt, deutliche Nachteile im Vergleich zur Elimination der Überwässerung: Das Blutvolumen ist immer noch überhöht, und es besteht das Risiko einer nicht ausreichenden Blutversorgung (durch zu starke Dämpfung der Herzfunktion) oder eines zu hohen Herzminutenvolumens (durch zu starke periphere Dilatation). Außerdem ist eine antihypertensive Therapie sehr wahrscheinlich teurer als eine Normalisierung des Flüssigkeitsstatus.

Die kardiovaskuläre Mortalität von Dialysepatienten ist etwa 3.5 mal so hoch wie in einer altersangepassten Vergleichspopulation. Ein wesentlicher Teil dieser hohen Mortalität wird auf die chronische Überwässerung zurückgeführt. Methoden, die eine einfache und ausreichend genaue Bestimmung der Überwässerung bzw. des Trockengewichts erlauben, sind daher zur Verbesserung der Qualität der Dialysetherapie dringend erforderlich.

4.5.3   Definition des Trockengewichts

Im Dialysealltag wird für das Zielgewicht häufig der Begriff „Trockengewicht" verwendet. Die Bedeutung des Trockengewichts bleibt dabei jedoch meist diffus. In der Historie der Dialyse hat es mehrere Definitionen gegeben. Zuerst bezog man sich auf die **Kreislaufstabilität während der Dialyse**:

* *Das „Trockengewicht" ist erreicht, wenn sich hypotensive Blutdrucke während der Ultrafiltration einstellen, ohne dass andere offensichtliche Ursachen vorliegen. (Thomson, 1967)*

Der Zusammenhang zwischen Kreislaufreaktionen und Flüssigkeitsstatus ist jedoch komplex. So kann durch hohe Ultrafiltrationsrate ein kritisch niedriges Blutvolumen (welches zu symptomatischer Hypotonie führt) erzielt werden, obwohl der Patient noch überwässert ist (s. Beispiel in Bild 4.21 links). Interstitielles Volumen und Blutvolumen stehen hier nämlich nicht im Gleichgewicht. Eine heute stärker akzeptierte Definition bezieht sich auf die **Blutdrucknormalisierung**:

- *Das Trockengewicht ist das postdialytische Gewicht, bei dem der Patient bis zur nächsten Dialyse trotz Wasser- und Salzretention normotensiv bleibt. (Charra, 1996)*

Diese Definition ist pragmatisch, da sie sich auf den leicht messbaren Parameter Blutdruck bezieht, und dem Ziel der Vermeidung einer Hypertonie dient. Jedoch ist ein erheblicher Teil der nierengesunden Bevölkerung nicht normotensiv, was darauf hinweist, dass keineswegs nur der Flüssigkeitsstatus bestimmend für den Blutdruck ist. Eine zweckmäßige physiologische Definition geht dagegen von der **Normohydration der Gewebe** aus. Hierbei wird angenommen, dass für jedes Gewebe des Körpers im normohydrierten Zustand charakteristische intra- und extrazelluläre Flüssigkeitsvolumina existieren, die zur Zahl der Zellen im Gewebe proportional sind. Anders ausgedrückt, jede Zelle eines Gewebetyps hat ein charakteristisches intrazelluläres Volumen und ist von einem charakteristischen extrazellulären Volumenelement umgeben. Daraus kann dann folgende Definition abgeleitet werden:

- *Beim „Trockengewicht" hat der Patient die gleichen intra- und extrazellulären Flüssigkeitsvolumina wie eine Person mit normal funktionierender Flüssigkeitsregulation und ansonsten gleicher Körperzusammensetzung wie der Patient.*

Diese Definition ist praktisch anwendbar, wenn Methoden zur Bestimmung des Hydrationsgrades der Gewebe bzw. des Körpers vorliegen (s. Kap. 4.5.5).

4.5.4 Relevanz des Ernährungsstatus

Neben einer optimalen Einstellung des Flüssigkeitsstatus ist auch der Ernährungsstatus des Dialysepatienten für seine Therapie von Bedeutung. Der Ernährungsstatus kann zum Teil durch die Konzentrationen verschiedenster Stoffe charakterisiert werden, die zur Detektion von Ernährungsstörungen geeignet sind. Zur Diagnose der häufigen Protein- und Energie-Mangelernährung bei Dialysepatienten ist jedoch eine makroskopische Bestimmung des Ernährungsstatus durch Messung der Körperzusammensetzung zweckmäßig. Die bei einer solchen Messung bestimmten Kompartimente sind insbesondere die **fettfreie Masse** (*FFM*), die **Fettmasse** (*FM*), die **Körperzellmasse** (*BCM*). Es ist dann zu bestimmen, inwieweit gewisse Kompartimente des Körpers bei gegebener Körpergröße und Geschlecht eine ausreichende Masse (insbesondere *FFM*, *BCM*), bzw. eine nicht zu hohe Masse (insbesondere *FM*) aufweisen.

Der einfachste, sehr gebräuchliche Parameter zur Bestimmung des Ernährungsstatus ist der **Body Mass Index** $BMI = M/H^2$ (*M*=Körpermasse in kg, *H*= Körpergröße in m). Ein zu kleiner *BMI* (<18 kg/m^2) bedeutet ein für die Körpergröße zu geringes Gewicht und damit Mangelernährung. Dieser Parameter ist jedoch für viele Anwendungen zu unspezifisch, da er nicht zwischen *FFM*, *FM* oder überschüssiger Flüssigkeit unterscheiden kann. Z.B. kann ein mangelernährter Mensch mit zu geringer Zellmasse trotzdem einen akzeptablen *BMI* aufweisen, wenn er stark überwässert ist. Besonders kritisch ist es, wenn ein Patient zunehmend Zellmasse verliert, dies aber nicht entdeckt wird, weil er – immer auf das gleiche Zielgewicht hin dialysiert – mit immer höherer Überwässerung die Dialyse beendet. Ebenso kann eine zu geringe fettfreie Körpermasse durch einen hohen Fettanteil zu einem *BMI* im normalen Bereich führen.

Wie diese Beispiele zeigen, ist der Zustand der Unterernährung nicht immer offensichtlich. Dialysepatienten weisen im Durchschnitt eine erhöhte Morbidität und Mortalität durch Protein- und Energie-Mangelernährung auf. Etwa 20–40% der Dialysepatienten gelten als mangelernährt. Zuverlässige Methoden, die eine Detektion der Mangelernährung zulassen, sind erforderlich, um therapeutisch intervenieren zu können (z.B. mit einer gezielten enteralen oder parenteralen Ernährungstherapie) und, wo möglich, eine zunehmende Verschlechterung des Zustands des Patienten abzufangen.

Zur Analyse der Körperzusammensetzung ist eine Vielzahl von Methoden verfügbar. Die Fettmasse *FM* kann durch Messung der Hautfaltendicke an verschiedenen Körperstellen, mit einer Art Zange oder auch mit Ultraschall, abgeschätzt werden. Unterwasser-Wiegen und Air-Displacement Plethysmography erlauben eine Bestimmung der Körperdichte, die – unter gewissen Annahmen oder unter Verwendung weiterer Messungen – eine separate Bestimmung von *FFM* und *FM* zulässt. Dilutionsmessungen dienen der Bestimmung von Flüssigkeitsvolumina; die Tracer Tritium, Deuterium, ^{18}O erlauben die Bestimmung des gesamten Körperwassers (*TBW*), ^{42}K erlaubt die Bestimmung des intrazellulären Wassers, Br des extrazellulären Wassers. Mit einem Ganzkörperdetektor kann über die Bestimmung der von ^{40}K ausgehenden Gammastrahlung *BCM* bestimmt werden. Die Neutronenaktivierungsanalyse erlaubt die Bestimmung der Menge einzelner chemischer Elemente im Körper. Dual-Energy X-ray Absorptiometry (DXA) ermöglicht die Bestimmung der Knochenmineralien, der fettfreien Gewebemasse und der Fettmasse durch eine Ganzkörpermessung mit Röntgenstrahlung zweier verschiedener Energien. Magnetresonanz und Computertomographie erlauben die Unterscheidung von *FFM* und *FM* sowie weiterer Charakteristika. Alle diese Verfahren, für deren Details auf die weiterführende Literatur verwiesen sei, haben für spezielle Anwendungen Vorteile und sind teilweise als Referenzverfahren wichtig. Jedoch sind sie für eine Routineanwendung in der Dialyse entweder zu fehleranfällig, zu aufwändig, zu teuer oder mit nicht akzeptablen Strahlenbelastungen verbunden.

Lediglich die Methode der Bioimpedanzmessung erlaubt eine Bestimmung der Körperzusammensetzung in einfacher, kostengünstiger und den Patienten nicht belastender Weise. Möglichkeiten und Limitierungen dieser Methode werden in Kap. 4.5.6 diskutiert.

4.5.5   Methoden zur Bestimmung des Flüssigkeitsstatus

Für die Bestimmung der Überwässerung von Dialysepatienten wurden sehr unterschiedliche Methoden entwickelt und erprobt, die im Folgenden kurz vorgestellt werden. Ein Methodenvergleich und eine kritische Evaluierung erfolgt dann in Kap. 4.5.7.

Klinische Bewertung

Gravierende Hypo- oder Hypervolämie führt zu charakteristischen klinischen Symptomen. Typische Symptome für Hypovolämie sind Durst, Müdigkeit, Hypotonie und Muskelkrämpfe, Symptome der Hypervolämie sind dagegen Atemprobleme, Ödeme, Husten. Jedoch ist keines dieser Symptome ein eindeutiger Indikator, da auch andere Ursachen Auslöser sein können (z.B. kann eine zu hohe Ultrafiltrationsrate Hypotonie auslösen).

Solche klinischen Symptome können einfach als Hinweis beobachtet werden, oder aber in systematischer Weise quantitativ bewertet werden. So ist ein „**Clinical Score**" zur Bewertung des Volumenstatus erstellt worden, in dem Symptomen abhängig von ihrer Art und Schwere ein Zahlenwert zugewiesen wird. Die Summe der Zahlenwerte für alle beobachteten Symptome ergibt dann ein quantitatives Maß für den Grad der Über- oder Unterwässerung (Bild 4.22). Dieser Messwert für klinische Symptome könnte zukünftig in einer erweiterten Form auch noch Informationen über den gemessenen Blutdruck und die Dosis antihypertensiver Medikation einschließen.

Clinical Score des Flüssigkeitsstatus	
Gewertet als Hypovolämie	
• Symptomatische Hypotonie	-1
• Symptomatische Hypotonie, behandelt mit NaCl (0.9%)- Infusion pro 100 ml NaCl	-1
• Muskelkrämpfe, nach Schwere	-1 to -4
Gewertet als Normovolämie	
• Abwesenheit von Symptomen	0
Gewertet als Hypervolämie	
• Dyspnoea während Aktivität (>50 W)	+1
• Dyspnoea während Aktivität (<50 W)	+2
• Dyspnoea (liegend)	+3
• Dyspnoea (sitzend/stehend)	+4
• Oedeme (Knöchel, Tibia, nach Schwere)	+1 to +4

Bild 4.22: „*Clinical Score" zur Quantifizierung des Flüssigkeitsstatus nach Wizemann und Schilling (Nephrol Dial Transplant, 1995, 10:2114).*

Obwohl diese Methode recht gute Ergebnisse liefern kann, ist sie kaum verbreitet. Die Erhebung der Symptome setzt viel Aufwand und Sorgfalt von gut ausgebildetem Personal voraus. Neben einem erheblichen Maß an Subjektivität bei der Bewertung der Symptome scheint die Methode auch an einer geringen Sensitivität im Bereich geringerer Überwässerungen zu leiden.

Durchmesser und Kollapsibilität der Vena Cava

Überschüssige Flüssigkeit führt zu einem erhöhten Blutvolumen (vgl. Bild 4.21 links), welches vor allem von den großen venösen Blutgefäßen gepuffert wird. Eine Überwässerung äußert sich daher in der Erhöhung des zentralvenösen Drucks und des Durchmessers VCD der Vena Cava, der großen zum rechten Ventrikel führenden Vene. Die Messung von VCD mit Ultrasonographie wird daher häufig zur Bestimmung des Flüssigkeitsstatus verwendet. Der Durchmesser ändert sich abhängig von der Atemphase. Der Grad des Kollabierens (in % des maximalen Durchmessers) wird als „collapsibility index" CI bezeichnet. Eine stärkere Überwässerung führt zu einem geringeren CI.

Das Messverfahren benötigt ein Ultraschallgerät und einen geschulten Anwender. Die Anwendung ist daher teuer und das Ergebnis etwas beobachterabhängig. Gravierender ist jedoch, dass Zielwerte für *VCD*, die einer Normohydration entsprechen würden, aus Messungen an Gesunden nicht zuverlässig abgeleitet werden konnten. Außerdem kommt eine Erhöhung von *VCD* auch bei vielen, bei Dialysepatienten häufigen Herzerkrankungen vor. Der Hydrationsgrad beeinflusst zwar *VCD*, es gelingt jedoch nicht, diesen Einfluss von anderen Effekten ausreichend zu separieren.

Blutvolumenantwort auf einen Ultrafiltrationsbolus
Wie in Kap. 4.5.1 ausführlich erläutert, hängt die Abnahme des Blutvolumens nach Ultrafiltration (Gl. 4.12) auch vom Grad der Überwässerung des Patienten ab. Entfernt man ein Volumen *UFV* aus dem Blut, sollte ΔRBV im Falle starker Überwässerung klein sein, weil das Refilling das entzogene Blutvolumen schnell kompensiert. Bei Normohydration oder Unterwässerung ist ΔRBV dagegen größer, da weniger Refilling erfolgt.

Mit den verfügbaren Messsystemen für das Blutvolumen (vgl. Kap. 4.6.6) könnte also ΔRBV zur Einschätzung des Flüssigkeitsstatus verwendet werden. Es sollte ein standardisierter UF-Bolus von wenigen Minuten Dauer verwendet werden, der ein ΔRBV von einigen Prozent verursacht. Der UF-Bolus muss einerseits ausreichend groß für eine zuverlässige Auswertung sein, darf aber auch nicht zu groß sein, da er sonst unerwünschte Kreislaufreaktionen auslösen könnte.

Der Zusammenhang zwischen ΔRBV und dem Flüssigkeitsstatus wurde in klinischen Studien mehrfach belegt; es wurden dabei UF-Boli zwischen wenigen Minuten und einer Stunde Dauer verwendet. Ein klares Konzept zur quantitativen Bestimmung der Überwässerung liegt jedoch noch nicht vor.

Bioimpedanz
Die Bestimmung der Bioimpedanz (d.h. des elektrischen Widerstands) des Körpers bei verschiedenen Frequenzen eines über Elektroden applizierten Stroms gestattet eine Bestimmung von Überwässerung und Körperzusammensetzung. Diese Methode ist ausführlicher in Kap. 4.5.6 beschrieben.

Vasoaktive Hormone
Verschiedene Hormone dienen im Körper zur Regulation des Flüssigkeitshaushalts. Das atriale natriuretische Peptid (ANP) wird im Atrium (Vorhof des Herzens) synthetisiert und gespeichert. Es wird bei erhöhter Wandspannung des Atriums (z.B. durch überwässerungsbedingte stärkere Füllung des Herzens) freigesetzt, wirkt auf die Niere und hat vasodilatierende und natriumausscheidende Funktionen. Mit einer Halbwertszeit von 2–4 min ist es ein schneller Indikator für Änderungen des Flüssigkeitsstatus. Dialysepatienten haben meist deutlich erhöhte Blutkonzentrationen. Weitere Hormone, die in ähnlicher Weise als Indikatoren für den Flüssigkeitsstatus fungieren, sind zyklisches Guanidin – Monophosphat (cGMP), und „brain natriuretic peptide" (BNP).

Die Verwendung dieser Hormone als Indikatoren des Flüssigkeitsstatus ist jedoch von der Routineanwendung weit entfernt. Auch hier sind Fehler bei bestimmten Einschränkungen der Herzfunktion wahrscheinlich. Außerdem stehen der Aufwand und die hohen Kosten des Essays einer breiten Anwendung entgegen.

Echokardiographie

Mittels der Echokardiographie lassen sich viele anatomische und funktionale Veränderungen des Herzens sehr gut nachweisen. Eine akute Überwässerung führt – bei nicht wesentlich eingeschränkter Herzfunktion – zu einer erhöhten Herzfüllung und einem erhöhten Herzminutenvolumen, welches sich durch das Dopplerverfahren messen lässt. Langfristige Überwässerung über Jahre hinweg führt zu anatomischen Veränderungen, insbesondere der Ausbildung einer Linksherzhypertrophie, welche in ihrem Ausmaß sogar quantifiziert werden kann. Der Rückschluss von den beobachteten Veränderungen auf den aktuellen Flüssigkeitsstatus ist jedoch häufig nicht einfach und eindeutig möglich. Viele andere Ursachen können ebenso zu den beobachteten Veränderungen geführt haben, insbesondere im Falle von Herzerkrankungen. Daneben stehen die hohen Kosten der Untersuchung und der Bedarf an einer spezialisierten Fachkraft einer Routineanwendung im Wege.

Lokale Hydration

Die bisher beschriebenen Verfahren bestimmen die gesamte Flüssigkeitsmenge (Bioimpedanz) bzw. Folgen einer unphysiologischen Flüssigkeitsmenge auf das Herz-Kreislaufsystem und andere klinische Parameter. Alternativ kann auch die lokale Gewebehydration an einer einfach zugänglichen Stelle, wie etwa dem Bein, mit verschiedenartigen Sensortypen gemessen werden. Geeignet hierzu ist z.B. ein lokal messendes Bioimpedanzverfahren, mit dem das Verhältnis extra- zu intrazellulärer Flüssigkeit in einem Gewebesegment von einigen cm Länge bestimmt werden kann. Konzepte zur Bestimmung des Flüssigkeitsstatus auf Basis der Gewebehydration befinden sich noch in der klinischen Entwicklung. Problematisch ist dabei, dass die lokale Gewebehydration von der durchschnittlichen Hydration des gesamten Körpers deutlich abweichen kann.

4.5.6   Die Bioimpedanzmessung

Die Bioimpedanzmessung nimmt bei den in diesem Kapitel beschriebenen Verfahren eine Sonderstellung ein, weil sie das einzige für die Routine praktikable Verfahren ist, mit welchem die Bestimmung sowohl von Flüssigkeits- als auch Ernährungsstatus möglich erscheint. Bioimpedanzsysteme sind heute in verschiedenen Ausführungsformen erhältlich; insbesondere die elektrische Kontaktierung und die eventuelle Integration einer Waage sind Unterscheidungsmerkmale (Bild 4.23). Sehr große Unterschiede gibt es in der Auslegung und Qualität der verwendeten Hardware und den Algorithmen zur Bestimmung der physiologischen Messgrößen, sowie den Preisen der Geräte (ca. 20 -10,000 €).

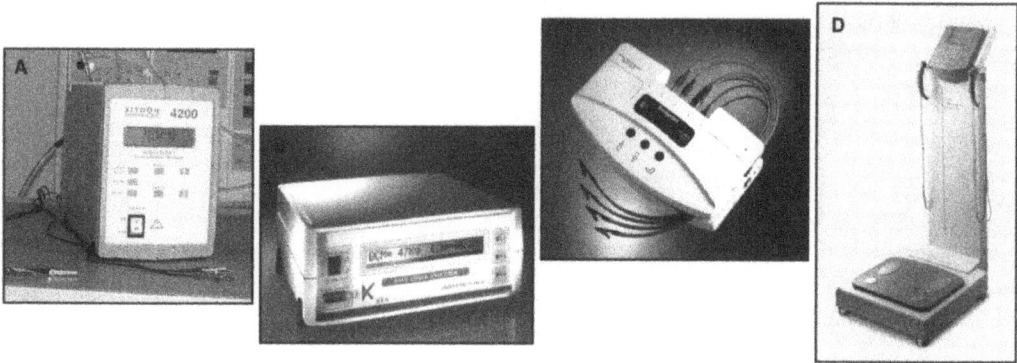

Bild 4.23: *Verschiedene kommerziell erhältliche Bioimpedanzsysteme: A: Spektrometer (50 Frequenzen 5 kHz –
1 MHz) Hydra 4200 (Xitron Technologies). B: Einfrequenzsystem (50 kHz) Soft Tissue Analyzer (Akern). C: Vierfrequenzsystem (5, 50, 100 und 200 kHz) Quadscan 4000 (Bodystat). D: Vierfrequenzsystem (5, 50, 250 und
500 kHz) mit Waage und metallischen Hand- und Fußkontakten InBody 3.0 (Biospace).*

Einfrequenzmessung

Bei der üblichen Ganzkörper-Bioimpedanzmessung wird die Gesamtimpedanz der Serien-
schaltung von Arm, Rumpf und Bein bei einer bestimmten Frequenz (meist 50 kHz) gemessen (Bild 4.24). Über ein äußeres Elektrodenpaar wird ein kleiner, konstanter Wechselstrom
in den Körper eingespeist. Das innere Elektrodenpaar greift den sich einstellenden Span-
nungsabfall stromlos ab. Der Quotient $|Z|=U/I$ und die Phasenverschiebung Φ zwischen
Strom und Spannung wird von Menge und Verteilung von Wasser im Körper bestimmt.
Alternativ kann das Ergebnis auch als komplexe Impedanz Z, bzw. durch deren Realteil R
und Imaginärteil X dargestellt werden. Für die Berechnung der physiologisch relevanten
Größen (Gesamtkörperwasser TBW, extra- und intrazelluläres Volumen ECV und ICV, fettfreie Masse FFM, Fettmasse FM, Körperzellmasse BCM) existiert eine Vielzahl von Gleichungen, z.B. ($H=$ Körpergröße, $M=$ Körpermasse):

$$FFM = \alpha + \beta \cdot H^2 / R + \gamma \cdot M \tag{4.13}$$

$$BCM = \lambda \cdot FFM \cdot \log(\arctan(X / R)).$$

Diese Gleichungen basieren auf der einfachen Betrachtung, dass das Volumen eines homogenen leitfähigen Zylinders der Höhe H proportional zu H^2/R ist. Außerdem ist der zelluläre
Anteil BCM an FFM umso größer, je größer der Phasenwinkel $\Phi=\arctan(X/R)$ und damit der
kapazitive Anteil der Impedanz ist. Die Koeffizienten ergeben sich durch Anfitten der Messungen an geeignete Referenzpopulationen und Vergleich mit Referenzverfahren.

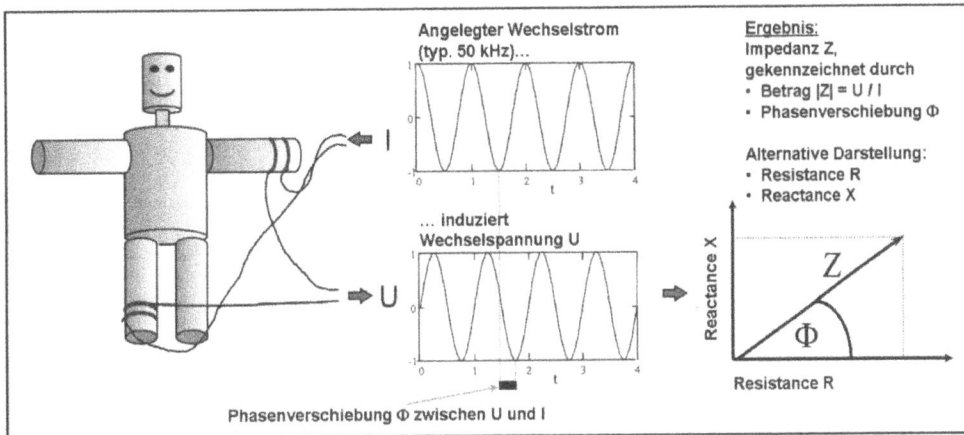

Bild 4.24: *Prinzip der Bioimpedanzmessung.*

Das einfache Konzept der Einfrequenzmessung hat jedoch Limitierungen und erscheint wissenschaftlich nur begrenzt fundiert. Die Gleichungen sind populationsspezifisch und auf den Populationsdurchschnitt adaptiert. Bei stärkeren Abweichungen vom Populationsdurchschnitt (bei Dialysepatienten durch die Überwässerung meist gegeben) können erhebliche Messfehler resultieren. Insbesondere erscheint eine genaue Messung von *ECV* und *ICV* oder der Überwässerung kaum möglich.

Multifrequenzmessung
Daher wurden in den letzten Jahren zunehmend Geräte eingesetzt, welche die Impedanzen bei mehreren Frequenzen (2–4) messen. Ebenso ist ein Multifrequenzsystem erhältlich (*Xitron Technologies*, s. Bild 4.23), welches in konsequenter Weiterführung dieses Ansatzes einen Frequenzbereich quasi-kontinuierlich abtastet. Diese so genannte Bioimpedanz-Spektroskopie erlaubt nun die Unterscheidung zwischen *ICV* und *ECV*: Die Zellmembranen sind elektrisch isolierend, grenzen leitfähige Bereiche voneinander ab und wirken daher elektrisch wie Kondensatoren. Bei niedrigen Frequenzen (~ 5 kHz) trägt nahezu nur das extrazelluläre Volumen der im Strompfad liegenden Gewebe zur elektrischen Leitung bei (Bild 4.25), da die durch die Membranen gebildeten Kondensatoren noch einen hohen Widerstand darstellen. Mit zunehmender Frequenz sinkt jedoch der Kondensatorwiderstand, und bei hohen Frequenzen (~1 MHz) trägt das intrazelluläre Volumen weitgehend zur Leitung bei. Die Frequenzvariation erfolgt in 50 Schritten von 5 kHz bis 1 MHz und liegt im Bereich der ß-Dispersion, d.h. dem Bereich, in dem die Frequenzabhängigkeit der Impedanz durch zelluläre Komponenten der Gewebe bestimmt wird (~1 kHz – 100 MHz).

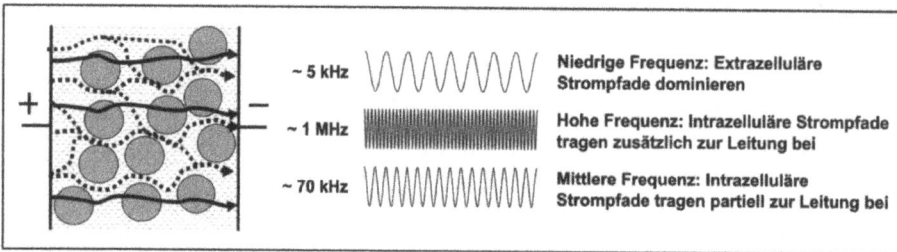

Bild 4.25: *Prinzip der Bioimpedanz-Spektroskopie zur separaten Messung von intra- und extrazellulärem Volumen.*

Die graphische Auftragung der gemessenen 50 Impedanzwerte ergibt angenähert ein Kreissegment (s. Bild 4.26 rechts) mit unter der x-Achse liegendem Mittelpunkt. Ein solcher Verlauf folgt auch dem Gewebemodell nach Bild 4.26 links, in dem die verschiedenen Zelltypen des Körpers als parallel angeordnete R-C-Serienschaltungen (jeweils den Widerstand der Intrazellulärflüssigkeit und der Membran darstellend) wiedergegeben sind. Die mathematische Beschreibung dieses Modells (Cole-Modell) erlaubt dann die Bestimmung der Widerstände R_E des Extrazellulärraums und R_I des Intrazellulärraums sowie der Volumina ECV und ICV aus den 50 Impedanzwerten. R_E und R_I lassen sich auch graphisch nach Bild 4.26 (rechts) durch Extrapolation ermitteln. Bei den Berechnungen der Volumina muss noch berücksichtigt werden, dass die Gewebe keineswegs homogen leitend sind. Bei niedrigen Frequenzen liegt etwa ein Anteil von 75% nicht leitenden Materials im Körper vor (Zellen, Fett, Mineralien), auch bei hohen Frequenzen noch ca. 40% (stark abhängig insbesondere vom Körperfett). Die effektive Leitfähigkeit eines Mediums wird durch eingebettete nicht leitfähige Komponenten deutlich reduziert. Um diesen Effekt zu erfassen, wird eine Theorie der Leitfähigkeit von Suspensionen nicht leitenden Materials (Hanai Mixture Theory) auf Gewebe angewendet.

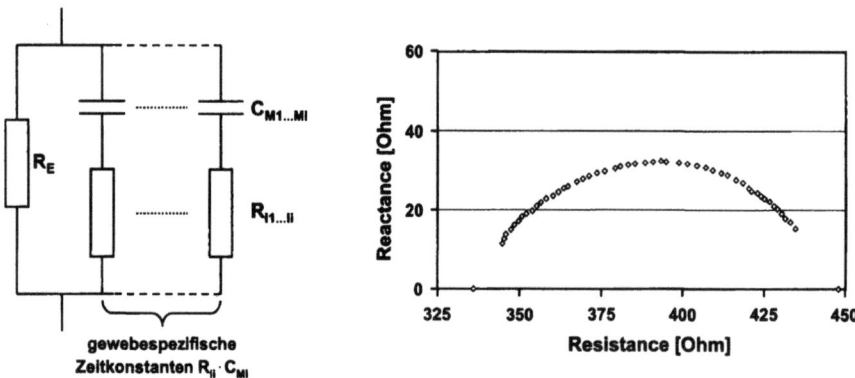

Bild 4.26: *Links: Ersatzschaltbild der elektrischen Eigenschaften des Körpers entsprechend dem Cole-Modell. Rechts: Zu einer Messung gehörige 50 Impedanzwerte und durch Extrapolation auf die x-Achse ermittelte Widerstände.*

Bestimmung der Körperzusammensetzung

Mit der Möglichkeit der Messung von *ECV* und *ICV* ist nun eine gegenüber der Einfrequenzmessung verbesserte Bestimmung der Körperzusammensetzung möglich. Schon die Messwerte für *ECV* und *ICV* erlauben qualitative Rückschlüsse auf die Körperzusammensetzung: So zeigen z.B. sehr muskulöse Personen ein deutlich erhöhtes *ICV*, viele Dialysepatienten dagegen ein gegenüber Gesunden stark erhöhtes *ECV*. Wünschenswert ist jedoch die quantitative Bestimmung von Parametern des Ernährungsstatus (*FFM*, *FM*, *BCM*) sowie des Flüssigkeitsstatus (quantifiziert als **„Overhydration"** *OH*, die Abweichung der Gesamtflüssigkeitsmenge vom Wert unter Normohydration). Die im Folgenden beschriebene neue Methode erfüllt diese Vorgaben; sie zeigt im Methodenvergleich mit Referenzverfahren eine gute Messgenauigkeit und befindet sich derzeit in multizentrischen Studien zur weitergehenden Evaluierung.

Ausgangspunkt ist ein 4-Kompartimente-Modell der Körperzusammensetzung (Bild 4.27). Es werden Kompartimente unterschieden, welche zwischen Personen gleicher Körpergröße stark variabel und gering variabel sind. Stark variabel ist die Fettmasse (von wenigen Prozent bis über 50% der Körpergewichts *M*) und die Muskelmasse (von unter 20% bis über 40% von *M*). Die Flüssigkeitsmenge des Körpers kann im Erkrankungsfall den Normwert um einige Liter unterschreiten, aber auch um mehr als 10 l überschreiten und ist insbesondere in der Dialysepopulation stark variabel. Die restlichen Komponenten des Körpers (innere Organe, Haut, Skelett, Blut), die in einem „Basic"-Kompartiment zusammengefasst werden, zeigen nur eine geringe Variabilität. Die Masse sowie das *ECV* und *ICV* des Basic-Kompartiments kann daher leicht anhand anthropometrischer Informationen (Gewicht, Größe, Geschlecht) und verfügbarer Literaturdaten über die Bestandteile des Basic-Kompartiments abgeschätzt werden. Die Differenz zwischen gemessenem *ICV* und dem *ICV* der Basic-Komponente erlaubt dann die Bestimmung der Muskelmasse. Da eine Über- oder Unterwässerung als rein extrazellulär angenommen wird, kann *OH* dann als Differenz zwischen dem gemessenen *ECV* und dem *ECV* der Basic- und der Muskelkomponente bestimmt werden. Die Differenz zwischen der gesamten Körpermasse *M* und den 3 Komponenten Basic, Muskeln und Überwässerung *OH* ist dann die Fettmasse.

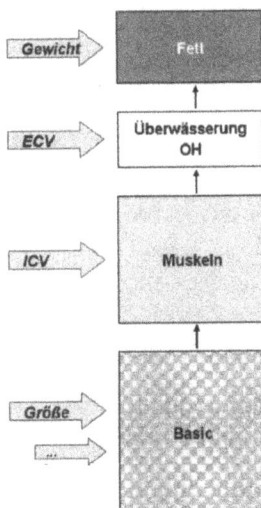

Bild 4.27: *4-Kompartimente-Modell zur Bestimmung von Flüssigkeits- und Ernährungsstatus.*

Der Algorithmus wurde hier nur in seiner groben Struktur wiedergegeben. Bei seiner Anwendung in Kombination mit einer Messung von *ICV* und *ECV* mit dem *Xitron*-Gerät ergibt sich ein mittlerer Messfehler von ca. 1.0 l (*OH*) bzw. 2 kg (*FM, FFM*, Basic).

4.5.7 Evaluierung der Messmethoden

Die in Kap. 4.5.5 kurz beschriebenen Methoden zur Bestimmung des Flüssigkeitsstatus sind in vergleichenden Studien häufig untersucht worden. Allgemeingültige Aussagen über die Genauigkeit sind jedoch nicht in kurzer Form zu treffen, da für praktisch jede Methode verschiedene technische Realisierungen, verschiedene Algorithmen und auch das Studiendesign die Ergebnisse beeinflussen. Bei Anwendung in der Dialyse sind folgende Kriterien essentiell für die vergleichende Beurteilung der Methoden:

- Die Methode muss eine ausreichende Sensitivität für Änderungen im Flüssigkeitsstatus haben.
- Es muss möglich sein, einen Zielwert für den gemessenen Parameter zu ermitteln, der dem normohydrierten Zustand entspricht.
- Die Methode muss praktikabel sein, d.h. einfach realisierbar, risikoarm, wenig fehleranfällig, mit geringen Schulungsaufwand erlernbar.
- Wegen des hohen Kostendrucks in der Dialysetherapie sind möglichst geringe Kosten eine weitere Bedingung.

Bild 4.28 zeigt ein Beispiel für vergleichende Messungen an einem Patienten während einer ca. 4 Wochen dauernden Phase der Trockengewichtseinstellung. Die Sensitivität einer Methode hängt ab von der Streuung der Messdaten (Standardabweichung Δy von der Regressionsfunktion) sowie der Steigung der Regressionskurve s_y. Die Sensitivität kann ausgedrückt werden als die Gewichtsänderung $W_y = \Delta y/s_y$, welche bei aufeinanderfolgenden Messungen an der Signifikanzgrenze detektiert werden kann. Als mittleres W_y bei 16 Patienten ergab sich 1.74 kg (*VCD*), 7.4 kg (*CI*), 2.3 kg (ΔRBV), 0.87 kg (*ECV*). Die Bioimpedanz-Spektroskopie zeigt hier also die bei weitem beste Sensitivität. Die klinische Methode (Parameter *CS*) wurde hier nicht quantifiziert; sie zeigt bei starken Überwässerungen eine relativ hohe Sensitivität, im Bereich geringer Überwässerung ist sie jedoch wenig sensitiv.

Für die Bioimpedanz-Spektroskopie ist mit dem im vorgehenden Kapitel vorgestellten Algorithmus ein Zielwert für *ECV* bzw. das Ziel-Körpergewicht direkt berechenbar. Auch für *CS* existiert ein eindeutiger Zielwert. Für *VCD*, *CI* und ΔRBV konnte eine Methode zur Bestimmung des Zielwerts bisher nicht etabliert werden. Die in der Literatur angegebenen Zielbereiche für *VCD* sind zu groß und widersprüchlich. Da zudem alle diese 3 Parameter vom Blutvolumen abhängen und dieses nicht nur vom Flüssigkeitsstatus, sondern auch dem Zustand des Herz-Kreislaufsystems beeinflusst wird, kann die prinzipielle Realisierbarkeit der Bestimmung eines Zielwerts für diese Methoden bezweifelt werden.

Die Praktikabilität ist eigentlich nur für die Bioimpedanz- und Blutvolumenmethode gut. Die anderen Methoden, einschließlich der klinischen Evaluierung, erfordern einen für die Routinetherapie zu hohen Aufwand. Akzeptable Kosten der Messung liegen für die Bioimpedanzmethode, die Blutvolumenmethode und die klinische Evaluierung vor. Insgesamt erscheint die Bioimpedanz-Spektroskopie bei diesem Methodenvergleich für die Flüssigkeitsbilanzierung als geeignetste Methode. Ihre Verwendbarkeit zur Erhebung des Ernährungsstatus ist ein zusätzlicher Vorteil.

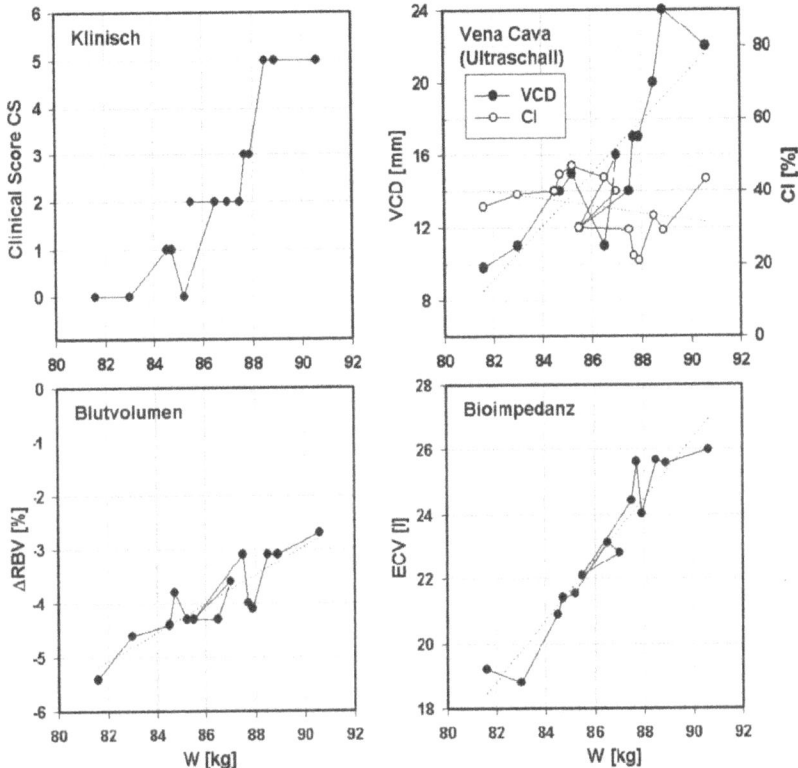

Bild 4.28: *Clinical Score CS, Vena Cava-Durchmesser VCD und Kollapsibilität CI, Blutvolumenreduktion während eines 0.25 l-UF-Bolus ΔRBV, und extrazelluläres Volumen ECV als Funktion des prädialytischen Gewichts W. Jeweils ein Messpunkt wurde vor jeder Dialysebehandlung (bzw. zu Beginn für ΔRBV) mit jedem der Verfahren über einen Zeitraum von ca. 4 Wochen erhoben. Die zeitlich frühen Messungen sind jeweils rechts bei hohem W.(Unveröffentlichte Daten nach Wizemann, Rode, Krämer et al.)*

Der im vorgehenden Kapitel beschriebene Algorithmus zur Bestimmung der Körperzusammensetzung wurde evaluiert durch Messungen mit dem *Xitron*-Bioimpedanz-Spektrometer an Gesunden und Dialysepatienten. Nierengesunde Personen waren, wie erwartet, bis auf wenige Ausnahmen normohydriert (Bild 4.29; OH=0.15±1.03 l). Die Standardabweichung von ~1 l dürfte zu einem wesentlichen Teil auf natürliche Schwankungen des Flüssigkeitsstatus, bedingt durch Umgebungsbedingungen, Nahrungsaufnahme und den körperinternen Regler, zurückzuführen sein. Bei der Bestimmung von *FFM* und *FM* wurde eine gute Übereinstimmung mit DXA-Referenzmessungen (vgl. Kap. 4.5.4) gefunden (Bild 4.30).

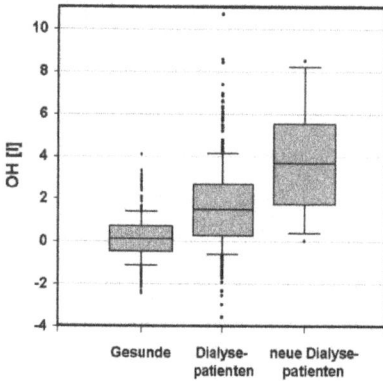

Bild 4.29: *Gemessene Überwässerungen bei 420 Gesunden (Alter 16-65 J.), 392 Dialysepatienten (Alter 22-91 J.) und 16 neuen Dialysepatienten (24-84 J.). In diesem Boxplot zeigt die Linie den Median, die Box den Bereich vom 25ten bis 75ten Perzentil, die Balken den Bereich vom 10ten bis 90ten Perzentil; einzelnen eingezeichnet sind alle Messwerte unter dem 10ten und über dem 90ten Perzentil. (Unveröffentlichte Daten nach Wizemann, Zaluska, Rode, Krämer et al.)*

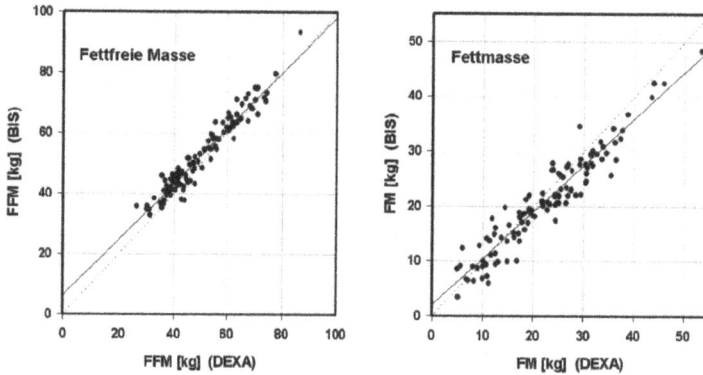

Bild 4.30: *Fettfreie Masse FFM und Fettmasse FM, gemessen mit der Bioimpedanzmethode im Vergleich zur DXA-Referenzmethode (131 Probanden). (Unveröffentlichte Daten nach Easton, Ericsson, Chamney et al.)*

In einer Dialysepopulation war, wie erwartet, die prädialytische Überwässerung stark schwankend (Bild 4.29). Besonders ausgeprägte Überwässerungen fanden sich in Patienten, die gerade mit der Dialysetherapie begannen (Bild 4.29). Diese Patienten haben in der Endphase der zunehmenden Verschlechterung ihrer Nierenfunktion mehr und mehr Wasser akkumuliert. Wenn der Patient dann mit der Dialysetherapie beginnen muss, dauert es meist einige Zeit, bis dieses akkumulierte Volumen wieder entzogen ist. Das Zielgewicht kann nämlich nur in kleinen Schritten von Behandlung zu Behandlung gesenkt werden, um Kreislaufprobleme zu vermeiden. Bild 4.31 zeigt das Beispiel eines Patienten, dessen Überwässerung innerhalb von ca. 4 Wochen eliminiert wird. Das Trockengewicht wurde dabei mit einer klinischen Methode bestimmt. Da der Patient postdialytisch eine Überwässerung nahe 0 l zeigt, stimmen Bioimpedanzmethode und klinische Methode hier sehr gut überein. Bei größeren Patientenzahlen findet man, dass im Mittel die klinische Methode ein ca. 0.6 kg niedrigeres Trockengewicht liefert. Falls sich dieses Ergebnis in größeren Studien als signifikant bestätigt, würde das bedeuten, dass die klinische Methode die Patienten leicht unterhydriert, was eine meist gewünschte blutdrucksenkende Wirkung hat. Die Standardabweichung der mit den beiden Methoden bestimmten Trockengewichte liegt bei ca. 1.5 kg; angesichts der geschätzten Genauigkeit der klinischen Methode von ca. 2 kg spricht das für eine gute Qualität der Bioimpedanzmethode.

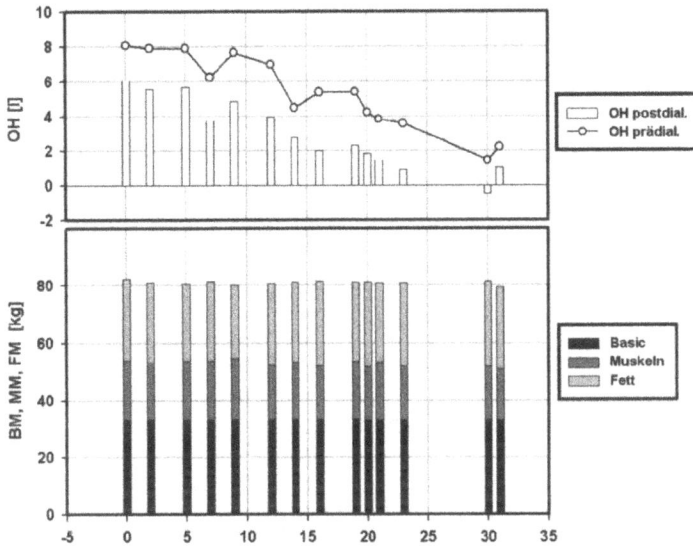

Bild 4.31: *Körperzusammensetzung gemessen vor nahezu jeder Dialyse während des ersten Monats der Therapie eines neuen Dialysepatienten (BM=Basic-Masse, MM= Muskelmasse, FM=Fettmasse, OH=Überwässerung). Der obere Graph zeigt die Reduktion der prä- und postdialytischen Überwässerung.(Quelle: S. Bild 4.28.)*

Bild 4.32 zeigt die fettfreie Körpermasse *FFM* für Gesunde im Vergleich zu Dialysepatienten. Auffallend ist die reduzierte mittlere *FFM* bei Dialysepatienten (um 19.3% bei Männern, 9,9% bei Frauen), die nur zum Teil auf die unterschiedliche Alterszusammensetzung der Populationen zurückzuführen ist. Ein Teil der Dialysepatienten weist Werte für *FFM* auf, die deutlich unter den bei Gesunden für Männer bzw. Frauen zu identifizierenden Bereichen liegen. Diese Patienten dürften damit als möglicherweise unterernährte Risikopatienten zu identifizieren sein.

Die gezeigten Beispiele vermitteln einen Eindruck von der Leistungsfähigkeit heutiger moderner Bioimpedanzverfahren und demonstrieren, dass eine klinisch nützliche Messgenauigkeit bereits heute erzielt wird. Das Potential für eine zukünftige Anwendung in der Routinedialyse ist für diese Verfahren daher höher anzusetzen also für die anderen diskutierten Alternativverfahren. Die beschriebene Bioimpedanzmessung ist (durch gleichzeitige Bestimmung von Flüssigkeits- und Ernährungsstatus) vielseitig, nichtinvasiv, patientensicher, kostengünstig und einfach anwendbar. Weiterentwicklungen der heutigen Algorithmen zur Bestimmung der Körperzusammensetzung und größere Studien zur Überprüfung der Messgenauigkeit sind erforderlich; die vorliegenden Zwischenergebnisse sind jedoch vielversprechend.

FFM [kg]   FFM [kg]

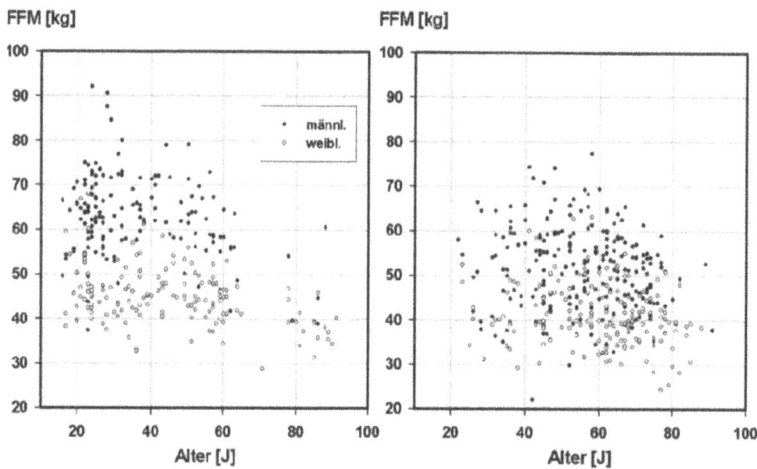

Bild 4.32: Fettfreie Körpermasse FFM=M-FM-OH als Funktion des Alters für 315 Gesunde im Vergleich zu 392 Dialysepatienten. (Quelle: S. Bild 4.29.)

4.6   Strategien zur Kreislaufstabilisierung

4.6.1   Kreislaufbelastung durch die Dialysetherapie

Hämodialysebehandlungen werden heute üblicherweise dreimal wöchentlich für je vier Stunden durchgeführt. Während die gesunde Niere $7 \cdot 24$ h=168 h wöchentlich arbeitet, stehen für den Toxin- und Flüssigkeitsentzug sowie die Äquilibrierung des Elektrolyt- und Säure-Base-Haushalts nur ca. 12 h, also etwa 7% der Gesamtzeit, zur Verfügung. Diese zeitliche Komprimierung der durch die Dialyse ersetzten Nierenfunktionen bringt mehrere Nachteile mit sich.

Einer dieser Nachteile ist die Belastung des Herz-/Kreislaufsystems. Die Hämodialyse beeinflusst verschiedene für die Kreislaufstabilität relevante physiologische Parameter (s. nächstes Kapitel). Infolgedessen tritt in etwa 20% aller Behandlungen ein plötzlicher Blutdruckabfall, begleitet von merklichen bis schweren Symptomen, auf (daher auch als **„symptomatische Hypotonie"** SH bezeichnet). Der Prozentsatz der Behandlungen mit SH variiert zwischen verschiedenen Dialysezentren, abhängig von vielen Einflussfaktoren (Zusammensetzung des Patientenkollektivs, Bestimmung des Zielgewichts, mittlere Gewichtszunahme zwischen den Dialysen, mittlere Dialysedauer, Qualität der Wasseraufbereitung im Zentrum etc.). Zusätzlich zur SH werden auch Symptome wie Krämpfe, Schwindel, Benommenheit beobachtet. In leichteren Fällen genügt es, zur Behebung der Symptome die Ultrafiltration zeitweise abzuschalten und den Patienten in eine geeignete (flache) Lage zu bringen. In schwereren Fällen sind Infusionen mit isotoner oder hypertoner Kochsalzlösung üblich; diese Infusionen erhöhen das zirkulierende Blutvolumen (bei isotoner Lösung durch Volumenersatz, bei hypertoner Lösung im Wesentlichen durch Flüssigkeitsverschiebung vom intrazellulären in den extrazellulären – und damit auch intravasalen – Raum) und stabilisieren dadurch den Blutdruck.

SH tritt gehäuft bei bestimmten Problempatienten auf, insbesondere bei kardial vorgeschädigten Patienten. Das Dialysepersonal beherrscht üblicherweise die Maßnahmen zur Behandlung der SH routiniert. Trotzdem ist eine solche mit einem hypovolämischen Schockzustand vergleichbare Situation prinzipiell lebensbedrohlich. Für den Patienten bedeuten die belastenden Blutdruckabfälle bei häufigerem Auftreten nicht nur eine extreme Verschlechterung ihrer Lebensqualität; die SH könnte auch zu langfristigen zerebralen Schäden infolge einer Minderdurchblutung führen (was jedoch noch nicht schlüssig belegt ist).

Eine Verbesserung der Kreislaufstabilität bei der Hämodialyse durch neue therapeutische Ansätze ist daher dringend notwendig, insbesondere auch, weil der Anteil kardiovaskulär vorgeschädigter Problempatienten kontinuierlich ansteigt.

4.6.2 Blutdruckregulation beim Dialysepatienten

Die Aufrechterhaltung des arteriellen Blutdruckes ist für die Versorgung der Organe mit Sauerstoff essentiell. Der menschliche Organismus ist mit komplexen Regelmechanismen ausgestattet, die der kurz- und langfristigen Stabilisierung des Blutdruckes, vermittelt durch nervale und hormonelle Mechanismen, dienen. Für die Kreislaufstabilität bei der Dialysetherapie ist die kurzfristige Blutdruckregulation relevant (Bild 4.33).

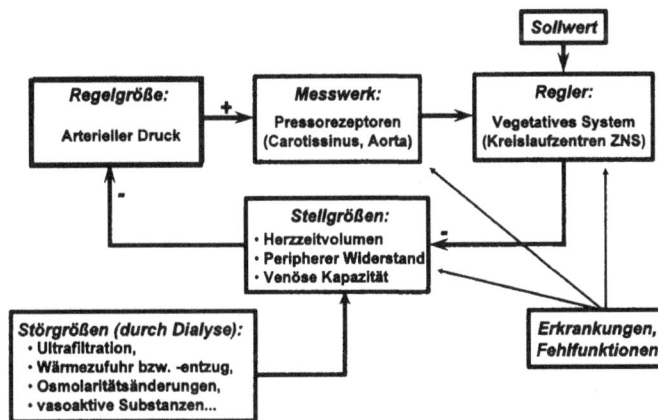

Sollwert

Regelgröße:		Messwerk:		Regler:
Arterieller Druck	+	Pressorezeptoren (Carotissinus, Aorta)		Vegetatives System (Kreislaufzentren ZNS)

Stellgrößen:
- Herzzeitvolumen
- Peripherer Widerstand
- Venöse Kapazität

Störgrößen (durch Dialyse):
- Ultrafiltration,
- Wärmezufuhr bzw. -entzug,
- Osmolaritätsänderungen,
- vasoaktive Substanzen...

Erkrankungen, Fehlfunktionen

Bild 4.33: Schema der kurzfristigen Kreislaufregulation mit möglichen Störeinflüssen durch die Dialysebehandlung und Einschränkungen des Reglers durch Erkrankungen und Fehlfunktionen.

Die Regelgröße, der mittlere arterielle Blutdruck P_{art}, wird durch Sensoren insbesondere im Aortenbogen sowie im Carotissinus (an der Verzweigungsstelle der Halsschlagadern) registriert. Der Regler zur Verarbeitung dieses Drucksignals ist in den Kreislaufzentren im zentralen Nervensystem (ZNS) lokalisiert. Die Stellgrößen, über die der Regler den Blutdruck beeinflussen kann, sind:

- Das Herzminutenvolumen (cardiac output *CO*), welches sich als Produkt von Herzfrequenz und Schlagvolumen ergibt,
- der gesamte Flusswiderstand *R* des Gefäßsystems, der sich im Wesentlichen aus dem Widerstand der Kapillaren und der vom sympathischen Nervensystem beeinflussten Arteriolen und Venolen ergibt,
- der Kapazität des venösen Blutreservoirs (große abdominale Venen, Leber, Bauchspeicheldrüse, Haut), welche ebenfalls durch das sympathische Nervensystem gesteuert wird.

Signale in diesem Regelkreis werden überwiegend nerval übertragen. P_{art} ergibt sich, analog zum ohmschen Gesetz in der Elektrotechnik, als Produkt aus peripherem Widerstand R_{per} und Herzminutenvolumen (*CO*):

$$P_{art} = CO \cdot R_{per} \ . \tag{4.14}$$

Dieser körpereigene Regler dient der Kompensation von vielfältigen natürlichen Störeinflüssen. Dazu zählen Lageänderungen (z.B. plötzliches Aufstehen), Veränderungen des regionalen Blutbedarfs (z.B. im Darm bei Nahrungsaufnahme, in Muskeln beim Sport, in der Haut zur Temperaturregulierung etc.), Blutverlust bei Verletzungen. Beim Dialysepatienten gibt es zusätzliche, durch die Behandlung bedingte Störeinflüsse (Bild 4.33), die der Regler zur Vermeidung von symptomatischer Hypotonie (SH) kompensieren muss:

1. Die Reduktion des Blutvolumens durch Ultrafiltration (bis zu ca. 30% in extremen Fällen), insbesondere bei zu starkem und zu schnellem Entzug (vgl. Kap. 4.5.1),
2. die Zu- oder Abfuhr von Wärme über den extrakorporalen Kreislauf, die eine Änderung der Körpertemperatur bewirken kann,
3. Verwendung von Dialysierflüssigkeit zu niedriger Osmolarität, was zu einer osmotisch bedingten Reduktion des Blutvolumens führt (vgl. Kap. 4.5.1),
4. behandlungsinduzierte Fehlfunktion des autonomen Nervensystems,
5. periphere Vasodilatation durch immunologische Reaktionen aufgrund mangelnder Biokompatibilität der Dialysierflüssigkeit und der Materialien mit Blutkontakt,
6. periphere Vasodilatation durch Verwendung von Acetat als Puffersystem (heute kaum mehr gebräuchlich).

Neben diesen zusätzlichen, behandlungsinduzierten Störeinflüssen ist bei vielen Dialysepatienten die Kreislaufregulation auch noch durch patientenspezifische Fehlfunktionen des Regelsystems beeinträchtigt. An erster Stelle sind hier Erkrankungen des Herz–/Kreislaufsystems als Auslöser für Fehlfunktionen zu nennen. Beeinträchtigungen der Pumpleistung des Herzens oder atherosklerotische Veränderungen der Blutgefäße (z.B. als Folge von Diabetes oder Hypertonie) können den Variationsbereich der Stellgrößen *CO* und R_{per} für die Blutdruckregulation erheblich limitieren. Weiterhin weisen viele Dialysepatienten Fehlfunktionen des autonomen Nervensystems auf. Anämie, hormonelle Störungen und schlechter Ernährungsstatus sind weitere Ursachen für Beeinträchtigungen des Regelsystems.

4.6.3 Allgemeine Maßnahmen zur Kreislaufstabilisierung

Einige der oben genannten behandlungsspezifischen Risikofaktoren können i.A. schon durch geeignete Vorbereitung der Therapie vermieden werden. Hierzu zählt die Verwendung von Bikarbonat als Puffersystem und biokompatibler Membranen, eine sorgfältige Desinfektion des Dialysegeräts sowie eine zusätzliche Ultrafiltration der Dialysierflüssigkeit vor dem Blutkontakt. Außerdem kann durch Verwendung von Dialysierflüssigkeit mit individualisierter Zusammensetzung (insbesondere eine Natriumkonzentration, welche der Blutkonzentration des Patienten angepasst ist) eine ungewollte starke osmotische Beeinflussung des Blutvolumens vermieden werden.

Jedoch können nicht alle Risikofaktoren durch geeignete Planung der Behandlung vermieden werden. Änderungen von Körpertemperatur und Blutvolumen während der Behandlung und die daraus resultierenden Kreislaufreaktionen lassen sich kaum voraussagen bzw. durch vorbereitende Maßnahmen vermeiden. Bei der Standardtherapie ohne Sensorik und Regelung werden Ultrafiltrationsrate UFR und Dialysattemperatur am Behandlungsbeginn eingestellt. Der physiologische Effekt dieser Einstellungen auf Blutvolumen und Körpertemperatur wird nicht überwacht. Die anfangs gewählten Maschinenparameter werden beibehalten, solange der Patient keine kritischen Symptome entwickelt. Unverträgliche Einstellungen werden damit erst erkannt, wenn der Blutdruckabfall oder ein verwandtes Problem schon eingetreten ist. Wünschenswert sind daher innovative Systeme, die kritische Kreislaufreaktionen verhindern bzw. zumindest die Wahrscheinlichkeit ihres Eintretens deutlich verringern. Solche Konzepte und Systeme werden in den folgenden Kapiteln beschrieben.

Eine Verminderung der Kreislaufbelastung ist auch durch eine deutliche Verlängerung der Dialysedauer erzielbar. Die Kreislaufbelastung wird durch geringere UFR und generell durch Verringerung der dialyseinduzierten Veränderungen und Ungleichgewichte im Körper reduziert. Für den Patienten bedeutet dies jedoch eine Verlängerung der Zeit an der Maschine. Außerdem erhöhen sich die Behandlungskosten. Aus diesen Gründen wurde eine verlängerte Therapie bisher nur in sehr geringem Umfang realisiert (z.B. als Heimdialyse). Für den Großteil der Patienten bilden die folgenden Ansätze vielversprechende Möglichkeiten zur Reduzierung von SH und weiteren Symptomen unter Beibehaltung der kurzen Dialysedauer.

4.6.4 Die Profildialyse

Die meisten Dialysetherapien werden heute mit konstanter Ultrafiltrationsrate (UFR) durchgeführt (Bild 4.34a). Eine seit vielen Jahren bekannte Verbesserung der Tolerierbarkeit des Flüssigkeitsentzugs kann durch Verwendung von abfallenden UF-Profilen erreicht werden. Bei diesen wird die UFR während der Behandlung linear, exponentiell, schrittweise oder nach anderen mathematischen Funktionen von einem höheren Anfangswert zu einem niedrigeren Endwert hin variiert (s. Beispiele in Bild 4.34b-c). Die klinische Erfahrung zeigt, dass hohe Raten in der Anfangsphase besser toleriert werden, da wegen der anfangs noch starken Überwässerung der Flüssigkeitsnachstrom aus dem Interstitium größer ist als gegen Ende der Behandlung (vgl. Kap. 4.5.1). Im Allgemeinen liegt das während einer Dialyse erreichte minimale Blutvolumen bei Verwendung eines abfallenden Profils etwas höher. Insbesondere kontinuierlich abfallende Profile brachten in klinischen Studien eine leichte Reduktion in der Häufigkeit von Kreislaufproblemen. Die UF-Profile werden in der klinischen Praxis nur in begrenztem Umfang angewendet und können als kostengünstige, kleine Verbesserung für die Kreislaufproblematik angesehen werden.

Außerdem wurden alternierende Profile (z.B. Bild 4.34d-e) erprobt mit der Vorstellung, dass durch das Abwechseln von starken Reizen und Erholungsphasen die kompensatorischen Mechanismen des Patienten stärker getriggert werden bzw. der Nachstrom aus dem Interstitium erhöht wird. Diese Theorie hat sich jedoch nicht bestätigt; es wurde sogar eher eine Verstärkung der Symptome beobachtet. Ultrafiltrationsprofile werden häufig mit sog. Natrium- bzw. Leitfähigkeitsprofilen kombiniert, die meist gleichartig wie das jeweils verwendete UF-Profil verlaufen. Diese Profile, welche durch Variation der Elektrolytkonzentration in der Dialysierflüssigkeit erzeugt werden, ermöglichen eine Erhöhung des Blutvolumens in den Phasen hoher UFR durch osmotische Mobilisierung intrazellulärer Flüssigkeit.

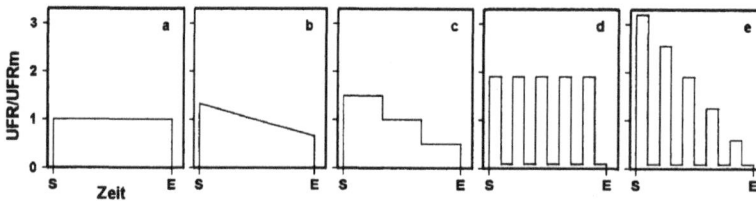

Bild 4.34: *Beispiele von Ultrafiltrationsprofilen für die Dialyse. Angegeben ist der Verlauf der normierten UFR (bezogen auf die mittlere Rate UFRm, welche durch die zu entziehende Menge und die Dialysedauer bestimmt ist) als Funktion der Dialysezeit (S=Start, E=Ende der Dialyse). Profil a zeigt die meist verwendete konstante UFR.*

Aus regelungstechnischer Sicht (Bild 4.33) ist die Profildialyse der Versuch, eine der Störgrößen (die Blutvolumenreduktion durch UF) etwas zu reduzieren und damit die Wahrscheinlichkeit zu erhöhen, dass der körpereigene Blutdruckregler nicht die Grenzen seines Arbeitsbereichs erreicht. Obwohl dieses Vorgehen bei den abfallenden UF-Profilen gewisse Erfolge zeigt, ist es suboptimal. Da neben der UF eine Vielzahl von physiologischen Mechanismen und äußeren Einflüssen (z.B. Reaktionen des zentralen Nervensystems, Lageveränderungen, Nahrungs- und Flüssigkeitsaufnahme, Temperatur etc.) das Blutvolumen beeinflussen, ist der Blutvolumenverlauf während einer einzelnen Behandlung nicht vorhersagbar. Da keine Sensorik für das Blutvolumen vorhanden und der Profilverlauf fest vorgegeben ist, werden kritische Entwicklungen weder erkannt noch durch Anpassung der UFR aufgehalten. Aus dieser Sicht wurde die Profildialyse daher als „Blindflug" bezeichnet. Die Verwendung von Na-Profilen birgt zudem das Risiko einer ungünstigen Elektrolytbilanz.

Diese Überlegungen verdeutlichen bereits, dass zusätzliche technische regelnde Systeme zur Unterstützung oder Entlastung der körpereigenen Blutdruckregelung nützlich sind. Solche Systeme messen kreislaufrelevante Parameter, welche einen Rückschluss auf das akute Kreislaufrisiko erlauben, und ermöglichen automatisierte Maßnahmen, die einer kritischen Entwicklung während der Dialyse entgegenwirken. Ein weiterer Vorteil einer Regelung ist, dass über die Messung des zu regelnden Parameters automatisch alle möglichen Einflussfaktoren auf den Blutdruck berücksichtigt werden.

4.6.5 Externe Blutdruckregelung

Ein naheliegender Ansatz zur Vermeidung von Symptomatischer Hypotonie (SH) ist der Versuch, Voranzeichen für ein unmittelbar bevorstehendes Einsetzen von SH zu identifizieren und dieses Ereignis durch geeignete Maßnahmen abzuwenden. Regelungstechnisch wird dabei dem körpereigenen Blutdruckregler (Bild 4.33) ein zweiter technischer Blutdruckregler parallelgeschaltet, der damit auf die gleiche Regelgröße P_{art} wirkt. Der technische Regler wird aktiv, wenn der körpereigene Regler die Grenze seiner Kompensationsfähigkeit erreicht. Er verfügt über gänzlich andere Stellgrößen als der körpereigene Regler.

Eine technische Realisierung eines solchen technischen Reglers ist das *bioLogic RR®* von *B. Braun*. Das System misst den Blutdruck in 5-Minuten-Abständen, analysiert Trends und beeinflusst die *UFR* zur Vermeidung der Blutdruckabfälle. Die Interpretation der Messungen erfolgt unter Einbeziehung von klinischer Erfahrung durch einen Fuzzy-Regler. Das nicht präzise medizinische Erfahrungswissen darüber, welche Veränderung der *UFR* als Reaktion auf eine Blutdruckveränderung sinnvoll ist, wird dabei in Form von Fuzzy-Regeln nutzbar gemacht. Unter Verwendung dieses Systems wurde eine deutliche Reduktion von Phasen niedrigen Blutdrucks (definiert als systolische Blutdrucke < 90 mmHg) beobachtet.

Für eine abschließende Bewertung dieses Ansatzes liegen noch nicht genügend Erfahrungen vor. Positiv kann gewertet werden, dass hier die zu stabilisierende Endgröße P_{art} direkt geregelt wird. Zumindest ein nicht zu schnelles Absinken hin zu kritisch niedrigen Werten kann kompensiert werden. Regelungstechnisch wird jedoch eine erhebliche Komplexität durch das parallele, weitgehend unabhängige Agieren des körperinternen und des technischen Reglers auf die gleiche Regelgröße erzeugt: Das technische Regeln des bereits körperintern geregelten P_{art} bedeutet, dass sich eine zunehmende Belastung des Kreislaufs zunächst nur gering und damit kaum messbar auf P_{art} auswirkt. Der technische Regler kann also erst relativ spät eingreifen. Eine gewisse Abnahme des Blutdrucks infolge der Reduktion der intravaskulären Flüssigkeitsüberladung muss auch vom technischen Regler als physiologisch normal geduldet werden. Auch wurde beobachtet, dass der Kreislaufzusammenbruch meist so schnell auf ein merkliches Absinken des Blutdrucks hin folgte, dass Maßnahmen zu seiner Vermeidung nicht mehr möglich waren. Schließlich ist die häufige Blutdruckmessung auch eine zusätzliche Belästigung für den Patienten.

In früheren, experimentellen Versionen einer Blutdruckregelung wurde bei absinkendem Blutdruck nicht eine Verringerung der *UFR*, sondern ein Applizieren einer hypertonen Kochsalz-/Glucoselösung ausgelöst. Dadurch wird Flüssigkeit vom intrazellulären in den extrazellulären Raum verschoben und durch die dadurch bedingte Anhebung des Blutvolumens eine momentane Kreislaufstabilisierung und eventuelle Vermeidung von SH erreicht. Diese Prozedur ist im Prinzip die Automatisierung der vom Personal durchgeführten Nottherapie bei bereits eingetretener SH. Problematisch ist hier neben der technischen Komplexität der dosierten Infusion einer sterilen Lösung auch die Zufuhr von Glucose und insbesondere Kochsalz. Nach gängiger Meinung verursacht die Kochsalzzufuhr über den Durstmechanismus eine zusätzliche Flüssigkeitsaufnahme, die langfristig eine zunehmende Überwässerung mit den in Kap. 4.5.1 beschriebenen erheblichen Risiken für den Patienten auslöst.

Für die Sensorik gibt es anstatt der üblichen Blutdruckmessung noch die Alternative der Messung der Pulswellen-Laufzeit. Die Ausbreitungsgeschwindigkeit der vom Herz erzeugten Druckwelle über die Blutgefäße bis zur Peripherie hängt vom Spannungszustand der Blutgefäße ab. Ein beginnender Blutdruckabfall infolge Vasodilatation würde zu einer Veränderung der Pulswellengeschwindigkeit führen. Die Messung erfolgt über Sensoren am Herzen (z.B. EKG) und in der Peripherie (z.B. optische Messung am Finger). Solche in klinischer Erprobung befindliche Systeme gestatten eine kontinuierliche Messung und damit eine schnelle Erkennung von Veränderungen, liefern absolute Blutdruckwerte jedoch nur nach individueller Kalibrierung.

4.6.6   Die Blutvolumenregelung

Zielsetzung

Die Blutvolumenänderung während einer Dialyse hängt von vielen Faktoren, vor allem vom zu entziehenden Ultrafiltrationsvolumen UFV, der Ultrafiltrationsrate UFR und dem Grad der Überwässerung des Patienten ab (s. Kap. 4.5.1).

Bild 4.35 zeigt ein Beispiel eines Blutvolumenverlaufs während einer Dialysebehandlung mit konstanter UFR. Das hier angegebene relative Blutvolumen RBV ist die Blutvolumenänderung bezogen auf das Blutvolumen zu Behandlungsbeginn, welches gleich 100% gesetzt wird (vgl. Gl. 4.12 in Kap. 4.5.1). Nach 2 h kommt es zu einem massiven Blutdruckabfall, dem ein zunehmend steil abfallender Blutvolumenverlauf vorausgeht. Hier musste der Patient durch eine Kochsalzinfusion wieder stabilisiert werden. Nur in wenigen Fällen kann jedoch die symptomatische Hypotonie wie hier aus dem Verlauf des RBV vorhergesagt werden.

Die Blutvolumenreduktion durch Ultrafiltration ist eine primäre Belastung für die Kreislaufregulation des Patienten. Sie ist wahrscheinlich die dominierende Ursache bei der Auslösung von symptomatischer Hypotonie (SH). Auch die weiteren bereits erwähnten Symptome wie Krämpfe, Schwindel, Benommenheit können durch Blutvolumenreduktion ausgelöst sein. Im Folgenden wird aus Gründen der Einfachheit nur SH als wesentlichste Komponente dieses Symptomkreises genannt. Die Blutvolumenreduktion führt i.A. zu einer Abnahme des Fülldrucks des rechten Ventrikels und zu einem Rückgang des Herzminutenvolumens CO. Ein intaktes körpereigenes Regulationssystem mobilisiert daraufhin Blut durch Kontraktion der venösen Kapazitätsgefäße und erhöht den peripheren Widerstand R_{per}. Aufgrund der in Kap. 4.6.2 beschriebenen patientenspezifischen Risikofaktoren weist diese Kompensationsfähigkeit erhebliche Unterschiede zwischen den Patienten auf. In zu SH neigenden Patienten sind die kompensatorischen Mechanismen offensichtlich schnell überfordert. Bei solchen Patienten kann SH bereits bei einer Blutvolumenreduktion von ~5% auftreten, während Patienten mit sehr guter Kompensationsfähigkeit bis ~30% tolerieren.

Eine Strategie zur Verringerung des Auftretens von blutvolumeninduzierter SH ist die Verhinderung von für den individuellen Patienten kritisch niedrigen Blutvolumina. Hierzu ist ein Sensorsystem zur Bestimmung der Blutvolumenänderung sowie ein Blutvolumenregler erforderlich. Der Regler wird die Stellgröße *UFR* so beeinflussen, dass kritisch niedrige Werte vermieden werden.

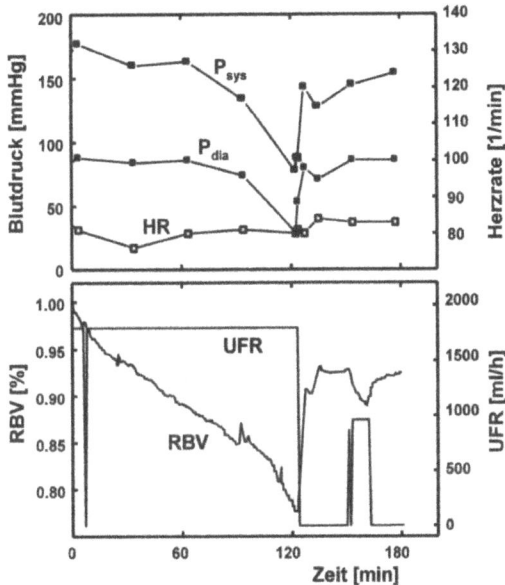

Bild 4.35: *Beispiel für symptomatische Hypotonie (bei t≈125 min), offensichtlich ausgelöst durch eine schnelle und starke Blutvolumenabnahme.*

Sensorik

Verfügbare Sensoren für das Blutvolumen bestimmen nicht das absolute Blutvolumen in Litern, sondern das relative Blutvolumen *RBV*. *RBV* wird nichtinvasiv durch eine Messung am extrakorporalen Schlauchsystem bestimmt. Alle Messverfahren basieren auf dem gleichen Grundprinzip: Da bei der Ultrafiltration nur Plasmawasser entzogen wird, bewirkt die Reduktion von *RBV* durch Ultrafiltration einen Anstieg der Konzentration verbleibender, nicht ultrafiltrierter Bestandteile. Je nach Messverfahren wird der Konzentrationsanstieg der Zellen, von Hämoglobin, von Plasmaproteinen oder der gesamten Proteine genutzt. Die Blutvolumenänderung *RBV* wird dann aus der Konzentrationsänderung meist über einfache Massenbilanzgleichungen berechnet.

Zur Messung von *RBV* wurden eine Vielzahl von Methoden erprobt: Neben optischen Transmissions- und Absorptionsmessungen wurde auch Densitometrie, Ultraschall-Laufzeitmessung, Viskosimetrie, Konduktometrie, Refraktometrie, Zentrifugation, Tracerdilution angewendet. Sensorik für das Blutvolumen ist relativ neu und hat noch keinen einheitlichen Qualitätsstandard erreicht; einige der in den letzten Jahren erhältlichen Geräte wiesen sogar eine inakzeptabel schlechte Messgenauigkeit auf. Die zur Anwendungsreife entwickelten, heute verfügbaren Systeme basieren auf optischen Messungen bzw. der Ultraschall-Laufzeitmessung. Ein optisches System der Firma *Hemametrics*, bei dem eine Messkammer am Einlass des Dialysators befestigt ist, zeigt Bild 4.11 (links). Der eigentliche Messkopf (in

der Abbildung rechts vor dem Gerät liegend) wird in Form einer Klammer auf die Messküvette aufgesetzt. Optische Messverfahren basieren primär auf der Lichtabsorption von Hämoglobin. Dieses liegt (je nach Sauerstoffbeladung des Bluts) in variablem Verhältnis in
einer oxygenierten und einer deoxygenierten Form vor; die beiden Formen haben unterschiedliche Absorptionsspektren. Will man die Hämoglobinkonzentration und die Sauerstoffsättigung von Hämoglobin bestimmen, muss man daher bei mindestens 2 Wellenlängen
messen. Ein Problem bei der Messung in Vollblut ist, dass die gemessene Schwächung des
einfallenden Lichtstrahls nicht nur durch Absorption, sondern auch wesentlich durch Licht-
streuung an den Erythrozyten erfolgt, und zwar in einem stark vom Hämatokrit abhängigen
Maße. Bei dem in Bild 4.11 (links) gezeigten optischen System gelingt es, durch Messungen
bei mehreren Wellenlängen und Intensitäten die genannten Störeffekte zu beherrschen.

Ein Ultraschallsystem zur Blutvolumenmessung ist in Bild 4.36 abgebildet. Die Schallgeschwindigkeit in Blut wird hier über die Laufzeit (ca. 10μsec) kurzer Ultraschallpulse durch
das Blut bestimmt. Die Schallgeschwindigkeit ist wiederum durch Dichte, Kompressibilität
und Temperatur des Bluts bestimmt. Die Aufkonzentration des Blutes durch Ultrafiltration
erhöht die Dichte und damit die Schallgeschwindigkeit. Aus der Veränderung der Schallgeschwindigkeit und der ebenfalls gemessenen Temperatur kann dann die Blutvolumenänderung *RBV* berechnet werden. Da die Veränderungen der Schallgeschwindigkeit relativ gering
sind, wird hier zur Erzielung einer guten Messgenauigkeit ein hochpräzises Messsystem
(Zeitauflösung 20 nsec), eine spezielle in das Schlauchsystem integrierte Messküvette mit
genau definierten Abmessungen und eine genaue Temperaturmessung verwendet.

Blutvolumensensoren können noch unterschieden werden in vom Dialysegerät unabhängige
und in das Dialysegerät integrierte Systeme. Die bisher realisierten Blutvolumenregler basieren
auf integrierten Sensoren. In einem integrierten System ist der sichere Datenaustausch zwischen den Komponenten des regelnden Systems einfacher zu gewährleisten. Ein weiterer wichtiger Grund ist, dass bei der Zulassung eines das Blutvolumen regelnden Systems das Gesamtsystem inklusive der Ultrafiltrationseinheit der Dialysemaschine zu berücksichtigen ist.

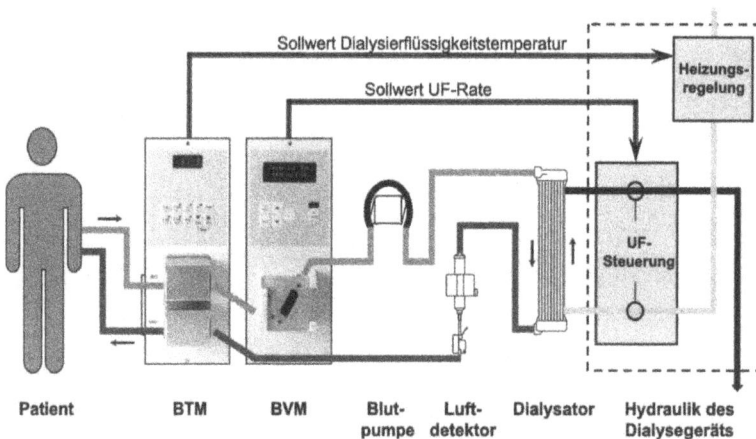

Bild 4.36: *Blutvolumenmonitor (BVM) und Bluttemperaturmonitor (BTM; s. Kap. 4.6.7) als zwei vollautomatisierte physiologische Regelsysteme im extrakorporalen Kreislauf (Fresenius Medical Care). Beides sind in das Dialysege-rät integrierte Systeme (vgl. Bild 4.5).*

Regelungsstrategien

Aus regelungstechnischer Sicht verfolgen die Ansätze zur Regelung des Blutvolumens das Ziel, den Störeinfluss der Blutvolumenreduktion auf die körpereigene Blutdruckregelung (Bild 4.33) zu begrenzen. Dadurch soll verhindert werden, dass die (individuell unterschiedliche) Kompensationsfähigkeit des körpereigenen Reglers überschritten wird. Die Begrenzung der Blutvolumenreduktion erfordert einen technischen Regler, für den es unterschiedliche Konzepte gibt:

Im ersten Konzept (realisiert im *Hemocontrol-System* von *Hospal*) wird der Verlauf von RBV während der Dialyse durch eine Führungsfunktion $RBV_{soll}(t)$ vorgegeben (Bild 4.37 links). Für $RBV_{soll}(t)$ wurden dabei unterschiedliche Verläufe (meist Kombinationen aus exponentiell und linear abfallenden Funktionen) definiert, die aber alle zu einem in der ersten Phase der Dialyse schnelleren, später langsameren Abnehmen von $RBV_{soll}(t)$ führen. Da die Blutvolumenabnahme von der gesamten Ultrafiltrationsmenge UFV abhängt, wird die zu Dialyseende t_{end} erreichte Abnahme $\Delta RBV_{end}=100\%-RBV_{soll}(t_{end})$ meist proportional zu UFV skaliert. Der Proportionalitätsfaktor wird dann über die Bestimmung des mittleren Verhältnisses $\Delta RBV_{end}/UFV$ in einigen Dialysen ohne Regelung ermittelt. Die Regelung arbeitet dann folgendermaßen: Unterschreitet $RBV(t)$ den zugehörigen Führungswert $RBV_{soll}(t)$, wird die UFR erniedrigt, um über das Refilling wieder einen Anstieg von RBV zu erreichen. Bei Überschreiten von $RBV_{soll}(t)$ wird dagegen UFR erhöht, um RBV wieder abzusenken.

Im zweiten Konzept (Bild 4.37 rechts) gibt es dagegen keine Führungsfunktion; der Algorithmus (*Fresenius Medical Care*) bewirkt lediglich bei Annäherung an die individuelle kritische Grenze RBV_{min} eine zunehmende Reduktion der UFR. Nach Definition von RBV_{min} werden die Blutvolumenbereiche I (oberhalb $(RBV_{min}+100\%)/2$), III (unterhalb RBV_{min}) und II (dazwischenliegend) definiert. Solange RBV im unkritischen Bereich I liegt, werden hohe UFR zugelassen (typischerweise das Doppelte der Rate, mit der das verbleibende UFV in der verbleibenden Zeit entzogen würde). Bild 4.38 (links) zeigt ein Behandlungsbeispiel, bei dem diese Bedingung sogar während der gesamten Behandlung gegeben ist; es ergibt sich eine nahezu linear abfallende UFR. Liegt RBV im kritischen Bereich II, erfolgt eine zusätzliche Reduktion der UFR, die umso stärker ist, je stärker RBV sich RBV_{min} nähert. An der kritischen Grenze selbst ist $UFR=0$. Durch diese Strategie kann vermieden werden, dass RBV in den unerlaubten Bereich III abrutscht, wo der Patient mit hoher Wahrscheinlichkeit Symptome entwickeln wird. Im Behandlungsbeispiel Bild 4.38 (rechts) fällt RBV am Behandlungsbeginn sehr schnell ab und hätte bei ca. 80 Minuten die kritische Grenze unterschritten. Durch die vom Regelalgorithmus vorgenommene Reduktion der UFR wurde der Abfall von RBV unterbrochen, das Blutvolumen konnte sogar durch Refilling wieder ansteigen. Nach dieser Phase verminderter Belastung für den Patienten tolerierte dieser den Entzug mit wieder erhöhter UFR.

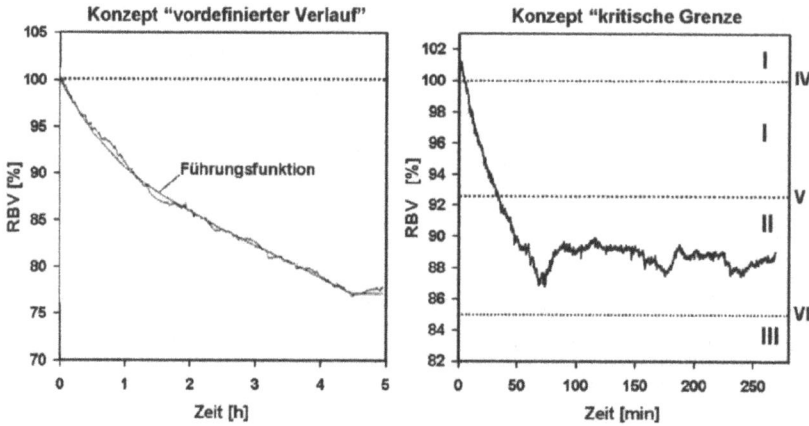

Bild 4.37: *Verschiedene Konzepte zur Blutvolumenregulation: Links: Verwendung einer Führungsfunktion (modifiziert nach Mann et al., Nephrol Dial Transplant, 1996, 11(2):48). UFR wird so variiert, dass RBV der Führungsfunktion mit geringen Regelschwankungen folgt. Rechts: Methode der Begrenzung des Blutvolumenabfalls (Fresenius Medical Care). Linie IV markiert das anfängliche RBV=100%, Linie VI die (individuell definierbare) kritische RBV-Grenze RBV_{min}, Linie V den Mittelwert zwischen den RBV-Werten der Linien IV und VI. Linien V und VI definieren die 3 RBV-Bereiche I, II und III (s. Text).*

Bei diesem Regelkonzept kann sich *RBV* unter dem Einfluss der verschiedenen oben diskutierten Faktoren weitgehend frei einstellen, solange *RBV* noch weit von der kritischen Grenze entfernt ist. Eine Unterschreitung der individuellen kritischen Grenze wurde dagegen in allen bisher ausgewerteten Behandlungen verhindert. Regelungstechnisch ist dieser Regler ein einfacher Fuzzy-Regler, mit RBV als linguistische Variable.

Im beschriebenen Konzept wird angenommen, dass jeder Patient nur eine bestimmte, von der Adaptionsbreite seiner Blutdruckregulation abhängige Blutvolumenreduktion tolerieren kann. Es gibt eine individuelle kritische Grenze RBV_{min}, deren Unterschreiten als Auslöser für Kreislaufprobleme angenommen wird. In einem alternativen ähnlichen Konzept, welches allerdings nie in einem Produkt realisiert wurde, wird dagegen das Unterschreiten eines individuellen absoluten Blutvolumens als Auslöser angenommen. Als Indikator für das absolute Blutvolumen wird der Hämatokrit verwendet, und jedem Patienten wird sehr anschaulich ein „Crash Crit" zugeordnet, also ein Hämatokrit, bei dessen Überschreiten das Risiko für symptomatische Hypotonie („Crash") stark anwächst. Ein Kernproblem dieser Methode ist jedoch, dass wegen der unter Erythropoetin-Therapie variablen Rate der Bildung von Erythrozyten kein eindeutiger Zusammenhang zwischen Hämatokrit und Blutvolumen beim Dialysepatienten besteht. Der „Crash Crit" müsste daher häufig neu identifiziert werden.

Im Prinzip können alle beschriebenen Regelalgorithmen auch noch mit einer Variation der Leitfähigkeit der Dialysierflüssigkeit verbunden werden, in ähnlicher Weise wie bei der Profildialyse beschrieben (Kap. 4.6.4). Die Variation der Leitfähigkeit kann entweder parallel zur *UFR* erfolgen (hohe *UFR* bedingt erhöhte Leitfähigkeit), um in Phasen hoher *UFR* das Refilling zu unterstützen, oder es kann unabhängig von *UFR* durch Anheben des Plasma-Natriums eine Erhöhung des Blutvolumens während der Dialyse bewirkt werden. Realisiert wurde die Kombination aus Blutvolumenregelung und Leitfähigkeitsvariation bisher nur für das Konzept der Führungsfunktion (Hemocontrol-System von *Hospal*). Generell ist die Leitfähigkeitsvariation umstritten; zwar wirkt sie durch Anhebung des Blutvolumens kreislaufstabilisierend, jedoch beinhaltet sie das Risiko einer Natriumzufuhr und wird auch von einigen Wissenschaftlern als unphysiologisch charakterisiert.

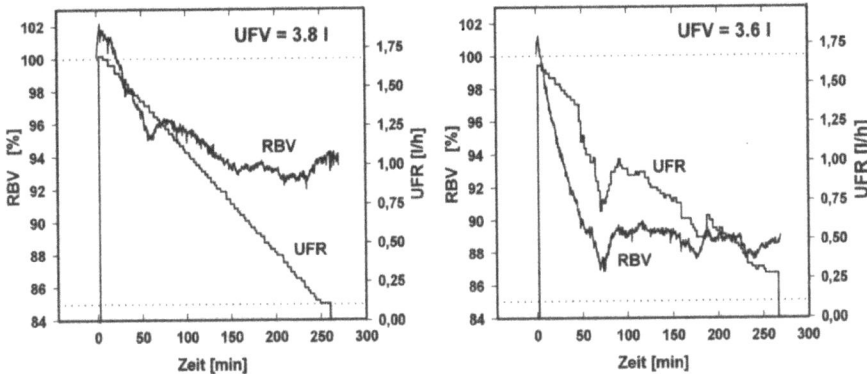

Bild 4.38: *Blutvolumenregelung bei 2 Dialysebehandlungen im Abstand von 2 Tagen beim gleichen Patienten und mit nahezu gleichem Ultrafiltrationsvolumen UFV. Verwendet wurde die Ultraschallmethode zur RBV-Messung und das Regelkonzept der Begrenzung des Blutvolumenabfalls (Fresenius Medical Care).*

Klinische Evaluierung

Mit den existierenden Systemen zur Blutvolumenmessung und –regelung wurden bereits mehrere Studien durchgeführt. Das Hemocontrol-System (*Hospal*) wurde in einer Studie mit 19 kreislauflabilen Patienten eingesetzt und bewirkte eine Reduktion der symptomatischen Hypotonie von 34% und der Muskelkrämpfe von 40% im Vergleich zur ungeregelten Standarddialyse. In einer anderen Studie 16 mit weniger kreislauflabilen Patienten ging die Hypotonie sogar um 60%, andere Symptome um 39% zurück. Auch bei Verwendung des „Crash Crit"-Konzepts (*Hemametrics*) wurde in einer kleineren Studie etwa eine Halbierung der intradialytischen Symptome beobachtet. Unter Verwendung des BVM (*Fresenius Medical Care*) wurde in einer Studie mit 60 kreislauflabilen Patienten gezeigt, dass in nahezu allen Patienten ein kritisches Blutvolumen RBV_{min} identifiziert werden kann. Dieses lag zwischen 71% und 98%, wobei die höheren Werte, also geringe tolerierte Blutvolumenreduktionen, besonders bei Patienten mit Herzfehlfunktionen, Arrhythmien, hohem Alter, oder niedrigem diastolischem Blutdruck beobachtet wurden. In einer Studie mit 37 kreislauflabilen Patienten konnte unter Verwendung des BVM eine Reduktion der Zahl hypotensiver Episoden je Behandlung von 32% und der Muskelkrämpfe von ~40% gegenüber einer ungeregelten Behandlung erzielt werden.

Für alle getesteten Konzepte werden Vorteile gegenüber einer Dialyse ohne Blutvolumenüberwachung gefunden. Das ist plausibel, da das Vermeiden einer starken Blutvolumenreduktion, welche mit jedem der Systeme möglich ist, im Mittel eine Reduktion von symptomatischer Hypotonie und anderen Symptomen ergibt. Ein direkter Vergleich verschiedener Regelungsstrategien gegeneinander wurde bisher nicht durchgeführt, so dass eine vergleichende Bewertung aufgrund klinischer Daten nicht möglich ist. Bei Systemen, die gleichzeitig *UFR* und Leitfähigkeit variieren, sollten Studien daraufhin analysiert werden, ob auch eine ausgeglichene Natriumbilanz gegeben war. Anderenfalls kann die kurzfristige Verbesserung der Kreislaufstabilität mit einer langfristigen Verschlechterung der kardiovaskulären Situation durch zunehmende Flüssigkeitsüberladung erkauft worden sein.

Der Vergleich der beiden Behandlungen in Bild 4.38 zeigt, dass selbst beim gleichen Patienten in enger zeitlicher Nähe und unter scheinbar gleichen Bedingungen sehr unterschiedliche Blutvolumenverläufe vorliegen können. Dies unterstreicht noch einmal die Notwendigkeit eines regelnden Systems, welches sich immer vollautomatisch auf die gerade vorliegenden Bedingungen adaptieren kann.

4.6.7 Die Körpertemperaturregelung

Physiologischer Hintergrund

Schon zu Beginn der 1980er Jahre wurde beobachtet, dass eine niedrigere Dialysierflüssigkeitstemperatur zu einer verbesserten Blutdruckstabilität und einer deutlichen Reduktion von symptomatischer Hypotonie (SH) bei der Hämodialyse führt. Nach diesen initialen Beobachtungen ergab die Forschung der letzten 20 Jahre, dass thermische Prozesse bei der Dialyse eine entscheidende Rolle für die Kreislaufstabilität spielen.

Bild 4.39 (links) zeigt ein einfaches Modell dieser thermischen Prozesse. Der Körper hat eine gewisse Grundwärmeproduktionsrate H, die unter der Dialyse erhöht und auch zeitlich veränderlich sein kann. Unter normalen physiologischen Bedingungen wird diese Wärme über die Körperoberfläche wieder abgegeben, so dass keine Wärmeakkumulation erfolgt. Bei der Dialyse hat jedoch die Reduktion des Blutvolumens durch Ultrafiltration (UF) i.A. eine periphere Vasokonstriktion zur Kreislaufstabilisierung zur Folge. Dadurch sinkt die Hautdurchblutung, und es ergibt sich eine Verminderung der Energieabgaberate S über die Körperoberfläche (Bild 4.39 rechts).

Die Rate der über den extrakorporalen Kreislauf zugeführten Wärmeenergie ist gegeben durch

$$D = c_{\mathrm{B}} \cdot \rho \cdot Q_{\mathrm{B}} \cdot (T_{\mathrm{ven}} - T_{\mathrm{art}}) . \tag{4.15}$$

Dabei sind T_{art} und T_{ven} die Temperaturen des dem Patienten entnommenen bzw. rückgegebenen Bluts, c_{B} ist die spezifische Wärmekapazität und ρ die Dichte von Blut, Q_{B} der extrakorporale Blutfluss. Die im Wesentlichen durch die Körpertemperatur bestimmte Temperatur T_{art} ist individuell sehr unterschiedlich (ca. 35–37.5°C). Wegen unterschiedlicher Raumtemperaturen und Blutflüsse variiert auch die Abkühlung des Bluts beim Durchfließen des extrakorporalen Kreislaufs und damit T_{ven} stark. Als Folge ist die extrakorporale Wärmezufuhr D bei Standarddialysen sehr variabel und kann sowohl positive als auch negative Werte annehmen. Da bei einer Dialyse etwa 72 l Blut (Q_{B}=300 ml/min, Dauer 4 h) thermisch beeinflusst werden, ist schon anschaulich ohne weiteres klar, dass die extrakorporale Wärmebilanz erhebliche Auswirkungen auf den Wärmehaushalt haben kann.

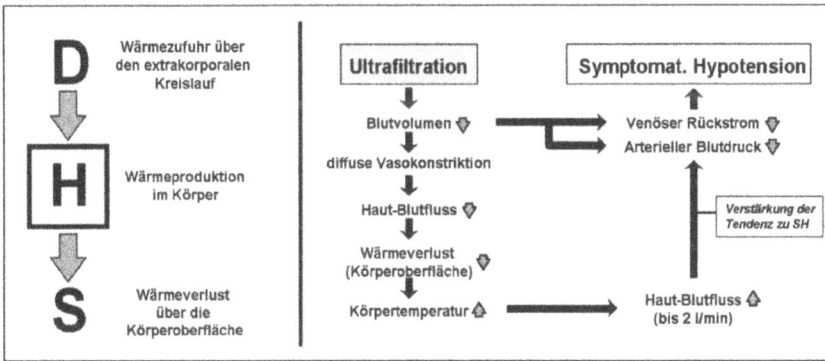

Bild 4.39: *Links: Thermische Energieflüsse während der Dialyse. Die Energiebilanz bestimmt die Änderung der Körpertemperatur. Rechts: Hypothese zur Entstehung thermisch bedingter symptomatischer Hypotonie (modifiziert nach Gotch et al., ASAIO Transact, 1989, 35:622).*

Der Summeneffekt der 3 Energieflussraten nach Bild 4.39 (links) bestimmt dann die Änderung der mittleren Körpertemperatur T_B:

$$\frac{\mathrm{d}T_B(t)}{\mathrm{d}t} = \frac{1}{c \cdot M}(H - S + D) \ . \tag{4.16}$$

Dabei ist M die Patientenmasse, c die spezifische Wärmekapazität des Körpers. Häufig werden Anstiege der Körpertemperatur während der Dialyse um ~0.5–1°C beobachtet. Offensichtlich werden die dialyseinduzierten Veränderungen von H und S, insbesondere die verminderte Wärmeabgabe S über die Haut, nicht ausreichend durch eine Verringerung von D kompensiert. Dieser unphysiologische, dialyseinduzierte Anstieg der Körpertemperatur führt zu einer zusätzlichen Kreislaufbelastung, welche das Risiko für SH erhöht (Bild 4.39 rechts). Die körpereigenen Regler stecken in dieser Situation in einem Dilemma: Einerseits sollten aus Gründen der Blutdruckstabilität und als Reaktion auf UF die peripheren Gefäße konstringiert werden. Die zunehmende Wärmeakkumulation erfordert aber ein Dilatieren der peripheren Gefäße, um über erhöhte Hauttemperatur mehr Wärme abgeben zu können. Offensichtlich wird der Blutdruckstabilität zunächst Priorität gegeben. Hat sich jedoch genügend Wärme akkumuliert, kann die körpereigene Regelung plötzlich auf eine Priorisierung der Wärmeabgabe umschalten und die peripheren Gefäße öffnen. Die Hautdurchblutung steigt dann schnell auf hohe Werte an (Bild 4.39 rechts) – was z.B. in Untersuchungen mit Thermokameras gezeigt wurde – und der Patient entwickelt manchmal innerhalb weniger Sekunden einen Blutdruckabfall (SH).

Zielsetzung
Eine Strategie zur Verhinderung von thermisch induzierter SH ist die Verhinderung von kritischen Körpertemperaturanstiegen. Insbesondere dürfen sich die extrakorporale Energiebilanz und die Körpertemperaturänderung nicht als Zufallsprodukt aus vielen Einflussfaktoren ergeben. Eine geeignete Methode ist die kontinuierliche Messung und Regelung der

Körpertemperatur. Die Regelung erfolgt durch Beeinflussung der extrakorporalen Energieflussrate D als Stellgröße.

Sensorik

Die Sensorik für ein thermisches Regelsystem besteht aus einer arteriellen und venösen Bluttemperaturmessung im extrakorporalen Kreislauf. Ein solcher Bluttemperaturmonitor (BTM) mit je einem Messkopf für T_{art} und T_{ven} ist in Bild 4.36 gezeigt und wird derzeit nur von *Fresenius Medical Care* angeboten. Die Messung erfolgt nichtinvasiv über die ~1 mm dicke Schlauchwand. Durch ein thermisches Kompensationsverfahren (Regelung der Messkopftemperatur auf die gemessene Schlauchtemperatur) kann der Einfluss der Umgebungstemperatur auf das Messergebnis eliminiert werden. Trotz der schlechten Wärmeleitfähigkeit der Schlauchwand wird eine für klinische Zwecke ausreichende Messgenauigkeit von 0.1°C erreicht. Da die Temperatur nicht direkt am Gefäßzugang gemessen wird, müssen die Temperaturen T_{art} und T_{ven} aus den gemessenen Temperaturen über eine blutflussabhängige Korrekturrechnung ermittelt werden, da das Blut beim Durchfließen der Schlauchsysteme etwas abkühlt.

Über das Dialysegerät (Bild 4.36) ist die Information über den aktuellen Blutfluss Q_B verfügbar, so dass die Energieflussrate D und als zeitliches Integral daraus die kumulierte extrakorporale Energiebilanz E berechnet werden kann. Die Bestimmung der Körpertemperatur T_B ist etwas komplexer: Das in den arteriellen Schlauch eintretende Blut ist nämlich eine Mischung aus dem von der linken Herzkammer kommenden Blut (welches die zu messende Temperatur T_B hat) und des rezirkulierten, d.h. des über den Gefäßzugang direkt vom venösen in den arteriellen Schlauch übertretenden Bluts (mit der Temperatur T_{ven}; zur Rezirkulation vgl. Kap. 4.3.1). Nach Bestimmung des Rezirkulationsanteils R mit dem BTM (zum Verfahren s. Kap. 4.3.2) kann T_B dann kontinuierlich berechnet werden anhand der einfachen Mischungsgleichung:

$$T_{art} = (1-R) \cdot T_B + R \cdot T_{ven} . \tag{4.17}$$

Regelungsstrategien

Grundlage für eine Regelung der Körpertemperatur T_B ist die technische Möglichkeit, dem Körper gezielt Wärme zuzuführen oder zu entziehen, d.h. die extrakorporale Energieflussrate (Gl. 4.15) vorzugeben. Dieses ist möglich, da der im Gegenstrom betriebene Dialysator (Bild 4.36) als Wärmetauscher wirkt. Eine Änderung der Dialysattemperatur bewirkt eine ähnliche Änderung von T_{ven}. Wenn, wie üblich der Dialysatfluss deutlich größer als der Blutfluss ist, ist die Temperatur des aus dem Dialysator austretenden Bluts praktisch gleich der Temperatur der eintretenden Dialysierflüssigkeit. In Kombination mit dem venösen Temperaturmesskopf des BTM kann T_{ven} und damit auch D (nach Gl. 4.15) gezielt eingestellt werden.

Die Regelungsstrategie besteht darin, die individuelle Körpertemperatur T_B des Patienten am Dialysebeginn zu messen und dann D so zu variieren, dass T_B weitgehend konstant gehalten wird. Sämtliche dialyseinduzierten Einflüsse auf die Körpertemperatur werden also automatisch eliminiert. Hier wurde ein Regler mit PI-Verhalten realisiert; der integrale Anteil ist zur

Vermeidung bleibender Abweichungen vom Sollwert erforderlich. Da sich Veränderungen von T_{ven} um wenige °C nur sehr langsam auf T_B auswirken, muss der Regler sehr langsam (Regelintervall 10 Minuten) eingestellt sein, um eine Instabilität des Reglers, insbesondere Oszillationen von T_B, zu vermeiden. Neben der Stabilisierung von T_B kann auch eine konstante Änderungsrate von T_B vorgegeben werden, was jedoch praktisch kaum angewendet wird.

Eine weitere alternative Regelungsstrategie nicht für die Körpertemperatur, sondern für die Energieflussrate D wurde im BTM ebenfalls realisiert (Energiebilanzregelung). Weniger in der Routineanwendung, aber in klinischen Studien zur Kreislaufstabilität ist es häufig wichtig, reproduzierbare thermische Bedingungen bei der Dialyse zu erzielen. Diese sind durch eine konstante Energieflussrate D während der Dialyse realisierbar. Bei der Energiebilanzregelung wird die Temperatur des rückfließenden Bluts T_{ven} so variiert, dass Abweichungen der Energieflussrate D vom Sollwert, welche aufgrund von Körpertemperaturänderungen und Blutflussänderungen eintreten können, ausgeregelt werden.

Bild 4.40 zeigt Behandlungsbeispiele mit der Körpertemperaturregelung (oben) und der Energiebilanzregelung (unten). Nach der initialen Rezirkulationsmessung bei der Körpertemperaturregelung werden beginnende Änderungen von T_B durch Variation von T_{ven} wieder kompensiert. Beim Beispiel der Energiebilanzregelung war $D=0$ kJ/h vorgegeben; daher folgt T_{ven} automatisch Veränderungen von T_B und Q_B. Auswirkungen von Störungen wie Rezirkulationsmessungen oder Behandlungsunterbrechungen (erkennbar am kurzzeitigen Absinken von T_{ven}) auf die Energiebilanz werden in den darauffolgenden Zeitintervallen automatisch wieder vom Regler kompensiert.

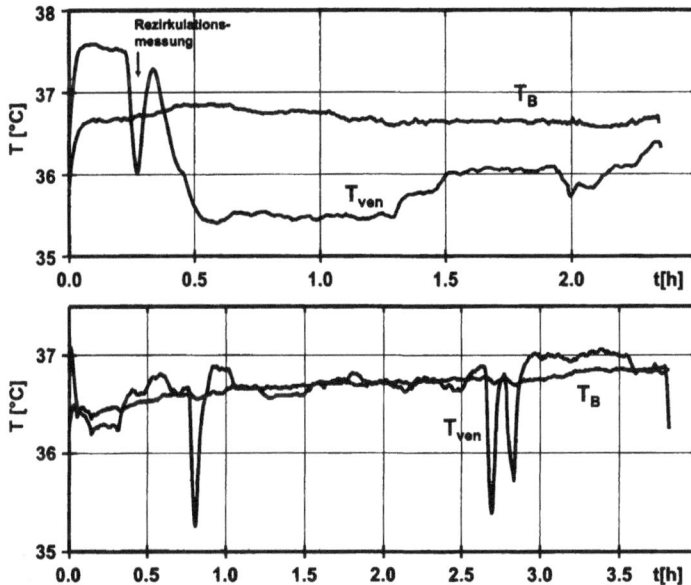

Bild 4.40: *Dialysebehandlungen mit Körpertemperaturregelung (oben; Energiebilanz −110 kJ) und Energiebilanzregelung (unten; Energiebilanz 0 kJ). Die Graphen zeigen den Verlauf der Körpertemperatur T_B und der vom Regler vorgegebenen venösen Bluttemperatur T_{ven}.*

Klinische Evaluierung

Der Vorteil eines thermischen Energiemanagements während der Hämodialyse wurde in mindestens 29 klinischen Studien aufgezeigt und kann damit als sehr gut belegt gelten. Ältere Studien demonstrieren eine Verbesserung der Kreislaufstabilität einer Studienpopulation durch die Verwendung kühlerer Dialysierflüssigkeit (ca. 35°C). Neuere Studien (seit 1996) belegen den Vorteil eines individualisierten thermischen Energiemanagements unter Verwendung der beschriebenen Regelkonzepte.

Bemerkenswert ist insbesondere eine prospektive, randomisierte multizentrische Studie, bei der 95 Patienten für 4 Wochen thermoneutral (d.h. Energiebilanzregelung mit $D=0$ kJ/h) und 4 Wochen isothermisch (Körpertemperaturregelung T_B=const. auf den individuellen Anfangswert) bei ansonsten gleichen Dialysebedingungen behandelt wurden (Maggiore et al., Am J Kidney Dis, 2002, 40(2):280). In einer initialen Screening-Phase wurden nur solche Patienten in die Studie eingeschlossen, die SH in mindestens 25% der Standardbehandlungen (ohne näher definierte thermische Bedingungen) zeigten; dieses sind die kardiovaskulären Problempatienten. Bild 4.41 fasst einige Ergebnisse dieser Studie zusammen (gezeigt sind jeweils die Mittelwerte über alle Behandlungen im jeweiligen Modus): Bei thermoneutraler Dialyse regelte der BTM die Dialysierflüssigkeitstemperatur T_{dia} um 0.8°C hoch, bei isothermischer Dialyse dagegen um 1.1°C nach unten. Während bei thermoneutraler Dialyse die Körpertemperatur um ca. 0.5°C anstieg (ersichtlich aus der arteriellen Bluttemperatur), war bei isothermischer Dialyse zur Stabilisierung der Körpertemperatur ein deutlicher Energieentzug von −219±77 kJ notwendig. Diese 219 kJ (etwa 20% der Ruheenergieproduktion außerhalb der Dialyse) können damit als durchschnittliche thermische Belastung durch das Dialyseverfahren interpretiert werden. D.h. dialyseinduzierte Veränderungen von H-S (s. Bild 4.39 links) erzeugen einen Wärmeüberschuss von durchschnittlich 219 kJ oder 20% der Ruheenergieproduktion, der zum Zweck der Kreislaufstabilisierung wieder über den extrakorporalen Kreislauf abgeführt werden sollte. Die thermoneutrale Dialyse führt im Vergleich zur isothermischen Dialyse zu einer deutlich stärkeren Kreislaufbelastung, wie der stärkere Abfall des Blutdrucks und stärkere Anstieg der Herzfrequenz zeigt (Bild 4.41).

Am deutlichsten wird das Ergebnis allerdings bei Betrachtung der Häufigkeitsverteilung der Dialysen mit SH (Bild 4.42). Im isothermischen Modus liegt die mittlere Zahl von Behandlungen pro Patient mit SH um 34% niedriger als bei thermoneutraler Dialyse, und 39% geringer als bei der Standarddialyse ohne BTM. Die Zahl der SH-Episoden je isothermische Dialyse liegt mit 0.51 um 39% niedriger als bei thermoneutraler Dialyse mit 0.83.

Die thermoneutrale Dialyse führt nur zu geringer Reduktion von SH im Vergleich zur Standarddialyse und ist daher für die Routinetherapie nicht zu empfehlen. Dagegen bringt die isothermische Dialyse deutliche Vorteile. Angesichts der Tatsache, dass in dieser Studie lediglich der thermische Energiehaushalt als einer von vielen Einflussfaktoren auf die Kreislaufstabilität untersucht wurde, muss eine Reduktion der SH-Episoden je Dialyse um 39% als unerwartet deutlicher Beleg für die Relevanz des thermischen Energiemanagements in der Dialyse gedeutet werden. Es ist sogar zu vermuten, dass ein günstiges thermisches Management andere ungünstige Einflüsse auf die Kreislaufstabilität bis zu einem gewissen Grade kompensieren kann.

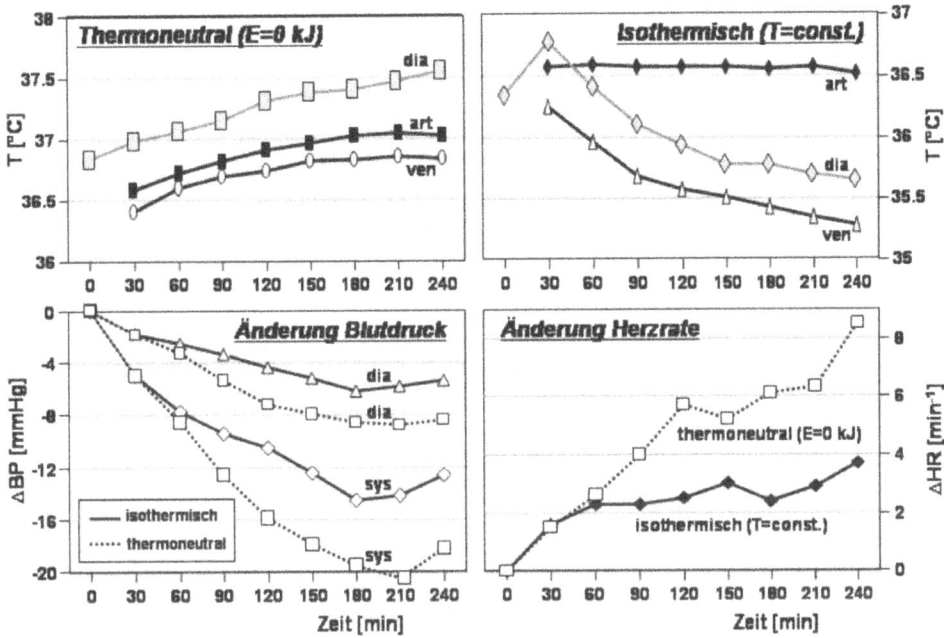

Bild 4.41: *Ergebnisse einer klinischen Studie (Maggiore et al., Am J Kidney Dis, 2002, 40(2):280) zum Vergleich von thermoneutraler Dialyse (D=0 kJ/h) und isothermischer Dialyse (T$_B$=const.). Temperaturen, Blutdrucke und Herzraten geben jeweils die Mittelwerte von 1140 Dialysen in beiden Behandlungsmodi an. Näheres s. Text.*

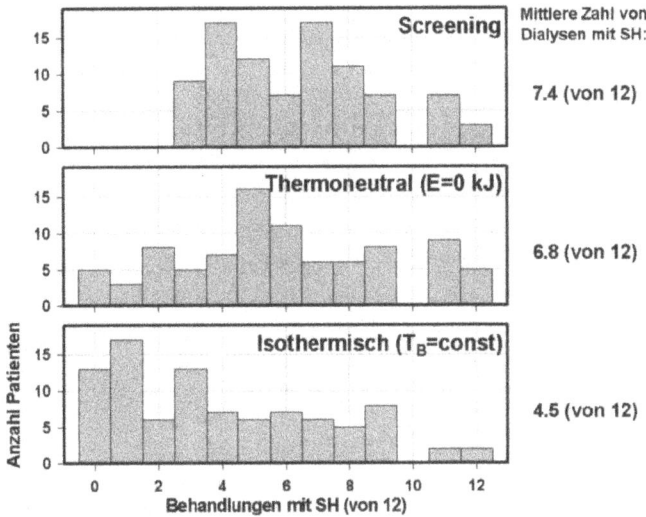

Bild 4.42: *Häufigkeitsverteilung von Dialysen mit symptomatischer Hypotonie: Die Balken zeigen, wie viele Patienten eine gewisse Zahl von Behandlungen mit SH in insgesamt 12 Behandlungen aufwiesen.*

Da eine gewisse Verbesserung der Kreislaufstabilität bereits bei Verwendung kalter Dialysierflüssigkeit erzielt wird, kann man sich die Frage stellen, ob ein regelndes System wie der BTM überhaupt erforderlich ist. Hauptproblem bei der einfachen kühlen Dialyse ist jedoch die fehlende Individualisierung: Sicherlich werden einige Patienten stabiler; für andere wird die Kühlung jedoch noch nicht ausreichend sein, während wieder andere schon unangenehme Reaktionen wie Frösteln, Zittern entwickeln und es dadurch zu einer unerwünschten Kreislaufbelastung kommt. Wegen der stark variierenden anfänglichen Körpertemperaturen (ca. 35–37.5°C) und dem inter- und intraindividuell unterschiedlichen Bedarf an Wärmeentzug D zur Stabilisierung der Körpertemperatur kann nur ein regelndes System die thermischen Bedingungen für alle Patienten gut einstellen. Als vollautomatisches System passt sich die Regelung dabei selbsttätig an die Erfordernisse des Patienten an. Nach Einschalten der Regelfunktion ist keine weitere Aktion des Benutzers mehr erforderlich.

4.6.8   Physiologische Regelung und Patientensicherheit

Von größter Wichtigkeit bei der Einführung regelnder Systeme in die Dialysetherapie sind Sicherheitsaspekte. Bei den oben beschriebenen regelnden Systemen (Kap. 4.6.5–4.6.7) werden UF-Rate sowie Temperatur und Elektrolytkonzentration der Dialysierflüssigkeit von vollautomatisch arbeitenden Systemen eingestellt und verändert. In der herkömmlichen, ungeregelten Dialyse werden diese Maschinenparameter dagegen vom Personal vorgegeben. Die Interpretation, dass bei der geregelten Dialyse Verantwortung vom Personal auf das medizintechnische Gerät übertragen worden ist, ist allerdings so einfach nicht richtig: Die Verfügbarkeit von Sensor und Regler ermöglicht es erst dem Personal, physiologisch relevante Therapiebedingungen zu realisieren (z.B. die Begrenzung des Blutvolumenabfalls). Im Vergleich zum einfachen Vorgeben der Maschinenparameter bei der ungeregelten Dialyse kann das Personal die Therapiebedingungen also viel gezielter wählen und damit eine bessere, medizinisch fundiertere Therapie leisten.

Zu diskutieren ist jedoch, was bei einer Fehlfunktion von Sensor oder Regler geschieht, oder in einer Behandlungssituation, an die bei der Auslegung des regelnden Systems nicht gedacht wurde. Im Rahmen einer Risikoanalyse sind hier für einen neu zu entwickelnden physiologischen Regler alle möglichen negativen Konsequenzen zu analysieren (unter Berücksichtigung von Schwere und Wahrscheinlichkeit der Gefährdung). Es ist dann ein Sicherheitskonzept zu entwickeln, welches gefährliche Folgen für den Patienten ausschließt. Gelingt dieses nicht, darf das regelnde System wegen des Sicherheitsrisikos nicht realisiert werden. Die Verwendung eines regelnden Systems darf natürlich nicht zur Erhöhung des Risikos durch zusätzliche technische Mittel führen, sondern muss im Gegenteil eine Verminderung des Risikos durch eine physiologisch verträglichere Behandlung bewirken.

Als Beispiel für ein Sicherheitskonzept sei hier ein Sicherheitsalgorithmus für die Blutvolumenregelung in seinen Grundzügen beschrieben (*Fresenius Medical Care*). Das Risiko, welches durch ein fehlerhaftes System zur Blutvolumenregelung entstehen kann, ist eine unkontrolliert hohe *UFR* oder ein zu hohes entzogenes Volumen *UFV*; beides könnte den Patienten in eine symptomatische Hypotonie treiben. Zunächst werden Maßnahmen zur Erhöhung der Zuverlässigkeit und zur Fehlererkennung implementiert (Bild 4.43a): Das

Sensorsystem wird regelmäßigen automatischen Tests und, falls erforderlich, Kalibrierungen unterzogen. Das Messergebnis wird dann auf Plausibilität hin überprüft (z.B. ob der Messwert im physiologisch sinnvollen Bereich liegt, bzw. ob die gemessene Veränderung des Messwerts möglich ist). Trotz solcher Maßnahmen kann theoretisch ein unerkannter falscher Messwert vom Regler weiterverarbeitet werden. Für diesen Fall und für andere unvorhergesehene Bedingungen wird die Sicherheit dann durch einen zweiten, völlig vom Messsystem unabhängigen Überwachungsalgorithmus gewährleistet. Dieser Algorithmus ist auf einem separaten Prozessorsystem implementiert (Prinzip der Zweikanaligkeit). Er überprüft, ob die vom Regler gewählte *UFR* zulässig ist und verwendet dabei eine Reihe von fest vorgegebenen Kriterien. So ist die maximal zulässige *UFR* abhängig vom Zeitpunkt während der Dialyse und der noch zu entziehenden Menge *UFV*. Eine hohe *UFR* wird z.B. nicht mehr zugelassen, falls nur noch ein geringes *UFV* in einer längeren Restzeit zu entziehen ist. Außerdem wird gewährleistet, dass die Gesamtmenge *UFV* nicht überschritten wird. Eine ausreichende Sicherheit gegen einen unerkannten ersten Fehler ist damit gewährleistet.

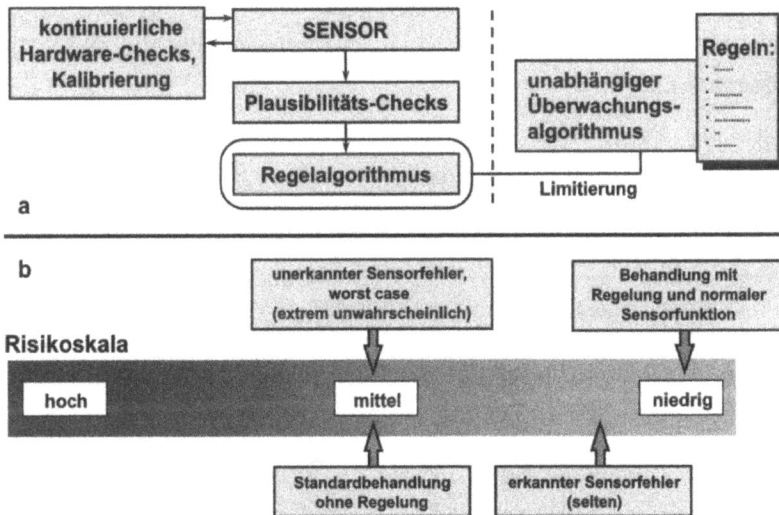

Bild 4.43: *a: Struktur eines zweikanalig ausgelegten Sicherheitskonzepts für ein einen physiologischen Parameter regelndes System. b: Schematisches Beispiel einer Risikobewertung für ein regelndes System.*

Die Auswirkung dieses Sicherheitskonzepts auf die Patientensicherheit ist in Bild 4.43b vereinfacht und schematisch dargestellt. Eine Standardbehandlung ohne Regelung bedeutet hinsichtlich der Kreislaufstabilität für den Patienten ein mittleres Risiko, da wegen der fehlenden Überwachung ein zu starker Abfall des Blutvolumens *RBV* entstehen kann. Bei korrekter Auslegung wird ein funktionierender Blutvolumenregler die Behandlung erheblich sicherer machen, da *RBV* nun überwacht und geregelt wird. Fehler im Mess- und Regelsystem werden im Allgemeinen schnell erkannt und führen daher nur zu geringer Erhöhung des Risikos. Selbst im sehr unwahrscheinlichen Fall eines langfristig unerkannten Sensorfehlers sollte das Risiko nicht oder nicht wesentlich über das bei der Standardtherapie vorhandene Risiko ansteigen. Dieses konnte für die Blutvolumenregelung durch geeignete Auslegung des Sicherheitsalgorithmus erreicht werden.

Das Beispiel eines Sicherheitskonzepts für die Blutvolumenregelung verdeutlicht, dass meist ein nicht unerheblicher Teil des Entwicklungsaufwands auf das Sicherheitskonzept verwendet werden muss. Erst bei sicherer Auslegung erscheint die Übertragung der Beeinflussung kritischer Maschinenparameter vom Menschen auf ein automatisch regelndes System gerechtfertigt. Ebenso ist nur bei Nachweis der Sicherheit eine Zulassung eines regelnden Systems zu erzielen.

4.6.9   Weiterentwicklungen der Konzepte zur Kreislaufstabilisierung

Systeme zur Regelung kreislaufrelevanter Parameter während der Dialyse führen zu deutlichen therapeutischen Verbesserungen. Da diese Systeme noch relativ neu sind, sich noch keine Standards etabliert haben und erst wenige größere Studien durchgeführt wurden, ist der Einsatz dieser Systeme noch nicht in die breite Routine übergegangen. Obwohl diese Systeme bereits vollautomatisch arbeiten, sind Weiterentwicklungen interessant, die den Benutzeraufwand (z.B. zum Aktivieren der Regelung oder zur Festlegung der patientenspezifischen Grenzwerte) weiter minimieren.

Insbesondere die gleichzeitige Anwendung von Blutvolumen- und Bluttemperaturregelung ist vielversprechend, denn diese beiden Konzepte haben die Vermeidung unterschiedlicher Ursachen des Blutdruckabfalls (Blutvolumenmangel bzw. periphere Vasodilatation) zum Ziel. Aber auch die Kombination dieser Systeme mit einer Blutdrucküberwachung ist interessant; diese würde in den Fällen eingreifen, in denen SH trotz der anderen Regelsysteme noch auftritt. Hierdurch sollte der Dialysestress weiter reduziert und das Auftreten von Hypotonie und anderen Symptomen weiter reduziert werden. Hier legen jedoch noch keine fundierten Erfahrungen vor; insbesondere ist unklar, wie groß die Reduktion der Symptome durch kombinierte Anwendung sein wird.

4.7   Weitere Konzepte und Ausblick

In den vorgehenden Kapiteln 4.3–4.6 wurden die vier therapeutisch relevantesten Anwendungsfelder der Automatisierungstechnik in der Dialyse ausführlich vorgestellt. Daneben gibt es noch weitere interessante kleinere Anwendungen für physiologische Messungen und vor allem sicherheitstechnische Überwachungen, von denen exemplarisch nur zwei vorgestellt werden sollen:

- Jährlich werden einige Todesfälle von Dialysepatienten durch unbemerkten Blutverlust aus dem extrakorporalen System gemeldet. Meist ist entweder die venöse Kanüle aus dem Blutgefäß herausgerutscht, oder es liegt ein Leck an einem Konnektor vor. Eine mögliche Methode zur Erkennung solch eines Ereignisses ist die ständige Analyse der von der Dialysemaschine gemessenen arteriellen und venösen Drucke durch einen geeigneten Algorithmus. Dieser erkennt ein charakteristisches Muster der Druckänderungen, das auf Blutverlust hindeutet und sich unterscheidet von allen anderen Ereignissen, die ebenfalls die Drucke beeinflussen (z.B. Bewegungen, Flussänderungen). Bei Erkennen eines kritischen Zustandes wird dann der Blutfluss angehalten und ein Alarm ausgelöst.

- Hochentwickelte Methoden der Signalanalyse kommen zur Anwendung bei der Bestimmung der Herzfrequenz aus dem arteriellen Drucksignal. Die Herzfrequenz ist ein primärer Parameter zur Überwachung des Patientenzustands. Wünschenswert für die Routine wäre jedoch eine Messung ohne zusätzliche Sensorik, Bedienaufwand und Verkabelung des Patienten. Dieses kann durch Bestimmung aus dem arteriellen Drucksignal erreicht werden. Jedoch ist dieses Drucksignal durch erheblich stärkere Störsignale, vor allem durch die Blutpumpe, beeinflusst (das Amplitudenverhältnis Stör- zu Nutzsignal beträgt ca. 20:1). Trotzdem gelingt es mit modernen Signalanalysemethoden, die Herzfrequenz mit guter Erkennungsgüte zu bestimmen und evtl. sogar Arrhythmien zu erkennen. Die Zuverlässigkeit solcher Algorithmen muss jedoch noch in größeren Studien getestet werden, bevor eine Routineanwendung möglich ist.

Das Potenzial von physiologischen Modellen und Regelungsstrategien zur Verbesserung der Dialysetherapie ist mit den bisher vorgestellten Konzepten noch keineswegs ausgeschöpft. Die folgenden 3 Konzepte befinden sich zwar noch in frühen Phasen der technischen und klinischen Entwicklung, haben aber das Potenzial zu signifikanten Therapieverbesserungen:

- Die meisten Dialysepatienten sind auf eine medikamentöse Zufuhr des Hormons **Erythropoetin (EPO)** angewiesen, welches bei Gesunden durch Nierenzellen produziert wird. EPO stimuliert die Bildung von Erythrozyten. Die Dosierung dieses Hormons ist jedoch schwierig: Eine Erhöhung des Hämatokrit (*HCT*) erfolgt erst nach einigen Tagen, die Sensitivität der Patienten auf EPO variiert stark, und wegen der Lebensdauer der Erythrozyten von 70–110 Tagen hält die Wirkung einer EPO-Gabe auch für diese lange Zeit an. Folgen sind schwer einstellbare Zielwerte für *HCT*, starke Oszilationen des *HCT* mit Zeitkonstanten von Wochen bis Monaten, und Risiken und Belastungen für den Patienten durch zu hohe und zu niedrige *HCT*s. Existierende physiologische Modelle des blutbildenden Systems in Kombination mit neuen darauf aufbauenden Regelalgorithmen sollten erlauben, die erwähnten Probleme zu vermeiden und eine optimierte Dosierung von EPO durchzuführen.

- Viele Dialysepatienten weisen zu Beginn der Dialyse zu hohe **extrazelluläre Kaliumkonzentrationen** auf (Hyperkalämie). Während der Dialyse kommt es dagegen häufiger – durch Kaliumentzug und dialyseinduzierte Verschiebung von Kalium in die Zellen – zu kritisch niedrigen Kaliumkonzentrationen (Hypokalämie). Beide Zustände erhöhen das Risiko für Arrhythmien, und es ist wahrscheinlich, dass ein erheblicher Teil der während oder kurz nach der Dialyse auftretenden Fälle von plötzlichem Herztod auf kritische Kaliumkonzentrationen zurückzuführen sind. Hier besteht, insbesondere für kardiale Risikopatienten, ein dringender Handlungsbedarf. Strategien zur Messung und Regelung der Kaliumkonzentration und zur Bilanzierung des Kaliumentzugs existieren als Konzepte und bedürfen weiterer klinischer Entwicklung.

- Die übliche Antikoagulation mit Heparin führt bei einem kleinen Teil der chronischen Dialysepatienten zu schwerwiegenden Nebenwirkungen (heparininduzierte Thrombozy-

topenie). Das Verfahren ist außerdem für viele blutungsgefährdete Akutpatienten ungeeignet. Statt dieser systemischen, d.h. sich auf den gesamten Körper auswirkenden Antikoagulation ist eine lokale Antikoagulation nur im Bereich des extrakorporalen Kreislaufs für diese Patienten geeigneter. Mit der **Zitratantikoagulation** kann dieses Ziel erreicht werden: Die Zugabe von Zitrat am Anfang des extrakorporalen Systems komple-
xiert das freie Kalzium, wodurch die Blutgerinnung unterbunden wird. Vor Rückgabe
des Bluts muss Kalzium wieder substituiert werden. Diese Form der Antikoagulation
stellt jedoch hohe Anforderungen an die Sicherheit, insbesondere weil Fehler in der Kal-
ziumsubstitution potentiell lebensbedrohlich werden können. Um eine sichere und zuverlässige Zitratantikoagulation zu gewährleisten, wäre eine Überwachung der kritischen Parameter durch eine geeignete Sensorik sowie eine automatisierte Steuerung oder
Regelung der Antikoagulation auf Grundlage eines kinetischen Modells der relevanten
Prozesse im Körper und im extrakorporalem Kreislauf sinnvoll. Zur näheren Untersuchung der physiologischen Grundlagen für ein solches Modell werden bereits klinische
Studien durchgeführt.

Inwieweit diese 3 Konzepte (oder auch weitere hier nicht beschriebene Konzepte) Eingang in
die klinische Praxis finden werden, hängt von vielen Faktoren ab: Ein Konzept muss sich als
therapeutisch effizient erweisen, sicher durchführbar und vom Personal mit geringem Aufwand handhabbar sein. Außerdem muss entweder eine Kostenerstattung für das neue Verfahren erzielt werden (was heute sehr schwierig ist), oder es muss ein starker therapeutischer
Vorteil bei keinen oder nur geringfügigen Mehrkosten vorliegen.

Methoden der physiologischen Modellbildung, des physiologischen Monitoring, der Biosig-
nalanalyse, der Steuerungs- und Regelungstechnik haben zu erheblichen Therapieverbesserungen und einem vertieften Verständnis der Methodik der Dialysetherapie beigetragen.
Verschiedene kurzfristige und langfristige Nebenwirkungen der Dialyse lassen sich durch
Anwendung der beschriebenen Verfahren verringern oder gar vermeiden. Einige der bewährten Methoden sind bereits bei der Erstellung von Therapierichtlinien für Dialysepatienten
berücksichtigt worden. Für die Zukunft ist eine Weiterentwicklung und eine Erhöhung des
Automatisierungsgrades der Verfahren anzustreben. Das verfügbare Wissen sollte verstärkt
in Form von Expertensystem-Software verfügbar gemacht werden, um den Arzt bei therapeutischen Entscheidungen und das Pflegepersonal bei der Therapiedurchführung optimal zu
unterstützen. Vor allem durch diesen technischen Fortschritt scheint es möglich, trotz steigender Patientenzahlen und notwendiger Kosteneinsparungen die Therapiequalität weiter zu
verbessern.

4.8   Zum Weiterlesen

Dialyse/Physiologie allgemein:

1   W. H. Hörl, C. Wanner (Hrsg.): „Dialyseverfahren in Klinik und Praxis", 6. Auflage. G. Thieme Verlag KG, Stuttgart, (2003). ISBN 3134977060

2   W. H. Hörl, K. M. Koch, R. M. Lindsay, C. Ronco, J. F. Winchester (eds.): „Replacement of Renal Function by Dialysis". 5th edition. Kluwer Academic Publishers, Dordrecht (NL), (2004). ISBN 1-4020-2275-1

3   J. T. Daugirdas, P. G. Blake, T. S. Ing (eds.): „Handbook of Dialysis". Lippincott Williams & Wilkins, Philadelphia, (2001). ISBN 0-316-17381-9

4   A. C. Guyton, J. E. Hall, „Textbook of Medical Physiology", 10th edition. W. B. Saunders Company, Philadelphia, (1996). ISBN 072168677X

Spezielle Themen:

5   P. J. Conlon, M. L. Nicholson, S. Schwab, „Hemodialysis vascular access: practice and problems". Oxford University Press, Oxford, (2001)

6   A. Werynski, J. Waniewski, „Theoretical description of mass transport in medical membrane devices". Art Organs 19(5):420–427 (1995)

7   A. F. Roche, S. B. Heymsfield, T. G. Lohmann (eds.): „Human Body Composition". Human Kinetics, Leeds (UK), (1996). ISBN 0-87322-638-0

8   E. J. Dorhout Mees, „Cardiovascular Aspects of Dialysis Treatment". Kluwer Academic Publishers, Dordrecht, (2000). ISBN 0-7923-6267-5

Behandlungsrichtlinien für die Dialysetherapie:

9   National Kidney Foundation, Kidney Disease Outcomes Quality Initiative. American Journal of Kidney Diseases 36 no. 6 (suppl. 2) (2000), and 37, no. 1 (suppl. 1) (2001). See also: http://www.kidney.org/professionals/kdoqi/guidelines.cfm

5 Wiederherstellung von Pankreasfunktionen

Kerstin Rebrin

5.1 Biologische Regelung der Glucosehomöostase

5.1.1 Physiologische Rolle des Pankreas

Die deutsche Bezeichnung 'Bauchspeicheldrüse' weist auf die Funktion des Pankreas, Verdauungssäfte bereitzustellen, hin. Die Enzyme Trypsin, Chymotrypsin, Carboxypolypeptidase, Amylase, Lipase, Cholesterolesterase werden in sog. Azini gebildet und über Pankreasgänge direkt in das Darmlumen geleitet. Sobald aktiviert, tragen diese Enzyme wesentlich zur Aufspaltung von Proteinen, Kohlenhydraten und Fetten in absorbierbare Komponenten bei. Die Bildung und Abgabe des Pankreassaftes in den Darmtrakt wird als exokrine Pankreasfunktion bezeichnet. Des Weiteren hat das Pankreas eine entscheidende endokrine Funktion. Die endokrine Pankreasfunktion besteht in der Bildung von Hormonen, wie z.B. Glucagon, Insulin und Somatostatin, welche in die Blutbahn sekretiert werden. Die genannten Hormone werden entsprechend in den α-, β-, δ-Zellen der Langerhans-Inseln des Pankreas (Bild 5.1) gebildet und üben eine mehr oder weniger distale Wirkung auf bestimmte Zielorgane, -gewebe oder –zellen, auch als Target bezeichnet, aus. Die endokrine Pankreasfunktion kann in weiterem Sinne als Teil der Verdauungsfunktion des Pankreas gesehen werden. Insulin und Glucagon sind wesentlich am Stoffwechsel und Energieumsatz der Nahrungsträger nach Absorption aus dem Verdauungstrakt beteiligt. Insulin und Glucagon sind biologische Gegenspieler und werden bei normaler Pankreasfunktion invers, abhängig von der Blutglukosekonzentration, freigesetzt. Die Glucagonkonzentration nimmt bei abfallender Glucosekonzentration zu und stimuliert Prozesse, welche mit einer Glucoseerhöhung einhergehen. Gleichzeitig hemmt Glucagon die Insulinfreisetzung. Insulin dagegen wird bei ansteigender Glucosekonzentration freigesetzt und wirkt glucosesenkend. Es forciert den Glucoseumsatz und -verbrauch. Die glucosesenkende Wirkung des Insulins stellt zweifellos die wichtigste Funktion des Pankreas dar. Während bei Verlust die exokrine Pankreasfunktion vom Körper kompensiert werden kann, führen ein völliger Insulinentzug als auch ein Überangebot an Insulin (z.B. Insulinoma) innerhalb kurzer Zeit zum Tod.

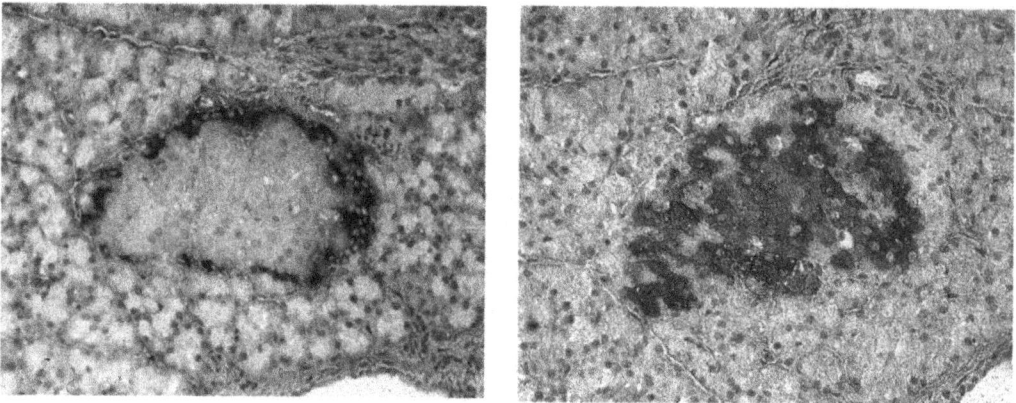

Bild 5.1: *Immunhistochemische Darstellung einer Insel im Pankreas der NEDH Ratte. (A) Glukagonproduzierende α-Zellen am Außenrand der Insel (monoklonale Antikörper, APAAP-Nachweis); (B) Insulinproduzierende β-Zellen im Zentrum derselben Insel (monoklonale Antikörper gegen GAD65, APAAP-Nachweis); mit freundlicher Genehmigung P. Augstein, Institut für Diabetes „Gerhardt Katsch", Karlsburg.*

5.1.2   Zentrale Rolle des Insulins für den Stoffwechsel

Der französische Physiologe Claude Bernard (1813–1878) prägte den Begriff der Homöostase als dynamisches Gleichgewicht des internen Milieus des Organismus.

Die Aufrechterhaltung der Glucosehomöostase ist ein außerordentlich komplexes Geschehen, bei welchem Insulin eine zentrale Rolle einnimmt. Insulin ist an der Verteilung und Umlagerung der Energieträger des Kohlenhydrat-, Lipid- und Proteinstoffwechsels beteiligt. Es stimuliert die Umwandlung von Glucose zu Glycogen in Leber- und Muskelgewebe; es veranlasst die Umwandlung von Glucose zu Fetten und deren Einlagerung im Fettgewebe; es erleichtert den Aminosäuretransport in die Zellen, beschleunigt die Proteinsynthese und hemmt gleichzeitig den Proteinabbau. Doch vor allem reguliert Insulin die Glucosedurchlässigkeit der Zellmembranen im Muskel- und Fettgewebe, indem es zusätzliche Glucose-Transporter (GLUT-4) mobilisiert. Insulin, dessen Konzentration mit Erscheinen der Nahrungskomponenten im Blut steigt, veranlasst die momentane Nutzung der anflutenden Glucose als Energiequelle und die Auffüllung der Glycogen-, Lipid- und Proteinspeicher (anabole Wirkung). Mit Ausklingen der Nahrungsresorption, fallender Tendenz von Glucose und Insulin, jedoch Anstieg des Glucagons in der Zirkulation, setzen katabole Versorgungsmechanismen ein: Abbau der Fette (Lipolyse) und damit Freisetzung von Fettsäuren als Energiequelle anstelle von Glucose; Drosselung der Proteinsynthese und Anschub des Proteinabbaus zu Aminosäuren; Bereitstellung von Glucose aus Glykogen (Glykogenolyse) und durch Neubildung aus Aminosäuren (Gluconeogenese) in der Leber. Es sei bemerkt, dass der Glucoseabhub nicht in allen Geweben insulinabhängig ist, wie z.B. Nervengewebe, Lebergewebe, Erythrozyten, Darmmukosa, Nierentubuli.

↓ Hepatische Glucose-Produktion

↑Lipid
↓ FFA

↑Glycogen
↑Protein

Glucose

↑Glycogen
↑Protein

↑Insulin

↓ Glucagon

Glucoseabfall

↑Hepatische Glucose-Produktion

↓Glycogen
↓Protein

Glucose

↑Adrenalin
↑Cortisol

↑Glucose-produktion der Niere

↑Glucagon

↓Insulin

↓Protein
↓Glycogen

↓Lipid
↑FFA

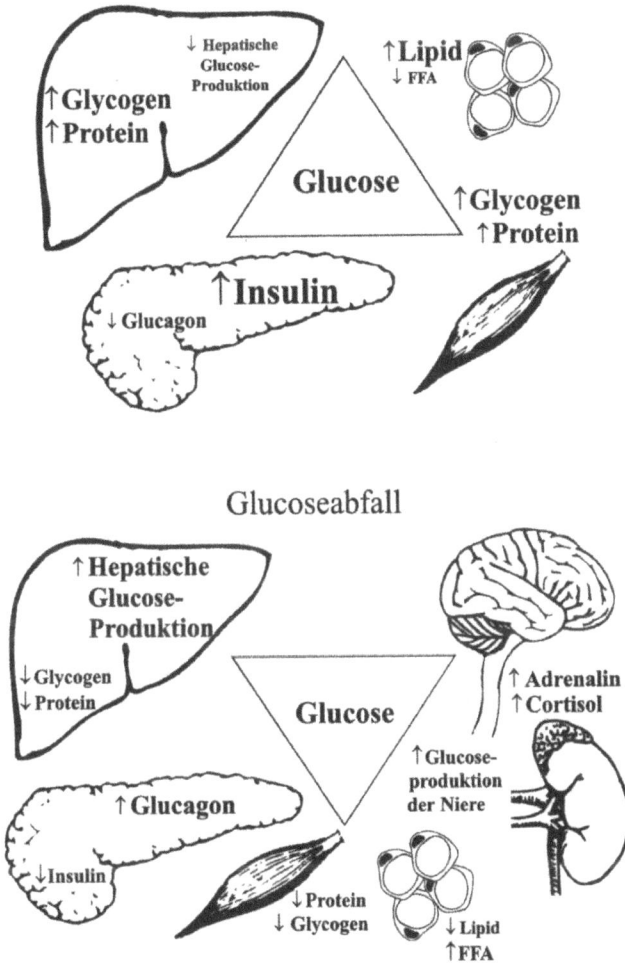

Bild 5.2: Zentrale Rolle der Glucose für den Stoffwechsel.

Die Erhaltung der Glucosehomöostase (Bild 5.2) ist offensichtlich ein System vernetzter Regelkreise mit negativer Rückkopplung. Die β-Zelle (Regler) sekretiert Insulin oder Glukagon (Stellgrößen), deren Korrekturwirkungen die Regelgröße (Glucose) wieder dem Sollwert angleichen. Allerdings laufen alle Prozesse der Regelstrecke mit gewisser Verzögerung ab. (Auf die detaillierte Dynamik der Insulinwirkung wird in 5.3.1 näher eingegangen). Daher unterliegt die intrakorporale Glucosekonzentration Auslenkungen, wie z.B. nach Mahlzeiten und sportlicher Betätigung. Nichtsdestotrotz sind das Zusammenspiel verschiedener Regelungsmechanismen und der Regelungscharakteristik der Insulinsekretion durch die β-Zelle per se auf ein 'Fine-tuning' der Glucosekonzentration mit minimalen Schwankungen ausgelegt. Folgende Anpassungen der β-Zell-Regelung tragen zur Stabilisierung des Glucosemetabolismus bei:

1. Anblick, Geruch, und Geschmack der Nahrung lösen eine nervale 'Vor'-Stimulierung der Insulinsekretion aus, bevor ein Anstieg der Glucosekonzentration erfolgt. Weiterhin erhöht eine unmittelbare Freisetzung sog. Darmfaktoren (z.B. GLP1) die Ansprechbarkeit der β-Zellen auf Glucose.

2. β-Zellen reagieren auf eine Erhöhung der Glucose im Blut mit einem Sekretionsprofil in zwei Phasen (Bild 5.3). Innerhalb von wenigen Minuten nach Glucoseanstieg erfolgt eine bolusartige Ausschüttung von Insulin. Die Amplitude dieser sog. ersten Phase der Insulinfreisetzung hängt im physiologischen Bereich direkt vom Grad des Glucoseanstiegs ab. Bei anhaltender Erhöhung der Glucosekonzentration über dem Normalwert (~5mmol/l, 90 mg/dl) gewinnt eine zweite Phase der Insulinsekretion an Bedeutung. Charakterisiert im hyperglykämischen Clamp (stufenweise Erhöhung der Glucosekonzentration mit variabler intravenöser Glucoseinfusion), erscheint die zweite Phase der Insulinfreisetzung als rampenförmiger Anstieg der Insulinkonzentration im Blut. Auch dieser Anstieg ist linear abhängig vom Wert der Glucosekonzentration. Das Verhältnis der Insulinsekretion zwischen erster und zweiter Phase kann ebenfalls als Teil der Regelanpassung betrachtet werden.

3. Die Insulinbereitstellung ist sehr genau auf den individuellen Bedarf des Organismus in verschiedensten Situationen abgestimmt. Faktoren wie Lebensalter, Lebensstil, Zusammensetzung der Nahrung, Tageszeit, körperliche Konstitution, gesundheitlicher und emotionaler Zustand sowie physische Kondition beeinflussen den Insulinbedarf. Während bei vergleichbarem Glucoseumsatz der sportlich Trainierte mit deutlich weniger Insulin auskommt als der Normalverbraucher, nehmen mit zunehmendem Alter, Krankheit, Stress und Übergewicht die Insulinresistenz und somit der Insulinbedarf zu.

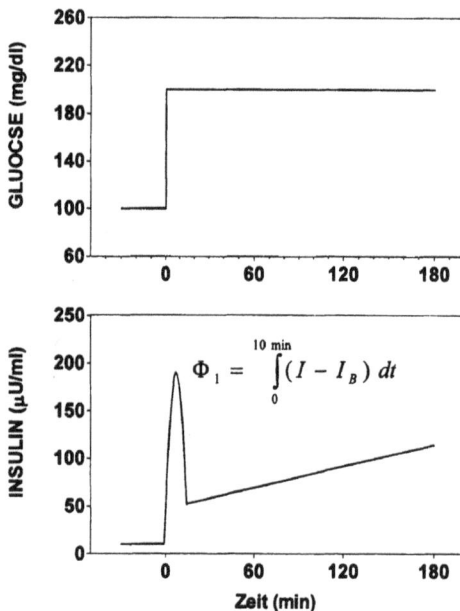

$$\Phi_1 = \int_{0}^{10\ min} (I - I_B)\, dt$$

Bild 5.3: *Schematische Darstellung der zweiphasigen Insulinsekretion in hyperglykämischer Clamp-Anordnung bei normaler Glucosetoleranz. Φ_1 ist die Fläche unter der Kurve der ersten Phase des Anstieges der Insulinsekretion (I) ausgehend von der basalen Insulinkonzentration (I_B).*

Eine der klassischen Methoden zur Bestimmung der Insulinsensitivität ist der sog. 'normoglykämische hyperinsulinämische Clamp-Test'. Zu diesem Zweck wird Insulin gleichmäßig intravenös verabreicht. Sobald ein Abfall der Glucose zu verzeichnen ist, wird der glucosesenkenden Wirkung des Insulins eine variable intravenöse Glucoseinfusion entgegengesetzt, so dass die basale Blutglucose aufrecht erhalten bleibt. Im Steady-State ist das Verhältnis der Glucoseinfusionrate (G_{inf}) zum Produkt des Anstiegs der Insulinkonzentration im Plasma (I_{Plasma}) und der Glucosekonzentration (G_{basal}) Ausdruck der Insulinsensitivität (S_I).

Entsprechend Bild 5.4:

$$S_I = \frac{G_{inf}}{G_{basal} \Delta I_{Plasma}} \tag{5.1}$$

$$S_I = \frac{K_{eff}}{G_{basal}} \tag{5.2}$$

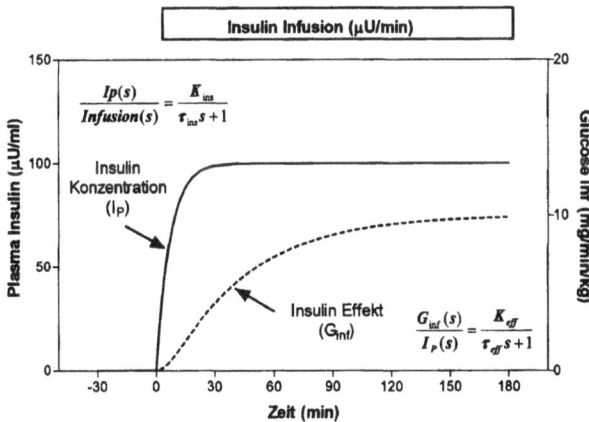

Bild 5.4: *Schematische Darstellung einer intravenösen Glucoseinfusion (G_{inf}) als Äquivalent der Insulinwirkung im normoglykämischen, hyperinsulinämischen Clamp (intravenöse Insulininfusion).*

Der Zusammenhang zwischen Sekretionskapazität der β-Zellen und Insulinsensitivität kann auch als sog. Dispositions-Index dargestellt werden. Der Dispositions-Index (*DI*) ist das Produkt aus Insulinsensitivität (S_I) und Insulinausschüttung (Φ_1) der ersten Sekretionsphase gemessen im hyperglykämischen Glucose-Clamp. Bild 5.5 zeigt eine idealisierte Kurve der nichtdiabetischen Population. Ein Verlust der ersten Sekretionsphase, d.h. Wertepaare liegen deutlich unter der Kurve, weist auf die Entwicklung des Diabetes mellitus hin.

$$DI = \Phi_I S_I$$

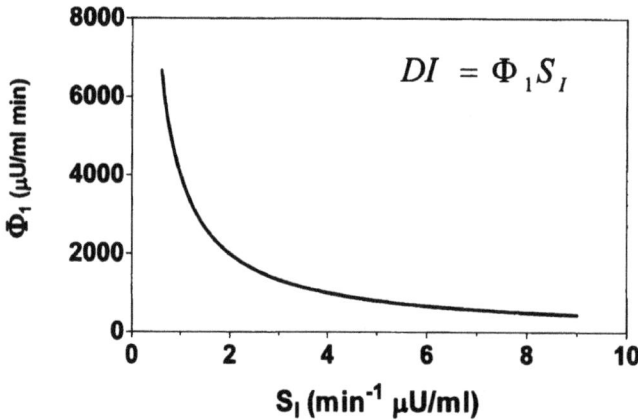

Bild 5.5: *Schematische Populationskurve des Dispositions-Index DI: je höher die Insulinsensitivität, desto geringer die Insulinsekretion und vice versa. Dieses Produkt bleibt konstant, solange die Kapazität der β-Zelle ausreicht, den täglich und langfristig schwankenden Insulinbedarf abzudecken.*

5.2   Störungen der Insulinbereitstellung

5.2.1   Syndrom des Diabetes mellitus

Ein permanentes Missverhältnis zwischen Insulinbedarf und -bereitstellung führt zum Syndrom des *Diabetes mellitus*, in wörtlicher Übersetzung dem 'süßen Harnfluss'. Der Diabetes mellitus ist durch eine Erhöhung der Glucose im Blut (Hyperglycämie) und, ohne Behandlung bei Überschreiten der Nierenschwelle, durch Erscheinen der Glucose im Urin (Glucosurie) gekennzeichnet. Die Nierenschwelle zur Ausscheidung von Glucose liegt bei ~10 mmol/l (180mg/dl) im Menschen. Es wird zwischen zwei Hauptformen des Diabetes mellitus unterschieden, dem Typ 1 und dem Typ 2 Diabetes. Dem Typ1 Diabetes liegt ein völliger Insulinverlust infolge autoimmunologischer Zerstörung der insulinproduzierenden β-Zellen zugrunde. Dem Typ 2 Diabetes liegt ein relativer Insulinmangel zugrunde infolge einer verminderten Insulinwirkung an den Targetzellen. Derartige Störungen der Insulinwirkung werden auch als Zustände erhöhter Insulinresistenz oder verminderter Insulinsensitivität beschrieben. Eine dritte, zumeist reversible Form des Diabetes mellitus sei genannt, der Gestationsdiabetes. Hier liegt eine zeitweilig erhöhte Insulinresistenz infolge hormonaler Veränderungen während der Schwangerschaft vor.

Die Tendenz, an Diabetes zu erkranken, ist ansteigend und wird sogar als Pandemie, d.h. als Epidemie mit weiträumiger geografischer Ausbreitung, dargestellt. Die Anzahl der Betroffenen wird gegenwärtig weltweit auf 150 Millionen geschätzt. Es wird angenommen, dass sich diese Zahl in den nächsten 25 Jahren verdoppelt. Die Prävalenz (Anzahl der Erkrankungen in gegebener Population) des Diabetes liegt in Europa bei 8% (10% in Deutschland) und wird voraussichtlich um weitere 1–2% bis zum Jahr 2025 ansteigen. Die Prävalenz des Typ 2 Diabetes übersteigt die des Typ 1 Diabetes um ein Vielfaches (etwa 15x). Ein großer Teil der Patienten mit Typ 2 Diabetes kann mittels Diät, Bewegung und oraler Medikamente (Insulin) behandelt werden. Etwa 1/4 aller Patienten mit Diabetes mellitus ist auf die Behandlung mit Insulin angewiesen.

5.2.2   Folgen einer gestörten Glucosebalance

Bild 5.6 verdeutlicht den Bereich normaler Glucoseschwankungen bei Verabreichung standardisierter Mahlzeiten. In Abhängigkeit von der Zusammensetzung der Nahrung liegen die Glucosewerte bei Personen mit normaler Glucosetoleranz etwa zwischen 3,5 mmol/l (63 mg/dl) und 10 mmol/l (180 mg/dl). Die Glucosetoleranz wird mit einem standardisierten Test, dem oralen Glucose-Toleranz-Test (OGTT, 75g Glucosegetränk), charakterisiert. Bei normaler Glucosetoleranz liegen Nüchtern-Blutzuckerwerte unter 6,1 mmol/l (110 mg/dl) und 2-Stunden-Blutzuckerwerte nach Verabreichung des OGTT unter 7,8 mmol/l (140 mg/dl). Werte außerhalb dieses Bereiches weisen auf eine gestörte Glucosetoleranz hin. Nüchtern-Blutzuckerwerte über 7,0 mmol/l (126 mg/dl) und 2-Stunden-OGTT Werte über 11,1 mmol/l (200mg/dl) sind Indikation zur Diagnose des Diabetes mellitus.

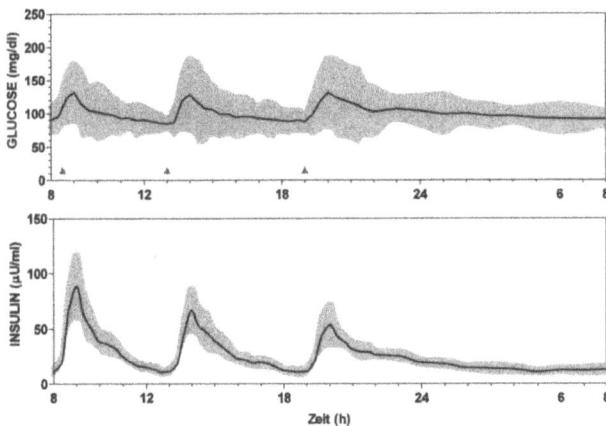

Bild 5.6: Bereich der Glucose- und Insulinauslenkungen im Plasma im Tagesverlauf bei Verabreichung standardisierter gewichtserhaltender Mahlzeiten bei normaler Glucosetoleranz (n=18).

Schwankungen der Blutglucosekonzentration über die Grenzen des normalen Toleranzbereiches hinaus können verheerende Folgen auf die Funktion des Organismus haben. Aufgrund der zentralen Rolle der Glucose als Energieträger für den gesamten Stoffwechsel und der ausschließlichen Glucoseabhängigkeit des Zentralen Nervensystems sind akute Unterzuckerungen (ca. < 2mmol/l, 36 mg/dl) lebensgefährlich. Ebenfalls gefürchtet sind anhaltend hohe

Blutglucosewerte (ca. > 20 mmol/l, 360 mg/dl), da diese, wenn unbehandelt, zum diabetischen Koma (schwere Ketoazidose) führen. Leichte bis mäßige Erhöhungen und Schwankungen der Glucose werden scheinbar vom Körper toleriert, haben jedoch bei chronischem Auftreten gravierende langfristige Effekte. Nichtenzymatische Glycolysierung von Proteinen und deren Vernetzung führt zu Gefäßveränderungen infolge erhöhter Glucosekonzentrationen. So hat sich gezeigt, dass in der diabetischen Population im Vergleich zur nichtdiabetischen Population eine weit höhere Rate an makrovaskulären und diabetes-spezifischen mikrovaskulären Komplikationen mit zahlreichen Folgeerkrankungen auftreten. Diese werden als diabetische Spätkomplikationen bezeichnet. Dazu gehören Herz-Kreislauferkrankungen (Arteriosklerose, Herzinfarkt, ischämisch koronare Herzerkrankung), Gefäßveränderungen in den Augen (Retinopathie) und Nieren (Nephropathie) und Beeinträchtigung der Nervenfunktion (Neuropathie). Ergebnisse kardialer Basisdiagnostik (z.B. Herzfrequenzanalyse) zeigen, dass bereits in den Frühstadien einer gestörten Glucosetoleranz Anzeichen der Entwicklung kardialer autonomer Neuropathie zu erkennen sind.

Hier sei bemerkt, dass im Text Angaben von Blut- (BG) oder Plasmakonzentrationen (PG) der Glucose zu finden sind. Es ist zu beachten, dass sich die Werte entsprechend dem Anteil der Zellbestandteile des Blutes, d.h. dem Hämatokrit (H), voneinander unterscheiden:

$$BG = (1 - H)\, PG \qquad\qquad\qquad (5.3)$$

5.3 State-of-the-Art der Insulintherapie

5.3.1 Bereitstellung und Verabreichung des Insulins

Die Anwendung des ersten Insulinextrakts von Banting und Best 1921 in Toronto hat im vorigen Jahrhundert den Durchbruch zur Lebenserhaltung des Patienten mit insulinabhängigem Diabetes gebracht. Anfänglich wurde Insulin aus Pankreasgewebe vom Schwein oder Rind gewonnen. Gewisse Unreinheiten im Präparat sowie Speziesvariationen im Insulinmolekül verursachten häufig Antikörperbildung im Menschen und erschwerten die Behandlung infolge unregelmäßiger Insulinfreisetzung. Mit Beginn der 80er Jahre wurde die Produktion auf biosynthetische Methoden und gleichzeitig auf Humaninsulin umgestellt. Die biosynthetische Herstellung erfolgt mittels bakterieller Kulturen von Escherichia Coli, deren genetisches Material mit der Information für Insulin modifiziert ist. Auf diese Weise können große Mengen des sog. rekombinanten Insulins im Bioreaktor produziert werden. Heutzutage sind Insulinpräparate höchstgradig gereinigt und werden gewöhnlich in der Konzentration von 100 Einheiten/ml vertrieben. Eine Einheit (U, Unit) des Insulins ist definiert als 6 nmol Trockensubstanz. Insulin hat eine Molekülmasse von knapp 6000, d.h. 1 U ~ 36 µg. Die Neigung zu Antikörperbildung mit heutigen Insulinpräparaten ist weitgehend reduziert.

Rekombinantes Humaninsulin, auch als Normal- oder Regularinsulin bezeichnet, entspricht der Wirkungscharakteristik des biologischen Insulins. Jedoch stellt die exogene Insulinzufuhr einen Kompromiss gegenüber der biologischen Insulinbereitstellung dar:
1. Insulin wird in der Regel subcutan verabreicht und gelangt daher mit gewisser Verzögerung in die periphere Blutbahn, dann in die Leber.
2. Insulin wird meistens als Bolus, d.h. nicht kontinuierlich, verabreicht.
3. Dosisanpassungen des Insulins erfolgen anhand einzelner Glucosebestimmungen anstelle ununterbrochener Rückkopplung.

Aus den genannten Gründen werden modifizierte Insulinpräparate entwickelt und angeboten, welche den Wirkungsbedingungen der subcutanen Insulinverabreichung angepasst sind. Eine langsame Insulinanflutung entspricht in gewissem Maße der basalen Insulinbereitstellung, beschleunigte Insulinanflutung kommt der Verstoffwechselung von Mahlzeiten zugute. Beispiele verzögerter Insulinabsorption sind NPH Insulin (Neutral-Protamin Hagedorn) und Lente. Protamin ist ein aus Fischmilch gewonnenes basisch reagierendes Protein, Lente ist eine Insulin-Zink-Suspension. Mithilfe der biosynthetischen Herstellungsmethoden kann das Insulinmolekül per se modifiziert werden. Insulin Glargine (Lantus, Aventis Pharmaceuticals) ist ein genetisch „engineertes" Langzeit-Insulin-Analog, welches im Gewebe kleine homogene Partikel formt und daher gleichmäßig über einen 24-Stunden-Zeitraum absorbiert wird. Die Analoga Lispro (Humalog, Eli Lilly) und Aspart (Novolog, NovoNordisk) dagegen weisen im Vergleich zum Normalinsulin beschleunigte Absorptionsprofile auf. Die erleichterte Absorption kommt dadurch zustande, dass die minimal modifizierten Insulinmoleküle nicht wie Normalinsulin als Hexomere, sondern vornehmlich als Mono- und Dimere im Präparat vorliegen.

Die Insulinwirkung wird durch pharmakokinetische und pharmakodynamische Eigenschaften bestimmt. Pharmakokinetische Eigenschaften (Wirkung des Körpers auf Insulin) spiegeln sich im Verlauf der Insulinkonzentration im Blut wider und beschreiben die Wirkungsbedingungen für Insulin vom Zeitpunkt der Verabreichung. Absorption, Verteilung und Abbau (Clearanz) des Insulins beeinflussen die Kinetik. Pharmakodynamische Eigenschaften (Wirkung des Insulins auf den Körper) spiegeln sich im Verlauf der Glucosekonzentration im Blut wider und beschreiben den glucosesenkenden Effekt des Insulins.

Der sog. normoglykämische Clamp-Test wird oft angewandt, die Wirkung des Insulins zu charakterisieren (Bild 5.4 und 5.7). Der glucosesenkenden Wirkung des verfügbaren Insulins wird mit einer variablen intravenösen Glucoseinfusion entgegnet, so dass sich das normoglykämische Glucoseniveau nicht verändert. Die Anpassung der Glucoseinfusion erfolgt anhand der gemessenen Blutglucosekonzentration. Der Abfall dieser in Relation zu den Ausgangswerten wird mit einer Erhöhung der Glucoseinfusion, ein Anstieg wird entsprechend mit einer Verminderung der Infusion reguliert. Das resultierende Profil der Glucoseinfusion spiegelt die Dynamik der Insulinwirkung wider.

Während die Halbwertzeit des Insulins im Blut etwa 5–8 min beträgt, hat die pharmakodynamische Wirkung des Insulins, ausgehend vom Erscheinen im Blut, eine Zeitkonstante von etwa 30–40 Minuten.

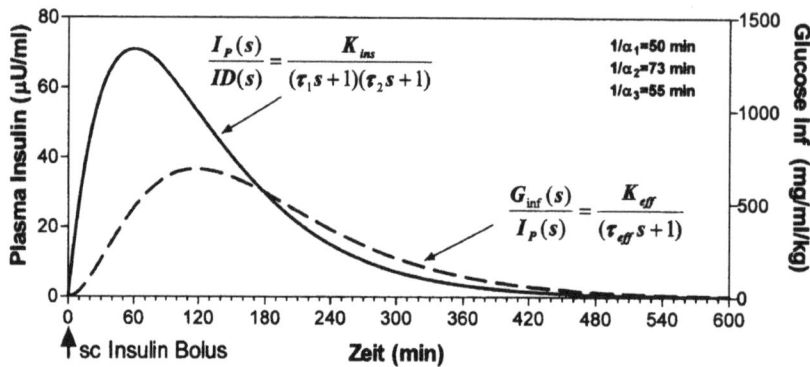

$$\frac{I_P(s)}{ID(s)} = \frac{K_{ins}}{(\tau_1 s+1)(\tau_2 s+1)}$$

$1/\alpha_1 = 50$ min
$1/\alpha_2 = 73$ min
$1/\alpha_3 = 55$ min

$$\frac{G_{inf}(s)}{I_P(s)} = \frac{K_{eff}}{(\tau_{eff} s+1)}$$

sc Insulin Bolus   Zeit (min)

Bild 5.7: *Schematische Darstellung einer intravenösen Glucoseinfusion (G_{inf}) als Äquivalent der Insulinwirkung im normoglykämischen, hyperinsulinämischen Glucose-Clamp (intravenöse Insulininfusion).*

Für eine bedarfsgerechte Dosisanpassung muss die verzögerte Wirkungsdynamik des Insulins gleichzeitig mit anderen Einflüssen wie Nahrungsanflutung und körperlicher Aktivität abgestimmt werden. Die Voraussage einer integrierten Glucosedynamik stellt eine außerordentlich schwierige Aufgabe für den Betroffenen dar. Die adäquate Bestimmung der intrakorporalen Glucose zur Kontrolle der Stoffwechsellage ist unabdingbar. Daher gehen Möglichkeiten zur Feineinstellung der Insulinsubstitution eng mit der Weiterentwicklung von Glucosemessmethoden einher.

5.3.2 Glucosemessmethoden zur Behandlung des Diabetes Mellitus

Mitte des 19. Jahrhunderts, als Claude Bernard die Leber als das Organ der Glucosebildung definiert hatte sowie eindeutig 'Normoglykämie von 'Hyperglykämie' (normale bzw. erhöhte Glucosekonzentration im Blut) abgrenzte, wurde auch die direkte Beziehung von Hyperglykämie und Glucosurie (Glucosekonzentration im Urin) erkannt. Auf der Grundlage dieser Erkenntnis erfolgte bald die erste quantitative Bestimmung der Glucose im Urin mit Hilfe von Fehling-Reagenz. Diese auf der Reduktion von Kupfersulfat durch Glucose beruhende Methode wurde ständig weiterentwickelt und später durch andere ersetzt (Nylander-Probe, Benedict-Probe, Polarometrie, enzymatische Bestimmung). Glucose im Urin zeigt lediglich das Überschreiten der Blutglucosekonzentration über die Nierenschwelle für einen bestimmten Zeitraum an. Aus dem Glucosenachweis im Urin lassen sich weder Aussagen zur absoluten Höhe noch zum Verlauf der Blutglucose treffen. Nichtsdestotrotz stellte dieser Parameter für viele Jahre den wichtigsten Anhaltspunkt zur Stoffwechseleinstellung eines Patienten dar. Obwohl Glucose bis heute neben Ketonbodies und Albumin im Urin getestet wird, muss von einer Optimierung der Insulindosis anhand der Glucosurie abgesehen werden, da die angestrebten Blutglucosewerte unter den Werten der Nierenschwelle (<10mmol/l, 180mg/dl) liegen.

Die Glucosemessung im Blut erforderte am Ende des 19. Jahrhunderts noch einen sehr hohen Zeitaufwand und beträchtliche Mengen an Blut (bis zu 300 ml) zur Bestimmung eines Wertes. Bang benötigte 1908 „nur noch" 10 ml Blut und drei Stunden. Mit den Namen Lewis, Benedict, Folin, Hagedorn und Jensen verbindet sich die weitere Reduzierung der benötigten Blutmenge auf 0,5 ml und der benötigten Zeit auf etwa 30 min in den 20er Jahren des vorigen Jahrhunderts. Diese Methoden beruhten auf der Reduktionseigenschaft von Glucose, wobei unspezifische „Restreduktion" durch andere Substanzen nicht eliminiert werden konnte. Mit der Einführung enzymatisch-kalorimetrischer Methoden wurde die Spezifität der Glucosebestimmung wesentlich erhöht, und die Umsetzung dieser Methoden in Autoanalyzern ließ häufigere Messungen zu, wenn auch weiterhin der Zugriff nur unter Klinikbedingungen gewährleistet war.

Einen geradezu revolutionären Fortschritt für die Diabetesbehandlung brachten zwei Entwicklungen in den 60er Jahren des vorigen Jahrhunderts.
1. Die Erschließung der Elektrochemie in Kombination mit enzymatischen Reaktionen zur Glucoseanalyse.
2. Die Eröffnung neuer Perspektiven durch die Trockenchemie auf der Basis enzymatischer Reaktionen in Form von Teststreifen.

L.C. Clark, bekannt für die Entwicklung der Clark-Sauerstoffelektrode, schlug erstmals die Nutzung dieser in Kombination mit dem Enzym Glucoseoxidase (GOD) als Glucosesensor vor. Entsprechend der durch das Enzym katalysierten Glucosereaktion:

$$\beta\text{-D-Glucose} + O_2 + H_2O \rightarrow \text{D-Gluconsäure} + H_2O_2 \quad (7 \text{ kcal}) \qquad (5.4)$$

sind Sauerstoffverbrauch oder die Bildung von Wasserstoffperoxid ein Maß des Glucoseumsatzes im Messmilieu. Die klassische Clark-Elektrode stellt ein zylinderförmiges Zwei-Elektroden-System dar, bestehend aus Platinelektrode (Kathode), der zugehörigen Ag/AgCl Referenzelektrode (Anode), KCl-Lösung als Elektrolyt und einer sauerstoffdurchlässigen Membran als Überdeckung. Bei einer Spannung zwischen 0,6 und 0,9 V wird durch elektrolytische Reduktion des Sauerstoffs ein stabiler Strom in linearer Abhängigkeit vom Sauerstoffpartialdruck (polarographisches Verfahren) im nA-Bereich regeneriert.

$$\frac{1}{2} O_2 + 2 H^+ + 2 e^- \rightarrow H_2O \quad \text{(Platinkathode)} \qquad (5.5)$$

Das gleiche Prinzip gilt für die Oxidation von Wasserstoffperoxid an der Platinelektrode, wenn diese als Anode und die Referenzelektrode als Kathode polarisiert sind. Das polarographische Plateau liegt analog zum Sauerstoffsensor zwischen 0,6 und 0,9 V, und es wird ein stabiler Strom im nA-Bereich in Abhängigkeit von der Wasserstoffperoxidkonzentration im Messkompartiment regeneriert.

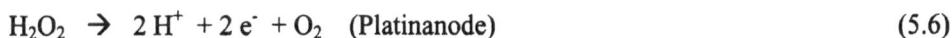

$$H_2O_2 \rightarrow 2 H^+ + 2 e^- + O_2 \quad \text{(Platinanode)} \qquad (5.6)$$

Die Implementierung dieser Messprinzipien in Laborgeräten wie Beckman® und Yellow-Springs® gestattete erstmals exakte Messungen von Einzelwerten innerhalb weniger Minuten.

Die Trockenchemie bedient sich eben dieser enzymatischen Reaktionen, welche colori-
metrisch, spektrophotometrisch oder wiederum elektrochemisch in ein Glucosesignal umgewandelt werden. Der erste Teststreifen zur Nutzung mit einem Blutstropfen, der sog.
Dextrostix®, kam 1965 auf den Markt (Ames/Miles Diagnostics). Während in erster Ausführung der Glucosekonzentrationsbereich anhand einer groben Farbskala identifiziert werden
musste, wurde fünf Jahre später ein Reflektometer entwickelt, welches den Farbumschlag
entsprechend dem reflektierten Licht wesentlich genauer bestimmen konnte (A.R.M., Ames
Reflectance Meter). Das Angebot von Teststreifen zur Messung der Blutglucose, die stetige
Verbesserung und Miniaturisierung entsprechender Messgeräte einschließlich der Verminderung von Probevolumen und Messzeit, brachten letztendlich den Durchbruch zum Home-
Monitoring (Selbstbestimmung). Heute stehen verschiedenste Glucometer und entsprechende
Teststreifen für kapillare Blutproben zur Verfügung. Theoretisch bieten diese dem Patienten
die Möglichkeit zur Selbstkontrolle in jeder Stoffwechsellage. Praktisch werden durchschnittlich zwischen zwei und sechs Messungen pro Tag vorgenommen. Als limitierende
Faktoren zur häufigeren Anwendung können zusätzlicher Aufwand, Aversion vor Fingersti-
chen (Kapillarblutgewinnung) und Teststreifenkosten genannt werden.

Ähnliche Erfolge wie die der Einführung elektrochemischer Enzymelektroden für klinische
Laborsysteme wurden von einer direkten in-vivo-Anwendung erwartet.

Auf der Suche nach direkten Messmöglichkeiten blieb das enzymatisch-elektrochemische
Glucoseerfassungsprinzip vorherrschend. Der sog. Biostator wurde zur kontinuierlichen
Glucosebestimmung und Insulininfusion vor mehr als 30 Jahren von der Firma Miles eingeführt. Dieses Gerät funktionierte auf der Basis der Glucosemessung im venösen Blut, welches kontinuierlich über einen Doppellumenkatheter entzogen, mit Heparin verdünnt und an
einer amperometrischen GOD-Elektrode vorbeigeführt wurde. Die Anwendung des Biosta-
tors brachte zur damaligen Zeit einen enormen Kenntniszuwachs auf dem Gebiet der Gluco-
se- und Insulindynamik, blieb jedoch aufgrund der Größe des Gerätes und des venösen Zugangs auf wissenschaftliche Studien unter Klinikbedingungen beschränkt.

Für die direkte Messung wurden neben dem Blut weitere Messkompartimente in Betracht
gezogen wie z.B. die subcutane interstitielle Flüssigkeit, der Peritonealraum, Tränen,
Schweiß, Speichel, Liquor cerebrospinalis etc. Folgende Kriterien spielen für die letztendli-
che Auswahl des Kompartiments eine entscheidende Rolle: Übersichtlichkeit der Glucosedynamik, Risiko des Zugriffs, Handhabbarkeit des Systems und nicht zuletzt Kosten der
potenziellen Anwendung.

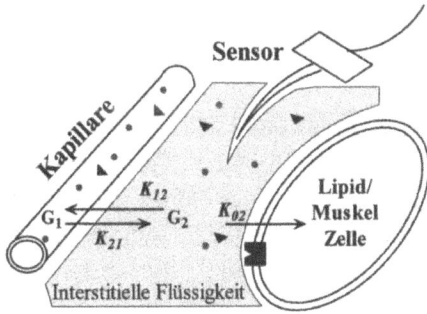

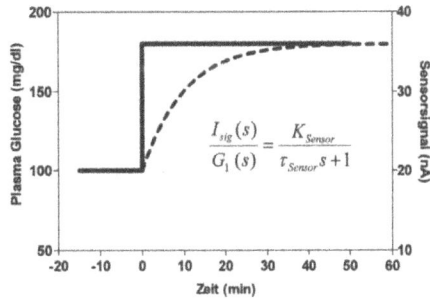

Bild 5.8: *Zweikompartiment-Modell des Glucoseaustauschs zwischen Blut und interstitieller Flüssigkeit.*

Die Haut bzw. das subcutane Gewebe werden gegenwärtig als alternativer Messort zum Blut bevorzugt. Der Glucoseaustausch zwischen der interstitiellen Flüssigkeit (ISF) der Haut und dem Blut kann als Massenerhaltungs-Gleichgewicht (mass balance) zwischen zwei Kompartimenten dargestellt werden (Bild 5.8):

$$\frac{dV_2G_2}{dt} = K_{21}V_1G_1 - (K_{12} + K_{02}) - V_2G_2 \ , \tag{5.7}$$

wobei G_1 und G_2 die Blut- und ISF-Glucosekonzentration, V_1 und V_2 entsprechende Volumina repräsentieren und K_{12} und K_{21} Flussraten (flux rates) des Glucosetransports vom Blut zur ISF und zurück darstellen. Der Glucoseverbrauch des subcutanen Gewebes ist durch K_{02} charakterisiert. Eine Erhöhung der Insulinkonzentration erhöht den Glucoseverbrauch der peripheren Zellen. Die vorhergehende Gleichung kann folgendermaßen umgeschrieben werden mit den identifizierbaren Parametern p_1 und p_2:

$$\frac{dG_2}{dt} = p_1G_1 - p_2G_2; \quad G_2(0) = \frac{p_1}{p_2}G_b \ , \tag{5.8}$$

wobei G_b die basale Blutglucose darstellt. Der Blut/ISF-Glucosegradient (G_2/G_1) ergibt sich aus p_1/p_2, und die Verzögerung der ISF-Glucose gegenüber dem Blut beträgt $1/p_2$ ($p_1 = K_{21}V_1/V_2$; $p_2 = (K_{12} + K_{02})$). Die Zeitkonstante $1/p_2$ stellt die Zeit, um 63% des Gleichgewichts zu erreichen, dar. Die Halbwertzeit $T_{1/2}$ (50% des Gleichgewichts) berechnet sich entsprechend aus $\ln(2)/p_2$.

Wird nun die interstitielle Glucose mit einem Sensor erfasst und das Sensor-Signal (z.B. Strom, I_{sig}) ist proportional zur ISF-Glucose-Konzentration:

$$I_{\text{sig}} = \alpha G_2 \ , \tag{5.9}$$

wobei α Ausdruck der Sensor-Sensitivität (nA per mg/dl) ist, dann ergibt sich:

$$\frac{dI_{sig}}{dt} = p_3 G_1 - p_2 I_{sig}; \qquad I_{sig}(0) = \frac{p_3}{p_2} G_b \ . \tag{5.10}$$

Hier ist p_3 das Produkt aus α und p_1. Die Verzögerung des interstitiellen Signals, definiert durch den Parameter $1/p_2$ ($=\tau_{sensor}$ in Bild 5.8), hängt von den physiologischen Parametern K_{12} und K_{02} ab, ist jedoch unabhängig von der Sensor-Sensitivität (α). Während der Blut/ISF-Glucosegradient (p_1/p_2) nicht direkt identifiziert werden kann, erscheinen Änderungen in α oder p_1 als 'in-vivo-Sensor-Sensitivitätsänderung' p_3/p_2 ($=K_{sensor}$ in Bild 5.8). Letztere kann identifiziert werden. Aus dieser Überlegung wird deutlich, dass die in-vitro-Sensitivität eines Sensors nicht unbedingt mit der scheinbaren in-vivo-Sensitivität übereinstimmt.

Für eine in-vivo-Anwendung von Sensorsystemen am Menschen müssen außerdem folgende Aspekte berücksichtigt werden:
1. Miniaturisierung; die Abmessung des Systems muss akzeptabel für eine routinemäßige Nutzung sein.
2. Applizierbarkeit und mechanische Stabilität; simpel und sicher im Umgang.
3. Sterilisierung entsprechend den regulatorischen Anforderungen zur Anwendung am Menschen; es ist zu berücksichtigen, dass GOD mit herkömmlichen Sterilisierungsmethoden zerstört wird.

Eine Methode, die seit vielen Jahren für wissenschaftliche Fragestellungen zur Untersuchung der Glucosekonzentration im subcutanen Gewebe genutzt wird, ist die Microdialyse. Ein Microdialysekatheter wird mittels einer Kanüle im subcutanen Gewebe platziert. Ein Perfusat passiert das innere Lumen des Katheters und stellt sich auf ein Gleichgewicht mit der umgebenden Glucose, d.h. der interstitiellen Glucose im subcutanen Gewebe, ein. Das Perfusat wird dann, außerhalb des Körpers, an einem Glucosesensor vorbeigeführt. Ein entsprechend tragbares Gerät ist von der Firma Menarini erhältlich (Glucoday®). Roche hat kürzlich eine Entwicklung von der Firma Disetronic übernommen, den 'GlucOnline®' Monitor. Im Unterschied zur herkömmlichen Microdialyse enthält das Perfusat das pflanzliche Lektin 'Concanavalin A' (ConA), welches Dextran oder Glucose bindet. Da die Glucoseaffinität die des Dextrans übersteigt, wird letzteres mit steigender Glucosekonzentration verdrängt und vice versa. Eine Verschiebung des Bindungsgleichgewichtes von Dextran und Glucose an ConA ändert dessen Konformation und damit die Viskosität der Lösung. Die Auslenkungen der Viskosität werden mithilfe eines Drucksensors erfasst. Es ist zu beachten, dass die Funktion der Microdialyseproben von deren qualitätsgerechten Platzierung (percutane Punktierung) abhängt. Ob und inwieweit die genannten Anordnungen Akzeptanz für den täglichen Gebrauch finden, ist momentan noch nicht abzusehen.

Als nicht-invasive Methode zur direkten Sample-Gewinnung subcutaner interstitieller Flüssigkeit wurde das Prinzip der Iontophorese vorgeschlagen (Glucowatch Biographer®, Cygnus). Iontophorese beruht auf der Migration von Ionen wie Na^+ und Cl^- in Richtung Kathode oder Anode. Wasser und darin lösliche Moleküle wie Glucose werden passiv mitgeführt. Sind die Elektroden wie bei dieser Anwendung auf der Hautoberfläche fixiert, so migriert auch die Glucose zur Hautoberfläche. Diese wird von der im Kontaktgel befindlichen GOD umgesetzt, elektrochemisch erfasst und im 10-Minuten-Abstand als Glucosewert angezeigt. Obwohl die Validität dieses Messprinzips in klinischen Studien demonstriert werden konnte, haben sich eine relativ kurze Funktionsdauer (12 Stunden), gelegentliche Messausfälle und unangenehme Hautreaktionen als negative Faktoren für den Anwender erwiesen.

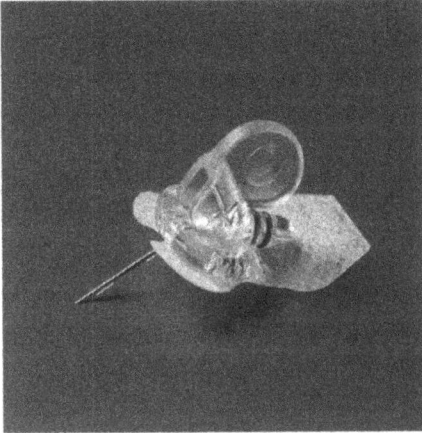

Bild 5.9: *Subcutaner Glucosesensor (Medtronic MiniMed).*

Seit einiger Zeit auf dem Markt ist ein Einstich-Nadelsensor der Firma Medtronic MiniMed zur kontinuierlichen Glucosebestimmung im subcutanen Gewebe (CGMS, Continuous Glucose Monitoring System), vornehmlich im abdominalen Bereich. Der CGMS-Sensor (Bild 5.9) hat eine Einstichlänge von 12 mm im Winkel von 45° zur Hautoberfläche mit einem Durchmesser von 0,8 mm und ist für eine Funktionsdauer von 72 Stunden ausgelegt. Ein auf Dünnfilmtechnologie hergestelltes Elektrodensystem ist in einem flexiblen Pellethankatheter und dieser wiederum in einer Halbnadel eingebettet. Letztere fungiert als Applikationsvehikel und wird nach Insertierung entfernt. Das System, basierend auf amperometrischer GOD/H_2O_2-Signalgewinnung, besteht aus drei Elektroden, der Arbeits-, Gegen- (beide Platinum) und Referenzelektrode (Ag/AgCl). Im Gegensatz zum klassischen Zweielektrodensystem wird mithilfe der Gegenelektrode die Umsetzung von Ag/AgCl zu Ag an der Referenzelektrode verhindert und damit die Stabilität der Elektrode verbessert. Hinsichtlich intrakorporaler Sauerstoff- und Glucosekonzentrationsbedingungen müssen Elektrode und Glucoseoxidasebeschichtung mit einer Glucose-limitierenden, Sauerstoff-durchlässigen Membran abgedeckt werden, um das erforderliche stöchiometrische Verhältnis zwischen Glucose- und Sauerstoffkonzentration für den gewünschten Konzentrationsbereich zwischen ca. 2 mmol/l (~40 mg/dl) und 22 mmol/l (~400 mg/dl) aufrechtzuerhalten. Gefilterte 5-minütige Stromwerte werden im Holter-Monitor Stil gespeichert und nach Übertragung und retrospektiver Kalibrierung mithilfe mehrerer, ebenfalls gespeicherter Referenzblutglucosemessungen als Glucosekurve dargestellt. Geräte nächster Generationen mit online Hypo- und Hyperglycämie-Alarm und Direktanzeige der Glucose werden gegenwärtig klinisch getestet.

Angekündigt von der Firma TheraSense/Abbott ist der sog. Freestyle Navigator, ein GOD elektrochemischer Glucosesensor mit 5 mm perpendikulärer Einstichtiefe (5,0 x 0,6 x 0,25 mm) und abrufbarer direkter Glucoseanzeige. Wie der Medtronic-Sensor besteht dieses System aus drei Elektroden, wobei die Arbeits- und Gegenelektrode hier Kohlenstoffelemente sind, die Referenzelektrode besteht aus Ag/AgCl. Im Unterschied zur Oxidation des H_2O_2 nutzt TheraSense ein Substrat als Elektronenmediator (Osmium), welches freiwerdende Elektronen der GOD-Reaktion direkt an die Arbeitselektrode überträgt. Damit erübrigt sich zwar einerseits die Abhängigkeit der GOD-Reaktion vom Sauerstoff, andererseits kann Sauerstoff unter Umständen als konkurrierender Elektronenakzeptor, und somit als Störfaktor der Messung fungieren. Entsprechend ersten Ergebnissen ist der Einfluss negierbar. Von Vorteil ist, dass das Arbeitspotenzial des Mediator-basierenden Elektrodensystems wesentlich geringer (40 mV) als das der Oxidation von H_2O_2 (500 mV) ist. Damit verringert sich der Einfluss potenzieller interferierender Substanzen, welche bei höheren Potenzialen mitunter eine Rolle spielen (z.B. Ascorbinsäure, Acetaminophen). Bisherigen Ankündigungen zufolge ist das in-vivo-Signal nach einer gewissen Einlaufzeit im subcutanen Gewebe über drei Tage der geplanten Anwendung stabil.

Die kontinuierliche Direktanzeige von in-vivo-Glucosewerten stellt bisher für alle Hersteller und Entwickler eine Herausforderung dar. Zweifellos ist zu erwarten, dass anhand der angezeigten Glucosewerte unmittelbare Therapieentscheidungen getroffen werden.
1. Die Messung muss daher zuverlässig und genau sein.
2. Der Anwender muss in der Lage sein bzw. geschult werden, mit der Datenfülle umzugehen.

Zum ersten Punkt, der Messgenauigkeit: Laborgeräte mit elektrochemischen Elektrodensystemen sind kalibrierungsbedürftig, um eine gegebene Genauigkeit der Messung aufrechtzuerhalten. Zur Bewertung der Genauigkeit von Messergebnissen werden die Parameter Präzision (precision), d.h. die Streuung wiederholter Messungen derselben Probe, und Richtigkeit (accuracy), d.h. Übereinstimmung der Messung mit dem wahren Wert, herangezogen. Kalibrierung ist definiert als Ermittlung des Zusammenhangs zwischen der Skaleneinteilung eines Messgerätes und der zu messenden physikalischen Größe. Zur Kalibrierung der Glucosemessgeräte werden Glucose-Standardlösungen als Referenzwerte genutzt. Der Messfehler von Laborgeräten liegt in der Regel unter 3%. Der Messfehler von Teststreifen im Labor liegt zwischen 3 und 5%, in der Hand von Patienten treten Abweichungen bis zu 10% und gelegentlich darüber auf. Bei direkter in-vivo-Messung liegen weder Standardbedingungen noch, im Falle der subcutanen Messung, interstitielle Referenzwerte vor. Stattdessen dienen wiederholte Blutglucosewerte als Referenz zur Kalibrierung der in-vivo-Glucosesignale. Vergleicht man zwei Messmethoden miteinander, so gehen die potenziellen Messfehler beider Methoden in den Gesamtfehler ein (Fehlerfortpflanzungsgesetz). Bild 5.10 zeigt ein Beispiel der kontinuierlichen Glucosemessung im subcutanen Gewebe eines Patienten (CGMS) mit Blutglucosereferenzmessung (YSI, Yellow Springs Analyser) sowie die Verteilung der Abweichungen. Die Standardabweichung der Messung ergibt sich aus der Streuung der Blutglucosemessung (BG), der Differenz zwischen Blutglucose und interstieller Flüssigkeit (BG/ISF) und der Streuung der subcutanen Sensormessung (Sensor) per se.

$$\sigma^2_{\text{Gesamt}} = \sigma^2_{\text{BG}} + \sigma^2_{\text{BG/ISF}} + \sigma^2_{\text{Sensor}} \tag{5.11}$$

Bisher liegen noch keine speziellen Richtlinien für Anforderungen zur Genauigkeit der kontinuierlichen in-vivo-Glucosemessungen vor. Man kann jedoch davon ausgehen, dass das

Ziel für Home-Monitore, nämlich Messabweichungen unter 5% zu erreichen, nicht auf kontinuierliche in-vivo-Glucosemessungen angewendet werden kann.

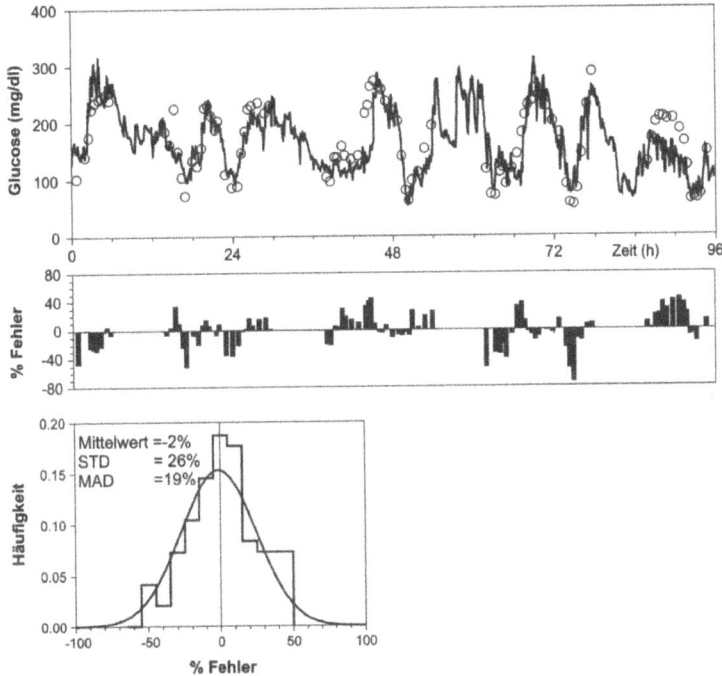

Bild 5.10: *Vergleich der Glucosemessungen im subcutanen Gewebe (CGMS® MedtronicMiniMed) und im Blut (YSI, Yellow Springs Instruments) in einem Individuum mit Typ 1 Diabetes: Sensor- und Blutglucose (oben), relative Differenzen (Mitte), Verteilung der relativen Fehler (unten). Das Sensorsignal wurde mit einer Einpunkteichung pro Tag geeicht.*

Im genannten Beispiel wurde die Sensorglucose (*SG*) folgendermaßen berechnet:

$$SG = KF \cdot I_{sig} , \qquad\qquad (5.12)$$

wobei der Kalibrierungsfaktor (*KF* in mg/dl per nA; $1/K_{sensor}$ in Bild 5.8) das Verhältnis der gemessenen Blutglucose und des entsprechenden Sensorsignals (I_{sig}) zu einem gegebenen Zeitpunkt alle 24 Stunden (Einpunkt-Kalibrierung) darstellt. Die prozentuale mittlere absolute Differenz (*MAD*) der Blut- (*BG*) und Sensor- (*SG*) Glucosemessung ergibt sich als:

$$MAD = \frac{1}{N} \sum_{1}^{n} 100 |BG - SG| / BG . \qquad\qquad (5.13)$$

5.3.3   Intensivierte Insulintherapie

Die gesunde β-Zelle versorgt den Körper ständig mit Insulin sowohl während der Mahlzeiten (prandial) als auch unter Basalbedingungen, d.h. während der Nacht und außerhalb von Mahlzeiten (post-prandial). Aus den Insulinkonzentrationen im Blut von Probanden mit normaler Glucosetoleranz lässt sich schließen, dass die Rate der prandialen Insulinausschüttung gegenüber der Basalrate deutlich erhöht ist. Als Fläche unter der Kurve betrachtet, fallen etwa 50% des Insulins in die Kategorie der Basalversorgung und 50% der Verstoffwechselung der Mahlzeiten.

Unter Beachtung der Wirkungsdynamik verschiedener Insulinpräparate als kombinierte Anwendung von Kurzzeit- und Langzeit-Insulin ist das sog. Basis/Bolus-Konzept der externen Insulinzufuhr entstanden, welches dem Muster der physiologischen Insulinsekretion nahe kommt. Die Basis/Bolus-Insulintherapie erlaubt dem Anwender, Mahlzeiten flexibel zu gestalten. Sie erfordert jedoch auch die Berechnung und Verabreichung der Dosis eines Kurzzeitinsulins zu jeder Mahlzeit zusätzlich zur Injektion eines Langzeitinsulins.

Eine Alternative zur kombinierten Langzeit-/Kurzzeit-Insulinverabreichung ist die kontinuierliche subcutane Insulininfusion mittels einer programmierbaren Insulinpumpe. Noch vor zwanzig Jahren wurde die Anwendung einer Insulinpumpe als unerwünschtes Stigma und als letzte Chance einer Therapie betrachtet. Heute hat sich die Einstellung weitgehend zugunsten der Pumpentherapie verändert. Die Vorteile dieser Form der Insulintherapie wurden inzwischen vielfach bestätigt. Heutige Insulinpumpen sind klein und handlich in der Größe eines Mobiltelefons. Über einen subcutanen Infusionskatheter im abdominalen Bereich wird schnell-absorbierbares oder Regularinsulin in Form variabler Basalraten mit zusätzlichen Boli für Mahlzeiten appliziert.

Verbesserte Insulinpräparate und Therapiehilfsmittel ermöglichen eine aggressive Stoffwechselkontrolle. Man spricht von einer ‚intensivierten Insulintherapie', wenn multiple Insulininjektionen oder Pumpentherapie mit mehrfacher Glucosekontrolle (> 3) und entsprechender Dosisanpassung einhergehen.

In der vor mehreren Jahren publizierten DCCT-Studie (Diabetes Control and Complications Trial) wurden zwei Gruppen von Patienten, welche entweder intensive oder konventionelle Insulintherapie praktizierten, über einen Zeitraum von ~6,5 Jahren beobachtet. Im Vergleich zur konventionellen Therapie mit mittleren Blutglucosewerten um 231 mg/dl (~ 12,8mmol/l) konnten mit intensiver Insulintherapie mittlere Glucosewerte um 155 mg/dl (~ 8,6 mmol/l) erreicht werden und gleichzeitig eine Reduzierung des Risikos zum Auftreten von Retinopathie um 76%, Neuropathie um 60% und Nephropathie um 39%. Es ist jedoch nicht zu verkennen, dass in der Gruppe der Patienten mit intensivierter Insulintherapie eine dreifach höhere Anzahl hypoglykämischer Episoden registriert wurde.

Aus diesen und ähnlichen Daten lässt sich ersehen, dass einerseits eine Einstellung der Glucose im normoglykämischen Bereich unbedingt angezeigt ist, dass andererseits eine Normalisierung der Stoffwechsellage gegenwärtig noch nicht erreichbar ist. Ohne Frage hält Angst vor Hypoglykämie viele Patienten davon ab, eine aggressivere Stoffwechselkontrolle anzustreben. Verständlicherweise werden große Erwartungen in kontinuierliche Glucosemessgeräte mit direkter Glucoseanzeige und Alarmfunktion gesetzt. Es ist verfrüht, einschätzen zu können, in welchem Maße kontinuierliche Glucosemessmethoden klinische Therapieparameter beeinflussen werden. Bisher ist auch nicht bekannt, ob jeder Patient mit der Datenfülle umgehen kann. Aufgrund variierender Nahrungsabsorptionsprofile und der komplizierten Insulinwirkungsdynamik wird die Abschätzung der optimalen Insulinierung für viele Patienten weiterhin problematisch sein.

5.4   Artifizielles Pankreas

Zweifellos haben sich Methoden und Möglichkeiten der Diabetestherapie im Zuge des technologischen Fortschritts zugunsten des Patienten verändert. Nichtsdestotrotz müssen tagein, tagaus Insulin-Dosierungsentscheidungen vorgenommen werden. Wie von dem französischen Arzt, Dr. Gérard Reach, mehrfach herausgestellt, geht es nicht unbedingt nur darum, ob ein Patient generell der Aufgabe der Insulinberechnung gewachsen ist, sondern vielmehr darum, dass diese Aufgabe ununterbrochen, Tag für Tag, mit außerordentlicher Disziplin bewerkstelligt werden muss. Gewöhnlich werden repetitive Prozesse besser von einer Maschine als vom Menschen gehandhabt.

Versuche, den Regelkreis automatisch zu schließen, kamen mit der Automatisierung der Glucosemessung in den sechziger Jahren des vorigen Jahrhunderts auf. A.H. Kadish veröffentlichte 1964 Ergebnisse der „Automated control of blood sugar: a servomechanism …“. Das heisst, im Rahmen einer sog. Folge(Servo)-Regelung wird eine Veränderung (Normalisierung) des Sollwertes mittels intravenöser Grenzwert-Insulininfusion (on/off) angestrebt. Etwa zehn Jahre später wurde der bettseitige Biostator® Apparatus (Miles Diagnostics) angeboten. Dieses auf kontinuierlicher Blutabnahme und intravenöser Insulin- und Glucoseinfusion basierende Gerät stimulierte die Entwicklung der Insulininfusionsalgorithmen (proportional/differentiell). In zahlreichen Publikationen wurden therapeutische Vorteile der rückgekoppelten Insulininfusion vorgestellt. Somit ist die Bezeichnung „künstliches“ oder auch „artifizielles Pankreas“ im Zusammenhang mit der Geräteentwicklung entstanden. Mit Hinweis auf die Insulin produzierenden Zellen findet man auch den Begriff der „künstlichen β-Zelle“. Mit zunehmender Relevanz biologischer Lösungen zum Ersatz der Insulinsekretion spricht man einerseits vom „bioartifiziellen Pankreas“ und andererseits vom mechanischen (technischen) Pankreas.

5.4.1   Biologischer Ersatz der Pankreasfunktion

Der Versuch, einen Verlust der Insulinsekretion mittels Gewebe- oder Organtransplantation zu ersetzen, ist naheliegend. Erste Konzepte für Organtransplantationen kamen mit der Entwicklung der Immunologie als jungem Wissenschaftszweig der Biologie/Medizin in der zweiten Hälfte des vorigen Jahrhunderts auf. Der Begriff „Immunsuppression“ zur Verhinderung der Abstoßungsreaktion körperfremden Gewebes wurde in den sechziger Jahren geprägt. Den entscheidenden Durchbruch für erfolgreiche Organtransplantationen brachte jedoch die Anwendung von Cyclosporin Ende der 70er Jahre, einem hoch potenten immuno-suppressiven Medikament, welches die T-Zell-vermittelte Abstoßungsreaktion blockiert. Heutzutage liegt die Drei-Jahres-Organ-Survival-Rate der Pankreastransplantation zwischen 70–80% und ist damit mit der Erfolgsrate anderer Transplantationen vergleichbar. Dennoch bleibt die Anwendung dieser Form der Behandlung äußerst beschränkt:

1. Neben der limitierten Verfügbarkeit von Organen ist Pankreasgewebe, einschließlich der Inselzellen, im Unterschied zu Leber, Niere, und Herz äußerst fragil, muss speziell konserviert werden und dem Rezipienten innerhalb von wenigen Stunden nach Donorentnahme zukommen. Daher besteht dringlicher Handlungsbedarf, sobald ein Organ zur Verfügung steht.

2. Risiken und Nebeneffekte der kontinuierlichen Immunsuppression können als Kompromiss für Überlebenschancen bei 'Endstage'-Krankheitsprozessen akzeptiert werden. Dieses Kriterium trifft jedoch für die meisten Betroffenen mit Diabetes nicht zu. Daher werden Pankreastransplantationen in der Regel als kombinierte Pankreas-/Nieren-Transplantation vorgenommen. Diese Behandlungsmethode hat sich bewährt und ist für kritische Diabetesfälle mit progressierender Niereninsuffizienz klinisch etabliert und anerkannt.

3. Erfolgreiche Transplantationen sind nicht immer mit vollständiger Wiederherstellung der Pankreasfunktion gleichzusetzen. Oft bleibt die Glucosetoleranz beeinträchtigt und verschlechtert sich wiederum im weiteren Verlauf.

Vertretbarkeit, Nutzen und Risiko müssen für jede individuelle Situation genau abgewägt werden, bevor Transplantation als klinische Lösung angeboten werden kann.

Die genannten limitierenden Einschränkungen für die Organtransplantation treffen ebenso für die Inselzelltransplantation zu. Vorteile, isolierte Inselzellen zu übertragen, liegen im relativ geringen zu transplantierenden Gewebevolumen (1–2 ml) und darin, dass eine komplizierte Operation vermieden wird. Allerdings ist auch die Inselzellverabfolgung nicht risikofrei. Komplikationen wie innere Blutung, portale Thrombose und Bluthochdruck können infolge der Punktur (perkutan) von Lebergewebe während der portalen Infusion entstehen. Obwohl andere Transplantationsorte wie Nierenkapsel, Milz und Peritonealraum für Inseln in Betracht gezogen werden, wird die Leber zunächst als bevorzugter Implantationsort angesehen. Außerordentlich erfolgreiche Resultate hinsichtlich der Insulinsekretion wurden mit autologen Inselzelltransplantaten erreicht, d.h. intakte Inselzellen wurden nach Pankreasentfernung (z.B. infolge eines Tumors) derselben Person wieder zugeführt. Da bei autologen Transplantaten die Gewebekompatibilität keine Rolle spielt, erübrigt sich eine immuno-suppressive Behandlung. Diese Ergebnisse bestätigen durchaus die prinzipielle Möglichkeit der Inselzelltransplantation, unterstreichen aber auch die Rolle der Gewebekompatibilität, welche bereits bei allogenen Transplantaten (innerhalb einer Spezies) ein kritisches Problem darstellt. Die bisher erfolgreichsten allogenen Inselzelltransplantationen wurden entsprechend dem sog. Edmonton-Protokoll in Kanada durchgeführt. Mit Einführung eines verbesserten Immunsuppressions-Regiments (Glucocorticoid-frei), wurde nach wiederholter Inselzelltransplantation mit mindestens 4000 Inselzelläquivalent per kg Körpergewicht pro Prozedur bei mehreren Probanden völlige Insulinunabhängigkeit erreicht. Somit bedurfte es der Transplantation von etwa 500000 Inselzellen pro Person, um Unabhängigkeit von externer Insulingabe zu erreichen. Die Anzahl der Inseln im normalen Pankreas übersteigt eine Million. Kultivierung und Vermehrung der Inselzellen vor Transplantation mindert die Gewebespezifität der Zellen, d.h. die Histokompatibilität ist verbessert. Jedoch geht die Zellkultivierung mit einer funktionellen De-Differenzierung einher (z.B. sekretieren die Zellen zwar Insulin, doch nicht mehr im Zwei-Phasen-Muster und nicht glucosekonzentrationsabhängig). Ebenso wird an der Entwicklung von insulinproduzierenden Zellen aus pankreatischen Stammzellen geforscht. Obwohl grandiose neue Erkenntnisse auf diesem Gebiet gewonnen werden, sind die Enddifferenzierung „engineerter" Zellen zu α-, β-, δ-Zellen sowie die Sekretionsregelung in Abhängigkeit von der Glucosekonzentration bisher ungelöst. Sicher werden diese Mechanismen eines Tages geklärt sein. Dann bleibt jedoch immer noch die Frage, ob und wie eine erneute Autoimmunzerstörung der Zellen nach Implantation verhindert werden kann. Um dem Problem der Histokompatibilität und der Autoimmunzerstörung zu entgehen, wird am Konzept eingekapselter Inselzellen bzw. spezieller Inselzellreservoire gearbeitet. Aber auch das Biomaterial muss biokompatibel sein. Die größte Schwierigkeit jedoch liegt im Überleben der Inselzellen unmittelbar nach Implantation, da die kontinuierliche Versorgung der Zellen mit Sauerstoff und Nahrungsstoffen mitunter unterbrochen ist. Für die überlebenden Inselzellen ist infolge der initialen Stresssituation wiederum die Erhaltung der vollen Funktionstüchtigkeit gefährdet.

Bisher ist die Inselzelltransplantation ausschließlich eine experimentelle Form der Therapie. Für die absehbare Zukunft bleibt daher die exogene Insulinzufuhr die effektivste und einzig vertretbare Methode der Behandlung des insulin-abhängigen Diabetes.

5.4.2   Technisches Pankreas

Zwei wesentliche Ziele stehen für die Weiterentwicklung der Insulintherapie im Vordergrund:

1. Die Verbesserung der individuellen Stoffwechselkontrolle ohne Erhöhung des Hypoglykämierisikos und somit eine langfristige Sicherung der Lebensqualität.

2. Die Minderung und Erleichterung des Aufwands und damit die Verbesserung der alltäglichen Lebensqualität für den Patienten.

Der Stand der Entwicklung des mechanischen künstlichen Pankreas wird nach wie vor durch die technischen Möglichkeiten der entsprechenden Komponenten bestimmt, d.h. dem Glucosemesssystem und dem Insulininfusionssystem. Während ein voll implantierbares System mit Glucosemessung im Blut und intraperitonealer Insulinversorgung möglicherweise den physiologischen Bedingungen sehr nahe kommt, sind für eine derartige Entwicklung Risiko, Aufwand, Nutzen und Kosten sehr genau gegeneinander abzuwägen. So wurden die ersten implantierbaren Pumpen der Firma MiniMed bereits vor 15 Jahren angewendet. Diese Pumpen in der Größe eines Hockeypocks werden subcutan gewöhnlich im abdominalen Bereich platziert mit intraperitonealem Zugang des Insulinkatheters. In dreimonatigen Abständen werden die Pumpen mit einem speziellen hochkonzentrierten Insulin (400U/ml) durch die Haut nachgefüllt, der Lebenszyklus der Batterie liegt unter 7 Jahren. Mitunter sind chirurgische Eingriffe infolge von Katheterverschluss erforderlich. Seither wurden etwa 2000 derartige Implantationen vorgenommen, davon sind gegenwärtig etwa 475 in Anwendung zum größten Teil (>80%) in Europa. Es muss bemerkt werden, dass das System einschließlich des Insulins, immer noch dem Genehmigungsverfahren unterliegt, d.h. die Pumpe kann nur innerhalb einer wissenschaftlichen Studie oder in klinischen Ausnahmefällen, wie periphere Insulinresistenz, angewendet werden. Ein voll implantierbares künstliches Pankreas, bestehend aus der genannten Pumpe kombiniert mit einem katheterförmigen intravenösen Glucosesensor, wurde bisher in Pilotstudien bis zu 48 Stunden getestet (E. Renard, Montpellier, Frankreich). Dieser GOD/O_2-Glucosesensor ist ausgelegt für Messungen bis zu einem Jahr im Bereich der rechten Herzvorkammer und muss weiterhin optimiert werden, bevor eine Routineanwendung vorgeschlagen werden kann. Überraschenderweise weist der intravenöse Sensor längere Zeitkonstanten, einschließlich einer gewissen Totzeit, im Vergleich zum subcutanen Sensor der Firma Medtronic MiniMed auf. Dies hat mit der Dicke der GOD-Membran des intravenösen Sensors, die erforderlich ist, um die Lanzeitfunktion abzusichern, zu tun. Kürzlich wurden auch Studien mit einem tragbaren Closed-Loop-Insulininfusionssystem durchgeführt (M. Saad, UC Los Angeles, USA). Diese Studien, basierend auf subcutaner Glucosemessung und subcutaner Insulininfusion im Minutenzyklus, dienen der Algorithmenentwicklung für den Regler. Einige Aspekte, welche bei der Entwicklung eines Closed-Loop-Systems berücksichtigt werden müssen, sind im Folgenden ausgeführt:

Ein Regler wird gewöhnlich anhand eines Modells des zu regelnden Systems entwickelt. Das Modell wiederum muss im Wesentlichen dem Ablauf physiologischer Prozesse entsprechen. Bild 5.11 gibt ein Schema eines kompletten Closed-Loop-Systems der Insulinverabreichung. Die genannten Aspekte der subcutanen Glucosemessung, der Insulinabsorption vom subcutanen Gewebe und des Stoffwechselmodells werden im Folgenden erläutert.

Von einem künstlichen Pankreas sollte erwartet werden, dass neben der Blutglucose auch der Verlauf der Insulinkonzentrationen nach physiologischem Muster reguliert wird (vgl. Bild 5.6). Eine Möglichkeit ist die Anwendung eines klassischen PID- (Proportional-, Integral-, Differential-) Reglers zur Nachahmung der natürlichen Insulinsekretion durch die β-Zellen. Die folgende Gleichung beschreibt die Insulindosierung (*ID*), in Abhängigkeit von der Blutglucoseabweichung (error *e*, Differenz zwischen aktueller Blutglucose und Glucosetarget):

$$ID(t) = K_p \cdot e + \frac{1}{T_I} \int e \cdot dt + T_D s \qquad (5.14)$$

oder als Laplace-Transformation:

$$\frac{ID(s)}{e(s)} = K_p + \frac{1}{T_I} \frac{1}{s} + T_D s \, . \qquad (5.15)$$

A

B

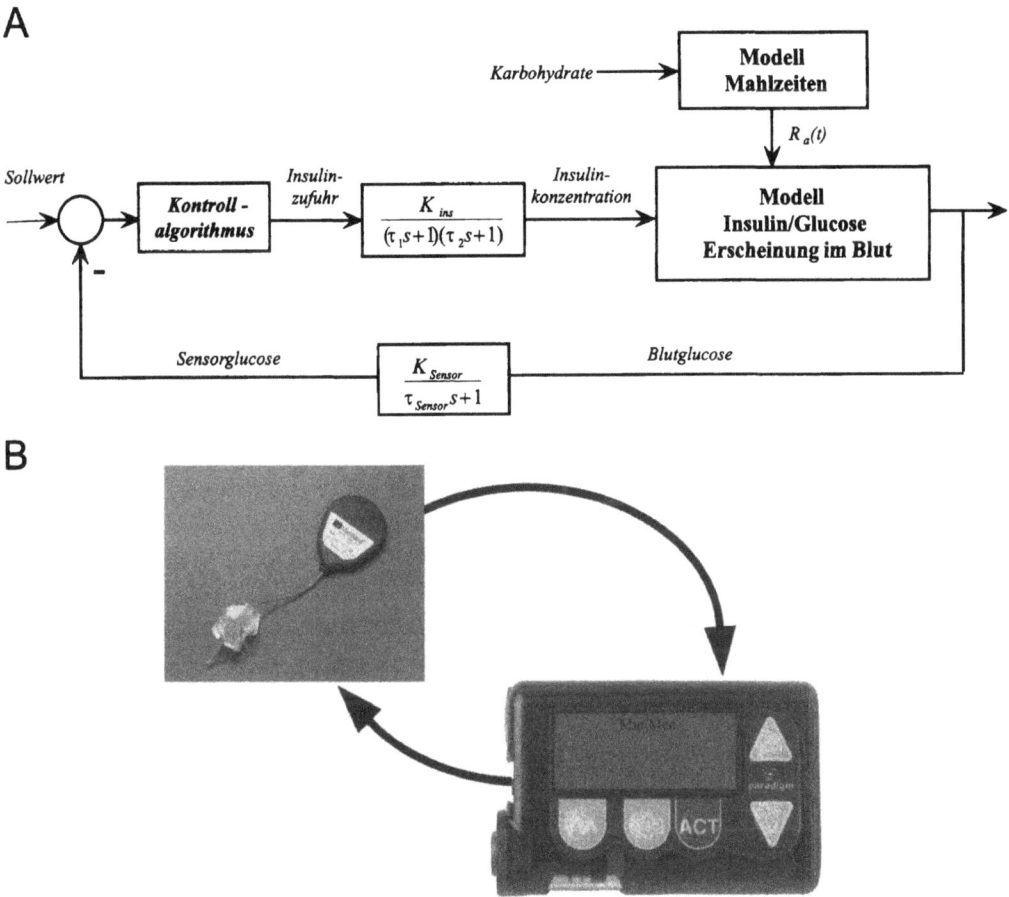

Bild 5.11: *Closed-Loop-System des Glucose-/Isulinstoffwechsels bei subcutaner Glucosemessung und Insulingabe. A: Regelkreis, B: In Entwicklung befindlicher Prototyp (Medtronic MiniMed).*

Die mathematische Beschreibung trifft für eine portale (Blutversorgung der Leber) Insulin-verabreichung zu, unter der Voraussetzung, dass der PID-Regler die Insulinsekretion der normalen β-Zelle widerspiegelt. Erfolgen Insulinverabreichung und Glucosemessung jedoch anderweitig, z.B. subcutan, so muss der Regler für die entsprechenden Mess- bzw. Insulinab-sorptionsbedingungen angepasst werden. D. h. entsprechende Verzögerungszeiten (τ) müs-sen, wie zuvor dargestellt (Bild 5.7 und 5.8), berücksichtigt werden.

Für die Sensorglucose (*SG*) in subcutaner interstitieller Flüssigkeit gilt bei gegebener Blut-glucose (*BG*) mit entsprechendem Kalibrierungsfaktor (*KF*):

$$\frac{SG(s)}{BG(s)} = \frac{KF \cdot K_{\text{Sensor}}}{\tau_{\text{Sensor}} s + 1} \, . \tag{5.16}$$

Für Plasmainsulin (I_p) gilt bei subcutaner Verabreichung (Insulindosierung, ID):

$$\frac{I_\mathrm{P}(s)}{ID(s)} = \frac{K_\mathrm{ins}}{(\tau_1 s + 1)(\tau_2 s + 1)}. \tag{5.17}$$

Der Versuch, gleichzeitig optimale Glucose- und Insulinprofile mit einem Closed-Loop (CL)-System zu regenerieren (vgl. Bild 5.6), kann mittels einer sog. Kostenfunktion beschrieben werden. Folgender Zusammenhang stellt eine Möglichkeit dar, den physiologischen Glucoseverlauf nachzuahmen:

$$J = \int (BG_\mathrm{CL} - BG_{\beta-\mathrm{Zelle}})^2 dt + \lambda \int (IP_\mathrm{CL} - IP_{\beta-\mathrm{Zelle}})^2 dt, \tag{5.18}$$

wobei K_P, T_I, und T_D so gewählt werden, dass J ein Minimum ergibt (abhängig von λ, BG-Blutglucose, IP-Plasmainsulin). Die Insulindosierung ist durch Gleichung (5.15) bestimmt. Das Plasmainsulin ist bei gegebener subcutaner Insulindosierung (I_P/ID) durch Gleichung (5.17) definiert. Das Ziel ist, die Closed-Loop-Blutglucose bei gegebener Insulindosierung vorauszusagen (BG_CL/ID). Hier bedarf es eines kompletten Modells des Glucose-/Insulinstoffwechsels. Während verschiedenste solcher Modelle entwickelt wurden und in der Literatur beschrieben sind (siehe R.S. Parker et al.), soll hier lediglich R.N. Bergman's Minimal-Modell genannt werden:

$$\frac{dG}{dt} = -(p_1 + X)G + p_1 G_\mathrm{B} + \frac{1}{V} R_\mathrm{a}(t); \qquad G(0) = G_\mathrm{B}$$
$$\frac{dX}{dt} = -p_2 X + p_3(I - I_\mathrm{B}); \qquad X(0) = 0. \tag{5.19}$$

Im Minimal-Modell erscheint der glucosesenkende Insulineffekt proportional zur Glucosekonzentration im Blut. X stellt den fraktionalen Effekt des Insulins dar, den Glucoseverbrauch zu erhöhen (min^{-1}). Er ist proportional zur Insulinkonzentration im interstitiellen Kompartiment und bestimmt den zeitlichen Verlauf der Insulinwirkung. p_1 bestimmt die Rate des fraktionalen Glukoseverbrauchs unter Basalinsulin (I_B), G_B ist die basale Glucosekonzentration, R_a stellt die exogene Glucoseerscheinungsrate dar. Unter den Bedingungen des normoglykämischen Glucoseclamps erscheint X als Äquivalent der Übertragungsfunktion der Glucoseinfusion bei gegebener Insulinkonzentration im Plasma (vgl. Bild 5.4).

$$\frac{G_\mathrm{inf}(s)}{I_\mathrm{P}(s)} = \frac{K_\mathrm{eff}}{(\tau_\mathrm{eff} s + 1)} \tag{5.20}$$

mit $\tau_\mathrm{eff} = 1/p_2$, und $K_\mathrm{eff}=p_3/p_2$. Allerdings trifft dies nur bei konstanter Glucosekonzentration zu. Die Minimal-Modell-Gleichung ist bi-linear, und daher kann die Übertragungsfunktion nicht auf direktem Wege hergeleitet werden. Weiterhin setzt dieses Modell voraus, dass sich der periphere Glucoseverbrauch proportional zur Glucosekonzentration im Blut verhält und dass die hepatische Glucosebalance (Glucoseverbrauch – Glucoseproduktion der Leber) proportional zum Glucoseniveau vermindert ist. Beide Proportionalitätsfaktoren wiederum verhalten sich proportional zur Insulinkonzentration im interstitiellen Kompartiment.

Eine weitere Übertragungsfunktion ist notwendig, um J, die Kostenfunktion, zu minimieren, nämlich für die Erscheinungsrate (R_a) der exogenen Glucoseaufnahme in Form von Mahlzeiten. Generell zeigt die Glucoseauslenkung einer Mahlzeit bei hohem Anteil an Kohlenhydraten (KH) eine Sättigungskinetik. Annähernd kann jedoch eine vereinfachte Version der Beschreibung des Glucoseprofils einer Mahlzeit genutzt werden, z.B. eine bi-exponentielle Impulsreaktion mit folgender Übertragungsfunktion:

$$\frac{R_a(s)}{KH(s)} = \frac{KH}{(\tau_{1Mahl}s + 1)(\tau_{2Mahl}s + 1)}, \tag{5.21}$$

wobei τ_{1Mahl} and τ_{2Mahl} die Absorbtionskinetik der Mahlzeit bestimmen. Anhand der gegebenen Gleichungen können K_P, T_D and T_I optimal gewählt werden, so dass sowohl die Blutglucose als auch das Insulin so gut wie möglich den Normalwerten angepasst sind. Natürlich müssen die Parameter λ, τ_{sc1}, τ_{sc2}, τ_{1Mahl}, τ_{2Mahl}, p_2, p_3 definiert werden. Populationsbezogene Mittelwerte können zu diesem Zweck verwendet werden. Gewöhnlich kann die Kontrollstrategie durchaus anhand des allgemeinen Beispiels entwickelt werden.

Bild 5.12 zeigt ein individuelles Beispiel der Anwendung eines externen Systems automatischer Insulininfusion bei einem Patienten mit Typ 1 Diabetes. In dieser Studie wurde eine Integrationslimitierung (integrator windup protection) angewendet, FIR-Filter wurden zur Glättung des Sensorsignals und zur Berechnung der Ableitung eingeführt, das Verhältnis der Regelparameter T_I and T_D ist für Tag und Nacht unterschiedlich. Damit wird dem circadianen Rhythmus der β-Zellen Rechnung getragen. Wie erwartet haben sich die Blut- bzw. Sensorglucose während der Nacht auf den Zielwert (120mg/dl) eingestellt. Die Glucoseauslenkungen nach Mahlzeiten müssen weiterhin optimiert werden.

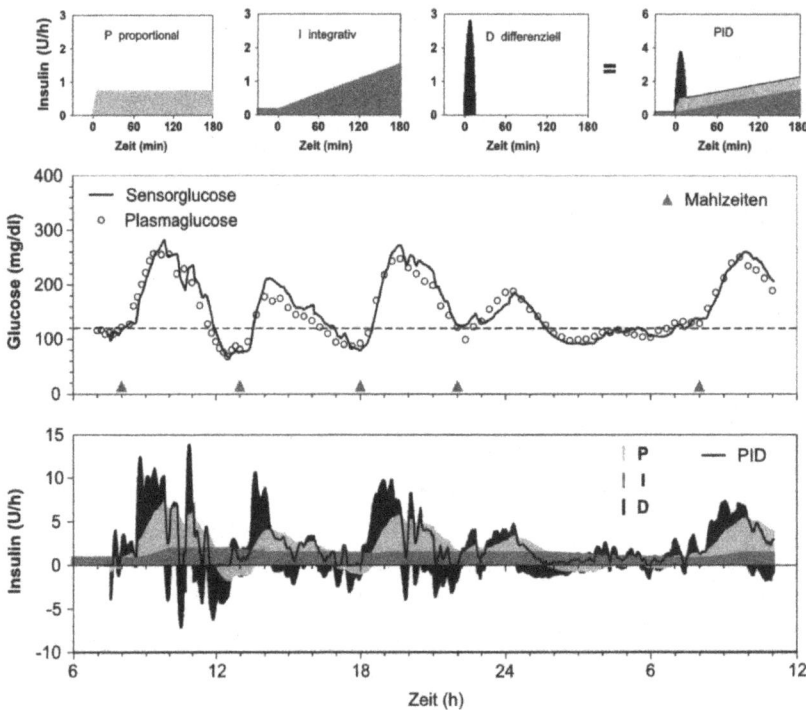

Bild 5.12: *Individuelles Beispiel der automatischen Verabfolgung von Insulin bei einem Patienten mit Typ I Diabetes, basierend auf subcutaner Glucosemessung und PID geregelter subcutaner Insulininfusion. Theoretische Berechnung der Insulinmenge bei stufenförmiger Erhöhung der Glucosekonzentration (oben). Tatsächlich verabreichte Insulinmenge (durchgehende Linie) dargestellt als PID Komponenten (unten), P-hellgrau, I-mittelgrau, D-dunkelgrau.*

5.5   Zum Weiterlesen

Lehr-und Handbücher

1 R.A. Defronzo, E. Ferrannini, H. Keen, P. Zimmet: International Textbook of Diabetes Mellitus. Whiley-VCH, Weinheim (2004).
2 Diabetes Mall: http://www.diabetesnet.com/.
3 A.C. Guyton: Textbook of Medical Physiology. W.B. Saunders, Philadelphia (1991).
4 International Diabetes Federation: Diabetes Atlas. International Diabetes Federation, Brussels (2003).
5 G. Reach, J.L. Dulong, C. Legallais: Artificial and Bio-Artificial Pancreas System. In: International Textbook of Diabetes Mellitus. Whiley-VCH, Weinheim (2004).
6 S. Silbernagl, F. Lang: Taschenatlas der Physiologie. Georg Thieme Verlag, Stuttgart (2001).

Einzelarbeiten

7 J.M. Bland and D.G. Altman: Statistical Methods for Assessing Agreements between two Methods of Clinical Measurements. The Lancet **8476** (1986), 307–310.

8 The Diabetes Control and Complication Trial Research Group: The Effect of Intensive Treatment of Diabetes on the Development and Progression of Long-Term Complications in Insulin-dependent Diabetes Mellitus. N. Engl. J. Med. **329** (1993), 977–986.

9 R.S. Parker, F.J. Doyle, N.A. Peppas: A Model-based Algorithm for Blood Glucose Control in Type 1 Diabetic Patients. IEEE Trans. Biomed. Eng. **46** (1999), 148–157.

10 R.S. Parker, F.J. Doyle, N.A. Peppas: The Intravenous Route to Blood Glucose Control. IEEE Eng Med Biol Mag **20** (2001), 65–73.

11 R.P. Robertson: Islet Transplantation as a Treatment for Diabetes – A Work in Progress. N. Engl. J. Med. **350(7)** (2004), 694–705.

12 G.M. Steil, A.E. Panteleon and K. Rebrin: Closed Loop Insulin Delivery – The Path to Physiological Glucose Control. Advanced Drug Delivery Reviews **56** (2004), 125–144.

6 Wiederherstellung motorischer Funktionen

Robert Riener

6.1 Einleitung

6.1.1 Motivation

Zentralmotorische Lähmungen durch Schädigungen im Gehirn oder Rückenmark stellen weltweit ein großes sozialmedizinisches Problem dar. Allein in der Bundesrepublik Deutschland treten mehr als 250.000 neue Schlaganfälle pro Jahr auf. Dazu kommen Patienten mit Schädel-Hirn-Trauma, Querschnittlähmung durch Trauma oder Erkrankungen, Multipler Sklerose, Entzündungen und Tumoren des zentralen Nervensystems.

Manche zentralmotorische Pathologien können durch manuelle oder automatisierte Bewegungstherapien erfolgreich behandelt werden. Dabei wird durch ein häufiges, repetitives Bewegen von Körpersegmenten die Lern- und Anpassungsfähigkeit des Gehirns und Rückenmarks genutzt.

Ein großer Teil der Patienten bleibt jedoch schwer beeinträchtigt und von fremder Hilfe abhängig. Die Neuroprothetik durch Funktionelle Elektrostimulation (FES) ermöglicht die Wiederherstellung motorischer Funktionen bei Schädigungen im zentralen Nervensystem. Dadurch erlangen die Patienten ein erhöhtes Maß an Selbständigkeit. Trotzdem haben Neuroprothesen bisher nur in Teilgebieten eine klinische Bedeutung erlangt. Grund für die geringe Akzeptanz bei Patienten und Medizinern waren bisher vor allem der unzureichende Funktionsgewinn, die unbefriedigende Kosmetik und die Unzuverlässigkeit bisheriger Systeme. Neue Entwicklungen im Bereich der Bewegungsregelung, Datenverarbeitung, Miniaturisierung, und Implantationstechnik verbessern die Funktionalität von Neuroprothesen deutlich und schaffen die Basis für eine breitere klinische Anwendung in der Zukunft.

Ergänzend oder alternativ zur Bewegungstherapie und Neuroprothetik können Bewegungen auch durch externe technische Hilfsmittel unterstützt oder wiederhergestellt werden, um eine Reintegration in den Alltag zu ermöglichen. Beispiele hierfür sind Orthesen und roboterbasierte Ansätze. Sie leisten eine Bewegungsunterstützung nicht nur bei zentralmotorischen Lähmungen, sondern auch nach Läsionen peripherer Nerven und des Muskel-Skelettsystems.

Nach dem Verlust ganzer Körpersegmente werden schließlich künstliche Gliedmaßen, so genannte Exoprothesen, verwendet. Sie ermöglichen unter anderem die Wiederherstellung lokomotorischer und manipulativer Funktionen.

Da bei allen technischen Lösungsansätzen eine enge Wechselwirkung zwischen Mensch und technischem System vorliegt, bestehen sehr hohe Anforderungen an die Funktionalität, Zuverlässigkeit und Sicherheit der verwendeten Geräte und Verfahren. Die rekonstruierten Bewegungen müssen korrekt ausgeführt werden, um die entsprechenden funktionellen Aufgaben zu erfüllen. Dabei müssen die Handhabung, Bedienung und Eingabe für den Bediener, d.h. für den Patienten und Therapeuten, so einfach wie möglich sein, um die Akzeptanz der Geräte zu maximieren. Nicht zuletzt handelt es sich ja häufig um ältere Menschen und Patienten mit kognitiven Defiziten, denen die Gerätebedienung nicht leicht fällt. Die verwendeten Geräte und Verfahren müssen sich dabei kooperativ verhalten und auf die Bedürfnisse und Intentionen des Patienten eingehen können. Der Patient darf also nicht der Sklave der Maschine sein, sondern die Maschine muss zum Wohle und Wohlwollen des Patienten arbeiten. Gleichzeitig muss die Maschine bzw. das technische Verfahren eine hinreichende Autonomie besitzen, um den Patienten von den komplexen Aufgaben der Bedienung, Situationserkennung und Situationsreaktion zu entlasten.

Wegen der hohen Ansprüche an Bewegungsgüte, Bedienbarkeit, Zuverlässigkeit, Sicherheit und Autonomie sind bei der Entwicklung moderner Techniken zur Bewegungswiederherstellung die Disziplinen der Automatisierungs-, Regelungs-, System- und Interfacetechnik in besonderem Maße gefordert. Dieses Buchkapitel soll einen kleinen Einblick in die pathophysiologischen Anforderungen und die entsprechenden technischen Lösungsmöglichkeiten bei verlorengegangenen oder eingeschränkten motorischen Funktionen liefern.

6.1.2   Rückblicke

Die Unterstützung von Menschen mit Bewegungseinschränkungen spielt schon seit Menschengedenken eine wichtige Rolle. Es gibt Hinweise, dass schon in der Antike Patienten mit Lähmungen oder Verletzungen des Bewegungsapparates orthetisch versorgt wurden, z.B. mit Krückstöcken oder Schienen, die an den Gliedmaßen befestigt wurden.

Die ersten Exoprothesen wurden bereits im Spätmittelalter gebaut. Eine der bekanntesten künstlichen Hände ist die des Götz von Berlichingen (Bild 6.1). Im Jahr 1504 büßte er seine rechte Hand im Landshuter Erbfolgekrieg ein. Damit er jedoch weiterhin in den Krieg ziehen konnte, ließ er sich eine Prothese anfertigen, die für damalige Verhältnisse sensationell war. Mit Zahnrädern konnten die Finger in bestimmten Stellungen arretiert werden, so dass von Berlichingen z.B. sein Schwert fest greifen und angeblich auch damit kämpfen konnte.

Eine weniger ausgereifte, dafür aber sehr praktische Prothese verwendete der algerische Seeräuber Barbarossa Horuk. Er verlor seine rechte Hand im Kampf gegen die Spanier in der

Seeschlacht von Bugia (1517) und ersetzte sie durch eine eiserne Klaue. Lange hatte er sie aber nicht in Gebrauch. Bereits ein Jahr später starb er.

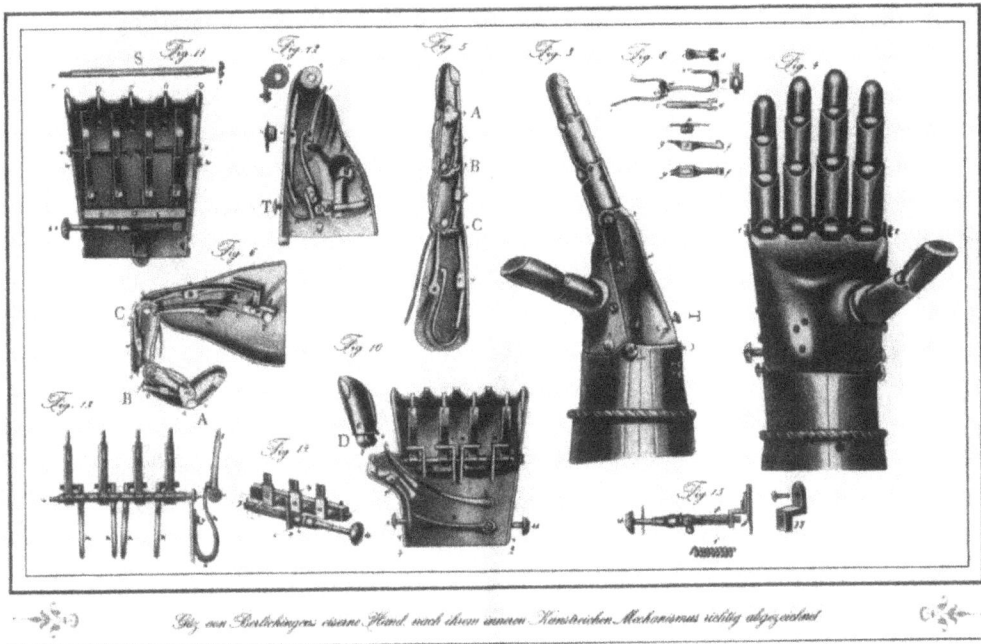

Bis ins 19. Jahrhundert blieben die Prothesen starr und konnten nur mit der gesunden Hand bewegt werden. Erst um 1812 hatte der Berliner Zahnarzt und Chirurgietechniker Peter Baliff die Idee, noch vorhandene Muskelkraft des amputierten Arms mittels Seilzügen zu bewegen. Ferdinand Sauerbruch verfeinerte diese Technik nach dem ersten Weltkrieg. Später wurden dann Elektromotoren und Gasdrucksysteme eingesetzt, um die Prothesenfunktionen zu erweitern.

Sind die Gliedmaßen noch vorhanden, aber wegen fehlender neuronaler Ansteuerung gelähmt, so können andere Hilfstechniken verwendet werden. Bereits 1791 zeigte Luigi Galvani, dass sich ein Froschschenkel durch eine künstliche elektrische Reizung zur Kontraktion bringen lässt. Allerdings dauerte es danach noch 170 Jahre, bis W. Liberson um 1960 die erste Neuroprothese für den Menschen entwickelte (Bild 6.2).

Bei Lähmungen und anderen Pathologien des Bewegungsapparates können aber auch mechanische Hilfen, insbesondere Rollstühle zur Verwendung kommen. Den ersten bekannten Rollstuhl besaß Phillip der II. von Spanien. Er litt so stark an Gicht, dass ihm sein Kammerlakai 1596 einen Rollstuhl baute. In den darauffolgenden Jahrhunderten verbesserte sich die Qualität und Ergonomie der Rollstühle immer weiter, wenngleich sich Material und Funktion nicht sonderlich änderten. 1930 konstruierte Harry Jennings den ersten klappbaren, stählernen Rollstuhl.

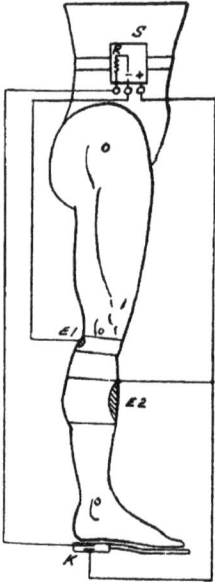

Bild 6.2: *Neuroprothese von W. Liberson für halbseitengelähmte Patienten. Ein Fußschalter führt eine künstliche Muskelkontraktion herbei, die zu einer besseren Anhebung des Fußes führt (Nachdruck aus Archives of Physical Medicine and Rehabilitation, Vol. 42, W. Liberson, M. Holmquest, D. Scot, M. Dow, „Functional electrotherapy: stimulation of the peroneal nerve synchronized with the swing phase of gait of hemiplegic patients", S. 101–105, 1961, mit Genehmigung von The American Congress of Rehabilitation Medicine and the American Academy of Physical Medicine and Rehabilitation).*

6.1.3   Kapitelübersicht

In diesem Buchbeitrag werden neue autonome und interaktive Verfahren zur Wiederherstellung motorischer Körperfunktionen behandelt. Um die technischen Möglichkeiten der Bewegungsrekonstruktion und –rehabilitation besser verstehen und beurteilen zu können, ist es notwendig, die physiologischen Grundlagen der Bewegungsgenerierung von der Planung im Gehirn bis zur Ausführung durch Muskelkontraktionen und Extremitätenbewegungen zu verstehen. Daher beginnt dieses Buchkapitel mit Beschreibungen der Physiologie und Pathologie menschlicher Motorik bevor auf die natürlichen und künstlichen Möglichkeiten der Bewegungswiederherstellung eingegangen wird.

Im Abschnitt 6.2 werden zunächst die anatomischen und physiologischen Grundlagen des Bewegungsapparats sowie dessen Aktivierung durch elektrische Erregungen behandelt. Der Abschnitt schließt ab mit einem kurzen Einblick in die Bewegungsplanung des zentralen Nervensystems.

Abschnitt 6.3 stellt vor, welche Pathologien und Störungen im Gehirn, Rückenmark, peripheren Nervensystem und im Muskel-Skelettsystem häufig auftreten können. Es werden verschiedene Prinzipien der natürlichen und künstlichen Bewegungsregenerierung besprochen, die zur Heilung oder Kompensation der Motorikdefizite führen oder beitragen.

Im Abschnitt 6.4 werden ausgewählte Beispiele der Bewegungswiederherstellung präsentiert. Zunächst werden verschiedene Ansätze der technisch unterstützten klinischen Bewegungstherapie vorgestellt. Im Anschluss werden Techniken, Probleme und Lösungsansätze moderner Neuroprothesen beleuchtet. Auch auf die Möglichkeiten exoprothetischer Versorgungen wird etwas näher eingegangen. Abschließend folgt dann noch eine Übersicht über verschiedene Mobilitätshilfen, wie z.B. Orthesen und roboterbasierte Methoden.

Im Abschnitt 6.5 werden die verschiedenen Ansätze insbesondere hinsichtlich automatisierungstechnischer Aspekte kurz bewertet.

6.2 Die menschliche Motorik

6.2.1 Anatomie des menschlichen Bewegungsapparats

Der Bewegungsapparat des Menschen hat vielfältige Funktionen. Zum einen dient er der Bewegung des Körpers in der Umwelt (*Lokomotion*), zum anderen kann er auf die Umwelt einwirken (*Manipulation*). Zudem ermöglicht der Bewegungsapparat die Kommunikation mit der Umwelt, in Form von Sprache, die durch Kehlkopf und Atemmuskulatur erzeugt wird, aber auch in Form von *Mimik* und *Gestik*.

Man unterscheidet den *aktiven* und *passiven Bewegungsapparat*. Zum passiven Bewegungsapparat zählen *Bindegewebe* (z.B. Fettgewebe, Bänder) und *Stützgewebe* (z.B. Knorpel, Knochen), die durch Verbindungen (*Junkturen*) zusammengehalten werden. Die *Skelettmuskulatur* bildet dagegen den aktiven Teil des Bewegungsapparates.

Passiver Bewegungsapparat
Knochen können aufgrund ihrer Form in verschiedene Gruppen unterteilt werden. Man unterscheidet röhrenförmige Knochen (z.B. Finger-, Oberarmknochen), würfelförmige Knochen (Handwurzel- und Fußwurzelknochen) und plattenförmige Knochen (z.B. Schädelknochen, Schulterblatt).

Die Knochen sind über *Synarthrosen* und *Diarthrosen* verbunden. Bei den Synarthrosen sind die Knochenteile durch ein Verbindungsmaterial aneinandergeheftet (z.B. Verbindung der beiden Schambeine). Bei den Diarthrosen besteht zwischen den Knochenteilen ein Gelenkspalt. Dementsprechend werden Synarthrosen auch als unechte Gelenke und Diarthrosen als echte Gelenke bezeichnet. Je nach anatomischer Beschaffenheit der beteiligten Knochen- und Bänderstrukturen können Gelenke unterschiedliche Freiheitsgrade besitzen. Kugelgelenke besitzen im Wesentlichen drei rotatorische Freiheitsgrade (z.B. Hüftgelenk). Bei Eigelenken ist die Rotation entlang der Längsachse eingeschränkt, so dass im Wesentlichen nur zwei rotatorische Freiheitsgrade möglich sind (z.B. proximales Handgelenk). Scharniergelenke besitzen dagegen nur einen rotatorischen Freiheitsgrad (z.B. Fingerzwischengelenke). Weitere Gelenktypen sind Zapfen- und Sattelgelenke. Es ist anzumerken, dass wegen der vorhandenen Nachgiebigkeiten in Bändern und Knorpeln jedes Gelenk nicht nur in den Hauptbewegungsrichtungen sondern auch in allen übrigen Freiheitsgraden – z.B. auch translatorisch – geringfügig beweglich ist.

Aktiver Bewegungsapparat

Die Skelettmuskeln bestehen aus Muskelfasern, die durch Bindegewebe zu Muskelbündeln zusammengefasst sind. Das im Muskel gelegene Bindegewebe setzt sich in die Sehnen fort. Jeder Muskel besitzt wenigstens zwei Fixationspunkte, den Ursprung *(Origo)* und den Ansatz *(Insertio)*. An diesen Fixationspunkten ist die Muskelsehne mechanisch mit dem Skelett verbunden. Einige Muskeln besitzen mehrere Ursprünge oder Ansätze; sie werden dementsprechend als mehrköpfige Muskeln bezeichnet (z.B. der vierköpfige Oberschenkelmuskel M. quadriceps femoris). Muskeln des Bewegungsapparates überspannen zwischen Origo und Insertio mindestens ein Gelenk. Von *Zweigelenk-* und *Mehrgelenkmuskeln* ist die Rede, wenn Muskeln mehr als ein Gelenk passieren. Die größeren Gelenke der oberen und unteren Extremitäten (Hüft-, Knie, Ellenbogengelenk) werden im Wesentlichen von Ein- und Zweigelenkmuskeln überspannt (Bild 6.3). Mehrgelenkmuskeln sind dagegen in den Fingern, Zehen und im Rückgrat anzutreffen. Eine Kontraktion des Muskels erzeugt Drehmomente in allen vom Muskel überspannten Gelenken.

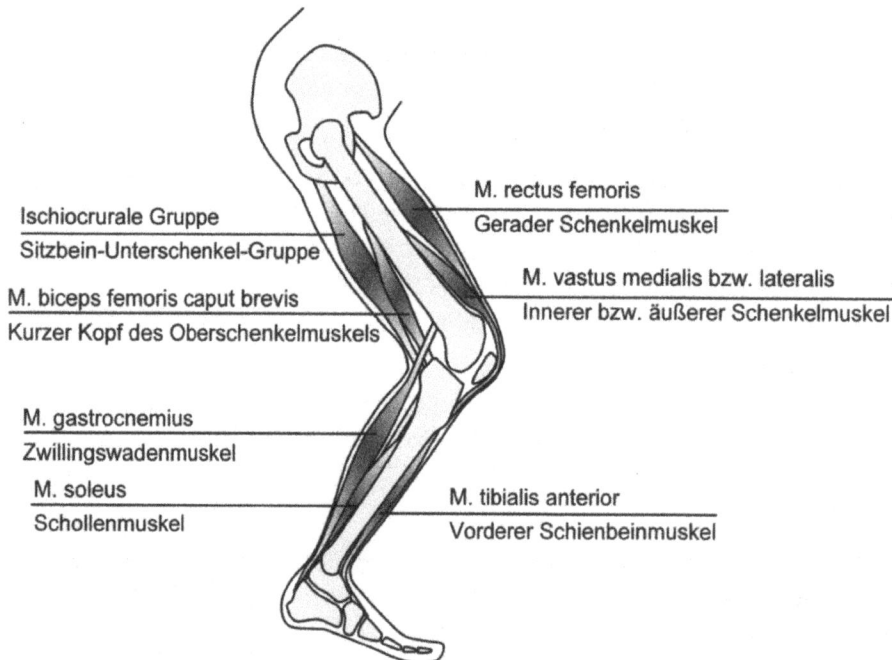

Ischiocrurale Gruppe
Sitzbein-Unterschenkel-Gruppe

M. biceps femoris caput brevis
Kurzer Kopf des Oberschenkelmuskels

M. gastrocnemius
Zwillingswadenmuskel
M. soleus
Schollenmuskel

M. rectus femoris
Gerader Schenkelmuskel

M. vastus medialis bzw. lateralis
Innerer bzw. äußerer Schenkelmuskel

M. tibialis anterior
Vorderer Schienbeinmuskel

Bild 6.3: Beispiele für Ein- und Zweigelenkmuskeln der unteren Extremität. Der M. rectus femoris bildet zusammen mit den drei Köpfen M. vastus medialis, M. vastus intermedius und M. vastus lateralis den Oberschenkelmuskel M. quadriceps femoris. Die beiden Köpfe des M. gastrocnemius lateralis und medialis bilden zusammen mit dem M. soleus den Wadenmuskel M. triceps surae.

Der Skelettmuskel – auch quergestreifter Muskel genannt – besteht aus Bündeln zylindrischer, vielkerniger Zellen, den *Muskelfasern* (Bild 6.4). Die Muskelfaser ist die kleinste selbständige Baueinheit der Skelettmuskulatur. Die Dicke der Skelettmuskelfaser schwankt zwischen 40 und 100 µm. Ihre Länge reicht von wenigen Millimetern bis zu etwa 30 cm. Je nach Dicke der Muskelfaser lassen sich diese in verschiedene Muskelfasertypen aufteilen. Die Muskelfaser wird vom *Sarkolemm* umschlossen.

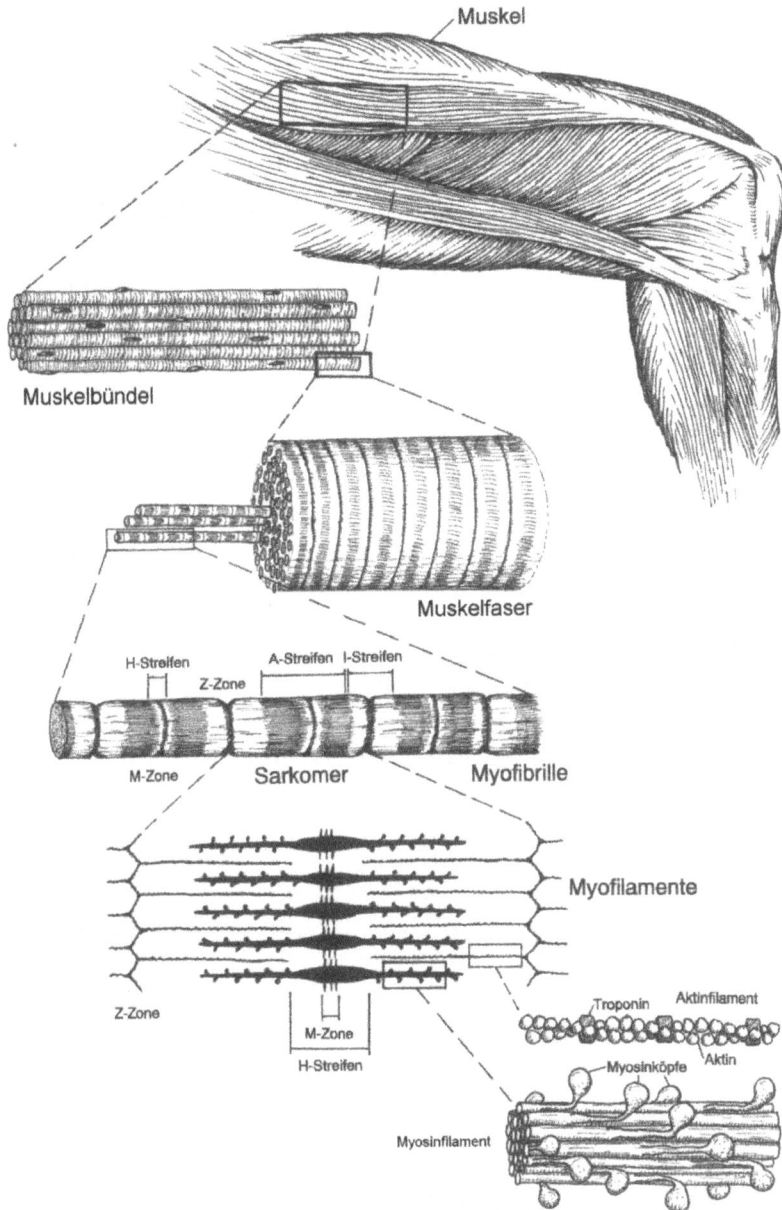

Bild 6.4: *Histologischer und ultrastruktureller Bau von Muskelfasern.*

Im Inneren der Muskelfaser befinden sich die kontraktilen Elemente, die *Myofibrillen* (Bild 6.4). Sie sind zylindrisch und haben einen Durchmesser von 0,5–2 µm. Jede Myofibrille besteht aus *Myosinfilamenten* und den dünneren *Aktinfilamenten*. Ihre regelmäßige Anord-

nung führt zu dem typischen Querstreifenphänomen. Während einer Muskelkontraktion
kommt es zu einem Ineinandergleiten der Aktin- und Myosinfilamente. Die Kontraktion wird
durch eine elektrische Erregung in Gang gesetzt. Die Vorgänge der Erregungsausbreitung
und Muskelkontraktion werden im folgenden Abschnitt näher beschrieben.

6.2.2   Von der Erregung zur Segmentbewegung

Generierung und Ausbreitung von Aktionspotenzialen

Im motorischen Kortex des Großhirns und im Rückenmark werden *Aktionspotenziale* generiert, die über die motorischen Neuronen (*Motoneuronen*) des peripheren Nervensystems zu
den Muskeln geleitet werden (Bild 6.5). In der Regel besitzt jedes Motoneuron eine Nervenfaser (*Axon*), welches aus dem Vorderhorn des Rückenmarks austritt. Jedes Axon verzweigt
sich kurz vor dem Muskel und tritt an eine unterschiedlich große Zahl von Muskelfasern
heran. Die verzweigten Axone endigen dann an *motorischen Endplatten* auf den Muskelfa-
seroberflächen. Das Motoneuron und seine Aufzweigungen sowie alle von diesem Neuron
versorgten Muskelfasern bilden eine *motorische Einheit*. Die Größe der motorischen Einheit,
d.h. die Zahl der von einem Motoneuron innervierten Muskelfasern, variiert stark und beträgt
je nach Muskel etwa 5 bis 2000.

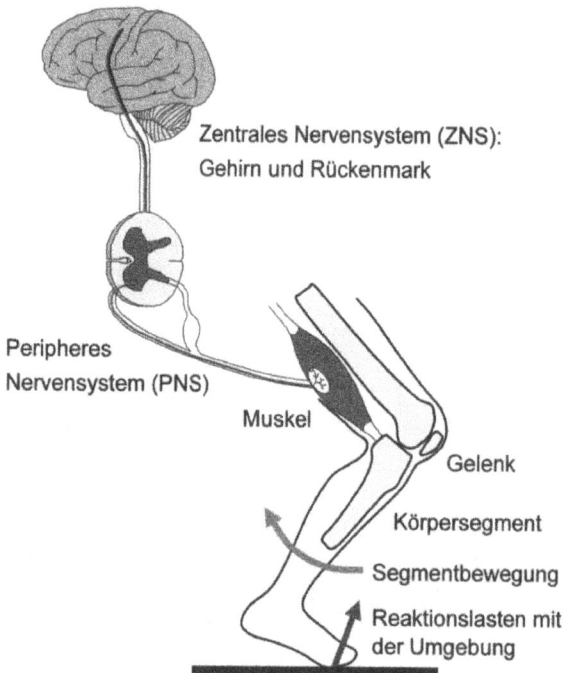

*Bild 6.5: Von der Erregungsausbreitung
zur Segmentbewegung.*

Bei Erregung der motorischen Endplatte durch ein dort angelangtes, überschwelliges Aktionspotenzial wird Acetylcholin freigesetzt. Dieses diffundiert durch den synaptischen Spalt
und führt an der postsynaptischen Membran zu einer lokalen Membrandepolarisation (End-
plattenpotential).

Die an den motorischen Endplatten entstandene Depolarisation breitet sich rasch über ein querverlaufendes (transversales) *T-System* von der Zelloberfläche (Sarkolemm) in die Tiefe der Muskelfaser aus und ermöglicht damit eine gleichzeitige Kontraktion aller Myofibrillen in einer Muskelfaser (Bild 6.6).

Parallel zu den Myofibrillen verlaufen die Schläuche des longitudinal angeordneten *L-Systems (sarkoplasmatisches Reticulum)*. Sie bilden ein ringförmiges, um die Myofibrillen ziehendes, Schlauchsystem, die *terminalen Zisternen*. Nach der Ausbreitung der Depolarisation in das Faserinnere kommt es zur Freisetzung von Calciumionen (Ca^{2+}) aus den Zisternen des sarkoplasmatischen Reticulums ins Sarkoplasma, wodurch die Muskelkontraktion in Gang gesetzt wird.

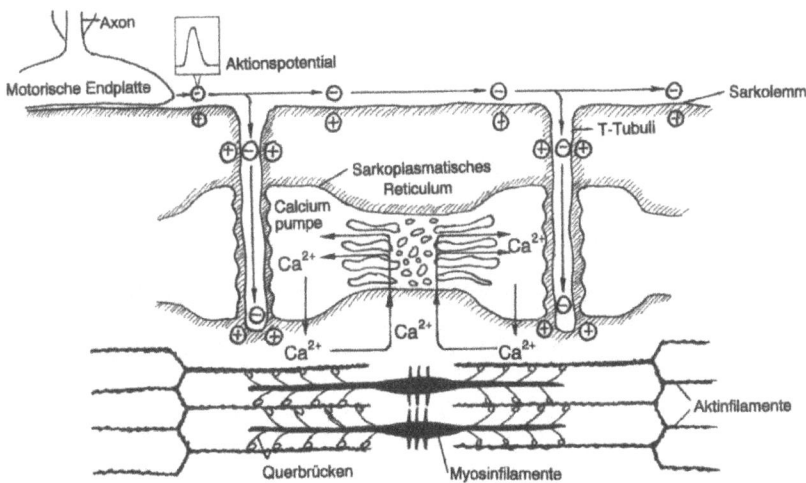

Bild 6.6: *Veranschaulichung der elektromechanischen Kopplung: Erregungsausbreitung, Calciumkreislauf und Querbrückentätigkeit.*

Muskelkontraktion

Das freigesetzte Ca^{2+} diffundiert zu den Myosin- und Aktinfilamenten. Hier kommt es zur Brückenbildung zwischen Aktin und Myosin. Dabei bilden die „Köpfe" der Myosinmoleküle Querbrücken zu Kontaktstellen am benachbarten Aktinfilament aus. Durch rasch wechselndes Anhaften und Lösen dieser Querbrückenkontakte zwischen Myosinköpfen und Aktinfilamenten sowie zyklischen Konformationsänderungen des Myosinkopfes kommt eine Art Ruderbewegung zustande, bei der die Aktinfilamente zur Sarkomermitte „gezogen" werden. Dieser Vorgang bedarf als Energiequelle des Adenosintriphosphats (ATP).

Bei der Muskelkontraktion werden die Aktinfilamente zwischen die Myosinfilamente gezogen (Gleitfilamenttheorie). Die Verkürzung der Muskelfaser kommt durch die Summe der Verkürzungen aller Sarkomere in einer Faser zustande.

Muskeleigenschaften

Für die Nerven- und Muskelfaser gilt das *Alles-oder-Nichts-Gesetz*, d.h. unterschwellige Reize lösen keine Aktionspotenziale aus. Wird ein Neuron dagegen durch einen überschwelligen Reiz erregt (z.B. durch elektrische Reizung von außen), so wird ein Aktionspotenzial erzeugt. Die Muskelkraft kann nur durch die Anzahl der erregten motorischen Einheiten *(räumliche Summation)* oder die zeitliche Abfolge von einzelnen Impulsen *(zeitliche Summation)* gesteuert werden.

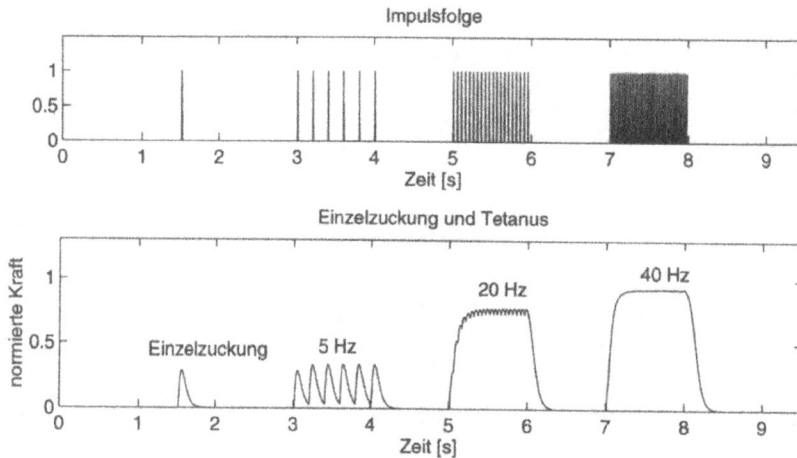

Bild 6.7: *Zeitliche Summation: Einzelzuckung, Einzelzuckungen mit kurzen Zeitabständen und Tetanus.*

Ein einzelnes Aktionspotenzial führt zu einer leicht verzögerten (ca. 25 ms), kurzzeitigen Kontraktion der Muskelfaser *(Einzelzuckung)*, die je nach Muskelfasertyp zwischen 100 und 300 ms andauert (Bild 6.7). Folgen mehrere Einzelzuckungen hintereinander, so bleibt der Calciumspiegel zwischen den Reizen erhöht, weil die Calciumpumpe während des kurzen Reizintervalls die Calciumionen nicht vollständig ins sarkoplasmatische Reticulum zurückpumpen kann. Dadurch erhöht sich die Muskelkraft, es findet eine zeitliche Summation der Muskelkraft statt (Bild 6.7). Ab einer Frequenz von ca. 20 Hz verschmelzen die Einzelzuckungen in einer Muskelfaser, es kommt zur Dauerkontraktion *(Tetanus)*. Der minimale zeitliche Abstand zwischen zwei aufeinander folgenden Reizen, die zur Auslösung von Membrandepolarisierungen in den motorischen Endplatten und somit zu Einzelzuckungen führen, kann nicht kleiner als die *Refraktärzeit* des Muskels werden (ca. 3–8 ms). Beim Nerven beträgt die Refraktärzeit zwischen zwei Aktionspotenzialen ca. 1–2 ms.

Bei der räumlichen Summation wird der Betrag der Muskelkraft durch die Anzahl der erregten *(rekrutierten)* motorischen Einheiten gesteuert. Bei der natürlichen Muskelaktivierung werden die verschiedenen motorischen Einheiten immer in der gleichen Reihenfolge aktiviert *(Henneman'schen Rekrutierungsprinzip* oder *Size Principle)*, d.h. bei niedrigen Kraftwerten werden nur die kleinen, langsamen, ermüdungsresistenten Einheiten rekrutiert; bei größeren Kräften werden dann nach und nach die größeren, schnellen Einheiten zugeschaltet. Bei der künstlichen Erregung durch Elektrostimulation gilt das *Prinzip der inversen Rekrutierung*: mit abnehmendem Axondurchmesser des Neurons steigt der zur Auslösung eines Aktionspotenzials notwendige Strom. Im Gegensatz zur natürlichen Rekrutierung werden dadurch immer zuerst große Neurone, die wiederum große Muskelfasern innervieren, aktiviert. Mit zunehmender Stromstärke kommen dann auch kleinere motorische Einheiten hinzu.

Die räumliche Summation ermöglicht eine feine, gleichmäßige Abstufung der Kontraktionskraft über die Anzahl der kontrahierenden Muskelfasern. Je mehr motorische Einheiten ein Muskel besitzt, desto feiner kann die Abstufung der Kraft erfolgen.

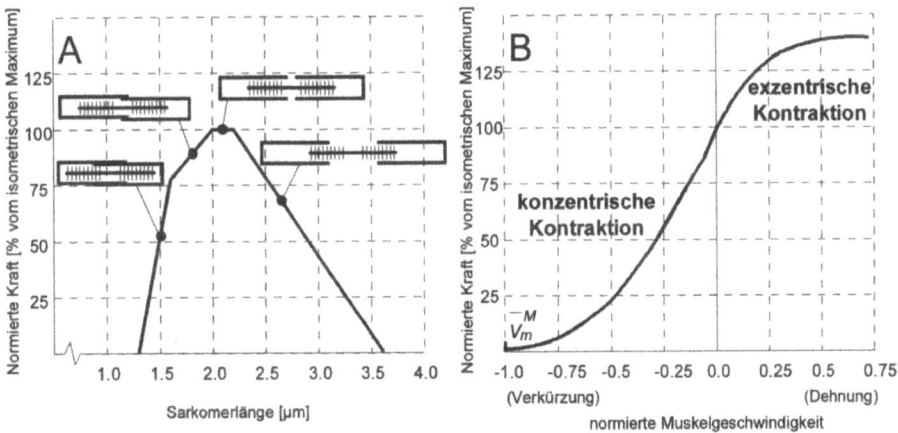

Bild 6.8: *A) Kraft-Längen-Charakteristik eines Sarkomers und entsprechende Anordnung der Aktin- und Myosinfilamente. B) Kraft-Geschwindigkeits-Charakteristik des Muskels.*

Eine Dehnung des Muskels und damit der Muskelfasern und Sarkomere beeinflusst die Breite der Aktin-Myosin-Überlappungszone (Bilder 6.4, 6.5, 6.8). Nur in diesem Bereich können sich Myosinköpfe am Aktinfilament anheften und Kraft entwickeln. Stärkere Dehnung vermindert die Breite der Überlappungszone und damit die Zahl der möglichen Querbrückenverbindungen. Die Kraftentwicklung nimmt ab und verschwindet schließlich vollständig, wenn die Aktinfilamente aus dem Myosinbereich herausgezogen sind. Eine optimale Aktin-Myosin-Überlappung und damit eine maximale Kraftentwicklung ist bei einer Sarkomerlänge zwischen 2,0 und 2,2 μm vorhanden. Bei der Kontraktion des Muskels und der damit zusammenhängenden Verkürzung der Sarkomere kommt es zu einer störenden Aktin-Aktin-Überlappung. Dadurch bekommt das Aktinfilament der einen Sarkomerhälfte Kontakt mit dem Myosinfilament der anderen Sarkomerhälfte, dessen Myosinköpfe das Aktinfilament in Richtung einer Sarkomerverlängerung bewegen wollen. Bei sehr geringen Sarkomerlängen kann keine Kraft mehr entwickelt werden.

Die Kraft, die in einer Muskelfaser erzeugt werden kann, hängt nicht nur von der Länge der Sarkomere, sondern auch von deren Kontraktionsgeschwindigkeit ab (Bild 6.8). Je schneller sich der Muskel verkürzt *(konzentrische Kontraktion)*, desto geringer ist die erzeugbare Kraft. Ist die *maximale Kontraktionsgeschwindigkeit* erreicht, so kann der Muskel keine zusätzliche Last mehr tragen. Rasche Bewegungen können demnach nur von einem gering belasteten Muskel ausgeführt werden.

Wird der Muskel jedoch während seiner Erregung entgegen seiner Kraftentwicklung gedehnt *(exzentrische Kontraktion)*, so ist die entstehende Kraft sogar größer als die maximal mögliche Ruhekraft *(isometrische Kraft)*. Manche Muskeln können bei exzentrischer Kontraktion das bis zu 1,8-fache ihrer maximalen isometrischen Kraft entwickeln.

Lang anhaltende Aktivierung kann zur Muskelermüdung führen. Unter Ermüdung versteht man im weitesten Sinne die „Unfähigkeit eine erwünschte oder erwartete Leistung zu erbringen". Im Gegensatz zu schädigenden Einflüssen, die zu lang dauernden oder gar bleibenden Funktionseinbußen führen, sind die zur Ermüdung führenden Prozesse umkehrbar.

Die Ermüdung kann zahlreiche Ursachen haben und sich verschiedenartig bemerkbar machen. Es kann sich um eine *zentrale Ermüdung* handeln, die den ganzen Organismus betrifft, oder um eine *periphere Ermüdung*, z.B. einer umschriebenen Muskelgruppe, die einseitig beansprucht wurde. Im Gegensatz zur zentralen Ermüdung, die vor allem infolge zentralnervöser Vorgänge wie mangelnde Aufmerksamkeit als Ermüdungsanzeichen auftritt, bezieht sich die periphere Ermüdung auf in der Muskelzelle ablaufende Prozesse. Sie spielt im Ermüdungsgeschehen wahrscheinlich die größere Rolle. Ursachen für periphere Ermüdungsprozesse können beispielsweise an einer Blockierung der Erregungsüberleitung in den motorischen Endplatten (z.B. nach Einnahme von Giften wie Curare), einer Störung der Erregungsfortleitung in der Muskelfaser oder einer Störung der Interaktion von Aktin und Myosin im kontraktilen Apparat (z.B. infolge eines Abfalls der ATP-Konzentration) liegen.

Segmentbewegung
Die aktivierten Muskeln erzeugen Drehmomente an den Gelenken, die sie umspannen. Ist das Körpersegment frei beweglich, so führen die Drehmomente zu einer Bewegung bei der sich der Muskel verkürzt *(konzentrische Kontraktion)*. Eine feste Einspannung der proximalen und distalen Segmente führt zu einer isometrischen Kontraktion, bei der sich die Muskellänge nicht merklich ändert. Mechanische Wechselwirkungen mit der Umgebung können dagegen zu einer Bewegung führen, die den Muskel während der Aktivierung dehnt *(exzentrische Kontraktion)*.

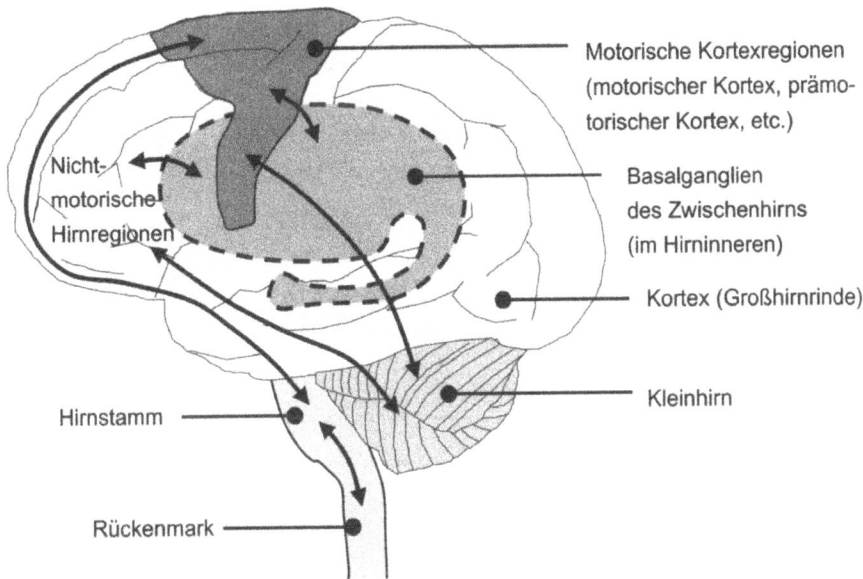

Bild 6.9: *Motorische Kortexregionen des Großhirns und dessen Interaktion mit Basalganglien, Kleinhirn, Hirnstamm, Rückenmark und nicht-motorischen Hirnregionen bei der Planung und Ausführung von Bewegungskommandos (angelehnt an Kandal et al. 2000). Zu den dabei beteiligten nicht-motorischen Hirnregionen zählen insbesondere nicht-motorischer Kortex, limbisches System und Hypothalamus.*

6.2.3 Natürliche Bewegungskontrolle

Die natürliche Bewegungskontrolle findet in vielen Bereichen des *zentralen Nervensystems* (ZNS) statt. Bewegungen, die der Willkür unterliegen, werden im Wesentlichen im *motorischen Kortex* des Großhirns geregelt (Bilder 6.9 und 6.10). Das Kleinhirn spielt dabei eine wichtige Rolle bei der Umsetzung von Fein- und Zielmotorik und der Hand-Auge-Koordination. Muskeltonus, Eigen- und Fremdreflexe sowie periodische Aktivierungsmuster (z.B. bei Gehbewegungen) werden dagegen überwiegend über das Rückenmark geregelt.

Willkürmotorik
Für die übergeordnete Kontrolle der *Willkürmotorik* sind besondere Strukturen des Großhirns zuständig. Bewegungsantrieb und Bewegungsplan werden vorrangig im *limbischen System* generiert, tief liegenden Hirnregionen (im Balken zwischen den beiden Hirnhälften), in denen auch Hunger und Durst, Sexualverhalten, biologische Rhythmen sowie emotionale Reaktionen gesteuert werden. Der motorische Kortex stellt die Schaltstelle dar, die aus dem Bewegungsplan ein Impulsmuster zur Aktivierung der beteiligten Muskulatur erzeugt. Die Bewegungskommandos laufen vom motorischen Kortex über die *Pyramidenbahn* und den *Hirnstamm* zum Rückenmark und werden dort auf die Motoneurone des peripheren Nervensystems verschaltet, die wiederum die Muskeln innervieren (Bild 6.5). *Bewegungsrezeptoren*

der Muskeln, Gelenke und der Haut erfassen die erzeugte Bewegung und leiten die Information zusammen mit Rezeptorinformationen anderer Sinnesorgane (Augen, Gehör, Gleichgewichtsorgan) in das zentrale Nervensystem zurück. Auf diese Weise wird der Kreis geschlossen und eine erfolgreiche, weil geregelte Bewegungsumsetzung möglich.

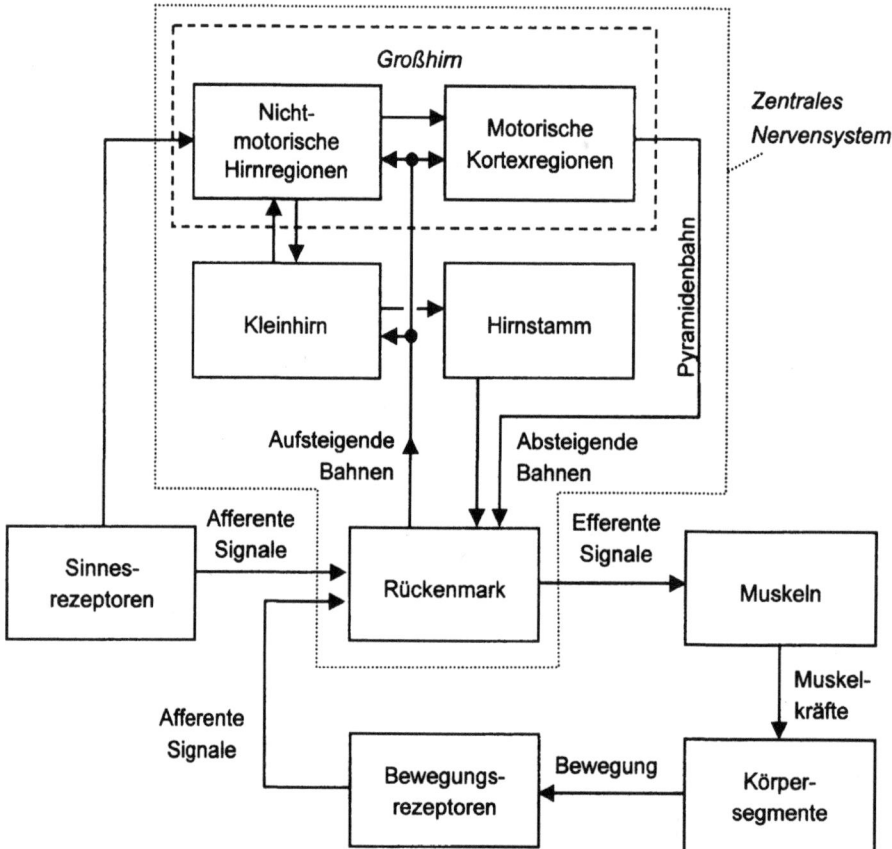

Bild 6.10: *Die Hauptkomponenten der menschlichen Motorik.*

Spinale Motorik

Das Rückenmark leitet nicht nur die Signale des Großhirns in die Peripherie weiter (Tabelle 6.1), sondern besitzt auch autonome Funktionen. Hierzu zählt die Umsetzung von Reflexen und repetitiven Bewegungsmustern. Ein so genannter *Reflexbogen* ermöglicht es, auf einen sensorischen Reiz eine Reflexantwort zu geben. Ein Reflexbogen besteht im einfachsten Fall aus einem Rezeptor, einem afferenten, d.h. sensiblen Neuron, einem efferenten, d.h. motorischen Neuron und einem Effektor, z.B. Muskel. Werden Reflexe nur über ein Neuron synaptisch verschaltet, so spricht man von *monosynaptischen Reflexen* oder *Eigenreflexen*. Findet dagegen eine mehrfache Umschaltung über Zwischenneurone statt, so spricht man von *polysynaptischen Reflexen* oder *Fremdreflexen*. Dabei können Fremdreflexe auch polysegmental verschaltet sein, so dass Nervsignale aus unterschiedlichen Rückenmarkssegmenten austreten und somit unterschiedliche Muskelgruppen ansprechen. Ein Beispiel für einen polysynaptischen, polysegmentalen Reflex ist der *Flexorreflex*. Dieser führt zu einer Aktivierung aller Beugemuskeln der unteren Extremität und ermöglicht damit ein schnelles Anheben des Fußes, sobald man z.B. in einen spitzen Gegenstand steigt. Aus technischer Sicht ist ein Reflexbogen ein einfacher Regelkreis.

Tabelle 6.1.: Rückenmarksegmente mit versorgten Muskeln und entsprechender motorischer Funktion.

Rückenmarks-segment	Innervierte Muskeln	Körperfunktion
C1, C2	Obere Nackenmuskulatur	Kopfbewegung
C3, C4	Atemmuskulatur	Inspiration (Einatmen)
C5, C6	M. deltoideus M. biceps brachii	Flexion und Abduktion der Schulter Flexion des Ellenbogen
C6, C7	M. extensor carpi radialis M. pronator teres	Dorsiflexion der Hand Pronation der Hand
C7, C8	M. triceps brachii M. extensor digitorum communis	Extension des Ellenbogen Extension der Finger
C8, T1	M. flexor digitorum superficialis M. opponens pollicis M. interosseus	Flexion der Finger Opposition des Daumen Spreizen und Schließen der Finger
T2-T6	Mm. intercostales	Verstärkte Inspiration (Einatmen) Expiration (Ausatmen, Husten)
T6-T12	Mm. intercostales (abdominal)	Verstärkte Inspiration (Einatmen) Unterstützende Expiration (Husten) Unterstützende Rumpfflexion
L1, L2, L3	M. iliopsoas Hüftadduktoren	Flexion der Hüfte Adduktion der Hüfte
L3, L4	M. quadriceps femoris	Extension des Knies
L4, L5, S1	M. gluteus medius M. tibialis anterior	Abduktion der Hüfte Dorsiflexion des Fußes
L5, S1, S2	M. gluteus maximus M. gastrocnemius	Extension der Hüfte Plantarflexion des Fußes
S2, S3, S4	Analer Muskelring Urethraler Muskelring	Darmfunktion Blasenfunktion

Segmente im Halswirbelbereich sind mit „C" (lat. *cervix*), im Brustwirbelbereich mit „T" (lat. *thorax*), im Lendenwirbelbereich mit „L" (lat. *lumbo*) und im Kreuzbein mit „S" (lat. *sacrum*) gekennzeichnet. Die Durchnummerierung beginnt immer oben.

Komplexe Verschaltungen von mehreren Rezeptorsignalen mit einer Vielzahl von Effektoren dienen sogar zur Regulierung komplexer, repetitiver Bewegungen, wie dem Gehen. So kann man schon beim Neugeborenen Schreitbewegungen beobachten, wenn man die Fußsohle mechanisch reizt. Man vermutet daher, dass sich im Rückenmark ein so genannter zentraler Mustergenerator (*Central Pattern Generator*) befindet, der für die Aufrechterhaltung von periodisch auftretenden Bewegungen zuständig ist. Dabei handelt es sich nicht um das einfache Abspielen vorprogrammierter, fester Bewegungstrajektorien, sondern um eine relativ komplexe, rezeptorbasierte, ereignisdiskrete Steuerung.

Natürliche Bewegungsregelung

Verschiedene Regelungsprinzipien kommen bei der natürlichen Kontrolle von Körperbewegungen zum Einsatz. Wesentlich ist hierbei das Prinzip der *Feedback-Regelung*. Dabei wird der aktuelle Bewegungszustand aus Bewegungsrezeptoren gewonnen und mit einer Referenzbewegung („Wunschbewegung") verglichen. Die Abweichung zwischen tatsächlicher und gewünschter Bewegung unterliegt einem Regelmechanismus im Gehirn, der dafür sorgt, dass die für eine erfolgreiche Bewegung notwendigen motorischen Befehle generiert werden. Auch die spinalen Bewegungsvorgänge funktionieren nach diesem Prinzip, allerdings ohne unmittelbaren kortikalen Beitrag.

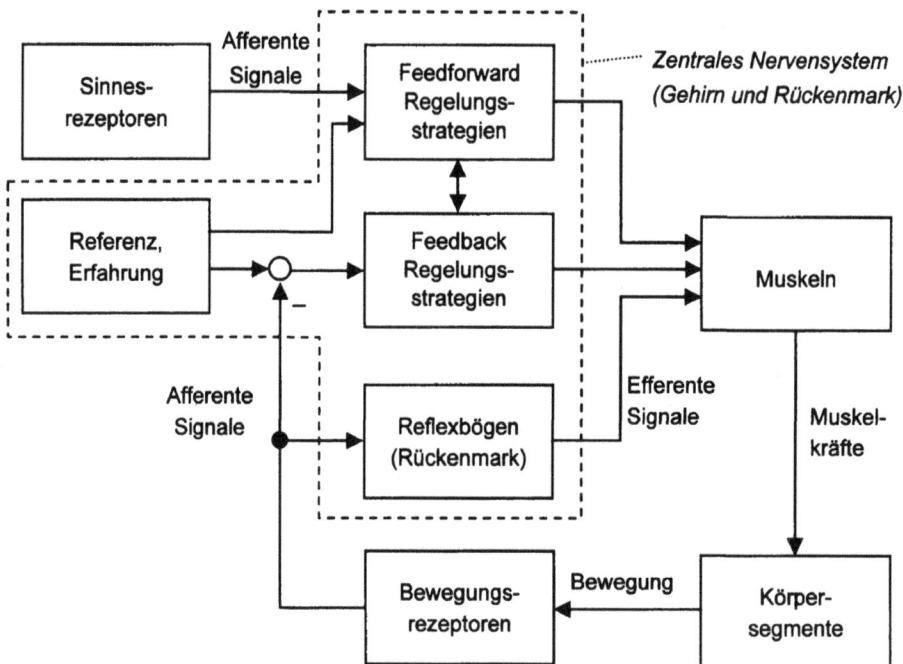

Bild 6.11: Natürliche Bewegungsregelung als Kombination aus Feedforward- und Feedback-Strategien.

Bei der Bewegungskontrolle können aber auch *Feedforward-Strategien* zum Einsatz kommen. Auf der Basis von Erfahrungswerten und eventuell mit Unterstützung visueller und auditiver Reize werden dabei Bewegungsimpulse generiert, die annähernd zu der gewünschten Bewegung führen, ohne zunächst die Feedback-Signale der Bewegungsrezeptoren zu nutzen. Der Restfehler kann schließlich durch zusätzliche Feedbackstrategien korrigiert werden (Bild 6.11).

6.3 Bewegungspathologien und -wiederherstellung

6.3.1 Pathologien der menschlichen Motorik

Die Ausführung kontrollierter Körperbewegungen kann durch Verletzungen oder Erkrankungen des zentralen oder peripheren Nervensystems sowie des Bewegungsapparates gestört sein (Tabelle 6.2). Je nachdem welche anatomische Körperregion betroffen ist, kommt es zu Defiziten bei der Bewegungsplanung, Reizgenerierung, Reizleitung oder Bewegungsausführung. In den nachfolgenden Abschnitten soll nun lediglich auf die häufigsten und bekanntesten Pathologien des menschlichen Bewegungsapparates eingegangen werden.

Läsionen des Gehirns
Läsionen des Gehirns können vielseitig und kompliziert sein. Nach Läsionen im motorischen Kortex kommt es, anders als nach Schädigungen peripherer Nerven (siehe unten), meist zu Lähmungen ganzer Gliedmaßen mit einer Beeinträchtigung feiner Bewegungen und undifferenzierten Massenbewegungen. Entsprechend der weit auseinander gezogenen Anordnung der sensomotorischen Repräsentationen von Körperbewegungen im Kortex, führen Kortexläsionen zu so genannten *Monoparesen*, d.h. zentralen Bewegungsstörungen im distalen Abschnitt nur eines Körpergliedes. Je nach Lokalisation des Herdes betrifft die Störung das Bein, den Arm, die Hand oder die Gesichts- und Sprechmuskulatur bzw. eine Einschränkung der entsprechenden Sensibilität.

Es können aber auch tiefer liegende Hirnregionen von einer Läsion betroffen sein, wie z.B. Pyramidenbahn oder Basalganglien. Dies führt dann zu Lähmungserscheinungen in größeren Körperbereichen bis hin zu einer ganzen Körperhälfte. Häufig liegt der Herd in der *Inneren Kapsel*, dem Bereich, wo sich die Nervenfasern der Pyramidenbahnen auf dem Weg zum Rückenmark bündeln und eng benachbart verlaufen. In diesem Bereich liegen die *Arterien des Schlaganfalls*, in denen Durchblutungsstörungen stattfinden und zu Schlaganfällen führen können.

Schädigungen der absteigenden motorischen Bahnen in der inneren Kapsel infolge eines Schlaganfalls führen zum Syndrom der *spastischen Hemiplegie* (*Halbseitenlähmung*). Dabei haben die Gliedmaßen eine charakteristische Haltung. Der Arm liegt eng am Rumpf an und ist am Ellenbogen gebeugt. Hand und Unterarm sind proniert, die Finger gebeugt und fest eingeschlagen. Im Bein herrscht eine Streckspastik vor, welche zu einer Spitzfußstellung führt. Dadurch kann der Patient beim Gehen das Bein nicht mehr gerade, sondern nur noch in einem nach auswärts gerichteten Bogen nach vorne bewegen. Bei ausgedehnten kapsulären Läsionen ist die motorische Hemiplegie von einer halbseitigen Gefühlsstörung begleitet. Schlaganfallbedingte Hemiplegie tritt in höherem Alter relativ häufig auf; es gibt etwa 250.000 neue Fälle pro Jahr in Deutschland.

Tabelle 6.2: *Zusammenhang zwischen Verletzungsregion, physiologischen Funktionen, Pathologien und Wiederherstellungsmöglichkeiten*

Verletzungs-region	Betroffene Funktionen	Beispiele für Pathologien	Beispiele für Wiederher-stellungsmöglichkeiten
Gehirn	Bewegungsplanung, Reizgenerierung	Halbseitenlähmung nach Schlaganfällen Lähmung nach Schädel-Hirn-Traumen Multiple Sklerose Parkinson, Cerebralparese, Tumor	Chirurgischer Eingriff Bewegungstherapie Neuroprothese Orthese
Rückenmark	Reizgenerierung, Reizleitung	Querschnittlähmung	Neuroprothese, Orthese
Peripheres Nervensystem	Reizleitung	Neuropathien, Neurapraxien Lähmungserscheinungen nach Durchtrennungen peripherer Nerven Kinderlähmung (Polio)	Spontane Heilung Chirurgischer Eingriff Orthese
Muskelapparat	Bewegungs-ausführung	Myopathien Muskelverletzungen	Spontane Heilung Orthese
Skelettsystem	Bewegungsausführung, Körperhaltung	Osteoporose, Arthrose Fraktur Verlust eines Körperteils	Roboterunterstützung Exoprothese

Läsionen in den Basalganglien führen je nach Lage des Herds unter anderem zu hyperkinetischen (aktivierenden) oder hypokinetischen (hemmenden) Bewegungsstörungen.

Komponenten des limbischen Systems betreffende Schädigungen wirken sich dagegen nur geringfügig auf die Motorik aus, z.B. in Form psychomotorischer Störungen was sich in Form einer gewissen Trägheit, Bewegungsarmut oder Abgestumpftheit äußern kann. Daneben kann es zu Änderungen des Affektes, der Stimmungslage und des Verhaltens sowie zu Gedächtnis- und Lernstörungen kommen.

Läsionen im Kleinhirn führen zu Einschränkungen der Fein- und Zielmotorik. Es resultieren Koordinationsstörungen, die sich in *Ataxien* (unkoordinierte, verwackelte Extremitätenbewegungen), *Asynergien* (unkontrollierte Aktivitäten von Muskelagonisten und -antagonisten) und *Dysmetrien* (gestörte Zielbewegungen) untergliedern lassen. Kleinhirnschädigungen können darüber hinaus zu einer Verringerung des Muskeltonus führen.

Hirnläsionen können unter anderem durch Blutungen und Durchblutungsstörungen (*Schlaganfälle*), Sauerstoffunterversorgung, Hirntumoren, Kopfverletzungen (Schädel-Hirn-Traumen) sowie neurodegenerative Pathologien hervorgerufen werden. Eine bekannte Pathologie ist das *Parkinson-Syndrom*, welche auf eine Verarmung an Dopamin in den Basalganglien zurückzuführen ist. Typische Kennzeichen sind Reduzierung von Spontan- und Mitbewegungen (Armschwingen, Gestik, Mimik, Stimme), Rigor (erhöhter Muskeltonus, Widerstand), Tremor (Ruhezittern) und Störung gleichgewichtserhaltender Reflexe. Daneben treten auch zahlreiche nichtmotorische Symptome auf, wie Stimmungsveränderungen, kognitive Leistungsminderung, Schmerzen usw. In Deutschland leben etwa 200.000 Parkinson-Patienten.

Eine weitere degenerative Erkrankung ist die *Multiple Sklerose* (MS). Dabei kommt es zu vielen (d.h. multiplen) Entzündungen im zentralen Nervensystem, die im Verlauf der Erkrankung vernarben (sklerosieren). Die Erkrankung führt dazu, dass sich die nervumgebende Myelinschicht zurückbildet, wodurch sich die Eigenschaften der Reizleitung und Informationsübertragung verändern. Diese Vorgänge betreffen nicht nur die Neurone des Gehirns sondern auch die des Rückenmarks. MS kann sich in Form von Bewegungs-, Seh-, Sprach-, Emotions- und Empfindungsstörungen bis hin zu Schmerzen äußern. In Deutschland gibt es etwa 120.000 MS Erkrankte.

Nicht selten treten Hirnläsionen bereits bei der Geburt durch eine Sauerstoffunterversorgung auf (*infantile Cerebralparesen*), die sich dann durch eine lebenslange starke Spastik, Ataxie und andere sensorische und kognitive Defizite, äußern kann.

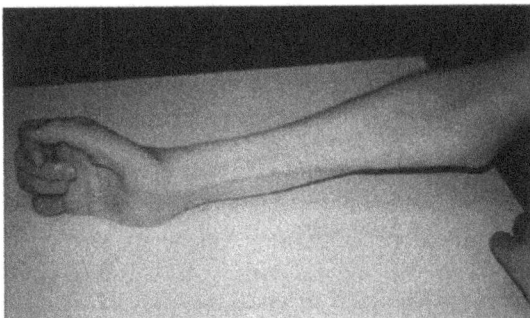

Bild 6.12: *Typisches, atrophiertes Muskelrelief bei einem tetraplegischen Patienten (mit Genehmigung von A. Curt, Universitätsklinik Balgrist, Zürich).*

Läsionen des Rückenmarks: Querschnittlähmung

Wird infolge eines Unfalls oder einer Krankheit das Rückenmark beschädigt, so können motorische und sensorische Funktionen verloren gehen, da die Verbindung zum Gehirn unterbrochen ist. Die Unterbrechung führt in Abhängigkeit von ihrem Ausmaß und ihrer Rückenmarkshöhe zu teilweisen oder vollständigen Lähmungen der Gefühlsempfindungen, der aktiven Bewegung der Gliedmaßen, der Muskulatur des Brustkorbs und des Zwerchfells, der Funktionen von Blase und Darm sowie der Sexualfunktion, ferner zu Regulationsstörungen von Atmung und Kreislauf (siehe Tabelle 6.1). Befindet sich die Läsion im Brustwirbelbereich und darunter (T1-T12, L1-L5), so führt dies zu einem teilweisen oder vollständigen Verlust der Beinfunktion, man spricht dann von *Paraplegie*. Läsionen im Halswirbelbereich führen dagegen zu einem teilweisen oder vollständigen Verlust der sensomotischen Funktionen aller vier Extremitäten und des Rumpfs. Diese Art von Querschnittlähmung wird *Tetraplegie* genannt. Bei Läsionen oberhalb des dritten Halswirbels C3 kann es auch noch zu einem Verlust der Atemfunktion und Kopfbewegung kommen.

Liegt die Läsion ausschließlich im Bereich des Rückenmarks (obere sensorische und motorische Neurone), so entwickelt sich in der Regel eine *Spastik*. Die Spastik ist gekennzeichnet durch gesteigerte Muskeleigenreflexe, Enthemmung von Fremdreflexen, wie z.B. dem Flexorreflex, Auftreten pathologischer Reflexe, wie z.B. dem Babinski-Zeichen und Klonus, und erhöhtem Muskeltonus.

Ist eine größere Zahl von unteren motorischen Neuronen (PNS), welche den Zielmuskel innervieren, geschädigt, so führt dies zu einer *schlaffen Lähmung*, die u.a. dadurch gekennzeichnet ist, dass keine Spastik auftritt, wodurch der Muskel schneller atrophiert (siehe Abschnitt 6.3.1). Eine Schädigung des unteren motorischen Neurons ist zu befürchten, wenn der Zielmuskel von einem geschädigten Rückenmarkssegment innerviert wird, wenn eine Läsion unterhalb von T11 vorliegt (Konus- oder Kaudaläsion), wenn gleichzeitig eine traumatische Wurzel- Plexus-, oder periphere Nervenschädigung besteht oder wenn eine Arachnoiditis (Entzündung der Rückenmarkshaut) zur Wurzelschädigung führt.

Ferner unterscheidet man *inkomplette* oder *komplette Lähmungen*. Bei einer inkompletten Lähmung sind nicht alle motorischen Neurone geschädigt, so dass noch einzelne Muskeln oder motorische Einheiten funktionsfähig bleiben und auf natürliche Weise aktiviert werden können. Häufiger noch bleiben bei inkompletten Lähmungen sensorische Funktionen erhalten. Bei einer kompletten Lähmung sind die im Rückenmark verlaufenden Neurone vollständig durchtrennt.

Zusätzlich zum Verlust von Bewegungsfunktionen können bei der Querschnittlähmung im Verlauf eine Reihe weiterer medizinischer Komplikationen auftreten. Solche so genannten Sekundärkomplikationen sind z.B. Muskelatrophie (Verringerung der Muskelmasse und Muskelkraft, siehe Bild 6.12), Osteoporose (Verringerung des Knochenmineralgehalts und demzufolge verringerte Knochenfestigkeit), Blasenprobleme und erhöhtes Blaseninfektionsrisiko, Kontrakturen, verringertes Herz-Lungen-Volumen, Verdauungsprobleme sowie gestörte Mikrozirkulation in der Haut mit Gefahr von Druckgeschwüren.

In Deutschland gibt es etwa 30.000 querschnittgelähmte Patienten. Jedes Jahr kommen knapp 2000 neue Fälle hinzu. 60% aller Querschnittgelähmten sind Paraplegiker, 40% sind

Tetraplegiker. In den letzten 20 Jahren sank der Anteil kompletter Lähmungen von 70% auf 30%. Bild 6.13 zeigt die Altersverteilung der Querschnittgelähmten in Deutschland. Ein Großteil der Fälle ist durch Verkehrs- und Sportunfälle vor allem jüngerer Menschen bedingt. Die verbesserten Überlebensaussichten und die heute meist ungeschmälerte Lebenserwartung führen zu einem ständigen Anstieg der Zahl querschnittgelähmter Patienten. Die Lebensqualität der Querschnittgelähmten ist jedoch deutlich vermindert: viele Aufgaben verlangen die Hilfe von außen, sei es durch die Benutzung mechanischer oder elektrischer Geräte (Rollstuhl, Krücken, Orthesen, elektrische Bewegungshilfen) oder durch die Unterstützung eines Pflegers.

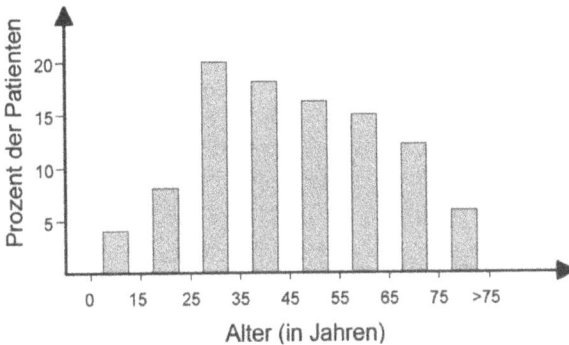

Bild 6.13: Querschnittgelähmte nach Altersgruppen in Deutschland (Statistisches Bundesamt, 1993).

Läsionen des peripheren Nervensystems

Läsionen von peripheren Nerven führen zu so genannten *schlaffen Lähmungen*. Im Gegensatz zur *spastischen Lähmung* sind dabei die Muskeleigenreflexe und die Fremdreflexe abgeschwächt oder gar erloschen, der Muskeltonus vermindert, die Feinmotorik beeinträchtigt und die Muskelkraft deutlich vermindert. Außerdem führt eine Denervierung des Muskels längerfristig zu hochgradiger Atrophie des Muskels und schließlich zu einem bindegewebigen Umbau des Muskels. Das Ausmaß einer schlaffen Lähmung hängt von der Anzahl der geschädigten peripheren Nerven ab.

Periphere Lähmungen können motorisch, sensibel oder gemischt motorisch-sensibel sein. Sie können durch Verletzungen (Schnittverletzungen, Gelenkbrüche, Drucklähmungen) oder Krankheiten (Tumoren, Kinderlähmung, Neuropathien) bedingt sein.

Läsionen des Muskel- und Skelettsystems

Bei einem Unfall oder im Sport können sehr hohe Kräfte auf den Bewegungsapparat wirken. Dies kann zu Muskelfaserrissen, Bänder(an)rissen, Knorpelbeschädigungen, bis hin zu Frakturen (Knochenbrüchen) führen.

Teilweise können Gelenkverletzungen auch durch eine lang andauernde Fehlhaltung oder Fehlbelastung degenerativ hervorgerufen werden. Beispielsweise kann eine *Arthrose* entstehen, wenn sich der Gelenkknorpel langsam abnutzt. Dies führt zu einer Verringerung der Bewegungsfreiheit und zum Auftreten von Gelenkschmerzen.

Muskeln und Knochen können auch durch verschiedene Erkrankungen ihre Funktionen verlieren. So gibt es eine große Anzahl unterschiedlicher *Myopathien*, bei denen die Muskeln an Kraft und Ausdauer verlieren oder Schmerz und Krämpfe auftreten. Bei der Osteoporose handelt es sich um eine Stoffwechselerkrankung, bei der entweder zu wenig Knochen neu gebildet oder der Knochen vermehrt abgebaut wird. In der Folge wird der Knochen porös und brüchig.

Zum Verlust ganzer Gliedmaßen kann es nach Unfällen, Schussverletzungen oder Amputationen kommen. Gründe für *Amputationen* sind große Tumoren oder Stoffwechselerkrankungen (z.B. Diabetes). Der Verlust eines Körperteils bedeutet für den Betroffenen nicht nur eine funktionelle Einschränkung, sondern auch eine erhebliche psychische Belastung.

6.3.2   Natürliche Mechanismen der Bewegungswiederherstellung

Zentrales Nervensystem: Gehirn und Rückenmark

Das zentrale Nervensystem weist drei wesentliche Mechanismen auf, welche eine teilweise oder gar vollständige natürliche Wiederherstellung motorischer Funktionen erlauben. Dazu zählt, erstens, eine *Adaption* oder *Kompensation* verloren gegangener Bewegungsfunktionen durch neue, andere Funktionen. Zweitens können die Aufgaben der beschädigten Hirn- oder Rückenmarksregionen infolge der so genannten *Plastizität des ZNS* durch neue Verschaltungen und Einbindung anderer Hirnareale übernommen werden. Und drittens können sich die beschädigten Bereiche durch *Regeneration* auch wieder erholen oder neu bilden. Alle Mechanismen können durch medikamentöse, physiotherapeutische oder chirurgische Behandlungsmethoden verstärkt und beschleunigt werden.

Die Plastizität des zentralen Nervensystems beruht auf dem Vermögen, dass Axonverzweigungen neu auswachsen sowie ursprünglich funktionell nicht genutzte Synapsen und Verschaltungen zwischen Nervenzellen aktiviert werden können.

Auch Sekundärschäden, wie zum Beispiel Infarkte oder Hirntumoren, können sich nach Behandlung oder spontaner Abheilung der Grunderkrankung zurückbilden, wodurch sich dann die Funktion des vorübergehend neurologisch gestörten Bereichs erholt.

Zudem können im zentralen Nervensystem Hemmmechanismen vermindert werden. So erhöht sich nach einer zentralen Schädigung die Empfindlichkeit der Motoneurone im Rückenmark, weil die bremsenden Einflüsse der Pyramidenbahn wegfallen können. Dies äußert sich in Form einer verstärkten Eigen- und Fremdreflexaktivität und Spastik.

Anders als im peripheren Nervensystem sind dagegen eine Vermehrung von Neuronen und ein Ersatz von zerstörten Neuronen im ZNS nicht möglich. Dies liegt daran, dass die *Gliazellen* des ZNS, die in etwa zehnfacher Menge um ZNS Neuronen liegen, ein Axonwachstums-

Hemmprotein produzieren. Natürliche Wachstumsfaktoren fehlen, die das Axonwachstum wieder anregen würden.

Häufig bleibt daher nur der Ausweg über eine prothetische oder orthetische Versorgung.

Peripheres Nervensystem
Im Vergleich zum ZNS regenerieren sich geschädigte Axone des peripheren Nervensystems relativ gut. Bei leichteren Nervenschädigungen ohne Unterbrechung (*Neurapraxien*), wie sie beispielsweise durch Drucklähmungen entstehen, kommt es innerhalb von wenigen Tagen bis Wochen zu einer Heilung. Ist das Axon jedoch z.B. infolge einer Verletzung durchtrennt, so kommt es nur dann zu einer Regeneration durch Aussprossung, wenn das Nervhüllgewebe noch erhalten ist. Die Erholungszeit beträgt dann mehrere Monate. Ist dagegen der Nerv vollständig durchtrennt, so ist eine axonale Regeneration nur nach einer chirurgischen Rekonstruktion möglich. Hierzu verwendet man häufig eine künstliche Hülle (ein so genanntes „Nerve Graft"), die zwischen den Enden des durchtrennten Nerven gelegt wird. Diese sorgt dafür, dass die Axone in die richtige Richtung auswachsenden (Bild 6.14). Dabei kommt es zu Wachstumsgeschwindigkeiten von etwa 1–3 mm pro Tag.

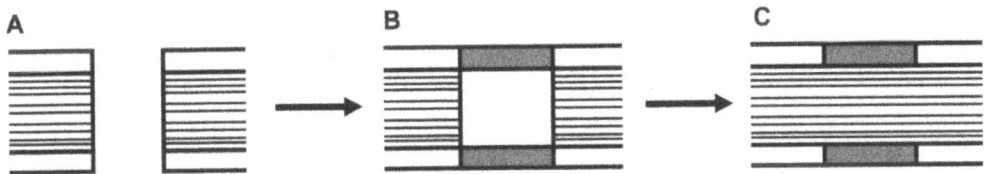

Bild 6.14: *Nach einer vollständigen Durchtrennung von Axon und Nervhülle (A) kann mittels eines chirurgisch eingebrachten „Nerve Grafts" (B) das Axonwachstum wieder angeregt werden, wodurch sich die Nervenenden wieder verbinden (C).*

Muskel- und Skelettsystem
Wie aus dem Alltag bekannt, ist der menschliche Körper in der Lage Verletzungen von Muskeln und Knochen durch eigene Wachstumsprozesse in den Griff zu bekommen, sofern die Schädigung nicht zu große Ausmaße besitzt. Eine Selbstheilung von Knorpel- und Bänderschäden ist dagegen nicht möglich. Im Vergleich zu einigen Musterbeispielen aus der Tierwelt (z.B. Eidechsen) können auch nicht Teile von Gliedmaßen nachwachsen.

Bei vielen Läsionen des Bewegungsapparates ist der Mensch auf medikamentöse oder chirurgische Maßnahmen, Ersatzorgane (z.B. künstliche Menisken, Endo- oder Exoprothesen) oder technische Hilfen (z.B. Krücken, Orthesen) angewiesen.

6.3.3   Technische Methoden der Bewegungswiederherstellung

Klassifikation

Wie bereits mehrfach angedeutet, reichen die natürlichen Mechanismen häufig nicht aus, um die verloren gegangenen Bewegungsfunktionen wiederherzustellen. In solchen Fällen ist der Patient auf technische Hilfen angewiesen. Dabei kann man drei wesentliche Methoden der Bewegungswiederherstellung unterscheiden:

1. *Prothetik*: Vollständig verloren gegangene Bewegungsfunktionen können durch eine prothetische Versorgung ersetzt werden.

2. *Orthetik*: Nach einem teilweisen Verlust von Bewegungsfunktionen können die vorhandenen Restfunktionen durch eine orthetische Versorgung unterstützt werden.

3. *Substitution*: Teilweise oder vollständig verloren gegangene motorische Funktionen können mittels technischer Hilfsmittel durch andere intakte Körperfunktionen ersetzt werden.

Beispiele mechanischer bzw. motorischer Prothesen sind künstliche Gliedmaßen (*Exoprothesen*) oder künstliche Hüft-, Knie- und Schultergelenke (implantierbare Endoprothesen). Eine mechanische bzw. motorische Orthese ist in der Regel ein orthopädischer Apparat, der zur Stabilisierung, Entlastung, Führung oder Korrektur von Gliedmaßen oder Rumpf dient. Beispiele für motorische Orthesen sind Krücken, Fußschienen, Stand- und Gangorthesen sowie Rollstühle. Substitutionsprinzipien werden bei motorisch gelähmten Patienten nur selten eingesetzt. Ein typisches Beispiel ist die Verwendung einer Spracheingabe als Alternative zu einer mechanischen Bedienung eines beliebigen Gerätes. Das Prinzip der Substitution wird jedoch häufiger bei sensorischen Defiziten eingesetzt (z.B. Brailledisplay oder akustische Ausgabe für Blinde, graphische Visualisierung für Taubstumme).

Bedeutung der Patientenkooperativität

Sowohl bei orthetischen als auch bei prothetischen Lösungsansätzen ist häufig Aktorik notwendig oder sinnvoll, um die Bewegung herbeizuführen oder die vom Patienten beabsichtigte Bewegung zu unterstützen. Hierbei sollte aber möglichst vermieden werden, dass das technische System dem Patienten ein festes Bewegungsmuster aufprägt. Vielmehr muss versucht werden, die Bewegungsintention und den muskulären Eigenbeitrag des Patienten zu erkennen und diese bei der technisch unterstützten Bewegungsumsetzung zu berücksichtigen. Zahlreiche neue wissenschaftliche Arbeitsgruppen verfolgen daher die Entwicklung so genannter interaktiver und kooperativer Strategien. Dabei geht es nicht nur um einen bidirektionalen Austausch von Energie und Information, sondern vor allem um eine Berücksichtigung individueller Patienteneigenschaften und aktueller Bewegungssituationen sowie um eine flexible Anpassung des technischen Systems an die Bedürfnisse und Bewegungsintentionen des Patienten. Bei der Entwicklung neuer Rehabilitationstechniken spielen daher auch Methodiken der Informationsverarbeitung, Displaytechnologie, Regelungstechnik und Simulationstechnik eine wichtige Rolle. Verfahren der Mikrotechnik sind hilfreich, um die technischen Komponenten zu miniaturisieren. Dadurch können die Geräte an die Anatomie angepasst und für den Patienten, z.B. durch Integration in die Kleidung, unbemerkbar und komfortabel gemacht werden.

In den nun folgenden Abschnitten wird auf konkrete Anwendungsbeispiele der Bewegungswiederherstellung eingegangen. Es werden verschiedene Ansätze der technisch unterstützten klinischen Bewegungstherapie, der modernen Neuroprothetik, der Exoprothetik und schließlich der Orthetik und Robotik näher vorgestellt.

6.4 Ausgewählte Beispiele der Bewegungswiederherstellung

6.4.1 Techniken der klinischen Bewegungstherapie

Manuelles Laufbandtraining

Das *Lokomotionstraining* auf dem Laufband wird seit mehr als zehn Jahren als Therapie bei der Rehabilitation von gehbehinderten Patienten eingesetzt. Dabei wird der Patient mittels einer speziellen Aufhängevorrichtung von seinem Körpergewicht entlastet. Zwei Physiotherapeuten führen die Beine auf dem Laufband, so dass der Patient Gehbewegungen auf dem Laufband ausübt (Bild 6.15).

Diese Art der Bewegungstherapie hat sich speziell bei halbseitig gelähmten (z.B. nach einem Schlaganfall oder Schädel-Hirn-Trauma) und inkomplett querschnittgelähmten Patienten als sehr effektiv erwiesen (Hesse et al. 1994; Dietz et al. 1995). Bei der Therapie der halbseitig Gelähmten ist es die so genannte Plastizität des Gehirns, die eine Neuorganisation der neuronalen Vernetzungen und somit eine Verbesserung des Gangmusters ermöglicht. Dabei übernehmen neue Hirnareale die motorischen Aufgaben der beschädigten Bereiche. Bei den Querschnittgelähmten werden dagegen vor allem spinale Vorgänge im Rückenmark reaktiviert und verstärkt („Central Pattern Generator", siehe Abschnitt 6.2.3). Dabei wird die Tatsache genutzt, dass ein relevanter Anteil der Bewegungskontrolle ausschließlich über das Rückenmark abläuft. Wenn, wie bei der Querschnittlähmung, die Verbindung zwischen zentralem Nervensystem und Peripherie unterbrochen ist, kann immer noch ein beträchtlicher Teil der Bewegungsfunktion über die erhaltenen Nerven im Rückenmark trainiert werden.

Grundlage der Therapie ist in beiden Fällen, dass periodisch wiederkehrende Bewegungsabläufe über taktile und propriozeptive Rezeptoren des Bewegungsapparats (in Fußsohle, Muskeln, Sehnen, Gelenken) registriert werden, als afferente Signale ins zentrale Nervensystem geleitet werden und so die neuronalen Reorganisationsprozesse in Gang setzen.

Laufbandtraining kann auch bei Patienten angewendet werden, die unter einem Parkinson-Syndrom, Multipler Sklerose oder einer Cerebralparese leiden. Wie groß dabei der therapeutische Effekt ist, wurde jedoch noch nicht näher untersucht.

Die durch das Laufbandtraining verursachten spinalen und kortikalen Veränderungen führen zu neuen Bewegungsstrategien und verbesserten Bewegungsabläufen. Ferner kommt es auch zu einem Training und Aufbau der Muskulatur, einer Stabilisierung des Herz-Kreislaufsystems, einer Reduktion von Spastik, einer Verbesserung der Verdauung sowie einer Vorbeugung von Osteoporose.

Bild 6.15: *Manuell geführtes Laufbandtraining mit Gewichtsentlastung (mit Genehmigung der Hocoma AG, Volketswil).*

Die manuelle Laufbandtherapie weist aber auch eine Reihe von Problemen auf. Zum einen ist das Training sehr personalintensiv und anstrengend, da zwei Therapeuten die Beine eines Patienten heben und führen müssen. Da sich die Therapeuten zudem in einer unangenehmen, schrägen Sitzposition befinden, ermüden sie schnell. Viele klagen sogar über Rückenschmerzen. Daher ist die Dauer einer Therapieeinheit auf nur 15 bis 30 Minuten beschränkt, obwohl dem Patienten ein längeres Training zugute kommen würde. Ein weiteres Problem ist, dass jeder Therapeut die Beine des Patienten verschieden führt. So ergibt sich nicht nur ein unterschiedliches Gangmuster für rechtes und linkes Bein, sondern die aufgeprägte Bewegung variiert auch von Tag zu Tag. Speziell zu Beginn der Therapie wäre aber ein langes, reproduzierbares, symmetrisches und physiologisch korrektes Gangmuster für einen maximalen Therapieerfolg wichtig. Abhilfe schafft hier eine automatisierte, roboterunterstützte Bewegungstherapie.

Automatisiertes Gangtraining

Weltweit arbeiten mehrere Forschungsgruppen an der Entwicklung, Anwendung und Evaluierung von automatisierten Lösungsvorschlägen des Gangtrainings (Bilder 6.16 und 6.17). Dabei werden die Bewegungen in Hüfte, Knie und Fuß von einer Bewegungsaktorik aus veranlasst, ebenfalls unter Gewichtsentlastung des Patienten. Die Vorteile sind vielfältig: Die Bewegungen sind exakter, da man sie standardisieren kann. Die Patienten können damit systematischer und außerdem länger üben. Die Physiotherapeuten werden entlastet und können sich um die Therapieüberwachung mehrerer Patienten kümmern. Insgesamt wird das Bewegungstraining dadurch effizienter und der Therapieverlauf protokollierbar.

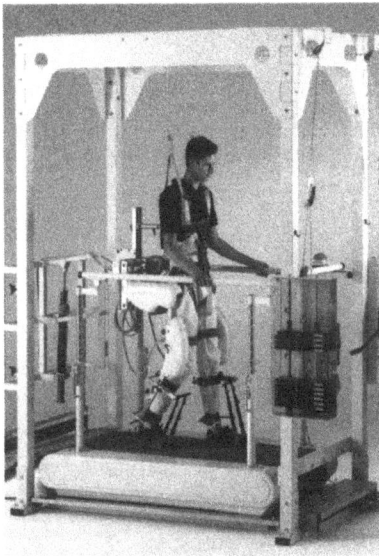

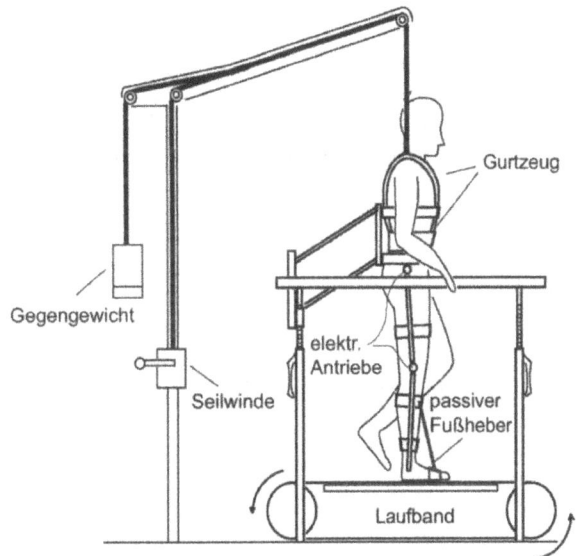

Bild 6.16: *Lokomat® von Hocoma AG bestehend aus aktuierter Gangorthese, Laufband und Gewichtsentlastungssystem (mit Genehmigung der Hocoma AG, Volketswil).*

Die beiden bekanntesten Geräte sind der Lokomat® von der Hocoma AG (Bild 6.16) und der Gangtrainer der Firma Reha-Stim (Bild 6.17). In beiden Geräten werden die Beine des Patienten durch motorisierte Komponenten künstlich bewegt. Der wesentliche Unterschied liegt jedoch darin, dass beim Lokomat® ein Exoskelett verwendet wird, wodurch die Bewegung direkt in die Beingelenke eingeprägt wird, während beim Gangtrainer mittels zweier aktuierter Plattformen das Gangmuster in die Patientenfüße eingeleitet wird. Ein Laufband wird demnach nur beim Lokomat® verwendet.

Zur Erzeugung der gewünschten Bewegung können verschiedene Regelungsstrategien zum Einsatz kommen. Die einfachste Art der Bewegungsregelung ist eine *Positionsregelung*, bei welcher ein einfaches Regelgesetz dafür sorgt, dass die Bewegung q der technischen Komponenten einer vorgegebenen Referenztrajektorie q_d folgt. Diese lässt sich bei den beiden vorgestellten Systemen prinzipiell gut umsetzen.

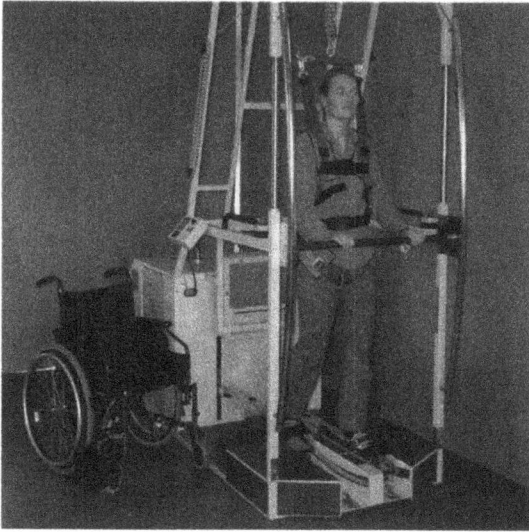

Bild 6.17: Gangtrainer der Firma Reha-Stim (mit Genehmigung von Reha-Stim, Berlin).

Das Problem ist jedoch, dass jeder Patient seine individuelle, ja sogar zeitlich variable Referenzbewegung besitzt. Diese hängt von Körpergröße, Körpergewicht, Tagesform, Ermüdungszustand usw. ab. Eine Idee ist daher, mittels modellbasierter, *adaptiver Strategien* die Referenztrajektorie q_d individuell anzupassen (Colombo et al. 2002). Bild 6.18 zeigt, wie eine solche Strategie beim Laufroboter Lokomat® umgesetzt werden kann. Da der Lokomat® mit Positions- und Kraftsensorik ausgestattet ist, können sowohl Knie- und Hüftwinkel q als auch Knie- und Hüftdrehmomente T erfasst werden.

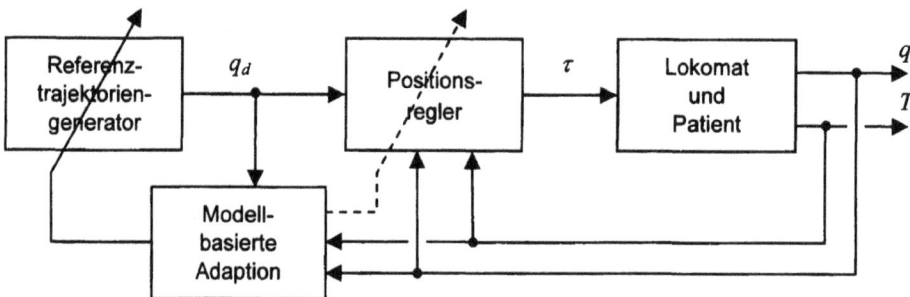

Bild 6.18: Prinzip der modellbasierten adaptiven Regelung beim Gangroboter Lokomat®. Kraft- und Bewegungssensorik ist im Modellblock „Lokomat und Patient" berücksichtigt.

Die Anpassung der Referenztrajektorien erfolgt dabei mittels eines speziellen Optimierungsalgorithmus. Hierbei wird die Variation der Referenztrajektorie so berechnet, dass die dadurch resultierenden aktiven Patientendrehmomente vermindert werden. Die Variation der Referenztrajektorien kann aber nicht beliebig sein, da Trajektorien resultieren müssen, die einer realistischen Gehbewegung entsprechen. Dazu wird eine geeignete Parametrisierung gewählt, bei der eine Standardtrajektorie mittels dreier Kenngrößen skaliert wird. Verändert werden dabei die Winkelamplitude, ein Winkeloffsetwert sowie die Periodendauer der Standardtrajektorie.

Neben der Referenztrajektorie können auch Reglerparameter individuell angepasst werden. Der einfache Positionsregler kann durch einen beliebigen anderen, komplexeren Regelalgorithmus ersetzt werden (z.B. Kraftregler).

Eine aussichtsreiche Erweiterung stellt die Implementierung so genannter Impedanzregelungsstrategien dar. Impedanzregelstrategien wurden vor etwa 20 Jahren von Neville Hogan erstmals vorgestellt (Hogan 1985) und haben sich inzwischen im Bereich der Robotik und Mensch-Maschine-Interaktion gut etabliert. Die Kernidee der Impedanzregelung in der automatisierten Laufbandtherapie besteht darin, dass eine variable Abweichung von der gegebenen Referenztrajektorie zulässig wird. Die Abweichung hängt zum einen vom Verhalten und den muskulären Beiträgen des Patienten ab und zum anderen vom eingestellten Betrag einer künstlichen Kraft, die versucht das Bein des Patienten auf der Referenztrajektorie zu halten. Diese Kraft kann eine Funktion der Beinwinkelstellung und dessen Ableitungen sein und wird allgemeiner auch mechanische Impedanz genannt.

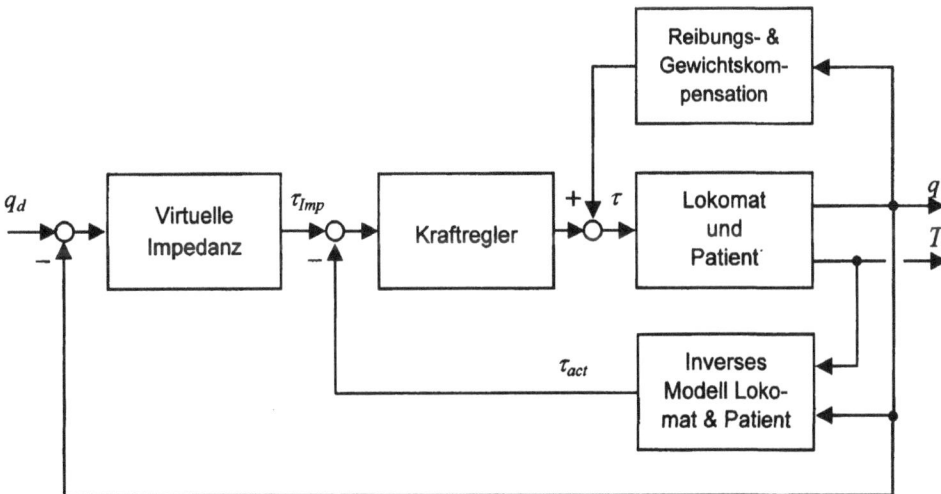

Bild 6.19: *Beispiel für eine Impedanzregelungsarchitektur beim Gangroboter Lokomat®. Kraft- und Bewegungssensorik ist im Modellblock „Lokomat und Patient" berücksichtigt.*

Bild 6.19 zeigt eine mögliche Ausführungsform einer Impedanzregelarchitektur, wie sie im Gangroboter Lokomat® implementiert wurde. Die integrierten Winkelsensoren erfassen Knie- und Hüftstellung. Diese Winkelinformation wird zur Bestimmung der Beinstellung und -geschwindigkeit verwendet. Die Impedanz τ_{Imp} wird schließlich aus der Differenz der Ist- und Sollbeinkinematik bestimmt; τ_{Imp} sind die Gelenkmomente, die versuchen das Bein auf der Solltrajektorie zu halten. Sie werden durch den unterlegten Kraftregler realisiert. Die dabei auftretenden Momente werden durch die integrierte Kraftsensorik erfasst. Da es sich bei diesen Momenten um Summenwerte handelt, die nicht nur muskuläre sondern auch viskoelastische und gewichtsabhängige Beiträge beinhalten, wird ein inverses dyamisches Modell verwendet, um die aktiven Momentenanteile τ_{act} zu extrahieren. Dies ist notwendig, um zu vermeiden, dass der Kraftregler bereits bei rein passiven Effekten reagiert, zumal es das Ziel ist nur bei aktiver Muskelkrafterzeugung eine Abweichung von der Solltrajektorie zuzulassen. Zusätzliche Feedforwardkomponenten (nicht in Bild 6.19 gezeigt) und eine Gewichts- und Reibungskompensation verbessern die Reglerperformanz zusätzlich.

Eine alternative Regelungsstrategie ist die *Admittanzregelung* (Riener et al. 2002). Mit ihr lassen sich vergleichbare Ergebnisse erzielen wie mit einer Impedanzregelung.

Automatisierte Therapie der oberen Extremitäten
Ähnlich wie bei der Behandlung der unteren Extremitäten können Ansätze aus der Robotik auch für die Therapie der oberen Extremitäten, insbesondere bei Halbseitengelähmten nach Schlaganfall, verwendet werden. Eines der bekanntesten Systeme ist der MIT Manus (Krebs et al. 1998). Hierbei handelt es sich im Wesentlichen um einen SCARA Roboter, der die Hand des Patienten in der horizontalen Ebene bewegt (Bild 6.20). Am distalen Ende des SCARA Roboters kann optional ein Ergänzungsmodul mit weiteren drei rotatorischen Freiheitsgraden befestigt werden. Ein graphisches Display wird verwendet, um dem Patienten visuelle Instruktionen darzubieten.

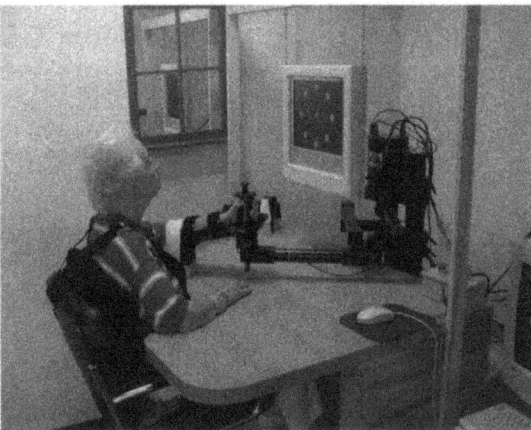

Bild 6.20: MIT Manus zur Therapie halbseitengelähmter Patienten nach Schlaganfall (mit Genehmigung von I. Krebs und N. Hogan).

Wie im Lokomat® ist auch im MIT Manus Bewegungs- und Kraftsensorik integriert. So wird die Umsetzung von patientenfreundlichen Impedanzregelungsstrategien ermöglicht. Im Gegensatz zur automatisierten Laufbandtherapie konnte mit dem MIT Manus bereits anhand von über 100 Schlaganfallpatienten nachgewiesen werden, dass sich die Effizienz der Therapie gegenüber klassischen Armtherapieverfahren signifikant steigern ließ.

Ein weiterer Armroboter, ARMin, befindet sich zurzeit an der ETH Zürich und der Universitätsklinik Balgrist in Entwicklung (Bild 6.21). Auch ARMin ist in der Lage, patientenfreundliche Impedanzregelungsstrategien umzusetzen. Gegenüber dem MIT Manus zeichnet er sich vor allem dadurch aus, dass er mehrere Bewegungsfreiheitsgrade besitzt und die Momente zum Teil über eine Exoskelettstruktur direkt in die Gelenke eingeleitet werden. ARMin soll die Therapie von Patienten mit Hemiplegie, Tetraplegie und Muskel-Skelett-Läsionen der oberen Extemitäten verbessern.

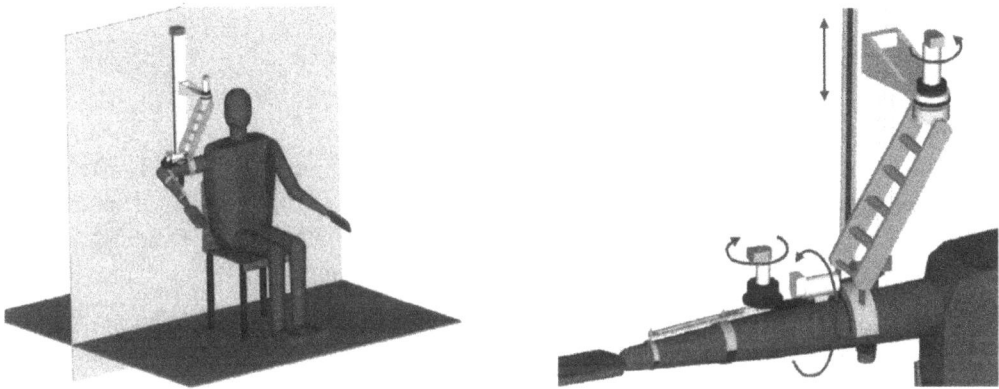

Bild 6.21: ARMin: *Armtherapieroboter, der zurzeit an der ETH Zürich und Universitätsklinik Balgrist entwickelt wird.*

Virtuelle Realität zur Therapie von Bewegungsstörungen
Motorische und sensorische Störungen können auch mit Techniken der Virtuellen Realität behandelt werden. Mittels geeigneter visueller, akustischer und unter Umständen auch haptischer Interaktion kann ein gelähmter oder bettlägeriger Patient in eine virtuelle Umgebung eintauchen und darin bestimmte Bewegungsaufgaben erfüllen. Dies kann die Therapie von Bewegungsstörungen deutlich unterstützen und den Heilungsprozess beschleunigen. Gleichzeitig lassen sich die Bewegungen aufzeichnen und somit der Heilungsprozess und Therapieerfolg quantitativ beurteilen.

Ein Beispiel hierfür sind Geschicklichkeitsspiele mit einem Datenhandschuh oder dem bekannten haptischen Displaygerät „PHANToM" zur Therapie von Handverletzungen. Ein weiteres Beispiel sind Tastübungen mit taktilem Feedback zum Wiedererlernen eines Berührungsempfindens. Ein sehr interessanter Ansatz ist ein in Japan entwickelter Spaziersimulator für bettlägerige Patienten (Bild 6.22). Durch Tretbewegungen auf Fußpedalen kann der Patient durch eine künstlich animierte oder real aufgenommene Waldszene laufen. Die Bildinformation wird dabei über einen Panoramabildschirm dargestellt. Die Wirklichkeitsnähe wird durch hörbares Vogelgezwischer und riechbare Walddüfte verstärkt.

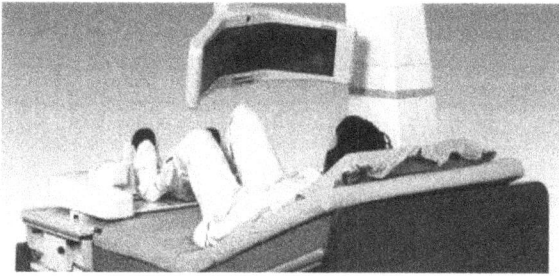

Bild 6.22: *Spaziersimulator zur frühzeitigen Bewegungstherapie von bettlägerigen Patienten (mit Genehmigung von Mitsubishi Electric Corporation, Japan).*

Neuroregeneration

Hemmungsfaktoren verhindern normalerweise, dass geschädigte Zellen des Rückenmarks weiter wachsen. Aguayo wies 1982 nach, dass Nervenfasern im Rückenmark dennoch wieder zusammen wachsen können, wenn man Myelin aus der Umgebung überträgt. Martin Schwab konnte dies kurze Zeit später in Zellkultur-Experimenten bestätigen.

Antikörper können bestimmte Hemmungsfaktoren blockieren. Verhindert man die Wachstumshemmung durch die Antikörper, so wird das Wachstum wieder angeregt. Tierexperimente mit Antikörpern bestätigten diese Hypothese. Beispielsweise konnte an Ratten gezeigt werden, dass es nach einer gesetzten Läsion wieder zu einem Wachstum kommt und die Bewegungsfunktionen verbessert werden. Die Vergabe der Antikörper alleine ist wahrscheinlich nicht ausreichend, um das Nervwachstum anzuregen. Es zeichnet sich ab, dass die Behandlung durch ein intensives Bewegungstraining begleitet werden muss.

Andere Versuche das Nervenzellwachstum im Rückenmark wieder anzuregen, basieren auf Methoden der Stammzellentherapie, Implantation von Schwannzellen, der Vergabe von neuroprotektiven Steroiden und Neurotrophin (NT-3) sowie kombinierten Verfahren.

6.4.2 Motorische Neuroprothesen

Anwendungsbereich motorischer Neuroprothesen

Neuroprothesen auf der Basis von *Funktioneller Elektrostimulation* (FES) ermöglichen die Wiederherstellung motorischer, sensorischer und vegetativer Funktionen bei Schädigungen im zentralen Nervensystem und in Sinnesorganen. In diesem Abschnitt wird ausschließlich auf motorische Neuroprothesen eingegangen (Bild 6.23). Durch motorische Neuroprothesen erlangen die Patienten nicht nur ein erhöhtes Maß an Selbständigkeit. Der Einsatz von Neuroprothesen wirkt auch Sekundärkomplikationen von Lähmungen wie Druckgeschwüren, Knochenentkalkung, Gelenkversteifungen und Harnwegsinfekten entgegen (Quintern 1998). Die Lebensqualität kann dadurch deutlich erhöht werden.

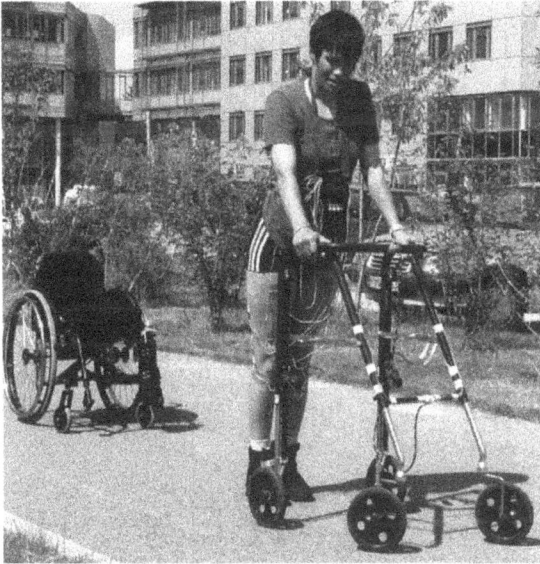

Bild 6.23: *Komplett querschnittgelähmte Patientin mit kommerziell erhältlicher Neuroprothese, basierend auf open-loop Stimulator mit Oberflächenelektroden.*

Neuroprothesen bewirken keine Heilung, sondern sind Hilfsmittel, mit denen intakt gebliebene Teile des Nervensystems besser genutzt werden können. Motorische Neuroprothesen werden in der Regel bei Patienten mit zentralmotorischen Lähmungen im Gehirn oder Rückenmark angewendet. Am meisten können querschnittgelähmte und halbseitengelähmte Patienten profitieren (Tabelle 6.3). Bei der Auswahl und Anpassung einer Neuroprothese sollte nicht nur der neurologische und internistische Status betrachtet werden, sondern es müssen auch die kognitiven Fähigkeiten, die zu erwartende Compliance und die soziale Situation des Patienten berücksichtigt werden. Wenn ein Patient mit einem System versorgt wird, muss sich eine Phase kontrollierten Trainings mit der Neuroprothese anschließen.

Motorische Neuroprothesen haben bisher jedoch nur in wenigen Spezialanwendungen eine klinische Bedeutung erlangt. Grund für die geringe Akzeptanz bei Patienten und Medizinern waren bisher vor allem der unzureichende Funktionsgewinn, die unbefriedigende Kosmetik und die Unzuverlässigkeit bisheriger Systeme. Daher sind Neuroprothesen derzeit noch kein Ersatz für konventionelle Rehabilitationsmaßnahmen oder für Krankengymnastik, sondern eine wertvolle Ergänzung in der Rehabilitation einer ausgewählten Gruppe von Patienten. Neue Entwicklungen in den Bereichen Bewegungsregelung, Datenverarbeitung, Miniaturisierung, und Implantationstechnik verbessern die Funktionalität von Neuroprothesen deutlich und schaffen die Basis für eine breitere klinische Anwendung in der Zukunft.

Funktionsprinzip der Elektrostimulation

Nach einer vollständigen Läsion des Rückenmarks, z.B. bei einer Querschnittlähmung, können die Bewegungskommandos des zentralen Nervensystems nicht mehr zu der Zielmuskulatur weitergeleitet werden – die betroffenen Extremitäten sind gelähmt (Bild 6.24). Ist eine ausreichende Zahl unterer motorischer Neuronen, welche den Zielmuskel innervieren, noch intakt, so können die verlorengegangenen Bewegungsfunktionen mit Hilfe künstlicher, elektrischer Reize teilweise wiederhergestellt werden (Quintern 1998).

Tabelle 6.3: Anwendungen motorischer Neuroprothesen

Neuroprothesen-anwendung	Bevorzugte Patientengruppen	Funktionelle und andere Vorteile
Neuroprothese zum Stehen	Paraplegiker	Psychologische Vorteile (z.B. Unterhaltung in Augenhöhe); Erreichbarkeit von Gegenständen
Neuroprothese zum Gehen	Paraplegiker, Hemiplegiker	Vorteile in nicht rollstuhlgerechter Umgebung (Treppe, Randstein, Toilette); bei Hemiplegikern zur Gangbildverbesserung und Beschleunigung der Rehabilitation;
Neuroprothese zum Greifen	Tetraplegiker	Verzicht auf externe technische Geräte, z.B. bei der Nahrungsaufnahme;
FES für Training und Therapie	Paraplegiker, Tetraplegiker, Hemiplegiker, Muskel-verletzungen	Muskelaufbau nach Muskelatrophie, z.B. zur Verbesserung der Kraft und Ermüdungsresistenz; Verbesserung der Knochenfestigkeit, Blutzirkulation und Gelenkbeweglichkeit; Vermeidung von Spastik, Kontrakturen, Druckgeschwüren und Sehnenverkürzungen.

Bei der klinischen Durchführung der FES kann man grundsätzlich zwischen Systemen mit Oberflächenelektroden und solchen mit implantierten Elektroden unterscheiden.

Implantierbare Systeme lassen sich in drei Gruppen einteilen. Die erste Gruppe sind Systeme mit perkutanen Drahtelektroden, die von außen in den Muskel eingestochen werden. Die zweite Gruppe sind Systeme mit einem oder zwei großen, implantierten, zentralen Empfänger-Stimulator-Einheiten, die über zahlreiche Drahtverbindungen mit Manschettenelektroden oder Drahtschleifenelektroden an peripheren Nerven oder Nervenwurzeln (epineurale Elektroden) oder mit Flächenelektroden an den zu stimulierenden Muskeln (epimysiale Elektroden) verbunden sind (Bild 6.25). Ein dritter, neuerer Ansatz sind intramuskuläre Mikrostimulatoren mit integrierten Elektroden, von denen eine größere Zahl in den Muskel eingeführt wird (Bilder 6.25 und 6.33).

Sowohl Oberflächenelektroden als auch implantierbare Systeme arbeiten nach demselben Prinzip: durch eine elektrische Pulsfolge, beschreibbar durch seine Pulsbreite, Pulsamplitude (Stromstärke) und Frequenz, wird zwischen Anode und Kathode ein elektrisches Feld aufgebaut, das viele der Nervenzellen in der Nähe der Elektroden durchdringt. Aufgrund des abschirmenden Membranwiderstands folgt dabei das Innere einer Nervenzelle in Elektrodennähe der Potentialverschiebung in geringerem Maße als das Äußere. Die Ruhespannung über die Nervenzellmembran (innen negativ gegenüber außen) wird daher in Kathodennähe verringert *(Depolarisation)*, in Anodennähe vergrößert *(Hyperpolarisation)*. Wenn die Depolarisation das Schwellenpotential des Neurons unterschreitet, kommt es zur Auslösung eines Aktionspotenzials, vorausgesetzt das untere motorische Neuron ist intakt. Da diese Erregung stets bei der Kathode stattfindet, wird diese die *aktive Elektrode* genannt.

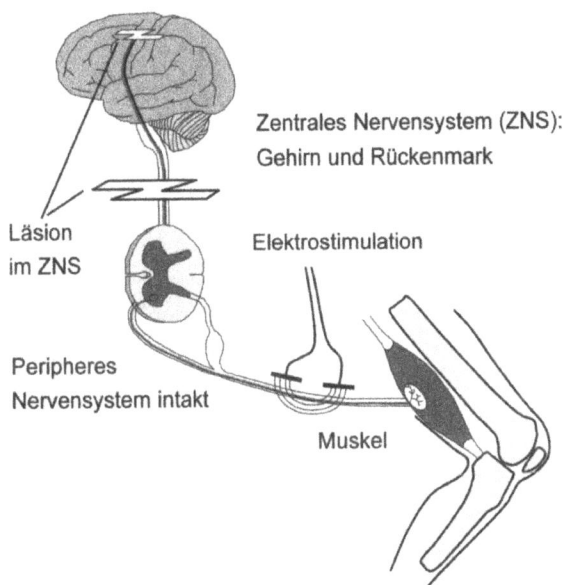

Bild 6.24: *Prinzip von Neuroprothesen zur Wiederherstellung motorischer Funktionen: Wenn die motorische Bahn im Bereich des oberen motorischen Neurons (Gehirn oder Rückenmark) geschädigt ist, kommt es zu einer Lähmung, weil keine motorischen Kommandos mehr weitergeleitet werden. Ist das untere motorische Neuron noch intakt, so können mit der FES Aktionspotenziale ausgelöst werden, welche eine Kontraktion des Zielmuskels bewirken.*

Ähnlich wie bei der natürlichen Nervaktivierung kann bei der FES die Muskelkraft über zwei Mechanismen gesteuert werden: durch Variation der Ladung je Impuls – also Stromstärke oder Pulsbreite – wird die Anzahl der rekrutierten Einheiten verändert (Prinzip der räumlichen Summation der Muskelkraft, siehe Abschnitt 6.2.2), durch Variation der Reizfrequenz wird die von den einzelnen motorischen Einheiten erzeugte Kraft durch die zeitliche Abfolge der erzeugten Aktionspotenziale verändert (Prinzip der zeitlichen Summation der Muskelkraft, siehe Abschnitt 6.2.2). Je nach Mechanismus spricht man daher von *Rekrutierungs-* oder *Frequenzmodulation*.

Die ausgelösten Aktionspotenziale breiten sich bis zur Zielmuskulatur aus und veranlassen diese zur Kontraktion, um Bewegungen der betreffenden Extremität herbeizuführen. Neben dieser Art der efferenten Nervreizung können aber auch durch afferente Reize spinale Reflexe ausgelöst werden und so gelähmte Skelettmuskeln zur Kontraktion gebracht werden. So wird beispielsweise der Flexorreflex durch elektrische Stimulation der Fußunterseite oder des Nervus Pereoneus im Bereich des Kniegelenks künstlich aktiviert, um das Bein reflexartig anzuheben und damit die Schwungphase einzuleiten. Sowohl bei afferenter als auch bei efferenter Reizung liegt die Herausforderung vor allem darin, funktionell sinnvolle Bewegungen zu erzielen.

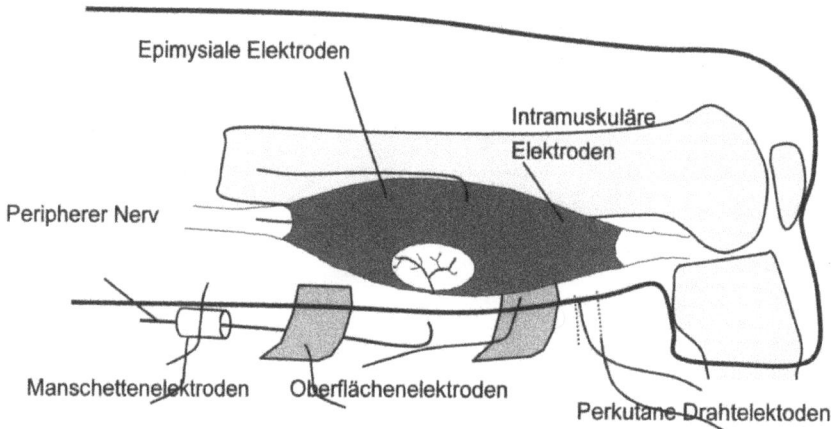

Bild 6.25: Verschiedene Elektrodenarten.

Zahlreiche Prothesen wurden bereits realisiert, die Stehen und Gehen bei Patienten mit kompletter und inkompletter Querschnittlähmung ermöglichen oder das Gangbild von Patienten mit Halbseitenlähmung verbessern (Quintern 1998), siehe Tabelle 6.3. Ebenso existieren eine Reihe von Ansätzen zur Verbesserung der Armbewegung und Erhöhung der Greifkraft bei Tetraplegikern (Bild 6.26).

Physiologiebedingte Herausforderungen

Trotz der zahlreichen Anwendungen haben sich Neuroprothesen bisher nicht als Standard-Behandlungsverfahren durchsetzen können. Der Mobilitätsgewinn für den Patienten ist mit bisherigen Systemen meist nur gering. Zum Beispiel ist die erzielbare Gehstrecke und Gehgeschwindigkeit mit Neuroprothesen begrenzt, das Treppensteigen ist mit den derzeit verfügbaren Systemen nicht möglich.

In bisheriger Neuroprothesenanwendungen zum Stehen und Gehen bereitete eine ungenügende Koordination der Bewegungen von Oberkörper (Willkürmotorik) und Beinen (Neuroprothese) häufig Schwierigkeiten. Vor allem Bewegungen mit hohen koordinativen Anforderungen, wie z.B. das Treppenabsteigen, können daher mit bisherigen Systemen nicht zufriedenstellend durchgeführt werden.

Die Erzeugung kontrollierter Körperbewegungen ist schwierig, weil das stimulierte Muskel-Skelett-System eine Vielzahl von Freiheitsgraden besitzt und das biologische Systemverhalten stark nichtlinear und zeitvariabel ist. Erschwerend kommt hinzu, dass jeder Patient individuell unterschiedliche Körpereigenschaften besitzt und daher entsprechend verschieden auf die Muskelstimulation reagiert.

Eines der größten Probleme bei der FES ist die rasche Muskelermüdung, welche vor allem auf drei wesentliche Unterschiede zwischen der FES und der physiologischen Nervaktivierung zurückzuführen ist. Erstens ist bei der FES die Reihenfolge der Rekrutierung von Nervenfasern umgekehrt (Prinzip der inversen Rekrutierung) wie im physiologischen Fall, da die Nervenfasern mit dem größten Durchmesser die niedrigste Reizschwelle haben. Deshalb werden bei niedrigen Reizintensitäten zuerst die rasch ermüdenden, großen motorischen Einheiten erregt (Abschnitt 6.2.2). Zweitens werden bei den meisten Neuroprothesen die Aktionspotenziale in allen gereizten Nervenfasern gleichzeitig ausgelöst, weshalb eine Reizfrequenz von ca. 16 Hz oder mehr benötigt wird, um eine glatte Muskelkontraktion im Sinne eines verschmolzenen Tetanus zu erzielen; die für einen verschmolzenen Tetanus benötigte erhöhte Frequenz führt wiederum zu verstärkter Muskelermüdung. Drittens werden mit der gleichen Elektrodenposition und der gleichen Reizintensität immer die gleichen motorischen Einheiten aktiviert, welche dann rasch ermüden. Abhilfe können hier spezielle Lösungsansätze mit implantierten Elektroden bieten (z.B. Karusellstimulation oder die Methode des Anodenblocks bei der Verwendung von epineuralen oder Manschettenelektroden).

Ein weiteres Problem ist die Spastik, die bei querschnittgelähmten Patienten vermehrt auftritt. Plötzlich „einschießende" Spasmen führen zu starken Abweichungen von den gewünschten Bewegungstrajektorien, wodurch Funktionalität und Sicherheit einer Neuroprothese nicht mehr einwandfrei gewährleistet sind. Solche Spasmen werden vor allem in den ersten Sekunden der Stimulation beobachtet. Ihre Stärke nimmt häufig nach wenigen Monaten regelmäßiger Stimulation ab.

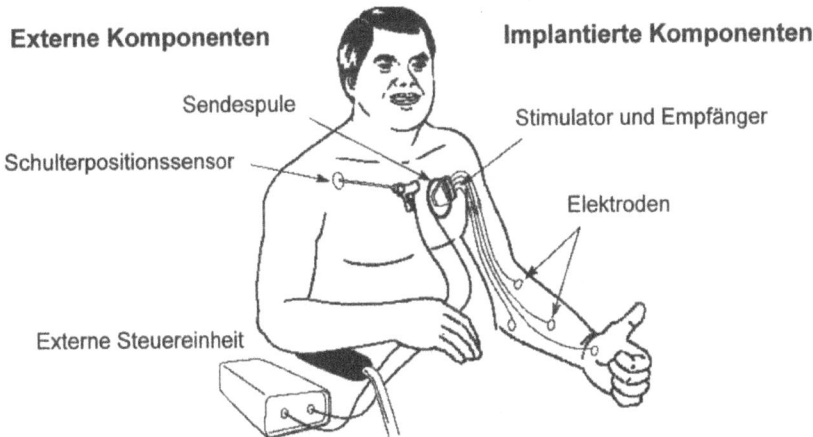

Bild 6.26: Implantierte Neuroprothese „Freehand" für die Versorgung tetraplegischer Patienten (NeuroControl Corp.).

Regelungstechnische Herausforderungen
Neben den physiologischen Problemen gibt es auch eine regelungstechnische Herausforderung. Die meisten kommerziell erhältlichen und alle klinisch angewandten Neuroprothesen sind derzeit gesteuerte (open-loop) Systeme, bei denen ein fest vorgegebenes, empirisch gewonnenes Reizprogramm abläuft. Dabei werden weder externe Einflüsse, wie z.B. unterschiedliche Stufenhöhen beim Treppensteigen, noch interne Veränderungen, wie etwa Muskelermüdung, berücksichtigt. Bewegungen mit exzentrischen Muskelkontraktionen, bei denen Muskelkraft erzeugt wird, während sich der Muskel dehnt (z.B. beim Treppenabsteigen

oder Hinsetzen), lassen sich mit den derzeitigen open-loop Systemen nicht kontrolliert durchführen.

Ein besonderes Problem bei der Regelung von Neuroprothesen ist das Vorhandensein von drei konkurrierenden Regelungssystemen (Bild 6.27). Zum einen werden gelähmte Muskeln künstlich durch die Neuroprothese stimuliert. Zum anderen bewegt die Willkürmotorik intakte Körperbereiche des Patienten, wie z.B. die Arme bei Paraplegikern sowie diverse Muskeln bei inkompletten Querschnittgelähmten. Ferner kann es in der gelähmten Muskulatur zur Auslösung von Reflexen und Spastik kommen. Willkürbewegungen, Reflexe und Spastik beeinflussen den durch die Neuroprothese erzeugten Bewegungsablauf. Die Herausforderung für die Regelung einer Neuroprothese liegt darin, die Muskelstimulation mit der Willkürmotorik des Patienten zu koordinieren und dabei bestimmte Reflexe für die Bewegung auszunutzen (z.B. Flexorreflex zur Einleitung der Schwungphase), während andere Reflexe (z.B. Dehnungsreflexe) und Spastik möglichst unterdrückt werden sollen.

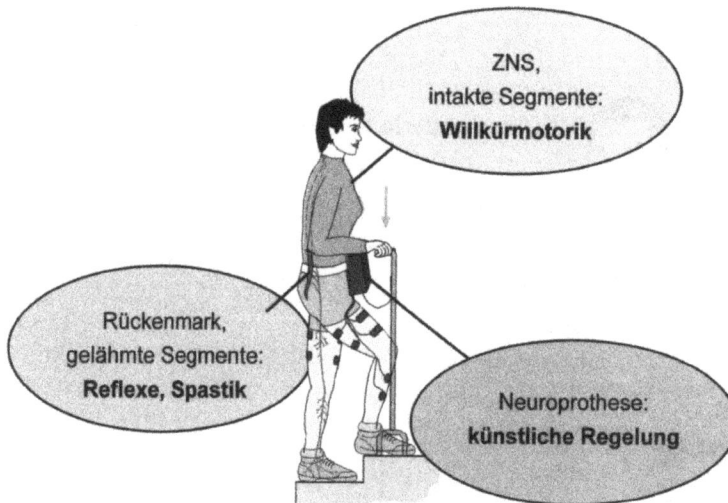

Bild 6.27: *Drei konkurrierende Regelsysteme.*

Elektrodentechnische Herausforderungen
Probleme bei der Benutzung von Oberflächenelektroden sind das zeitraubende Anlegen der Elektroden und Kabeln, die unbefriedigende Kosmetik sowie die Unzuverlässigkeit heutiger Systeme bedingt durch Elektrodenverschiebungen oder Kabelbruch. Außerdem ist die Selektivität nicht zufrieden stellend, da nur größere, oberflächlich gelegene Muskeln stimuliert werden können. Ziel implantierter Systeme ist eine selektive Rekrutierung einzelner Nervfaszikel, die für eine Stimulation bestimmter Muskeln und Muskelpartien wünschenswert ist. Dies kann erreicht werden, indem die Elektroden sehr weit distal, also in der Nähe der zu stimulierenden Muskeln implantiert werden. Zur Stimulation der Muskulatur der oberen oder

unteren Extremitäten sind dazu jedoch lange Kabelverbindungen und ausgedehnte, hoch invasive Operationen notwendig. Eine selektive Rekrutierung ist theoretisch auch weiter proximal möglich, z.B. durch gezielte Stimulation bestimmter Rückenmarksregionen oder der Nervenwurzeln (z.B. mittels eingestochener Mikroelektroden). Diese Verfahren waren bisher wegen der zu großen Bauweisen von Stimulatoren und Elektrodeneinheiten sowie fehlenden chirurgischen Erfahrungen nur beschränkt möglich.

Bisherige implantierbare Systeme sind zum Großteil problematisch. Perkutane Drahtelektroden führen häufig zu Elektrodenbruch und Infektionen. Diese Elektrodenarten werden in den USA und Europa nicht mehr als sicher genug für die klinische Anwendung angesehen. Bei den übrigen Elektrodenarten sind bisher nur wenige oder schlechte Langzeitergebnis verfügbare, insbesondere bei Anwendungen an den unteren Extremitäten. Die bisher verwendeten Manschettenelektroden erschweren zudem eine selektive Rekrutierung einzelner Nervfaszikel.

Funktionsgewinn durch Regelung
Durch die Implementierung angepasster Regelungsstrategien lassen sich auch Bewegungen mit hohen koordinativen Anforderungen durchführen. Störgrößen wie Spastik und Muskelermüdung können erkannt und teilweise kompensiert werden, wodurch die Funktionalität gegenüber einer rein gesteuerten (open-loop) Neuroprothese erheblich verbessert werden kann.

Eine geregelte (closed-loop) Neuroprothese besteht aus den drei Komponenten Aktuator, Sensor und Regler. Der Aktuator umfasst Stimulator, Elektroden und stimulierte Muskeln und veranlasst die Bewegung der gelähmten Gliedmaßen. Diese wird von geeigneten Sensoren gemessen. Der Regler verarbeitet die gewonnene Sensorinformation, berechnet das notwendige Stimulationsmuster und sendet dieses zum Aktuator. Als Sensoren kommen insbesondere resistive Elektrogoniometer zum Einsatz. Sie ermöglichen die Erfassung von Gelenkwinkeln sowie durch einfache Differentiation die Bestimmung von Gelenkwinkelgeschwindigkeiten. Daneben können auch Gyroskope und Accelerometer zur Bestimmung von Geschwindigkeiten bzw. Beschleunigungen verwendet werden. Zudem werden häufig Kraftmesssohlen zur Detektion von Gangphasen und Ermittlung von Bodenreaktionskräften eingesetzt. Reaktionen der oberen Extremitäten können durch instrumentierte Krücken bestimmt werden.

Bild 6.28 zeigt eine Blockbilddarstellung einer möglichen, aufwändigeren Regelungsstruktur. Bei der künstlichen Bewegungsregelung durch FES haben sich ähnliche Prinzipien wie bei der natürlichen Bewegungsregelung als sehr nützlich erwiesen (vgl. Bild 6.11, Abschnitt 6.2.3). Dabei kann die Qualität einer herkömmlichen Feedbackregelung durch Hinzunehmen eines Feedforward-Reglers deutlich verbessert werden. Ein zusätzlicher Adaptionsalgorithmus kann dabei Regelparameter und/oder Bewegungsreferenzen an langfristige Veränderungen der biomechanischen und elektrischen Eigenschaften anpassen.

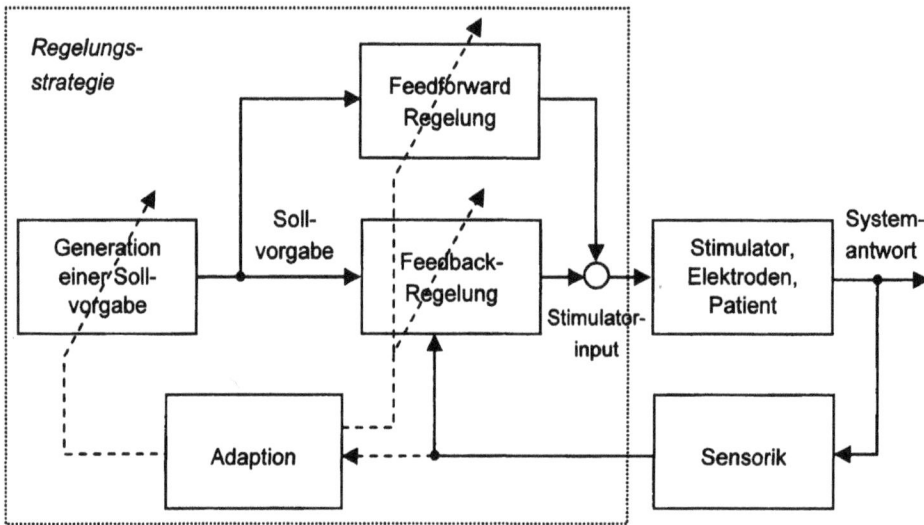

Bild 6.28: *Mögliche Komponenten zur Regelung einer Neuroprothese.*

Zahlreiche closed-loop Systeme wurden zur Regelung von Kraft und Position am Einzelge-
lenk, Aufstehen und Hinsetzen sowie Gehen entwickelt (Riener und Fuhr 1998, Riener
1999). Neueste Untersuchungen zum Gehen anhand einer Mehrkanalstimulation und angepasster Sensorik haben gezeigt, dass gegenüber einer Steuerung die Regelung der Gehbewegung zu einer erheblichen Verbesserung des Gangmusters, einer erhöhten Sicherheit und zu
deutlich geringerer Muskelermüdung führen. Dadurch lassen sich auch koordinativ anspruchsvolle Bewegungsarten, wie z.B. Treppensteigen, umsetzen (Bild 6.29).

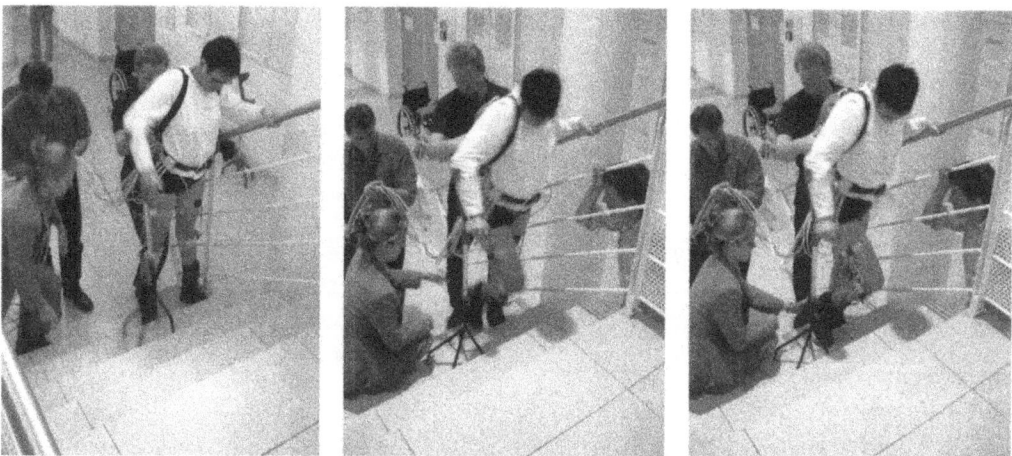

Bild 6.29: *Komplett querschnittgelähmte Patientin mit geregelter Neuroprothese zum Treppensteigen. (T. Fuhr, TU*
München)

Neue Regelungskonzepte bieten auch die Möglichkeit die Willkürmotorik des Patienten zu berücksichtigen. Bei vielen Patienten ist die durch die künstliche Reizung erzeugte Muskelkraft zu gering, um den Körper ausschließlich mit den Beinen zu stützen. Ferner beeinträchtigen körperinterne und -externe Störungen die zu bewerkstelligende Regelaufgabe. Aus diesem Grund ist der Patient auf den Einsatz seiner Arme angewiesen. Dabei übernimmt die intakte Willkürmuskulatur der Arme und des Oberkörpers die Feinregulierung zur Bewahrung des Gleichgewichts.

Die Konkurrenz zwischen Neuroprothese und Willkürmotorik muss beim Reglerentwurf unbedingt berücksichtigt werden. Andernfalls besteht die Gefahr, dass sich künstlicher und natürlicher Regler, d.h. Neuroprothese und Willkürmotorik gegenseitig behindern. Dies kann dazu führen, dass der Patient erheblich mehr Armkraft aufbringen muss als notwendig, oder im Extremfall unerwünschte oder gar gefährliche Bewegungen resultieren.

Neue Ansätze wurden entwickelt, bei denen die künstliche Regelung der Neuroprothese mit der Willkürmotorik des Patienten koordiniert wird und die Stimulationsmuster an die geschätzten oder gemessenen Oberkörperaktionen des Patienten angepasst werden (Riener und Fuhr 1998). Diese Ansätze ermöglichen es dem Patienten die Stimulation der gelähmten Gliedmaßen durch seine Willkürmotorik zu beeinflussen. Dem Patienten wird der Bewegungsablauf also nicht vom Regler aufgezwungen, wie in den meisten klassischen Ansätzen, sondern der Patient übernimmt hier selbst einen Teil der komplizierten Regelaufgabe.

Vergleichbare Ansätze sind möglich, bei denen die Restmotorik innerhalb inkomplett gelähmter Körpersegmente berücksichtigt wird. Wie bei einer Servolenkung werden auf diese Weise mit geringer Kraft umgesetzte Bewegungsintentionen durch die Neuroprothese verstärkt. Die Neuroprothese verhält sich demnach kooperativ mit dem Patienten.

Voraussetzung für die Erzielung eines kooperativen Neuroprothesenverhaltens ist die Verarbeitung sensorischer Informationen, die Aufschluss über Bewegungssituation und Patientenintention geben können. Mit Kraft- und Bewegungssensoren können nicht nur einzelne Bewegungsphasen erkannt werden, sondern es kann auch indirekt auf die Bewegungsintention geschlossen werden. So kann die Absicht aus einer Sitzposition aufstehen zu wollen dadurch erkannt werden, dass die Krückenkraft plötzlich ansteigt, während der Oberkörper nach vorne rotiert. Elektromyographische (EMG-) Aufzeichnungen können die Detektion von Bewegungsabsichten dabei noch verbessern. Es gibt aber auch Ansätze Patientenintentionen direkt aus elektroenzephalographischen (EEG-) Ableitungen zu erkennen. In diesem Zusammenhang spricht man auch von so genannten Brain-Computer-Interfaces (BCI).

Konkretes Beispiel eines Regelungskonzepts
Eine Gang-Neuroprothese, die Patienten die Fortbewegung auf eigenen Beinen ermöglichen soll, muss verschiedene vom Patienten intuitiv abrufbare Bewegungsabläufe erzeugen können. Unbedingt notwendig sind die Bewegungsabläufe *Aufstehen* und *Hinsetzen* für den Transfer aus der Sitzhaltung in den *Stand* und zurück. *Gehen* ist erforderlich zur Fortbewegung in ebenem Terrain und *Stufenüberwinden* zum Überwinden von Bordsteinen, oder dem Auf- und Absteigen von Treppen.

Die Neuroprothese sollte sich möglichst kooperativ verhalten, d.h., sie darf Bewegungen nicht erzwingen, sondern muss den Patienten nach seinem Willen unterstützen. Der Patient sollte so weit wie möglich von automatisierbaren Aufgaben entlastet werden, dabei aber die Kontrolle über Bewegungskoordination, Initiierung und Timing des Bewegungsablaufs behalten.

Zur Realisierung eignet sich eine hierarchische Regelungsstruktur. Eine Überwachersteuerung koordiniert und synchronisiert die Bewegungsphasen. Unterlagerte Regler oder Steuerungen bewerkstelligen die Aktivierung der Muskulatur, um die Ziele der entsprechenden Bewegungsphasen zu erreichen. Da sich die zwei Beine unabhängig voneinander bewegen können, eignen sich zur Beschreibung der nominalen Bewegungsabläufe steuerungstechnisch interpretierte Petri-Netze (SIPN), die gegenüber häufig verwendeten Zustandsautomaten die Modellierung nebenläufiger Prozesse auf einfache und übersichtliche Weise ermöglichen (Bild 6.30). Die Plätze repräsentieren hierbei Bewegungsphasen, beim Auftreten definierter sensorüberwachter Ereignisse schalten Transitionen in nachfolgende Bewegungsphasen. Der Informationskreislauf wird somit auf zweierlei Weise geschlossen, mittels sensorüberwachter Phasenumschaltungen und geregelter Muskelaktivierung.

Zur Implementierung dieses Verfahrens wurde am Lehrstuhl für Steuerungs- und Regelungstechnik das neuroprothetische Experimentalsystem WALK! Aufgebaut (Fuhr 2004). Das System besteht aus einem 8-Kanal Neurostimulator und einem 64-Kanal Multisensorsystem, das zur Signalerfassung patienten- und laborgebundener Sensorsysteme eingesetzt wird und die Messung von Bewegungen und Kräften ermöglicht. Eingesetzt werden Goniometer-Gyroskop-Einheiten zur patientengebundenen Messung der Gelenkwinkel und Gelenkwinkelgeschwindigkeiten sowie Einlegesohlen zur Kraftmessung. Ein PC-basiertes System dient der Prozesssteuerung und Prozessüberwachung.

Mit dem in Bild 6.30 dargestellten Petri-Netz des WALK! Systems können alle fortbewegungsrelevanten Phasen realisiert werden: *Aufstehen*, *Stehen*, *Gehen*, *Stufenaufsteigen*, *Stufenabsteigen* und *Hinsetzen*.

Am Beispiel des Bewegungsablaufs *Schritt* soll der Aspekt der Kooperativität verdeutlicht werden. Ein Schritt wird durch die drei Bewegungsphasen *Flexion* (F), *Knieextension* (KE) und *Hüftextension* (HE) beschrieben (Bild 6.31). In Phase F, in der Hüfte und Knie gebeugt werden, wird geschaltet, wenn der Patient einen Handschalter schließt. Zusätzlich wird zur Sicherheit überwacht, ob das Gewicht hinreichend auf das Standbein verlagert wurde. Damit kann ein versehentliches Schrittauslösen verhindert werden. In Phase KE muss das Knie gestreckt, in Phase HE die Hüfte gestreckt werden. Um die Patienten zu entlasten, wird bei ausreichender Kniebeugung, die anhand des Kniewinkels überwacht wird, *automatisch* in Phase KE geschaltet. Die Hüftstreckung in Phase HE darf erst erfolgen, wenn das Bein wieder auf den Boden aufgesetzt ist. Daher wird in diese Phase von der Transition tHE erst dann geschaltet, wenn mit den verwendeten Kraftmesssohlen hinreichende Bodenbelastung festgestellt wird. Da der Patient durch Oberkörperverlagerung das Aufsetzen des Fußes bestimmt, wird die Kontrolle über die Koordination des Bewegungsablaufs erhöht. In den Phasen KE, HE und der Standphase wird ein schaltender I-Regler zur Aktivierung der Kniestreckermuskulatur verwendet, um das Knie bei minimaler Aktivierung zu strecken oder gestreckt zu halten. Dieser Regler ist in der Lage, die Muskelermüdung gegenüber gesteuerter Aktivierung etwa zu halbieren. WALK! wird als kooperativ bezeichnet, da es die Absichten des Patienten unterstützt und dabei die Bewegungskoordination nicht erzwingt.

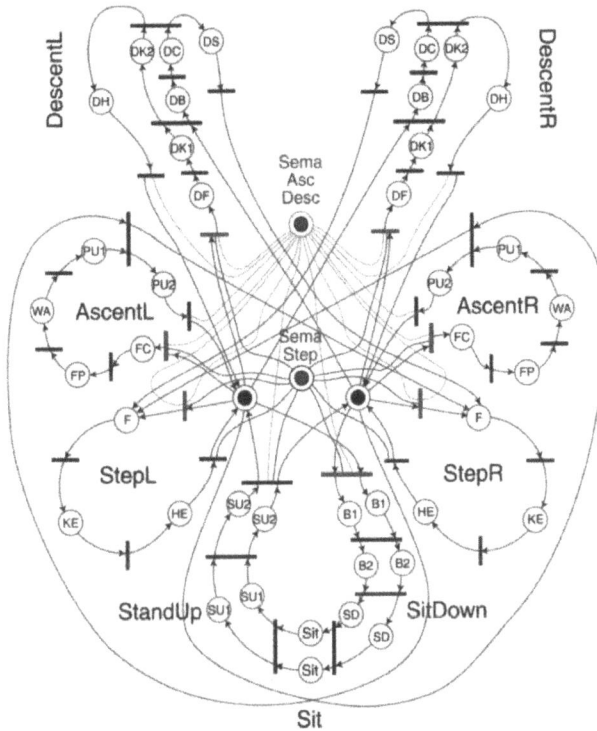

Bild 6.30: Steuerungstechnisch interpretiertes Petri-Netz zur Modellierung einer Gang-Neuroprothesen-Steuerung (T. Fuhr, TU München).

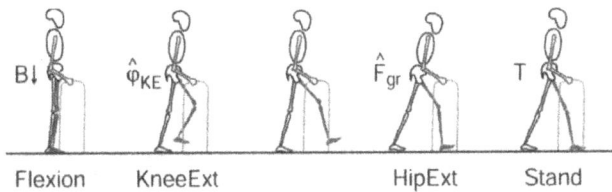

Bild 6.31: Darstellung einzelner Bewegungsphasen eines Schrittes (Fuhr, TU München).

Fortschritte durch modellbasierte Ansätze

Der Einsatz von biomechanischen Modellen, die zur Simulation des Patienten mit Neuroprothese herangezogen werden, kann die Entwicklung von Neuroprothesen in dreierlei Hinsicht verbessern (Riener 1999). Einerseits kann ein Modell, das die physiologischen und biomechanischen Eigenschaften des Menschen bei der Muskelstimulation beschreibt, dazu beitragen, die bei der Muskelaktivierung und Bewegungsgenerierung mit einer Neuroprothese auftretenden Vorgänge besser zu verstehen. Dadurch können störende Effekte, wie z.B. verstärkt auftretende Muskelermüdung, reduziert und erwünschte Effekte verstärkt werden. Auch Prinzipien der Bewegungskontrolle beim Gesunden können so ermittelt werden und unter Umständen auf die Regelung der Neuroprothese übertragen werden.

Zweitens können mit einem hinreichend detaillierten und dem Patienten angepassten Modell Sensor- und Regelungsstrategien entworfen, optimiert und die Wirksamkeit einer Neuroprothese simulativ überprüft werden. Realitätsnahe Modelle tragen somit dazu bei, die Entwicklung geregelter Neuroprothesen und deren Anpassung an Patienten zu beschleunigen und die Anzahl der Experimente an Patienten und Probanden auf ein notwendiges Minimum zu reduzieren.

Drittens können Modelle explizit als Komponenten innerhalb von Regelungsstrategien implementiert sein und so die Regelgüte verbessern.

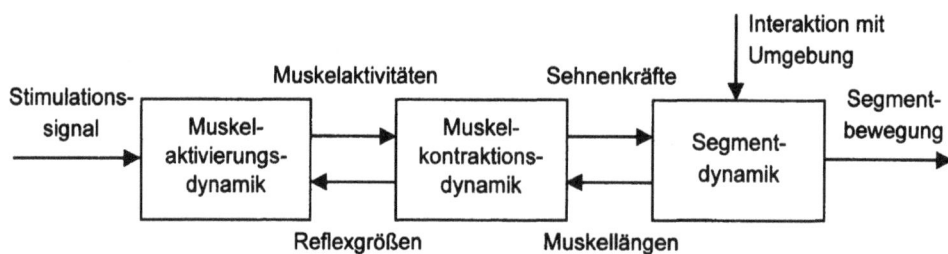

Bild 6.32: *Zweckmäßige Modellunterteilung bei der Simulation FES-induzierter Bewegungen.*

Erst in jüngerer Zeit konnten auf der Grundlage schnellerer Rechner und effizienterer Rechenmethoden neue Modellansätze umgesetzt werden, die in den genannten Einsatzbereichen zu erfolgversprechenden Ergebnissen geführt haben.

Bei der Simulation FES-induzierter Bewegungen hat es sich als zweckmäßig erwiesen, das Muskel-Skelettsystem in die Modellkomponenten Muskelaktivierungsdynamik, Muskelkontraktionsdynamik und Segmentdynamik zu unterteilen (Bild 6.32). Die *Muskelaktivierungsdynamik* beschreibt die im Muskel ablaufenden elektrochemischen Erregungsvorgänge von der Reizleitung in den Nervenfasern, der Reizausbreitung im Muskel bis hin zur Kalziumausschüttung in den Muskelfasern und Querbrückentätigkeit der Aktin- und Myosinfilamente (siehe Abschnitt 6.2). Dabei kann je nach Modellanwendung die Berücksichtung zeitlicher und räumlicher Summationseffekte, Totzeiten und/oder Muskelermüdung von Bedeutung sein.

Die *Muskelkontraktionsdynamik* umfasst die mechanischen, insbesondere weg- und geschwindigkeitsabhängigen Eigenschaften von Muskel und Sehne. In Abhängigkeit von der momentanen Muskelaktivität und -kinematik ermittelt man damit die resultierende Sehnenkraft. Dazu werden häufig so genannte rheologische Modelle herangezogen. Jeder Muskel besitzt seine eigene Aktivierungs- und Kontraktionsdynamik, die sich mit einem generalisierten Modell beschreiben lässt, das durch entsprechende muskelspezifische Parameter skaliert wird.

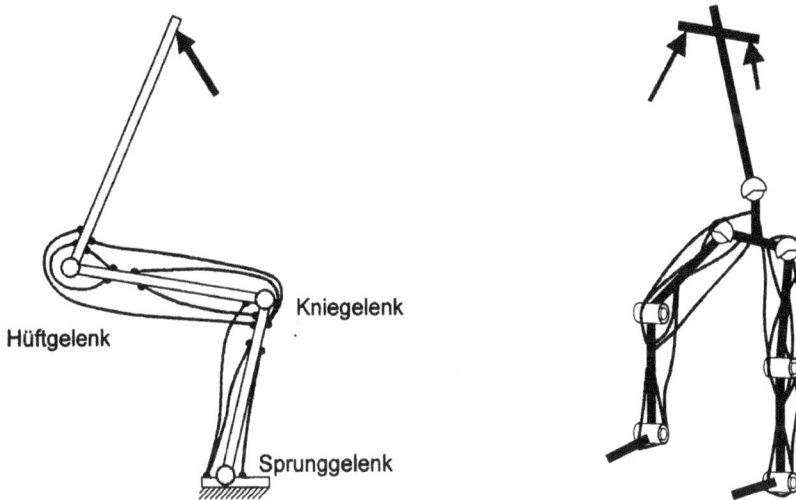

Bild 6.33: *Segmentmodelle zum Entwurf von Regelungsstategien zum Aufstehen und Hinsetzten (links) und Gehen (rechts). Die Pfeile im Schulterbereich stellen die Reaktionskräfte dar, die sich durch eine Armunterstützung, z.B. beim Einsatz von Krücken, ergeben. Beim Modell rechts werden Knie- und Fußgelenke vereinfachend als ideale Scharniergelenke und die übrigen Gelenke als Kugelgelenke simuliert.*

In der *Segmentdynamik* oder *Mehrkörperdynamik* werden aus den an den Gelenken wirken-den Sehnen- und Bänderkräften sowie den muskelspezifischen Hebelarmen zunächst die Nettogelenkmomente berechnet. Unter Zugrundelegung anthropometrischer Daten liefern Bewegungsgleichungen schließlich die Bewegung der entsprechenden Gliedmaßen (Bild 6.33). Die errechneten Bewegungen können dem Bediener graphisch dargestellt werden (Bild 6.34).

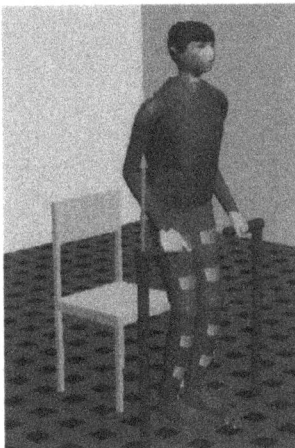

Bild 6.34: *Graphische Animation der berechneten Bewegungen zur Beurteilung verschiedener Regelungsstrategien.*

Chancen implantierbarer Systeme

Implantierte Neuroprothesen, die eine hohe Biokompatibilität und Langzeitstabilität aufweisen, minimalinvasiv implantiert werden können und selektiv eine ausreichende Anzahl von Zielorganen aktivieren, können der Neuroprothetik zum Fortschritt verhelfen.

Ein erster Schritt in diese Richtung sind *intramuskuläre Mikrostimulatoren* mit integrierten Elektroden an beiden Enden (Bild 6.35). Wegen ihrer kleinen Bauart (Länge ca. 16 mm, Durchmesser 2,5 mm) kann eine sehr große Zahl mit dicken Kanülen minimalinvasiv in den Muskel eingeführt werden.

Durch die rasche Entwicklung in den Gebieten der Mikroelektronik, Mikrosystemtechnik, biokompatiblen Materialien und minimal-invasiven Chirurgie sind bedeutende Fortschritte bei implantierten Systemen zu erwarten. Dabei spielen implantierbare Mikrochips mit den technischen Möglichkeiten zum Messen, Steuern und Regeln eine zentrale Rolle.

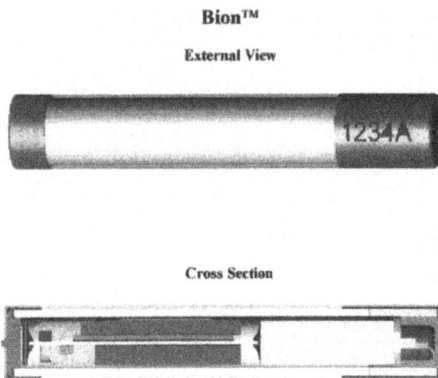

Bild 6.35: Intramuskuläre, kabellose Mikroelektrode „BION", © USC, Advanced Bionics, Alfred E. Mann Foundation.

6.4.3   Künstliche Gliedmaßen (Exoprothesen)

Künstliche Gliedmaßen oder so genannte Exoprothesen kommen nach Amputation von Gliedmaßen der oberen oder unteren Extremitäten zum Einsatz. Dabei unterscheidet man im Wesentlichen zwischen funktionellen und kosmetischen Prothesenarten. Funktionelle Prothesen werden zur Wiederherstellung von statischen und/oder dynamischen Körperfunktionen eingesetzt. Solche Funktionen können die Erzeugung von Bewegungen (z.B. bei Arm-/Handprothesen), die kontrollierte Bewegungsdämpfung oder auch nur die Übertragung von Kräften (z.B. bei Bein-/Fußprothesen) sein. Zu den funktionellen Prothesen zählen beispielsweise der SACH- oder Flex-Fuß, Endolite von der Firma Blatchford sowie Modularkniegelenke der Firma Otto Bock. Funktionelle Prothesen weisen in der Regel keine realistischen Form- oder Berührungseigenschaften auf.

Im Gegensatz zu den funktionellen Prothesen besitzen *kosmetische Prothesen* anatomiege-
rechte geometrische Abmessungen, die dem Patienten individuell angepasst werden. Kosmetische Prothesen sind im Allgemeinen modular aufgebaut. Dabei wird eine Skelettstruktur,
bestehend aus einem Rohrprofil aus Metall oder aus mehreren gelenkig verbundenen Profi-
len, mit einem kosmetischen Überzug aus Schaumstoff und einer Kunsthaut verkleidet. Gut
verarbeitete kosmetische Prothesen lassen sich optisch kaum vom gesunden Körperteil unterscheiden, so dass sie auch mit leichter Kleidung getragen werden können. Da jedoch die
innere Skelettstruktur nicht anatomiegerecht dargestellt ist (keine Knochengeometrien) und
der Schaumstoffüberzug eine gleichmäßig homogene Nachgiebigkeit aufweist, ist der Berüh-
rungseindruck unrealistisch.

Sowohl funktionelle als auch kosmetische Prothesen müssen hohen Anforderungen genügen,
um im Alltag gebrauchstüchtig zu bleiben. Sie müssen ein geringes Gewicht besitzen, korro-
sionsbeständig und resistent gegen hohe Luftfeuchtigkeit sein, einem sehr hohen Temperaturbereich widerstehen und hohen Lastspitzen wie auch Dauerlasten standhalten. Die funktionellen Prothesen müssen zudem die gewünschten technischen Funktionen erfüllen und zwar
möglichst für ihre gesamte Lebensdauer. Wenn Batterien verwendet werden, so sollte die
Einsatzdauer zwischen zwei Ladevorgängen möglichst groß sein. Im Folgenden wird nun
näher auf verschiedene funktionelle Prothesenarten eingegangen.

Fußprothesen

Fußprothesen werden bei Amputationen oberhalb oder unterhalb des Kniegelenks benötigt.
Je nach Komplexität und Funktion können unterschiedliche Fußprothesen unterschieden
werden. Eine der einfachsten Prothesenarten ist der gelenklose SACH-Fuß (SACH = Solid
Ankle Cusion Heel, siehe Bild 6.36). Dabei wird eine steife, zumeist hölzerne Fußprothese
fest mit dem Unterschenkel verbunden. Die Ferse ist dabei aus einem viskosen Material
gefertigt, um den impulsartigen Fußkontakt beim Gehen etwas zu dämpfen. Andere Prothesenarten besitzen ein einachsiges oder mehrachsiges, bewegliches Fußgelenk, das mittels
Gummielementen oder hydraulischen Dämpfungsgliedern die Stoßenergie teilweise absorbiert.

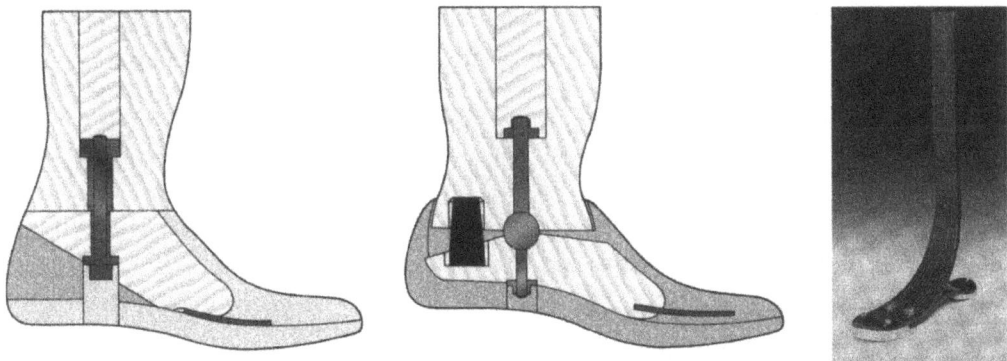

Bild 6.36: *Verschiedene Arten von Fußprothesen. Links: SACH-Fuß mit Knöchelformteil und Verschraubung. Mitte: Normgelenkfuß mit Knöchelformteil. Rechts: Flex-Fuß (mit Genehmigung der Otto Bock HealthCare GmbH, Du-derstadt).*

Eine andere Art von Fußprothese ist der gelenklose Flex-Fuß (Bild 6.36). Dabei sind Fuß und Schaft aus dünnen, elastischen Metallelementen aufgebaut, die sich je nach Lastsituation verformen und so eine Beweglichkeit des Fußes ermöglichen. Da dabei nur wenig Energie absorbiert wird, eignen sich Flex-Füße sehr gut für schnelle Bewegungen. Sie werden daher häufig für sportliche Wettkämpfe eingesetzt.

Knieprothesen

Wird ein Bein oberhalb des Kniegelenks amputiert, so sollte die Prothese möglichst auch die Beweglichkeit und Funktion des Kniegelenks ersetzen können. Die Problematik dabei ist, dass die Kniebewegung nicht nur von der Körperhaltung und Gangart (Sitzen, Aufstehen, Gehen, Treppensteigen, Rampengehen usw.), sondern auch von Gehgeschwindigkeit, Schrittweite, Patientenstatur und anderen Parametern abhängt. Außerdem ist die Kinematik des Kniegelenks komplex, und die auftretenden Kniekräfte und -momente sind sehr hoch.

Die gebräuchlichste Prothesenart ist ein *Einachskniegelenk* mit einem mechanischen Anschlag zur Vermeidung einer Überstreckung. Die Knieprothese ist unter Umständen mit einer Rückstellfeder versehen, um für die Standphase immer wieder in die sichere Extension zurück zu gelangen.

Etwas komplizierter aufgebaut sind so genannte *Bremskniegelenke*. Sie besitzen eine integrierte passive Mechanik, die ein variables Bremsmoment in das Kniegelenk einleitet. Da das Bremsmoment mit der axialen Belastung steigt, wird vermieden, dass das Bein unter Belastung einknickt. Dagegen wird bei fehlender Belastung während der Schwungphase eine freie, ungebremste Beinbewegung ermöglicht.

Einige wenige Prothesenfirmen haben auch so genannte *„intelligente"* Knieprothesen entwickelt, die mit komplizierter Mechatronik ausgestattet sind und sich so automatisch an die entsprechenden Gangsituationen und Patienteneigenschaften anpassen. Bei dem so genannten C-Leg der Firma Otto Bock erfasst integrierte Sensorik den Knieflexionswinkel, die Winkelgeschwindigkeit des Kniegelenks und das Unterschenkel-Biegemoment in anteriorer/posteriorer Richtung (Bild 6.37). Die gemessenen Bewegungsdaten werden einer Steuerung zugeführt, die auf der Basis zahlreicher modellbasierter Regeln die Ventilstellungen eines eingebauten Dämpfungszylinders bestimmen. Durch die Ventilstellung kann der Dämpfungswiderstand in Knieflexionsrichtung variiert und so die Kniebewegung an die entsprechende Situation und Gangphase angepasst werden. Ist beispielsweise zu Beginn der Schwungphase das Knie deutlich gebeugt, so wird die Dämpfung verringert, um ein Durchschwingen des Unterschenkels zu ermöglichen. Während der Fußkontaktphase ist das Knie dagegen gestreckt, und es werden hohe Schaftbiegemomente erfasst, die die Steuerung dazu veranlassen die Dämpfung zu erhöhen. Das Vorzeichen des Biegemoments gibt sogar Aufschluss über die Lage der Bodenreaktionskraft (Center of Pressure) und kann zur Feinabstimmung der Ventilstellung verwendet werden.

Trotz aktiver Ventilverstellung handelt es sich hierbei um ein passives System, da keine kinetische Energie in die Bewegung des Unterschenkels einfließt. Vielmehr wird hier nur die Absorption der Schwungenergie aktiv beeinflusst. Zur künstlichen, aktiven Bewegungsgenerierung sind die derzeit verfügbaren Speichertechniken noch nicht leistungsfähig genug, um die notwendigen hohen Drehmomente während der Fortbewegung für lange Zeiträume aufrecht zu erhalten.

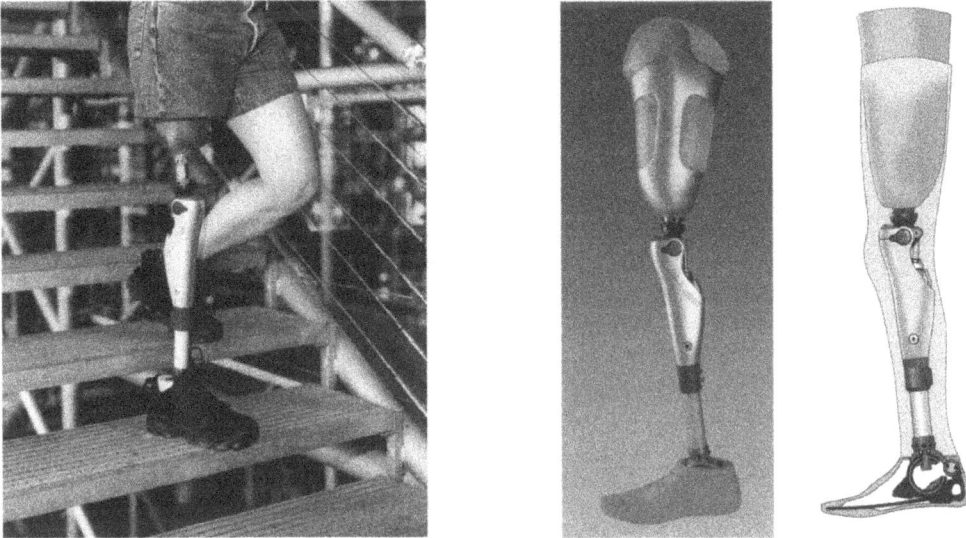

Bild 6.37: „*Intelligente Knieprothese" (mit Genehmigung der Otto Bock HealthCare GmbH, Duderstadt).*

Hand- und Armprothesen

Die Gestaltung von Hand- und Armprothesen erweist sich gegenüber Beinprothesen problematischer, da keine periodischen Bewegungen wie beim Gehen erzeugt werden, sondern komplexere Bewegungszeitverläufe absolviert werden müssen. Aus diesem Grund müssen bei funktionellen Hand- und Armprothesen die Bewegungen aktiv, d.h. unter Kraft- bzw. Energieaufwand erzeugt werden. Je nachdem, ob körpereigene Energiequellen, d.h. verbliebene Muskeln, oder äußere Energiequellen, z.B. Batterie mit Motor, zur Betätigung der Prothese genutzt werden, unterscheidet man körperkraftgetriebene und fremdkraftgetriebene Prothesen.

Als schwierig erweist sich bei Arm- und Handprothesen die Gestaltung des Bedienerinterfaces. Die Eingabe von Befehlen und die verzögerungsfreie Aktivierung von Prothesenfunktionen können sich insbesondere bei beidhändigen manipulativen Aufgaben als schwierig erweisen. Zahlreiche Arbeitsgruppen entwickeln daher automatische oder halbautomatische Prothesensysteme, die eine Bedienung sehr stark vereinfachen.

So entwickelte die Firma Otto Bock eine myoelektrische Handprothese, die über EMG-Ableitungen am Armstumpf die Willkürmotorik des Amputierten erfasst und zur Bewegungssteuerung nutzt (Bild 6.38). Mehrere Oberflächenelektrodenpaare sind dabei im Prothesenstumpf integriert und detektieren Muskelströme verschiedener Armstumpfmuskeln, die vom Patienten leicht aber willentlich kontrahiert werden können. Die Signale werden gleichgerichtet, gefiltert und so weiterverarbeitet, dass die Handprothese zur Durchführung einer willentlich induzierten Greifbewegung verwendet werden kann.

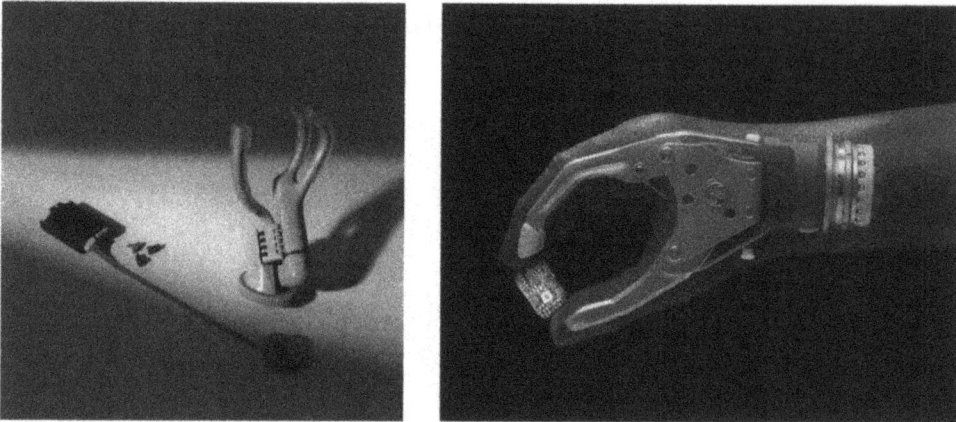

Bild 6.38: *Myoelektrische Handprothese von Otto Bock (mit Genehmigung der Otto Bock HealthCare GmbH, Duderstadt).*

Da bei der Handprothese taktiles Feedback fehlt, ist die myoelektrische Hand von Otto Bock sogar mit einer Rutschsensorik ausgestattet („Tactile Slip Detection Sensor"). Ein in den Fingerkuppen integrierter, mehrachsiger Kraftsensor vermag nicht nur die bei Manipulationen wirkenden Normalkräfte sondern auch die Tangentialkräfte zu erfassen. Da der Reibkoeffizient näherungsweise bekannt ist, wird erkannt, sobald das gehaltene Objekt aus der Hand zu rutschen droht. Um dies zu verhindern, wird die Greifkraft dann entsprechend erhöht.

Zahlreiche andere Versuche wurden bisher unternommen, sensortechnisch gemessene kinästhetische oder taktile Informationen der künstlichen Hand dem Patienten mitzuteilen und so die Prothesenhandhabung und –bedienung zu verbessern. Beispielsweise kann dem Patienten durch Vibrationssignale oder durch elektrische Reizung an gesunden Körperregionen (z.B. Schulter) ein künstlicher Eindruck über die Handstellung oder Haltekraft erzeugt werden. Wegen der zusätzlichen Komplexität und dem nur eingeschränkten Nutzen haben sich jedoch diese Systeme bisher nicht durchsetzen können.

Eine der neuesten Prothesenentwicklungen ist die multifunktionale Fluidhand der Arbeitsgruppe um G. Bretthauer vom Forschungszentrum Karlsruhe (Bild 6.39). Die Antriebstechnik besteht aus miniaturisierten, flexiblen Fluidaktoren. Acht bis elf Gelenke sind aktiv ansteuerbar und zum Teil miteinander gekoppelt. Die Prothese zeichnet sich dadurch aus, dass die Bewegungsabsichten des Patienten myoelektrisch erfasst und damit automatisch erkannt werden. Diese ermöglichen eine höhere Funktionalität bei gleichzeitiger Reduktion des Gewichts und einen nachgiebigen, „weichen" Handgriff. Die höhere Funktionalität bedeutet, dass mehrere unterschiedliche Griffarten realisiert werden können, wie z.B. der Pinzettengriff, ein Präzisionsgriff zum Halten kleiner Objekte, der Lateralgriff zum Halten eines flachen Objektes, der sphärische Griff, bei dem alle fünf Finger zum Greifen mit einbezogen sind, der Zylindergriff, ein Kraftgriff, mit dem ein Glas oder eine Flasche gehalten werden, und die isolierte Streckung des Zeigefingers, z.B. um eine Tastatur zu bedienen.

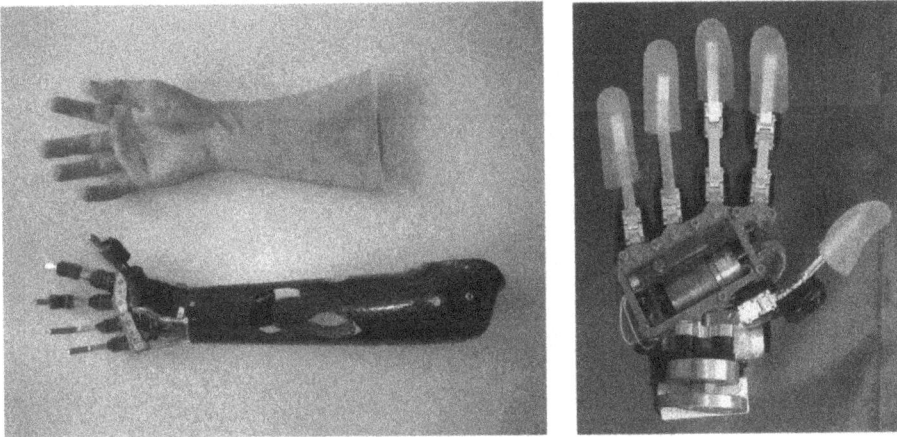

Bild 6.39: Multifunktionale Fluidhand (mit Genehmigung der Projektleitung Prothetik des Forschungszentrums Karlsruhe).

6.4.4 Weitere Techniken der Mobilitätsunterstützung

Es gibt eine Fülle weiterer technischer Hilfsmittel, die bei Patienten mit Bewegungsstörungen eingesetzt werden kann. Auf einige komplexe, automatisierungstechnisch interessante Systeme soll in diesem Abschnitt kurz eingegangen werden.

Stand- und Gangorthesen

Stand- und Gangorthesen sind aus Schienen und Gelenken aufgebaut, die den Körper eines Patienten mit Lähmungen oder anderen Läsionen des Bewegungsapparates beim Stehen und/oder Gehen stützen. Stand- und Gangorthesen verbessern nicht nur Bewegungsfunktionen, sondern fördern Kreislauf und Mikrozirkulation, stärken die Muskulatur, vor allem nach Atrophie, verhindern Osteoporose usw. Einfache Formen von Stand- und Gangorthesen sind Krücken, Vierpunktstöcke oder Laufwagen. Eine bekannte Orthese ist der „Parawalker" zur Standstabilisierung und Unterstützung der Gehbewegung. Bei einer reziproken Gangorthese befindet sich ein Seilzug zwischen rechtem und linkem Hüftgelenk, welche die gegenläufige Bewegung beim Gehen unterstützt und so den Kraftaufwand erleichtert. Eine reziproke Gangorthese ist vor allem dann praktisch, wenn – z.B. bei einer Halbseitenlähmung – eine Körperhälfte nicht die notwendigen Kräfte aufbringen kann. Manche Arbeitsgruppen entwickelten Orthesen mit einem aktiven Bremssystem oder aktiven Antrieben (Bild 6.40). Dabei sorgen Bremsen oder Motoren dafür, dass das Gangmuster verbessert wird und der Patient weniger schnell ermüdet. Der große technische Aufwand, das hohe Gewicht und kosmetische Nachteile hielten die Akzeptanz für diese Systeme bisher in Schranken.

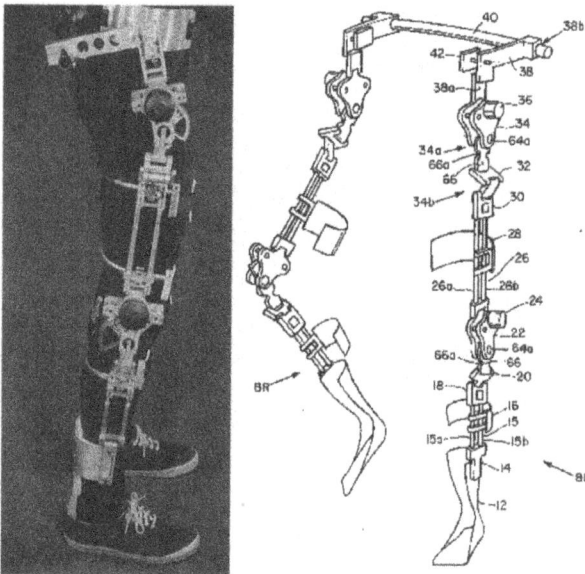

Bild 6.40: *Stand- und Gangorthese mit Bremsmechanismus (mit Genehmigung von W. Durfee, University of Minesota).*

Roboterunterstützte Mobilitätsunterstützung

Die Anwendung der Robotik und der Einsatz von Robotern können einen erheblichen Beitrag bei der alltäglichen Bewegungsunterstützung liefern. So können Roboterarme an Rollstühlen befestigt oder am Büroschreibtisch eingesetzt werden, um Patienten mit Lähmungen oder Verlust der oberen Extremitäten beim Greifen und Manipulieren von Objekten zu unterstützen und so ihren (Arbeits-)Alltag zu erleichtern (Bild 6.41).

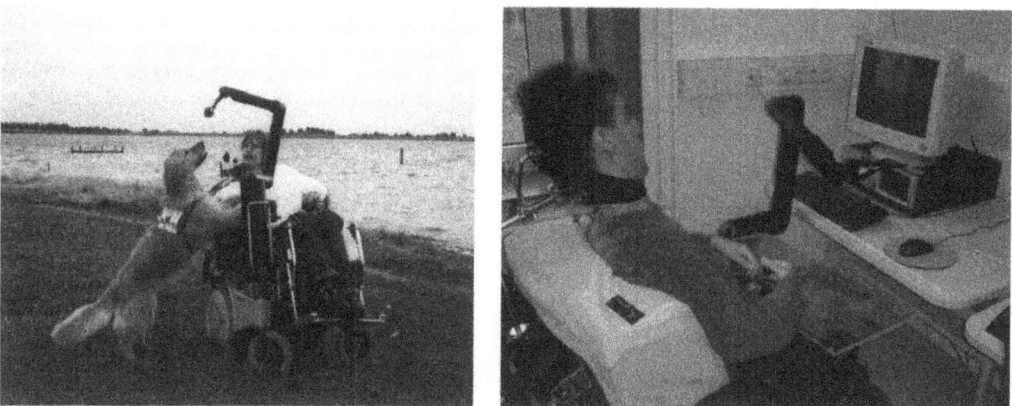

Bild 6.41: *Rollstuhlfester Manipulatorarm zur Unterstützung im Alltag und Beruf (Fotos sind Eigentum von Exact Dynamics, NL).*

Mobile Roboter können als autonome Serviceroboter für Transportaufgaben (z.B. Hol- und Bringdienste) sowie als Gehhilfe im häuslichen und klinischen Umfeld eingesetzt werden

(Bild 6.42). Diese Roboter bestehen häufig aus einer mobilen, omnidirektionalen Plattform, einem Manipulator, einer Spracheingabe und –ausgabe, einer Eingabetastatur und einem graphischen Display. Komplexe Sensortechnik wird dabei eingesetzt, um eine zuverlässige und kollisionsfreie Fortbewegung auch in enger häuslicher Umgebung zu gewährleisten. Häufig verwendete Sensoren sind Ultraschalldetektoren, Digital- und Laserkameras, Odometrie (Radsensorik), Gyroskope, Kollisionssensoren, Kraft- und Bewegungssensorik im Manipulator usw.

Techniken mobiler Roboter werden auch bei so genannten intelligenten Rollstühlen eingesetzt, um eine autonome und kollisionsfreie Fortbewegung zu erzielen.

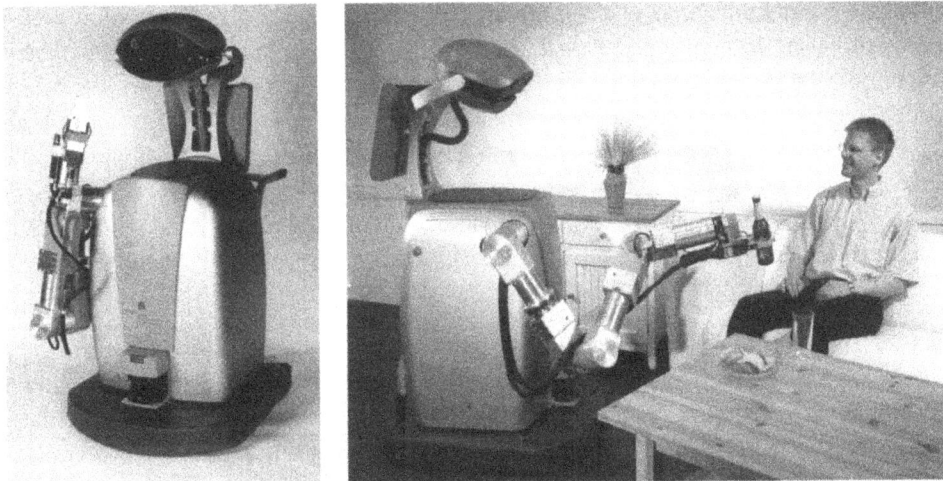

Bild 6.42: Serviceroboter Care-O-bot II® zur Unterstützung gehbehinderter Patienten (mit Genehmigung der Fraunhofer IPA, Stuttgart).

6.5   Bewertung

6.5.1   Natürliche versus künstliche Bewegungswiederherstellung

Bei der Wiederherstellung motorischer Körperfunktionen haben alle natürlichen Wiederherstellungsverfahren absolute Priorität, da intakte, natürliche Körperfunktionen allen technischen Alternativen bei weitem überlegen sind. Die vorgestellten technischen Lösungen bieten nicht die Vielseitigkeit, Flexibilität und Zuverlässigkeit, wie sie der menschliche Körper mit seiner redundanten, fein justierbaren muskulären Aktorik und seinen multimodalen, hochsensiblen Rezeptoren besitzt. Die wenigen Sensor- und Aktorkanäle bei Neuroprothesen und künstlichen Gliedmaßen können nicht gegen die tausende Rezeptorkanäle und mikroskopisch kleinen, einzeln ansteuerbaren motorischen Einheiten konkurrieren. Zudem ist die Intelligenz technischer Ersatzsysteme, im Sinne ihrer autonomen Funktionsfähigkeit, stark eingeschränkt. Die Geräte erweisen sich als entscheidungsträge, langsam und die Funktionsvielfalt ist gering. Technische Maßnahmen erweisen sich aber als sehr hilfreich, wenn sich der menschliche Bewegungsapparat oder die natürliche Bewegungskontrolle nicht auf natürliche Weise regenerieren kann.

6.5.2   Kopie versus Ersatz natürlicher Bewegungen

Beim Einsatz technischer Hilfsmittel ist ein Ziel, dass das technische System die natürlichen sensomotorischen Funktionen so gut wie möglich imitiert. Dies kann einerseits durch eine Kopie der natürlichen Anatomie und Physiologie erfolgen, was aber mit einer erhöhten technischen Komplexität einhergeht. So sollte die Ankopplung des technischen Systems an die menschliche Sensorik und Aktorik möglichst vielkanalig passieren, was in der Prothetik zu einer Miniaturisierung der verwendeten Systemkomponenten führt. Die Ankopplung sollte auch direkt und ohne lange Wege erfolgen, um den Einfluss von Störgrößen möglichst gering zu halten und die sensorische und motorische Selektivität zu maximieren. Dies hat zur Folge, dass neben der Miniaturisierung auch die Implantation eine immer wichtigere Rolle spielt.

Alternativ zu einer Kopie des natürlichen Systems, können technische Lösungen zur Motorikwiederherstellung im Alltag auch ganz „unnatürlich" aussehen und die fehlenden oder defizitären Funktionen ersetzen. Durch eine Mobilitätsunterstützung, z.B. durch Rollstühle, Orthesen oder Roboter kann so eine Reintegration in den Alltag durch relativ einfache Systeme mit einem günstigen Kosten zu Nutzen Verhältnis stattfinden.

Entscheidend ist bei allen technischen Lösungen, dass sich das technische System kooperativ mit dem Patienten verhält. Es sollte in der Lage sein, die Bewegungsintention und/oder den vorhandenen willkürmotorischen Beitrag des Patienten zu erkennen und auf diesen einzugehen. Das bedeutet, die Bewegung sollte nur so weit unterstützt werden, wie dies notwendig ist, so dass der Wille und der Eigenbeitrag des Patienten maximal berücksichtigt werden können. Der Patient darf nicht den Eindruck haben, dass er von der Prothese oder dem Roboter beherrscht wird. Vielmehr sollte er das technische System sowohl bei der Ingangsetzung als auch bei der Ausübung der Kräfte und Bewegungen nicht oder nur geringfügig wahrnehmen.

6.5.3   Probleme und Chancen

Die Implementierung und die Akzeptanz von Neuroprothesen sind bisher noch problematisch. Eingeschränkte Funktionalität, aufwändige Handhabung und unzufriedene Kosmetik haben bisher nicht zu einer breiten klinischen oder privaten Verbreitung geführt. Fortschritte in der Miniaturisierung und Regelungstechnik, neue Interfacetechniken, insbesondere im Bereich der Vernetzung biologischer und technischer Funktionen, sowie neue implantierbare Systeme bieten jedoch zumindest langfristig gewisse Chancen für die Neuroprothetik. Bevor es zu einem Erfolg der Neuroprothetik kommen kann, müssen erst noch zahlreiche Fragen geklärt werden. So ist noch unklar, wie sich die Muskelbewegung und die bindegewebige Ummantelung auf Langzeitfunktion und Verträglichkeit implantierter Systeme auswirken. Außerdem ist zu klären, ob die natürlichen Bewegungsstrategien des Menschen auf einen Patienten mit Neuroprothese übertragen werden können oder sollen. Ferner muss geprüft werden, wo der Kompromiss zwischen zufriedenstellender Funktion und einfacher Handhabung einer geregelten Neuroprothese liegt. Eine Erhöhung der Anzahl der Stimulationskanäle und der am Körper angebrachten Sensoren sowie die Erweiterung von Regler- und Modellkomponenten führt zwar im Allgemeinen zu einem deutlichen Funktionsgewinn, jedoch auf Kosten einer einfachen Handhabung. Wie gut sich Neuroprothesen durchsetzen werden, bestimmt letztendlich die Zufriedenheit und Akzeptanz des Patienten. Er ist es schließlich, der die Neuroprothese bedienen und sich damit sicher und effizient fortbewegen können muss.

Im Vergleich zu Neuroprothesen werden Exoprothesen schon sehr lange und auch in großer Anzahl eingesetzt. Allerdings erhalten sie erst seit jüngerer Zeit neue sensorische und aktorische Funktionalitäten, die den Umgang verbessern und die Patientenzufriedenheit immer weiter steigern lassen.

Aber nicht nur die künstliche Bewegungswiederherstellung, sondern auch die natürlichen Regenerationsmechanismen profitieren von innovativen technischen Ideen. So spielt bei spinalen und supraspinalen, insbesondere kortikalen Schäden das automatische Bewegungstraining eine immer wichtigere Rolle. Die Methode weitet sich zunehmend aus. In immer mehr Kliniken wird das manuelle und automatische Laufband- und Gangtraining zur Standardtherapie. Neue Verfahren, z.B. zur Behandlung der oberen Extremitäten und spezieller neurologischer Pathologien, z.B. Multipler Sklerose, befinden sich in der Entwicklung und erweitern so die Anwendungsbereiche der automatisierten Bewegungstherapie.

Große Hoffnung besteht, dass sich die natürliche Neuroregeneration auf Basis medikamentöser Behandlung, z.B. durch Verabreichung von Antikörpern, verbessern lässt. Zurzeit geht die Entwicklung in eine Phase der Erforschung am Menschen über, so dass in absehbarer Zeit bereits klinische Ergebnisse gewonnen werden können. Der Heilungserfolg wird höchstwahrscheinlich dadurch gesteigert, dass man die Neuroregeneration in Kombination mit Bewegungstraining und vielleicht auch mit der elektrischen Stimulation auf Basis der Neuroprothesen-Technik anwendet, weil vermutet wird, dass das Nervwachstum und somit der Therapieerfolg durch externe mechanische bzw. elektrische Reizung verstärkt wird.

6.6   Zum Weiterlesen

Lehr- und Handbücher

1 E.R. Kandal, J.H. Schwartz and T.M. Jessel: Principles of Neural Science. Fourth Edition. Mc Graw Hill, New York (2000).

2 D. Popović and T. Sinkjær: Control of Movement for the Physically Disabled. Control for Rehabilitation Technology. Springer Verlag, London (2000).

3 R. Riener: Neurophysiologische und biomechanische Modellierung zur Entwicklung geregelter Neuroprothesen. Herbert Utz Verlag, München (1997).

4 R.B. Stein, P.H. Peckham and D. Popović: Neural Prosthesis. Replacing Motor Function After Disease or Disability. Oxford University Press, New York (1992).

5 J.M. Winters and P.E. Crago: Biomechanics and Neural Control of Posture and Movement. Springer Verlag, New York (2000).

Einzelarbeiten

6 G. Colombo, M. Jörg und S. Jezernik: Automatisiertes Lokomotionstraining auf dem Laufband. Automatisierungstechnik at **50** (2002), 287–295.

7 V. Dietz, G. Colombo, L. Jensen and L. Baumgartner: Locomotor capacity of spinal cord paraplegic patients. Annals of Neurology **37** (1995), 574–582.

8 T. Fuhr: Ein kooperatives, patientengeführtes Regelungssystem zur Bewegungsrestitution mit einer Neuroprothese. Fortschritt-Berichte VDI, VDI Verlag, Düsseldorf (2004).

9 S. Hesse, C. Bertelt, A. Schaffrin, M. Malezic and K.H. Mauritz: Restoration of gait in nonamulatory hemiparetic patients by treadmill training with partial body-weight support. Arch. Phys. Med. Rehabil. **75** (1994), 1087–1093.

10 N. Hogan: Impedance control: an approach to manipulation, parts I, II, III, Journal of Dynamic Systems, Measurement, and Control **107** (1985), 1–23.

11 H.I. Krebs, N. Hogan, M.L. Aisen and B.T. Volpe: Robot-aided neurorehabilitation. IEEE Trans. Rehab. Eng. **6** (1998), 75–87.

12 J. Quintern: Application of functional electrical stimulation in paraplegic patients, NeuroRehabilitation **10** (1998), 205–250.

13 R. Riener and T. Fuhr: Patient-driven control of FES-supported standing-up: A simulation study. IEEE Transactions on Rehabilitation Engineering **6** (1998), 113–124.

14 R. Riener: Model-based development of neuroprostheses for paraplegic patients. Royal Philosophical Transactions: Biological Sciences **354** (1999), 877–894.

15 R. Riener, J. Hoogen, M. Ponikwar, M. Frey, R. Burgkart und G. Schmidt: Orthopädischer Trainingssimulator mit haptischem Feedback. Automatisierungstechnik at **50** (2002), 296–303.

16 H.N.L. Teodorescu and L.C. Jain: Intelligent Systems and Technologies in Rehabilitation Engineering. CRC Press – International Series on Computational Intelligence. Boca Raton, FL. (2001).

7 Wiederherstellung von Sehfunktionen

Peter Walter

7.1 Einleitung

Das Sehsystem ist für den Menschen eine besonders wichtige Schnittstelle zur Umwelt. Der größte Teil angebotener Informationen wird visuell vermittelt. Unsere Orientierung im Raum, unsere Manövrierfähigkeit in unbekannter Umgebung, die Planung einer Vielzahl von alltäglichen, aber auch besonderer Handlungen hängt von der intakten Verarbeitung visueller Information ab. Wie sehr der Mensch von der Verarbeitung visueller Informationen abhängt, wird erst deutlich, wenn diese Information etwa im Fall von Augenerkrankungen, aber auch bei Erkrankungen des Zentralnervensystems nicht zur Verfügung steht. Zwar erkennt man besonders bei Langzeitblinden eine Umverteilung der Gewichtung sensorischer Informationen weg vom visuellen Sinn hin zu anderen Modalitäten, wie etwa dem Tastsinn, eine äquivalente Verarbeitung wird aber nicht erreicht. Das wird besonders auffällig in unserer von beruflichen Aktivitäten dominierten Gesellschaft, in der Sehbehinderte und Blinde aus gut nachvollziehbaren Gründen eine Vielzahl von Tätigkeiten nicht ausführen können. Insbesondere Unfallverletzte, die plötzlich durch eine unfallbedingte Sehminderung aus dem Berufsleben herausgerissen werden, benötigen sehr lange Rehabilitationszeiten. Anders ist die Situation bei Blindgeborenen, die im Laufe der Kindsentwicklung eine andere Nutzung ihrer Sinnesmodalitäten lernen und sich damit in unserer ansonsten stark visuell ausgerichteten Welt gut zurechtfinden. Obwohl erhebliche Fortschritte in der Therapie und Diagnostik auch schwerster Augenerkrankungen in den letzten Jahren erreicht worden sind, gibt es noch immer Krankheiten, die zur Erblindung führen und für die keine Therapie zur Verfügung steht. Die häufigste Erblindungsursache in den industrialisierten Ländern ist die altersbedingte Makuladegeneration (*Makula lutea: gelber Fleck, Stelle des schärfsten Sehens*). Man schätzt, dass etwa 30 % aller Deutschen, die älter als 70 Jahre sind, bereits Frühformen der Makuladegeneration haben. Bei etwa 5 % dieser Bevölkerungsgruppe liegen schon Spätstadien mit erheblicher Minderung des Sehvermögens vor (Erblindung, schwere Sehbehinderung). Man spricht im Sinne des sozialen Entschädigungsrechtes von Erblindung, wenn die Sehschärfe auf dem besseren Auge nicht mehr als 1/50 beträgt. Bei der jüngeren Bevölkerung stehen neben den schweren Verletzungen und den Komplikationen durch die diabetische Retinopathie die erblichen Netzhautdegenerationen im Vordergrund. Bei diesen Erkrankungen kommt es zu einer Degeneration der Sinneszellen in der Netzhaut. Dabei können alle Sinneszellen betroffen sein, oder nur Teile der Sinneszellen. Ursache dieser Gruppe von Erkrankungen sind Defekte in den den Schlüsselenzymen des Sehvorgangs zugrunde liegenden Genen. Als Folge dieser Gendefekte kommt es zu einem Untergang der Sinneszellen der Netzhaut, der Stäbchen und Zapfen. Demgegenüber bleiben die anderen Nervenzellen der Netzhaut noch weitgehend intakt. Seit einigen Jahren werden Ideen verfolgt, wie die ausgefallenen Photorezeptoren (*Photosensoren*) der Netzhaut bei diesen Erkrankungen durch technische Elemente ersetzt werden können. Um die im Folgenden zu besprechenden Forschungsansätze nachvollziehen zu können, sind grundlegende Kenntnisse über die funktionelle Anatomie des Auges und des visuellen Systems erforderlich. Es sind aber auch weitergehende Kenntnisse bezüglich der erblichen Netzhautdegenerationen erforderlich.

Eine andere Gruppe von bisher nur unzureichend behandelbaren Erkrankungen des Auges sind die Zerstörungen des vorderen Augenabschnittes durch schwerste Verletzungen oder Entzündungen. Zwar kann eine eingetrübte Linse heute problemlos entfernt werden und durch eine Intraokularlinse ersetzt werden und eine trübe Hornhaut kann durch eine Hornhauttransplantation ersetzt werden. Es gibt aber gerade im Bereich der Wiederherstellung der optischen Eigenschaften des Auges gerade nach Verätzungen oder Explosionsverletzungen oder nach schweren Entzündungen wie beim Trachom oft Eintrübungen des zunächst klaren Transplantates beispielsweise durch immunologische Prozesse. In diesen Fällen kann eine künstliche Hornhaut (*Keratoprothese*) als Ersatz diskutiert werden, die in Einzelfällen gute Ergebnisse liefert. Es werden aber auch Ansätze verfolgt, ein extern aufgenommenes Bild mit einem intraokular fixierten Mikrodisplay auf die oft in diesen Fällen noch intakte Netzhaut zu projizieren.

7.2   Netzhaut und Sehvorgang

Beim Sehprozess wird zwischen dem optischen Apparat und dem neuronalen Sehprozess unterschieden. Der Antransport visueller Information wird über die brechenden Medien Hornhaut, Kammerwasser, Linse und Glaskörper vermittelt (s. Bild 7.1). Im Normalzustand wird das Bild aus dem Unendlichen scharf auf der Netzhaut abgebildet. Durch Akkommodation können aber auch Bilder aus der näheren Entfernung scharf auf der Netzhaut abgebildet werden. Die Fähigkeit zur Akkommodation lässt im Alter nach – eine Lesebrille wird nötig, die die reduzierte Akkommodation ersetzt. Die eigentliche Umwandlung visueller Information in ein neuronales Signal, das dann in die höheren Zentren des visuellen Systems weitergeleitet wird, erfolgt in der Netzhaut. Die Netzhaut (Retina) kleidet die innere Oberfläche des Augapfels aus und bildet die innere Hülle, an die sich die Aderhaut (Choroidea) und die Lederhaut (Sklera) anschließen. Die Blutversorgung der Netzhaut erfolgt zum einen aus Ästen der Zentralarterie, die das Auge mit dem Sehnerven erreicht und zum anderen aus dem Aderhautkreislauf, der aus Ästen der Ziliararterien gespeist wird.

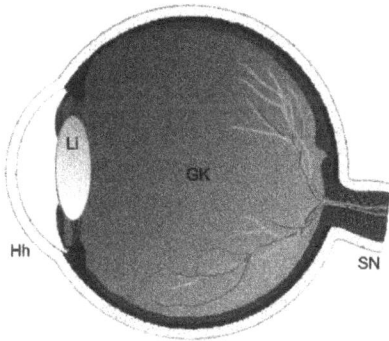

Bild 7.1: *Schematischer Schnitt durch ein menschliches Auge. Hh: Hornhaut, Li: Linse, GK: Glaskörper, SN: Sehnerv. Die Netzhaut kleidet die innere Oberfläche des Auges aus. Zwischen der Netzhaut und der Aderhaut liegt eine einzellige Lage Pigmentepithel.*

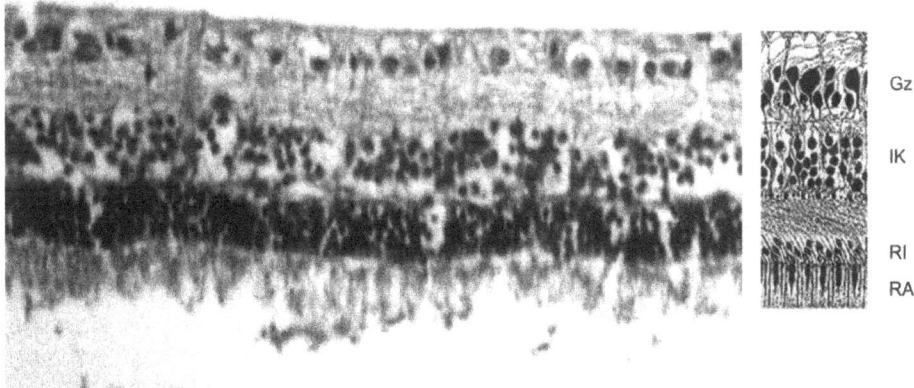

Bild 7.2: *Lichtmikroskopisches Bild der Netzhaut links und Schemazeichnung rechts. Man erkennt den schichtartigen Aufbau der Netzhaut mit den glaskörperseitig (oben) liegenden Nervenfasern der Ganglienzellen, den Ganglienzellkörpern (Gz), der inneren Körnerschicht (IK), in der sich die Zellkerne der Bipolarzellen abbilden. In der äußeren Körnerschicht finden sich die Innenglieder der Photorezeptoren (RI) und ganz außen (im Bild unten) die Außenglieder der Rezeptoren (RA).*

Die Retina besteht ihrerseits aus mehreren Schichten von Zellen in einer sehr parallelen Anordnung (Bild 7.2). Die innere Oberfläche, die dem Glaskörper zugewandt ist, bildet die Schicht der Fasern des Sehnerven und der Zellkörper der Ganglienzellen. Daran schließt sich eine Schicht von Interneuronen an, die Querverbindungen zwischen einzelnen Netzhautzellen herstellen: Bipolarzellen, Amakrine Zellen, Horizontalzellen. Darauf liegt die Schicht der Photorezeptoren, die mit ihren Außengliedern auf der lichtabgewandten Seite in das retinale Pigmentepithel eintauchen. Das retinale Pigmentepithel sitzt auf einer Basalmembran, der Bruchschen Membran, an die sich wiederum die Aderhaut anschliesst. Die Absorption der auf die Netzhaut einfallenden Lichtquanten erfolgt in den Außengliedern der Photorezeptoren (Bild 7.3). Diese Außenglieder bestehen aus parallel angeordneten Membranstrukturen,

die die Photopigmente enthalten. Diese Photopigmente bestehen aus einem Eiweißbestand-
teil, dem Opsin und einem Nichteiweiß.

A   B   D

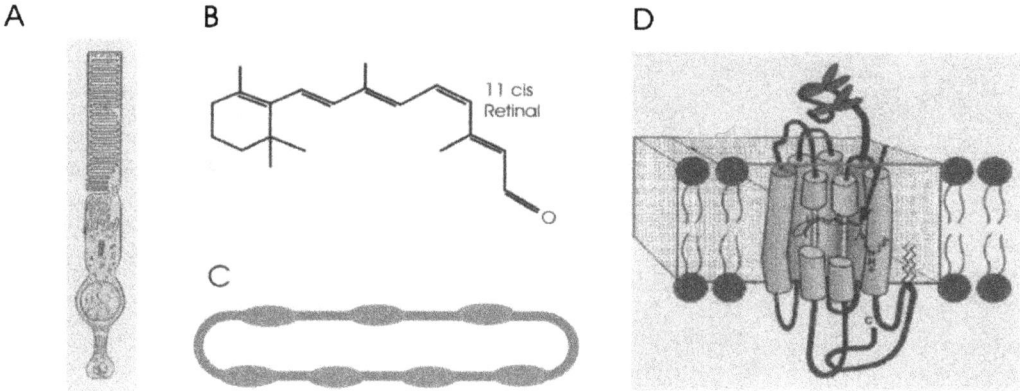

*Bild 7.3: A. Längsschnitt durch ein Stäbchen mit Innenglied unten und dem Außenglied mit den Membranscheib-
chen oben. B. Strukturformel des 11 cis Retinals. C. Querschnitt durch ein Membranscheibchen mit Rhodopsindo-
mänen in der Membran. D. Darstellung des Rhodopsins mit dem Retinal als prosthetische Gruppe. Der Pfeil markiert die Position, an der die Änderung von der 11-cis in die all-trans Konfiguration durch die Lichtabsorption
erfolgt.*

Dieses Nichteiweiß ist das Retinal, die Aldehydform des Vitamin A. Das Pigment der Stäbchen ist das Rhodopsin oder der Sehpurpur. Bei der Absorption eines Photons am Rhodopsin
kommt es zu einer Strukturänderung des Retinals vom 11-cis Retinal in die all-trans Form.
Die Folge ist, dass das Retinal und das Opsin auseinanderfallen, womit eine ganze Kaskade
von Enzymreaktionen im Photorezeptor ausgelöst wird. Diese Enzymreaktionen führen letztlich über eine cGMP abhängige Änderung der Permeabilität der Rezeptorenmembran für
kleine positiv geladene Ionen zu einer Änderung des Membranpotenzials an der Zellmembran des Rezeptors. Am anderen Ende des Rezeptors, das synaptische Kontakte zu Bipolarzellen und Horizontalzellen hat, wird durch dieses Signal der Neurotransmitter Glutamat ausge-
schüttet. Es kommt je nach funktioneller Verknüpfung der belichteten Rezeptoren zur Aktivierung oder Hemmung dieser nachgeschalteten retinalen Nervenzellen. Das Signal wird
dann an weiteren Synapsen auf die Ganglienzellen weitergeleitet. In jedem Synapsenlager
der Netzhaut aber auch an den Dendritenbäumen der retinalen Nervenzellen enden Fortsätze
weiterer Interneurone der Netzhaut, so dass auf jeder Ganglienzelle eine Integration zahlreicher Signale aus der Umgebung erfolgt. Jeder Ganglienzelle in der Netzhaut ist eine bestimmte Population von Photorezeptoren zugeordnet, die man als rezeptives Feld der Ganglienzelle bezeichnet. Ganglienzellen im Bereich der Makula lutea (gelber Fleck) erhalten ihre
synaptischen Eingangssignale nur von wenigen Photorezeptoren, während in der peripheren
Netzhaut Ganglienzellen Informationen von mehreren Tausend Rezeptoren integrieren. Je
nach funktioneller Organisation des rezeptiven Feldes kann es durch einen Lichtpunkt zu
einer Aktivierung oder zu einer Hemmung einer Ganglienzelle kommen. Umgekehrt können
Lichtreize in der Umgebung des Hauptaktivierungsbereichs einer Ganglienzelle zu einer

Hemmung derselben führen. Hierdurch werden Phänomene wie Kontrastverstärkung und Simultankontrast erklärlich. Die Ganglienzellen stellen hochspezialisierte Neurone dar, die bestimmte Eigenschaften haben. So codieren sie etwa Farbe, Kontrast, Helligkeit und Richtung von bewegten Lichtreizen. Während die lichtabhängige Aktivierung der Stäbchen und Zapfen zu langsamen Potenzialänderungen der Zellmembran führt, kommt es bei einer Aktivierung von Ganglienzellen zu kurzen Aktionspotenzialen, die über die Axone dieser Zellen, die sich dann im Sehnerv bündeln, an die höheren visuellen Zentren weitergeleitet werden. Erste Station dieser Axone ist der seitliche Kniehöcker im Mittelhirn (Bild 7.4). Hier erfolgen weitere Umschaltungen, wobei Informationen auch vom Partnerauge eingebracht werden. Ein Teil der Axone der Ganglienzellen kreuzt in der Sehnervenkreuzung zur Gegenseite. Über die Sehstrahlung gelangen die Fasern der Neurone des seitlichen Kniehöckers dann in den primären visuellen Cortex, die Region V1, die sich in der hinteren Schädelgrube befindet. In verschiedenen Schichten von V1 erfolgt dann die weitere Verarbeitung. Zwischen dem primären visuellen Cortex und weiteren Anteilen des ZNS besteht eine Vielzahl von Querverbindungen.

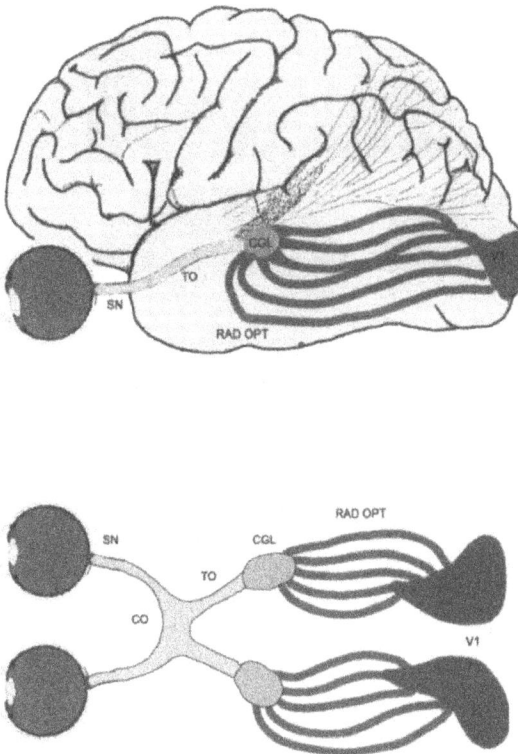

Bild 7.4: Schematische Darstellung der Anatomie des visuellen Systems. Oben: Ansicht von der Seite. Unten. Ansicht von oben. SN: Sehnerv. CO: Chiasma opticum (Sehkreuzung). TO: Tractus opticus. CGL: Corpus geniculatum laterale. RAD OPT: Sehstrahlung, radiatio optica. V1: Primärer visueller Cortex. Die Fasern der Ganglienzellen der Netzhaut verlassen das Auge gebündelt im Sehnerv, ein Teil der Fasern kreuzt im Chiasma zur Gegenseite. Über den Tractus opticus erreichen Fasern derselben Seite und der Gegenseite den seitlichen Kniehöcker (Corpus geniculatum laterale). Hier erfolgt eine weitere synaptische Umschaltung. Die Fasern der CGL Neurone erreichen dann über die Sehstrahlung (radiatio optica) den primären visuellen Cortex (V1).

7.3   Retinitis pigmentosa (RP)

Bei der Retinitis pigmentosa handelt es sich um eine angeborene Erkrankung der Netzhaut, deren Ursache in Mutationen der Gene liegt, die die Schlüsselenzyme der primären Sehprozesse codieren. Die Folge ist eine Degeneration der Stäbchen in der Netzhautperipherie, die im Verlauf der Erkrankung dann zum Zentrum voranschreitet und auch die Zapfen erfasst (Bild 7.5). Die Patienten leiden zuerst oft an Nachtblindheit und im weiteren Verlauf an einer röhrenförmigen Einengung des Gesichtsfeldes. Schließlich kommt es zur Erblindung, wenn die zentrale Restinsel verloren geht. Eine Therapie ist nicht bekannt. Man schätzt, dass in Deutschland etwa 30.000 Patienten von der Erkrankung betroffen sind und ca. 15.000 vor dem Gesetz als blind gelten müssen.

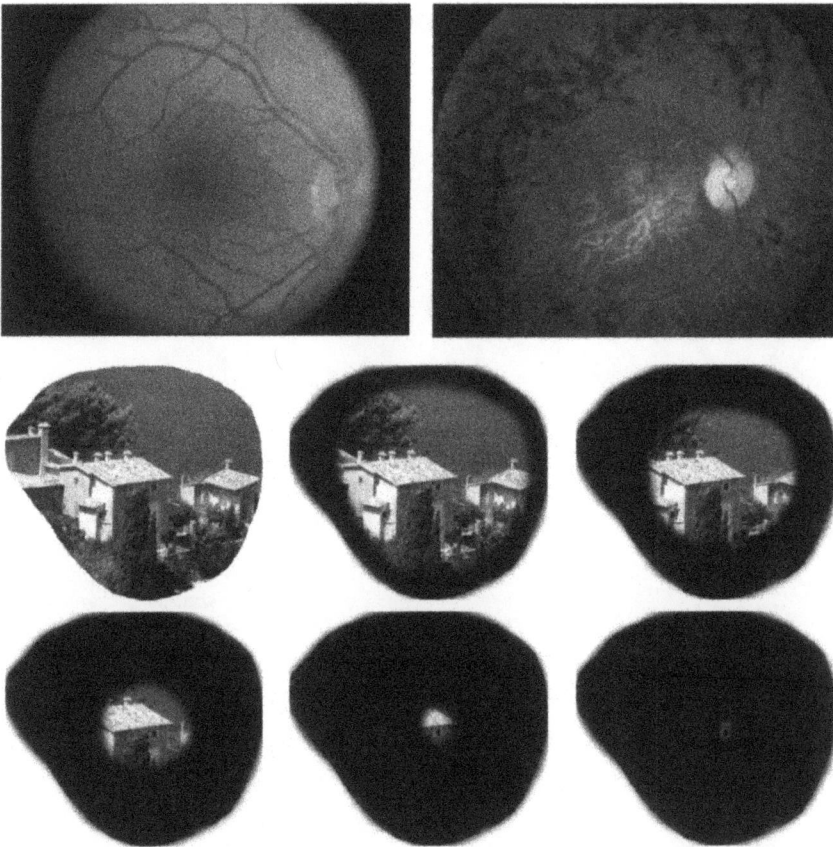

Bild 7.5: Oben, links: Normaler Augenhintergrund bei einem gesunden Erwachsenen. Rechts im Bild erkennt man den Austritt des Sehnervens mit den begleitenden Blutgefäßen (Papilla nervi optici). In der Bildmitte ist die Makula lutea (gelber Fleck) zu erkennen. Oben, rechts: Augenhintergrund bei Retinitis pigmentosa. Man erkennt die insbesondere mittelperipher liegenden Pigmentverklumpungen. Unten: Verfall des Gesichtsfeldes bei Retinitis pigmentosa mit konzentrischer Einengung bis hin zur Erblindung im Endstadium.

Es werden verschiedene Vererbungsmechanismen unterschieden: autosomal dominant, autosomal rezessiv und x-chromosomal. Bei den heute immer kleiner werdenden Familien findet man aufgrund des Stammbaums nicht immer den Vererbungsmodus heraus, oft ist man mit einzelnen Patienten konfrontiert.

Als Ursachen der RP wurden Mutationen in einer Reihe von Genen identifiziert: Rhodopsingen (RHO), Peripherin RDS Gen, RPE 65 u.v.a.m.

7.4   Therapieansätze der Retinitis pigmentosa

In der Vergangenheit wurde eine Reihe von Therapieversuchen durchgeführt. Keine dieser Therapien konnte nachweisen, dass es zu einer Besserung der Situation kommt. Immunstimulation, Vitamingabe, Sauerstofftherapie, Sklareresektion und Kombinationen dieser Verfahren und andere. Da die RP durch Gendefekte verursacht ist, wird diskutiert, den genetischen Defekt durch einen Ersatz des defekten Gens durch gesunde Genkopien zu korrigieren. Es konnte nachgewiesen werden, dass es möglich ist, Kopien intakter Gene unter Verwendung viraler Vektoren in die Photorezeptoren einzuschleusen. Diese Ansätze zeigen vielversprechende Ergebnisse, sind aber möglicherweise mit auch schweren Nebenwirkungen verknüpft. Die RP scheint nicht durch eine Mutation alleine, sondern möglicherweise durch eine Vielzahl von Mutationen ausgelöst zu werden. Das bedeutet, dass der Ersatz eines einzigen Gens für eine größere Zahl von Patienten möglicherweise nicht ausreichend sein kann. Darüber hinaus scheint die Gentherapie eher das Fortschreiten der Erkrankung verzögern zu können, Endstadien lassen sich hiermit aber wahrscheinlich nicht behandeln, da es hier bereits zu einem Absterben der Photorezeptoren gekommen ist. Netzhauttransplantationen in Form von Zellersatz wurden ebenso vorgeschlagen und tierexperimentell erprobt wie die Gabe von Wachstumsfaktoren. Alle diese Ansätze konnten in Tiermodellen der RP nachweisen, dass die Progression der Erkrankung verzögert wurde. Eine klinische Anwendung für RP ist bisher aber nicht erfolgt. Ganz andere Ansätze bestehen darin, Bildinformationen in Form taktiler Reize zu übermitteln. Frühe Ansätze bestanden darin, Bildinformationen aus einem Kamerasystem in taktile Informationen umzusetzen, etwa durch eine mechanische Matrix von Stiften, die in der Rückenlehne eines Stuhls eingelassen war. Neuere Systeme wurden angedacht, um Bildinformation durch elektrische lokale Stimulation auf der Zungenspitze nutzbar zu machen. Eine breitere zukunftsorientierte Anwendung haben derartige Systeme nicht gefunden.

Schon in den sechziger Jahren wurde vorgeschlagen, Sehwahrnehmungen bei Blinden durch Elektrostimulation des visuellen Systems zu erzeugen. Brindley und seine Gruppe implantierten Elektrostimulatoren im Bereich des visuellen Cortex und waren so in der Lage, bei einer an RP erkrankten blinden Versuchsperson tatsächlich Sehphänomene auszulösen [Brindley 70, Brindley 68]. Der visuelle Kortex ist auch das primäre Ziel der Dobelle- Prothese. Dieses System basiert auf einer externen Kamera und einem Ultraschalldetektor für Entfernungen und Hindernisse. Beide Sensorsysteme sind in einer Brille untergebracht und senden ihre Informationen zu einem visuellen Prozessor. Hier werden die Reize berechnet für eine Reizelektrodenmatrix, die über dem visuellen Kortex implantiert ist. Die Elektroden werden über eine Kabelverbindung, die durch den Schädelknochen läuft, versorgt. Einige Patienten sind nach Angaben der Firma bereits operiert und sind mit diesem System in der Lage, sich in unbekanntem Terrain zu bewegen [Dobelle 1994, 2000].

Photorezeptoren	⚡	Subretinales Implantat
⇩		
Retinale Interneurone		
⇩		
Ganglienzellen	⚡	Epiretinales Implantat
⇩	⚡	Sehnervcuffelektrode
Corpus geniculatum laterale		
⇩		
Sehrinde	⚡	Kortikales Implantat

Bild 7.6: *Flussdiagramm der Informationen im visuellen System und Ebenen, auf denen die funktionelle Elektrostimulation ansetzen kann.*

Durch neue Entwicklungen im Bereich der Elektrodenmatrixherstellung gibt es auf dem Gebiet der Entwicklung kortikaler Prothesen jetzt neue Fortschritte. [Normann 99, Warren 2001]. Obwohl der Ansatz einer kortikalen Prothese schon seit vielen Jahren verfolgt wird, hat eine retinale Stimulation insbesondere aus topographischen Gründen möglicherweise Vorteile. In die neuronale Verarbeitung visueller Signale ist zwischen Photorezeptoren und visuellem Kortex eine Vielzahl von Interneuronen eingeschaltet. Durch diese Interneurone wird die szenische Information, die pixelartig auf der Netzhaut detektiert wird, in hochspezifische Daten, wie etwa Farbe, Richtung, Bewegung, Kontrast umcodiert. Für eine funktionelle Elektrostimulation, die möglichst nah an der natürlichen Wahrnehmung orientiert sein sollte, erscheint es also von Vorteil, die Stimulation möglichst im Bereich der ausgefallenen Rezeptoren, also auf retinaler Ebene umzusetzen (Bild 7.6).

Mantelartige Elektroden werden bereits zur Elektrostimulation peripherer Nerven eingesetzt. Eine Modifikation dieser Elektroden wurde auch als Stimulationselektrode für den Sehnerven zum Einsatz gebracht. Bei einem blinden Patienten konnten mit einer solchen Elektrode Sehwahrnehmungen in Form umschriebener Phosphene ausgelöst werden [Delbeke 2003, Verarrt 98]. Da im Sehnerven die Fasern der Ganglienzellen aber bereits sehr dicht gepackt liegen, könnte eine Stimulation im Hinblick auf lokal begrenzte und wahrnehmungsrelevante Ergebnisse wahrscheinlich nur mit in den Sehnerven vordringenden Elektroden möglich sein. Aus diesen Gründen heraus haben sich verschiedene Forschungsgruppen dafür entschieden, die Stimulation auf der Ebene der Netzhaut anzusetzen.

Da sich bei der Retinitis pigmentosa der Degenerationsprozess in den Photorezeptoren manifestiert, besteht der theoretisch ideale Ansatz darin, die natürlichen Photorezeptoren durch technische Elemente zu ersetzen. Da Photorezeptoren normalerweise Licht in Spannungsänderungen umwandeln, könnte die Implantation einer Vielzahl mikroskopisch kleiner Photodioden (Mikrophotodioden), die Licht in Strom wandeln können, der nahe liegendste Ansatz sein. Der Strom aus diesen Elementen sollte dann die nachgeschalteten und noch intakten Zwischenneurone in der Netzhaut aktivieren. Diese Idee wurde in den USA von Chow und Mitarbeitern [Chow, 1997; Peyman & Chow, 1998] und in Deutschland durch die Gruppe um Zrenner [Zrenner, 1999] umgesetzt. Der Ansatz wurde als subretinaler Ansatz eines Retina Implantates publiziert, da in diesem Fall die technischen Elemente unter die Netzhaut appliziert werden müssen. Ein anderes Konzept der retinalen Stimulation besteht in der Befestigung einer Elektrodenmatrix auf der Netzhautoberfläche. Energie und die Daten werden zu dem Implantat über induktive Kopplung oder optoelektronisch gesendet. Dieser Ansatz wurde von deJuan und Mitarbeitern, von Rizzo und seiner Gruppe und in Deutschland von Eckmiller und dem EPI-RET Konsortium als epiretinaler Ansatz eines Retina Implantates beschrieben [Eckmiller, 1995; Humayun, 1996; Rizzo, 2001].

7.5 Ansätze für ein Retina Implantat

Elektrostimulation der Netzhaut wurde in zahlreichen Experimenten eingesetzt, um die Physiologie und Verschaltung innerhalb der Netzhaut zu studieren. Es wurden Experimente zu therapeutischen Ansätzen mit direkter und indirekter elektrischer Netzhautstimulation publiziert. Obwohl diese Ergebnisse bereits vor mehr als 30 Jahren veröffentlicht wurden, konnte niemals ein klinisch anwendbares Produkt als Sehprothese hergestellt werden. Eine Reihe von Forderungen müssen daher an implantierbare Sehprothesen gestellt werden. Um wahrnehmungsrelevante Sehphänomene zu induzieren, werden flexible Folien als Basisstrukturen für sehr kleine und individuell ansteuerbare Elektroden benötigt. Diese Elektrodenarrays müssen dann möglichst schonend unter oder auf der Netzhaut platziert werden. Dabei muß eine stabile Befestigung erreicht werden, um eine möglichst konstante Raumbeziehung zwischen Netzhaut und Reizelektroden zu erreichen. Die Implantate müssen aus bioverträglichen Werkstoffen gefertigt werden und müssen so verkapselt sein, dass die biologischen Abwehrmechanismen keine Chance haben, Elektronikkomponenten oder sonstige Bestandteile des Implantates zu beeinträchtigen.

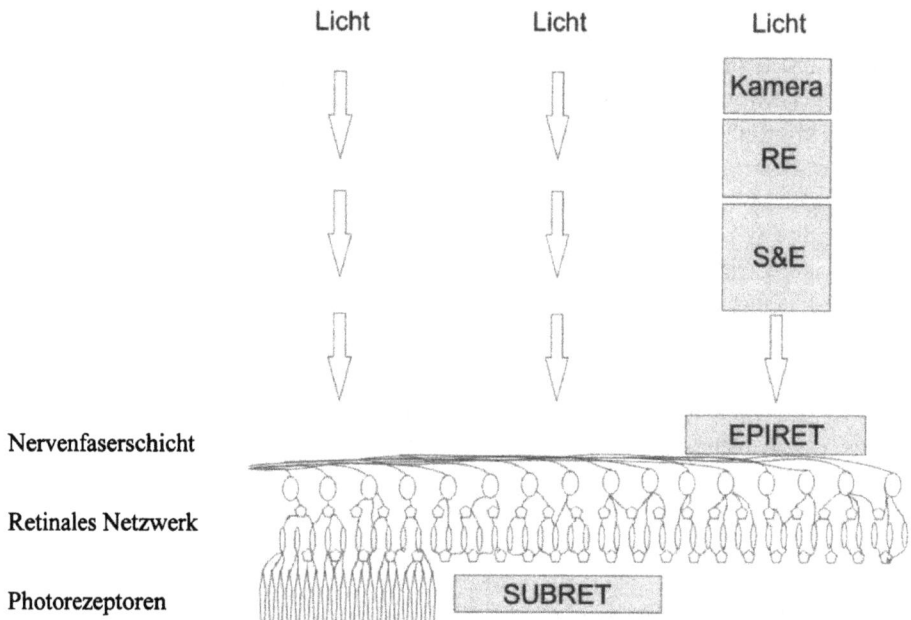

Bild 7.7: *Ansätze für eine funktionelle Elektrostimulation der Netzhaut. Links: Normale Situation mit einfallendem Licht und intakter Netzhaut. Mitte: Einfallendes Licht und subretinal platziertes Retina Implantat, das das Licht in elektrische Energie umwandelt und hierdurch das postsynaptische neurale Netzwerk aktiviert. Rechts: Einfallendes Licht und epiretinal platziertes Retina Implantat. Externe Komponenten wie Kamera und Retina Encoder (RE) sind notwendig, ebenso wie ein Sendesystem für Energie und Signal (S&E) in das Auge hinein.*

7.5.1   Der subretinale Ansatz

Die Idee von Chow und Zrenner besteht darin eine große Zahl von Mikrophotodioden in den subretinalen Raum zu platzieren (Bild 7.7). Diese technischen Elemente, die das einfallende Licht in elektrische Energie wandeln, ersetzen dann in der Krankheitssituation die ausgefallenen Photorezeptoren. Ein besonders reizvoller Aspekt dieses Ansatzes besteht darin, dass die Topographie der Erregung vollständig erhalten bleiben kann. Hierdurch soll der zu erreichende Seheindruck möglichst natürlich bleiben und externe Komponenten wie Sendesysteme und Retina Encoder sind im Gegensatz zum epiretinalen Ansatz nicht erforderlich. Die postsynaptischen Zellen (Bipolarzellen und Horizontalzellen) werden mit einem quasi normalen Input versorgt. Eine Signalverarbeitung wird daher nicht benötigt. Sowohl in der Gruppe um Chow als auch von der deutschen Gruppe um Zrenner wurden flexible folienartige Prototypen eines subretinalen Implantates gefertigt, die in den subretinalen Raum geschoben werden können (Bild 7.8). Tierexperimente haben gezeigt, dass die Implantation derartiger Strukturen in den subretinalen Raum sicher möglich ist. Beim transvitrealen Zugang muß der Glaskörper entfernt werden (Vitrektomie). Anschließend wird ein kleines Loch in der Netzhaut angelegt, die Netzhaut wird lokal etwas hochgespült und in die entstehende Tasche wird das Implantat durch das Netzhautloch hinein geschoben. Die Implantation gelingt aber auch von der anderen Seite. Hierzu muß ein entsprechender Zugang durch die Sklera und durch die Aderhaut (Choroidea) angelegt werden. Das Implantat wird dann durch einen sklerochoroidalen Tunnel in den subretinalen Raum geschoben, wobei die Netzhaut durch eine Kunststofffolie gesichert werden kann. Die Materialien der subretinalen Implantate wurden im Tierversuch gut vertragen, zeigten jedoch selbst Zeichen der Oxidation bzw. eines enzymatischen Schadens. Daher ist die Umhüllung dieser Strukturen von besonderer Wichtigkeit. Chow hat bereits sein subretinales Implantat bei sieben Patienten implantiert, die an einer RP im Endstadium erblindet waren. Er berichtete, dass die Operationen gut verlaufen sind und dass keine Komplikationen aufgetreten sind. Er berichtete auch, dass alle Patienten Sehwahrnehmungen hatten. Derzeit ist nicht klar, ob es sich bei den Sehwahrnehmungen der Patienten um spezifische Effekte einer elektrischen subretinalen Stimulation handelt oder ob es sich um unspezifische Effekte der Operation und der damit verbundenen Freisetzung von Wachstumsfaktoren und sonstigen Mediatoren handelt [Chow, 2003]. Berechnungen zeigen, dass die an den derzeit verfügbaren Mikrophotodioden bereitgestellte Energie möglicherweise nicht ausreicht, um die nachgeschalteten Neurone zu aktivieren. Daher gehen die deutschen Forscher inzwischen dazu über, das subretinale Implantat zusätzlich mit Energie von außen zu versorgen.

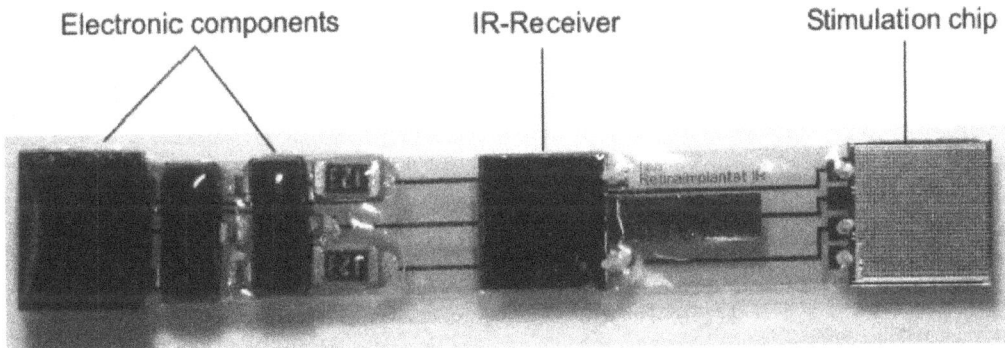

Bild 7.8: *Prototyp eines aktiven subretinalen Retina Implantates mit einem Empfänger für infrarotes Licht (Mitte), weiteren Elektronikkomponenten und dem eigentlichen Stimulationselektrodenarray (rechts). Das Bild wurde dankenswerterweise vom deutschen SUB-RET Konsortium zur Verfügung gestellt.*

7.5.2 Der epiretinale Ansatz

Die elektrische Stimulation der inneren, dem Glaskörper zugewandeten Seite der Netzhautoberfläche wird ebenfalls als Ansatz einer technischen Netzhautprothese verfolgt. Ziel der funktionellen epiretinalen Elektrostimulation sind die Ganglienzellen, deren Nervenfasern signaltechnisch den Ausgang der Netzhaut als Sensororgan für visuelle Information darstellen (Bild 7.7). Da in der Netzhaut bereits eine Vorverarbeitung der Sehwelt erfolgt und auf Ganglienzellebene keine einfache 1:1-Abbildung eines Punktes der Sehwelt besteht, muss das Eingangssignal auch für das technische System vorverarbeitet werden. Dazu werden Verfahren eingesetzt, mit denen die natürliche Reizverarbeitung in der Netzhaut simuliert wird. Hierzu werden digitale verstellbare Filter eingesetzt, die die Eigenschaften rezeptiver Felder haben und die bereits Kontrast, Farbe, Orientierung, Bewegung und andere Parameter berücksichtigen. Als Ergebnis dieser Simulation werden Pulse berechnet, die notwendig sind, die Ganglienzellen so zu stimulieren, dass ein möglichst natürlicher Seheindruck entsteht. Im Gegensatz zum subretinalen Ansatz muss beim epiretinalen Ansatz die Sehwelt durch ein externes Kameramodul, das in eine Brille integriert wird, aufgenommen werden (Bild 7.9). Solche Kameras werden heute in CMOS Technologie gefertigt, so dass einerseits ein niedriger Stromverbrauch resultiert, andererseits eine kleine Baugröße und ein Signalprocessing bereits on-chip möglich ist. Das Ausgangssignal dieses Kameramoduls wird dann von einem Retina Encoder verarbeitet, mit dem die natürliche retinale Signalverarbeitung simuliert wird (Bild 7.10). Da vor der Implantation unklar ist, welche Elektrode an welcher Ganglienzelle liegt und wie gut die jeweiligen Kontakte sind, wird diese externe Signalverarbeitung in einem Lernprozess mit dem Implantatträger optimiert. Die Daten des Retina Encoders und die für den Betrieb des Implantates notwendige Energie wird über ein Transpondersystem in das Implantat im Auge gesendet [Eckmiller 1997]. Hierzu werden induktive Verfahren eingesetzt, aber auch optoelektronische Systeme.

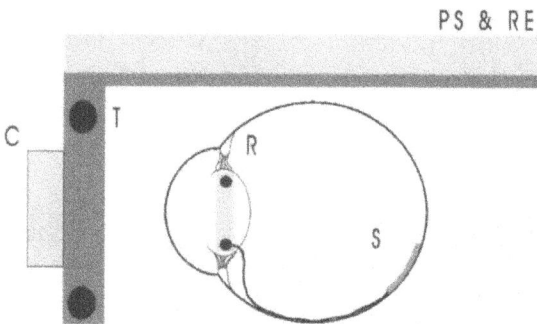

Bild 7.9: Systemkonzept des epiretinalen Ansatzes: Die Kamera „C" fängt die Szene ein. Der Retina Encoder „RE" prozessiert das Kamerasignal und berechnet die Pulsfolgen für die Stimulation an jeder Elektrode. „PS" ist die Stromversorgung. Die Daten für die Pulse und die Energie zur Versorgung des Implantates werden über den Sender „T" in das Auge gesendet. Die Empfangsstruktur im Auge „R" empfängt Daten und Energie und ist über eine flexible Mikroverbindungsstruktur mit dem Stimulator verbunden.

Bild 7.10: Prototyp eines epiretinalen Implantates mit 25 individuell ansteuerbaren Reizelektroden auf einer flexiblen Polyimidfolie. Der Stimulatorkopf ist rechts im Bild. Links direkt davor liegt der verkapselte Stimulationsmikrochip und ganz links im Bild die in einer scheibenförmige Intraokularlinse integrierte Empfangselektronik. Bild des BMBF Konsortiums EPI-RET.

7.6 Tierexperimentelle Untersuchungen

Untersuchungen an Katzen in den 70er Jahren ergaben, dass eine kortikale Aktivierung des Sehsystems mit eindellenden Elektroden möglich ist. Bei den neuen Entwicklungen wurden zunächst Biomaterialstudien mit der Frage der Verträglichkeit und Studien zur operativen Machbarkeit durchgeführt.

7.6.1 Biokompatibilitätsstudien

In verschiedenen Experimenten an neuronalen Zellen in-vitro und an retinalen Zellkulturen wurde die Verträglichkeit der Verkapselungsmaterialen der Implantate und auch der technischen Grundsubstrate überprüft. Es konnte gezeigt werden, dass das Polydimethylsiloxan (PDMS) (Bilder 7.11 und 7.12) als besonders bioverträgliches Kapselmaterial einzustufen ist, während andere Silikone weniger geeignet sind. PDMS wird auch als Standardmaterial für die Herstellung von Intraokularlinsen eingesetzt. Elektrisch inaktive Komponenten der Implantate wurden bei Kaninchen implantiert. Diese Materialproben wurden über eine Zeit von mindestens sechs Monaten gut vertragen [Alteheld, 2002].

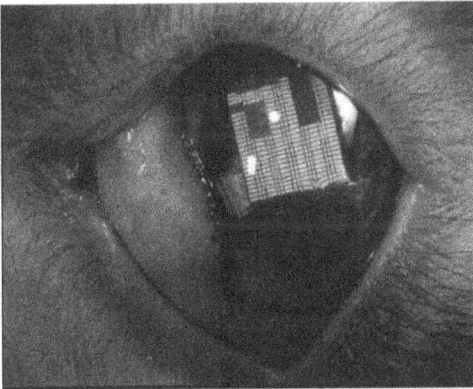

Bild 7.11: *Siliziumstruktur in Polydimethylsiloxan (PDMS) verkapselt im Kapselsack nach Entfernung der Linse beim Kaninchen. Reizfreier Befund sechs Monate nach Implantation.*

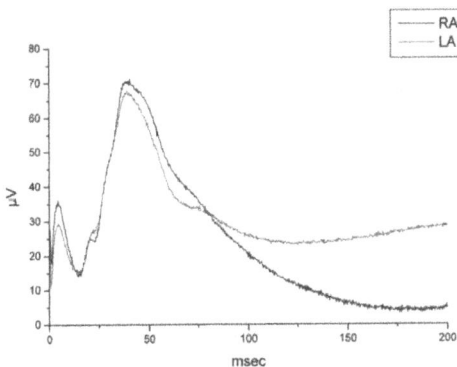

Bild 7.12: *Elektroretinogramm sechs Monate nach Implantation: Schwarze Linie = rechtes Auge = operiertes Auge. Rot = linkes Auge = Kontrollauge. Das Elektroretinogramm erlaubt die Bestimmung der Funktion von Photoezeptoren und nachgeschaltetem neuronalen Netzwerk der Retina. Man erkennt keinen Seitenunterschied zwischen dem operierten und nicht operierten Auge.*

7.6.2   Chirurgische Machbarkeit

Subretinale Implantate wurden bei Kaninchen und bei Schweinen implantiert und über längere Zeit nachbeobachtet. Die Implantation erfolgte entweder durch einen transvitrealen Zugang nach Vitrektomie und Eröffnung des subretinalen Raumes durch eine Inzision der Netzhaut oder durch einen transchoroidalen Weg ohne Eröffnung der Netzhaut und ohne Vitrektomie. Komplikationen wie Netzhautablösungen oder Blutungen wurden nur selten beobachtet. Die Netzhaut bleibt auch nach der Implantation sehr dünner und perforierter Folien darüber intakt. Durch die subretinale Platzierung des Stimulationschips ist eine spezifische Fixierung nicht erforderlich. Die Implantate zeigten auch nach einer Implantationsdauer von 1 Jahr eine stabile Position (Bild 7.13).

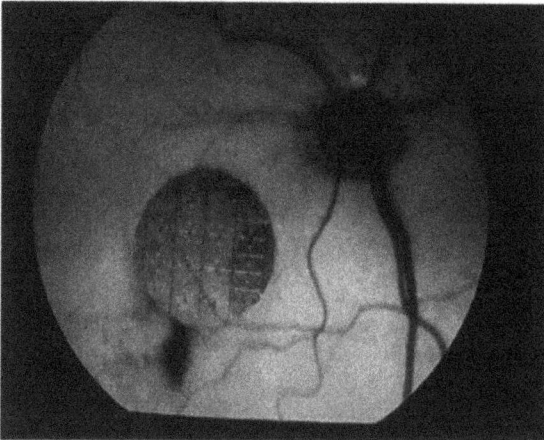

Bild 7.13: Subretinales Implant 12 Monate nach Implantation in den subretinalen Raum beim Schwein. Das Bildmaterial wurde dankenswerterweise vom BMBF Konsortium SUB-RET zur Verfügung gestellt.

Chow berichtete auch bei seinen sieben Patienten nicht über Komplikationen, die während oder nach der Operation aufgetreten sind [Chow, 2003].

Die Implantation eines epiretinalen Implantates ist wesentlich komplizierter, weil auch das Implantat, das aus einem Empfängeranteil und einem Stimulationsanteil besteht, komplexer aufgebaut ist. Walter und Mitarbeiter und unabhängig davon Majji und die Gruppe um deJuan benutzten Netzhautnägel zur Fixation erster Funktionsmuster und Dummystrukturen beim Kaninchen. Beide Gruppen fanden eine stabile Position des Implantates über mehr als sechs Monate und eine akzeptabel geringe Komplikationsrate [Walter, 1999; Maji, 1999] (Bilder 7.14 und 7.15). Die vollständige Glaskörperentfernung beim Kaninchen ist schwieriger als beim erwachsenen Menschen. Die Anheftung des Glaskörpers an der Netzhaut ist sehr viel fester und stabiler, so dass in unserer Serie ein zweizeitiger Ansatz zur Anwendung kam. Im ersten Eingriff wurde eine Vitrektomie des zentralen Glaskörpers mit Endolaserkoagulation im Bereich der späteren Fixationszone durchgeführt. Im zweiten Eingriff wurde der Glaskörper dann von der Netzhaut abgehoben, was durch die Mediatorenfreisetzung nach dem ersten Eingriff deutlich leichter ging. Dann wurde das Implantat eingeführt und mit einem Netzhautnagel fixiert.

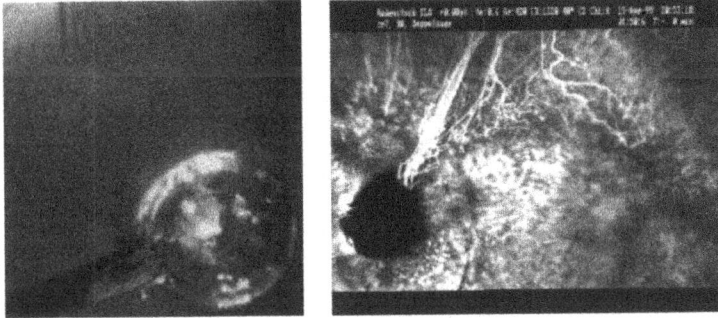

Bild 7.14: *Links: Klinisches Bild 6 Monate nach Implantation elektrisch inaktiver Retina Stimulatoren und Befestigung mit einem Netzhautnagel. Rechts: Angiographisches Bild mit retinalen Gefäßen, die zum Netzhautnagel ziehen, aber keine Zeichen traktiver oder atrophischer Veränderungen.*

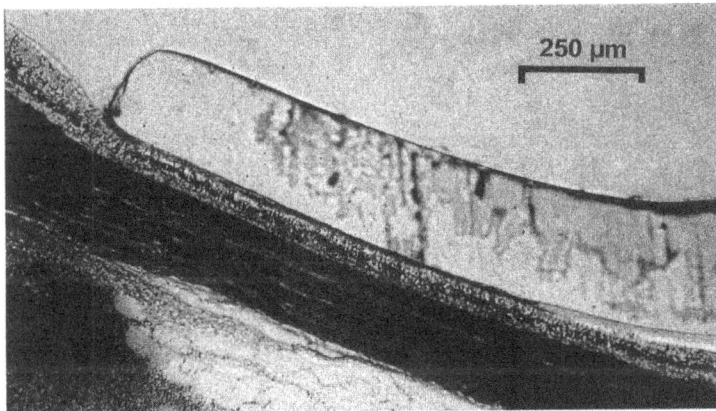

Bild 7.15: *Schliffpräparat nach Nagelfixation eines epiretinalen Netzhautstimulators, sechs Monate nach Implantation. Man erkennt, dass die Netzhautstruktur erhalten bleibt und dass durch den Andruck der Folie ein Eindelleffekt entsteht.*

Alternativ zu diesem Ansatz werden enzymatisch assistierte Techniken der Glaskörperentfernung diskutiert. Plasmin oder rekombinant hergestelltes Plasminogen werden bei diesen Ansätzen genutzt, um eine hintere Glaskörperabhebung, also die Separation des Glaskörpers von der Netzhautoberfläche zu bewirken. Für die elektrische epiretinale Stimulation ist es ganz entscheidend, dass der elektrische Kontakt zwischen der Reizelektrode und den Ganglienzellen möglichst gut ist. Dazwischen liegendes Gewebe und sei es nur Glaskörper wird die Effizienz der Stimulation vermindern und damit den Energiebedarf erhöhen. Derzeit ist unbekannt, wie sich bei chronischer epiretinaler Stimulation das Interface zwischen Elektrode und Netzhautoberfläche entwickelt, ob es etwa zum Einsprossen von Bindegewebe zwischen der Reizelektrode und der inneren Netzhaut kommt. Es kann erwartet werden, dass das Einwachsen von Gewebe in die Zwischenschicht umso geringer ist, je besser der primäre Kontakt zwischen Stimulator und Netzhaut ist. Weitere Experimente sind notwendig, um dieses Interface zwischen Netzhaut und Stimulator bei chronischer Stimulation zu untersuchen.

In weiteren Versuchen beim Kaninchen wurde untersucht, inwieweit sich nagelfixierte Strukturen auch wieder entfernen lassen. Es konnte gezeigt werden, dass derartige Explantationen technisch machbar sind, dass es zwar im Nagelbereich nach seiner Entfernung zu einer Narbenreaktion kommt, diese aber durchaus selbstlimitierend ist. Die Explantation solcher Elektrodenarrays von der Netzhautoberfläche könnte atraumatischer sein, wenn die Befestigung primär biologisch erfolgen könnte. Ansätze hierzu werden derzeit entwickelt.

In 2003 entwickelte und testete das deutsche EPI-RET Konsortium den weltweit ersten vollständig implantierbaren und telemetrisch ansteuerbaren Netzhautstimulator in Akuttests. Das System besteht aus einem Stimulator mit 25 Reizelektroden und einem induktiv arbeitenden Transpondersystem für Signal und Energie. Diese komplexen Systeme wurden bei der Katze und beim Schwein implantiert, und es wurde die kortikale Aktivierung nach epiretinaler Stimulation untersucht. Die Linse und der Glaskörper wurden hierzu entfernt. Anschließend wurde das Auge mit Perfluordekalin zur Stabilisierung aufgefüllt. Das Implantat wurde so eingeführt, dass der Empfänger im Bereich des Halteapparates der natürlichen Linse lag und der Netzhautstimulator auf dem Kissen von Perfluordekalin über der Netzhaut schwebte. Durch das Absaugen des Dekalins konnte der Stimulator dann atraumatisch auf die Netzhautoberfläche im Bereich der Area centralis abgesenkt werden. Hier wurde er dann mit einem Netzhautnagel fixiert.

7.6.3   Studien zur kortikalen Aktivierung

Funktionelle Untersuchungen zur kortikalen Aktivierung wurden in Kaninchen, Katzen und Schweinen durchgeführt, aber auch schon beim Menschen. Beim Kaninchen wurden Akuttests zur elektrischen Netzhautstimulation durchgeführt und die kortikale Aktivierung wurde mit evozierten Potenzialen nachgewiesen (Bild 7.16). Dazu wurde eine Elektrodenarray auf die Netzhautoberfläche platziert. Es wurden Strompulsgruppen von 10 biphasischen Einzelpulsen mit einer Phasendauer von 1 ms und einer Pulsamplitude zwischen 10 und 200 µA appliziert. Bereits bei 30 µA konnten reproduzierbar kortikale Antworten nachgewiesen werden [Walter, 2000]. Für die subretinale Stimulation fanden Zrenner und Mitarbeiter wie auch Chow und Mitarbeiter Antworten, die denen auf Licht sehr ähnlich waren [Chow, 1997; Schwahn, 2001].

Untersuchungen zur Aktivierung des visuellen Kortex mittels elektrischer Netzhautstimulation bei der Katze wurden von Eckhorn und Schanze sowie von Eysel und Kisvarday durchgeführt (Bild 7.17). Eckhorn hat lokale Feldpotenziale und Einzelzellantworten im visuellen Kortex mittels penetrierender Faserelektroden registriert. Eysel untersucht die kortikale Aktivierung durch die Messung eines intrinsischen Signals, das die Verschiebung von oxidiertem und reduziertem Hämoglobin anzeigt. Auf diese Weise wird indirekt die Zone vermehrten Sauerstoffverbrauchs und die räumliche Ausdehnung der durch lokale Netzhautstimulation aktivierter kortikaler Regionen bestimmt.

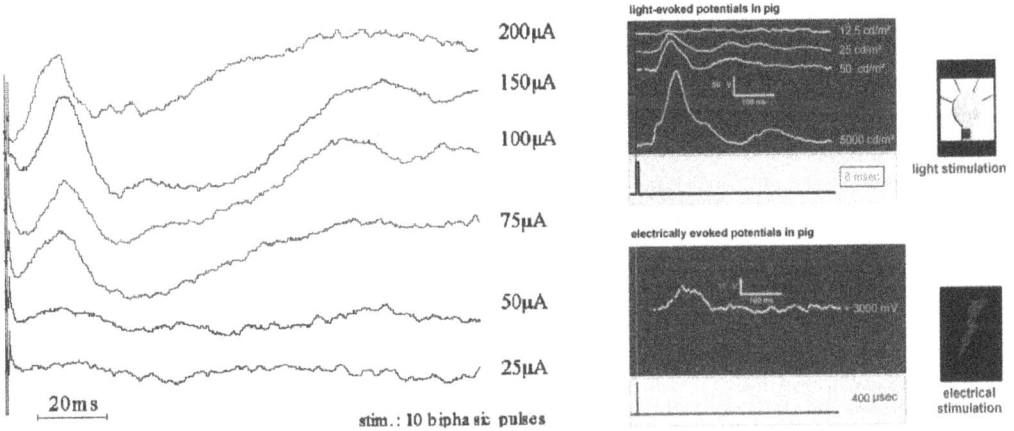

Bild 7.16: *Links: Elektrisch evozierte Potenziale beim Kaninchen, abgeleitet über dem visuellen Kortex als Antworten auf biphasische epiretinale Pulsstimulation unterschiedlicher Intensität. BMBF Konsortium EPI-RET. Rechts: Visuell evozierte Potenziale beim Schwein als Antworten auf Licht (oben) und elektrisch evozierte Potenziale als Antworten auf die elektrische subretinale Stimulation (unten). BMBF Konsortium SUB-RET.*

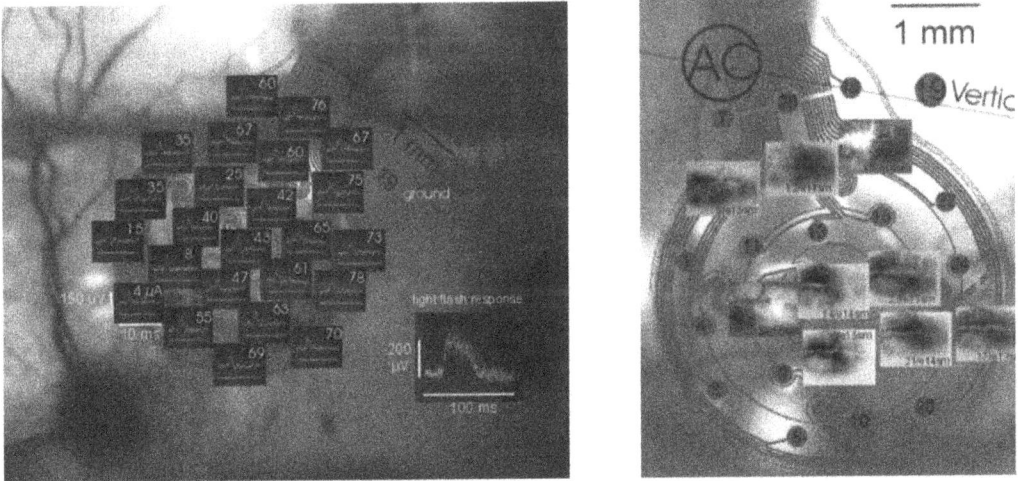

Bild 7.17: *Epiretinale elektrische lokale Stimulation bei der Katze. Links: Feldpotenziale vom Tractus opticus der Katze projiziert auf die Reizelektroden auf der Netzhautoberfläche. Die jeweiligen Zahlen über jeder Antwort zeigen die Reizamplitude mit der eine Standardantwort von 200 µV registriert werden konnte. Rechts: Daten des optical imaging aus dem visuellen Kortex der Katze jeweils projiziert auf die stimulierende epiretinale Elektrode. Schwarze Felder entsprechen einem erhöhten Sauerstoffverbrauch und damit einer erhöhten Stoffwechselaktivität.*

Mit beiden Ansätzen konnte gezeigt werden, dass sowohl mit subretinal platzierten Elektroden als auch mit epiretinaler Stimulation eine spezifische lokale Aktivierung des visuellen Kortex erzielt werden kann. Es konnte ferner gezeigt werden, dass ein Verschieben der Elektroden auf der Netzhaut zu einer Aktivierung einer anderen Zone im visuellen Kortex führt. Die Kortexaktivierung bleibt also lokal begrenzt, was eine wichtige Voraussetzung für eine realitätsnahe Wahrnehmung ist. Basierend auf diesen Experimenten konnten potentielle Sehschärfewerte abgeschätzt werden, die etwa um 10 % lagen [Eysel, 2002; Schanze, 2002; 2003].

7.7   Klinische Studien

In den USA wurden an blinden Versuchspersonen bereits akute Stimulationstests durchgeführt. Diese Experimente zeigten, dass eine Sehwahrnehmung durch elektrische Stimulation
der Netzhaut erreicht werden kann. Rizzo berichtete über Wahrnehmungen mit Ladungsdich-
ten unter 1 mC/cm² [Rizzo, 2003] und in der Serie von Humayun lagen die Schwellenwerte
für positive Wahrnehmung zwischen 0.16 und 56 mC/cm² [Humayun, 1996]. Verschiedene
Faktoren beeinflussen die Effizienz der Stimulation. Dabei scheint neben einem anatomisch
guten Kontakt mit der Netzhaut die Elektrodengröße und das Timing der Reize von entscheidender Bedeutung. Derzeit werden Studien bei freiwilligen Blinden durchgeführt, bei denen
das Implantat auf der Netzhautoberfläche über ein Kabel, das durch die Wand des Auges
läuft, mit dem Signal- und Energietransponder eines Cochlea Implant System verbunden ist.
Dadurch können Signal und Energie zwar drahtlos zu einem subkutan liegenden Empfänger
übertragen werden [Humayun, 2003], es besteht aber eine Kabelverbindung zwischen dem
subkutanen Raum und dem Augeninnern, was aus Risikoüberlegungen heraus keine Dauer-
lösung sein sollte. Die Autoren berichten in beiden Fällen, in denen das System implantiert
wurde, dass die Chirurgie ohne Probleme durchführbar war und dass es nicht zu Komplikationen gekommen ist. Die Implantate wurden gut vertragen. Experimente mit subretinalen
Implantaten wurden von Chow und seiner Gruppe durchgeführt. Sie fanden bei Patienten mit
weit fortgeschrittener Retinitis pigmentosa eine Aktivität der Implantate für mehr als 2 Jahre,
und dass die Patienten über Sehwahrnehmungen und eine Besserung der Sehschärfe berichteten [Chow, 2003].

7.8   Perspektiven – Können wir Blinde sehend
machen?

Die zurückliegenden 10 Jahre Forschungsaktivitäten zum Thema Sehprothesen und speziell
zum Thema Retinale Prothesen zeigen, dass durch netzartige interdisziplinäre Forschungs-
kooperationen erhebliche Fortschritte in einem Problemkreis gemacht werden können, der
zuvor als nicht lösbar galt. Tatsächlich lassen die bisherigen Forschungsergebnisse den
Schluss zu, dass es gelingen wird, Blinde wieder sehend zu machen. Diese dramatische
Schlussfolgerung gilt insbesondere für ein spezielles Indikationsgebiet, nämlich für Patienten, die an einer Erkrankung der äußeren Netzhaut, also der Photorezeptoren oder des retinalen Netzwerks erblindet sind. Diese Schlussfolgerung gilt leider bisher noch nicht für die
Vielzahl der Patienten, die an einer Erkrankung des Sehnervs erblindet sind, etwa am grünen
Star (Glaukom). Eine Stimulation im Bereich des visuellen Kortex, also unabhängig von
jeder Sehnervfunktion würde auch dieses Problem lösen können. Die Ansätze hierzu sind
aber aufgrund der hochkomplexen Verarbeitungsschritte visueller Information auf dem Weg
von den Photorezeptoren bis zur Hirnrinde bisher wenig realitätsnah.

Dennoch, die gemeinsame Nutzung von Hochtechnologie und medizinischem Know-how
führt jetzt zu einem greifbaren Ergebnis für eine Gruppe blinder Patienten, nämlich der RP-

Patienten. Verschiedene Forschungsteams in Deutschland, den USA und jetzt auch in Japan haben Prototypen für Retina Implants gefertigt, die in der Zukunft hinsichtlich Sicherheit und Wirksamkeit bei Patienten getestet werden. Es kann erwartet werden, dass bereits die erste Generation dieser Implantate zu einer Sehwahrnehmung führen wird, die sicher noch sehr schemenhaft sein wird, die aber zur Orientierung der sonst Blinden in fremder Umgebung beitragen wird. Die Qualität des zu erreichenden Sehvermögens wird von einer Reihe von Faktoren abhängig sein, nicht nur von technologischen Faktoren wie Elektrodenzahl und Stimulationsparadigma, sondern auch eine Vielzahl biologischer Variablen wird das Endergebnis beeinflussen. Es ist davon auszugehen, dass durch weitere technologische Fortschritte die Implantate besser werden und dass eine Sehschärfe von 10 % als erreichbares Zwischenziel angesehen werden kann. Eine Vielzahl von Fragen bleibt offen. So sind derzeit die Fragen der dauerhaften Verträglichkeit beim Menschen im chronischen Gebrauch nicht geklärt. Ebensowenig weiß man über die Entwicklung des Interface zwischen Implantat und Netzhautoberfläche bei chronischer Implantation. Diese Fragen werden sich nur durch weitere Versuchsserien beantworten lassen, teils durch die Anwendung beim Patienten, teils durch weitere tierexperimentelle Studien.

7.9   Zum Weiterlesen

Lehr- und Handbücher

1 P.L. Kaufman and A. Alm: Adler's Physiology of the Eye, Mosby Inc., St. Louis, USA (2003).
2 J.J. Kanski: Clinical Ophthalmology, Butterworth-Heinemann Ltd, Oxford, UK (1994).
3 R.F. Schmidt, G. Thews und F. Lang : Physiologie des Menschen. Springer Berlin, Heidelberg (2000).

Einzelarbeiten

4 N. Alteheld, M.A. Vobig, G. Marzella, H. Berk, R. Shojaei, U. Heimann, S. Held, P. Walter and K.U. Bartz-Schmidt: Biocompatibility tests on the intraocular vision aid IO-VA. Biomed. Technik (Berl). **47**, Suppl 1 (2002), 176–178.
5 G.S. Brindley: Sensations produced by electrical stimulation of the occipital poles of the cerebral hemispheres, and their use in constructing visual prostheses. Ann. R. Coll. Surg. Engl. **47**(2) (1970), 106–108.
6 G.S. Brindley, W.S. Lewin: The sensations produced by electrical stimulation of the visual cortex. J. Physiol. **196** (1968) 479–493.
7 A.Y. Chow and V.Y. Chow: Subretinal electrical stimulation of the rabbit retina. Neurosci. Lett. **225**(1) (1997), 13–16.

8 A.Y. Chow, K.H. Packo, J.S. Pollack and R.A. Schuchard: Subretinal Artificial Silicon Retina Microchip Implantation in Retinitis Pigmentosa Patients: Long Term Follow-Up. ARVO (2003), Abstract 4205.

9 J. Delbeke, M. Oozeer and C. Veraart: Position, size and luminosity of phosphenes generated by direct optic nerve stimulation. Vision Res. **43**(9) (2003), 1091–1102.

10 W.H. Dobelle: Artificial vision for the blind. The summit may be closer than you think. ASAIO J. **40**(4) (1994), 919–922.

11 W.H. Dobelle: Artificial vision for the blind by connecting a television camera to the visual cortex. ASAIO J. **46**(1) (2000), 3–9.

12 R. Eckmiller: Towards retina implants for improvement of vision in human with RP – challenges and first results. Proc WCNN, INNS Press, Lawrence Earlbaum Assoc., Hillsdale Vol. **1**. (1995), 228–233.

13 R. Eckmiller: Learning retina implants with epiretinal contacts. Ophthalmic Res. **29**(5) (1997), 281–289.

14 U.T. Eysel, P. Walter, F. Gekeler, H. Schwahn, E. Zrenner, H.G. Sachs, V.P. Gabel and Z.F. Kisvárday: Optical Imaging Reveals 2-Dimensional Patterns of Cortical Activation After Local Retinal Stimulation With Sub- and Epiretinal Visual Prostheses. ARVO (2002), Abstract 4486.

15 M. Humayun, R.J. Greenberg, B.V. Mech, D. Yanai, M. Mahadevappa, G. van Boemel, G.Y. Fujii, J.D. Weiland and E. de Juan: Chronically Implanted Intraocular Retinal Prosthesis in Two Blind Subjects. (2003) ARVO, Abstract 4206.

16 M.S. Humayun, E. de Juan, G. Dagnelie, R.J. Greenberg, R.H. Probst and D.H. Phillips: Visual perception elicited by electrical stimulation of retina in blind subjects. Arch Ophthalmol **114** (1996) 40–46.

17 A.B. Majji, M.S. Humayun, J.D. Weiland, S. Suzuki, S.A. D'Anna and E. de Juan Jr: Long-term histological and electrophysiological results of an inactive epiretinal electrode array implantation in dogs. Invest Ophthalmol Vis Sci. **40**(9) (1999), 2073–2081.

18 R.A. Normann, E.M. Maynard, P.J. Rousche and D.J. Warren: A neural interface for a cortical vision prosthesis. Vision Res. **39**(15) (1999), 2577–2587.

19 G. Peyman, A.Y. Chow, C. Liang, V.Y. Chow, J.I. Perlman and N.S. Peachey: Subretinal semiconductor microphotodiode array. Ophthalmic Surg Lasers **29** (1998), 234–241.

20 J.F. Rizzo 3rd, J. Wyatt, M. Humayun, E. de Juan, W. Liu, A. Chow, R. Eckmiller, E. Zrenner, T. Yagi and G. Abrams: Retinal prosthesis: an encouraging first decade with major challenges ahead. Ophthalmology **108** (1) (2001), 13–14.

21 J.F. Rizzo 3rd, J. Wyatt, J. Loewenstein, S. Kelly and D. Shire: Methods and perceptual thresholds for short term electrical stimulation of human retina with microelectrode arrays. Invest Ophthalmol Vis Sci **44**(12) (2003), 5355–5361.

22 T. Schanze, N. Greve and L. Hesse: Towards the cortical representation of form and motion stimuli generated by a retina implant. Graefes Arch Clin Exp Ophthalmol **241**(8) (2003, 685–693.

23 T. Schanze, M. Wilms, M. Eger, L. Hesse and R. Eckhorn: Activation zones in cat visual cortex evoked by electrical retina stimulation. Graefes Arch Clin Exp Ophthalmol **240**(11) (2002), 947–954.

24 H.N. Schwahn, F. Gekeler, K. Kohler, K. Kobuch, H.G. Sachs, F. Schulmeyer, W. Jakob, V.P. Gabel and E. Zrenner: Studies on the feasibility of a subretinal visual prosthesis:

data from Yucatan micropig and rabbit. Graefes Arch Clin Exp Ophthalmol **239**(12) (2001), 961–967

25 C. Veraart, C. Raftopoulos, J.T. Mortimer, J. Delbeke, D. Pins, G. Michaux, A. Vanlierde, S. Parrini and M.C. Wanet-Defalque: Visual sensations produced by optic nerve stimulation using an implanted self-sizing spiral cuff electrode. Brain Res. **30**;813(1) (1998),181–186.

26 P. Walter and K. Heimann: Evoked cortical potentials after electrical stimulation of the inner retina in rabbits. Graefes Arch Clin Exp Ophthalmol **238**(4) (2000), 315–318.

27 P. Walter, P. Szurman, M. Vobig, H. Berk, H.C. Ludtke-Handjery, H. Richter, C. Mittermayer, K. Heimann and B. Sellhaus: Successful long-term implantation of electrically inactive epiretinal microelectrode arrays in rabbits. Retina **19**(6) (1999), 546–552.

28 D.J. Warren, E. Fernandez, R.A. Normann: High-resolution two-dimensional spatial mapping of cat striate cortex using a 100-microelectrode array. Neuroscience **105**(1) (2001), 19–31.

29 E. Zrenner, A. Stett, S. Weiss, R.B. Aramant, E. Guenther, K. Kohler, K.D. Miliczek, M.J. Seiler and H. Haemmerle: Can subretinal microphotodiodes successfully replace degenerated photoreceptors? Vision Res **39**(15) (1999), 2555–2567.

8 Wiederherstellung von Hörfunktionen

Herbert Hudde

8.1 Einleitung

Das menschliche Hörorgan gliedert sich in den peripheren und den zentralen Teil. Im peripheren Teil, gebildet durch Außen-, Mittel- und Innenohr, erfolgt die Weiterleitung und Verarbeitung der akustischen Anregung nach akustischen, mechanischen, hydroakustischen und elektrischen Prinzipien. Letztlich werden die Schalldrücke an beiden Ohren in elektrische Spannungen umgewandelt, wie sie zur Anregung des zentralen Systems erforderlich sind. Gleichzeitig erfolgt jedoch bereits eine erste wesentliche Signalvorverarbeitung, nämlich eine spektrale Zerlegung. Der zentrale Teil, die „Hörbahn", gehört zum zentralen Nervensystem. Hier findet eine äußerst komplexe Signalverarbeitung statt, deren Träger elektrische Pulse in den Neuronen der Hörbahn sind. Das gesamte Hörorgan lässt sich als ein Signalverarbeitungssystem mit massiver Parallelverarbeitung auffassen, das die Möglichkeiten technischer Signalverarbeitungssysteme bei Weitem übertrifft.

Schädigungen des Gehörs können an jeder Stelle der langen Kette auditorischer Signalverarbeitungsstufen, natürlich auch in Kombination, auftreten. Besonders häufig sind Schädigungen in der Kochlea, dem auditorischen Teil des Innenohres. Die Auswirkungen solcher Schädigungen reichen von Hörminderungen bei geringen Schallpegeln bis hin zur völligen Ertaubung. Eine operative Rekonstruktion der Kochlea ist aufgrund der extrem feinen Strukturen nicht möglich. Es wäre also wünschenswert, die Kochlea durch ein technisches Implantat ersetzen zu können. Diese Vorstellung erscheint allerdings zurzeit völlig unrealistisch: In der natürlichen Kochlea gibt es ca. 3500 primäre Sensoren („innere Haarzellen"), die die Hörnervenfasern innervieren. Selbst wenn die Realisierung einer technischen Kochlea gelänge, scheint das Problem einer geeigneten Ankopplung an den Hörnerv kaum lösbar.

Allerdings geht es bei der Wiederherstellung von Hörfunktionen nur in den seltensten Fällen um Maßnahmen bei vollständiger Ertaubung, sondern um die Kompensation eines mehr oder weniger starken Hörschadens. Die Regelversorgung erfolgt durch Hörgeräte, genauer gesagt durch Luftschall-Hörgeräte, die die aufgenommenen Schallsignale verarbeiten und verstärkt an das Trommelfell weiterleiten. Wir werden allerdings sehen, dass ein modernes digitales

Hörgerät weit mehr leistet – und leisten muss – als nur eine Verstärkung des Schalldrucks, weil Hörschäden die natürliche auditorische Wahrnehmung nicht nur abschwächen, sondern stark verändern. So klagen beispielsweise viele Hörgeräteträger darüber, dass sie zwar in ruhiger Umgebung relativ gut verstehen können, nicht jedoch bei Umgebungslärm. Dies zeigt, dass die auditorische Signalverarbeitung eines Normalhörenden unter anderem eine „Störschallunterdrückung" enthält, die bei Ausfall technisch ersetzt oder so gut wie möglich nachgebildet werden sollte.

Neben den üblichen Hörgeräten gibt es andere Hörhilfen, die eingesetzt werden, wenn ein Hörgerät nicht ausreicht oder aus speziellen Gründen nicht anwendbar ist: Knochenleitungs-Hörgeräte, Mittelohr-Implantate, Kochlea-Implantate (zum Einschieben in die natürliche Kochlea) und – mit deutlich eingeschränkteren Funktionen – Hirnstamm-Implantate. Um die Funktionsweise der verschiedenen Hörhilfen verstehen zu können, ist eine solide Kenntnis der natürlichen Funktionen des Hörorgans notwendig. Diese wird im folgenden Unterkapitel zusammen mit einigen allgemeinen akustischen und mechanischen Grundlagen vermittelt.

8.2   Das menschliche Hörorgan

Zur Einordnung der in den folgenden Unterabschnitten erläuterten Details sei ein kurzer Gesamtüberblick vorangestellt. Die Hörorgane von Säugetieren haben grundsätzlich einen sehr ähnlichen Aufbau. Schallquellen im Außenraum des Kopfes erzeugen an jedem Ohr eine in den Gehörgang einlaufende Schallwelle, die das Trommelfell am Ende des Gehörgangs zum Schwingen anregt (Bild 8.1). Die Schwingungen werden über die Ossikelkette des Mittelohres zum Innenohr übertragen. Das letzte Ossikel, der Stapes, vibriert mit seiner Fußplatte im ovalen Fenster, dem „Eingang" des Innenohres. Er erzeugt im dahinter liegenden mit Lymph-Flüssigkeit gefüllten Vestibulum einen hydroakustischen Druck p_V. Damit die nahezu inkompressible Flüssigkeit überhaupt bewegt werden kann, wird eine mit einer Membran verschlossene Ausgleichsöffnung, das runde Fenster, benötigt.

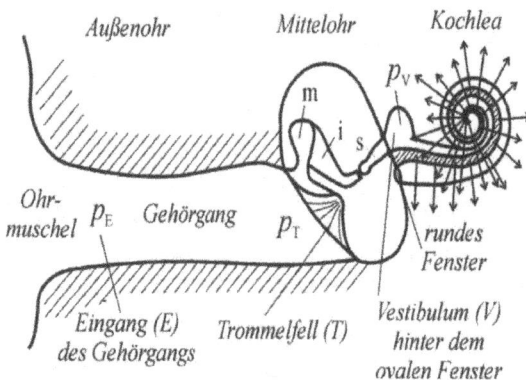

Bild 8.1: Schematische Darstellung des peripheren Hörorgans. Zum Außenohr gehört die (nur angedeutete) Ohrmuschel und der Gehörgang, eine akustische Leitung, über die der Schalldruck vom Eingang (p_E) zum Trommelfell (p_T) transformiert wird. Im Mittelohr werden die Trommelfellschwingungen über die Ossikelkette, bestehend aus Malleus (m), Incus (i) und Stapes (s), zum Innenohr übertragen. Der im Vestibulum erzeugte hydroakustische Druck p_V wird in der Kochlea so gefiltert, dass entlang den Windungen der Kochlea bandpassgefilterte Ausgangssignale in den inneren Haarzellen entstehen, die die Eingangssignale für das zentrale Hörorgan bilden (angedeutet durch Pfeile).

Das Innenohr umfasst nicht nur den auditorisch relevanten Teil, die Kochlea, sondern auch das in Bild 8.1 nicht dargestellte Gleichgewichtsorgan. In der Kochlea wird das Schwingungssignal durch eine kombiniert hydroakustisch-mechanisch-elektrisch arbeitende, mechanisch abgestimmte Anordnung spektral zerlegt. Jede der bereits erwähnten inneren Haarzellen repräsentiert ein Bandpass-Signal in Form des sogenannten elektrischen Rezeptor-(Sensor-)potenzials im Inneren der Haarzelle. Der Ort der Haarzelle innerhalb der Kochlea bestimmt die Kennfrequenz des Bandpasses. So wird durch die Gesamtheit der inneren Haarzellen eine Bandpass-Filterbank gebildet, die die beiden Ohrsignale spektral zerlegt. Die Rezeptorpotenziale führen zum „Feuern" von Neuronen des über Synapsen angekoppelten Hörnervs, also zur Erregung elektrischer Impulse, die Informationen im zentralen auditorischen System weiterleiten und miteinander verknüpfen. Der auf diese Weise im Gehirn, insbesondere im auditorischen Kortex, erzeugte Erregungszustand ist das physikalische Äquivalent der Hörwahrnehmung.

8.2.1   Einige akustische und mechanische Grundbegriffe

Die physikalische Ursache einer Hörwahrnehmung ist normalerweise ein äußeres Schallfeld. Im Hörorgan treten zudem mechanisch schwingungsfähige (vibratorische) Systeme auf. Zum Verständnis des Hörens sind daher neben akustischen auch mechanische Grundkenntnisse notwendig, die hier in aller Kürze zusammengestellt werden.

Im Zusammenhang mit dem Hören kommt sowohl Schallausbreitung in Luft als auch in den Flüssigkeiten des Innenohres vor. Da die Schallausbreitung in Gasen und Flüssigkeiten denselben Gesetzen folgt, lassen sich die Unterschiede durch Angabe von Materialkonstanten (Dichte ρ und Schallgeschwindigkeit c) des jeweiligen Mediums quantifizieren. Werte in Luft: $\rho = 1,14$ kg/m^3, $c = 343$ m/s; in Wasser: $\rho = 1000$ kg/m^3, $c = 1470$ m/s.

Die wichtigste das Schallfeld charakterisierende Größe ist der Schalldruck p. Er ist der Wechselanteil des gesamten Drucks. Hörschalldrücke sind erheblich kleiner als der statische Luftdruck, der etwa 1000 hPa = 10^5 Pa beträgt. Der gerade eben wahrnehmbare Schalldruck bei 1 kHz beträgt dagegen nur etwa 20 µPa. Die lautesten, bereits als schmerzhaft empfundenen Schalle werden durch etwa 10^6–10^7-fach größere Schalldrücke hervorgerufen. Selbst diese hohen Schalldrücke liegen also noch etwa drei Zehnerpotenzen unter dem statischen Druck. Wegen der großen Dynamik von Schalldrücken werden die Beträge meist als Pegel in dB angegeben. Als Bezugsschalldruck wird der bereits genannte Wert an der Hörschwelle verwendet. Der Schalldruckpegel (*sound pressure level*, SPL) ist somit definiert als $SPL = 20$ lg $(p/20$ µPa$)$.

Die zweite das Schallfeld charakterisierende Größe ist die Schwinggeschwindigkeit der bewegten Moleküle. Man bezeichnet diese Größe als Schnelle v. In akustischen Leitungen wie etwa im Gehörgang benutzt man statt der Schnelle den Schallfluss $q = Av$, der sich von der Schnelle nur um die Durchtrittsfläche A unterscheidet. Bei Verwendung des Schallflusses q gewinnt man den Vorteil, dass sich einfache akustische Systeme in Analogie zu elektrischen Netzwerken beschreiben lassen. Drücke p sind elektrischen Spannungen u, Schallflüsse q elektrischen Strömen i analog ($p \leftrightarrow u$, $q \leftrightarrow i$). Produkte der beiden Größen (ui, pq) sind in beiden Fällen Leistungen. Die Analogie beinhaltet auch die Vorstellung von Impedanzen als Kennzeichnung einer Belastung. Die akustische Impedanz $Z_{ak} = p/q$ gibt an, wie groß der

Schalldruck p sein muss, um bei einer bestimmten akustischen Belastung Z_{ak} einen Schallfluss q zu erzeugen.

Ähnliches gilt auch für mechanische Systeme. Um mechanische Systeme strukturtreu in ein elektrisches Netzwerk übersetzen zu können, müssen Schnellen v elektrischen Spannungen u und Kräfte F elektrischen Strömen i analog ($v \leftrightarrow u$, $F \leftrightarrow i$) gewählt werden. Der Quotient $Z_{mech} = F/v$ ist ein Maß für die Belastung und bezeichnet somit eine mechanische Impedanz. Dadurch entsprechen mechanische Impedanzen im Rahmen der Analogie leider elektrischen Admittanzen. Man muss daher beim Rechnen in mechanischen Systemen die jeweils zu elektrischen Netzwerken duale Operation anwenden; z.B. addieren sich mechanische Impedanzen bei Parallelschaltung.

8.2.2   Außen- und Mittelohr

Als Außenohr bezeichnet man die Bestandteile des Gehörs, die das äußere Schallfeld in Schalldrücke an den Trommelfellen überführen. Dazu gehören die Ohrmuschel, der Gehörgang und der als Koncha bezeichnete, dazwischen liegende Übergangsbereich. Funktional spielt für die Einkopplung des von äußeren Schallquellen erzeugten Schalls selbstverständlich der gesamte Kopf und letztlich der ganze Körper, insbesondere die Schultern, eine Rolle. Die beiden Ohrmuscheln und der Kopf bilden von Standpunkt des Hörens aus betrachtet einen richtungsabhängigen Schallempfänger. Für die Anwendung von Hörgeräten spielt das Außenohr eine wichtige Rolle, weil hier akustisch wirksame Veränderungen vorgenommen werden, die den natürlichen Höreindruck verändern.

Der Gehörgang ist mit bis zu 3 cm Länge so ausgedehnt, dass der Schalldruck von seinem Eingang bis zum Trommelfell oberhalb von etwa 1 kHz erheblich variiert. Andererseits kann der Gehörgang wegen seiner geringen Querabmessungen unter 8 mm durch eine eindimensionale akustische Leitung mit Wellenausbreitung entlang der Gehörgangsachse beschrieben werden. Für die Anregung des Mittelohres ist der Schalldruck am Trommelfell entscheidend. Hinzu kommt eine Anregung der in den Schädel eingebetteten Kochlea durch Knochenschall, also durch Schädelschwingungen aufgrund des äußeren Schallfeldes. Diese sogenannte Knochenschallleitung liegt bei akustischer Anregung allerdings etwa 50 dB unter der Luftschallleitung und ist somit unter normalen Hörbedingungen nicht relevant. Die Wahrnehmung ist also unter normalen Bedingungen in allen ihren Merkmalen vollständig durch zwei Ohrsignale, z.B. die beiden Trommelfellschalldrücke, determiniert.

Auf den Unterschieden zwischen beiden Ohrsignalen beruht unsere Fähigkeit, räumlich zu hören, also Richtung und Abstand von Schallquellen schätzen zu können. Unterschiede zwischen den Ohrsignalen drücken sich durch interaurale Pegel- und Laufzeitdifferenzen (bzw. Phasendifferenzen) aus. Diese Unterschiede werden vor allem durch die Kopfform und die Positionen der beiden Ohren bestimmt. Die Form der Ohrmuschel wirkt sich beim Menschen erst oberhalb 4 kHz aus und hat einen relativ geringen Einfluss. Das räumliche (zweiohrige, binaurale) Hören hat für die akustische Kommunikation eine hohe Bedeutung (siehe Abschnitt 8.3.2).

Die Schallübertragung im Gehörgang kann nicht unabhängig vom Mittelohr betrachtet werden, da es die Lastimpedanz am Ende der Leitung bestimmt. Diese sogenannte Trommelfellimpedanz Z_T repräsentiert nicht nur das Trommelfell, sondern auch die gesamte mechanische Belastung durch die Ossikelkette (Bild 8.2). Da der Stapes an seiner Fußplatte mit den Innenohrflüssigkeiten belastet wird, enthält die Trommelfellimpedanz in gewissem Umfang auch Eigenschaften des Innenohrs. Das wird in der Ersatzschaltung nach Bild 8.3 deutlich.

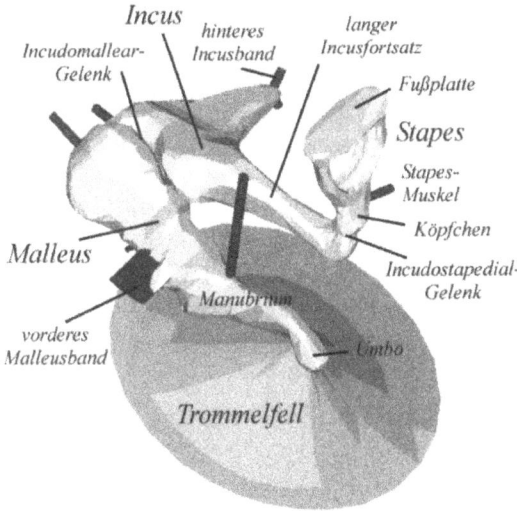

Bild 8.2: *Elemente des Mittelohres: Trommelfell und Ossikelkette (Malleus, Incus, Stapes) mit Gelenken und Bändern. Das schmale um die Fußplatte des Stapes herum geführte Ringband zur Aufhängung im ovalen Fenster ist nicht dargestellt. Die Stapes-Fußplatte erzeugt im dahinter befindlichen Vestibulum einen hydroakustischen Druck. Das Trommelfell ist eine elastische Membran, die den Trommelfellschalldruck in eine Kraft zur Schwingungsanregung der Ossikel umwandelt. Gleichzeitig ist es ein Teil der elastischen Aufhängung der Ossikel. Weitere wesentliche Bestandteile der Aufhängung sind das vordere Malleusband, das hintere Incusband und das Ringband, das die Stapes-Fußplatte im ovalen Fenster elastisch verankert. Am Stapes greift auch der Stapes-Muskel an, der das Stapes-Köpfchen zur Seite zieht, wenn der Stapedius-Reflex durch hinreichend laute Beschallung ausgelöst wird.*

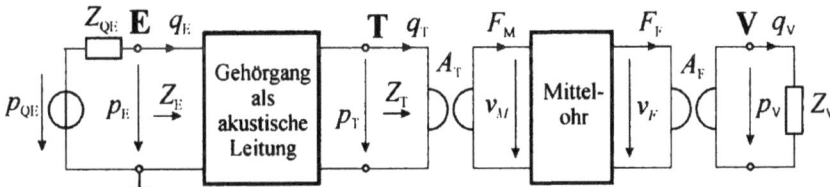

Bild 8.3: *Ersatzschaltbild zur Schallübertragung im Gehörgang und Mittelohr (Erläuterung im Haupttext).*

Das Mittelohr kann vereinfacht durch ein mechanisches Zweitor beschrieben werden, an dessen Eingangstor, dem Manubrium des Malleus, die Kraft F_M und die Schnelle v_M auftreten. Das Ausgangstor repräsentiert die Fußplatte des Stapes mit einer auf die Flüssigkeit im Vestibulum übertragenen Kraft F_F und einer Schnelle v_F. Sowohl am Eingang als auch am Ausgang erfolgt ein Übergang auf akustische Größen, nämlich auf Schalldruck und -fluss am Trommelfell (p_T, q_T) bzw. auf hydroakustische Größen unter der Fußplatte, also im Vestibulum (p_V, q_V). In Bild 8.3 sind nur die drei akustischen Tore am Eingang des Gehörgangs (E), am Trommelfell (T) und im Vestibulum (V) explizit ausgewiesen. Der Übergang zwischen akustischen und mechanischen Größen wird durch Gyratoren beschrieben, deren Gyrationskonstanten die Flächen des Trommelfells (A_T) bzw. der Stapes-Fußplatte (A_F) sind. Akustomechanische Gyratoren kennzeichnen im Gegensatz zu elektrischen Gyratoren reziproke Elemente. Sie repräsentieren formal die Gleichungen $F_M = p_T A_T$, $v_M = q_T/A_T$ und $F_F = p_V A_F$, $v_F = q_V/A_F$.

Zunächst sei der Gehörgang betrachtet. Die Wirkung des äußeren Schallfelds an einem Ohr wird durch eine in der Eingangsebene E gültige Quellenersatzschaltung (p_{QE}, Z_{QE}) repräsentiert. Im konkreten Fall könnten beide Größen messtechnisch oder rechnerisch bestimmt werden. Der Urschalldruck p_{QE} tritt an einem schallhart verschlossenen Eingang auf. Die Innenimpedanz Z_{QE} ist gleichzeitig die Abstrahlimpedanz des Gehörgangs in der Ebene E, nach außen gemessen. Das Gehörgangs-Zweitor zwischen E und T wird durch Leitungsgleichungen beschrieben, wie sie von elektrischen Leitungen bekannt sind. Die Trommelfellimpedanz Z_T als Abschluss dieser Leitung ergibt sich gemäß dem Ersatzschaltbild durch Transformation der akustischen Impedanz des Innenohres Z_V über das Mittelohr-Zweitor inklusive der beiden Gyratoren. Damit ist die Schallübertragung im Gehörgang berechenbar.

Der Gehörgang stellt einen akustischen Resonator dar, dessen Verhalten durch die beidseitigen Abschlüsse charakterisiert wird. Dies wird am besten deutlich, wenn man den Gehörgang vereinfachend als Leitung konstanten Querschnitts A mit einem Wellenwiderstand $Z_L = \rho c/A$ ansieht. Unter Verwendung der normierten Quellimpedanz $Z'_{QE} = Z_{QE}/Z_L$ und der normierten Trommelfell-Admittanz $Y'_T = Y_T Z_L$ ist der Trommelfelldruck in einem Gehörgang der Länge L bei der Frequenz f

$$p_T = \frac{p_{QE}}{\left(1 + Y'_T Z'_{QE}\right) \cdot \cos\left(2\pi f L / c\right) + \mathrm{j}\left(Y'_T + Z'_{QE}\right) \cdot \sin\left(2\pi f L / c\right)}. \tag{8.1}$$

Der Nenner repräsentiert die Gehörgangs-Resonanzen. Da die bezogene Trommelfell-Admittanz und niederfrequent auch die bezogene Quellimpedanz betragsmäßig kleiner als eins sind, dominiert der Cosinusterm. Er bewirkt eine Resonanzanhebung des Drucks, wenn die Gehörgangslänge L ein ganzzahliges Vielfaches einer viertel Wellenlänge ist (Bild 8.4). Praktische Bedeutung hat vor allem die Viertel-Wellenlängen-Resonanz, weil der Frequenzbereich zwischen 2 und 5 kHz für die sprachliche Kommunikation besonders wichtig ist. Die Resonanzanhebung ist die wesentliche akustische Funktion des Gehörgangs.

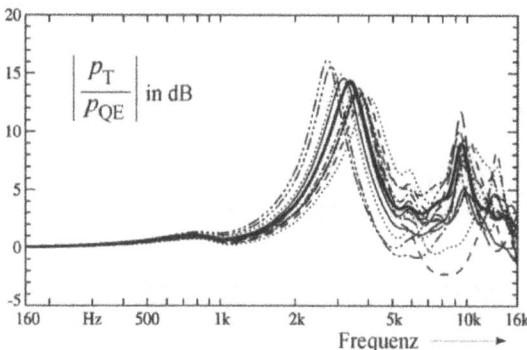

Bild 8.4: *Druckübertragung verschiedener Gehörgänge mit charakteristischen Resonanzanhebungen. Die Übertragungsfunktion ist auf das äußere Quellsignal p_{QE}, nicht auf den Schalldruck am Eingang p_E bezogen, weil dies die Wirkung des Gehörgangs als Resonator am besten darstellt.*

Die wesentliche Aufgabe des Mittelohres liegt darin, dafür zu sorgen, dass die Schwingungen der Luftmoleküle im Gehörgang überhaupt die lymphatischen Flüssigkeiten des Innenohres erreichen. Das Mittelohr soll also verhindern, dass die Schallenergie beim Übergang in die Lymphe weitgehend reflektiert wird. Dieses aus der Elektrotechnik wohl bekannte Problem wird als Fehlanpassung bezeichnet. Deswegen wird das Mittelohr oft als Anpassungs-Übertrager beschrieben. Das Übertragungsverhältnis ist im Wesentlichen durch das Flächenverhältnis A_T/A_F zwischen Trommelfell und Fußplatte gegeben. Dies geht aus dem Ersatzschaltbild Bild 8.3 hervor, wenn man (zu stark) vereinfachend annimmt, dass das mechanische Mittelohr-Zweitor keinen Einfluss hat ($F_M = F_F$, $v_M = v_F$). Dann lassen sich nämlich die beiden Gyratoren zu einem Übertrager mit dem Übersetzungsverhältnis A_T/A_F vereinigen. Mit diesem Verhältnis würde im Idealfall eines Mittelohrs ohne elastische und träge Elemente der Druck herauf- und der Schallfluss herabtransformiert, so wie es dem höheren akustischen Impedanzniveau in den Flüssigkeiten des Innenohrs entspricht.

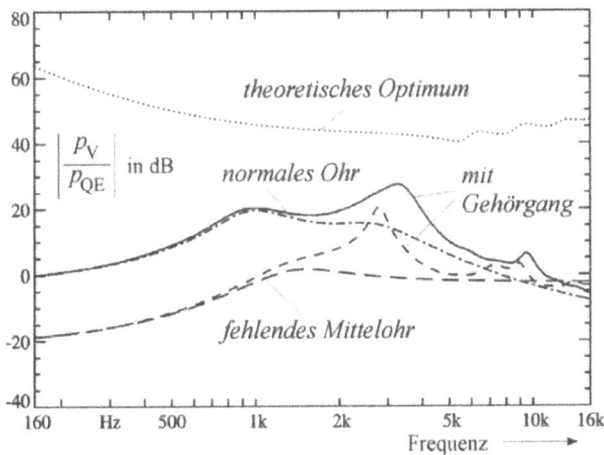

Bild 8.5: *Betrag der Druckübertragungsfunktion vom äußeren Schallfeld ins Vestibulum unter verschiedenen Bedingungen. Zum Vergleich ist die optimale Übertragung mit eingezeichnet, die sich in dem (völlig unrealistischen) Fall ergäbe, dass die gesamte Energie der einfallenden Welle in das Vestibulum des Innenohres gelangen würde. Der Gehörgang bewirkt mit seiner Viertel-Wellenlängen-Resonanz eine deutliche Verbreiterung des Bereichs bester Verstärkung.*

In der Realität führt die Existenz der durch Massen und Steifen gebildeten Blindelemente dazu, dass die Leistungsanpassung nur in einem mittleren Frequenzbereich, und auch hier nur sehr angenähert, wirksam wird (Bild 8.5). Tatsächlich wird der größte Teil der einfallenden Schallenergie trotz der Existenz des Mittelohres bereits am Trommelfell reflektiert, weil die Trommelfellimpedanz weitgehend imaginär ist. Eine größere Resistanz tritt nur im Bereich der mechanischen Hauptresonanzen des Mittelohres auf. Nur in diesem Frequenzbereich kann das Mittelohr die Funktion eines Anpassungsübertragers näherungsweise erfüllen. Ein Vergleich der normalen Druckübertragungsfunktion mit der bei fehlendem Mittelohr zeigt, dass das Mittelohr niederfrequent eine Druckverstärkung von ca. 20 dB bewirkt. Bei hohen Frequenzen verschwindet dieser Gewinn völlig.

8.2.3   Innenohr und Hörbahn

Um die Vorgänge in der Kochlea zu verstehen, betrachte man den in Bild 8.6 gezeigten Querschnitt durch das Kanalsystem, das aus den drei sogenannten Skalen besteht. Diese winden sich in Form einer Schnecke (lateinisch *cochlea*) gemeinsam um den knöchernen Kern der Kochlea, den Modiolus. Von diesem Zentrum her erfolgt auch die Zuführung der Nervenfasern des Hörnervs.

Von der Basis bis zum Apex (Spitze) der Kochlea werden zweieinhalb Windungen durchlaufen. Obwohl die Kochlea zum Apex hin immer enger wird, wird die Basilarmembran (BM) immer breiter. Dies ist bereits ein Indiz dafür, dass es sich um ein mechanisch abgestimmtes Gebilde handelt (*Tuning*). Die Reissner-Membran ist dagegen so dünn, dass sie sich mechanisch nicht nennenswert auswirkt. Sie dient zur chemischen Trennung der beiden Lymphflüssigkeiten, die verschiedene Ionenkonzentrationen besitzen (natriumreiche Perilymphe und kaliumreiche Endolymphe). Zwischen den Kanälen und in den Haarzellen entstehen aufgrund von Ionendiffusion durch die Trennmembranen Ruhepotenziale. Dadurch werden „Betriebsspannungen" bis zu 150 mV bereitgestellt, die zur elektrischen Energieversorgung der Haarzellen notwendig sind.

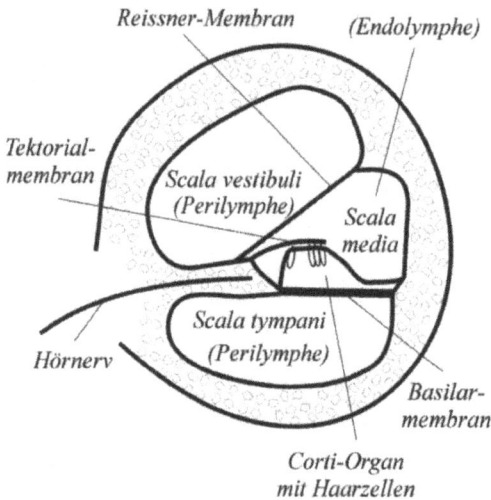

Bild 8.6:   *Schematischer Schnitt durch die Skalen der Kochlea. Der Modiolus, der knöcherne Kern, um den sich die Skalen von der Basis bis zum Apex winden, ist nicht dargestellt. Er liegt links der Abbildung. Die Skalen sind durch zwei Membranen getrennt. Die beiden äußeren Skalen, die Scala vestibuli, die in direkter Verbindung zu dem vom Stapes angetriebenen Vestibulum steht, und die Scala tympani sind mit Perilymphe, die dazwischen liegende Scala media ist mit Endolymphe gefüllt. Die Scala media ist von der Scala vestibuli durch die Reissner-Membran, von der Scala tympani durch die Basilarmembran (BM) getrennt. Auf der Basilarmembran liegt das Corti-Organ mit den Haarzellen. Die Reihe der inneren Haarzellen ist links im Corti-Organ angedeutet. Weiter außen, in der Skizze also weiter rechts, liegen die ebenfalls nur angedeuteten drei Reihen äußerer Haarzellen.*

Vor den elektrischen müssen die mechanischen Vorgänge in der Kochlea verstanden werden. Aufgrund der hohen Elastizität der Reissner-Membran lassen sich die Scala vestibuli und die Scala media für ein mechanisches Modell zu einem oberen Kanal zusammenfassen. Die Scala tympani bildet einen unteren Kanal. Die Anregung durch die schwingende Stapes-Fußplatte erzeugt eine Druckdifferenz zwischen Ober- und Unterseite der BM. Dadurch wird an der Basis eine longitudinale mechanische Wanderwelle auf der Basilarmembran erzeugt, die in Richtung Apex läuft (senkrecht zur der Schnittfläche in Bild 8.6, in die Zeichenebene hinein).

Die Tuning-Eigenschaften ergeben sich daraus, dass die Steife der BM entlang dieses Weges immer geringer wird. Auf dem Weg von der Basis zum Apex findet die Wanderwelle in der

BM daher ein immer nachgiebiger werdendes Ausbreitungsmedium vor. Die Welle wird dadurch kontinuierlich verlangsamt, d.h. die Wellenlängen nehmen ab. Dies führt zu einer Überlagerung der auf einer immer kürzer werdenden Strecke zusammengedrängten Wellenzüge und damit zu einer Zunahme der Schwingungsamplitude mit dem Ort. Ab einer von der Frequenz abhängenden bestimmten Stelle, dem Ort der „Bestfrequenz", werden die Wellenlängen so klein, dass auch transversale Welleneffekte entstehen. Damit wird der abbremsende Effekt aufgehoben, und die Welle würde in einem verlustlosen System mit konstanter Schwingungsamplitude weiterlaufen. Tatsächlich bewirkt die Dämpfung, dass die hier nur noch sehr langsam voranschreitende Welle innerhalb einer kurzen Wegstrecke weggedämpft wird.

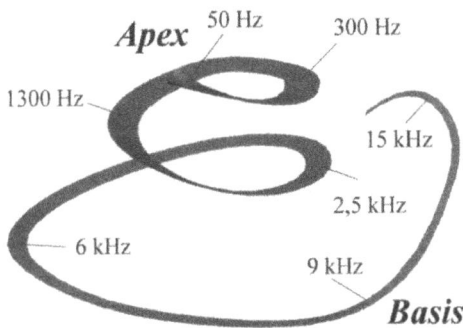

Bild 8.7: *Isolierte Darstellung der Geometrie einer realen menschlichen Basilarmembran und der Verteilung der „Bestfrequenzen" entlang des Wegs von der Basis zum Apex. An der Basis bilden sich hochfrequente Schwingungen ab. Tieffrequente Schwingungen können tiefer, bis hin zum Apex, eindringen. Die Schwingungen werden von Stereozilien abgetastet und in Änderungen des Rezeptorpotenzials in den Haarzellen umgewandelt.*

Die BM bildet somit ein vom betrachteten Ort abhängiges Bandpassfilter. Für eine dem Ort zugeordnete Bestfrequenz tritt die höchste Schwingungsamplitude auf (Bild 8.7). Die spektrale Zerlegung wird in der Kochlea dadurch realisiert, dass die Schwingungen der BM durch die im Corti-Organ integrierten inneren Haarzellen örtlich abgetastet werden. Auf die Bedeutung der zusätzlich vorhandenen äußeren Haarzellen wird später noch kurz eingegangen. Beide Typen von Haarzellen sind an der Oberseite des Corti-Organs mit festen „Deckeln" („Kutikularplatten") abgeschlossen, in die oben feine Sinneshärchen, die Stereozilien, eingelassen sind. Die Stereozilien kontrollieren durch ihre Lage den durch die Potenzialdifferenzen verursachten Stromfluss in die Haarzelle, und zwar im Takt der Schwingungen.

Der Verlauf der Hüllkurve der Wanderwelle hat von der basalen Seite her nur eine geringe Steigung, während die Flankensteilheit zum Apex hin sehr groß ist. Auch die zugehörigen Frequenzgänge für einen festen Ort auf der BM besitzen eine flache und eine sehr steile Flanke. Sie werden als Tuning-Kurven bezeichnet. Modelliert man die Wanderwellenausbreitung entlang der BM gemäß dem bisher dargestellten passiven mechanischen System, so erhält man die in Bild 8.8 links gestrichelt eingezeichneten Kurven. Derartige Verläufe wurden bei Messungen an getöteten Säugetieren tatsächlich gefunden.

Genauere Messungen an narkotisierten Tieren zeigen jedoch in der Nähe der Bestfrequenzen eine deutlich erhöhte Empfindlichkeit und gleichzeitig viel schärfere Tuningkurven, die in Bild 8.8 links als durchgezogene Linien dargestellt sind. Diese Effekte treten vor allem bei niedrigen Schalldruckpegeln auf. Es gibt also offensichtlich zusätzlich zu der bisher besprochenen Wanderwelle einen Mechanismus, der nur bei niedrigen Pegeln wirksam ist. Dieser wird den äußeren Haarzellen zugesprochen, die eine Art „kochleären Verstärker" bilden. Dessen „aktive" Funktionsweise ist in den Einzelheiten allerdings immer noch umstritten.

Die Beschränkung der Wirksamkeit des kochleären Verstärkers auf niedrige Schalldruckpegel bedeutet ein stark nichtlineares Verhalten der Kochlea. Der rechte Teil von Bild 8.8 zeigt die resultierende Kennlinie der BM-Auslenkung als Funktion des anregenden Schalldruckpegels in der Nähe der Bestfrequenz. Die Kennlinie setzt sich zusammen aus dem Beitrag der passiven Wanderwelle und dem des kochleären Verstärkers, der bereits bei ca. 40 dB SPL in die Sättigung geht. Dies führt zu einem Übergangsbereich, der allmählich zum zweiten linearen Ast überleitet, der durch das unempfindlichere, passiv schwingungsfähige System in der Kochlea bestimmt ist. Die Kennlinie bewirkt eine Dynamikkompression, die notwendig ist, um der eingeschränkten Dynamik des Hörnervs gerecht zu werden.

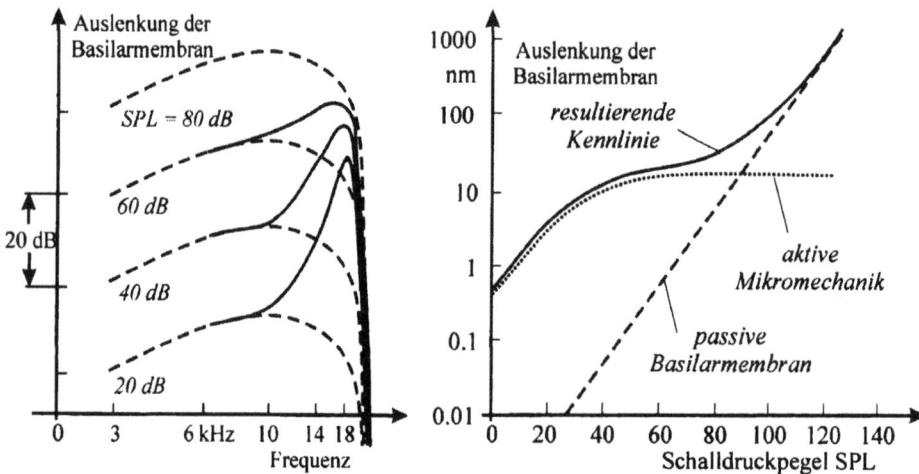

Bild 8.8: *Links: Tuningkurven der Basilarmembran (BM) an einem festen Ort auf der BM. Die Kurvenscharen kennzeichnen die BM-Auslenkungen für verschiedene Schalldruckpegel (SPL). Die gestrichelten Kurven erhält man für die „passive" Wanderwelle, die auftritt, wenn die äußeren Haarzellen zerstört sind. In einer intakten Kochlea bewirkt der „kochleäre Verstärker" eine Verschärfung der Tuningkurven (durchgezogene Linien) bei niedrigen Schalldruckpegeln. Rechts: Kennlinie der BM-Auslenkung in der Nähe der Bestfrequenz als Funktion des anregenden Schalldruckpegels: die Eigenschaften der passiven Wanderwelle bei hohen Pegeln und der aktiven Mikromechanik bei niedrigen Pegeln resultieren in einer nichtlinearen Kennlinie.*

Die Schwingungen der BM bewirken eine Scherbewegung zwischen Corti-Organ und Tektorialmembran (siehe Bild 8.6), die die Stereozilien beider Haarzelltypen hin und her bewegt. Die Stereozilien der inneren Haarzellen werden durch die im Spalt zwischen Tektorialmembran und Corti-Organ entstehende Strömung mitgezogen. Dagegen stehen die Stereozilien der äußeren Haarzellen in direktem Kontakt zur Tektorialmembran, werden also unmittelbar geschert. Die Biegeschwingungen der Stereozilien verändern den Stromfluss durch „Ionenkanäle", und damit auch die elektrischen Potenziale in den Haarzellen. Die in den inneren Haarzellen hervorgerufenen Potenzial-Änderungen, die „Rezeptorpotenziale", lösen über die synaptischen Spalte in den angeschlossenen Endungen der Hörnervenfasern „Aktionspotenziale" aus. Das sind kurze Spannungspulse, die sich anschließend entlang der Nervenfasern ausbreiten, und auf neuraler Ebene die Information weiter tragen und mit anderen Aktionspotenzialen interagieren.

Die weitere Verarbeitung im zentralen Hörorgan bis hin zum auditorischen Kortex erfolgt in der Hörbahn, die mehrere Verarbeitungszentren, sogenannte Kerne (Nuclei) bzw. Kernsysteme, enthält. Die im Hirnstamm bis hin zum Thalamus liegenden Kerne sind jeweils durch Neurone verbunden. Die zentrale Verarbeitung in der Hörbahn ist sehr komplex strukturiert. Insbesondere fällt eine starke Verschaltung zwischen Kernen des linken und rechten Ohrs auf, die die Bedeutung des binauralen Hörens unterstreicht. Der Hauptstrang der von einem Ohr ausgehenden Neurone führt über minimal vier Kerne zum kontralateralen Kortex. Durch eine Vielzahl von spezialisierten Zellen werden auditorische Merkmale wie Lautstärke, Tonhöhe, Lautdauer, Schalleinfallsrichtung etc., extrahiert. Es sei erwähnt, dass in der Hörbahn neben den bisher erwähnten afferenten Neuronen auch efferente Neurone existieren, in denen Aktionspotenziale in der umgedrehten Richtung, also vom Gehirn zur Kochlea, fortschreiten.

Der erste Kernkomplex, der von den durch die inneren Haarzellen in der Kochlea ausgelösten Aktionspotenzialen erreicht wird, ist der Nucleus cochlearis, der in drei unterscheidbare einzelne Kerne mit den Lagebezeichnungen „dorsal", „anteroventral" und „posteroventral" aufgeteilt ist. Hier ist bereits eine tonotopische Anordnung der Spektralanteile zu finden, was nicht verwundert, da ja die Frequenzanalyse bereits in der Kochlea erfolgt. Es ist bekannt, dass im Nucleus cochlearis eine intensive Extraktion zeitlicher Strukturmerkmale vorgenommen wird. Der Nucleus cochlearis hat für die Wiederherstellung von Hörfunktionen eine gewisse Bedeutung, da Hirnstamm-Implantate (Abschnitt 8.6) hier ansetzen.

8.3   Normales und gestörtes Hören

Die Erfassung der Merkmale des Hörens ist die Domäne der Psychoakustik. Sie bedient sich des Menschen als „Messgerät", um quantitative Aussagen machen zu können. Wichtige Merkmalsfelder sind z.B. die Wahrnehmung von Lautstärke und Tonhöhe, die Frequenz- und Zeitauflösung, die räumliche Erfassung von Schallquellenpositionen oder das Sprachverständnis in ruhiger und gestörter Umgebung. Die Wahrnehmung aller dieser Merkmale wird bei Störungen des Hörvermögens meist erheblich verändert.

Schwerhörigkeit wird von vielen Betroffenen primär als eine Absenkung der wahrgenommenen Lautstärke empfunden. Tatsächlich ist die verschlechterte Empfindlichkeit des Gehörs zwar meist ein wesentlicher Bestandteil des Hörschadens, jedoch keineswegs unbedingt der wichtigste. Eine reine (frequenzabhängige) Verringerung der empfundenen Lautstärke tritt auf, wenn eine Schallleitungsstörung vorliegt. Dieser Begriff bezeichnet eine Schädigung der Weiterleitung des Schalls bis zum Innenohr. Da die an der Schallleitung beteiligten akustischen und mechanischen Elemente weitgehend linear sind, bewirkt die Störung nur eine frequenzabhängige Absenkung der Empfindlichkeit. Solange die Absenkung nicht größer als etwa 60 dB wird, kann die Hörminderung gut durch ein Hörgerät kompensiert werden. Je nach Situation kann eine Schallleitungsstörung, die meist im Mittelohr lokalisiert ist, auch operativ beseitigt oder gemildert werden.

In den meisten Fällen ist der Hörschaden jedoch erheblich komplizierter, weil die nichtlinearen Mechanismen des Innenohres verändert sind (sensorische Schäden) oder weil die Signalverarbeitung im zentralen Hörorgan gestört ist (neurale Schäden). Da beide Schädigungen häufig gleichzeitig auftreten, fasst man sie unter dem Begriff sensorineural zusammen. In solchen Fällen reicht eine frequenzabhängige Verstärkung des Schalldrucks nicht aus, um die Störungen in zufrieden stellender Weise zu kompensieren. Analog arbeitende Hörgeräte stoßen hier sehr schnell an ihre Grenzen. Die Digitaltechnik bietet hingegen viele neue Möglichkeiten für eine besser auf den Hörschaden zugeschnittene Signalvorverarbeitung. Wunder darf man aber auch von digitalen Hörhilfen nicht erwarten, da man aufgrund der nichtlinearen Mechanismen des Hörorgans grundsätzlich nicht alle krankhaften temporalen und spektralen Veränderungen in der Wahrnehmung durch Vorverzerrung von zwei Ohrsignalen kompensieren kann. Dies gilt selbstverständlich erst recht bei Totalausfall wichtiger sensorischer Komponenten, wie etwa von Stereozilien, auch wenn dies nur in bestimmten Frequenzbereichen der Fall ist.

8.3.1   Lautstärkewahrnehmung

Fraglos ist die Wahrnehmung von Lautstärke eines der wichtigsten Merkmale des Hörens. Es gibt eine Untergrenze des Schalldrucks, unter der Schall für den Normalhörenden unhörbar bleibt. Andererseits kann Schall unangenehm laut oder sogar schmerzhaft empfunden werden. Zwischen diesen beiden frequenzabhängigen Grenzen, der Hör- und der Schmerzschwelle, existiert ein Bereich, in dem normales Hören stattfindet, die sogenannte Hörfläche. Sie wird üblicherweise in ein Diagramm eingezeichnet, das Isophonen als Kurvenschar gleich laut empfundener Schalle bei unterschiedlichen Frequenzen darstellt (Bild 8.9 links).

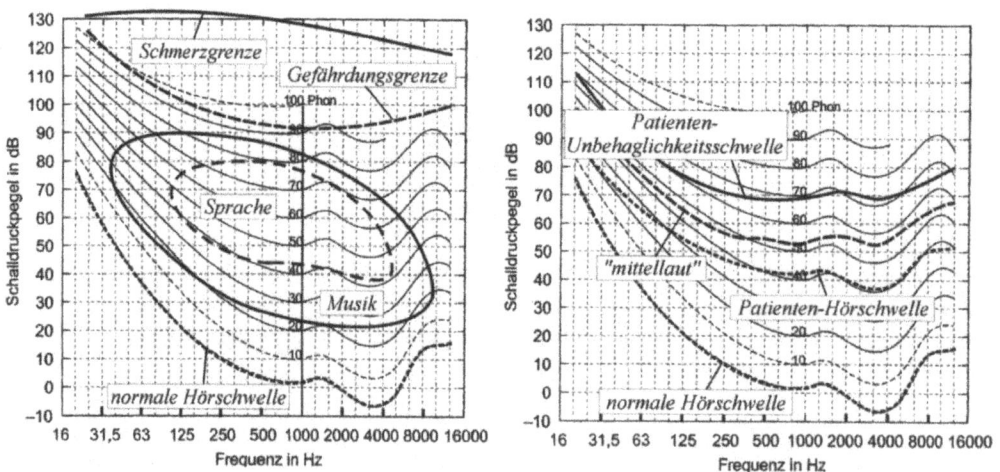

Bild 8.9:   *Links: Isophonen nach der Norm DIN ISO 226 und Hörfläche eines Normalhörenden. Die für Sprache und Musik angegebenen Bereiche beschreiben typische Pegel und Frequenzverteilungen, jedoch keine zuverlässigen Grenzen. Es ist hinlänglich bekannt, dass beim Hören von Musik die Gefährdungsgrenze häufig überschritten wird. Rechts: Typische Verzerrung der Isophonen bei einem Innenohr-Schwerhörigen.*

Isophonen sind Kurven gleichen Lautstärkepegels, der in der Einheit Phon angegeben wird. Bei 1 kHz ist der Lautstärkepegel in Phon per Definition gleich dem Schalldruckpegel SPL in dB. Der Verlauf einer Isophone über der Frequenz wird bestimmt, indem die wahrgenommene Lautstärke bei einer Testfrequenz mit der bei 1 kHz verglichen wird. Man erkennt, dass das Gehör zu niedrigen und auch zu hohen Frequenzen hin unempfindlicher wird. Die Welligkeit der Isophonen bei hohen Frequenzen geht auf die Gehörgangsresonanzen zurück. Man erkennt, dass die Isophonen nicht nur gegeneinander parallel verschoben sind. Die dadurch ausgedrückte Nichtlinearität bewirkt, dass sich die empfundene Klangfarbe mit der Lautstärke verändert.

Die Frage, um wie viel lauter ein Schall gegenüber einem Vergleichsschall wahrgenommen wird, wird durch die Isophonen nicht beantwortet, da ja nur ein Vergleich zwischen zwei Frequenzen, nicht zwischen Pegeln durchgeführt wird. Tatsächlich hängt das empfundene Verhältnis der wahrgenommenen Lautstärke von der spektralen Verteilung der Schalle ab. Bei einem 1 kHz-Ton führt eine Pegelanhebung um 10 dB, außer bei niedrigen Schallpegeln, zu einer Verdopplung der Lautstärkewahrnehmung (doppelte „Lautheit").

Zur Erfassung einer Hörstörung wird als grundlegendes Maß der Frequenzgang der Hörschwellen-Verschiebung (Hörverlust) verwendet. In vielen Fällen ist die Hörschwelle bei niedrigen Frequenzen nur moderat angehoben, während hohe Frequenzen erheblich schlechter wahrgenommen werden. Nach den Ausführungen zu Beginn des Abschnitts 8.3 kann die Hörschwelle allein jedoch keine ausreichende Spezifikation des Hörschadens sein. Zur umfassenden Charakterisierung eines Hörschadens wurde deshalb eine große Anzahl audiometrischer Verfahren entwickelt. Dazu zählen verschiedene Verfahren zur Lautheitsskalierung bei geringen, mittleren und hohen Lautstärken und sprachaudiometrische Tests.

Eine häufig anzutreffende nichtlineare Hörstörung wird durch eine Schädigung der äußeren Haarzellen verursacht. Wegen des dadurch hervorgerufenen vollständigen oder teilweisen Ausfalls des kochleären Verstärkers erhöht sich die Hörschwelle um bis zu 40 dB. Mit steigendem Schallpegel gleicht sich der Empfindlichkeitsunterschied zwischen dem gestörten und einem normalen Ohr aus („Recruitment"). Eine Störung dieser Art ist durch eine entsprechende nichtlineare Hörgerätekennlinie (Multiband-Dynamikkompression) in wesentlichen Teilen kompensierbar. Oft tritt jedoch gleichzeitig eine Überempfindlichkeit gegenüber lauten Schallen hinzu, also eine beidseitige Einengung des Dynamikbereichs, wie sie im rechten Teil von Bild 8.9 dargestellt ist. Die typische Reaktion eines solchen Schwerhörigen auf ein Anheben der Sprechlautstärke ist: „Schrei doch nicht so!". Die vom Hörgerät erzeugten Anregungspegel müssen also immer in dem engen Restdynamikbereich zwischen der Hörschwelle und der Unbehaglichkeitsschwelle des Patienten gehalten werden.

8.3.2 Hören bei störendem Schall

Im Alltagsleben tritt häufig die Situation auf, dass die sprachliche Kommunikation durch störende Schallquellen beeinträchtigt wird. Ohne die umfangreiche Signalverarbeitung im zentralen Gehör wäre es selbst ohne äußere Störgeräusche in Räumen schwierig, Sprache zu verstehen, da ja eine große Anzahl von Reflexionen von den Wänden das Quellsignal des Sprechers überlagert. Für einen Normalhörenden stellen Raumreflexionen, außer in extrem halligen Räumen, kein Problem dar. Er ist sogar unter noch wesentlich ungünstigeren Bedingungen in der Lage, sich auf einen Sprecher zu konzentrieren. Auch wenn viele Sprecher gleichzeitig in einem Raum reden und zusätzliche Störquellen auftreten, kann man einem bestimmten Sprecher zuhören („Cocktailparty-Effekt"). Diese Fähigkeit wird deutlich verschlechtert, wenn man sich ein Ohr zuhält. Der Effekt basiert also offenbar in wesentlichen Teilen auf dem binauralen Hören.

Die Vorteile des binauralen Hörens lassen sich weitgehend auf Pegel- und Laufzeitunterschiede zwischen den beiden Ohren zurückführen. Maße für den Gewinn durch das binaurale Hören erhält man durch Vergleich mit einer monotischen Darbietung der Summensignale aus Nutz- und Störschall, also durch Bezug auf den Fall der Beschallung nur eines Ohres, realisiert durch Kopfhörer. Die Ergebnisse hängen in komplizierter Weise von vielen Details der Beschallungssituation ab. Für den hier vor allem interessierenden binauralen Verständlichkeits-Pegelunterschied (*binaural intelligibility level difference*, BILD) erhält man Gewinne von bis zu 12 dB. Dieser maximale Wert wird in einer Situation mit drei gleich lauten Sprechern ohne Raumreflexionen erreicht, nämlich dann, wenn man sich auf einen Sprecher von vorne konzentriert und gleichzeitig je ein Sprecher von links und rechts spricht. Bei je sieben Störsprechern von links und rechts beträgt der Gewinn an Störabstand durch den Cocktailparty-Effekt immer noch 5,5 dB. Der Verlust der Fähigkeit, sich diesen Effekt nutzbar zu machen, ist für viele Hörgeschädigte besonders unangenehm.

8.3.3   Möglichkeiten einer Hörversorgung

Die Anzahl von Personen, die „Probleme mit dem Hören" haben, ist nur schwer zu schätzen. Fasst man unter den Begriff Hörprobleme nur Störungen, die so stark sind, dass der Betroffene seine Kommunikation mit der Umwelt als ernsthaft gestört empfindet, so kann man in der Bundesrepublik Deutschland von einer Quote von etwa 15% ausgehen. Mit steigendem Anteil älterer Personen an der Gesamtbevölkerung ist eine weitere Erhöhung der Quote zu erwarten.

Die mit Abstand häufigste technische Variante, einen Schwerhörigen zu versorgen, ist ein Hörgerät (nächster Abschnitt). Ein wesentlicher Vorteil gegenüber anderen Lösungen besteht darin, dass kein chirurgischer Eingriff notwendig ist. Liegt eine reine Schallleitungsstörung vor, so ist oft eine operative Behandlung vorzuziehen. Im Rahmen der Mittelohrchirurgie ist es z.B. möglich, geschädigte Verbindungen zwischen Trommelfell und Stapes-Fußplatte unter Verwendung geeigneter Prothesen zu rekonstruieren. Bei einer otosklerotischen Festbremsung der Stapes-Fußplatte im ovalen Fenster kann der Stapes durch einen künstlichen Stößel (Piston) ersetzt werden, der die Perilymphe im Vestibulum durch ein in die Fußplatte gebohrtes kleines Loch antreibt (Stapedotomie).

Zunehmende Verbreitung finden weltweit verschiedene Varianten vibratorischer Hörhilfen (Abschnitt 8.5). Hierbei werden mit elektromechanischen Wandlern Vibrationen, also mechanische Schwingungen erzeugt, die auf unterschiedlichen Wegen zum Innenohr gelangen. Die bisher genannten Hörhilfen setzen voraus, dass das Innenohr seine Funktion zumindest noch teilweise erfüllt. Liegt hingegen eine völlige Ertaubung vor, so bleibt nur noch die Möglichkeit, das zentrale System elektrisch zu erregen. Mit den inzwischen etablierten

Kochlea-Implantaten (Abschnitt 8.6) wird der Hörnerv durch ein in die Kochlea eingeführtes Elektrodenbündel elektrisch erregt. Diese Art der Stimulation setzt voraus, dass der Hörnerv noch intakt ist. Wenn dies nicht der Fall ist, kann man als „letzte Lösung" Hirnstamm-Implantate einsetzen, die den Nucleus cochlearis direkt anregen.

8.4 Hörgeräte

Die Digitalisierung von Hörgeräten, also nicht nur die digitale Programmierbarkeit, sondern die Einführung einer digitalen Verarbeitung der Mikrofonsignale, setzte erst wenige Jahre vor der Jahrtausendwende in vollem Umfang ein. Es besteht kein Zweifel daran, dass in Zukunft die analogen Geräte immer mehr verdrängt werden, weil die Digitaltechnik unbestreitbare Vorteile besitzt. Bevor dies in Abschnitt 8.4.2 genauer erläutert wird, wird der grundsätzliche Aufbau und der Einsatz von Hörgeräten am Ohr des Patienten besprochen.

8.4.1 Hörgerätetypen und -komponenten

Hörgeräte werden nach ihrer Position am Ohr in HdO-Geräte (Hinter-dem-Ohr) und IdO-Geräte (Im-Ohr) unterteilt. IdO-Geräte werden noch weiter spezifiziert in Koncha-Geräte (ITE, In-The-Ear), Gehörgangs-Geräte (ITC, In-The-Canal) und CIC-Geräte (Completely-In-the-Canal). Letztere werden so tief in den Gehörgang eingeschoben, dass sie nicht aus der Koncha heraus ragen. Die meisten IdO-Geräte werden als Koncha-Geräte ausgeführt, um eine hinreichend voluminöse Bauform realisieren zu können. Trotzdem sind Koncha-Geräte wegen ihrer beschränkten Baugröße nicht für sehr starke Hörverluste geeignet. Im Gegensatz dazu können bei HdO-Geräten größere und somit leistungsstärkere und klirrärmere Schallsender verwendet werden.

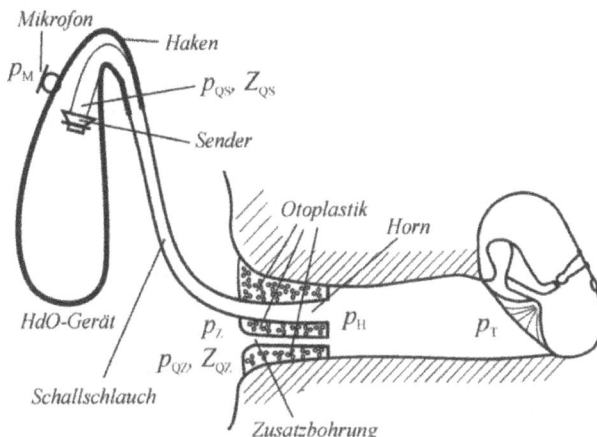

Bild 8.10: *Links: Schematische Darstellung der akustischen Komponenten eines HdO-Geräts. Der Schallsender („Hörer") kann durch eine Quelle p_{QS} mit Innenimpedanz Z_{QS} beschrieben werden, die auf den nachfolgenden Schallschlauch arbeitet. Der hinter der Otoplastik auftretende Druck p_H wird über den Restgehörgang zum Trommelfell transformiert. Das äußere Schallfeld erzeugt an einer eventuell vorhandenen Zusatzbohrung ebenfalls eine Quelle (p_{QZ}, Z_{QZ}), die zusätzlich Schall in den Gehörgang einkoppelt. Gleichzeitig wir über die Zusatzbohrung auch Schall abgestrahlt, was eine Rückkopplung zum Mikrofon bewirkt.*

Zunächst betrachten wir die akustischen Komponenten eines HdO-Geräts und ihre Platzierung am Ohr (Bild 8.10). Der Schallschlauch leitet den im Schallsender erzeugten Schall zum Eingang des Gehörgangs. Er mündet dort in die „Otoplastik", ein der individuellen Form der Koncha angepasstes Element. Bei Ido-Geräten bezeichnet man das entsprechende formangepasste Element, in dem alle Bestandteile des Hörgeräts untergebracht sind, als „Schale". Um die Schalleinkopplung in den Gehörgang zu verbessern, weitet sich der Schall-schlauch an seinem Ende meist etwas auf (Horn). Die Otoplastik bzw. die Schale hat den Sinn, den Gehörgang akustisch zu verschließen. Wir wollen die Situation bei niedrigen Fre-quenzen betrachten: Das geschlossene Volumen des Restgehörgangs bildet als akustische Impedanz des „Luftkissens" eine volumenproportionale Nachgiebigkeit n_V, die im Rahmen der elektroakustischen Analogie einem Kondensator mit der Impedanz $Z_V = 1/(j\omega\, n_V)$ ent-spricht. In einem kleinen Volumen kann also mit einem geringen Schallfluss ein hoher Schalldruck erzeugt werden. Im Gegensatz dazu ist ein offener Gehörgang durch eine Ab-strahlimpedanz $Z_A = j\omega\, m_A$, also eine mitschwingende akustische Masse, gekennzeichnet. In einem offenen Gehörgang lassen sich daher mit den üblichen kleinen Hörgerätehörern bei niedrigen Frequenzen keine größeren Schalldrücke erzeugen.

Ein vollständiger Verschluss des Gehörgangs wird jedoch von den meisten Hörgeräteträgern als unangenehm empfunden, unter anderem, weil die eigene Stimme aufgrund der verstärk-ten Knochenschallleitung in den Gehörgang spürbar verändert empfunden wird. Hinzu kommen bei längerer Benutzung des Hörgerätes Probleme aufgrund fehlender Belüftung des Gehörgangs. Wenn – wie dies häufig der Fall ist – der Hörschaden vor allem bei hohen Fre-quenzen auftritt, wird daher eine Zusatzbohrung hergestellt oder sogar eine „offene" Versor-gung mit möglichst geringem Verschluss angestrebt. Bei niedrigen Frequenzen erreicht der Schall das Trommelfell dann auf natürliche Weise.

Die Zusatzbohrung hat allerdings gleichzeitig die Wirkung, dass der vom Hörgerät erzeugte Schall auch das Mikrofon erreicht. Diese Rückkopplung stellt oft ein großes Problem dar, da sie die maximal mögliche Verstärkung des Hörgeräts begrenzt. Bei starken Hörverlusten kann man daher keine Zusatzbohrung vorsehen. Aber auch ohne Zusatzbohrung tritt oft ein für den Patienten sehr unangenehmes Rückkopplungspfeifen auf, weil die Otoplastik bzw. die Schale den Gehörgang – z.B. aufgrund von Kaubewegungen – nicht dicht verschließt. Moderne Hörgeräte enthalten adaptive Kompensationsfilter, die die rückgekoppelten Anteile im Mikrofonsignal verkleinern (Abschnitt 8.4.2).

Die akustischen Verhältnisse eines HdO-Geräts verdeutlicht die in Bild 8.11 angegebene Ersatzschaltung. Der größte Nachteil liegt in den vielen Resonanzen, die im Frequenzgang auftreten. Die Ursache liegt vor allem in der langen Strecke der Schallzuführung über den Schallschlauch, der wie der Gehörgang selbst eine akustische Leitung bildet. Je länger eine Leitung ist, umso mehr Leitungsresonanzen treten in einem gegebenen Frequenzbereich auf. Gleichzeitig werden die natürlichen Resonanzen aufgrund der effektiven Verkürzung des Gehörgangs durch die Otoplastik bzw. die Schale zu höheren Frequenzen verschoben (siehe Abschnitt 8.2.2). Dies führt zu einer unnatürlichen Klangfärbung, die in digitalen Hörgeräten allerdings durch geeignete Filterung zum Teil kompensiert werden kann.

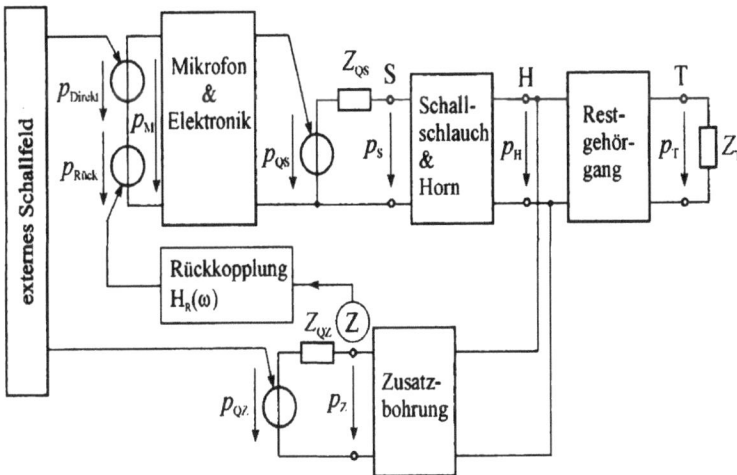

Bild 8.11: *Ersatzschaltbild zum HdO-Gerät nach Bild 8.10. Das äußere Schallfeld erzeugt am Mikrofon einen Druck p_{Direkt}, dem sich ein mit $H_R(\omega)$ rückgekoppelter Anteil $p_{Rück}$ überlagert. Das verarbeitete Signal wird vom Schallsender (Quelle p_{QS}, Z_{QS}) über einen Schallschlauch in den Gehörgang eingespeist. Der hinter der Otoplastik entstehende Druck p_H, wird zum Trommelfell (p_T) transformiert. An der Zusatzbohrung wird das äußere Schallfeld als Quelle (p_{QZ}, Z_{QZ}) wirksam.*

Die Ersatzschaltung zeigt das Zusammenwirken der beiden Hauptresonatoren „Schallschlauch" und „Restgehörgang". Es treten meist vier bis sechs deutlich erkennbare Resonanzen auf, die im Frequenzgang Schwankungsbreiten von 10 dB und mehr verursachen. Die Resonanzen des Schallschlauchs lassen sich durch Dämpfungselemente abmildern, jedoch auf Kosten des maximal erzielbaren Pegels. Die Zusatzbohrung kann zur gezielten Abstimmung des Frequenzgangs bei niedrigen Frequenzen eingesetzt werden. Im Ersatzschaltbild tritt sie als äußere Schallquelle (Quellschalldruck p_{QZ}, Innenimpedanz Z_{QZ}) auf. Ihre Innenimpedanz ist gleichzeitig die Abstrahlimpedanz, die bei der Rückkopplung zum Mikrofon wirksam wird.

IdO-Geräte besitzen eine Reihe von Qualitätsvorteilen gegenüber HdO-Geräten. Mit ihnen lässt sich das Problem der Klangverfärbung durch Resonanzen weitgehend lösen. Der Schallschlauch entfällt völlig und die Länge des Restgehörgangs ist erheblich reduziert. Die Verschiebung der Gehörgangsresonanzen zu hohen Frequenzen kann bei Hochtonverlusten sogar vorteilhaft sein. Ferner erhält die Position des Mikrofons nahe dem Eingang des Gehörgangs die Fähigkeiten des räumlichen Hörens besser als die unnatürliche Position hinter der Ohrmuschel bei HdO-Geräten. Tendenziell ist allerdings wegen der räumlichen Nähe von Schallsender und -empfänger die Rückkopplungsgefahr bei IdO-Geräten vergrößert. Auch dies ist ein Grund für die Bevorzugung von HdO-Geräten bei starken Hörschäden. Weitere Nachteile von IdO-Geräten sind eher praktischer Natur. Sie sind aufgrund der miniaturisierten Bauweise generell empfindlicher, auch gegenüber Cerumen und Feuchtigkeit. Ferner müssen Batterien wegen ihrer kleineren Bauweise häufiger gewechselt werden.

8.4.2   Digitale Signalverarbeitung

Das entscheidende Argument für die Digitalisierung von Hörgeräten ist die Möglichkeit, eine im Vergleich zur Analogtechnik erheblich komplexere Vorverarbeitung der Signale durchzuführen. Hinzu kommt der wichtige Vorteil, die Signalverarbeitung durch Umprogrammierung oder Adaptation verändern zu können. Auf diese Weise kann sowohl veränderlichen Hörminderungen als auch variierenden äußeren Hörsituationen begegnet werden. In Zukunft wird sogar ein kompletter Austausch der Software eines Hörgerätes, also eine Umstellung auf jeweils modernere Signalverarbeitungsstrategien, möglich sein. Die fortschreitende Miniaturisierung wird es ferner erlauben, immer komplexere Funktionen zu realisieren, ohne den Stromverbrauch ansteigen zu lassen.

Der Übertragungsbereich von Hörgeräten endet meist bereits unter 10 kHz. Nach dem Nyquist-Theorem benötigt man somit Abtastfrequenzen von 20 kHz und mehr. Ein Problem stellt der erzielbare Dynamikbereich (zwischen Rauschen und Klirren) dar. Im Eingang ist durch das Mikrofon eine maximale Dynamik von etwa 90 dB vorgegeben. Obwohl die verwendeten Analog-Digital-Umsetzer eine hinreichende Wortlänge besitzen, sind aufgrund der Einbaubedingungen meist nur 10–14 Bit tatsächlich nutzbar. Die effektive Dynamik der AD-Umsetzer liegt damit eher unter 80 dB. Ein Blick auf die Isophonen in Bild 8.9 zeigt, dass dies für einen Normalhörenden nicht ausreichen würde. Die wirksame Eingangs-Dynamik kann durch Anwendung von Kompressions- und Expansionskennlinien auf bis zu etwa 100 dB erhöht werden. Die Ausgangsdynamik ist durch die Qualität der Hörgeräteschallsender auf etwa 75 dB begrenzt. Mit Mitteln der digitalen Signalverarbeitung kann man auch hier eine effektive Erhöhung um ca. 10 dB erzielen.

Die digitale Signalarbeitung erlaubt die Realisierung einer Vielzahl von Funktionen, die erheblich über die Möglichkeiten analoger Hörgeräte hinausgehen. Zu nennen sind neben einer präziseren Filterung von Signalen und einer flexibleren Dynamikkompression gänzlich neue Möglichkeiten wie die Störgeräuschreduktion, die Unterdrückung der akustischen Rückkopplung, die adaptive Nutzung von Richtmikrofonsystemen, die Erkennung veränderter Hörsituationen mit entsprechender Programm-Änderung und die Verwendung von modellbasierten Algorithmen. Mit ihnen versucht man, detaillierte Kenntnisse über die Art der Hörstörung, die in Modellen beschrieben werden können, zur gezielten Kompensation des Hörschadens zu nutzen. Im Folgenden werden einige Verbesserungen durch die digitale Signalverarbeitung näher erläutert (Stichworte fett hervorgehoben).

Zur **Filterung** der Mikrofonsignale werden meist FFT-Algorithmen („*Fast Fourier Transform*"), seltener Digitalfilterbänke verwendet. In modernen Hörgeräten wird der gesamte Frequenzbereich in bis zu 20 Kanäle unterteilt. Eine erste Formung des Frequenzgangs wird wie bei einem Equalizer bereits bei der Anpassung des Hörgerätes vorgenommen. Diese dient vor allem der Kompensation von Gehörgangsresonanzen, ist also bei HdO-Geräten besonders wichtig. Selbstverständlich sollte man aber trotzdem einen möglichst glatten und dem Hörschaden angepassten akustischen Grundfrequenzgang anstreben, um nicht durch die Vorentzerrung den nutzbaren Dynamikbereich zu stark einzuengen.

Wegen der in Abschnitt 8.3.1 besprochenen Einengung der Hörfläche muss die Filterwirkung pegelabhängig verändert werden. Dies geschieht durch die **Dynamikkompression**. Da die

Einengung i. A. stark frequenzabhängig ist, wird sie getrennt nach Kanälen durchgeführt ("Multikanal-Dynamikkompression"). Die Kompression bedeutet eine pegelabhängige Steuerung der Filterverstärkung in jedem Kanal (*automatic gain control*, AGC). Die Pegel-Eingangs-Ausgangs-Kennlinie besteht aus einer Folge von Geradenabschnitten, deren Steigungen zur Realisierung der Kompression mit wachsendem Pegel kleiner werden. Dabei sind die „Kniepunkte" zwischen den Abschnitten in weiten Grenzen wählbar.

Für eine zufrieden stellende Funktion ist nicht nur die dem Hörschaden angepasste korrekte Wahl der statischen Kennlinie wichtig, sondern auch die Wahl der Kompressionsdynamik, also die Strategie zur zeitlichen Steuerung des Arbeitspunkts auf der Kennlinie. Gegenüber analogen AGC-Verfahren wurde hier durch die Digitaltechnik eine erhebliche Verbesserung erzielt, weil man durch Analyse der Mikrofonsignale intelligenter reagieren kann. Während analoge Verstärkungsregelungen bei Reduzierung des Ausgangspegels den Störabstand verschlechterten, wird bei digitalen Verfahren gleichzeitig der wirksame Störpegel abgesenkt, so dass der Störabstand weniger absinkt.

Für die Akzeptanz eines Hörgerätes spielt die **Störgeräuschreduktion** eine erhebliche Rolle. Es geht dabei um die Unterdrückung externer, d.h. vom Mikrofon aufgenommener Störungen. Die einfachste Möglichkeit besteht darin, die Verstärkung abzusenken, wenn kein Nutzsignal vorhanden zu sein scheint. Entscheidend ist offenbar die Trennung von Nutz- und Störsignal. Sie gelingt besonders gut, wenn spezielle Eigenschaften des Nutzsignals berücksichtigt werden. Die Detektion von Sprachsignalen orientiert sich an leicht erkennbaren stimmhaften Lauten und am Rhythmus der Sprache. In modernen Geräten wird eine schnelle Sprachsignal-Detektion mit Zeitkonstanten von wenigen Millisekunden durchgeführt, während die Schätzung des Geräuschpegels langsam mit einer Zeitkonstante im Sekundenbereich erfolgt. Die Verstärkung in den einzelnen Frequenzkanälen wird entsprechend der Theorie der Wiener-Optimalfilter verändert. In praxi ist es sehr wichtig, eine Artefakt-Unterdrückung vorzusehen.

Die bereits erwähnte **akustische Rückkopplung** tritt auf, wenn die akustische Ringverstärkung des vom Hörgerätesender abgestrahlten und vom Mikrofon wieder aufgenommenen Signals den Wert 1 annimmt. Da die Ringverstärkung frequenzabhängig ist, tritt der Fall der Selbsterregung stets bei einer bestimmten Frequenz zuerst auf. Es entsteht also ein sich aufschaukelndes sinusförmiges Signal. Ein weit verbreiteter Typ von Rückkopplungs-Suppressoren reagiert auf ein solches Signal durch schmalbandige Bandsperren, die sehr schnell und genau auf die Schwingfrequenz eingestellt werden müssen. Es können auch mehrere Bandsperren gleichzeitig aktiviert werden. Nach einigen Minuten überprüft die Suppressor-Steuerung, ob die Bandsperre abgeschaltet werden kann oder ob die Rückkopplungsbedingung weiterhin erfüllt ist. Variierende Rückkopplungs-Bedingungen entstehen oft durch veränderten Sitz der Otoplastik bzw. der Schale, z.B. als Folge von Kaubewegungen.

Zur weitergehenden Unterdrückung von Störquellen kann man versuchen, die Fähigkeiten des auditorischen Systems durch binaurale Signalverarbeitungsalgorithmen nachzubilden (siehe Abschnitt 8.3.2). Dabei zeigt sich, dass die Leistungen unseres Hörsystems hinsichtlich der Signalverarbeitung kaum zu erreichen sind. Anderseits kann man akustisch-technische Lösungen einsetzen, die das Gehör übertreffen. So ist man mit **Richtmikrofonen** in der Lage, scharf bündelnde und zudem schwenkbare Richtcharakteristiken zu erzeugen.

Auf diese Weise kann der Hörgeräteträger entweder besonders stark in eine Wunsch-Richtung hören oder umgekehrt Signale aus Richtung einer störenden Schallquelle unterdrü-cken. Adaptive Richtmikrofone werden durch Zusammenschaltung von zwei oder drei ge-trennten Mikrofonen realisiert. Durch gewichtete Addition gegenseitig verzögerter Mikro-fonsignale können unterschiedliche Richtcharakteristiken eingestellt und variiert werden. In der Grundeinstellung wird die Vorne-Richtung bevorzugt. Bereits mit zwei omnidirektiona-len Mikrofonen sind neben der Kugelcharakteristik eine Achtercharakteristik und verschie-dene Nierencharakteristiken einstellbar. Zur automatischen Schwenkung von Richtcharakte-ristiken werden adaptive Algorithmen entwickelt.

Der linke Teil in Bild 8.12 zeigt die Richtmaße, die beim natürlichen Hören und bei Hörgerä-ten mit zwei und drei Mikrofonen auftreten. Das Richtmaß gibt die Bevorzugung der Vorne-Richtung in einem diffusen Schallfeld (Schall aus allen Richtungen ist gleich wahrscheinlich und hat gleiche Intensität) in dB an. Man erkennt, dass bei natürlichem Hören die Vorne-Richtung nur in einem Frequenzband zwischen 2–5 kHz leicht bevorzugt wird. Mit zwei und erst recht mit drei Mikrofonen lässt sich im gesamten Frequenzbereich eine deutliche Richt-wirkung erzielen. Die Richtmikrofontechnik ist technisch insofern kritisch, weil sie auf Druckunterschieden an den Mikrofonen aufbaut. Diese sind wegen der systembedingten Nähe der Mikrofone bei niedrigen Frequenzen sehr gering. Da bei realen Mikrofonen Sig-nalunterschiede bereits aufgrund von Fertigungstoleranzen entstehen, werden die Mikrofone in Paaren bzw. Triplets ausgesucht. Zusätzlich wird eine gegenseitige Relativkalibrierung während des Tragens durchgeführt.

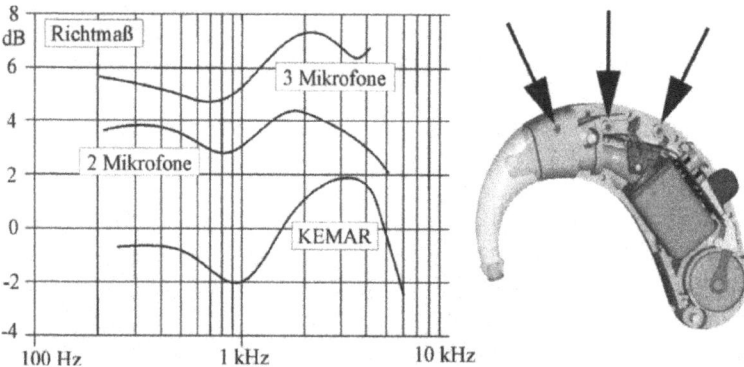

Bild 8.12: *Richtwirkung. Links: Verlauf des Richtmaßes als Funktion der Frequenz für den Fall natürlichen Hö-rens (KEMAR-Kunstkopf) und für die Verwendung von zwei bzw. drei Mikrofonen. Rechts: Ausführung eines HdO-Gerät mit drei Mikrofonen (die Pfeile zeigen die Eintrittsöffnungen für den Schall).*

Um die erzielte Verbesserung der Sprachverständlichkeit in geräuschvoller Umgebung zu kennzeichnen, bildet man den „Artikulations-Richtwirkungsindex" AI-DI, der die relative Bedeutung verschiedener Frequenzanteile für das Sprachverstehen berücksichtigt. Ein drittes Mikrofon verbessert den AI-DI von etwa 4 dB bei zwei Mikrofonen auf etwa 6 dB. Diese Werte erscheinen sehr gering. Andererseits ist die Abhängigkeit der Sprachverständlichkeit vom Störabstand so groß, dass wenige dB Gewinn die Sprachverständlich für den Patienten in ungünstigen Geräuschsituationen erheblich ändern können. Im Vergleich zu einem Hörgerät mit einem omnidirektionalen Mikrofon kann der AI-DI von 6 dB das Sprachverstehen um bis zu 80% verbessern. Die Verbesserung der Sprachverständlichkeit bei drei Mikrofonen gegenüber dem Hörgerät mit zwei Mikrofonen beträgt in derselben Situation etwa 20%.

Es dürfte deutlich geworden sein, dass Hören unter sehr verschiedenen Bedingungen stattfindet. Moderne Hörgeräte sind deshalb in der Lage, veränderte **Hörsituationen** zu erkennen und mit entsprechenden Programmen darauf zu reagieren. Die Programm-Änderungen bestehen bisher vorwiegend in der Abschaltung bestimmter Strategien, damit keine unerwünschten Effekte auftreten. So werden in ruhiger Umgebung die Störgeräuschunterdrückung und die adaptive Richtcharakteristik am besten gänzlich abgeschaltet. Die Programme reagieren auch auf die Art der Störgeräusche. Dies bezieht sich auf die temporale Struktur (stationär/fluktuierend) wie auch auf die spektrale Zusammensetzung. Für die sehr störenden niederfrequenten Windgeräusche werden spezielle Programme angeboten.

Die automatische Klassifikation von Hörsituationen ist keineswegs unproblematisch. Zu häufiges und zu plötzliches Umschalten zwischen den Programmen führt zu Irritationen beim Hörgeräteträger und somit zur Ablehnung der Programmautomatik. Hörgeräte mit automatischer Klassifikation werden jedoch bereits heute von vielen Hörgeräteträgern durchaus akzeptiert. Es ist zu erwarten, dass die Fortschritte auf diesem Sektor, also intelligentere Strategien, zu einer noch höheren Akzeptanz führen werden.

8.5   Vibratorische Hörhilfen

Wenn ein Patient bereit ist, zur Wiederherstellung seiner Hörfunktion einen operativen Eingriff zu akzeptieren, werden die Möglichkeiten einer technischen Versorgung erheblich ausgeweitet. Ein nahe liegender Gedanke besteht darin, die Umwandlung von Schalldrücken in anregende Kräfte, die beim natürlichen Hören durch das Trommelfell realisiert wird, durch direkte Kraftanregung mit einem elektromechanischen Wandler zu ersetzen. Die Umsetzung dieser Idee führte auf „aktive Mittelohr-Implantate" (*Active Middle Ear Implants*, AMEIs, Abschnitt 8.5.2). Eine andere Variante der vibratorischen Anregung besteht in der Ausnutzung der Knochenschallleitung zum Innenohr unter Umgehung des Mittelohres durch Knochenleitungs-Hörgeräte.

8.5.1   Knochenleitungs-Hörgeräte

Mit einem Knochenleitungs-Hörgerät werden Kräfte in das Mastoid, den knöchernen Vorsprung unmittelbar hinter der Ohrmuschel, eingeleitet. Das Mastoid ist Teil des Schläfenbeins, in das auch die Kochlea integriert ist. Die Vibrationen werden also recht direkt auf die Kochlea übertragen. Für eine effektive Anregung ist eine direkte Ankopplung an den Knochen unter Umgehung des Weichgewebes sehr wichtig. Eine Knochenleitungshörbrille, bei der der Vibrator nur gegen das Mastoid gedrückt wird, ist daher selten sinnvoll. Auf diese Weise können nur geringe Hörschäden, dazu mit schlechter Übertragungsqualität, versorgt werden. In der Regel ist es erforderlich, eine kleine Operation durchzuführen, bei der eine

Titanschraube fest im Mastoid verankert wird. Auch dann erreicht ein Knochenleitungs-Hörgerät allerdings nicht die Qualität normaler (Luftleitungs-)Hörgeräte.

Es gibt hauptsächlich drei Indikationen für Knochenleitungs-Hörgeräte: (a) Chronische Ohrinfektionen, bei denen das Tragen eines normalen Hörgeräts nicht möglich ist, weil ein ständiger Abfluss aus dem Mittelohr auftritt. (b) Missbildungen im Bereich des Außen- und Mittelohres, die den Einsatz eines Luftleitungs-Hörgeräts verbieten. (c) Bei einseitiger Ertaubung Versorgung des kontralateralen Ohrs. Dazu wird das Knochenleitungs-Hörgerät im Mastoid des ertaubten Ohrs verankert, um dort den Schall aufzunehmen. Das Gerät überträgt die Vibrationen über den Schädel zum kontralateralen Ohr, ohne elektrische Verbindungen herstellen zu müssen. Derselbe Zweck wird bei Luftleitungs-Hörgeräten durch die „CROS-Versorgung" (*contralateral routing of sound*) erzielt. Jedoch wird die dabei verwendete Kabelverbindung zum kontralateralen Ohr, die z.B. über ein Brillengestell geführt werden kann, aus Gründen der Handhabbarkeit oder wegen ästhetischer Gesichtspunkte von vielen Patienten nicht dauerhaft akzeptiert.

Um hohe Kräfte erzeugen zu können und wegen des robusten Aufbaus bietet sich für Knochenleitungs-Hörgeräte das elektromagnetische Wandlerprinzip an (Bild 8.13, links). Das Koppelelement K muss also auf der der Spule zugewandten Seite magnetisierbar sein. Auf der anderen Seite wird es so fest wie möglich an das Mastoid angekoppelt. Bei Verwendung einer Titanschraube kann man annehmen, dass das Mastoid an der Ankoppelstelle mit derselben Schnelle v_M schwingt, mit der auch das (starr angenommene) Koppelelement schwingt. Ein grundsätzliches Problem des Knochenleitungshörers besteht darin, dass der anregende Wandler sich nicht gegen ein Widerlager „abstützen" kann, sondern nur gegen die Trägheit des Eisenkerns mit Spule. Durch Andruck mit einem gespannten Bügel lässt sich das Problem in praxi nicht überwinden, weil ein hinreichend starker Andruck auf die Dauer mehr oder weniger schmerzhaft empfunden wird.

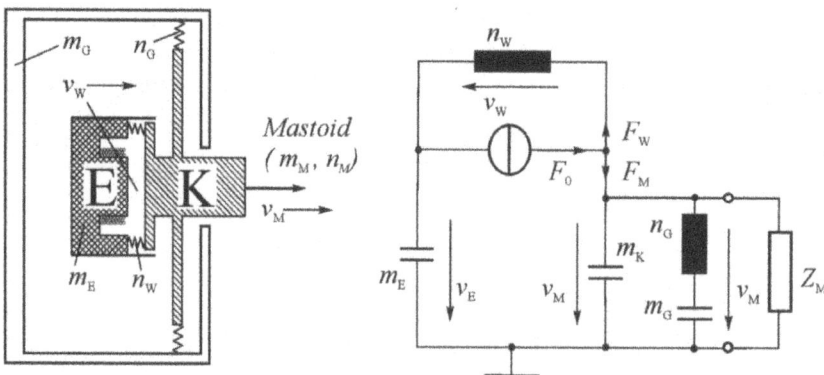

Bild 8.13: *Prinzipschema eines Knochenleitungs-Hörgeräts und zugehörige mechanische Ersatzschaltung. Der Antrieb erfolgt über einen elektromagnetischen Wandler. Über die auf einen Eisenkern gewickelte Spule wird ein magnetisierbares Koppelelement K angetrieben, das starr mit einer Titanschraube im Mastoid verbunden wird. Der Wandler erzeugt eine stromproportionale Kraft F_0, die gemäß dem Ersatzschaltbild eine Schnelle v_M am Mastoid mit der Eingangsimpedanz Z_M erzeugt. Bedeutung der Ersatzelemente: m_E Masse von Eisenkern und Spule, n_W Nachgiebigkeit der Ankopplung im Wandler, m_K Masse des Koppelelements, m_G Gehäusemasse, n_G Nachgiebigkeit der Gehäuseaufhängung.*

Eine Analyse des Netzwerks in Bild 8.13 liefert für die ins Mastoid eingeleitete Schnelle

$$v_{M} = \frac{F_0}{Z_{MKG}\left[1-\left(\omega_{EW}/\omega\right)^2\right]+1/(j\omega n_w)}, \quad Z_{MKG} = Z_M + j\omega\left[m_K + \frac{m_G}{1-\left(\omega/\omega_G\right)^2}\right]. \quad (8.2)$$

Darin bezeichnet Z_{MKG} die äußere Gesamtimpedanz, auf die der Wandler arbeitet. Sie besteht aus der Impedanz Z_M des Mastoids, der Masse des Koppelelements m_K und der hieran angekoppelten Gehäuse-Impedanz (n_G, m_G). In der Gleichung wurden die Resonanzkreisfrequenzen des Gehäuses $\omega_G = 1/\sqrt{m_G n_G}$ und des Wandlers $\omega_{EW} = 1/\sqrt{m_E n_w}$ verwendet. Die zuletzt genannte Resonanz ist entscheidend für das Verhalten bei niedrigen Frequenzen. Erst oberhalb dieser Resonanzfrequenz bildet die Wandlermasse das notwendige Widerlager. Unterhalb findet man ein sehr ungünstiges Verhalten, bei dem die Schnelle mit der dritten Potenz der Frequenz gemäß $v_M = -j\omega^3 n_w n_M m_s F_0$ steigt. Einer Vergrößerung der Schnelle durch Erhöhung der Eisenkernmasse m_E sind enge Grenzen gesetzt, da das Gewicht vom Patienten als unangenehm empfunden wird. Knochenleitungshörer eigenen sich daher nicht zur Kompensation einer Tiefton-Schwerhörigkeit. Weltweit wurden bereits weit über 10000 Patienten mit knochenverankerten Geräten versorgt.

8.5.2   Aktive Mittelohr-Implantate

Aktive Mittelohr-Implantate (AMEIs) nutzen entweder die Mittelohr-Ossikel zur Schwingungsübertragung oder regen mehr oder weniger unmittelbar die Flüssigkeiten im Innenohr zum Schwingen an. Sie haben damit den Vorteil einer besonders direkten Anregung des Innenohres, was zu relativ glatten Frequenzgängen und – bei geeigneten elektromechanischen Wandlern – zu höheren erzielbaren Pegeln führt. Tatsächlich ist es die von Patienten vielfach bestätigte hohe Klangqualität, die die Attraktivität der AMEIs ausmacht. Man kann daher AMEIs als besonders hochwertige Hörgeräte ansehen, die auch ohne spezielle Indikation ein normales Hörgerät ersetzen können. Der aus Patientensicht wesentlichste Nachteil liegt in der Notwendigkeit eines operativen Eingriffs. Als abzuwägender Gesichtspunkt ist auch die Abhängigkeit des Patienten von technischen Komponenten zu bedenken. Im Idealfall sollte daher ein abgeschaltetes AMEI das Hören nicht verschlechtern. Ferner sollte die Implantation reversibel sein. In Europa und den USA wurden bisher erst etwa 1000 Patienten mit AMEIs versorgt.

Der Begriff AMEI beinhaltet eine Abgrenzung zu passiven Mittelohr-Implantaten (PMEIs), d.h. zu Prothesen, die rein mechanisch, also ohne elektrischen Antrieb, eine Übertragung der Schwingungen des Trommelfells auf das Innenohr ermöglichen. Hierfür werden natürliche Ossikelteile oder speziell geformte Elemente aus Keramik oder Edelmetallen verwendet. Mit PMEIs können reine Schallleitungsstörungen im Mittelohr weitgehend beseitigt werden. Ein AMEI kann hingegen eingesetzt werden, wenn die Hörstörung erhebliche sensorineurale Anteile hat.

Die Frage nach geeigneten Anregungsorten und -prinzipien soll zunächst ohne Berücksichtigung konkreter Wandlertypen und sonstiger Randbedingungen untersucht werden. Es sei allerdings betont, dass eine erfolgreiche Entwicklung von AMEIs die gleichzeitige Einbeziehung aller relevanten Gesichtspunkte bereits vor Beginn der eigentlichen Entwicklung erfordert. Neben der Übertragungsqualität, dem erzielbaren Anregungsspegel und sonstigen technischen Eigenschaften sind insbesondere der operative Zugang, die Implantationstechnik, medizinische und technische Risiken und die praktische Handhabbarkeit des AMEI durch den Patienten zu beachten.

Mögliche Anregungsorte für eine Krafteinleitung sind zunächst geeignete Stellen auf den Ossikeln (Bild 8.14 links). Selbstverständlich ist es wichtig, dass die eingespeiste Kraft die Ossikel so bewegt, dass der Stapes möglichst in seiner natürlichen Schwingrichtung senkrecht zum ovalen Fenster angeregt wird. Unter diesem Aspekt erscheinen etwa Anregungen im Bereich des Stapes-Köpfchens bzw. am Ende des langen Incus-Fortsatzes oder am Manubrium sinnvoll. Aus Gründen des operativen Zugangs wurden aber selbst so ungünstige Anregungsorte wie Einspeisungspunkte am Incus-Körper nahe dem Incudomallear-Gelenk gewählt. Aufgrund der hohen Flexibilität der Ossikelkette wird selbst dann ein erstaunlich großer Kraftanteil in die gewünschte Richtung umgelenkt.

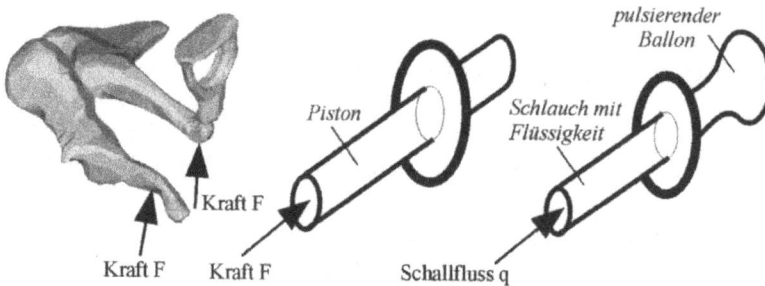

Bild 8.14: *Mögliche Anregungsprinzipien aktiver Mittelohr-Implantate.*

Zur Anregung der Mikromechanik in der Kochlea müssen die Flüssigkeiten in der Kochlea zum Schwingen gebracht werden. Dies muss keineswegs wie im natürlichen Fall über das ovale Fenster erfolgen. Man kann das Innenohr auch über das runde Fenster oder über künstliche Öffnungen anregen. Eine künstliche Öffnung besitzt zwar den Nachteil, dass infektiöse Keime leichter in das Innenohr eindringen können, dieses Risiko wird aber auch bei der bereits erwähnten Stapedotomie (Abschnitt 8.3.3) in Kauf genommen. Bei Verwendung als PMEI wird das Piston am langen Fortsatz des Incus befestigt und somit auf natürliche Weise angeregt. Man kann das Piston aber auch elektromechanisch antreiben und erhält damit eine spezielle Variante eines aktiven Implantats (Bild 8.14, Mitte).

Eine weitere Art der direkten Anregung der Innenohrflüssigkeiten kann auch durch Ankopplung eines flüssigkeitsgefüllten Schlauchs erreicht werden, der mit einem dehnbaren, also bei Anregung pulsierenden „Ballon" abgeschlossen ist. Die Flüssigkeit im Schlauch wird mittels eines geeigneten elektromechanischen Wandlers in Schwingungen versetzt. Lässt man eine Eröffnung der Kochlea zu, so kann man eine besonders direkte Schallfluss-Einspeisung erzielen, indem man den Schlauch bis in die Perilymphe einführt (Bild 8.14, rechts). Dann entspricht die zeitliche Volumenänderung des Ballons unmittelbar dem erzeugten Kochlea-Schallfluss. Dieses Anregungsprinzip kann auch ohne eine Eröffnung des Innenohres verwendet werden, wenn man den Ballon in der Rundfenster-Nische in direktem Kontakt mit der Rundfenster-Membran platziert. Flüssigkeitsgefüllte Schläuche mit und ohne Ballon wurden bisher zwar untersucht, aber noch nicht in eine patiententaugliche Realisierung umgesetzt.

Bei erhaltener Ossikelkette bewirkt ein AMEI stets auch eine Schallabstrahlung des Trommelfells in den Gehörgang. Dadurch entsteht eine akustische Rückkopplung, deren Auswirkung wesentlich von der Art und Positionierung des Schallempfängers abhängt. Erfolgt die Schallaufnahme wie bei einem HdO-Hörgerät, also mit einem hinter der Ohrmuschel befindlichen Mikrofon, so ist die Rückkopplung schwach, so dass keine größeren Probleme entstehen. Eine grundsätzliche Möglichkeit, die akustische Rückkopplung gering zu halten, besteht darin, die Ossikelkette am Incudostapedial-Gelenk aufzutrennen. Dieser Eingriff ist zwar reversibel, die Forderung, die natürliche Schallübertragung für den Fall eines Ausfalls des AMEI zur erhalten, wird jedoch nicht erfüllt.

Es wird versucht, neben dem anregenden (aktorischen) Element auch das schallaufnehmende (sensorische) Element zu implantieren. Damit kann ein „Voll-Implantat" realisiert werden, bei dem keinerlei extern getragene Komponenten notwendig sind. Für das Vollimplantat sprechen kosmetische Gründe, aber auch der Wunsch, dem Patienten möglichst wenige Einschränkungen, etwa beim Schwimmen, aufzuerlegen. Als Schallempfänger wurde ein subkutanes Mikrofon entwickelt, das unter der Haut des Gehörgangs platziert wird und dort den Schalldruck aufnimmt. Diese Art der Schallaufnahme erweist sich jedoch als sehr rückkopplungsempfindlich, nicht nur was die akustische Rückkopplung bei Schallabstrahlung über das Trommelfell betrifft, sondern wegen der Einbettung in den knöchernen Gehörgang vor allem im Hinblick auf Knochenschall.

Eine andere Möglichkeit zur Signalaufnahme besteht darin, die mechanischen Schwingungen an einer geeigneten Stelle im Mittelohr mittels eines elektromechanischen Wandlers abzugreifen. Ein solcher Sensor wäre für AMEI jedoch nur bei strikter Entkopplung von Schallaufnahme und Innenohranregung denkbar, was praktisch sehr problematisch ist und in jedem Fall einen Verzicht auf den Erhalt der natürlichen Übertragungskette bedeutet. Ein tatsächlich realisierter, aber bisher nicht am Patineten eingesetzter Mittelohrsensor wurde deshalb nur im Zusammenhang mit Kochlea-Implantaten (nächster Abschnitt) vorgeschlagen, wo das Rückkopplungsproblem wegen der elektrischen Anregung entfällt.

Zur Realisierung der Anregung kommt grundsätzlich die ganze Vielfalt der elektromechanischen Wandlerprinzipien in Frage. Eine wichtige Randbedingung stellt die Forderung nach hoher Robustheit dar. Damit stehen das piezoelektrische Prinzip und verschiedene Varianten des elektromagnetischen Prinzips im Vordergrund.

Der in Bild 8.15 gezeigte piezoelektrische Antrieb des Stapes (a) zeigt das Prinzip des weltweit ersten am Patienten eingesetzten AMEI (Japan 1984). Piezoelektrisch hervorgerufene Auslenkungen sind primär so gering, dass man spezielle Konstruktionen verwendet, um die Längenänderungen piezoelektrischer Elemente herauf zu transformieren. Im konkreten Fall wurde das Prinzip des bimorphen Biegeschwingers verwendet. Die beiden Piezoelemente sind fest mit einer dünnen Mittenelektrode verklebt und werden elektrisch gegenphasig angeregt. Dadurch wird stets ein Element verlängert und das andere gleichzeitig verkürzt, was die gewünschten Biegeschwingungen transversal zu den Längenänderungen hervorruft.

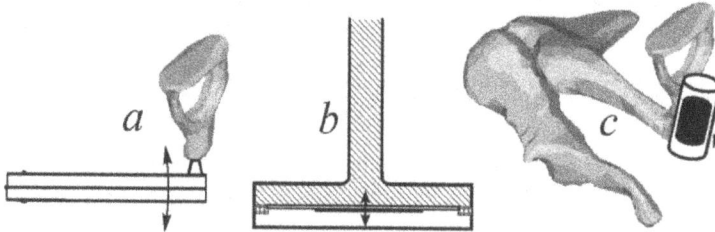

Bild 8.15: *Anregungsmöglichkeiten in schematischer Form. (a) Bimorpher piezoelektrischer Biegeschwinger. (b) Piezoelektrischer Flächen-Biegeschwinger regt Flüssigkeit im Schlauch an. (c) Vibrator mit elektromagnetisch angetriebenem Dauermagnet.*

Die Variante (b) aus Bild 8.15 zeigt einen ebenfalls piezoelektrischen Antrieb unter Verwendung eines flüssigkeitsgefüllten Schlauchs. Wie in Variante (a) besteht auch hier die Notwendigkeit einer Hochtransformation der piezoelektrischen Längenänderungen. Das piezoelektrische kreisförmige Scheibchen ist ein Radialschwinger, der auf eine dünne metallische Platte geklebt ist. Die Vergrößerungen bzw. Verkleinerungen des Radius führen wiederum zu einer Biegung transversal zur primären Längenänderung.

Der dritte in Bild 8.15 dargestellte Wandler (c) deutet das Prinzip des AMEI an, das europaweit am stärksten verbreitet ist. Am Incus wird ein „Floating Mass Transducer" (FMT) angeklemmt, bei dem es sich um eine spezielle Ausführungsform des elektromagnetischen Prinzips handelt. Elektromagnetische Wandler arbeiten auf der Grundlage von stromerzeugten magnetischen Kräften, die magnetisierbare oder dauermagnetische Komponenten anziehen. Im Falle des FMT erzeugen zwei Spulen Kräfte auf einen dazwischen liegenden Dauermagneten im Innern einer zylindrischen Anordnung. Dadurch schwingen der gesamte Zylinder, und damit auch der Stapes, in der gewünschten Richtung.

Ähnlich wie beim Knochenleitungs-Hörgerät fehlt ein Widerlager für die Krafteinspeisung. Der Magnet muss also schwer genug gemacht und seine Aufhängung im Gehäuse tief abgestimmt werden (tiefe Resonanzfrequenz), um hinreichende Trägheitskräfte zu gewährleisten. Die Impedanzverhältnisse sind hier jedoch günstiger als bei Knochenleitungs-Hörgeräten, da nicht erhebliche Schädelanteile, sondern nur der Stapes und die Lymphflüssigkeiten angetrieben werden müssen. Im konkreten Fall wurde die Magnetmasse zu 25 mg gewählt, was grob der anzutreibenden Masse entspricht. Bei hohen Frequenzen erreicht etwa die Hälfte der elektrisch erzeugten Kraft das Innenohr. Dies ist in Anbetracht der guten Ausrichtung der Krafteinspeisung ein brauchbarer Wert. Viel uneffektiver ist die früher ebenfalls praktizierte Variante, kleine Dauermagnete an geeigneten Stellen auf den Ossikeln zu platzieren und über eine unabhängig eingebrachte, und daher zu weit entfernte Spule anzuregen.

8.6   Kochlea- und Hirnstamm-Implantate

Alle bisher besprochenen Hörhilfen setzen eine intakte Kochlea voraus. Erfüllt die Kochlea ihre sensorischen Funktionen nicht mehr, sei es durch Ausfall von Haarzellen oder durch Störungen der Mikromechanik, so können weder akustische noch mechanische Anregungen zu auditorischen Wahrnehmungen führen. Der Patient ist somit gänzlich oder nahezu taub. Eine technische Hörhilfe muss in diesem Fall das gesamte periphere Hörorgan umgehen und direkt den Hörnerv reizen. Da im natürlichen Fall elektrische Potenzial-Änderungen zur Anregung der Hörnervenfasern führen, kommt technisch gesehen nur eine elektrische Anregung als adäquate Reizung in Betracht. Auch im deutschen Sprachraum wird für diese Art von Hörhilfen oft der Begriff Cochlear Implant oder CI verwendet.

Die elektrische Reizung muss im Gegensatz zu allen bisher besprochenen Anregungsarten bereits ortsspezifisch erfolgen, weil auch die durch die Wanderwelle in der Kochlea realisierte Aufspaltung des Audiosignals in spektrale Komponenten technisch nachgebildet werden muss. Daher benötigt man eine größere Anzahl von Reizelektroden, über die bereits zerlegte Spektralanteile getrennt eingespeist werden können. Kommerziell erhältliche CIs realisieren bis zu 22 Stimulationskanäle. Die Elektroden werden auf einem Elektrodenträger zusammengefasst und müssen so in die Kochlea eingeschoben werden, dass sie einen möglichst großen Teil der Windungen von der Basis bis zum Apex abdecken (Bild 8.16, links). Während der Operation wird das Elektrodenbündel durch das runde Fenster oder durch eine künstliche Öffnung nahe des Fensters in die basale Windung eingeführt. Die vorderen Elektroden werden am weitesten bis zum Apex eingeschoben, müssen also niedrige Frequenzen übertragen. Die anderen Elektroden sollten jeweils entsprechend ihrer Position die Spektralanteile übertragen, die dem charakteristischen Ort in der Kochlea zugeordnet sind.

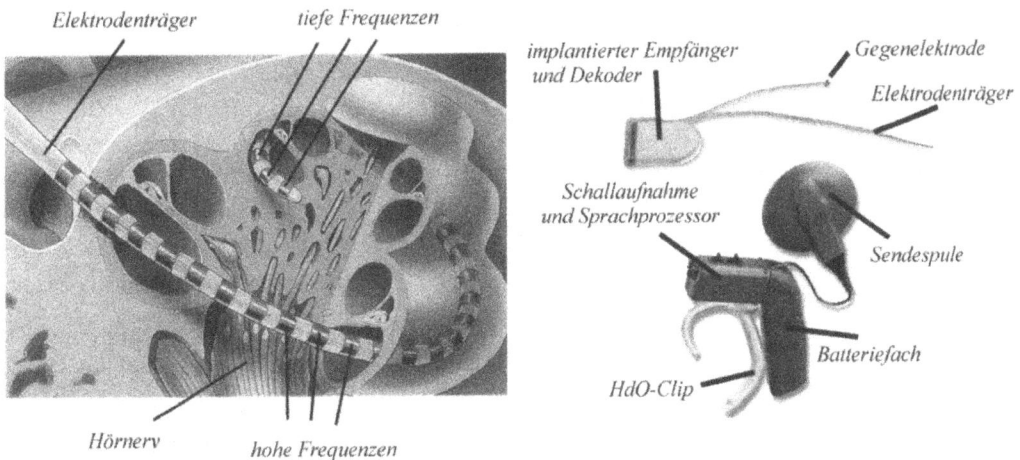

Bild 8.16:   *Links: Eingeschobene Elektroden eines Kochlea-Implantats. Rechts: Komponenten eines kommerziellen CI-Systems: unten die externen, oben die zu implantierenden Komponenten.*

Der rechte Teil von Bild 8.16 zeigt alle Komponenten eines kommerziellen CIs. Es enthält als Eingangsstufe eine Einheit, die den Schall wie bei einem konventionellen Hörgerät mit einem Mikrofon aufnimmt und das Signal vorverarbeitet. Im Sprachprozessor, der anschließend genauer erläutert wird, erfolgt eine spezifische Signalverarbeitung, die Signale bereit stellt, die zur direkten elektrischen Reizung des Hörnervs geeignet sind. Diese Signale werden einem hochfrequenten Träger aufmoduliert, um zwischen der Sendespule und dem Empfänger eine effektive und störungsarme Übertragungsstrecke realisieren zu können. Die Komponenten bis zur Sendespule werden extern am Kopf getragen. Der zu implantierende Teil umfasst eine im Empfänger eingebaute Empfangsspule, elektronische Schaltungen zur Demodulation des empfangenen Signals und zur korrekten Verteilung der Anregungssignale auf die einzelnen Elektroden und die Elektrodenanordnung selbst. Durch die Miniaturisierung elektronischer Bauelemente kann heute der Sprachprozessor in einer Einheit integriert werden, die kaum größer als ein normales HdO-Gerät ist.

Das Herzstück eines CI-Systems ist der Sprachprozessor. Allein die Bezeichnung macht deutlich, dass die Zielsetzung bei CIs im Wesentlichen auf das Verständnis gesprochener Sprache beschränkt ist. Ein CI ist eben kein implantiertes Hörgerät, sondern es ist ein Gerät, das aufgrund seiner höchst unnatürlichen Reizung des Hörnervs auditorische Wahrnehmungen erzeugt, die sich von den Wahrnehmungen Normalhörender erheblich unterscheiden. Erst durch viel Training können Patienten lernen, das, was sie wahrnehmen, auch zu interpretieren. Der Erfolg hängt wesentlich von der Vorgeschichte des Patienten ab. Bei langfristiger Taubheit nehmen die Erfolgsaussichten tendenziell ab, weil der Hörnerv ohne Stimulation allmählich, allerdings erst im Laufe vieler Jahre, verkümmert. Bei Kleinkindern ist eine frühe Implantation wichtig, damit eine Bahnung auditorischer Neurone stattfindet. Bei Erwachsenen werden die Erfolgsaussichten durch einen bereits vollzogenen Spracherwerb begünstigt. Hinzu kommen unterschiedliche Begabungen und sonstige persönliche Randbedingungen. Entsprechend unterschiedlich sind die erzielten Erfolge. Sie schwanken zwischen der bloßen Wahrnehmung von Geräuschen bis hin zur Fähigkeit frei zu telefonieren, also ohne visuelle Zusatzinformationen zu verstehen.

Die ersten Sprachprozessoren arbeiteten nach dem Prinzip von Formant-Vokodern. Statt einer vollständigen Darbietung der Signale wurden nur die ersten zwei oder drei spektralen Maxima (Formanten) übertragen. Heute existiert eine Reihe von Verfahren, mit denen erheblich mehr spektrale und temporale Information übertragen wird. Dies hat zu deutlichen Verbesserungen geführt, ohne die genannten Einschränkungen grundsätzlich überwinden zu können. Immerhin wird zunehmend auch die Wahrnehmung von Musik mit CIs beachtet.

Zur Realisierung eines Sprachprozessors ist es nahe liegend, die spektrale Zerlegung mittels Bandpässen durchzuführen, deren Mittenfrequenzen zu den Sollpositionen der zugehörigen Elektroden in der Kochlea gehören. Zusätzlich muss eine Kompression der Signale vorgenommen werden, um dem im Vergleich zu den Schallpegeln viel geringeren Dynamikbereich der zugehörigen elektrischen Reizamplituden gerecht zu werden. Solche Verfahren mit analogen Reizsignalen wurden tatsächlich verwendet und als „Compressed-Analog"-Verfahren bezeichnet. Diese Methoden haben jedoch unter anderem den Nachteil, dass unerwünschte Anregungen entstehen, weil alle Elektroden gleichzeitig Spannung führen. Dadurch treten nicht nur die gewünschten Reizspannungen zwischen den einzelnen Elektroden des Elektrodenbündels und der entfernten gemeinsamen Gegenelektrode auf („monopolare Reizung"), sondern es entstehen auch lokale Reizungen durch die Spannungen zwischen den Einzelelektroden. Es existiert also ein deutliches Übersprechen zwischen den Kanälen.

Deshalb wird heute ausschließlich mit Impulsen („pulsatil") gereizt, wobei zu einem Zeitpunkt jeweils nur eine oder höchstens zwei Elektroden aktiv sind. Sämtliche heute benutzten Strategien basieren auf dem ursprünglich „Continuous Interleaved Sampling" (CIS) genannten Verfahren. Das Verfahren wird anhand von Bild 8.17 näher erläutert. In der Abbildung ist ein vollständiger Zyklus dargestellt, in dem nacheinander alle Elektroden angesprochen werden. In modernen Geräten können mehr als 1000 solcher Zyklen pro Sekunde verarbeitet werden. Solche im Vergleich zu früheren Geräten erheblich erhöhten Reizraten führen wegen der verbesserten zeitlichen Auflösung der spektralen Hüllkurven-Übertragung nachweislich zu einer höheren Sprachverständlichkeit. Auch dürfte die Natürlichkeit verbessert werden, weil die häufigeren Pulse dem stochastischen Charakter natürlicher Aktionspotenziale des Hörnervs besser entsprechen.

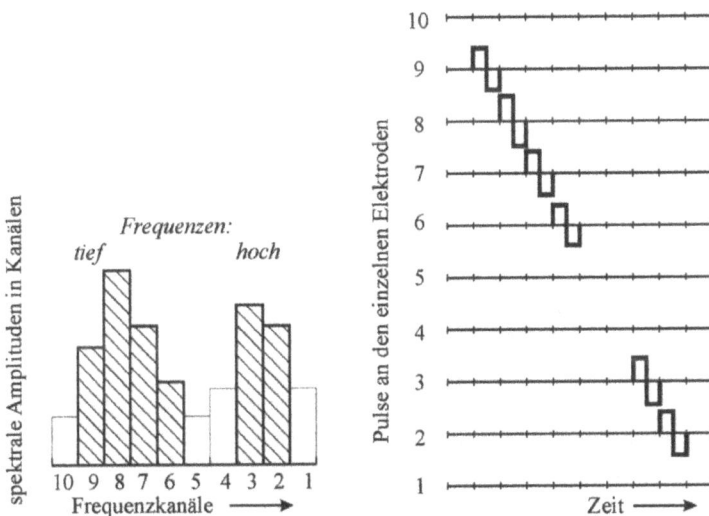

Bild 8.17:: *Generierung von biphasischen Doppelpulsen durch den Sprachprozessor am Beispiel eines 10-kanaligen Geräts. Die linke Grafik zeigt die spektrale Zerlegung eines Signals in Frequenzkanäle, die den gleich nummerierten Elektroden zugeordnet sind (Beispiel). Rechts ist ein Zyklus der zugehörigen Pulsfolge dargestellt. An den Elektroden werden „biphasische" Doppelpulse erzeugt, deren Höhe den spektralen Amplituden in allen oder nur in den energiereichsten (schraffierten) Kanälen entsprechen.*

Das Signal wird spektral in Frequenzkanäle zerlegt, die den gleich nummerierten Elektroden zugeordnet sind. Die Grafik zeigt die Situation für ein 10-kanaliges Gerät. Um gleichstromfreie Signale zu erhalten, werden „biphasische" Doppelpulse mit gleichgroßen positiven und negativen Amplituden verwendet. Das Übersprechen wird noch weiter dadurch verringert, dass die Elektroden nicht in ihrer natürlichen Reihenfolge, sondern springend angesprochen werden, so dass im Mittel der räumliche Abstand zweier nacheinander aktivierter Elektroden maximal ist. Die Amplituden der Pulse müssen selbstverständlich auch beim CIS-Verfahren komprimiert werden, um eine für die elektrische Reizung geeignete Dynamik zu realisieren.

Das rechte Teilbild verdeutlicht, dass die Pulse an die verschiedenen Elektroden nacheinander übertragen werden. Um die räumliche Streuung der elektrische Anregung weiter zu begrenzen, kann bei machen Geräten statt einer „monopolaren" Anregung gegenüber einer entfernten Gegenelektrode „bipolar" oder im Modus „common ground" angeregt werden. Im ersten Fall erfolgt die Anregung zwischen zwei direkt oder nahe benachbarten Elektroden des Elektrodenbündels, im zweiten Fall werden alle Elektroden bis auf die Reizelektrode gemeinsam als Gegenelektrode benutzt.

Es wurde bereits erwähnt, dass keineswegs jeder vollständig oder weitgehend ertaubte Patient mit einem CI sinnvoll versorgt werden kann. Neben der Beachtung allgemeiner Gesichtspunkte zur Indikation eines CI, die hier nicht weiter thematisiert werden sollen, wird vor einer Operation üblicherweise die Ausgangssituation eines in Frage kommenden Patienten messtechnisch so weit wie möglich abgeklärt. Hierzu gehört die Erfassung akustisch und elektrisch evozierter Potenziale, also elektrisch registrierbarer Antworten. Das Vorhandensein bestimmter Merkmale der frühen auditorisch evozierten Potenziale lässt noch vorhandene Hörreste erkennen oder auf eine zentrale Störung schließen. In beiden Fällen ist ein CI nicht sinnvoll. Die elektrische Reizbarkeit des Hörnervs kann mit Hilfe des „Promontoriumstests" untersucht werden, indem über eine durch das Trommelfell hindurch in das Promontorium (Außenwandung der basalen Kochlea-Windung) gestochene Elektrode elektrisch angeregt wird. Dies lässt außerdem bereits erste Rückschlüsse auf die später im CI zu verwendenden Reizstärken des Stroms zu.

Der nach Einheilung des CI tatsächlich erreichte Zustand streut individuell sehr stark. Von größter Bedeutung ist daher die Anpassung des Sprachprozessors. Dies geschieht mit Hilfe spezieller Anpassungs-Software. Technisch bedeut die Anpassung insbesondere die Festlegung der adäquaten Reizstärken für jede Elektrode, die Erkennung nicht nutzbarer Elektroden und evtl. eine Veränderung der Zuordnung zwischen Elektroden und Frequenzbereichen. Die Funktionalität eines CI kann auch schon intraoperativ durch Beobachtung des Stapedius-Reflexes oder bei modernen CIs durch Neurale-Reaktions-Telemetrie (NRT) überprüft werden. Bei dem genannten Reflex zieht der Stapedius-Muskel (Bild 8.2) das Stapes-Köpfchen bei hinreichend großer Lautstärkewahrnehmung zur Seite. Der Reflex wird sowohl auf dem untersuchten (ipsilateralen) wie auf dem kontralateralen Ohr ausgelöst. Die NRT erlaubt unter anderem die elektrische Stimulation mit zeitlich sofort anschließender Registrierung der neuralen Reizantworten. Man hofft aus den Reizantworten bereits Hinweise für die Anpassung oder gar eine Voranpassung des CI ableiten zu können.

Es steht außer Frage, dass moderne CIs für viele Patienten einen ganz erheblichen Nutzen haben. Von postlingual ertaubten Erwachsenen werden nach einem Jahr Eingewöhnungsphase im Mittel mehr als 50% einsilbiger Wörter ohne Lippenlesen korrekt verstanden. Das Verständnis offener Sätze liegt nur wenig unter 90%. Trotzdem ist es im Vorfeld einer Implantation wichtig, beim Patienten keine zu großen Erwartungen zu wecken, da das Ergebnis im Einzelfall auch viel ungünstiger sein kann.

Den tiefsten Eingriff in das Hörorgan stellen Hirnstamm-Implantate (Auditory Brainstem Implants, ABIs) dar. Die elektrische Reizung erfolgt hier am ersten Kernsystem der Hörbahn, dem Nucleus cochlearis. Da man hierbei – zumindest bisher – kaum von einer Wiederherstellung der Hörfunktionen sprechen kann, wird das ABI hier nur sehr knapp dargestellt.

Ein ABI kann als letzte Lösung indiziert sein, wenn der Hörnerv nicht mehr intakt ist. Dies betrifft insbesondere Patienten mit Neurofibromatose. Mit einem ABI wird es den Patienten ermöglicht, Alltagsgeräusche zu unterscheiden und das Lippenlesen zu unterstützen. Freies Verstehen von Wörtern wird nur in den seltensten Fällen möglich. Trotzdem wurden bisher weltweit etwa 200 ABIs implantiert.

Die Signalverarbeitung von ABIs folgt weitgehend den von CIs bekannten Prinzipien. Insbesondere sind heutige ABIs mehrkanalig ausgelegt. Dies ist sinnvoll, da die verschiedenen Spektralanteile im Nucleus cochlearis bereits tonotopisch geordnet repräsentiert sind. Die entsprechenden Bereiche werden entweder durch flächenhaft verteilte Elektroden an der Oberfläche des Nucleus cochlearis erreicht oder durch Stiftelektroden, die in die Kerne eingestochen werden.

8.7 Zusammenfassung und Ausblick

In diesem Kapitel wurde gezeigt, dass es erstaunlich viele technische Möglichkeiten gibt, das menschliche Hörorgan so anzuregen, dass eine auditorische Wahrnehmung entsteht. Bei Hörgeräten handelt es sich um eine noch fast natürliche Anregung, weil nur der Schalldruck am Trommelfell verändert wird. Alle anderen Anregungsarten weichen viel stärker von der natürlichen Anregung ab. Elektromechanisch erzeugte Kräfte können direkt an den Ossikeln des Mittelohres eingespeist werden (aktive Mittelohr-Implantate). Werden sie in das Mastoid eingeleitet (Knochenleitungs-Hörgeräte), wirken sie unter weitgehender Umgehung des Mittelohres direkt auf die knöcherne Kapsel der Kochlea und damit auch auf die darin befindlichen Strukturen. Mit einem Piston oder mit flüssigkeitsgefüllten Schläuchen lässt sich eine hydroakustische Anregung der Innenohr-Flüssigkeiten realisieren (aktive Mittelohr-Implantate). Selbst bei totalem Ausfall der Kochlea-Funktionen bleibt die Erzeugung auditorischer Wahrnehmungen möglich, nämlich durch eine elektrische Reizung des Hörnervs (Kochlea-Implantate) oder – wenn der Hörnerv sich nicht mehr reizen lässt – des ersten Kernsystems im Hirnstamm (Hirnstamm-Implantate).

Die bisher gefundenen technischen Lösungen für die verschiedenen Anregungsarten sind alle im Detail noch verbesserungsfähig. Hierzu bietet sich der Einsatz detailgetreuer numerischer Modelle zur Simulation aller beteiligten Strukturen an. Die fortschreitende Entwicklung der Rechner und die Verbesserung numerischer Algorithmen, insbesondere im Rahmen von Finite-Elemente-Methoden, erlauben eine immer bessere Vorhersage des Verhaltens komplexer physikalischer Systeme, die gemischt akustisch-mechanisch-elektrische Strukturen enthalten. Dies kann auch zu grundsätzlichen Erweiterungen der Anregungsarten führen. So wird beispielsweise über eine gemischt mechanisch-elektrische Anregung der Kochlea (mittels AMEI und CI) nachgedacht. Eine gemischt akustisch-elektrische Stimulation, also eine gleichzeitige Verwendung von Hörgerät und CI, wurde bereits in einigen Fällen realisiert.

Viel Entwicklungsspielraum bietet auch die Signalaufnahme. Die Verwendung von mehreren Mikrofonen (Mikrofon-Arrays) zur Realisierung adaptiver Richtcharakteristiken steht am Beginn einer Weiterentwicklung. Möglicherweise lassen sich durch Verwendung von Silizium-Mikrofonen verbesserte Mikrofon-Arrays realisieren. Implantierbare Schallsensoren arbeiten bisher noch keineswegs zufrieden stellend. In Abschnitt 8.5.2 wurde besonders auf die Schwierigkeiten einer Entkopplung zwischen Schallsensoren und Aktoren hingewiesen. Auch hier dürften sich durch Verwendung numerischer Simulationsmethoden noch erheblich verbesserte Anordnungen entwickeln lassen.

Eine mindestens ebenso hohe Bedeutung wie die physikalischen Modelle haben psychoakustische Modelle. Mit ihrer Hilfe können die bereits erwähnten Algorithmen zur Signalverarbeitung (Abschnitt 8.4.2) verbessert werden. Je genauer ein individueller Hörschaden parametrisiert werden kann, umso effektiver kann die algorithmische Kompensation sein. Selbstverständlich gilt dies nicht nur für Hörgeräte, sondern für alle Arten von Hörhilfen, die in diesem Kapitel beschrieben wurden. In Zukunft wird es z.B. verstärkt darum gehen, auch zentrale Hörstörungen genauer modellieren zu können. Ein weiteres aktuelles Forschungsfeld ist die Verbesserung des binauralen Hörens durch beidseitige Versorgung. Es wurde bereits gezeigt, dass selbst bei Kochlea-Implantaten eine beidohrige Versorgung das räumliche Hören signifikant verbessert.

Da das räumliche Hören auf interauralen Pegel- und Laufzeit-Unterschieden beruht, benötigt man zur vollständigen Ausnutzung dieser Merkmale eine Kopplung zwischen den beiden Hörhilfen. Da Kabelverbindungen, auch über Hörbrillen, weitgehend abgelehnt werden, wird an einer Funkkopplung gearbeitet. Die Realisierung einer robusten Funkverbindung stellt jedoch eine große Herausforderung an die Elektronik dar, zumal der Stromverbrauch gegenüber bisherigen Hörgeräten nicht zu stark ansteigen darf. Die Funkkopplung wäre ein erster Schritt zur Einbindung von Hörgeräten in vielfältige informationstechnische Prozesse zwischen Menschen und Maschinen. So könnte das Hörgerät der Zukunft zu einem „kleinen Mann im Ohr" werden, der Datenströme aus verschiedensten Quellen (umgebendes Schallfeld, Handy, Empfänger und Player aller Art, Navigations- und Warnsysteme etc.) hörbar macht.

8.8   Zum Weiterlesen

Lehr- und Handbücher

1 J. Blauert: Spatial Hearing. MIT Press, Cambridge (1997).
2 J. Kießling, B. Kollmeier und G. Diller: Versorgung und Rehabilitation mit Hörgeräten. Thieme Verlag, Stuttgart (1997).
3 E. Lehnhardt und R. Laszig (Hrsg.): Praxis der Audiometrie. Thieme, Stuttgart (2001).
4 J. O. Pickles: An Introduction to the Physiology of Hearing. Academic Press, London (1988).
5 A. Vonlanthen: Hearing Instrument Technology. Singular, San Diego (2000).
6 E. Zwicker and H. Fastl: Psychoacoustics. Springer, Berlin (1999).

Einzelarbeiten

7 B. Kollmeier: Cocktail-Partys und Hörgeräte: Biophysik des Gehörs. Physik Journal **1/4** (2002), 39–45.

8 N. Marangos und R. Laszig: Cochlear Implants – Die prothetische Versorgung bei Taubheit um die Jahrtausendwende. HNO **46** (1998), 12–26.

9 S. Rosahl, Th. Lenarz, C. Matthies, M. Samii, W.-P. Sollmann und R. Laszig: Hirnstammimplantate zur Wiederherstellung des Hörvermögens. Deutsches Ärzteblatt **101/4** (2004), 180–188.

Sachverzeichnis

Cardioprotective Haemodialysis

Mehr als Dialyse

Fresenius Medical Care nimmt das erhöhte Risiko für cardiovaskuläre Erkrankungen bei Dialysepatienten ernst. Aus diesem Grund haben wir unsere Therapiesysteme so entwickelt, dass behandlungsbezogene Risikofaktoren minimiert werden. Unsere Therapiesysteme tragen durch eine verbesserte Blutdruck- und Anämiekontrolle sowie durch eine Verringerung von Mikroinflammation und oxidativem Stress aktiv zur Senkung des cardiovaskulären Risikos bei.

Fresenius Medical Care

Neue implantierbare Hörtechnologien

DAS COCHLEA IMPLANTAT - PULSARCI[100]

Am 1.05.2004 hat MED-EL das neue Cochlea-Implantat-System PULSARci[100] auf dem Markt eingeführt, welches das bisherige COMBI 40+ System ablöst.

DAS PULSARci[100] ZEICHNET SICH DURCH ZAHLREICHE NEUE FEATURES AUS, U. A. DURCH:

- präzise, unabhängige Stromquellen
- Stimulationsraten >50.000 Pulse/Sek.
- biphasische und triphasische Pulse
- intelligente, parallele Stimulation (IPS)
- Kanalinteraktions-Kompensation (CIC)
- vorzeichenkorrelierte Stimulation (SCS)
- Feinstruktur Sprachkodierung (FSP)
- erweiterter Frequenzbereich
- Auditory Nerve Response Telemetry (ART)
- Status-, Impedanz- und Feldverteilungstelemetrie (IFT)
- Präzisions-IFT
- interner Implantatspeicher
- Patientensicherheit durch Implantatidentifikation
- energieeffiziente Stimulation auch bei maximaler Pulsrate

NATÜRLICH BLEIBEN DIE HERVORRAGENDEN UND BEWÄHRTEN EIGENSCHAFTEN DES BISHERIGEN COMBI 40+ SYSTEMS ERHALTEN, WIE Z. B.:

- stabiles Keramikgehäuse
- MRI Sicherheit
- Langzeitstabilität der HF-Parameter
- hohe Spulengüte
- Batterielebensdauer von ca. vier Tagen

Das neue PULSARci[100] System bildet die innovative Plattform für zukünftige Stimulationsstrategien und Technologien, die step by step eingeführt und umgesetzt werden.
Zunächst können schon mit dem bisherigen HdO-Sprachprozessor TEMPO+ zahlreiche der genannten neuen Charakteristika genutzt werden.
Später wird für alle PULSARci[100] Nutzer kostenfrei ein HdO-Prozessor eingeführt und alle Features werden Schritt für Schritt durch verschiedene Software Versionen aktiviert.

HÖRTECHNOLOGIEN

DAS MITTELOHRIMPLANTAT - VIBRANT® SOUNDBRIDGE®

Das Vibrant Soundbridge System eignet sich für Patienten, die aus medizinischen Gründen kein Hörgerät tragen können oder mit dem Hörgerät aus audiologischen Gründen keinen ausreichenden Hörerfolg haben. Das System verstärkt aktiv die Vibrationen der Gehörknöchelchenkette (Direct Drive). Dies führt zu einem „natürlicheren" Klang und damit zu einem verbesserten Sprachverständnis. Es wird im Frequenzbereich bis 8kHz verstärkt. Die Vibrant Soundbridge ist besonders gut geeignet für Patienten mit Hochtonsteilabfällen, bei denen ein konventionelles Hörgerät i. d. R. nicht erfolgreich angepasst werden kann. Vor der Implantation sollten Kandidaten einen Hörgeräteversuch unternommen haben. Es ist derzeit ein Mindestalter von 18 Jahren festgelegt.

DIE VIBRANT SOUNDBRIDGE BESTEHT AUS ZWEI KOMPONENTEN:

dem Implantat, genannt Vibrating Ossicular Prosthesis (kurz: VORP™) und dem externen Audio Processor (kurz: AP~). Der VORP wird zusammen mit dem elektro-magnetischen Wandler (FMT™: Floating Mass Transducer) im Rahmen eines chirurgischen Eingriffs implantiert.
Der AP wird hinter dem Ohr unter den Haaren getragen und durch Magnetkraft über dem Implantat gehalten. Er enthält einen hochwertigen Hörgerätechip von SIEMENS.

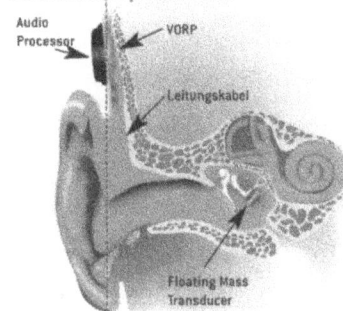

Externer Teil | Implantierter Teil

Audio Processor
VORP
Leitungskabel
Floating Mass Transducer

VIBRANT
MED-EL

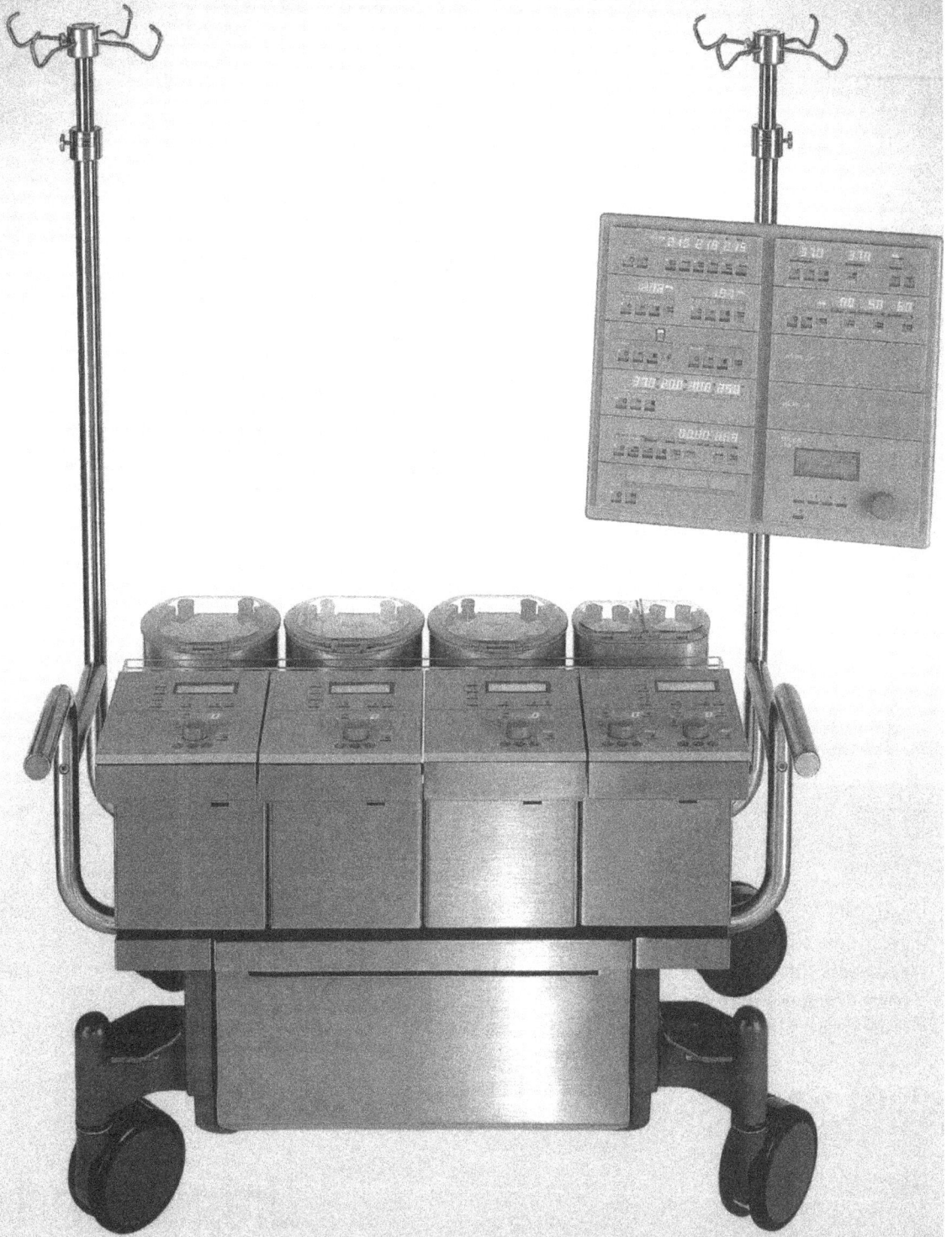

VERTRAUEN ENTSCHEIDET

STÖCKERT
INSTRUMENTE GMBH

Perfusionssysteme

DrägerService®

up and running

Maximale Verfügbarkeit 24 Std. 7 Tage die Woche: up and running!
Erfahren Sie mehr über unsere DrägerService® Lösungen unter
www.draeger-medical.com
oder rufen Sie den blauen Draht an: 0180-5241318*

*Inland € 0,12/min

Dräger medical

A Dräger and Siemens Company

Because you care

Medtronic CGMS® System Gold™

Kontinuierliche Glukoseaufzeichnung
Mehr Information für eine bessere Therapie

- Flexible, kleine Sensorelektrode für angenehmes Tragen im Alltag
- Genauere Aufzeichnung des Glukoseverlaufs zur Trendanalyse
- Erlaubt mehr zielgerichtete Therapieanpassungen als BZ-Messwerte alleine*

* T. Gross, Ph. D. Diabetes Technology & Therapeutics, 2000, Vol. 2

Medtronic MiniMed Glukose-Monitor CGMS

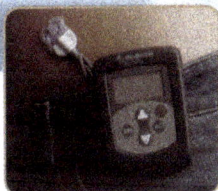

Kontinuierliche Glukoseaufzeichnung

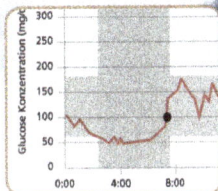

Einfach flexibel – Paradigm® 512 und 712

Insulinpumpe von Medtronic MiniMed

- BolusExpert* – das intelligente Bolus-Management
- Individuell – für Ihren Insulinbedarf: 512 mit 176 I.E. und 712 mit 300 I.E.
- Einfach perfekt für Ihren Alltag

* Bolus-Vorschläge berücksichtigen aktuelle BZ-Werte, BZ-Zielwerte, BE- und Korrekturfaktoren sowie aktives (noch wirkendes) Insulin.

Paradigm® 512 Insulinpumpe

Medtronic GmbH
Geschäftsbereich MiniMed
Emanuel-Leutze-Straße 20
D-40547 Düsseldorf
Telefon: +49-(0)2 11-52 93-3 70
www.minimed.de
www.medtronic.de
www.diabeteskompass.de

Medtronic
MINIMED

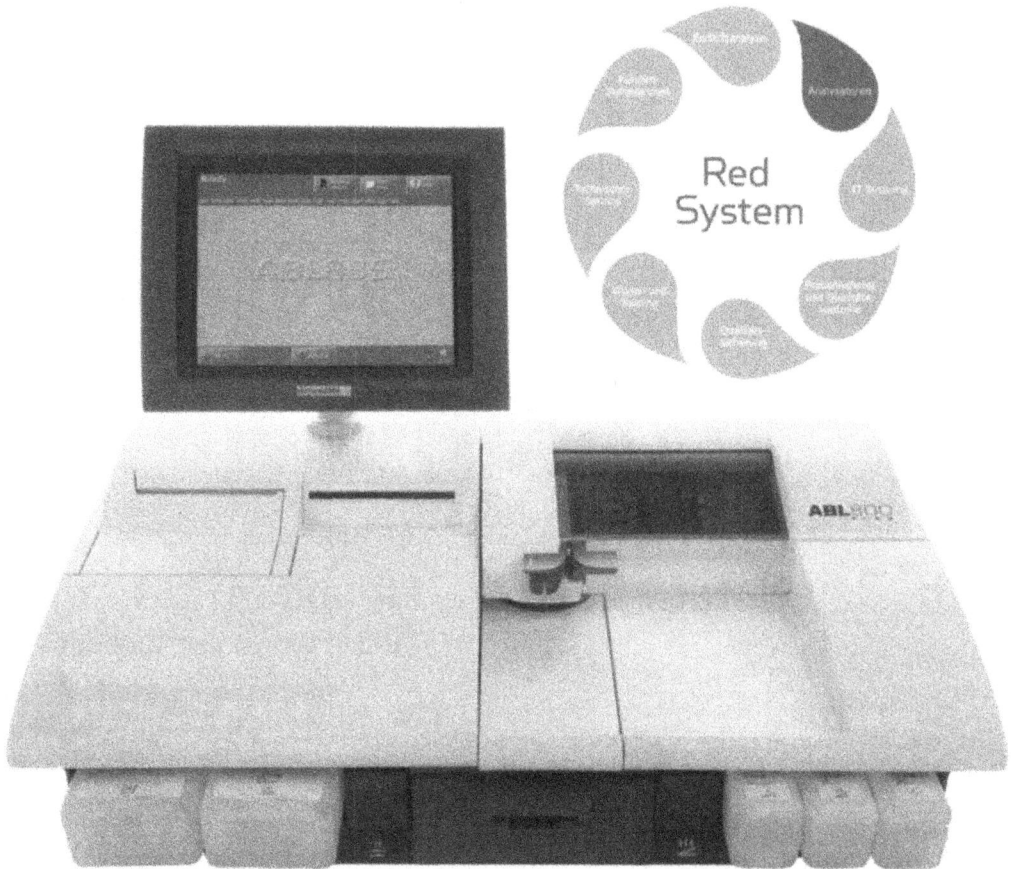

Arrhythmie-Detektion aus der Ferne.
Automatisch auf Ihren PC.

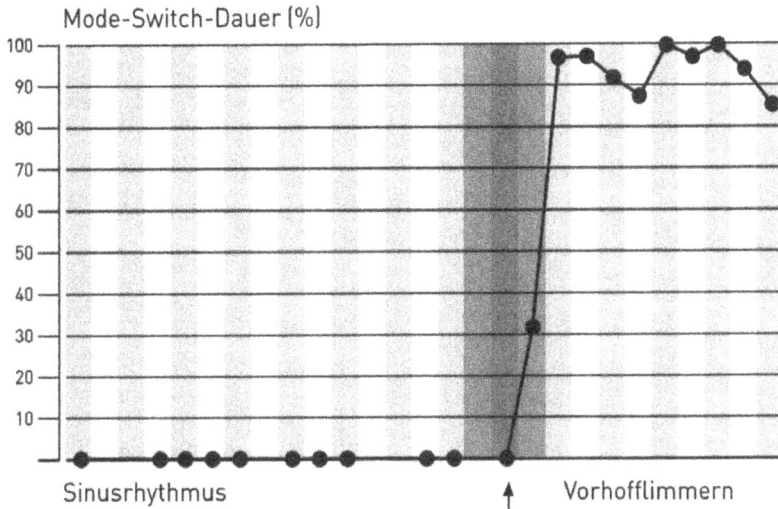

Herzschrittmacher und ICDs mit Home Monitoring
überwachen Ihre Patienten automatisch aus der Ferne.
Kardiale und technische Parameter gelangen per
Mobilfunk auf Ihren PC.

Sie erfahren z.B. zeitnah, wenn Ihr Patient Arrhythmien
bekommt. So können Sie rechtzeitig therapieren und
Spätfolgen vermeiden.

BIOTRONIK Home Monitoring® Service Online:

- **Prävention**
- **Therapieoptimierung**
- **Erfolgskontrolle**

info.vertrieb@biotronik.de
www.biotronik.de

BIOTRONIK

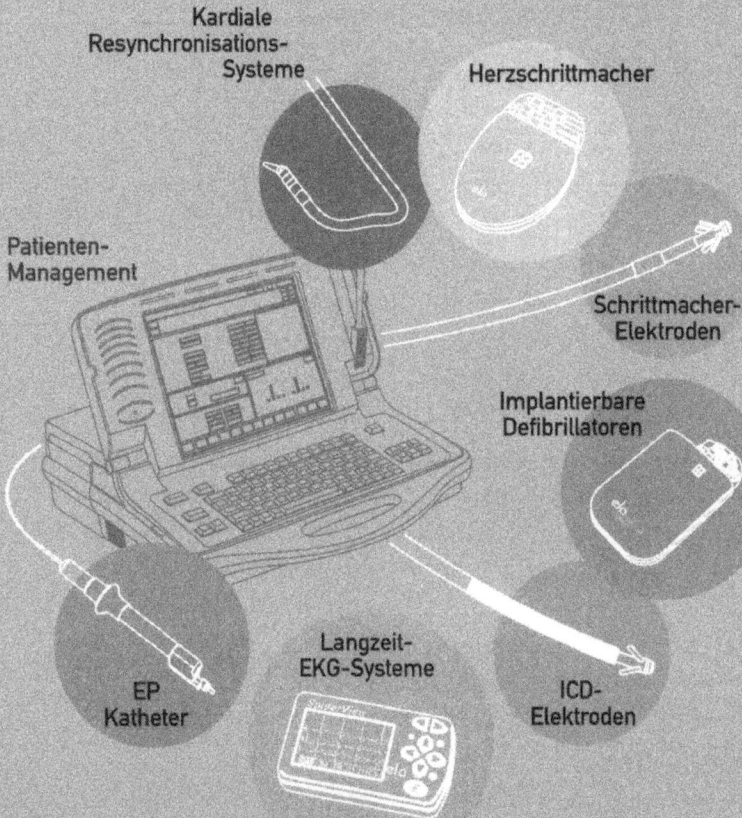

ela medical
A SORIN GROUP COMPANY

with the heart in mind

Kardiale
Resynchronisations-
Systeme

Herzschrittmacher

Patienten-
Management

Schrittmacher-
Elektroden

Implantierbare
Defibrillatoren

Langzeit-
EKG-Systeme

EP
Katheter

ICD-
Elektroden

Herzinsuffizienz

Tachykardie

Bradykardie

Patientennachsorge

Holter Monitoring

ELA Medical - Lindberghstraße 25 - D 80939 München - Tel. 089 - 32301 0

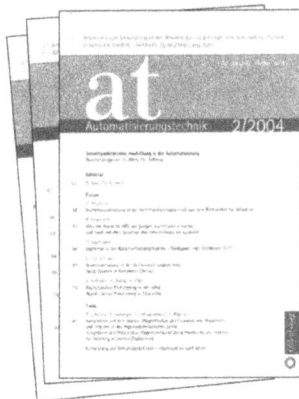

www.ingramcontent.com/pod-product-compliance
Lightning Source LLC
Chambersburg PA
CBHW080134240326
41458CB00128B/6434

* 9 7 8 3 4 8 6 2 7 5 5 9 9 *